AF749036

MÁQUINAS Y HERRAMIENTAS DE DIBUJO

JUAN JOSÉ GÓMEZ MOLINA (COORD.)

MÁQUINAS Y HERRAMIENTAS DE DIBUJO

Manuel Barbero, Lino Cabezas, Miguel Copón,
José Gómez Isla, Juan José Gómez Molina,
Alfred Kavanagh, Juan Martín Prada, Eva Moraga,
Antonio Rabazas, Eduardo Zamarro

CÁTEDRA
ARTE. GRANDES TEMAS

1.ª edición, 2002

Diseño de cubierta: Juan José Gómez Molina

Reservados todos los derechos. El contenido de esta obra está protegido por la Ley, que establece penas de prisión y/o multas, además de las correspondientes indemnizaciones por daños y perjuicios, para quienes reprodujeren, plagiaren, distribuyeren o comunicaren públicamente, en todo o en parte, una obra literaria, artística o científica, o su transformación, interpretación o ejecución artística fijada en cualquier tipo de soporte o comunicada a través de cualquier medio, sin la preceptiva autorización.

© Manuel Barbero, Lino Cabezas, Miguel Copón, José Gómez Isla, Juan José Gómez Molina, Alfred G. Kavanagh, Juan Martín Prada, Eva Moraga, Antonio Rabazas, Eduardo Zamarro
© Ediciones Cátedra (Grupo Anaya, S. A.), 2002
Juan Ignacio Luca de Tena, 15. 28027 Madrid
Depósito legal: M. 46.297-2002
I.S.B.N.: 84-376-2020-1
Printed in Spain
Impreso en Anzos, S. L.
Fuenlabrada (Madrid)

Índice

Introducción

JUAN JOSÉ GÓMEZ MOLINA

El origen del actual trabajo está en el proyecto de investigación realizado en la Universidad de Salamanca («Nuevos Grupos». Secretaría de Estado de Universidades e Investigación: «Metodología del Dibujo. Reconstrucción de los procesos y de las antiguas máquinas de dibujo de Durero al principio de la fotografía», 1985), que contó con las ayudas conseguidas a través del programa, y con la inestimable colaboración de Lino Cabezas, cuyo preciso conocimiento de las antiguas máquinas de dibujar nos permitió la reconstrucción de los artificios que eran el origen de la actual tecnología de la imagen; y a través de su labor erudita y paciente, logramos volver a sentir la sensación que los primeros dibujantes experimentaron en ellas y pudimos pasar de la visón de los libros, y de la previsión teórica de lo que podía ser aquella visión, a la experiencia real de volver a dibujar con ellas y comprobar la enorme diferencia de cada uno de los procesos, volviendo a sentir sobre nuestra mano la imagen suspendida, fantasmagórica, especular de la cámara clara o la no menos mágica de las imágenes producidas por las lentes de las oscuras. Un material que dio origen a las exposiciones de Valladolid y que tuvo su resultado espectacular en las realizadas en el Palacio de Sástago de Zaragoza o en la Fundación MAPFRE de Madrid, de las que nos queda el recuerdo del catálogo *El Dibujo: Belleza, Razón, Orden y Artificio* que fue el principio de las actuales publicaciones en esta colección de Cátedra. Tiene también su origen en el seminario que realizamos con un pequeño grupo de alumnos y profesores de la Facultad de Bellas Artes de Madrid que colaboran en la actual publicación, en el que tratamos de abordar, también, los problemas de la imagen digitalizada.

Tratamos de evitar en aquel seminario, y ahora en esta publicación, el centrarnos sólo en los aspectos relacionados con los problemas de autoría, mercado y comunicación, que suele ser el lugar común sobre el que gira la mayor parte de las reflexiones actuales, para abordar más los cambios de conocimiento que se establecían en los corrimientos de las prácticas del dibujo, que es la experiencia más conflictiva que se nos presenta, como dibujantes y artistas, en el hecho de tener que definir las imágenes desde estos cambiantes artificios. Tratábamos, y tratamos también ahora, de no plantear esos cambios como el resultado último de las nuevas tecnologías, y situar estos en un proceso más amplio que tiene su origen en la misma formulación esencial de la representación, en los cambios epistemológicos que se originan en la creación de sus herramientas.

Por ello hemos comenzado este trabajo con la precisa reconstrucción histórica de los artificios que dieron origen a la actual tecnología, y de los cambios que estos produjeron en la forma de representar y construir el imaginario de nuestra realidad. Considerando que todo cambio tecnológico no es otra cosa que un sistema de inducción encaminado a una acción eficaz para generar el resultado que estos cambios propician, hemos tratado de relacionarlos con las trasformaciones de conciencia que producen.

La inestimable colaboración de Lino Cabezas, que es el artículo que vertebra la actual publicación, nos ha permitido visualizar en el capítulo II, «Las máquinas de dibujar. Entre el mito de la visión objetiva y la ciencia de la representación», todos los cambios que se produjeron desde las primeras formulaciones del «velo» de Leon Battista Alberti hasta los comienzos de la fotografía. Un debate a veces oscurecido por su excesiva vinculación a los problemas del arte o la belleza, pero que incluye también todos aquellos otros que lo articulan con el conocimiento especulativo de la realidad, la objetividad y la verdad, su valor científico y aquellos más cercanos de la estructura de la comunicación, así como la posibilidad o no de integrar la percepción de nuestra experiencia con los modelos conceptuales de nuestra comprensión de la realidad.

En el capítulo III, «De la emulsión al pixel. La nueva definición de la imagen en el siglo XX» de Manuel Barbero, hemos tratado de analizar los cambios que se introdujeron en el momento en que los anteriores artificios pudieron realizar las imágenes con la total independencia del sujeto, en la medida que la emulsión automatizaba todo el proceso, y desvinculaba la representación final de los avatares aleatorios de la interpretación manual. A través de un lenguaje poético, Barbero nos presenta algunas analogías y diferencias de ambos procesos en el análisis de los documentos a que dan origen sus prácticas.

En el capítulo IV, «Los ruidos de la máquina» de José Gómez Isla, planteamos uno de los temas más interesantes de los procesos de trasformación a que dan origen las herramientas y las máquinas de dibujar y en general todas las máquinas, el de los desajustes que se producen entre aquello que trata de solucionar el nuevo artificio y la representación tradicional que le ha dado origen, estableciendo un ruido, una deformación de su modelo originario, que inicialmente es considerado una perturbación, pero que posteriormente puede convertirse en el elemento más significativo del sistema, la interrupción luminosa que rompe la transparencia de la representación y la convierte en el objeto de la nueva mirada.

Con Juan Martín Prada nos enfrentamos en el capítulo V, «Las instrucciones del *software* y del *hardware* como nuevos manuales del dibujo», a otro tema clave de las nuevas imágenes, cuando la máquina óptica de representar que es la fotografía se introduce en otro mecanismo, forma parte de un sistema más complejo, el de la imagen digitalizada y el ordenador, donde se visualiza el conflicto irresoluble entre las máquinas y los modelos de pensamiento que le dieron origen. Las instrucciones de funcionamiento de la propia herramienta establecen los comportamientos previsibles, y los límites de las representaciones que organizan las descripciones de sus posibilidades se convierten en las auténticas cartillas contemporáneas del dibujo.

En el trabajo de Antonio Rabazas, capítulo VI, «El dibujo y el diagrama. Infraestructura proyectual de Eulàlia Valldosera», tratamos de describir el proceso concreto de un artista contemporáneo; a través de él podemos visualizar dos hechos importantes; el primero, el valor que los mecanismos conceptuales tienen como auténticas herramientas de las producciones artísticas, y el segundo, los cambios que se establecen en los actuales proyectos de los artistas que actúan en un territorio, donde el elemento «grafiante» y su soporte están imbricados con los nuevos artificios de representación.

El trabajo de Miguel Copón, capítulo VII, «El dibujo como máquina conceptual», incide en estos problemas al considerar al dibujo mismo como la verdadera máquina del proceso de conocimiento que se establece en la representación. Con estos dos artículos hemos tratado de romper con esa falsa idea que se establece en gran parte de los trabajos sobre las nuevas tecnologías, en los que la mitificación de los medios actuales nos oculta la visión más compleja, aquella que articula nuestros problemas, con la continuidad de un vasto territorio de realidades que son las que determinaron la estructura actual de nuestro conocimiento.

En la «Retórica digital» del capítulo VIII, de Alfred G. Kavanagh, insistimos en ello, pero ahora sobre las estructuras de lenguaje que organiza su lectura, determinando las analogías y las diferencias que estas fijan con los antiguos sistemas de emblemas y signos. El análisis que se concreta, como en Rabazas, en la ejemplificación de un proyecto concreto. Como en los anteriores tratamos de visualizar la continuidad de las estructuras profundas que definen el hilo conductor de la comunicación.

Eduardo Zamarro, en el capítulo IX, muestra algunos ejemplos de cómo la máquina no sólo es un instrumento de dibujo sino que también es el gran tema del dibujo de muchos proyectos contemporáneos, y Eva Moraga, en el capítulo X, planea como final (*«Net-art:* ¿metamorfosis de la práctica artística?») hasta qué punto el propio medio tecnológico se ha convertido en el contexto de expresión de las nuevas generaciones, y cómo las características estructurales del sistema están posibilitando el desarrollo de una nueva manera de crear y relacionarse con el entorno. Lo mismo que el cine o el vídeo crearon un entorno narrativo con características muy específicas, que han ejemplificado con mayor adecuación que los tradicionales los modos de pensar la realidad sin sustituirlos, la red ha generado no sólo un modo de comunicación sino también un modo de creación al que también aludimos nosotros en el preámbulo, cuando comentamos la nueva manera de hablar por teléfono que establecía el mundo de internet.

Con todo ello hemos querido aportar, como en el primer libro de *Las lecciones del dibujo,* un conjunto estructurado de documentos que ayude a referenciar algunos de los problemas a que nos enfrentamos como dibujantes; como entonces hemos recurrido a compañeros de las facultades de Bellas Artes, que como creadores, profesores y alumnos estamos sometidos a la responsabilidad, no sólo de crear el nuevo imaginario, sino de explicarlo, como diría P. Valery, «desde la acción que lo hace». Sin pretender agotar todas las interpretaciones posibles, sí queremos aportar una visión singular que muchas veces hemos delegado en otros, y es la que se establece en el terreno de las incertidumbres que surgen en el hecho de definir las nuevas imágenes, en la seguridad de que es imposible establecerlas sin determinar su origen, como también lo es generarlas sin partir del extrañamiento que produce la insatisfacción con el sistema de dibujo dominante, desde, como diría Pessoa, el recuerdo de nuestra «calle Bordadores» y desde nuestra gramática del padre Figueiredo, que es la estructura estética de nuestro entorno imaginario, de ese terreno resbaladizo que es aquello que cada vez entendemos como arte.

Mis agradecimiento a todos ellos, a Manena, a mi familia y a aquellos que desde las instituciones académicas y culturales han favorecido el debate y la discusión de estos temas, porque esos cursos, conferencias y seminarios que la curiosidad por las anteriores publicaciones despertaron son los que originaron esta nueva.

[illegible] de este tipo. En otro capítulo, Vincent Chang [illegible] como hombre de [illegible] proceso de [illegible] [illegible]

[illegible]

[illegible] en el capítulo [illegible]

[illegible]

[illegible]

[illegible]

Capítulo I

Máquinas de dibujar: territorios y escenarios del dibujo

Juan José Gómez Molina

Tratamos en este artículo de establecer dos pequeñas reflexiones:

I. Territorios. Plantea algunos de los cambios que se introducen en el dibujo a medida que se modifican sus herramientas.

II. Escenarios. Plantea el cambio de imaginario del dibujante en la medida que el nuevo medio de comunicación, la Red, Internet, se establece como el campo de su acción en el inicio del siglo que comienza con su predominio, generando el modelo ideal que sustituye a la antigua ciudad celestial.

Territorios

Sentados cerca de una de las carrascas de la Solana, observo cómo José el pastor dibuja una serie de círculos concéntricos sobre la tierra desquebrajada del barbecho; lo hace mecánicamente, mientras observa distraídamente el ganado. Hace calor y sobre la piel percibo el polvo del atardecer, las ovejas se agrupan alrededor del árbol más denso y fresco, él interrumpe su acción para indicarme los límites del «cuarto», el territorio que tiene asignado para los pastos de este verano, e indicarme los problemas que ha tenido esta mañana con las nuevas plantaciones de almendros, sólo dos breves trazos y la referencia al «corral de Alonso», con un zig zag más vigoroso, son suficientes para que ambos entendamos las dificultades que el nuevo paso ha establecido este año con los propietarios más conflictivos. Mientras tanto, Severo, el perro pastor, observa desde la distancia los movimientos carentes de significado que el pastor realiza en nuestro diálogo; sólo cuando él se apoya en el callado para recoger una piedra del suelo entiende que es el momento en que va a tener que entrar en acción. Cuando la piedra traza la parábola que le permite sobrevolar el rebaño, el perro inicia un círculo alrededor de las ovejas para reagrupar a las más distantes que han franqueado el límite imaginario que sabe deben de conservar con respecto al resto, terminado lo cual vuelve la mirada a José y espera su reconocimiento.

José vuelve a su ensimismamiento mientras acaricia el cayado que hace unos años cortó de las nogueras de la vega, casi ocultos los cortes de las ramas laterales que formaban el ramo. El palo ha sumado al pulido inicial las huellas sucesivas, y los rastros de todas las acciones que ha sufrido: ha ido adquiriendo un color intermedio entre el suyo propio y el provocado por el pulido que el sudor y el roce le han ido añadiendo. La mano callosa del pastor acaricia por enésima vez su perfil y la oquedad suave de su palma determina imperceptiblemente su forma. Apoyado sobre él, moldea los límites de su perímetro como un proyecto imaginario de su horma (como en la oquedad producida por los besos de los fieles en la columna de la Virgen del Pilar de Zaragoza), lo duro de las nerviaciones ha dejado paso a la impronta imperceptible de las caricias de su mano. Un pulido sobre el que ha trazado, con la punta de su navaja, la misma cenefa repetitiva que viese a su tío Romualdo, aquella que desde cientos de años han repetido los pastores de la zona, unas formas geométricas que se adaptan perfectamente al golpe sistemático de los cuchillos y a la resistencia de la madera curvada de los callados.

Con mi nueva cámara réflex de 35 mm trato de delimitar la escena, establecer una instantánea de ese tiempo. Encuadro el rebaño, establezco la prioridad de diafragma para asegurarme de que el movimiento del ganado quedará recogido con suficiente nitidez, y aprieto el obturador.

La escena pudo ser en los principios de los años setenta cuando iniciaba una serie de fotos sobre una forma de vida que había sido el pequeño jardín imaginario de mi niñez y que en aquellos años se desvanecía con la cultura campesina de los pueblos de La Mancha. Las imágenes pueden ser fruto del recuerdo o del deseo, quizás el rebaño de la foto fue más tarde, quizás la imagen de José se corresponda con la de otro pastor, quizás el callado no sea otro que aquel que vi en el corral dos años antes de estos hechos, cuando sujeto con esparto, domado en el agua, iba adquiriendo la forma definitiva de su nombre, pero esta imagen tan alejada de aquellas que parecen ser las pertinentes para hablar del arte, de las máquinas, de las herramientas o de las nuevas tecnologías, nos sirve para ejemplificar algunos hechos que nos parecen relevantes a la hora de plantear el tema.

Etimológicamente la definición del diccionario no parece darnos demasiadas pistas, define herramienta, del latín ferramenta, como instrumento de hierro o acero con el que trabajan los artesanos, y máquina: 1.° como el artificio para aprovechar, dirigir o regular la acción de una fuerza, 2.° conjunto de aparatos combinados para recibir cierta forma de energía y transformarla en otra más adecuada, 3.° agregado de diversas partes ordenadas entre sí y dirigidas a la formación de un todo, y finalmente máquina-herramienta: la que por procedimientos mecánicos hace funcionar una herramienta sustituyendo el trabajo de un operario. Está también el término mecánico para aquellos actos que se realizan sin reflexión, o aquellos actos que requieren más habilidad manual que intelectual, y finalmente la acción de maquinar como aquella que realiza sueños imaginarios o para urdir, tramar algo oculto y artificiosamente, generalmente con mal fin.

¿Qué sentido tiene hablar de máquinas de dibujo? Su sentido histórico está vinculado a aquellos artificios encargados de solucionar por medios mecánicos el complejo sistema de traslación de los problemas de la visión tridimensional a la representación bidimensional, a la posibilidad de establecer una visión objetiva que libere al dibujante de la reflexión compleja que conlleva la representación según las convenciones de la geometría y que en sí mismo es ya una herramienta intelectual que trata de determinar esos problemas en unas reglas objetivas que nos aíslen de las terribles decisiones de su comprensión gráfica.

Pero la mecanización incluye elementos complejos de relación entre lo representado, la acción del dibujo haciéndose, la conciencia y la efectividad que dicho proceso asume en el proyecto de las cosas y la definición de uno mismo.

Actuar, representar, es un fenómeno cuya esencialidad no está vinculada solamente a la efectividad de la imagen representada, es una acción que modifica la conciencia en el propio acto de ser definida como dibujo, lo descrito en los párrafos anteriores sobre esa visión imaginaria de la llanura manchega nos habla de diferentes procesos de la construcción de la realidad, y de los no menos diferenciados grados de autoconciencia y automatismo, de las herramientas que utilizamos como prolongaciones de nuestra acción, y de los grados de distanciamientos de cada uno de ellos con el hecho consciente que le dio origen.

El callado, el tosco palo pulido, pese a su obviedad, pese al carácter humilde de su presencia, pese a su cotidianeidad, ya perdida, pero todavía evidente, pese a su separación con otras herramientas más sofisticadas del oficio, es básicamente el elemento fundamental de la acción desencadenante de ese distanciamiento que se produce en el artificio de prolongación de nuestro brazo. Resume el hecho básico y esencial del proceso de instrumentalización de nuestras acciones, implica el aislamiento, y la objetualización de un complejo sistema de relaciones naturales implícitas en el crecimiento de una planta y su vinculación de ellos a un fin. Para que esto sea posible ha sido necesario que hayamos podido entender, en esa organización, un elemento capaz de ser aislado y transformado en un utensilio que prolongue la acción de nuestro brazo, en una acción eficaz capaz de modificar un conjunto amplio de elementos para que dejen huella precisa de ese gesto. En ese hecho se ha producido un fenómeno de apropiación importante que está en la base de todos nuestros comportamientos proyectivos, que se realizan en la automatización de nuestra conducta.

En la primera acción, la de su desgajamiento del árbol, están todos los elementos iniciales de nuestra construcción simbólica relativos a su inclusión en el campo de lo sagrado, aquellos que determinan el valor colectivo trascendente que produce su separación de los acontecimientos necesarios para instalarse en los de la voluntad significativa. En la segunda, ha sido necesario reconocer las capacidades de transformación de nuestro gesto, en una acción abstracta que defina un concepto de comprensión colectiva a través de su definición, como operación intelectual que obedece a las reglas de una disciplina. Para todo ello es necesario que la experiencia haya reglado, convencionalizado y transformado en una acción mecánica un complejo muy amplio de experiencias imaginarias. En ese proceso y con dependencia de la efectividad de sus representaciones, se han creado una serie de conductas que con independencia de su eficacia inmediata, y su relación con la imagen creada, han organizado y predispuesto al individuo al reconocimiento y aprovechamiento de ciertos hechos, que son luminosos para la clarificación de unos elementos que hasta entonces permanecían ocultos a la conciencia.

El roce, el pulido que el pastor efectúa sobre su superficie, marca otra de las acciones básicas de la representación, es una operación de sublimación y distanciamiento por la que dotamos al objeto representado de una cualidad especial, que lo mismo que en la exclusión, convierte a lo representado en algo exterior a nosotros mismos. El paso efectuado desde el renacimiento, tras el descubrimiento del óleo, permitió desarrollar unos procedimientos fascinantes para la ilusión celestial de sus imágenes, una determinación casi divina, que avalaba la confirmación de belleza

Dibujos, esquemas
y manipulación de herramientas.

Los círculos generados por esta herramienta elemental del dibujo se establecen como una prolongación de su cuerpo; hay una relación directa entre ellos y los movimientos de la mano. Cada movimiento, como en una representación virtual de los nuevos sistemas de simulación tridimensional, es valorado por nuestro cerebro y organiza nuestra percepción cerebral con una visión espacial; más que una escritura consciente se trata de una acción de reequilibrio de nuestro ser con su entorno. La acción kinestésica que desarrolla el dibujo define un estado de ánimo diferente que determina una taxonomía de conductas específicas entre las que se encuentra la razón inicial de los procesos de mecanización. Estamos ante el hecho más radical, aquel que une su actividad a la concreción de un pensamiento mediante la movilización de toda la energía corporal como si se tratase de una palanca, que sería el ejemplo de la herramienta inicial.

El dibujo realizado sobre la tierra del bancal se concreta más como un diagrama que como una representación formal de unos objetos. Es ante todo un pensamiento convertido en su objetivación. El viaje realizado por el dibujante y el espectador aparece en él como una imagen especular de la narración, como las pizarras realizadas por Beuys, donde esa acción primordial tiene su contrapeso en la automatización mecánica de la escritura, convertida en una herramienta fundamental del pensamiento sin cuya estructura es impensable la de las máquinas.

La acción repetitiva establece un pacto con el orden del que fluye, todo parece determinarse por el esquema que su construcción impone.

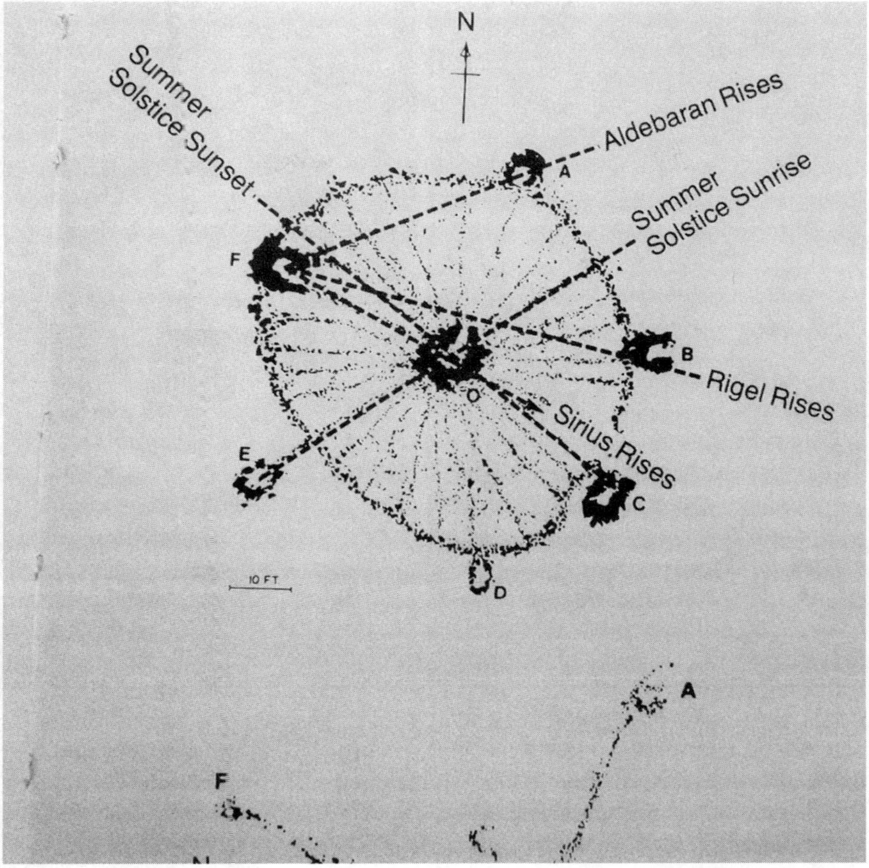

Esquema.

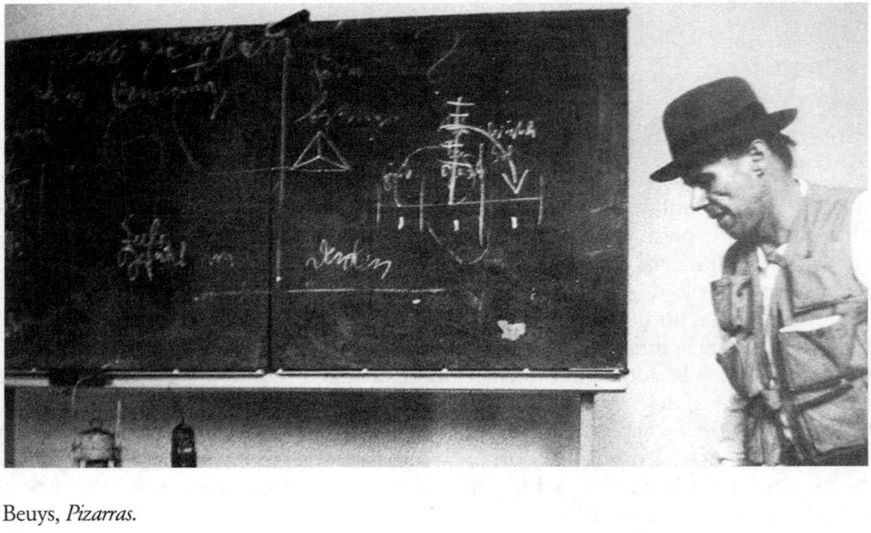

Beuys, *Pizarras.*

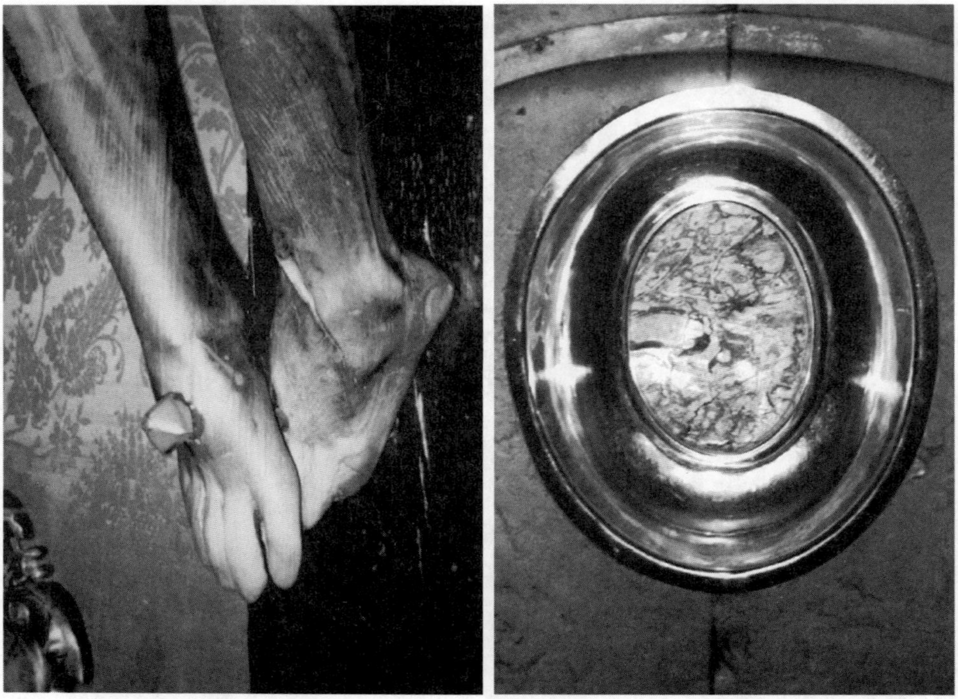

Basílica de la Virgen del Pilar (Zaragoza). Pies de Cristo y columna de la Virgen del Pilar.

El caso de la columna de mármol de la base de la Virgen del Pilar de Zaragoza, donde el beso de millones de personas ha formado una pequeña cavidad, casi un pequeño útero taoísta, que la devoción ha aislado de su entorno, enfatizando su valor mediante un óvalo de plata, es un buen ejemplo de ese valor de transmutación de una realidad y su apropiación colectiva mediante un hecho no reflexivo, que adquiere sólo autoconciencia cuando la acción ha marcado una distancia infinita con los elementos que lo definían sólo como columna. El pulido, el barnizado, el lacado, la transformación de la imagen desde su aspecto de obra pictórica a obra fotográfica, determinada por las sales de plata, su transparencia en la película y su proyección luminosa en la pantalla, son otro de esos elementos subterráneos a la propia representación por la que ella va adquiriendo una serie de valores de objetivación, que va más allá de los adquiridos por la imagen, por la objetividad de su representación y su adecuación a las leyes o a la experiencia de la visión.

ideal de sus historias. Una situación mágica que observamos en todas las imágenes sometidas a la veneración del culto religioso, donde la acción imperceptible de la caricia o el beso produce una transformación casi alquimista de la realidad, a través de un hecho mecánico, repetitivo, que nos informa de su relación con el propio proceso de veneración de sus imágenes. El caso de la columna de mármol de la base de la Virgen del Pilar de Zaragoza, donde el beso de millones de personas ha formado una pequeña cavidad, casi un pequeño útero taoísta, que la devoción ha aislado de su entorno, enfatizando su valor mediante un óvalo de plata, es un buen ejemplo de ese valor de transmutación de una realidad y su apropiación colectiva mediante un hecho no reflexivo, que adquiere sólo autoconciencia cuando la acción ha marcado una distancia infinita con los elementos que lo definían sólo como columna. El pulido, el barnizado, el lacado, la transformación de la imagen desde su aspecto de obra pictórica a obra fotográfica, determinada por las sales de plata, su transparencia en la película y su proyección luminosa en la pantalla, son otro de esos elementos subterráneos a la propia representación por la que ella va adquiriendo una serie de valores de objetivación, que va más allá de los adquiridos por la imagen dada la objetividad de su representación y su adecuación a las leyes o a la experiencia de la visión. La nueva fotografía ha creado a través de este pequeño recurso uno de sus soportes más sólidos de su presencia internacional, desde el matrimonio Bernd y Hilla Bercher a Andreas Gurky, a Thomas Ruff, la fascinación por los formatos fotográficos donde las grandes ampliaciones, primero en blanco y negro y actualmente en color, recrean ese mundo manierista de nuestra realidad tecnológica, mediante el equilibrio preciso de unas tonalidades neutras, a las que la imagen de vídeo y la pantalla del ordenador nos han habituado como un anticipo laico de la nueva ciudad celestial.

Los círculos generados por esta herramienta elemental del dibujo se establecen como una prolongación de su cuerpo; hay una relación directa entre ellos y los movimientos de la mano. Cada movimiento, como en una representación virtual de los nuevos sistemas de simulación tridimensional, es valorado por nuestro cerebro y organiza nuestra percepción cerebral con una visión espacial. Más que una escritura consciente se trata de una acción de reequilibrio de nuestro ser con su entorno, la acción kinestésica que desarrolla el dibujo crea un estado de ánimo diferente que determina una taxonomía de conductas específicas. El automatismo del movimiento permite un vuelo libre de la imaginación, actúa como una máquina de pensar, como un mantra tibetano, es una estructura pura de pensamiento, su finalidad no está determinada por la representación final, sino por la desconexión que produce de la conciencia, para determinar una visión discursiva de la memoria que se entrelaza con el proyecto.

Con la vista puesta en el horizonte, José se libera de las percepciones que lo ligan con el tiempo y el espacio, para sentir sólo ese camino interminable de círculos que concentran su pensamiento o lo expanden según ellos se diluyen en acciones de cierre o apertura. La acción de explicarme lo sucedido en la mañana rompe de una forma violenta este estado de ánimo y le obliga a establecerse en una nueva realidad, recupera esa vinculación con la acción eficaz que determina la construcción de la herramienta, para dirigir y regular la acción de una fuerza, donde todo el pensamiento se ordena en el sentido y forma del trazo, produciendo una relación unívoca entre el dibujo y el esquema del pensamiento que trata de definirse en ese hecho concreto, el zig zag violento que acelera el itinerario de su trayecto, focaliza la atención del pensamiento y establece una cumbre significativa en ese encefalograma analógico, equivalente de la estructura profunda de la situación que se narra.

La violencia de este nuevo dibujo se establece en el deseo con el que el signo trazado ordena las dos voluntades, un movimiento físico que moviliza los sentidos en desequilibrios sucesivos en busca de carencias, de vacíos, de sentidos que movilicen la interpretación de los nuevos hechos. También aquí el dibujo adquiere un sentido primordial que parece actuar con independencia de las convenciones del lenguaje, su fuerza está precisamente en ese carácter esencial que parece situarse fuera del tiempo y el espacio, en conexión directa con el pensamiento y la voluntad de sentido, su repertorio se centra sólo en un pequeño conjunto de signos relacionados con esa etapa inicial del lenguaje que ordena la lectura desde una topología básica de inclusiones y exclusiones, en un itinerario interminable que parece conducir el pensamiento hacia el horizonte. Paradójicamente esa sensación de profundidad con la que el pensamiento ordena su discurso en un aparente camino hacia adelante se trascribe sobre el soporte en movimientos oscilantes de izquierda y derecha, la linealidad del pensamiento se plasma en la geografía del soporte como un mapa de memorias que organizan los lugares como un territorio de interferencias: el viaje realizado por la mente se concreta en una cartografía atemporal donde prevalecen sólo las relaciones de los hechos.

El dibujo realizado sobre la tierra del bancal se concreta más como un diagrama que como una representación formal de unos objetos. Es ante todo un pensamiento convertido en su objetivación. El viaje realizado por el dibujante y el espectador aparece en él como una imagen especular de la narración; como en las pizarras realizadas por Beuys, estos trazos de José son puras estructuras de conocimiento. Sus representaciones diagramáticas dan, pese a todo, una escala corporal, la medida del trazo nos informa de la actitud corporal del gesto que le dio origen, frente a los pequeños dibujos realizados minuciosamente en pequeños recortes de papel. Los dibujos de Siza para sus explicaciones frente al cliente sobre los grandes papeles nos hablan de una escenografía muy diferente de su autorrepresentación, la medida del diagrama nos informa del grado de recogimiento o expansión de la acción haciéndose. Estamos ante el hecho más radical, aquel que une su actividad a la concreción de un pensamiento mediante la movilización de toda la energía corporal como si se tratase de una palanca, que sería el ejemplo de la herramienta inicial; en él, todo se interrelaciona, desde la voluntad hasta la mano, todo se relaciona y todo tiene autoconciencia de aquello que moviliza, mientras que cuando él comienza a repetir los pequeños cortes sucesivos de su navaja sobre el perímetro de su callado, todo parece refundirse en un estado de apaciguamiento propiciado por su adaptación a un esquema de orden que el propio patrón formal proporciona. La geometría, en sentido estricto, funciona como todo mecanismo mental, es un sistema de automatismo, algo que una vez aplicado se separa de los acontecimientos para regular su actividad en los mecanismos conceptuales que lo organizan como sistema. Como en el diagrama, su lógica se organiza alrededor de la herramienta que establece su desarrollo, el tamaño del triángulo se determina en la economía de medios que proporciona la adecuación de su tamaño a la distancia del tajo.

El equilibrio que se establece en esta actividad es muy diferente al proporcionado, al establecido en los gestos repetitivos realizados sobre la arena. Aquí el dibujante está obligado a centrar su atención en su tarea, existe un abandono de su individualidad en la aceptación de un orden colectivo, en una razón que está fuera del desorden del propio pensamiento. La acción repetitiva establece un pacto con el orden del que fluye, todo parece determinarse por el esquema que su construcción impone, como en el debate que los trazadistas mantuvieron con las propuestas renovadoras de los perspectivistas; aquí el sistema de trabajo organiza los límites de las variables que son posibles modificar, la amplitud de sus resultados está en las posibilidades de desarrollo combinatorio que establecen los instrumentos de trabajo y las respuestas posibles del material.

Mi idea de representar a través de la fotografía esta situación nos sitúa en un entorno muy diferente; aunque durante años he dibujado al pastor con el rebaño, ahora tengo que enfrentarme con una estrategia muy diferente. El dibujo «a mano» con el que hasta ahora había resuelto el tema me situaba dentro de un conjunto de fenómenos de índole muy diferente, la herramienta quedaba reducida a un pequeño objeto de madera, fruto de un proceso industrial de fabricación en donde la diferencia entre elemento de sujeción y elemento grafiante ha quedado integrada en un sola estructura que lo contenía en su interior, adaptado a la mano, establecía un conjunto de respuestas eficaces para determinar el grosor y la intensidad del trazo, según se estableciese una forma u otra de cojerlo. La representación perspectiva frente a la trazadista establecía una capacidad de reflexión de mucho mayor calado; situado con mi bloc ante la escena, tenía que establecer mi posición frente al imaginario de dibujos desde los que había surgido mi pasión inicial como artista.

La lucha por representarlo nunca surgió de la necesidad de comprender aquel acontecimiento, sino como dice Malraux de la necesidad previa de ser artista. Cuando empecé a dibujar no lo hice desde la actitud del buen pastor, desde la inocencia que narra la anécdota de Giotto, sino por el contrario desde el imaginario de los dibujos que había visto, los que hacían posible el reconocimiento de este hecho. Nacía también, aunque esto pueda parecer contradictorio, desde la idea de un proyecto de dibujo que implicaba una cierta continuidad, un dibujo fundacional donde parecía prevalecer la idea de retener, conservar lo vivido, lo visto, como un acto de memoria, de lucha contra el tiempo, pero para poder llevarlo a término era necesario que algo saliese de mí mismo, y se concretase como en sombra delante de él mismo. Esa acción elemental abría una grieta, establecía un discontinuo en mi percepción de la realidad, que me obligaba a establecer una hipótesis aventurada sobre muchos campos que parecían unidos como una experiencia coherente.

> Lo simbólico —nos cuenta Miguel Copón en su artículo— define la necesidad de que mediante materiales lanzados y detenidos por un soporte —el mundo en su configuración sígnica total, en último caso, es el soporte significante, el que da significado relacional— seamos capaces de conjuntar la distancia que ese mismo arrojar pone a la luz. Pero en la raíz de ese mismo arrojar al mundo o arrojar el mundo encontramos este sentido necesario de la distancia del arte. En griego, el citado *ballo* no sólo está en el origen de lo simbólico, sino de problema *(proballo,* lo arrojado adelante), otra de las formas exactas para definirse al arte. En el *pro* como distancia veremos cómo se alojan otra serie de términos altamente significativos para las intenciones de la representación. El latín *iacio,* arrojar, lanzar, indoeuropeo *yê,* se encuentra en la raíz de algunas direcciones que hemos presentado ya desde nuestra primera definición. Si el arte es un lanzar adelante, el arte es un proyecto, que pone en juego lo que es extraído de lo arrojado *(sub-jectum)* mediante una forma que se o-pone *(ob-jectum).*

Para proyectar, para dibujar a mano, es necesario establecer el camino eficaz para dar término a la acción que la origina, el proyecto «de» se realiza en el contexto de unas prácticas que ya han probado su eficacia, en la determinación de los objetos que reconocemos. Los objetos que delineamos son el producto de un proceso de conocimiento mediante el cual nos integramos en el universo simbólico reconocido, en el que determinamos nuestra conciencia de ser. Erenzein nos hablaba del proceso de vivir como un progreso permanente desde la indiferenciación a la diferenciación. Partimos desde una vivencia indiferenciada de lo interior y lo exterior, de una percepción indivisible del mundo y nuestro yo, vivir es un acto doloroso por el que vamos reconociendo nuestra identidad como el resultado de una pérdida permanente de realidades que se objetivan, que se sitúan como objetos arrojados ante nuestra presencia, que sólo unos momentos antes eran una parte fundamental de nuestra extensión. Toda diferenciación es una pérdida de experiencias que inicialmente determinaban el territorio indefinido de nuestro ser. Cuando nacemos comienza un proceso indefinido de amputaciones mediante las cuales se va determinando el mundo objetual de nuestro universo simbólico.

Todo proceso de proyectación implica una acción de autoproyección, pero ese proyecto que nos completa, que define la complejidad de nuestra experiencia, sólo es posible, paradójicamente, desde un vaciamiento, desde una pérdida de nuestra sustancia que se objetiva. El reconocimiento de lo exterior lleva siempre una autolimitación, el viaje iniciativo que se inicia con el trazo de esa línea con memoria que es el dibujo, produce una determinación de nuestro límite, una focalización sucesiva de nuestra imagen que se proyecta en la representación. Para que nuestra imagen ofrezca resistencia a la luz, para que produzca la opacidad suficiente para que la luz no la atraviese, para que establezca un perfil preciso en el que se focalice como una sombra, como un espacio negativo, es preciso que se produzca una determinación angustiosa que nos priva de esa satisfacción indefinible que nos une al mundo extenso de lo percibido. Toda percepción de mis límites, todo reconocimiento del perfil que permite mi dibujo se produce siempre como un reconocimiento de mis carencias.

El niño tiene que enfrentarse al hecho de que sus excrementos, aquello que expulsa fuera de él, no es parte de él, se reconoce a sí mismo al mismo tiempo que no se reconoce en lo que está fuera de él. Diferenciarse culturalmente es asumirse en los límites representacionales que nos excluyen de nuestra pertenencia al todo indiferenciado de nuestras vivencias infantiles. La percepción de nuestras limitaciones se realiza en la medida que siento la carencia de esa extensión en la que me reconocía como ilimitado. Cuando proyecto trato de establecer el equilibrio inicial del seno materno, dentro del cual se establecía una indiferenciación total entre deseo y realidad. Pero en la medida que mi proyecto me proyecta, mi sombra reafirma la herida inicial que dio origen a ese deseo. La acción de dibujar establece en la representación, de una forma luminosa, las contradicciones que recrea ese símbolo que trataba de completar mi existencia.

José Ferrater en su definición de «proyecto» nos establece la siguiente reflexión a través de Heidegger:

> El proyecto no es aquí simplemente un plan, por la sencilla razón de que no se trata de planear, disponer o proyectar lo que se va a hacer. Se trata más bien de proyectarse a sí mismo, o, si se quiere, de «planearse a sí mismo». Por eso se puede hablar, para referirse al Dasein, de un «ser como proyecto». En otros tér-

minos, más que de vivir proyectando se trata de vivir como proyecto. El proyecto es pues, una anticipación de sí mismo. El Dasein no es una realidad proyectante; es más bien el proyectarse. Por eso el Dasein proyecta en la medida que existe —lo que viene a ser lo mismo que decir que existe en la medida en que proyecta—. La proyección de sí mismo, esto es el proyecto, no es, sin embargo, para Heidegger, un vago anticiparse a sí mismo. El proyecto aparece dentro de lo que Heidegger llama «la comprensión» (Verstehen), la cual es el original ser dado como una posibilidad o, mejor dicho, como un «poder ser» (Seinkönnen). El proyecto en este sentido es inclusive anterior a la posibilidad —cuando menos en tanto que «posibilidad vacía»—. En efecto, sólo porque hay proyecto hay posibilidad. En suma, el Dasein no elige en su proyecto entre lo que es dado, sino que se elige a sí mismo en su proyectarse.

También cita a Ortega y Gasset en las abundantes referencias a la vida como «programa vital» y «como problema de sí misma», pero mientras que Heidegger entiende el proyecto dentro del marco ya indicado de la «comprensión», Ortega lo entiende como manifestación de la «auto-decisión» (José Ferrater Mora, *Diccionario de Filosofía,* Madrid, Alianza, 1979).

En ese sentido el dibujo coincide plenamente con ese «proyectarse» en la medida que se realiza, y existe cuando se moviliza en la acción de la mano que lo proyecta sobre el soporte, cuando se desplaza en el tiempo dejando ver la presencia del movimiento que determina su poder ser. Frente a la idea del proyecto «de» como plan previsible que se determina por la adaptación a las prácticas que le dieron origen, mediante su identificación con las imágenes que establecen sus convenciones académicas, el «Dibujo» es siempre una acción ontológica que se establece como problema de sí mismo. En ese sentido, tanto la vida como el quehacer del dibujo se establecen en lo que hay que hacer, en la necesidad de su propia definición, aquello que problematiza es lo que establece el sentido de su acción, redefiniendo en ello la propia condición de aquello que entendemos como dibujo. Por el contrario, el dibujo instrumental hace transparente su presencia, nos informa sólo de las variables establecidas por el código, necesita de una convencionalización cerrada, únivoca, su efectividad está ligada a ese no dejarse ver; para evidenciar sólo aquella operación para la que existía el acuerdo, se establece como un todo indiferenciado con el entorno de su cultura productiva (claustro materno de su origen).

Al asumirlo como proyecto de dibujo y no como dibujo de proyecto, surgía también el hecho inquietante de la ineludible necesidad de establecer la propia proyección, pero para realizarla es preciso tener conciencia del límite que establece la sombra, tener conciencia de nuestra imagen y para ello es preciso determinar una cierta estrategia del yo, y para definirla es necesario establecer un cierto discurso fundacional que dé origen al desarrollo de mi acción.

Para representar un objeto es necesario objetivar aquello que considero real, diseccionar, separar de mí aquello que pongo delante de mí, ¿pero si para proyectar necesito proyectarme, dónde está la charnela sobre la que pivotan ambos términos? La línea con memoria que va determinando el dibujo establece el eje de doble referencia desde donde es posible la separación del objeto y la configuración del yo. La doble representación que establece de lo que nombra y del itinerario que establezco para nombrarlo permite clarificar las relaciones del conflicto entre ambos, cuando establezco los modelos creíbles de mi realidad.

La idea de un deber ser, anterior a su propia definición, obliga a la línea a deambular entre el contorno de la sombra y la imagen deducida del objeto, mientras que la idea de un ser haciéndose, del dibujo como autoproyecto, obliga a la mirada vigilante que se autorreconoce en el trazo que realizo y en la distancia que establece con lo que expulsa y delimita. La confianza en la idea de un deber ser reafirma los modelos que proponen estructuras preexistentes de coherencia; en esa situación el dibujo aparece como un equilibrio ponderado entre lo que delimito y aquello que debería delimitar. En esa situación los modelos lingüísticos profesionales, las imágenes en las que se concreta su existencia adquieren un valor de ejemplo, de elemento de referencia prefijada sobre la que reconstruir el camino, pero en la adaptación a él, desaparece la diferencia, y la construcción del yo se limita a posicionarse sólo dentro de las variables del sistema.

La idea de un dibujo como un ser haciéndose, que se determina en su propia autorreflexión, obliga a un proceso constante de extrañamiento con los modelos que deberían establecer mi equilibrio con la realidad; el dibujo libre de calificativos está obligado a recrear la medida de mi cuerpo, la escala de mi mirada, cuando toma como referencia un imaginario en que los modelos gráficos de las otras disciplinas se convierten en los nuevos límites de mi acción.

Iniciar el recorrido de una línea, para proyectar un dibujo exige tener una idea de los modelos de referencia que han definido el universo imaginario de su existencia, al mismo tiempo que una voluntad de ser que esté vinculada a la necesidad de la representación, una especial necesidad de sentirse representación. Proyectarse en el dibujo nos obliga a definir nuestra forma de aparición en él; como el actor que irrumpe en la escena, debemos determinar nuestra procedencia, optar por qué lado del teatro aparecemos: desde el patio de butacas, desde el fondo, desde lo alto... para indicar al espectador nuestra relación con el tiempo y el espacio de la representación.

Mis dibujos iniciales, pese a su torpeza, parecían estar realizados desde un orden cerrado en el que experiencia y representación formaban un todo, que se articulaba en el propio acto de dibujar. Sentado en un ribazo o en la mesa de un bar, mis dibujos y yo mismo parecíamos formar un todo con el mundo que nos rodeaba; el perfil que determinaba el límite nombrable de las cosas era al mismo tiempo el perímetro, y el perfil de mi acción, visto desde fuera el trazo de mi gesto que definía el objeto, lo excluido de mí, y mi límite, tendían a identificarse; lo representado, la representación y quien lo representaba, se fundían en un mismo acontecimiento.

Situado en el propio escenario de la representación, el dibujo me incluía en su gesto, en la medida que mi acción de dibujar, el tiempo de su realización, quedaba incluido en la memoria de su trazo. Podía yo contemplar los itinerarios desde los que reconocía al objeto con la misma precisión que podía reconocerlos a ellos. Los espectadores que se situaban a mi espalda eran también testigos de ese doble reconocimiento, y todo parecía recrear el problema establecido en *Las meninas* de Velázquez, en donde la representación se confunde con el acto de su realización. En el dibujo a mano es difícil diferenciar los distintos estratos de encarnaciones, todo parece situarse en un presente eterno de su representación, como en una eucaristía laica, el acto de transmutación se vivifica en cada mirada. En la medida que las líneas de sus trazos se muestran como haciéndose, en la medida que nuestra vista puede recorrerlos en el tiempo real de su realización, la mirada y el acto de mirar reconstruyen siempre el tiempo originario.

Cuando trataba de fotografiar aquel acontecimiento yo era consciente de la ruptura del proceso, frente a la composición que establecía con la línea como camino expansivo de mi experiencia en los límites que se iban a determinar en el papel, el encuadre de la cámara se producía como un cerco que delimitaba mi visión, era un corte definitivo del tiempo y del espacio que definía su presencia.

En el nuevo dibujo de la fotografía, en cambio, prevalecía más el presentimiento de la aparición, la caja negra de su interior se establecía como el guardián mágico de una imagen que sólo nos aclararía su misterio en el acto del revelado. Como en un redescubrimiento de Kepler, en el que la visión continua medieval se fraccionaba en mecanismos complejos de espejos y visiones especulares neurológicas, la acción de la mano sólo era una llave que iniciaba el proceso complejo de la representación. El disparo de la cámara que se abría y cerraba un instante sólo era comprensible desde la previsión de otros hechos similares que el propio mecanismo aseguraba en su repetición.

Frente al carácter continuo y aleatorio del dibujo a mano, la realidad del nuevo estaba asegurada por la fe en el conocimiento científico, en la seguridad de que aplicado un método, este era capaz de producir sistemáticamente el mismo resultado; la credibilidad de la representación se asentaba en la neutralidad del proceso. La capacidad de «objetivar» mi mirada, de convertirla en objeto de pensamiento de mi reflexión, se condensaba en un complejo mecanismo, la máquina de dibujar, la cámara, en la que una de sus partes, la lente, o las lentes, mantenía en su nombre la ambición de su misión: Objetivo. Se cumplían en él algunas de las características del proyecto del dibujo de poner delante de nosotros la visión de uno mismo, la de visualizarse, la de proyectarse en el tiempo en la medida que posponía mi mirada, pero lo realizaba de una forma totalmente diferente. Sometido a la incertidumbre de si en la cámara negra de su interior persistía o no su huella, sólo podía confiar en el método y en los mecanismos técnicos que lo hacían posible. Como en las antiguas reivindicaciones de la perspectiva y de las primeras imágenes renacentistas que el artículo de Lino Cabezas nos describe, mi equilibrio con el mundo se establecía desde un nuevo sistema de valores, desde unas nuevas necesidades de entendernos que nos integraban en un mundo de previsibles resultados, fruto de un planteamiento racionalizable del conocimiento y la existencia. La seguridad de la representación se establecía en la certeza de que cada uno de los mecanismos se comportase con autonomía a mi estado de ánimo y que mi capacidad reflexiva no pudiera introducir variables en las previsiones.

La delegación que establecemos en la máquina deja transparente, sin significado, aquellos elementos que hemos decidido automatizar para centrar sus valores en aquellos otros que el sistema establece como variables; mientras que en el dibujo a mano todos los elementos se autosignifican, en la nueva representación, la opacidad y la transparencia se alternan en situaciones claramente diferenciadas.

Aunque es cierto que esta situación no es nueva, que las propias técnicas del dibujo, en lo que tienen de sistema de regularidad llevan ya implícitas esta valoración de transparencia, los mecanismos ópticos de la cámara y la respuesta gradual de la emulsión agudizan, hasta extremos insospechados, estas neutralidades producidas por el sistema de rayado del grabado o por las homogeneizaciones del gesto que determinaban los diferentes «estilos» del dibujo, con los que cada tendencia trataba de evidenciar aquello de lo que hablaba o negaba en su acción. En ellos la regularidad podía ser siempre traicionada y la línea podía actuar siempre como un doble filo de navaja capaz de seccionar o no cualquier campo de continuidades.

Toda técnica es una ordenación de acciones eficaces en busca de un fin determinado que se ha establecido como previsible en una acción anterior. Pero ahora el mecanismo actúa con una regularidad y precisión implacable, los modelos de formalización están perfectamente prefijados, y actúan autorregulados en cada una de sus etapas. La gran aportación de la fotografía al arte contemporáneo ha sido la de evidenciar la capacidad de establecer significados desde los intervalos del sistema; al automatizar los tramos de transparencia, ha dejado al descubierto las decisiones de opacidad del sistema, que ha permitido que la reflexión se centre no tanto sobre el valor del objeto como sobre las decisiones que se establecen en la mirada del mismo. La mirada sobre la pintura como objeto de significado no sería posible sin la evidencia que la fotografía establecía sobre el sentido de sus intervalos: la capacidad del arte de convertir su lenguaje en la auténtica naturaleza ha sido posible en gran medida en el artificio significativo que la nueva técnica reproducía antes.

Sentado en el barbecho, yo tenía ahora entre mis manos un artificio mágico, capaz no sólo de representar, sin mi trabajo, una idea objetivada de mi mirada, sino sobre todo, un mecanismo capaz de hablar de la construcción de ella misma. Podía automatizar los procesos según los modelos que ellos habían definido, podía comprender la razón de los intervalos que se producían entre la acción mecánica y la transformación química, podía ponerme en el lugar de aquel que había establecido el modelo de representación, siempre que mantuviese la vigilancia en esos intervalos que hacían posible su evidencia. Podía haber sido consciente de ello en mis primeros ensayos de laboratorio, pero estaba demasiado fascinado por la magia de la imagen surgiendo desde el rojo anaranjado del blanco del papel, que desde la oscuridad hacía surgir en negativo la luz de mi mirada, pero fue mi primer encuentro con las artes gráficas la experiencia desde donde comenzó a evidenciarse para mí la autonomía del dibujo que había reclamado la vanguardia.

Como dice Malraux, ninguna vocación de decir surge de la realidad sin antes haber pasado por la fascinación de ser un nuevo artista motivado por la obra realizada por un artista anterior.

> La visión del artista es irreductible a la visión común, porque desde su origen está ordenada por los cuadros y las estatuas, por el mundo del arte. Es revelador que ninguna memoria de gran artista conserve el recuerdo de una vocación nacida de algo que no sea la emoción sentida ante una obra: representación teatral, lectura de un poema o de una novela para los escritores: audición para los músicos: contemplación de un cuadro para los pintores. No se encuentra un hombre conmovido por un espectáculo o un drama, y que de pronto se sienta obsesionado por la voluntad de expresarlo y lo consiga. «Yo también seré pintor» podría ser la expresión rabiosa de todas las vocaciones... No hay pintor que haya pasado de los dibujos de niño a su obra. Los artistas no se originan en su infancia, sino en el conflicto con la madurez de otros; no en su mundo informe sino en la lucha contra la forma que otros han impuesto al mundo: cuando jóvenes, Miguel Ángel, el Greco, Rembrandt, imitan; Rafael imita; imitan Poussin, Velázquez y Goya; Delacroix y Manet y Cézanne... desde que documentos nos permiten remontarnos al origen de la obra de un pintor, de un escultor —de todo artista— encontramos, no un sueño o un grito ordenados luego, sino los sueños o la serenidad de otro artista (André Malraux, *La creación artística).*

Cuando miraba a mi alrededor lo hacía a través de la visión dura y gris de Eugene Smith, en su trabajo de *Spanish Village.* La cámara misma era el mecanismo de ese modelo y de todos aquellos que lo configuraron en el ansia de determinar una ima-

Dibujo: Gómez Molina.

Mi idea de representar a través de la fotografía esta situación nos sitúa en un entorno muy distinto; aunque durante años he dibujado al pastor en el rebaño, ahora tengo que enfrentarme con una estrategia muy distinta. El dibujo «a mano» con el que hasta ahora había resuelto el tema me situaba dentro de un conjunto de fenómenos de índole muy diferente, la herramienta quedaba reducida a un pequeño objeto de madera, fruto de un proceso industrial de fabricación en donde la diferencia entre elemento de sujeción y elemento grafiante ha quedado integrado en una sola estructura que lo contiene en su interior adaptado a la mano, estableciendo un conjunto de respuestas eficaces para determinar el grosor y la intensidad del trazo, según se estableciese una forma u otra de cojerlo.

Eugene Smith, *Spanish Village.*

Gómez Molina, *Carcelén.*

Cuando miraba a mi alrededor lo hacía a través de la visión dura y gris de Eugene Smith en su trabajo de *Spanish Village.* La cámara misma era el mecanismo de ese modelo y de todos aquellos que lo configuraron en el ansia de determinar una imagen de la realidad alejada de aquella otra que establecía la mirada del pintor. Cuando yo empecé a utilizar ese artificio ya hacía muchos años que se había estabilizado su sistema de mirada, cada uno de sus elementos correspondía a una tecnología de representación que había verificado su modelo en confrontación con el anterior de la pintura.

La vuelta a la pintura de los años ochenta estaba definitivamente contaminada por la visión de los dibujos en las nuevas tecnologías; la vuelta a la pintura opacaba su visión transparente del cuadro para evidenciar su soporte, transformada por la reflexión que ya había establecido el *soporte-superficie*. La narración posmoderna no sólo era detenida por la tela del cuadro y los pigmentos en ella depositados, sino que sus imágenes se reconstruían desde la acción de repensar la historia de sus apariciones; cuando en los años ochenta, en mi estudio de Barcelona, volvía a «pensar la ovejas», estas se articulaban desde esa doble o triple experiencia. Como muchos de los que habíamos abandonado la pintura, su recuperación se hacía desde el distanciamiento, que su dibujo había objetivado ante nuestra mirada. El intento de sintetizar ambas miradas se producía, como en las series fotográficas, desde los intersticios, desde las fracturas de sus representaciones.

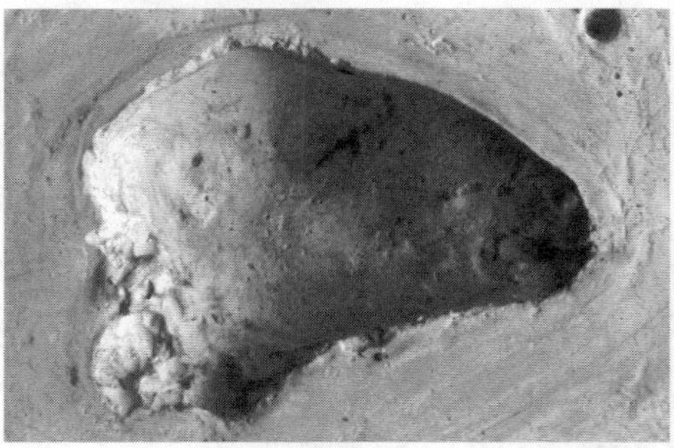
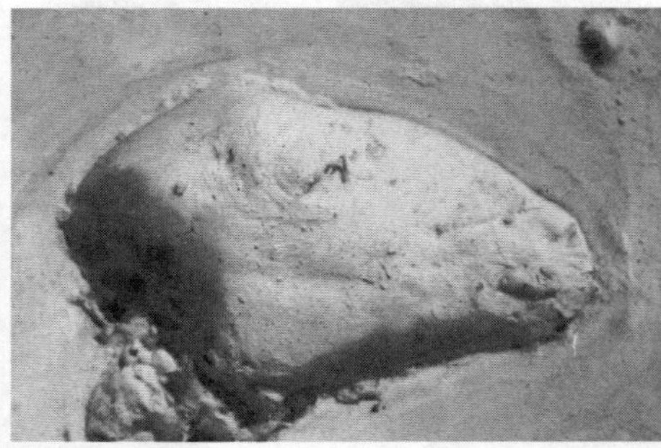
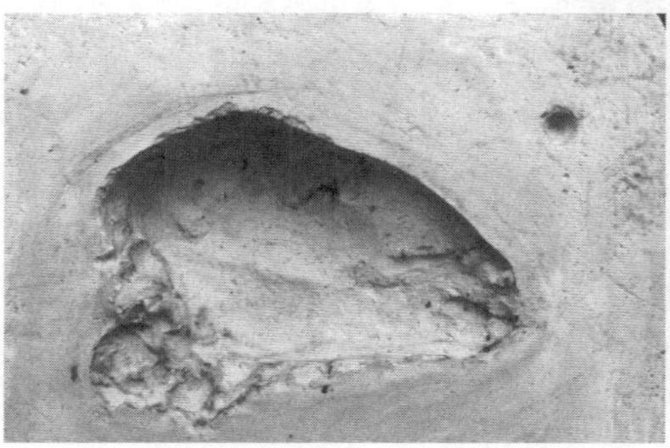
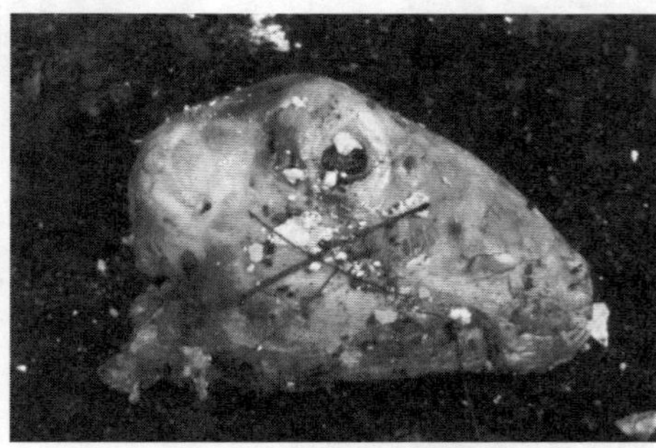

Las cabezas dibujadas frente a la dura realidad de los productos de la carnicería se solapaban con las fotos de ellas mismas y las imágenes ambivalentes de los vaciados. La actitud insaciable de la acumulación de experiencias que todas ellas me proporcionaban era el entramado oculto de la nueva realidad de los cuadros; lejos de la inocencia de mis primeras aproximaciones realizadas en mi pequeño pueblo, cuando el mundo campesino se imponía como un continuo coherente de certezas, el nuevo dibujo, hijo del neoexpresionismo alemán y la reciente transvanguardia, aparecía como una realidad donde la mirada unitaria del antiguo pintor había cambiado de lugar y se situaba sobre la espalda del nuevo, dejando en evidencia la acción cultural de su mirada.

El doble camino de reconstrucción de mi memoria que establecía para visualizar la viabilidad de mi proyecto utópico se organizaba precisamente desde la evidencia de los intervalos. Las tecnologías de representación contemporáneas permitían una serie sistemática de registros alternativos capaces de opacar o transparentar las más complejas categorías de representaciones. Los trabajos sobre la comunidad campesina de Carcelén, *El desvanecimiento de la memoria, Comidas en la casa de campo, Diálogos en la ventana,* y sobre todo el de *La piel en la mirada,* estarían dentro de esta línea, y desde los caminos que las reivindicaciones de los movimientos conceptuales de los comienzos de los setenta propugnaron.

gen de la realidad alejada de aquella otra que establecía la mirada del pintor. Cuando yo empecé a utilizar ese artificio ya hacía muchos años que se había estabilizado su sistema de mirada, cada uno de sus elementos correspondía a una tecnología de representación que había verificado su modelo en confrontación con el anterior de la pintura. Cada recurso mecánico era un artilugio de relojería en el que se fundían las diferentes categorías del modelo de realidad determinado en las fotos precedentes. Por eso cuando años más tarde mi mirada se volvió sobre el artificio de su representación, en las imágenes que realicé del cuerpo humano como un continuo desplegado, lo primero que tuve que realizar fue la destrucción del propio mecanismo de la toma, alterando las continuidades del registro, transformando la regularidad uniforme del encuadre único por un sistema de ranura que diluía el acto único de la toma por un barrido que a su vez me obligó a alterar el arrastre de la película invirtiendo su recorrido en el orden inverso de su paso, aprovechando el desbloqueo que tenía en el rebobinado final e invirtiendo el registro de la toma desde el final al principio.

Todo mecanismo, incluido el pensamiento, actúa de la misma manera, una vez que se determina como modelo de una construcción imaginaria, su realidad se reconstruye desde la autonomía del sistema; la posibilidad de alterar la visión de este, sólo puede establecerse desde el extrañamiento del mecanismo que organiza su modelo. Las nuevas ciudades se construyen siempre desde las posibilidades del antiguo entramado, la nueva vida sólo se puede implantar desde los resquicios que dejaba la antigua. Los bulevares de la ciudad burguesa se organizaron desde el vacío de las antiguas murallas. No es posible suspender la vida para organizarla *ex novo,* somos presos de nuestras invenciones, la naturaleza no es otra cosa que nuestra voluntad de generar su artificio.

El desconcierto de las nuevas cámaras digitales por establecer su morfología se produce por la indefinición de su mirada, el dibujo que ellas realizan es todavía el resultado de un contrasentido entre lo que prometen y la realidad a la que dan origen: pensamos todavía con la mirada del fotógrafo cuando su espacio está dando lugar a unas prácticas que ya en nada se le parecen.

Lo maravilloso de todo proceso tecnológico es que, realizado para establecer un ahorro de energía del anterior, automatizado en su mecanismo, produce siempre la impresión de una novedad que abre la imaginación sobre los aspectos que no quedan transparentes, dejando un exceso, una excrecencia del sistema que es posible tomar como objeto de posibilidades a las que proponer el reto de establecer nuevas analogías de sentido. En gran parte de los recursos del artista, estos aparecen como fascinantes antes incluso de haberles encontrado su necesidad, pero no todos pueden convertirse en hechos pertinentes de sentido, cosa que parecen olvidar aquellos que desde el primer momento se lanzan a establecer variantes del sistema en aquello que es precisamente su transparencia. Los recursos de Photoshop sólo son posibles de utilizar significativamente en los límites que proponen y no en los resultados que determinan sus manuales de utilización.

Las fotos que realizaba sobre el rebaño eran determinaciones desde dos modelos de visión, el incluido en el mecanismo de la toma, y el determinado por la definición de la idea de «fotógrafo» antes que esta se problematizase por la de «artista» o se diluyera en los espacios ambiguos de la era digital. Las imágenes así producidas se establecían claramente como una categoría especial de ellas que se definían como «fotografías»; el nuevo dibujo quedaba determinado por las categorías conceptuales de su nuevo nombre. Sólo en los trabajos de los inicios de los setenta, estas comenzaron a perder su transparencia de índices y se convirtieron en imágenes de un arte que reflexionaba sobre su tecnología. Las fotografías de entonces tomaron como objeto de su representación su propio proceso de transformación. Los documentos transparentes de su tecnología dejaban lugar a las imágenes especulares que originaban la opacidad de ellas cuando eran motivo de nuestra mirada atenta. Los negativos, los fotolitos del proceso de impresión, los negativos de sus contratipos, las reservas que generaban sus fondos homogéneos, los textos sobrepuestos, los recortes, las máculas, las cruces de registro, se convertían en una nueva naturaleza recreada por el propio proceso de representación purificado de las pasiones que determinaba la presencia imposible de apaciguar del gesto de la mano, la nueva imagen racionalizada se convertía en el nuevo paisaje de nuestra mirada.

La vuelta a la pintura de los años ochenta estaba definitivamente contaminada de la visión que los dibujos de las nuevas tecnologías, la vuelta a la pintura opacaba su visión transparente del cuadro para evidenciar su soporte, transformada por la reflexión que ya había establecido el *soporte-superficie.* La narración posmoderna no sólo era detenida por la tela del cuadro y los pigmentos en ella depositados, sino que sus imágenes se reconstruían desde la acción de repensar la historia de sus apariciones; cuando en los años ochenta, en mi estudio de Barcelona volvía a «pensar las ovejas», estas se articulaban desde esa doble o triple experiencia. Como muchos de los que habíamos abandonado la pintura, su recuperación se hacía desde el distanciamiento que su dibujo había objetivado ante nuestra mirada; el intento de sintetizar ambas miradas se producía, como en las series fotográficas, desde los intersticios, desde las fracturas de sus representaciones.

Las cabezas dibujadas frente a la dura realidad de los productos de la carnicería se solapaban con las fotos de ellas mismas y las imágenes ambivalentes de los vaciados. La actitud insaciable de la acumulación de experiencias que todas ellas me proporcionaban era el entramado oculto de la nueva realidad de los cuadros, lejos de la inocencia de mis primeras aproximaciones realizadas en mi pequeño pueblo, cuando el mundo campesino se imponía como un continuo coherente de certezas; el nuevo dibujo, hijo del neoexpresionismo alemán y la reciente transvanguardia, aparecía como una realidad donde la mirada unitaria del antiguo pintor había cambiado de lugar y se situaba sobre la espalda del nuevo, dejando en evidencia la acción cultural de su mirada.

La imagen mecánica de la fotografía no sólo objetivaba la realidad, sino también el artificio del cuadro. La autoría del cuadro era traicionada en la medida que el nuevo imaginario incluía irremediablemente ambas experiencias. La antigua idea del artista en la búsqueda permanente de su identidad que se identificaba con la línea de su trazo, como una firma legal del documento artístico, se fraccionaba como un espejo roto en las cientos de imágenes que los múltiples modelos de referencia evidenciaban, mientras que ella misma, la fotografía, iba perdiendo su paradigma de verdad para transformarse en «pintura», en documento interpretable. Los nuevos artificios digitales han integrado ambas experiencias, y su verdad sólo es interpretable desde el sentido, o desde la posición que toman en el entramado de sus prácticas. La introducción del programa en el momento de la toma, la capacidad de la imagen digital de construirse desde decisiones cada vez más complejas establecidas en el software de la cámara, hace que sus representaciones evidencien cada vez con más certeza la interpretación de nuestra mirada. Paradójicamente la nueva realidad nos devuelve la mirada original de la pintura, donde la visión que ella determinaba de su siglo no era tanto el producto de la inmediatez, del automatismo de su visión, como de la coherencia del modelo que ella establecía del imaginario de su cultura.

Cuando el barco avanza registrando la cartografía del subsuelo, estableciendo el paisaje fotográfico de la tierra, lo hace desde el ojo ciego del intérprete, que lo reconstruye desde la certeza del sistema, como un nuevo Andrea del Pozo, que estableciese la representación virtual de una bóveda invertida de su cielo. La realidad de la representación ya no es un hecho inmediato que se reconstruye en la modificación de la emulsión por la estimulación de la luz que transmite la lente, es una construcción perspectivista, es un acto inteligente que nos visualiza la escena desde un artificio complejo de convenciones, en las que se sintetizan las imágenes de nuestro universo imaginario. Su verdad se establece en la credibilidad que ellas mantienen con el hilo de la visión y con el conocimiento que tenemos de sus construcciones. El proyecto desarrollado para la navegación de los buques trata de proporcionarnos una realidad virtual instantánea de la visión del suelo del océano en la hipótesis imposible de que pudiésemos contemplarlo desde el infinito y con la luz homogénea de un laboratorio, sobre una cartografía imaginaria de la orografía tridimensional de su suelo, como si ella pudiese ser reducida a una pequeña escala de 1:100; lo hace desde sistemas de registro ecográficos y radiográficos que tienen que integrarse mediante un programa, en un modelo de realidad convencionalizada sobre el que se proyectan las texturas estandarizadas de una supuesta piel abstracta que determinan su apariencia fotográfica.

Esta situación que ha radicalizado la imagen de ordenador tenía para mí su anticipo en la deconstrución que podía visualizar sobre los restos de los talleres de la Escuela de artes gráficas de Tajamar, en la que tuve mi primer trabajo una vez terminados los estudios de Bellas Artes, donde de una manera directa podía ver las imágenes del proceso que determinan los sistemas de impresión de los mass media. A ello se uniría la experiencia en la enseñanza de la arquitectura en el C.E.U. y posteriormente en la Escuela técnica superior de Arquitectura de Madrid, donde me encontraría con la visión de los materiales del dibujo que se originan en el proyecto. Ambas experiencias me mostrarían a mí, personalmente, lo que ya era una evidencia colectiva, el hecho que nuestra realidad sólo podía representarse desde sus reconstrucciones. Pero esa realidad no anula los anteriores métodos de dibujo, solamente los resitúan en el nuevo orden de cosas, de la misma manera que nuestro pastor y yo organizábamos en una sola escena la proyección de todos ellos, en nuestra charla imaginaria de un atardecer de verano en Carcelén. El dibujo y los dibujos de nuestra visión de las cosas se organizan sobre la experiencia de los antiguos y de las nuevas relaciones que ellos establecen en nuestro presente; por ello no hay muerte de la pintura, la fotografía o del vídeo en el presente digital, sólo, y esto es suficiente, un corrimiento fascinante de sus posibles narraciones de las cosas. Por ello podemos elegir nuestras estrategias en procesos de simulacros alternativos. Es difícil ya vernos como individuos unidimensionales identificados con un sólo sistema de signos que avale nuestra firma, pero podemos reconstruirnos de círculos de sentido que reconstruyan nuestra visión fragmentaria de las cosas desde la experiencia personal de nuestras carencias.

El doble camino de reconstrucción de mi memoria que establecía para visualizar la viabilidad de mi proyecto utópico se organizaba precisamente desde la evidencia de los intervalos; las tecnologías de representación contemporáneas permitían una serie sistemática de registros alternativos capaces de opacar o transparentar las más complejas categorías de representaciones. Los trabajos sobre la comunidad campesina de Carcelén, *El desvanecimiento de la memoria, Comidas en la casa de campo, Diálogos en la ventana* y sobre todo el de *La piel en la mirada* estarían dentro de esta línea, y desde los caminos que las reivindicaciones de los movimientos conceptuales de los comienzos de los setenta propugnaron. El distanciamiento que las nuevas imágenes proporcionaban permitía no sólo una nueva visión de la pintura, sino también de su autor, del valor de ella como imagen de consumo y del rol que todo esto asumía en el trasiego de significaciones que los nuevos canales de comunicación establecían.

Lo que se proyecta en todos ellos no es sólo la imagen transparente de las tomas, sino las opacidades de su registro, los intervalos de todas las situaciones en los que queda reflejada nuestra mirada. En los retratos, no sólo vemos a las personas, vemos un retrato del retrato, un doble retrato y el retrato del propio artista, lo vemos desde el reconocimiento de la estrategia del proyecto y desde la asunción de que ambos están estableciendo, y son conscientes de ello, su propia representación. La transparencia de todo ello establece que el tema, la opacidad, del trabajo sean los conflictos de sentido que todo ello genera. El dibujo de la representación ya no es un continuo de evidencias organizado alrededor de un gesto que determina nuestra escala y sus medidas, sino un sistema de registros neutralizados por medio de un conjunto de decisiones con respecto a las variables que se determinan en la herramienta, para evidenciar precisamente, el carácter intermediario de la imagen. El fondo neutro de todos los retratos, a diferencia de los dibujos de Holbeim, se establece mediante la diferencia de iluminación y el umbral de registro de la emulsión. Su tamaño se determina, no por el gesto de la mano que precisa un Rodin para definir la escala de su intimidad en los dibujos eróticos, sino por el límite que el grano de la película establece en la ampliación y la necesidad de esta de concretar con nitidez el registro de la piel. La intensidad del negro por el límite que proporcionan las opciones del papel, y no por la profundidad establecida por la mordida del aguafuerte, en los grabados de Goya, y su forma, por el recuadro del registro que establece la mecánica de la cámara de formato medio, que a su vez ha sido elegida por el equilibrio que establece su capacidad de precisión y la versatilidad y rapidez de su utilización y no por los formatos estandarizados de los cuadros al óleo que el aficionado elige entre: Figura, Marina y Paisaje

El recurso tecnológico establece un campo de posibilidades de imagen y también una forma de aparición del autor y del tema; las fotos nos hablan de cuál era el interés de la mirada, aquello que era el objetivo de la acción que determinó la persistencia del trabajo, y la razón profunda de ese estar juntos, durante más de trescientas tardes, autor y personajes. Como en la obra de Pirandello, *Seis personajes en busca de autor,* hemos convertido en obra nuestra relación y la acción de representar, y hemos convertido el tema de la fotografía en la operación de quién es quién en la escena y quién en la representación de la nueva narración, y todo ello ha sucedido mediante pequeños corrimientos de nuestro posicionamiento técnico, que sólo era posible en estos y no en las antiguas herramientas. Esa acción ha abierto nuestra mirada a nuevas posibilidades de operaciones que eran impensables en el anterior proceso, hemos podido suplir las laboriosas sesiones de poses por instantes sucesivos de sorpresas en los que no sólo hemos alterado la imagen final sino nuestra relación con el modelo, y con ello la experiencia de ambos de lo que es el retrato. La inclusión del texto en la obra y el hecho de que el retratado aporte su visión del hecho ha modificado a su vez todo el proceso y ha registrado también la palabra del espectador.

Gómez Molina, *El desvanecimiento de la memoria.*

Gómez Molina-Lledo y Agosti, *Comidas en la casa de campo.*

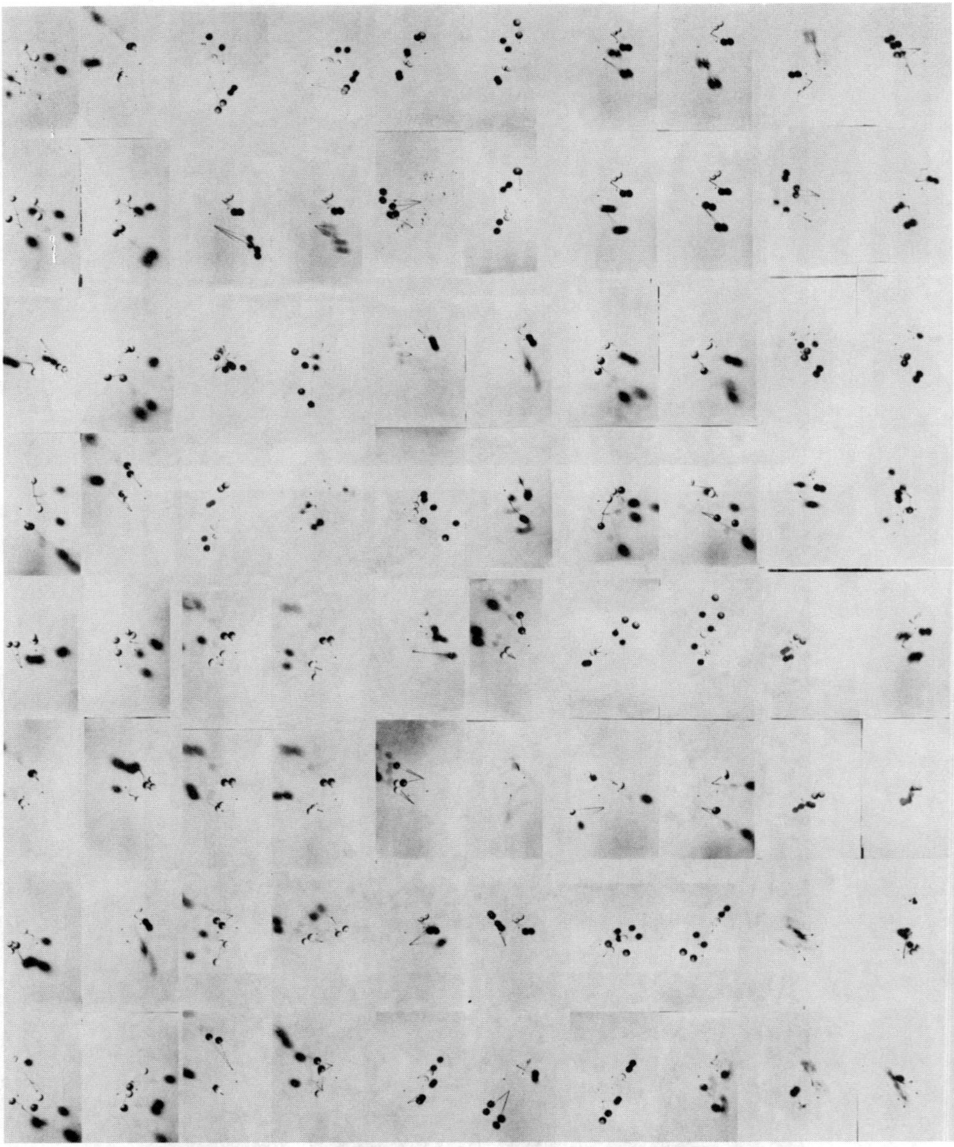

Gómez Molina, Exposición *Propuesta fotográfica.* Galería Redor, años 70.

Gómez Molina.

Frente a los antiguos trabajos de los años setenta, en los que los cuerpos se desarrollaban como un continuo, los nuevos tendrían su base en la serie *Manos*. Como en ellas, las fotos se establecerían en conjuntos infinitos de tomas regulares sobre motivos idénticos.

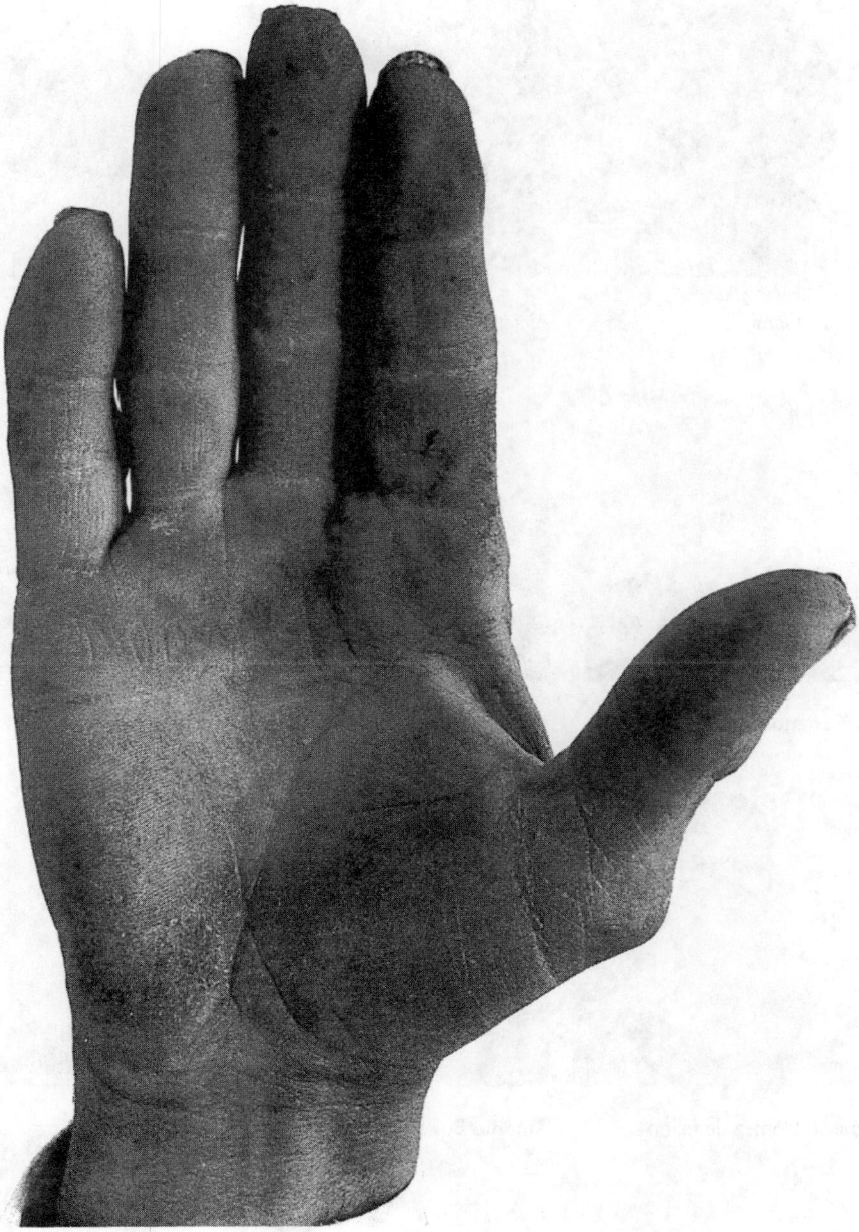

Gómez Molina, serie *Manos.*

Paulina Gámir.

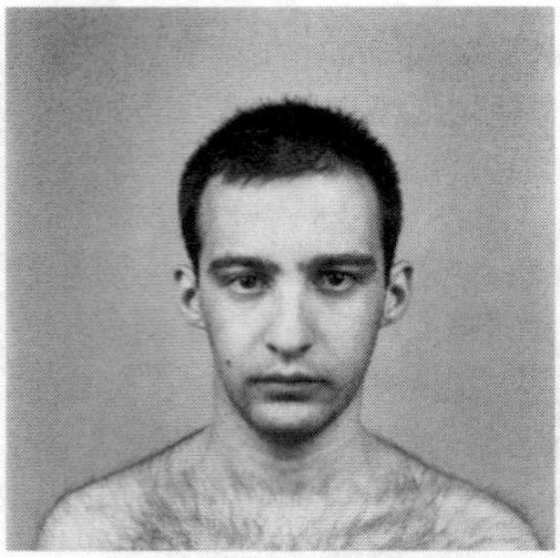
Alejandro Amenábar.

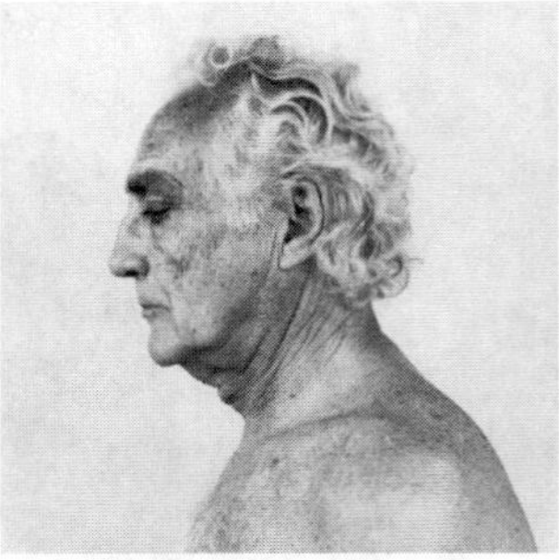
Joan Hernández Pijuan.

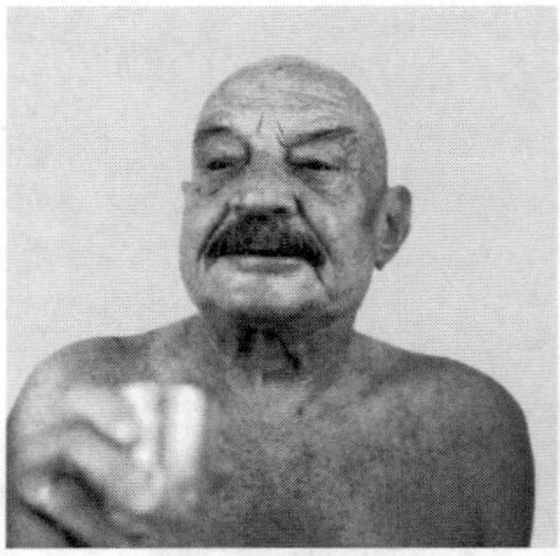
José Hierro.

Ricardo Aroca.

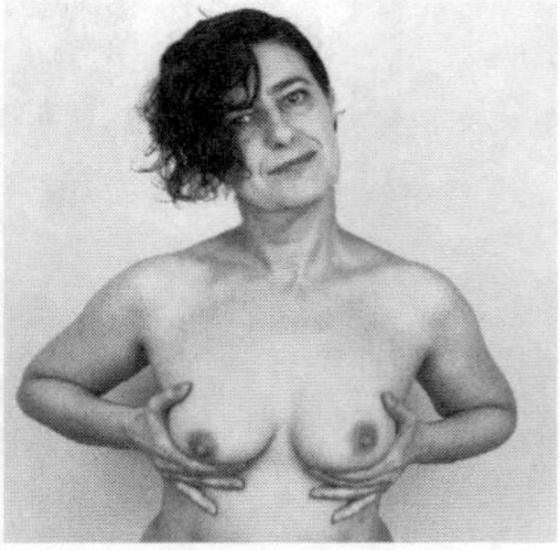
Elena del Rivero.

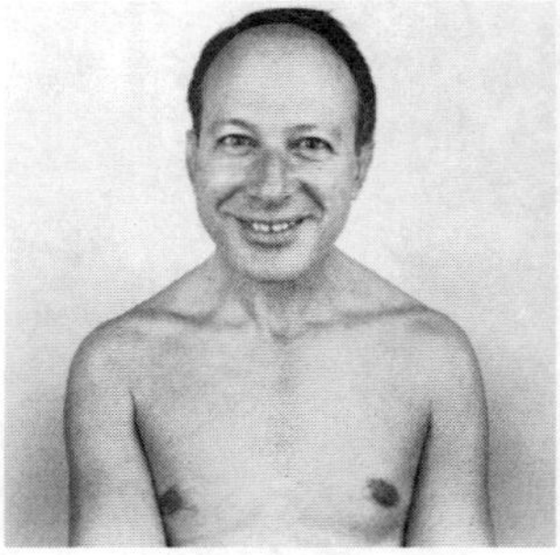
Ignacio Gómez de Liaño.

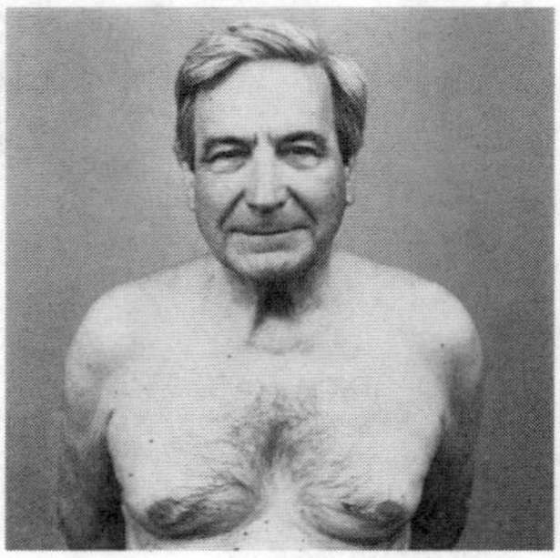
Antonio Bonet Correa.

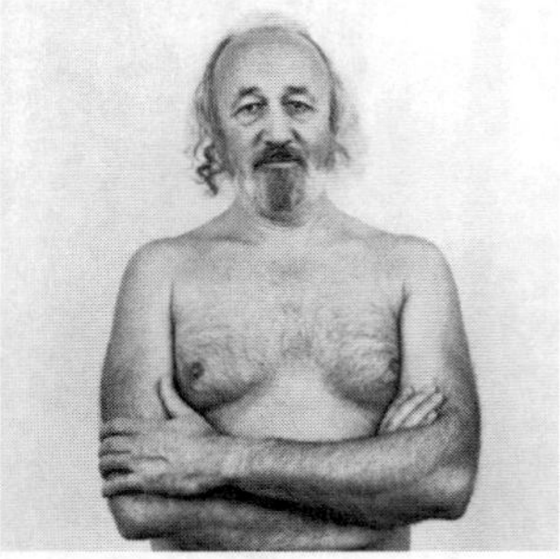
Montxo Armendáriz.

Gómez Molina, *La piel en la mirada.*

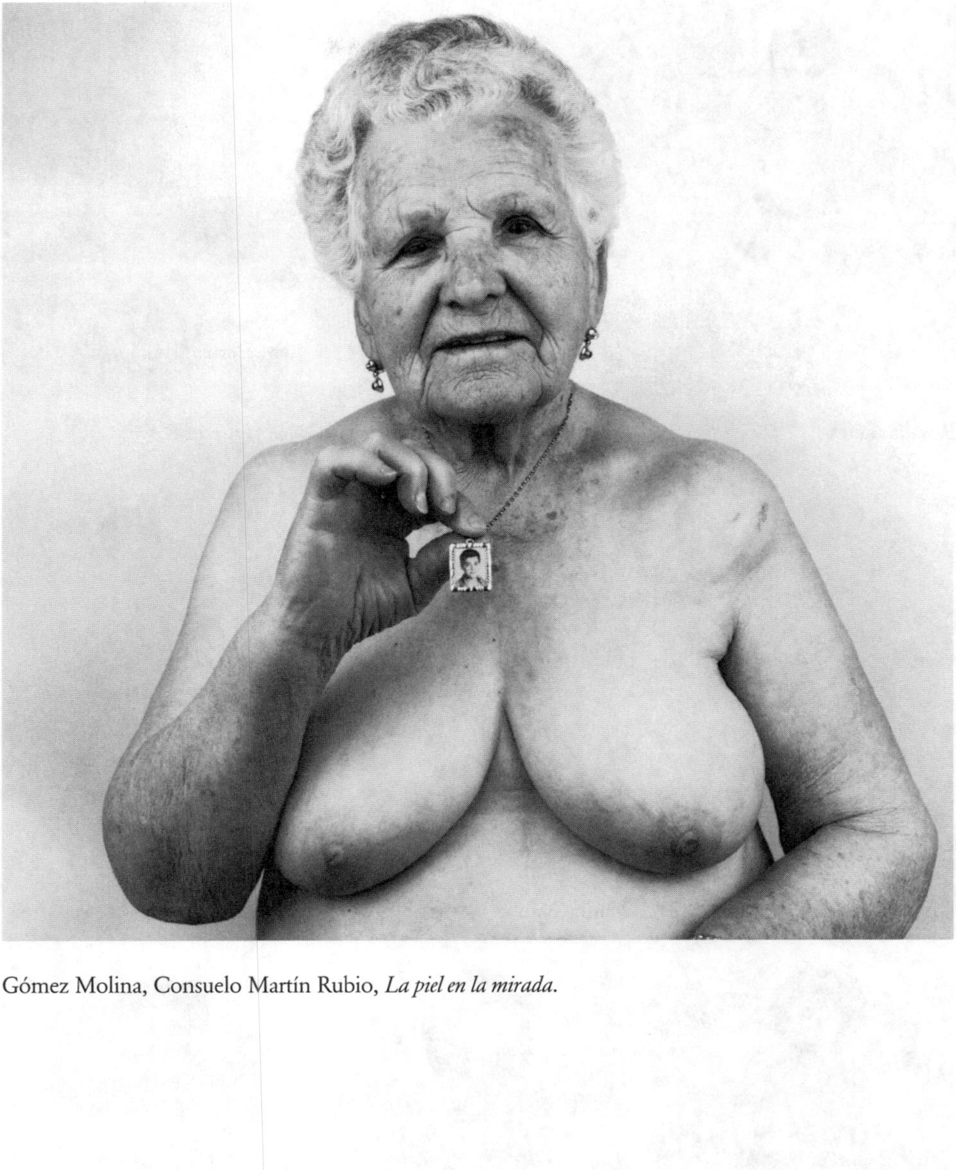

Gómez Molina, Consuelo Martín Rubio, *La piel en la mirada.*

Lo que se proyecta en todos ellos no es sólo la imagen transparente de las tomas, sino las opacidades de su registro, los intervalos de todas las situaciones en los que queda reflejada nuestra mirada. En los retratos, no sólo vemos a las personas, vemos un retrato del retrato, un doble retrato y el retrato del propio artista, lo vemos desde el reconocimiento de la estrategia del proyecto y desde la asunción de que ambos están estableciendo, y son conscientes de ello, su propia representación. La transparencia de todo ello establece que el tema, la opacidad, del trabajo sean los conflictos de sentido que todo ello genera.

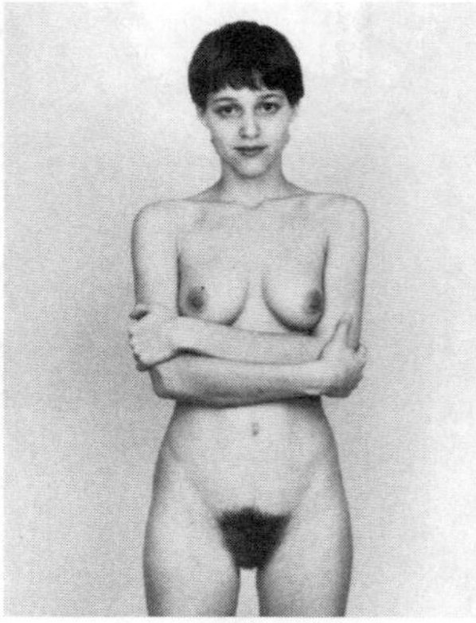

Rosalía Banet.

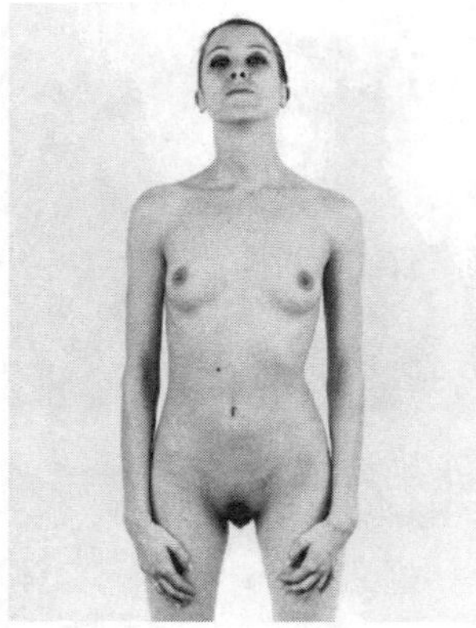

Sonia Barba.

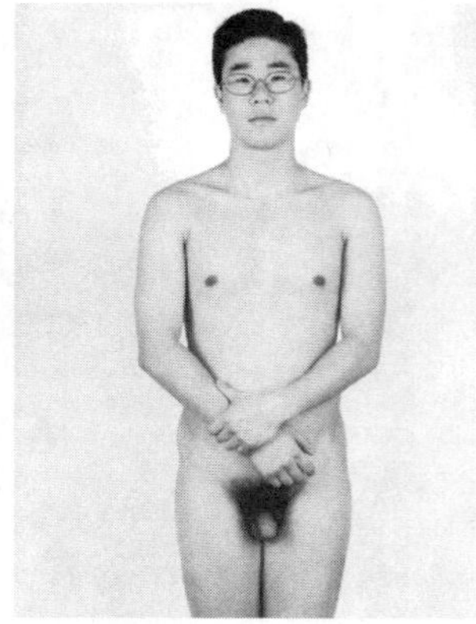

Dae-Hyun Lee.

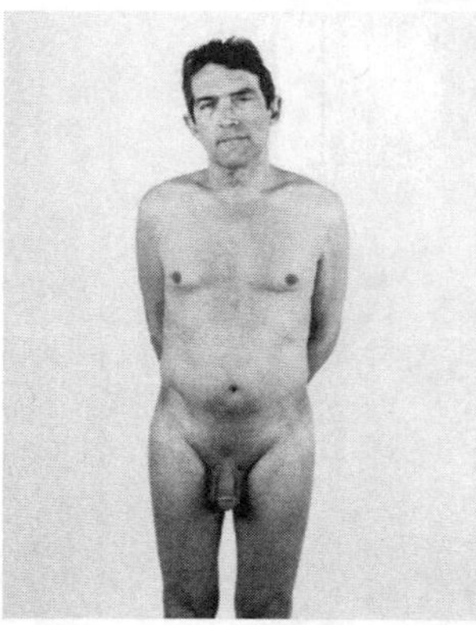

Ángel Carrión.

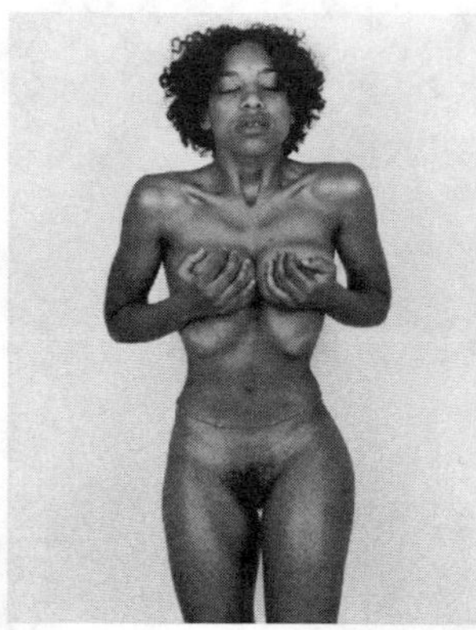

Marina Samba.

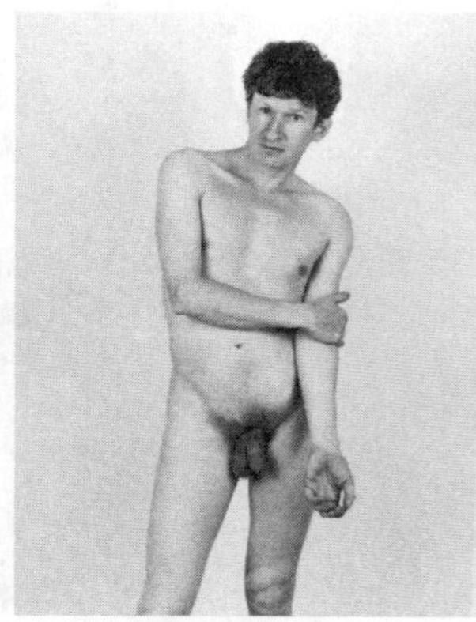

Tomás Muñoz.

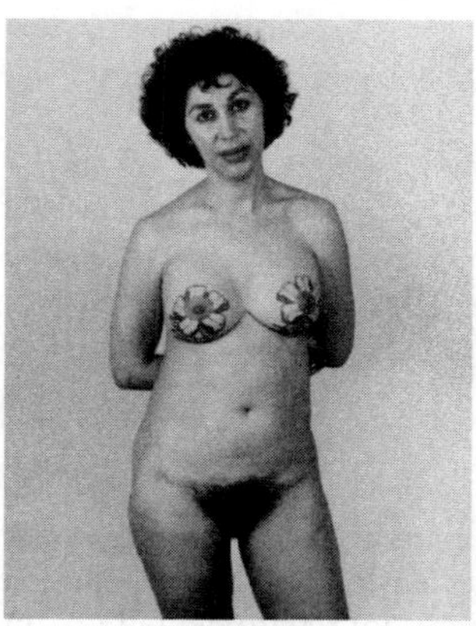

Viky Calero.

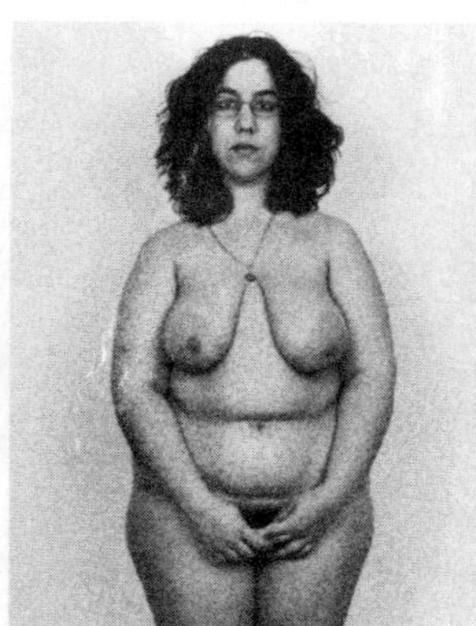

Vanesa López.

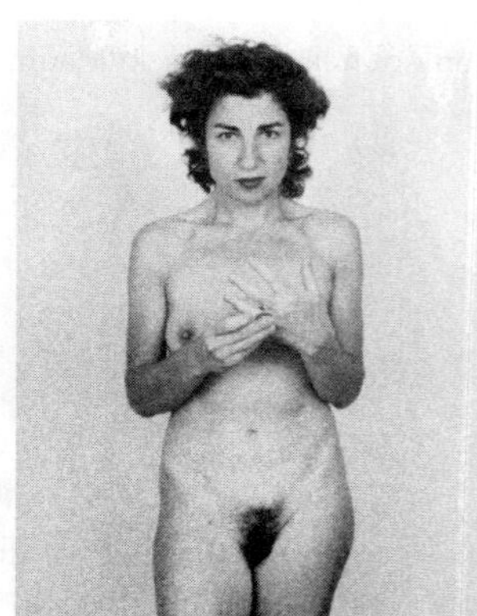

Montse Barbé

Gómez Molina, *La piel en la mirada.*

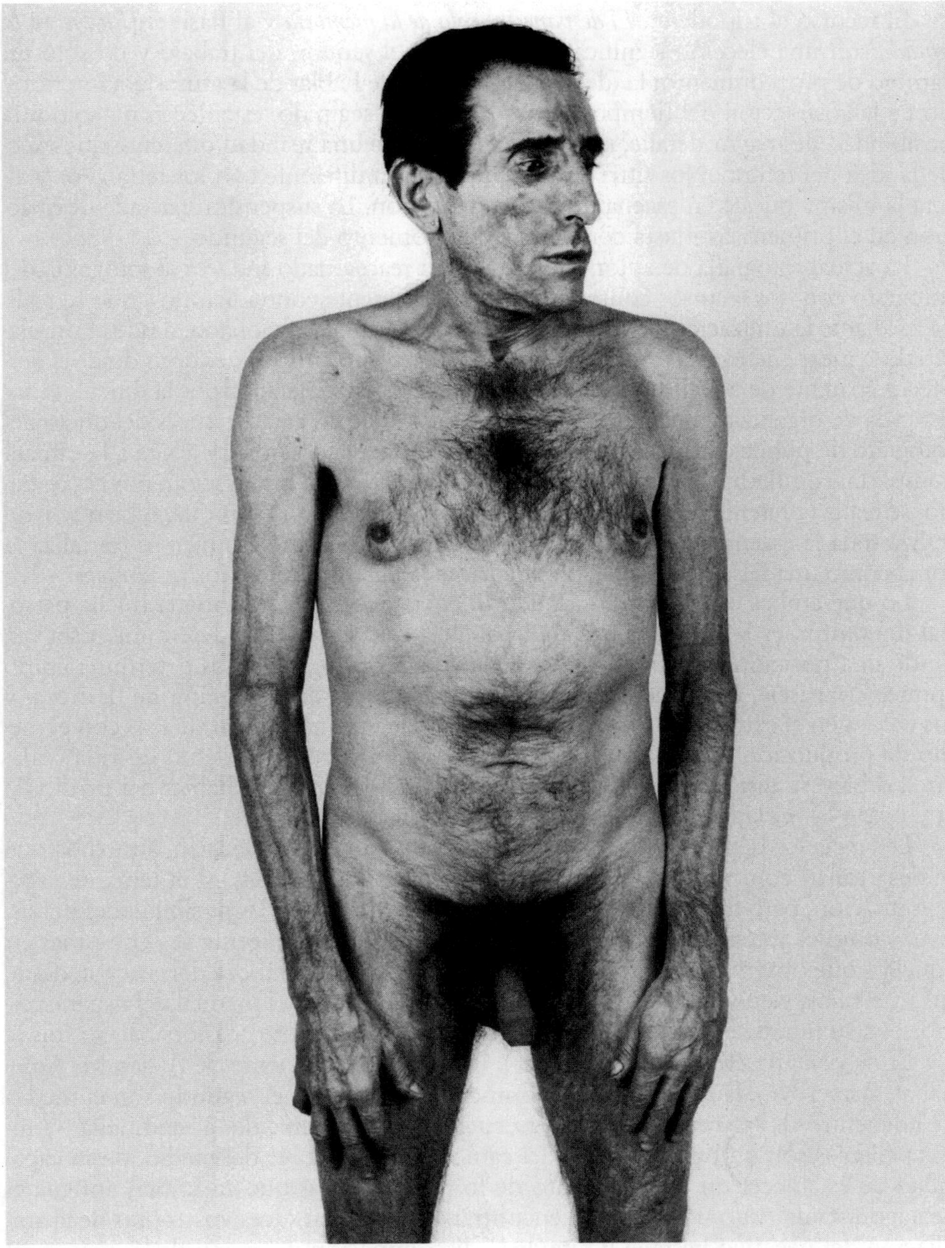

Gómez Molina, Oscar Manessi, *La piel en la mirada*.

El recurso al trípode en *El desvanecimiento de la memoria* y al flash en *La piel en la mirada* son una elección significativa que altera el sentido del trabajo y no sólo un cambio de procedimiento: la idea, en el primero, de hablar de la atmósfera interior y no de la abstracción del tiempo, y el espacio en el segundo, establecen no sólo una posibilidad de mayor detalle, sino la percepción de una realidad diferente que excede la idea del retrato. Nos sitúa en una implicación diferente con los retratados y altera la misma puesta en escena de la representación. La suspensión pactada de la acción en el primero contrasta con la caza del momento del segundo.

La actual fotografía de autor, de «artista», ha reaccionado frente a la fotografía del fotógrafo con dos recursos contrapuestos aparentemente contradictorios, uno se realiza mediante la utilización del medio desde la posición del aficionado, desde el simulacro de la inexperiencia, la pretensión de una imagen «no artística», es decir desde el desprecio aparente de aquellos valores «profesionales», los generados por la dificultad sofisticada de organizar la realidad desde la exaltación de las características del oficio del fotógrafo de publicidad o la moda (antes se recurría a la polaroid, y ahora a la cámara compacta, con flash, con grano grueso y alto contraste). La otra opción, por el contrario, se realiza preferiblemente con cámaras de gran formato, en las que, o bien se neutraliza toda la escena, recurriendo a una iluminación uniforme, o bien se teatraliza la toma como una falsa representación, mediante la paralización de los personajes.

Lo que ambas estrategias tratan de evidenciar, como en la antigua huella personal del pintor, es la distancia a la transparencia que su realidad determina. Esta vez desde una posición colectiva que los distingue del fotógrafo y los determina como «pintor», «artista», en la medida en que renuncian a la demostración de destreza, y los coloca en el extrarradio de la fotografía. Para determinar su «extrañeza» con el medio de producción de imagen, transforma a esta en puro documento de vida (vida-arte), o bien se distancia de su carácter de «verdad» para poder hablar del medio de arte como la verdadera naturaleza de la representación.

Los recursos de la imagen digitalizada se han convertido también, a medida que se desarrollan como medios generalizados de la comunicación, en el tema de la representación, pero frente a los que se empeñan en desarrollar las posibilidades del sistema como el auténtico medio creativo, la apuesta más inteligente se centra más en aquellos que observan el recurso desde los resquicios de extrañeza del sistema, desde sus intervalos, y en vez de ejercitarse en las deformaciones del manual del usuario, establecen su mirada en aquellos elementos que aparentemente ocasionaban su ruido.

En la película *Blow-up* de Antonioni (1966) y en la reciente de Alejandro Amenábar, *Tesis* (1996), la fotografía en el primero y el vídeo en el segundo son el medio de encuentro de la «verdad» en la persecución del «crimen», de la «anomalía». Ambas películas son un buen ejemplo del cambio de los valores del medio, de su capacidad de establecer un conocimiento de lo real; mientras que en la más antigua el protagonista de Antonioni trata de encontrar al asesino en sucesivos zooms de la ampliación del negativo hasta el límite de la discriminación del grano de la imagen, el punto ciego de la visión transparente de la impresión fotográfica, en la de Amenábar, el protagonista establece sus deducciones, el sentido de su reflexión, en el orden del sistema, en el medio técnico que organiza la visión; el descubrimiento se realiza en la discontinuidad de la imagen que se produce en el cambio de medio del registro analógico al digital, de la presencia del pixelado que se realiza en las nuevas cámaras de vídeo. La nueva lectura del arte contemporáneo se establece precisamente en ese cambio de la atención de la mirada del espectador.

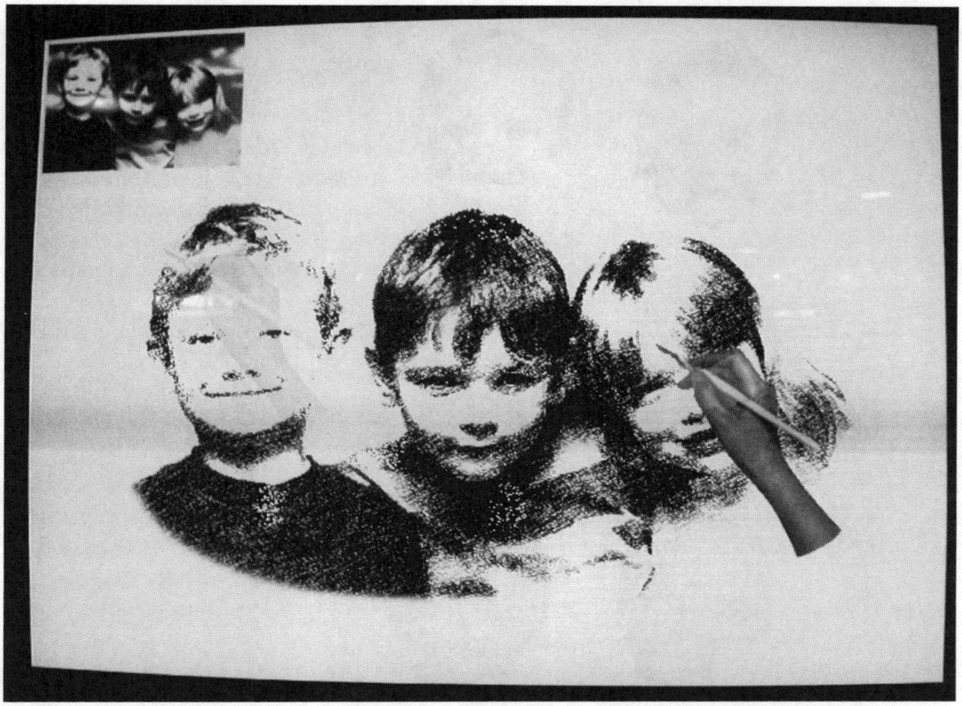

Simulacro de dibujo. Proceso de ordenador en centro comercial.

El nuevo dibujante. Procesos de 3D.

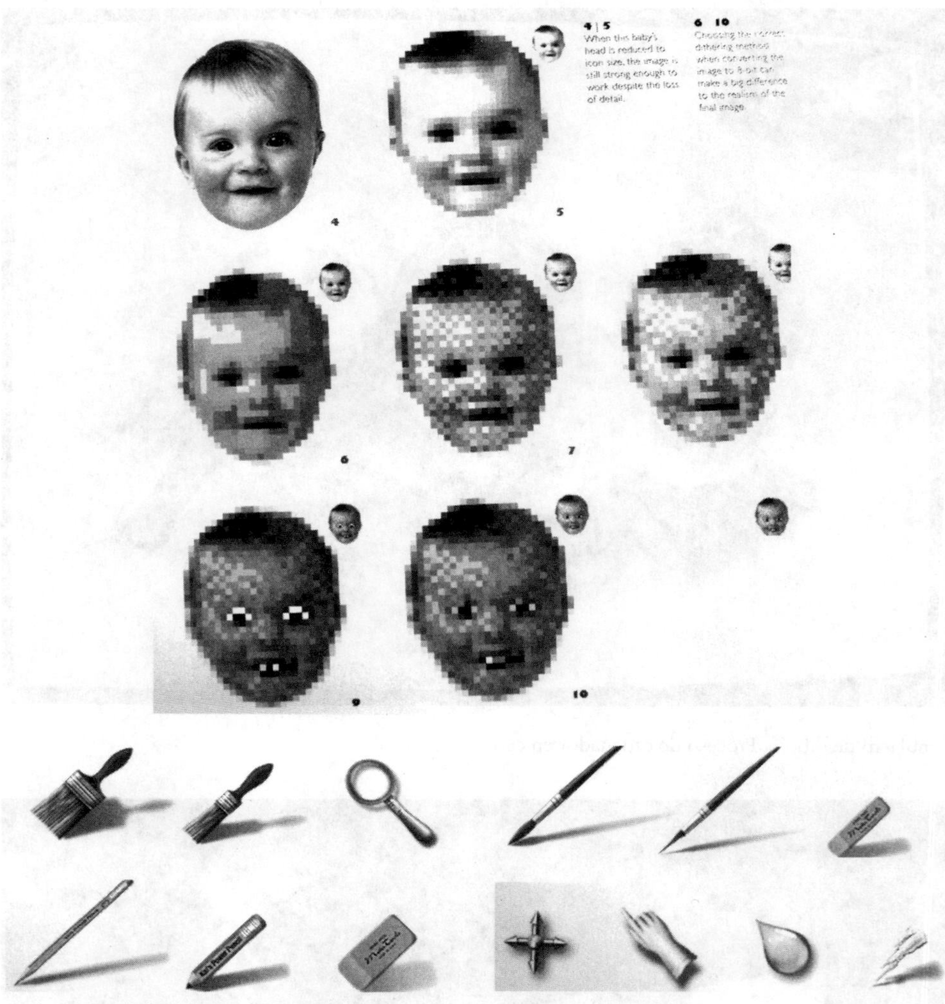

Las nuevas texturas del dibujo y el recuerdo de las técnicas analógicas.

En la película *Blow-up* de Antonioni (1966) y en la reciente de Alejandro Amenábar, *Tesis* (1996), la fotografía en el primero y el vídeo en el segundo son el medio de encuentro de la «verdad» en la persecución del «crimen», de la «anomalía». Ambas películas son un buen ejemplo del cambio de los valores del medio, de su capacidad de establecer un conocimiento de lo real; mientras que en la más antigua el protagonista de Antonioni trata de encontrar al asesino en sucesivos zooms de la ampliación del negativo hasta el límite de la discriminación del grano de la imagen, el punto ciego de la visión transparente de la impresión fotográfica, en la de Amenábar, el protagonista establece sus deducciones, el sentido de su reflexión, en el orden del sistema, en el medio técnico que organiza la visión; el descubrimiento se realiza en la discontinuidad de la imagen que se produce en el cambio de medio del registro analógico al digital, de la presencia del pixelado que se realiza en las nuevas cámaras de vídeo. La nueva lectura del arte contemporáneo se establece precisamente en ese cambio de la atención de la mirada del espectador.

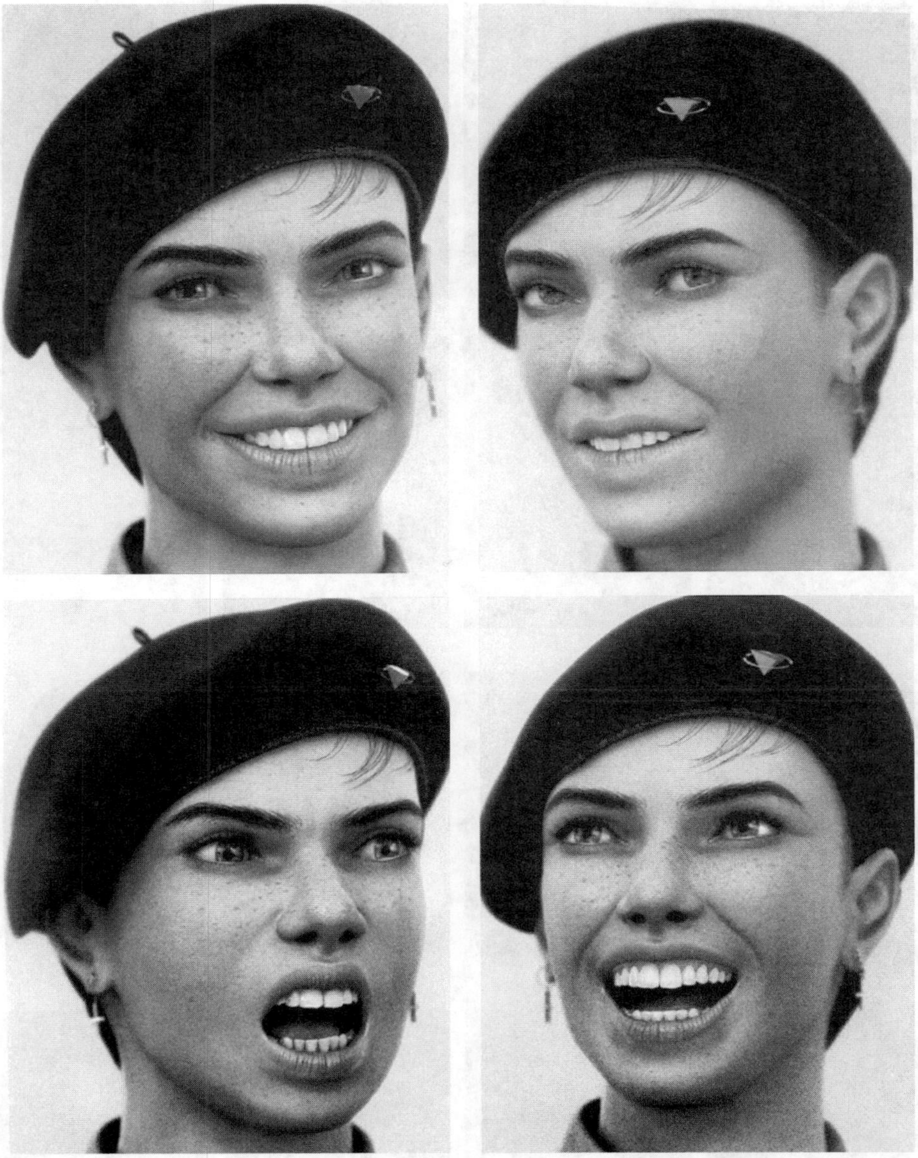

Digital Beauties.

Si observamos una publicación como *Digital beauties,* donde se reproducen representaciones de la mujer desde todas las partes del mundo, veremos que más que nunca estas formalizan un imaginario de su visión tremendamente reductivo. Olvidamos que la posibilidad de generar nuevos modelos de representación nunca está en la posibilidad de establecer más variables del sistema, sino en establecer este como problema; cuantas más posibilidades contenga este de reencarnarse en múltiples apariencias más favorecerá su clonación. En la medida que los programas se universalizan, más posibilidades habrá de que ellos se conviertan en el único modelo de realidad posible, sobre todo si este se vende como el auténtico manual de libertad.

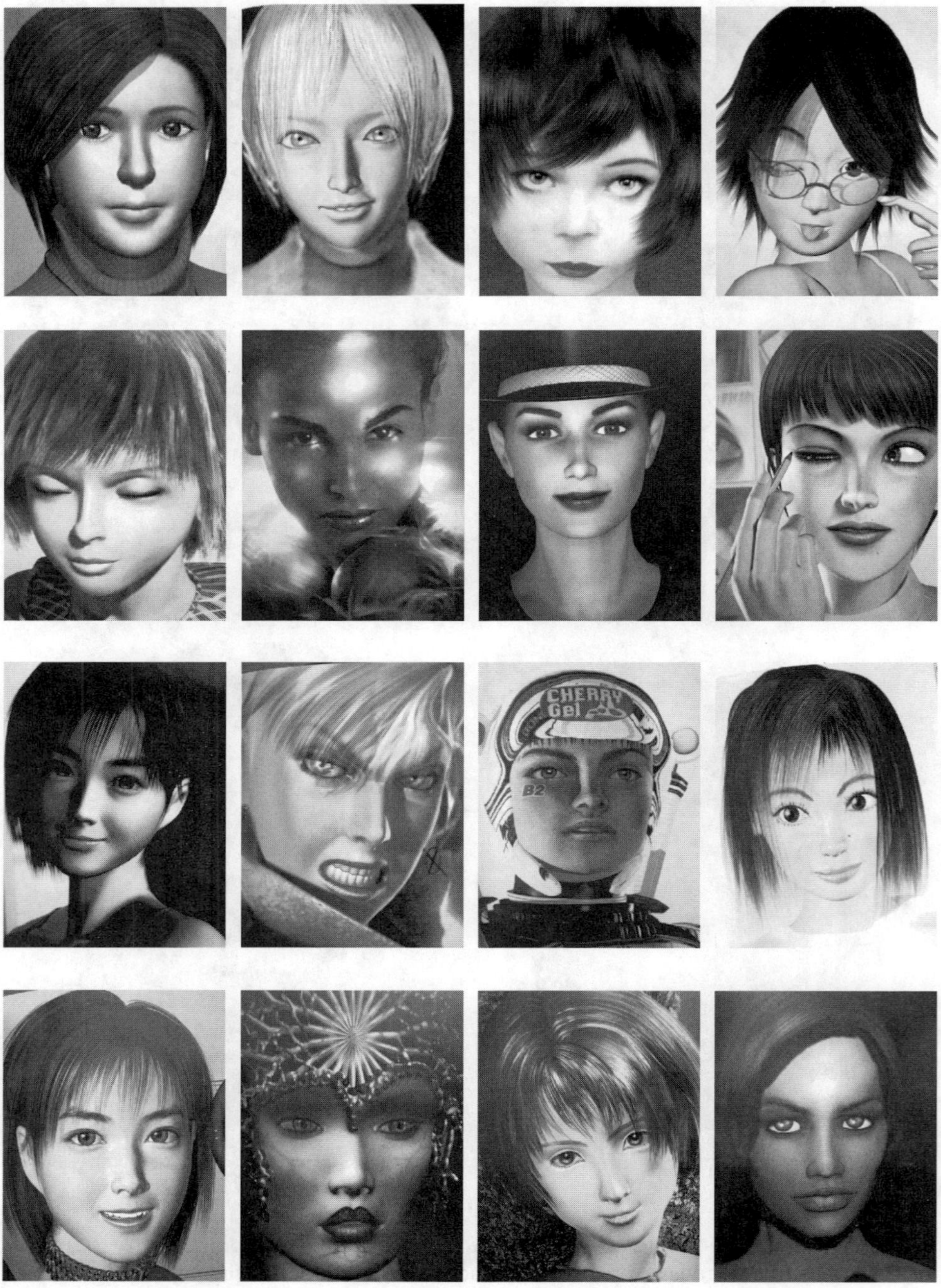

Digital Beauties.

Zurich Kippt.

Art Ringger, *Beile mit Weile.*

Sin título.

El recurso de los «artistas» a las posibilidades del ordenador reduce en muchos casos su capacidad de creación y muchos de los resultados no superan los recursos del manual del programa.

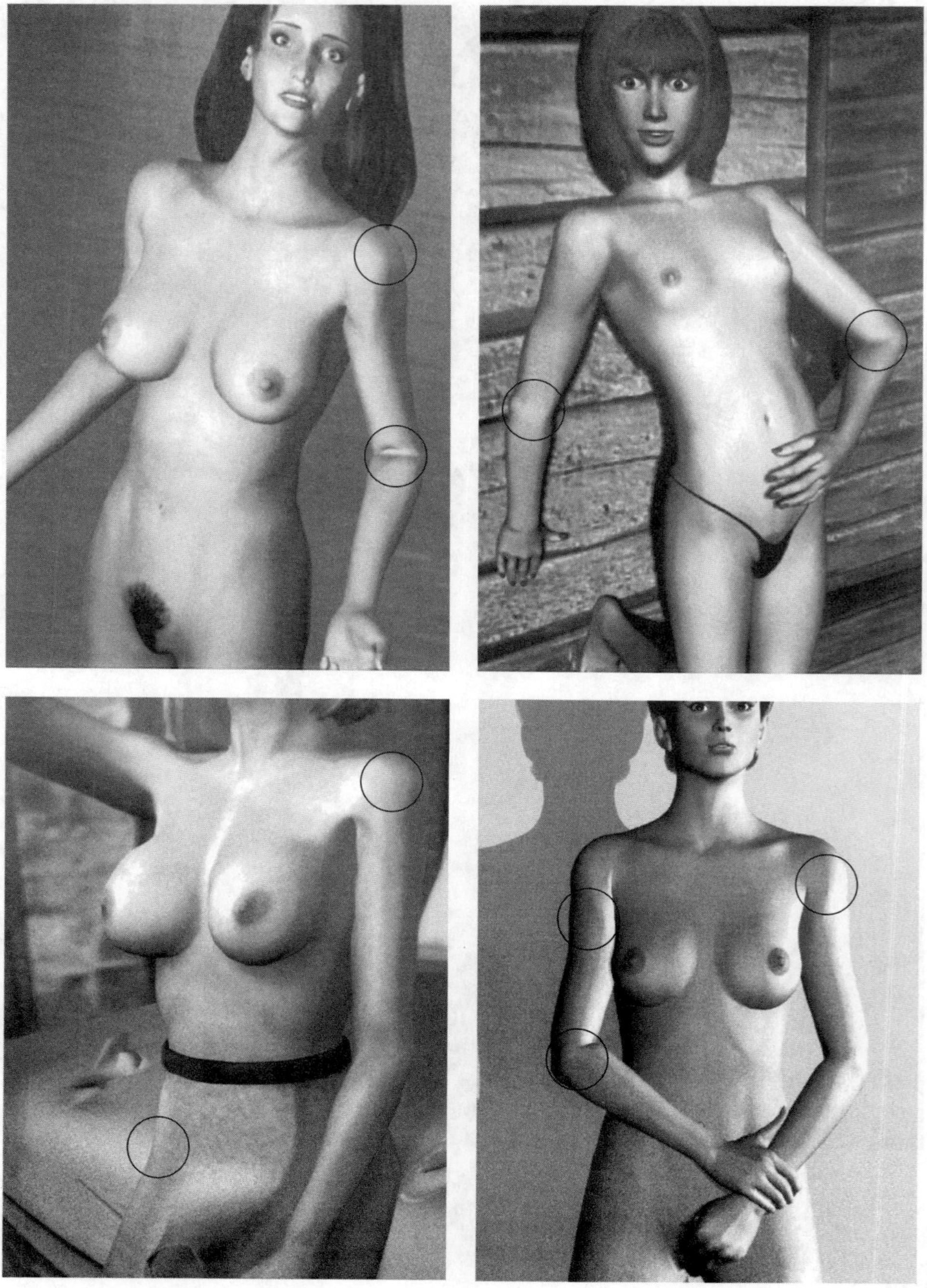

Digital Beauties.

La facilidad de los programas evidencia con claridad la incapacidad de dibujo de aquellos que confían en exceso en sus resultados.

Lo cierto es que tanto en unos como en otros se han establecido nuevas estrategias de dibujo que ya en nada se parecen al continuo desarrollo de aquel que se organizaba como un camino unidireccional que iba del gesto como huella, al trazo como estructura, para determinar la imagen que establecía el entramado de una representación, que adquiría realidad en la medida que era vestida e iluminada para teatralizar el discurso de la palabra, como un proceso indefinido de autoproyección. Ahora, incluso como en la representación de 3D de la animación cinematográfica, la imagen final sigue unida a la lógica de la narración verosímil; los pasos del proyecto adquieren una nueva dinámica. Cuando nuestro alumno José Corral prepara su proyecto de «El desván», el antiguo orden del apunte, el croquis, el estudio, el encaje, la mancha, la composición, el claroscuro y el coloreado dan paso a un proceso donde parte de estos elementos se imbrican con la historia, el guión, el *history book,* etc., en un orden que a su vez se integra en un sistema de producción muy distinto de la forma de pensar del antiguo dibujante. Lo mismo sucede cuando la ilustradora Eugenia Sadakni se enfrenta a definir sus personajes, su trazo, su gesto. La antigua huella del creador se formaliza desde el sistema generativo del programa; desde acciones fragmentadas de creación, deformación, integración, previsión alternativa de tono, organización de capas, copias, duplicados, elecciones..., hasta llegar a una imagen que siempre es difícil de definir como «el original» que a su vez tiene que integrarse, mediante la reducción o ampliación de su «tamaño», al medio en donde debe transmitirse, edición impresa o digital de la web. Una imagen sin medidas, ya que el medio digital puede determinar varias simultáneas, y organizar en capas y escalas todas sus posibilidades.

Pero lo mismo que la fotografía no dio muerte a la pintura, ni el cine, ni el vídeo enterraron a los otros sistemas, ninguno de estos ha enterrado al dibujo, en el entramado de todos ellos, e incluso algunas de sus operaciones sustanciales como formas de conocimiento siguen teniendo ahora mayor virtualidad. Por eso si miramos ahora las imágenes de 3D, aquellas que se venden como las auténticas promesas de la utopía futura, podemos observar que ellas más que ninguna otra son las herederas de los problemas fundamentales de las antiguas representaciones a mano. Sólo desde el conocimiento inteligente del dibujo manual podemos comprender sus limitaciones y establecer los nuevos programas, como podemos ver en los ejemplos que nos proporcionan los nuevos catálogos digitales de imágenes. Frente a las pretendidas posibilidades del sistema, la comprensión de las interrelaciones, de las articulaciones, es la única posibilidad de organizar con realidad; frente a su pretendida variedad, los nuevos modelos siguen más que nunca fortaleciendo la homogeneidad de la representación. Si observamos una publicación como *Digital beauties,* donde se reproducen representaciones de la mujer desde todas las partes del mundo, veremos que más que nunca estas formalizan un imaginario de su visión tremendamente reductivo. Olvidamos que la posibilidad de generar nuevos modelos de representación nunca está en la posibilidad de establecer más variables del sistema, sino en establecer este como problema; cuantas más posibilidades contenga el sistema de reencarnarse en múltiples apariencias, más favorecerá su clonación. En la medida que los programas se universalizan, más posibilidades habrá de que ellos se conviertan en el único modelo de realidad posible, sobre todo si este se vende como el auténtico manual de libertad.

Sólo la mirada insatisfecha, sólo las carencias individuales convertidas en vacíos de sentido pueden seguir organizando la nueva mirada que restablezca el equilibrio

Paisaje digital.

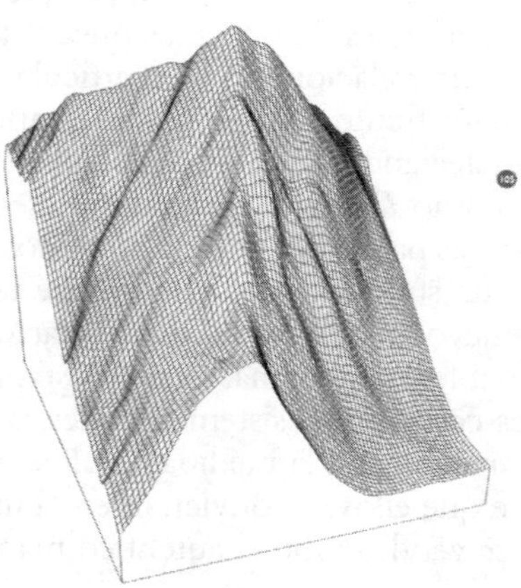

El nuevo dibujo no se basa en la facilidad de los medios sino en la capacidad inteligente de organizar sus datos con arreglo a una hipótesis de sentido.

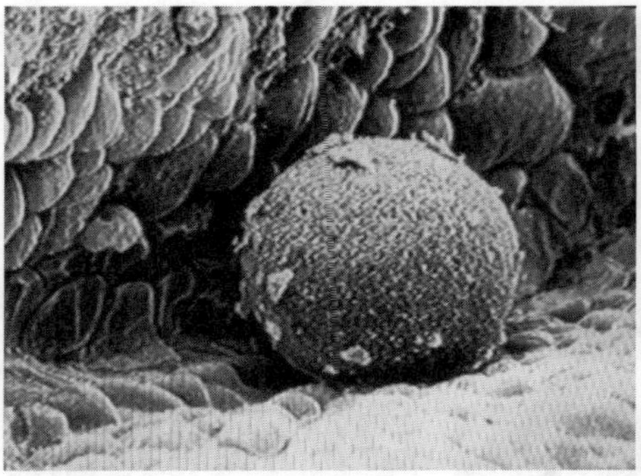

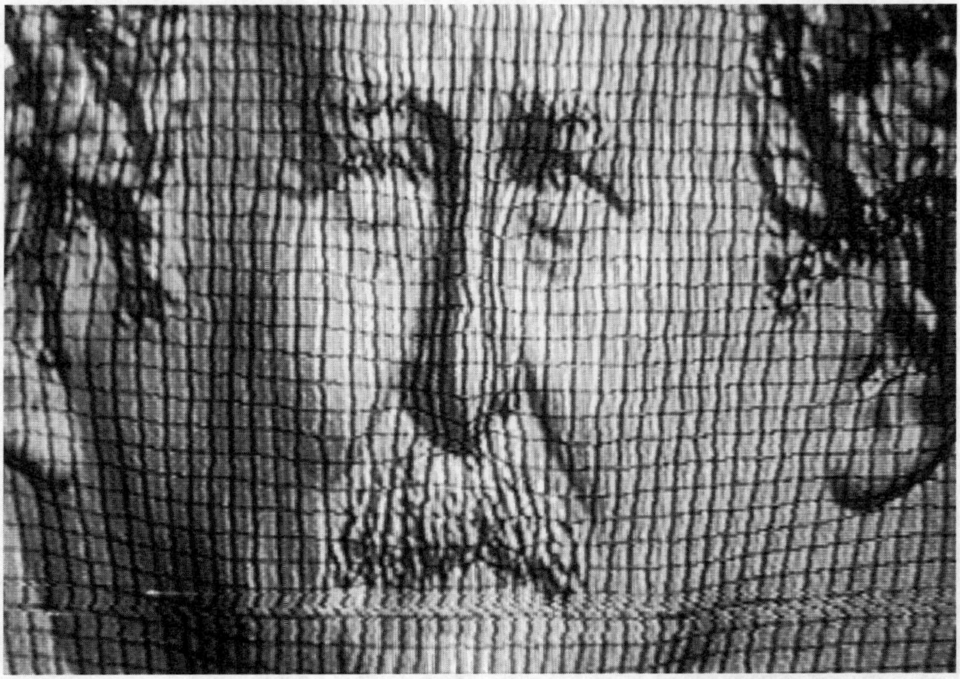

Fotografía y programas de ordenador se unen en la misión de organizar la visión «real», «científica», de nuestro mundo en las nuevas series de divulgación, pero también en los simulacros de entrenamiento en la mayoría de actividades de experimentación. La visión de lo oculto a la mirada que proporcionó la antigua fotografía se ve ahora ampliada por la posibilidad de actuar, de transformar las cosas desde la distancia a través de las intervenciones quirúrgicas.

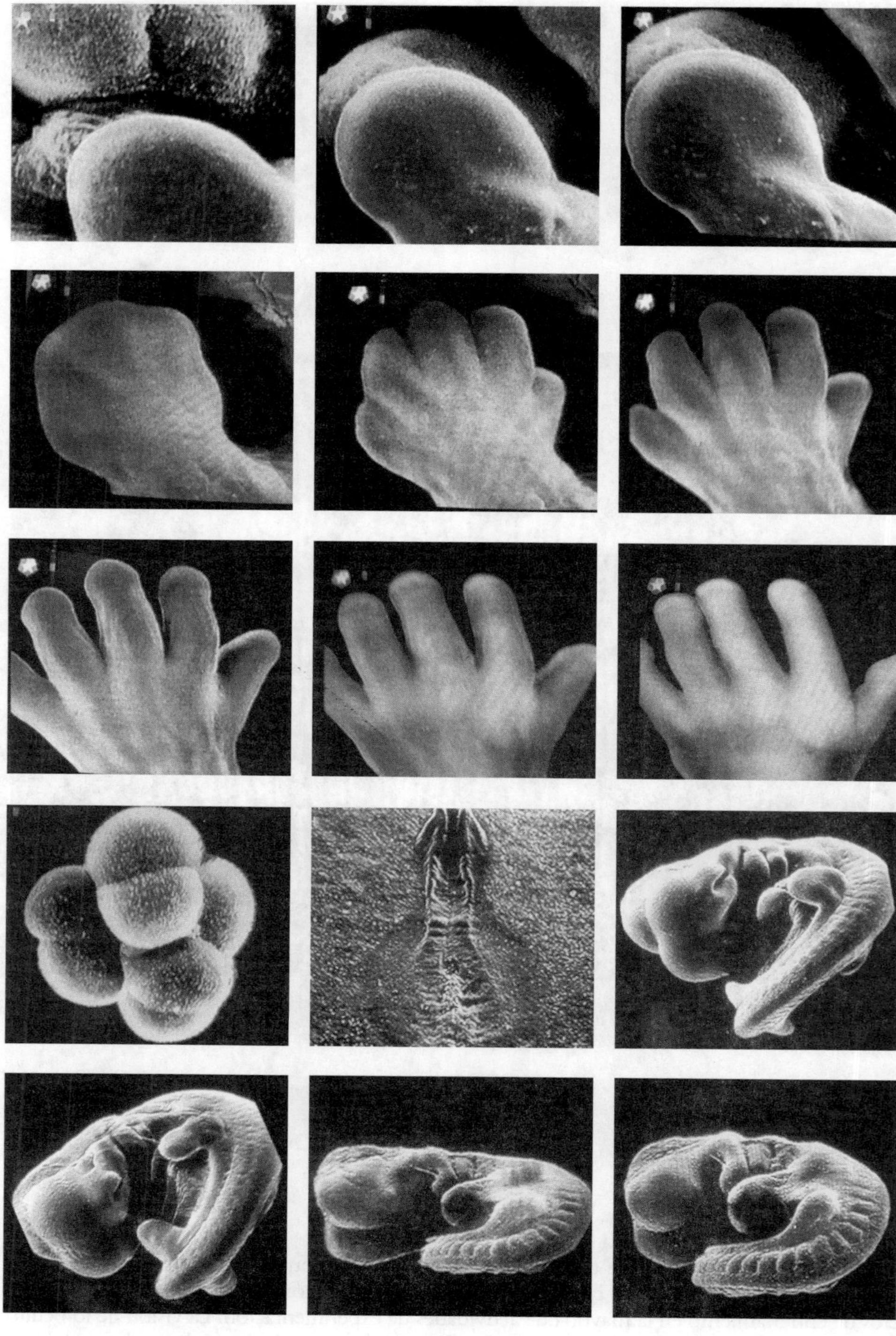

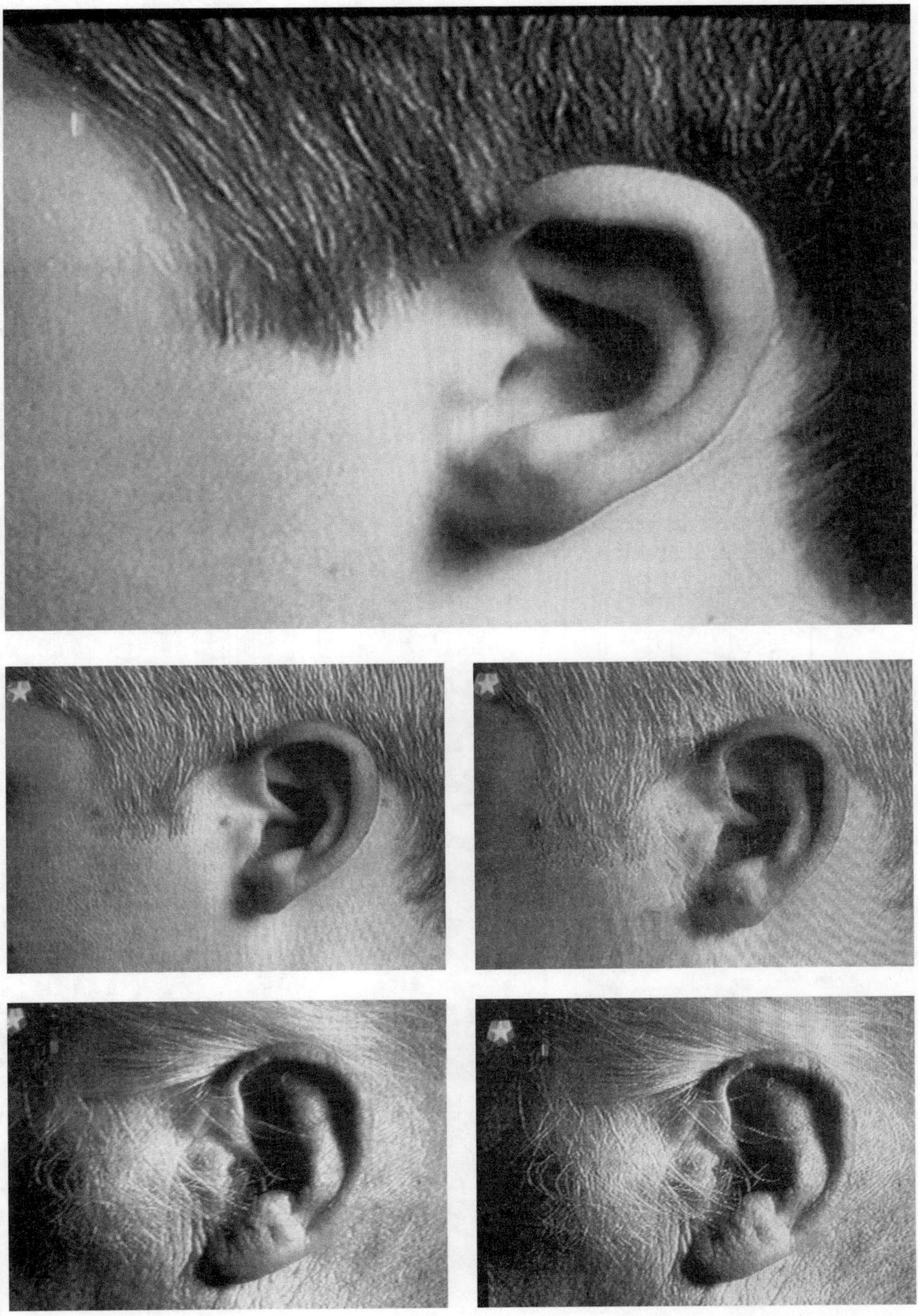

Visión del crecimiento, por medio de fotografías, de varios miembros de una familia y su tratamiento por un programa de ordenador que permite su fusión.

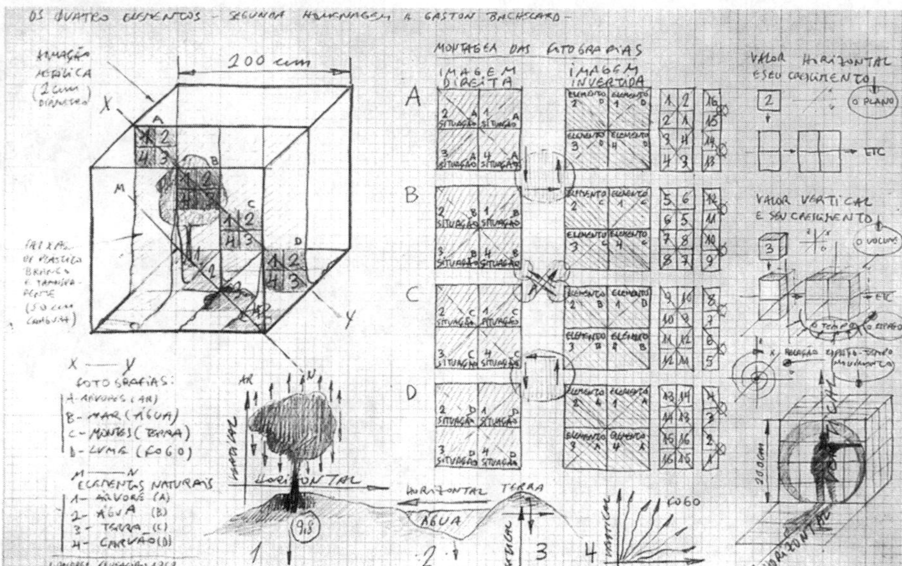

Alberto Carneiro, proyecto.

Pasados los años iniciales, donde la fotografía se convirtió en un dibujo con luz que reafirmaba la visión transparente, ahora se integra en la investigación sobre el propio proceso de conocimiento, que establece la nueva visión de la naturaleza.

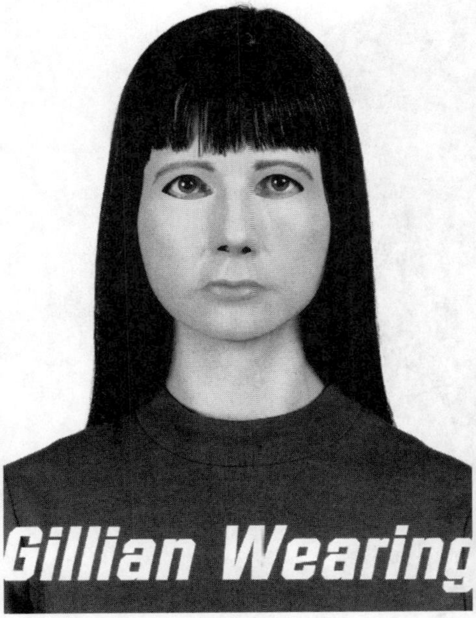

Gillian Wearing.

Raúl Gómez, *Vera.*

Los datos fotográficos y el ordenador se han convertido en un medio idóneo de reflexión sobre el individuo y sobre la identidad.

Frank Thiel, *Berlin*.

Bernd y Hilla Becher.

La nueva fotografía ha creado a través de sus recursos específicos uno de sus soportes más sólidos de su presencia internacional, desde el matrimonio Bernd y Hilla Becher a Andreas Gurky, a Thomas Ruff, y la fascinación por los formatos fotográficos donde las grandes ampliaciones, primero en blanco y negro y actualmente en color, recrean ese mundo manierista de nuestra realidad tecnológica, mediante el equilibrio preciso de unas tonalidades neutras a las que la imagen de vídeo y la pantalla del ordenador nos han habituado como un anticipo laico de la nueva ciudad celestial.

Paul M. Smith, *Make my Night.*

Mikel Mcalinden, *Endgame.*

La actual fotografía de autor, de «artista», ha reaccionado frente a la fotografía del fotógrafo con dos recursos contrapuestos aparentemente contradictorios: uno se realiza mediante la utilización del medio desde la posición del aficionado, desde el simulacro de la inexperiencia, la pretensión de una imagen «no artística», es decir, desde el desprecio aparente de aquellos valores «profesionales», los generados por la dificultad sofisticada de organizar la realidad desde la exaltación de las características del oficio del fotógrafo de publicidad o la moda; antes se recurría a la polaroid, y ahora a la cámara compacta, con flash, con grano grueso y alto contraste. El otro se efectúa mediante la puesta en escena, la teatralización y el simulacro que la distancia de su función de documento, de la mirada transparente.

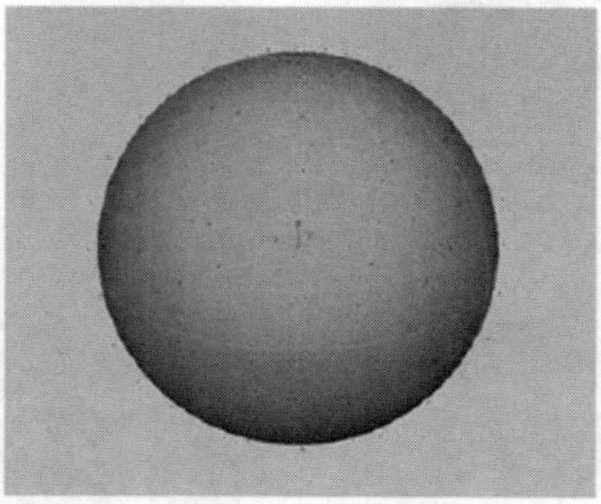
Fig. 1

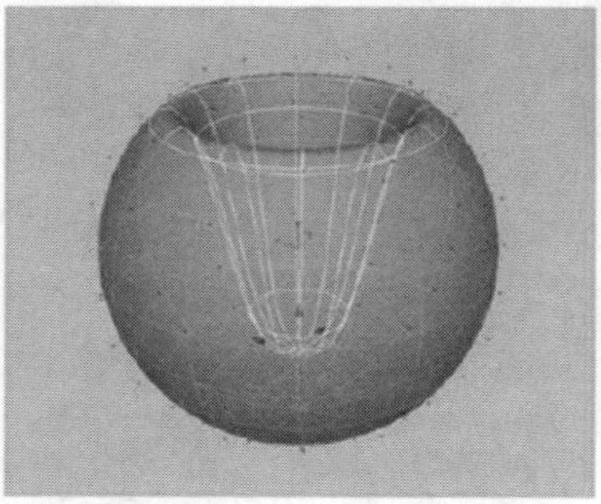
Fig. 2

Las superficies generadas por softwares de animación 3D están definidas por puntos en el espacio, en las coordenadas x, y, z (figura 1). Son volúmenes, como esculturas, por lo que el punto de vista no queda limitado al plano del papel. La construcción de estas superficies se realiza mediante diversas herramientas de modelado incluidas en el software utilizado y en algunas ocasiones tirando directamente de los puntos que las delimitan y definen (figura 2).

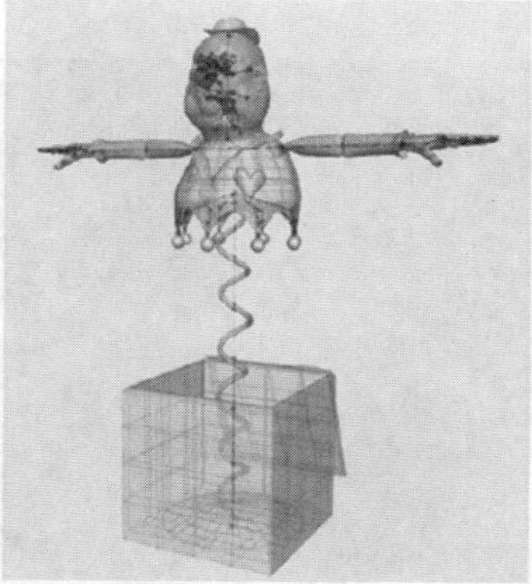
Fig. 3

Fig. 4

Una vez modelados, los objetos son texturizados, dándoles el aspecto deseado bien mediante materiales propios del programa de 3D o bien creándolos en softwares de dibujo y retoque fotográfico y aplicándolos en las superficies creadas a través de herramientas específicas del software. En el caso de que los objetos estén destinados a realizar movimientos tendremos que tener en cuenta su movilidad a la hora de modelarlos y, como en el caso de la animación de nuestro personaje, habrá que crear un esqueleto que realizará la misma función que el esqueleto humano o animal, arrastrar la piel y músculos a los que va unido (figura 3).

Una vez terminado el personaje y el escenario, se ilumina la escena. Disponemos de varios tipos de luces con las que simular diferentes fuentes de luz reales; luz solar, focos, etc. Las texturas, iluminación, sombras, reflexiones y refracciones sólo podremos verlas a través del proceso de rasterización de la escena. En este proceso el ordenador genera la imagen de alta calidad en la que se ven aplicadas las texturas y efectos de iluminación (figura 4).

Incluso como en la representación de 3D de la animación cinematográfica, la imagen final sigue unida a la lógica de la narración verosímil; los pasos del proyecto adquieren una nueva dinámica. Cuando nuestro alumno José Corral prepara su proyecto de «El desván», el antiguo orden del apunte, el croquis, el estudio, el encaje, la mancha, la composición, el claroscuro y el coloreado dan paso a un proceso donde parte de estos elementos se imbrican con la historia, el guión, el *history book*, etc., en un orden que a su vez se integra en un sistema de producción muy distinto de la forma de pensar del antiguo dibujante.

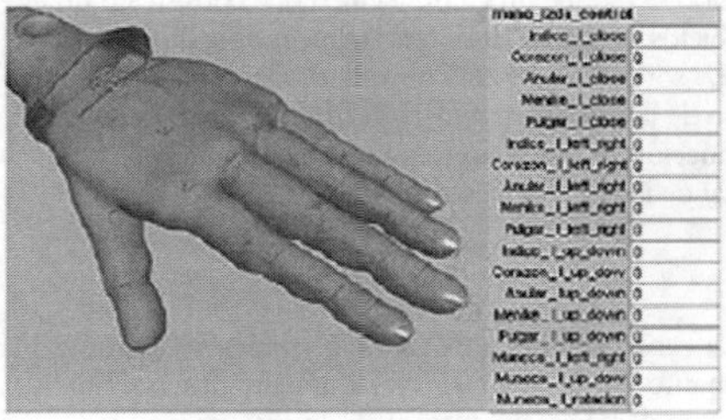

Fig. 5

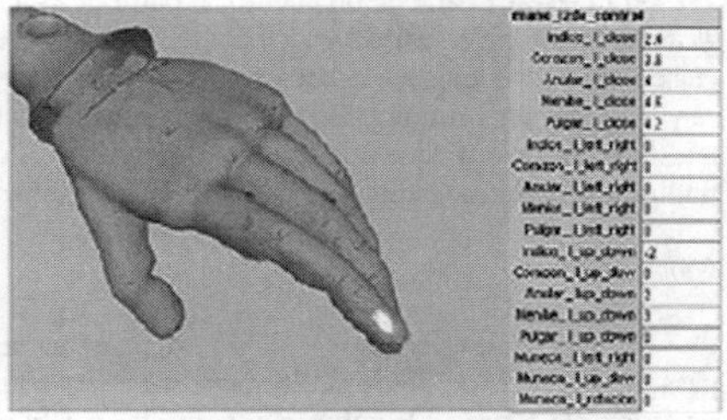

Fig. 6

En el caso concreto del personaje del ejemplo, se crearon parámetros específicos para determinadas funciones de los huesos con el fin de facilitar y acelerar la tarea de la animación (figura 5). Podemos ver cómo las articulaciones rotan al variar los valores de los controles arrastrando la geometría de los dedos (figura 6).

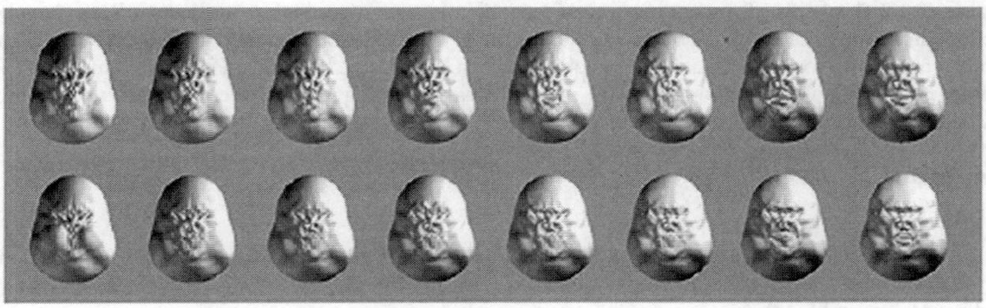

Fig. 7

En la animación facial de Sapo se usó una mezcla de huesos para simular el movimiento de la mandíbula y mover la papada, con una simulación de los movimientos musculares de la cara mediante la creación de los posibles gestos y expresiones que tendría que realizar a lo largo del cortometraje (figura 7).

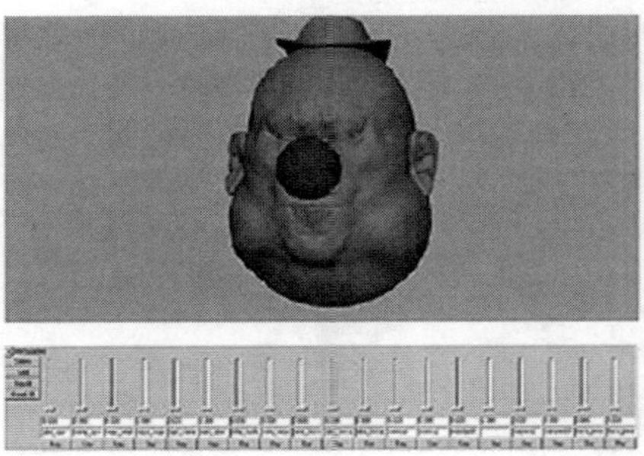

Fig. 8

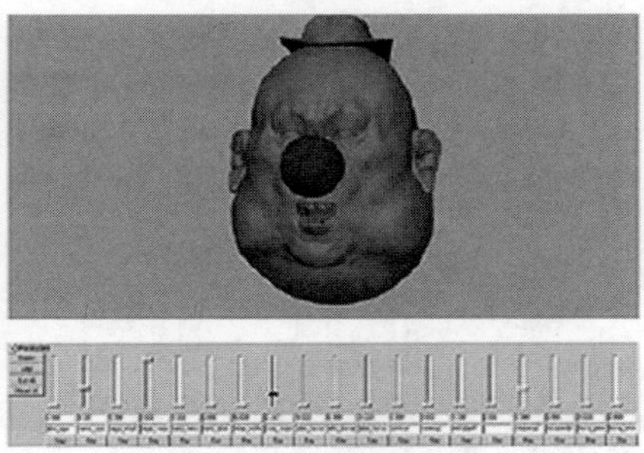

Fig. 9

Los diferentes gestos se aplican a la cara base de Sapo, que a través de unos controles similares a una mesa de mezclas se animan (figuras 8 y 9). El cambio de valor de los parámetros provoca una deformación de la geometría del personaje imitando los gestos producidos por los músculos faciales. La animación de estos músculos no afecta a la mandíbula ni a la lengua. Para realizar la acción de abrir la boca tendríamos que usar el hueso que simula la mandíbula inferior. En las figuras superiores (figuras 8 y 9) vemos el resultado de la mezcla de la animación facial con la animación del hueso de la quijada.

«El Desván» parte de un cuento. A partir de esta narración se escribe un guión técnico que consiste en un desglose de la historia en planos y acciones de los personajes y objetos. Se puede decir que traducimos la historia del lenguaje narrativo al lenguaje cinematográfico, al lenguaje visual y sonoro. Al ser una historia muda, el sonido, la música y las imágenes y mímica de los personajes sostienen el peso de la narración, no hay diálogos que expliquen y aclaren dudas ni un narrador que relate lo que sucede. A continuación se muestra un fragmento del guión literario, su traducción al guión técnico y al *story board* y el resultado final de las escenas descritas.

Guión literario

El Sapo despertó después de un largo sueño, se sentía cansado a pesar de tener la sensación de que había pasado largo tiempo desde la última vez que vio la luz. ¿Cuánto había dormido? Seguramente mucho. Era hora de asomar la cabeza. De volver a encontrarse con el pequeñajo. Sería gracioso aparecer de repente y asustarle. Le gustaba mucho la cara que ponía y el sonido de su risa. Preparó su mejor mueca y salió ruidosamente. No escuchó ningún grito, ninguna risa, sólo silencio. No reconocía el sitio. ¿Dónde estaba? ¿Por qué no había nadie? Silencio. Miró alrededor. Un panorama desolador. Juguetes antiguos pasados de moda se encontraban desperdigados por todos los rincones. Pero él era lo último en juguetes para niños. Tenía dos sonidos y parte de su cuerpo estaba hecho en plástico, el material revolucionario. Él no debería estar allí. Pero no eran sólo juguetes lo que se pudría en aquel infierno. También había cajas escondiendo su contenido. Una mecedora. Recordaba la vieja mecedora del salón. Pensaba que había ido a un lugar mejor. Pero allí estaba, sucia y cubierta de polvo. También recordaba el armario ropero del cuarto del pequeñajo. Y la lámpara de la mesilla. Pero ellos eran viejos. Él, sin embargo, era joven y alegre, era indispensable para la felicidad del pequeñajo. Esperó a ver si era una emboscada. Esperó y no sucedió nada. Allí estaba solo.

Guión técnico

Plano 4 (figura 10, 12)

—Plano general. Vista trasera de Sapo. Está quieto mirando la ventana. Da unos saltitos extrañado, mirando e inspeccionando el entorno. No sabe dónde esta.

Plano 5 (figura 11, 13)

—Primer plano. Picado. Sapo mira extrañado la ventana. Sorprendido e incrédulo.

Fig. 10

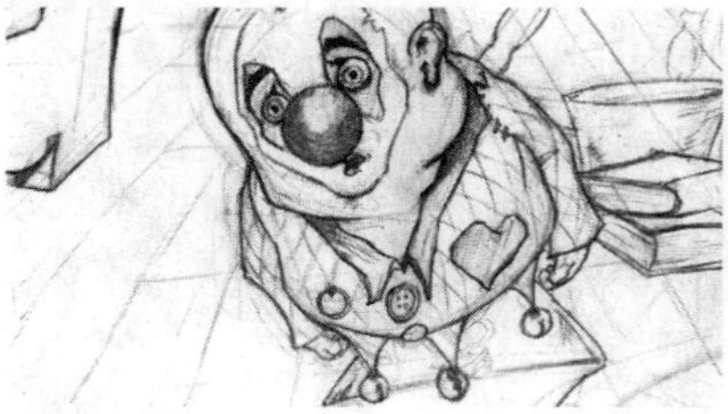

Fig. 11

Fig. 12

Fig. 13

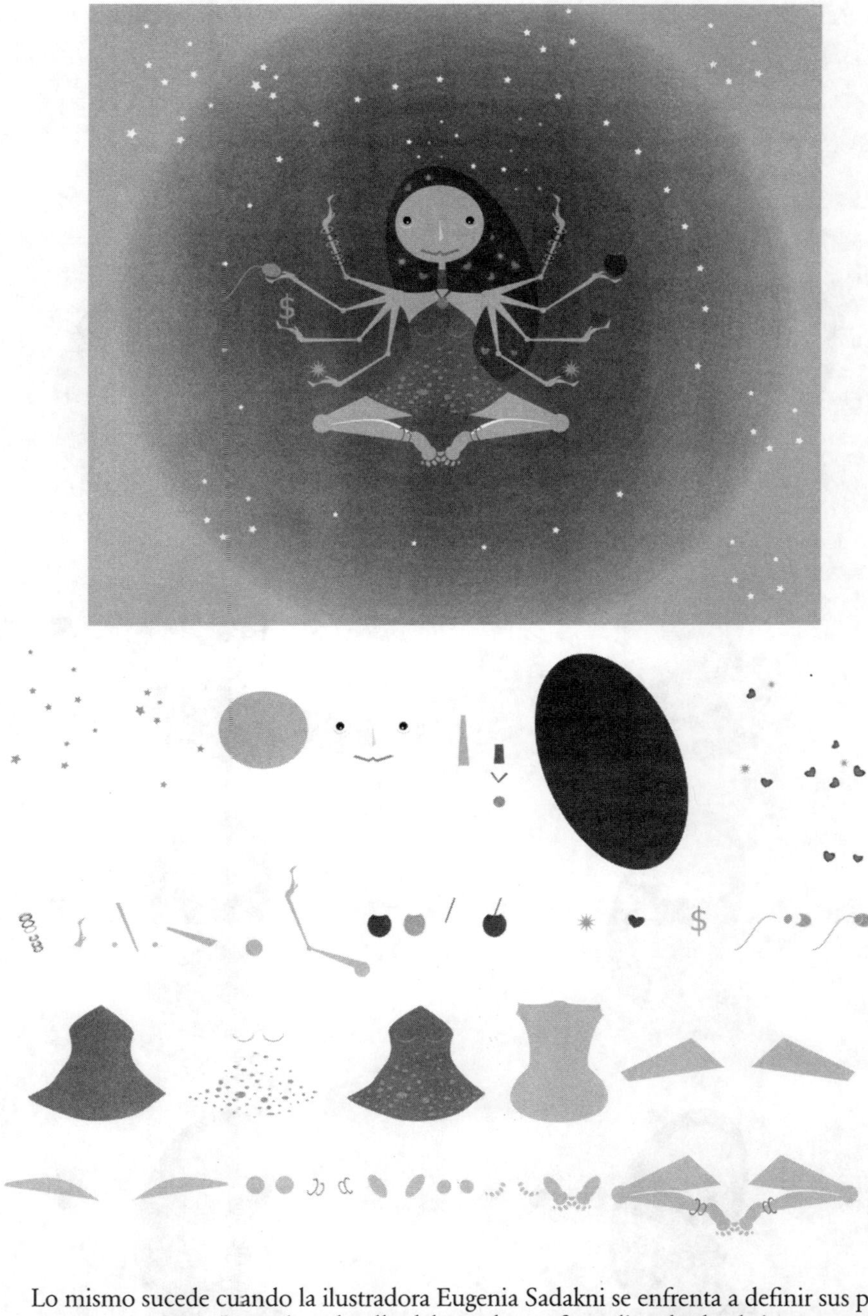

Lo mismo sucede cuando la ilustradora Eugenia Sadakni se enfrenta a definir sus personajes, su trazo, su gesto. La antigua huella del creador se formaliza desde el sistema generativo del programa; desde acciones fragmentadas de creación, deformación, integración, previsión alternativa de tono, organización de capas, copias, duplicados, elecciones..., hasta llegar a una imagen que siempre es difícil de definir como «el original», que a su vez tiene que integrarse, mediante la reducción o ampliación de su «tamaño», al medio en donde debe transmitirse, edición o impreso digital de la web.

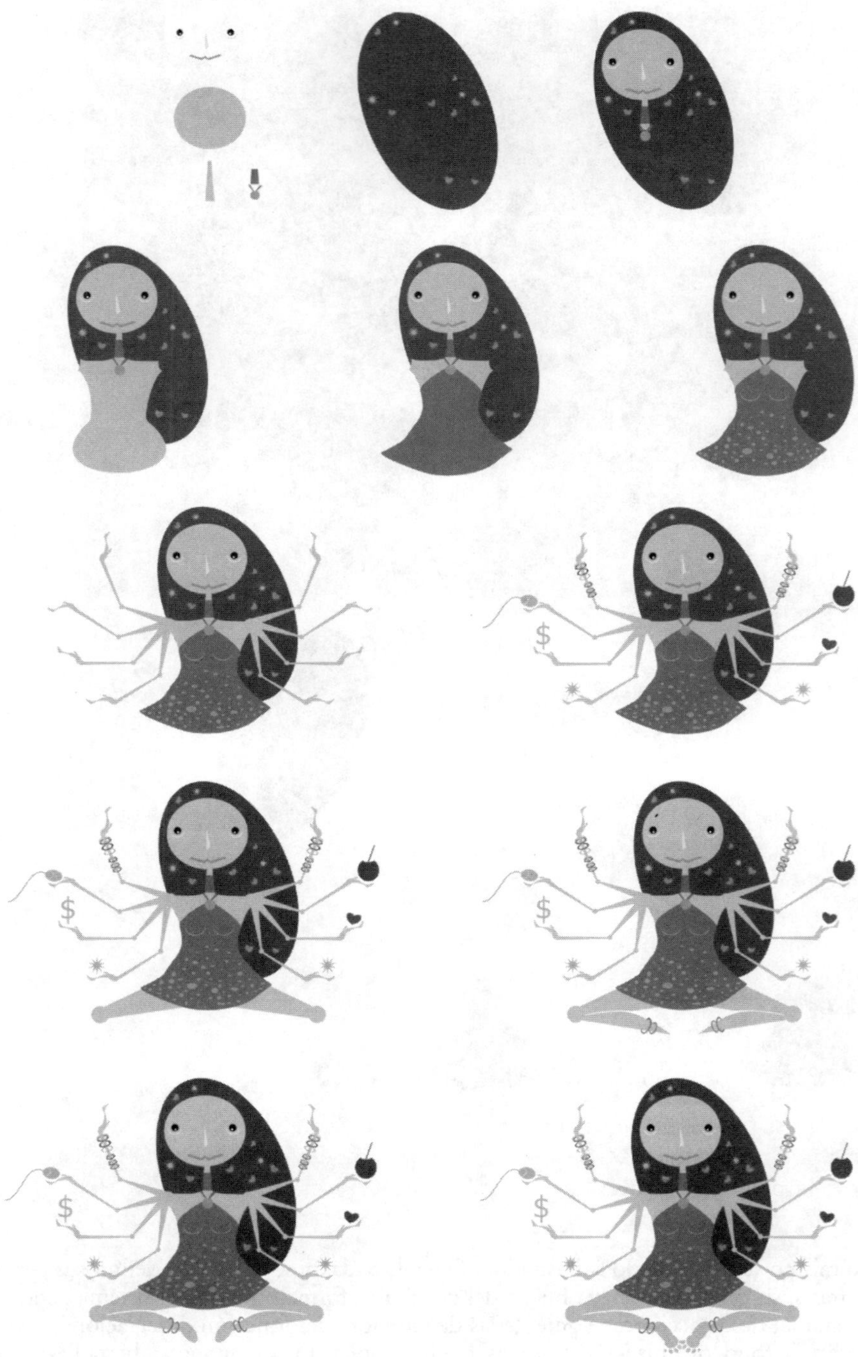

entre realidad y deseo, entre percepción y conocimiento; sólo de esta seguirá surgiendo el nuevo dibujo de las cosas, en la medida que él pueda seguir relacionando sus nombres. La digitalización no hará desaparecer la verdad de la fotografía, aunque pueda producir su falsificación no puede prescindir de sus modelos, los que genera la óptica de los objetivos, como tampoco ninguna de ellas puede sustituir al dibujo en lo que él tiene de estructura diagrámatica del conocimiento posible de las cosas. Lo que sí sucederá es que los nuevos programas de software se construirán cada vez más con la lógica que organizaban los antiguos tratados, y que su desarrollo obligará cada vez más a dibujar con precisión las relaciones que los hacen posibles. El nuevo mundo de las imágenes se articulará cada vez más a través de los emblemas y los diagramas de conocimiento que el dibujo viene organizando desde el nacimiento del pensamiento científico.

ESCENARIOS. INTERNET Y LA NUEVA CIUDAD CELESTIAL; EL DIBUJO DEL SIGLO XXI

> En 1992, pedí por teléfono a una fábrica cinco pinturas sobre porcelana esmaltada. Yo tenía ante mí el muestrario de colores de la fábrica y dibujé mi idea sobre papel cuadriculado. En el otro extremo de la línea, el empleado de la fábrica tenía este mismo tipo de papel, dividido en cuadros. Marcaba correctamente las formas a medida que le dictaba (era como jugar al ajedrez por correspondencia) [...]. Es verdad que estos cuadros no tenían la virtud del «toque individual», pero mi idea era precisamente contrariar esta sobreestimación.
>
> L. MOHOLY NAGY, *Von Material zu Architektur* (1929).
> Traducción castellana: *La nueva visión*,
> Buenos Aires, Infinito, 1963, págs. 142-143.

Iniciar este trabajo bajo la palabra, el signo del segundo milenio, parece determinarlo a una reflexión sobre el mismo sentido de la modernidad, sobre el papel transformador del dibujo en la época de las tecnologías.

Sólo estas palabras dibujan y desdibujan el valor de aquello que decimos; ellas no sólo definen los conceptos, sino que crean el espacio mítico, el ámbito poético desde donde interpretamos aquello de lo que nos proponemos hablar.

Iniciar pues esta reflexión sobre el dibujo, sobre el arte, bajo el signo protector de estas palabras, parece indicarnos un camino que bajo el augurio de la novedad, nos conduce a un cierto bucle melancólico que nos transporta a ese reiterado tiempo fundacional con que se inauguran todos los principios de siglo, aunque matemáticamente sólo sea un neutro cambio de cifra.

Una palabra parece obligarnos a hablar de aquello que acaba y aquello que comienza; la propia idea del tema reafirma la necesidad de sistematizar estas reflexiones en una serie de argumentos claros cuya legibilidad avale, como siempre, nuestra capacidad de control sobre las cosas que nos amenazan, que nos intranquilizan, aquellas que no nos atrevemos a nombrar pero que de alguna forma estamos nuevamente obligados a dibujar en este siglo, a precisar en un concepto que supere el límite que las palabras antiguas imponían a nuestro conocimiento de las cosas.

Inauguramos un siglo, admitamos nuevamente esta licencia, después de aquel, el veinte, en el que la tecnología tomó el mando, y al que muchos artistas decidieron aplaudir como un siglo libertador, que como muchos decían, podía liberarnos incluso del hecho de dibujar, en el que era posible determinar nuestra obra incluso por teléfono, y terminamos haciéndolo, masivamente, todos, por medio de Internet, donde no sólo ejecutamos esas órdenes a distancia, sino que también hemos determinado, a través de este, el propio espacio imaginario en el que nos soñamos, con la diferencia de que cuando lo hacíamos por teléfono a comienzos de siglo, las órdenes de ese dibujo diseñado, su construcción como imagen o como objeto, pasaba, sin embargo antes, por un taller, por un espacio físico donde se concretaba, donde se construía en un proceso tradicional, convencional, de delineación, representación, previsión, ensamblaje y producción y en donde la imagen hablada del primero tenía una determinación precisa, unívoca, convencionalizada en el segundo, para poder luego, una vez acabada, producida, pasar al campo real de los objetos que configuraban la realidad física, el mundo concreto de nuestra presencia corporal, para ser entonces un hecho estable, permanente, que se interponía ante nuestra presencia como un configurador inquietante de un territorio llamado arte, que reservaba para sí mismo el papel, casi religioso, de intérprete de unos signos laicos que se establecían como oráculos de un progreso indefinido. Ahora este bucle constructivo, que parecía recuperar nuevamente su presencia en el entramado tradicional de realidades, ha perdido ese punto final de referencia, e incluso la imagen inicial que lo ligaba a la realidad del arte, y tenemos nuevamente que hablar y discutir sobre el nuevo sentido de nuestros dibujos extraviados para recomponerlos en el discurso de las palabras.

Perdimos en el trayecto, los pintores como los escultores, nuestra propia palabra, el territorio, el mundo que durante siglos nos dio la identidad. El dibujo de las cosas del arte diluyó la palabra que le había dado origen y estamos en este final-principio de siglo, huérfanos de nosotros mismos; si la escultura ha pasado sólo en estos últimos cien años de imagen a estatua, de estatua a escultura, para ser luego solamente estructura, objeto, obra, pieza o cosa, realidad-símbolo, proyecto o referencia de sí misma en una instalación, los pintores hemos perdido incluso la materia que determinaba el oficio, la identidad de la profesión. Los materiales del actual espacio de intercambio simbólico, que me niego a seguir llamando con el eufemismo de nuevos, han diluido la corporeidad del óleo, que como la témpera o el fresco determinaron la realidad de los siglos anteriores, los signos de identidad de aquellas otras formas de conciencia.

Si el óleo liberó del muro a la pintura, y la hizo transportable en el nuevo comercio de objetos, el pixel ha radicalizado su proyecto, y no sólo ha desmaterializado la forma de su presencia, sino también el espacio mental de su invención. Son ya otras profesiones las que recuperan la realidad física de las cosas. Incluso la arquitectura pareció renunciar a su presencia ordenadora de los lugares imaginarios de nuestra memoria para ser sólo máquina de habitar, ingeniería transparente de los nuevos espacios productivos, dejando a los urbanistas la labor final de desmaterializar los lugares de sus signos, en su labor de definir sólo espacios, zonas, sitios de producción urbana.

Hemos convertido el espacio de las ciudades en pura periferia, creando un entramado de canales de circulación en donde se simula el intercambio, el transporte, la modificación como único símbolo de la transformación que ejercitamos sobre nuestras propias conciencias. Somos, como nunca hemos sido, pura mutabilidad, anamorfosis permanente de nuestra corporeidad que se proyecta en la red como el último territorio de realidad efímera, en donde las imágenes sólo existen como no imágenes.

La multiplicidad, la difusión y su permanente disponibilidad de las imágenes se contradice con su realidad, nunca establecida del todo, pendiente siempre del programa que le dio origen, demandando ansiosamente los nuevos datos que le den actualidad y existencia. Convertida en una interfaz permanente de diálogo que se vacía de sentido en la estabilidad de su presencia.

Las imágenes de la red son pura construcción-deconstrucción; como las ciudades reales, ellas están conformadas por imágenes que sólo son posibles recorridos de viajes realizados en el tiempo, aquellas que la memoria y el deseo han proyectado sobre nuestras conciencias. Como las ciudades, aparecen inmutables en el recuerdo, plenas, totales, en la medida que son estratos de memoria de un recorrido aleatorio que se determinó en nuestra experiencia pasada, pero como ellas, su realidad se difumina radicalmente en la visión de los otros, en los posibles recorridos que no hicimos, en las casas que no visitamos, en las puertas que no llamamos, o en aquellas que se abrieron a otros desconocidos. El cuadro no es otra cosa que esa puerta, la interfaz fija que alertaba a nuestra imaginación a un viaje soñado, pospuesto o recordado. La web es siempre, por el contrario, un camino, una maraña de redes que se abre en imágenes previstas, actuales, que se envejecen en su instantaneidad.

El cuadro abría y abre caminos a la imaginación, mientras que la red abre la experiencia real de un viaje mental y físico que se reafirma en el lenguaje, en el conocimiento y en la comunicación, sobre la base de una información permanente de la vista y el oído como canales de todos los demás sentidos; no deja espacio al sueño inacabado, a la experiencia dilatada que pospone a otro momento su realización. La web confirma siempre con otra imagen la posible continuidad de la presente, y paradójicamente determina nuestra posible previsión de lo que puede ser con lo que ha sido, con las imágenes de archivo que estaban ya instaladas en sus arterias. Es en sí misma un conformador universal de las imágenes que otros campos ya han formalizado. Su permanente regeneración tiene más de cierre que de apertura, su fluidez aparente actúa como una enorme marcha imaginaria que tiñe la experiencia personal en colectiva.

El rápido intercambio favorece la repetición de lo mismo. La diferencia es siempre la distancia, la lenta inadaptación, el malestar indefinido que se segrega desde la soledad, desde el silencio. La red, en cambio, favorece por sistema el ruido y la distancia. Produce extrañamientos excitados de posibilidades previsibles. Las imágenes de la red recuperan la forma tradicional de la estampa de la primera universalización del cuadro que se estableció en los finales de la Edad Media. Como en ella las imágenes se pliegan a la efectividad de los modelos difundidos; la credibilidad se determina por su grado de pertenencia al sistema.

Se construye con una serie de collages sucesivos, realizados en la acción de copiar, pegar, ordenar y jerarquizar en el orden de una lectura eficaz, desde una técnica neutra y transparente. Como el artesano clásico que recortaba las figuras de las estampas y los grabados de la época para producir otras nuevas, el nuevo técnico de la red, el diseñador, el director artístico, hace inventario de lo presente al generar lo nuevo, reafirma lo admitido y lo recicla nuevamente en circulación eficaz. Realimenta el sistema con un permanente cambio que lo hace creíble en la nueva excitación que favorece su actualidad, pero es la rapidez, esa nueva transparencia de la información, la que hace olvidar el necesario espejo que el mejor arte interponía en la mirada sobre la obra realizada, para establecer nuevamente la intención, el tema y la tarea. El distanciamiento, la sorpresa que produce, es sólo una estrategia para despertar nuestros sentidos adormecidos en el viaje, es el timbre, la subida de volumen, la señal que nos alerta para reactivar nuestra tarea de receptores pasivos.

Como el antiguo artista, el nuevo no sólo estabiliza las imágenes, confirma las estructuras de las mismas y hace posible los lugares de reconocimiento, sino que también fija el orden de la lectura previsible y crea la nueva ortografía confirmando la gramática que la hace previsible en el orden aparente de la nueva entropía. El diseñador ordena la mirada, la focaliza, la dirige nuevamente a la eficacia, la sorprende para indicarle el camino, le hace guiños para seducirla y llevarla al nuevo espacio metafórico donde la desprende de su propia experiencia para reorganizar nuevamente un espacio mental de relaciones, de entes conceptuales, en los emblemas abstractos de los signos.

Establece un cielo universal, un no lugar desenraizado, donde todo se remite a la propia arquitectura de su diseño. Nos lleva a un cielo extraño, amoral, uniformado, de almas puras, sin memoria y sin rostro. Después de tantos años, de tantos siglos de reclamar nuestra presencia, de ir determinando lentamente nuestro rostro en los rastros de los gestos, reclamamos nuevamente lo intangible en un cierto enfriamiento; después de irnos proyectando lentamente en las heridas de uno mismo, nos transmitimos impecables, vestidos de una piel brillante, luminosa, en la pantalla que se interpone al tacto, al contacto sensible, para llenarnos de un erotismo frío y exhibirnos en instantes frustrantes, de mirón, en pura pornografía descreída, descuidada, distante, de pura casualidad en los lugares indefinidos de los «chats». ¿Dónde está nuestro cuerpo?, ¿dónde podremos habitarnos?, ¿dónde está ese sentimiento de reposar para siempre en un lugar, en una forma, en una imagen: en un cuadro?

Reclamamos nuevamente el cielo, un no lugar abstracto, situado nuevamente en el éter, en un espacio luminoso de pura comunicación que crea la nueva «comunidad». El tiempo adquiere en su radical presencia de instantaneidad un cierto rasgo de eternidad; estamos viviendo aquello que pasó como un presente, hemos desmaterializado, camuflado su fluir en un instante, y estamos conviviendo con los cadáveres del pasado como si nos hablaran del ahora mismo, del presente. Casi hemos perdido el dato para fechar el hecho, para determinarlo como suceso acaecido y somos informados sobre él como un presente que nos habla, siempre, de forma repetitiva.

Reclamamos el espacio de las ideas y hemos ganado distanciamiento con las cosas, seguimos ambicionando nuevamente un lugar sagrado, laico, desenraizado de aquello que no está sometido a las transformaciones. Hemos perdido el cielo religioso, pero formamos parte de esa comunidad de ciegos que se organiza en el espacio puro de la comunicación. Es un esfuerzo por recuperar, desde el descreimiento de la totalidad, un espacio global en el que pensarnos como puro sentido. Organizamos para ello una estructura de lectura que supere el antiguo espacio tomista del árbol lógico. Amamos lo disperso de la red, la no visibilidad del argumento, pero organizamos la experiencia como pura estructura de nodos que se organiza nuevamente en el árbol tomista. Abrimos y cerramos imágenes guiados de pequeñas flechas y manos, nos movemos libremente perdidos y nos encontramos en las limitaciones de las pequeñas reflexiones, en los intervalos en los que nos pensamos. Establecemos miles de libros para establecer el viaje, para determinar las normas del discurso. Hemos generado exégetas, intérpretes, técnicos de la red. Pertenecemos a un cierto conjunto de habitantes de una ciudad indefinida, nos articulamos alrededor de un programa, de un juego que nos da carta de ciudadanía, de un espacio, un no lugar, que se construye para los otros en la actividad programada, pero los espacios virtuales de este apa-

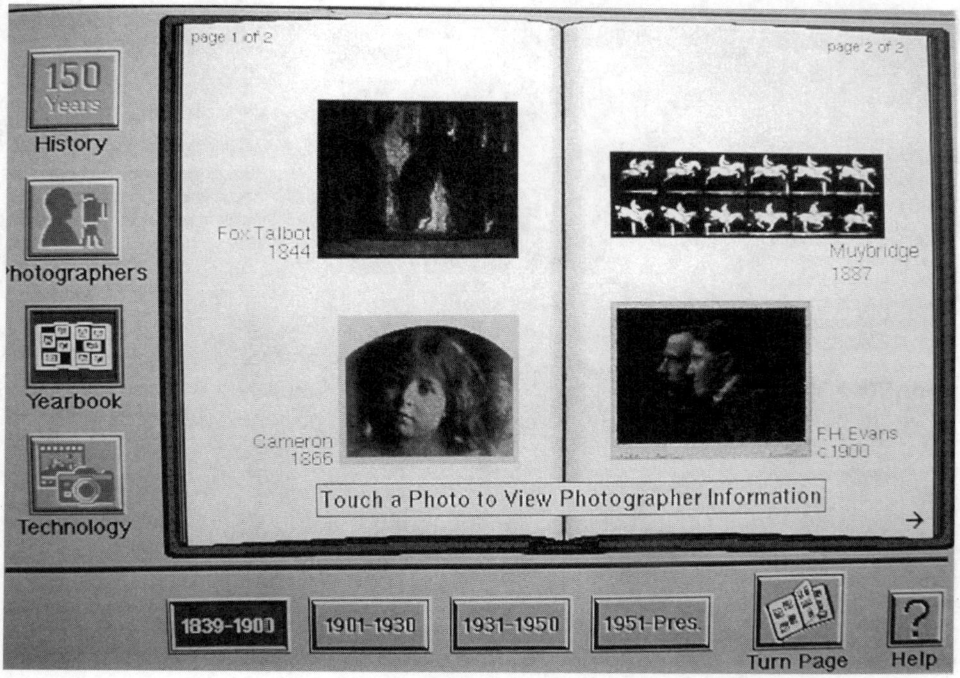

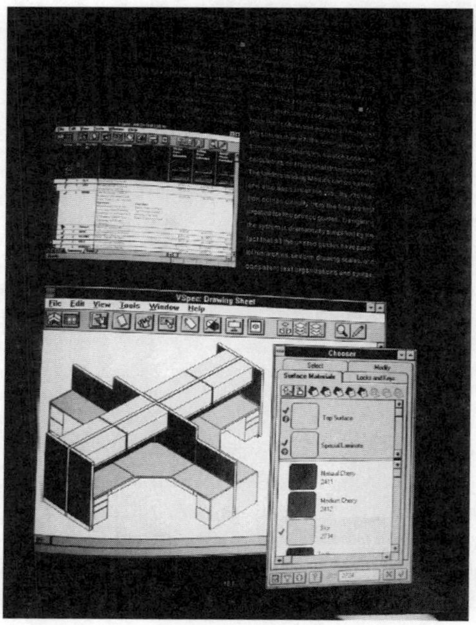

El ordenador, e Internet, han creado también un nuevo modelo de lectura, de organización de la información, aunque en la mayoría de ellos sigue subyaciendo la estructura diagramática del árbol tomista.

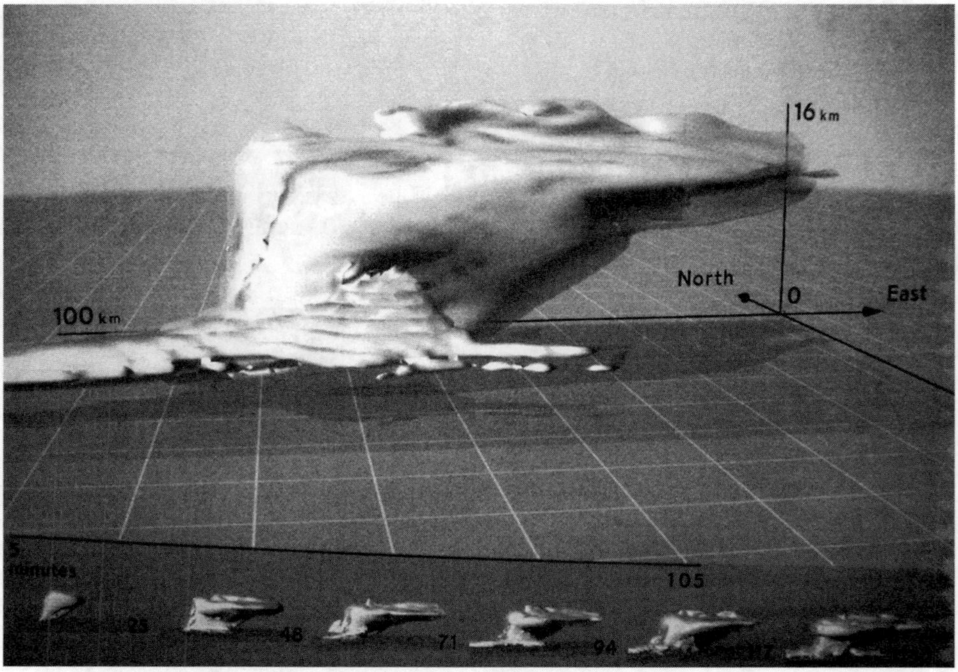

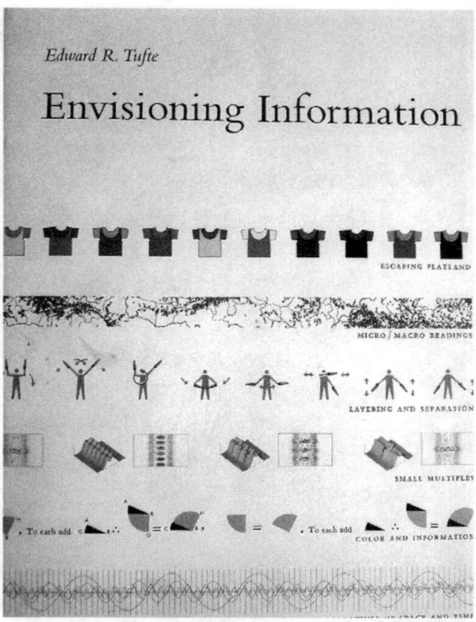

De la misma manera que en la visión de la información, de la imagen científica, sigue estando presente la antigua imagen de la «ciudad celestial» del orden medieval.

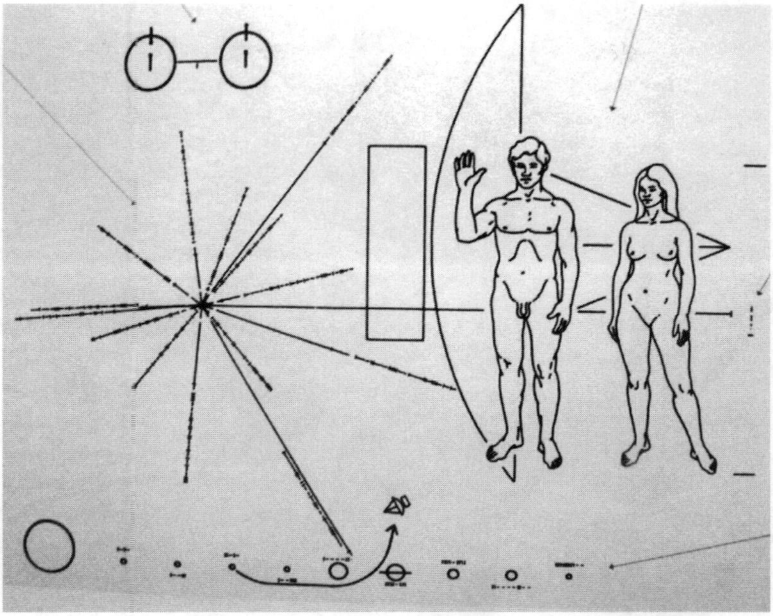

Imagen enviada por la NASA para indicar a los posibles contactos extraterrestres su procedencia.

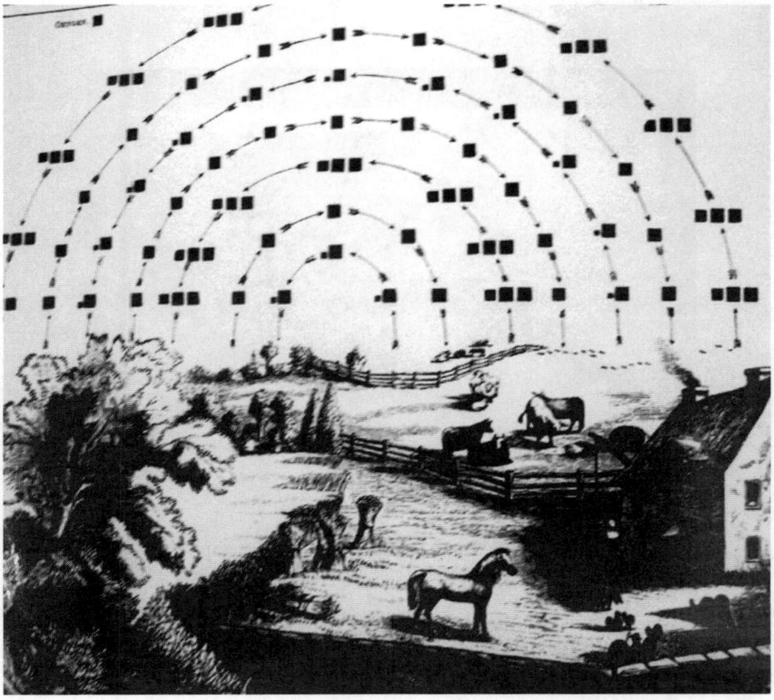

Esquema visual y esquema diagramático son los pilares de la nueva imagen.

La ciudad celestial en Internet.

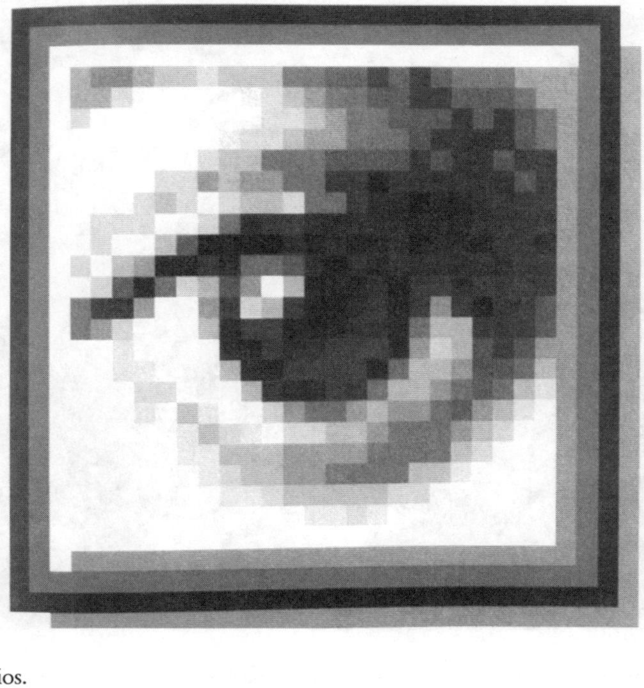

La mirada de Dios.

rente encuentro, en sorpresivos lugares, están fijados previamente en el programa, en el telón que reconstruyen, ahora, sin materialidad, la pasión de viajar del siglo XIX, de aquellos artilugios espaciales que proporcionaban un escenario pictórico para las realidades virtuales del viajero.

La novedad de la tecnología, pese a su rudimentaria eficacia, se proyecta como el campo posible de aquello que construye el futuro. Pese a su indefinición, pese a la distancia con lo real, la fotografía, el gramófono y las imágenes del nuevo ordenador que hoy vemos ya sólo como un ruido, fueron creando la reconstrucción impecable que sólo los primeros pioneros anticiparon como verdad en sus sueños. Sólo una cifra más, la incorporada por este año, ha hecho temblar su utopía, y ha visualizado la distancia que ella tiene con un mundo que se articula todavía en el territorio del pensamiento, la emoción, con la máquina del antiguo universo de la causa efecto de la palanca, del motor universal que se proyecta en nuestro cuerpo; un mundo que predomina todavía en nuestro imaginario y que afortunadamente lo hará cada vez más en el horizonte de aquello que parece como la línea tras de la cual está ese más allá que niega esa forma de vida y delimita nuestra corporeidad.

Olvidados los dioses o amaestrados a los rituales costumbristas de las antiguas burguesías, ya no quedan profetas como los de las antiguas religiones; no hay hombres que nos hablen con imágenes luminosas del nuevo amanecer o del Apocalipsis. Sólo nos queda algún cálculo posible de alguna catástrofe que amplíe lo cotidiano a lo universal, en un mundo que ha perdido el sentido, que sólo reconoce la ley universal en lo probable, el juego arbitrario de las interrelaciones que crea nuestra vida originada en un Big-bang, que sustituye al génesis de la palabra.

Las imágenes creadas por la red son el nuevo mural educativo que establece la actual moral del comercio. La casa, la red, es nuevamente un tránsito a un cielo indefinido, el sábado, el domingo de un trabajo inacabado en el que descansar la experiencia dolorosa. Promete el éxito, el triunfo universal, el estar, el ser y el existir. Nadie es nada fuera de la red, como antes nadie sobrevivía fuera del libro o la revista. Ahora nuevamente la novedad, la tecnología promete la existencia, el hecho radical del intercambio. Ha terminado la alegría inicial del interregno que facilitó la espera de su uso bélico, y el orden planetario que alteró y alterará el valor de las cosas.

Si antes fue la rareza, la escasez o la dificultad lo que dio origen al precio, al valor de las cosas, y el artista y el artesano se convirtieron en artífices eficientes de la cosa, puliendo su presencia, abrillantando su perfil o engastando las joyas, ahora el valor se establece en la proliferación, en la necesidad universal creada por su presencia. Sólo aquello que todos poseen tiene valor de cambio porque es lo que establece la referencia de otras cosas que tendrá su sentido en ella.

Un sitio en la red establece su valor por las visitas que los viajeros establecen en ella; igual que el antiguo comerciante, el viajero crea los lugares en el mapa en la medida que los visita y hablan de ellos. Los lugares de la red crecen, se ramifican en los links, como las antiguas ciudades de las caravanas lo hacían a través de los nudos ferroviarios. Como ellas, se adornan, se identifican y reclaman una y otra vez expertos que atraigan a los nuevos visitantes por la rareza y novedad de sus tecnologías. Sólo en Nueva York, el negocio supera ya al cine y los juegos en la red mueven más negocios que todo Hollywood.

Si la aparición de la fotografía hizo desaparecer miles de profesionales, pintores, retratistas, desnaturalizando la academia, quitándole su clientela tradicional, arrinconando a la antigua teoría, y obligando a la pintura a un primer repliegue, que proyectó en otros sucesivos hasta que hoy, en el presente, aquella práctica universal se ha convertido en un residuo de lujo que recupera sus imágenes en la reflexión de aquellos otros mundos que ha conformado su heredera bastarda. La red, la web, ya demanda, como aquella, más creadores que todas las demás prácticas juntas.

La red, en sí misma imagen de novedad, ha ganado el territorio de la promesa que todo arte innovador parece reclamar, esa capacidad de señalarse como camino y de determinar que aquello que nombra sin palabras es lo único que merece ser dicho para poder transformar nuestro presente. Y como todo arte nuevo recoge las antiguas experiencias que se habían establecido en gramáticas cerradas, para llevarlas más allá de los límites que ellas prometían, para cruzar la raya del antiguo horizonte, y allí, en la soledad de la nueva luz, nombrar, señalar ciudades nuevas con los nombres de su ciudad natal, construyendo así una nueva geografía llena de experiencias de los antiguos sueños, para formalizar una cartografía extraña de sí misma, que determinará el nuevo Dorado.

La capacidad de transformación de cualquier experiencia se puede valorar por la capacidad de determinar vocabularios; si la vanguardia rebautizó la composición por estructura, y estableció tensiones y equilibrios en los antiguos ritmos contrapuestos, sí controló los gestos del color con tonos numerados, sí inventó palabras como abstracción, acción, concepto; la red ha vuelto a definir espacios, lugares que no tenían nombre, y ha formalizado auténticos diccionarios que nos hablan de nuevos territorios, de extrañas relaciones de las palabras, las imágenes y las cosas. La antigua equivalencia de los dibujos y las imágenes, de los dibujos y los nombres, se ha visto transformada en sistemas precisos de una navegación aventurada que une puertas y aeropuertos, carreteras y casas, en una geografía diagonal, que nombra secciones de conocimientos, que une los territorios extraños de las antiguas disciplinas. Navegar en la red es, pues, predisponerse a caminar entre imágenes, relacionadas no por composiciones, ni por estructuras, sino por diagramas, por árboles de ideas, por caminos tramados en el viaje.

Con paciencia ha elaborado en poco tiempo de actividad vertiginosa, una nueva gramática, una carta de navegar, que implica la presencia de todas las que fueron, y como siempre, en ese querer sustituir lo anterior, la mano no ha podido rellenarse en sus huellas, su rastro ha rebasado los límites de su demarcación, pero ha dejado lugares llenos de sentido que no nombra, ha utilizado la fotografía, el cine, el vídeo y por supuesto ha recreado la paleta del antiguo pintor, la ha desmaterializado y la ha traicionado, falseado y sublimado a medida que quería determinar con precisión su posible entropía; ha querido imitar lo que el dibujo nombra, y lo que elude, pero no ha podido realizar el extravío que se establecía desde el pensamiento a la mano, de la visión a la experiencia, la loca actividad de pensarse en el gesto que proponía su tarea, la lenta reflexión que se proyectaba en la acción más allá de los días, en la vida como un proyecto total de identidad en sus huellas.

La red ha cambiado también el dibujo que el nuevo creador establece de sí mismo para iniciar la tarea, ha limitado el espacio de acción de sus gestos, ha ergonomizado los centímetros de su entorno, ha transformado el papel, el muro, el soporte de la ventana, ha hecho transparente el silencio, ha visualizado la estructura y ha cegado el espacio de la antigua mirada dubitativa en la certeza inmediata de la imagen; ha ampliado el espacio mental, y ha delimitado al mismo tiempo la escala física del objeto, y ha interpuesto una interfaz mecánica sobre la red electrónica, rompiendo la relación analógica de la acción de la mano.

El nuevo gabinete del pintor ya no se parece en nada a aquellos otros que existieron; ya no es la jaula del mono que ridiculizase Theo Van Doesburg, pero tampoco el blanco laboratorio del arte experimental, frío, esencial, ajeno al exterior, que él propugnase. Recupera la acción, la transacción, a través de los nervios imprecisos que genera la red moviéndose en ese cielo óptico de la pantalla, abstracto, universal; reconstruyéndolo, curiosamente, a través del espacio de la ventana del antiguo cuadro. Puede evocar, ya, las imágenes directamente con la palabra. Ha roto en parte el antiguo aprendizaje de tantear y palpar para nombrar con dudas la imágenes, al reconstruirlas lentamente desde una experiencia que trataba de englobar dos sueños, los recuerdos de la visión y los del dolor.

Ha modificado también el escenario de su presentación, ya no es la iglesia, ni la corte, ni el salón, ni el museo, ni el gabinete de expertos. Ha pasado del espacio cerrado, oscuro muchas veces, aislado del estudio, necesitado siempre del mecenas, del intermediario, del «connaisseur», del marchante o el experto, para implantarse rápidamente, casi instantáneamente, en el mercado de los otros iguales. Se ha hecho intercambio, oficina y comercio al mismo tiempo. Es la verdadera imagen del nuevo entramado comercial, que poco a poco sustituye la identidad del lugar, del antiguo intercambio, identificada por la arquitectura que establecía el decorado de la reproducción de su comercio, que la pintura y la escultura emblematizaban. Su imagen en la red obedece a la misma dinámica que los otros productos. Su señal de marca se transforma poco a poco, pierde el aura de su corporeidad, aunque todavía depende del currículum a pie de página que avalan los antiguos museos, los curadores. Ha perdido materialidad, complicidad humana, relación inmediata, pero adquiere instantaneidad en el mercado, en un mercado diferente, intangible, mientras que por el contrario los antiguos pintores se vuelven a replegar nuevamente, por contraposición, en los objetos, en las instalaciones sin dibujo, y como siempre se reafirman los contrarios, se imitan, se convierten ambos en precursores del nuevo proyecto, en la nueva estrategia de trabajo.

Los nuevos creadores de la web están todavía sin nombre, son invisibles, como dicen de sí mismos los indios mexicanos, que se extienden sobre la cultura americana como chicanos. En poco tiempo serán miles, millones, querrán reflexionar sobre sí mismos, perderán transparencia y ganarán sentido, y nuevamente volveremos al viejo debate fundacional de principio de siglo de la fotografía para determinar si la web es o no es Arte. Y volveremos, si no estamos ya en ese momento, a reivindicarlas como tendencias tecnológicas de novedad.

Tendrán la fuerza que da la ingenuidad de considerar lo nuevo como la verdad. No les faltará la razón, lo que prevalece se convierte siempre en la posible referencia de lo auténtico, de lo necesario; son, serán, el pensamiento dominante, en la medida que ellos pueden ser el ejemplo de aquello que es preciso determinar como ejemplo del mundo productivo; tienen, tendrán la fascinación de lo actual, en una cultura que como la occidental se considera histórica, y que pese a su renuncia a la utopía, todavía se ve a sí misma como un eslabón perdido de una cadena interminable, aunque desconozca su sentido.

Pero la comunicación, en la medida en la que se establece como lugar de la transparencia, en la medida en que se identifica con lo dicho, pierde siempre la batalla de los símbolos. Ellos se establecen desde la distancia con lo dicho, en lo que no nombran, o en lo que va más allá de lo que nombran. Es necesario nombrarlos como objetos artísticos para recuperar el sentido, para opacarlos, para convertirlos como emblemas de la pregunta que uno establece sobre sí mismo para conocer el valor de las cosas y su uso.

Para pasar de las creencias a los conocimientos, los objetos han de perder la transparencia que les da su imagen; su dibujo debe nuevamente interponerse entre la mirada y el conocimiento como una pregunta, en la medida que su material se articula como un hecho autónomo que nos remite al cierre de categorías de aquellos objetos que habíamos determinado como símbolos.

Como decía Pessoa, la vida perjudica la expresión de la vida. La web es la plenitud, la aldea universal de un culto tecnológico, su fascinación es la que la convierte en vida, en comercio, en pura actividad productiva. Ese es su poder, el ser, para el internauta, la razón de su conocimiento de las cosas, la experiencia de la experiencia, el lugar transparente de la comunicación de los otros. En la medida que el internauta navega como una prolongación, como un proyecto de sí mismo, la pantalla es nuevamente una ventana transparente de su acción, no se representa, se presenta más allá de su espacio real, en otro universal abstracto, de un nuevo ciclo tecnológico.

No hay distancia, la interfaz no es una palanca de su músculo, es sólo la orden, el concepto, la palabra que provoca la aparición ritual, que exige la obediencia, la pertenencia al clan.

Sus imágenes se traicionan, quieren ser todavía cuadros, fotos, objetos, esculturas, libros, pero el difícil algoritmo de su construcción altera su presencia, la transmite, la hace inimitable, la sublima, recrea un nuevo orden de relaciones que hará que los otros no sean ya los mismos. Como hiciera antes el cine o la fotografía, ocupa un lugar que no le pertenece para hacerse poco a poco un producto diferente, un cierre categorial, un sistema que se explica por lo que él puede desarrollar, nombrar y decir. Es ya una realidad autónoma que se explora y reconoce como algo diferente; es ya una taxonomía, un orden universal de cosas que establecen «pensamiento», que articulan y explican el orden de la vida, y como tal se transforma en referente, en imagen desde la que reconstruir nuevamente el arte. No es la novedad la que le da su total sentido a la red, es el distanciamiento que determina en la experiencia, el vacío de su propia utopía, la necesidad de ser más, y el miedo que ocasiona en su protagonista a no ser ya más el hombre antiguo que la inventó. Se convierte cada vez más, como antes el cine y los diseños, en el productor de las imágenes de nueva generación, aquellas a las que la pintura ha renunciado, y por ello veremos, vemos ya, a las antiguas prácticas transformarse en nuevos emblemas realizados en chorros de tinta para poder hablar de aquello que provoca su extrañamiento, para hablarnos de su misión de siempre.

Hace unos años asistí en Ciencias de la información a un seminario de periodistas, extrañados del sentido de las imágenes del arte actual; caí en la ingenuidad de mostrarles sus propios productos publicitarios para hacerles ver que ellos manejaban los mismos materiales, las mismas gramáticas de lectura, la misma iconografía, pero alguien dijo algo esencial; en la publicidad, en la propaganda, en la recepción de todo ello a través de la televisión, el espectador no pedía nunca una interpretación de sentido, tan sólo leía el mensaje como una caligrafía transparente de aquella información.

El arte no es la web, como el arte no es la vida; el nuevo arte será siempre la pregunta, pero para reconocerla, muchas veces, se tendrá que disfrazar de ella misma para referenciarla, para nombrarla con total precisión se construirá con los mismos materiales, se apropiará de su gramática y caerá inevitablemente en la paradoja de reconstruir y acreditar el sistema para poder pensarlo.

Será tan prepotente como siempre han sido los nuevos instrumentos de construcción de la verdad, nos harán pensar que esa realidad inquietante y necesaria de nuestro comercio universal es la única imagen esplendorosa de nuestra percepción del orden de la vida. Colonizarán nuevamente nuestro pensamiento desde la herramienta que han construido y negarán los otros como antiguos; la batalla de la modernidad es hacer siempre transparente el embrollo, el desorden original del nuevo medio, para que él sólo nos hable de sus realizaciones.

Pero resistiremos, nos pensaremos también en las fotos antiguas, en la emulsión o con la tinta de los dibujos hechos a mano, instrumentos ineficaces que retardan nuestro aprendizaje, porque ellos tienen en sí mismos otro tiempo. Lo haremos cada vez que fascinados retornemos otras veces a la nueva información, al orden diferente con que la tecnología nos complica la vida y la posibilidad de su representación.

En este doble juego descubriremos un nuevo horizonte, y desde él tendremos necesariamente que redescubrir también nuevamente nuestro cuerpo. Habrá que complicarse la experiencia incluyendo los límites de la antigua en el territorio de la nueva, para desde allí, laboriosamente, tantear las distancias con torpeza, como si todo lo aprendiésemos desde niños. Habrá que renunciar a la eficacia de lo sabido, y tendremos que hacer nuevos dibujos de los mapas de nuestra imaginación, nombrar con palabras las imágenes míticas de siempre y recrear distancias y ampliar vacíos para visualizar los intersticios, las contradicciones de esas cartas de sentido que son siempre los dibujos.

Como Lorca, economizaremos medios y nombraremos a nuestro yo como un San Sebastián herido con cuatro trazos de sangre y de miradas, en un espacio de papel impreciso, humilde, como un acto interior que nos recuerde el gesto de la mano y el tiempo en que se hizo. Serán dibujos de metáfora y distancia, símbolos que nos remitan nuevamente a un más allá, a un espacio que no existe, ese que todos dicen que hemos perdido porque ya sólo podemos hablar del ahora mismo, de las cosas que quedan atrapadas en los días, de aquello que sólo puede ser consumo, para consumirnos con ellas.

Nos tendremos que herir con los dibujos hechos a mano, para sentir esos otros territorios que no son transparentes, que están hechos con la profunda oscuridad del grafito, del silencio de un pensamiento que nos reconcilia cada día con la piel de nuestro cuerpo, sin renunciar a vernos en la transparencia de la nueva pantalla del monitor que nos proyecta nuestra imagen en el cuadro ventana de la antigua pintura, que nos reconcilia con la palabra.

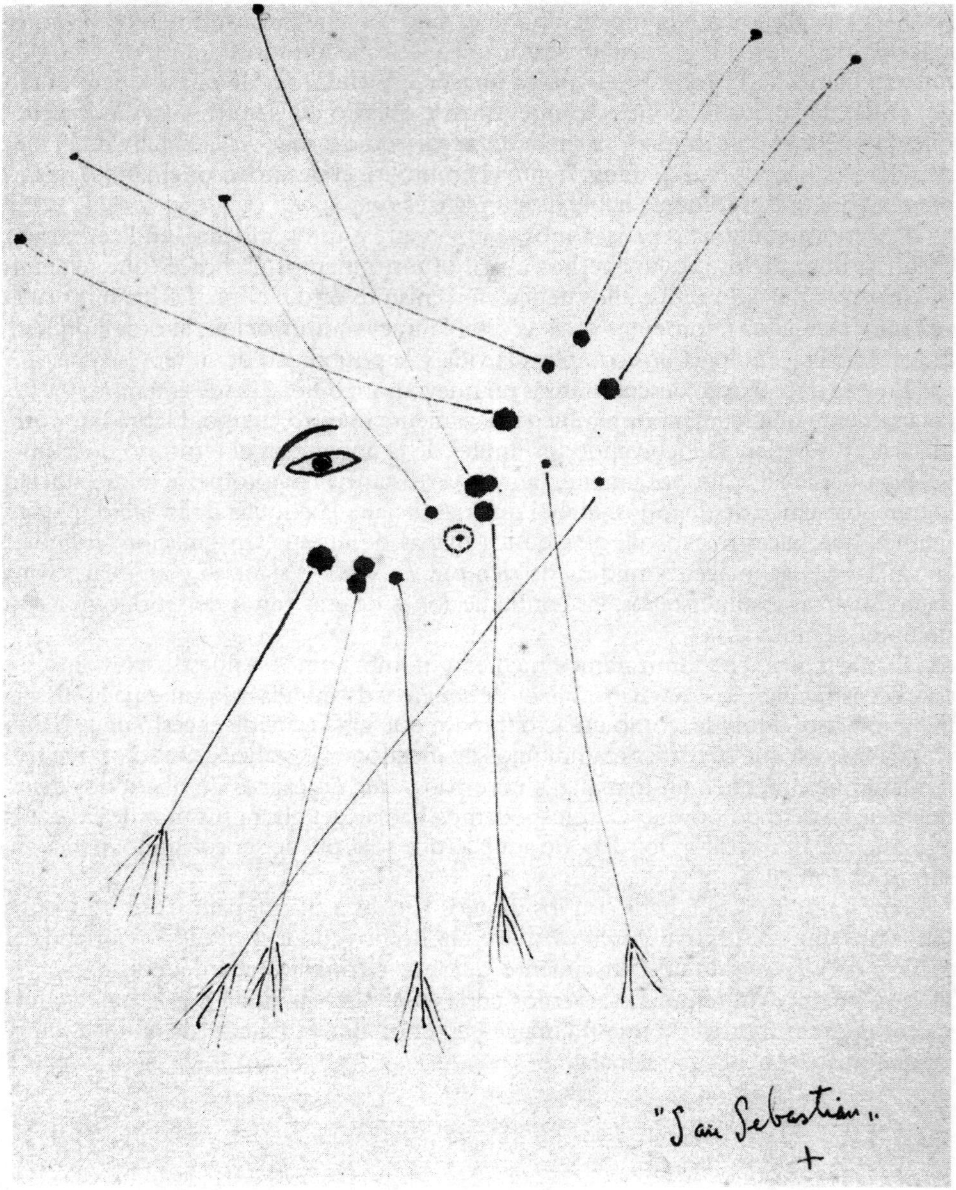

Federico García Lorca, *San Sebastián.*

El dibujo de ahora y el de siempre continuará siendo la herida entre la realidad y el deseo desde el imaginario colectivo, en la medida que siga interrogando sobre el valor de sus propios signos, en el equilibrio inestable de opacidad y transparencia.

Capítulo II

Las máquinas de dibujar. Entre el mito de la visión objetiva y la ciencia de la representación

Lino Cabezas

Los antecedentes de este trabajo

Los antecedentes de este texto se remontan al año 1989, cuando a partir de una iniciativa del profesor Juan José Gómez Molina, gracias a su magisterio y entusiasmo, se realizó una exposición en las ciudades de Valladolid y Salamanca bajo el patrocinio de la Consejería de Cultura de Castilla y León. Al mismo tiempo se publicó, acompañándola, un libro-catálogo con la colaboración de varios autores. Con el título general de: *Fortuny-Picasso y los modelos académicos de enseñanza,* formando parte del proyecto se expusieron allí, entre otros documentos, una serie de aparatos de dibujo reconstruidos expresamente para aquel acontecimiento[1] (figuras 1 y 2).

El ambicioso proyecto inicial tuvo una segunda y fructífera etapa en la exposición *El Dibujo, belleza, razón, orden y artificio* que se completaba con la publicación del correspondiente libro-catálogo. Inaugurada en el año 1992 en el Palacio de Sástago de la ciudad de Zaragoza recorrió después varias ciudades españolas[2].

En las dos ocasiones se me confió, además de la redacción de unos breves artículos, la construcción o reconstrucción de un conjunto de máquinas de dibujar de varias épocas históricas documentadas en diferentes lugares. Su realización material fue posible gracias a la colaboración inteligente y generosa del profesor Luis Felipe Ortega con el que compartí largas horas de taller que se hicieron breves gracias a la amistad incondicional que nos une.

Para los estudios históricos que definen el campo de conocimientos con el que se relacionan las máquinas perspectográficas, también he contado y soy deudor de la sabiduría y autoridad del profesor Joaquim Garriga, de la Universidad de Girona y del profesor Andrés de Mesa, de la Universidad Politécnica de Cataluña, con los que

---

[1] J. J. Gómez Molina (coord.), *Fortuny-Picasso y los modelos académicos de enseñanza,* Valladolid, Junta de Castilla y León, Consejería de Cultura y Bienestar Social, 1989.

[2] J. J. Gómez Molina (coord.), *El dibujo, belleza, razón, orden y artificio,* Zaragoza, Diputación de Zaragoza, Fundación Cultural Mapfre Vida, 1992.

1. Máquina perspectográfica de Vignola. Grabado publicado en *Le due regole della prospettiva pratica*, Roma, 1583.

tengo el privilegio de mantener lo que ya es una vieja amistad que tiene como excusa principal un interés compartido por los estudios históricos de la perspectiva renacentista.

La culminación de todo el trabajo realizado no habría visto la luz sin el apoyo de la editorial Cátedra, al asumir su publicación dentro del ambicioso proyecto editorial de temas de dibujo, coordinado por Juan José Gómez Molina, del que forman parte los tres títulos anteriores a esta publicación: *Las lecciones del dibujo* (1995), *Estrategias del dibujo en el arte contemporáneo* (1999) y *El manual de dibujo* (2001).

2. El autor utilizando la máquina perspectográfica de Vignola reconstruida por L. F. Ortega de Uhler y L. Cabezas, 1989.

Finalmente, se debe advertir que, además del análisis de los documentos históricos, en el presente trabajo se ha pretendido compilar un material disperso, en muchas ocasiones de difícil acceso para un lector no especializado y reducir de este modo el tiempo exigido para su localización a través de una bibliografía dispersa. Asimismo, aunque muchos documentos gráficos son conocidos a través de múltiples publicaciones, se ha intentado recoger el mayor número de materiales inéditos, de la misma forma que se han traducido por vez primera algunos textos sólo publicados en sus idiomas originales.

Introducción

Con frecuencia, arte y dibujo se consideran términos prácticamente sinónimos. También se suele pensar en el dibujo como un género o una forma particular de arte. No obstante, aunque al dibujo en general se le atribuya una vinculación principal con el arte, también puede relacionarse con otros ámbitos de la cultura, entre los que se encuentran la ciencia y la tecnología. Precisamente, desde el predominio de la concepción «artística» del dibujo se viene sosteniendo la idea, casi como una obviedad, de que este tiene que estar realizado manualmente, sin la ayuda de aparato alguno, como expresión de «la mano» del artista, de la que aquel sería la huella.

La simple idea de una máquina de dibujar repugna a los que entienden que es imposible inventar o utilizar un aparato que realice lo que en esencia es algo «hecho a mano»; por ello, la evidencia de que las máquinas de dibujar son una realidad, históricamente constatable, es un dato incómodo para aquellos, algo que obliga y ayuda a cuestionar algunos tópicos y a revisar muchas ideas que permanecen arraigadas en nuestra cultura heredada.

Las fronteras convencionales entre el arte y la tecnología, entre la tradición clásica del arte y las vanguardias históricas o entre los diferentes medios de creación o reproducción de imágenes, no han podido evitar influencias recíprocas y coincidencias de intereses. En ese terreno limítrofe se encuentran los instrumentos que estudiamos en este libro. El conocimiento histórico de esas fronteras, a través del estudio de las máquinas de dibujar, puede reforzar una concepción más unitaria del hombre y de una cultura que se puede adjetivar como humanista, un calificativo que no ha perdido todo el sentido mantenido a través de los siglos; desde este punto de vista es más difícil admitir una compartimentación estanca de diferentes parcelas del conocimiento.

Máquinas de dibujar, perspectógrafos, aparatos prefotográficos, linternas mágicas... no es fácil precisar el denominador común de muchos de estos artefactos, ni tan siquiera encontrar un nombre único que los pueda agrupar y definir. Es tan difícil como explicar el posible mito que los ha alentado, el reto permanente que han intentado superar revelando la clave que muestre la razón de su curiosa y compleja existencia.

A través del tiempo, algo compartido y constante en todos estos artificios, aunque virtual, constituye la esencia que se ha de desvelar. Por contraste, las notables diferencias entre cada uno de estos instrumentos, muchas veces tan heterogéneos, hace que sea más fácil describirlos por separado, tanto en lo que hace referencia a su construcción y funcionamiento así como por la utilización o las aplicaciones que los han hecho necesarios, aunque, en más de una ocasión, se hayan podido declarar absolutamente inútiles para cualquier aplicación práctica.

Estas máquinas, aunque se han estudiado en diversas ocasiones y suelen aparecer como «prehistoria» de la fotografía, no pueden adscribirse en exclusiva dentro de alguna de las parcelas que, tradicionalmente, los estudios de historia han delimitado con cierta rigidez: la historia del arte, la historia de la ciencia o la historia de la tecnología. Ciertamente tienen algo de todo ello, tal y como se descubre con su estudio; de hecho, las fuentes en donde se encuentran documentadas estas máquinas son muy heterogéneas: tratados de arte, obras científicas, enciclopedias, manuales de ingeniería, etc.

Su existencia ha sido posible, casi siempre, gracias a la coincidencia y la suma de varios factores: desde la experimentación y los hallazgos en prácticas profesionales —como el uso de la cuadrícula de los pintores—, el descubrimiento de fenómenos físicos —como la cámara oscura—, o la aplicación del enunciado de principios científicos —como los de la perspectiva geométrica.

Pero, sobre todo, han sido unos ideales o unas utopías que, como tales, se mantienen inalcanzables aunque señalen un camino que se irá jalonando a través del tiempo con descubrimientos inesperados, conquistas programadas y felices invenciones. Los ideales que han alentado la historia de las máquinas de dibujar han podido ser principios estéticos como la objetividad y la verosimilitud de la representación, unos postulados que conducen a mantener afanosamente la fidelidad al mundo visual, proponiéndose como meta del largo periplo realizado tras ellos. La luz de la ciencia también alumbró el camino: los ideales cognoscitivos de búsqueda de la verdad, del «espíritu de demostración», de descripción y conocimiento de la naturaleza. En último lugar, no hay duda de que la representación gráfica ha sido el objetivo más inmediato; por ello todos estos aparatos tienen que ver con el dibujo y con la fotografía, con el arte y con las tecnologías gráficas de producción y reproducción de imágenes.

Al beber en los principios de la ciencia, las máquinas de dibujar han participado en las polémicas arte-ciencia, sirviendo de argumento a favor o en contra de concepciones enfrentadas, aunque en otras muchas ocasiones han merecido un significativo silencio. Estos aparatos han sufrido con frecuencia, desde el mundo del arte, en épocas recientes, un juicio crítico desfavorable que contrasta con la fortuna que han tenido desde la ciencia, desde la tecnología o desde los intereses de los propios artífices que los utilizaban.

Para el mundo del arte, y sobre todo para una crítica moderna teñida por la tradición romántica del siglo XIX, se han presentado como simples curiosidades, como cosas marginales y ajenas a los verdaderos intereses de los artistas o, en el peor de los casos, como trucos considerados poco honrosos y distorsionadores de los auténticos y pretendidamente honestos fines del arte. En definitiva, los aparatos han sido despreciados al considerarse como prótesis que delatan la minusvalía de aquellos artistas que se sirven de ellos para superar una presunta incapacidad. Su misma existencia pone en crisis la imagen del artista creador dotado por nacimiento de un don especial. La posibilidad de aprender y dotarse de unos recursos técnicos desbarata la concepción del arte como una actividad que no se puede aprender y no admite trucos o atajos.

En sentido contrario, valorándose positivamente, la existencia de estos aparatos, en más de una ocasión, ha servido de argumento para la demostración del nivel de conocimientos de aquellos que los utilizaban, avalándose por el propio prestigio que, desde siempre, han tenido la ciencia y la tecnología, aunque el arte se haya declarado, las más de las veces, ajeno o antagónico a los intereses de la ciencia y la tecnología.

La denominación genérica de máquinas que encabeza este trabajo, para hacer referencia a múltiples y muy diversos artefactos, no debe entenderse en sentido estricto, está utilizada en sentido figurado, en alusión a unos artificios encaminados a resolver un determinado fin, en nuestro caso dibujar objetivamente lo que se muestra ante nuestros ojos o lo que creemos saber de la realidad del mundo físico en el que vivimos.

Ciertamente, hay algunas diferencias, a veces muy sutiles, entre una máquina, un artefacto, un instrumento, un aparato, un ingenio, un artificio o una herramienta. Necesariamente deben aprovecharse las sutilezas del lenguaje, ya que gracias a él podemos precisar los conceptos y comprender el significado y las ideas que justifican la complejidad aparente de los fenómenos. Aunque la exigencia retórica de la fluidez del discurso obligue a intercambiar términos aceptados como sinónimos, no se pueden perder de vista los matices. Así, mientras que una máquina es siempre un objeto material y artificioso, un instrumento puede ser algo exclusivamente conceptual. Este último puede llegar a ser algo puramente teórico, y gracias a él podemos satisfacer ciertos requisitos lógicos de carácter exclusivamente intelectual.

No obstante, el elemento común en todos los objetos contemplados en este libro es la artificialidad, lo que tienen de invención; unos auténticos ingenios que demuestran la capacidad de los hombres para mejorar su calidad de vida y su felicidad, a través del dominio racional sobre la materia y el deseo de conocer.

El «velo» de Leon Battista Alberti. Cinco siglos de uso hasta la aparición de la fotografía

La invención

Cuando Abraham Bosse (1602-1676), grabador, tratadista y profesor de la *Académie Royale* de París realizó en 1667 un grabado en donde se mostraba el uso de un instrumento para la ayuda en la ejecución de un retrato, se limitaba a seguir divulgando

3. Abraham Bosse, Dibujante realizando un retrato con el auxilio de una cuadrícula, cuya invención en 1435, con el nombre de «velo», se debe a Leon Battista Alberti, *Divers manières de dessiner et de peindre...*, 1667.

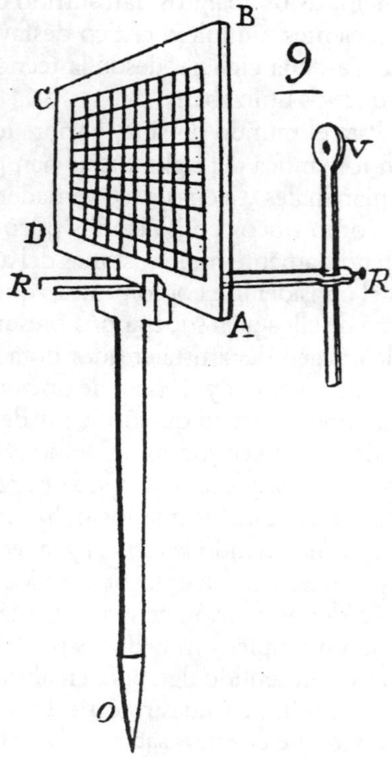

4. Cuadrícula portátil publicada en un manual de geometría posterior a la invención de la fotografía. Agustín Gómez, *Tratado de delineación,* Madrid, 1845.

algo bien conocido y que no tenía nada de novedoso (figura 3). Habían transcurrido más de dos siglos desde que los artistas lo conocían y utilizaban entre una amplia serie de aparatos para facilitar su labor en el momento de representar con fidelidad diferentes motivos tomados del natural. Desde el siglo XV, tanto la explicación de su construcción y funcionamiento, como la recomendación de su utilización, permanecieron en los tratados, al menos, hasta la aparición de la fotografía (figura 4).

Este aparato para dibujar, conocido en la historiografía como el «velo albertiano», es el primero de este tipo del que se tiene noticia, ya que aparece perfectamente descrito en las páginas del Libro II del tratado *De pictura* escrito en 1435 por el humanista italiano Leon Battista Alberti (1404-1472), en donde él mismo se atribuye la invención. Esta obra redactada en dos versiones, primero en latín y un año más tarde en italiano vulgar, se considera, de forma unánime, como el primer texto moderno —no medieval— de literatura artística[3].

[3] Leon Battista Alberti redactó en 1435, en latín, su tratado que él mismo tradujo al italiano un año después incluyendo una dedicatoria a Filipo Brunelleschi. Fue editado en su versión latina por vez primera en 1540. *De pictura praestantissima et nunquam satis laudata arte libri tres absolutissimi Leonis Baptistae de Albertis...*, Basilea, Thomas Venatorius, 1540. La primera traducción castellana, utilizada para transcribir aquí los textos: *El tratado de la pintura por Leonardo de Vinci y los tres libros que sobre el mismo arte escribió Leon Bautista Alberti: traducidos e ilustrados por Don Diego Antonio Rejón de Silva...*, Madrid, Imprenta Real, 1784.

En la primera edición española, publicada en el siglo XVIII, el fragmento en cuestión en donde se recoge la descripción del velo se tradujo así:

> [...] muchas veces sucede que sólo un buen dibujo basta para agradar: por lo cual el dibujo es en lo que más se ha de insistir, para cuyo estudio creo que no puede haber cosa que más ayude y aproveche que el velo, de cuyo uso soy yo el primer inventor en esta forma. Tómese un pedazo de tela transparente, llamada comúnmente velo, de cualquier color que sea: estirada esta en un bastidor, la divido con varios hilos en cuadros pequeños e iguales a discreción: póngase después entre la vista y el objeto que se ha de copiar, para que la pirámide visual penetre por la transparencia en el velo. Este velo tiene varias utilidades: primeramente representa siempre las mismas superficies inmóviles, pues señalando los términos en él, al instante se encontrará la primera cúspide de la pirámide con que se empezó; lo cual es muy difícil de hallar sin este auxilio. Es absolutamente imposible que no se mude alguna cosa al tiempo de pintar, porque el que pinta nunca mira precisamente desde un mismo punto al objeto; y de esto depende que la copia de una cosa pintada es mucho más parecida al original, que la que se hace de una estatua. Además: el objeto se altera considerablemente en cuanto al aspecto por la variación del intervalo o de la posición del centro. Por tanto el velo trae también la gran utilidad de que siempre representa al objeto de un mismo modo. En segundo lugar, con el velo se señalarán todas las partes del dibujo y todos los contornos con toda exactitud; porque viendo que en un cuadrito está la frente, en el de abajo la nariz, en el del lado la mejilla, y en el otro más abajo la barba, y de este modo todas las demás partes colocadas en sus respectivos lugares; se puede con toda facilidad trasladarlas a la tabla o pared, poniendo en ella igual división de cuadros[4].

Aunque el texto de Alberti carecía originariamente de ilustraciones, muy pronto fue acompañado y completado con figuras explicativas en copias manuscritas y, más tarde, con la aparición de la imprenta, en sucesivas ediciones impresas. A través de las figuras que ilustraron desde entonces el instrumento se puede constatar cómo, sustancialmente, el velo permaneció sin sufrir grandes transformaciones desde aquella primera descripción de su inventor hasta nuestra propia época.

Comparando las variaciones entre los diversos modelos de velo, propuestos y dibujados en diferentes momentos históricos, se comprueba cómo se mantuvo estable a lo largo del tiempo, ya que, las modificaciones que se pueden apreciar entre unos y otros sólo afectaron a su tamaño, su movilidad, o la forma del elemento que fija la posición del ojo para garantizar un punto de vista único. En la rica iconografía del velo albertiano las diferencias más importantes y significativas suelen estar, cuando aparecen, en el escenario en donde se utiliza, en los temas representados con su ayuda, así como en la manera de proceder de los artistas aplicándolo a la práctica de su arte.

Un bello grabado en madera, del artista alemán Alberto Durero (1471-1528), constituye el mejor y más conocido ejemplo entre todos los realizados para ilustrar el aparato que Alberti había proclamado de su propia invención, casi exactamente un siglo antes de la publicación de esta xilografía de Durero (figura 5). El grabado, publicado póstumamente en 1538 en la segunda edición alemana de su tratado de

[4] *Ibíd.*, pág. 227.

5. Alberto Durero. Artista dibujando el escorzo de una figura femenina con la ayuda del método de Alberti. Xilografía publicada en 1538 en la segunda edición de su tratado de geometría. Es la ilustración más conocida del «velo» de Alberti.

geometría[5], ayuda a comprender perfectamente el funcionamiento del artificio sin necesidad de tener que acudir al texto que lo acompaña. En el grabado quedan perfectamente explicados todos los pormenores: la fijación del punto de vista del dibujante en el extremo afilado de un listón vertical, la colocación del velo entre el artista y, en esta ocasión, la modelo acostada que se quiere dibujar, así como la manera de ejecutar el dibujo trasladando al papel cuadriculado la imagen vista a través de la retícula del velo[6].

En este caso, la aplicación concreta del velo para resolver la representación del escorzo de una figura desnuda no es un acontecimiento aislado ni original, esta práctica ya aparece recomendada en un texto anterior de Leonardo da Vinci, coincidiendo literalmente con la xilografía de Durero y demostrando la aceptación del instrumento por parte del genial artista italiano:

> Modo de aprender a colocar bien una figura. Si quieres acostumbrarte a dar a tus figuras poses correctas y adecuadas, construye un bastidor o telar cuadriculado con hilos y fíjalo entre tu ojo y el desnudo que quieras dibujar. Esos mismos cuadrados los harás con trazos ligeros sobre el papel en donde quieres dibujar el desnudo[7].

La propuesta gráfica de Durero llegó a ser muy conocida, a través de su edición impresa, y condicionó la realización de otras ilustraciones por la dificultad de supe-

---

[5] Alberto Durero, *Underweysung der Messung mit dem Zirckel und Richtscheyt, in Linien,* Nuremberg, 1925. Existe una reciente traducción en castellano de la edición latina de 1535: *Instituciones de Geometría,* traducción del latín al español e introducción de Jesús Yhmoff Cabrera, México, Universidad Nacional Autónoma de México, 1987. Aún más reciente es la traducción castellana de la edición de Jeanne Peiffer con el título *De la medida,* Madrid, Akal, 2000. En 1538, diez años después de la muerte de Durero, se hizo una versión revisada que incluía dos grabados inéditos, uno de ellos era, precisamente, el que representaba a un artista dibujando el escorzo de una mujer desnuda, realizado con el auxilio del velo de Alberti.

[6] El texto que acompaña al grabado de Durero es el siguiente: «Existe otro método para copiar un objeto y aumentarlo o reducirlo a voluntad, es un método más práctico que el panel de vidrio porque permite más libertad. Aquí se utiliza un bastidor con una retícula de hilos negros y fuertes. Los espacios o cuadrícula deben ser poco más o menos como de dos dedos. Para mirar se debe preparar un punto cuya altura se ajustará al nivel del ojo marcado *o*. Coloca el objeto que quieras dibujar a una buena distancia, dale la posición que desees y míralo desde el punto *o* para verificar que está dentro de la posición que ves. Mantén el bastidor con su cuadrícula entre el objeto y el punto. Si prefieres utilizar menos cuadrados de la retícula, acércala al objeto. Cuenta cuántos cuadrados de la retícula serán necesarios para ajustarse al objeto en anchura y altura, y dibuja una retícula grande o pequeña sobre la hoja del papel o la tabla donde quieres hacer el dibujo. Manteniéndolo comienza a apuntar el objeto con tu ojo *o* situado por encima de la punta y lo que encuentres en los cuadrados de la retícula trasládalo en la retícula de la hoja de papel, y así quedará bien hecho y exacto. Pero si prefieres perforar un pequeño agujero en tu visor, eso será algo bueno. Esta manera de proceder la he representado aquí.»

[7] Leonardo da Vinci, *The Notebooks of Leonardo da Vinci. Compiled and edited from the original manuscripts by Jean Paul Richter,* en dos volúmenes, Londres, Sampson Low, 1883. Reedición, Nueva York, Dover, 1970, vol. I, pág. 260.

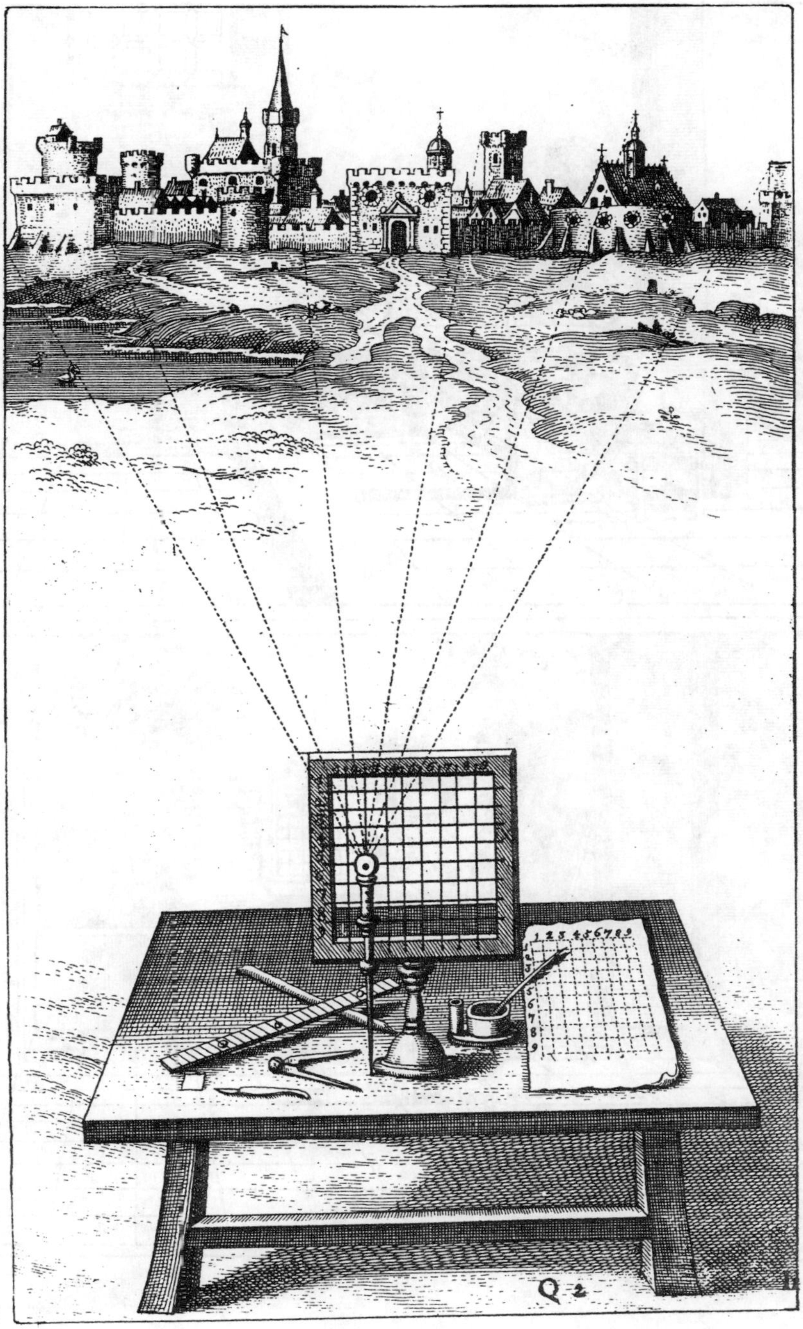

6. Método de la cuadrícula según un grabado de Robert Fludd, *Tractatus de naturae,* 1618. La ilustración tiene una vocación didáctica y descriptiva.

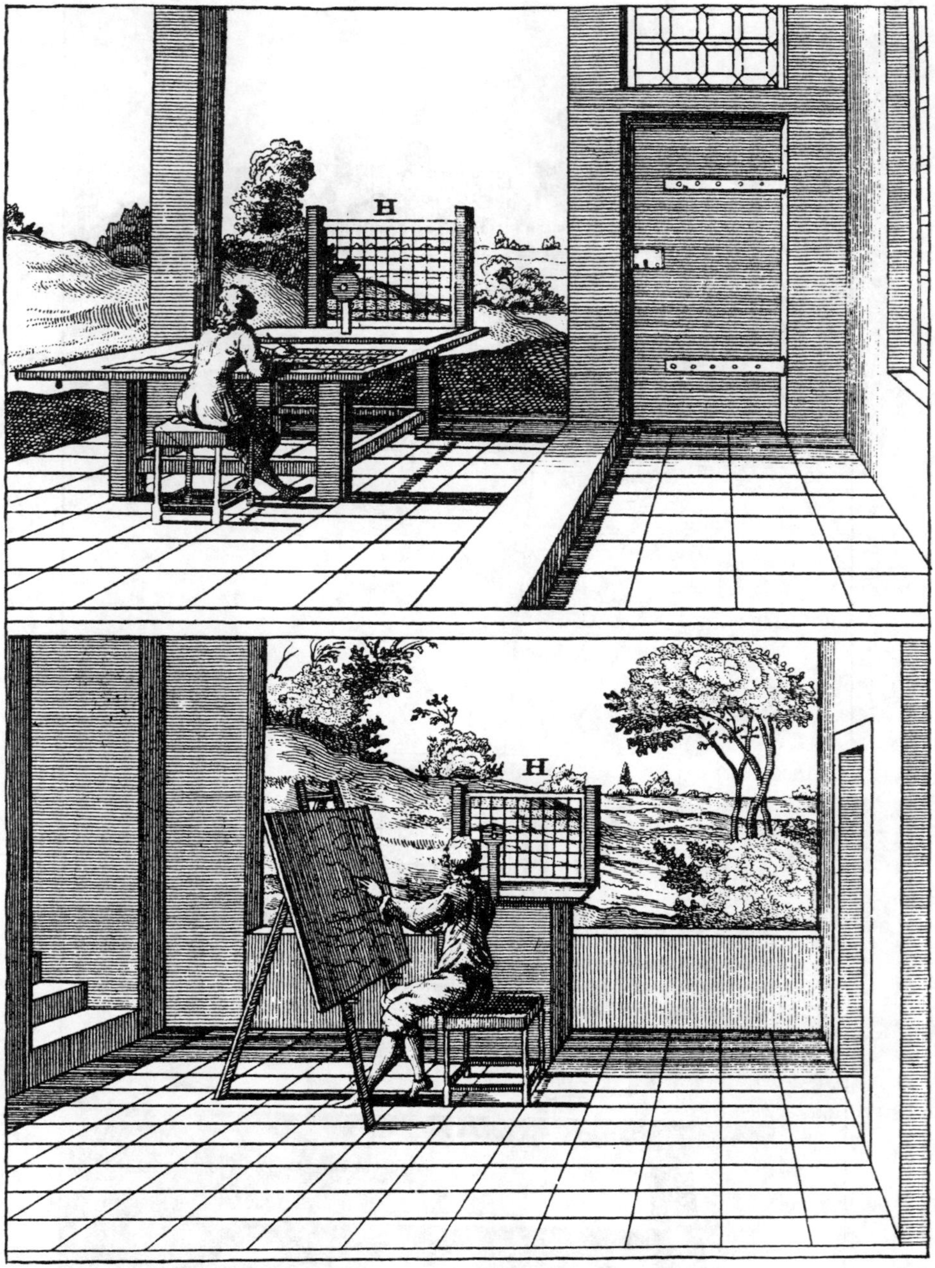

7. Utilización de la cuadrícula para dibujar un paisaje. Le Dubreuil, *La Perspective pratique,* 1642. El manual que recoge esta ilustración tiene un carácter compilador y, además del velo, muestra otros instrumentos conocidos en su época.

rar su claridad expositiva y excelente calidad artística. No obstante, algunos grabados posteriores muy diferentes también consiguieron describir detalladamente y con precisión todos los pormenores y el funcionamiento del artificio (figuras 6 y 7).

Si bien es cierto que el éxito de la invención de Alberti fue indudable, no puede considerarse, en absoluto, un acontecimiento aislado o casual, se tiene que comprender desde los antecedentes y el contexto que lo hicieron posible y necesario. En aquella primera mitad del siglo XV existía un clima propicio para alentar una manera científica de proceder en la representación de las formas naturales y acorde con la experiencia visual.

8. Ilustración de la «versión moderna de la rejilla», según la denominación de un manual contemporáneo de dibujo y recomendada para dibujar.

En este sentido sabemos que la literatura artística de la época produjo uno de los episodios más fructíferos e importantes de la especulación teórica de las artes, inscribiéndose con su contribución en el amplio panorama del humanismo. La vocación intelectual del arte y su difusión posterior gracias a la imprenta, a través de todo tipo de tratados, son otras claves de la nueva situación en la que también se tenía una plena conciencia del sentido histórico y del devenir; en definitiva de progreso, algo que la Edad Media no había conocido o, si acaso, minusvalorado.

La eficacia del método propuesto por Alberti hace más de cinco siglos se ha mantenido casi intacta hasta llegar a nuestra propia época, si tomamos en consideración su presencia en manuales de dibujo en donde se continúa recomendando su utilización para el dibujo del natural. Así, en uno de los manuales actuales de dibujo, más divulgados y conocidos, se propone para dibujar del natural una adaptación del velo de Alberti, aunque la autora lo denomina «versión moderna de la rejilla de Durero» en referencia a la famosísima xilografía del artista alemán (figura 8).

> Ahora pruebe la técnica de observación montando una versión moderna del experimento de Durero.
>
> 1. Corte una hoja de plástico transparente, del que se usa para envolver alimentos. Alísela contra el cristal de una ventana que mire hacia la calle. Con un rotulador de punta de fieltro dibuje sobre el plástico una cuadrícula, trazando líneas separadas por unos 5 cm.
> 2. De pie, a una distancia de un brazo de la ventana, cierre un ojo y contemple la escena desde un solo punto de vista: *no mueva la cabeza.* Ahora, con rotulador, trace los contornos de la calle, edificios, coches, árboles, toda la escena, sobre la hoja de plástico.

3. Su dibujo terminado es un *dibujo en perspectiva*. Con todo cuidado quite la hoja de la ventana y colóquela sobre una superficie clara donde pueda ver claramente las líneas. Coja una hoja de papel y dibuje muy suavemente una segunda cuadrícula exactamente igual a la primera. Ahora copie en el papel el dibujo de la hoja de plástico[8].

La cuadrícula en los talleres artesanales

No sólo fueron los artistas y tratadistas más afamados, como Alberti, Leonardo, Durero o Filarete[9], los que dedicaron en sus escritos su atención al velo, también quedó recogido por muchos autores secundarios en unas obras más humildes que, sin comprometerse con debates intelectuales sofisticados, se limitaban a suministrar fórmulas e instrucciones técnicas aplicables en el taller. Alrededor del año 1500 estas obras de vocación práctica eran abundantes en el sur de Alemania y hoy las conocemos como los *Kunstbüchlein*[10].

Entre todos ellos, el tratado de Rodler, del año 1531[11], es uno de los primeros que tratan de la perspectiva con un tono divulgativo, pretendiendo, según el propio autor, ocupar el lugar del «demasiado docto» Durero[12]. Con estas premisas Rodler dedica su obra a todos «los que quieran comprender y estudiar este arte de manera más sencilla que en los diferentes libros impresos antes que este, con ayuda de numerosas figuras dispuestas a este fin». Después de una amplia serie de esquemas y ejemplos de perspectivas con vocación práctica, Rodler dedica varios grabados para explicar el velo albertiano que él podía haber conocido, presumiblemente, a través de la xilografía de Durero (figura 9). Un tono artesanal, práctico, de taller, tiñe el texto que acom-

---

[8] Betty Edwards, *Aprender a dibujar con el lado derecho del cerebro,* Barcelona, Urano, 1994, pág. 140.

[9] Filarete (llamado Antonio Averlino) (1400-1469/1470), arquitecto, escultor y broncista. Su *Trattato di architettura* (1461-1464) es una apología de los principios renacentistas y está considerado uno de los primeros tratados de urbanismo de la época moderna. Existe una reciente y cuidada edición en castellano de Pilar Pedraza: *Tratado de arquitectura,* Vitoria, Ephialte, 1990. El fragmento dedicado a la explicación del velo es el siguiente: «Ya has oído los modos y maneras de aprender a dibujar. Aún hay otro método para aprender a copiar bien del natural y también del relieve. Tienes que conseguir un cuadro de medio brazo, dos tercios o un brazo de lado; y en este bastidor hecho con cuatro tiras de madera, pones hilos de red o alambres finos de cobre, y tejes unos cuadrados y lo divides en cuadraditos de dos dedos de anchura. Y luego, cuando tengas que copiar alguna cosa, sea una cabeza o lo que quieras hacer, ponte este cuadro delante de los ojos y mira a través lo que copias. Y según ves cortado por este cuadro lo que copias, escuádralo según veas lo que lo escuadran los cuadraditos; así lo verás todo medido y escuadrado. Y según lo tengas cerca o lejos, los cuadraditos te parecerán mayores o menores» (pág. 375).

[10] Puede consultarse sobre estas obras el estudio aún insuperado de J. von Schlosser, *Die Kunstliteratur,* Viena, Kuntsverlag Anton Schroll, 1924. Citado por la traducción castellana, *La literatura artística,* Madrid, Cátedra, 1976, págs. 246 y ss.

[11] Hieronymus Rodler, *Perspectiva. Eyn schön nützlich Buechlin...,* Frankfurt, 1531.

[12] Existe una anécdota confirmando la diferencia de intereses entre las necesidades prácticas e inmediatas de los talleres frente a las especulaciones teóricas de los tratadistas más cultos. Sobre la aceptación del tratado de geometría de Durero —*Underweysung...*— sabemos que Eufemia —monja del convento de Bergen— le escribió a su hermano Willibald Pirkheimer, el humanista amigo de Durero al que dedicó sus más importantes obras, «Acaba de llegarnos un libro de Durero, dedicado a tu nombre, sobre la pintura y la medición... Hemos disfrutado con su lectura, pero nuestra pintora dice que no le hace falta porque puede pintar igual de bien sin él». Recogido en E. Panofsky, *The Life and Art of Albrecht Dürer,* citado por la edición castellana, *Vida y arte de Alberto Durero,* Madrid, Alianza, 1982, pág. 279.

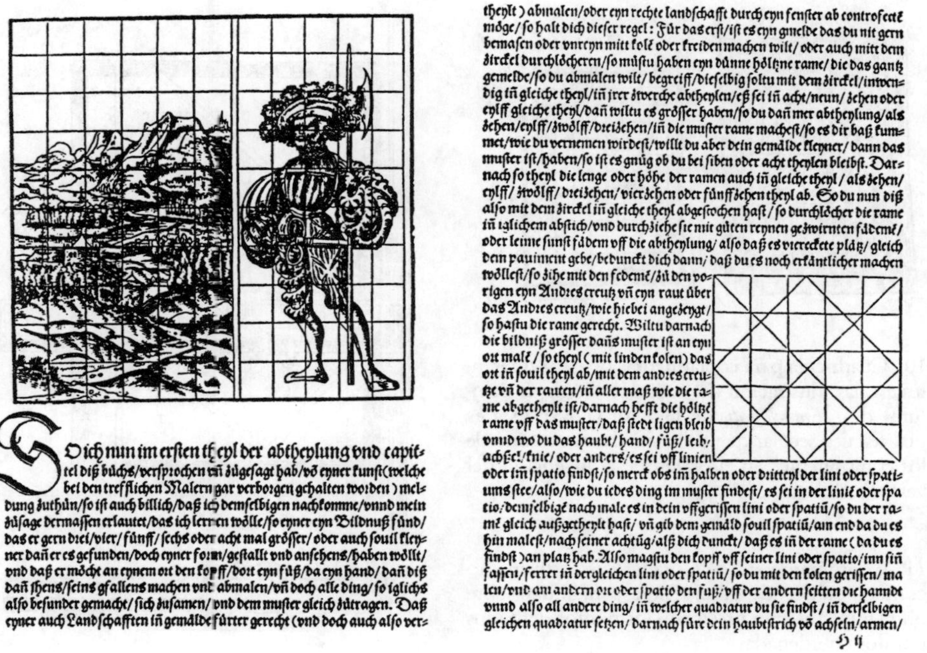

So ich nun im ersten theyl der abtheylung vnd capitel diß buchs/versprochen vñ zugesagt hab/vō eyner kunst(welche bei den trefflichen Malern gar verborgen gehalten worden) meldung zuthün/so ist auch billich/daß ich demselbigen nachkomme/vnnd mein züsage dermassen erlautet/das ich lerren wölle/so eyner eyn Bildnuß fünd/das er gern drei/vier/fünff/sechs oder acht mal grösser/ oder auch souil kleyner dañ er es gefunden/doch eyner form/gestallt vnd ansehens/haben wöllt/ vnd daß er möcht an eynem ort den kopff/dort eyn füß/da eyn hand/dañ diß dañ jhens/seins gfallens machen vnd abmalen/vñ doch alle ding/so iglichs also besunder gemacht/sich zusamen/ vnd dem muster gleich zütragen. Daß eyner auch Landschafften iñ gemälde fürter gerecht (vnd doch auch also vertheylt) abmalen/oder eyn rechte landschafft durch eyn fenster ab controfeck möge/so halt dich dieser regel: Für das erst/ist es eyn gmelde das du nit gern bemasen oder vnreyn mitt kolē oder kreiden machen wilt/ oder auch mitt dem zirckel durchlöcheren/so müstu haben eyn dünne höltzne rame/ die das gantz gemelde/so du abmälen wilt/ begreiff/dieselbig soltu mit dem zirckel/inwendig iñ gleiche theyl/iñ jrer zwerche abtheylen/eß sei iñ acht/neun/ zehen oder eylff gleiche theyl/dañ wiltu es grösser haben/so du dañ mer abtheylung/als zehen/eylff/zwölff/dreizehen/iñ die muster rame machest/so es dir baß kummet/wie du vernemen wirdest/wille du aber dein gemälde kleyner/ dann das muster ist/haben/so ist es gnüg ob du bei siben oder acht theylen bleibst. Darnach so theyl die lenge oder höhe der ramen auch iñ gleiche theyl / als zehen/ eylff/ zwölff/ dreizehen/ vierzehen oder fünffzehen theyl ab. So du nun diß also mit dem zirckel iñ gleiche theyl abgestochen hast/ so durchlöcher die rame iñ iglichem abstich/vnd durchziehe sie mit güten reynen gezwirnten fädemē/ oder leime sunst fädem vff die abtheylung/ also daß es viereckete plätz/ gleich den pauiment gebe/bedunckt dich dann/ daß du es noch erkäntlicher machen wöllest/so zihe mit den fedemē/zü den vorigen eyn Andres creutz vñ eyn raut über das Andres creutz/wie hiebei angezeygt/ so hastu die rame gerecht. Wiltu darnach die bildniß grösser dañs muster ist an eyn ort malē / so theyl (mit linden kolen) das ort iñ souil theyl ab/mit dem andres creutze vñ der rauten/iñ aller maß wie die rame abgetheylt ist/darnach hefft die höltze rame vff das muster/daß stedt ligen bleib vnnd wo du das haubt/ hand/ füß/ leib/ achßel/knie/ oder anders/es sei vff linien oder iñ spatio findst/so merck obs iñ halben oder drittenl der lini oder spatiums stee/also/wie du iedes ding im muster findest/ es sei in der linie oder spatio/demselbigē nach male es in dein vffgerissen lini oder spatiū/so du der ramē gleich außgetheylt hast/ vñ gib dem gemäld souil spatiū/an end da du es hin malest/nach seiner achtūg/alß dich dunckt/ daß es iñ der rame (da du es findst) an platz hab. Also magstu den kopff vff seiner lini oder spatio/inn sin fassen/ferrer iñ dergleichen lini oder spatiū/ so du mit den kolen gerissen/ malen/vnd am andern ort oder spatio den füß/vff der andern seitten die handt vnnd also all andere ding/ iñ welcher quadratur du sie findst / iñ derselbigen gleichen quadratur setzen/ darnach füre dein haubtstrich vō achseln/armen/

H ij

9. Explicación del método de la cuadrícula en las páginas del tratado de Rodler, *Perspectiva*, 1531. Es uno de los primeros textos de mentalidad artesanal en donde se propone el velo de Alberti para copiar, directamente del natural, paisajes y el cuerpo humano.

paña con grabados, dirigiéndolo expresamente a «todos los amantes del arte, especialmente para los pintores, escultores, plateros, bordadores de seda, canteros, carpinteros...».

Es significativo un hecho: la obra de Rodler, como sucede en la práctica totalidad de los *Kunstbüchlein* alemanes, tras comenzar con unos rudimentos muy elementales de geometría plana, se dedica plenamente a las cuestiones prácticas de taller. Este enfoque y concepción artesanales contrastan con la tendencia literaria de Alberti que no se suele dirigir a la gente de oficio, sino al gran público de educación humanista, fundamentalmente teórica.

En las primeras páginas del texto este autor alemán anuncia, anticipándose, que el último capítulo en donde se explica el velo está dedicado a enseñar

> Cómo se puede ampliar un cuadro o un paisaje, por pequeño que sea, de forma que todas las cosas concuerden, tanto para retratos como para todas las posibilidades de paisajes, montañas, castillos o valles, como cuando tú tomas apuntes de lo que hay delante de ti y de todo aquello que ahora aquí, después allá, tengas deseos de pintar, pues todas las cosas podrás comprenderlas y esta es la parte más oculta y sutil de toda la pintura.

Rodler explica, efectivamente, al final de su obra esa «parte oculta» de la perspectiva consistente en la utilización de la cuadrícula para copiar figuras planas a un ta-

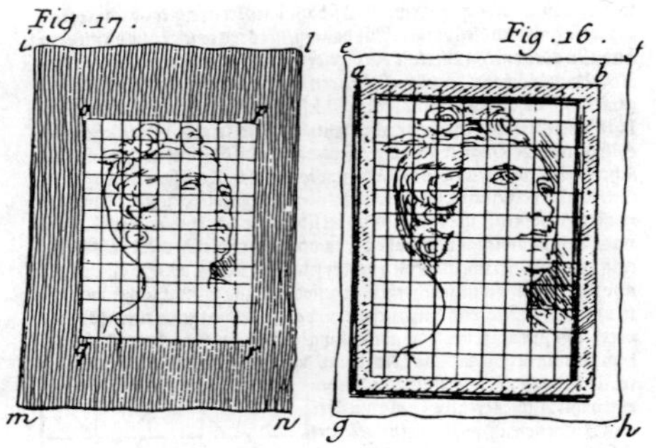

10. Cuadrícula para copiar figuras planas a diferentes escalas. Ilustración del artículo «Dessin et peinture» de *L'Encyclopédie* de Diderot (1763). Esta es una técnica secular que debe situarse como uno de los componentes en el origen de la invención del velo de Alberti.

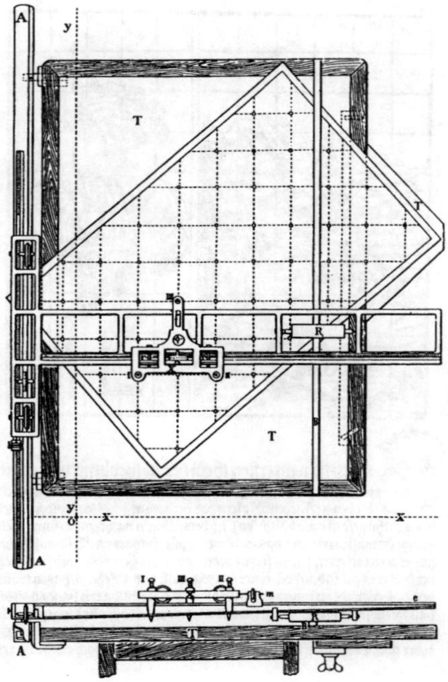

11. Coordinatógrafo de Coradi. Este instrumento contemporáneo de dibujo sirve para situar sobre un plano, con gran precisión, los puntos definidos por dos coordenadas.

maño igual, mayor o más reducido, tal y como se continúa haciendo en la actualidad; un recurso técnico muy conocido y utilizado en los talleres gremiales que, según sus palabras, algunos pintores mantienen en secreto:

> Al anunciarte al principio los temas y los capítulos he prometido explicar algo de un gremio (que se mantiene secreto por algunos pintores) dándolo a conocer; así está permitido que prosiga respondiendo las preguntas.

El uso de la cuadrícula para copiar una imagen plana a otra de su mismo tamaño, o bien, para ampliarla o reducirla a otro diferente es un recurso que se continúa aplicando hoy día y se viene utilizando desde tiempo inmemorial. Efectivamente, los tratados técnicos de arte se han venido haciendo eco en todas las épocas de este recurso instrumental que no es ajeno a la mentalidad que subyace parcialmente en el velo de Alberti y del que es claramente deudor (figura 10).

Además de la posibilidad de trazar manualmente una cuadrícula con escuadras y una regla, contemporáneamente se han fabricado instrumentos con diferentes grados de precisión y complejidad mecánica, basados en la idea de referir cualquier imagen a un sistema de coordenadas perpendiculares entre sí, algo que en esencia está implícito en el manejo de la cuadrícula (figura 11).

Las noticias acerca del uso de la cuadrícula de ampliación demuestran que esta también mereció la atención teórica de algunos tratadistas, aunque estos tuviesen una pretensión intelectual elevada, más allá de los intereses artesanales de los gremios. Así, Vasari (1511-1574) describe en sus *Vidas* (1550) cómo algunos dibujos «se aumentan con la ayuda de una red, que es una cuadrícula de cuadros pequeños au-

12. Aplicación del método de la cuadrícula para dibujar el paisaje visto a través de una ventana reticulada. Rodler, *Perspectiva*, 1531.

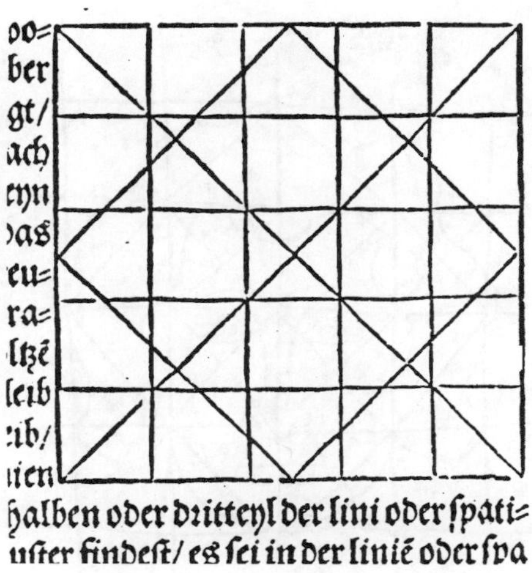

13. Cuadrícula del tratado de Rodler (1531) con la superposición de la cruz de San Andrés y la subdivisión con otro cuadrado más pequeño según el método medieval de la cuadratura.

mentada en el cartón, y que traslada justamente cada cosa»[13]. Ciertamente, la cuadrícula permite copiar con mucha precisión a partir de una imagen plana otra imagen plana, objetivamente igual o proporcional.

Una vez finalizada la breve descripción del uso de la cuadrícula para los cambios de escala entre figuras planas, Rodler pasa a explicar la invención de Alberti como una derivación y nueva aplicación de aquella, declarando que «también se puede pintar un paisaje a través de una ventana» (figura 12). Para ello, después de comparar la construcción de una cuadrícula con hilos como algo «igual que un pavimento», sorprendentemente incluye y recomienda algo que no aparece en el procedimiento de Alberti:

> Si quieres que se vea mejor, además de los hilos anteriores haz una cruz de san Andrés y superpón un rombo sobre la cruz de San Andrés tal como se muestra aquí (figura 13).

La cruz de san Andrés —una cruz en aspa— representada por las diagonales, de la misma manera que el rombo que también aparece superpuesto en la cuadrícula, son una deuda al mundo medieval y suponen la continuación y permanen-

[13] Giorgio Vasari, *Le Vite de' piú eccellenti architetti, pittori, et scultori italiani, da Cimabue, insino a' tempi nostri*, Florencia, Lorenzo Torrentino, 1550. Citado por la traducción española: *Las vidas de los más excelentes arquitectos, pintores y escultores italianos desde Cimabue a nuestros tiempos*, Madrid, Cátedra, 2002, cap. XVI, pág. 72.

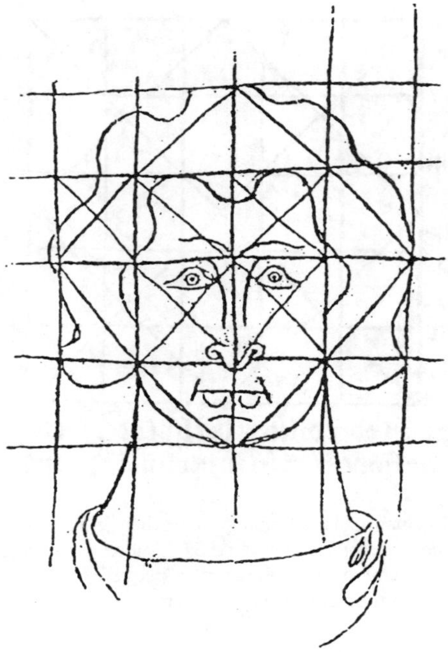

14. Método de la cuadratura para dibujar una cabeza. *Cuaderno* (siglo XIII) de Villard de Honnecourt.

cia de procedimientos que se venían utilizando, al menos desde el siglo XIII, tal como se hace evidente en la constancia documental del *Cuaderno* del maestro de obras Villard de Honnecourt[14] (figura 14).

En consecuencia, la propuesta de Alberti se enfrentaba e inscribía en una tradición medieval, arraigada en varios siglos, que había llegado a elaborar sus propias técnicas para garantizar la estabilidad y continuidad de las representaciones. Estas técnicas estaban dotadas de una tímida e incipiente argumentación teórica, a la vez que permitía su aplicación para utilizarse como recurso práctico en los talleres. Por lo tanto, la cuadrícula del velo de Alberti se identificaba en los talleres artesanales con las retículas geométricas de origen medieval que habían asumido la función de aportar estructuras estables —objetividad— a las formas artísticas.

Con el fin de fijar las figuras, entre los diferentes diagramas geométricos utilizados por los gremios medievales, el conocido como método de la cuadratura ocupaba un papel principal y consistía en inscribir sucesivamente unos cuadrados en otros, uniendo los puntos medios de los lados del anterior[15]. En el caso de la arquitectura, las series de polígonos regulares, en general, además de dotar de estabilidad a las formas de los diferentes elementos constructivos, durante la Edad Media, evitaban los difíciles cálculos aritméticos con numeración romana y los sistemas de medida que se relegaban a un papel secundario (figura 15).

Las interferencias e identificación entre el uso novedoso del velo, explicado por Alberti un siglo antes de Rodler, y los conocimientos geométricos de tradición gremial de los artífices nórdicos, se confirman y hacen patentes en el texto alemán con la presencia del método medieval de la cuadratura en la cruz de san Andrés.

[14] Villard de Honnecourt, *Cuaderno, s. XIII,* Madrid, Akal, 1991. La primera vez que se editó esta obra, reproducida litográficamente, fue: J. B. Lassus, *Album de Villard de Honnecourt, architecte du XIIIe siècle*, París, 1858.

[15] El trabajo más importante sobre el tema de la cuadratura es el de María Velte, *Die Anwendung der Quadratur und Triangulatur bei der Grund und Aufissgestaltung der gotischen Kirchen,* Basilea, 1951. En castellano existe un artículo muy bien documentado sobre el mismo tema: José A. Ruiz Rosa, «El método de la cuadratura. Apreciaciones geométricas sobre el gótico», en *Periferia,* núm. 7, Sevilla, junio de 1987.

Rodler finaliza su texto refiriéndose a la aplicación del velo para la representación de la figura humana, ilustrándola en una de las figuras que acompañan al texto (figura 9).

> Así (con carboncillo de tilo) subdivide la superficie en partes, con la cruz de san Andrés y el rombo en las mismas partes que está subdividido el marco; después sujeta el marco de madera sobre el modelo que quede apoyado y sepas dónde poner la cabeza, mano, pie, hombros, rodillas [...] Haz lo mismo para los paisajes. Y esto está mejor explicado en la figura puesta en este libro, en la cual puedes ver la subdivisión de los hilos sobre un trozo de paisaje para entenderlo claramente.

De este modo, el velo albertiano tiene, a través de la cuadrícula geométrica de ampliación, un elemento de enlace con una poderosa tradición secular de taller que depositaba en la geometría la confianza de estabilizar los conocimientos de cada gremio; en tal sentido, el velo se podría considerar, en cierta medida, deudor de una técnica medieval aplicada a una idea indiscutiblemente moderna y original: el concepto de pirámide visual, seccionada por el velo, definida con su vértice en el ojo y su base en el objeto visto.

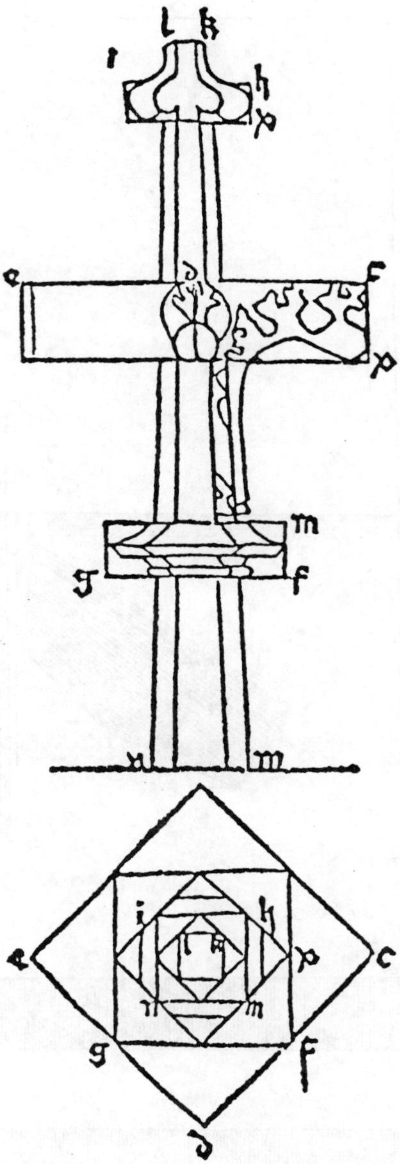

15. Método de la cuadratura con seis cuadrados inscritos unos en otros para el diseño de un gablete. Matthäus Roriczer, final del siglo XV.

La pirámide visual de Alberti y el «ojo interior» de Plotino

La definición albertiana de la pintura como sección plana de la pirámide visual, además de servir para avalar conceptualmente su método del velo, se convierte en un axioma incuestionable e irreversible en el futuro. Por su racionalidad geométrica, se impone contundentemente en la teoría y en la práctica del arte del Renacimiento (figura 16).

En el Libro primero del *De pictura* Alberti precisa de este modo algo considerado de forma unánime como la primera definición moderna de la pintura:

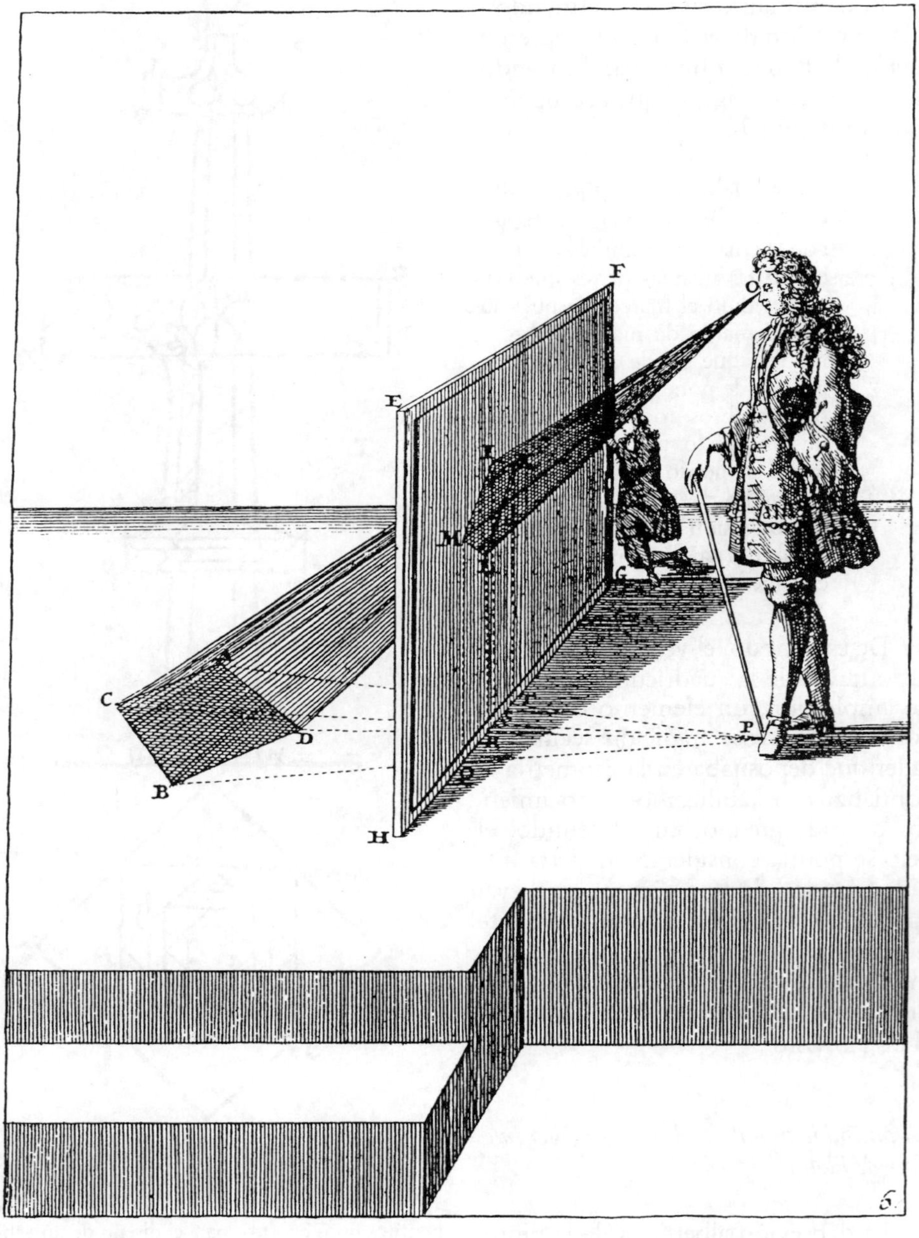

16. Figura ilustrativa de la perspectiva como sección plana de la pirámide visual, un concepto utilizado por Alberti en 1435 para su definición de la pintura. Le Dubreuil, *La Perspective pratique*, 1642.

El cuadro pintado será la sección plana de la pirámide visual con determinado espacio o intervalo, con su centro y luces particulares, representado todo en una superficie con líneas y colores[16].

No obstante, a pesar de la fuerza argumental justificando la representación de la perspectiva, con razonamientos basados en el funcionamiento del ojo, esta concepción de la representación visual no pudo evitar algunas dificultades hasta llegar a imponerse universalmente en los siglos posteriores. Culturas como la china se resistieron a cambiar precipitadamente su arte por el europeo, al ser insuficiente la argumentación racional y científica para conseguir persuadirles y hacerles abandonar una tradición secular basada en una concepción de la representación diferente de la albertiana.

Al arte del extremo oriente le costó aceptar las distorsiones perspectivas de la pintura europea, aunque se pudiesen justificar con una explicación teórica argumentada con el funcionamiento del ojo. En una crónica muy significativa, Sir John Barrow, en su *Voyage en Chine* (París, 1805)[17] relata el contundente y demoledor juicio sobre la perspectiva occidental, expresado por el mismo emperador como respuesta a los intentos del viajero europeo para convencerle de la cientificidad de la construcción de la imagen visual en el arte europeo: «Las imperfecciones del ojo no son un motivo suficiente para representar los objetos de la naturaleza como imperfectos»[18].

Ciertamente, para el emperador chino la forma de representar el mundo visual en su propia tradición figurativa era más objetiva que la occidental; su idea de objetividad estaba más acorde con formas inteligibles racionalmente y no con imágenes ópticas, una idea acompañada de la profunda convicción acerca de su verdad. Esta noticia sirve para referir una cuestión clave de la teoría de la representación: la que trata de las diferencias entre las cosas tal como las vemos y tal como sabemos que son (figura 17), así como su relación con la distinción que se puede establecer entre percibir y conocer[19] (figura 18).

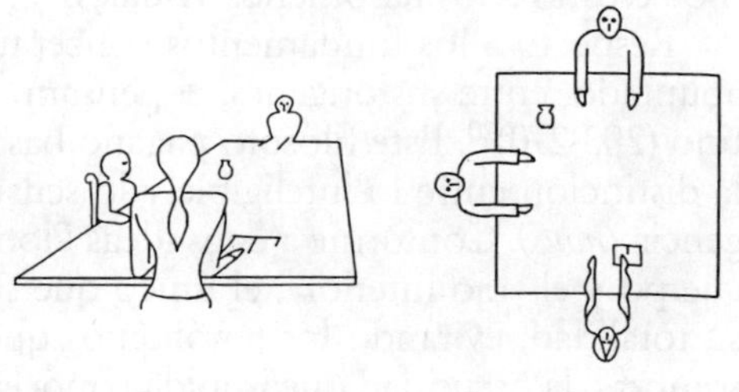

17. Esquema de una misma escena dibujada de dos maneras: de acuerdo con las leyes de la representación visual de la perspectiva y conforme al conocimiento racional de su forma y posición. Arnheim, *Arte y percepción visual,* 1954.

[16] Alberti-Rejón, *op. cit.*, pág. 210.

[17] La segunda edición inglesa es: J. Barrow, *Travels in China, Containing Descriptions, Observations and Comparisons [...] in the Course of a Short Residence at the Imperial Palace of Yuen-Min-Yuen...*, Londres, T. Called y W. Davies.

[18] Esta cita está tomada de un brillante trabajo que trata de las dificultades de comprensión del arte europeo exportado a la China por las misiones religiosas desde el siglo XVI. M. Scolari, «La prospettiva gesuita in Cina», *Casabella,* núm. 507, 1984, pág. 51.

[19] La diferencia entre unas representaciones del arte medieval que nos informan sobre su significado esencial, sin pretender alcanzar una ilusión de realidad como el que consigue el arte del Renacimiento, ha servido a Ernst Gombrich para hablar de la diferencia entre el qué y el cómo. E. H. Gombrich, *The Image and the Eye. Further Studies in the Psychology of Pictorial Representation,* Oxford, Phaidon, 1982. Citado por la traducción castellana: *La imagen y el ojo. Nuevos estudios sobre la psicología de la representación pictórica,* Madrid, Alianza Forma, 1987, págs. 22 y ss.

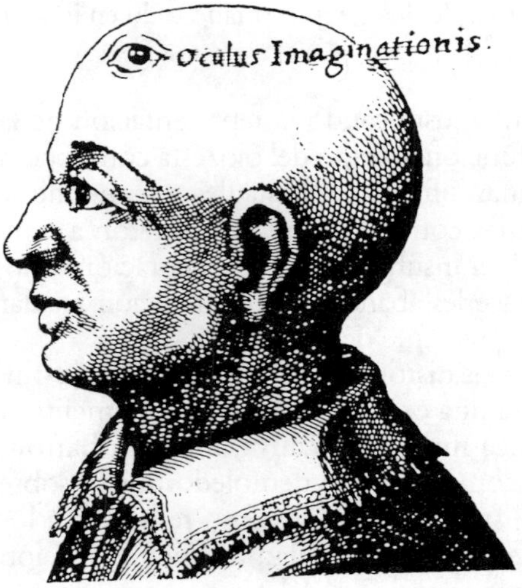

18. *Oculus imaginationis.* Grabado de la obra de Robert Fludd, *Ars memoriae,* 1692.

Parece evidente que la idea de objetividad no tiene que depender necesariamente de lo visual; de hecho, lo visual puede llegar a considerarse como algo engañoso y menos objetivo que lo inteligible. Esta precisión ayuda a explicar las peculiaridades de fenómenos como el del arte chino o medieval europeo; en ambos casos se llega a cuestionar lo sensible, las apariencias, por considerarse como algo subjetivo. En las dos situaciones la objetividad está basada en unas ideas estables, más vinculada a lo sabido que a lo observado, como algo derivado de unos conceptos aprendidos y no de unas sensaciones individuales siempre cambiantes. Estas circunstancias justifican la adecuación del adjetivo conceptualista utilizado en algunas ocasiones para calificar un arte como el medieval.

Ante esta situación, la propuesta de Alberti representaba un cambio sustancial frente a aquellas concepciones no visuales de un arte que, generalmente, fue quedando desbaratado y superado con los argumentos visuales de la pirámide óptica. En particular, esto sucedió con un arte medieval abandonado a causa de su carácter claramente «antiperspectivo», más conceptualista que vinculado a cualquier naturalismo cercano a los fenómenos visuales.

Respecto a los fundamentos conceptuales del arte medieval se ha relacionado y apuntado, entre sus orígenes, el pensamiento estético del filósofo neoplatónico Plotino (203-270)[20]. Este filósofo pagano basaba una buena parte de su pensamiento en la distinción entre lo inteligible y lo sensible, vinculando lo inteligible con la inteligencia *(nous).* Conforme a estas ideas Plotino establece la diferencia entre los ojos del cuerpo y el «ojo interior», el único que según él permite contemplar los objetos en su totalidad, evitando los fenómenos que se producen en la visión, tales como las sombras, la oscuridad que impide conocer los colores exactos; del mismo modo alerta sobre el problema de la profundidad que dificulta la valoración correcta de la medida y el tamaño total de las cosas (figura 19).

Como consecuencia de lo dicho, según Plotino, todos los objetos deben ser representados en primer plano, con la misma plenitud de luces, con los colores exactos, con todos los detalles y sin sombras. Asimismo, para él, la materia sensible, a diferencia de la inteligible, puede ser equiparada con lo indeterminado, con un receptáculo vacío, con la sombra y el no ser; la pura materia sensible es, además, el mal. Para Plotino, el «más allá», donde reina lo Uno, irradia su realidad sobre el resto del universo; el cuerpo y lo sensible deben contemplarse como modificados por él. Es-

[20] A. Grabar, «Plotin et les origines de l'esthétique médiévale», *Cahiers archéologiques,* 1, 1945.

20. Platón dibujando unas figuras geométricas según una ilustración recogida en una edición renacentista de las *Vidas* de Plutarco. Venecia, 1516.

19. Abstracción y sentidos: el «magister» y el funcionamiento de los sentidos respecto a la «progressio in eruditione». C. Bovillus, *Liber de Sensu*, París, 1510.

tas ideas del filósofo pagano fueron útiles en el primer cristianismo para subrayar el carácter extramundano de la religión.

Para el filósofo, así como para los teólogos cristianos posteriores, la idea de Dios —o lo Absoluto, o lo Uno— trasciende lo sensible aunque puede ser evocado con las formas geométricas asociadas a la idea de lo esencial, lo verdadero, aquello que es inmutable y eterno. En consecuencia, la geometría cobra un significado radical en la construcción del microcosmo sagrado. En la Edad Media todo arte es una representación simbólica al servicio de una idea superior, y sin ella, sin esa idea, el arte es inexistente o nulo.

No obstante, el papel de la geometría en la representación de lo trascendente se arrastraba desde el pensamiento pitagórico y platónico hasta la Edad Media. Así, Platón, en el libro séptimo de *La República* afirmaba en boca de Sócrates que la geometría «tiene por objeto el conocimiento de lo que existe siempre, y no de lo que nace y perece» (figura 20). El diálogo prosigue en estos términos:

> —No tengo dificultad en convenir en ello —dijo Glaucón—, porque la geometría tiene por objeto el conocimiento de lo que existe siempre.
>
> —Por consiguiente, la geometría atrae al alma hacia la verdad, forma en ella el espíritu filosófico, obligándola a dirigir a lo alto sus miradas, en lugar de dirigirlas sobre las cosas de este mundo[21].

[21] Platón, *La República,* VII, 526e-527b, en *Obras Completas,* Madrid, Aguilar, 1979, págs. 785-786.

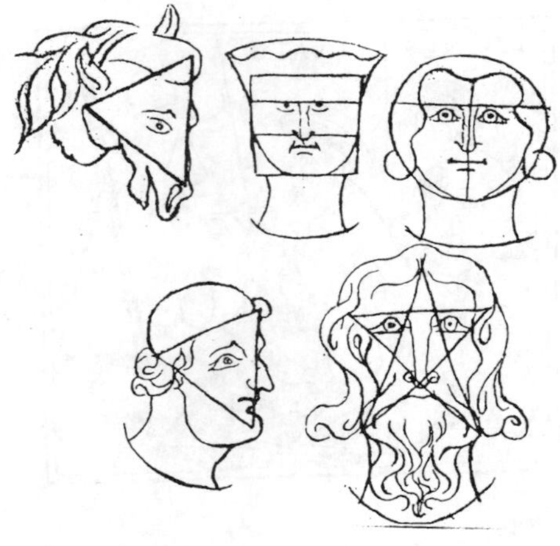

21. Superposición de esquemas geométricos sobre diferentes figuras. Detalle de una de las páginas del *Cuaderno* (siglo XIII) de Villard de Honnecourt.

En el siglo XIII, la superposición de los esquemas geométricos en las figuras recogidas en el *Cuaderno* de Villard de Honnecourt se justifica, en gran medida, por su función de representar un universo conceptual, la verdad, independiente de las formas naturales. La geometría tiene en la Edad Media, lo que entonces se llamaba una función «anagógica», es decir, su capacidad para llevar a la mente desde el mundo de las apariencias hasta la contemplación del orden divino (figura 21).

Al exponer Villard de Honnecourt los principios del arte en su *Cuaderno,* pone de manifiesto cómo estos son fundamentalmente geométricos, rindiendo homenaje a esta disciplina en casi todas las páginas de su obra. Se ha señalado, al respecto, la sorprendente semejanza entre la estética de Villard y la filosofía natural de su contemporáneo Roberto Grosseteste (1175-1253), quien afirma que sin la geometría es imposible comprender la naturaleza, puesto que todas las formas de los cuerpos naturales son geométricas en esencia y pueden reducirse a líneas, ángulos y figuras regulares[22].

Son las mismas ideas expresadas por el filósofo franciscano Roger Bacon (1214-1294), contemporáneo de Grosseteste:

> Ahora deseo presentar [el postulado] [...] concerniente a las formas geométricas correspondiente a las líneas, ángulos y figuras tanto sólidas como de superficie [...] Seguramente, la simple visión percibida por nuestros sentidos será maravillosa, pero sería más maravillosa si pudiésemos ver ante nosotros la forma de la verdad, pero más maravilloso aún si ayudados por los instrumentos de la visión, podemos regocijarnos contemplando el significado espiritual y literal de las Escrituras, puesto que nuestro conocimiento de todas las cosas es completo en la iglesia del Señor, cuando los cuerpos se pueden exhibir ante nuestros ojos tal cual son. En consecuencia, no encuentro nada más adecuado para un hombre diligente en el estudio de la sabiduría Divina que la exhibición de formas geométricas con estas características ante nuestros ojos [...] Sin duda alguna la absoluta verdad de las cosas en este mundo yace en el conocimiento natural, tal como se ha dicho, y especialmente en las cosas relativas a la geometría, puesto que no podemos entender nada íntegramente si su forma no está presente ante nuestros ojos, y por consiguiente en la escritura Divina, el conocimiento completo de las cosas, está definido por las formas geométricas que contiene, mucho mejor a como podría exponerlas la simple filosofía[23].

[22] Esta correspondencia ha sido señalada por H. Focillon, *L'Art des sculpteurs romans,* París, 1931, págs. 219 y ss., citando de *De lineis, angulis et figuris (Beiträge zur Geschichte der Philosophie des Mittelalters,* Münster, 1912, IX, 59 y ss.): «Utilitas considerationis linearum, angulorum, et figurarum est maxima, quoniam impossibile est sciri naturalem philosophiam sine illis.» Estas formas geométricas «valent in toto universo et partibus ejus absolute»; «omnes enim cause effectuum naturalium habent dari per lineas, angulos et figuras.»

[23] Roger Bacon, *Opus Majus,* traducido por Robert Belle Burke, Philadelphia, 1928 y 1962, vol. I, págs. 232-234. Recogido en Samuel Y. Jr. Edgerton, *The Renaissance Rediscovery of Linear Perspective,* Nueva York, Icon, 1975, págs. 17-18, n. 1.

La formulación de la teoría renacentista de las artes supuso, en primer lugar, un cambio de interlocutores; serán los intelectuales humanistas, en vez de los artesanos, los primeros destinatarios de las nuevas especulaciones. La conocida máxima de Leonardo afirmando en sus escritos: «No lea mis principios quien no sea matemático»[24] es una paráfrasis de la cartela situada a la entrada de la Academia platónica: «que no entre nadie que no sepa geometría», en el sentido de exigir una capacidad especulativa.

Desde entonces, los preceptos teóricos, más que los ejemplos prácticos, pretenden fundamentar el aprendizaje de las artes. Anteriormente, durante la Edad Media, la primacía en la enseñanza radicaba en la función del *exemplum* utilizado para ser copiado por los aprendices; en esta estrategia la geometría tenía un fin práctico: fijar las formas de los ejemplos para poderlas copiar con la mayor objetividad (figura 22).

En estas circunstancias, la geometría se convirtió en la «ciencia del arte», en la búsqueda de reglas seguras para la práctica. Los documentos acreditan esta afirmación: las actas de unas reuniones de maestros de obras en Milán, convocados en torno a la construcción de la catedral, a partir de 1386, recogen la crítica del experto francés Jean Mignot, dirigida a sus oponentes, por dejar de lado las reglas de la geometría cuando alegaban que la ciencia era una cosa y el arte otra. Sin embargo, para él el arte no era nada sin la ciencia cuando afirmaba en su dictamen: «ars sine scientia nihil est».

En este punto se ha de advertir que en aquel momento por arte se entendía la destreza práctica adquirida con la experiencia, mientras que la ciencia era la capacidad de explicar el procedimiento racional —geométrico— aplicado a cada obra[25]; en la geometría radicaba lo más importante del saber de los oficios.

Cuando Rodler, tal como se ha visto, se refería en pleno Renacimiento a la cuadrícula como una «parte oculta», «que se mantiene en secreto por algunos pintores», no hacía nada más que repetir algo bien sabido y asumido por los gremios medievales: la prohibición o restricciones para enseñar sus conocimientos a cualquier individuo ajeno al oficio. En tales circunstancias se comprende cómo la geometría práctica, por ser uno de los patrimonios más importantes de los gremios, estaba asociada a un tipo de saber guardado celosamente.

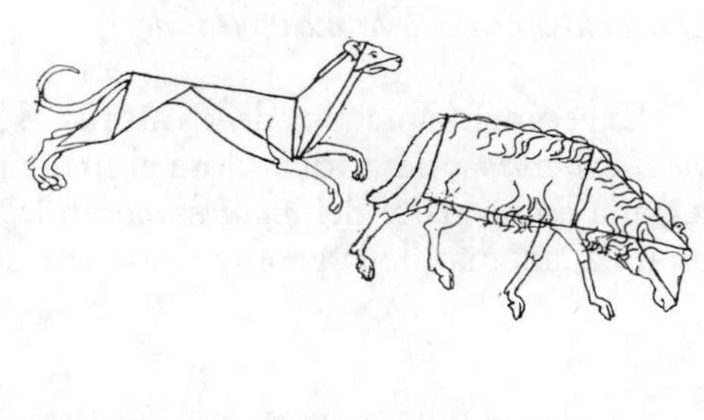

22. Figuras del *Cuaderno* (siglo XIII) de Villard de Honnecourt. La geometría superpuesta en las figuras cumple aquí dos funciones: estabilizar su forma y asumir la función nemotécnica de facilitar su copia por los aprendices.

[24] Leonardo-Richter, *op. cit.*, vol. I, pág. 11.

[25] El mejor trabajo realizado hasta la fecha sobre este tema, sigue siendo J. Ackermann, «Ars sine scientia nihil est: Gothic Theory of Architecture at the Cathedral of Milan», *Art Bulletin,* XXXI, 1949, págs. 84-111.

En estas circunstancias se suele recordar cómo en uno de los acuerdos de las logias de canteros en la convención de Ratisbona del año 1459 se estipulaba: «Además, ningún oficial, ni maestro, ni *parlier* (portavoz de taller) ni jornalero, enseñará a ninguno, sea quien sea, que no sea de nuestro oficio ni haya trabajado en la cantería, cómo sacar el alzado de la planta»[26].

Este acuerdo, aunque es posterior en más de veinte años a la propuesta del velo albertiano, representa uno de los últimos episodios de una tradición más antigua que se acercaba a su fin. Desde el Renacimiento, la pérdida del poder de los gremios medievales será algo cada vez más irreversible y coincidente con el nuevo tono humanista y liberal de las teorías artísticas. A pesar de ello la geometría práctica continuará teniendo las connotaciones propias de los oficios medievales; en tal sentido es comprensible que algunos pretendiesen integrar y conciliar la técnica del velo albertiano con la geometría tradicional de los talleres; no en vano se tenía conciencia plena de la importancia de la geometría como clave del trabajo y como uno de los conocimientos de los oficios preservados con más celo.

La conciencia del cambio histórico y del advenimiento de una nueva era se hace evidente para la tradición de taller que deja atrás el secretismo de los oficios. Así, el orfebre y tratadista español de arte Juan de Arfe (1535-1603), hijo del también orfebre Antonio de Arfe y nieto de Enrique de Arfe, el orfebre de origen alemán y de formación gótica, afirmaba en 1578 que los plateros habían usado el estilo gótico que él llama «maçonería», «guardando sus preceptos con gran zelo»[27]. En el mismo sentido, el arquitecto Ginés Martínez de Aranda escribía a finales del siglo XVI, en su tratado de cortes de cantería que, acerca del arte de las trazas «se ha tenido perpetuo silencio»[28]. También en Italia, un tratadista como Serlio (1475-1554) comienza su famosa obra refiriéndose a «cuan imprescindible y necesaria es la muy secreta arte de la Geometría para todo artífice y laborante»[29].

Con estos antecedentes se garantizaba la aceptación de la geometría como fundamento de prestigio en la construcción de una ciencia de la representación. No obstante, a pesar del ambiente gremial que propiciaba una interpretación exclusivamente técnica y práctica de la geometría, como la clave secreta del oficio, la teoría geométrica vinculada con el velo albertiano era bien diferente: tenía una vocación universal, radicalmente científica e intelectual. Basaba sus principios en la geometría teórica de tradición euclidiana y escolástica, diferente a la geometría práctica de los oficios.

El establecimiento de la nueva teoría

La geometría práctica de los artífices se conoció durante la Edad Media como *geometria fabrorum,* desarrollándose al margen de la geometría teórica o especulativa integrada como parte del *quadrivium* en la formación escolástica medieval. Esta comprendía, además de la geometría, la aritmética, la astronomía y la música. Junto con

---

[26] Traducido de P. Frankl, «The Secret of the Mediaeval Masons», *Art Bulletin,* 27, núm. 1, 1945, pág. 46.
[27] Citado en F. Marías, *El largo siglo XVI,* Madrid, Taurus, 1989, pág. 135.
[28] G. Martínez de Aranda, *Cerramientos y trazas de montea,* Madrid, CEHOPU, 1986, pág. 37.
[29] S. Serlio, *Il primo libro d'architettura,* París, Barbé, 1545, Libro I, capítulo primero.

el *trivium* de las ciencias lógicas —gramática, retórica y dialéctica— el *quadrivium* de las ciencias físico-matemáticas formaba parte del conjunto de artes liberales o intelectuales. Estas se diferenciaban absolutamente de las artes mecánicas o manuales de unos oficios que padecían una consideración social muy inferior (figura 23).

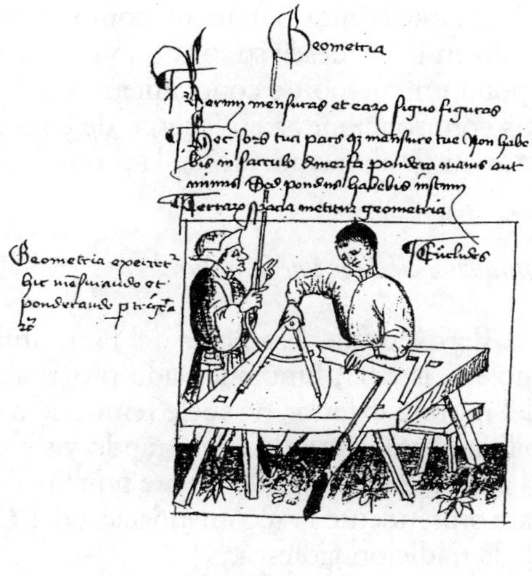

23. Artesanos aplicando los conocimientos geométricos en su oficio. *De septem artibus liberalibus*, manuscrito de la segunda mitad del siglo XV. Londres, British Museum.

Estos antecedentes de oficio manual explican por qué el mayor esfuerzo colectivo de los artistas del Renacimiento se centró en el empeño de lograr que su trabajo se aceptase como una actividad liberal y no mecánica. Los artistas querían justificar su trabajo con la necesidad de conocer la geometría teórica —una de las artes liberales— para lograr el reconocimiento general de la intelectualidad de su trabajo y especulaciones teóricas.

El *De pictura* de Alberti, donde se expone por vez primera el método del velo, hace explícita su vocación intelectual en el mismo comienzo: «Habiendo de escribir acerca de la pintura en estos breves comentarios, tomaré de los matemáticos, para hacerme entender con más claridad, todo aquello que conduzca a mi asunto»[30]. Escrito en latín por Alberti, la lengua culta utilizada en las artes liberales, se tradujo inmediatamente al italiano vulgar para facilitar su lectura a los que no tenían una formación intelectual basada en el estudio de las lenguas clásicas. La mayor parte de los artistas sólo dominaban y utilizaban habitualmente, como parece ser el caso de Leonardo, su «idioma natal». Leonardo se confesaba un «homo sanza lettere»[31], a la vez que reivindicaba con orgullo basar sus conocimientos en la experiencia práctica y no en las palabras ajenas que podían conocer los que tenían acceso a los textos escritos en latín, el idioma utilizado por Alberti o Piero della Francesca al escribir sus obras de carácter científico.

Al traducir las obras científicas clásicas, del latín a las lenguas vulgares, se tuvo conciencia de las implicaciones y consecuencias para la rígida estamentación social y el elitismo del latín. Como ejemplo de esta situación, cuando se tradujeron en 1576 los *Elementos* de geometría de Euclides por vez primera, del latín al castellano, su traductor, Rodrigo Zamorano, tuvo que defenderse ante la opinión académica de la época, considerando «que el andar las sciencias en lengua vulgar es hazerlas Mechanicas»[32].

30 Alberti-Rejón, *op. cit.*, pág. 197.

31 Leonardo-Richter, *op. cit.*, vol. I, pág. 14.

32 R. Zamorano, *Los seis libros primeros de la Geometría de Euclides, Traduzidos en lengua española por Rodrigo çamorano Astrológo y Mathemático, y Cathedrático de Cosmographía por su Magestad en la casa de la Contratación de Sevilla*, Sevilla, 1576.

En este contexto, Durero, como primer teórico alemán del arte renacentista originado en Italia, desde su formación adquirida en los talleres tardomedievales del norte aporta un cuerpo de conocimientos sistemáticos; en palabras de Panofsky: «Y es en sus contribuciones a ese cuerpo de conocimientos, escritas e impresas, donde podemos asistir al nacimiento de la prosa científica alemana»[33].

Imitación científica de la naturaleza

En los primeros albores del Renacimiento italiano surgió un poderoso naturalismo en las artes, fundamentado progresivamente sobre la base del estudio científico del mundo exterior. Se suele remontar a Giotto el origen y la conciencia de la sensibilidad ante la realidad del mundo visible que encuentra en la observación atenta de la naturaleza el origen y fuente principal del arte. Para el lector moderno puede resultar sorprendente la recomendación del *Libro del Arte* de Cennino Cennini, heredero de la tradición giotesca,

> Si quieres representar en modo conveniente montañas que parezcan naturales, toma grandes piedras, toscas y sin pulir, y dales luces y sombras, según te lo permita su aspecto[34].

Esta recomendación es uno de los ejemplos más conocidos de la nueva actitud, recuperando la idea antigua en la que se prescribía cómo una obra de arte debería de ser una copia de la realidad; en consecuencia: se obligaba al pintor a situarse delante de un modelo natural. A la vez que se proponía a la naturaleza como la guía más segura, aparecía por vez primera en la teoría italiana del arte el término «moderno» en referencia al estilo de Giotto acorde con esta sensibilidad.

Muy pronto se tuvo conciencia social de la naturalidad y originalidad conseguida por el nuevo arte. La aceptación crítica de los logros artísticos en la imitación de la naturaleza tuvo en Giovanni Boccaccio, autor del famoso libro *El Decamerón,* al primero en elogiar el naturalismo radical de la pintura de Giotto. Respecto a ello afirmaba en las páginas de su obra:

> El genio de Giotto era de tal excelencia que no hubo nada [producido] por la naturaleza, madre y creadora de todas las cosas, en el curso de la perpetua revolución de los cielos, que él no representara por medio de estilo, pluma o pincel de forma tan veraz que el resultado no fuera de mayor fidelidad que el logrado por la propia naturaleza. De ahí que el sentido humano de la vista haya sido, a menudo, engañado por sus obras, tomando como real lo que estaba sólo pintado[35].

No obstante, los datos tomados del natural para la creación artística ya gozaban de un gran crédito en la baja Edad Media, algo que se puede deducir del conocido ejemplo de Villard de Honnecourt en el siglo XIII que, en su citado *Cuaderno,* acom-

---

33 E. Panofsky, *The Life and Art of Albrecht Dürer,* Princeton, Princeton University, 1943. Traducción castellana: *Vida y obra de Alberto Durero,* Madrid, Alianza, 1982, pág. 255.

34 Cennino Cennini, *Il libro dell'arte.* Traducción castellana: *Libro del Arte,* Madrid, Akal, 1982, pág. 133.

35 G. Boccaccio, *El Decamerón* (1355), Jornada VI, narración 5.ª.

24. León dibujado directamente del natural según la afirmación escrita de su autor. Villard de Honnecourt, *Cuaderno* (siglo XIII).

paña el dibujo de un león con un texto afirmando orgullosamente haberlo tomado «del natural» —*Et sachez que ce lion fut fait au vif*[36]— (figura 24).

El ideal de imitación bastaba para alumbrar el camino del éxito de las obras; en consecuencia, el afán y los esfuerzos de los artistas se encaminaron a consolidar y argumentar científicamente su trabajo en tal dirección; se buscaba una teoría que pudiese avalar los nuevos ideales estéticos hacia la imitación de la naturaleza. En esa dirección, el escultor florentino Lorenzo Ghiberti (1378-1455), en sus *Commentarii*, es uno de los primeros en dar cuenta explícita del interés, que él siempre mantuvo, para encontrar los principios científicos de la imitación de la naturaleza:

> Y, puesto que he indagado siempre los elementos básicos y esenciales, he procurado investigar de qué manera se comporta la naturaleza en el arte, y cómo llegan las imágenes al ojo, y en qué medida actúa la facultad visual, y cómo funciona lo visual, y de qué modo debería proceder la teoría del arte escultórico y de la pintura[37].

De los tres *Commentarii* que componen la obra escrita de Ghiberti, el tercero y último adopta un carácter científico, aunque está construido con notas desordenadas; en él se intentan determinar las bases teoréticas del arte, dedicándolo en su totalidad a la óptica de tradición antigua y medieval que él extrae, sobre todo, de la obra de Alhazen (965-1038) referida a la fenomenología de la visión y a la perspectiva natural.

Ha de recordarse que la obra de Alhazen es la más importante entre las aportaciones de óptica de la Edad Media y fue estudiada, aplicada y transcrita por artistas como Ghiberti y Leonardo; en ella se recogían, entre otras cosas, los trabajos físico-experimentales para demostrar que las dimensiones de los cuerpos observados bajo un mismo ángulo visual son proporcionales a la distancia del observador.

---

36 Villard de Honnecourt, *op. cit.*, lám. 48.

37 Traducido en J. Garriga, *Renacimiento en Europa*, Barcelona, Gustavo Gili, 1983, pág. 152.

25. Tableta egipcia de madera estucada, con cuadrícula, para determinar las proporciones del cuerpo humano. Dinastía XVIII. Londres, British Museum.

26. Figura geométrica superpuesta en una cabeza humana. Villard de Honnecourt, *Cuaderno* (siglo XIII).

Representación espacial y control proporcional

A pesar del contexto intelectual que enmarca la propuesta del velo de Alberti, gracias a la sencillez de construcción del instrumento, así como por su fácil manejo, fue posible utilizarlo por cualquier artista sin la necesidad de tener grandes conocimientos teóricos, ni tan siquiera conocer los principios geométricos que lo fundamentaban.

La cuadrícula como sistema de control formal se había venido utilizando no sólo para realizar cambios de escala de una misma figura, tal como hemos referido, casi siempre para pasar un dibujo más pequeño a otro de mayor tamaño. Tuvo otra importante función: también sirvió para el control proporcional de las figuras. Los orígenes de esta otra aplicación de la cuadrícula son muy lejanos, pudiéndose remontar su uso hasta el Antiguo Egipto; en algunas pinturas murales de las tumbas de Tebas se pueden ver las figuras dibujadas sobre una cuadrícula trazada con unas líneas muy finas de pigmento rojo; asimismo, en una pequeña tableta estucada de la XVIII dinastía conservada en el British Museum se muestra una cuadrícula en color rojo (figura 25).

A lo largo de la historia, desde el arte egipcio, las aplicaciones de las retículas cuadriculadas habían alcanzado, además de la función traslativa ya comentada, una función constructiva que servía para controlar las proporciones de las figuras representadas[38].

---

[38] Erwin Panofsky analizó certeramente en uno de sus trabajos las funciones de las cuadrículas en relación con las proporciones. «Die Entwicklung der Proportionslehre als Abbild der Stilentwicklung», en *Monatshefte für Kunstwissenschaft*, XIV, 1921. Traducción castellana: «La historia de la teoría de las proporciones humanas como reflejo de la historia de los estilos», en *El significado de las artes visuales,* Madrid, Alianza, 1979.

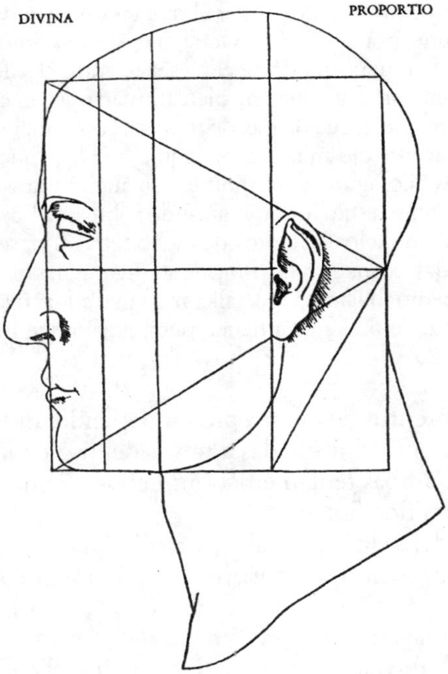

27. Superposición de figuras geométricas sobre un rostro para determinar y fijar sus proporciones. Luca Pacioli, *De Divina Proportione,* Venecia, 1509.

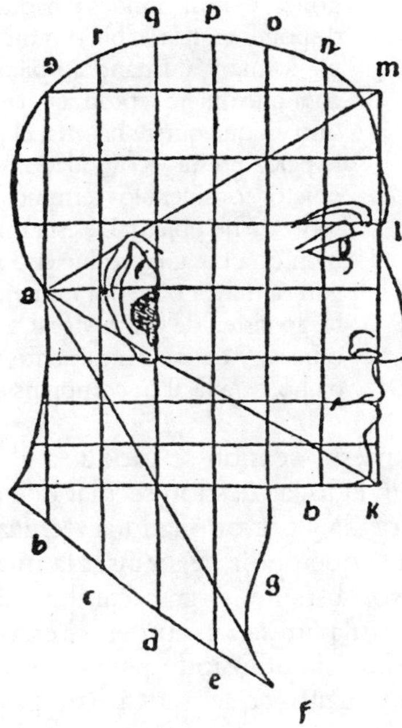

28. Superposición de una cuadrícula sobre un rostro para fijar sus proporciones y poder representarlo con el método del velo albertiano. Luca Pacioli, *De Divina Proportione,* Venecia, 1509.

Esta función secular del uso de las cuadrículas se retoma en el siglo XV por Ghiberti cuando incluye al final de sus *Commentarii* una teoría de las proporciones, construyendo la figura humana sobre una estructura geométrica, como ya se había hecho dos siglos antes en el *Cuaderno* de Villard (figura 26).

Más tarde, en el conocido tratado de Luca Pacioli *La Divina Proporción* (1509)[39], vinculándolo con el velo albertiano se utiliza el mismo método medieval para establecer las proporciones de un rostro humano (figura 27). Allí el autor reconoce que en el arte, la determinación de las dimensiones de algunas partes del rostro «la naturaleza la confía sólo al buen gusto y arbitrio del ojo de los pintores egregios» al ser imposibles de determinar exactamente por la geometría; después añade que subdividiendo cualquier figura en el mayor número de partes puede representarse con el método del velo:

> tanto más cómodo resultará al perspectivo, pues mejor podrá aprehender con la vista la cantidad de la cosa que quiere reproducir, es decir, ya sea cabeza o cualquier otra cosa, como animales, árboles, edificios, etc. Por esto los pintores se han construido una especie de cuadro o tetrágono alargado con hilos de cítara o de seda, o con ten-

[39] L. Pacioli, *De Divina Proportione,* Venecia, Paganius Paganinus, 1509. Existe una traducción castellana de la que recogemos las citas: L. Pacioli, *La divina proporción,* Buenos Aires, Losada, 1946.

> dones, tensos, grandes y pequeños, según mejor les parezca, para las obras que han de disponer en tela, tabla o muro. De tal suerte, poniendo dicho tetrágono sobre su propia forma y afirmándolo bien para que de ningún modo pueda caerse, entre él y la cosa que quiere reproducir, la cual también hará falta que esté bien afirmada, según el sitio en que quiere hacerla, él luego se sienta, se queda de pie, de rodillas, como mejor le parezca estar acomodado, y con su diligente ojo mirando ora aquí, ora allá, aquel objeto, considera los términos de aquellos hilos como corresponden en ancho y largo sobre dicho objeto. De esta manera ellos con su estilo lo van marcando sobre una hoja o en otra cosa, reproduciendo la proporción de los cuadritos de dicho tetrágono, según su mayor o menor número y cantidad, y bosquejan la forma de sus figuras, las que luego visten de gracia visual. Este instrumento lo llaman red, tal como se ve aquí en la cabeza, y de ese instrumento no trato aquí de poner otra figura, pues, por lo que he dicho, será fácil su comprensión[40] (figura 28).

En esta ocasión se producía el encuentro entre dos conceptos independientes: por un lado la cuestión secular de las proporciones controladas a través del uso de la cuadrícula y por otro lado la técnica del velo; ambas tenían en común el uso de una retícula que podía llegar a ser la misma para las dos funciones.

No obstante, el gran cambio sustantivo del velo frente al uso tradicional de la cuadrícula artesanal, aun en el caso de las proporciones, consistió en que, mientras ésta se venía utilizando para pasar de una imagen plana a otra imagen plana de distinto tamaño, aquel servía para pasar de la imagen virtual «del natural», en tres dimensiones, a una imagen plana sobre el papel. El velo servía para traducir la realidad tridimensional a una imagen bidimensional, evidentemente plana. Para resolver esta cuestión, la gran aportación teórica, revolucionaria e innovadora en el arte del Renacimiento, consistió en definir la correspondencia unívoca —punto por punto— entre el natural y el plano del velo que fijaba la imagen virtual: un «cuadro» realizado desde un punto de vista particular en donde se suponía situado el ojo del observador.

La relación entre estos tres elementos: punto de vista, plano del cuadro y objeto visto, ya había quedado definida científicamente desde un primer momento por el mismo Alberti, con la poderosa ayuda de la geometría, a través de la convincente idea de pirámide visual con su vértice en el ojo y la base en el objeto visto.

> Será necesario que se corte en alguna parte esta pirámide visual, para que en este sitio pueda expresar el pintor con líneas y colores los dintornos y colorido que demuestra la dicha sección o corte, siendo esto así los que miran la superficie pintada, ven en el corte la pirámide: por lo que el cuadro pintado será la sección de la pirámide visual con determinado espacio o intervalo, con su centro y luces particulares, representado todo en una superficie con líneas y colores[41].

Máquinas para la escultura

La sistematización geométrica de la representación plana en la pintura tuvo un desarrollo paralelo en la escultura con la utilización de las «máquinas de puntos» o «máquinas de sacar por puntos»; algunas de ellas eran conocidas desde tiempos re-

[40] *Ibíd.*, pág. 155.
[41] L. B. Alberti, *op. cit.*, pág. 210.

motos en la práctica del oficio para copiar un modelo dado, tallándolo en piedra o madera a igual o diferente tamaño (figuras 29 y 30). El procedimiento seguido en todas estas máquinas consiste en señalar una serie de puntos significativos en el modelo, midiendo su posición con un sistema de coordenadas o algún instrumento específico, para desbastar a continuación en el bloque el material sobrante hasta definir un punto con la misma posición que el modelo (figura 31).

Uno de los escasísimos tratados españoles de escultura, *Conversaciones sobre la escultura,* publicado en 1786 por Celedonio Nicolás de Arce y Cacho[42], describe una de estas máquinas y la ilustra con un grabado acompañando al texto en donde se afirma: «se parece mucho a una cuadrícula de los pintores y no se puede reprobar por mala, pero sí de pesada para los escultores hechos»[43] (figura 32).

La comparación entre la máquina para la escultura y la cuadrícula de los pintores no es extemporánea, ya que el mismo inventor de esta última, Alberti, también se interesa y explica algunos procedimientos geométricos aplicables a la escultura. Además de su obra *De pictura,* en donde se describe el velo, Alberti es autor de una amplia producción literaria entre la que se encuentra el breve tratado *De Statua,* dedicado a la escultura[44]. En esta pequeña obra se proponen unos instrumentos deudores del mismo pensamiento matemático que sirve de sustrato teórico al velo de la pintura. Según el autor:

29. Máquinas para tallar una escultura tomando puntos de un modelo de escayola. Diderot, *L'Encyicopédie,* 1763.

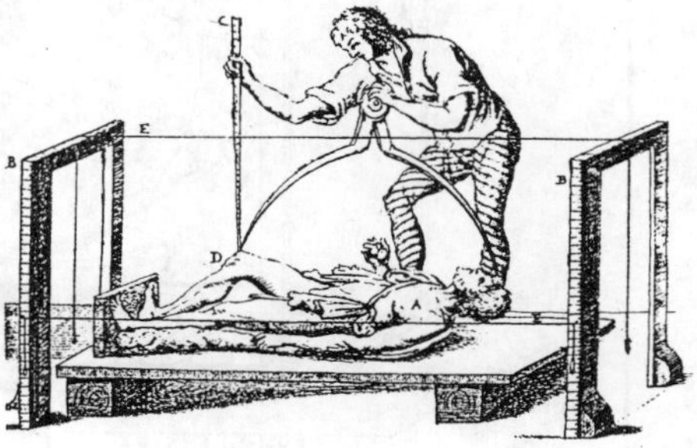

30. Método para copiar una escultura por puntos. F. Carradori, *Istruzioni elementari per gli studiosi della scoltura*, Florencia, 1802.

31. Antonio Canova, modelo de escayola de *Las tres gracias* con los puntos utilizados para copiarla.

[42] Celedonio Nicolás de Arce y Cacho, *Conversaciones sobre la escultura,* Pamplona, J. Longas, 1786. Existe una edición crítica reciente con un estudio preliminar de Cristóbal Belda Navarro, Valencia, Gráficas Soler, 1997.

[43] *Ibíd.*, pág. 422.

[44] L. B. Alberti, *De Statua.* La edición realizada a partir de los manuscritos es la de Cecyl Grayson, *On Painting and On Sculpture* (con la traducción inglesa, introducción y notas), Londres, Phaidon, 1972. Existe una traducción reciente en castellano: L. B. Alberti, *De la pintura y otros escritos,* introducción, traducción y notas de Rocío de la Villa, Madrid, Tecnos, 1999.

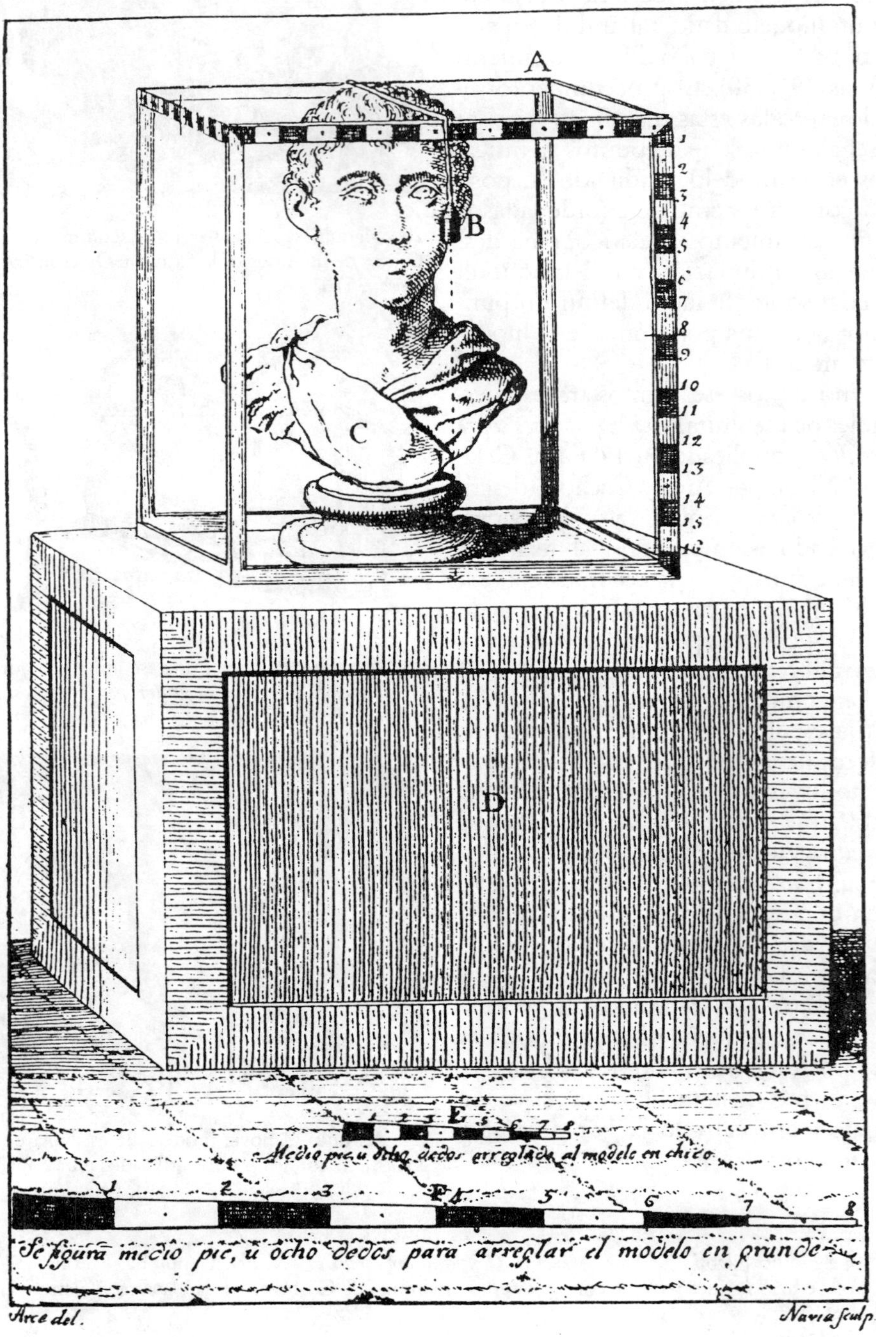

32. Máquina para copiar por puntos una escultura, comparada por su autor con la cuadrícula de los pintores. Celedonio Nicolás de Arce y Cacho, *Conversaciones sobre la escultura,* Pamplona, 1786.

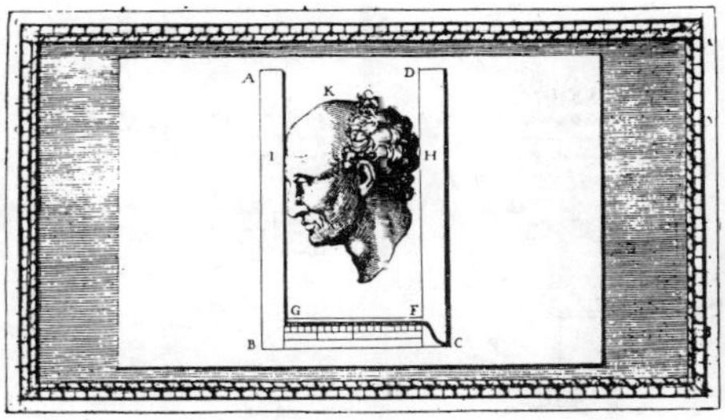

33. Leon Battista Alberti. Método de las escuadras para establecer en la escultura las reglas de la *dimensio*, según la edición de *Della statua*, París, 1651.

34. *Finitorium,* instrumento de Alberti para la escultura descrito en su tratado. Edición de *Della statua,* París, 1651.

> A partir de cualquier modelo que puedas recordar, podrás no sólo dibujarlo sino también poner por escrito con palabras y figuras la dirección de las líneas, la extensión de las superficies y la posición de las partes, de manera que no habrá duda de tu habilidad para hacer algo del mismo tamaño o más pequeño.

Alberti mostraba su euforia por la posibilidad de definir científicamente las formas. En el mismo texto, como fundamento teórico de la escultura, después de establecer una distinción entre lo genérico en todos los seres humanos y lo individual que diferencia a uno de otro, se fijan los conceptos de la *dimensio* y la *finitio* según la terminología latina. La *dimensio,* auxiliada de la regla *(exempeda)* y de la escuadra, comprende la teoría de las proporciones en la que Alberti es uno de los primeros autores renacentistas que ayudó a su reconstrucción desde un punto de vista estrictamente clasicista (figura 33). A su vez, la *finitio* se vale de un instrumento de su propia invención, el *finitorium,* en el que se pretenden fijar con la máxima precisión posible las variaciones individuales y temporales producidas por el movimiento en la apariencia anatómica del modelo. Para Alberti, la «similitud» de una estatua se obtiene,

> mediante dos fines; uno de ellos es, aquel parecido o imagen que habremos hecho finalmente de una criatura, como por así decirlo sería aquella del hombre, sin importar que no represente la efigie de Sócrates ni la de Platón u otro hombre conocido por nosotros [...] el otro fin es el de los que quieren representar, no tanto el parecido de un hombre en general, como el de un hombre en particular, como sería el caso de César o Catón[45].

Mientras que la *dimensio* se corresponde con la medida de los cuerpos, la *finitio* es la definición de los límites. La *dimensio* determina lo estable y común en todos los cuerpos «como son las alturas, longitudes y anchuras de los miembros», mientras la *finitio* «anota y determina la momentánea variedad de los cuerpos». Alberti pretende resolver de forma objetiva con un instrumento cada uno de estos dos aspectos de la

[45] Alberti-Grayson, *op. cit.,* pág. 122.

35. Utilización de una escuadra para la medición del diámetro de una piedra circular. Villard de Honnecourt, *Cuaderno* (siglo XIII).

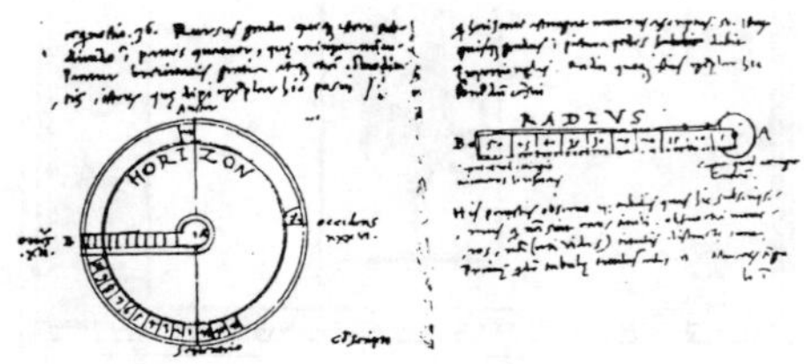

36. Descripción del instrumento, similar al *finitorium* de la escultura, para el levantamiento del plano de Roma antigua. Leon Battista Alberti, *Descriptio Urbis Romae,* 1440.

escultura: para el primero, además de la regla *(exempeda)* propone el sistema que podemos llamar «de las escuadras», y para el segundo propone un instrumento original, el *finitorium,* tal como aparece denominado con el nombre del original latino, un término que se podría traducir al castellano como «definidor» (figura 34).

La regla y las escuadras están al servicio de la *dimensio,* con la anotación de las cantidades que «pone en números y medidas la actitud proporción y correspondencia» de cada parte del cuerpo y las relaciones entre ellas; con la regla se miden las longitudes y con las escuadras el grosor de cada miembro. La *finitio,* en cambio,

> es el medio por el que recordamos con método seguro y cierto la extensión y las curvas de las líneas, y el tamaño y forma y posición de todos los ángulos, relieves y huecos.

La categorización teórica propuesta por Alberti para la escultura no es comparable, en absoluto, a la genial idea de sección plana de la pirámide visual con la que definió la pintura; los instrumentos recomendados para la escultura eran muy diferentes del velo aunque compartan un sustrato geométrico común.

Del mismo modo que se puede reconocer fácilmente la deuda del velo con la tradición secular de la cuadrícula de taller, en la escultura se puede descubrir, con más motivo, cómo la utilización de las escuadras para determinar las dimensiones de los cuerpos era una práctica sobradamente conocida entre los artífices medievales, tal como se puede ver en uno de los folios del *Cuaderno* del siglo XIII del arquitecto Villard de Honnecourt (figura 35).

Al contrario, el segundo instrumento propuesto por Alberti, el *finitorium,* se ha de considerar más original, al menos en su aplicación a la escultura, ya que, un instrumento muy similar había sido propuesto por él mismo, algunos años antes, en sus obras *Ludi matematici* y *Descriptio Urbis Romae,* en donde establecía las bases que fundamentaban teóricamente el levantamiento geométrico de cartas planimétricas urbanas (figura 36). La técnica geométrica de este último instrumento consistía en un mecanismo para encontrar las coordenadas polares de dirección angular y distancia de los lugares de un territorio referidas a un punto central establecido como origen del sistema. A diferencia de este procedimiento cartográfico para representar el territorio

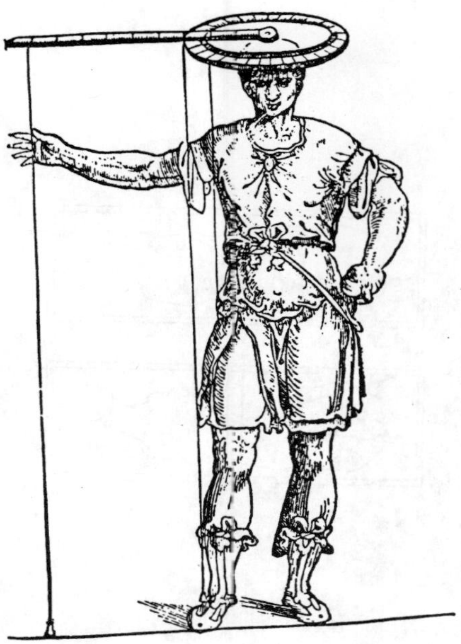

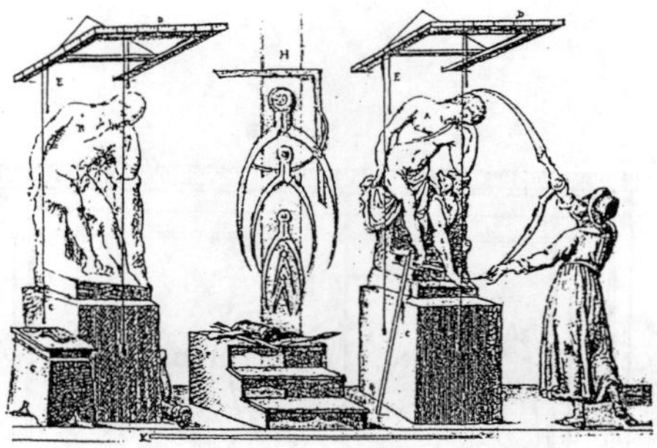

38. Método para copiar una escultura por puntos. F. Carradori, *Istruzioni elementari per gli studiosi della scoltura*, Florencia, 1802.

37. Círculo graduado del *finitorium* para copiar una escultura. Alberti, *Della statua*. Edición francesa de 1869.

urbano, el *finitorium*, añadía a las dos coordenadas definidas por el instrumento planimétrico la tercera coordenada espacial de la escultura: la de las alturas. En el texto se explica pormenorizadamente su construcción y funcionamiento, a través de un texto que comienza con esta explicación:

> Para llevar a cabo correctamente esta *finitio,* necesitamos un instrumento, que tiene tres partes: horizonte, radio y perpendicular. El horizonte es la circunferencia de un círculo dividido en partes iguales y numeradas. El radio es una regla recta, que por uno de sus extremos está fijo en el centro del círculo mientras el otro gira a placer, de modo que puede dirigirse a cada una de las divisiones hechas en el círculo. La perpendicular es una línea recta, que cae a escuadra desde el final exterior del radio hasta el pavimento, en donde está el modelo cuyas medidas queremos anotar (figura 37).

Teóricamente el método propuesto por Alberti simplificaba el de los compases, basado en la triangulación de puntos, una idea algo más compleja que los sistemas de coordenadas ortogonales y polares (figura 38). No obstante, la utilización de coordenadas angulares obligaba a la construcción de instrumentos más precisos y difíciles de realizar, una circunstancia que explica la escasa o casi nula presencia que tuvo el *finitorium* en la práctica de los talleres.

De este modo, cuando un siglo más tarde Vasari describe en sus *Vidas* los métodos utilizados por los escultores para tallar sus piedras copiando los modelos por puntos, se refiere al relieve diciendo que se consigue midiendo la profundidad de los distintos puntos a partir de un plano de referencia frontal, realizándolo por medio de una escuadra con un brazo en el suelo y otro en posición vertical. Este método sirve para aplicarlo a la talla de una estatua como si también se tratase de un bajorrelieve,

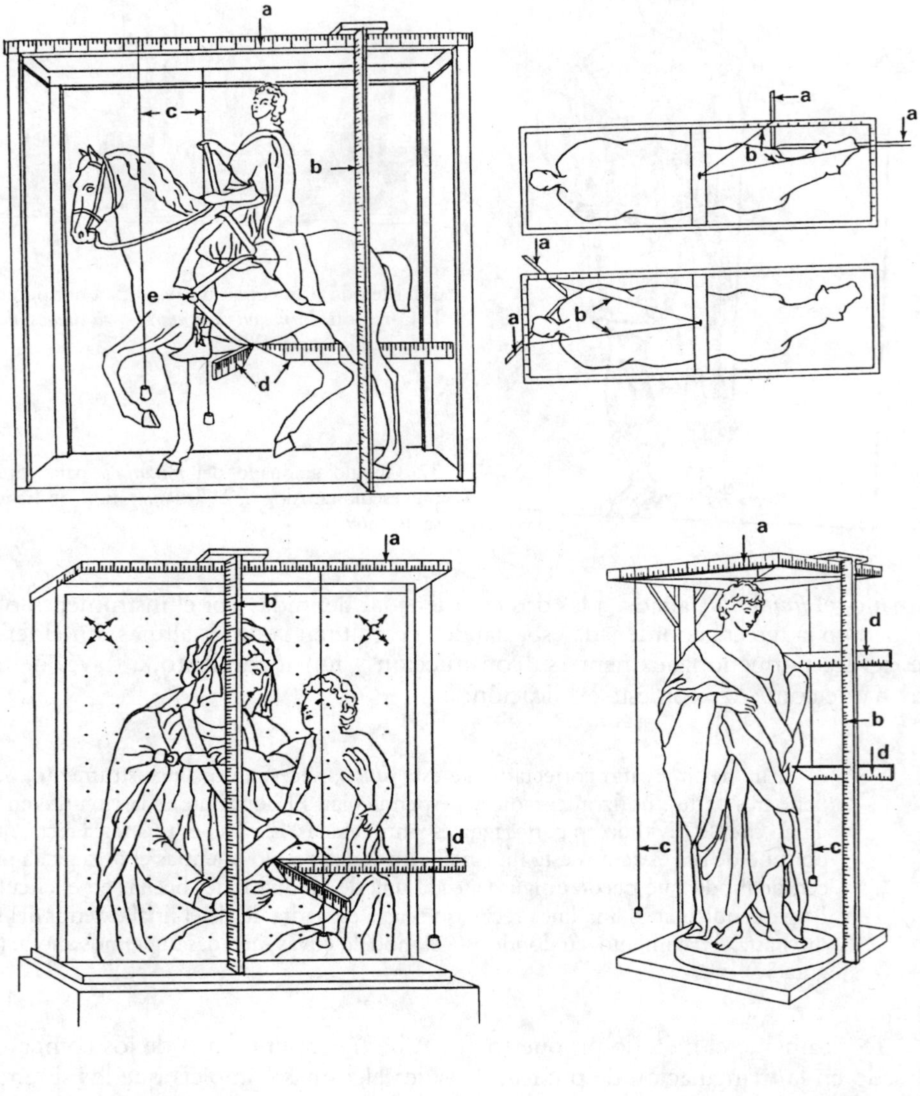

39. Esquemas de diferentes mecanismos para copiar una escultura «por puntos» a partir de un modelo corpóreo. *La sculpture*, París, 1978.

sacando primero los puntos más salientes y progresivamente los más profundos en una única dirección perpendicular al plano de la escuadra; como si la estatua, según Vasari, emergiese en posición horizontal de la superficie del agua. Por lo tanto, para poder esculpir también la parte opuesta a aquella por la que se ha empezado, hay que colocar allí otras escuadras y empezar a medir de nuevo. La utilización de escuadras para las cuatro caras obligaba a la construcción de «jaulas» de madera sobre las que se deslizaban las plomadas.

Al poderse representar objetivamente en tres dimensiones, con precisión científica, un modelo corpóreo, se hacía posible el control objetivo y racional de la escultura, una pretensión secular asumida ya por los griegos y que Alberti aduce como ejemplo. Según el testimonio de un historiador griego del siglo I, Diodoro Sículo *(Bibl. histórica,* I, 98), después de haber realizado su aprendizaje en Egipto, dos escultores griegos,

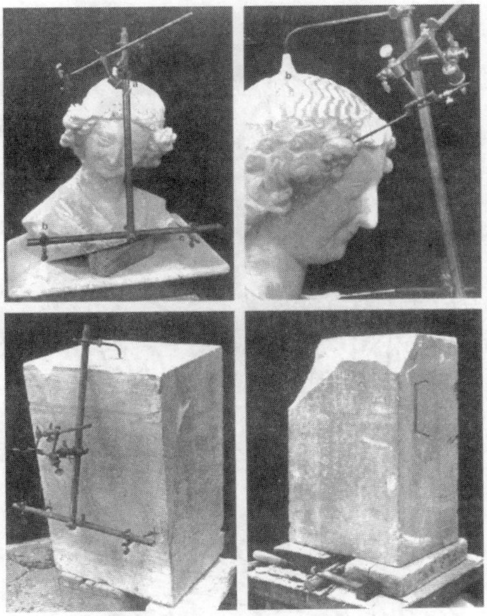

40. Versión actual de una máquina de «sacar por puntos» para tallar una escultura. Una aguja móvil puede ir señalando puntos en el modelo para pasarlos al bloque del material definitivo. *La sculpture*, París, 1978.

> Teodoro y Telecles, hijos de Roeco, que hicieron la estatua de Apolo Pitio para los samios. De esta imagen se cuenta que la mitad fue hecha por Telecles en Samos mientras que la otra mitad fue terminada en Efeso, por su hermano Teodoro, y que cuando ambas partes fueron acopladas una a la otra, correspondían tan bien que parecían haber sido hechas por una sola persona[46].

En los siglos posteriores a la propuesta de Alberti, en la práctica de la escultura se ha acumulado una amplia serie de máquinas basadas en la posibilidad de definir la posición exacta de cualquier punto del espacio con tres coordenadas referidas a otro punto o cualquier estructura geométrica fija. Es lo que hace posible la existencia de diferentes «máquinas de puntos» para copiar de un modelo otra figura de igual o diferente tamaño (figuras 39 y 40).

La capacidad de la geometría para explicar las relaciones métricas entre los puntos de una escultura y su representación plana, permite el planteamiento inverso, haciendo posible la construcción de un modelo corpóreo a partir de su representación plana. La moderna fotogrametría permite conocer las tres dimensiones de los objetos a través de fotografías realizadas en determinadas condiciones. En los primeros tiempos del desarrollo de estas modernas técnicas de representación, que han visto su relevo y maduración con los modernos medios informáticos, se construyeron aparatos para copiar esculturas a partir de fotogramas.

46 J. J. Pollit, *The ancient view of greek art,* Londres, Yale University Press, 1974, pág. 14.

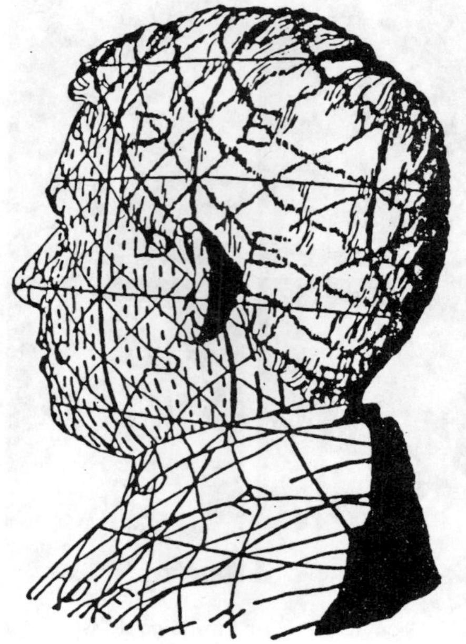

41. Proyección de una retícula en un busto para su copia o restitución, según el método de Smith (1907).

42. Representación con hilos del concepto de pirámide visual. Abraham Bosse, *Manière universelle de Mr. Desargues...*, 1648.

En uno de ellos, se reproducen los objetos proyectando dos fotogramas a través de los objetivos por un foco luminoso sobre la materia que se va a labrar. Hay que quitar o añadir material, en el caso de modelarlo con barro, hasta que los puntos de proyección de rayos idénticos coincidan con la superficie del bloque. Una modificación de este procedimiento consistía en proyectar en el objeto a restituir, reproduciéndolo con una sola cámara, con una retícula de señales y líneas (figura 41). En la restitución del modelo, el aparato de proyección del enrejado y la cámara se colocan en la misma posición relativa que durante la impresión, proyectando así la retícula sola y el fotograma con la suya sobre el bloque que se quería labrar. Si la copia obtenida es idéntica al modelo, ambas proyecciones han de coincidir[47].

Consecuencias teóricas

Proclamación de la ciencia del arte

La posibilidad de explicar con un modelo corpóreo representando materialmente con hilos las líneas visuales seccionadas por el plano del cuadro, conforme a la idea y la definición albertiana, era algo inmediato y podía tener un fin demostrativo:

[47] Acerca de este tema puede verse: X. W. Sander, «Sobre el desarrollo de la Fotogrametría en lo referente a los inventos de aparatos de restitución para fotogramas apareados», en Gruber, *Fotogrametría*, Madrid, 1932.

43. Portada de la obra de Newton, *Optics*. Como alegoría de la óptica se utiliza un personaje femenino observando a través de un modelo con hilos. Edición de Lausana, 1740.

44. Alegoría de la perspectiva en la portada del tratado de pintura de Antonio Palomino, *Museo pictórico*, Madrid, 1715.

poner en evidencia los principios objetivos de una representación considerada científica (figura 42). De esta manera, las figuras explicativas del funcionamiento geométrico de la visión y las representaciones gráficas del velo también podían cumplir otra función auxiliar: servir de argumento para la reivindicación de la intelectualidad del arte; era un logro técnico e intelectual que tenía que hacerse público. En tal sentido ha de explicarse la existencia de innumerables figuras utilizando este recurso para encabezar un buen número de tratados clásicos de arte (figuras 43, 44 y 45).

Con esta misma intención, un grabado del año 1754 muestra una representación del velo que, sin discusión alguna, cumple una función exclusivamente alegórica; ciertamente no describe un procedimiento que sea posible realizar en la práctica: tallar una escultura a partir de los datos obtenidos con una cuadrícula[48]

[48] El grabado es una *Alegoría de la escultura* realizado en 1754 por Juan Bernabé Palomino según un dibujo de Antonio González Ruiz.

45. Samuel Wale, Alegoría de la geometría y la perspectiva en *La Perspectiva de la arquitectura*, de Joshua Kirby, 1761.

46. *Alegoría de la escultura* (1754). Grabado de Juan Bernabé Palomino según un dibujo de Antonio González Ruiz.

(figura 46). Es evidente la imposibilidad de «traducir» los datos de dos coordenadas —las definidas por los hilos de la cuadrícula— a las tres dimensiones de la escultura; por ello en el grabado se utiliza el velo exclusivamente para significar el carácter científico e intelectual del arte; en esta ocasión la liberalidad de la escultura.

Pero no será únicamente a través de las estampas en donde el velo va a esgrimirse como argumento en favor de la reivindicación de la liberalidad del arte, también aparecerá en los textos literarios. En un documento español, el «Poema de la pintura» del humanista Pablo de Céspedes (1538-1608), poeta, pintor, escultor y tratadista de arte, se dedican unos versos a glosar el instrumento albertiano como un argumento más en el conjunto de saberes intelectuales de la pintura:

> Y para mayor luz sabrás, que hay una
> Industria, con que muchos han obrado,
> Y acudiendo el favor de la fortuna
> Y el suceso al estudio y al cuidado:
> Sus pinturas ilustres una a una
> Las colocaron en tan alto grado
> Tan firmes, que la fuerza no ha podido
> Del tiempo obscurecerlas, ni el olvido.
>
> Harás de quatro listas bien labradas
> Que entre sí puedan encajarse, un quadro,
> Y por iguales trechos señaladas
> A la redonda sean del requadro:
> De señal a señal atravesadas
> Vayan las hebras a encontrarse en quadro;
> Qual el vario axedrez suele mostrarse
> Y el ébano y marfil diferenciarse.
>
> Podrás como quisieres la figura
> En tabla o en papel representarla,
> En la qual se descubra en la escultura
> Un movimiento vivo en que mirarla:
> De suerte la acomoda en la postura,
> Que habrás después con tintas de pintarla,
> Si aspira el noble pecho a l'alta gloria,
> Que da de en siglo a siglo la memoria.
>
> El ya dicho instrumento en medio puesto
> D'esta figura y de tu opuesta vista
> La membrana o papel tendrás dispuesto,
> Do tu debuxo con razón consista:
> Un trazo suba por derecho enhiesto,
> Y corra por través la ciega lista
> Con otros tantos quadros y señales,
> Todas al justo, o todas desiguales;
>
> Y luego mirarás por donde pasa
> Cierto el contorno de la bella idea,
> De rincón en rincón, de casa en casa
> De aquella red que contrapuesta sea:
> A tus quadrados los perfiles casa
> Con oscura ematite, do se vea
> El escorzo tan justo con efeto,
> Igual en todo al limitado objeto[49].

---

[49] El «Poema de la pintura» de Céspedes quedó recogido en Ceán Bermúdez, *Diccionario histórico de los más ilustres profesores de las Bellas Artes en España,* Madrid, Ibarra, 1800, vol. V, pág. 340.

Circunscripción de líneas, el rigor del dibujo de contornos

En las mismas páginas que recogen su descripción del velo, Alberti establece una categorización formal de la pintura con tres términos: el contorno, la composición y el claroscuro *(circumscriptio, compositio et luminum receptio,* en el original latino). Estas tres categorías formales están condicionadas, no sólo en aquel momento, sino también lo estarán en el futuro, por los argumentos teóricos que justifican el velo. Al contorno le otorga la importancia mayor cuando afirma:

> Yo quisiera que en el dibujo sólo se buscase la exactitud del contorno, en lo cual es preciso ejercitarse con infinita diligencia y cuidado, pues nunca se podrá alabar una composición ni una buena inteligencia de las luces si falta el dibujo *(circumscriptio* en la versión latina)[50].

Con esta convicción del autor se puede comprender fácilmente cómo el velo venía a satisfacer la necesidad de perfección en la realización, del dibujo en general y del contorno en particular, ya que, siguiendo las palabras de Alberti: «con el velo se señalarán todas las partes del dibujo y todos los contornos con toda exactitud»[51]. El contorno adquiría, de este modo, un papel privilegiado en la jerarquía de los elementos expresivos y se convertía en algo matemático y objetivo. «De las líneas» será el título de uno de los capítulos más significativos del *Análisis de la belleza* (1753) de William Hogarth, un tratado fundamental en la estética del siglo XVIII. Allí el autor analiza el concepto de línea, implícito y derivado de la formulación albertiana:

> Puede recordarse que, en la introducción, se invitó al lector a considerar las superficies de los objetos como si se tratase de cubiertas de líneas íntimamente conectadas. Vale la pena recordar ahora tal idea para la mejor comprensión de este y de los restantes capítulos sobre la composición.
>
> El constante uso que de las líneas han hecho tanto los matemáticos como los pintores, para describir las cosas sobre el papel, ha producido la convicción de que estas efectivamente existen en las formas reales[52] (figura 47).

La posibilidad de argumentar científicamente los contornos lineales como hacen los matemáticos y, por extensión, el dibujo en general, ayuda a explicar la diferente aceptación de su racionalidad, según sus defensores, o el rechazo de la «frialdad» científica del velo, para sus detractores, en diferentes épocas y por distintos artistas.

Una polémica de varios siglos sobre la preponderancia o inferioridad expresiva de la línea frente a la luz y el color, implica el cuestionamiento del contorno lineal como una categoría formal de privilegio, aunque con más frecuencia se considere como el elemento expresivo de mayor importancia. Así, Durero, como uno de los más significativos artistas que valoraron la eficacia y la utilidad de las máquinas perspectográficas, realiza un tipo de pintura en la que los perfiles constituyen, ciertamen-

---

50 L. B. Alberti, *op. cit.,* pág. 226.

51 *Ibíd.*, pág. 227.

52 William Hogarth, *Analisis of Beauty* (1753). Traducción castellana: *Análisis de la belleza,* Madrid, Visor, 1997, pág. 66.

THE

ANALYSIS

OF

BEAUTY.

Written with a view of fixing the fluctuating IDEAS of TASTE.

BY WILLIAM HOGARTH.

So vary'd he, and of his tortuous train
Curl'd many a wanton wreath, in sight of Eve,
To lure her eye.—— Milton.

LONDON:

Printed by J. REEVES for the AUTHOR,
And Sold by him at his House in LEICESTER-FIELDS.

MDCCLIII.

47. Frontispicio del *Análisis de la belleza* de William Hogarth, con la pirámide de cristal y la línea de la variedad, 1753.

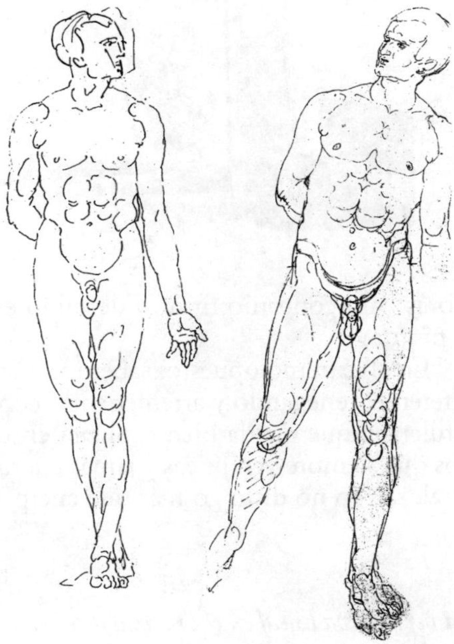

48. Alberto Durero. Dibujos de línea como expresión de la idea de contorno, recogidos en el *Cuaderno de Dresde,* fol. 133 r.

te, uno de sus rasgos más característicos, algo que se hace más evidente en sus dibujos y grabados (figura 48). De la importancia de los contornos en la obra del artista alemán se tuvo conciencia plena en todos los tiempos; así, el pintor y tratadista español Francisco Pacheco (1564-1644), en su *Arte de la Pintura,* hacía referencia a «los excelentes perfiles de Alberto Durero»[53].

Sobre la valoración estética de los contornos se debe recordar que no han tenido siempre igual fortuna. Para el arte neoclásico los contornos lineales fueron la expresión del ideal clásico de belleza, una idea que el arqueólogo Winckelmann (1717-1768) definía así: «precisión de contorno, esa distinción característica de los antiguos»[54]. También Schiller (1759-1805), algo más tarde, en sus comentarios sobre la *Galería de Dresde* se expresaba de esta manera: «Todo muy bien, si no fuera porque los cartones estaban llenos de color [...] No puedo desechar la idea de que esos colores no me dicen la verdad [...] el contorno puro me daría una imagen mucho más fiel»[55]; es la misma idea que el pintor Reynolds (1723-1792) expresaba con estas otras pa-

[53] Francisco Pacheco, *Arte de la Pintura,* Sevilla, Simón Fajardo, 1649. Citado por la edición: *Arte de la Pintura,* edición, introducción y notas de Bonaventura Bassegoda i Hugas, Madrid, Cátedra, 1990, pág. 377.

[54] Citado en Hugh Honour, *Neoclasicismo,* Madrid, Xarait, 1982, pág. 146.

[55] *Ibíd.*

49. Ilustración del tratado de Brook Taylor en donde se establece con rotundidad el adjetivo lineal para calificar la perspectiva geométrica. *Principles of Linear Perspective,* segunda edición de 1719.

labras: «un contorno firme y definido es una de las características del gran estilo de la pintura»[56].

En el extremo opuesto, sabemos que los artistas románticos eligieron un camino diferente, renegando y arremetiendo contra la estética neoclásica de la línea con una virulencia que queda bien explícita en una carta de Goya: «esos maestros amanerados que siempre ven líneas y jamás cuerpos. Pero, ¿dónde encuentran líneas en la naturaleza? Yo no distingo más que cuerpos luminosos y cuerpos obscuros»[57].

La perspectiva lineal en el divorcio arte-ciencia

Alberti es también el primer tratadista que comienza la sistematización teórica estricta de la perspectiva pictórica, construida a partir de la idea de pirámide visual; después de él, la perspectiva pictórica, recorrerá una larga historia como disciplina artística, pasando por diferentes suertes, siempre explicables desde múltiples puntos de vista, uno de ellos es el de su implicación en la secular polémica arte-ciencia.

A lo largo de todos los siglos transcurridos, se acuñaron muchos nombres para aludir a esta teoría; la perspectiva llegó a adjetivarse de múltiples maneras: pictórica, lineal, práctica, artificial, universal, cónica, etc.[58], todos estos nombres se justifican por su relación con la definición de sus papeles en la práctica del arte y en su estatus teórico. Aunque Leonardo, muy en consonancia con el carácter de su obra teórica, ya había utilizado diversos calificativos para la perspectiva: lineal, aérea, de los colores, compuesta; la adjetivación de la perspectiva como lineal, sólo quedará establecida con gran autoridad y contundencia a partir de la obra del matemático inglés Brook Taylor (1685-1731) con la publicación de su tratado *Linear Perspective* en 1715[59] (figura 49).

En aquel contexto, lo lineal hace referencia y se identifica, esencialmente, con lo matemático, definiendo y avalando el carácter objetivo y científico de la representación. En efecto, sabemos que la línea, junto con el punto y el plano, son las nociones primitivas o elementos fundamentales con los que se construye axiomáticamen-

---

[56] *Ibíd.*

[57] Citado en G. Gallego, *Goya,* Barcelona, Urbión, 1982, pág. 154.

[58] Para conocer la evolución histórica de la teoría perspectiva a través de la bibliografía, la obra más reciente es: L. Vagnetti, «De naturali et artificiali perspectiva», en *Studi e documenti di architettura,* 9-10, Florencia, marzo de 1979.

[59] Brook Taylor, *Principles of Linear Perspective, or the Art of designing upon a plane the representation of all sortes of objects, as they appear to the eye,* Londres, R. Knaplock, 1715.

te la geometría clásica legada por el pensamiento griego.

La misma estructura del discurso matemático de la geometría euclidiana fue tomada por la teoría de la perspectiva desde los primeros tratados del Renacimiento. El concepto matemático de línea sirvió para fundamentar la *circonscrizione* y los *lineamenta* de Alberti[60] o el *disegno* que Piero della Francesca define como «los perfiles y contornos de que consta la cosa»[61]. Todos estos conceptos lineales convertirán el dibujo en un instrumento de racionalización y un símbolo de racionalidad argumentable matemáticamente.

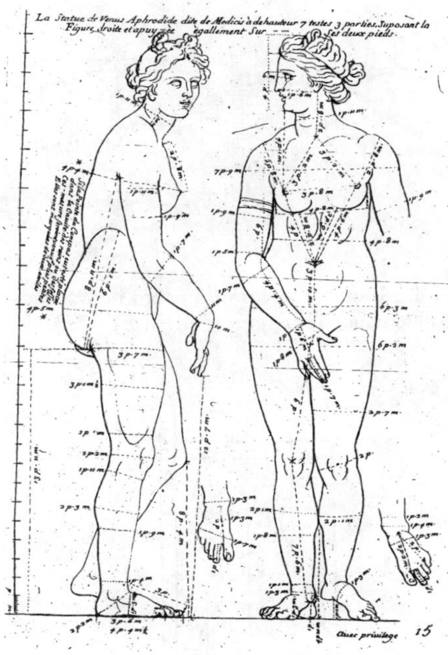

50. Grabado de un dibujo neoclásico de línea acorde con la convención de prescindir del sombreado para sugerirlo exclusivamente con diferentes grosores de trazo. Audran, *Les proportions du corps humain*, París, 1785.

Como consecuencia de estas ideas, alrededor de los primeros años del siglo XIX culmina y se estabiliza una clasificación, generalizada aunque excesivamente esquemática, para diferenciar el «dibujo artístico» del «dibujo lineal», como un reconocimiento explícito de la divergencia de intereses entre el arte y la ciencia. Desde entonces, el llamado «dibujo lineal» de carácter geométrico, técnico o científico, va a quedar representado por la autoridad del «dibujo politécnico» de línea que llegó a proscribir el uso de los colores y de las sombras (figura 50).

El exponente mejor conocido de aquella tradición, J. N. L. Durand, profesor durante treinta y cinco años (1795-1830) en la *École Polytechnique,* es también el representante más importante de la formulación del dibujo politécnico; él rechaza la utilización del claroscuro realizado con la técnica de la aguada (lavado) con el siguiente argumento: «en consecuencia, el lavado de dibujos geométricos, lejos de añadir cualquier cosa al efecto o a la composición de estos dibujos, no hace más que añadir oscuridad, equívoco»[62].

La racionalidad geométrica de lo lineal estaba marcada por un rumbo señalado, al menos, desde el pensamiento de Descartes: «Sólo la extensión geométrica y el nú-

60 La *circonscrizione* en italiano, o la *circumscriptio* en latín, es uno de los tres términos con los que Alberti clasifica las categorías de la pintura *(vid. infra).* Asimismo, los *lineamenta* dan nombre al primero de *Los Diez Libros de Arquitectura* de Alberti que en la primera traducción castellana del siglo XVI, de Francisco Lozano, aparecen como lineamentos, aunque, lo más sencillo actualmente sería traducirlo por líneas, abarcando los mismos sentidos que Alberti adjudica en su texto.

61 Piero della Francesca, *De prospectiva pingendi* (1472-1475) edición de Giusta Nicco Fasola, Florencia, Sansoni, 1942, pág. 63.

62 J. N. L. Durand, *Précis des leçons d'Architecture données a l'École Royale Polytechnique* (1819). Traducido en castellano con un prólogo de Rafael Moneo, *Compendio de lecciones de Arquitectura. Parte gráfica de los Cursos de Arquitectura,* Madrid, Pronaos, 1981, pág. 23.

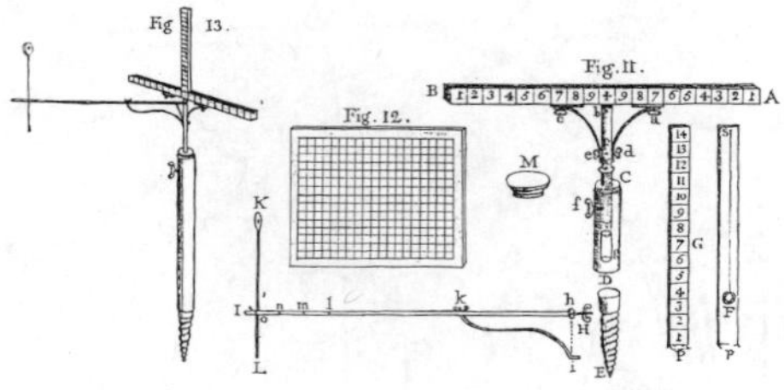

51. John Joshua Kirby, instrumento derivado del velo albertiano. *The Practice of Perspective*, 1775.

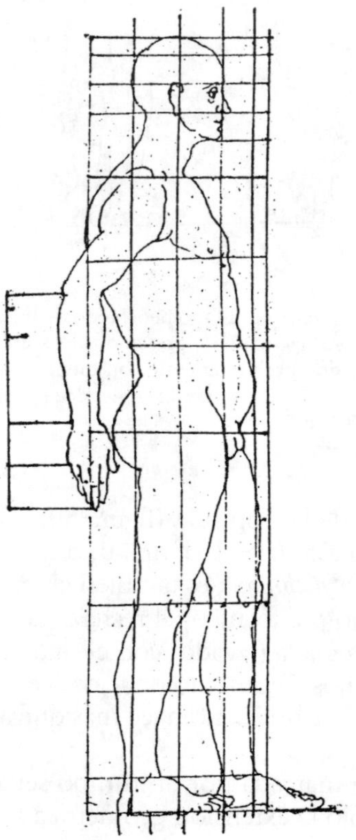

52. Alberto Durero. Proporciones de una figura humana referidas a una retícula. *Cuaderno de Dresde.*

mero pueden proporcionar a la mente certeza absoluta»; «los colores, los dolores, etc.» son características sensibles «que nos hacen caer en el error»[63].

La cuadrícula imaginaria

Es evidente que el velo de Alberti, más allá de ser un recurso material para la representación, un mero artefacto, también es la manifestación y la expresión de un instrumento conceptual diferente y preciso de carácter geométrico. En este sentido se puede recordar que Panofsky, en su famosa obra sobre la perspectiva, sostiene que, con ella, la representación transforma «el espacio psicofisiológico en espacio matemático»[64]. El espacio matemático referido por Panofsky es un espacio geométrico definido por un sistema de coordenadas cartesianas, según la terminología moderna, un espacio que, además de conocerse por la experiencia visual, puede ser «pensado» a través de los conceptos de la geometría. El mismo Alberti sobre esta misma idea admitía una posibilidad:

> Y si algunos quieren sin él [el velo] hacer alarde de su saber, deben imaginar que le tienen delante, y obrar como si realmente estuviera, para que con el auxilio de una cuadrícula imaginaria puedan señalar con exactitud los términos de la pintura[65].

En una posición intermedia, entre la cuadrícula totalmente imaginada, o bien la utilización de una real, con todos los hilos formando la retícula completa, al-

[63] Citado por Pérez Gómez, *La génesis y superación del funcionalismo en arquitectura,* México, Limusa, 1980, pág. 70.

[64] E. Panofsky, *Die Perspektive als «Symbolische Form»,* publicado por primera vez en «Vorträge der Bibliothek Wasburg» ed. de Fritz Saxl, Vorträge, 1924-1925, Leipzig-Berlín, B. G. Teubner, 1927. Traducción castellana: *La perspectiva como «forma simbólica»,* Barcelona, Tusquets, 1973, pág. 11.

[65] Alberti-Rejón, *op. cit.,* pág. 228.

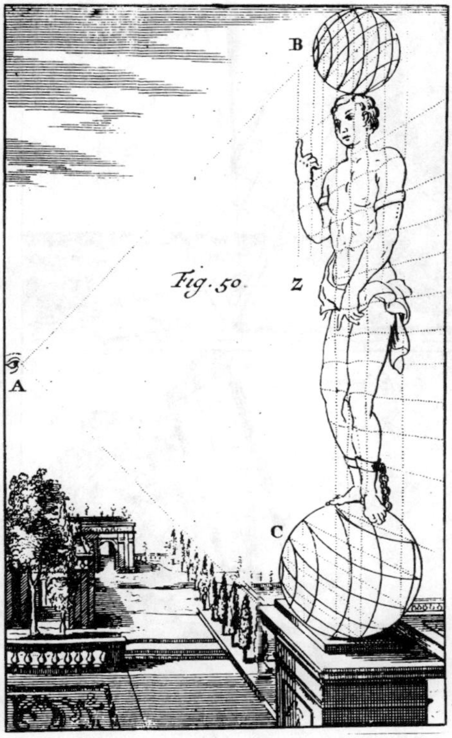

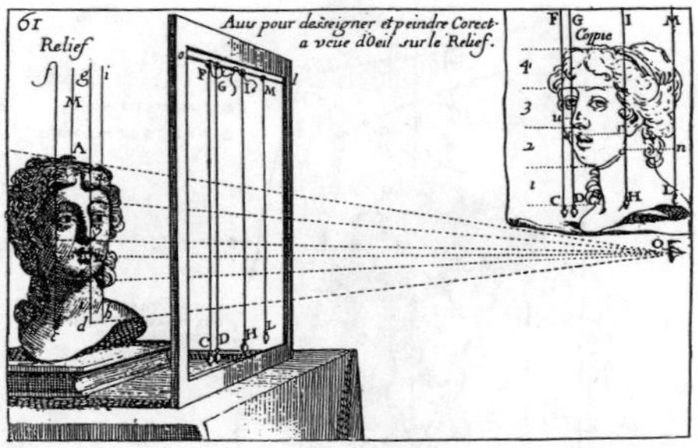

54. Bastidor con plomadas para la ayuda en el dibujo realizado del natural. Abraham Bosse, *Traité de pratiques...*, París, 1665.

53. Superposición de una cuadrícula imaginaria sobre una figura humana para facilitar su representación. Bernard Lamy, *Traité de perspective,* París, 1701.

gunos instrumentos materializan sólo una parte de la estructura, con listones graduados, mientras que el resto de la trama debe ser imaginado por el dibujante. Este es el caso de un aparato publicado en el siglo XVII por John Joshua Kirby (figura 51).

El recurso de referir las figuras representadas a una estructura geométrica de coordenadas verticales y horizontales es una práctica intuitiva mantenida en los talleres, con independencia de su formulación teórica explícita y sistematizada en los tratados de dibujo (figura 52).

Una figura publicada en el tratado de perspectiva de Bernard Lamy (1640-1715) explica perfectamente la idea de la superposición de un sistema imaginario de coordenadas sobre las figuras que se pretenden dibujar (figura 53); esta sería la «cuadrícula imaginaria» referida por Alberti y auxiliada con la ayuda de la plomada para determinar coordenadas verticales; precisamente este último, el de la plomada, es otro recurso que se ha venido utilizando durante varios siglos. El mismo Leonardo lo recomienda así en sus escritos:

> Para pintar del natural un desnudo u otra cosa has de sostener en la mano un hilo con un plomo, pues así podrás ver las posiciones relativas de los cuerpos[66] (figura 54).

[66] Leonardo-Ritcher, *op. cit.*, vol. I, pág. 260.

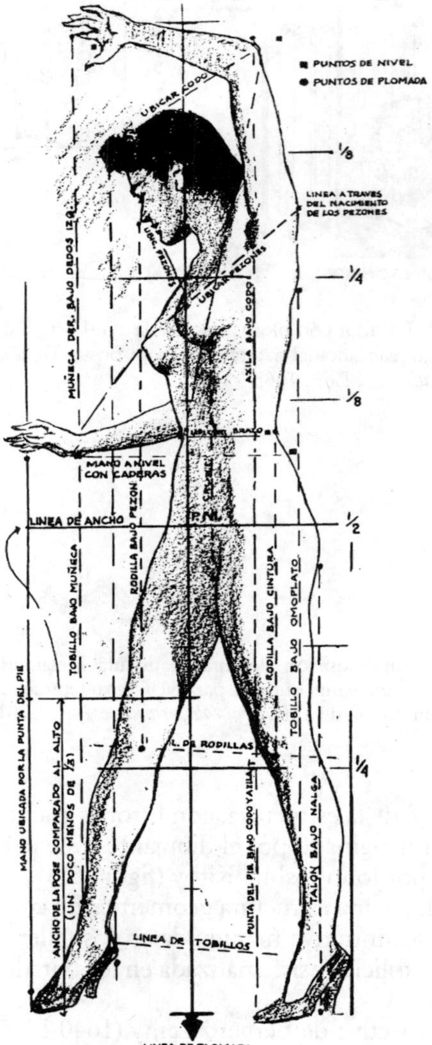

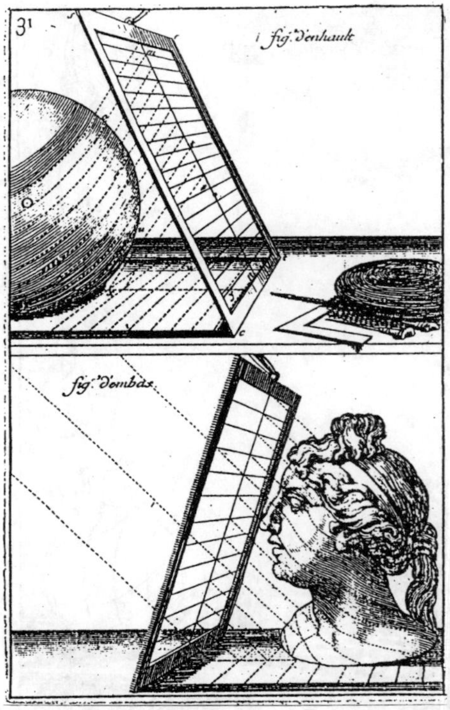

56. Abraham Bosse. Bastidor con hilos para facilitar la realización de los rayados de las sombras en los grabados al indicar su dirección. *Moyen Universel...*, París, 1653.

55. Esquema explicativo en un manual contemporáneo enseñando a dibujar la figura humana con la ayuda de líneas verticales y horizontales (Loomis).

Atribuir y superponer unas estructuras geométricas al cuerpo humano o a cualquier modelo utilizado por los artistas para representarlo con precisión, tenía una enorme eficacia y por esta razón se comprende tanto su presencia en los tratados como la aceptación práctica de los artistas. La superposición de estructuras geométricas de tramas verticales y horizontales para dibujar del natural es un recurso de plena vigencia en los manuales de dibujo contemporáneos (figura 55).

Pero, no sólo sirvió para representar las estructuras lineales del contorno de los objetos; la superposición de estructuras geométricas también pudo ser aplicada para la representación racional de las sombras. Es conocido que, durante los siglos XVII y XVIII las técnicas del grabado alcanzaron un dominio que no fue ajeno a las técnicas geomé-

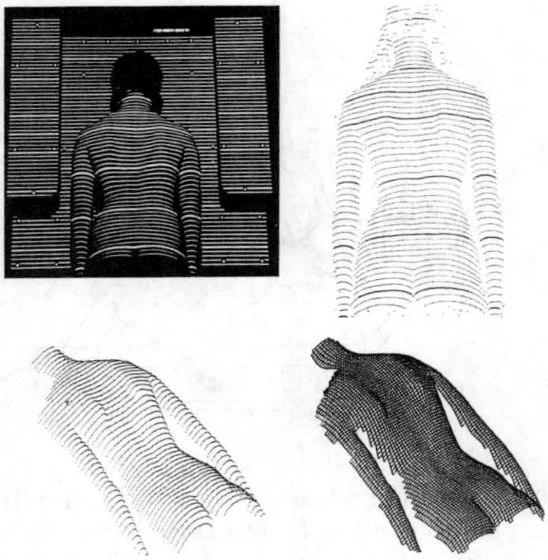

57. Proceso fotogramétrico para la definición del relieve de superficies irregulares proyectando tramas geométricas sobre ella para, después, identificar con precisión un número suficiente de puntos para construir un modelo informático (H. M. Karara, 1989).

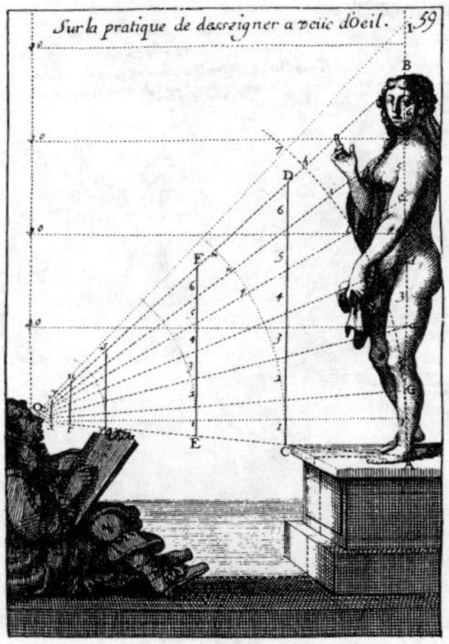

58. Propuesta de un modelo de racionalización geométrica de los fundamentos del dibujo «a ojo». Abraham Bosse, *Traité des pratiques géométrales et perspectives,* París, 1665.

tricas de representación. A mediados del siglo XVIII, la perspectiva y el grabado tuvieron una confluencia de intereses científicos representada a través de la obra de Abraham Bosse (1602-1676); él fue grabador, teórico y profesor de perspectiva en la Real Academia de Pintura y Escultura de París. Precisamente, en una de sus obras, *Moyen Universel de pratiquer la perspective,* incluía una ilustración para explicar el modo de obtener un sombreado sistemático en los grabados realizados a partir de modelos tomados del natural; para ello se auxilia de un bastidor que arroja, sobre el objeto a representar, la sombra de un entramado de hilos paralelos montados en él, interponiéndolo entre la fuente luminosa y el modelo (figura 56).

En su conocida obra sobre el grabado y la comunicación visual, W. M. Ivins, advierte certeramente que, en algunos de aquellos grabados,

> Las tramas tejidas por estas atareadas arañas de la manifestación gráfica exactamente repetible eran, en algunos aspectos, muy parecidas a lo que los geómetras llaman «red de racionalidad», es decir, una construcción geométrica que engloba todos los puntos y líneas pretendidamente racionales del espacio[67].

Basándose en los mismos principios gráficos, las técnicas fotogramétricas actuales para la representación de superficies irregulares recurren a la proyección de tramas geométricas de distintos tipos para definir gráficamente el relieve con gran precisión (figura 57).

---

[67] W. M. Ivins, jr., *Prints and Visual Communication,* Londres, 1953. Citado por la traducción castellana: *Imagen impresa y conocimiento. Análisis de la imagen prefotográfica,* Barcelona, Gustavo Gili, 1975, pág. 104.

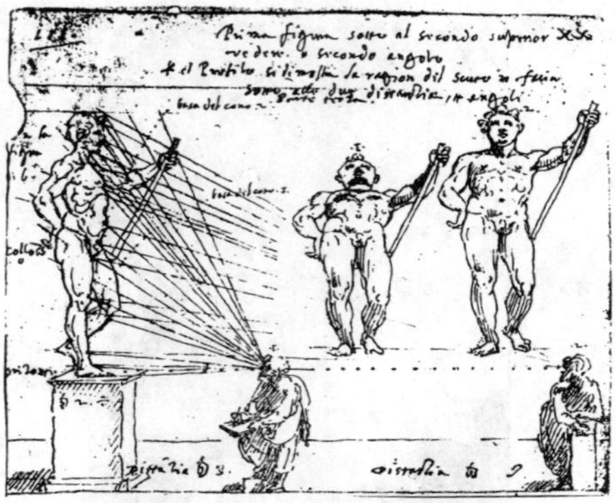

59. Escorzos de una figura humana. *Codex Huygens,* L. 111r., Pierpont Morgan Library.

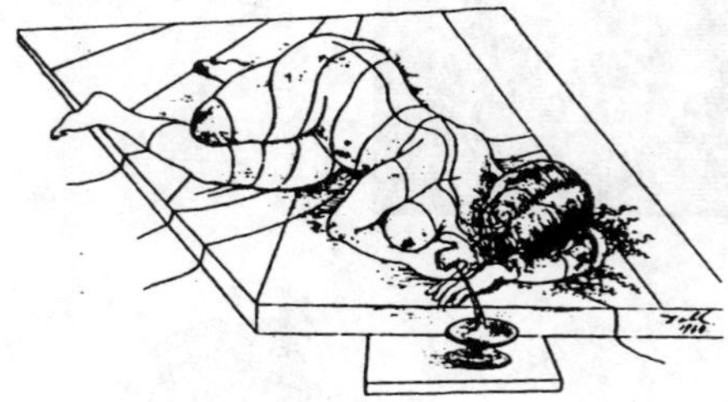

60. Salvador Dalí, «Líneas geodésicas» recomendadas por el pintor para facilitar la realización de dibujos. *50 secretos mágicos para pintar,* 1949.

El mismo grabador y tratadista Bosse, en otra de sus obras, utiliza la geometría como instrumento conceptual de análisis del dibujo «a ojo», con un razonamiento que tiene sus antecedentes en las aportaciones teóricas de los artistas del Renacimiento (figura 58). En efecto, se puede constatar la similitud entre los esquemas geométricos de Bosse y otros, como los del *Códice Huygens,* en donde se recogen las especulaciones gráficas de los artistas lombardos, deudores de la obra de Leonardo (figura 59).

La superposición de tramas geométricas sobre los cuerpos es un recurso racional valorado hasta hoy y en diferentes momentos de la historia; contemporáneamente Dalí lo aconseja a los aprendices; aunque esta recomendación debe comprenderse desde unas claves de ironía del genial artista:

> El Secreto Número 22 del aprendiz es el de dibujar las líneas geodésicas del modelo. Nada se revelará más útil para comprender los misterios de la figura desnuda que el conocimiento derivado de la práctica asidua de este método. Debes escoger con preferencia un modelo rollizo, las curvas de cuyo cuerpo sean tan turgentes cuanto se pueda. Las mejores posiciones para este son con el cuerpo recostado. Necesitas una provisión de cordones de algodón negro, previamente empapado en aceite de linaza al que se le haya añadido trementina de Venecia en proporción de cinco a tres. Esos cordones pueden dejarse colgados un día antes de su empleo con objeto de que se desprendan de su exceso de aceite, pero sin secarse del todo. Una vez que el modelo está echado en la postura que deseas, empezarás prudentemente a dejar los cordones sobre el cuerpo del modelo en los sitios donde desees tener una clara indicación de las formas. La curva que adopten esos cordones y adopten naturalmente, serán las líneas geodésicas de la superficie que desees poner en claro. Hecho esto, puedes dibujar tu desnudo, pero especialmente esas líneas geodésicas, las cuales, siendo en cantidad suficiente, bastarán para imprimir, incluso si borras el desnudo, su volumen ausente[68] (figura 60).

Dalí recomendaba en ese momento un tipo de dibujo semejante al utilizado en la topografía para la representación de relieves por medio de curvas de nivel. Las téc-

[68] S. Dalí, *50 secretos mágicos para pintar,* Barcelona, Luís de Caralt, 1951 (2.ª ed.), pág. 115.

nicas utilizadas para obtener este tipo de dibujos han ido evolucionando paralelamente a la revolución tecnológica, desde procedimientos puramente artesanales, de carácter manual, hasta llegar a los sofisticados y potentísimos recursos informáticos del presente (figura 61).

61. Dibujo de estatua romana representado con curvas de nivel obtenidas con procedimientos fotogramétricos (Ankara, PLTUME).

Los escorzos y el velo

En los siglos XVI y XVII, los defensores del dibujo, como analizaremos después, no repugnaban la idea del velo tal como hacían los coloristas. Los primeros podían llegar a invocarlo como una de las claves de prestigio para justificar el éxito y la calidad de la obra de muchos grandes artistas. Es así como el pintor y tratadista español Francisco Pacheco (1564-1654), en su *Arte de la Pintura,* al tratar de los escorzos realizados con los cálculos geométricos de la perspectiva, se refiere al «cansancio y multitud de líneas» que,

> ahorró Micael Angel en sus escorzos, valiéndose de la red o cuadrícula, puesta delante de sus modelos, quien este docto varón [Juan Arias de Loyola] llama *instrumento mecánico,* pero certísimo y usado de muchos valientes, como adelante veremos[69].

Más adelante, Pacheco, tal como había anunciado en páginas anteriores del mismo tratado, vuelve a referirse a este asunto al describir el procedimiento utilizado por Miguel Ángel para resolver los escorzos de las figuras desnudas en su *Juicio final.* Según el tratadista andaluz, aquel modelaba en pequeño «figuras desnudas redondas» para dibujarlas más tarde con la ayuda del velo.

> Para la gran historia del Juicio hizo cinco, seis figuras desnudas redondas, como de su mano, y, escorceándolas como le parecía, variar los perfiles, fronteros, de espaldas y lado; se valía dellas haciendo diferentes figuras en debuxos muy acabados, poniendo delante la red, o cuadrícula, para que los escorzos le saliesen ciertos[70].

[69] Pacheco, *op. cit.,* pág. 391.
[70] Pacheco, *op. cit.,* pág. 438.

Si bien es verdad que esta noticia de Pacheco no está documentada, se basa en algunos elementos ciertos, aunque es muy poco probable que Miguel Ángel se hubiese servido del velo. En la fiable biografía del artista florentino que Vasari incluye en sus *Vidas,* da una información muy clara de la manera de trabajar de Miguel Ángel, acorde con unas ideas que repugnan y son contrarias al uso de la cuadrícula, unas ideas radicalmente opuestas a cualquier concepción científica o artesanal del arte.

> Él solía en sus figuras hacerlas de nueve y de diez y de doce cabezas, sin buscar otra cosa que, al integrarlas en el conjunto en general, de este modo se produjese una cierta concordancia de gracia en el todo, que no existe en el natural; diciendo que era necesario tener el compás en los ojos y no en la mano, porque las manos trabajan y el ojo juzga[71].

La posible explicación de las noticias de Pacheco, atribuyendo a Miguel Ángel la utilización del velo tiene una argumentación retórica, teniendo en cuenta la importancia dada a los escorzos de los cuerpos desnudos en la obra del genial florentino y en todo el manierismo posterior. La valoración de los escorzos estaba en concordancia con la admiración causada hacia los que llegaban a dominarlos y la atención que se les prestaba en los tratados. Sabemos también que el problema de la realización de los escorzos quedaba recogido ampliamente en los tratados de perspectiva (figura 62), los mismos que incluían al velo como un procedimiento técnico derivado de sus principios científicos y en donde lo presentaban como un recurso de aplicación inmediata. En este sentido, para explicar la extraordinaria calidad de unos escorzos como los de Miguel Ángel, aunque no fuese históricamente cierto, se podía recurrir al argumento de la utilización del velo, comprensible para cualquier artista, ya que, con él, se podían representar las posturas más difíciles del cuerpo al dibujarlas con su ayuda, un recurso que continuó recomendándose hasta el siglo XIX (figura 63).

62. Racionalización geométrica del escorzo de una figura humana según *L'Art de dessiner* de Jean Cousin (siglo XVI).

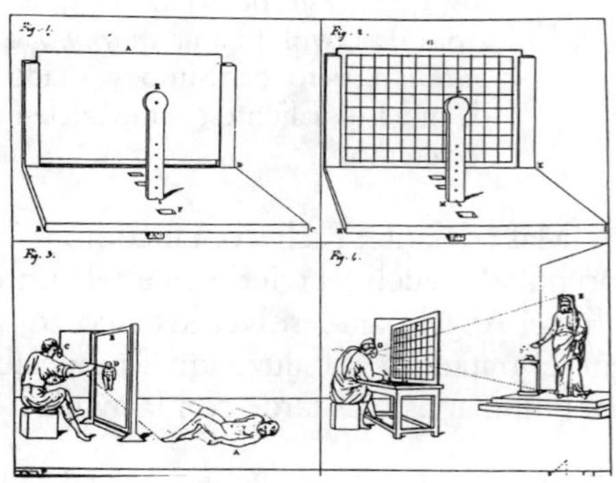

63. Utilización de aparatos perspectográficos para dibujar un desnudo en escorzo y una figura de pie. Giacomo Fontana, *La prospettiva,* 1851.

---

71 Vasari-Milanesi, G I-IX; G. Vasari, *Le vite de' più eccellenti pittori, scultori e architettori,* Florencia, Sansoni, 1973, vol. VII, pág. 270.

El *Códice Huygens,* ya citado, es un importante manuscrito de mediados del siglo XVI dedicado en su mayor parte a la teoría de la representación de los escorzos del cuerpo humano, argumentándolos geométricamente; en fechas recientes se ha atribuido la autoría al pintor Carlo Urbino, un artista que traslada a las páginas del manuscrito la teoría de la pintura lombarda desarrollada sistemáticamente por Lomazzo en sus escritos[72]. No obstante, aunque esta valoró extraordinariamente los escorzos, Lomazzo en su *Tratado del arte de la pintura, escultura y arquitectura* criticó la utilización del velo, ya que él mismo había estado,

> comprobando en dos escorzos de figuras, escorzadas por el método que podía estar hecho y fundado en el entendimiento de los maestros, que conseguían resultados muy buenos y, después he encontrado falsos los realizados prácticamente de modelos, con velo, con cuadrícula o «a ojo», ya que todas estas vías no son seguras, en modo alguno, para realizar los escorzos[73].

64. Miguel Ángel, boceto de un cuerpo escorzado, detalle de un dibujo de 1524. Londres, British Museum.

Insistiendo en la misma opinión, Lomazzo atribuye a Miguel Ángel una manera de representar los cuerpos con una torsión ideal de todos sus miembros, imposible de obtener con una pose fija única (figura 64). La versión interesada de Lomazzo, en contra de la utilización de modelos de cera y de su representación con medios mecánicos, se justifica desde su defensa de los dibujos realizados con rapidez y de memoria, de modelos ideales, como expresión más fiel de la capacidad creadora y la genialidad del artista dotado de unos dones innatos y no como el resultado automático de la aplicación de una técnica mecánica.

---

[72] E. Panofsky, *The Codex Huygens and Leonardo da Vinci's Art Theory,* Westport, Greenwood Press, 1971.

[73] Gian Paolo Lomazzo, «Trattato dell'Arte della Pittura, Scoltura et Archittetura», en *Scritti sulle arti,* Florencia, Centro D, 1974, págs. 220, 221.

Parece indudable que la posibilidad de emular la obra y la genialidad de Miguel Ángel se hacía imposible con la aplicación de cualquier fórmula o ayuda de instrumento alguno, aunque también es cierta la constancia de la utilización de determinados recursos entre los que el velo de Alberti ocupó un importante lugar durante mucho tiempo. Un testimonio del siglo XVII confirma esta afirmación:

> He oído decir de algunos que al no tener precisión de mano en el dibujo se sirven del velo, y entre estos se cita en nuestros días a Guido Cagnazzi; se sabe que compuso ajustadamente un cuadro historiado con muchas figuras, algo que no es cosa fácil. También hay otros pintores que buscando más gloria aprovechándose de su obra hacían modelos de cera de sus principales figuras, componiendo una ajustada historia o cuanto ayudara a la concepción de la obra, utilizando después el velo para dibujarlos: de cerca, de lejos, desde arriba, desde abajo. Dibujar una sola composición hecha con modelos abría la puerta para la comprensión de todas las otras.
>
> No queriendo hacer modelos se puede conseguir el mismo propósito formando con personas naturales cualquier modesta historia (aunque no importa que estén todas a la vez en un lugar, pero haciéndole adoptar su actitud de una en una, anotando su posición en el pavimento) poniendo el velo preparado para la primera figura y determinada la distancia del ojo, se traza el dibujo de la primera figura, después la otra más lejana en una misma operación. Así se sabrá cuánto se engañan aquellos que retratan el natural a ojo, con el cuadro a poca distancia, para compararlo con el natural retirándose hacia atrás. Del mismo modo verán la diferencia que existe al dibujar cuerpos humanos, siempre desde un mismo lugar, tanto para la primera figura como para la más lejana.
>
> Algunos copian excelentemente dibujos con el velo al mismo tamaño, aunque al reducirlos en más pequeño no mantienen la misma simetría y proporción. Ahora yo digo que con el velo se puede reducir a cualquier medida y proporción: haciendo el velo al mismo tamaño del que se quiere la copia, alejándolo del original [...] Con el velo se pueden trazar dibujos de figuras vistas desde abajo, y cualquier cuerpo difícil, puestas con orden o desordenadas, o puestas al azar, ya que después se encontrará en ellas cualquier regla de perspectiva, asegurándole que la práctica del velo le hará fáciles muchas cosas difíciles con otras prácticas[74].

Controversia sobre el velo. Los medios y los fines

El cuestionamiento del velo albertiano, así como la conciencia de sus limitaciones e inconvenientes, aparecieron en el mismo momento de su difusión en las páginas del *De pictura;* allí Alberti hace una valoración al emitir su propio juicio en una polémica ya iniciada en las mismas fechas que se hacía pública la propuesta. La evidencia de la polémica se constata en el propio texto:

> No soy del dictamen de algunos que dicen: no es bueno que los pintores se acostumbren al velo o a la cuadrícula; porque como esto facilita y sirve tanto para hacer bien las cosas, sucede que después no pueden ejecutar cosa alguna por sí solos sin este auxilio, sino a costa de grandísimo trabajo. Es evidente que nosotros no indagamos el mucho o poco trabajo del pintor, sino que alabamos aquella pintura

---

[74] Giulio Troili o Trogli (llamado Paradosso), *Paradossi per praticare la prospettiva senza saperla...*, Bolonia, 1672, pág. 42.

que tiene mucho relieve, y que es sumamente parecida a los cuerpos naturales que representa. Esto no sé yo cómo lo podrá ejecutar ninguno, ni aún medianamente, sin el auxilio del velo[75].

Los argumentos del debate a favor o en contra del velo giraban en torno a varias ideas, una de ellas era consecuencia de la diferente valoración dada al adiestramiento, al dominio o a la facilidad, frente a la consideración exclusiva de un resultado final independiente de los procedimientos o el camino utilizado para conseguirlo, la clásica opinión según la cual el fin justifica cualquier medio. Este fue un tema recurrente en la literatura artística del Renacimiento, el debate sobre la importancia dada al proceso de creación.

En la polémica sobre el velo, la posición de Alberti estaba condicionada por su empeño en distanciarse de una tradición artesanal obsesionada por el adiestramiento técnico; él valoraba más las ideas y los resultados, muy por encima del estricto oficio gremial y la importancia dada a la riqueza de los materiales empleados en cada obra. Es en este sentido en el que debe entenderse su afirmación declarando: «no indagamos el poco o mucho trabajo del pintor»[76]. Asimismo critica a todos los que «emplean el oro sin miramiento alguno, creyendo que la abundancia de él da majestad a la pintura» y confiesa que él mismo, si tuviese que representar un objeto de oro «lo que haría sería imitar este metal con los colores, y no poner nada del verdadero»[77].

Como otra consecuencia de orden conceptual, derivada de la técnica del velo, los contornos adquieren un carácter «mecánico», en su sentido técnico, y en consecuencia objetivo, al poder automatizarse su trazado; mientras tanto, las luces, las sombras y los colores continuaban requiriendo una sabiduría derivada del estudio y de la experiencia práctica. Este es el parecer de Leonardo cuando afirma:

> Mucha mayor sabiduría y dificultad hay en la sombra de las pinturas que en sus perfiles. Y pruébase esto porque los perfiles pueden ser resueltos por medio de velos o vidrios planos, dispuestos entre el ojo y el cuerpo que se ha de dibujar. Mas tal procedimiento no puede ser empleado para las sombras por culpa de la naturaleza indistinta de sus límites, los cuales son generalmente confusos, tal como ya demostramos en el libro de las luces y las sombras[78].

El planteamiento científico de la teoría de Leonardo respecto a la pintura le hace valorar de manera diferente los perfiles lineales frente al sombreado o al colorido, para él, los primeros tienen una categoría objetiva, puramente técnica, mientras que los otros no.

No obstante, desde un punto de vista matemático, el control racional de los contornos lineales, recortando las figuras de sus fondos, o delimitando dos regiones diferentes de los objetos, se resolvía objetivamente al poder determinarlos y trazarlos con la ayuda del velo. Contrariamente, el velo era inútil para la resolución del sombreado o del colorido. La privilegiada situación reconocida en la primacía del dibu-

---

[75] Alberti, *op. cit.*, pág. 228.

[76] *Ibíd.*

[77] Alberti, *op. cit.*, pág. 249.

[78] Leonardo da Vinci, *Tratado de la Pintura*, edición preparada por Ángel González García, Madrid, Editora Nacional, 1976, pág. 365.

jo, por la racionalidad de los contornos, no duraría mucho en el arte italiano, al cambiar su consideración con el encumbramiento del color por parte de los pintores y tratadistas venecianos del siglo XVI. Como consecuencia de ello se desacreditó el uso del velo por ser ajeno e inútil ante el problema del color y estar implicado y comprometido con una mayor valoración de la línea y del dibujo.

Así, el veneciano Paolo Pino, en su *Diálogo sobre la Pintura* de 1548 arremete contra el velo al considerarlo inútil para la práctica de la pintura. Coherentemente con sus convicciones de colorista veneciano, oponiéndose a la superioridad del *disegno* defendido por los artistas florentinos, recomienda al pintor lo que no debe hacer,

> ni tampoco dibujar las tablas con tan extrema minuciosidad, componiéndolo todo en claroscuro, como solía hacer Giovanni Bellini, porque es trabajo perdido al tenerse que recubrir todo con los colores; y es menos útil aún usar el velo o retícula, descubierto por León Battista [Alberti], cosa insípida y poco constructiva[79].

La subjetividad

La íntima relación del velo con la idea de objetividad científica y su validez universal, lo situaba en el extremo opuesto de los intereses de todos aquellos que pretendían utilizar el arte para todo lo contrario: expresar la personalidad, el carácter individual y el orden subjetivo de cada artista.

Un cambio conceptual introducirá argumentos nuevos en el debate y en contra del uso del velo. Precisamente será a partir del siglo XVI cuando los artistas verán en el arte en general y el dibujo en particular, no sólo la posibilidad de representar las estructuras objetivas del mundo visual tal como se lograba con el velo, sino, también serán conscientes de que en los dibujos queda constancia de la personalidad del autor a través de las huellas y de la gesticulación en el proceso de su propio trabajo.

Desde entonces, el dibujo también es entendido como el medio que recoge en sus trazos y manchas la impronta que delata una actitud vital, expresada a través de los movimientos de la mano al dibujar, siendo también representación del estado de ánimo y la personalidad del artista. Este aspecto del dibujo constituye en la escritura el objeto de estudio de la moderna grafología, una cuestión en la que el velo y los otros instrumentos perspectográficos estarán ausentes.

65. Bocetos con trazos gestuales. J. B. Greuze (1725-1805).

En la importancia dada desde finales del Renacimiento a lo que hoy podemos denominar gestualismo caligráfico de los dibujos, se sumaban dos aspectos que, etimológicamente habían permanecido unidos en el mundo antiguo alrededor del término grie-

[79] Paolo Pino, *Dialogo di Pittura di Messer Paolo Pino,* Venecia, 1548. Citado por la selección y traducción en Joaquim Garriga, *Renacimiento en Europa,* Barcelona, Gustavo Gili, 1983, pág. 267.

go *graphikòs;* esto es: todo lo que hacía referencia tanto a la escritura como al dibujo (figura 65).

Así, en los dibujos, la manera de «grafiar» puede expresar muchas veces, además de la personalidad, el estado emocional de quien lo realiza. Confirmando esta idea, sabemos que Miguel Ángel, posiblemente por el temor de que se descubriesen sus dudas y vacilaciones, «destruyó él mismo periódicamente e hizo quemar, en vísperas de su muerte en 1564, una masa de estudios preliminares»[80].

Pero, a través de los trazos, más que el sufrimiento del artista era el don natural el que se debía y se podía reconocer en la *facilità* que Vasari admiraba en cualquier obra que hubiese sido

> llevada a perfección no con penas y fatigas despiadadas, tales que quienes la miren tengan que sufrir por el sufrimiento que ven que en tal obra padeció el artífice, sino que tengan que alegrarse de lo felizmente que su mano recibió del cielo aquella agilidad[81].

Es así como la cultura humanista reconoció en el dibujo la capacidad de mostrar la valía del genio creador personal.

El equivalente de la *facilità* de los artistas admirada por Vasari es la *sprezzatura* (soltura) que para el hombre culto había valorado Castiglione en el *Cortesano* (1527) con el fin de proclamar unas artes sin esfuerzo, como un don natural ejercido sin trabajo físico ni aprendizaje, redimiéndolas de su condición de oficios manuales; debería actuarse usando en toda cosa una cierta *sprezzatura* para mostrar que todo lo que se hace con gracia natural está hecho «sin fatiga y casi sin haberlo pensado»[82].

El escenario de la representación

No sólo a través de los textos impresos se han vertido opiniones estéticas relacionadas con el uso y las posibles aplicaciones del velo; las figuras realizadas para ilustrarlo son, en muchas ocasiones, tan explícitas y precisas como las palabras utilizadas respecto a las mismas ideas que laten en las representaciones.

Dando un largo salto en la historia de la iconografía del velo, se puede descubrir en una fecha tardía, en el año 1837, en un pequeño tratado publicado en Barcelona[83], una estampa en la que un dibujante, con indumentaria propia del Romanticismo, se enfrenta en solitario a la realización de un paisaje (figura 66). En esta ocasión no se trataba de experimentar artesanalmente una técnica en un largo proceso en el taller, tal como se podía haber hecho en el primer Renacimiento; aquí lo que pretendía el artista era tomar una vista de un paisaje. Conforme a las ideas de la época el dibujante pretende dejar constancia en la obra de su experiencia individual frente al espectáculo de la Naturaleza. En tales circunstancias, «la cuadrícula», tal como la deno-

---

80 A. Chastel, *Art and Humanisme a Florence au temps de Laurent le Magnifique* (1959). Citado por la traducción castellana: *Arte y humanismo en Florencia en la época de Lorenzo el magnífico*, Madrid, Cátedra, 1982, pág. 496.

81 Vasari, *op. cit.* Citado por la traducción de Garriga, *op. cit.*, pág. 278.

82 *Ibíd.*, pág. 239.

83 Soler Olivares, *Curso completo de diseño y pintura*, Barcelona, José Torner, 1837.

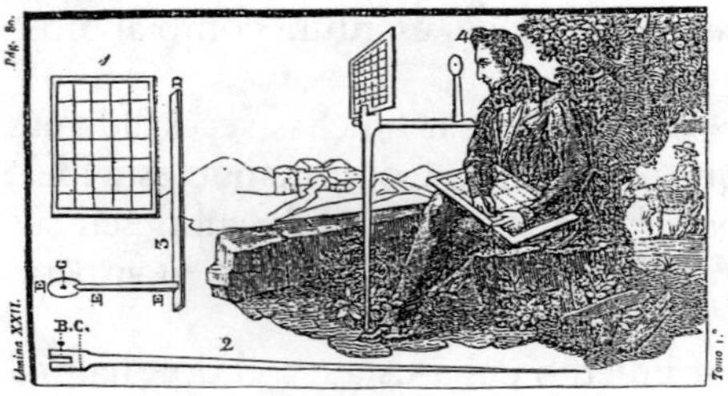

66. Artista ataviado con indumentaria de la época romántica, dibujando un paisaje con la ayuda de una cuadrícula portátil. Soler Olivares, *Curso completo de diseño y pintura,* Barcelona, 1837.

mina el autor del tratado, tampoco se propone como un recurso para los principiantes sino que, al contrario de lo que sucedía en el Renacimiento, curiosamente se recomienda al «adelantado».

> [...] en nada se asemeja [la cuadrícula] a las demás modernas invenciones que hemos reprobado, y que cuanto estas son perjudiciales al estudioso, otro tanto es útil la cuadrícula al adelantado, que es el único que en todo caso debe usarla; por lo tanto no quisimos antes hacer mención de ella por esto, y ser preciso a más para emplearla con algún provecho, una práctica y conocimientos más que medianos en el dibujo, pues que no lo da del todo la cuadrícula como en los demás calcados de todas clases sino que lo facilita únicamente, con lo que en nada se opone ella a la práctica y genio artístico, por cuya razón es de uso constantemente recibido entre los profesores, en el ramo de países [paisajes] en especial[84].

Las referencias de Soler Olivares a unas «modernas invenciones» que él reprueba por ser «perjudiciales al estudioso» no se detallan en ningún lugar de las páginas de su obra, aunque se puede suponer que hacen referencia a los numerosos aparatos propuestos en su tiempo —analizados más adelante en estas mismas páginas— para poder realizar dibujos precisos sin necesidad de sufrir el largo proceso de aprendizaje con el que la tradición académica pretendía enseñar a dibujar a los principiantes.

Lo que sí recoge este autor en las primeras páginas de su tratado es una declaración en donde, con un tono moral, manifiesta explícitamente su desprecio hacia aquellos que promueven sistemas para evitar la práctica necesaria e insoslayable que conduce al dominio del dibujo:

> No se deje alucinar por más pesada que le sea la práctica del dibujo en sus principios de los que pretenden enseñarlo sin esta, pues es y será siempre empeño totalmente inútil como a cosa imposible en la naturaleza del arte; de ello felizmente se han ya desengañado cuantos han querido dar crédito a la multitud de sistemas que se han propuesto a este fin hasta en el día, pues todos por distintos medios logran únicamente copiar de un modo imperfecto y servilísimo los objetos retrasando al discípulo o aficionado en sus adelantos obligándole tal vez a malograr láminas u otras pinturas de sí buenas: Ténganse pues semejantes visionarios por articidas, merezcan el más alto desprecio de todos nosotros y dejémosles gozarse en su estúpida ignorancia o refinada malicia[85].

---

84 *Ibíd.*, pág. 80.
85 *Ibíd.*, pág. 7.

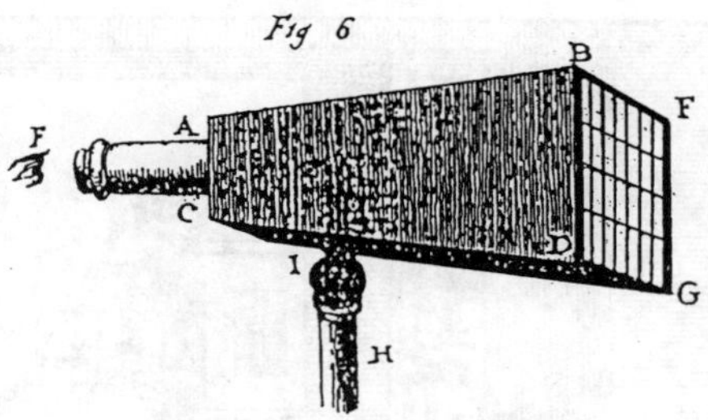

68. Cuadrícula construida en el fondo de una cámara oscura. Robert Bradberry, *Principios de perspectiva,* 1790.

67. Inclusión de una cuadrícula portátil como alegoría del dibujo en la portada del tratado de Soler Olivares, *Curso completo de diseño y pintura,* Barcelona, 1837.

Con estas palabras, más que un análisis racional o una argumentación acerca de las implicaciones estéticas de los «sistemas» presupuestos para dibujar, como algo novedoso en el primer tercio del siglo XIX, Soler Olivares sólo acierta a decir que, con ellos, únicamente se consigue «copiar de un modo imperfecto y servilísimo los objetos». Según parece, la perfección ideal se contradecía con el radical individualismo de los románticos amenazado con las propuestas de objetividad y realismo que constituían la esencia de las máquinas de dibujar.

No obstante, el aval histórico y la solera de la cuadrícula pesaban más y quedaban reconocidos por Soler Olivares en el grabado alegórico del «Diseño» encabezando su tratado y mostrando en primer término el instrumento portátil glosado después en sus páginas (figura 67).

En el primer tercio del siglo XIX, inmediatamente antes de la invención de la fotografía, el método del velo competía con la cámara oscura y la cámara lúcida en el dibujo de paisaje. Aunque los fundamentos físicos y el fundamento de estos tres instrumentos eran muy diferentes, se produjo alguna influencia entre ellos. Así, en un tratado de finales del siglo XVIII, encontramos un modelo del instrumento albertiano de la cuadrícula que debe su forma a los modelos de cámaras oscuras de su misma época. En el extremo del tubo donde se colocaría la imagen se construye la cuadrícula del velo (figura 68).

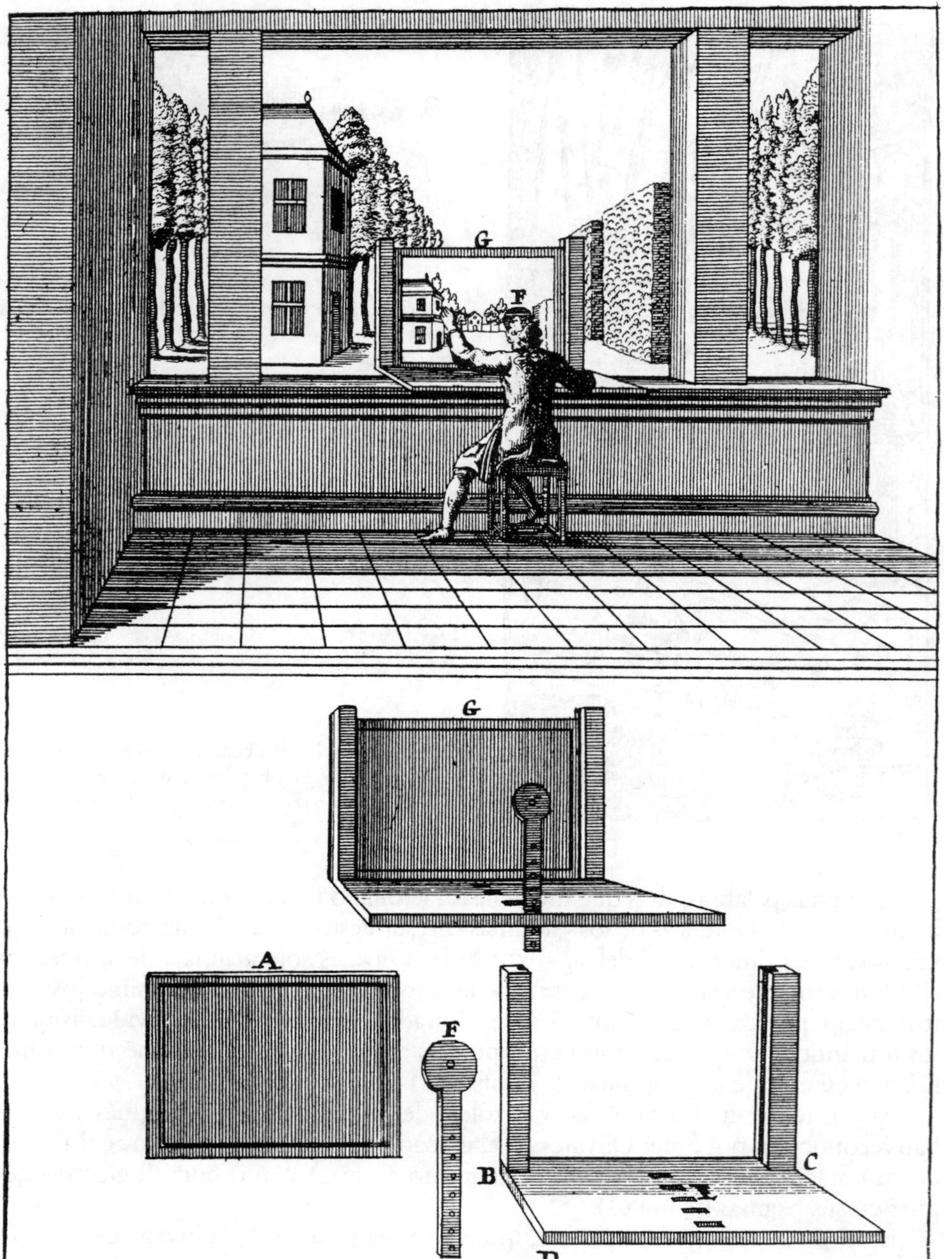

69. Explicación de la utilización de un vidrio para dibujar un paisaje. Le Dubreuil, *La Perspective pratique*, 1642.

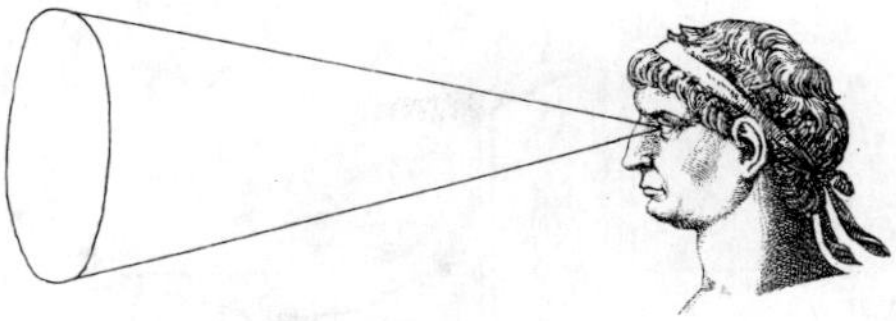

70. Esquema ilustrativo del concepto de pirámide visual, conocido en la Antigüedad y definido por Euclides en su *Óptica* (300 a.C.).

El tratado en donde se muestra este instrumento está dedicado a la perspectiva anunciando en su título que incluye la «construcción y uso de los instrumentos al servicio de los propósitos de esta ciencia». En el texto se acompaña la ilustración del instrumento con una explicación de su construcción:

> Obtenga una caja de caoba *A B C D,* aproximadamente de un pie y medio de longitud, hecha en forma de pirámide truncada, cuya base *B D F G* es de ocho pulgadas de ancho, y seis pulgadas de alto. Coloque en el otro extremo un tubo de cuatro o cinco pulgadas de largo, desde el que podrá dibujar [lo que está situado] fuera de la caja. Deje hacer el interior completamente negro y situar la caja sobre un pie de madera *H* sobre el que podrá elevarla o bajarla con la bisagra *I*[86].

El «cristal de Leonardo», espejos y lentes; el valor del experimentalismo

La propuesta leonardesca

Si se interpone un vidrio plano entre el dibujante y el modelo, en vez de utilizar un velo cuadriculado (figura 69), se dispone del instrumento propuesto por vez primera en los escritos de Leonardo da Vinci. El método del cristal de Leonardo materializa y simboliza la conquista de una representación científica de la realidad visual previamente enunciada a través de las leyes de la perspectiva geométrica. Con el vidrio se demostraba experimentalmente la verdad de aquellos principios matemáticos en los que se fundaba la perspectiva definida por el mismo Leonardo con estas palabras:

> La perspectiva no es sino una demostración racional que se aplica a considerar cómo los objetos antepuestos al ojo transmiten a este su propia imagen por medio de pirámides lineales[87].

El concepto de pirámide visual utilizado por Leonardo no era original; tal y como se ha recogido en páginas anteriores había quedado perfectamente descrito y razonado en 1435 en el *De pictura* de Alberti. No obstante, la idea de pirámide o cono visual con vértice en el ojo y base en el objeto visto ya estaba definida perfectamente por la ciencia griega a través de los tratados de óptica geométrica, y así aparece en la obra del matemático griego Euclides del siglo III a.C.[88] (figura 70).

---

[86] Robert Bradberry, *Principles of Perspective,* Edimburgo, J. Ainslie, 1790, pág. 58.

[87] Leonardo-Richter, *op. cit.,* vol. I, pág. 30.

[88] «Y que la figura comprendida de los rayos visuales es un cono, cuya punta está en el ojo y la base en las extremidades de las cosas vistas.» Euclides, *La perspectiva y especularia de Euclides. Traducidas en vulgar castellano...,* Pedro Ambrosio Onderiz, Madrid, Alonso Gómez, 1585, pág. 3v.

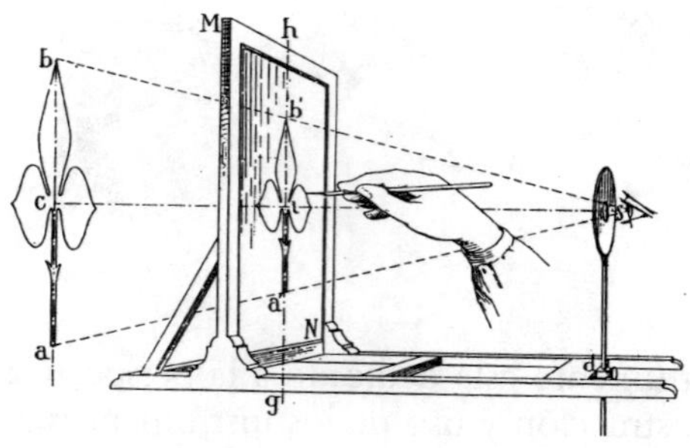

71. El «hialógrafo» de un tratado de los primeros años del siglo XX es un instrumento basado en el método del cristal; el nombre es un neologismo derivado del término griego *hyalos,* cristal.

La eficacia de las aplicaciones prácticas derivada del concepto de pirámide visual, queda demostrada por la existencia de múltiples instrumentos utilizados en diferentes épocas. Aún en el siglo XX se recomiendan algunos basados en la utilización de un cristal sobre el que se calca el dibujo realizado desde un punto de vista fijo. De este modo, en un manual se describen las aplicaciones del «hialógrafo», un nombre derivado del término griego *hyalos* que significa cristal (figura 71).

En esta obra, relativamente reciente, se propone el «hialógrafo» como un «instrumento de reducción» además de recomendarse para copiar objetos tomados del natural. Para realizar prácticamente el trazado se hace mención de los lápices especiales destinados expresamente para dibujar sobre superficies pulimentadas; no obstante, el autor expone una fórmula para la preparación del cristal, una técnica similar a la utilizada en siglos anteriores:

> Cuando sea necesario obtener sobre el cristal un dibujo muy detallado, se emplea la tinta, extendiendo antes sobre la superficie de aquel un barniz que permita dibujar con pluma sin que la tinta se corra. Este barniz se compone de

Goma arábiga	6 gramos
Azúcar	1 ”
Agua	30 ”
Alcohol	6 centímetros cúbicos

> Se disuelve la goma y el azúcar en agua hirviendo, se añade el alcohol, y antes de que se enfríe se filtra por una franela. Este barniz se extiende con una brocha sobre la cara de cristal que ha de recibir el dibujo, evitando que se formen burbujas y colocándolo sobre un tablero horizontal nivelado hasta que se seque.
>
> Para este dibujo puede emplearse cualquier tinta, pero la que mejor resultado da es la tinta china, con la cual el tiralíneas o la pluma funcionan perfectamente sobre el cristal cubierto del barniz antes indicado[89].

La pirámide visual en la que se fundamentan estas técnicas, como modelo geométrico de la visión, se impuso a partir del siglo XV como uno de los argumentos más convincentes y fructíferos en el desarrollo de la ciencia de la representación. Derivada de esta poderosa idea geométrica, la perspectiva, como representación, queda formulada por Leonardo de esta otra manera:

[89] Alberto Commelerán, *Técnica del dibujo,* Barcelona, Gustavo Gili, 1934, pág. 94.

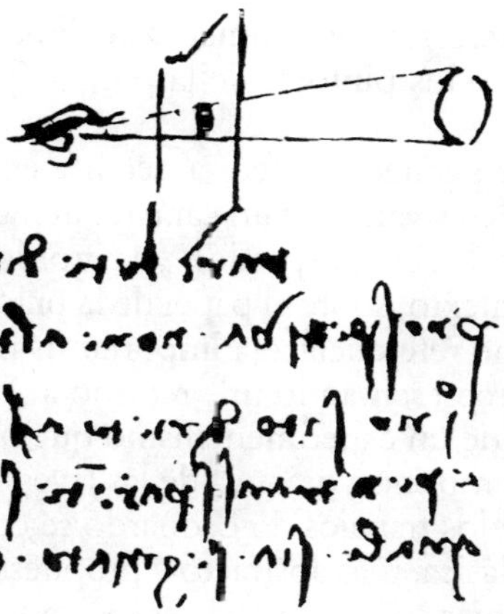

72. Dibujo de Leonardo ilustrando su definición en donde sostiene: «La perspectiva es ver un lugar a través de un vidrio plano y transparente.» *Codex atlanticus*, f. 1v. (1492).

73. Leonardo. Dibujante representando una esfera armilar con el método del vidrio. *Codex atlanticus*, f. 5r. (1480-1482).

> La perspectiva no es otra cosa que ver un lugar a través de un vidrio plano y perfectamente traslúcido, sobre cuya superficie han sido dibujados todos los cuerpos que están al otro lado del cristal[90] (figura 72).

En un pequeño dibujo del mismo Leonardo conservado en una de las páginas de su *Codex atlanticus* (fol. 5r) se muestra a un dibujante realizando, sobre lo que presumiblemente es un vidrio, la representación de una esfera armilar situada delante de él, desde un punto de vista que se mantiene fijo al mirar la esfera a través de un orificio practicado en una tabla (figura 73). Con mucha probabilidad Leonardo habría comprobado por sí mismo la eficacia de este artefacto para averiguar su eficacia y conocer algunas propiedades derivadas de su aplicación práctica en el dibujo.

No obstante, más allá de la utilización del vidrio para facilitar sus trabajos como artista o como científico, lo que verdaderamente podía interesar más a Leonardo era la comprobación práctica de unas leyes —las de la perspectiva— consideradas como una cuestión central en los debates de la teoría de las artes de su época y que él mismo reconocía al afirmar «La perspectiva es la brida y timón de la Pintura»[91].

Para los contemporáneos de Leonardo, la perspectiva geométrica se imponía poco a poco como una teoría especulativa cada vez más alejada de los problemas prácticos de los talleres de los pintores. Su autonomía intelectual se ponía de manifiesto en obras como el *De prospetiva pingendi* de Piero della Francesca, una obra contemporánea de las especulaciones y experimentos de Leonardo. Este tratado de Pie-

---

90 Leonardo-Richter, *op. cit.*, vol. I, pág. 53.
91 *Ibíd.*, pág. 27.

ro adopta un acusado tono matemático más cercano a la geometría euclidiana de la tradición griega que a los intereses prácticos de los pintores de la propia época del pintor.

En consecuencia, se podría afirmar que, en general, la teoría del arte en la época del cristal de Leonardo iba adquiriendo progresivamente un carácter literario y especulativo, cada vez más autónomo y alejado de ser la expresión y la crónica de las conquistas prácticas de los artistas. En este contexto, sobre el papel de la práctica respecto a la teoría, en alguna ocasión se ha hecho referencia a la importantísima aportación de Leonardo a la ciencia de su época, representando un «retorno a Arquímedes»; una expresión referida a la recuperación de un experimentalismo que basaba el conocimiento en el descubrimiento y la comprobación práctica de las leyes. Este conocimiento experimental tan característico de los trabajos de Leonardo se contraponía al método lógico-deductivo de tradición clásica, más abstracto y propuesto por la geometría euclidiana y el pensamiento matemático en general; era el modelo que avalaba la perspectiva geométrica de los artistas.

Frente a la tradición matemática, Leonardo proclama expresamente su convicción sobre la superioridad de un experimentalismo situado por encima de la autoridad de la ciencia establecida; en varios pasajes de sus escritos insiste sobre la misma cuestión, expresada de esta manera en uno de ellos:

> Muchos piensan que pueden culparme alegando que mis pruebas contradicen la autoridad de algunos hombres, cuyo juicio desprovisto de experiencia tienen en tan alta estima; todo ello sin considerar que mis trabajos son el resultado de la experiencia pura y simple que es la única maestra verdadera[92].

En la anotaciones de sus manuscritos, la insistencia obsesiva de Leonardo en la idea de la Naturaleza como maestra se ha de entender, precisamente, como una metáfora del valor de la experiencia, de la verdad de las evidencias sensibles derivadas de la comprobación en el mundo físico, una forma de actuar que él jamás abandonó a lo largo de toda su vida.

Sin embargo, las opiniones de Leonardo no eran, en absoluto, compartidas por todos sus contemporáneos, aunque existían indudables puntos de encuentro. Respecto a la perspectiva pictórica en su época se tenía la opinión unánime de considerarla capaz de realizar una representación objetiva de la realidad; no se dudaba en definirla como la ciencia de la pintura. No obstante, las actitudes de los estudiosos de la perspectiva podrían ser bien diferentes: mientras Piero della Francesca en los mismos años se esforzaba en demostrarla a través de teoremas geométricos abstractos, Leonardo pretendía comprobar experimentalmente las leyes de la perspectiva con el método del cristal.

A diferencia de Leonardo y de sus experiencias con el cristal, Piero había intentado explicar en su tratado de perspectiva el funcionamiento del ojo utilizando demostraciones abstractas de teoremas geométricos, algo que tenía una rigidez incompatible con la evidencia de la complejidad anatómica del ojo y la fisiología de la visión binocular. De este modo, en el momento que Piero se encontró con el problema de

---

92 *Ibíd.*, pág. 15.

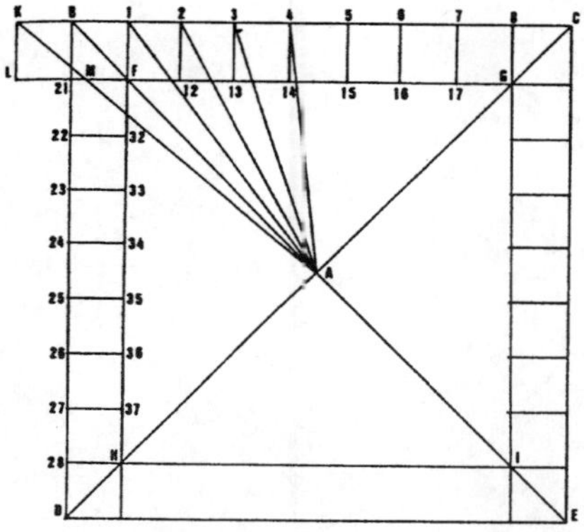

74. Piero della Francesca. Teorema XXX, demostrativo de «cuánto el ojo por sí mismo puede abrir el ángulo con sus rayos». *De prospectiva pingendi,* c. 1475.

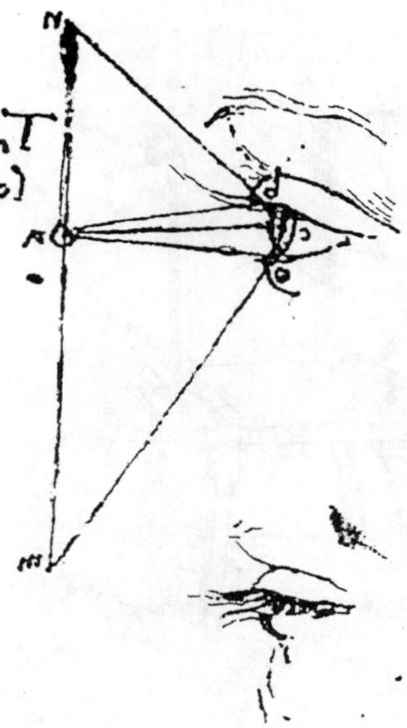

75. Dibujo de Leonardo. Ojo y rayos luminosos. Manuscrito D, f. 1v.

las deformaciones y las aberraciones gráficas marginales de la perspectiva, se hizo patente la contradicción entre la evidencia de los sentidos y la lógica de la demostración geométrica.

Ante el dilema Piero no dudó en defender la coherencia lógica de la argumentación matemática aunque fuese para justificar unas soluciones gráficas que repugnaban a los sentidos; es contundente su aseveración justificando las aberraciones geométricas: «por ello, procuraré mostrar que es así, y que así debe hacerse» (teorema XII)[93]. Piero demostraba matemáticamente, con un razonamiento lógico, algo aberrante e inaceptable por la propia evidencia visual. Se podía explicar la visión con modelos matemáticos, tal como hacía Piero o bien con comprobaciones del funcionamiento del ojo, tal como hacía Leonardo.

Contrastando con los estudios anatómicos del ojo y de la fisiología de la visión realizados por Leonardo como pionero en ese campo, Piero representaba al ojo por un punto geométrico (teorema XXX) (figura 74). Esta idea abstracta de la visión tenía que exasperar necesariamente a Leonardo, obligándole a denunciar en sus escritos la inconsistencia de los argumentos geométricos utilizados para explicar el mecanismo de la visión:

> Aún está por probar que cada parte de la pupila tenga poder de la visión y que ese poder no se limite a un solo punto, tal como desearían los estudiosos de la perspectiva[94] (figura 75).

[93] Piero della Francesca, *op. cit.*, pág. 125.
[94] Leonardo-Ángel González, *op. cit.*, pág. 141.

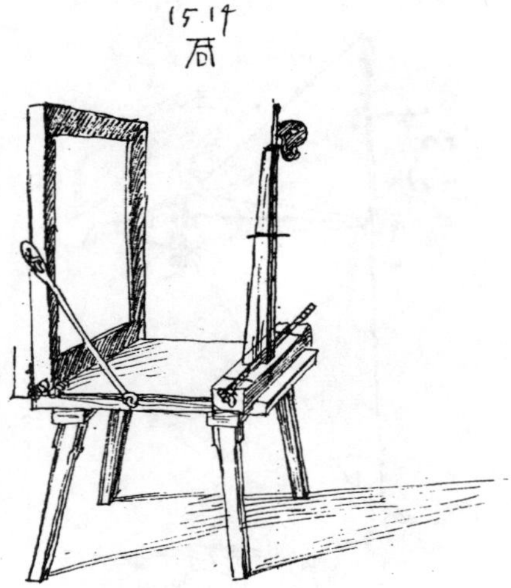

76. Durero. Instrumento portátil para dibujar sobre un vidrio. *Cuaderno de Dresde*, 1514.

Leonardo no podía admitir la idea de que el ojo humano y el complicado mecanismo de la visión fuesen reducidos a un punto matemático o a unos teoremas de la geometría euclidiana.

La metáfora del vidrio

La metáfora más acertada para definir la sensación producida por la pintura italiana desarrollada a partir de la obra de Giotto es aquella del cuadro como ventana o pared de vidrio. La sensación obtenida al contemplar una pintura realizada sobre un muro o cualquier otra superficie ya está descrita por Giovanni Boccaccio en el *Decamerón* (Jornada VI, narración 5.ª) en referencia al efecto producido por la pintura de Giotto en el espectador, «tomando como real lo que estaba sólo pintado».

Con respecto a esta misma idea Alberti acuña la definición de *vetro tralucente* para referirse a la pintura:

> Y sepan que cuando trazan con líneas una superficie, y van cubriendo de color el dibujo que han hecho, el efecto que buscan es que en una superficie se representen otras muchas, no de otro modo que si tal superficie fuese de vidrio o de otra cosa transparente[95].

Aunque las palabras de Alberti son anteriores a la fecha del nacimiento de Leonardo, este será el primero en dejar constancia escrita y gráfica del método del cristal, conocido en italiano como la *finestra leonardesca*.

---

[95] Alberti-Rejón, *op. cit.*, pág. 209.

77. Durero. Xilografía en donde se representa a un dibujante realizando un retrato con el método del vidrio. Publicado en su tratado de geometría de 1525.

Toma el vidrio del tamaño de medio folio real y disponlo con firmeza ante tus ojos, esto es, entre el ojo y la cosa que desees dibujar. Sitúate luego a una distancia de 2/3 de braza de dicho vidrio y fija tu cabeza con un instrumento, de suerte que no puedas moverla un ápice. A continuación cierra o cubre un ojo, y con un pincel o un lápiz graso traza sobre el vidrio lo que allí aparece; cálcalo entonces sobre un papel y transpórtalo a otro papel mejor. Ahora puedes pintarlo, si te place, cuidando de observar la perspectiva aérea[96].

El pragmatismo de Durero y la argumentación teórica

Tal como había hecho al ilustrar con un grabado el velo albertiano, Durero dibujará y describirá el método del cristal con todo lujo de detalles, proponiendo un artefacto portátil «para los que deseen dibujar a alguien a lo vivo, aunque no sean muy

[96] Leonardo-Richter, *op. cit.*, vol. I, pág. 260.

peritos en el arte de pintar». En una de las páginas de su *Cuaderno de Dresde* se conserva un dibujo del instrumento, fechado en 1514, y divulgado más tarde a través de una xilografía publicada en 1525 en la primera edición de su tratado de geometría (figuras 76 y 77)[97] que gozará de una amplia difusión en toda Europa.

En la versión de Durero del método del cristal, varios mecanismos permiten situar el punto de vista en diferentes posiciones respecto al vidrio. Gracias al ingenio de Durero, con este instrumento el dibujante puede acercarse o alejarse, desplazarse lateralmente a derecha o izquierda y subir o bajar el punto de vista. Este mecanismo tan sofisticado demuestra el dominio evidente de las variables que intervenían en los mecanismos de la visión y la representación perspectiva.

Como pintor, Durero era consciente del tiempo necesario para realizar un retrato, tal y como se requería en el arte de principios del siglo XVI, debido a la minuciosidad de la ejecución y el gusto por los detalles; en consecuencia, adivinando la más que probable fatiga de los modelos, Durero recomienda: «si quieres pintar a alguien, de este modo, apoya su cabeza para que quede quieta hasta que hayas trazado las líneas principales». Estas advertencias recuerdan algunos artificios utilizados en los primeros tiempos de la fotografía para evitar imágenes «movidas» de los personajes retratados a causa de las largas exposiciones requeridas por la poca sensibilidad de las emulsiones fotográficas.

Como otra precaución práctica necesaria para poder trasladar el instrumento de un lugar a otro, Durero soluciona la movilidad del instrumento al pensar que todas las piezas «si se desea, se desarman para que queden listas para llevarlas a donde quieras». La descripción completa del instrumento y las instrucciones para su utilización están relatadas así en la primera edición de su tratado de geometría:

> Si quieres, pues, dibujar alguna cosa vista mediante un vidrio, prepara primero un instrumento de esta naturaleza. Pon un vidrio transparente y plano en un marco a modo de ventana compacta, haz enseguida una mesa de la anchura que tiene el marco, pero un poco más larga, y fija el marco, en el extremo de uno de los lados, pon dentro dos goznes y únelos a la mesa con dos clavos, de manera que el marco pueda fácilmente levantarse y bajarse girando sobre ellos mismos, a manera de tabla de juego, para que el vidrio pueda abatirse sobre la mesa y guardarse, cuando sea necesario.
>
> Por otra parte, fija cerca de la mitad de la mesa, de uno y otro lado, dos clavos que tengan por cabezas unos anillos en los que entren dos bastoncillos de hierro a manera de cadenas, pudiéndose articular en ellos, y los bastoncillos deben ser tan largos como para que si se levanta de la mesa el marco en ángulo recto, la toquen a la mitad de una y otra parte, los bastoncillos tienen que hacerse planos por la parte anterior con un agujero en el cual se debe fijar un gancho móvil.
>
> Después fija en una y otra parte del marco, donde los extremos planos de los bastoncillos lo tocan, unos clavos de hierro con cabezas perforadas; si se aplican a estos los agujeros que están en las extremidades de los bastoncillos y se fijan los ganchos, queda de pie firmemente el marco con el vidrio.
>
> Hechas estas cosas, toma una madera cuadrangular que sea un poco más larga que lo ancho de la mesa, ahuecarás un lado de aquella a la medida de la mesa, pero, no obstante esto, las dos partes extremas de la madera deben quedar íntegras y sobrepasar la anchura de la mesa o tabla, y aplica transversalmente el lado libre de la

---

[97] Alberto Durero, *op. cit.*

madera sobre la mesa o tabla, de suerte que fácilmente, cuando fuere necesario, pueda ser movida sobre ella acercándose al vidrio o alejándose del mismo vidrio. Ahueca de nuevo esa madera por arriba de forma rectangular a lo largo, pero no hasta los extremos de los lados.

Ahora perforarás en redondo los dos lados extremos y mete por esos agujeros un tornillo largo que no esté roscado en los agujeros redondos sino solamente entre ellos; prepara enseguida otra madera tan larga como la mitad del marco, la cual penetre levantada precisamente con la parte inferior en el hueco cuadrangular de la madera transversal, y la llene en cuanto a la latitud, sobre la cual proyéctese también un poco hacia una y otra parte y esa saliente debe descansar justamente en la madera transversal, para que la madera que está levantada en ángulos rectos pueda así moverse cómodamente hacia adelante y hacia atrás de la subyacente. Hecho esto, taladrarás por la parte de la madera levantada que entra en el hueco de la transversal, un agujero con el que harás la matriz del tornillo susodicho. Ahora meterás el tornillo por la parte anterior al agujero redondo de la madera transversal, enseguida, a la matriz que está en la madera vertical, hasta que finamente salga por el otro agujero. Así, con el tornillo se podrá manejar firme y fácilmente la madera hacia una y otra parte; luego harás un agujero redondo por en medio, a lo largo, del trozo de la madera vertical y rebaja un poco un lado de la madera hasta el agujero y harás muchas muescas en una parte de su corte. Redondea después al torno un bastón, que entre con justeza en el agujero de la madera levantada y tenga un dentículo por abajo; mete ese bastón con el dentículo adjunto al agujero de la madera perpendicular, de suerte que del dentículo baje por la misma incisión.

Cuando levantas este bastón por un grado o muesca y deseas que permanezca firmemente, entonces coloca el dentículo en la muesca. Así fácilmente puede este bastón levantarse o bajarse al gusto; pon en su parte más alta una tablilla pequeña y apropiada, en cuyo centro esté un agujero suficientemente estrecho como para que sólo con un ojo puedas ver con mayor precisión por él y el vidrio en el marco.

Lo que ves pues, así trázalo con un pincel en el vidrio, hecho esto, transfiérelo del vidrio a la materia sobre la que has determinado pintar. Estas cosas son muy útiles para los que desean dibujar a alguien a lo vivo, aunque no sean muy peritos en el arte de pintar. Acerca de esto, si quieres pintar a alguien de este modo, apoya su cabeza para que quede quieta hasta que hayas trazado los lineamientos principales, dibujados los cuales, convendrá utilizar los colores, pero se debe emplear una luz clara.

Por último, si a la mesa susodicha a la que está unido el marco se le fijan dos travesaños transversalmente y en cada uno se hacen dos agujeros, a los que se les metan las patas por abajo, las asegurarás con espigas de fierro. Dispuestas estas cosas aptamente a manera de mesa, las podrás utilizar muy cómodamente para estos usos y también, si se desea, se desarman para que queden listas para llevarlas a donde quieras. Lo que dijimos arriba está puesto aquí ante los ojos[98].

Función demostrativa del método del cristal

Además de la utilidad práctica del vidrio para su aplicación a la pintura, tal como aconseja Durero, su eficacia para demostrar la verdad de las leyes geométricas de la perspectiva justificó su inclusión para tal fin en algunos tratados matemáticos. Así, la

[98] *Ibíd.*, pág. 224.

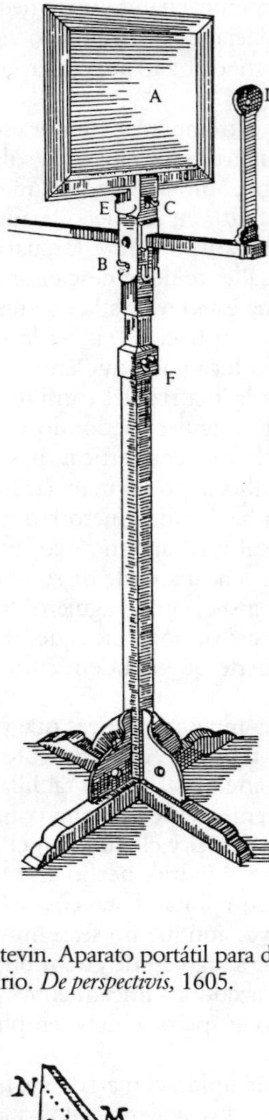

78. Simon Stevin. Aparato portátil para dibujar sobre un vidrio. *De perspectivis,* 1605.

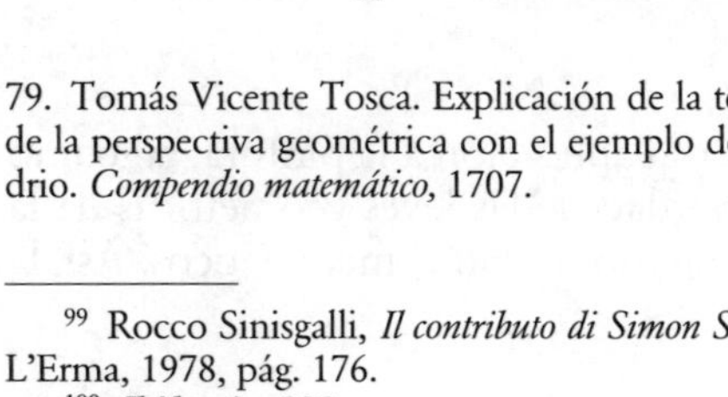

79. Tomás Vicente Tosca. Explicación de la teoría de la perspectiva geométrica con el ejemplo del vidrio. *Compendio matemático,* 1707.

obra de perspectiva de 1605, del matemático Simon Stevin, se comienza recurriendo a la metáfora del vidrio con un fin didáctico para dar a entender el concepto de la perspectiva:

> Si imaginamos que miramos un edificio que tenemos delante, a través de un vidrio nítido, perfectamente plano y transparente, todas las cosas aparecen, a través de él, como son, sin variación alguna. Ahora bien, si se realiza sobre esta forma que se ve, que en realidad no está adherida al vidrio, una figura permanente, la imagen trazada así, que aparece resaltada, será la verdadera perspectiva del citado edificio, mirado desde aquel punto[99].

A partir de esta convincente definición basada en la experiencia del vidrio, Stevin justifica la necesidad de «los teoremas» y «las reglas» de la perspectiva, que él mismo explica a continuación, a causa de que, muchas veces, lo que se quiere dibujar no se puede hacer tomándolo del natural, al estar «sólo grabado en la mente». Al final de su tratado, el matemático concluye sus palabras recordando que Durero había finalizado su tratado de geometría con la descripción del método del vidrio, algo que repite el propio Stevin, con una dedicatoria al Príncipe Mauricio de Nassau-Orange del que era maestro.

> Esta descripción de la imagen [la utilización del vidrio] pareció apropiada al Ilustrísimo Príncipe que no sólo se figuró la imagen del vidrio; la quiso obtener y dibujar; con este fin ordenó que se le preparase un vidrio del que realizamos esta figura[100] (figura 78).

[99] Rocco Sinisgalli, *Il contributo di Simon Stevin allo sviluppo scientifico della prospettiva artificiale,* Roma, L'Erma, 1978, pág. 176.
[100] *Ibíd.*, pág. 338.

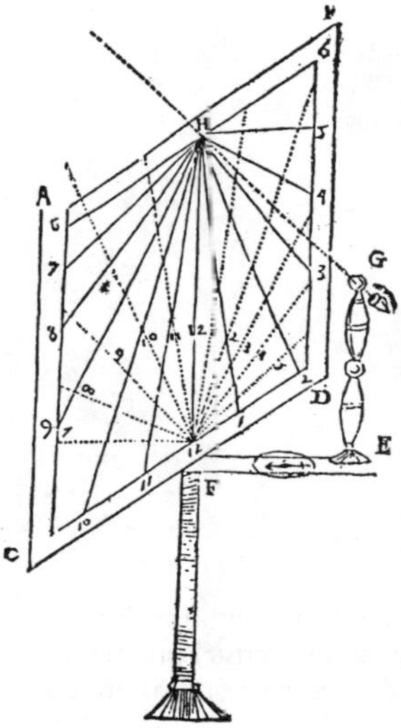

80. Kircher. Aplicación del método del cristal para proyectar un reloj de sol «en lugar discontinuo, con paredes desiguales». *Ars Magna,* 1646.

81. Kircher. Ejemplo propuesto para enseñar con el método del cristal a «situar rocas en los montes, disponer árboles y plantas en las viñas y huertos...».

El científico Simon Stevin había publicado su tratado en los primeros años del siglo XVII, una etapa histórica en donde se desarrolló el complejo fenómeno histórico conocido como la «Revolución científica», un período en donde se produce un acercamiento de los intereses de matemáticos, físicos y astrónomos hacia los instrumentos de dibujo, al sentirse atraídos por la objetividad de sus resultados y la consistencia de su argumentación científica. En este mismo contexto, muy próximo en el tiempo, en España, dentro de las ciencias físico-matemáticas, el valenciano Tomás Vicente Tosca es autor del mejor instrumento renovador de su época. Su *Compendio matemático* fue redactado en los años ochenta del mismo siglo XVII aunque publicado de 1707 a 1715 en nueve volúmenes[101]. En la parte dedicada a la perspectiva Tosca recurre también al ejemplo del vidrio para iniciar su especulación matemática en la parte dedicada a esta disciplina, tal como había hecho el matemático Stevin.

> Si entre la vista y el objeto se pusiese un plano, como vidrio, o lienzo transparente, es cierto que cortaría a la pirámide visual sobredicha, y que en esta sección se representaría a la vista el objeto con toda perfección (figura 79)[102].

Mucho más apasionado ante la utilidad universal del método del vidrio se había mostrado el jesuita alemán Athanasius Kircher (1601-1680), físico, filósofo y prolífi-

[101] Tomás Vicente Tosca, *Compendio matemático, en que se contienen todas las materias más principales de las ciencias que tratan de la cantidad. Que comprende arquitectura civil, montea y cantería. Arquitectura militar. Pirotechnia y artillería,* Valencia, Vicente Cabrera, 1707-1715.

[102] *Ibíd.,* Tratado XIX, Libro I, pág. 136.

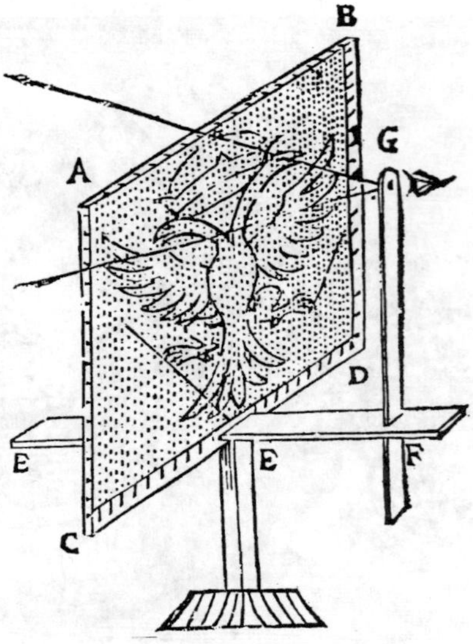

82. Kircher. «Instrumento mesóptico», denominación del método del cristal propuesto para un «experimento de mecánica óptica» por uno de sus discípulos.

co tratadista. En su *Ars Magna* lo aplica al trazado de relojes de sol sobre superficies irregulares y al diseño de paisajes anamórficos en donde sólo se pueden reconocer las figuras formadas con la vegetación si se observan desde el punto de vista preciso (figuras 80 y 81). Un discípulo de Kircher, Joannes Stephanus Kestlerus, al compendiar la obra del maestro, lo define como un «experimento de mecánica óptica» describiendo su construcción ilustrada con una figura y glosada por sus múltiples funciones (figura 82):

> El uso de este instrumento es tan amplio y extenso que casi en toda la Óptica no se presenta ni teorema ni problema alguno que la teoría de dicho instrumento no contenga. Primeramente, demuestra en cierto modo al ojo la naturaleza del rayo óptico, del luminoso y del opaco, así como las razones de las sombras y de todos los demás tipos de proyecciones, tal como quedará patente al experto que lo examine. En segundo lugar, para cualquier objeto dado, tanto si se trata de una figura, como de un cuerpo cualquiera, o imagen, o estatua, o casa, o en suma, templo, ciudad, campo, bosque, montaña, todas estas cosas pueden ser dibujadas sin dificultad, gracias a este instrumento, en el sitio natural donde se presenten. En tercer lugar, gracias a este instrumento obtendrás transformaciones maravillosas de las cosas presentes, y también lograrás todos los diseños de prodigiosos relojes. Tal como enseñan con claridad en la obra del autor, lib II, part. II, pág. 172, los subsiguientes ejemplos de cada una de las cosas propuestas[103].

Casi al mismo tiempo que los científicos de aquellos años se referían al método del cristal para argumentar en sus demostraciones de física y matemáticas, los pintores tratadistas del barroco lo invocaban como un recurso dentro de la estrategia retórica para avalar la naturalidad y liberalidad de la pintura. Entre ellos, Antonio Palomino (1655-1726), autor del tratado de arte más importante de la historiografía española, situado al final del período barroco, que escribe una obra considerada como

---

[103] Joannes Stephanus Kestlerus, *Physiologia Kircheriana Experimentalis*, Amsterdam, 1680, pág. 94.

una especie de testamento o inventario estético del Siglo de Oro español. Su *Museo pictórico y Escala Óptica* está marcado con un carácter enciclopédico, abarcando múltiples cuestiones teóricas y técnicas[104].

Tras dedicar el capítulo duodécimo del Libro segundo de su obra a ensalzar los «Prodigios de la naturaleza, en abono de la Pintura», Palomino afirma en su tratado que «no sólo émula sino maestra se puede y debe llamar el arte de la Pintura la ingeniosa naturaleza», y concluye el capítulo insistiendo en el mismo argumento e incluyendo su propia descripción del procedimiento del cristal como demostración científica de la construcción de imágenes verdaderamente naturales:

> Y para mayor maravilla, y calificación del gran fundamento científico con que forma sus imágenes la naturaleza, póngase delante de cualquiera objeto, que quiera delinear aun el más imperito en el arte del dibujo, un cristal o un velo transparente, tirado de un bastidor, y estando la vista de esta otra parte firme, e inmóvil, en proporcionada distancia, vaya delineando con tinta u otra cosa que señale, los contornos y extremidades de la figura u edificio que tuviere a la otra parte; que hecho esto con toda puntualidad, quedará con tanta perfección lo delineado, que ni el más perito en el arte lo adelantaría, por estar fundado según la naturaleza de los rayos visuales, y las especies visibles, con tan sólidos y firmes principios, que son todos los que constituyen demostrativa la Pintura o perspectiva. Y si delineando esto en el vidrio, se le pusiese luego encima un papel mojado, a breve espacio sacaría todos los perfiles puntualmente. Y lo mismo haría el velo, si delineando con carbón suave, y

83. Perspectógrafo portátil de Christopher Müller, 1776.

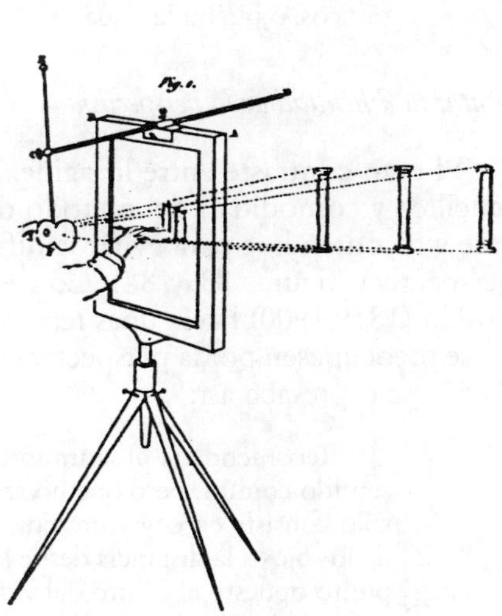

84. Perspectógrafo portátil de Adèle Le Breton, *Traité de perspective,* 1830.

[104] Antonio Palomino, *El Museo Pictórico y la Escala Óptica,* Madrid, Viuda de Juan García Infançon, 1724.

85. Portada del tratado de perspectiva de Giulio Troili del año 1672.

puesto de plano sobre un papel, se estregase suavemente con un pañuelo: y si fuese velo negro, se puede delinear con una punta hecha de tierra roja, o de ocre, y hará lo mismo; pero si se dibujare de blanco, se ha de restregar sobre cosa oscura, como lienzo imprimado, pizarra o tabla. De que se infiere, que por naturaleza vienen las imágenes de todos los objetos transferidas a nuestra vista por aquel conducto de los rayos ópticos, o pirámide visual, en la misma forma que lo prescriben las reglas del arte[105].

Evitar la dificultad de la perspectiva

El gran contraste entre la rigidez de las leyes geométricas de la perspectiva y la sencillez y comodidad del método del cristal determinó que, en el futuro, se utilizase y recomendase para evitar la dificultad de las construcciones geométricas de la perspectiva (figuras 83 y 84). Con este fin, aún en el siglo XIX, el dibujante John Ruskin (1819-1900) hacía unas recomendaciones muy sensatas para que los alumnos no se preocupasen por la perspectiva matemática. En su obra *The Elements of Drawings* (1857), se expresaba así:

> Recomendaría al alumno que al menos tratase a la perspectiva con un cierto sentido común; pero que no se preocupe demasiado. La mejor manera de aprender solo consiste en coger un vidrio enmarcado de forma que lo puedas poner delante de los ojos a la distancia desde la que se ha de ver el esbozo. Fija la vista en cualquier punto opuesto al centro del vidrio pero tan alto o tan bajo como quieras. Entonces con un pincel sujeto en la punta de un palo y un poco de pintura, que se adhiera al vidrio, se pueden trazar las líneas del paisaje sobre él, tal como se ven por transparencia. Cuando esté trazado, quedará en perfecta perspectiva[106].

[105] *Ibíd.*, Libro Segundo, capítulo XII-V.

[106] John Ruskin, *The Elements of Drawings*, 1857. Existe una traducción al catalán a la que hacemos referencia en las citas: *Les tècniques del dibuix*, Barcelona, Laertes, 1983, pág. 15.

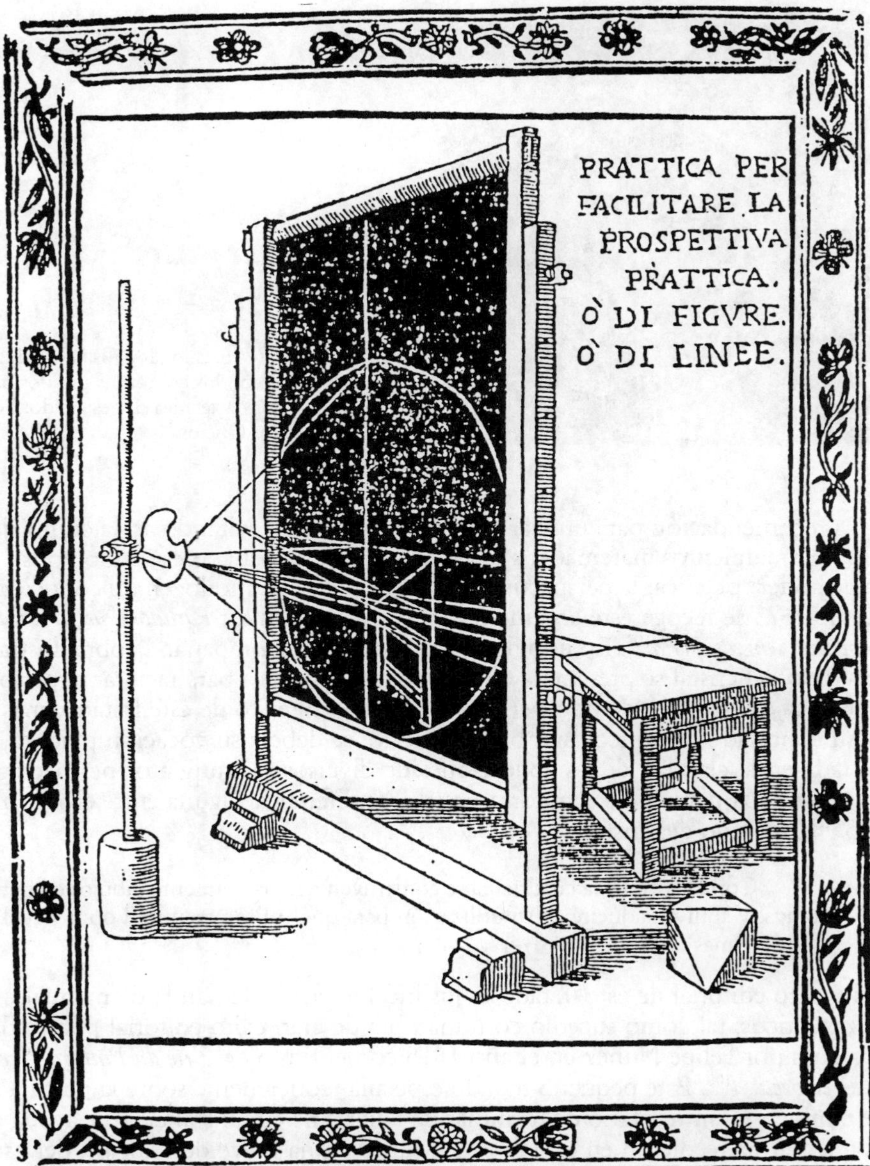

86. Método del cristal recomendado por G. Troili para dibujar en perspectiva, 1672.

87. Andrea de Verrocchio (1435-1488). Dibujo de cabeza de ángel con los contornos picados para la transposición con la técnica del estarcido. Florencia, Galería de los Oficios.

La recomendación para utilizar el método del cristal, evitando así la complejidad de los razonamientos matemáticos de la perspectiva, se había presentado por su ventaja de poder «practicar la perspectiva sin saberla». De este modo, en un conocido tratado de 1672 se recoge este argumento en su mismo título: *Paradossi per praticare la prospettiva senza saperla*[107]. En uno de los grabados que acompañan la obra ilustrando el método del cristal se presenta a este como una «práctica para facilitar la perspectiva práctica de figuras o de líneas» (figuras 85 y 86). El éxito de este tratado, más que por su contenido científico, más bien modesto, se debe a su vocación práctica, manifestada en la claridad de las aplicaciones de diversos instrumentos perspectográficos. En sus razonamientos el autor no establece diferencia alguna entre el velo albertiano y el método del cristal:

> Con el cristal y la cuadrícula se construyen exactísimamente dibujos en perspectiva, y aquí no aduciré de su utilización para qué aplicamos uno u otra, y cuál puede ser más útil[108].

El éxito editorial de este tratado es justificable por la demanda de manuales con fines prácticos, tal como sucedió con una obra de gran éxito editorial publicada en portugués por Felipe Nuñez en el año 1615 con el título de *Arte da Pintura, Symmetria e Perspectiva*[109]. Este pequeño tratado especula teóricamente sobre la pintura aunque también es un recetario de fórmulas de taller, una circunstancia que ayuda a explicar su tardía reedición en el siglo XVIII. Junto a una breve descripción del uso de la cámara oscura y otros instrumentos perspectográficos, el autor se refiere al método del cristal como «otro modo de copiar», relatando pormenores técnicos como el uso del estarcido para reproducir un dibujo.

---

[107] Giulio Troili (llamado Paradosso), *Paradossi per praticare la prospettiva senza saperla...*, Bolonia, Gioseffo Longhi, 1672.

[108] *Ibídem*, pág. 44.

[109] Felipe Nuñez, *Arte Poetica, e da Pintura, e Symmetria, com principios da Perspectiva*, Lisboa, Pedro Crossbeeck, 1615.

> Para hacer un retrato de tamaño natural se ha de guardar este orden, para que después se pueda hacer bien del natural y parecido. Tomad el vidrio del tamaño del rostro, que queréis retratar, y ponedlo en el rostro abarcando todo el perfil, que os parezca mejor, perfilad, y se hará con tinta grasa, como dijimos más arriba. Después tomad una hoja de papel, y ponedla sobre los perfiles que ya están sobre el vidrio, para que los reciba, y después lo picáis muy bien, y con él así picado podéis estarcir y ponerlo al derecho porque el perfil también se hizo al derecho. Después podéis colorearlo, teniendo delante la persona que retratáis; porque como el perfil es verdadero, será muy fácil, para el que sabe después pintar del natural[110].

La técnica del estarcido consiste en trasladar sobre cualquier superficie el contorno preciso de un dibujo, realizado sobre una hoja de papel que se pica, agujereándolo con un punzón para obtener un calco del contorno al golpear la hoja con un saquito lleno de pigmento o carboncillo (figura 87).

Procedimiento práctico; el uso de espejos

El pequeño tratado ya referido del portugués Felipe Nuñez, *Arte da Pintura, Symmetria e Perspectiva*, de 1615, tiene una vocación práctica evidente, de compilación de recetas aplicables en el taller. Las informaciones de los instrumentos allí recogidos, están basadas parcialmente en las obras de Durero y de Barbaro, los referentes inmediatos de los aparatos perspectográficos citados por este autor. Entre todos ellos propone un «Modo fácil para copiar una ciudad, o cualquiera otra cosa». Después de explicar el método de la cuadrícula aplicado al dibujo de paisajes, se refiere también a su utilidad para ampliar «cosas de pintura» desde un papel más pequeño al soporte definitivo de tamaño mayor; a continuación, tras hacer una descripción del funcionamiento de la cámara oscura, tomada del texto de perspectiva de Barbaro, finaliza su relación de instrumentos con la explicación del proceso seguido para la representación con el auxilio de espejos:

> Otro modo.
>
> Para copiar una ciudad, o lo que queráis en espacio reducido, tomad un espejo, o un vidrio claro, cristalino, del tamaño que queráis, y ponerlo en el lugar donde se pueda con él ver bien lo que deseéis copiar, y entonces en la representación, ir con el pincel lanzando las líneas principales y el perfil de lo que queréis copiar, y sea con alguna tinta al óleo. Después que dentro del espejo o vidrio tuvieras descrito y perfilado todo, tomar un papel en blanco y ponerlo sobre el perfil que ya está sobre el espejo o vidrio, para que lo reciba el papel. Después de seco, en el papel lo podéis picar minuciosamente, y después estarcirlo al derecho; porque en el espejo está invertido, y por los perfiles ciertos podéis ir coloreando, del mismo modo que las cosas se muestran; la muralla, la torre, las casas, etc.[111].

Esta referencia a la utilización de un espejo, con una intención similar o equivalente a la del vidrio, plantea algunas diferencias de matiz al compararlos entre sí, aunque no son pequeñas desde el punto de vista de la práctica. La primera cuestión se deriva de un hecho evidente: a través del vidrio los objetos se muestran «al derecho», mientras que reflejados en un espejo aparecen invertidos, tal como advierte acertada-

[110] Felipe Nuñez, *Arte da Pintura, Simetría e Perspectiva*, edición de Lisboa, J. B. Alvares, 1767, pág. 110.
[111] *Ibíd.*, pág. 109.

mente el autor portugués. A pesar de esta diferencia, en cualquiera de los dos casos, se puede transferir sobre un papel la imagen así obtenida con la técnica del estarcido explicada anteriormente y que consiste en traspasar sobre el soporte definitivo los contornos perforados minuciosamente; este procedimiento permite, tomando una u otra cara del papel, mantener la misma posición de la imagen o invertirla especularmente cuando se copia el dibujo por la otra cara (figura 87).

Si las imágenes realizadas indistintamente con un vidrio o un espejo se trasladan más tarde a un papel utilizado para el estarcido, pudiendo obtener como resultado un mismo dibujo, parece difícil de justificar la preferencia por el cristal o el espejo. Por ello, al conseguir lo mismo con uno u otro procedimiento, se puede intentar una explicación de su utilización en el dibujo, desde los antecedentes y las referencias a los espejos en los tratados, aunque los datos son bastante confusos. La noticia más antigua aparece recogida en las páginas del tratado de Filarete, terminado en 1464; allí el autor recomendaba:

> Este es un buen método [el velo], con el que sabrás bien cada particularidad de la medida, y así podrás copiarlo todo: un animal, un edificio o cualquier cosa que desees. También es bueno copiar en el espejo, como te he dicho; y si tienes dos, de modo que reflejan el uno en el otro, te será más fácil copiar lo que tengas que hacer[112].

La sugerencia de Filarete para usar dos espejos podía tener como fin el de obtener directamente una imagen que no estuviese invertida (especular); aunque, también es posible que se haga eco en sus páginas e interprete una noticia anterior, relacionada con el famoso experimento de la primera tabla demostrativa de la perspectiva realizada por Brunelleschi cuarenta años antes. Esta posibilidad queda reforzada por la noticia que da el mismo Filarete en referencia a Brunelleschi:

> Encontró el modo de hacer esta perspectiva, y verdaderamente fue una cosa sutil y bella que encontrase por medio de la razón aquello que el espejo te muestra[113].

Unas líneas más adelante, Filarete vuelve a insistir en lo mismo:

> Si quieres copiar cualquier cosa por vía más fácil, toma un espejo y tenlo delante de lo que quieras dibujar; y mira en él y verás los contornos de las cosas más fácilmente, y las que están lejos de ti parecerán disminuir. Verdaderamente, creo que de este modo Pippo di ser Brunellesco encontró la perspectiva, la cual no se usaba en otras épocas[114].

Filarete se refería a la primera tablilla demostrativa de la invención de la perspectiva, cuya descripción minuciosa se conoce gracias a la biografía de Brunelleschi escrita por Antonio di Tuccio Manetti alrededor del año 1480[115].

> Y esta cuestión de la perspectiva, con la primera cosa con que la mostró fue con una tablilla de aproximadamente media braza cuadrada donde pintó el exterior del templo de San Giovanni de Florencia, retratado con todo lo que se ve en una mirada

---

112 Filarete, *op. cit.*, pág. 375.

113 *Ibíd.*, pág. 364.

114 *Ibíd.*, pág. 365.

115 Antonio Manetti, *Vita di Filippo Brunelleschi preceduta da La Novella del Grasso,* Milán, Polifilo, 1976.

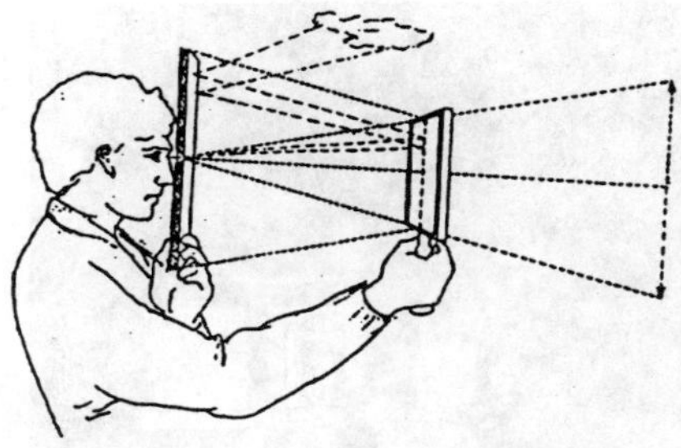

89. Esquema geométrico del funcionamiento de la tablilla perspectiva de Brunelleschi. A. Parronchi, 1958.

88. Reconstrucción del procedimiento utilizado para observar, reflejada en un espejo, la pintura de Brunelleschi demostrativa de la invención de la perspectiva. Alison Coole, 1992.

desde fuera; y parece que hubiera estado retratándolo desde unas tres brazas al interior del umbral de la puerta central de Santa María del Fiore: pintado con tanta precisión y gracia, y tan bien logrado con los colores de los mármoles blancos y negros, que ningún miniaturista lo habría hecho mejor; delante estaba representada aquella parte de la plaza que abarca la vista, o sea en el lado de enfrente de la Misericordia hasta el recodo y la esquina de Pecori, y en el lado de la columna del milagro de San Zenobio hasta la esquina de la Paglia, y todo lo que desde allí se ve alejarse; y todo el cielo que se debía mostrar, para que los contornos de la pintura se recortaran en el aire, estaba dispuesto con plata bruñida de modo que el aire y el cielo naturales se reflejaran dentro, como asimismo las nubes, que cuando sopla el viento se ven pasear por aquella superficie plateada. En esta pintura, dado que el pintor debe forzosamente presuponer un único lugar, desde donde hay que mirar su pintura tanto por arriba y por abajo como por los lados, como por la distancia, y a fin de que no fuera posible equivocarse mirándola —ya que con cada variación del lugar previsto cambiarían las imágenes oculares, él practicó un agujero en la tabla por la parte pintada, viniendo a caer en la pintura en la zona del templo de San Giovanni, en aquel lugar donde incidía el ojo, en línea recta de quien miraba desde aquel lugar dentro de la puerta central de Santa María del Fiore, donde se habría situado si lo hubiera retratado. El citado agujero era pequeño como una lenteja por el lado de la pintura, y por detrás se ensanchaba piramidalmente, lo mismo que hace un sombrero de paja de mujer, hasta llegar a la circunferencia de un ducado o poco más. Y quien quería ver la pintura tenía que situar el ojo por detrás, donde el agujero era más ancho, y acercándola al ojo con una mano mientras con la otra sostenía enfrente de la tabla un espejo plano, dentro del cual se reflejaba la pintura; y la misma separación del espejo en relación a la otra mano venía a ser aproximadamente la distancia en brazas pequeñas a la que, en brazas reales, había desde el templo de San Giovanni hasta el lugar donde enseñaba haber estado retratándolo, de manera que al mirarlo, con los otros detalles ya contados de la plata bruñida y de la plaza, etc. y del punto, parecía que se estuviera viendo el propio San Giovanni de verdad; yo lo he tenido en las manos, lo he visto muchas veces en mis días, y puedo testimoniarlo[116] (figuras 88 y 89).

[116] Tradución al castellano recogida en: Joaquim Garriga, *op. cit.*, págs. 173-175.

90. Ilustración de la hipótesis del procedimiento utilizado para pintar directamente sobre un espejo la primera tablilla perspectiva de Brunelleschi. S. J. Edgerton, 1974.

Aunque en esta descripción no se dice nada del método seguido para la realización de la tabla, limitando las referencias y la función del espejo a su utilización para la observación de la tablilla ya pintada, así como la comprobación de su fidelidad al modelo natural, existen hipótesis planteando la posibilidad de su utilización en la ejecución de la pintura. Según algunas interpretaciones, el espejo habría servido para copiar directamente del natural los temas reflejados en él. Algunos estudiosos del tema sostienen que la tabla demostrativa de la «invención» de la perspectiva no había sido «construida» con un procedimiento geométrico, sino «calcada sobre un espejo»[117]. Otros autores concretan más el posible procedimiento, suponiendo la existencia de «una plancha de metal bruñido» a modo de espejo, para reflejar el tema, pintando directamente sobre la plancha la escena así reflejada[118] (figura 90).

Más allá de la posible utilidad práctica de los espejos para resolver los problemas técnicos de la representación gráfica, detrás de ellos subyace en muchas ocasiones el interés de los talleres por emular sus imágenes y experimentar con un instrumento recomendado, entre otros, por el propio Leonardo:

> De cómo el espejo es maestro de pintores.
>
> Cuando quieras comprobar si tu pintura se corresponde exactamente con el cuerpo que copiaste del natural, toma un espejo y haz que en él se refleje la cosa real. Compara entonces la imagen reflejada con tu pintura y considera si el sujeto de ambas imágenes guarda en ellas la debida conformidad. Al espejo (un espejo plano, sin duda) has de tener por tu maestro[119].

En la misma página del códice Leonardo se hacía esta pregunta: «¿Por qué la pintura parece más atinada dentro que no fuera del espejo?» La respuesta podría ser esta: al contemplar una pintura reflejada en el espejo, al verse invertida, parece otra diferente y así se puede juzgar con más objetividad, como si se estuviese viendo por vez primera una pintura de otro autor. Esta idea ya se recoge como una recomendación en el tratado de la pintura de Alberti de 1435 cuando afirmaba que «no hay juez como el espejo». En estas circunstancias es comprensible que la «visión» objetiva del espejo se considerase referencia y modelo para la pintura.

---

[117] Decio Gioseffi, *Complementi di prospettiva* (1957-1958). Reedición: *Arte in Friuli. Arte a Trieste,* Udine, 1994, pág. 184.

[118] Lawrence Wright, *Perspective in Perspective* (1983). Traducción en castellano: *Tratado de perspectiva,* Barcelona, Stylos, 1985, pág. 72.

[119] Leonardo-Richter, *op. cit.,* vol. I, pág. 264.

91. Utilización del espejo para comparar los tamaños relativos de las figuras observadas según un manual actual de dibujo (B. Edwards).

92. Utilización de un espejo para ver el retrato pintado en una «tabula escalata». Vignola-Danti, 1583.

Alberti se refería al juicio del espejo en estos términos:

> No hay juez como el espejo, en donde mirada una pintura bien hecha, adquiere otra tanta más gracia; y al contrario si está defectuosa, lo parece mucho más en él. Enmiéndense, pues, con el espejo las cosas copiadas del natural[120].

También esta advertencia sobre el crédito del espejo conserva toda su vigencia para muchos autores de manuales contemporáneos de dibujo. Así, en las páginas de un conocido manual se pretende conseguir el dominio de la estimación de los tamaños aparentes de las figuras, ya que, «los alumnos principiantes tienen problemas con la proporción». Para superar estas dificultades se hacen varias propuestas; en una de ellas se recomienda:

> Colóquese frente a un espejo a la distancia de un brazo. ¿De qué tamaño diría usted que es la imagen de su cabeza reflejada en el espejo? Extienda el brazo y con un rotulador de punta de fieltro marque dos puntos en el espejo, uno en la parte superior de la imagen reflejada (en el contorno exterior de su cabeza) y otro en el contorno inferior de su barbilla. ¿Cuánto mide la imagen en centímetros? Más o menos entre 11.30 y 12,50 centímetros, o *la mitad* del tamaño real de su cabeza. Sin embargo, si quita las marcas y vuelve a mirar, da la impresión de que la imagen *tiene que ser* del tamaño real. Nuevamente está viendo lo que cree y no creyendo lo que ve[121] (figura 91).

[120] Alberti-Rejón, *op. cit.*, pág. 247.
[121] B. Edwards, *op. cit.*, pág. 152.

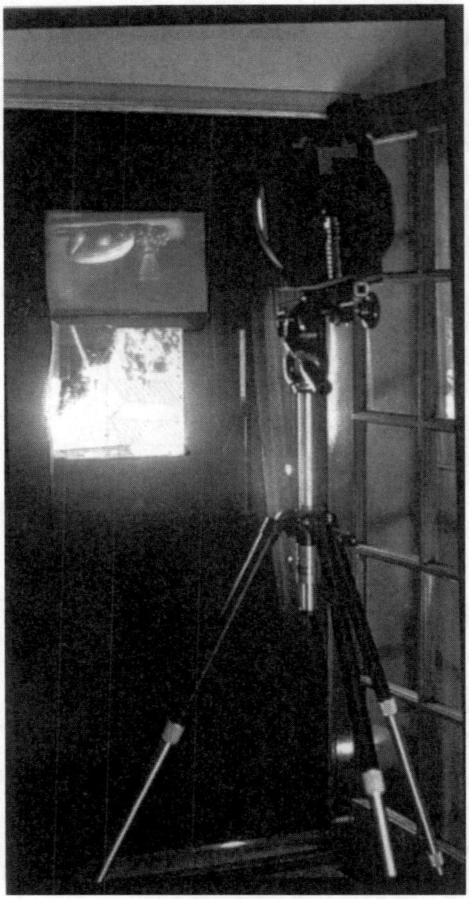

93. Espejo cóncavo construido por el pintor David Hockney para dibujar las imágenes reflejadas y proyectadas en una estancia oscura.

Este crédito sobre la verdad de los espejos, otorgado desde el primer Renacimiento, llevará a usarlos en el futuro para artificios y juegos visuales con la pretensión de engañar a la vista.

Después de la publicación del libro de perspectiva de Vignola con los comentarios de I. Danti, los artificios ópticos con espejos adquieren, durante el siglo XVII, una importancia muy notable. Entre todos ellos, el primero conocido, descrito y publicado en 1583 por el mismo I. Danti, consiste en un espejo que, colocado en una posición adecuada, refleja en una imagen única el retrato realizado sobre varias superficies diferentes de unos listones de sección triangular (figura 92).

Imágenes reflejadas y proyectadas por los espejos

En los manuales de óptica se describe un fenómeno bien conocido en el ámbito de esa disciplina: los espejos cóncavos pueden funcionar como lentes al proyectar sobre una superficie las imágenes reflejadas en ellos. Si se quiere aplicar este principio al dibujo, las condiciones de luz requeridas exigen un modelo bien iluminado y la superficie de proyección de la imagen situada en una estancia oscura.

Aunque no existe testimonio alguno, en ningún momento del pasado, de la aplicación de este principio para dibujar, recientemente se han publicado unas experiencias del pintor contemporáneo David Hockney con un instrumento basado en este fenómeno físico de la óptica[122] (figura 93), un fenómeno que él mismo declara conocer casualmente a través de un charla ocasional con Charles Falco, un profesor de óptica y catedrático universitario de física del estado sólido. En su propio testimonio afirma:

> En marzo de 2000, al final de su segunda visita a mi taller, dio la casualidad que Charles Falco acababa de decir —en un inciso de un inciso— que un espejo cóncavo tiene todas las cualidades de una lente y puede proyectar imágenes sobre una su-

[122] David Hockney, *El conocimiento secreto. El redescubrimiento de las técnicas perdidas de los grandes maestros,* Barcelona, Destino, 2001.

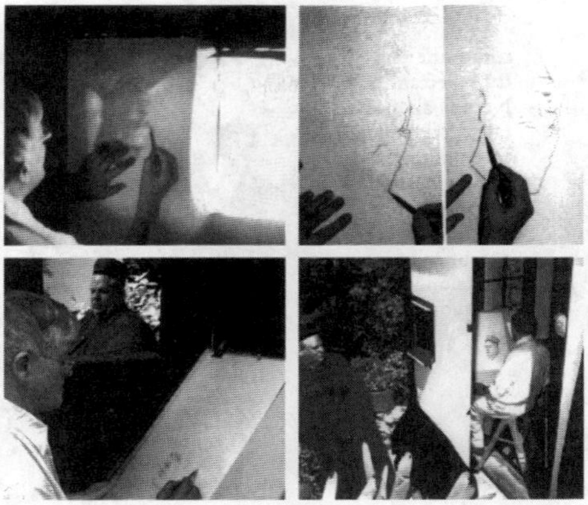

94. Secuencia fotográfica de la demostración del pintor David Hockney dibujando la imagen reflejada y proyectada por un espejo.

perficie plana. De repente me di cuenta. Él pensaba que era de dominio público (quizás lo es en el enrarecido mundo de la óptica), pero yo sabía que no.

Al día siguiente usamos un sencillo espejo de aumento de uso doméstico para proyectar imágenes en una pared. Podríamos verlas con tanta claridad que a punto estuvimos de gritar «¡Eureka!»[...]

Entonces comencé a experimentar. Para lograr que las imágenes proyectadas fueran aún más claras, recorté un agujero en un trozo de cartón con el fin de hacer una pequeña ventana como esas que había visto en los retratos de los holandeses. Luego coloqué este cartón en una puerta y oscurecí la habitación. Sujeté con una chincheta un trozo de papel cerca del agujero, del lado de adentro de la habitación oscurecida, coloqué el espejo enfrente de la ventana y lo giré ligeramente hacia el papel. Luego un amigo se sentó fuera, del otro lado del agujero, a plena luz del sol. Dentro de la habitación yo podía ver su cara en el papel, al revés, pero de la manera correcta y muy clara. Puesto que la imagen no estaba invertida resultó fácil hacer unas «mediciones» y marcar el rabillo de los ojos, la nariz, la boca, del mismo modo que había hecho con la cámara clara. Luego descolgué el papel, lo giré al revés y trabajé del natural...[123] (figura 94).

La crónica de esta experiencia particular no tendría una mayor trascendencia a no ser por el contexto donde Hockney la presenta: como hipótesis de haber sido un instrumento de trabajo utilizado por diferentes artistas desde las primeras décadas del siglo XV hasta la aparición de la fotografía. La utilización de espejos y lentes explicaría, siempre según este pintor, la sorprendente cualidad y apariencia «fotográfica» de muchas obras. Asimismo, su desconocimiento actual se justificaría con el mismo título del libro en donde expone su hipótesis: *El conocimiento secreto. El redescubrimiento de las técnicas perdidas de los grandes maestros*. La ausencia de testimonios históricos sobre su utilización se explicaría, en opinión del pintor británico, por una voluntad permanente de mantener ocultos los secretos del arte.

El lujo de la edición en donde se publica esta hipótesis y la calidad de sus imágenes contrastan con el escaso rigor histórico en donde la investigación documental se sustituye por las opiniones del pintor basadas en la intuición derivada de su propia experiencia profesional. Una sola frase del texto sirve para dar una idea del ínfimo ri-

[123] *Ibíd.*, pág. 74.

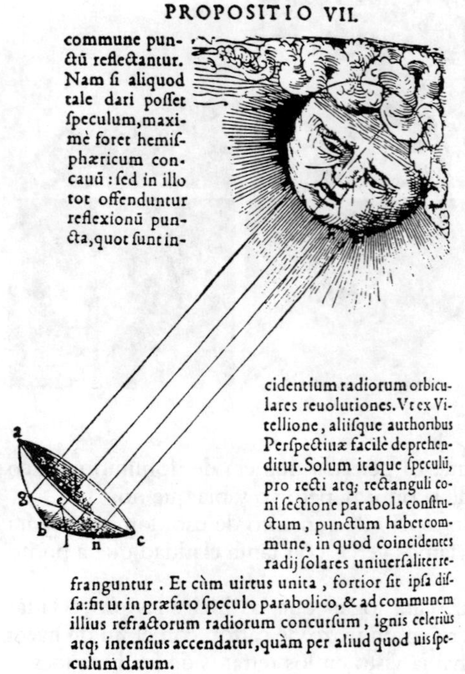
PROPOSITIO VII.

commune punctū reflectantur. Nam si aliquod tale dari posset speculum, maximè foret hemisphæricum concauū : sed in illo tot offenduntur reflexionū puncta, quot sunt incidentium radiorum orbiculares reuolutiones. Vt ex Vitellione, aliisque authoribus Perspectiuæ facilè deprehenditur. Solum itaque speculū, pro recti atq; rectanguli coni sectione parabola constructum, punctum habet commune, in quod coincidentes radij solares uniuersaliter refranguntur. Et cùm uirtus unita, fortior sit ipsa dissa: fit ut in præfato speculo parabolico, & ad communem illius refractorum radiorum concursum, ignis celeriùs atq; intensius accendatur, quàm per aliud quod uis speculum datum.

95. Esquema de la reflexión de la luz solar en un espejo parabólico según un grabado de 1551. O. Fine.

gor de su propuesta y no precisa de comentario alguno.

> Algunos historiadores del arte han dicho que hay relatos escritos acerca de sistemas similares en los siglos XVI y XVII, pero aún no los he encontrado[124].

Si bien es cierta la dificultad de encontrar documentos inexistentes al no haber constancia de testimonio alguno acerca de la utilización de las imágenes reflejadas por espejos para dibujarlas, con intención de aplicarlas a la pintura, su conocimiento y uso para otros fines ajenos al arte están documentados en épocas diferentes. En uno de los testimonios más antiguos, el filósofo y científico franciscano Roger Bacon (1214-1294) llamado el Doctor admirable *(Doctor mirabilis)* experimenta con espejos. Bacon valora como pionero la importancia de la *scientia experimentalis* en toda su obra: «la ciencia experimental no recibe la verdad de manos de ciencias superiores; es ella la dueña, y las demás ciencias son sus servidoras».

Desde este punto de vista son dignas de mención sus experiencias descritas sobre la reflexión de la luz, además de ser también el primero en realizar algunos experimentos con las lentes recién descubiertas en su misma época. En su obra de óptica Bacon se hace eco del fenómeno de proyección de imágenes reflejadas en el espejo:

> Los espejos pueden disponerse de manera que muchas imágenes, de lo que queramos, aparezcan en la casa o en la calle y cualquiera que las divise las verá como si fueran reales, y cuando corriera adonde las ve no encontraría nada. Porque los espejos estarían colocados fuera de la vista, de manera que la posición de las imágenes está al descubierto y aparece en el aire en el punto donde los rayos visuales se juntan con la perpendicular, de manera que quienes las ven corren hacia donde ven las imágenes y piensan que algo existe donde no hay nada, sólo una aparición. Y así, de acuerdo con las cosas de esta clase, los temas que hemos tocado acerca de la reflexión y otros similares podrían volverse no sólo útiles para amigos y cosas para atemorizar a nuestros enemigos, sino también una importante fuente de consolación filosófica de manera que toda la vacuidad de los necios puede ser borrada por la belleza de los milagros de la ciencia y los hombres puedan disfrutar de la verdad, dejando a un lado las falsedades de la magia[125].

---

124 *Ibíd.*

125 Traducción recogida en Hockney, *op. cit.*, pág. 206.

96. Kircher. «Máquina catóptrica para que el hombre que mire al espejo, en lugar de un rostro humano, parezca que lo tiene de asno, de un buey, de un ciervo o de animales similares.» *Ars Magna,* 1646.

Asimismo, entre otras experiencias, Bacon pondrá un espejo inclinado delante del orificio de la cámara oscura para enderezar las imágenes, aunque, en ningún momento el filósofo franciscano se refiere a los fenómenos de espejos para relacionarlos con la pintura, algo que advertía el erudito Leopoldo Cicognara al referirse al escrito de óptica de Bacon: «obra únicamente relativa a la ciencia y no aplicada a las artes»[126].

El estudio de las propiedades de reflexión de la luz y las imágenes en los espejos, a partir de los textos de la ciencia medieval, recibió en el Renacimiento el impulso de los intentos de reconstrucción de los conocimientos de la Antigüedad, a través de las noticias y textos conservados. Se sabía que el gran faro de Alejandría construido hacia el año 280 a. C., gracias a unos espejos de metal bruñido, despedía un destello que era fama se veía a más de 50 kilómetros.

Asimismo, entre los tratados helenísticos y grecorromanos de óptica dedicados a los espejos, se había conservado la *Catóptrica* de Herón y otra *Catóptrica* de un pseudo-Euclides que algunos atribuyen a Teón de Alejandría. No obstante, el relato tradicional de un conocido episodio de la vida de Arquímedes, utilizando espejos, sirvió de aliciente para intentar reconstruir desde entonces el procedimiento utilizado por el sabio griego. Según el relato, Arquímedes dirigió la defensa de Siracusa durante tres años, cuando esta fue atacada por Roma, y se dice que incendió las embarcaciones de los sitiadores por medio de un sistema de espejos al reflejar la luz del sol (figura 95).

En el segundo tercio del siglo XVII, en el contexto del estudio de estos antecedentes, se inscribe la obra de carácter enciclopédico del jesuita alemán Athanasius Kircher, en donde trata de la proyección de imágenes. Este tratadista estudió, en el amplio panorama de su obra, la linterna mágica y lo que él denominaba magia de los espejos por sus efectos espectaculares. Estos conocimientos se usaban por el autor para amenizar las fiestas del palacio de un cardenal o un príncipe romano. Así, al describir «una máquina catóptrica, de tal manera que el hombre que mire al espejo, en lugar de un rostro humano, parezca lo tiene de un asno, de un buey, de un ciervo, o de animales similares», Kircher confiesa su propia experiencia:

[126] Leopoldo Cicognara, *Catalogo ragionato dei libri d'arte e di antichità posseduti dal Conte L. C.,* Pisa, 1821, vol. I, págs. 149-163 («Prospettiva»).

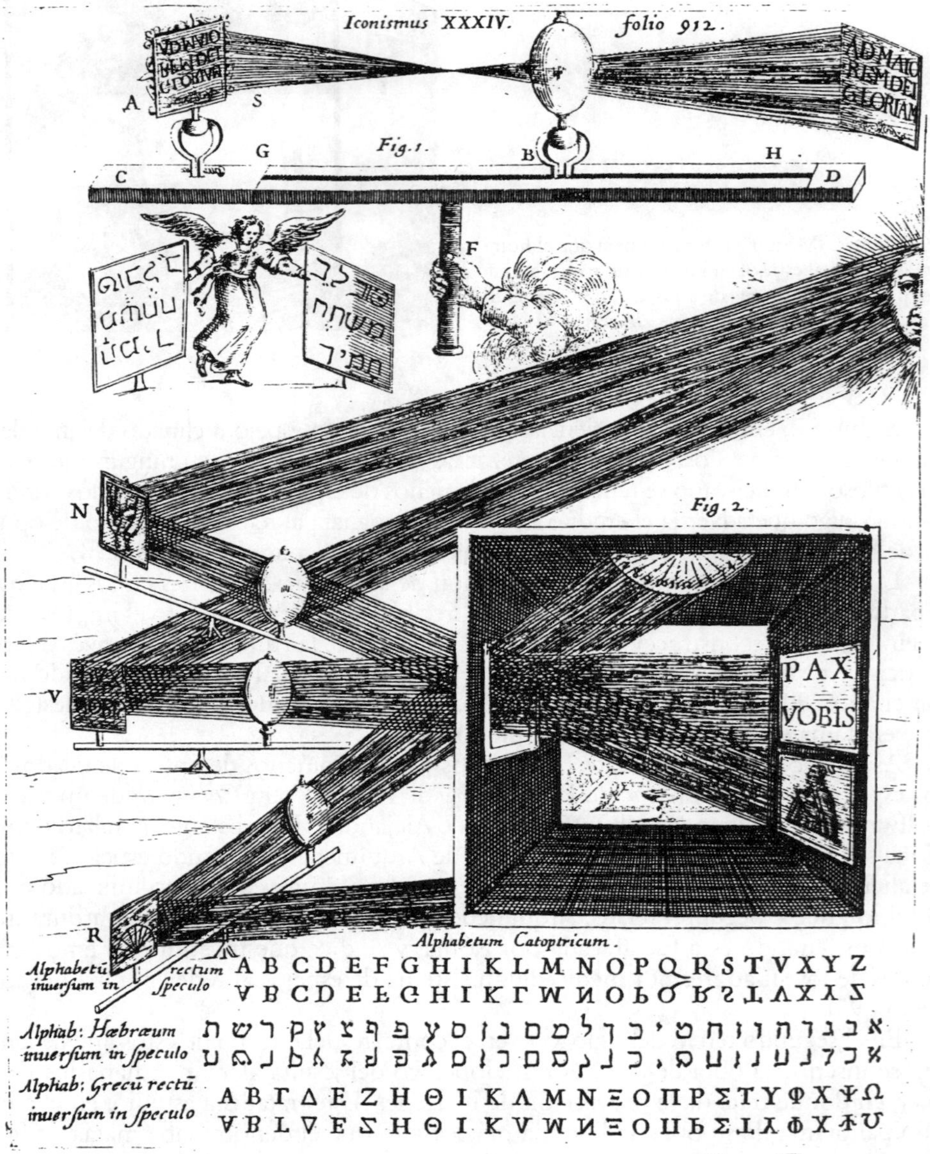

97. Kircher. Proyección de figuras pintadas en espejos y reflejadas con la ayuda de una lente. *Ars Magna*, 1646.

Tengo una máquina de este tipo, que a todos arrebata a una ingente admiración, en tanto que, los espectadores observan, en lugar del rostro del animal, ya uno de lobo, ya uno canino, ya de otro animal. Así mismo, si alguno formase de cualquier materia una cabeza de muerto, vacía por dentro, y con los ojos, la nariz, el hueco de la boca agujereados, untando con aceite un papel fino, cubrirás dichas cavidades; a continuación, dentro, en el lugar designado, se esconderá una lámpara; aparecerá sin duda un espectáculo formidable sobre el que apenas hay palabras (figura 96)[127].

Kircher utilizaba sistemáticamente el nombre de magia natural para definir muchos fenómenos físicos; así, su *Magia lucis et umbrae*, en donde expone sus artificios, está desarrollada en su gran obra *Ars Magna lucis et umbrae* (El gran arte de la luz y de la sombra, 1646 y 1647) y recoge algunos fenómenos producidos por espejos que se podrían denominar contemporáneamente como temas de «física aplicada». En todos estos experimentos, la luz natural convenientemente utilizada con la ayuda de espejos y lentes servía para proyectar imágenes en diversas circunstancias.

En otro de sus experimentos el jesuita proyecta en una estancia oscura las imágenes pintadas en un espejo, interponiendo una lente en la trayectoria de la imagen reflejada:

En verdad, en primer lugar, es cierto que no hay figura alguna o imagen que no pueda ser transmitida de dicho modo. Así pues, para representarte a ti mismo a un amigo tuyo, pintarás tu efigie en el espejo antes mencionado; por otro lado, es suficiente con sólo el contorno exterior del rostro que vulgarmente llaman perfil; y, expuesto el espejo ante el sol: digo que el rayo reflejado en un lugar oscuro mostrará perfectamente tu sombra, o tu efigie; porque lo mismo sirve para los caracteres y las imágenes; más la experiencia te lo enseñará todo mejor, de lo que yo te lo mostraría con muchas palabras. Leemos en las historias muchas gestas forjadas con este artificio, que, por sentencia común de muchos, son tenidas por operaciones diabólicas. Ciertamente Roger Bacon, en tanto mostraba su sombra para ser reconocida en un lugar oscuro, alejados y apartados los amigos, es tenido en gran medida por todos, aún ahora, por necromántico; como quiera que, no obstante, un varón filósofo, pudiera mostrar todo lo dicho con el arte mencionada, sin ningún rastro de arte sospechosa (figura 97)[128].

Las limitaciones técnicas de la época para la construcción de espejos y lentes, además del tiempo y dinero requerido, son causa del constante lamento de Kircher en las páginas de su obra, unas limitaciones que no se corresponden con el nivel de conocimientos y desbordante curiosidad por la experimentación. Así, al hablar de estas máquinas confiesa: «yo, como quiera que he interrumpido el ocio y los gastos necesarios para realizar experimentos de este tipo». En estas circunstancia hace una referencia acerca de que,

Los espejos cóncavos también pueden servir de la mejor manera para este asunto: pues agrandan hasta lo máximo las imágenes de las cosas, y las ofrecen con mucha nitidez. Mas, como quiera que no todos dispongan de espejos de este tipo, usamos los planos, mucho más asequibles: pues los espejos elaborados según una sección de 18 grados funcionan muy prodigiosamente en este asunto, y, así

[127] Athanasius Kircher, *Ars Magna lucis et umbrae*, Libro Décimo (1671), Amsterdam, pág. 784.
[128] *Ibíd.*, pág. 793.

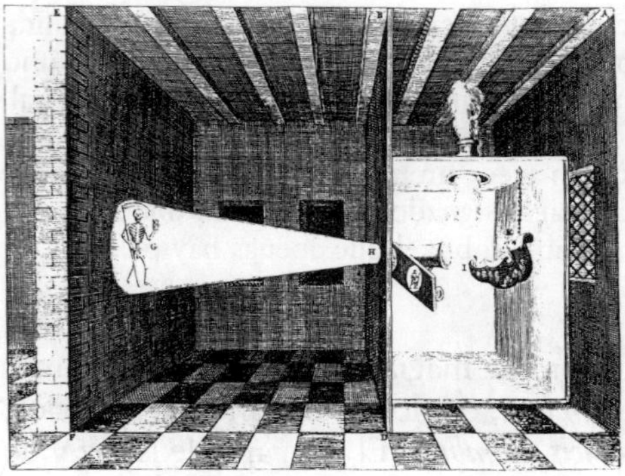

98. Linterna mágica de A. Kircher. *Ars Magna,* 1646.

99. Linterna mágica de A. Kircher. *Ars Magna,* 1646.

mismo, proyectan las imágenes reflejadas a una mayor distancia. Por lo cual, he decidido indicar la cosa sólo a los amigos y unos cuantos expertos[129].

En cualquier caso todos estos experimentos con espejos, además de producir sólo imágenes efímeras, lo hacían a partir de pinturas u otro tipo de imágenes artificiales, y excepcionalmente se proyectaban formas naturales. Por estas circunstancias la figura de Kircher es cita obligada en todas las historias de los antecedentes de la cinematografía y los espectáculos luminosos, a pesar de su ausencia en las historias del arte tradicionales. Aunque habría sido posible, no existe constancia alguna o el menor indicio de la aplicación de imágenes proyectadas por estos medios para pintar del natural, paisajes, edificios, figuras humanas o cualquier otro tema.

Proyectar con luz artificial. La linterna mágica

Siguiendo los mismos juegos ópticos de proyección de imágenes con espejos y lentes, se hacía posible construir un artefacto con una fuente de luz artificial para producir unas imágenes muy similares a las producidas por la luz natural. El resultado fue la invención de la linterna mágica que en manos del propio Kircher alcanzará su definitiva fama[130]. Su propia movilidad y el hecho de no depender de la luz del sol la sitúa como el antecedente inmediato de los aparatos de proyección actuales, como pueden ser los proyectores de diapositivas (figuras 98 y 99). En su obra de 1646, *Ars Magna lucis et umbrae,* además de recogerse los datos técnicos para la construcción de la linterna, Kircher da unas noticias del matemático danés Tomás Walgenstein que, siguiendo sus indicaciones, construyó y vendió muchos ejemplares del instrumento, algo que da idea del éxito inmediato alcanzado por el invento. Asimismo, también da cuenta de su propia experiencia en la organización de espectáculos con

[129] *Ibíd.*, pág. 791.

[130] Esta atribución de la paternidad de la linterna mágica está cuestionada por algunos queriendo adjudicar su invención al científico Christian Huygens. *Vid.* el catálogo de la exposición *Le lanterne magiche,* Venecia, Marsilio, 1988, pág. 17.

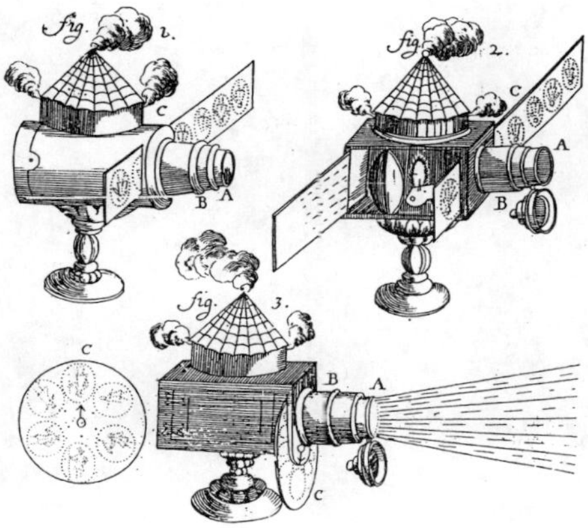

100. Linternas mágicas en un tratado de 1685. Zahn, *Oculus artificialis teledioptricus.*

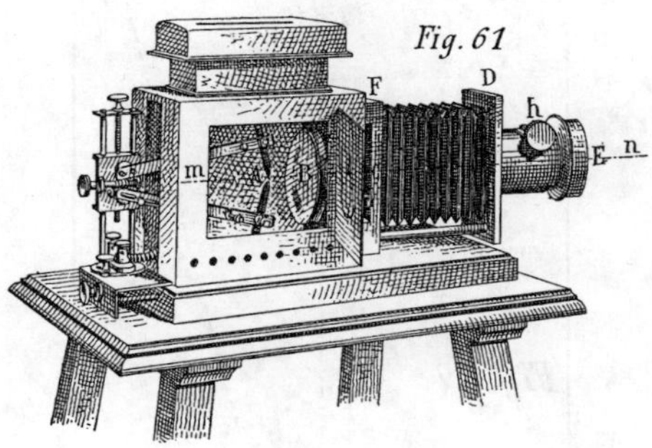

101. Linterna de proyección recomendada en un manual contemporáneo de dibujo, como un instrumento auxiliar en las artes. Commelerán.

la linterna: «en un colegio mostramos cosas extraordinarias en una galería oscura suscitando grandísimo estupor».

Las primeras aplicaciones de la linterna no tenían una relación directa con el dibujo, aunque su propia cualidad de dibujar con la luz la sitúa como un claro antecedente de la cinematografía. La difusión del invento fue muy rápida y promocionada a través de muchas publicaciones; la más importante de todas ellas, del año 1685, fue la de Johannes Zahn, *Oculus artificialis teledioptricus* (figura 100).

Respecto a las consecuencias para su aplicación contemporánea a las artes plásticas, es algo que no sucederá hasta años posteriores a la aparición de la fotografía, y con el objeto fundamental de copiar imágenes fotográficas proyectándolas sobre una superficie. En los manuales contemporáneos se proponen los sistemas de proyección derivados de la linterna mágica para resolver o abreviar algunos problemas de dibujo, aunque muchos de ellos limitan su función para la ampliación a diferentes escalas. En un manual de técnicas de dibujo de los años treinta del siglo XX, muy popular y de carácter divulgativo, se hablaba de la «linterna de proyección» en estos términos (figura 101):

> Este aparato, que en sus principios y con la denominación de linterna mágica se consideraba como un objeto de pasatiempo, casi un juguete, ha llegado al presente, después de sucesivos perfeccionamientos relacionados con los adelantos de la fotografía, a ocupar un lugar preferente en la serie de los que figuran como instrumentos auxiliares de las artes gráficas, si bien sus funciones quedan únicamente limitadas a la ampliación de dibujos con sujeción a determinada escala. [...] La utilización de este aparato como poderoso auxiliar en la práctica del diseño es por demás ignorada, pudiendo contarse en reducido número las personas que en tal concepto lo emplean; sin embargo, son incalculables los servicios que, bien manejado, puede prestar al dibujante y al artista. Un ejemplo de los muchos que pueden citarse, llevará el convencimiento al ánimo de quien lo dude.

Para realizar cualquier «asunto que haya de ser desarrollado en pintura mural, figurar en un techo o servir de cartón para tejer un tapiz» se propone:

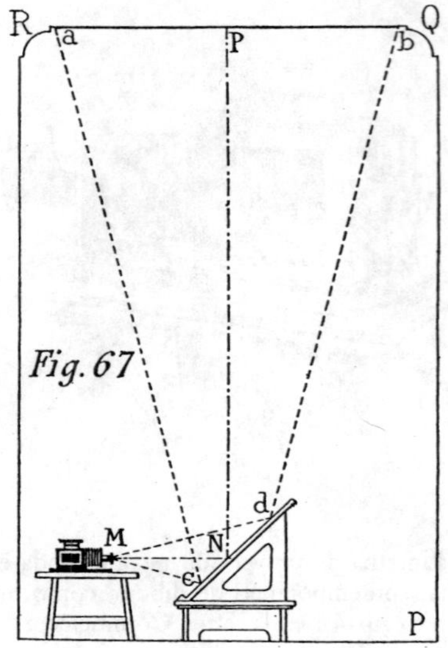

102. Utilización de un proyector y un espejo para pintar bóvedas, según un manual contemporáneo de dibujo. Commelerán.

La linterna de proyección; pues por su medio y con una pequeña positiva en cristal que se saque del boceto, no se necesita más para proyectar la composición sobre el muro, el techo o sobre una pantalla de apropiadas dimensiones, en el tamaño ampliado que convenga. Entonces su autor, con más amplitud que en el boceto, puede dar cuenta exacta de los aciertos, o defectos si los hubiese, que hayan podido pasar inadvertidos a causa de la relativa pequeñez de dicho boceto.

Esto, que por el pronto no es más que un ensayo en el que se gana tiempo, no significa nada si se compara con la utilidad que reporta el poder pasar con carbón sobre el muro o sobre la tela las líneas de la composición proyectada, con la misma facilidad que si se tratara de un calco.

¿Puede esta aplicación de la linterna compararse con los procedimientos de ampliación que se usan, valiéndose de cuadrículas unas veces, y empleando plantillas picadas y cisqueros otras?

Quien tenga experiencia en los antiguos procedimientos y ensaye el que se menciona, no titubeará en declararse partidario de la linterna de proyección. Es más, allí donde la forma se halla expresada por líneas ajenas a la regla y el compás, como sucede con la ornamentación y la figura, cuya acertada interpretación, aun valiéndose de la cuadrícula, presenta tantas dificultades; todo esto que es tan laborioso, aun para los que lo practican a diario, lo da resuelto en muy poco tiempo, con la infalibilidad de la máquina, la linterna de proyección.

El procedimiento merece recomendarse en particular a los copiantes de cuadros de museos, pues con él tienen asegurada la mayor fidelidad en el dibujo de las copias sin más que disponer de una fotografía positiva transparente del cuadro original[131].

Combinado con un espejo, según el mismo autor, el proyector se puede utilizar para dibujar sobre techos o distintos tipos de superficies, tales como el interior de una bóveda (el intradós) (figura 102).

---

[131] A. Commelerán, *op. cit.*, págs. 124-128.

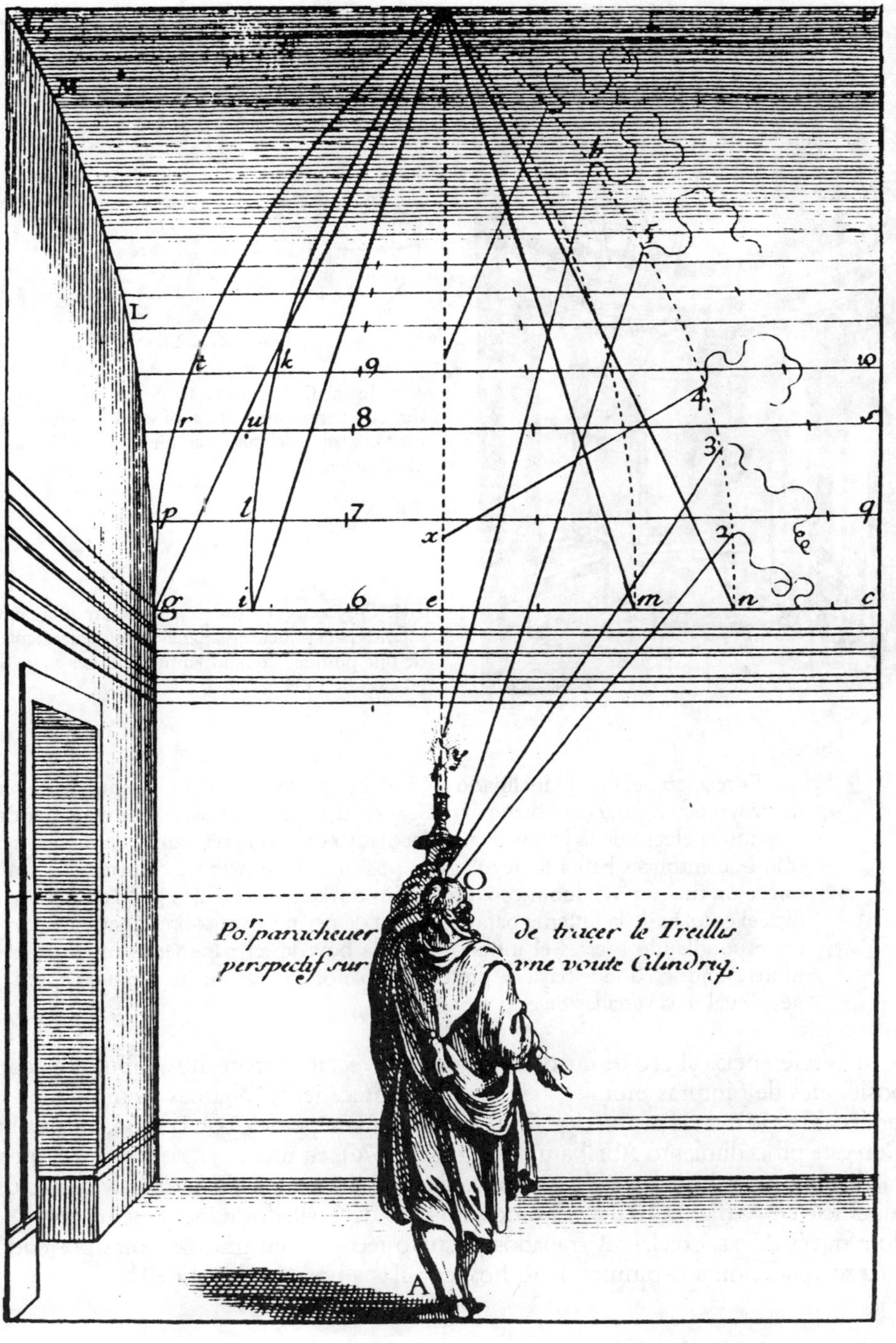

103. Grabado ilustrativo del método utilizado para proyectar figuras sobre una bóveda cilíndrica con la luz de una vela. Bosse, *Moyen universel de pratiquer la perspective,* 1653.

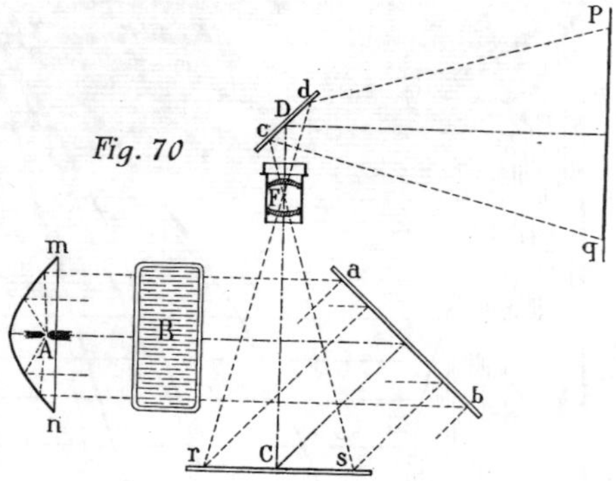

105. Esquema del funcionamiento de un proyector de cuerpos opacos, aconsejado como instrumento auxiliar del dibujo en un manual del siglo XX. Commelerán.

104. Proyección de una retícula sobre una cúpula esférica para poder trasladar el boceto cuadriculado de una pintura. Bernard Lamy, *Traité de perspective*, edición de 1734.

> El recurso del espejo inclinado a 45° debe emplearse cuando la imagen se haya de proyectar en un techo, bien para calcar en él sus contornos, o para juzgar por anticipado el efecto de la composición decorativa que haya de figurar en dicho lugar; sólo que entonces habrá de regularse la posición del espejo en consonancia con la dirección de los rayos luminosos en los dos trayectos recorridos [...] También se indica el empleo de la linterna para el trazado de perspectivas sobre superficies curvas, correspondiendo a estas el intradós de una bóveda, el paramento interior de un muro cilíndrico donde haya de pintarse un panorama, las que se suponen aplicaciones a cual más variadas de este aparato[132].

Las referencias al uso de cuadrículas para proyectar sobre techos, dibujos de composiciones de pinturas murales, tienen como antecedentes algunas técnicas muy ingeniosas basadas en la proyección de redes sobre una superficie con la ayuda de una luz. Con este procedimiento Abraham Bosse (1602-1676), en una de sus obras de perspectiva, ilustra con un bello grabado la manera de dibujar una retícula perspectiva sobre una superficie curva (figura 103)[133]. El procedimiento del grabador francés fue muy conocido a través de sus excelentes grabados y estuvo recogido en muchas obras posteriores para su aplicación a la pintura de techos, cúpulas y bóvedas (figura 104).

---

[132] *Ibíd.*, págs. 141-142.

[133] Abraham Bosse, *Moyen universel de pratiquer la perspective sur les Tableaux, ou Surfaces Irregulieres...*, París, Bosse, 1653.

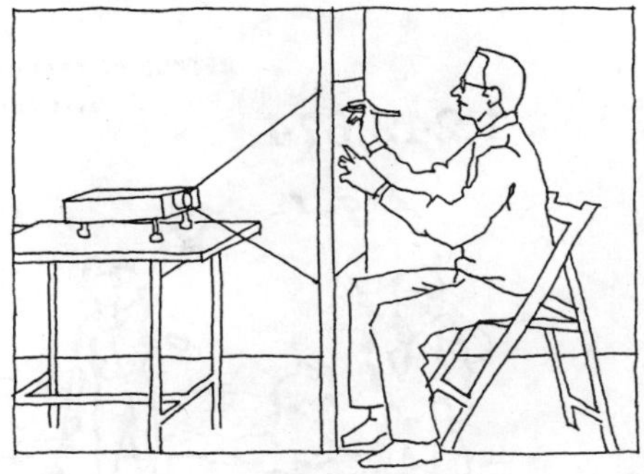

107. Esquema explicativo del método para calcar una imagen proyectada por detrás de un papel superpuesto sobre un cristal.

106. Andy Warhol, «Lata de sopa Campbell», 1962. Dibujo realizado al repasar sobre un papel los contornos de una diapositiva proyectada.

Volviendo al mismo manual contemporáneo en donde se explican las técnicas de dibujo con la ayuda de proyectores de transparencias, comprobamos cómo también se muestran diferentes aparatos para la proyección de cuerpos opacos (figura 105); unos artefactos que han ido evolucionando a través de los años, aunque cualquiera de ellos, siempre según aquel autor, ha de considerarse como «instrumento auxiliar de dibujo».

Acerca de los testimonios de artistas sobre la utilización de todos estos recursos para el dibujo, se puede afirmar que son pocos los conservados, en comparación con su uso real, a causa del silencio o de su ocultación por la mayor parte de los artistas que se valen de ellos. Asimismo, las distintas fases de un proceso de trabajo en donde se pueden haber utilizado suelen quedar ocultas si sólo se conserva el resultado final o si no han estado documentadas fotográficamente las diferentes etapas de elaboración de una obra.

No obstante, conocemos algunos casos en donde existen constancias documentales, tal como sucede en el caso del pintor surrealista Salvador Dalí; la utilización de diferentes recursos fotográficos está sobradamente documentada. También en algunos pasajes de sus propios escritos declara el auxilio de la fotografía como un ideal de trabajo para ciertas obras. En efecto, en un determinado momento el pintor hacía pública esta opinión:

> No nos cansaremos jamás de repetir las consecuencias lamentables ocasionadas, sobre todo, por la intervención de una forma o de otra, del artista que dibuja. Destruye automáticamente todo lo que cae en sus manos, ya sea ilustración, cartel documental, etc. ¿Cuándo se abandonará al dibujante ineficaz para sustituirle por la emoción viva del testimonio fotográfico? Este no es el momento de reiterar el elogio de la fotografía, que no hemos dejado de repetir con tanto fervor, sino únicamente el de reclamar su empleo en todos los casos en que aún persisten los malos dibujos[134].

[134] Salvador Dalí, «El testimonio fotográfico», *La Gaceta Literaria*, núm. 6, Barcelona, febrero de 1929.

108. «Rotoscopio» patentado por Max Fleischer en 1917 para realizar dibujos animados calcando fotogramas de una filmación.

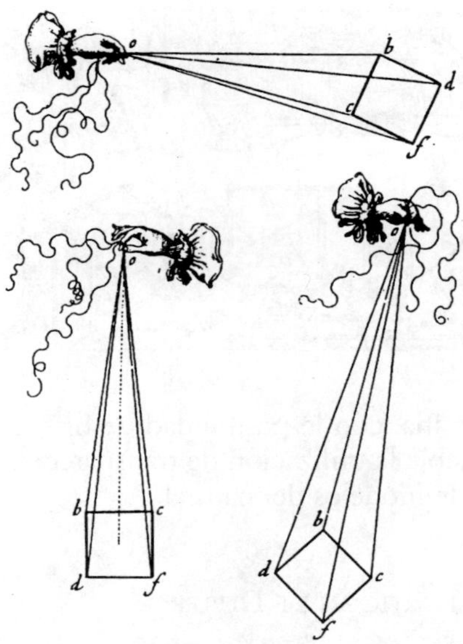

109. Explicación del concepto de pirámide visual representándola con hilos. Bosse, *Manière universelle*, 1648.

Algo totalmente obvio es el hecho de que en la actualidad está al alcance de cualquier persona la posibilidad de proyectar diapositivas sobre una superficie de diferente tamaño y forma. Por ello, muchos artistas contemporáneos se ayudan de este recurso para dibujar, siendo lo más frecuente calcar los contornos de la imagen proyectada para agilizar el trabajo en su realización. Respecto a ello se pueden distinguir dos funciones de las imágenes proyectadas con estos medios: reproducir fotografías tomadas del natural para copiarlas con precisión en una obra, o bien, para ampliar un boceto, aunque sea de una estructura abstracta, sobre una superficie de cualquier tamaño, asumiendo una función similar a la de la cuadrícula tradicional. En fechas recientes, nos encontramos dibujos de artistas como Andy Warhol, realizados con la ayuda de un proyector a partir de tomas fotográficas (figura 106); este es un hecho que establece la gran diferencia del uso de las proyecciones de imágenes: antes o después de la invención de la fotografía.

El procedimiento más cómodo consiste en proyectar una imagen sobre una superficie traslúcida, como puede ser un papel superpuesto sobre un cristal, calcando la imagen allí proyectada (figura 107).

El mismo procedimiento se puede utilizar para el calco de todos y cada uno de los fotogramas de una filmación cinematográfica y aplicarlo en una película de dibujos animados con movimientos de carácter realista. En el año 1917, Max Fleischer, uno de los pioneros en la realización de dibujos animados, patentó un instrumento, llamado «rotoscopio» (figura 108), para ser utilizado por los animadores calcando los movimientos del natural, proyectando los fotogramas por detrás de la pantalla para traducirlos en dibujos animados.

Antes de la aparición de la fotografía la situación era bien distinta, el resultado inmediato de las proyecciones realizadas por Kircher y otros pioneros con la linterna mágica era prácticamente idéntico a los obtenidos con la cámara oscura, aunque con una gran diferencia: las imágenes proyectadas con la linterna mágica no podían hacerse directamente de formas naturales sino que eran proyecciones de dibujos o pinturas realizadas sobre un cristal u otro soporte traslúcido. Hasta la aparición de la fo-

110. Gabinete de máquinas. Detalle de un dibujo de Sébastien Leclerc (1637-1714).

tografía, con la posibilidad de fijar las imágenes sobre un soporte de cristal, no fue posible la utilización de transparencias fotográficas para resolver problemas de dibujo de modelos del natural.

El porticón de Durero

Fundamentos de la mecanización de la imagen visual

Los argumentos geométricos de carácter abstracto y matemático de la perspectiva renacentista obligaron, desde los primeros momentos de su formulación, a buscar ejemplos más intuitivos para facilitar su comprensión a los artistas prácticos. Con esta intención Alberti es también el primero en comparar los rayos visuales, convergentes en el ojo, con hilos, para hacer más inteligibles sus razonamientos y fáciles de comprender por sus contemporáneos (figura 109):

> Y así imaginaremos a estos rayos [visuales] como unos hilos sutilísimos, que afirmados por un cabo en el objeto van en derechura al ojo, en cuyo centro se forma la visión[135].

Desde aquel momento, los modelos corpóreos construidos con madera e hilos se van a convertir en un medio didáctico de gran eficacia para la explicación de los principios básicos de las leyes de la perspectiva. Asimismo, en los «gabinetes de máquinas» de las Academias de Ciencias de toda Europa, desde el siglo XVII, estos modelos corpóreos ocupan el lugar principal para servir de referencia e incentivar a los inventores de nuevos instrumentos (figura 110).

De este modo, enlazándose con esta tradición demostrativa, en el año 1793, tal como podemos leer en las actas de las Juntas de la Academia de San Fernando de Madrid, correspondiente a la Ordinaria del 3 de marzo, se hace referencia a una presentación:

> Don Agustín de Betancourt presentó a la Academia varias figuras de perspectiva ejecutadas en madera, y en las cuales por medio de hilos que desde los diferentes objetos pasaban al ojo del espectador al través de un plano, se demostraban prácticamente y con suma claridad los varios teoremas sobre que se funda la práctica de

[135] Alberti-Rejón, *op. cit.*, pág. 201.

la perspectiva. El objeto que ha tenido para ejecutar esta colección de modelos ha sido el de hacer comprender por los ojos, a los que quieran dedicarse a este estudio, unas verdades que para poderlas alcanzar con el entendimiento son necesarios unos principios de geometría que no suelen ser muy comunes. De los teoremas que se representaban en esta especie de perspectiva real o material, se deducía la exactitud con que se debía dibujar un país u otro objeto cualquiera, con una máquina que igualmente presentó, la que esencialmente se reducía a un anteojo que siendo movible hacia todas partes alrededor del vidrio ocular, se podía conducir el objetivo por los contornos que se querían dibujar, y lo ejecutaba sobre un papel un lápiz que estaba dispuesto de modo que caminaba siempre paralelamente al mismo objeto. La Academia vio con gusto tanto las figuras de perspectiva como la máquina para dibujarla y juzgó las primeras como muy propias para facilitar el estudio de esta ciencia y la segunda como útil para copiar un país con exactitud[136].

111. Francesco di Giorgio Martini. Demostración de la perspectiva con una cuerda. *Trattati di architettura* (1480-1482).

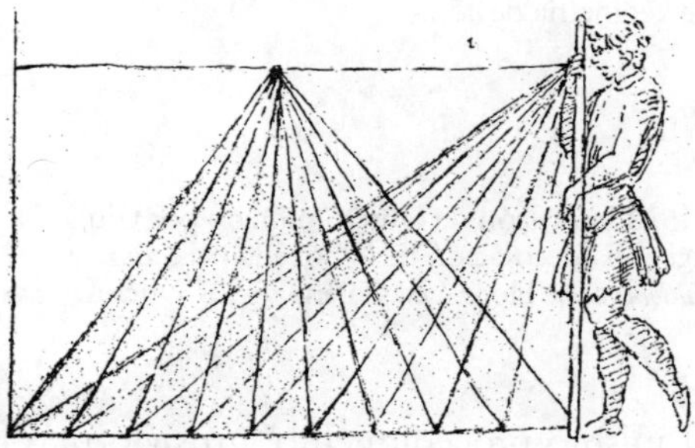

112. Francesco di Giorgio Martini. Demostración de la perspectiva con una cuerda. *Trattati di architettura* (1480-1482).

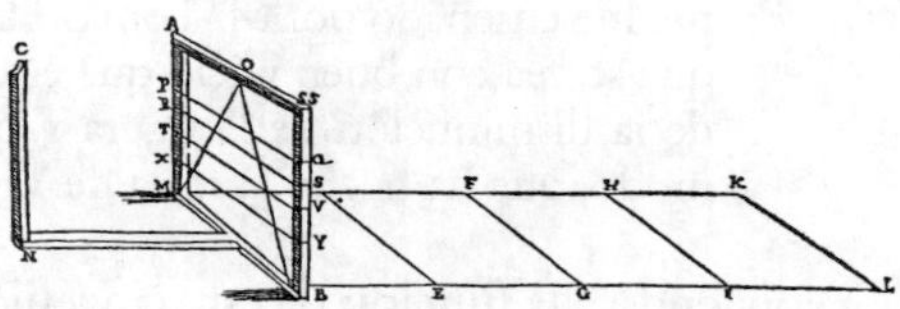

113. Instrumento demostrativo de la disminución perspectiva, de Tomaso Laurenti. Reproducido en el tratado de Vignola-Danti, 1583.

El que presentaba estos instrumentos, don Agustín de Betancourt y Molina, era Académico de Honor y la figura más importante en la historia de la enseñanza de la ingeniería en España. Él fue promotor y director del Real Gabinete de Máquinas del Buen Retiro, abierto al público en el año 1792, siendo una institución que propició la creación de un nuevo centro docente en 1802, llamado «Estudios de la Inspección General de Caminos y Canales», cuya dirección también estuvo a cargo del propio Betancourt.

La imagen más antigua para explicar el funcionamiento de la perspectiva, representando las visuales con una cuerda, está recogida en el *Tratado* de Francesco di Giorgio Martini, fechado entre el año 1487 y 1491[137] (figuras 111 y 112). Utilizando

[136] Recogido en Pedro García Ormaechea, «Betancourt y la Academia de Bellas Artes», en *Revista de Obras Públicas,* 1964, págs. 941 y ss.

[137] Francesco di Giorgio Martini, *Trattati di architettura, ingegneria e arte militare,* Milán, Il Polifilo, 1967.

114. Durero. Xilografía del método del «porticón», inventado por él mismo y publicado en su tratado de geometría de 1525.

115. El porticón de Durero pintado por Giulio Parigi en la decoración de la bóveda del *Stanzino delle matematiche*. Florencia, Galería de los Oficios.

el mismo procedimiento, un siglo más tarde, Ignacio Danti explica e ilustra en sus Comentarios al tratado de Perspectiva de Vignola, un instrumento demostrativo de la disminución aparente de los segmentos paralelos al horizonte cuando se alejan del plano del cuadro (figura 113):

> Quiero ahora en este lugar aducir un admirable instrumento, que ya en Bolonia me fue enseñado por M. Tomaso Laurenti, pintor y perspectivo excelentísimo, para que se vea con buen juicio que es cierto cuanto en el presente teorema se ha dicho de la disminución de la figura y que el ojo vea el cuadro disminuido del mismo modo, que ha hecho la regla de Vignola[138].

Volviendo a la función de estos ingenios construidos con maderas e hilos, a pesar de la existencia de los antecedentes en la sugerencia de Alberti, transcurrirá casi un siglo hasta la aparición documentada de la primera propuesta de un aparato perspectográfico basado en la materialización de las rectas visuales con hilos: la de Durero. Él es el primero en construir y dar a conocer en 1525 un instrumento en el que los rayos visuales están representados con hilos que se mantienen tensados desde un punto fijo situado en la posición ocupada teóricamente por el ojo (figura 114). Con este instrumento se logrará una representación puramente matemática —punto por punto— de los diferentes objetos. Conocido tradicionalmente como el «porticón» de Durero *(sportello* en su amplia difusión italiana), queda propuesto por él mismo con estas palabras:

> Técnica con la que, cualquier cosa que se ve y que no está muy lejos de la vista, ha de ser medida con tres hilos y así transferida a la pintura[139].

---

[138] Vignola-Danti, *op. cit.*, pág. 39.
[139] Durero, *op. cit.*, pág. 246.

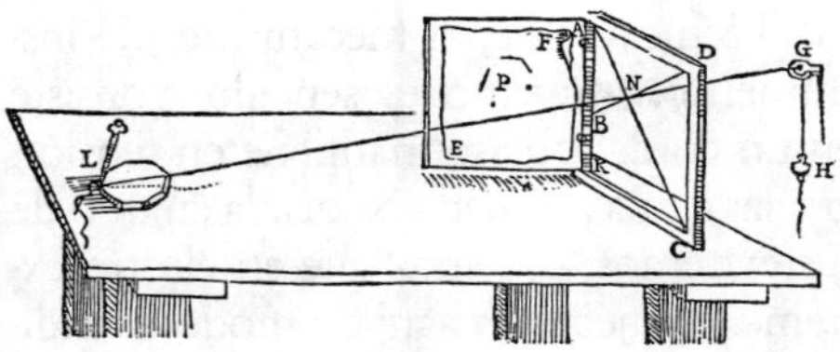

116. Grabado en madera explicativo del método del «porticón». I. Danti, 1583.

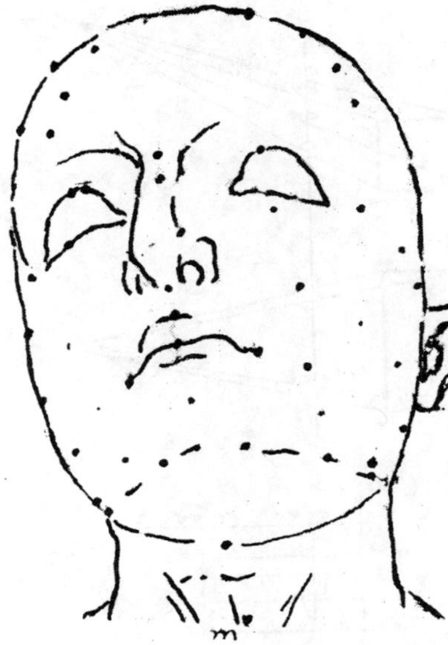

117. Piero della Francesca. Representación de un rostro realizada a partir de puntos determinados por el método de la «construcción legítima». *De prospectiva pingendi*, c. 1475.

A pesar de la declaración explícita del autor, la intención de aplicar a la pintura las medidas obtenidas de las imágenes visuales, los datos conseguidos con el instrumento, una serie de puntos, no son en sí mismos representaciones semejantes a obras de arte terminadas y vinculadas con alguna tradición de taller; son datos abstractos.

La representación punto por punto es, efectivamente, una gran abstracción; está totalmente al margen de cualquier cuestión de estilo. Es el resultado gráfico de una conceptualización matemática y no de una técnica material deudora del oficio de una tradición figurativa. No sucedía exactamente lo mismo con la técnica del velo de Alberti o el cristal de Leonardo, en ambos casos los resultados gráficos obtenidos con ellos eran continuadores del procedimiento pictórico basado en el dibujo previo de unos esquemas lineales. Contrariamente, la independencia del porticón, de las tradiciones gráficas de los talleres y su conceptualización matemática para definir la representación como un conjunto de puntos, explica que fuese considerado por muchos como un «instrumento matemático» al servicio de las especulaciones y demostraciones de las teorías científicas (figura 115).

Asimismo, los perfiles lineales obtenidos con el velo justificaban unas categorías formales y estéticas como el contorno previo y el colorido posterior que lo complementaba. Contrariamente, un dibujo realizado con el «porticón», determinaba un conjunto de puntos, un resultado gráfico aparentemente incompatible con cualquier escuela o estilo artístico, algo que, en contraposición, está más próximo a un ideal de objetividad científica universal; más cercano a la idea de una abstracción matemática absoluta.

Como otro cambio sustancial, el «método del porticón» de Durero eliminaba totalmente la intervención directa del ojo humano para sustituirlo por un clavo anclado en la pared, determinando sólo la posición de un punto. El dibujante se convierte en un «teórico» situado fuera de la escena y, más que dibujar, al operar se limita a transcribir los datos de la posición de puntos que definen el objeto representado. El «dibujante» se sitúa fuera de la posición del ojo desde donde teóricamente se realiza el dibujo.

Técnicamente, el mecanismo del instrumento dureriano es sencillo, consiste en un cordel que se mantiene en tensión gracias a una plomada colocada en uno de sus extremos, mientras que en el otro extremo se sujeta una aguja, a modo de índice, para irse situando sucesivamente en una serie de puntos del objeto. El lugar por donde el cordel atraviesa el marco, determina la posición de cada punto en el futuro cuadro. Esta posición se fija ajustando dos hilos móviles. A continuación, la posición de cada punto se pasa a un papel sujeto en un «porticón» abatible alrededor de unas bisagras ancladas en uno de los lados del marco (figura 116).

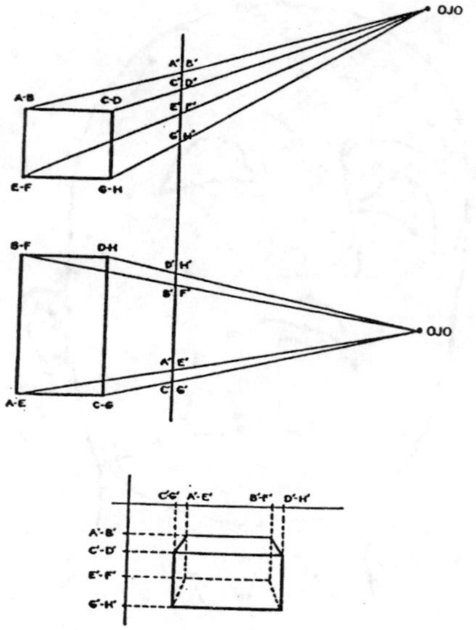

118. Esquema explicativo del método de la «construcción legítima» para dibujar figuras en perspectiva.

Construcción de la imagen punto por punto

El instrumento de Durero debe considerarse, en gran medida, derivado y deudor de la «construcción legítima», el método de perspectiva descrito con una precisión absoluta por Piero della Francesca en su *De prospectiva pingendi,* un texto compuesto en torno al año 1475. Si comparamos los resultados gráficos del método de Piero y los del instrumento de Durero vemos que son idénticos: con ellos se consigue la representación precisa de cualquier objeto por puntos, matemáticamente más exactos que los contornos lineales de los límites de las figuras al recortarse sobre el fondo (figura 117).

El método referido de la «construcción legítima» consistía en determinar la proyección de los puntos de una figura sobre un plano, a partir de la sección plana de la pirámide visual representada en planta y alzado (figura 118). Es evidente que, a su vez, el instrumento de Durero traduce materialmente con un tablero e hilos, el plano y las rectas visuales del procedimiento matemático expuesto por Piero.

La mayor abstracción matemática que se puede hacer de un objeto, tal como hemos comentado, consiste en pensarlo formado por un conjunto infinito de puntos situados en un espacio tridimensional. Definiendo la posición de cada punto por un sistema de coordenadas pueden traducirse a otro de dos dimensiones representado por el plano del papel. Esta concepción matemática de la imagen avala los resultados de muchos instrumentos de dibujo que tienen su formulación científica en la perspectiva geométrica; una disciplina que alcanzó, en los últimos años del siglo XV, con la obra de Piero della Francesca, la cota más importante alcanzada hasta ese momento. En su obra de perspectiva el pintor recoge varios ejemplos donde la determinación de la imagen punto por punto se puede entender como un canto a la cientificidad matemática propuesta como fundamento de una nueva pintura. Un cierto carácter ideal de los dibujos así obtenidos define un distanciamiento de la práctica de los talleres y justifica la atracción de los teóricos de su época.

119. Método del «porticón» según Barbaro, 1568.

120. Método del «porticón» según Salomon de Caus, 1612.

121. Método del «porticón» según Antonio de Torreblanca (1616-1619).

122. Método del «porticón» según Salvador Muñoz, 1642.

Sabemos, según su propio testimonio, que en 1506, Durero emprendió desde Venecia un viaje ex profeso a Bolonia «por el "arte" de la perspectiva secreta que alguien quiere enseñarme»[140]. Aunque se desconoce el nombre del «maestro» boloñés de Durero, cuando este volvió a Venecia, lo hizo conociendo la «construcción legítima» conocida por Piero y que él mismo desarrollará más tarde, al final del cuarto libro de su tratado de geometría, para culminarlo con su método del porticón. En el texto definirá este método, según sus propias palabras, como una «técnica con la que cualquier cosa que se ve y que no está muy lejos de la vista, ha de ser medida con tres hilos y así ser transferida a la pintura».

El porticón de Durero, dado a conocer en 1525 a través de la primera edición de su tratado de geometría, debe considerarse, en consecuencia, una derivación de la construc-

[140] Puede verse un trabajo fundamental sobre este tema en Erwin Panofsky, *The Life and Art of Albrecht Dürer*. Traducción castellana con el título *Vida y arte de Alberto Durero*, Madrid, Alianza, 1982, pág. 259.

ción legítima de la perspectiva. En la publicación que dio a la luz pública la invención, se acompaña el famoso grabado en madera con un minucioso texto explicativo:

> Por medio de tres hilos podemos trasladar a la pintura cualquier cosa que sea tocada por ellos, lo cual se realiza así. Si estuvieres en alguna aula u oficina, fija un clavito de cabeza perforada en la pared, y sea éste el lugar del ojo, pasa por él tensamente el hilo y cuélgale un peso de plomo. Pon enseguida una mesa o tabla distante del clavo fijo al gusto, levanta sobre esa mesa transversalmente al ojo o al dicho clavo un marco cuadrangular, arriba o abajo y al lado que se quiera, y ese marco debe tener una hoja que se pueda cerrar o abrir, y esta hoja será la tabla en la cual has decidido dibujar la cosa propuesta; después prepara otros dos hilos, pega con cera uno de estos a los márgenes superior e inferior del marco, y el otro en la parte de adentro, a los lados verticales, o los pegarás transversalmente a los márgenes del marco.
>
> Ahora harás una varilla de hierro con un agujero en la parte más alta, a la cual une también el hilo que pasa por el clavo de la pared, pasa esta varilla con el hilo largo por el marco y dásela a algún compañero para que la detenga, mientras que tú debes observar los dos hilos que han sido recíproca y transversalmente extendidos en el marco.
>
> Ahora utiliza estas cosas que hiciste de este modo. Colocarás un hemisferio o un instrumento músico o cualquiera otra cosa que quieras sobre la mesa, tan lejos del marco como se desee, y que permanezca sin moverse durante el tiempo que lo necesitares; entonces manda a tu compañero extender el hilo con la varilla a los principales puntos del hemisferio yacente, y cada vez que muestra con el hilo tenso alguno de aquellos, moverás los hilos en el marco hasta que se intersequen en el lugar donde pasa el hilo largo. Hecho esto, dile a tu socio que recoja el hilo, tú en cambio cierras la hoja y dibujas en ella el signo de la intersección de los hilos en el marco.
>
> Abre después nuevamente la hoja, y marcarás los puntos como antes, hasta que hayas señalado todos los puntos necesarios del instrumento músico en tu hoja, y entonces los continuarás con líneas y verás qué resulta de ellos. Así puedes dibujar también otras cosas, como lo pinté aquí[141].

El éxito del instrumento dureriano fue enorme, si se tiene en cuenta el eco de su propuesta, repetida hasta la saciedad por otros autores y transmitida, con leves modificaciones, en tratados posteriores (figuras 119, 120, 121 y 122).

El fenómeno de su extraordinario éxito se puede explicar por una de las diferencias más sustantivas que existen entre el «porticón» y todos los aparatos anteriores; consistía en que, por primera vez, se prescindía del dato visual directo; el ojo ya no tenía que estar obligatoriamente situado en el punto de vista desde el que se controlaba y realizaba la imagen, quedaba sustituido por un punto fijo materializado con un clavo situado en la pared; en cierta medida se podía hablar de un ojo abstracto, un ojo geométrico puntual. Se comenzaba a automatizar la representación, haciéndose más conceptual y objetiva que perceptual y subjetiva.

Algunos de los antecedentes y los fundamentos que explican la aportación técnica del artista alemán han de buscarse en su propia formación: la tradición de los conocimientos geométricos de los gremios de norte de Europa; unos conocimientos fundamentalmente prácticos, diferenciados de la formación teórica, mucho más literaria, de artistas italianos como Alberti.

---

[141] *Ibíd.*, pág. 248.

Aunque sea paradójico, el tratado de Durero en donde se expone el porticón puede considerarse, en este sentido, como un libro de uso práctico y no como un libro de teoría matemática, aunque sea deudor de la conceptualización geométrica de tradición escolástica. El autor pretendía hacerse comprender por artistas y artesanos, además de interesar a los humanistas. No obstante, a pesar de esta voluntad práctica, la relación con la teoría está perfectamente explicada, ya que, a lo largo del texto, no confunde jamás las construcciones exactas con las aproximadas —siendo las exactas *demostrative* y las aproximadas *mechanice.*

En estas circunstancias de la teoría y de la práctica, se puede entender a la perspectiva y el método del porticón como dos caminos encontrados y dos expresiones al servicio de una convicción profunda: la obra de arte es la representación directa y fiel de un objeto natural. «Y has de saber», escribe Durero, «que cuanto mayor sea la exactitud con que te acerques a la naturaleza por la vía de la imitación, mejor y más artística será tu obra»[142].

Progreso técnico de los instrumentos

El éxito y la repercusión del «porticón» de Durero fueron extraordinarios y se manifestaron en una doble dirección: la primera fue la difusión inmediata de su propuesta a través de otros grabados en donde se reproducía el suyo original; la segunda consecuencia fue la introducción de algunas mejoras y el perfeccionamiento de su aplicación práctica; este ambiente propició la aparición de iniciativas que se concretaron en la invención de otros aparatos derivados de él (figuras 123 y 124).

123. Retrato del orfebre y tratadista Wentzel Jamnitzer en su estudio con una máquina perspectográfica derivada del «porticón» de Durero. Jost Amman, 1565.

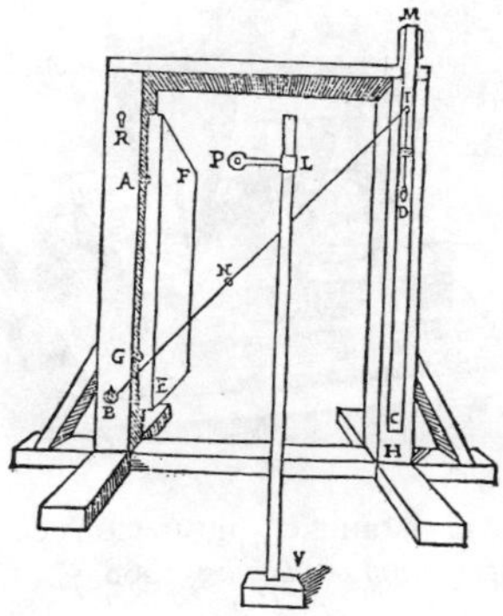

124. Pietro Acolti. Aparato perspectográfico derivado del «porticón» de Durero, en este se sustituye el cordel que determina las visuales por un visor que las controla directamente. *Lo inganno degl'occhi,* 1625.

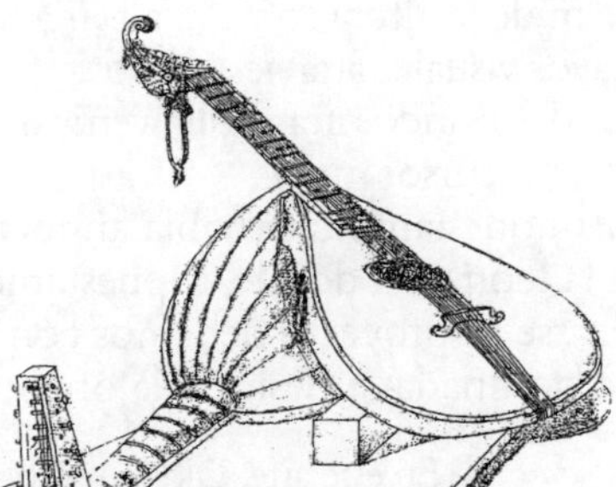

125. Dibujo anónimo realizado con una máquina perspectográfica. Siglo XVI. Princeton, Art Museum.

[142] *Ibíd.*, pág. 254.

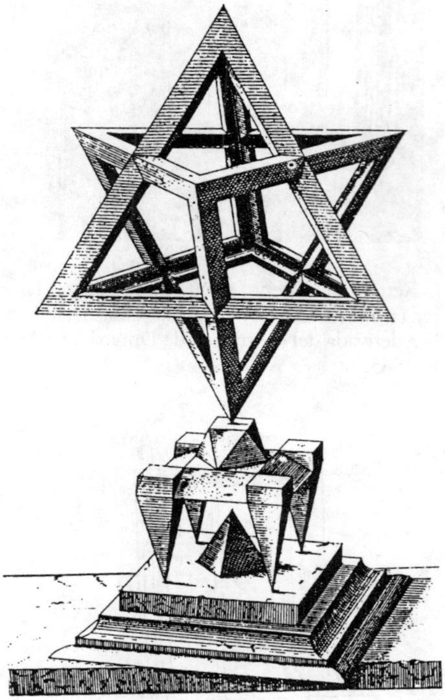

126. Wentzel Jamnitzer, ilustración del tratado *Perspectiva corporum regularium*, 1568.

Existe, sin embargo, un hecho importante a tener en cuenta; en la práctica no existe ningún testimonio indiscutible de la utilización de perspectógrafos en la pintura. Se conservan muy pocos dibujos realizados con ellos, y casi siempre como ejercicios que terminan en sí mismos y nunca como un material utilizado para aplicarlo a la pintura (figura 125). Algunos complicados ejercicios de representación de figuras geométricas no salían del ámbito de la teoría, utilizándose exclusivamente para ilustrar tratados o, como algo excepcional, como modelos para trabajos de marquetería.

Entre los ejemplos del primer caso destacan los trabajos de Wentzel Jamnitzer (1508-1585), un famoso orfebre, tratadista y constructor de instrumentos científicos en Nuremberg. Él es autor de un tratado dedicado a los poliedros dibujados en perspectiva, *Perspectiva corporum regularium* (1568) (figura 126). Jamnitzer inventa un instrumento (figura 123), derivado del porticón de Durero y lo aplica en la realización de los grabados que ilustran su tratado. La novedad del instrumento, el primero con estas características, consiste en que, en vez de utilizarse un modelo corpóreo, se utiliza un dibujo en planta y otro en alzado del tema que se pretende dibujar en perspectiva.

Con él, situando previamente sobre la mesa la planta del objeto en la posición que se quiere dibujar, con una varilla vertical colocada sobre cada punto de la planta, se mide la altura sobre ella tomándola del dibujo en alzado. Un hilo que materializa los rayos visuales atraviesa la posición del plano del cuadro en donde se fijan las coordenadas deslizando otra varilla vertical a derecha e izquierda y señalando sobre ella la altura con un cursor móvil.

Aunque Jamnitzer había anunciado en su tratado la publicación de otro dedicado a la teoría, en donde, supuestamente describiría su funcionamiento, al no llegar a realizarse su proyecto debemos conformarnos con las referencias del prólogo del primero destinadas a destacar la originalidad de su propuesta:

> En este arte, Dios en su bondad me ha comunicado, además de otros dones paternales, después de muchas investigaciones llevadas a cabo hasta una edad avanzada, un camino, y un método tan ventajoso y útil y tal que, sin ánimo de vanagloriarme, jamás he visto antes en ninguna parte, por lo cual me sentiré, durante mi vida, el agradecido deudor de la Majestad divina. [...] Este elogio de mi propia *Perspectiva,* querido lector, no lo pronuncio para denigrar o menospreciar el trabajo y la industria de los demás, sino de buena fe; porque del mismo modo que el viejo jinete experimentado indica amistosamente un camino recto y llano para evitar el viejo sendero tortuoso, así ofrez-

co yo a todos demostrar el arte de la perspectiva tan breve y agradablemente que todos los rodeos se evitarán, que ninguna línea, ningún punto serán trazados en vano como era el caso de la antigua enseñanza habitual; innumerables son los que han seguido el camino equivocado, de lo que tienen conciencia todos los que se han esforzado, porque a veces han tenido que trazar diez líneas antes de encontrar la que necesitaban; aquí no hace falta tanto, hablo por experiencia; me he tomado la molestia; no he escatimado gastos, ni industria, ni trabajo hasta encontrar este camino, gracias a Dios, cosa que me basta. Ahora es un trabajo sin fastidio, pues ya no se trazan líneas perdidas; y el que interrumpa su obra vuelve a encontrarla tal como la dejó, y la prosigue sin desagradables investigaciones[143].

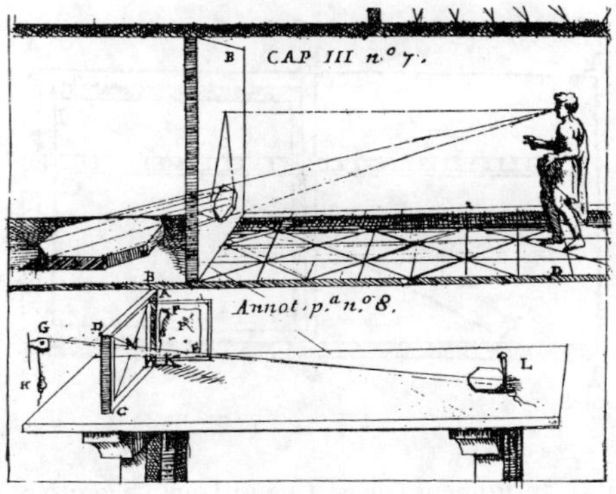

127. *Prima regola* de Vignola, edición de Roma de 1611.

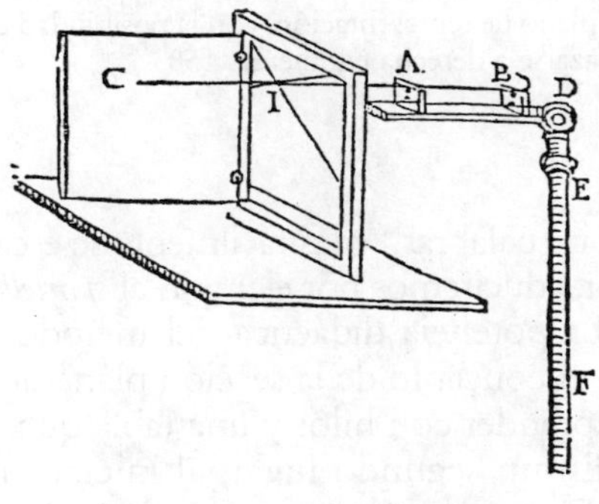

128. «Porticón» con una alidada para poder dibujar objetos muy grandes o muy lejanos. I Danti, 1583.

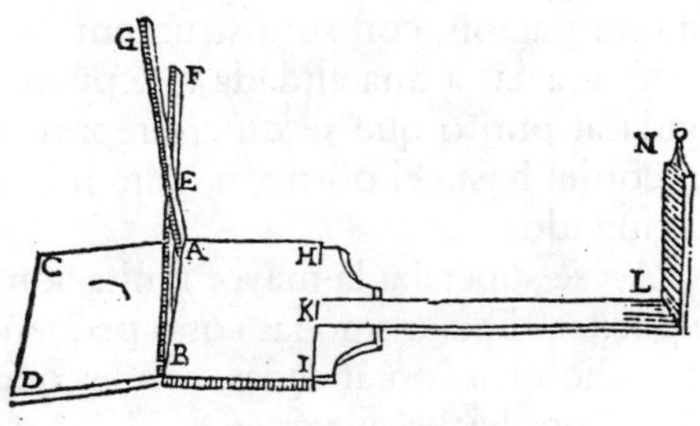

129. Instrumento de Girolamo da Perugia derivado del «porticón» de Durero y descrito por I. Danti, 1583.

La posibilidad de que Jamnitzer hubiese utilizado un instrumento para dibujar las complicadas figuras geométricas, publicadas en su tratado, está respaldada por el hecho de que en sus dibujos conservados no aparecen líneas de construcción, tal como requieren los métodos geométricos de la perspectiva[144].

En el texto más importante publicado con noticias sobre los debates y propuestas de este tema, del año 1583, el matemático Ignacio Danti sintetiza las polémicas y la situación derivada de la propuesta de Durero. En sus amplios y documentados comentarios incluidos en la edición póstuma del tratado de perspectiva de Vignola[145] Danti presta una atención importante a la cuestión del *sportello,* dedicándole un grabado en madera para demostrar la *prima regola* de perspectiva de Vignola, ya que, según sus

143 Wentzel Jamnitzer, *Perspectiva corporum regularium* (1568), Madrid, Siruela, 1993, págs. 62, 63.

144 *Vid.* I. Franke, «Wentzel Jamnitzer's Zeichnungen zur Perspektive», en *Müncher Jahrbuch der bilden den Kunst,* 1972, págs. 165-186.

145 Vignola-Danti, *Le due regole della prospettiva pratica,* Roma, Zannetti, 1583.

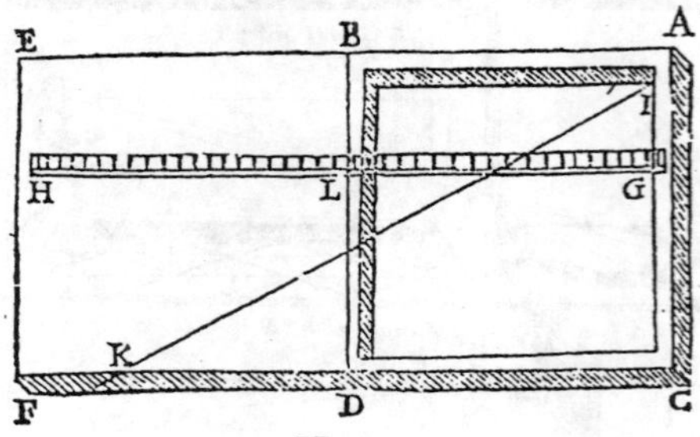

130. Instrumento de M. Oratio Trigini descrito por I. Danti, 1583.

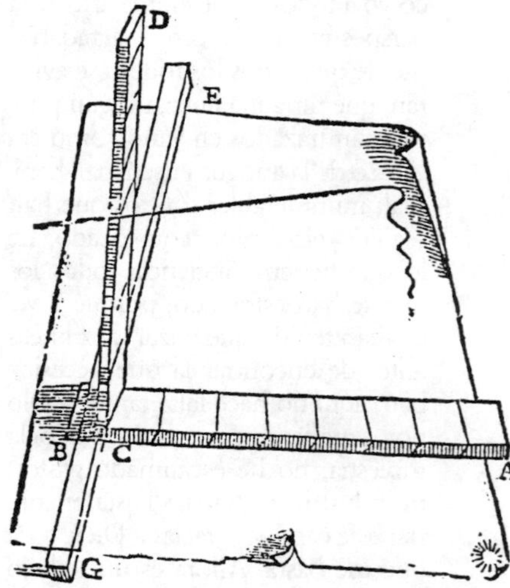

131. Ignacio Danti. Escuadra para determinar las coordenadas verticales de los puntos proyectados en el plano de representación, con la posibilidad de desplazarse a derecha e iquierda, 1583.

propias palabras, «más fácilmente se escapa a los artífices esta admirable invención del autor, aduciremos por ejemplo el *sportello* de Alberto Durero» (figura 127).

La potencia didáctica del método del porticón siempre estuvo reconocida, ya que, el concepto de la sección plana de las rectas visuales era más evidente y fácil de comprender con hilos y una tabla que a través de esquemas dibujados.

En un segundo lugar, al iniciar una prolija y extensa relación de instrumentos, Danti describe otro aparato del que él mismo se declara inventor, para resolver una de las limitaciones del método de Durero (figura 128): la imposibilidad física de utilizarlo para representar objetos muy grandes o muy lejanos, debido a que el cordel no puede tener una longitud excesivamente grande. Para solucionar esta limitación, con su instrumento se puede definir la dirección de los rayos visuales gracias a una alidada que puede rotar en cualquier dirección y, una vez dirigida al punto que se quiere representar, se prolonga la visual así definida con un cordel hasta el porticón, para ir señalando todos y cada uno de los puntos seleccionados.

Así se superaba la mayor limitación del porticón que, en opinión de Danti, «no se pueden dibujar sino las cosas pequeñas, que están cercanas, yo para no ser menos he hecho otro con alidadas, con las que será posible dibujar cualquier cosa en perspectiva por lejana que esté».

Inmediatamente después de esta descripción, Danti se hace eco en sus páginas de otro instrumento que confiesa haber conocido personalmente de las manos de su autor, «el Abad de Lerino Don Girolamo da Perugia» (figura 129). Este otro aparato vuelve a recurrir a la utilización directa del ojo sin necesidad de emplear las visuales materializadas con hilos, manteniendo el ojo fijo en el extremo de un listón para indicar un punto de mira; a partir de él, los datos visuales se señalan punto por punto en el porticón, con el auxilio de dos regletas móviles cruzadas en cada uno de los puntos así definidos.

133. Mario Bettini, Anamorfosis, 1642.

132. Instrumento perspectivo de Bernardo Buontalenti utilizado para la representación de arquitectura militar. Según un dibujo del manuscrito Giulio Parigi, *Strumenti e macchine*, Biblioteca Nacional de París.

El cuarto aparato recogido y explicado por el comentarista de Vignola, tampoco es de su invención según él mismo declara:

> el cual me fue mostrado por M. Oratio Trigini de Marij, que como hombre de bellísimo ingenio, está siempre disfrutando de estas profesiones nobilísimas, además de otros muchos instrumentos, ha encontrado este *sportello* (figura 130).

La aportación de este cuarto instrumento consiste en la sustitución de uno de los dos hilos que determinan la posición del punto por una coordenada horizontal materializada con una regla graduada para agilizar enormemente su aplicación.

Por último, derivado del instrumento anterior, muestra a través de otro grabado en madera, un artefacto que, en sus palabras, «otra vez por mí, en Florencia fue fabricado de esta manera» (figura 131). En él, la regla que en el anterior determinaba las coordenadas horizontales se sustituye por una regleta quebrada para indicar las coordenadas verticales, pudiéndose a la vez desplazarse a la derecha o a la izquierda de la imagen.

Este último instrumento de Danti no pasó inadvertido, ya que, siete años después de su publicación, Giulio Parigi dibujó una versión de la escuadra, realizada y usada por Bernardo Buontalenti, definiéndola como «una invención facilísima de micer Bernardo delle Girandole, ingeniero del Serenísimo Gran Duque de Toscana, para trazar perspectivas»[146]. En el dibujo de Parigi, el instrumento que él denomina *squadra*, está usado para trazar en perspectiva la planta de una fortaleza de acuerdo con una costumbre de la educación cortesana de aquel momento (figura 132).

Aunque esta propuesta de Ignacio Danti pudo pasar más o menos desapercibida en su momento, realmente establecía el precedente de lo que más tarde, con mejoras sucesivas, se reconocería como la «escuadra de Cígoli» en el siglo XVII o el «diágrafo de Gavard» en el siglo XIX, una de las aportaciones más eficaces en la historia de las máquinas de dibujar. La otra gran ventaja de este instrumento consistía en la comodidad de mantener verticalmente el rectángulo a través del que se miraba, mientras el papel permanecía apoyado horizontalmente sobre la mesa de dibujo (figuras 165, 166, 196, 197, 199-201).

---

[146] Giulio Parigi, *Strumenti e macchine*, Biblioteca Nacional de París, ms. It. 1292.

134. Grabado en madera de Durero, representando el «instrumento de Jacob Keser», 1538.

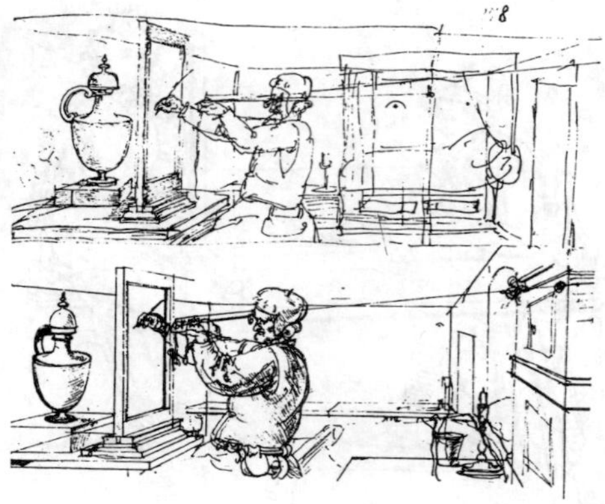

135. Durero. Dibujos preparatorios para el grabado del instrumento de Jacob Keser.

El instrumento de Jacob Keser

La experiencia de los dibujantes, tanto con el uso del velo como con el cristal, había demostrado que los objetos situados muy próximos al ojo sufrían unas distorsiones gráficas puestas rápidamente en evidencia y juzgadas como algo aberrante. Esto obligaba a adoptar algunas medidas de control con el fin de evitar las deformaciones. La cuestión de las aberraciones causadas por la colocación de puntos de vista excesivamente próximos a los objetos había encontrado su explicación teórica y el cauce para poder dominarla sacando provecho desde la teoría de la perspectiva geométrica[147] (figura 133).

En el panorama de las máquinas de dibujar, el método del porticón de Durero vino a resolver una limitación impuesta en el velo o el cristal, puesto que, en ellos el cuadro no se podía situar a una distancia del ojo mayor de la alcanzada por el brazo del dibujante que miraba la escena desde un punto de vista fijo. Con el porticón el ojo quedaba sustituido por un clavo, de tal manera que podía situarse tan lejos como fuese preciso. Como inconveniente, no se podía dibujar al mismo tiempo que se controlaba visualmente el tema desde el punto situado en la pared; no se dibujaba lo que veía el dibujante, se representaba lo que, teóricamente, se vería desde un punto fijo situado en el extremo de la cuerda. Otra característica específica del método del porticón, consistía en que las imágenes se construían punto por punto y no por las líneas continuas e intuitivas de los contornos, tal como se podía hacer en el velo o con el método del vidrio.

Una solución intermedia, para remediar todos estos problemas, vino con la propuesta de un tal Jacob Keser, recogida por Durero en la segunda edición de su tratado de geometría. Con el llamado «instrumento de Jacob Keser» se lograba mantener el control visual de la imagen representada, al dibujar exactamente aquello que se estaba viendo, al mismo tiempo que se podía situar el punto de vista a cualquier distancia del cuadro, aunque estuviese situado mucho más lejos del alcance limitado de los brazos (figuras 134 y 135).

[147] Sobre la cuestión de las aberraciones marginales sigue siendo válida y básica la obra de M. H. Pirenne, *Optics, Paintings & Photography* (1970). Traducción en castellano: *Óptica, perspectiva y visión*, Buenos Aires, Víctor Lerú, 1974.

Con el instrumento de Keser se podían conseguir dibujos de líneas, tal como advierte Durero:

> Colocado el instrumento con la cuerda tensa, presto para mirar, toma con la mano derecha un pincel o una pluma y, mientras que desplazas el instrumento, la punta por la que miras indicará las principales líneas y las caras del objeto, que dibujarás con la mano derecha. De suerte que el pincel o la pluma sobre el vidrio y la punta del instrumento se desplazan juntos. Así no obtendrás sólo puntos, sino todos los trazos principales y todas las líneas con su medida. Irás tan deprisa como si calcaras algo de un papel sobre otro[148].

Las explicaciones muy precisas del funcionamiento del instrumento están recogidas en el texto después de hacer una advertencia sobre las deformaciones producidas al dibujar objetos muy cercanos. Asimismo él llama la atención sobre la ventaja de dibujar lo que se está viendo, aunque la posición teórica del ojo esté muy lejana. Durero finaliza sus palabras con las indicaciones necesarias para la construcción del instrumento. En el texto del tratado de geometría el instrumento queda descrito así:

> Téngase en cuenta además otro sistema adicional y más fácil que se puede utilizar en lugar del descrito anteriormente. Fue investigado y hallado por Jacob Keser. Y por ser bueno y útil, y de hecho más fácil que el descrito antes, voy a exponerlo ahora para bien común y en honor a la inventiva del señor Jacob Keser, Dios sea loado, tal como sigue. Es fácil dibujar un objeto plano, colocado muy cerca del ojo, sobre un panel de vidrio de modo que no se distorsione. No obstante, si quieres dibujar un laúd u otros objetos muy cercanos al ojo del observador, mirando sus puntos, resultará fácilmente distorsionado. Si, por ejemplo, deseas dibujar un laúd con su mástil dirigido hacia el observador, su caja resultará desproporcionada. Exactamente igual con otros objetos. Ya que las cosas cercanas al ojo siempre parecen mayores que las alejadas.
>
> Es válido también para el primer método que, si el objeto que quiero dibujar está alejado de mi ojo, debería mantener el vidrio sobre el que debe ser dibujado tan próximo a mi ojo que pudiera alcanzarlo con mi mano. Entonces el objeto que voy a dibujar aparecerá muy pequeño sobre el panel de vidrio. Si coloco el vidrio más cerca del objeto que quiero dibujar, para que parezca mayor, no podré alcanzar el vidrio con mi mano debido a la distancia. Por este motivo se debe utilizar otro procedimiento que solucione el problema en lo posible y permita dibujar cualquier objeto sobre un panel de vidrio, sea cual sea su tamaño. En primer lugar, coloca el objeto que quieras dibujar a gran tamaño cerca del panel de vidrio, para que la copia no sea mucho más pequeña que el mismo objeto. Luego toma un punto de mira alejado dos o tres varas, o tan distante como quieras. Señala este punto con una O y sitúalo en una pared. Entonces no resulta posible colocarse con la cabeza u ojo en el punto O, ni tampoco alcanzar el panel de vidrio, que está mucho más alejado, con la mano. Para ello Jacob Keser ideó lo siguiente:
>
> Toma una cuerda de seda larga y delgada, tan larga como sea necesario, y ata un extremo al punto de mira O. Esto es tan útil como si el mismo ojo derecho estuviera en este lugar. Es como si tu ojo verdadero estuviera mirando el objeto que se va a dibujar. A esta cuerda ata un instrumento que tiene un punto de mira delante, y una mirilla detrás, por donde se mira. Lo dibujaré más abajo. En primer lugar, toma un listón de sección triangular y de una longitud aproximada de un palmo y medio. Haz un triángulo de 1/20 de su longitud aproximadamente, pero cuyo lado inferior

[148] Durero, *De la medida*, pág. 335.

136. Durero. Dibujos preparatorios para el grabado del instrumento de Jacob Keser.

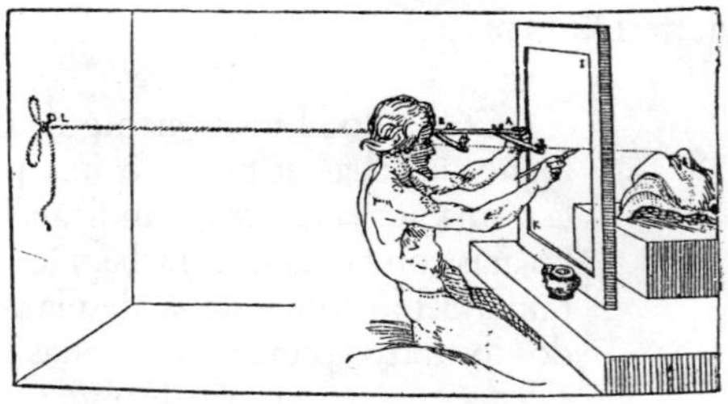

137. Ludovico Cardi. Aparato perspectográfico derivado del instrumento de Jacob Keser descrito por Durero en 1538.

> sea sólo la mitad de los otros dos. Practica luego un pequeño orificio longitudinal a través del listón, cerca del lado menor del triángulo, para que la cuerda pueda correrse con facilidad hacia adelante y hacia atrás. Sobre este listón señala un indicador a la altura del vértice superior del triángulo. Señala este punto como *A*. Debajo donde la cuerda sale del orificio, señalado con una F. Entonces debes colocar la mirilla, desde donde vas a mirar, en la situación adecuada para que el instrumento se pueda mover hacia arriba o hacia abajo, hacia adelante o hacia atrás. Lo vas a conseguir del modo que sigue: Bloquea el instrumento y estira la cuerda para que *F D O* estén en línea recta. Traza entonces una línea *A O*. En el punto donde una línea vertical trazada desde *D* toque *A O* haz una señal *B*. Esta es la altura correcta del pequeño orificio para ver el punto *A*[149] (figura 136).

Su trascendencia posterior no fue grande, ya que el instrumento de Jacob Keser sólo está recogido, casi un siglo más tarde, con leves variaciones, en un manuscrito de perspectiva realizado en torno al año 1612 (figura 137). Se trata de la obra de Ludovico Cardi, llamado Cigoli, un manuscrito que permaneció inédito hasta fechas muy recientes y en el que se describen varios instrumentos perspectográficos más. De un total de cinco instrumentos recogidos en este tratado, cuatro de ellos son originales y el quinto es el ya referido de Keser[150].

El perspectógrafo de Vignola

Entre los grabados más bellos y emblemáticos de la historia de las máquinas perspectográficas destaca el que ilustra la edición de uno de los tratados más importantes en la historia de la perspectiva; según la opinión de muchos. El tratado citado anteriormente del arquitecto Iacopo Barozzi, llamado Vignola (1507-1575), se publicó póstumamente en 1583 con los comentarios del matemático Ignacio Danti. Allí, en el texto que acompaña el grabado, el comentarista da cuenta de la decisión de publicarlo tal como había llegado a sus manos:

---

149 Traducido en J. Garriga, *Renacimiento en Europa*, Barcelona, Gustavo Gili, 1983, pág. 532 y ss.

150 *Trattato pratico di prospettiva di Ludovico Cardi detto il Cigoli*, Manuscrito Ms 2660.ª del Gabinete de Dibujos de los Uffizi. Edición al cuidado de Rodolfo Profumo, Roma, Bonsignori, 1992.

139. Traducción de una figura (un monigote infantil) con tramas de cuadrados en blanco y negro (Daucher).

138. Vignola. Aparato perspectográfico, copia invertida en una edición de 1683 del grabado publicado póstumamente en 1583.

> Este instrumento sin texto alguno, no he encontrado entre los dibujos de Vignola un esbozo, lo he querido poner aquí para que se vea la variedad de los instrumentos y que todos dependen del *sportello,* todos representan el plano que secciona la pirámide visual[151] (figuras 1 y 138).

Para paliar la ausencia de un texto explicativo de su autor, el comentarista incluye uno de su propia pluma aunque él mismo reconoce que «la figura por sí misma es tan clara que puede entenderse». A continuación, ayudado por las letras que señalan en el grabado cada una de las partes del instrumento, describe la fijación de la mirilla *N* a la altura del ojo, pudiéndose dirigir a derecha o izquierda al girar sobre la varilla que la sostiene. El cuadro definido por la base *AB* y la regla *CD* puede acercarse o alejarse del punto de vista deslizándose sobre la corredera *TV*. Asimismo, el punto de vista se puede situar frente al centro del cuadro o hacia uno de los lados, deslizando lateralmente la base *AB* a izquierda o derecha. Una vez definidos estos parámetros, el operador, gracias a un sistema de poleas, desplaza lateralmente la regla *CD* girando un manubrio con su mano derecha. Elegidos los puntos que se desean representar, estos quedan definidos por dos coordenadas que se trasladan a la cuadrícula del papel.

Los principios geométricos en los que se basa el aparato de Vignola, tal como precisa el comentarista, son los mismos que aquellos otros en los que se fundamenta el porticón de Durero; de la misma manera, tanto en uno como en el otro intervienen dos operarios en su manejo; sin embargo, mientras en el de Durero el dibujante observa el modelo, selecciona y fija los puntos, trasladando los datos al papel, con el aparato de Vignola es difícil precisar cuál de los dos personajes es el que toma las decisiones y cuál es el ayudante.

---

151 Iacomo Barozzi da Vignola, *Le due regole della Prospettiva pratica, con i comentarii del R. P. M. Egnatio Danti,* Roma, Stamparia Camerale, 1611, pág. 60.

Parece ser que, detrás de esta imagen, late la idea de la satisfacción por el logro teórico de una representación científica; independiente de la manera y el criterio de un autor particular, es el canto a un mecanismo objetivo de dibujo válido para cualquier artífice al margen de la personalidad o el estilo de un artista. La semejanza entre el funcionamiento de la máquina de Vignola y el método descrito contemporáneamente en el siglo XX por Moholy-Nagy, en una anécdota vivida por él mismo en el año 1922, induce a realizar una reflexión sobre el sentido del aparato propuesto por el arquitecto manierista.

> En 1922 pedí por teléfono a una fábrica cinco pinturas sobre porcelana esmaltada. Yo tenía ante mí el muestrario de colores de la fábrica, y dibujé mi idea sobre papel cuadriculado. En el otro extremo de la línea, el empleado de la fábrica tenía ante mí este mismo tipo de papel, dividido en cuadros. Marcaba correctamente las formas a medida que le dictaba (era como jugar ajedrez por correspondencia) [...] Es verdad que estos cuadros no tenían la virtud del «toque individual», pero mi idea era precisamente contrariar esta sobreestimación[152].

La interpretación o traducción de una figura con una retícula de cuadrados, más grandes o más pequeños, es un recurso formal utilizado en muchas tecnologías contemporáneas, más allá de su posible aplicación a técnicas artesanales antiguas; desde los bordados tradicionales «a punto de cruz» hasta las imágenes digitalizadas o el tramado de la reproducción fotomecánica. En todos ellos se recurre a un sistema de codificación objetiva que no es conceptualmente ajeno a la mentalidad del instrumento de Vignola (figura 139).

En los dos momentos históricos, el de Vignola y el de Moholy-Nagy, se comparte un ideal de objetividad científica, de universalidad, algo radicalmente diferente del «toque individual», subjetivo. No obstante, también en los dos momentos se producía un fuerte debate entre dos concepciones, un enfrentamiento en el que las máquinas de dibujar estaban partidariamente comprometidas.

Se sabe que Moholy-Nagy sustituyó como profesor de la Bauhaus a Itten en el curso preliminar que este último se vio forzado a abandonar, al estar considerado excesivamente expresionista por el director Gropius; sin duda alguna Moholy-Nagy se aproximaba más que Itten a la preferencia por la objetividad del director de la Bauhaus cuando reclamaba un arte comprometido con la técnica, libre de toda ideología y ligado a las férreas leyes económicas de la producción[153].

Paralelamente a estos acontecimientos contemporáneos, la propuesta implícita en el instrumento de Vignola culminaba en el siglo XVI una epopeya iniciada en el *quattrocento:* la formulación de una teoría científica de las artes basada en la geometría y en las matemáticas, una teoría que alcanzaba como una de sus principales conquistas la construcción de una imagen perspectiva equivalente a la imagen vista.

Desde otro punto de vista, el perspectógrafo diseñado por Vignola está íntimamente relacionado con su propia teoría perspectiva, desarrollada sistemáticamente en el tratado póstumo, comentado y publicado por Danti. En él quedan perfecta-

---

[152] L. Moholy-Nagy, *Von Material zu Architektur* (1929). Traducción castellana: *La nueva visión,* Buenos Aires, Infinito, 1963, págs. 142, 143.

[153] G. C. Argan, *Walter Gropius e la Bauhaus* (1951). Traducción castellana: *Walter Gropius y el Bauhaus,* Buenos Aires, Nueva visión, 1977, pág. 17.

140. Perspectógrafo de Vignola según un grabado publicado en el año 1743.

mente definidas las posiciones relativas entre el punto de vista, el plano del cuadro y el objeto visto. Desde esa formulación, el grabado de la máquina perspectográfica tendría una función ilustrativa de los movimientos geométricos, las variables y los cambios de posición relativa entre el cuadro y el punto de vista; adquiriendo así una función emblemática más allá de su utilidad práctica que, más que dudosa puede considerarse imposible.

Leyendo la relación de los «cinco términos» de la perspectiva, establecidos por Vignola como punto de partida y clave de su explicación teórica posterior, se hace evidente su vinculación con el mecanismo y el funcionamiento del instrumento que él mismo propone, permitiendo ejecutar punto por punto todas las variables posibles:

> Se ha de considerar, que queriendo dibujar las perspectivas, es preciso tener el sitio, o queremos decir muro, o tabla de madera, o tela, o papel. Por lo tanto, cualquiera de estos se llamará pared en este tratado. Los cinco términos son estos.
> Primero, cuánto deseamos estar separados de la pared.
> Segundo, cuánto deseamos estar debajo o sobre la cosa vista.
> Tercero, cuánto deseamos estar frontalmente o a un lado.
> Cuarto, cuánto deseamos hacer aparecer la cosa hacia dentro de la pared.
> Quinto y último, cuánto deseamos que sea grande la cosa vista[154].

La trascendencia del instrumento de Vignola, inservible para la práctica inmediata, quedó limitada a su difusión en las sucesivas y múltiples reediciones del tratado —hasta el siglo XVIII se hicieron un total de 16 ediciones— en donde las únicas modificaciones del grabado original quedaron limitadas a cuestiones de estilo de los dibujantes y grabadores, tales como la que aparece en una edición del año 1743, en

[154] Vignola, *op. cit.*, pág. 63.

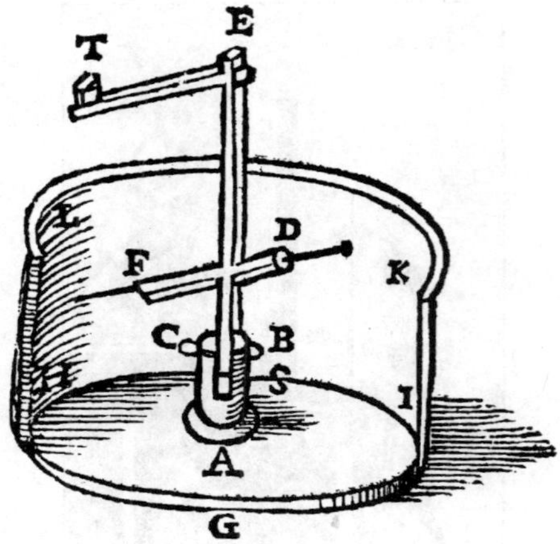

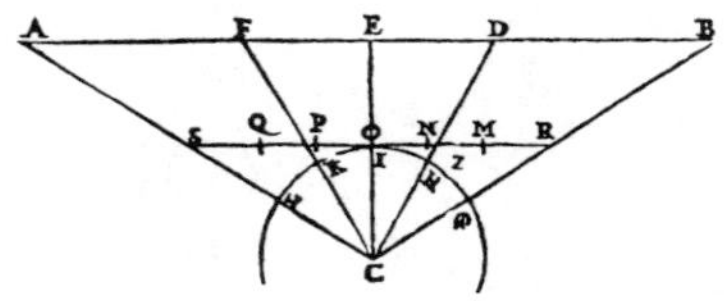

142. Ignacio Danti. Esquema comparativo de la sección plana de la perspectiva geométrica y la sección cilíndrica del instrumento de B. Lanci.

141. Instrumento de Baldassare Lanci para dibujar sobre una pantalla cilíndrica. Grabado en madera de I. Danti, 1583.

donde la figura femenina desnuda se sustituye por una estatua clásica de centauro (figura 140)[155].

La presencia de una estatua clásica en sustitución de la modelo desnuda se podría justificar por las fechas de su publicación, cuando la sensibilidad neoclásica valoraba las estatuas antiguas por encima de los modelos vivos del natural.

El instrumento de Baldassare Lanci y la representación del territorio

También Ignacio Danti, en sus comentarios al tratado de Vignola, da cuenta e incluye en el último lugar de su amplio panorama un «séptimo instrumento» descrito con estas palabras:

> Y por la misma causa recogeré a continuación este séptimo instrumento, el cual es usado por muchos, y tenido en cuenta, y por Monsig. Daniel Barbaro está puesto en su libro, y a pesar de ello es falso, como más adelante se podrá ver claramente[156].

Una xilografía muy tosca sirve para ilustrar y explicar el funcionamiento del instrumento ideado por Baldassare Lanci; en ella queda constancia de que, por primera vez en la historia de las máquinas de dibujar, la superficie de representación o el supuesto «cuadro» no es plano sino cilíndrico. En efecto, siguiendo las letras que acompañan al grabado, el semicilindro *LHKI* hace la función de cuadro en donde se obtiene la representación que podemos definir geométricamente como una sección cilíndrica de la pirámide visual; el resultado obtenido sobre ella mostraría una imagen panorámica (figura 141).

El funcionamiento del mecanismo es fácil de entender; a través de la mira *ET* articulada en el punto *A,* rotando e inclinándose en cualquier dirección, se recogen los datos visuales con el puntero *DF* desplazado paralelamente a la mira para señalar en el papel los puntos seleccionados del objeto que se quiere dibujar.

[155] *Vid.* Timothy K. Kitao, «Prejudice in Perspective: a Study of Vignola's Perspective Treatise», en *The Art Bulletin,* volumen XLIV, núm. 3, septiembre de 1962.

[156] Vignola, *op. cit.,* pág. 61.

143. Instrumento original de B. Lanci conservado en el Museo de Historia de la Ciencia de Florencia y fechado en 1557.

La referencia utilizada por Danti, como piedra de toque para valorar negativamente la bondad del instrumento, es la poderosa idea de sección plana, impuesta por la tradición de la pintura y distinta de la sección cilíndrica utilizada por Lanci en su instrumento. Con este criterio, el resultado del análisis es previsible; obviamente, si se desarrolla sobre un plano el cilindro utilizado para la representación, en palabras del propio Danti, «esta [sección] no coincide con la que se obtendría directamente sobre el mismo plano». Después de razonarlo con un sencillo esquema geométrico, Danti concluye afirmando que: «no nos mostrará lo verdadero en la sección de la pirámide visual; y por tal motivo este instrumento se refuta como falso e inútil» (figura 142).

El esquema geométrico que se acompaña, con una intención demostrativa, relaciona y compara la sección plana con la sección cilíndrica de la pirámide visual comprobando que no coinciden al desarrollar la primera sobre la segunda. En el esquema de Danti, el segmento *AB* se proyecta en el cilindro *LG* para desarrollarlo des-

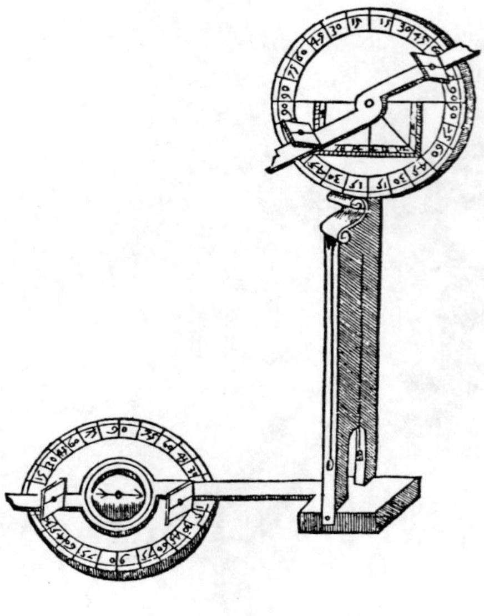

144. Cosimo Bartoli. Instrumento topográfico de medición, 1589.

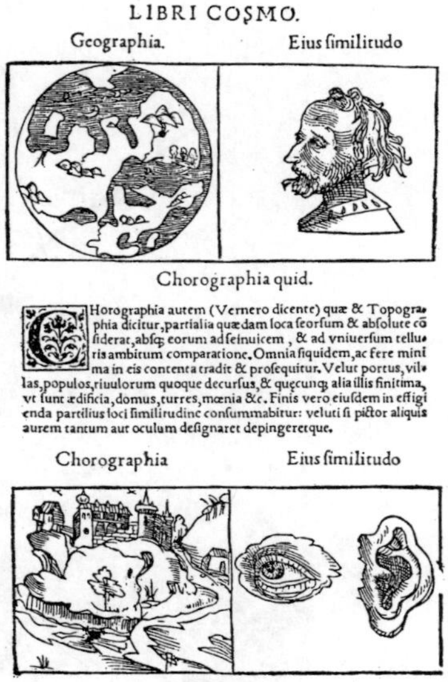

LIBRI COSMO.

Geographia. Eius ſimilitudo

Chorographia quid.

CHorographia autem (Vernero dicente) quæ & Topographia dicitur, partialia quædam loca ſeorſum & abſolute cõſiderat, abſq; eorum adſeinuicem, & ad vniuerſum telluris ambitum comparatione. Omnia ſiquidem, ac fere minima in eis contenta tradit & proſequitur. Velut portus, villas, populos, riuulorum quoque decurſus, & quęcunq; alia illis finitima, vt ſunt ædificia, domus, turres, mœnia &c. Finis vero eiuſdem in effigienda partilius loci ſimilitudine conſummabitur: veluti ſi pictor aliquis aurem tantum aut oculum deſignaret depingeretque.

Chorographia Eius ſimilitudo

145. Comparación de la cartografía y la corografía en analogía con la representación de un rostro humano en un tratado del siglo XVI.

pués sobre un plano en *QM*, demostrando de esta manera que no coincide con la proyección directa en ese mismo plano en *SR*.

Como acertadamente refiere Danti, este instrumento estaba recogido en las últimas páginas del tratado de perspectiva de Daniele Barbaro, publicado en el año 1568[157]. Allí, el tratadista daba cuenta del nombre del autor: «Baldassare Lanci ingenioso ingeniero, estando yo en Siena, me mostró un instrumento inventado por él para hacer perspectiva.» Después de detallar los pormenores de su construcción y funcionamiento, Barbaro abordaba su propio análisis del instrumento afirmando:

> Este instrumento es bello en cuanto a la invención, pero en cuanto al uso es necesario mejorarlo, hacerlo más grande y con más advertencias, las cuales dejo al inventor que me dice querer reformarlo[158].

El mejor testimonio para conocer la propuesta de Lanci es, como resulta evidente, el propio instrumento conservado en el Museo de Historia de la Ciencia de Florencia (inv. n. 3165), una de las piezas más preciadas de la colección. Tal como se tiene constancia fue construido por este ingeniero militar para el duque Cosme I de Medici y destinado a aplicaciones topográficas y militares. Está realizado en latón en una plancheta circular y no conserva la pantalla cilíndrica de proyección sobre la que se realizaban los dibujos. Fechado en 1557, tiene una inscripción en latín, facilitando una clave para su interpretación (figura 143):

[157] Daniele Barbaro, *op. cit.*
[158] *Ibíd.*, pág. 192.

> Muy fácilmente por medio de este instrumento podemos tener noticia de toda distancia, pasarla a la representación de manera que puedan, actuando con este instrumento los matemáticos, trazar la descripción de la *geographia* y *chorographia*[159].

En esta breve inscripción del constructor queda muy claro que el aparato en cuestión no está pensado para su aplicación a la pintura; no está destinado a pintores sino a los «matemáticos»; es un «instrumento universal» utilizable para otras funciones. La primera consiste en la posibilidad de medir, sobre el terreno, distancias definidas en planos verticales, horizontales o inclinados. Para esta función no se diferenciaba de otros muchos instrumentos muy habituales en la misma época, unos instrumentos que no tenían relación directa con la perspectiva (figura 144)[160].

No obstante, la función más original, cuya invención se ha de seguir atribuyendo al propio Lanci, consiste en su uso para dibujar algo muy similar a lo que en la actualidad podemos nombrar como panorama, aunque este sea un término reciente, acuñado a finales del siglo XIX.

En la inscripción latina del instrumento, la ausencia de cualquier relación con la pintura, así como la referencia explícita a los matemáticos, confirman los intereses particulares de su autor Baldassare Lanci; un ingeniero que tuvo como principal actividad el diseño y la construcción de fortificaciones. La referencia a la *chorographia* hace remontarnos a la definición de este término dada por Ptolomeo en su *Geographia* del siglo II, en donde expresaba con estas palabras sus funciones:

> describir con exactitud todas las mínimas cosas particulares que están en la tierra y representar su verdadera apariencia ante nuestros ojos[161].

La corografía como «verdadera apariencia ante los ojos», suponía una gran diferencia frente a la cartografía como representación conceptual en donde se muestra lo conocido, y no lo que se ve. Mientras que un mapa representa aquello que se sabe de un territorio, la corografía representa lo que se puede observar; en este sentido sería algo similar a la idea de paisaje. Estos dos antiguos conceptos gráficos transmitidos a través de la obra de Ptolomeo se estudiaron e intentaron explicar de muchas maneras en los mismos años que Lanci hacía su propuesta. Seis años antes de la fecha grabada en el instrumento de latón conservado en Florencia, una edición de la *Cosmographia* de Petrus Apianus ilustra la analogía trazada por Ptolomeo entre la descripción del mundo y el retrato de un rostro[162] (figura 145).

Para Ptolomeo la geografía representa la totalidad de la tierra mientras la corografía representa sólo un aspecto parcial. La corografía como «verdadera apariencia» pormenorizada de la tierra sería algo equiparable a una «visión panorámica», justifican-

---

[159] La inscripción latina identifica al autor: «BALTASAR LANCAEVS VRBINAS FACIEBAT ANNO MDLVII». A lo largo de la circunferencia del disco se describe así su función: «HOC VTI POSSVNT INSTRVMENTO, TVM AGENTES, TVM MATHEMATICI, ED AD GEOGRAPHIAM EFFICIENDAM CUM PERFACILE SIT HVIVS MODI INSTRVMENTO SITVM QVEMVIS CAPERE PERFECTAMQVE HABERE NOTITIAM OMNIS DISTANTIAE EAMQVE IN PICTVRAM REDIGERE».

[160] Sobre este tipo de instrumentos de medición y su utilización durante el Renacimiento se puede consultar: M. Docci y D. Maestri, *Il rilevamento architettonico. Storia, metodi e disegno*, Roma, Laterza, 1988.

[161] Claudio Ptolomeo, *Geographia, Geographia cio é Descriptione Universale...*, Venecia, Leonardo Cernoti Vinitiano, 1598, pág. 4.

[162] Petrus Apianus, *Cosmographia*, París, 1551.

146. Baldassare Lanci. Dibujo en perspectiva de la ciudad de Florencia, 1569. Florencia, Gabinete de dibujos y estampas, Uffizi.

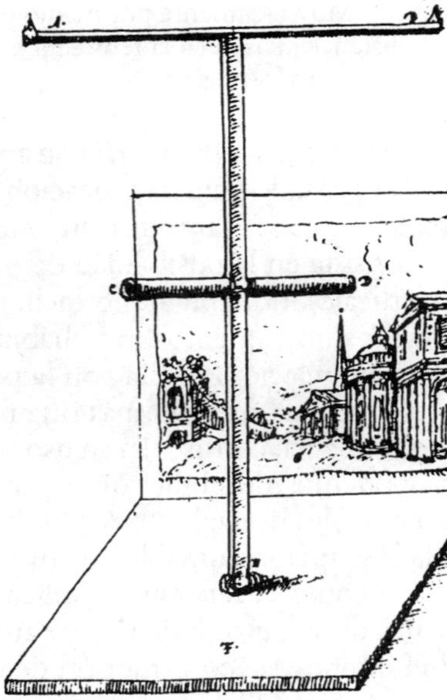

147. Instrumento de perspectiva de Giacomo Contarini, según el manuscrito titulado *Figure d'instrumenti matematici e loro uso,* 1590, Oxford, Bodeian Library

do de esta manera el funcionamiento del instrumento de Baldassare Lanci. Efectivamente, la corografía se podría definir con la palabra panorama, generalizada a lo largo de todo el siglo XIX para nombrar las representaciones cilíndricas de amplios horizontes visuales: una «visión circular»[163].

En consecuencia, al estar destinado para dibujar corografías, el instrumento de Lanci no puede considerarse, en ningún momento, algo pensado al servicio de la perspectiva pictórica de los artistas y sí una derivación de las especulaciones y experiencias en campo ajeno al de los intereses del arte. Los datos biográficos de Lanci confirman esta afirmación; así, en uno de sus dibujos conservados, firmado como: Baldassare Lanci da Urbino Ingegnere[164] (figura 146), se muestra una escena en perspectiva, trazada con el método tradicional de un punto de fuga central, en donde aparecen edificios muy conocidos de Florencia. Este documento sirve para confirmar el uso restringido de su instrumento para casos muy particulares, ya que, en el caso del dibujo de escenografías teatrales, seguía los procedimientos ortodoxos de la perspectiva plana de los artistas.

El intento de corregir los «errores» del instrumento de Lanci por contradecir las leyes de la perspectiva geométrica de los pintores llevó a sugerir a Danti la sustitución de la base circular por una tablilla cuadrada y la pantalla cilíndrica por una pantalla plana más adecuada y próxima a los cuadros planos de los pintores. La propuesta de Danti para adaptar el instrumento al mundo de la pintura, tuvo eco en los años posteriores; así, en 1585 el noble veneciano Giacomo Contarini dibujó en una carta inédita, dedicada a la recopilación de instrumentos matemáticos, una versión del instrumento en

[163] *Vid.* Silvia Bordini, *Storia del Panorama, la visione totale nella pittura del XIX secolo,* Roma, Officina Edizioni, 1984.

[164] Baldassare Lanci, *Escena perspectiva con edificios florentinos,* Florencia, Uffizi, Gabinete de dibujos y estampas, 404 P, cat. n. 170.

donde la superficie de representación es una tablilla plana (figura 147).

No obstante, quien mejor desarrolló la adaptación del instrumento de Lanci para dibujar perspectivas sobre superficies planas fue el jesuita Mario Bettini (1582-1657); este autor publicó en su obra de 1642 una versión que él atribuye a Christopher Grienberger[165], consistente en un paralelogramo articulado en donde el brazo superior sirve de alidada para recorrer visualmente los objetos, mientras el brazo inferior realiza el trazado sobre una tablilla (figura 148).

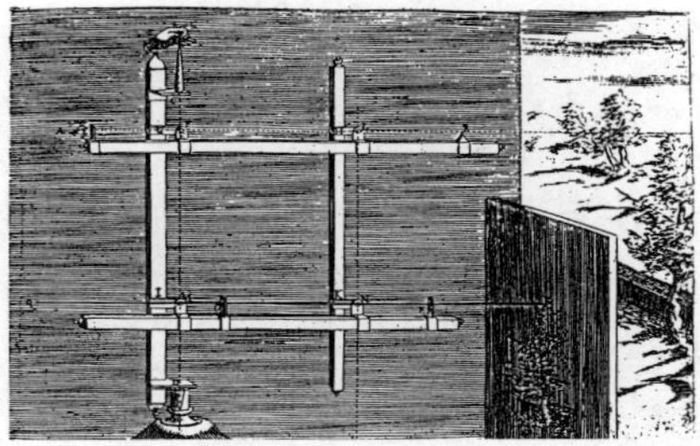

148. Instrumento de Christopher Grienberger, del año 1635, basado en el principio del aparato de Baldassare Lanci. Según el grabado recogido en la obra de Mario Bettini (1645).

El segundo instrumento del tratado de Bettini dispone sólo de tres varillas articuladas y funciona del mismo modo que el anterior (figura 149). La eficacia de la aplicación de estos instrumentos se basaba en la rapidez de la ejecución de los trazados; así, en un boceto de la época, dibujado en una página de un ejemplar del tratado de geometría de Durero aparece una anotación en donde se indica: «un instrumento de madera para dibujar en perspectiva en un cuarto de hora» (figura 150).

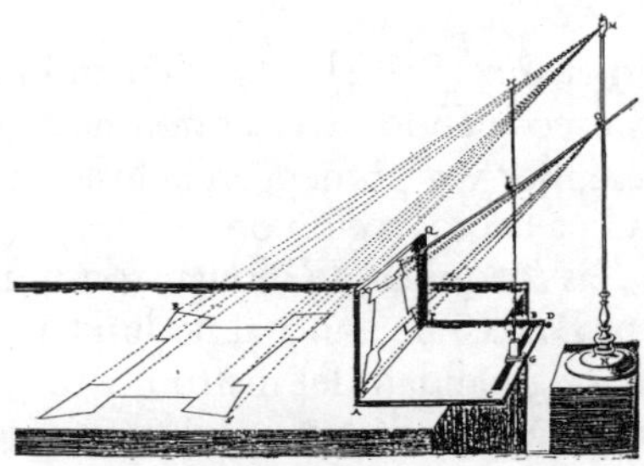

149. Instrumento de Mario Bettini, similar al de Baldassare Lanci, publicado en *Apiarium quintum in quo Paradoxa et arcana opticae scenographicae*, 1645.

No es casual el hecho de que, tanto en este último dibujo como en el grabado original se utiliza el instrumento para representar la planta de una fortaleza militar. Era una época en donde el progreso de la ingeniería militar exigía la necesidad de calcular con precisión las trayectorias de los proyectiles lanzados por la cada vez más mortífera artillería, aplicando los conocimientos al diseño de fortalezas. Por estas razones no puede parecer nada extraño que muchas máquinas de dibujo se muestren en aplicaciones a la ingeniería militar. De las prácticas para el aprendizaje del funcionamiento de estos instrumentos y su aplicación al dibujo de fortalezas se conserva un ejemplo realizado por la Gran Duquesa de Toscana en el año 1595 (figura 151).

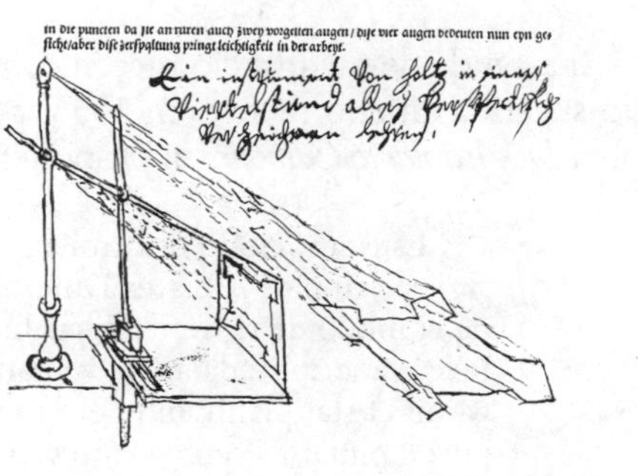

150. Instrumento de Mario Bettini concebido explícitamente para uso militar, según un boceto a pluma dibujado en una página del tratado de geometría de Durero y acompañado de una nota aclarando que se trata de «un instrumento de madera para dibujar en perspectiva en un cuarto de hora».

---

165 M. Bettini, *Apiarium philosophiae mathematicae (Apiaria universae)*, Bolonia, 1645, V, págs. 44-45.

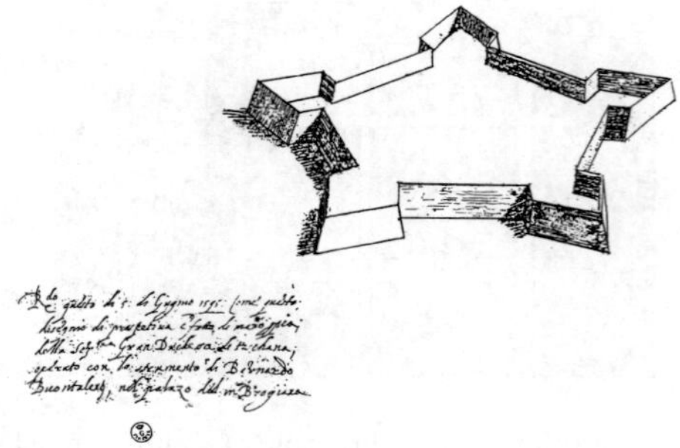

151. Cristina de Lorena (1565-1636). Perspectiva de una fortaleza dibujada con el instrumento de Buontalenti. El texto recoge la fecha de 5 de junio de 1595, indicando que, «este dibujo de perspectiva está hecho por la propia mano de la Serenísima Gran Duquesa de Toscana; realizado con el instrumento de Bernardo Buontalenti en el palacio de Brogiana».

Máquinas para la cartografía celeste y terrestre

En el año 1571, el autor alemán Hans Lencker publica su segundo tratado de perspectiva recogiendo diversas aplicaciones de esta disciplina. En una de sus páginas se muestra, por vez primera en la historia de los instrumentos mecánicos de dibujo, uno aplicado a la proyección ortográfica utilizada en la cartografía (figura 152): con este episodio, las máquinas de dibujar continuaban ampliando el horizonte abierto por el ingeniero Baldassare Lanci al no limitar su utilización exclusivamente a la pintura.

La originalidad del instrumento parece confirmada por las propias palabras del autor que no oculta en absoluto su orgullo al describir el funcionamiento:

> Cualquier objeto puede ser puesto en perspectiva sin recurrir en absoluto al compás, de tal manera que se evitan y economizan todos los trazados, líneas y puntos superfluos. Hasta ahora no he encontrado semejante instrumento en ninguna descripción de este arte, por muchos que haya podido tener a mano, dicho sea sin vanagloriarme[166].

La ayuda de un artificio mecánico para la cartografía no era original, ya había estado sugerida anteriormente, en 1556, por el cosmógrafo Reiner Gemma Frisius en su obra *De Astrolabio Catholico* al proponer el método del cristal que él atribuye a Durero:

> Este artificio lo desarrollan hoy día los pintores, y sobre este tema escribe bellísimos ejemplos Albertus Durerus, noble pintor y matemático. Él, en realidad, enseña el modo de representar cualquier objeto puesto delante del ojo sobre una superficie plana aplicada a una ventana. Según él, se comprende claramente cómo, puesto un cristal plano entre el ojo y el objeto, cualquier cosa vista a través del cristal puede pintarse con la mano sobre cualquier superficie. Asimismo, al servir al aprendizaje de los primeros rudimentos del dibujo, este procedimiento se puede adaptar con mucha inteligencia a nuestro propósito. Puesto que si miramos a través de un cristal la esfera armilar con sus anillos podemos dibujarla sobre la superficie del cristal, recorriendo con el ojo todos los lugares de la esfera, y anotando todo diligentemente con la mano. Un principio parecido fue seguido por Tolomeo al final del primer libro de la Geografía... y semejante en el séptimo... En estos sitios Tolomeo en-

[166] Traducido en Albert Flocon, «Jamnitzer: orfebre del rigor sensible», en *Wentzel Jamnitzer. Perspectiva corporum regularium,* Madrid, Siruela, 1993, pág. 32.

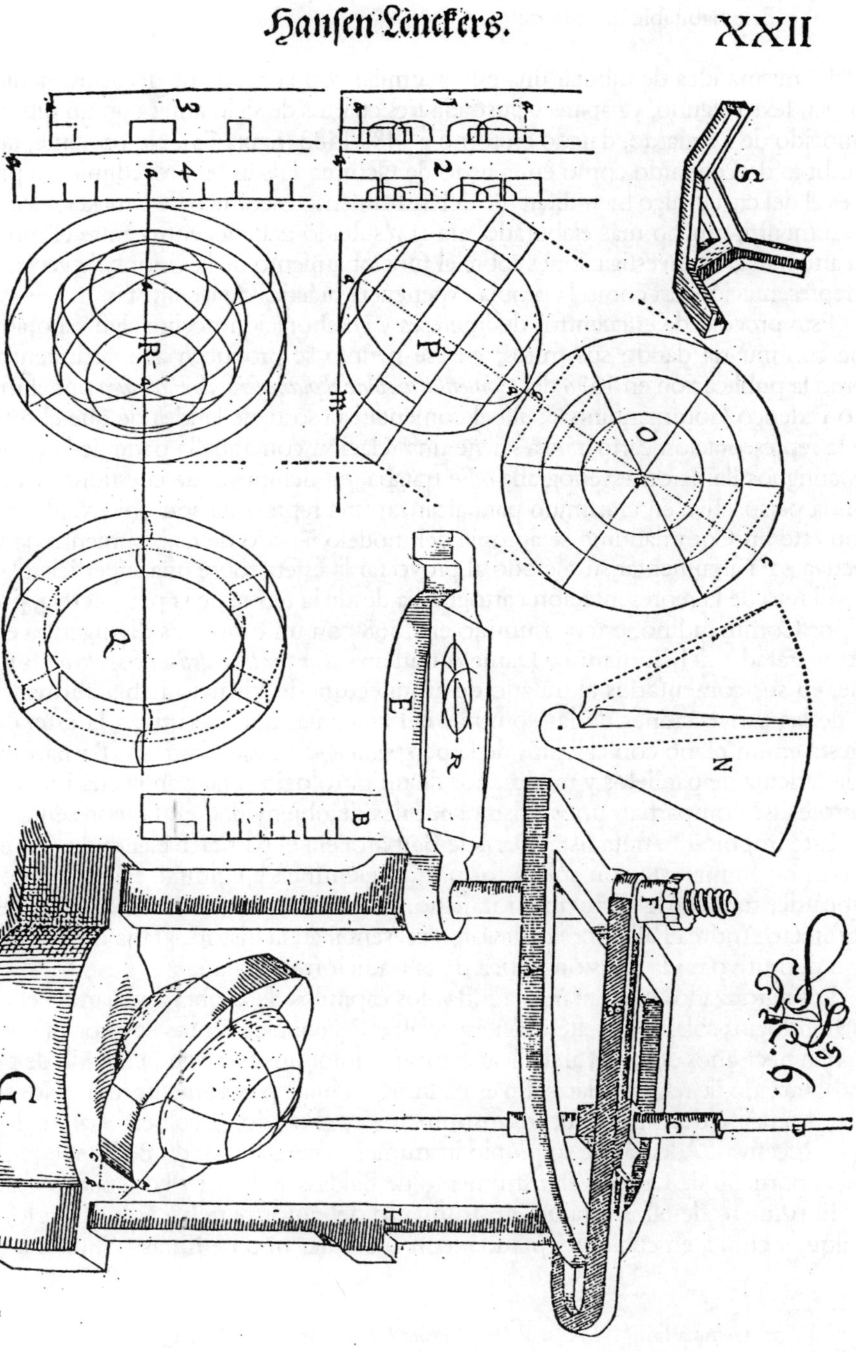

152. Lencker. Instrumento para proyecciones ortográficas, *Perspectiva*, 1571.

seña de tres o cuatro maneras a deformar perspectivamente sobre un plano la superficie habitable de la tierra[167].

La misma idea de dibujar una esfera armilar con la ayuda de un instrumento, aunque sin texto alguno, ya aparece ilustrada tres cuartos de siglo antes con un dibujo muy conocido de Leonardo, datado en torno a 1480-1482 (figura 73). No obstante, tanto en el dibujo de Leonardo como en el texto de Gemma Frisius, el procedimiento propuesto es el del cristal, algo bien diferente del instrumento mecánico de Lencker. Este último instrumento, mucho más elaborado, era el resultado del encuentro entre el mundo de la cartografía, las investigaciones sobre el funcionamiento de la visión y la geometría de la representación, así como la propia experiencia práctica de los artistas.

Este proceso de encuentros de intereses y colaboración no fue algo esporádico, ya que continuaría dando sus frutos; en ese periplo se producen acontecimientos tales como la publicación en 1558 del *Comentario sobre el planisferio de Ptolomeo* por el matemático Federico Commandino[168]; allí el comentarista sostiene la idea de que el problema de la representación cartográfica «tiene una relación con aquella parte de la óptica que los antiguos llamaron escenografía». Se trataba, en definitiva, de cuestiones vinculadas con la perspectiva en el camino para alcanzar una representación objetiva del mundo. Con este fin Commandino se apropia del modelo teórico de razonamiento de la perspectiva para argumentar su método al proyectar la esfera sobre una superficie plana.

El reto de la representación cartográfica desde la teoría de la perspectiva, propuesto por Commandino, estará asumido en 1568 con un tono más divulgativo en el famoso tratado del humanista Daniele Barbaro, *La pratica della perspettiva*, un autor que, en sus comentarios al tratado de arquitectura de Vitruvio había afirmado, acerca de las proyecciones de las sombras del analema, que «se utiliza la esfera celeste puesta en un plano con cálculos de la perspectiva»; en este contexto Barbaro compara la retícula de paralelos y meridianos de un horologio solar con la cuadrícula de los pintores; se compartían unos mismos ideales de objetividad en la representación.

Este importante tratadista, Daniele Barbaro, era el patriarca electo de Aquilea, un doctísimo humanista con sólida formación científica y cultural. Publicó su edición crítica del tratado de Vitruvio en italiano, ilustrándola con la colaboración del gran arquitecto Andrea Palladio; la edición representa, en la historiografía de esta obra, un paso definitivo en la revisión crítica de la tradición vitruviana[169].

Los autorizados comentarios a todos los capítulos de la obra dedican en el caso de los horologios solares una atención especial; estos conocimientos cosmográficos fructificarían trece años después, al dedicar el mismo autor una parte de su tratado de perspectiva al trazado de relojes solares. En este último incluirá, precisamente, una «Novena parte, en la cual se describen muchos instrumentos y el modo de colocar y poner las cosas en perspectiva». Además de su propio instrumento para el trazado de los relojes, describirá el porticón de Durero, el instrumento de Baldassare Lanci y la cámara oscura.

El primero de ellos será un «instrumento del autor para hacer los horologios en cualquier clima, en cualquier plano y con cualquier tipo de horas». Similar a una es-

---

[167] Reiner Gemma Frisius, *De Astrolabio Catholico Liber*, Amberes, 1556, pág. 3v.

[168] Federico Commandino, *Ptolomaei Planisphaerium*, Venecia, Aldo Manunzio, 1558. Existe una edición crítica comentada por Rocco Sinisgalli y Salvatore Vastola: *Il planisferio di Tolomeo*, Florencia, Cadmo, 1992.

[169] *I dieci libri dell'architettura di M. Vitruvio tradotti et commentati da monsignor Barbaro, eletto patriarca di Aquileggia*, Venecia, Francesco Marcolini, 1556.

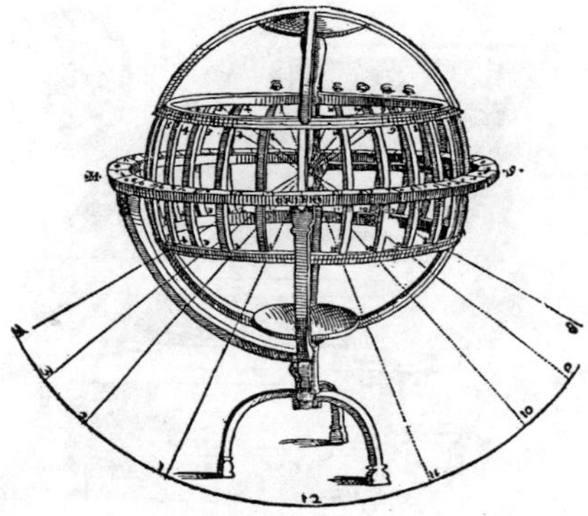

153. Daniele Barbaro. Instrumento para dibujar relojes solares. *La prattica della perspettiva,* 1569.

fera armilar, el instrumento está realizado en latón con la inclusión de husos horarios comprendidos entre los dos trópicos:

> Nosotros hemos imaginado un instrumento, el cual no sólo es un horologio en sí mismo, también es un instrumento para hacer horologios en cualquier plano, en cualquier pared y con cualquier tipo de horas, y en sí mismo es bello de forma porque representa la esfera (figura 153)[170].

Después de explicar su construcción y el funcionamiento en latitudes geográficas diferentes, describe la manera de utilizar el instrumento para dibujar la proyección de los husos horarios sobre una superficie. Para ello propone utilizar hilos de seda con el fin de materializar las líneas proyectantes de las horas sobre cualquier superficie. Tras la explicación del instrumento y su funcionamiento, Barbaro describe minuciosamente el porticón de Durero, acompañándolo de una xilografía (figura 119); esta coincidencia es algo que no debe pasar inadvertido por el hecho de utilizar hilos en ambas para proyectar las figuras.

Era evidente la coincidencia y suma de esfuerzos entre artistas y científicos hacia la conquista de unos instrumentos conceptuales y técnicos para la representación objetiva de aplicación universal. En consecuencia, la apropiación o adaptación de las máquinas de dibujar de los artistas para su aplicación en la cartografía no fue algo esporádico ya que estaba justificado por unas teorías y objetivos compartidos.

En cuanto al instrumento de Lencker, su funcionamiento está basado en unos principios similares a los del porticón de Durero y puede considerarse como una derivación de este. Su funcionamiento es de fácil comprensión a través del propio grabado, en donde se puede ver cómo el papel está sobre una tablilla que puede girarse para permitir, con una aguja vertical, ir señalando diferentes puntos de un modelo corpóreo. El modelo utilizado como ejemplo es una esquematización de una esfera y un anillo circular en donde se han dibujado coordenadas geográficas (paralelos y meridianos). La aguja materializa cada una de las infinitas rectas paralelas a la dirección de proyección.

Además de la convergencia de intereses con los artistas, la presencia del instrumento de Lencker se inscribe dentro de las conquistas y el debate de la representación cartográfica de las esferas celeste y terrestre, derivados de unos antecedentes de autoridad transmitidos desde la Antigüedad y perfectamente conocidos en el Rena-

[170] Barbaro, *op. cit.*, pág. 187.

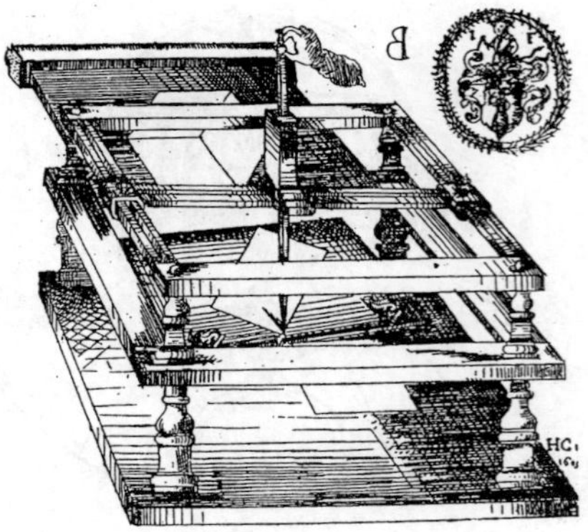

154. Johannes Faulhaber. Instrumento para proyecciones paralelas. *Mathematici tractatus,* 1610.

cimiento; así, la *Geographia* de Claudio Ptolomeo (100-178) en su «tercer método» de proyección cartográfica utilizaba una proyección perspectiva desde un punto situado en un eje que pasa por la antigua Siena (la actual Asuan). Del mismo modo, la interpretación perspectiva de los sistemas de proyección cartográfica hizo que la proyección estereográfica, conocida desde la Antigüedad y aplicada en la construcción de astrolabios, fuese interpretada desde la teoría de la perspectiva a partir del siglo XVI. La proyección estereográfica se explicaba como la representación de los astros desde un punto de vista situado en el polo sur de la esfera.

La interpretación «visual» de los diferentes tipos de proyección se aplicó también a la proyección ortográfica, en donde el punto de vista podía concebirse situado en el infinito y, en consecuencia, los rayos visuales quedaban definidos por rectas paralelas. La proyección cilíndrica o paralela, desde un punto del infinito, se justificó en alguna ocasión como una representación perspectiva vista por el «ojo del Sol» o por el «ojo de Dios».

Aunque esta proyección ya se utilizaba en el Toledo del siglo XI, fue recuperada por Gemma Frisius al describirla en su *De Astrolabio Catholico,* y también por su discípulo español Juan de Rojas en el *Commentariorum in Astrolabium*. Para este último autor, en la proyección ortográfica desde un punto del infinito, las rectas paralelas pertenecen a un cono con el vértice tan lejano que lo hace parecer a un cilindro, concluyendo en consecuencia que todo el procedimiento «se deduce de la perspectiva»[171].

El aparato de dibujo de Leckner para la proyección ortográfica sería posteriormente reelaborado por Johannes Faulhaber en el año 1610 (figura 154).

Instrumentos matemáticos y artificios óptico-mecánicos

La visión mecánica

En el siglo XVII, la capacidad de la ciencia para proponer modelos teóricos de la Naturaleza, alcanzó también a la fisiología de la visión y a la teoría física de la luz; ambas disciplinas podían ser explicadas a través de las leyes de la perspectiva matemática. Las consecuencias del llamado siglo de la revolución científica también se manifestaron en la aparición de las que se pueden considerar, en sentido estricto, au-

[171] Juan de Rojas Sarmiento, *Commentariorum in Astrolabium quod Planisphaerium vocant, libri sex,* 1550, I, XI.

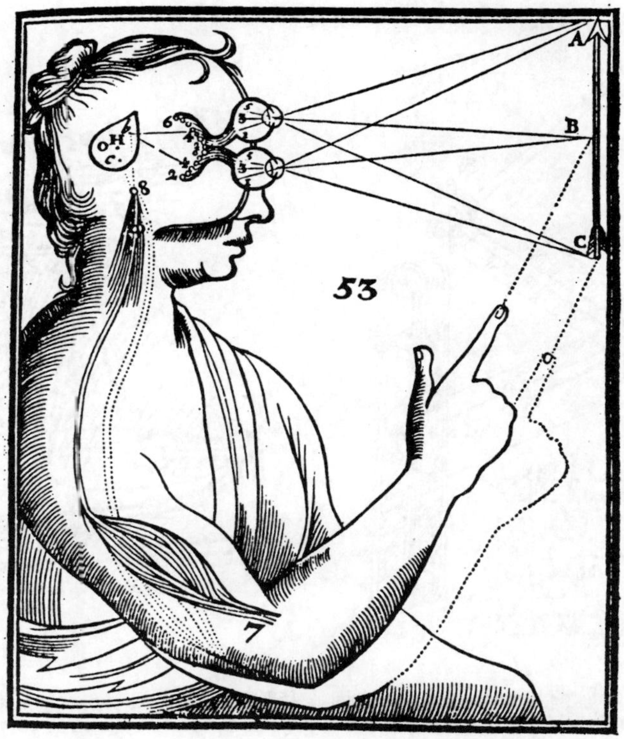

155. René Descartes, «Idea del movimiento de los miembros y su origen», *Tractatus de Homine,* 1664.

ténticas máquinas de dibujar; entre todas las que aparecieron entonces se destacan, por su repercusión y consecuencias, la llamada «escuadra de Cigoli» y el pantógrafo de Scheiner. En ellas, el movimiento del ojo siguiendo los perfiles de los objetos se transforma, gracias a un mecanismo, en un movimiento simultáneo del instrumento de trazado sobre el papel.

Es en este mismo siglo cuando Descartes, en su *Primae cogitationes circa generationem animalium,* planteará la cuestión de las máquinas que engendran máquinas, algo que, sin embargo, está muy distante de la posibilidad de encontrar un aparato que dibuje solo, a través de una automatización total que permita reproducir con movimientos mecánicos aquellos realizados por el ojo al mirar, así como los movimientos correspondientes de la mano del dibujante al trazar sobre un papel lo observado (figura 155)[172]. Hacía ya más

---

172 Descartes había quedado subyugado, como muchos de sus contemporáneos, por el mundo de los autómatas. En su *Tractatus de Homine* (1664) utiliza como ejemplo los mecanismos instalados en Fontainebleau. «Habéis podido observar, en las grutas y en las fuentes que hay en los jardines regios, que la sola fuerza con que se mueve el agua al salir del caño es suficiente para poner en movimiento diversas máquinas y aun para que suenen algunos instrumentos o se profieran algunos sonidos como de palabras, según la distinta disposición de los tubos que la conducen. Ciertamente, se pueden comparar los nervios de la máquina que os describo con los tubos de esas fuentes; sus músculos y tendones, con los restantes aparatos y resortes que se emplean para moverlas...» Sobre esta cuestión, así como sobre los autómatas, en general, puede verse: A. Aracil, *Juego y artificio. Autómatas y otras ficciones en la cultura del Renacimiento a la Ilustración,* Madrid, Cátedra, 1998.

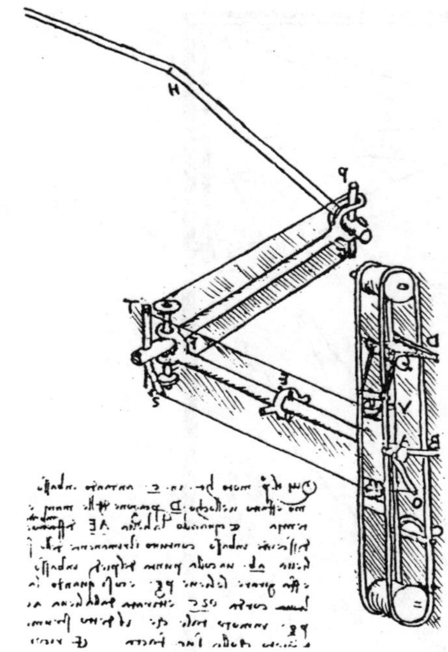

156. Leonardo. Detalle de la juntura articulada del ala. *Códice Atlántico,* fol. 341 r c.

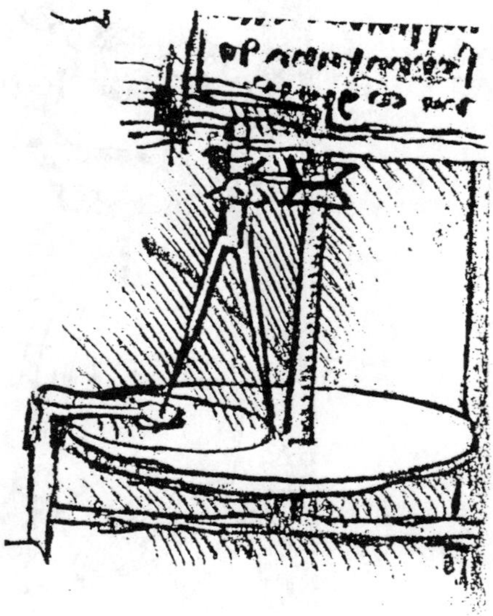

157. Leonardo. Compás para trazar epicicloides. *Códice Arundel,* 263, fol. 160 v.

de un siglo que Leonardo da Vinci había intentado reproducir con una máquina los vuelos naturales de las aves (figura 156); el genial artista estaba impulsando y reconstruyendo la ideología representada por Arquímedes en la Antigüedad: el mecanicismo. Según la tradición mecanicista, potenciada desde el Renacimiento y hegemónica en el siglo XVII, se creía en la existencia de una interacción predecible de las fuerzas mecánicas de la naturaleza. Con Leonardo había llegado definitivamente la era de las máquinas y, en su tiempo, él fue su mejor representante al encarnar el nuevo hombre de ciencia. Una línea de un dibujo representando algo observado se podía entender como la expresión gráfica del recorrido del movimiento del ojo por el contorno o cualquier otra parte de la estructura de un objeto visto.

Del mismo modo que los recorridos de la visión se podían representar objetivamente con líneas, los astrónomos intentaban definir y precisar con el máximo rigor las trayectorias de los planetas. En general, las curvas mecánicas estudiadas por los matemáticos se proponían como modelos del movimiento de un elemento regulado según una determinada ley. Con la misma intención de conocer y controlar esas leyes, también se intentaba la construcción de instrumentos capaces de reproducir determinados movimientos, tal como pretendía Leonardo al reconstruir con máquinas el movimiento de las aves. Asimismo, con algunas máquinas de dibujar se lograba representar sobre un papel diferentes curvas, al funcionar simulando determinados principios de mecánica.

Con esta intención, Leonardo proyecta su compás de epicicloides destinado a dibujar horologios planetarios. En él, un hilo transmite el movimiento de la manivela al compás mientras gira un disco circular, movido por la misma manivela, en donde se coloca el papel para dibujar la epicicloide. Era una máquina de dibujar trayectorias (figura 157).

También con unos fines similares, inventa compases para dibujar elipses y parábolas (figuras 158 y 159). La primera de estas curvas asumirá una importancia extraordinaria en la revolución de la moderna astronomía, sobre todo después de que Kepler (1571-1630) definiese sus famosas leyes, según las cuales los planetas describían órbitas elípticas con el sol situado en uno de sus focos[173]. En esta era, los filósofos y los científicos como Galileo y sus sucesores utilizaron las analogías mecánicas para explicar los fenómenos naturales; existía un clima idóneo para la aplicación de las máquinas de dibujar a la nueva ciencia.

Desde aquel momento, el número de máquinas de dibujar todo tipo de curvas y trayectorias, acumulado en diferentes momentos es enorme (figuras 160 y 161).

Incidiendo en todas estas circunstancias, Galileo fue también el principal responsable de introducir los métodos experimentales en las investigaciones científicas. Su afán por descubrir las causas próximas de los fenómenos le hacía afirmar que las ciencias comenzaban con observaciones y las observaciones tenían siempre la última palabra. La era de las máquinas coincidía con la era de las observaciones científicas. Instrumentos de observación como el telescopio y el microscopio gozaron en aquel momento de un éxito extraordinario al ampliar y per-

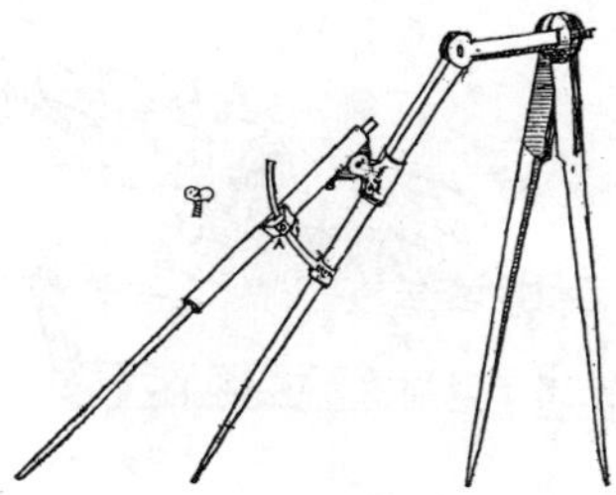

158. Compás para trazar elipses atribuido a Leonardo y dibujado por Benvenuto della Volpaia, *Macchine e strumenti*, 1578.

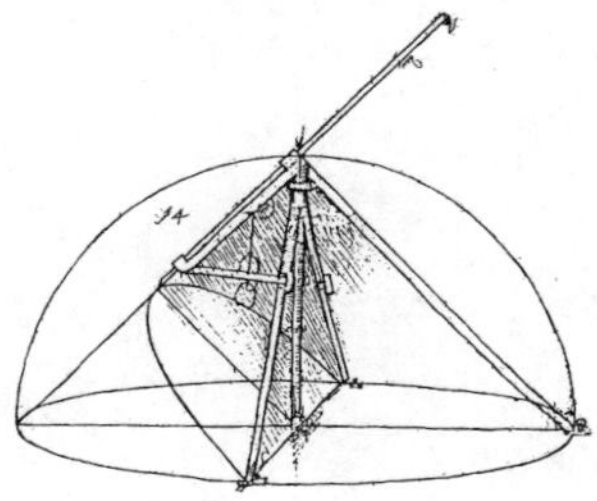

159. Leonardo. Compás para trazar parábolas. *Códice Atlántico*, fol. 394 r a.

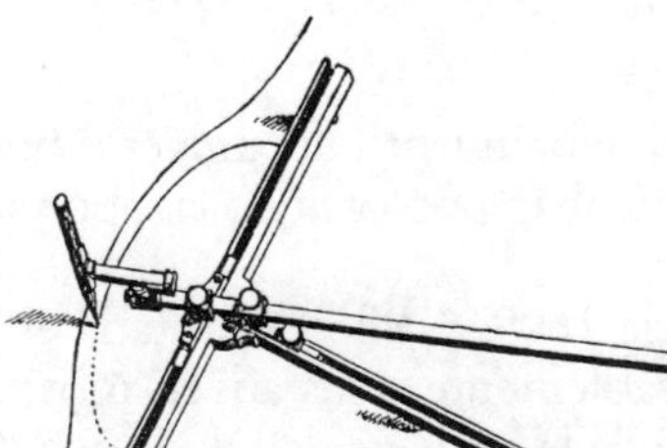

160. «Concoidógrafo» de W. F. Stanley. *Mathematical Drawing Instruments*, 1868.

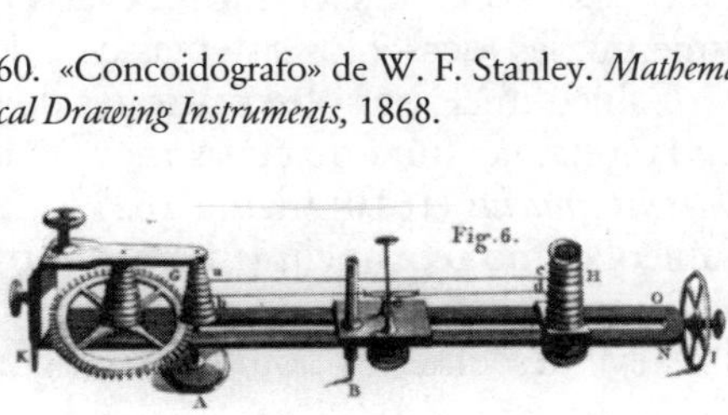

161. Compás para trazar espirales. George Adams el joven, *Geometrical and Graphical Essays*, 1791

[173] Sobre esta cuestión existe un documentado y extenso trabajo publicado por J. M. Gentil, «Planta oval y traza elíptica en arquitectura», en Carazo y Otxotorena, *Arquitecturas centralizadas*, Valladolid, Universidad de Valladolid, 1994.

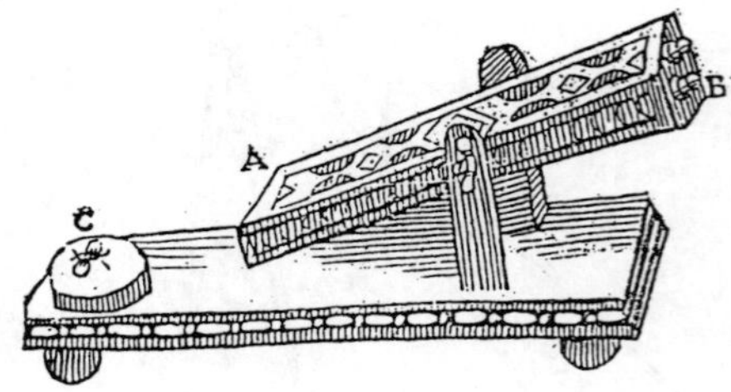

162. Microscopio. Johann Zahn, *Oculus Artificialis,* 1685-1686.

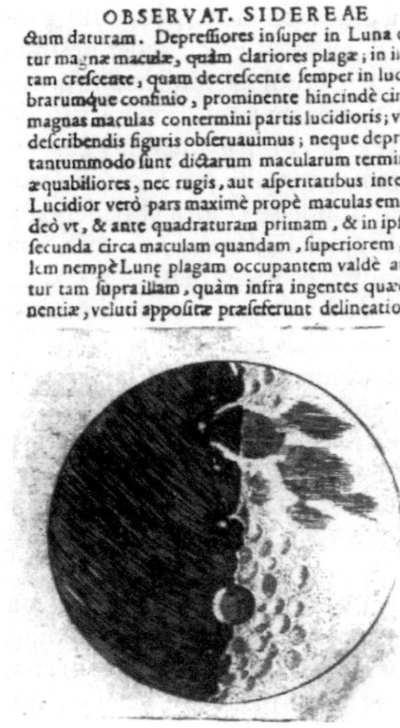

OBSERVAT. SIDEREAE

ctum daturam. Depressiores insuper in Luna cernuntur magnæ maculæ, quàm clariores plagæ; in illa enim tam crescente, quam decrescente semper in lucis tenebrarumque confinio, prominente hincindè circa ipsas magnas maculas contermini partis lucidioris; veluti in describendis figuris obseruauimus; neque depressiores tantummodo sunt dictarum macularum termini, sed æquabiliores, nec rugis, aut asperitatibus interrupti. Lucidior verò pars maximè propè maculas eminet; adeò vt, & ante quadraturam primam, & in ipsa fermè secunda circa maculam quandam, superiorem, borealem nempè Lunę plagam occupantem valdè attollantur tam supra illam, quàm infra ingentes quædam eminentiæ, veluti appositæ præseferunt delineationes.

163. Galileo. Página de su obra *Sidereus nuncius,* con los resultados de las primeras observaciones del telescopio (1610).

mitir el conocimiento del universo (figura 162). Las máquinas de dibujar se adaptaban e incorporaban poco a poco las aportaciones de nuevos instrumentos ópticos de observación.

Hacia 1609, Galileo escrutaba el cielo con un instrumento óptico, exasperando inexplicablemente a sus adversarios; ante esa nueva situación, el primer maestro de filosofía de la Universidad de Padua declarará solemnemente que él jamás observaría el cielo con una lente[174]; comenzaba el siglo de la Revolución científica. Ciertamente, las observaciones científicas llevaban a descubrimientos que modificaban el conocimiento, las ideas y los sistemas de valores de la sociedad tradicional.

Galileo inició sus observaciones de los astros en el mismo año 1609, primero sobre la luna, la altura de cuyas montañas midió, publicando sus descubrimientos en *Sidereus nuncius* (1610) (figura 163)[175]. El pintor Ludovico Cardi, amigo personal de Galileo, como reconocimiento a sus investigaciones representó la luna a los pies de la Virgen, en la iglesia de Santa María la Mayor de Roma, pintada con los cráteres y el relieve descubiertos por Galileo (figura 164)[176].

---

174 *Vid. Galileu, exponent de la crisi universitària del segle XVII,* lección inaugural del curso 1986-1987, a cargo del doctor Enric Freixa i Pedrals, Universidad Politécnica de Cataluña.

175 Galileo Galilei, *Sidereus nuncius magna, longeque admirabilia spectacula pandens...,* Venecia, Tommaso Biglione, 1610.

176 Sobre este hecho se puede ver el interesante trabajo de Samuel Y. Edgerton Jr., *The Heritage of Giotto's Geometry. Art and Science on the Eve of the Scientific Revolution,* Londres, Cornell University Press, 1991.

165. La escuadra de Cigoli es uno de los instrumentos con mayor repercusión para la práctica del dibujo en los siglos posteriores a su invención. *Prospettiva pratica*, 1612.

164. Cigoli, *Asunción de la Virgen* (1612), pintada sobre la luna con los cráteres descubiertos por Galileo. Santa María la Mayor, Roma.

Este pintor, Ludovico Cardi, conocido como Cigoli (1559-1613), es el autor de un tratado manuscrito, ya referido en páginas anteriores, en donde se dedica un importante capítulo a las máquinas de dibujar[177]. Entre todas las que aparecen en sus páginas, destaca una de su propia invención y es conocida en la historiografía, precisamente, como escuadra de Cigoli (figura 165).

La escuadra de Cigoli se ha de considerar como un antecedente legítimo de los modernos trazadores automáticos en donde se desplaza, en las coordenadas del plano del papel, gracias a unos elementos mecánicos, una punta trazadora que ejecuta el dibujo. El instrumento de Ludovico Cardi, diseñado en el año 1612, fue sucesivamente perfeccionado durante más de dos siglos, hasta el siglo XIX en el que, en una de sus últimas versiones, recibió la denominación de diágrafo de Gavard. Con este último instrumento, una vez que se ha fijado la posición del ojo con un elemento articulado, un índice móvil se puede desplazar siguiendo los contornos y dintornos del objeto que se quiere dibujar, transmitiendo sobre el papel los mismos movimientos del índice gracias a un sistema de hilos y poleas (figura 166).

Instrumentos matemáticos de Cigoli

El tratado de Cigoli, inédito hasta fechas muy recientes, se conserva manuscrito y acompañado con numerosas ilustraciones. Aunque no se publicó a través de la imprenta, fue conocido e influyó decisivamente en sus contemporáneos, a la vista de su presencia en tratados posteriores a sus propuestas. A su vez, este pintor, amigo de Galileo, es deudor de otros autores que le precedieron. Su conocimiento de las obras de

[177] Ludovico Cardi (llamado Cigoli, 1559-1613), *Prospettiva pratica di fra L. C. C.*, ms. Uffizi A2660.

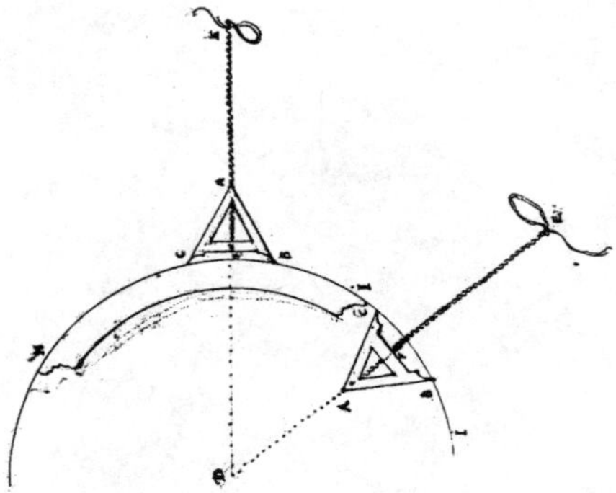

167. Método de Cigoli para trazar rectas convergentes en un punto inaccesible.

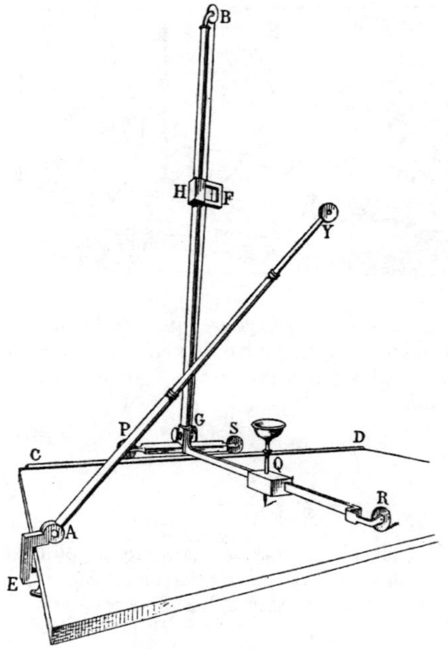

166. Diágrafo de Gavard. Según la ilustración de un tratado contemporáneo (Commelerán 1939).

Durero y Vignola-Danti se hace evidente tal como declara él mismo al describir varios instrumentos relacionados con el dibujo en perspectiva[178].

En el subtítulo de este tratado aparece un dato de enorme relevancia: se hace una referencia explícita a la demostración de sus leyes a través de «tres reglas de perspectiva»; mientras él habla de tres, todos los autores de su tiempo hablaban sólo de dos reglas (la construcción legítima y la construcción con el punto de distancia), tal como se definía en 1583 en el magnífico tratado póstumo de Vignola: *Le due regole della prospettiva pratica*. Por ello se ha planteado la hipótesis de que la *terza regola* podría ser la demostrativa de las máquinas perspectográficas, descritas minuciosamente en sus páginas[179].

En su amplio panorama, el primer recurso instrumental recomendado por este autor para el dibujo es bastante elemental y sirve para trazar, en las perspectivas, líneas convergentes en un punto de fuga situado fuera de los límites del dibujo o inaccesible para el dibujante. El autor lo define como «primer modo para operar sin tener sitio en donde colocar el punto» y consiste en un artefacto parecido a un nivel triangular de plomada —conocido y utilizado desde la Antigüedad, en su versión recta, para la construcción— que se desliza sobre una regla curva, de forma circular, con el centro de su circunferencia en donde se supone punto de fuga inaccesible (figura 167).

El segundo instrumento descrito en sus páginas tiene dos funciones, la primera de carácter didáctico, servir para explicar materialmente a los dibujantes el abstracto concepto de punto de fuga de un haz de paralelas. La segunda función pretende su apli-

[178] *Trattato pratico di prospettiva di Ludovico Cardi detto il Cigoli*, al cuidado de Rodolfo Profumo, Roma, Bonsignori, 1992.

[179] *Vid.* Vagnetti, *op. cit.*, pág. 380.

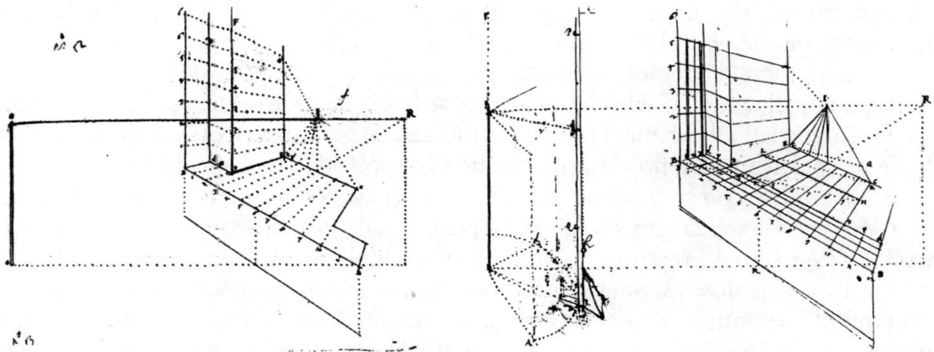

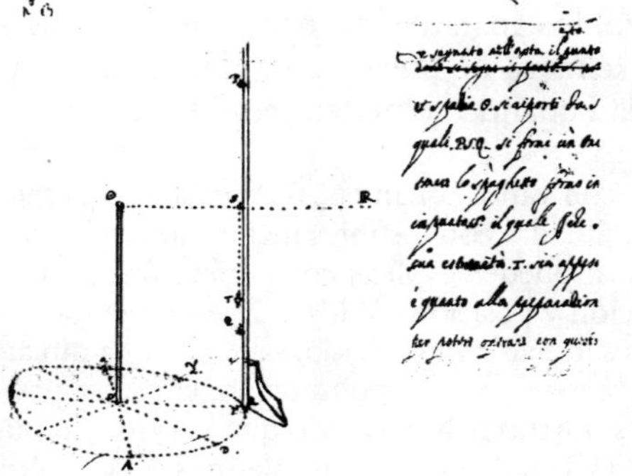

169. Determinación de los puntos de fuga en la escenografía teatral con la ayuda de un instrumento de Cigoli.

168. Instrumento de Cigoli para determinar puntos de fuga.

cación para la perspectiva escenográfica del teatro. Respecto a la primera, la deuda de este artefacto hacia el sofisticado concepto matemático de *punctum concursus* (punto de fuga), definido con gran rigor científico pocos años antes por Guidobaldo Burbon del Monte, resulta evidente[180]. Asimismo, desde el punto de vista técnico, la dependencia del perspectógrafo de Vignola, descrito en páginas anteriores, también se hace patente en las características de la propuesta de Cigoli (figura 168).

Al describir su funcionamiento se puede advertir cómo, en el punto de observación, un jalón situado en el centro de un disco, graduado en sectores circulares, sirve para sujetar en su extremo superior la cuerda que materializa las diferentes direcciones de las rectas visuales. Otro jalón vertical móvil se puede situar alrededor de la circunferencia para fijar y señalar diferentes direcciones angulares referidas al plano del cuadro. La cuerda materializa y define el rayo visual como recta proyectante de una dirección particular que, al interseccionar cualquier superficie, sitúa en ella el *punctum concursus,* según la denominación del matemático Guidobaldo.

El instrumento, en segundo lugar, también está relacionado por el autor con una de las aplicaciones más importantes de la perspectiva en la época: la escenografía tea-

---

[180] Guidobaldo Burbon del Monte, *Guidi Ubaldi e Marchionibus Montis Perspectivae Libri sex,* Pesaro, H. Concordia, 1600. Este importante matemático, protector de Galileo, es autor del tratado de perspectiva considerado el hito que señala el divorcio entre la cultura artística y la cultura científica. Desde este momento los matemáticos abordan el estudio de la perspectiva desde un punto de vista exclusivamente científico, al margen de cualquier implicación de orden estético. Esta obra es famosa, además, por ser la vez primera en la historia de la perspectiva en la que se demuestra científicamente la existencia de los puntos de fuga o puntos de concurso.

tral caracterizada por aspectos del ilusionismo perspectivo (figura 169). Esta aplicación del instrumento le sirve al autor para introducir un nuevo concepto: cuando se proyecta una figura sobre diferentes planos de un escenario teatral, en vez de hacerlo sobre un único plano, tal como sucede en un cuadro, se habla de «perspectiva sólida». Un tema que había quedado fundamentado teóricamente con gran rigor matemático en el tratado de perspectiva ya referido del matemático Guidobaldo en el año 1600.

En definitiva, con su instrumento Cigoli busca facilitar la comprensión conceptual de la «perspectiva sólida» construida en las escenografías teatrales y resolver en ellas la dificultad de encontrar los puntos de fuga en las múltiples superficies de un escenario.

Los instrumentos restantes están todos agrupados en un apartado de su tratado, en el que se pretenden justificar con argumentos similares aunque tienen un planteamiento mucho más práctico. Según su criterio, los aparatos son necesarios para algunos dibujantes, al ser insuficiente «la regla exclusiva de líneas» para dibujar en perspectiva. También se justifican por su necesidad cuando se pretenden dibujar temas,

> como por ejemplo, la vista de una calle con varios ornamentos de palacios, paisajes u otra composición de cosas diferentes, situadas con distintas inclinaciones, las cuales, por el método exclusivo de líneas no se pueden explicar con perfección sin el conocimiento de su planta y perfil, ubicación y posición. Al levantar estas plantas, así como al ponerlas en perspectiva, quienes lo han comprobado, saben cuánta dificultad se presenta. Siendo aún mayor al representar el cuerpo humano, el cual, a pesar de ser dificilísimo entre lo más difícil, es mucho más necesario que lo otro, y no de menor dificultad. La cantidad de tiempo y la tediosa fatiga de tales reglas [geométricas] crean dificultades, obligando, para llegar a la terminación de nuestro trabajo a abandonar cualquier regla y a operar, como se dirá, a ojo, y de este modo se reduce mucho la dignidad del tan noble arte de la pintura[181].

Cigoli no podía admitir que la pintura prescindiese de la ciencia en la práctica de su arte, algo que sucedería al trabajar intuitivamente «a ojo» para evitar la dificultad de la perspectiva geométrica. Dibujar a ojo suponía abandonar el apoyo de argumentos racionales y actuar sin la ayuda de la ciencia. Para evitarlo, el uso de instrumentos paliaba este dilema al garantizar el mantenimiento de la dignidad científica del arte, a la vez que el manejo de los instrumentos era de más fácil aplicación en comparación con las técnicas geométricas de la perspectiva.

Las máquinas como argumento en el discurso sobre la liberalidad del arte

El fenómeno del divorcio producido entre la ciencia y el arte, aunque ha existido desde siempre, históricamente es la consecuencia de un lento y progresivo proceso de varios siglos, radicalizado desde el siglo XVII. Entonces se adquiere la convicción de la diferencia de intereses entre los dos mundos; con el paso del tiempo algunos artistas llegarán a ver en la ciencia algo no sólo diferente de las artes sino perjudicial para ellas.

La creación de las Academias Reales supuso en aquel tiempo la consolidación definitiva de campos de intereses diferenciados. En la Francia del siglo XVII, las reuniones privadas de intelectuales dieron paso a las Academias oficiales al servicio de la políti-

[181] Ludovico Cardi, *op. cit.*, pág. 149.

170. Academia de ciencias.

ca centralista y unificadora de Richelieu. Entonces se fundaron sucesivamente las Academias de Pintura y Escultura (1655), de Ciencias (1666), de Música (1669) y de Arquitectura (1671). Este período está declarado por algunos como la mayoría de edad de la ciencia[182], y en donde esta llega a considerase una parte esencial de la educación universal. En tales circunstancias, los instrumentos científicos relacionados con la representación gráfica entraron por la puerta grande en los «gabinetes de máquinas» de las Academias de ciencias (figura 170).

Con el triunfo del mecanicismo se había impuesto una visión de la naturaleza en donde la analogía predominante era la máquina. A los científicos que trabajaban en esas circunstancias les impresionaba la regularidad, la fijeza y la naturaleza previsible de los fenómenos. Los planetas se definían en términos mecánicos, lo mismo que el cuerpo humano, el reino animal e incluso el proceso de la creación artística en donde la representación del mundo visual podía resolverse con determinados mecanismos.

Como consecuencia de todo ello, una gran revolución epistemológica del siglo XVII estableció la separación entre objetividad y subjetividad, expresada por el pensamiento de Descartes; una clave en donde se explica la distinción entre ciencias y humanidades que el hombre contemporáneo acepta con normalidad, una separación que culminaría con su institucionalización oficial en las universidades del período napoleónico.

Paralelamente, en el mismo siglo XVII se refuerza el discurso retórico acerca de la «liberalidad» del arte, con un fin demostrativo, en el que se pretende probar el estatus intelectual equiparable entre el arte y la ciencia aunque mantengan su propia autonomía. Convertido casi en un género literario, el discurso de la intelectualidad de las artes se manifiesta en obras del estilo de *Excelencias, antigüedad y nobleza de la Arquitectura* (1695), del arquitecto Domingo de Andrade, en donde aparece un capítulo titulado «Prueba de que la arquitectura es ciencia». Indudablemente, en estos textos el objetivo perseguido era justificar para el arte un carácter intelectual equiparable al que nadie discutía a la ciencia[183].

Con este talante, muchos artistas teóricos del Barroco prestan su atención a las máquinas de dibujar, más que por su importancia práctica en el trabajo cotidiano de taller, indudablemente marginal, por ser un argumento demostrativo y justificativo de la coincidencia de intereses y conocimientos de artistas y científicos. En la literatura artística española, el ejemplo más importante lo constituye el tratado del pintor Antonio Palomino (1655-1726); su famoso tratado *El Museo Pictórico y la Escala Óptica*, de ca-

[182] John D. Bernal, *Historia social de la ciencia*, Barcelona, Península, 1967, pág. 344.

[183] Domingo de Andrade, *Excelencias, antigüedad y nobleza de la Arquitectura*, Santiago de Compostela, Antonio Frayz, 1695.

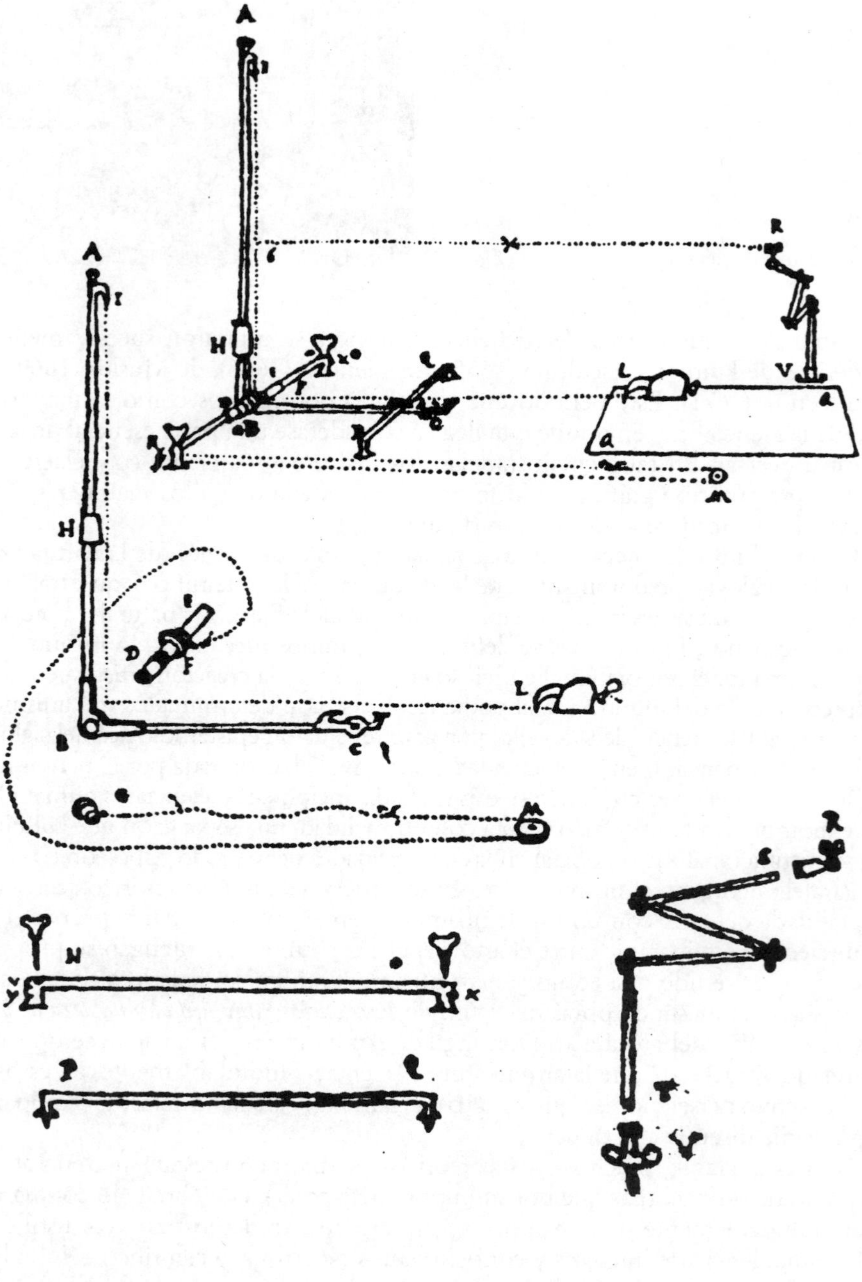

171. Escuadra de Cigoli. Conjunto y desglose de sus elementos.

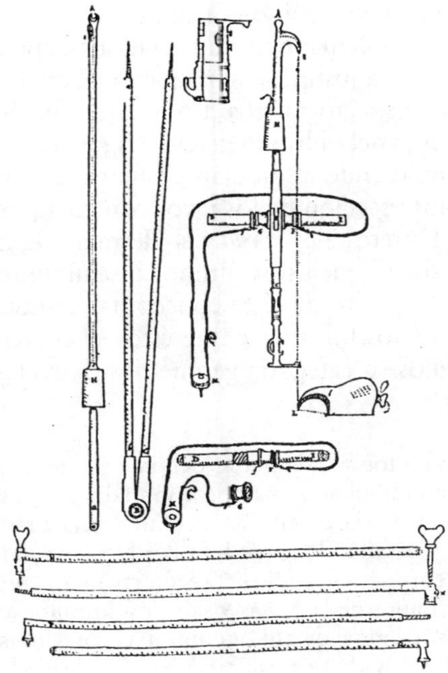

172. Piezas de la escuadra de Cigoli.

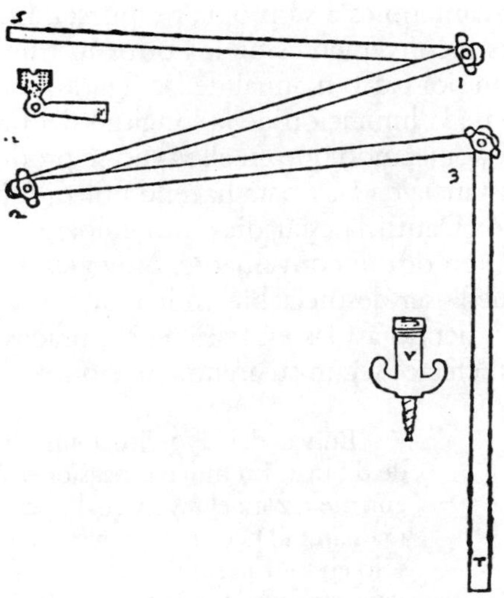

173. Piezas del visor de la escuadra de Cigoli.

rácter enciclopédico, indaga acerca de la naturaleza, origen y esencia de la Pintura[184]. En este contexto, la presencia de las máquinas de dibujar, entre las que se hace una referencia a la cámara oscura, está justificada por una finalidad más retórica que práctica, una posición muy similar a la adoptada por Cigoli en las páginas de su obra: la construcción de una ciencia de la representación que prestigie la posición social de los artistas. Palomino se apropia en sus páginas de un argumento «matemático, porque la Pintura no puede subsistir sin la óptica, como esencial constitutivo suyo, pues es su distintivo; y esta la eleva a tan superior grado, que la hace demostrativa y científica»[185].

La escuadra de Cigoli

Tras hacer unas referencias a los instrumentos anteriores de Durero, Vignola, Danti, Leonardo y Lanci, Cigoli se dedica a describir minuciosamente la escuadra que lleva su nombre, ilustrándola con varios dibujos y detallando con una representación técnica cada una de las piezas que la componen; a la vez, el autor relata e ilustra su funcionamiento (figuras 171, 172 y 173).

[184] Antonio Palomino, *El Museo Pictórico y la Escala Óptica,* tomo I, «Theórica de la pintura», Madrid, L. A. de Bedmar, 1715; tomo II, «Práctica de la pintura», Madrid, Viuda de Juan García Infanzón, 1724; tomo III, «El parnaso español pintoresco laureado», Madrid, 1724.

[185] Palomino, *op. cit.,* t. I, Libro segundo, capítulo sexto, pág. 161.

En cualquier caso, el instrumento también está concebido por su inventor como un perfeccionamiento y superación de algunos problemas detectados en otros aparatos anteriores a su propia propuesta. En efecto, para justificar su escuadra, él analiza los inconvenientes de los otros instrumentos perspectográficos. En los que funcionan por calco manual de las figuras vistas a través del vidrio o el velo, Cigoli advierte de la limitación de la longitud del brazo impidiendo al dibujante situarse más lejos, objetando que en ellos «no se produce la intersección de los rayos con cualquier distancia dada, y para hacerlo utiliza Alberto [Durero] el *sportello* y el Hermano Ignacio [Danti] la escuadra». Sin embargo, él considera que estos últimos instrumentos tienen otro inconveniente, muy grande desde el punto de vista conceptual, aunque pueda ser despreciable en la práctica: el peso de los hilos hace que estos se curven, perdiendo así las visuales representadas con ellos su categoría geométrica de rectas. En efecto, según su argumentación, al utilizar,

> En vez del rayo visual, un hilo que va a tocar cada punto del objeto que se ha de dibujar. En muchas ocasiones dará como resultado una operación falsa por la siguiente razón: el rayo visual liberado de la materia, determina una línea recta de forma natural, pero el hilo, al ser corpóreo y pesado, de naturaleza flexible, sostenido sólo en los extremos, aunque se tense se curva en el medio. Y, según tenga que prolongarse, más o menos, para tocar los términos de las cosas vistas, son infinitos los puntos a los que no se puede llegar para tocarlos, de ahí que infinitas cosas no se pueden dibujar con estos instrumentos. Impulsado por esta dificultad he ideado los dos instrumentos siguientes, en los que, en vez del hilo nos valemos del propio rayo visual, sin depender de la necesidad de tener que alcanzar en un instante cualquier detalle del objeto. Aquel [rayo visual] va tocando en todas las partes según se mira y se desea, e inmediatamente con el instrumento se hace la sección y corte de cualquier rayo visual. De estos dos [instrumentos], uno obtiene proporcionadamente, punto por punto, los términos de los objetos colocados delante del dibujante, y el otro trabaja por calco. Los dos, desde cualquier distancia dada, con mayor brevedad, universalidad y facilidad y con la mínima mejora superan el método geométrico [comparándolos] con todos los que había visto[186].

Tras estas consideraciones, para resolver todos estos inconvenientes, Cigoli da cuenta de los dos instrumentos que había anunciado con anterioridad en las páginas del manuscrito. La escuadra ha de considerarse su aportación más original, aunque a la vez tiene un mecanismo más complejo, por ello Cigoli le dedica una descripción muy pormenorizada. Derivada indirectamente del porticón de Durero, la escuadra tiene como antecedente inmediato el instrumento descrito por Ignacio Danti y del que él mismo se había declarado inventor, publicándolo en la magnífica edición de sus comentarios al tratado de perspectiva de Vignola (figura 131).

Las notables diferencias frente al instrumento anterior de Danti consisten, fundamentalmente, en la mecanización de los movimientos con ruedas y poleas y en la sustitución del hilo utilizado para materializar las rectas visuales por el uso directo de la vista. Un grabado en madera ilustra perfectamente el mecanismo de su funcionamiento. Primero, el ojo del dibujante se mantiene fijo en un punto gracias a un elemento articulado que permite inmovilizarlo en cualquier posición. Mientras, con la mano izquierda, y gracias a un sistema de poleas, el dibujante puede mover lateralmente la

---

[186] *Ibíd.*, págs. 149, 150.

escuadra a derecha o izquierda para alinear la regla vertical con la visual que mira el punto que se pretende dibujar (figura 174). Simultáneamente, con la mano derecha que traza el dibujo se sujeta el extremo de un hilo tensado gracias a una plomada situada en el otro extremo. Al mover la mano que dibuja sobre el papel, hacia atrás o avanzando hacia delante, el hilo transmite estos mismos movimientos en la escuadra, desplazando una señal del hilo hacia arriba o hacia abajo. Esta señal se mueve siguiendo los puntos que se van a dibujar, controlando sus movimientos con la vista. Además de las diferencias advertidas por el autor, en comparación con los otros instrumentos, el de Cigoli permite su utilización por una sola persona.

En su afán por demostrar la universalidad del instrumento, aplicable en cualquier circunstancia, Cigoli resuelve, con la ayuda de sencillos esquemas, la hipótesis de distintas posiciones del plano del cuadro: por encima o debajo del horizonte visual, manteniéndolo en posición vertical, situándolo horizontalmente por encima o debajo del horizonte visual e inclinándolo hacia atrás o hacia delante respecto a la vertical del dibujante (figura 175).

Todas estas propuestas y soluciones prácticas también han de explicarse por la deuda conceptual hacia el tratado del matemático Guidobaldo Burbon del Monte, *Perspectivae libri sex,* citado en sus páginas, un texto que explicaba desde una teoría universal todos los casos particulares que podían plantearse. No obstante, también se puede establecer una vinculación de esta propuesta práctica con las demandas de la pintura mural y la de techos, de gran tradición en el arte italiano, en donde se pinta sobre superficies en múltiples posiciones; aunque la dependencia del pensamiento matemático es la más determinante en todo su desarrollo.

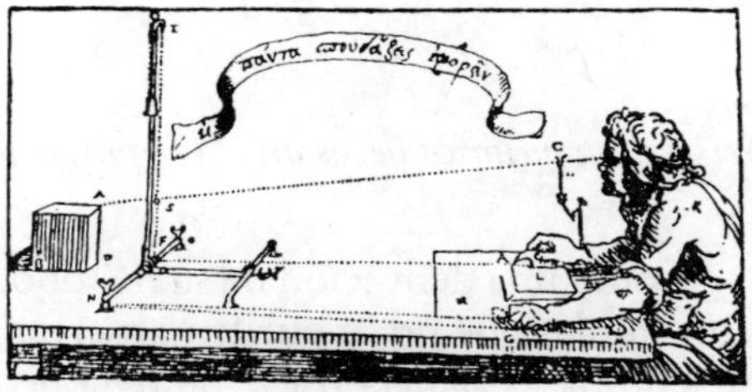

174. Utilización de la escuadra de Cigoli accionando los hilos un solo operador.

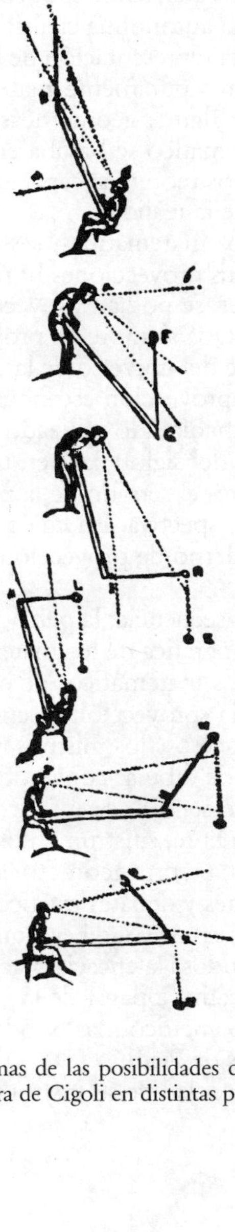

175. Esquemas de las posibilidades de aplicación de la escuadra de Cigoli en distintas posiciones.

Como una derivación de su método, Cigoli propone un artificio para dibujar objetos ideales que no se pueden observar directamente del natural y, por lo tanto, no tienen una existencia física. Se trata de dibujar con una máquina objetos virtuales, casi siempre figuras geométricas definidas por una abstracta representación en planta y alzado. En este hecho ha de destacarse algo muy significativo en el siglo XVII: las máquinas de dibujar no sólo se justificaban y aplicaban para la representación de la realidad visual que aparece ante nuestros ojos, tal y como se había propuesto por los pioneros del Renacimiento; con la intervención de los matemáticos las máquinas adquirían una autonomía científica, al servicio de un mundo de abstracciones independiente de la representación de las formas naturales. De este modo, se convirtieron en instrumentos puramente matemáticos dedicados a la demostración científica, para representar figuras geométricas imaginarias. La razón de ser de su presencia en el universo matemático se basaba en su capacidad para demostrar mecánicamente la verdad de unos teoremas capaces de explicar y predecir todos los casos prácticos particulares de la realidad.

Para los matemáticos, los cuerpos geométricos, no sólo podían representarse a través de sus proyecciones horizontal y vertical en planta y alzado, como era ortodoxo, también se podían proyectar «escenográficamente» en perspectiva; en cualquier caso se trataba siempre de proyecciones. El importante concepto de proyección formaba parte del universo de las abstracciones matemáticas y la perspectiva se consideraba una «proyección escenográfica». Ha de recordarse que la *scenographia* es un término que había sido utilizado por el arquitecto romano Vitruvio en su tratado de arquitectura del siglo I a.C. en un sentido perfectamente asimilable al de perspectiva. Por lo tanto, el sentido de la proyección escenográfica es el mismo que el de la proyección perspectiva. En cualquier caso, lo más destacable es la supremacía del concepto moderno de proyección al margen de las consideraciones estéticas de la perspectiva.

En consecuencia, la perspectiva pictórica de los artistas se convertía en la proyección escenográfica de los matemáticos. Desde entonces, en manos de los científicos, los métodos matemáticos de perspectiva se ocuparon, principalmente, de relacionar y deducir la «proyección escenográfica» desde la proyección en planta y el alzado. El mismo proceso y los mismos resultados se perseguían y podían obtener con algunas máquinas de dibujar convertidas en instrumentos matemáticos.

En este sentido se justifica el hecho bastante generalizado de denominar, más adecuadamente, «instrumentos matemáticos» a aquellos que dependen y están al servicio de una teoría geométrica muy elaborada, manteniéndose al margen de las especulaciones y debates estéticos del arte de cada época.

En el caso de Cigoli, aunque la justificación teórica de su propuesta es rigurosa, es más que dudosa la eficacia práctica del instrumento, ya que, para resolver el trazado de una perspectiva a partir de la planta y el alzado parece indudable que sería mejor un método geométrico más ortodoxo, tal como la construcción legítima conocida desde los trabajos de Piero.

La necesidad de su instrumento se argumenta así:

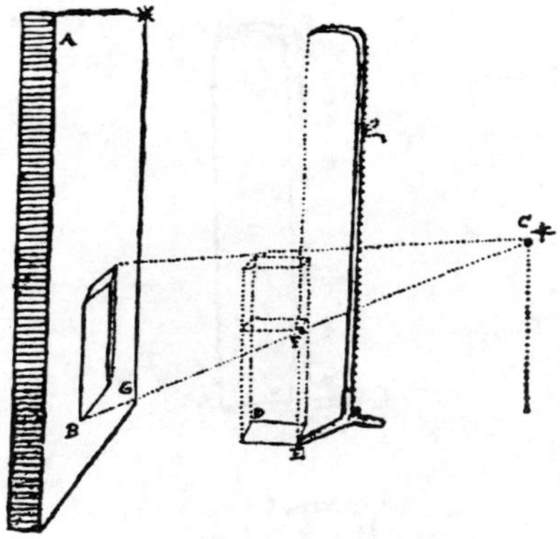

176. Artificio para dibujar perspectivas cuando no se tienen los «objetos reales» a partir de la planta y el alzado.

> No siempre se pueden tener los objetos naturales y reales para dibujar, necesitando para ello la planta y el perfil. Con lo que, para evitar depender de la dificultad de las plantas y perfiles habituales, he hecho el siguiente trípode *[treppiedetto] AD* en el que se inserta el asta *DE* de madera, cortada por la mitad para facilitar su transporte. En la parte superior está colocada la canilla *E* de latón, en la que esta sobresale horizontalmente con una longitud igual al pie *DA* y sobre ella se desliza el hilo, de este modo de *E* a *F*, y por encima se hace un pequeño canal... (figura 176).

En teoría, la utilización del instrumento no es complicada, aunque en la práctica resultaría un trabajo muy lento y tedioso. El ejemplo elegido por Cigoli para explicar su funcionamiento es necesariamente elemental: un simple cubo. Situando la planta sobre el suelo, en posición horizontal, se coloca el extremo del pie en la proyección horizontal del punto que se quiere dibujar; después con un nudo en la cuerda se señala la altura, la posición del punto en el alzado, proyectándolo, a continuación, desde el punto de vista en el plano del cuadro. Con este método se trazan todos los puntos necesarios para la completa resolución del tema que se ha de dibujar.

Conforme con su manifiesta mentalidad matemática, y persiguiendo la universalización de los métodos recogidos en su obra, Cigoli concluye su propuesta planteando en varios ejemplos la posibilidad de representar un cubo en cualquier posición particular del espacio (figura 177).

En la misma línea de las investigaciones de Cigoli, durante estos años, se construyen otros instrumentos con la misma mentalidad matemática y demostrativa de los teoremas para dibujar en perspectiva, aunque resultan muy poco o nada eficaces para su aplicación práctica, algo que, por otra parte, tampoco es intención de sus inventores. En el año 1604 un constructor suizo de instrumentos científicos, Jost Bürgi, presentaba al emperador Rodolfo II de Praga uno de su invención para dibujar perspectivas. Un año más tarde Lucas Brunn realiza una ilustración de un instrumento que servía para dibujar perspectivas a partir de la representación en planta y alzado de los objetos; se trataba, ciertamente, de otro «instrumento matemático» ajeno a los intereses de los artistas (figura 178)[187]. El yerno de Bürgi, el arquitecto y matemático Benjamin Bramer,

[187] Lucas Brunn, *Praxis perspectivae*, Leipzig, 1615, figuras 12-14.

también diseñó alrededor de 1630, con la misma mentalidad, otro aparato para dibujar figuras planas en perspectiva (figuras 179 y 198)[188].

La búsqueda de una representación objetiva, al margen de cualquier tipo de consideración subjetiva del dibujante o artista, parece llegar a su fin, años más tarde, con la declaración explícita del título de una obra del año 1683, *Perspectiva mecánica*[189]. En esta obra de Daniel Hartnack se recogen algunos instrumentos anteriores, comentados e ilustrados con toscos grabados, unos instrumentos de dibujo que poseen unas connotaciones radicalmente científicas y alejadas de la tradición de las artes. Allí se comenta e ilustra el porticón de Durero, el instrumento de Lucas Brunn y el de Benjamin Bramer. La erudición de este autor se pone de manifiesto en la extensa relación de tratadistas de perspectiva citados en sus páginas, derivada de una mentalidad y tradición acumulativa de la ciencia. Con la acuñación del nuevo término para la representación: «mecánica», se sugiere la fe en el pensamiento mecanicista, confiando en la existencia de unas relaciones mecánicas de la naturaleza, también aplicables a la construcción de las imágenes visuales.

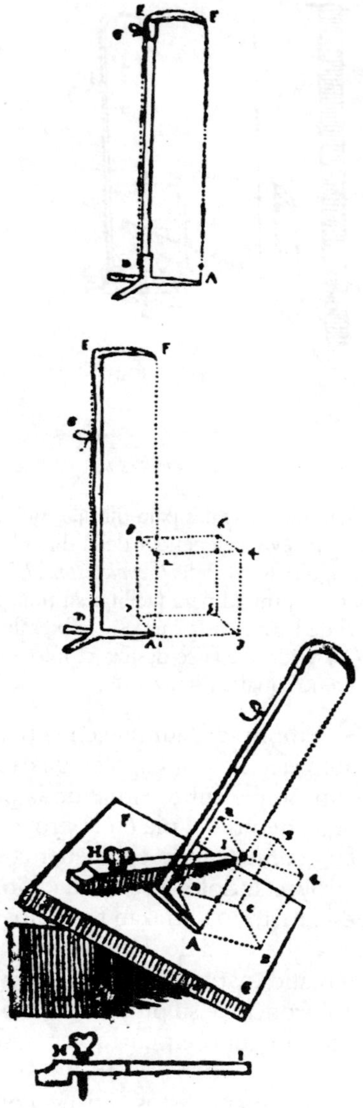

177. Representación de un cubo sobre un plano inclinado.

Integrado en la misma tradición científica, el matemático flamenco Samuel Marolois (1572-1627) publica en el año 1614 un tratado de matemáticas en donde se proponía una máquina de dibujar definida por él como un instrumento universal (figura 180)[190]. Allí desarrolla tres funciones principales del instrumento perfectamente definidas: la

[188] Johan Gabriel Doppelmayer, *Weitere Eröffnung der Neuen Mathematischen Werkschule,* Nuremberg, 1717. Doppelmayer (1671-1750) fue un conocido matemático y astrónomo de Nuremberg quien tradujo al alemán la obra de Nicolas Bion, *Traité de la construction et principaux usages des instruments de mathématiques,* París, 1709. A esta le añadió dos interesantes páginas ilustradas con máquinas perspectográficas en las que se incluían las de Benjamin Bramer, J. F. Niceron y Sir Christopher Wren. Reproducimos ambas páginas en este libro.

[189] Daniel Hartnack, *Perspectiva mechanica,* Lüneburg, B. J. Relpen, 1683.

[190] Samuel Marolois, *Opera mathematica, ou Oeuvres mathématiques, traictans de geometrie, perspective, architecture, et fortification,* La Haya, I. Janson y H. Hondt, 1614-1617.

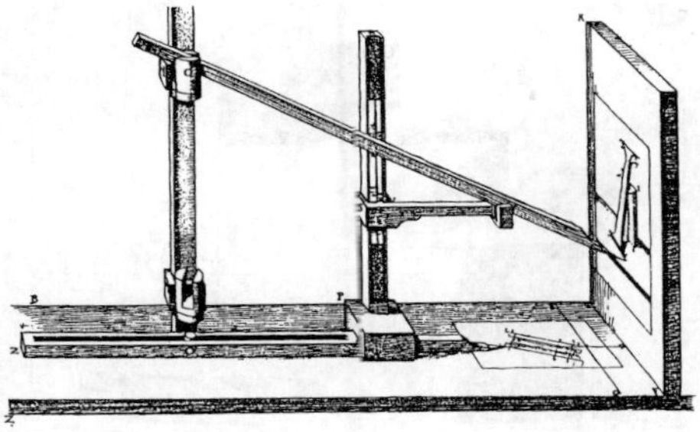

178. «Instrumento matemático» de Lucas Brunn (1605) para trazar perspectivas a partir de la planta y el alzado cuando no se dispone del objeto real.

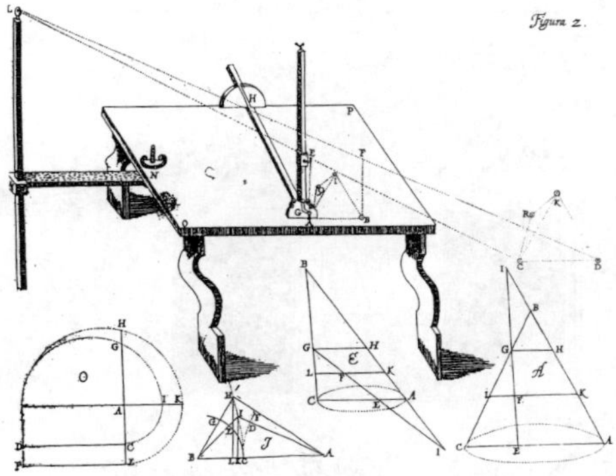

179. Instrumento de Benjamin Bramer para dibujar en perspectiva figuras situadas en posición horizontal. *Beschreibung eines Perspektiv-Instruments*, Kassel, 1630.

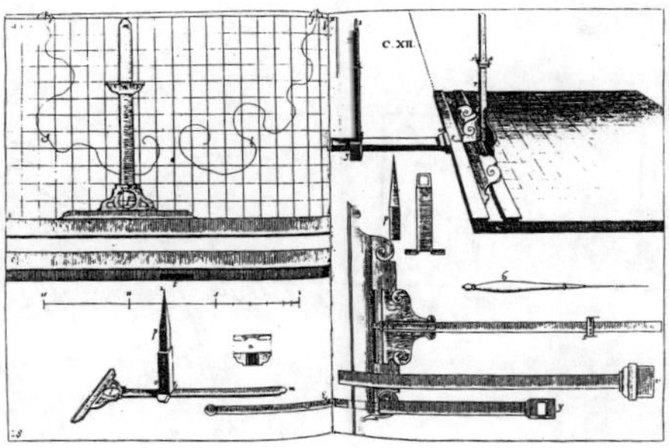

180. Samuel Marolois, *La Perspective*, 1629. Máquina de dibujo adaptable a tres funciones.

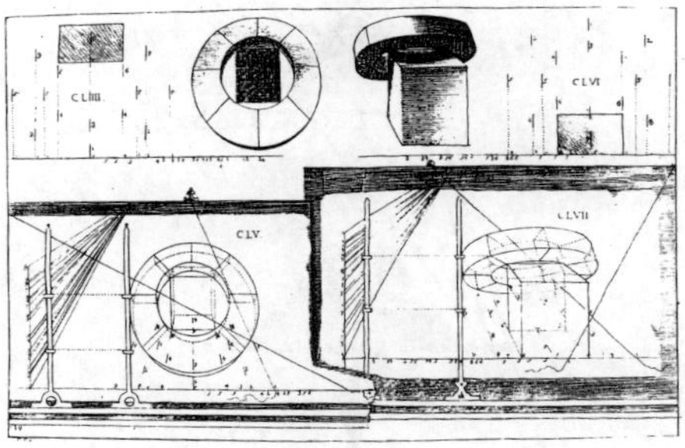

181. Samuel Marolois, *La Perspective*, 1629. Máquina de dibujo. Utilización como aparato de delineación geométrica.

primera es su aplicación para dibujar cuerpos geométricos en perspectiva (figura 181), la segunda función está pensada para copiar, a modo de pantógrafo de reducción, figuras planas a un tamaño más pequeño (figura 182), y la tercera función, la más clásica, está encaminada para dibujar en perspectiva un sólido situado en cualquier posición del espacio (figura 183).

La intervención de los científicos en las investigaciones, diseño e invención de los instrumentos perspectográficos no quedará, en absoluto, limitada al siglo XVII, se mantendrá viva durante los siglos posteriores al de la Revolución científica. Así, Johann-Heinrich Lambert (1728-1777), el importante matemático, astrónomo y teórico de la cartografía, dedicó varias obras a la perspectiva y recogió en sus páginas algunos instrumentos geniales. Uno de ellos, publicado en 1752, está compuesto de una escuadra graduada móvil y dos reglas articuladas en los extremos que sirven para

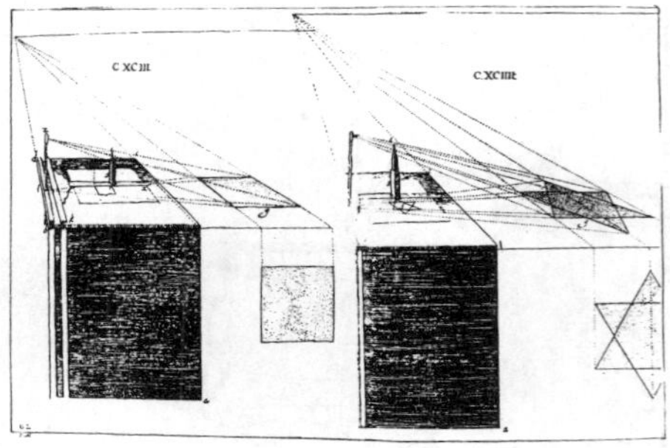

182. Samuel Marolois, *La Perspective,* 1629. Máquina de dibujo. Utilización como pantógrafo para copiar planos a una escala menor.

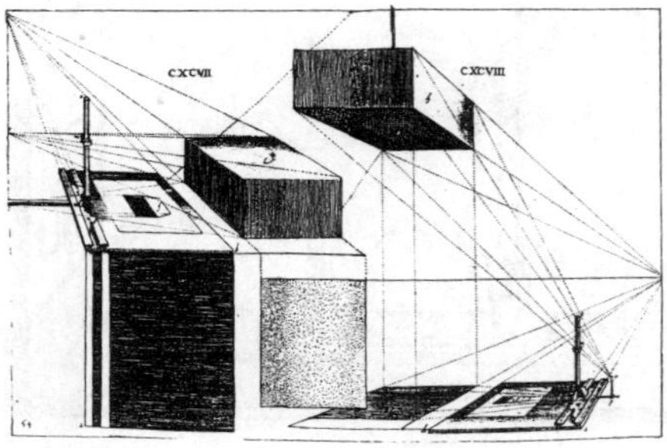

183. Samuel Marolois, *La Perspective,* 1629. Máquina de dibujo. Utilización como perspectógrafo.

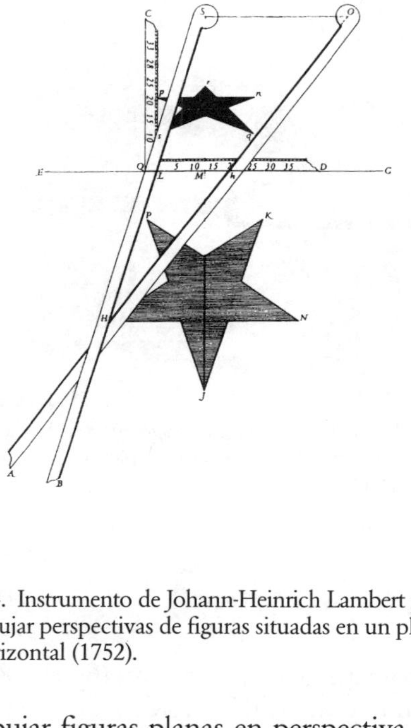

184. Instrumento de Johann-Heinrich Lambert para dibujar perspectivas de figuras situadas en un plano horizontal (1752).

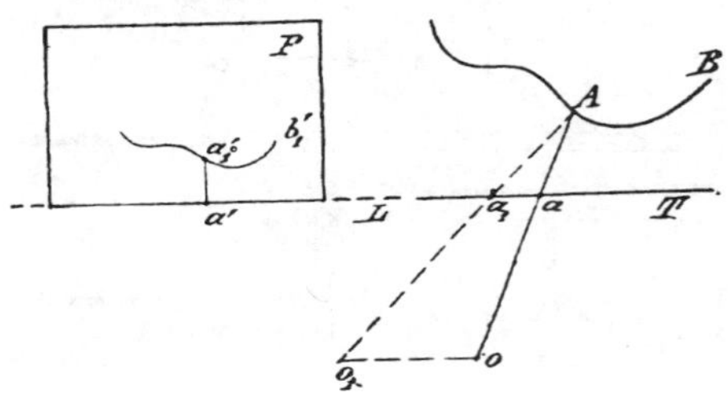

185. Hermann Ritter, fundamento geométrico del trazado de perspectivas de figuras planas horizontales y mecanización de su construcción con un instrumento de varillas articuladas. Publicado por F. Cardellach, 1913.

dibujar figuras planas en perspectiva (figura 184). A partir de la pirámide visual en planta (la regla *SB* proyectando el punto *H* en *L)* y la proyección de la pirámide visual en alzado (la regla *OA* proyectando la altura *Qh* igual a *Qp)*[191].

El mecanismo propuesto por Lambert tendrá, como última consecuencia, la construcción en los primeros años del siglo XX de un ingenioso sistema de varillas articuladas, realizado por Hermann Ritter (figura 185). En las figuras, la primera de ellas explica el principio geométrico del aparato y la segunda es su traducción mecánica, teniendo en cuenta que las articulaciones a_1 y *c,* así como las *a* y *f,* van respectivamente

[191] Johann Heinrich Lambert, *Freye Perspective,* Zurich, 1759.

conectadas por dos varillas independientes y de longitud constante[192].

Volviendo de nuevo al tratado de Cigoli, vemos cómo, para concluir la exposición de las posibilidades de su escuadra, propone una de las aplicaciones más interesantes relacionada con el funcionamiento del trípode: la posibilidad de proyectar sobre diferentes superficies los dibujos trazados previamente sobre el papel. Para su aplicación práctica se necesita, según el autor, la colaboración de «un ayudante que señala en dónde incide la alidada visual, más arriba o más abajo, a la derecha o a la izquierda, según sea ordenado por el que mira» (figura 186). Aunque el dibujo que ilustra el texto puede entenderse erróneamente, si se cree que el dibujante está copiando en el papel la figura que el ayudante señala en la pared, la interpretación, conforme a la explicación escrita es, precisamente, la inversa: se está trasladando sobre la pared el dibujo colocado sobre la mesa.

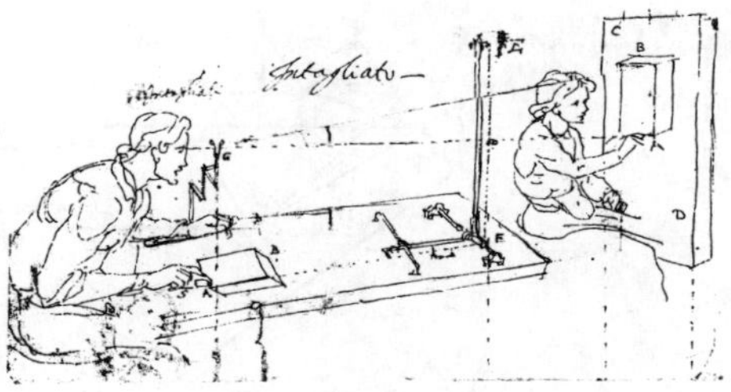

186. Utilización de la escuadra para proyectar sobre la pared un dibujo trazado previamente sobre un papel.

Ciertamente, también desde la teoría matemática se avala la posibilidad de una doble interpretación de la estructura geométrica del mecanismo, al poder formular la correspondencia biunívoca entre los elementos de las dos figuras. Basado en el mismo principio, y con idéntico procedimiento, el autor explica en el texto, acompañándolo con un pequeño dibujo, la posibilidad de «trasladar un dibujo en una bóveda o una galería» (figura 187); se inscribía en la tradición de la pintura mural.

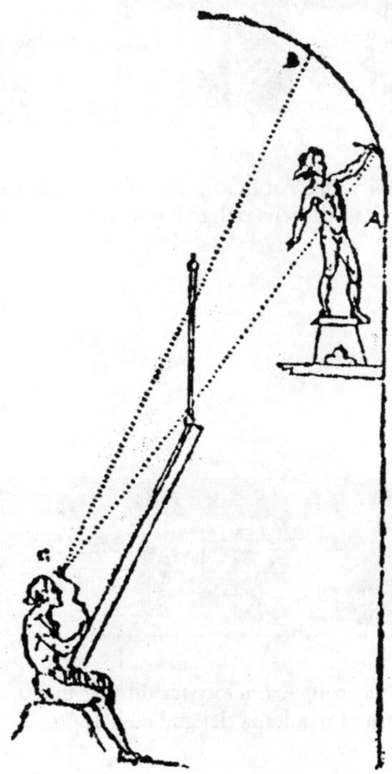

187. Proyección de un dibujo sobre una bóveda utilizando la escuadra y la ayuda de un operario.

Aplicación de las máquinas a las anamorfosis

Proyectando desde un punto de vista una figura de un cuadro plano sobre cualquier tipo de superficie, y en diferentes posiciones, se tiene siempre la misma

[192] Recogido en Félix Cardellach, *Leyes iconográficas de la línea y de la luz (graphis)*, Barcelona, A. Bosch, 1913, pág. 119.

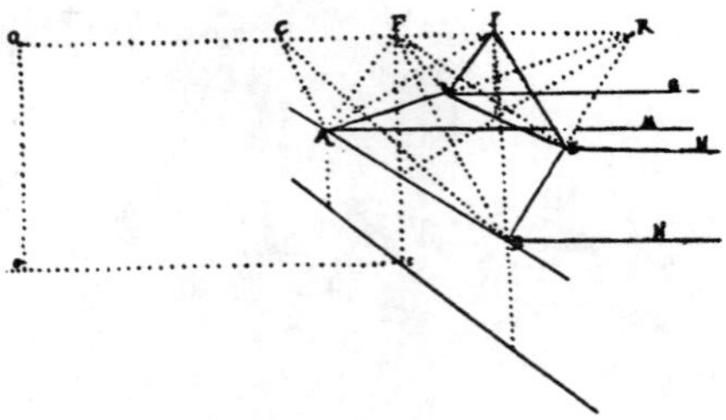

188. Proyección de un punto sobre diferentes planos. Cigoli, *Prospettiva pratica*, 1612.

189. J. F. Niceron, Artificio para dibujar una anamorfosis, mitad derecha del grabado, 1646.

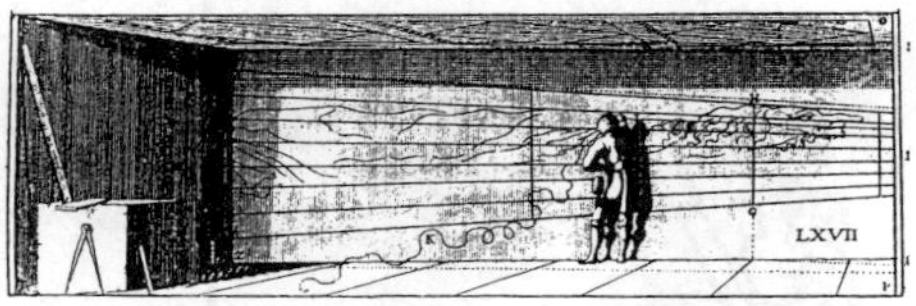

190. J. F. Niceron, Artificio para dibujar una anamorfosis, mitad izquierda del grabado, 1646.

imagen «virtual» independientemente del lugar en donde se considere proyectada. La argumentación geométrica de este principio está perfectamente desarrollada en la moderna geometría proyectiva a través de los conceptos de proyección y sección. No obstante, antes de la formulación de esta disciplina en el siglo XIX, el propio Cigoli expone los mismos principios geométricos, tomándolos de Guidobaldo, antes de la formulación y desarrollo completo de la geometría proyectiva (figura 188).

Las anamorfosis son representaciones deformadas, a veces con figuras irreconocibles, aunque contempladas desde un determinado punto de vista aparecen de forma «normal». Conocidas y estudiadas desde el Renacimiento, gozarán durante todo el siglo XVII de un notable éxito y aceptación crítica del público[193].

En estas circunstancias, la escuadra de Cigoli, así como los otros instrumentos pensados para «proyectar» una figura plana sobre cualquier superficie tendrán en las anamorfosis sus aplicaciones más espectaculares. Un ejemplo muy conocido de esta utilización se muestra en un grabado de Jean-François Niceron (1613-1646), en donde se recoge un método para trazar anamorfosis con la ayuda de un mecanismo de hilos y plomadas, basado en unos principios similares a los utilizados por Cigoli en sus instrumentos (figuras 189 y 190)[194].

Con los mismos fines, de realizar juegos con curiosidades ópticas, la utilización de espejos dio lugar a una técnica particular para la construcción de las llamadas anamorfosis catóptricas o reflejadas en espejos; con su ayuda se podían

[193] Sobre las anamorfosis existen dos obras monográficas que tratan el tema en profundidad: Jurgis Baltrusaitis, *Anamorphoses ou magie artificielle des effets merveilleux* (1955). Citamos la traducción italiana, *Anamorfosi o magia artificiale degli effetti meravigliosi*, Milán, Adelphi, 1978. Fred Leeman, *Hidden Images. Games of Perception. Anamorphic Art. Illusion,* Nueva York, Abrams, 1976.

[194] Jean-François Niceron, *La perspective curieuse, ou magie artificielle des effets merveilleux de l'optique...*, París, P. Billaine, 1638. Traducción latina: *Thaumaturgus opticus,* París, F. Langlois, 1646.

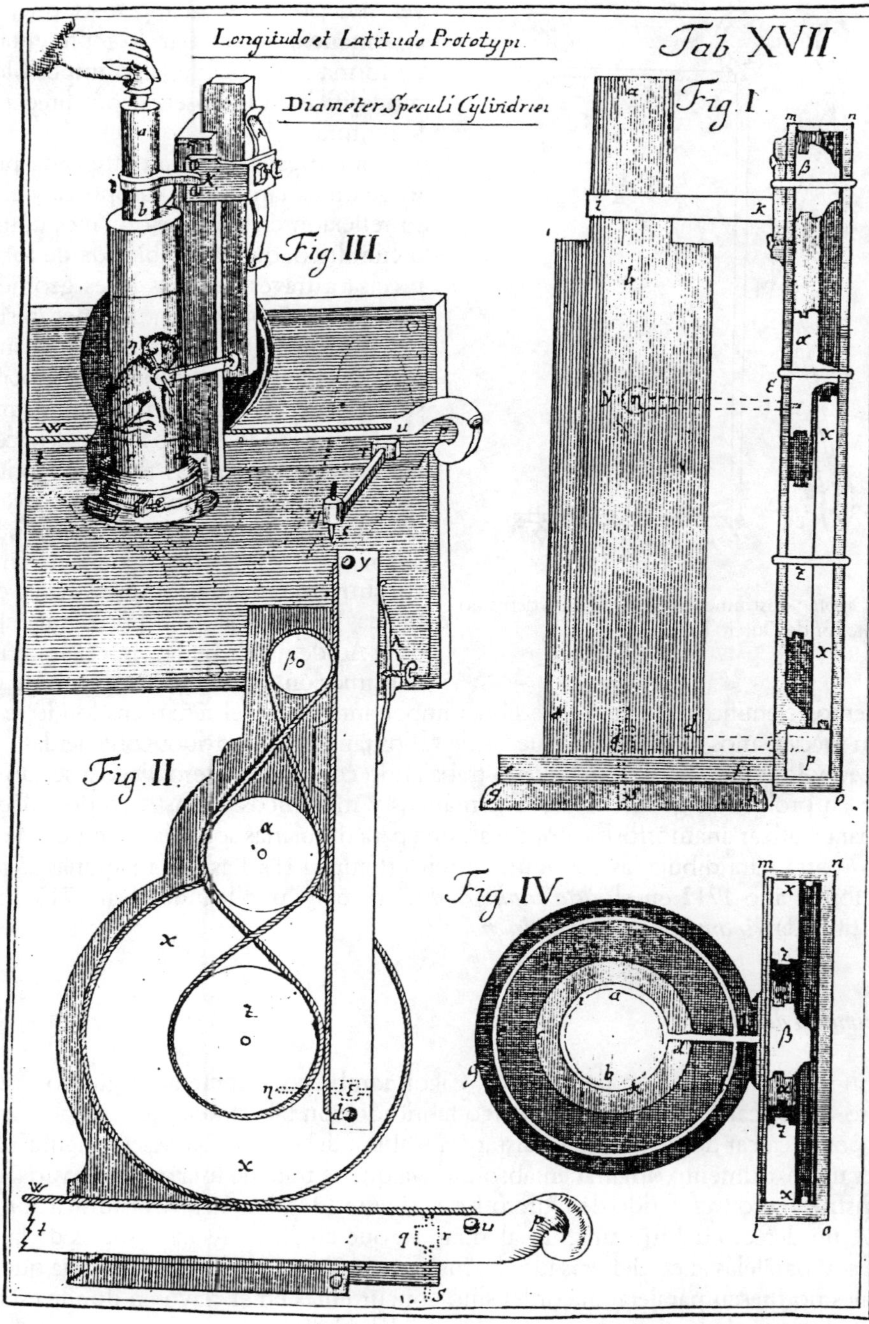

191. Jacob Leupold, máqui:a para dibujar anamorfosis obre un espejo cilíndrico, 1712.

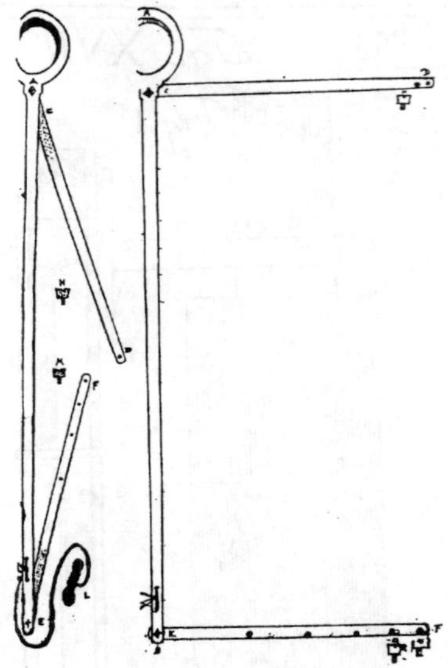

192. Cigoli. «Instrumento para calcar» derivado del anterior de Durero-Keser.

ver reflejadas las anamorfosis que, de esta manera, mostraban lo representado de forma reconocible, algo imposible o muy difícil en la observación directa de la pintura.

La correspondencia entre cada punto de una anamorfosis catóptrica y el de su reflexión en un espejo plano, cónico o cilíndrico, queda establecida de forma precisa a través de unas leyes geométricas materializables en un mecanismo que permite transformar una figura «normal» en una anamorfosis, irreconocible sin la ayuda de un determinado recurso.

Durante todo el siglo XVII se perfeccionaron y maduraron las técnicas y principios científicos que hicieron posible la construcción de instrumentos para dibujar anamorfosis catóptricas. Con este fin se construyeron máquinas expresamente destinadas para ello: Jacob Leupold, miembro de la Academia de Berlín, especialista en la construcción y perfeccionamiento de instrumentos científicos, publicó siete libros importantes sobre el tema, en donde se incluían mecanismos provistos con ruedas de varios tamaños y movidos con cuerdas.

Leupold, quien había comenzado trabajando como carpintero, llegó a ser un experto en problemas geométricos, matemáticos y mecánicos. Construyó dos máquinas para realizar anamorfosis catóptricas, una para dibujarlas sobre la superficie de un cono y otra para dibujarlas sobre un cilindro (figura 191). Las dos máquinas se presentaron el año 1712 en el *Acta eruditorum* de Leipzig, publicándose en 1715 en la obra titulada *Anamorphosis mechanica nova*[195].

Instrumento de calcar

En su extensa relación de aparatos, Cigoli también se refiere al «segundo instrumento» de calcar *(da lucidare)* como algo fabricado con tal artificio que lo hace «apto para poder calcar desde cualquier distancia y altura del ojo que se desee» (figura 137). No es un instrumento original en absoluto, ya que se trata de una pequeña variación del instrumento ya referido de Durero-Keser (figura 134), en esa leve modificación resuelve un defecto del instrumento alemán, ya que en él, las rectas visuales de la alidada son paralelas al cordel tensado del instrumento, cuando lo correcto sería que las visuales no fuesen paralelas al cordel sino concurrentes en el clavo en donde está situado el punto de la posición teórica del ojo del dibujante.

---

195 Baltrusaitis, *op. cit.*, pág. 164. Las dos máquinas se vuelven a encontrar en una recopilación póstuma: *Theatri machinarum*, Leipzig, 1739, figuras XVII y XVIII.

Este es, precisamente, el problema resuelto en el instrumento de Cigoli. Unas regletas articuladas permiten alinear la alidada de las visuales con el extremo del cordel. Al modificar su longitud, se ajustan las regletas articuladas para lograr la alineación correcta. Asimismo, el instrumento está provisto de un asa circular para permitir su manejo con la mano izquierda, mientras la derecha está dibujando (figura 192).

Cigoli concluye afirmando que, haciéndolo de esta manera se obtendrá un resultado «como si hubiese estado el ojo en el punto de la distancia *L* y, se podrá comprobar mirando desde el punto *L*. Queriendo trabajar con otra distancia se tiene que ajustar en la alineación *DL* la mira *M*». Verdaderamente se trataba de un grado de sofisticación teórica apreciable sólo por alguien que tuviese una sólida formación matemática, impensable en la mayor parte de los artistas de taller.

193. Cigoli. Utilización del bastón para dibujar perspectivas.

Bastón de dibujo

El último instrumento del importante tratado de Cigoli puede considerarse una aplicación directa de su famosa escuadra. Las diferencias más notables se concretan en la posición del tablero de dibujo; este último instrumento está pensado para trabajar sobre un tablero en posición vertical. Como consecuencia de ello, la transmisión de los movimientos de la escuadra sobre dos planos distintos: el vertical de la sección visual y el horizontal del plano del dibujo, queda simplificada en la nueva propuesta con la transmisión de los movimientos sobre un único plano, común para la sección de la pirámide visual y el plano del dibujo.

El texto y las figuras del manuscrito son suficientemente explícitos para comprender los principios y el funcionamiento del instrumento (figuras 193 y 194).

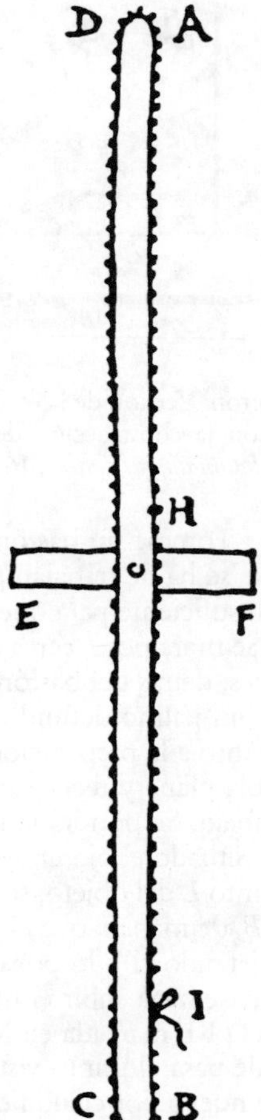

194. Cigoli. Bastón para dibujar perspectivas.

195. «Mr. Peacock's Delineator», 1819.

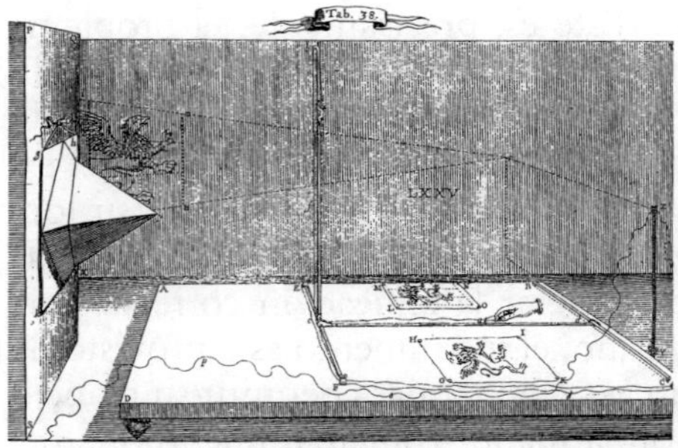

197. J. F. Niceron, *Thaumaturgus opticus*, 1646. *Scenographum catholicum* aplicado al trazado de anamorfosis sobre una pirámide.

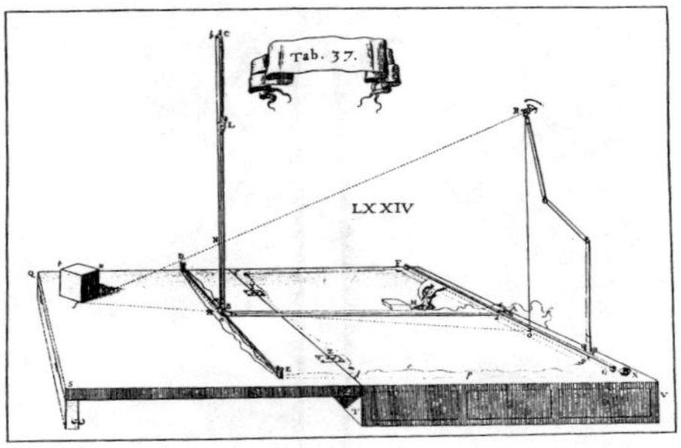

196. J. F. Niceron. Versión de la escuadra de Cigoli explicada con la construcción de un cubo en perspectiva. *Thaumaturgus opticus*, 1646.

Tómese un bastón a propósito, que sea un poco más del doble del folio en el que se ha de trabajar, por ejemplo a *AB,* y en ambos extremos *A* y *B* hágase un canal suficiente para que pueda resbalar el hilo *IBCDAI* circularmente, y anudado en *I.* Se tirará por *I,* cerca de *B.* Sobre el medio en *H* se hará un nudo u otra señal. Después, detrás del bastón *AB* se fijará un trozo de madera, con una longitud de cerca de un palmo definido por *EF.* Estará en escuadra con el hilo *AB.* Esto es todo en cuanto a la preparación [del instrumento]. Para su uso, colocado el folio sobre una tabla plana y recta para que permanezca firme, que no se mueva hasta finalizar el trabajo. Se pondrá la parte *EF* del instrumento sujetándola con la mano izquierda *E.* Situado el ojo en un tronco u otro término dado en *K.* Alineado visualmente el punto *L* del objeto, se moverá recorriendo sobre el borde de la tabla el instrumento *AB,* de manera que el hilo *AH* pase por la recta *KL.* A la vez, con la mano derecha, sujetando el hilo por el nudo *I,* se moverá hacia arriba o abajo hacia *B* o *H,* tanto que se haga subir el nudo o marca *H* en la misma recta KL, señalada en la misma recta KL marcada en M, se traslade en el nudo I. En el folio donde el nudo I se señale pasa el punto visualizado L. Realizado se recoge de nuevo el lazo o nudo I, y de nuevo por cualquier otro punto se vuelve a repetir, el mismo que con este puro y rústico instrumento conseguirá lo mismo que con los otros ya demostrados[196].

[196] L. Cardi, *op. cit.*, pág. 169.

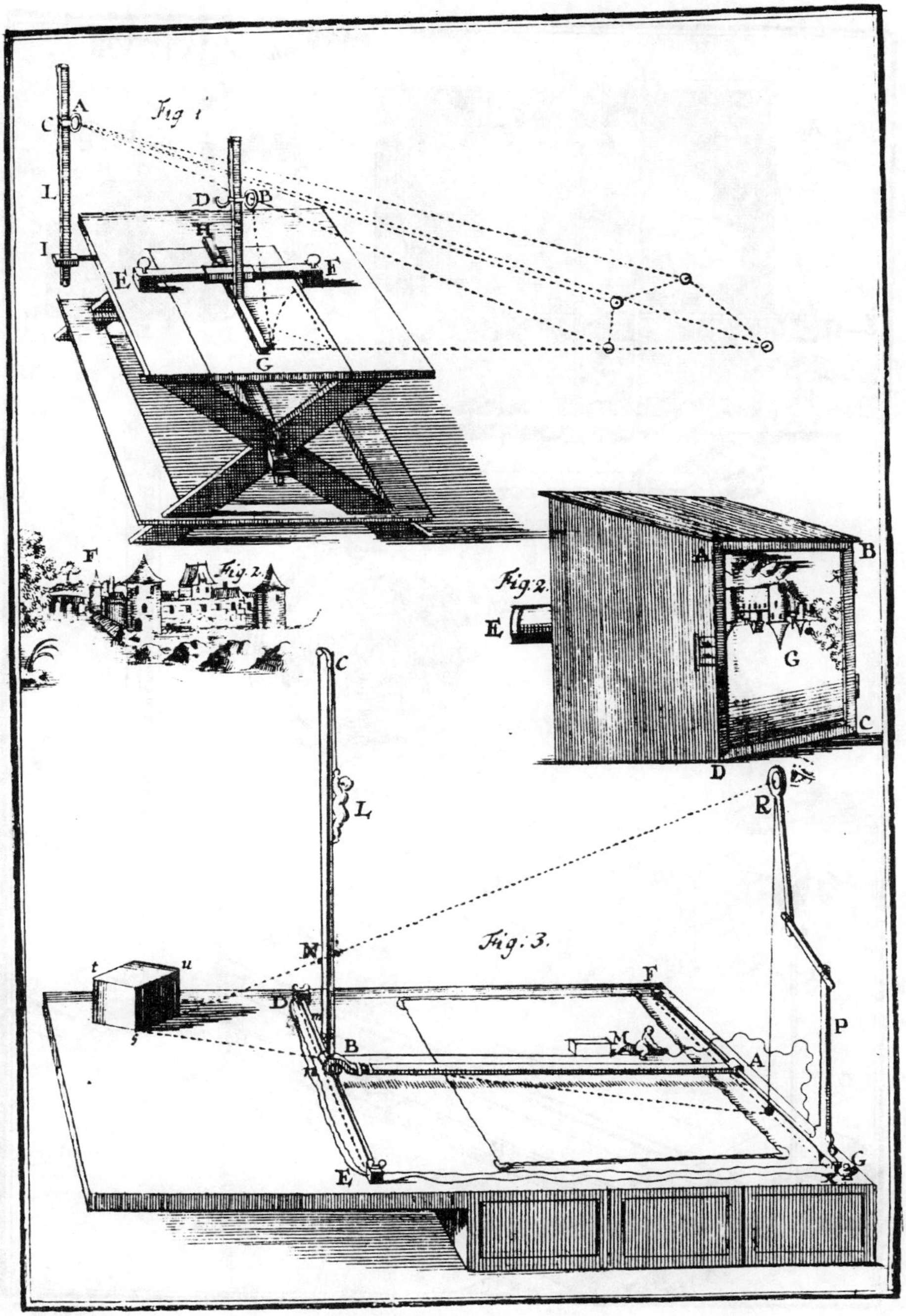

198. Nicolas Bion, *Mathematische Werkschule*, 1717. En el grabado se recoge: fig. 1, el instrumento de Benjamin Bramer (1630); fig. 2, una cámara oscura; fig. 3, la escuadra de Jean-François Niceron (1640).

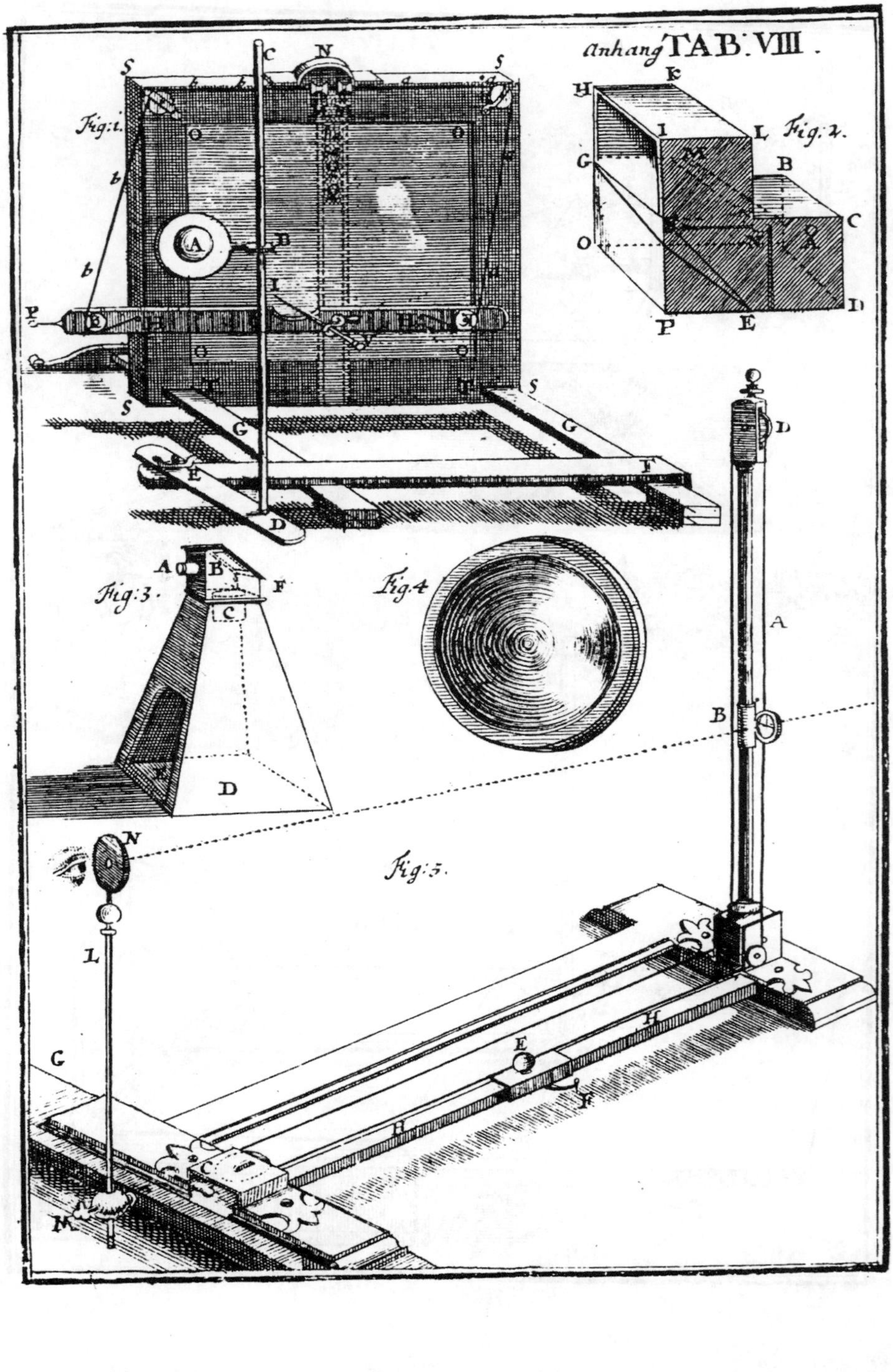

199. Nicolas Bion, *Mathematische Werkschule*, 1717, fig. 1, perspectógrafo de Sir Christopher Wren (1669); fig. 5, versión de la escuadra de Cigoli perfeccionada con poleas.

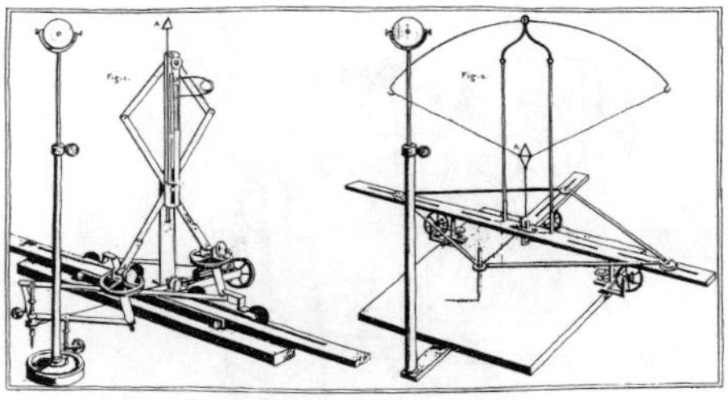

200. George Adams el joven, *Geometrical and Graphical Essays,* 1796, con dos perspectógrafos construidos con un sofisticado artificio mecánico.

El eco de este instrumento llega hasta el siglo XIX, ya que, tardíamente, en el año 1819 aparece en una enciclopedia la ilustración de una máquina de dibujar denominada «Mr. Peacock's Delineator», básicamente idéntica al bastón ideado por Cigoli más de dos siglos antes (figura 195)[197].

El progreso técnico: de la escuadra de Cigoli al diágrafo de Gavard

En el mismo siglo XVII de la obra de Cigoli, el erudito y matemático Jean-François Niceron (1613-1646), un parisino de la Orden de los Mínimos, publicó en 1638 un tratado en francés titulado *Perspective curieuse,* reeditado en latín en el año 1646 y notablemente ampliado, con el título *Thaumaturgus opticus*. En este tratado, muy divulgado en su tiempo, se reprodujo la escuadra de Cigoli, denominándose en la edición francesa *Instrument Catholique* y en la edición latina apareció como *Scenographum catholicum* (figuras 196 y 197)[198].

En esta versión del instrumento, las modificaciones introducidas por Niceron fueron muy leves y sólo comenzaron a producirse mejoras notables cuando años después se sustituyó la plomada por un sistema de poleas. Esto sucederá por vez primera al aparecer en una ilustración del año 1717, en una publicación del matemático y astrónomo de Nuremberg, Johann Gabriel Doppelmayer (1671-1750)[199]. En esta edición se recoge, junto con la versión de la escuadra propuesta por Niceron (figura 198) la innovación del sistema de poleas (figura 199).

La idea de introducir ruedas y poleas para transmitir los movimientos con más comodidad para el dibujante y conseguir una mayor precisión del trazador, condujo más tarde a la aparición de máquinas muy perfeccionadas por un constructor londinense de instrumentos: George Adams el joven (1750-1795), hijo y padre de inventores y constructores de instrumentos de dibujo. Él publicó en el año 1791 un tratado incluyendo grabados en donde se mostraban máquinas perspectográficas derivadas de la idea básica de la escuadra de Cigoli. Con ellas se trasladaba sobre un papel colocado horizontalmente en una mesa, la imagen observada a través de un virtual plano vertical (figura 200)[200].

Algunos años más tarde, en la primera mitad del siglo XIX, en los mismos años que contemplan la revolucionaria aparición de la fotografía, se produjo una extraordinaria

[197] Abraham Rees, *The New Cyclopaedia or Universal Dictionary of Arts & Sciences,* Londres, 1802-1819, vol. XI.

[198] Jean-François Niceron, *op. cit.*

[199] J. G. Doppelmayer, *op. cit.*

[200] George Adams (el joven), *Geometrical and Graphical Essays,* Londres, 1791.

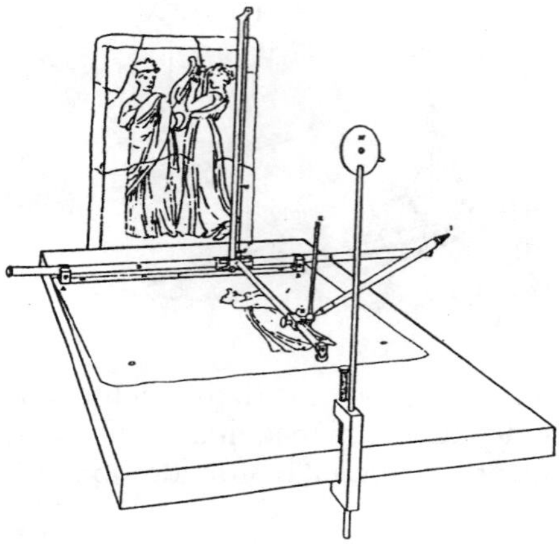

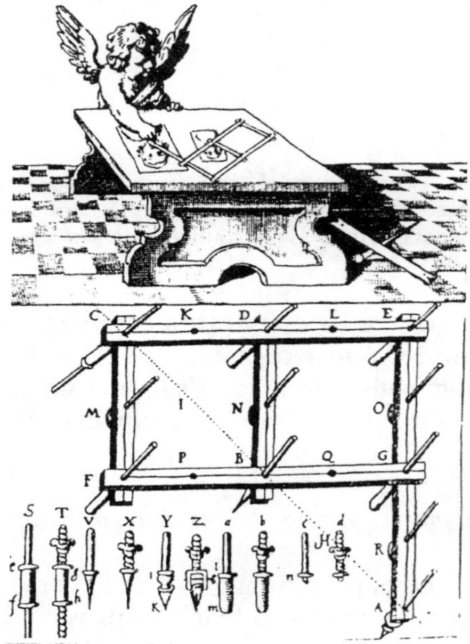

201. Sir Francis Ronalds, *Mechanical Perspective*, 1838. Máquina derivada de la escuadra de Cigoli.

202. Pantógrafo inventado por C. Scheiner para copiar, ampliar o reducir dibujos. *Pantographice seu ars delineandi*, 1631.

proliferación de aparatos perspectográficos, cada vez más perfeccionados gracias a la madurez en la tecnología de la construcción de elementos de máquinas. En tales circunstancias, Sir Francis Ronalds (1788-1873), conocido como el inventor del telégrafo electrostático, publicó un tratado con el título: *Mechanical Perspective or, Description and Uses of an Instrument for Sketching from Nature,* en él se describe una máquina perspectográfica, derivada de la escuadra de Cigoli y patentada en 1825. Con ella se podían controlar con una sola mano los movimientos de las coordenadas verticales y horizontales (figura 201)[201].

A pesar del gran desarrollo técnico de los nuevos instrumentos mecánicos, no se perdía la conciencia de sus limitaciones para la representación de las formas naturales relacionadas con los intereses prácticos de los artistas y los problemas estéticos del arte. Entre los aspectos destacados con mayor frecuencia por los artistas, trascendiendo el uso estrictamente técnico de los instrumentos, se referían: el valor de lo pintoresco, la importancia del toque personal en la ejecución y la valoración de la invención y composición original, como algunos de los conceptos más importantes en el gran arte, no sólo en su época, sino en todos los tiempos. Por ello el propio Ronalds confesaba:

> Con el uso apropiado y con la educación del ojo humano, la más hermosa y conveniente cámara oscura y perspectógrafo, cuando está bien preparado, nunca ha sido, y nunca dejará de estar por encima de la mortal maquinaria[202].

---

[201] Francis Ronalds, *Mechanical Perspective or, Description and Uses of an Instrument for Sketching from Nature,* Londres, 1838, segunda edición.

[202] Ronalds, *op. cit.* Transcrito en Martin Kemp, *The Science of Art. Optical themes in western art from Brunelleschi to Seurat,* Londres, Yale U. P., 1990, pág. 188.

Los debates en torno a las relaciones entre la imitación mecánica, la visión natural y la creación artística, no se agotaron en los tiempos de la invención de la fotografía, un acontecimiento trascendental que se producía en los mismos años de la publicación de la obra de Ronalds.

El perfeccionamiento definitivo y la fama del instrumento, vinieron de mano del inventor parisino Charls Gavard, un autor que consiguió una patente británica del instrumento en 1831 (figura 166), al que denominó *Le Diagraphe,* y con este mismo nombre llegaría a alcanzar un gran éxito y notoriedad en la primera exposición universal de Londres celebrada en el año 1851.

El pantógrafo de Scheiner

Además de la escuadra de Cigoli, de éxito acrecentado durante más de tres siglos con los perfeccionamientos sucesivos, el otro instrumento perspectográfico más importante del siglo XVII debe su invención al ingenio del jesuita Christopher Scheiner (1575-1650), un astrónomo y matemático que alcanzó notoriedad al ser contrario a las consecuencias revolucionarias de las teorías de Galileo. El pantógrafo para copiar dibujos, ampliándolos o reduciéndolos, fue inventado por él en 1603 y apareció publicado en su obra *Pantographice seu ars delineandi* en 1631 (figura 202)[203]. En el título de la obra se anticipa que:

> En la cual se enseña un nuevo arte de dibujar cualquier cosa vista, tanto plana como en relieve, próxima o lejana, dada en cualquier proporción, rápidamente, fácilmente, de forma infalible, sin mirar la mano que trabaja.

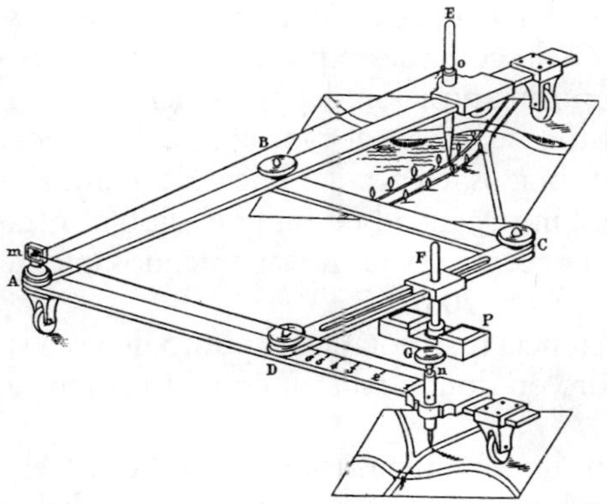

203. Pantógrafo contemporáneo.

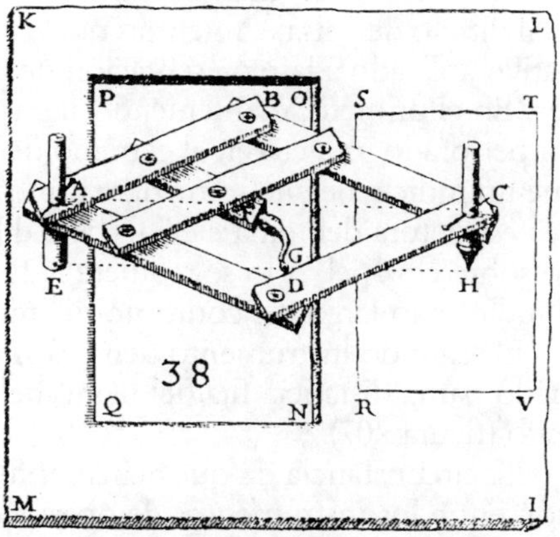

204. C. Scheiner, pantógrafo «estereográfico» para ampliar las figuras vistas a través del rectángulo abierto en el tablero.

---

[203] Christopher S. J. Scheiner, *Pantographice, seu ars delineandi res quaslibet per parallelogrammum lineare seu cavum...,* Roma, L. Grygnani, 1631.

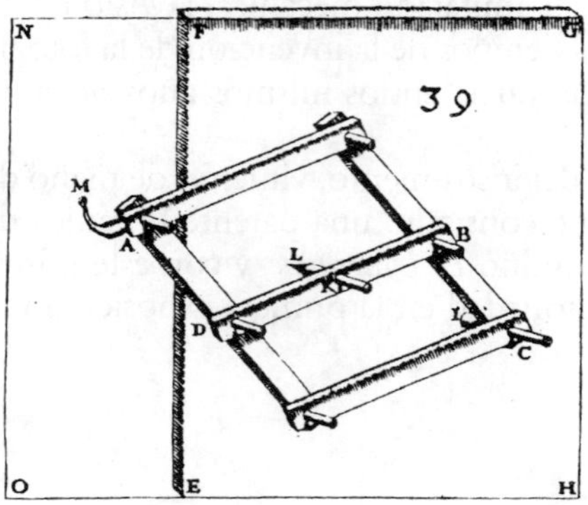

205. C. Scheiner, pantógrafo «estereográfico» para reducir las figuras vistas por un lado del tablero de dibujo.

Desde su invención, el pantógrafo ha venido utilizándose con la misma eficacia hasta nuestro propio tiempo como uno de los artificios más ingeniosos y brillantes dentro del amplio panorama de los instrumentos tradicionales de dibujo (figura 203).

Como una derivación y aplicación inmediata de su más importante invención, el mismo Scheiner ideó un instrumento perspectográfico colocando un pantógrafo sobre un cuadro vertical en vez del tablero horizontal de una mesa de dibujo. En dos versiones de su aplicación para dibujar perspectivas, se amplía la imagen en una y se reduce en otra, en comparación con el tamaño de la imagen virtual sobre el plano de representación. En una se construyen un tablero perforado con una ventana (figura 204), mientras que en la otra dibuja lo que se observa por un lado del tablero (figura 205).

El manejo de este aparato es muy sencillo y en la divulgación de Scheiner está ilustrado con varios grabados; en uno de ellos se muestra la aplicación del instrumento al dibujo de paisaje, mientras que en otro grabado aparece un instrumento demostrativo aplicado a la representación de un modelo compuesto por cuerpos geométricos. En el primero, manteniendo siempre la misma posición del ojo, gracias a un visor perforado y sujeto en el extremo de un listón, se mueve el pantógrafo, de manera que un índice metálico situado en uno de sus brazos, recorra las líneas del contorno y la estructura del tema elegido para dibujar. Sin necesidad de mirar el dibujo trazado sobre el papel, sólo se requiere la destreza necesaria para mover cuidadosamente el índice a lo largo del contorno del modelo (figura 206).

El segundo instrumento tiene, como diferencia más notable, el punto de vista situado a una distancia fija del plano del cuadro en donde está superpuesto el pantógrafo (figura 207).

La circunstancia de que Scheiner fuese un importante astrónomo explica la relación entre los instrumentos de observación y los de dibujo, ya que, él mismo había sido probablemente el primero que construyó una lente astronómica con ocular y objetivos convexos con los que hizo sus observaciones. Derivado de esta circunstancia, en el año 1671 aparece un instrumento como resultado de la combinación del telescopio con el pantógrafo para conseguir aplicarlo a la representación objetiva de las observaciones astronómicas (figura 208).

Se trataba de una propuesta recogida por el franciscano Cherubin d'Orleans en un tratado dedicado a las lentes; en ella se combina el telescopio con el pantógrafo que, en esta versión puede inclinarse verticalmente para facilitar la observación de los

FIGVRA .II.

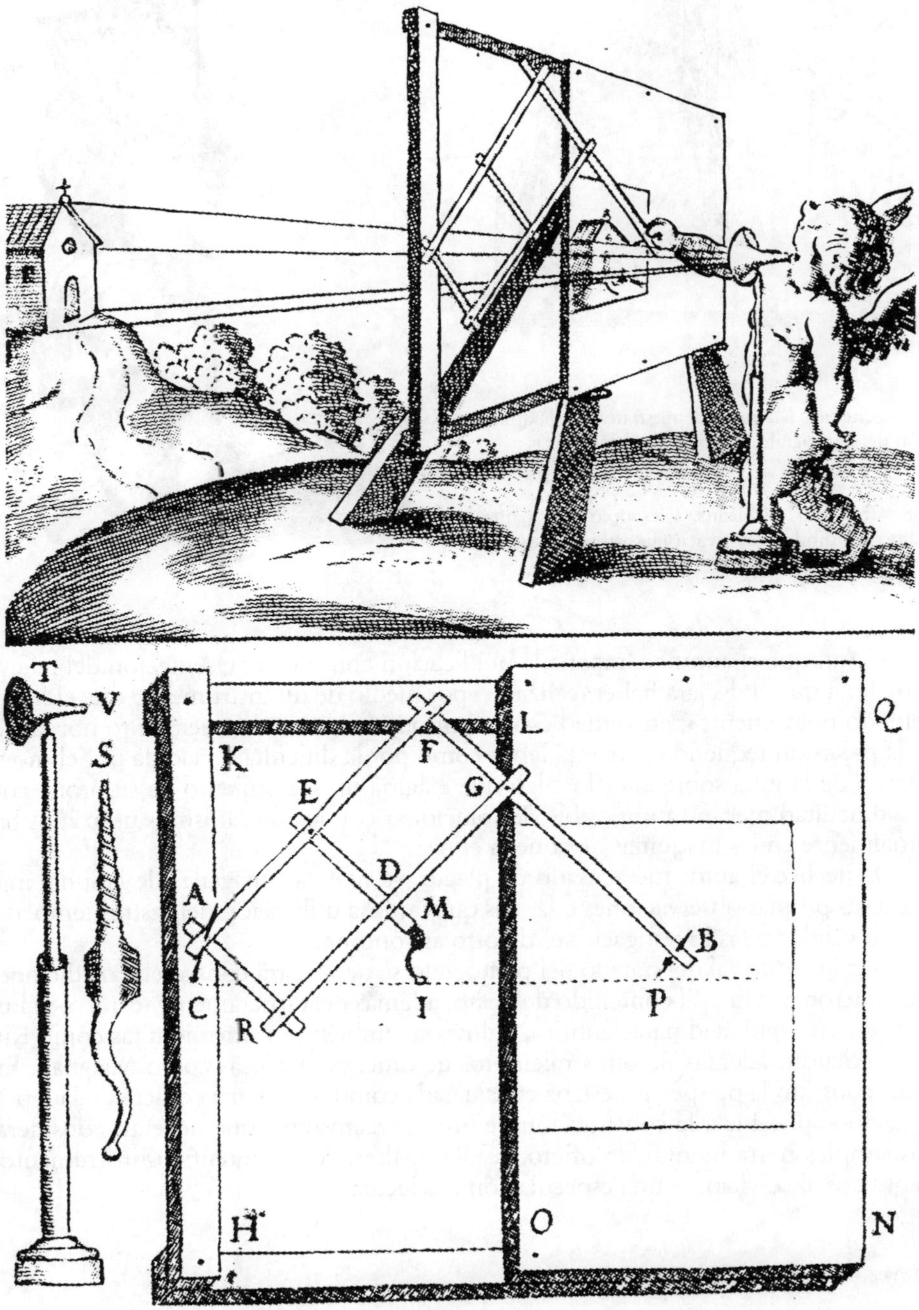

206. Scheiner. Demostración del uso de la máquina perspectográfica basada en el funcionamiento del pantógrafo, y detalle de las piezas para su construcción.

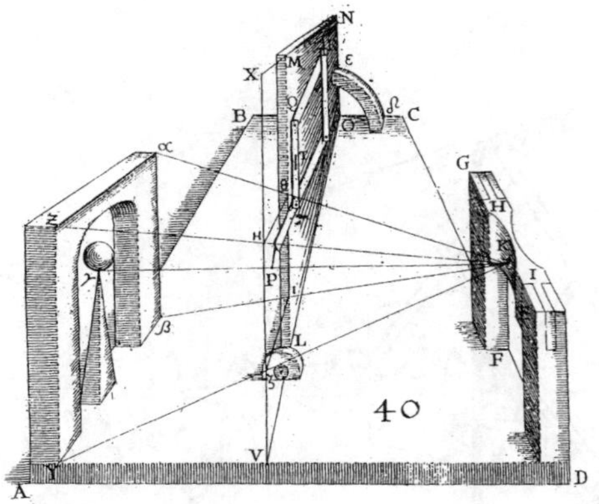

207. Scheiner. Máquina demostrativa de la aplicación del pantógrafo al dibujo de perspectivas.

208. Cherubin d'Orleans, telescopio con pantógrafo para dibujar observaciones astronómicas. *La dioptrique oculaire*, 1671.

astros. Aunque el autor acompaña la publicación con una representación del relieve de la luna que él declara haber realizado «por medio de un instrumento que él ha inventado nuevamente»; en verdad es una afirmación difícil de creer, tanto por la elevada precisión requerida para esta labor como por la dificultad añadida por el movimiento de la luna sobre el cielo, algo que exigiría un seguimiento de su órbita con una dificultad mecánica imposible de solucionar con los mecanismos utilizados habitualmente en las máquinas de aquella época.

De hecho, el autor fue acusado de plagio, ya que, las imágenes de la luna, más que a sus propias observaciones o la más que dudosa utilización del instrumento, deben su calidad a las investigaciones de otro astrónomo.

El éxito editorial del tratado del pantógrafo se demuestra con las cinco ediciones que salieron a la luz. El contenido del texto, además del estrictamente técnico, se inscribe en una actividad paracientífica, cultivada también por otros jesuitas como Kircher o Schott, además de otros miembros de órdenes religiosas como Maignan. En aquel contexto la perspectiva estaba considerada como una ciencia exacta de la representación aplicable a la construcción de unos mecanismos, que no eran considerados simples herramientas de oficio, se planteaban como auténticos instrumentos científicos al servicio de una especulación intelectual.

Imágenes mágicas en la ciencia y en el arte

Durante el Renacimiento se había logrado una gran coincidencia de intereses entre el arte y la ciencia; los ideales cognoscitivos compartidos entre ambos ayudan a explicar la existencia de las máquinas de dibujar idénticas en los dos campos. Esta si-

209. Mario Bettini, «El jardín de los instrumentos de la pasión de Cristo», 1642.

tuación se quiebra en el siglo XVII, una etapa histórica en la que Descartes contrapone las ideas a las formas, situando a las primeras por encima de las simples apariencias; las imágenes pueden ser engañosas. Mientras tanto se produce un debate sobre la falsedad de la realidad artificiosa, juzgada desde los argumentos objetivos de la razón científica. Las imágenes de lo mágico y lo irracional son fenómenos relegados a sectores marginales del mundo del arte, aunque aparezcan tratados con ironía, sirviéndose muchas veces para realizarlas, de unos instrumentos de dibujo concebidos como curiosidad técnica al servicio del ilusionismo óptico, como filosofía de la artificiosidad de las apariencias. Mientras tanto la ciencia lucha contra todo lo que puedan tener de equívoco las apariencias, en la búsqueda del universo de la razón, analizando y desvelando los «trucos» de las imágenes.

En ese debate, las máquinas de dibujar dejarán poco a poco de ser un artificio técnico al servicio del arte para llegar a ser un medio para el dominio racional de la naturaleza[204]. Con la intervención de los científicos, las imágenes artísticas realizadas con la aplicación de las leyes de la perspectiva o, auxiliándose con los instrumentos matemáticos, adquirían automáticamente un aval de racionalidad aunque fuesen tan paradójicas y sorprendentes como las anamorfosis. En manos de religiosos como Scheiner, Bettini, Kircher, Schott o Maignan, se podría hablar de una cierta metáfora del milagro en donde se asumen racionalmente las imágenes sorprendentes. El sentido principal de los fenómenos de juegos visuales parece ser la demostración de que, aunque se traspasen los límites de la razón y no se encuentren las explicaciones lógicas, siempre existe una causa cierta, una verdad última.

[204] *Vid.* Aracil, *op. cit.*, págs. 343 y ss.

210. Perspectógrafo de Mario Bettini. Versión del instrumento de Scheiner basado en el pantógrafo. *Apiaria universae*, 1642.

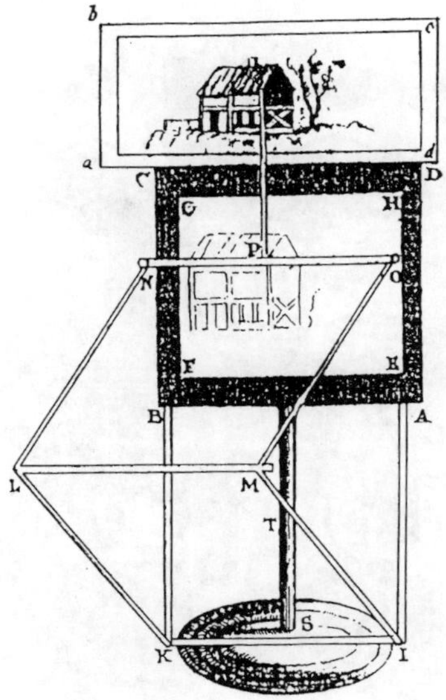

211. Perspectógrafo diseñado por el ingeniero James Watt en 1765. Grabado publicado en el tratado de Robert Bradberry, *Principles of Perspective*, 1790.

Cuando se había traducido en 1585, por primera vez al castellano, la *Óptica* de Euclides, bajo el nombre de *Perspectiva,* se indicaba en la introducción al lector la función de la ciencia para descubrir las explicaciones lógicas de los fenómenos ópticos:

> La perspectiva, aunque no mueve los irracionales, a lo menos a los hombres que la ignoran los vuelve como irracionales de espanto, y a los que la saben les aviva más la razón, y sutiliza el entendimiento. De manera que juzgan las mismas cosas por tales cuales ellas son, y los engaños que en ella se ofrecen la misma ciencia se los descubre[205].

El mismo clima que propiciaba las especulaciones teóricas y el debate científico, de la verdad de las imágenes en tiempo de la contrarreforma religiosa, fomentaba la argumentación acerca de la verdad y la fe.

En estas circunstancias, la influencia del mecanismo pantográfico fue muy grande en instrumentos posteriores, a la vista de su presencia en obras de diferentes autores. Uno de los primeros en hacerse eco de la invención fue otro jesuita, el boloñés Mario S. J. Bettini (1582-1657), profesor de matemáticas y de ciencias en Parma. Este autor dedicó un tratado a las curiosidades científicas entre las que se destacaban las anamorfosis, que en aquellos años gozaban de un éxito notable. En esta obra publicó, precisamente, un proyecto de anamorfosis de jardín con los símbolos de la Pasión de Cristo[206] (figura 209).

Es la misma época del perfeccionamiento e invención de diversos instrumentos. Así, en una de las páginas de su obra, el jesuita Bettini ilustra su versión del instrumento de Scheiner, realizado con varillas metálicas, en vez de las de madera del original (figura 210). Asimismo, incluye otro instrumento, atribuyéndolo a P. Griember-

[205] *La perspectiva y especularia de Euclides. Traduzidas en vulgar Castellano, y dirigidas a la S.C.R.M. del Rey don Phelippe nuestro Señor. Por Pedro Ambrosio Onderiz su criado,* Madrid, Viuda de Alonso Gómez, 1585.

[206] Mario S. J. Bettini, *Apiaria Universae Philosophiae Mathematicae...*, Bolonia, J. B. Ferroni, 1641-1642.

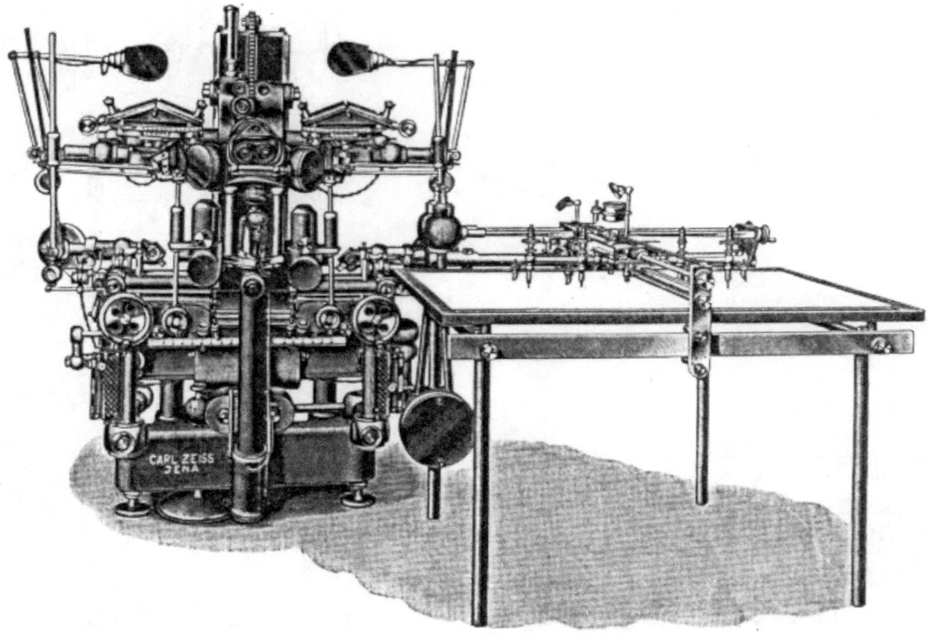

212. Estereoautógrafo Orel-Zeiss (a vista de pájaro).

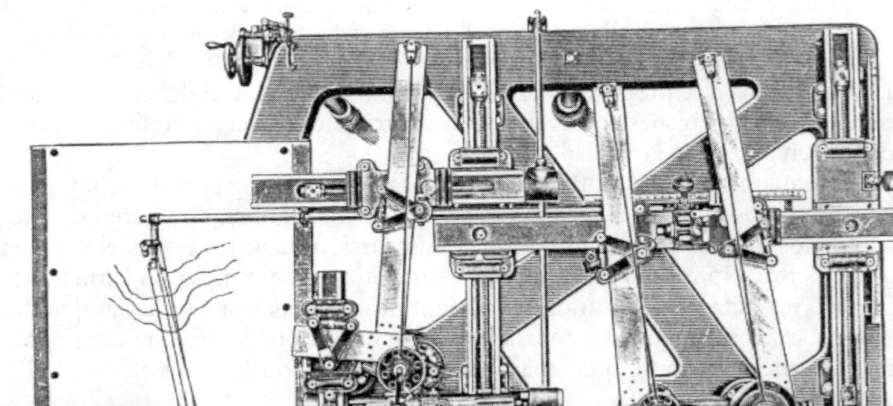

213. Estereoplanígrafo Zeiss de 1930.

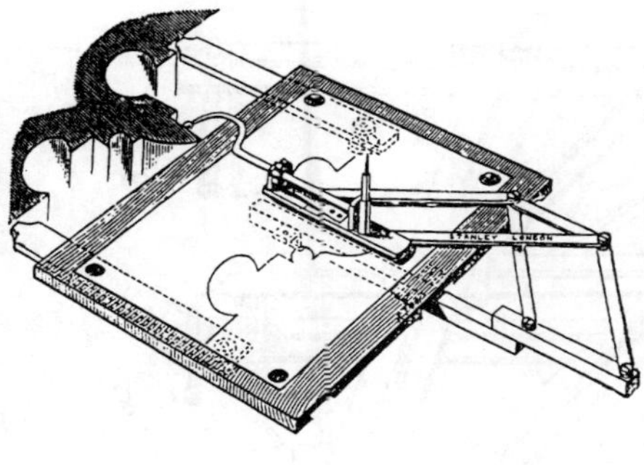

214. «Cymógrafo» inventado en 1838 por el profesor Willis. *Mathematical Drawing Instruments*, 1878.

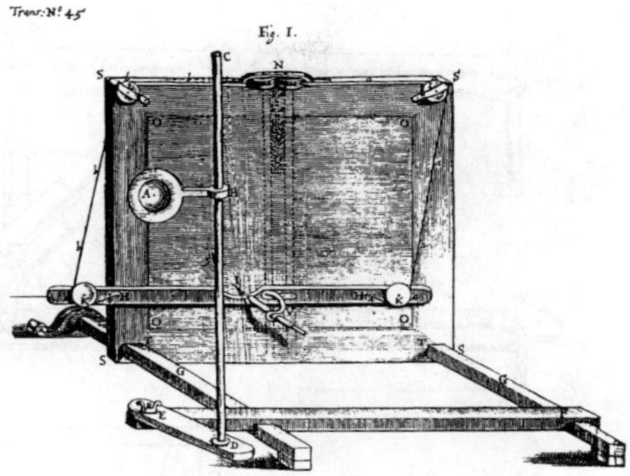

215. Perspectógrafo de Sir Christopher Wren (1669).

ger, en el que el brazo superior del paralelogramo sirve para alinear visualmente el objeto que se desea dibujar (figura 148).

Algún tiempo después, una de las últimas versiones del pantógrafo aplicado a la construcción de aparatos perspectográficos se debe al ingeniero James Watt (figura 211), y se construyó por él mismo en Glasgow en el año 1765. Tal como fue construido permitía su transporte fácilmente, gracias a que se podía recoger en una caja realizada a partir del propio tablero de dibujo sobre el que se plegaba todo el aparato. De su notable éxito, tanto en ese mismo momento como en los años posteriores, son testimonio las publicaciones sucesivas que lo recogieron. Watt no lo diseñó solo, fue el resultado de la colaboración con un médico explorador llamado James Lind.

Como este último, todos los instrumentos derivados de la invención del pantógrafo se limitan a trasladar mecánicamente los movimientos de un índice que recorre las líneas del objeto a la superficie del papel. No obstante existe otra posibilidad desarrollada contemporáneamente: aunque el dibujante no tenga delante un objeto real, se pueden obtener los mismos resultados gráficos con una imagen virtual del mismo. En esto consiste, esencialmente, el fundamento de la moderna fotogrametría; en ella, la visión estereoscópica produce la sensación de relieve al mirar un par de fotografías en determinadas condiciones. Recorriendo con un índice móvil las líneas de ese modelo virtual puede trasladarse mecánicamente el mismo movimiento a la superficie del papel. De este modo se pueden construir los diferentes tipos de restituidores (figuras 212 y 213).

Algunos instrumentos contemporáneos más sencillos también están basados en la aplicación del principio del pantógrafo. Esto sucede en el caso de un instrumento, más ingenioso que útil, propuesto para reproducir los perfiles de diferentes objetos (figura 214).

El divorcio arte-ciencia

Ver y conocer; epistemología del conocimiento visual

Un perspectógrafo muy elaborado y derivado también del pantógrafo, se debe al genial arquitecto británico Sir Christopher Wren (1632-1723). Él es autor de la cate-

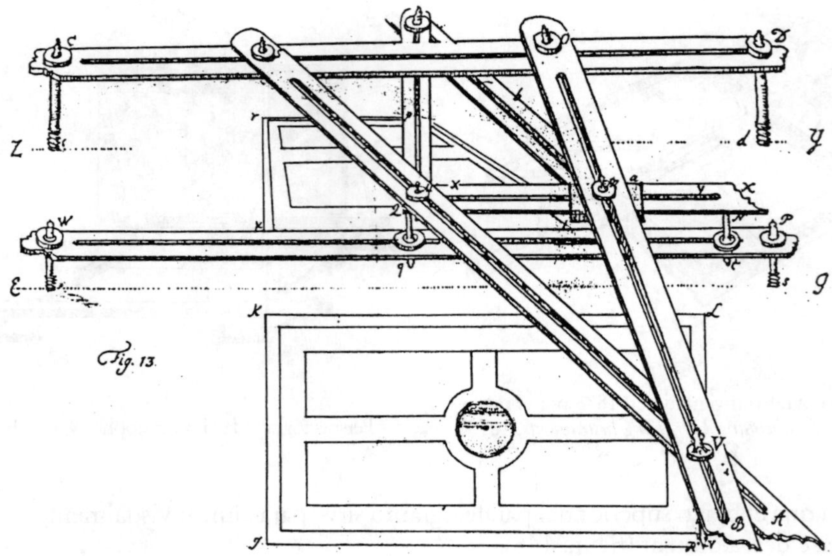

216. Johann Heinrich Lambert, pantógrafo para dibujar planos en perspectiva. *Anlage zur Perspektive*, 1752.

dral de San Pablo de Londres y de casi cincuenta iglesias de la misma ciudad, además de hospitales, bibliotecas y casas reales en toda Inglaterra. Wren fue también uno de los científicos más importantes de Gran Bretaña, contemporáneo de Isaac Newton, Robert Hooke y Robert Boyle. Newton se refirió a él como «el más grande geómetra de nuestros tiempos»; Hooke, que rivalizaba con Newton en fama y celebridad, y no solía alabar a nadie, comparó a Wren con Arquímedes. Su instrumento «para trazar contornos de un objeto en perspectiva» apareció publicado en las *Philosophical Transactions of the Royal Society* en el año 1669 (figuras 199 y 215)[207]. Sabemos que Wren tuvo una rigurosa formación científica en la escuela de Westminster en donde fue compañero del filósofo John Locke (1632-1704).

No es casual la relación que existe entre el interés de Wren para diseñar un instrumento científico de representación y el pensamiento filosófico de su compañero John Locke, el más importante formulador del empirismo inglés, un filósofo que expuso el análisis crítico del conocimiento, principalmente en su *Ensayo sobre el entendimiento humano*. Locke sostenía que todo conocimiento, incluso el abstracto, es adquirido y se basa en la experiencia.

Al servicio de esas ideas, las máquinas de dibujar pueden simbolizar perfectamente los ideales del experimentalismo tal como había sucedido en tiempos de Leonardo, así como el conocimiento sensible argumentado científicamente, más allá de cualquier implicación subjetiva, de orden estético. Por aquel entonces, las sospechas de subjetividad eran algo ajeno al panorama de las máquinas de dibujar. Estas máqui-

[207] «An instrument invented diverse years ago by Dr. Christopher Wren, for drawing the Out-Lines of an object in Perspective», *Philosophical Transactions of the Royal Society*, IV, 1669, págs. 898-899.

nas disipaban las críticas hacia la subjetividad atribuible al conocimiento sensible de las imágenes, situándolas en un plano de racionalidad objetiva; de ahí la confianza depositada en ellas por muchos científicos.

En el siglo posterior al de Locke, otro científico, el matemático y astrónomo Johannes Heinrich Lambert (1728-1777), publicó en 1752, entre otros trabajos sobre temas diversos, simultáneamente en francés y alemán su obra *Perspective affranchie (Free Perspective)* incluyendo los instrumentos perspectográficos citados anteriormente. Antes de esta publicación, también escribió un manuscrito, inédito, en el que se recoge otro instrumento perspectográfico derivado del pantógrafo (figura 216)[208]. No puede pasar desapercibido el hecho de que este mismo autor, como en el caso de Locke, hubiese realizado unos importantes estudios filosóficos sobre la teoría del conocimiento.

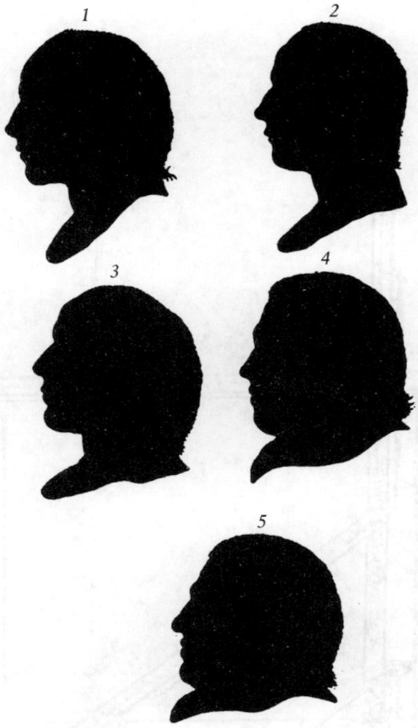

217. Siluetas de un tratado de fisionomía de Johann Caspar Lavater (1740-1801).

Los retratos de siluetas y el fisionotrazo

Con la Revolución científica, el interés hacia las máquinas de dibujar no desapareció del ámbito del arte en manos de los hombres de ciencia. En géneros tan importantes como el del retrato, la búsqueda de nuevos recursos instrumentales perduró hasta épocas posteriores a la aparición de la fotografía. Es bien sabido el hecho de que en la Francia de la época de Luis XV estuvo muy de moda un tipo de retratos, ya conocidos en tiempos de su antecesor, realizados de perfil y denominados siluetas, un nombre derivado del propio de un inspector general del Tesoro francés, Etienne de Silhouette, que tenía fama de tacaño, por lo que podría hacerse referencia, al hablar de siluetas, al poco precio de estos retratos, aunque otros lo atribuyen al sentido del paso fugaz de este personaje por el poder, igual a una sombra chinesca (figura 217).

La aceptación y el éxito de las siluetas se debieron en buena parte a la rapidez de ejecución que no tenía nada que ver con el tiempo requerido para realizar los retratos tradicionales, así como por los módicos precios que se pedían por ellos. Ese fenómeno de la demanda social de retratos está relacionado con la aparición y el gran éxito de otra máquina de dibujar: el fisionotrazo (figura 218).

Como última derivación del pantógrafo de Scheiner, el fisionotrazo se inventa en el año 1786, siendo una máquina que vuelve a recuperar, de forma contundente, su

[208] Johann Heinrich Lambert, *Anlage zur Perspektive*, manuscrito inédito compilado en el año 1752 y conservado en la Universidad de Basilea, cod. cart. B. 736.

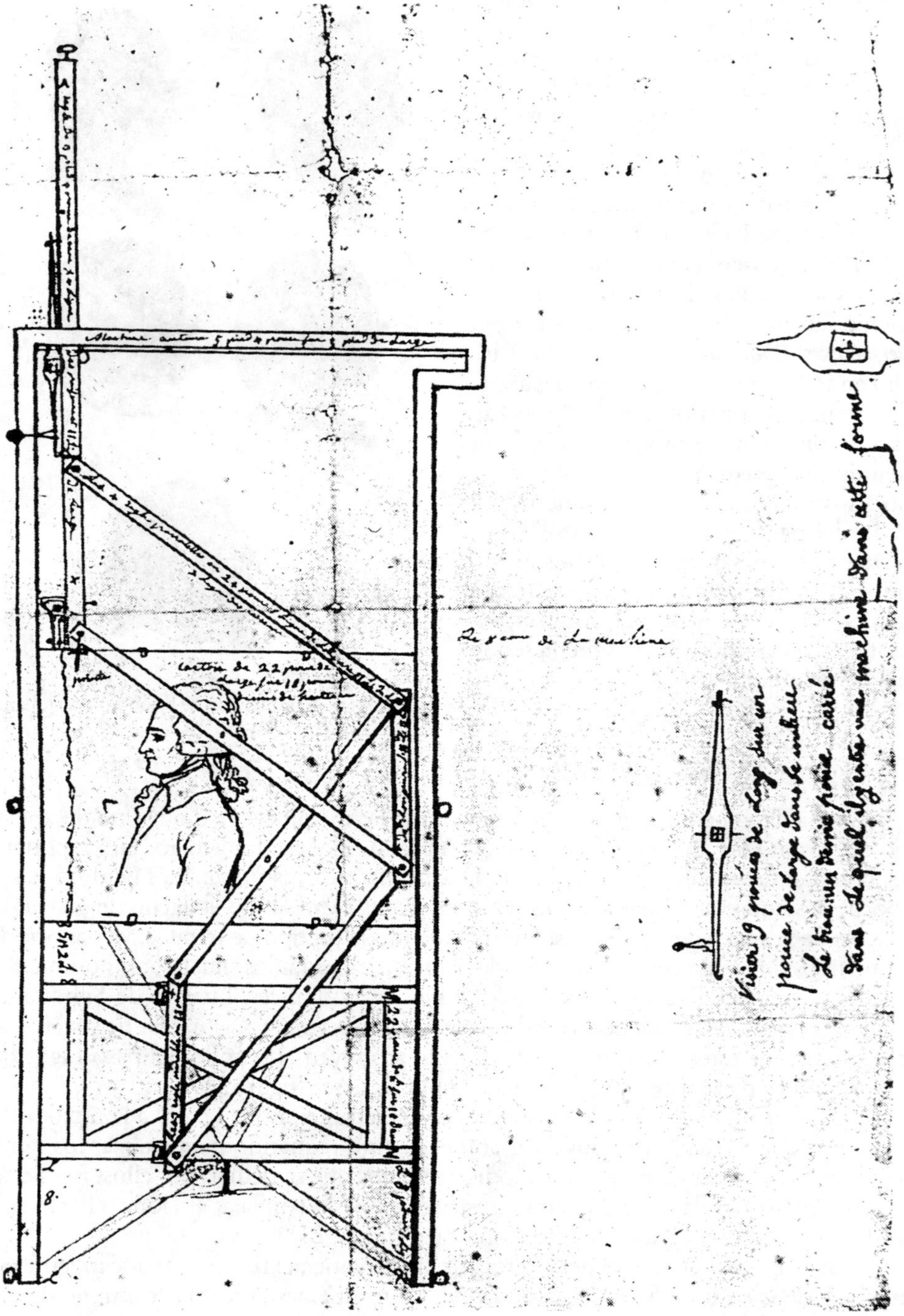

218. Fisionotrazo para dibujar siluetas, patentado en 1786 por Gilles-Louis Chrétien.

importancia en la ayuda de los problemas prácticos planteados a los artistas en el ejercicio de su profesión. Es una máquina pensada para realizar retratos de perfil, conforme con la tradición establecida de las siluetas. Este aparato fue inventado y patentado por Gilles-Louis Chrétien, un personaje que, después de haberse dedicado a trabajar como músico, terminó haciendo grabados de retratos. En esta labor, en su afán por lograr una rapidez mayor en la ejecución de sus retratos, llegó a inventar esta máquina, basada en el funcionamiento del pantógrafo y construida con una estructura de paralelogramos articulados movidos sobre un plano vertical.

El fisionotrazo estaba provisto de un visor que el operador recorría sobre los rasgos que se querían reproducir del personaje retratado, trasladando instantáneamente estos al papel, gracias al mecanismo pantográfico ya mencionado de paralelogramos.

Desde la fecha de la invención en 1786 hasta 1830, esta técnica llegó a gozar de una gran popularidad en toda Francia. Como muestra de ello se puede recordar que en el Salón de 1793 se expusieron cien retratos realizados con el fisionotrazo, y en el de 1796 se reservaron para estos retratos un total de doce salas con cincuenta fisionotrazos cada una.

Se ha dicho que este fenómeno puede ser comparable con el procedimiento conocido actualmente con el nombre de «photomaton» o con las máquinas «polaroid», tanto por su extensión social, así como por el precio y la rapidez de ejecución de los retratos obtenidos con él. El tiempo requerido para posar los personajes retratados llegó a ser de un solo minuto[209].

En el fenómeno del fisionotrazo concurrían circunstancias de distinto orden. Desde un punto de vista social facilitó el acceso a más individuos para poseer un retrato, algo que anteriormente estaba limitado a las clases sociales más privilegiadas. El fenómeno se podía explicar por el abaratamiento de los costes al reducirse el tiempo de ejecución, además del aumento extraordinario de profesionales dedicados a esta labor.

Facilidad del dibujo

Desde un punto de vista más inmediato, la proliferación y difusión de las máquinas hicieron posible que muchos individuos pudiesen dibujar sin el esfuerzo y el tiempo dedicado al adiestramiento requerido en el aprendizaje tradicional.

Como un ejemplo, en el año 1836 aparecía un anuncio en Madrid, en las páginas de la publicación *El artista,* en donde se daba a conocer un «Nuevo método para aprender o enseñar a dibujar los contornos y dintornos; o como se dice vulgarmente los perfiles de una cabeza y parte del cuerpo». Unas líneas más adelante en el mismo anuncio se precisaba que,

> este método nada tiene de extraordinario, y a todos los profesores que sepan perspectiva se les puede ocurrir el construir un pequeño aparato mecánico, igual en productos, aunque varíe algo en la hechura, pues es el resultado de conocer bien la sección del cono óptico, o bien sea de la pirámide visual (figura 219)[210].

---

209 *Vid.* Gisèle Freund, *Photographie et Société,* París, Éditions du Seuil, 1974. Traducción castellana: *La fotografía como documento social,* Barcelona, Gustavo Gili, 1976, págs. 13 y ss.

210 *El artista,* Madrid, 1835-1836, tomo II, entregas I-XXVI. Reedición con un estudio preliminar de A. González García y F. Calvo Serraller, Madrid, Turner, 1984.

En el anuncio, aunque no se especifica cuál es el «pequeño aparato mecánico», se deduce que puede ser un simple bastidor sobre el que se colocaría un cristal para el calco; en definitiva el secular método de Leonardo, bautizado en el siglo XIX con un neologismo: hialógrafo, una palabra de etimología griega derivada de *hialo,* que significa cristal (figura 71). Más adelante se aclara que, «el aparato es sencillísimo y poco costoso, pues el profesor lo da gratis a sus discípulos concluida su instrucción, por ser hecho de unos listoncitos de pino o de otra cualquier madera poco costosa».

En ese mismo texto del año 1836 se advierte que, los que saben poco, «copiarán la cabeza de perfil y a línea simple de cualquier sujeto que esté en una posición fija un corto rato». La aparente facilidad del método no evitaba, en absoluto, un esfuerzo y una predisposición necesaria para todos aquellos que pretenden dominarlo. Las justificaciones quedan aclaradas así:

> Las cualidades que han de tener los que quieran aprender, y más los que no hayan dibujado nada, son buena vista, buen pulso, saber escribir y docilidad. Se exige docilidad porque al principio parece algo repetido y pueril el método, y la postura en que se dibuja incómoda, pues en lugar de hacerlo en posición horizontal u oblicua, como se dibuja por lo común y se escribe, para este método se diseña verticalmente, es decir, como si se escribiera o dibujara sobre una tapia o pared perpendicular al terreno.

Los resultados obtenidos con este método eran unos escuetos «dibujos de línea», quedando sin resolver mecánicamente los problemas de claroscuro. Este inconveniente ya había sido reconocido expresamente por Leonardo respecto al método del cristal y era algo que debería resolverse con las técnicas artesanales del sombreado; para ello, se hace una mención expresa a esta cuestión en el mismo anuncio: «Como por el presente método no se aprende más que la delineación en pequeño del objeto que se copia del natural, el profesor enseñará por separado de aquel contrato y por el estipendio en que se convengan, los efectos de luz y de sombra, o como dicen generalmente a sombrear.»

Menos de diez años antes de este anuncio había aparecido una noticia similar en un tratado publicado en Londres[211]:

> S. y J. Fuller, deseosos de divulgar un aparato tan útil entre artistas y aficionados, se valieron de la ayuda mecánica del Sr. Hayter para construir el Trípode Descriptivo portátil, lo que era muy cómodo, y lo suficientemente sencillo como para entenderlo de un vistazo, pues no se necesita más pericia para usarlo que la que se requiere para hacer un dibujo con la ayuda de un cristal de una ventana [...]. Ni siquiera el conocimiento más perfecto y la aplicación de todas las reglas de la perspectiva podría dar como resultado un esbozo general más científico.

La repercusión pública de todos estos métodos, se pone de manifiesto en la referencia a «la cantidad de damas y caballeros que disfrutan del placer de tomar apuntes de la Naturaleza». No obstante, igual que el anuncio de la revista madrileña, advierte del esmero requerido con la misma importancia que en el caso del dibujo realizado sin la ayuda de instrumento alguno: «el estudiante debe disponerse a finalizar

---

211 C. Hayter, *A New and Practical Treatise on the three Primitive Colours,* Londres, 1826, pág. 27.

el dibujo con la misma inteligencia y talento que le hubieran hecho falta en un apunte hecho a ojo».

El siglo de los inventos

Desde el siglo XVIII y, sobre todo, a lo largo de todo el siglo XIX aparece una amplia serie de artefactos que suman al ingenio el progreso técnico basado en las ventajas de la aparición de nuevos materiales y la perfección en el acabado de todo tipo de mecanismos industriales. La suma de todos estos factores explica este fenómeno favorecido por la existencia de publicaciones dispuestas a divulgar las nuevas propuestas. El denominador común en los nuevos artilugios es, precisamente, la conciencia de inventor de sus artífices, un calificativo que sirve para definir a un tipo de profesional y una actividad específica. A su vez, las exposiciones universales serán, durante la segunda mitad del siglo XIX, el escenario público para incentivar y retar el ingenio de los inventores.

Una de las características materiales más frecuente en los inventos de esta época es la inclusión de mecanismos de transmisión propios de la industria, así como de componentes ópticos más o menos complejos.

A través de una crónica sucinta se describe la sucesión de acontecimientos; a finales del siglo XVIII había aparecido el «optígrafo», inventado por Jesse Ramsden (1735-1800), un conocido óptico y constructor de instrumentos, considerado por sus contemporáneos como el mejor de su época, hasta el punto de llegar a ser miembro

219. Anuncio del año 1836, de un «nuevo método para aprender o enseñar a dibujar los perfiles de una cabeza...» con la ayuda de un «pequeño aparato mecánico».

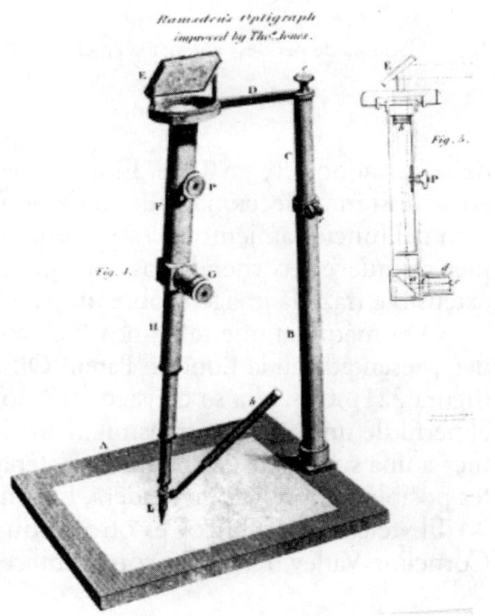

220. «Optígrafo» de Jesse Ramsden (1735-1800) en la versión perfeccionada de Thomas Jones.

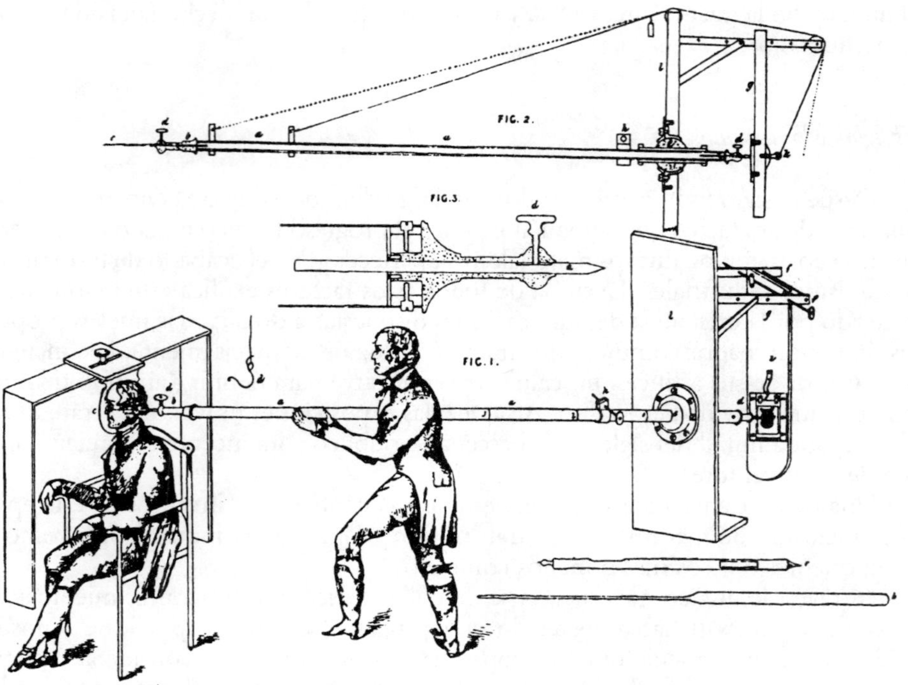

DIAGRAM SUPPLIED BY C. SCHMALCALDER ON HIS APPLICATION FOR A PATENT FOR HIS PROFILE MACHINE, 1806

His specification, now at the Patent Office, London, describes the machine as for cutting out profiles on copper, brass, hardwood, card, paper, skin, ivory and glass

221. «Máquina de perfiles» patentada en el año 1806 por Carl Schmalcalder.

de la Royal Society en 1786. El instrumento en cuestión llegará a ser más conocido en la versión perfeccionada de su discípulo Thomas Jones (figura 220)[212]. La explicación del funcionamiento de este instrumento es muy sencilla, en él una mira telescópica se mueve recorriendo los contornos del tema a dibujar, mientras que un brazo extensible traza la imagen sobre un papel.

Otra máquina que referimos fue patentada en el año 1806 por Carl Schmalcalder, presentada en la London Patent Office bajo el nombre de «máquina de perfiles» (figura 221). Con ella se consigue que los movimientos de un puntero, recorriendo el perfil de un rostro, se transmitan alrededor de la articulación de una rótula mecánica a una superficie de cualquier material. El mismo autor especifica algunos soportes posibles: cobre, latón, madera, cartón, papel, cuero, marfil o cristal[213].

El «telescopio gráfico» es otro instrumento patentado el 5 de abril de 1811 por Cornelius Varley, teniendo como antecedente inmediato el optígrafo de Ramsden.

---

[212] A. Rees, *op. cit.*, XI, «Delineators».

[213] *Vid.* Heinrich Schwarz, *Art and Photography, forerunners and influences*, Chicago, University of Chicago Press, 1985.

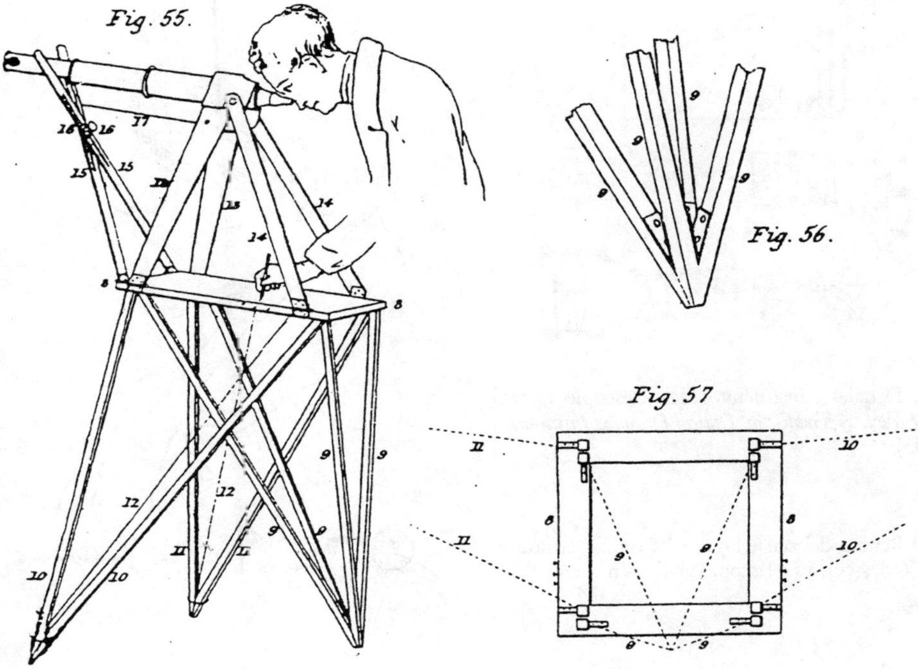

222. «Telescopio gráfico» patentado en 1811 por Cornelius Varley.

Este constructor era hermano de William, un acuarelista muy habilidoso con el que compartía una serie muy amplia de inquietudes intelectuales, algo que lo llevó a utilizar el telescopio para dibujar retratos y paisajes. En el año 1845 dio a conocer su famoso instrumento publicándolo en su *A Treatise on Optical Drawing Instruments* (figuras 222 y 223)[214]. En el telescopio la luz entra por un orificio circular y, reflejándose en un espejo, se proyecta, a través de varias lentes, en un visor que refleja perpendicularmente la imagen en el ojo del dibujante, permitiendo de este modo ver simultáneamente la imagen y el papel.

El autor proclama que el telescopio gráfico es «una de las mejores ayudas para un profesor de perspectiva adelantado» y él mismo lo utiliza para dibujar paisajes y retratos como el del famoso acuarelista John Sell Cotman (1782-1842), realizado en el año 1811 (figura 224). Este artista, que alcanzó gran fama con sus paisajes, utilizó el telescopio de Varley en varias ocasiones. Así, se sabe que realizó expresamente un viaje a Rouen «con el propósito de tomar una perspectiva detallada de Notre Dame», llevando consigo «una enorme cámara lúcida recientemente inventada por Varley»[215]; los resultados, de la que parece ser su primera experiencia con este instrumen-

[214] Cornelius Varley, *A Treatise on Optical Drawing Instruments,* Londres, 1845.

[215] M. Pidgeley, «Cornelius Varley, Cotman a the Graphic Telescope», *Burlington Magazine,* CXIV, 1972, pág. 785.

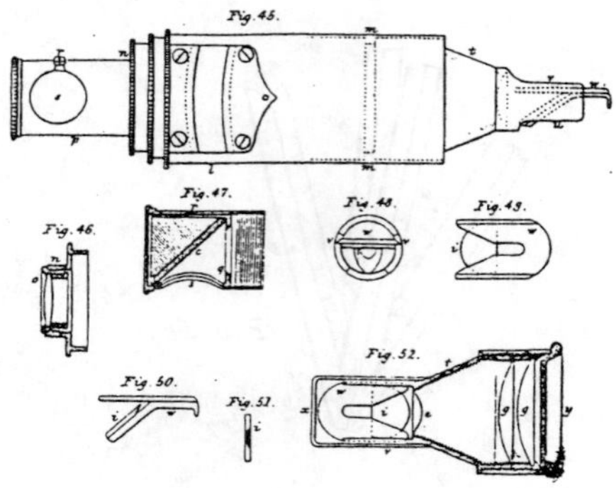

223. Detalles constructivos del telescopio gráfico de Varley. *A Treatise on Optical Drawing Instruments* (1845).

224. Retrato del acuarelista Sell Cotman, realizado por Varley con su telescopio gráfico en el año 1811.

to, no fueron muy satisfactorios al conseguir sólo un «lamentable resultado»[216]. Esta noticia sirve de argumentación para sostener la idea de que un instrumento por sí solo no sirve para conseguir buenos resultados, requiere de un aprendizaje y uso intencionado aunque quien lo utiliza ya sea un avezado artista. Esto parece que sucedió un año después en Normandía (figura 225), ya que Cotman podía enseñar a utilizar el telescopio para hacer dibujos «con todas las líneas en su lugar correspondiente y notas al margen con las explicaciones necesarias para el acabado»[217]. El método de trabajo era similar al supuestamente utilizado por Canaleto con la cámara oscura, en donde los posibles dibujos utilizados con el instrumento formaban parte de otra serie de recursos utilizados para componer la obra definitiva.

Finalizado el siglo aparece otro instrumento relacionado con los anteriores, al estar basado en un anteojo articulado que transmite sus movimientos al portalápiz que traza lo observado sobre el papel. Con el nombre de perspectactígrafo se divulga en España, en el año 1904, en una revista científica de la época[218]. En la noticia publicada allí, se informa que: «Este aparato ideado por Otto Eichenberger, de Ginebra, permite, sin tener conocimiento de dibujo, dibujar en perspectiva cualquier objeto.» En el texto se detallan con precisión las partes del aparato así como el modo de manejarlo (figuras 226 y 227), del mismo modo se acompaña con un ejemplo de perspectiva trazado con él (figura 228).

---

[216] Citado por M. Kemp, *op. cit.*, pág. 217.

[217] *Ibíd.*

[218] En España se dio a conocer el «perspectactígrafo» de Otto Eichenberger en la revista *El Mundo Científico*, núm. 218, junio de 1904, págs. 358-359.

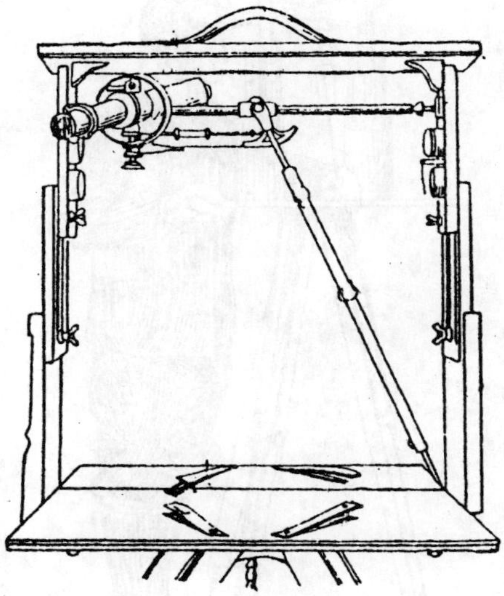

225. J. S. Cotman, *Paisaje de Normandía*, dibujo, 1823. En este momento el paisajista había alcanzado el dominio del «telescopio gráfico». Londres, British Museum.

226. Perspectactígrafo de Otto Eichenberger, publicado en España en el año 1804.

Veamos ahora el modo de manejar el instrumento. Desplegado este y colocado sobre un trípode, bien nivelado, el operador mira por el anteojo, que tiene una retícula, y cogiendo con la mano derecha el portalápiz lo va moviendo de modo que la intersección de los hilos de la retícula del anteojo, que como hemos dicho participa del movimiento del portalápiz, recorra los contornos del objeto que se quiere reproducir. Claro está que la punta del lápiz irá dejando sobre el papel el dibujo exacto de los objetos, dibujo tanto más pequeño, cuanto más alejado del aparato esté el objeto reproducido[219].

La figura del ingeniero, máquinas de dibujar e ingenios bélicos

En mecánica, un ingenio es el nombre dado frecuentemente a un artificio o una máquina. Asimismo sabemos que la palabra ingeniero tuvo durante varios siglos un sentido predominantemente militar. En 1611 el diccionario de Covarrubias ya precisaba: «Y así llamamos ingeniero al que fabrica máquinas para defenderse del enemigo y ofenderle.» La palabra latina *ingenium* designa, además de una máquina bélica, un carácter innato, una actitud del intelecto para la invención. De acuerdo con la etimología, las máquinas que referimos son casi siempre el resultado de una invención ingeniosa, por lo que podrían llamarse ingenios.

En la tecnología se estudia una amplia serie de mecanismos para transformar un movimiento en otro diferente. Muchas máquinas de dibujar consisten, precisamente, en un artificio que transforma el recorrido visual en otro movimiento realizado por un trazador sobre el papel. De forma similar, puede pensarse el recorrido sobre el terreno, a lo largo de un itinerario determinado, como un movimiento que se puede representar en un trazado sobre el papel con la ayuda de algunas ruedas y engra-

[219] *Ibíd.*, pág. 359.

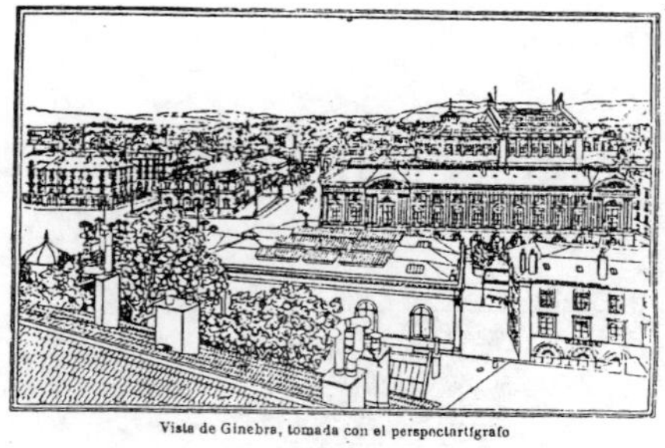

228. Vista de la ciudad de Ginebra tomada con el perspectactígrafo.

227. Dibujante utilizando el perspectactígrafo de Otto Eichenberger.

najes para transmitir los movimientos. Nos queremos referir a un tipo de dibujo topográfico para representar algunos aspectos de una porción de terreno.

Con independencia de las dificultades técnicas o la valoración de la eficacia práctica de una máquina para resolver estas cuestiones, existe constancia histórica de propuestas de este tipo realizadas desde el mundo de la milicia. Tradicionalmente los ingenieros militares estuvieron dispuestos para innovar o solucionar cualquier reto técnico planteado, y el de los ingenios de dibujar es uno entre todos ellos. Se puede constatar cómo los intereses de los ingenieros militares abarcaron un amplio espectro de máquinas entre la que se encuentra algún ingenio para dibujar.

Precisamente, en el año 1744 se publica en un tratado de ingeniería militar un «Instrumento estadiométrico para levantar Planos de Reinos» (figura 229), acompañándolo de «otro instrumento al mismo intento» (figura 230)[220]. El primero de ellos, en palabras de su inventor,

> servirá de mucha comodidad, y utilidad el presente Instrumento, para levantar planos muy exactos de Reinos enteros en su natural posición y tortuosidad de todos sus caminos, y otras cosas notables, sin discrepancia sensible, y sin detenerse a medir en parte alguna.

El autor de esta obra es un ingeniero militar que llegó a ser nombrado en 1747 Ingeniero jefe, con categoría de General, en México. El mismo título de la obra da

---

[220] Félix Prósperi, *La Gran Defensa. Nuevo Méthodo de Fortificación. Dividido en tres Órdenes. A saber: Doble, Reforzado y Sencillo. Con varias Invenciones, e Ideas útiles y curiosas, con sesenta, y tres Láminas*, México, Viuda de Joseph Bernardo de Hogal, 1744.

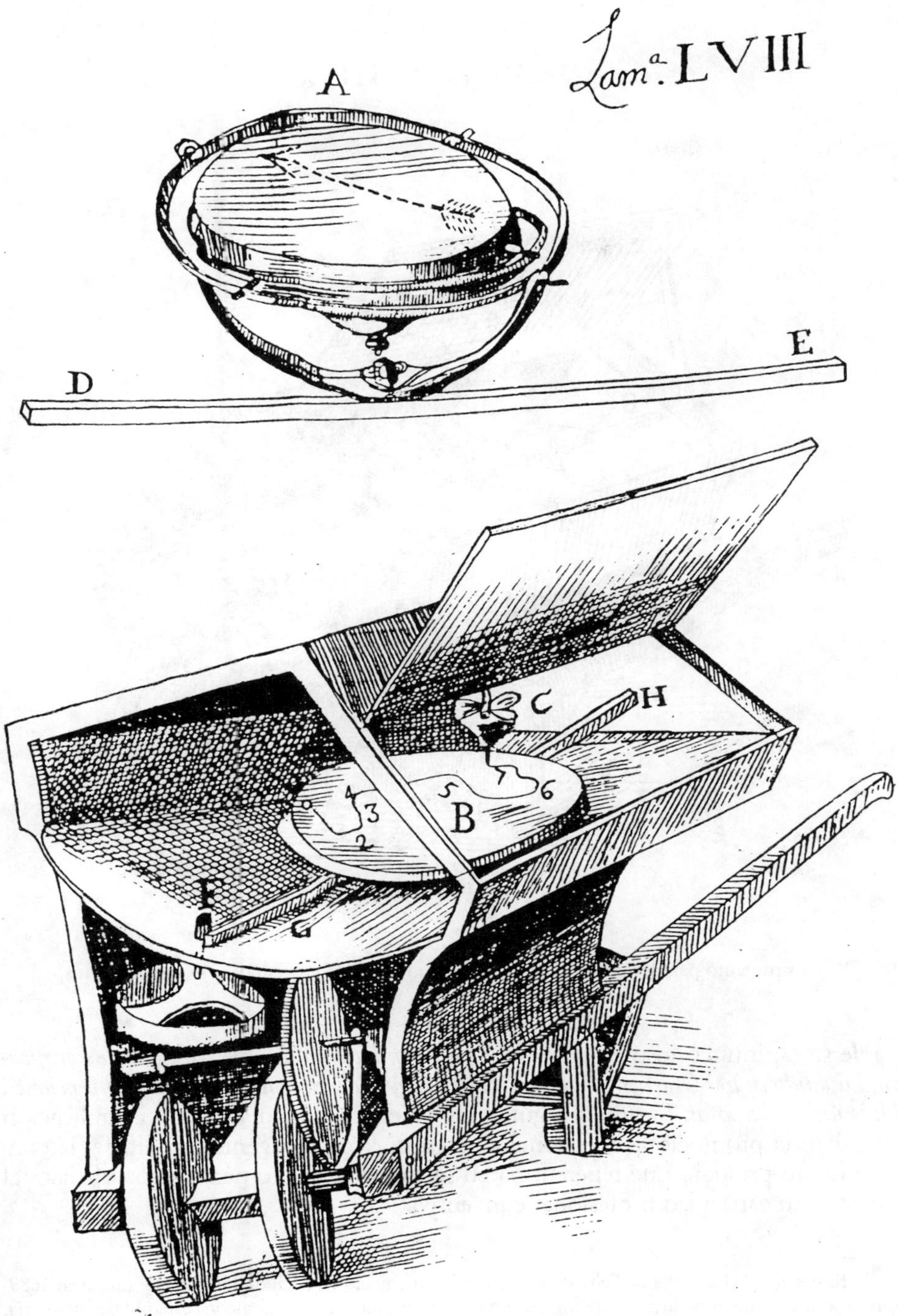

229. «Instrumento estadiométrico para levantar Planos de Reinos». Publicado en el año 1744 por el ingeniero militar Félix Prósperi.

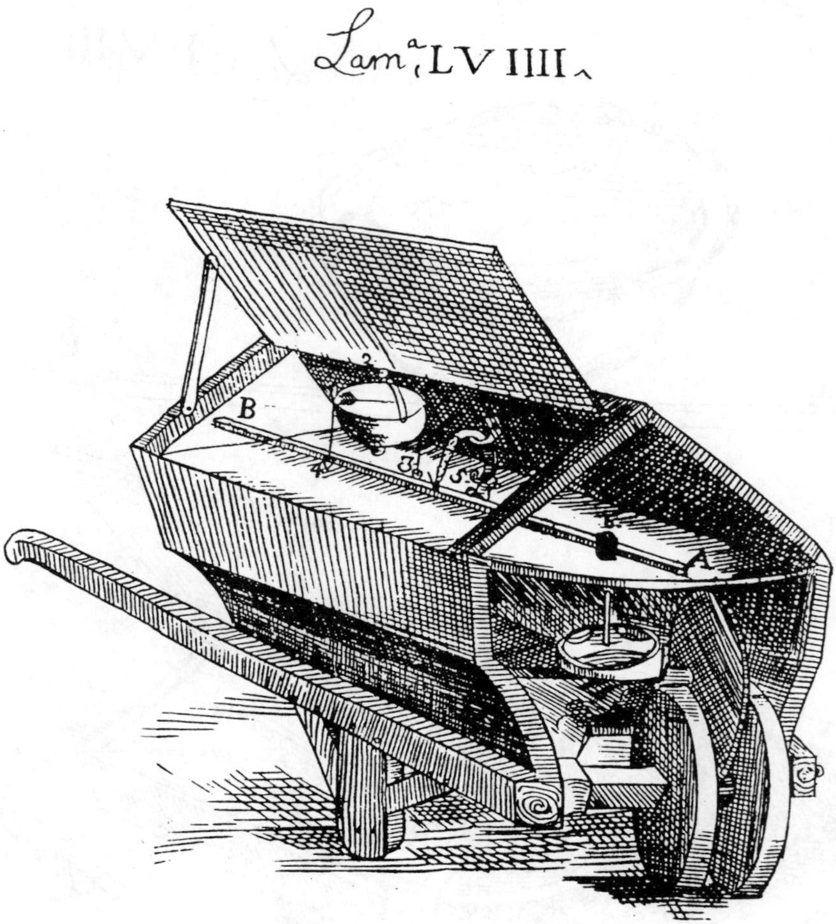

230. «Otro instrumento para levantar Planos de Reinos». Publicado en el año 1744 por Félix Prósperi.

idea de su espíritu curioso e innovador: *La Gran Defensa. Nuevo Méthodo de Fortificación. Dividido en tres Órdenes. A saber: Doble, Reforzado y Sencillo. Con varias Invenciones, e Ideas útiles y curiosas.* Sin duda alguna, los objetivos inmediatos de su publicación pretendían la promoción profesional de su autor como ingeniero militar y la conquista de un prestigio que repercutiría en su nombramiento para cargos oficiales al demostrar su capacidad profesional e inventiva[221].

---

[221] Respecto a la biografía de Félix Prósperi, se sabe que nació en la ciudad italiana de Lucca en 1689, pasando su juventud en Sicilia, donde ingresó de manera regular en un regimiento español de infantería. En 1714 era capitán al servicio de la República de Venecia, en donde participó en la defensa de Corfú y en la toma de Prevenza. Su incorporación definitiva en el ejército español se produjo en 1721, a través del Regimiento de Milán. En 1728, siendo Capitán, solicitó su ingreso en el Cuerpo de Ingenieros, para lo que debió de superar unas pruebas específicas para tal fin; más tarde fue trasladado a Andalucía y en 1731

Después de la definición de las funciones del primer instrumento estadiométrico, el autor acompaña con una descripción escrita el rudimentario grabado que ilustra el invento:

> Consiste este en una carretilla, como la de la Lámina LVIII que un hombre solo pueda cómodamente conducir, con dobles ruedas, que asientan en el suelo, que volviendo su eje, este da en una rueda interior con dientes, en cuyo eje está el pequeño cilindro, el cual mueve otra rueda horizontal, y esta con retardado movimiento mueve la regla *GH,* con su cilindro *F.* La dicha regla está con un encaje en la mesa superior para que no la dé; ésta trae consigo una brújula grande *B,* versátil, como la figura *A,* demuestra más claramente, sobre la cual está un papel en que se dibujarán todos los caminos según legítimos rumbos, como diremos más adelante.
>
> A más de lo dicho estará suspenso en la parte superior de la carretilla un peso, en cuyo extremo tendrá un hilo de pluma muy sutil, que apenas toque el papel, siempre perpendicular al mismo, y con las mismas precauciones de la brújula en cuanto a lo versátil. Está expresado con la letra *C.*
>
> Sobre el plano del papel estará puesto un polvo muy fino, y ligero, el cual tocado de la pluma deje en él señalado el movimiento del camino, y por consiguiente el viaje; por cualquiera parte que uno ande queda señalado en el plano la línea, v. g. *1. 2. 3. 4. 5. 6. 7.* Que después de llenado el papel, se presentará otro, y otro en su lugar, quitando los señalados, a los cuales después con lápiz, o pluma se le delinearán los caminos, y se guardarán por juntarlos después.
>
> Es cierto que cualquiera camino, que uno ande con dicha carretilla la brújula tendrá siempre el plano horizontal, y vuelto al norte, y que la pluma, que tan ligeramente le toca el polvo, que está encima del plano, dejará señalado el rastro del camino hecho, por mantenerse esta siempre perpendicular, y equidistante del mismo plano. También es evidente, que si se mide una legua sobre el terreno con toda perfección, y andada esta con el instrumento, señalará en el papel un trecho de una legua verdadera, con la cual se formará la escala general, que servirá a medir todas las distancias, que anduviere la carretilla.

En la valoración actual de este instrumento una cosa es bien cierta: no funciona en absoluto, ya que, al cambiar la dirección de la carretilla en un punto fijo, el movimiento circular de la brújula quedaría señalado como un desplazamiento lineal circular, a no ser que la pluma trazadora estuviese situada en el centro exacto de la brújula. Asimismo, aunque no existiese este defecto básico, imposibilitando el funcionamiento del ingenio, en la práctica sería imposible evitar los movimientos pendulares del peso colgado por un hilo, producidos por el más leve de los cambios de velocidad de la carretilla, a causa de su propia inercia. Esto también se produciría por las más que presumibles irregularidades del terreno.

A continuación de este instrumento el autor describe otro para el mismo fin, ilustrándolo con otro grabado.

> En la lámina LIX tenemos otra carretilla más, de menos delicado manejo, tiene esta el mismo juego de ruedas que el antecedente, con la misma regla *AB,* con dien-

---

se embarca en Cádiz con destino a América. Allí ejerció su carrera primero en Veracruz, donde reparó la fortaleza de San Juan de Ulúa y finalmente en México donde fue nombrado en 1747 Ingeniero jefe con categoría de General.

tes como la otra, que la mueve el mismo cilindro núm. *6* y en la misma estará clavada la pluma, o lápiz núm. *5* que señala de firme el camino de la carretilla.

Al techo de esta estará suspendida una brújula ordinaria con dos hilos pendientes *3, 4* por los cuales como por dos pínulas se mirará antes de andar el término a donde se debe de ir, y en aquel rumbo se fijará la regla *AB,* a fin de obligarla a moverse sólo por aquel trecho lo que se hará sucesivamente y todas las veces que se torciera al camino, con la particularidad de que aunque la carretilla no ande en realidad derecha al dicho término, siempre en el plano quedará señalada una línea derecha, porque la regla no puede tener otro movimiento. Cambiando de rumbo, se debe remirar el término andado, y ajustar la regla al nuevo, y variar de ángulo. Ya veo que es algo incómoda, y prolija esta operación, con la repetición de tantas paradas, pero es muy exacta.

Este segundo instrumento puede funcionar, teóricamente, para dibujar territorios de forma poligonal, delimitados por un perímetro que se puede recorrer en trayectorias rectas. También debe plantearse una salvedad respecto a su manejo: el inconveniente de tener que ajustar el papel y la regla en cada cambio de dirección. A todas estas dificultades se tiene que añadir el problema de la construcción del mecanismo con unos engranajes suficientemente precisos como para poder dar una información fiable sobre el papel, de los tamaños relativos de los diferentes tramos rectos recorridos.

En cualquier caso los dos ingenios pueden considerarse como la expresión de una firme creencia en el progreso técnico, basado en la imaginación y la inventiva. No obstante, esta actitud visionaria y premonitoria de los ingenieros militares se queda en el lugar de las utopías aunque, en demasiadas ocasiones, la realidad de las máquinas bélicas ha podido superar la imaginación de los más aventurados.

El odómetro de Vitruvio como antecedente

Los antecedentes históricos del instrumento estadiométrico de Félix Prósperi se pueden encontrar en el odómetro del arquitecto romano Vitruvio, quien, en su famoso tratado de arquitectura del siglo I a.C., describe la máquina destinada a medir la distancia recorrida, una especie de carretilla con engranajes. Un odómetro es, en general, un cuentavueltas, la palabra odómetro deriva del griego *hodos* que significa camino y *metron* medida. Vitruvio describe este instrumento en su libro X, capítulo XIV de su conocido tratado, en donde comienza a detallarlo tras estas palabras:

> Pasemos ahora a explicar una cosa nada inútil, y enseñada con la mayor diligencia por nuestros mayores, con la cual, cuando viajamos, podemos dentro del mismo carruaje, o nave si navegamos, saber el número de millas que hacemos[222].

En el mismo siglo XVIII del instrumento estadiométrico de Prósperi, referido anteriormente, el traductor y comentarista de la edición española de Vitruvio afirmaba: «En nuestros tiempos se fabrican estas máquinas de medir el camino, o sean odómetros, tan cómodos, que pueden llevarse en faltriquera»[223]. Los ingenios de Prósperi se daban a conocer en una época que existían odómetros de «faltriquera».

---

[222] Vitruvio, *Los diez Libros de Architectura de M. Vitruvio Polión. Traducidos del latín por don Joseph Ortiz y Sanz,* Madrid, Imprenta Real, 1787, pág. 252.

[223] *Ibíd.*

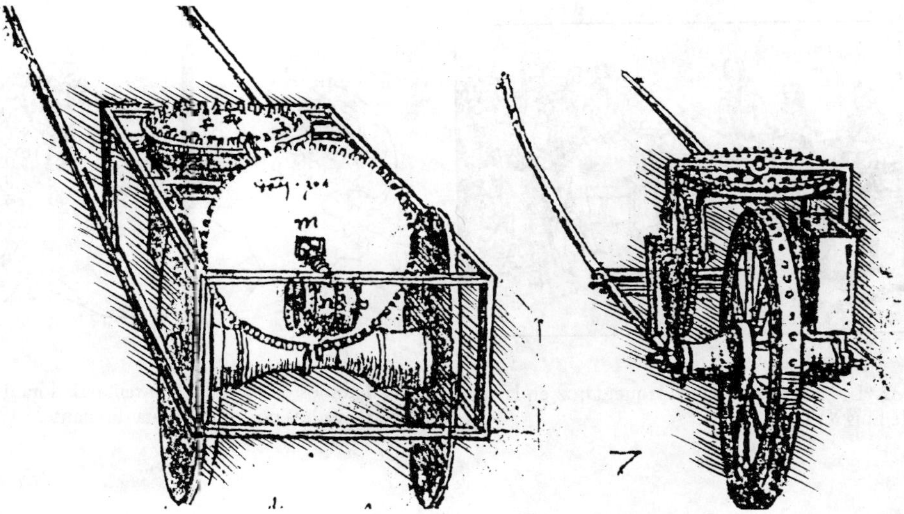

231. Leonardo. Reconstrucción del odómetro del arquitecto romano Vitruvio (siglo I a.C) dibujado en la primera página del *Códice Atlántico.*

El ingeniero militar y arquitecto romano Vitruvio había heredado parte de los conocimientos del genial siracusano Arquímedes, a quien se le considera muchas veces como un mago de la mecánica. Al no conservarse los dibujos originales de Vitruvio, muchos autores posteriores hicieron propuestas de reconstrucción de su odómetro. Entre todos ellos, los de Leonardo son los que han tenido una fama mayor (figura 231)[224]. No en vano el genial florentino también está considerado como un nuevo Arquímedes al inaugurar la era moderna de las máquinas. Tampoco es casual que en la figura de Leonardo coincidan sus intereses hacia las máquinas de dibujar y las máquinas de medir. Todas ellas formaban parte de la nueva cultura de un progreso técnico en donde se auguraba que la máquina estaba destinada a redimir al hombre de una gran parte de su trabajo.

Autómatas dibujantes

Desde la Grecia antigua se tiene noticia de la existencia de máquinas que imitan la figura y los movimientos de seres animados, gracias a la utilización de distintos mecanismos. Conocidos durante la Edad Media y el Renacimiento alcanzan su época dorada en el siglo XVIII, un siglo en el que se construyen cabezas parlantes, autómatas escritores, dibujantes, pájaros cantores, etc.

No obstante, el fenómeno de los autómatas modernos ya había surgido con una fuerza extraordinaria durante el mecanicismo del siglo XVII. En ese período, Descartes, como tantos contemporáneos suyos, quedó subyugado por los autómatas; en su

[224] *Vid.* «El odómetro de Vitruvio», *Investigación y Ciencia,* diciembre de 1981, págs. 68-78.

232. Los autómatas de los Jaquet-Droz en la corte de Luis XVI.

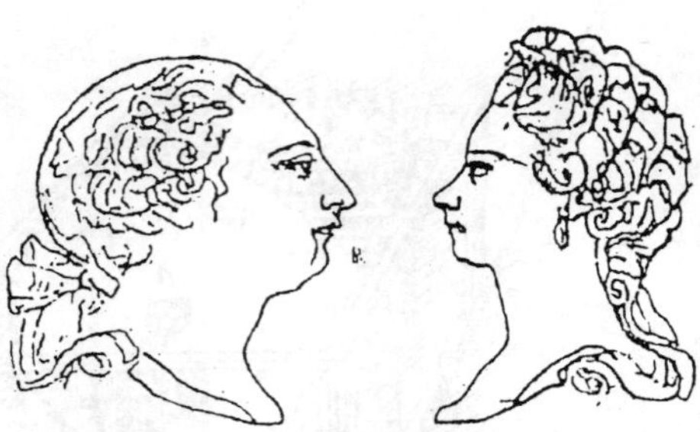

233. Dibujos de Jorge III y la reina Carlota de Inglaterra hechos por el autómata dibujante.

Tratado del hombre concibe el cuerpo humano como una máquina, según él todo se puede reducir a extensión y movimiento, hasta las sensaciones son movimientos. El ojo es semejante a una cámara oscura; los huesos funcionan como palancas; los músculos como fuelles que se hinchan; la sangre circula por pequeños tubos igual que el agua en las fuentes... En su concepción del cuerpo como máquina realiza estudios anatómicos de cabezas de animales para descubrir en qué consistía la imaginación y la memoria[225].

Más tarde, en el siglo XVIII, la construcción de autómatas alcanza un alto grado de perfección; entre los más famosos constructores suele destacarse a los relojeros suizos, padre e hijo, Pierre y Henri Louis Jaquet-Droz. Pierre (1721-1790) fue el que construyó un autómata dibujante (figura 232), al que se considera como uno de los autómatas más importantes de su tiempo. Así, en una crónica de 1828 se hace la siguiente descripción:

> Verás al autómata permanecer con los ojos pensativos, sujetar entre el pulgar, el índice y el dedo medio el lápiz ya preparado, sujetándolo verás girar a este en círculo, como para medir sobre el marco del papel de qué tamaño y diámetro puede trazar la primera línea del contorno, verás finalmente decidirse, probar la punta del punzón, comenzar, continuar, realzar la caña de plomo como por nuevos y, para él, improvisados pensamientos del cómo, y verás hacer las sombras con toques más fuertes y apretados; volver a decidir insistiendo con la punta del punzón allí, sin fallar, donde el oficio pictórico ordena los rallados, las últimas pinceladas y pequeños toques de acabado y efecto; lo verás soplar con el aliento de su boca, exactamente igual que un ser vivo, el polvo que puede haber dejado su lápiz plomo sobre el papel, quedando con este soplo la obra nítida y limpia de suciedad, lo hace oportunamente cuantas veces se le ponga sobre el papel, o mosca o brizna u otra cosa casualmente o intencionadamente como impedimento de su trabajo; en fin, lo verás terminar el trabajo deteniéndose a mano alzada, como queriendo decir: ya está terminado, te he obedecido[226].

---

[225] René Descartes, *Tractatus de Homine,* París, Clerselier, 1664. Traducción en castellano*: Tratado del hombre,* Madrid, Alianza, 1990.

[226] Ricchini, Paolo, *Su gli automi dei signori padre e figlio Droz, elveti, e su due recentissimi effalmatori che ora viaggiar fannosi per Italia,* Voghera, 1828.

Ciertamente, en esta crónica excesivamente apasionada y fantasiosa, se atribuye al autómata una capacidad y un proceso de trabajo propios de un artista romántico de carne y hueso. En realidad este autómata realizaba sólo cuatro dibujos diferentes en su repertorio, con un trazo continuo y uniforme, entre los que se encontraban el retrato de Luis XV o el de Jorge III y la reina Carlota de Inglaterra (figura 233).

El hecho de que los más importantes autómatas estuvieran dedicados a realizar actividades relacionadas con la creación intelectual, tales como el canto, la danza, la música, la escritura o el dibujo, suponía un reto para alcanzar algo que excedía los límites de lo racional. Aunque, ciertamente, todos estos autómatas no hacían nada más que repetir mecánicamente unos repertorios limitados y decididos previamente por el constructor, a través de un mecanismo. El impacto producido en el público era extraordinario.

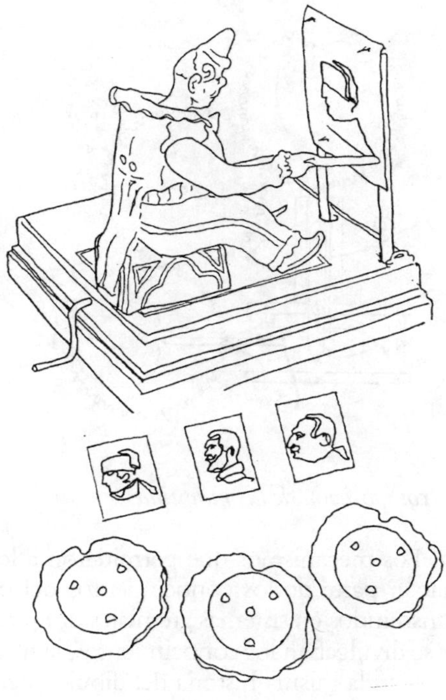

234. Juguete contemporáneo de hojalata: dibujante, retratos y ruletas.

Por la crónica antes referida sabemos que los autómatas de los Jaquet-Droz viajaron por España y, según parece, pudieron tener algunos problemas con la Inquisición[227]. Se puede recordar que durante la Ilustración, Voltaire y La Mettrie habían comparado algunos autómatas con las obras de Prometeo, el que según la leyenda había modelado al hombre con arcilla, animándolo con una chispa de fuego divino. Paralelamente la *Encyclopédie* definía al autómata como un «ingenio que se mueve por sí mismo, o máquina que lleva dentro de sí el principio de su movimiento».

Según tenemos constancia, el éxito de estos ingenios fue enorme en toda Europa. Unos colaboradores de los Jaquet-Droz que realizaban réplicas de sus autómatas llegaron a enviar una del dibujante al mismo emperador de la China[228]. Los mecanismos de estos autómatas se popularizaron más tarde, en versiones simplificadas, a través de la industria del juguete mecánico desarrollada en Europa en las primeras décadas del siglo XX, la auténtica edad de oro de los juguetes de hojalata (figura 234).

[227] Citado en Aracil, *op. cit.*, pág. 364.
[228] *Ibíd.*

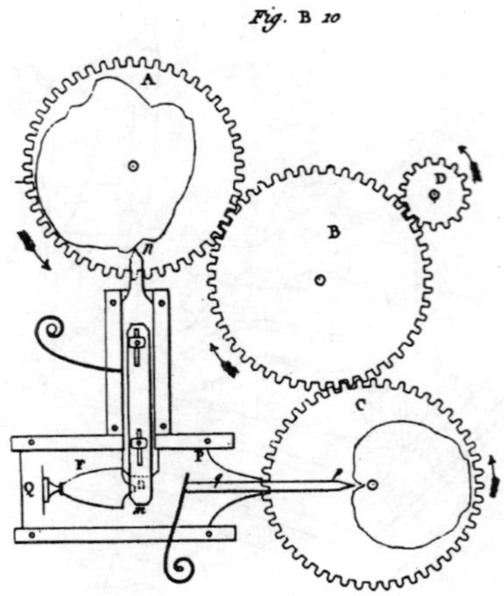

235. Mecanismo de Lanz y Betancourt para transformar un movimiento circular en el recorrido del contorno de un dibujo.

La composición de las máquinas

Los mecanismos que permitieron a los autómatas realizar dibujos casi siempre formaban parte de los conocimientos del oficio de relojero de los talleres tradicionales, transmitidos en sistemas gremiales de aprendizaje. En cuanto a las publicaciones en donde se divulgaban los conocimientos, la historia de la máquina está documentada muchas veces en la misma historia del dibujo; algunos capítulos de esa crónica dedican su atención a las máquinas, como el de Villard de Honnecourt en el siglo XIII, o el de Leonardo en 1500, entre los mejor conocidos. De los siglos XVI y XVII se conservan testimonios descriptivos con bellos dibujos, conocidos como *theatra machinorum;* en estas obras se suele hacer referencia a grúas, dragas, sistemas para elevar agua, molinos hidráulicos y de viento, batanes, martinetes y las máquinas soplantes necesarias en las herrerías. Pero también, a mecanismos para relojes, autómatas y máquinas de movimiento perpetuo.

Además de las aportaciones y experiencia práctica de los oficios, desde el punto de vista matemático, mecánico y filosófico, la ciencia de las máquinas es deudora de personalidades como Galileo, Descartes, Huygens, Pascal y Caus, aunque el más importante pueda ser Isaac Newton. Cuando en 1687 publicó su *Philosophiae naturalis principia mathematica,* culminó una gran revolución científica entre cuyos legados está la concepción de la mecánica del movimiento o dinámica.

Por otra parte, sobre todo desde el siglo XVIII la producción de las máquinas fue pasando, poco a poco, del taller artesano a la fábrica; en ese mismo momento nace la ciencia de las máquinas, para llegar a alcanzar una sistematización rigurosa como disciplina académica moderna en la Escuela Politécnica de París, el exponente más importante del ambicioso programa educativo de la Revolución francesa. En el programa educativo de esta escuela, ve la luz el *Ensayo sobre la composición de las máquinas,* una obra que debe considerarse como la primera de este género, siendo sus autores José María Lanz y Agustín de Betancourt. En esta obra se recogen los elementos de máquinas conforme a la propuesta de Gaspard Monge, el creador de la Geometría descriptiva, presentada en 1795 en la Convención con el contenido de los programas de estudios de la Escuela Politécnica.

Monge había expresado el interés por «representar y determinar los elementos de máquinas que permitan al hombre aprovechar las fuerzas de la naturaleza y, por así de-

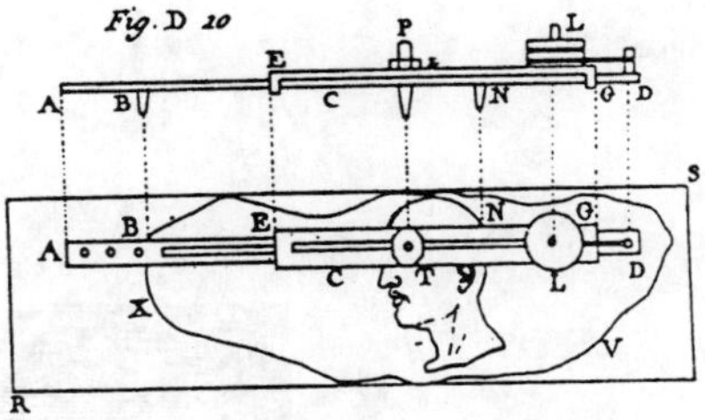

236. Mecanismo de Lanz y Betancourt para trazar el contorno de un dibujo.

cir, realizar sólo un esfuerzo intelectual»[229] mostraba su fe en la máquina como liberadora del trabajo manual. Entre todos los mecanismos descritos en la obra alentada por Monge, se muestran dos que transforman un movimiento circular en el recorrido del contorno de un dibujo. En uno de ellos (figura 235) el movimiento circular de las ruedas dentadas *B* y *D* se transmite a otras dos *A* y *C* que, gracias a unas rosetas de forma irregular, se transforma en un movimiento alternativo de las regletas *pq* y *mn* conectadas con el lápiz y el papel que ejecuta el dibujo. En el texto se dice que «se tendrá de esta suerte una máquina que creemos nueva y susceptible de aplicaciones útiles a las artes».

La afirmación no es gratuita, ya que los movimientos de un moderno plotter utilizan el mismo principio mecánico: el movimiento simultáneo del trazador y el papel en direcciones perpendiculares entre sí. El segundo mecanismo de dibujo recogido por Lanz y Betancourt (figura 236) está tomado de las *Mémoires de l'Académie des Sciences,* del año 1734, en donde M. de la Condomine publica unas memorias, una de ellas con el título de *Recherches sur le tour; Description et usage d'une machine qui imite le mouvement du tour.* En el libro se describe el segundo instrumento para «trazar con movimiento continuo las rosetas apropiadas para ejecutar todos los contornos posibles de un dibujo dado». El modo de operar, según el texto de los autores es el siguiente:

> Sea el perfil de contorno de una cabeza *T* para la cual se busca la roseta más conveniente: tras de recortar este perfil en cartulina se le encola sobre otra cartulina *RS:* enseguida se toma a voluntad un punto *T* como centro en el interior del contorno de la cabeza, se perforan las dos cartulinas en ese punto y se las sujeta sobre un plano sumiendo la punta *P*. Después de esto se pone la punta *N* sobre el contorno recortado y en relieve de la cabeza, se gira enseguida a mano toda la máquina llevando siempre la punta *N* pegada al borde de la cortadura; o mejor aún, no se hace más que girar con una mano la cartulina fija y poniendo atención en que la punta *N* no abandone el borde de la cartulina recortada[230].

La cámara oscura

Dibujar con la luz; las imágenes de la cámara oscura

Desde la aparición de la fotografía es posible hablar de máquinas prefotográficas en referencia a algunos antecedentes técnicos que la hicieron posible. A la vez, auque en el adjetivo «fotográfico» está implícito el hito preciso que separa un antes y un

---

[229] Citado en Nicolaevich Bogoliubob, «Comentarios al texto» de J. M. Lanz y A. Betancourt, *Ensayo sobre la composición de las máquinas,* Madrid, Castalia, 1990, pág. XXXVI.

[230] *Ibíd.,* págs. 102-103.

237. Dibujante utilizando un modelo de cámara oscura de la época de la invención de la fotografía. A. Ganot, *Traité élémentaire de physique*, París, 1855.

después, un pre y un post de la invención del nuevo medio, también es aplicable a los antecedentes que permitieron obtener, por medio de la luz y de sustancias químicas, imágenes ópticas permanentes. Se pueden hacer referencias, y de hecho se habla con frecuencia, del carácter fotográfico de muchas imágenes anteriores al trascendental descubrimiento.

La historia es bien sabida: en torno al final del primer cuarto del siglo XIX, Niepce, Daguerre y Talbot consiguieron fijar químicamente la imagen formada en la cámara oscura, un fenómeno conocido y utilizado desde varios siglos antes de la revolucionaria invención. El cambio fundamental de tal acontecimiento consistió en que, hasta la invención de la fotografía, para poder hacer permanente la imagen proyectada en la cámara oscura, tenía que ser transcrita, copiándola o interpretándola con las técnicas y procedimientos tradicionales de las artes; en definitiva, las imágenes finales conseguidas como resultado de su utilización eran obras «artísticas» con independencia de haberse realizado, o no, con el auxilio de la cámara oscura (figura 237).

Desde la nueva invención, las imágenes obtenidas con la cámara oscura se pudieron fijar químicamente y, en consecuencia, no tenían que traducirse y depender de las técnicas tradicionales del arte. Ya en los primeros momentos, la autonomía alcanzada desde el punto de vista técnico fue algo realmente consciente para los que vivieron el acontecimiento; a la vez se auguraba un futuro prometedor. En el temprano contrato suscrito entre Niepce y Daguerre en 1829 se puede leer como primer punto del acuerdo la precisión que reconoce una evidencia: a partir de ese momento se podía prescindir absolutamente de los dibujantes:

> M. Niepce, deseando fijar por un método nuevo, sin necesitar un dibujante, las vistas que ofrece la naturaleza, como resultado de las investigaciones realizadas con este fin: conseguido después de realizar numerosos ensayos para comprobar los resultados del descubrimiento. Este consiste en la reproducción espontánea de las imágenes obtenidas con la cámara oscura[231].

Tal como se relata en las historias de la fotografía, desde los primeros momentos se creó la necesidad de asumir y hacer explícita la conciencia del nuevo medio, y en su relación con los parámetros tradicionales del arte vigentes hasta ese momento. Consecuentemente se llevó hasta los pormenores más sutiles el análisis de las posibilidades y limitaciones de la imagen óptica que se había conseguido fijar químicamente.

No obstante, muchos de los argumentos del debate suscitado con el nacimiento de la fotografía se arrastraban desde tiempo atrás; se pueden reconocer los antecedentes de todos ellos y encontrarlos en los testimonios de la historia de la valoración de la cámara oscura respecto al arte. La cuestión a debate contaba con varios siglos de existencia. Entre todas las máquinas de dibujar, anteriores a la fotografía, la cámara oscura era la única capaz de «dibujar» con la luz, sobre un papel, no sólo los diferentes valores de claroscuro de un cuerpo iluminado; también los diferentes matices de color.

Si recordamos que la etimología de la palabra fotografía hace referencia a un dibujo hecho con la luz, las cámaras oscuras son los antecedentes indiscutibles de aquella. Por lo tanto se debe reconocer la mayor legitimidad de usar el calificativo de prefotográfica a la cámara oscura frente a otros instrumentos; en este sentido, ni el velo albertiano, ni el método del vidrio de Leonardo, ni el porticón de Durero proyectan sobre el papel las luces y las sombras de una figura iluminada.

El ojo y la cámara oscura; visión, conocimiento y representación

Aunque el fenómeno físico de la cámara oscura se conocía desde mucho tiempo antes del Renacimiento, sólo desde este momento se pudo relacionar claramente con el arte, sobre todo después de los estudios del ojo y de la luz realizados por Leonardo da Vinci. Sus especulaciones y experimentos acerca de la formación de las imágenes visuales le llevaron a profundizar en el estudio del funcionamiento de la visión, el comportamiento de la luz y las leyes de la perspectiva geométrica relacionadas con la práctica de la pintura (figura 238).

En aquel momento, el arte del Renacimiento italiano compartía con la ciencia de su época muchos ideales cognoscitivos que justificaban la existencia de unas figuras, los artistas-científicos, como Leonardo. En aquellos años, la curiosidad y la pasión por el conocimiento son una expresión de la conciencia humanista acerca de las capacidades de los individuos, no sólo para descubrir los secretos de la naturaleza o acceder al conocimiento de la verdad, sino para transformar, con su dominio, la vida cotidiana.

En esta situación, con la experiencia adquirida a través del conocimiento sensible, se demostraba la capacidad individual para la comprensión del universo. El arte

[231] Isadore Niepce, *Historique de la découverte improprement nommée daguerréotype,* París, Astier, 1841, pág. 29.

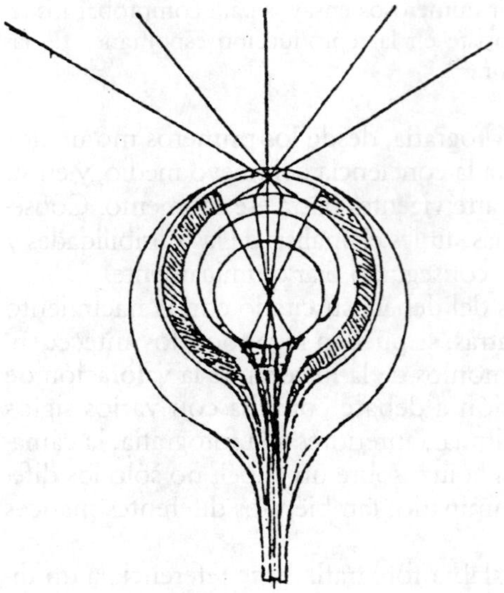

238. Leonardo, esquema del ojo, *Códice Atlántico,* fol. 337 r a.

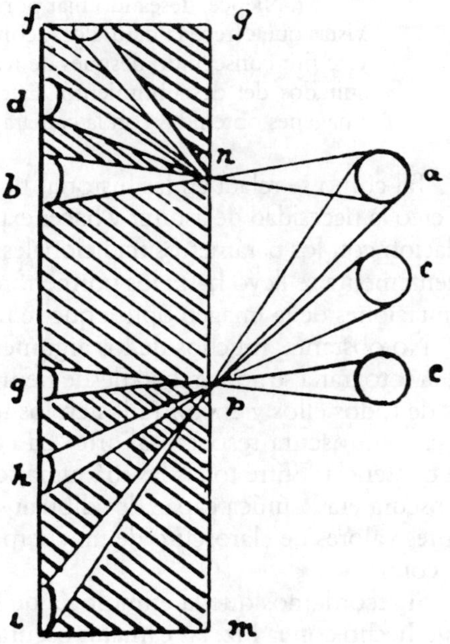

239. Leonardo, demostración de cómo aparecen tantas figuras proyectadas en una cámara oscura como agujeros se practican en ella. Windsor, 19150 b.

no se quedó al margen de esta nueva sensibilidad. Asimismo, en el Renacimiento se producía una continuidad entre el arte y la experiencia visual; no había dudas acerca de que lo visto puede ser representado, de la misma manera que se representa aquello que se ha visto y se quiere comprender; todas las imágenes, incluyendo también las del arte están, en aquel tiempo, al servicio de la comprensión del universo. La experiencia personal y el conocimiento intuitivo adquirido a través de los sentidos tiene entonces una importancia mayor que el conocimiento derivado de la autoridad de la tradición recogida en los textos, de ahí el peso de las artes visuales en una época de pasión por el saber científico.

Leonardo insistentemente declara basar su conocimiento en todo lo que ha visto y comprobado, él tiene una fe absoluta en el valor de la experiencia y de la observación directa de la naturaleza; a la vez cuestiona las especulaciones abstractas de la tradición escolástica. Su creencia en el testimonio cierto de los sentidos le lleva a afirmar: «todo nuestro saber tiene su origen en nuestras percepciones»[232]; respecto a ello está convencido de que el ojo es el órgano sensorial que más difícilmente se engaña. Consecuentemente Leonardo concibe a la pintura como una imitación exacta de la naturaleza, una idea que le lleva a invocar esta exactitud como criterio final de la pintura: «el cuadro más exactamente conforme con el objeto imitado es el que debe re-

[232] Leonardo-Ritcher, *op. cit.,* vol. II, pág. 288.

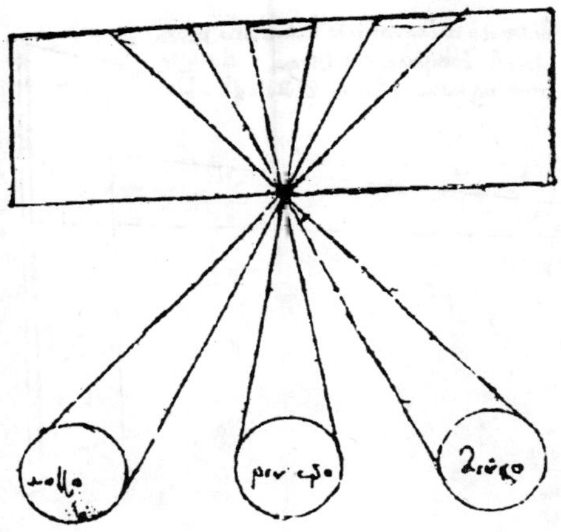

240. Leonardo, esquema de cámara oscura. Ashburnham, ms. I, núm. 1.

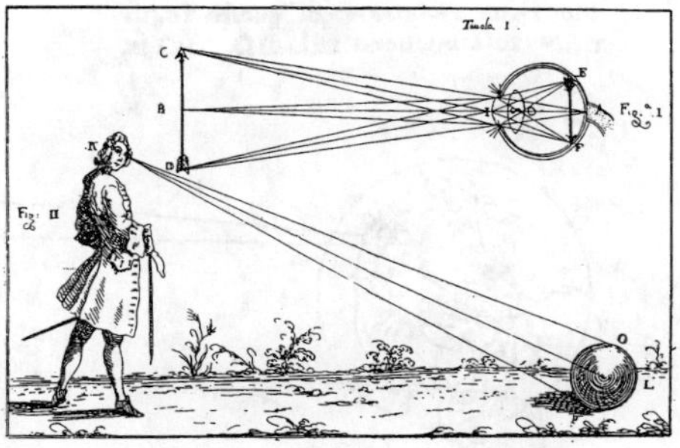

241. Comparación del funcionamiento del ojo como cámara oscura en el tratado de perspectiva de G. F. Costa, 1747.

cibir más elogios»[233]. En estas circunstancias, y desde este contexto general, se pueden comprender las referencias y experimentos de Leonardo con la cámara oscura, encaminados a proponer un modelo teórico del funcionamiento de la visión.

En esa estrategia, como argumento para demostrar que las imágenes de los cuerpos están en cualquier punto del espacio, explica el fenómeno de una cámara oscura en la que se pueden obtener tantas imágenes de un mismo objeto como orificios se hagan en ella (figura 239).

> Así lo probaremos: sean *a, c, e,* objetos cuyas imágenes, penetrando en el interior de una habitación oscura a través de los orificios *n, p,* se proyectan sobre la pared *f, i,* opuesta a estos orificios. Tantas imágenes aparecerán en otros tantos lugares de esa pared cuantos sean los dichos orificios[234].

En esta ocasión Leonardo se sirve de esta demostración con la cámara oscura para refutar las teorías visuales de la extromisión que atribuían al ojo la capacidad de proyectar fuera de sí, por medio de rayos visuales, su poder de visión.

No obstante, él va mucho más allá de esta importante conclusión, también utiliza la cámara oscura como modelo para explicar el funcionamiento general del ojo (figura 240):

> Un experimento que muestra cómo los objetos transmiten imágenes o simulacros que se intersecan dentro del ojo en el humor del cristalino. Esto queda demostrado cuando por un pequeño orificio circular penetran en una habitación muy os-

[233] Heinrich Ludwig (Leonardo da Vinci), *Das Buch von der Malerei nach dem Codex Vaticanus Urbinas 1270,* Viena, W. Braumüller, 1882, pág. 411.
[234] Leonardo-Ritcher, *op. cit.,* vol. I, pág. 41.

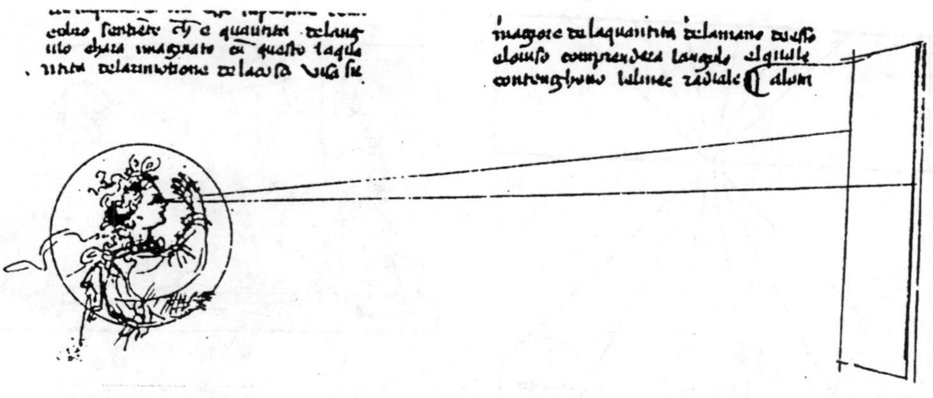

242. Ilustración de un manuscrito italiano en torno a 1410-1430 de la *Óptica* de Alhazen (ms. Vat. Lat. 4595).

> cura imágenes de objetos muy iluminados. Si tú recibes esas imágenes en un papel blanco situado dentro de la tal habitación y muy cerca de tal orificio, verás en el papel esos objetos con sus cabales formas y colores, aunque, por culpa de la intersección, a menor tamaño y cabeza abajo[235].

Desde entonces, la explicación del ojo como algo análogo a una pequeña cámara oscura será un argumento irrenunciable, estableciéndose como un modelo teórico mantenido en muchos manuales y que continúa siendo válido en la actualidad (figura 241). La curiosidad y la fascinación de Leonardo por el fenómeno de la cámara oscura, permitiendo hacer pasar por el pequeño orificio a los rayos de luz sin confundirse unos con otros, le hacen exclamar, respecto al «punto» milagroso:

> «Oh necesidad maravillosa [...] Oh proceso inmenso. Ahí las figuras, los colores y todas las imágenes del universo se condensan en un punto [...] Formas ya perdidas, se pueden recomponer y regenerar» en la imagen formada tras el diminuto agujero[236].

Este argumento se aprovechó para varios fines: además de ser una clave explicativa del mecanismo del ojo, se utilizará más tarde para certificar la naturalidad y objetividad de las pinturas realizadas con los mismos principios científicos de la geometría que explicaban la formación de la imagen óptica, en la cámara oscura o en la retina.

Los antecedentes

A finales del siglo X ya se tenía conocimiento del fenómeno de la cámara oscura, al haber sido perfectamente descrito por la ciencia árabe. La figura central en los estudios científicos de la visión y los principios físicos de la luz, explicando el fenóme-

---

235 Leonardo-Ritcher, *op. cit.*, vol. I, págs. 44-45.
236 Leonardo, *Códice Atlántico,* 345, va. Recogido en Kemp, *op. cit.*, pág. 203.

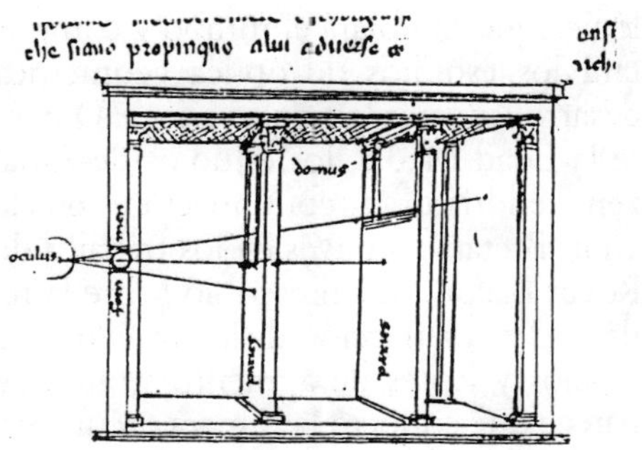

243. Alhazen, experimento visual de la *domus* en un manuscrito italiano fechado en torno a 1410-1430.

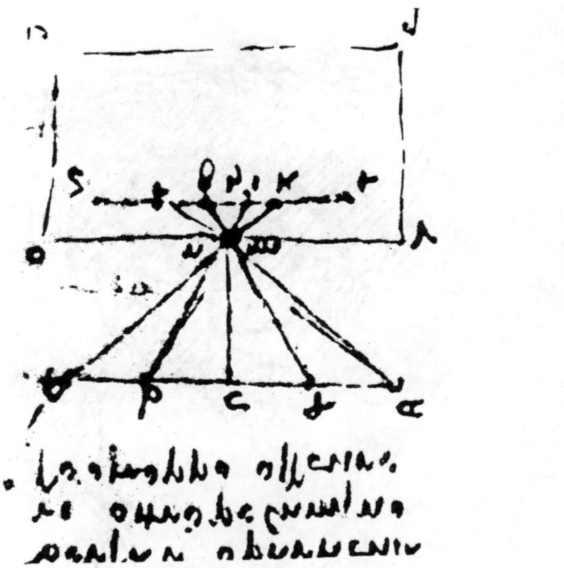

244. Leonardo, cámara oscura, *Códice D*, fol. 8 recto.

no óptico, está representada por Abu Ali ibn al-Hasan, o ibn al Haytam, conocido en Occidente como Alhazen (965-1038) (figura 242 y 243). Sus intereses matemáticos, físicos, médicos y filosóficos se demuestran en su fundamental tratado de óptica, *Kitab al-Manazir,* una obra que se tradujo al latín por Gerardo de Cremona hacia el año 1165. Su influencia llegó hasta los artistas del Renacimiento, tal y como se puede reconocer en la obra teórica de Ghiberti o Leonardo.

Alhazen es el primero, del que se tiene constancia, en aplicar el principio de la cámara oscura para explicar la formación de la imagen visual en el ojo. En una de sus demostraciones, coloca varias velas frente a una pared con un agujero, observando desde el interior oscuro tantas figuras proyectadas como velas hay, y alineadas con el mismo agujero. En su experimento, al retirar una vela desaparece la figura de la vela correspondiente y si se vuelve a poner, reaparece la figura en su lugar[237].

Sin embargo, existen testimonios anteriores de la observación de los fenómenos y efectos de la luz producidos en la cámara oscura: desde el siglo V a.C., en algunos textos de filósofos chinos y, en el siglo IV a.C., en una referencia de Aristóteles (384-322). Sin embargo, hasta Alhazen no se plantea la cuestión en sus relaciones con la formación de la imagen óptica[238]. Este científico árabe ha de reconocerse, sin lugar a du-

---

[237] «Et significatio quod luces et colores non permisceantur in aere, neque in corporibus diaphanis; est, quod quando in uno loco fuerint multae candelae in locis diversis et distinctis, et fuerint omnes oppositae uni foramini pertranseunti ad locum obscurum, et fuerit in oppositione illius foraminis in obscuro loco paries, aut corpus non diaphanum: luces illarum candelarum apparent super corpus vel super illum parietem, distinctae secundum numerum candelarum illarum: et quaelibet illarum apparet opposita uni candelae secundum lineam transeuntem per foramen; et si cooperiatur una candela, destruetur lux opposita uni candelae tantum: et si auferatur coopertorium, reverteretur lux.» Recogido en Vasco Ronchi, *Storia della luce, da Euclide a Einstein,* Roma, Laterza, 1983, pág. 55.

[238] Sobre la historia general de la cámara oscura, el trabajo monográfico más exhaustivo realizado hasta la fecha es el de John H. Hammond, *The Camera Obscura,* Bristol, Adam Hilger Ltd., 1981. *Vid.* págs. 1-7.

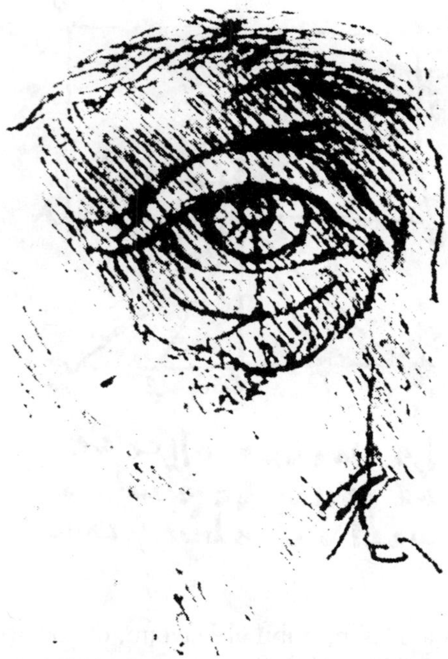

245. Leonardo, dibujo del ojo, Turín, Biblioteca ex-reale.

das, como el fundador de la óptica fisiológica que cambiará el rumbo y completará los estudios de óptica geométrica desarrollada por la ciencia griega. Durante la Edad Media, los estudios de Alhazen tendrían su continuación, en la Gran Bretaña, a través de los trabajos de Roger Bacon, quien escribió sobre la reflexión y la refracción de la luz, el uso de espejos y lentes de aumento y, aunque parece que conoció la cámara oscura, no llegó a describir ninguna.

A pesar de sus remotos orígenes, sólo a partir del Renacimiento se podrá empezar a plantear la posibilidad de vincular las experiencias de la cámara oscura con la teoría y las imágenes representadas por el arte, aunque también se ha de advertir que en más de una ocasión se han forzado las interpretaciones, para sostener que los artistas la utilizaron en su trabajo mucho más de lo que parece probable. Este puede ser el caso del humanista Leon Battista Alberti, cuando se hace una interpretación forzada de su referencia a una «caja demostrativa» para tratar el problema de la «correcta» representación en la pintura de las cosas vistas a una determinada distancia. Es dudoso que pudiese tratarse de una cámara oscura[239], ya que presumiblemente se trataría de un artefacto con espejos, algo más próximo a la demostración contemporánea realizada por Brunelleschi para certificar la objetividad de la perspectiva geométrica y lograr así unas imágenes idénticas a las reflejadas en los mismos espejos[240].

Con los datos que conocemos en la actualidad, la cuestión de la comparación entre la pintura y las imágenes de la cámara oscura sólo va a ser posible después de las investigaciones de Leonardo y no antes. En este sentido, su esquema de una cámara oscura ha de considerarse el primero en donde la imagen se puede observar desde detrás de una pantalla transparente (figura 244).

---

[239] En una biografía anónima de Alberti se hace referencia a unas experiencias difíciles de asimilar con la cámara oscura; allí se dice que él «creó efectos desconocidos hasta entonces y considerados increíbles por los curiosos. Las pinturas, encerradas en una pequeña caja, se veían a través de una pequeña abertura. Ahí se podían ver altas montañas y amplios paisajes con una bahía, y, aún más, regiones muy alejadas, tan remotas que no se veían con nitidez. Llamó a estas cosas "demostraciones" [...] A una la llamó "día" y a la otra "noche"». *Vid.* N. Pastore y E. Rosen, «Alberti and the Camera Obscura», *Physis,* XXV, 1984, págs. 259-269. L. B. Alberti, *De pictura,* con una introducción de Cecil Grayson, Bari, Laterza, 1975, pág. XXXV.

[240] Una crítica a la confusión de la «caja demostrativa» de Alberti y la cámara oscura puede verse en Hammond, *op. cit.,* págs. 11 y ss.

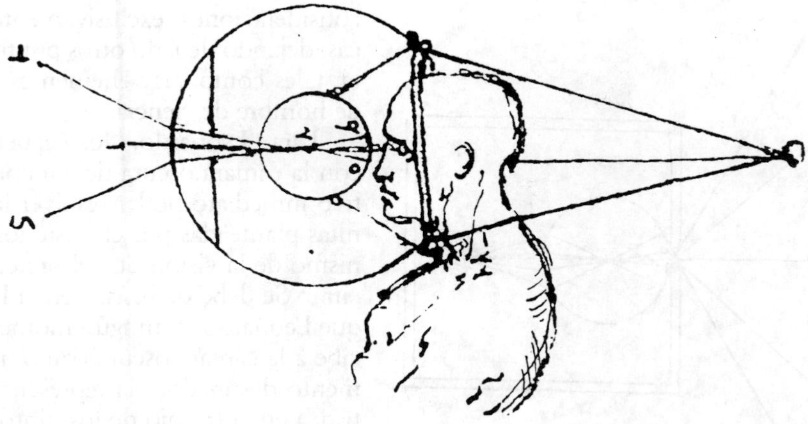

246. Experimento de Leonardo, *Códice D,* fol. 3 vuelto.

El ojo como la pintura, la perspectiva natural

Tal como habíamos afirmado, en la historia del pensamiento científico, Leonardo representa en el Renacimiento lo que se puede definir como un retorno a Arquímedes, una vuelta a la valoración del experimentalismo por encima de las ideas heredadas y estabilizadas en los textos clásicos. Con el mismo argumento se puede hablar de una reacción antiplatónica de Leonardo frente a las teorías de la naturaleza transmitidas desde la Antigüedad[241].

Antes de admitir cualquier fenómeno, a Leonardo le resulta imprescindible comprobarlo y verificarlo en la práctica; en definitiva: experimentarlo y verlo con sus propios ojos. Con esta actitud, el ojo y la visión se consideran como los interlocutores inmediatos y la puerta del conocimiento del universo, gracias a unas imágenes visuales explicables desde los mismos principios científicos compartidos por la pintura (figura 245).

> De las diez funciones del ojo todas pertenecen a la pintura. La pintura abarca todas las funciones del ojo, esto es: la oscuridad, la luz, el cuerpo y el color, la forma y la posición, la lejanía, la cercanía, el movimiento y el reposo. Mi pequeño trabajo consistirá en entrelazar todas estas funciones, recordando al pintor cómo tiene que imitar con su arte todas esas cosas, obra de la naturaleza y ornamento del mundo[242].

Como en otras muchas manifestaciones de la multifacética obra de Leonardo, es difícil interpretar el sentido de sus trabajos desde un único punto de vista, como pudiera ser el de sus intereses como artista; en consecuencia, no se puede hablar desde

[241] *Vid.* André Chastel, «La "ciencia" de Leonardo y la reacción antiplatónica», en *Arte y humanismo en Florencia en la época de Lorenzo el Magnífico,* Madrid, Cátedra, 1982, págs. 41 y ss.

[242] Leonardo-Ritcher, *op. cit.,* vol. I, págs. 19-20.

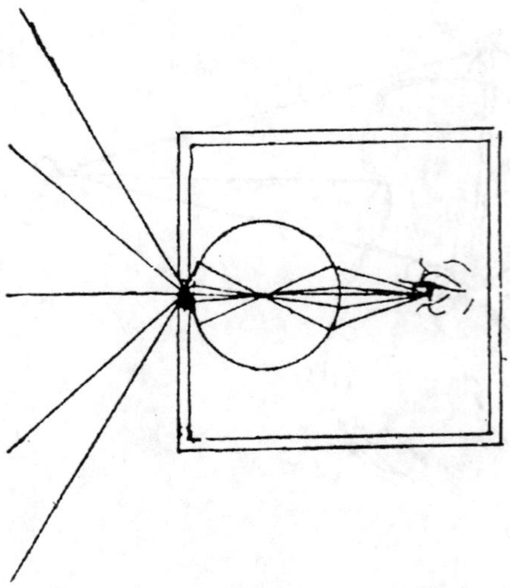

247. Leonardo, cámara oscura con una bola de vidrio a modo de lente, *Códice Atlántico*, fol. 337, recto a.

consideraciones exclusivamente artísticas, dejando de lado otros puntos de vista, tales como sus vehementes intereses de hombre de ciencia.

Para Leonardo, los experimentos con la cámara oscura tienen como objetivo inmediato poder resolver las incógnitas planteadas por el misterioso mecanismo de la visión que él pretendía descifrar. Se debe de insistir en el hecho de que Leonardo en ningún momento concibe a la cámara oscura como un instrumento destinado a la representación artística en el trabajo de los pintores; para él la cámara oscura era la demostración de un principio básico de la óptica y un modelo adecuado para comprender el funcionamiento del ojo, además de enlazarse con otros argumentos y experimentos más complejos.

Estas afirmaciones se hacen evidentes ante uno de los artilugios de Leonardo que hoy resultan sorprendentes para nosotros. Con él se pretende demostrar a toda costa que la imagen sobre la retina no estaba invertida. Con este fin describe un «experimento para demostrar cómo el sentido de la vista utiliza el ojo como instrumento» (figura 246):

> A fin de hacer el experimento acerca de cómo el sentido visual percibe la imagen de los objetos por medio de un instrumento —el ojo— se hará una bola de vidrio de un diámetro de cinco octavos de braccia; después se parte a fin de que allí se pueda colocar el rostro hasta las orejas. Entonces fijemos en el fondo una caja, de un tamaño de un tercio de braccia, con un agujero en medio que sea cuatro veces mayor que la pupila del ojo, (o aproximadamente, esto no tiene importancia). Además de esto hagamos una bola de vidrio fino, de un diámetro de un sexto de braccia, y llenémoslo todo con agua, clara y tibia. Entonces meted la cara dentro del agua, mirad dentro de la bola y observad: veréis que este instrumento envía las imágenes del st a vuestro ojo, del mismo modo que el ojo las envía al sentido visual[243].

Persiguiendo el mismo fin, Leonardo coloca una bola de vidrio, usándola con la función de una lente, en el interior del orificio de una cámara oscura para comprobar el mecanismo del funcionamiento del ojo; es, a fin de cuentas, un modelo experimental en el que se propone verificar la función del cristalino. También en esta ocasión la intención inmediata de su experimento no tiene nada que ver con su posible aplicación para dibujar los elementos que un artista pueda observar con ella (figura 247).

[243] Leonardo, *Códice D*, folio 3 vuelto.

Con todos los trabajos dirigidos en esta misma dirección llegó a muchas e importantes conclusiones; con ellas Leonardo era consciente y estaba convencido de la importancia de su contribución personal como pionero en el estudio científico del ojo humano:

> El ojo, del que la experiencia nos muestra tan claramente el oficio, ha sido definido hasta ahora por un número infinito de autores de una manera establecida, y yo encuentro que es completamente distinto[244].

Sobre el papel de Leonardo en la historia de la cámara oscura se puede concluir que él fue el primero, desde que se tiene constancia, en añadir una lente al orificio por donde entra la luz, aunque, tampoco en este caso su propuesta se dirigía en la ayuda inmediata para los artistas que, en aquellos mismos años sí se interesaban por los aparatos perspectográficos. Para esos mismos fines, dibujar lo observado, Leonardo prefería el velo albertiano o su propio método del cristal, tal como aparece en sus escritos al recomendar y explicar la utilización de estos dos aparatos, mientras que la cámara oscura no está aconsejada en momento alguno para su aplicación en la práctica del dibujo.

Divulgación y perfeccionamiento de la cámara oscura

Siguiendo el orden de los acontecimientos, la primera noticia publicada por la imprenta, haciendo referencia al funcionamiento de la cámara oscura, aparece dos años después de la muerte de Leonardo. Está descrita por Cesare Cesariano (1483-1543) en la edición del tratado de arquitectura de Vitruvio editado en 1521[245] y reza así:

> Y por esto Vitruvio en aquel lugar toca muy bien un bellísimo argumento de óptica, el cual fue experimentado y verificado por el monje arquitecto Don Papnuzio de San Benedicto. Realizas con el torno en alguna tablilla un círculo cóncavo de una amplitud de cuatro a seis pulgadas, la concavidad de aproximadamente dos pulgadas, en cuyo centro tenga un pequeño y diminutísimo visor u orificio, también llamado «scopos». Y [la tablilla estará] convenientemente empotrada en un batiente o postigo de alguna ventana cerrada, de tal modo que en el lugar donde te hallas no pueda entrar la luz. Y dispones un poco de papel blanco u otra cosa cuya superficie reciba aquello que se representará desde el citado orificio hecho con diligencia. [Entonces] verás toda la cantidad de cosas que están contenidas en la pirámide del mismo, inclusive toda la tierra y el cielo, coloreadas y figuradas igual[246] (figura 248).

Cesariano era un arquitecto, pintor e ingeniero militar milanés que fue discípulo de Bramante y, según algunos, aprendió dibujo y principios de hidráulica con el mismo Leonardo[247]. Su merecida fama se alcanzó gracias a la edición del tratado de ar-

---

[244] *Códice Atlántico,* fol. 361 v. Traducido en D. Argentieri, «La óptica de Leonardo», en *Leonardo da Vinci,* Barcelona, Teide, 1977, pág. 425.

[245] *Di Lucio Vitruvio pollione de architectura libri dece traducti de latino in vulgare...,* Cesare Cesariano, Mauro Bono y Benedetto Giovio, Como, Gotardo da Ponte, 1521.

[246] Cesariano, *op. cit.,* L. I, fol. XXII vuelto.

[247] Venancio de Pagave, *Vita di Cesare Cesariano,* Milán, Pirola, 1978, pág. 12.

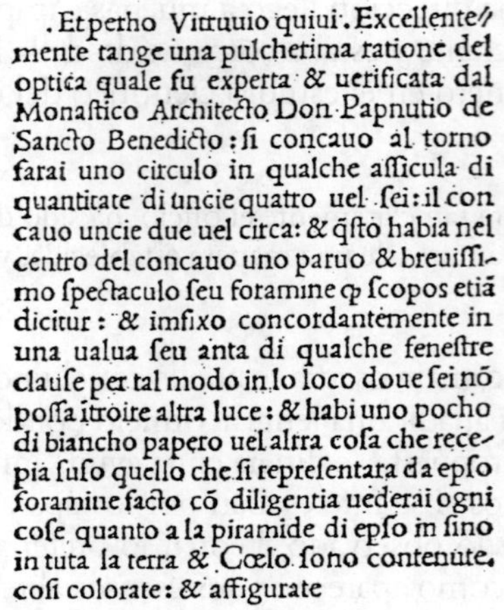

. Et perho Vitruuio quiui. Excellente mente tange una pulchetima ratione del optica quale fu experta & uerificata dal Monastico Architecto Don Papnutio de Sancto Benedicto: si concauo al torno farai uno circulo in qualche assicula di quantitate di uncie quatro uel sei: il con cauo uncie due uel circa: & q̃stò habiá nel centro del concauo uno paruo & breuissimo spectaculo seu foramine q̄ scopos etiã dicitur: & imsixo concordantemente in una ualua seu anta di qualche fenestre clause per tal modo in lo loco doue sei nõ possa itroire altra luce: & habi uno pocho di biancho papero uel altra cosa che recepiá suso quello che si representara da epso foramine facto cõ diligentia uederai ogni cose quanto a la piramide di epso in sino in tuta la terra & Cœlo sono contenute cosi colorate: & affigurate

248. Primera noticia impresa sobre la cámara oscura en la edición de 1521 del *Vitruvio* de Cesariano.

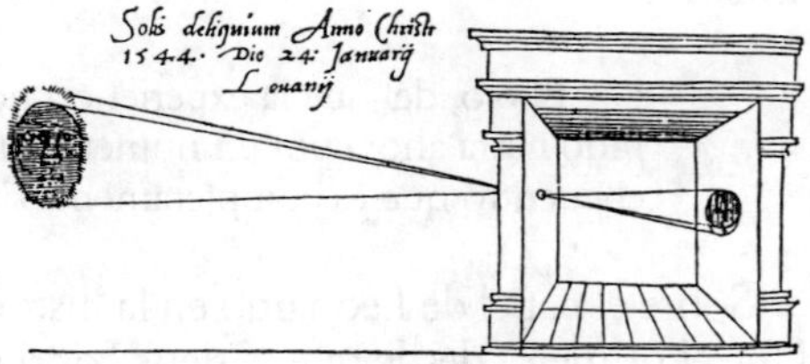

249. Primera imagen impresa de una cámara oscura en una obra de 1545, del matemático Reiner Gemma Frisius, que describe una observación astronómica.

quitectura de Vitruvio, la primera traducción impresa en italiano y acompañada de innumerables ilustraciones originales. En ella se recoge, precisamente, la referencia a la cámara oscura.

Asimismo, después de los dibujos inéditos en los códices de Leonardo, la primera figura de una cámara oscura reproducida en la imprenta se publica en una edición de 1545 y está referida a la observación astronómica de un eclipse de sol realizada con su ayuda, un año antes de la publicación del grabado. La obra es: *De radio astronomico et geometrico liber,* del matemático holandés Reiner Gemma Frisius (figura 249). No fue, en absoluto, un caso aislado en la astronomía; para la observación de los astros sabemos que astrónomos como Copérnico, Tycho Brahe o Kepler también se auxiliaron con la cámara para sus observaciones, aunque el recurso para este fin ya se venía utilizando desde el siglo XIII según menciona el científico inglés Roger Bacon (1214-1294).

La primera referencia impresa hablando de las lentes, aunque muy breve, la hace el matemático Girolamo Cardano (1501-1576) en el año 1550:

> Si quiere mirar las cosas que están en la calle, cuando el sol brille con intensidad, coloque un disco de vidrio en la ventana; tras haber cerrado la ventana verá las imágenes que a través del agujero llegan hasta la superficie de enfrente, pero con colores apagados. Entonces, coloque un papel muy blanco en el lugar donde ve las imágenes y logrará el efecto deseado de un modo maravilloso[248].

[248] Girolamo Cardano, *De subtilitate* (1551). Fragmanto recogido en *Scritti di ottica,* al cuidado de Vasco Ronchi, Milán, Polifilo, 1968, págs. 54-57.

Aunque Cardano fue el primero en citar la aplicación de un «disco de vidrio» en el agujero de la cámara oscura, muy pocos lo supieron porque pocos eran los que leían sus escritos. Será el científico napolitano Giovanni Della Porta quien, ocho años más tarde, divulgó la noticia a todo el mundo, por lo que está considerado por muchos como el inventor de este dispositivo. No obstante, la mención de la lente hecha por Della Porta aparece únicamente en la edición refundida de 1569, no existiendo ningún rastro de aquella en la primera edición. El interés de los científicos por el instrumento, en aquellos momentos estaba avalado por la experiencia de una larga tradición.

En lo que respecta a su relación con el arte, la primera referencia escrita recomendando el uso de la cámara oscura para dibujar aparece impresa, precisamente, en la misma obra *Magiae naturalis* (1558), de Della Porta. Esta primera recomendación en la historia para el uso de la cámara oscura en el dibujo, curiosamente no aparece en un texto de pintura sino en uno científico. El texto demuestra que el interés principal de su autor, en primer lugar, es la descripción del fenómeno físico y las condiciones que lo hacen posible, así como el modo de experimentarlo:

> Para ver en la oscuridad todas las cosas que están hechas en el exterior al sol, con sus colores. Debe cerrar todas las ventanas de la cámara, y estaría bien además cerrar todos los agujeros, pues permitir que se filtre luz estropearía todo. Sólo haga un agujero, que será de un palmo de anchura y longitud; por encima de este encaje una plancha de plomo o latón, tan gruesa como un papel, y péguela; abra un agujero en el medio, del tamaño de un dedo meñique; contra este tiene que haber paredes de papel blancas, o telas blancas, de manera que verá todo lo que está hecho en el exterior al sol, y lo que camina por las calles, como antípodas, y lo que es la derecha será la izquierda, y todas las cosas cambiadas; y cuanto más lejos estén del agujero, más grandes se verán. Si acerca más su papel o la plancha blanca, se verán más pequeñas y más claras [...] Ahora declararé lo que he ocultado hasta este momento, y pensé ocultar siempre. Si pone un pequeño cristal lenticular en el agujero, en seguida verá todas las cosas más claras, los semblantes de los peatones, los colores, las prendas y todas las cosas como si estuviera de pie al lado de ellas; las verá con mucho agrado; quienes las ven no pueden admirarlas lo suficiente. Pero si desea ver todas las cosas más grandes y más claras, de nuevo coloque el cristal, no el que disipa por medio de dispersar, sino el que congrega por medio de unir; acercándose a él o alejándose de él, hasta que conozca la verdadera cantidad de la imagen, mediante una debida propincuidad del centro; y así el espectador verá con más fidelidad los pájaros volando, los cielos nublados, o claros y movidos por el viento, montañas que están lejos; y en un pequeño círculo de papel (que se coloca por encima del agujero) verá como si fuera un epítome del mundo entero y se alegrará mucho de verlo: todas las cosas más atrás, porque están más cerca del centro del cristal, si las coloca más alejadas del centro se mostrarán más grandes y derechas, como están, pero no tan claras.

Después de esta descripción, Della Porta recomienda su aplicación para aquellos que no saben dibujar (figura 250):

> *Cómo alguien que no sepa pintar podría dibujar una efigie humana, o de otra cosa,* aunque sepa sólo hacer semejantes los colores. Y no hay que menospreciar este artificio. Dé el sol en la ventana, y junto a aquel orificio pondrás al hombre, o la

250. Cámara oscura dibujada en un manuscrito del siglo XVII. Ms. 1363, The Library of Congress, Rosenwald Collection.

imagen de aquellas cosas que queramos pintar, de modo que el sol ilumine la imagen, pero no el orificio. Enfrente del orificio pondrás un papel blanco, y así irás acomodando el hombre a la luz, acercando y alejando, mientras verás la imagen perfecta de aquel que quieres retratar encima de la tabla; entonces aquel que querrá pintar ponga los colores encima de la tabla, donde aparezcan, de la cara, de la boca, de los ojos, y así de toda la figura que aparece, de modo que marchándose de aquí el objeto, quedará la impresión en el papel, y se verá en ella como si la vieras en un espejo (figura 251). Pero si querrás *Que las imágenes aparezcan derechas,* este será un gran artificio buscado por muchos, pero no hallado hasta ahora por nadie. Algunos oponen al artificio oblicuamente algunos espejos planos (figura 252), con los cuales, reverberando en la tabla opuesta, se veían un poco derechas, pero oscuras y confusas. Nosotros, oponiendo oblicuamente al orificio la tabla blanca, y mirando por la parte opuesta del orificio, las veíamos casi derechas; sin embargo la pirámide cortada oblicuamente [mostraba] los hombres sin proporción alguna, con poca claridad y borrosos. Pero haciéndolo del modo siguiente lo obtendrás como desees. Se opone al orificio una lente hecha con dos porciones como de esfera, y por este lado caiga en el espejo cóncavo la imagen; quede el espejo cóncavo alejado del centro, porque las imágenes, que recibe vueltas al revés, las muestra derechas, por la distancia al centro. Así sobre el orificio y el papel blanco se obtendrá la imagen de las cosas que están enfrente de él, tan claras y abiertas que no podrás con tu alegría y tu maravilla. Aunque sobre esto se ha de advertir, para que no te fatigues en vano, que es necesario que las lentes sean proporcionadas [diciéndoos] con el espejo cóncavo; y cómo conseguirás conocer *[esta proporción],* aquí se hablará de ello muchas veces.

251. Explicación del principio de la cámara oscura según un grabado impreso en la revista *Universal Magazine*, 1752.

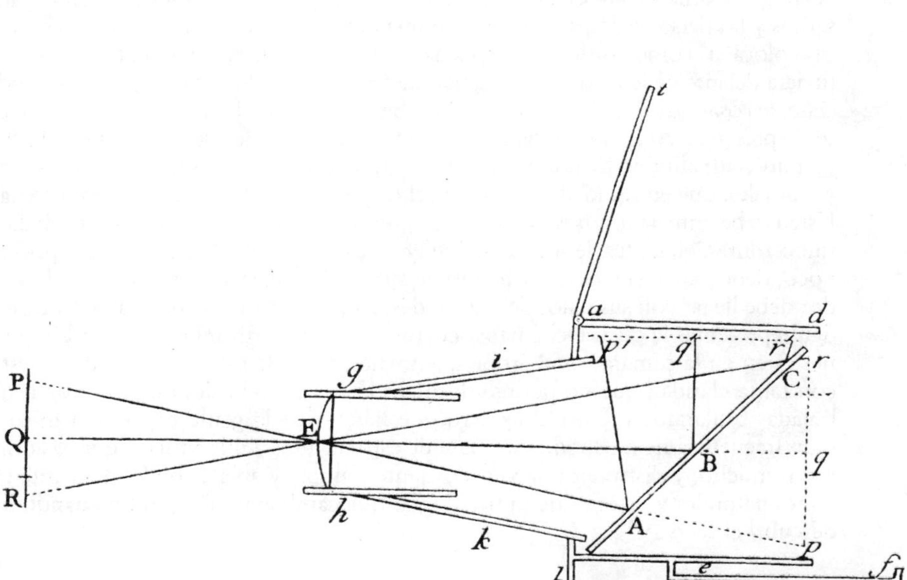

252. Esquema explicativo del funcionamiento general de una cámara oscura de finales del siglo XVIII con espejo inclinado. Benito Bails, *Elementos de matemática*, 1779-1787.

253. Cámara oscura según el grabado de una obra de Gaspar Schott, 1657.

La recomendación del uso de la cámara oscura para aplicarla al dibujo, ni es la única ni, seguramente, la más importante para Della Porta. La posibilidad de utilizarla en un espectáculo visual, con su propia autonomía e independientemente de la pintura, le lleva a establecer una aplicación situada en los antecedentes de la cinematografía.

> Le demostraré también, cómo en una cámara puede ver cacerías, batallas de enemigos y otras ilusiones. Nada es más agradable para los grandes hombres, y los sabios y las personas ingeniosas, que en una cámara oscura, mediante sábanas blancas colocadas como cortinas, uno pueda ver tan perspicua y claramente como si estuviera delante de los ojos, cacerías, banquetes, ejércitos de enemigos, juegos y toda clase de cosas que uno desee. De nuevo debe haber contra la cámara, donde uno desee representar estas cosas, algunas llanuras espaciosas, donde el sol pueda brillar con libertad; allí uno dispondrá árboles en orden, incluso bosques, montañas, ríos y animales, que en realidad son así, o hechos por el arte, de madera u otro material. Usted debe enmarcar niños pequeños en ellos [...] y debe falsificar ciervos, jabalíes, rinocerontes, elefantes, leones y cualquier otra criatura que le guste; luego, poco a poco, deben aparecer, como saliendo de sus madrigueras, en las llanuras. El cazador debe llegar con sus palos de caza, redes, arcos y otras cosas necesarias que puedan representar la caza. Debe haber cuernos, cornetas y trompetas sonando: quienes estén en la cámara verán árboles, animales, caras de cazadores y todo el resto con tanta claridad que no podrán decir si son verdad o ilusiones. Las espadas dibujadas brillarán tanto en el agujero que harán que la gente casi sienta miedo. Con frecuencia he mostrado esta clase de espectáculos a mis amigos, que lo admiraron mucho, y disfrutaron al ver semejante trampa, y apenas pude, mediante razones naturales y razones de óptica, lograr que cambiaran de opinión cuando les descubrí el secreto[249].

[249] Giovanni Della Porta, *Magiae naturalis* (1558). Selección recogida en *Scritti...*, *op. cit.*, páginas 151-266.

El interés hacia el principio de la cámara oscura, por ser la clave para explicar toda una serie de fenómenos curiosos, justifica su presencia en tratados como los de Caramuel, Kircher o Schott, con unos fines destinados a lo que hoy se podría llamar magia blanca, en espectáculos de proyección de imágenes por medio de la luz natural o artificial (figura 253), algo que justifica el éxito popular en su rápida vulgarización.

No ha de pasar desapercibido el hecho de que la obra de Della Porta estaba escrita con un estilo sencillo y popular, abarcando temas como juegos de magia, recetas caseras de limpieza, de cocina y aseo personal, a los que añadió algunos capítulos de óptica donde se menciona la cámara oscura. En el mismo momento de su publicación alcanzó un gran éxito y se tradujo en árabe y en varias lenguas europeas, un fenómeno que explica la circunstancia de que se haya considerado a su autor, en muchas ocasiones, como el inventor de la cámara oscura.

La primera ocasión en que se recomienda expresamente la cámara oscura para dibujar, ya no en un texto científico, sino en un tratado específico de arte, sucede con la publicación de *La pratica della perspettiva* (1568) de Daniele Barbaro, quien además menciona otra precisión: añadiendo diafragmas de varios tamaños se pueden obtener imágenes más nítidas:

> Con admirable deleite la naturaleza nos enseña la disminución proporcionada de las cosas y siempre nos ayuda a construir los preceptos del arte. Por ello debemos ser sus diligentes observadores en todas las ocasiones. Mas ahora trataré de una bellísima experiencia en torno a la perspectiva. Si queréis ver cómo la naturaleza representa las cosas escorzadas, no solamente en el conjunto y los detalles, sino en cuanto a los colores, las sombras y el parecido, haréis un agujero, tan grande como el cristal de unas lentes, en la parte oscura de una ventana de la habitación donde queráis verlo. Tomad una lente de anciano, algo gruesa en el centro, que no sea cóncava como los anteojos de los jóvenes que tienen la vista corta. Encajad el cristal en el agujero realizado, cerrando todas las ventanas y la puerta de la habitación hasta que no quede luz alguna, sólo aquella que viene del cristal; coged después una hoja de papel colocándolo frente a él, con la separación que permita ver con mucha precisión sobre el papel todo aquello que está fuera de la casa, algo que se consigue con mayor detalle a una distancia determinada, y la encontraréis acercando o alejando el papel al cristal, hasta encontrar el sitio adecuado. Aquí veréis en el papel las formas como son, y las degradaciones, los colores, las sombras y los movimientos, las nubes, el trepidar de las aguas, el vuelo de los pájaros y todo lo visible. En toda esta experiencia se necesita que el sol sea claro y bello, porque la luz del sol tiene mucha fuerza para conseguir hacer visibles las figuras. Con la experiencia elegiréis a vuestro gusto los cristales que lo hacen mejor, y en el caso de que deseéis cubrir el cristal tanto para dejar una circunferencia pequeña en el medio, transparente y destapada, veréis aún un efecto más vivo. Viendo después en el papel las delineaciones de las cosas, con un pincel podréis señalar sobre el papel toda la perspectiva que aparecerá en él. Y sombrearla y colorearla delicadamente según te la muestre la naturaleza, manteniendo fijo el papel hasta haber terminado el dibujo[250].

[250] Daniele Barbaro, *La pratica della perspettiva*, Venecia, Borgomanieri, 1568-1569, págs. 192-193.

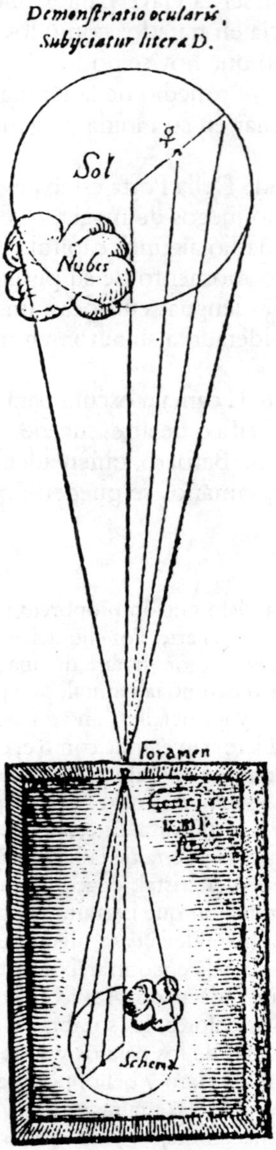

254. Ilustración de un tratado de astronomía de Kepler editado en 1609, *Phaenomenon Singulare.*

Estructura del ojo e instrumentos de observación astronómica

En manos de los científicos, durante el siglo XVII, se podrá formular la teoría y proseguir el desarrollo de la experimentación práctica en torno a la cámara oscura. El siglo de la Revolución científica mantuvo a los artistas en la segunda fila de los debates, lejos del papel de autoridad que pudieron haber tenido en los dos siglos anteriores. Como figura principal, el astrónomo Johannes Kepler (1571-1630), continuando experiencias anteriores, utilizó una cámara oscura en sus observaciones del tránsito de Mercurio frente al Sol (figura 254).

Los estudios de Leonardo para descubrir el funcionamiento del ojo, relacionándolo con la cámara oscura y los fenómenos de las lentes, también culminarán con los trabajos del mismo Kepler al publicar en 1611 su *Dioptrice,* donde desarrolla una teoría de las lentes y las ideas fundamentales para la construcción del telescopio astronómico. Después de Leonardo, la óptica geométrica, la anatomía y la fisiología de la visión tuvieron su propio desarrollo con una autonomía plena e independencia frente a la construcción científica de las imágenes, perseguida durante mucho tiempo por los dibujantes y artistas. A pesar de ello se compartió frecuentemente una misma sensibilidad que implicaba influencias recíprocas entre los dos mundos: las investigaciones de los científicos y el trabajo de los artistas.

En su publicación de 1604[251] Kepler realiza una aportación fundamental al describir la capacidad del mecanismo óptico del ojo para enfocar. Los descubrimientos de Kepler sobre el funcionamiento del ojo consiguieron despejar muchas dudas al precisar las funciones

[251] Johannes Kepler, *Ad vitellionem paralipomena,* 1604.

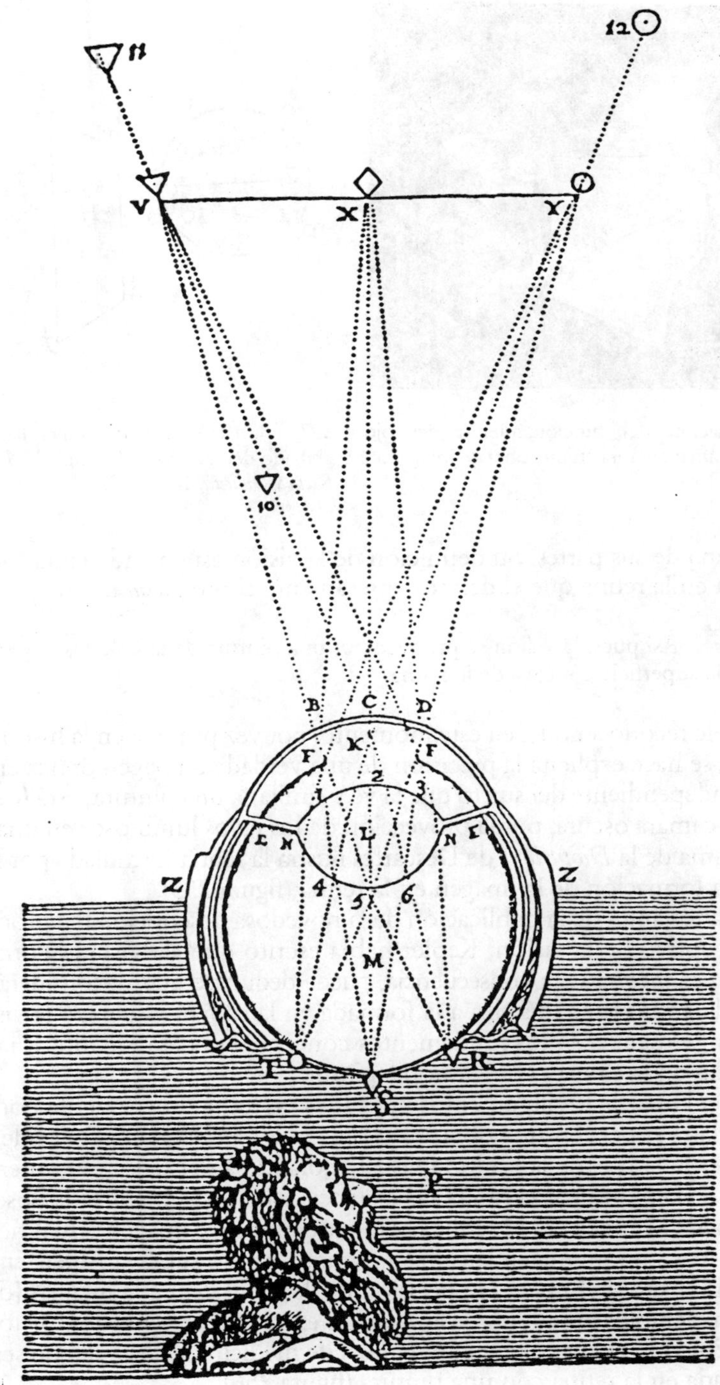

255. René Descartes, esquema explicativo del funcionamiento del ojo, publicado en *La Dioptrique*, 1637.

256. Explicación del funcionamiento del ojo como una cámara oscura en una obra de Johan van Beverwyck, 1664.

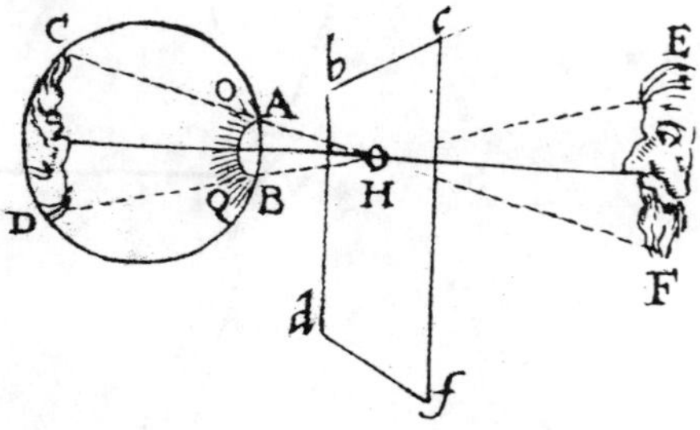

257. Formación de la imagen en la retina según el grabado del tratado de Caramuel, *Architectura Civil Recta y Oblicua*, 1678.

de cada una de sus partes. Su definición de la visión está basada en la formación de la imagen en la retina que él define expresamente como *pictura.*

> Así pues, la visión se produce por una pintura de la cosa vista que se forma en la superficie cóncava de la retina.

Se suele reconocer que, en este momento, por vez primera en la historia de la teoría visual, se hace explícita la precisión de una verdadera imagen óptica en el interior del ojo, independiente del sujeto que la ve y similar a una pintura; está formada igual que en la cámara oscura, por la proyección de los rayos luminosos en una superficie. Un diagrama de la *Dioptrique* de Descartes ilustra la teoría formulada por Kepler para explicar la formación de la imagen en la retina (figura 255).

Siete años antes de la publicación de la novedosa descripción del proceso geométrico perceptivo de la visión, Kepler había escrito que «la vista es como la pintura» *(ut pictura, ita visio).* En consecuencia, puede deducirse que, al considerar la imagen proyectada en la retina idéntica a la formada en la cámara oscura, y la visión igual a la pintura, se establecen los fundamentos conceptuales para identificar las imágenes proyectadas en la cámara con la propia pintura.

Este será uno de los argumentos utilizados en fecha muy reciente por la historiadora Svetlana Alpers en una obra magistral: *El arte de describir,* en donde analiza las claves interpretativas de la «cultura visual» holandesa del siglo XVII, interrelacionando el arte de la pintura, la cartografía, la ciencia y los instrumentos de observación astronómica de la época. La identificación entre pintura e imagen visual tiene su nexo de unión más importante en la cámara oscura y, como subraya Alpers en su estudio acerca del trabajo de Kepler, «su decisión de llamar *pictura* a la imagen [de la retina] se basó en ejemplos anteriores de asociación entre la representación pictórica y la visión»[252]. En consecuencia, en algún manual de medicina se llegó a representar la imagen formada en la retina con una pintura (figura 256).

[252] Alpers, *op. cit.,* pág. 81.

258. Cámara oscura con una pantalla cóncava de proyección, similar a la forma de la retina, para comprobar el mecanismo de la visión. Construida por Robert Hooke en 1680.

259. Esquema de cámara portátil de 1694 propuesta por Robert Hooke en la Royal Society.

Del mismo modo, en el siglo XVII, en uno de los tratados más importantes de la historiografía española de la arquitectura, Caramuel dedica un breve apartado a explicar «Cómo se pinta la Imagen del Objeto en los Ojos» aduciendo sobre ello:

> Digo, que entre las obras materiales, que ha criado Dios, no hay otra tan maravillosa como la fábrica de un ojo humano, y del modo, como en los rayos visuales se reciben. Parece, que de la manera que en un aposento oscuro por un pequeño agujero se meten y se pintan con sus propios colores en la pared opuesta, los rayos de luz, que tuviere una estatua o figura, que los reciba del Sol, [...] así de el mismo modo acontece en la vista [...] el objeto echa rayos, que entran por la pupila, y se pintan en el fondo del ojo. Doctrina, que merece ser entendida y declarada muy despacio»[253] (figura 257).

Pero no sólo se utilizaron esquemas o descripciones escritas en la demostración del funcionamiento del ojo como una cámara oscura, también se construyeron cámaras oscuras intentando reproducir la forma curva de la retina con pantallas cóncavas de proyección en el fondo de la cámara. Este fue, precisamente, el modelo presentado en 1681, ante la Royal Society por el astrónomo y matemático inglés Robert Hooke (1635-1703), un personaje que construyó muchos instrumentos y dispositivos a lo largo de su carrera científica.

La cámara, cuya intención era la de demostrar el mecanismo de visión humana (figura 258), estaba construida con dos tubos, introducido uno dentro del otro, para poder enfocar acercando o alejando la pantalla a la lente situada en el extremo cónico del instrumento. A través de un agujero lateral se podía ver, evitando la entrada de luz con una tela, la imagen proyectada en el fondo cóncavo pintado de blanco.

---

[253] Juan de Caramuel, *Architectura Civil Recta y Oblicua considerada y dibuxada en el templo de Jerusalén*, Vigevano, 1678, t. II, pág. 251.

260. Grabado de una guía de viajeros del año 1729 mostrando una vista ideal.

Como consecuencia de esta experiencia con una cámara demostrativa de la visión, el mismo autor inglés describió trece años más tarde una cámara oscura para obtener los «verdaderos dibujos» de cualquier cosa y poderlos completar con luces y sombras (figura 259). Él recomendaba la cámara oscura para mejorar las ilustraciones de los libros, en particular las guías de viaje que en su tiempo estaban pobremente ilustradas[254] (figura 260).

En este último punto ha de considerarse respecto al uso habitual del dibujo por astrónomos y cartógrafos que, la cámara oscura se establece como instrumento auxiliar de primerísimo orden en el avance de la nueva ciencia, aunque era un artificio que también podía utilizarse para la representación artística tradicional. Así, sabemos que el mismo Kepler utilizó la cámara oscura para realizar el dibujo de un paisaje conservado en la actualidad (figura 261). El astrónomo, que la había instalado en un campo próximo a su casa de Austria para realizar sus observaciones astronómicas, también la aprovechó para dibujar un paisaje, aunque, como él mismo afirmó, «no como pintor sino como matemático» *(non tanquam pictor, sed tanquam mathematicus).*

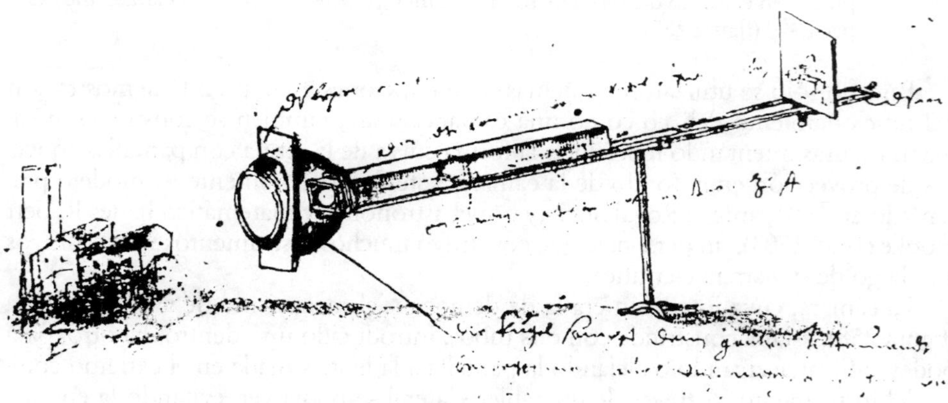

261. Johannes Kepler, dibujo de un aparato óptico. San Petersburgo, Academia de Ciencias de la URSS.

---

[254] Hammond, *op. cit.*, pág. 22.

262. Cámara oscura portátil, en forma de tienda con un periscopio enfocable a diferentes distancias (E. Atkinson, *Natural Philosophy*, 1900).

Este testimonio quedó recogido en una carta del año 1620 enviada al filósofo Francis Bacon por su amigo Henry Wotton, embajador inglés de La Haya. En la carta Wotton da cuenta de su visita al estudio de Kepler en donde se interesó por un dibujo del astrónomo. Kepler le explicó cómo lo había calcado de la imagen proyectada por su instrumento óptico de campaña, advirtiendo, eso sí, que lo había hecho como matemático y no como pintor:

> allí encontré a Kepler, un hombre famoso en las ciencias, como su señoría sabe, a quien me proponía llevar por lo tanto uno de sus libros, para que pudiera ver que tenemos algo propio que puede honrar a nuestro Rey como él ha hecho con su *Harmonices.* En el taller de este hombre me encontré con el dibujo de un paisaje en un trozo de papel y pensé que estaba hecho de manera magistral: cuando le pregunté el autor, me reveló con una sonrisa que era él mismo y agregó que lo había hecho, *non tanquam pictor, sed tanquam mathematicus.* Eso me enardeció, y al final me dijo cómo. Tenía una pequeña tienda negra (de qué tela no importa mucho) que podía montar rápidamente a su voluntad en el campo, orientable (como un molino) a cualquier punto que se desee y con capacidad para poco más que un solo hombre, creo yo, y no muy cómodo; perfectamente cerrada y oscura, salvo por un orificio, de una pulgada y media de diámetro, al que él acopla un largo tronco perspectivo con una lente convexa del lado de dicho orificio y la cóncava al otro extremo, que queda aproximadamente en el centro de la tienda levantada, a través del cual todos los rayos de las cosas visibles en el exterior son interceptados y caen sobre un papel

263. Cámaras oscuras. Lámina VI. Nollet, *Lecciones de física experimental*, 1757.

preparado para recibirlos; así él los trazaba con su pluma en su apariencia natural, girando su pequeña tienda grado a grado, hasta que había dibujado todo el aspecto del campo. He descrito esto a Vuestra Señoría porque creo que tendría una buena aplicación en la corografía; en cambio, hacer paisajes así no sería arte, aunque seguramente no haya artista capaz de hacerlos con tanta precisión[255].

La referencia en la carta a una cámara portátil, cubierta con una tela, constituye una de las primeras noticias sobre este tipo de aparatos de campaña, aunque el modelo sugerido en el texto ha sido de los más utilizados incluso en los primeros años de la aparición de la fotografía. En el siglo XIX se fabricaban, en su versión más perfeccionada, con una torreta giratoria y un espejo ajustable para poder enfocar a diferentes distancias (figuras 262 y 263).

Divertimento y ciencia

El siglo de la Revolución científica, además de estar jalonado con importantes y fundamentales descubrimientos, vive el reconocimiento social de los hombres de ciencia que llegan a alcanzar un gran protagonismo social. La cámara oscura va a constituirse durante este tiempo como una referencia inevitable, quedando recogida en una gran parte de los tratados científicos. Asimismo, en la cultura del Barroco el saber adquiere una vocación enciclopédica que se reconoce por la acumulación de conocimientos.

Durante todo el siglo XVII, a pesar de una creencia bastante extendida en sentido contrario, el auxilio de la cámara oscura en el arte para solucionar problemas de di-

---

[255] *The Life and Letters of Sir Henry Wotton*, ed. a cargo de Logan Persall Smith (Oxford, Clarendon Press, 1907). Traducción parcial en Alpers, *op. cit.*, pág. 93.

264. Cámara inventada por Christopher Scheiner para observaciones astronómicas de las manchas solares. *Rosa ursina sive sol*, 1630.

bujo seguirá siendo algo excepcional. En contraposición, astrónomos como Kepler se servirán de ella en sus observaciones, tal como había sucedido en el siglo anterior, sin renunciar tampoco a realizar algún dibujo de carácter artístico, aunque sólo fuese ocasionalmente.

Otro astrónomo y matemático de la época, Christopher Scheiner, citado anteriormente como autor del pantógrafo de dibujo, utilizó eficazmente la cámara oscu-

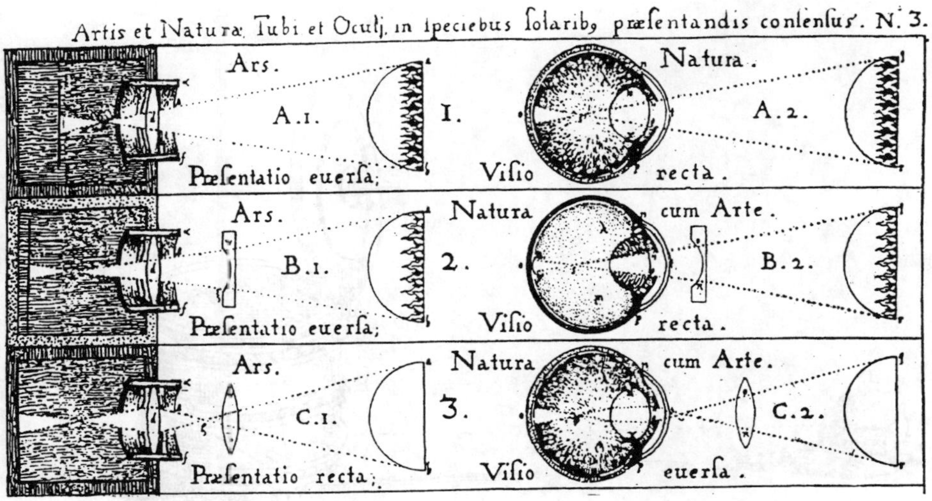

265. Comparación del funcionamiento de diversas lentes con la cámara oscura y el ojo. Christopher Scheiner, 1630.

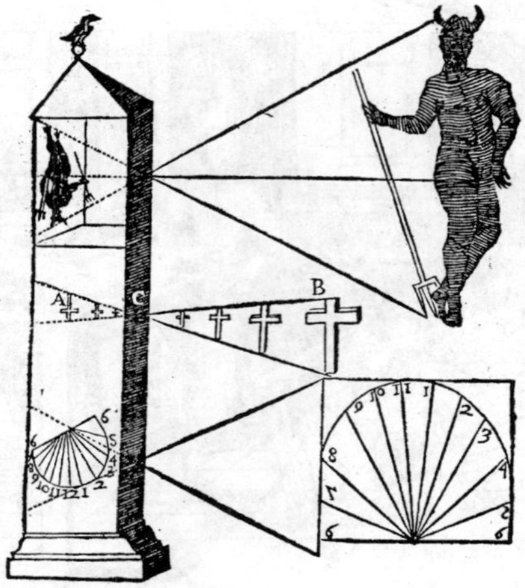

266. Divertimento nigromántico del emperador Rodolfo II con una cámara oscura, dado a conocer a través de un grabado de 1619.

ra para proyectar en ella las imágenes del telescopio en sus observaciones de las manchas solares, publicando sus resultados y la descripción del procedimiento utilizado en su obra *Rosa ursina sive sol* (1630) (figura 264). Scheiner construyó una estructura entre el ocular de su telescopio y la pantalla donde se proyectaba la imagen del sol; sobre ella colocaba una tela oscura para conseguir la oscuridad y observaba las manchas solares levantando sólo una parte de la tela. El artificio le permitía hacer sus observaciones sin necesidad de oscurecer la sala de trabajo, al funcionar como una cámara portátil. Los resultados de sus experiencias con la cámara oscura motivaron unas vivas disputas con Galileo al discrepar de sus propias observaciones.

Este jesuita alemán, siguiendo el camino de Kepler, estudió también la formación de la imagen en la retina, indicando el papel del cristalino en la acomodación, comparando el ojo con una cámara oscura provista de lentes diferentes (figura 265).

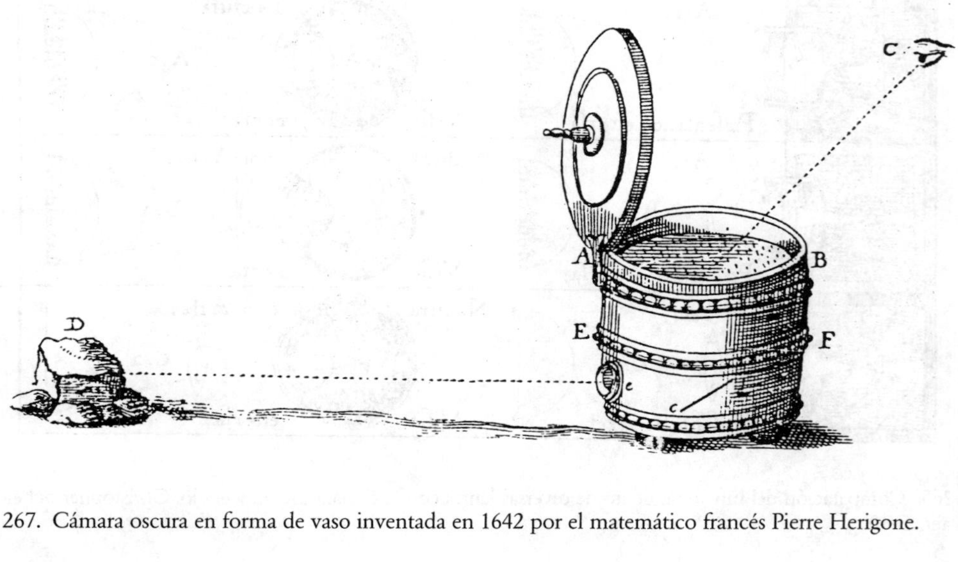

267. Cámara oscura en forma de vaso inventada en 1642 por el matemático francés Pierre Herigone.

268. Cámara oscura en forma de copa basada en la idea de Herigone. Grabado de la obra de Zahn, *Oculus artificialis*, 1685-1686.

La otra faceta del uso de la cámara oscura durante el siglo XVII era recreativa, al utilizarse para amenizar las fiestas de los príncipes y saciar la curiosidad de los mecenas en la ciencia cortesana. De este modo, en un tratado del jesuita Athanasius Kircher, conocido como divulgador de la linterna mágica, el autor se hace eco de la utilización de la cámara oscura en un «divertimento nigromántico del emperador Rodolfo II», dado a conocer casi tres décadas antes por Scheiner en una obra titulada *Oculus, hoc est fundamentum opticum* (1619) (figura 266). Ha de recordarse que Rodolfo II de Habsburgo (1552-1612), llamado el emperador alquimista, acogía favorablemente a todos los que se dedicaban a las ciencias ocultas, siendo también uno de los grandes mecenas de su tiempo y protector de Tycho Brahe y Kepler.

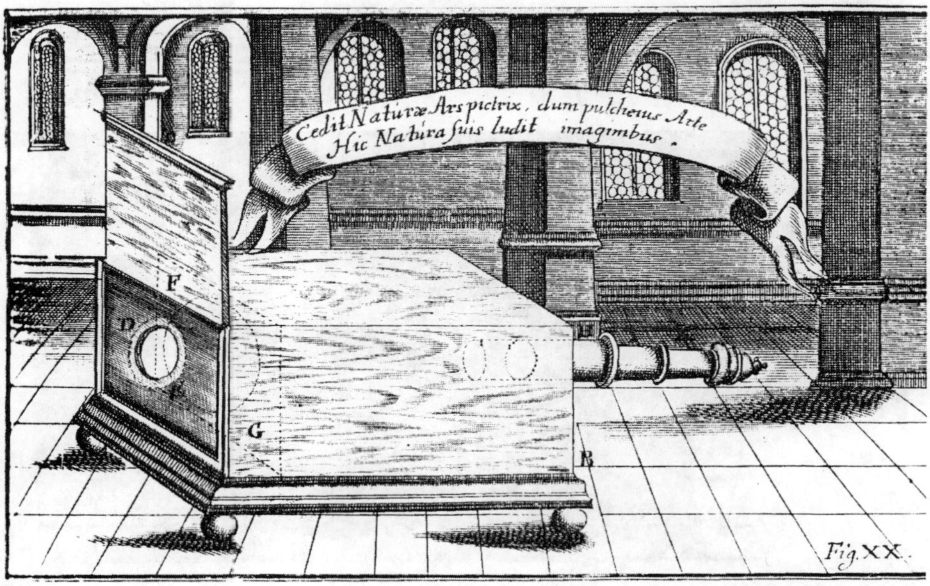

269. Cámara oscura portátil. Zahn, *Oculus artificialis*, 1685-1686.

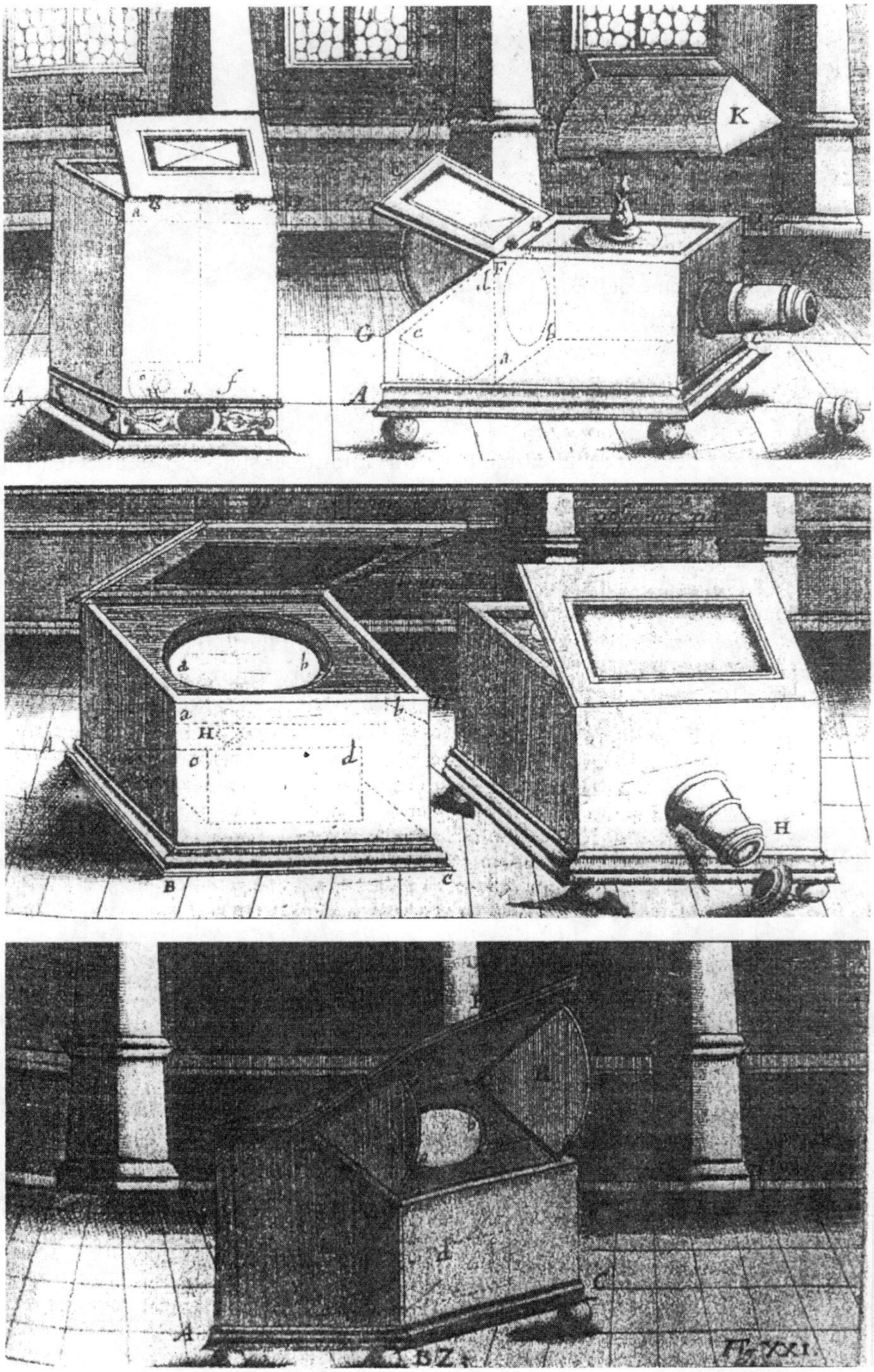

270. Cámaras oscuras de diferentes modelos. Zahn, *Oculus artificialis*, 1685-1686.

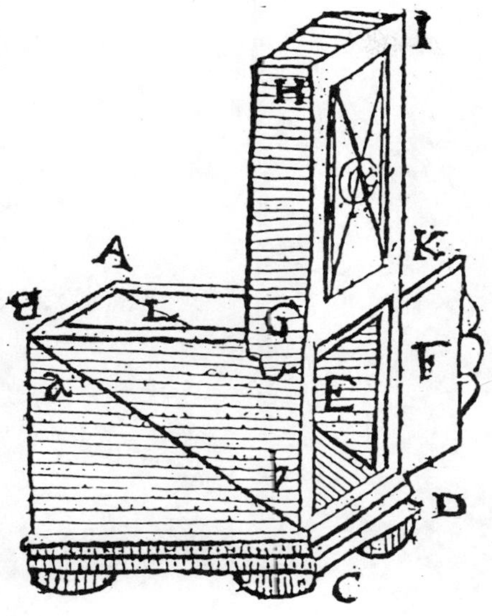

271. Grabado ilustrativo del funcionamiento del espejo inclinado en la cámara oscura. Zhan, *Oculus artificialis*, 1685-1686.

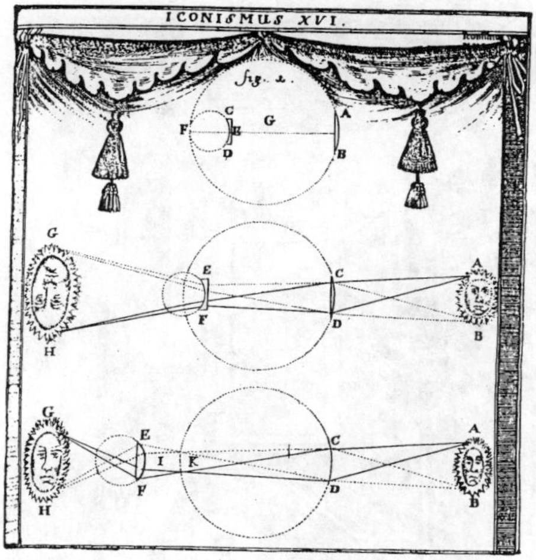

272. Esquema explicativo del funcionamiento de las lentes cóncavas y convexas para producir el efecto de telescopio o enderezar la imagen invertida en la cámara oscura. C. Scheiner, 1630.

El tosco grabado que da cuenta del divertimento del emperador muestra la proyección en la cámara oscura de un demonio, una cruz y un horologio solar. Las posibilidades lúdicas de la cámara oscura se aprovecharon al máximo con ingeniosos inventos, publicados y reproducidos en innumerables ediciones; así, en 1642, un matemático francés, Pierre Herigone, describió una cámara oscura construida en una copa (figura 267), pudiéndose ver cuando está llena de vino blanco. En un tratado posterior (figura 268) se ilustra este artificio con su lente en *A*, el espejo oblicuo en *f*, la pantalla de cristal en *C D* y la tapa con una lente de aumento para poder ver las imágenes ampliadas.

La obra *Oculus artificialis* (1685-1686) de Zahn, en donde se recogen estos modelos, es la más importante publicada en el siglo XVII sobre cámaras oscuras. Además de recoger la cámara construida en una copa por Herigone, explica el modelo que permaneció invariable hasta la invención de la fotografía en el siglo XIX. En este modelo, un espejo inclinado refleja la imagen proyectándola sobre el papel colocado sobre el cristal situado en la parte superior de la cámara. La lente está situada en el extremo de un tubo que se desliza dentro de otro para poder enfocar a diferentes distancias (figuras 269 y 270).

Asimismo, para dibujar por la noche o con dificultades de iluminación, Zahn aconseja utilizar una linterna realizada con una vela y un espejo cóncavo para iluminar el modelo (figura 271):

> Artificio 14. Cajita de dibujo en la cual pueden dibujarse con suma facilidad y exactitud cualesquiera figuras e imágenes sobre papel [Estructura de la cajita de dibujo] Esta cajita puede ser de gran utilidad para las figuras matemáticas y para otras

273. «Bola scioptica» colocada en la cámara oscura para dirigir la lente en cualquier dirección. C. Scheiner, 1630.

varias imágenes sobre papel que deben ser reproducidas con toda exactitud y dibujadas a la perfección. Puede describirse así. Primero, hágase con madera seca la cajita <ABCD>, de la magnitud aproximada de una hoja de papel común. El lado <CD> se abrirá, como puede verse en <E>, por donde debe entrar la luz, la cual incidirá sobre el espejo plano <ab> allí colocado y debidamente inclinado, y de allí a su vez se podrá reflejar en <L>, es decir una tabla de vidrio muy transparente y nítida. Luego sobre dicha tabla habrán de poder ser intensamente iluminados una imagen sobre papel y otro papel muy limpio pegado a este con cera. Tendrá también esta cajita en <CD> una compuerta o batiente <F> que, cuando no esté en uso, pueda cerrarse. Sobre la misma cajita dispóngase la tapadera <HGIK>, como muestra la figura, que pueda ser móvil por <G>, porque debe levantarse de abajo hacia arriba, cuando será necesario, para extender la oscuridad sobre dicha tabla de vidrio y sobre la imagen allí colocada, a fin de que todas sus líneas puedan ser discernidas lo mejor posible y puedan ser expresadas y dibujadas a la perfección. [Su uso] Así dispuesta la cajita, cuando el dibujante quiera utilizarla coloque la figura o imagen a dibujar sobre la tabla de vidrio <L>, y pegue a ella, untándolo con cera por un extremo cualquiera, el otro papel virgen limpísimo en el cual desea trazar y dibujar cuidadosamente aquella figura o imagen. Después vaya al lugar donde los rayos del sol pudieron incidir sobre el mismo espejo (por detrás, sin embargo, el lugar manifestaría ser en absoluto oscuro o sombrío), estando además la tapadera <HGKI> superior de la cajita levantada y bien firme. Por la tabla de vidrio <L> verá transparentar de modo magnífico todas las líneas de la imagen subyacente, las cuales finalmente con lápiz de plomo o pluma de escribir podrán ser exactísimamente trazadas y dibujadas en el papel superpuesto. [Esta operación] Podrá realizarse igual y quizás mejor en la oscuridad nocturna si, enfrente de la apertura <E> de la cajita, se antepone una lámpara o cirio encendido de potente iluminación, añadiendo también y situando a la debida distancia un espejo cóncavo, con cuyo fulgor todo podrá quedar intensamente iluminado.

También Zahn describe en su libro los efectos y el uso de las lentes cóncavas y convexas para producir el efecto del telescopio o enderezar la imagen invertida en la cámara oscura (figura 272). Otra aportación al progreso de la construcción de artefactos con lentes es la «bola scioptica» inventada en 1636 por Daniel Schwenter, profesor de matemáticas en Suiza. El artefacto consistía en una bola articulada en un estuche, con dos lentes, haciendo posible ampliar el campo visual de la cámara en cualquier dirección para conseguir efectos de gran angular. También permitía, gracias a su gran movilidad, seguir en las observaciones astronómicas las trayectorias de los planetas sobre el cielo; para esta última aplicación Zahn incluye en su obra la descripción e ilustración de un artefacto de su propia invención (figura 273).

La pintura fotográfica antes de la fotografía

En su magistral trabajo titulado *El arte de describir,* citado en páginas anteriores, la historiadora Svetlana Alpers aborda algo que, para ella, constituye lo más específico de la pintura holandesa del siglo XVII: su apariencia de realidad. El ideal de una «pintura verdaderamente natural» en el arte de aquel siglo explicaría, según la autora, la existencia de tantas referencias a las relaciones entre la cámara oscura y la pintura holandesa del siglo XVII propuestas por la crítica del siglo XIX. En su trabajo reúne una serie de testimonios para argumentar cómo la imagen obtenida con la cámara oscura, efectivamente, se consideraba en aquel tiempo una representación verdaderamente natural[256].

Las comparaciones entre aquellas pinturas y las imágenes de la cámara oscura están relacionadas con el paralelismo similar planteado entre arte y fotografía, también en épocas recientes. Algo que ha determinado, en la práctica, la equiparación en los estudios actuales de la composición de aquellas pinturas con las imágenes de la cámara oscura o bien con fotografías, aunque sean diferentes en muchos sentidos. Como ejemplo de una idea ya tópica, la autora recuerda que Kennet Clark escribía de la *Vista de Delft* de Vermeer que «esta obra única es, sin duda, donde la pintura ha llegado a acercarse más a la fotografía en color»[257]. Ciertamente, la fotografía, más que la imagen de la cámara oscura, ha llegado a asumir el papel de ser el modelo de la realidad, algo que sin ser la realidad misma, es la construcción artificial que se acepta como lo más cercano a ella.

Con una argumentación en esa dirección, en un brillante texto sobre Velázquez, Ortega y Gasset también había utilizado la categoría de fotográfica para hablar de la obra del pintor sevillano.

> Velázquez pinta los movimientos en uno solo de sus instantes, por tanto, detenidos. Dos siglos y medio más tarde la fotografía instantánea ha conseguido hacer lo mismo y banalizar el fenómeno. No deja de ser cómico que los seudorefinados de hoy arrojen a los lienzos de Velázquez, como un insulto, su condición de fotográficos. [...] En efecto, los cuadros de Velázquez tienen cierto aspecto fotográfico: en su suprema genialidad [...] pinta todas las figuras del cuadro según aparecen mi-

[256] Svetlana Alpers, *The Art of Describing: Dutch Art in the Seventeeth Century,* Chicago, The University of Chicago, 1983. Traducción en castellano referida en notas anteriores.

[257] Kenneth Clark, *El arte del paisaje,* Madrid, Seix Barral, 1971, pág. 54.

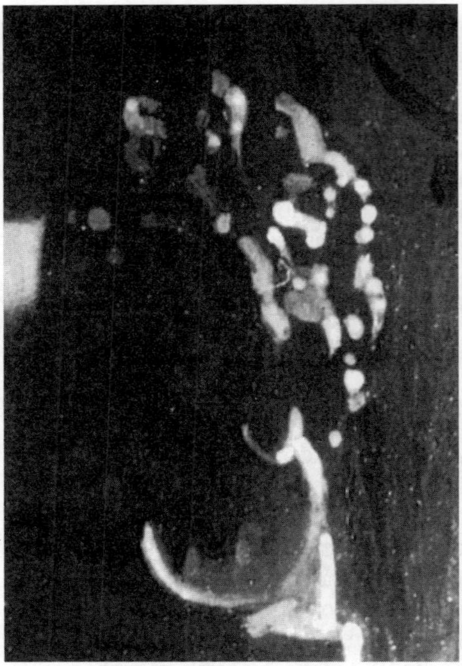

274. Detalle del cuadro de Vermeer, *La joven del sombrero rojo*, c. 1665. Remate de la silla con cabeza de león.

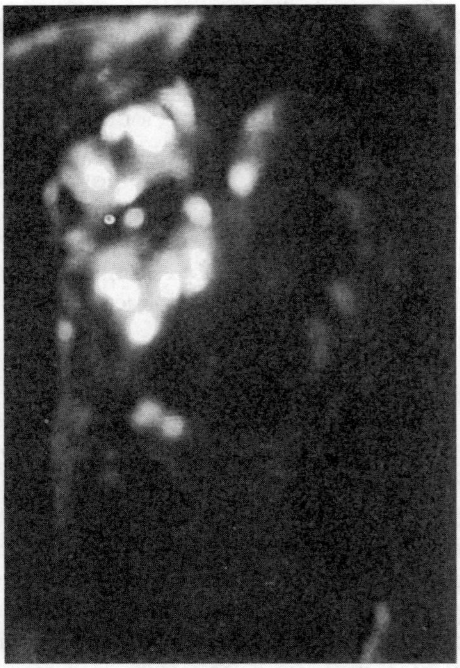

275. Fotografía del remate de una cabeza de león vista con una cámara oscura.

> radas desde un punto de vista único, sin mover la pupila [...] retrata el acontecimiento según es en cierto y determinado instante; esto le presta una unidad temporal tan estricta que ha sido menester esperar a la pasmosa invención mecánica de la fotografía instantánea para lograr nada parecido y, de paso, para revelarnos la audaz intuición artística de Velázquez[258].

A pesar de lo certero de estas observaciones, nadie ha tenido la osadía de sugerir, y está absolutamente descartada la posibilidad de pensar que Velázquez se pudo valer de cámaras oscuras para realizar sus pinturas, o que las imágenes conseguidas con ellas pudiesen tener una influencia directa sobre su arte. Sin embargo, el paralelismo que establece Ortega y Gasset entre la fotografía y la pintura del pintor sevillano se podría haber planteado también con la cámara oscura, a sabiendas de su imposibilidad y sólo en relación a un ideal de representación.

Al ser evidente, en la obra de Velázquez, su cualidad de pintura «fotográfica» anterior a la aparición de la fotografía, también es razonable admitir la existencia de unas pinturas similares a las imágenes proyectadas en la cámara oscura, sin necesidad de haberla utilizado o haber conocido sus efectos. Las fotografías actuales, igual que las imágenes de la cámara oscura, evocan imágenes anteriores auque no se hubiesen

[258] José Ortega y Gasset, *Velázquez,* Madrid, Espasa-Calpe, 1963, pág. 45.

realizado con la ayuda de artificios ópticos o mecánicos.

En otro orden de cosas, en múltiples ocasiones, se han intentado explicar los efectos fotográficos de algunas pinturas del siglo XVII recurriendo a hipótesis del uso real de la cámara oscura, aunque sin tener pruebas concluyentes para confirmar estas hipótesis. La cuestión se ha planteado desde varios aspectos formales, reconstruyendo el proceso de ejecución de dibujos, comparando ciertos efectos geométricos y luminosos que coinciden tanto en las pinturas como en la cámara oscura. Este tipo de investigaciones se han hecho con la pintura de Vermeer, o fotografiando los mismos escenarios pintados de las obras de vedutistas italianos como Canaletto.

276. Velázquez, detalle del cuadro de *Las hilanderas* (1657), en donde los radios de la rueca no se han pintado con la intención de producir una sensación de movimiento.

En unas conclusiones a sus estudios sobre estas cuestiones, Martin Kemp hacía unas afirmaciones que dan idea de la dificultad de llegar a soluciones definitivas:

> Si nos fijamos en los pintores de esta época y nos preguntamos si han utilizado la cámara oscura en sus creaciones, nos encontramos generalmente con problemas insuperables a la hora de dar una respuesta inequívoca. Prácticamente no existen testimonios escritos de la época que atestigüen el uso real de la cámara oscura por pintores famosos. El análisis visual de las propias pinturas no es concluyente. Los extraordinarios efectos de naturalismo espacial y atmosférico de la pintura holandesa tienen precisión digna de las mejores imágenes de la cámara oscura, pero estos efectos pueden explicarse por razones estrictamente pictóricas, sin necesidad de recurrir a ayudas de tipo óptico[259].

En el mismo sentido, según la autorizada opinión de Svetlana Alpers: «Los intentos de demostrar cómo utilizó Vermeer la cámara oscura han tenido resultados decepcionantes, tanto respecto a que usara aparato alguno como respecto a la producción de la imagen total representada por cada cuadro»[260]. Los esfuerzos para encontrar datos históricos demostrando el conocimiento de la cámara oscura han llegado a conclusiones débiles y forzadas; así, se hace una referencia muy indirecta a la posibilidad de haberla conocido a través de su encuentro con el científico Baltasar Monconys, quien visitó al pintor con la intención de comprar una pintura.

No se puede afirmar con rotundidad que Vermeer se hubiese podido ayudar de la cámara para aplicarla en la composición de alguna pintura y se mantienen muchas

[259] M. Kemp, *op. cit.*, pág. 207.
[260] S. Alpers, *op. cit.*, pág. 69.

277. Pintura de Charles-Amédée-Philippe van Loo. Aunque este cuadro pintado en 1764 se conoce bajo el título de *La linterna mágica*, el objeto representado es una cámara oscura.

incógnitas sobre este problema. Al final de las investigaciones se puede concretar el problema en dos preguntas: ¿los efectos de la cámara confirman las tendencias estilísticas ya existentes en el pintor o bien lo conducen hacia nuevas direcciones?

Por esta insuficiencia de datos, las investigaciones han tenido que hacerse a partir del análisis de la propia obra del pintor. Así, para intentar demostrar el uso de instrumentos ópticos en la pintura de Vermeer, se han buscado fenómenos difíciles de captar con la visión normal, aunque sí se producen en la cámara oscura. En el estudio más completo sobre este tema se establece una relación de diez fenómenos propios de la cámara oscura, buscando su relación con la pintura. El que puede considerarse más convincente hace referencia a los puntos brillantes de luz difusa producidos en las partes desenfocadas de la imagen[261] (figuras 274 y 275).

[261] Sobre esta cuestión puede verse Daniel Fink, «Vermeer's Use of the Camera Obscura —A comparative Study», en *Art Bulletin*, 53, 1971, págs. 493-505.

No obstante, aunque se quiera afirmar lo contrario, estos fenómenos de la cámara también pueden ser «percibidos» por el ojo del pintor si se entorna la vista con los párpados casi cerrados, una manera habitual de trabajo y perfectamente conocida por cualquier pintor naturalista que trabaje a partir de modelos reales. Como testimonio de la capacidad para captar visualmente fenómenos propios de la fotografía, se puede comprobar cómo Velázquez, en el cuadro de *Las hilanderas,* al pintar la rueda de la rueca en movimiento no pinta sus radios, sino unos trazos similares a los que aparecen en fotografías de objetos en movimiento. Velázquez pintaba algo «fotográfico» que el ojo también es capaz de ver (figura 276).

En muchos de los análisis actuales realizados de aquellas obras, se produce una paradoja: se reconstruyen fotográficamente el escenario, los colores, la iluminación y el punto de vista, para «demostrar» la identidad entre la pintura y la imagen óptica fijada químicamente. Pero una fotografía contemporánea no sólo era algo inexistente en el siglo XVII, es en sí misma muy diferente de las imágenes proyectadas en una cámara oscura, unas imágenes que, antes de la invención de la fotografía no eran «fijadas» sino «traducidas» con diferentes procedimientos y recursos técnicos.

Lo que es más importante, las imágenes de la cámara oscura en aquel tiempo eran reconstruidas en función de un determinado modelo estético. Si en nuestra propia época, al mirar las imágenes de una cámara oscura recordamos las fotografías que conocemos, en el siglo XVII las mismas imágenes se asociarán con la pintura de su tiempo; la cámara no hacía más que confirmar y ayudar a las ambiciones estilísticas de los pintores. Una pintura del siglo XVIII, que muestra los retratos de unos personajes con una cámara oscura, confirma la coincidencia entre el estilo «fotográfico» utilizado por el autor y el reconocimiento explícito del instrumento prefotográfico (figura 277).

En cualquier caso, todas estas especulaciones pueden suponer la posibilidad de las dos hipótesis: haberse utilizado la cámara oscura en el proceso técnico de realización de una pintura o bien como modelo necesario y condicionante directo de su pintura.

En el estudio ya referido de Ortega y Gasset sobre Velázquez, lo fotográfico se utiliza como una categoría estética; en el resultado de la expresión intuitiva de una determinada actitud espiritual asociada a las ideas de objetividad, ecuanimidad y distanciamiento del artista frente a los modelos, prescindiendo de juzgar, censurar, o tomar partido ante las realidades mostradas en su pintura. Es la misma relación existente en los artistas holandeses; la cámara oscura, más que una ayuda técnica se constituía como un modelo del «aspecto» de la pintura natural.

En esta situación la objetividad es una categoría derivada de una situación cultural concreta. No obstante, se puede hablar de la objetividad desde otro punto de vista más intemporal: como el resultado técnico que prescinde de la intervención subjetiva del individuo, delegando la ejecución de una obra en recursos técnicos como la cámara oscura.

El ojo de Kepler y la apariencia de realidad

La frase de Kepler, citada anteriormente, afirmando que la vista es como la pintura *(Ut pictura, ita visio),* está relacionada con otra de igual importancia. Tal y como advierte Svetlana Alpers en su estudio[262], Kepler es el primero que también establece

---

[262] Alpers, *op. cit.,* capítulo II.

una diferencia clara entre las imágenes del mundo exterior al ojo *(imago rerum)* y las imágenes proyectadas en la retina *(pictura)*, unas imágenes que se podían reproducir artificialmente con la cámara oscura.

En relación con estas ideas, se suele hacer referencia a una carta de Constantijn Huygens (1596-1687) como uno de los testimonios más conocidos sobre la definición de la imagen proyectada en la cámara oscura concebida como modelo de la realidad. En efecto, Huygens escribe en 1622:

> Tengo en casa el otro instrumento de Drebbel, que por cierto logra por reflexión admirables efectos pictóricos en una cámara oscura: no me es posible expresaros en palabras su belleza: toda pintura parece muerta por comparación, pues aquí se trata de la vida misma, o algo más intenso, para lo cual no hay palabras. Pues figura, contorno y movimiento coinciden aquí con naturalidad, y de una manera sumamente grata.

La cualidad natural de las imágenes proyectadas ponía de manifiesto su utilidad para ser usadas como modelo a emular por la pintura. Precisamente en ese sentido, Hoogstraten, el teórico del arte holandés, en 1678 escribió refiriéndose a la función de la cámara oscura como modelo para la pintura:

> Estoy seguro de que estos reflejos en la oscuridad pueden ser de gran ayuda para la visión de los artistas jóvenes; mejorando además su conocimiento de la naturaleza, vemos las principales cualidades que debe tener la pintura verdaderamente natural.

Algunos años más tarde se confirma la eficacia de esa idea aplicada a la pintura; en opinión de Sir Joshua Reynolds (1723-1792) «los cuadros holandeses son una representación de la naturaleza tal y como se la ve en la cámara oscura». En el mismo siglo, una recomendación de Algarotti, del año 1764, se dirige en la misma dirección de las palabras de Hoogstraten y, curiosamente, no propone calcar la imagen proyectada, sino utilizada como una referencia para ser «mirada y contemplada con tranquilidad»:

> Bien podemos imaginar que un joven pintor que sólo viera un cuadro hecho por la misma naturaleza y lo estudiara cuando le resultara más conveniente, sacaría más provecho de él que de las más excelentes representaciones que haya hecho el hombre. En la actualidad la naturaleza está siempre formando esos cuadros en nuestros ojos. Los rayos del sol procedentes de los objetos del exterior, después de entrar en la pupila, pasan a través del cristalino, donde son retractados, como consecuencia de la forma lenticular de esa parte; siguen hasta la retina, y marcan en ella, mediante su unión, la imagen del objeto hacia el cual la pupila está dirigida. La consecuencia es que el espíritu, por medios hasta ahora desconocidos para nosotros, recibe información inmediata de esos rayos y llega a ver los objetos que los envían. Pero esta gran operación de la naturaleza, el descubrimiento de lo que estaba reservado para nuestro tiempo, debió de haber seguido siendo una distracción ociosa de la curiosidad física, sin resultar de la menor utilidad para el pintor, pues no había encontrado medios de imitarla. La máquina ideada para este propósito consiste en una lente y un espejo situados de manera que el segundo arroja la imagen de cualquier cosa adecuadamente expuesta al primero y también en una dimensión competente, sobre una hoja de papel limpia, donde puede ser mirada y contemplada con tranquilidad[263].

---

[263] Traducido en Hockney, *op. cit.*, pág. 213.

A pesar de la fascinación causada por la contemplación de las imágenes de la cámara oscura, no todos los artistas estaban dispuestos a confesar su admiración incorporando los nuevos recursos al conjunto de los utilizados en su profesión. Algunos no estaban dispuestos a aceptar la superioridad de las proyecciones de la cámara sobre las pinturas elaboradas con los métodos tradicionales.

Costantijn Huygens también relató la falsa sorpresa del artista Torrentius cuando le enseño la proyección en una cámara

> Observé esto en la casa de mi conciudadano, cuando en alguna ocasión, rodeado de hombres de no insignificante posición e intelecto, se acercó a mí muy impaciente [...] como si le agradara contemplar mi aparato de ver, mediante el cual las imágenes de cosas de fuera son llevadas a un lugar cerrado sobre un tablero blanco; puesto que la había traído hacía poco de casa de Drebbel, en Inglaterra, la estaba usando para las proyecciones más exactas y detalladas de un cuadro. En ese momento, Torrentius, acercándose tan modesta y amablemente como he descrito, mirando bastante atentamente las imágenes en movimiento, me preguntó si, de hecho, los hombres que estaba viendo en el tablero eran los que aparecían vivos fuera de la habitación.
>
> Le respondí que así era con bastante rapidez, un tanto distraído, como a veces lo estoy, pues me encontraba entreteniendo a mis amigos con una variedad de proyecciones. En cuanto se hubo marchado, considerando su ingenua pregunta y su pretendida ignorancia de algo que nadie desconoce hoy día, comencé a sospechar, con buenas razones, de que su experiencia del descubrimiento era una gran simulación, porque se había cuidado de parecer profundamente ignorante. Me atreví a afirmar a los Degheyn que estaban allí que el hombre inteligente, equipado principalmente con esta ayuda, había hecho una copia en su pintura, la cual la multitud, en su entusiasmo, habría querido adscribir a sus propios perspicacia y juicio. Además, lo confirmaron el estrecho parecido con estas sombras del cuadro de Torrentius, así como la exactitud de su habilidad para la verdadera imagen del tema y su, como ellos declararon, «completitud», acerca de la cual los espectadores desean ser complacidos de todas las maneras. Estoy bastante sorprendido ante la tontería de tantos de nuestros pintores que ignoran, o llegan a negar, la ayuda de algo que es agradable y útil para ellos[264].

Magia natural y magia visual. Imitación de la naturaleza

En el siglo XVII, muchos pensadores se sentían atraídos hacia el conocimiento de las fuerzas ocultas de la naturaleza; para ellos, esta era una entidad mágica, dotada de poderes ocultos, que el sabio debería investigar y el mago aprovechar de una manera operativa. Autores como Kircher se esforzaban en aclarar que sus prodigios mecánicos, entre los que se encontraba la cámara oscura, eran una aplicación racional de los «secretos mágicos» de la naturaleza.

En este contexto, la cámara oscura encontró su ubicación más cómoda a través de obras como la *Magiae naturalis* de Della Porta, la *Magia universalis* de Schott o en la amplia obra literaria de Kircher, en donde la palabra «magia» aparece en múltiples ocasiones: «magia catóptrica», «magia fonocamtica», etc. Es precisamente ese el contexto que explica el sentido y su interés por la cámara oscura. Una de las láminas del *Ars Magna* de Kircher, ilustrando la parte dedicada a la «Magia Parastatica», acompaña títulos como: «Sobre el artificio de la naturaleza pintora por el que se confiere for-

---

[264] *Ibíd.*, pág. 211.

278. La ilustración de la cámara oscura aparece en A. Kircher, en un capítulo de su *Ars Magna* dedicado a «Los prodigios de la naturaleza pintora...», 1671.

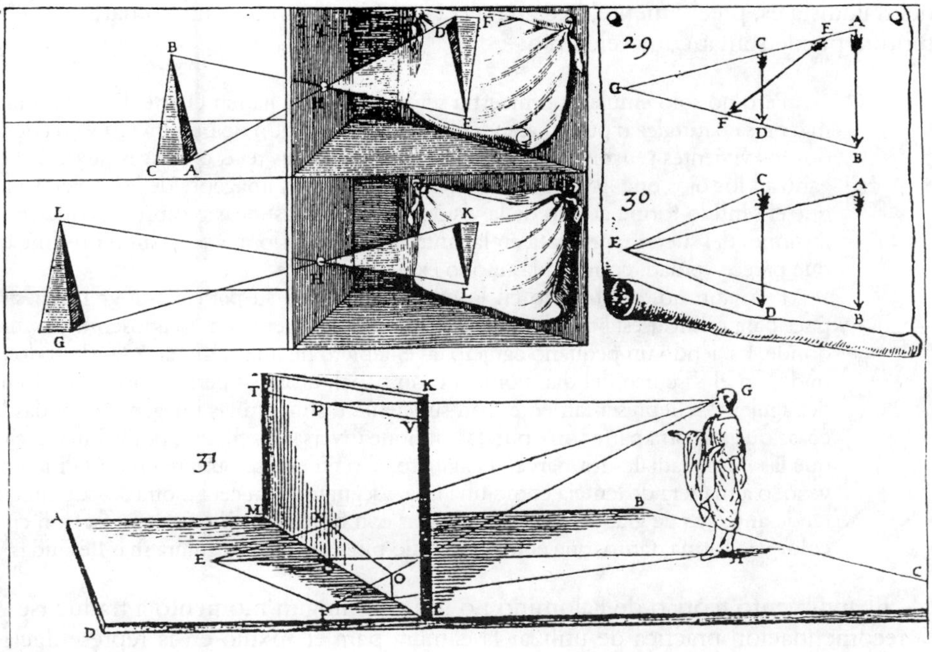

279. Comparación entre el funcionamiento de la cámara oscura y las leyes geométricas de la perspectiva. Niceron, *Perspective curieuse*, 1672.

mas a los fetos humanos, animales, plantas y piedras» y «Prodigios de la naturaleza pintora en piedras y plantas» (figura 278).

Todas estas especulaciones también servían para avalar la idea de que la naturaleza imita al arte, un argumento tópico en los tratados del Barroco. Con esa intención, Antonio Palomino (1655-1726), el más importante tratadista español de la pintura barroca, se refiere en su famoso tratado a las imágenes formadas en la cámara oscura, diciendo que «el más delicado pincel no las executará más definidas». La noticia de la cámara oscura, dada en esta circunstancia, es un argumento retórico para relacionar el arte y la naturaleza, en referencia al hecho de que, además de imitar el arte a la naturaleza, «también la naturaleza, traveseando en sus obras, procura imitar al arte»[265]. En su primera afirmación, Palomino seguía el tópico renacentista, mientras que en la segunda, era la naturaleza quien imitaba a la pintura en sus fenómenos, un argumento al que dedica un capítulo entero de su tratado de pintura, bajo el título de: «Prodigios de la naturaleza.»

En él, tras relatar una larga serie de ejemplos en donde las formas naturales imitan figuras que podemos reconocer, para estimular el ingenio recomienda, igual que Leonardo, identificar en las manchas de los muros, paisajes, animales y batallas, Palomino afirma que a partir de estas imágenes evocadoras, «el arte con los pinceles, perfecciona lo que dexó bosquexado la naturaleza». El último y definitivo ejemplo

[265] Antonio Palomino, *El Museo Pictórico o La Escala Óptica,* Valencia, 1715. Citado por la edición de Buenos Aires, Poseidón, 1944, pág. 255.

del tratadista es, precisamente, la cámara oscura. Como un fenómeno natural que la pintura puede tomar como ejemplo:

> Pero no solo émula sino maestra se puede y debe llamar el arte de la Pintura la ingeniosa naturaleza: pues si atendemos a la constitución de nuestra vista, y la de todos los vivientes sensitivos, veremos que en una de las telas o túnicas de que se organizan los ojos que llaman la retina, se imprimen las imágenes de los objetos para que el sentido forme el acto de la visión, sin omitir las ideas o caprichos que en las ilusiones del sueño representa en la fantasía, tan artificiosa, y a el parecer realmente, que parece verdad, como cada uno lo experimenta.
>
> Pero aun no es esto sólo en lo que más acredita su pericia esta gran maestra; pues para calificar esta indubitable verdad, se experimenta en un aposento obscuro, donde, haciendo un pequeño agujero en el tablero de una ventana, estando todo cerrado, en el discurso del día, poniendo un papel, u otra superficie blanca en frente del agujero, se representan en él con suficiente distinción las imágenes de todas las cosas que a la otra parte son opuestas, aunque inversas las figuras, por la intersección que las líneas radiales forman en el agujero. Y si en este se pusiere un cristalino convexo, o a manera de lenteja como una uña, asegurado con cera u otra cosa, o un cristal de anteojos de grados, se ven las figuras con mucha distinción y perfección en el color y la forma, tanto, que el más delicado pincel no las executará más definidas[266].

El argumento teórico de Palomino no llega en ningún momento a traducirse en la recomendación práctica de utilizar la cámara para el auxilio en la representación de figuras, paisajes o cualquiera de los otros asuntos presentes en el arte. Las hipótesis de la utilización de la cámara por artistas de primera línea, en aquellos momentos, carece de testimonios concluyentes; las especulaciones que proponen la posibilidad de su auxilio en casos particulares, se derivan de la comparación contemporánea entre la fotografía y la pintura de algunos artistas que realizan sus obras con un aspecto al que se puede calificar como fotográfico.

Para Palomino, además de servir como demostración del funcionamiento del ojo, la cámara oscura es un argumento para certificar la naturalidad de la pintura al poder compararla con las imágenes proyectadas en el instrumento con «perfección en el color y la forma». En el mismo sentido, la cámara oscura sirvió para acreditar los teoremas de la perspectiva geométrica y la relación de ambas con la visión natural del ojo (figura 279).

A pesar de la admiración por las imágenes de la cámara oscura, no podía evitar la disyuntiva planteada en la pintura de su época y arrastrada desde tiempo atrás: o se imitaban las ideas o se imitaba la naturaleza. La primera postura se derivaba de las ideas del manierismo, contraponiéndose a las teorías que apreciaban el arte por su grado de fidelidad a la naturaleza. Sin embargo, innumerables testimonios manieristas y clasicistas cuestionan la pretendida perfección de la naturaleza. Bellori, el más influyente teórico de las ideas clasicistas del siglo XVII, estaba convencido de que los pintores naturalistas «no tienen ideas en [su] mente» y «se habitúan a la fealdad y a los errores». También, según él, el naturalismo atrae especialmente a las clases inferiores, aquellas en donde se «relaciona todo lo que ve con el sentido visual»[267].

---

[266] Antonio Palomino, *op. cit.*, vol. I, pág. 266.

[267] *Vid.* Moshe Barasch, *Teorías del arte. De Platón a Winckelmann,* Madrid, Alianza, 1991, páginas 253-259.

Estas ideas tan arraigadas en el clasicismo ayudan a explicar la necesidad de los consejos para la enseñanza de los jóvenes dados por Bernini en su visita a la Academia francesa:

> Que ponerlos en sus comienzos a dibujar del natural es perderlos, pues casi siempre los modelos están faltos de vigor y de grandeza, y los jóvenes, no habiendo llenado su imaginación nada más que de eso, nunca podrán producir nada que sea hermoso y grande, pues de ningún modo lo encontrarán en el natural[268].

De esta creencia se derivaba la necesidad de perfeccionar todo lo imperfecto de la naturaleza, tal como proponía Armenini en 1587:

> Es cosa bien sabida que el uso de modelos vivientes, si no es ayudado por un estilo vigoroso basado en los antiguos, sólo reporta desprecio para el pintor que en todas sus obras se fía de ellos. Después de un repetido examen de muestras de la escultura antigua, hemos llegado a la conclusión de que la naturaleza, decayendo continuamente desde las edades primitivas, ha llegado a ser tan tosca y chapucera que ahora resulta difícil —incluso después de inspeccionar un gran número de personas— hallar un cuerpo o miembro de tal cualidad que pueda ser aprobado sin enmienda por un artista competente[269].

También en España, Carducho, en sus *Diálogos* impresos en 1633 advertía del uso inadecuado del natural en el arte:

> Usando del natural sin preparación y sin ciencia, será ocasión de grandes daños. Por eso yo dijera, que se ha de estudiar el natural, y no copiar; y así usar de él, será después de haber raciocinado, especulando lo bueno y lo malo de su propia esencia, y de sus accidentes (como dijimos en el docto Pintor) y hecho arte y ciencia de ello, que sólo le sirva de una reminiscencia y despertador de lo olvidado[270].

Viajeros, científicos y construcciones de instrumentos

Aunque no existen testimonios contundentes acreditando la utilización sistemática de la cámara oscura por los grandes artistas, este hecho no ha impedido la existencia de innumerables estudios en donde se plantean las hipótesis de su aplicación. Contrariamente, su uso por viajeros y dibujantes está perfectamente documentado a lo largo de todo el siglo XVIII y durante el siglo XIX hasta la aparición de la fotografía.

Como un ejemplo representativo entre todos los conservados, sabemos que, en los últimos años del siglo XVIII, los artistas viajeros Thomas Daniell y su sobrino William utilizaron la cámara oscura en su trabajo. Durante una estancia de varios años en la India, hicieron dibujos y pinturas de palacios, fortalezas y ruinas. En sus múltiples via-

---

268 Paul Frérat de Chantelou, *Diario del viaje del caballero Bernini a Francia,* Madrid, Dirección General de Archivos y Bibliotecas, 1996, pág. 146.

269 Traducido en R. Goldwater y M. Treves, *El arte visto por los artistas,* Barcelona, Seix Barral, 1953, pág. 80.

270 Vicente Carducho, *Diálogos de la pintura. Su defensa, origen, esencia, definición, modos y diferencias,* Madrid, Turner, 1979, pág. 185.

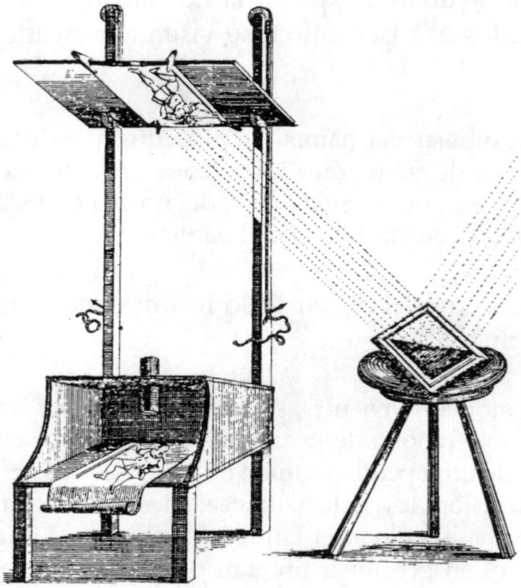

280. Nicolas Bion, Cámara oscura para copiar dibujos, 1727.

jes William anotó en su diario muchas referencias al uso de la cámara oscura en los trabajos realizados junto a su tío.

> 11 de noviembre de 1788. Después de desayunar fui al Gola e hice los dibujos con la cámara oscura. 25 de enero de 1789. Abandonamos Agra a las 6 y llegamos a Scundra a las 8. Mi tío ocupó todo el día dibujando la puerta, con la cámara, dirigida a la tumba de Akbar. 18 de febrero de 1789. Desayunamos muy temprano y dedicamos el día al Jammaigh Musjid, construido por Shah Jehan. Mi tío utilizó la cámara tomando una vista de la mezquita con los minaretes. 28 de agosto de 1789. Mi tío terminó de colorear la mitad de la vista que realicé ayer, yo mismo terminé de colorear el Tage Mahl. El Sr. Bellas nos llamó por la mañana comprometiéndose a repararnos la cámara oscura[271].

La importancia del género del paisaje durante todo el siglo XIX tiene su eco en los sistemas de enseñanza académica en los que llega a adquirir el rango de asignatura fundamental para los estudios de las Bellas Artes. En el año 1824, como un ejemplo de la nueva situación, la Escuela de Nobles Artes de Barcelona establece la enseñanza de dibujo de paisaje y toma de vistas, a cargo del pintor Pablo Rigalt. Dos años más tarde, al carecer la clase de perspectiva de vistas de los lugares pintorescos de Cataluña, para uso de los alumnos, Rigalt exponía a la Junta su decisión de aprovechar las vacaciones para viajar a sus expensas y tomar algunas vistas con la colaboración de alumnos.

En relación con el mismo asunto, en la primavera de 1828 la Junta accedía a recompensar con 324 reales anuales al mozo que transportaba «la cámara oscura» los días que salían al campo[272].

---

[271] Citado en Hammond, *op. cit.*, pág. 54.

[272] Citado por Federico Marés, *Dos siglos de enseñanza artística en el principado*, Barcelona, 1964, págs. 86 y ss.

Como un factor determinante, ha de tenerse en cuenta que, desde el siglo XVIII, el considerable aumento del número de viajeros que podían recorrer Europa y otros lugares del mundo, con más facilidad y menos riesgos que en los siglos anteriores, se relacionaba, entre otras circunstancias, con la curiosidad por conocer otros países, provocando la necesidad de tener buena información de los paisajes, ciudades y monumentos, a través de las estampas de las guías de viajeros, cuadros y grabados, sobre todo de las ciudades italianas.

En tales circunstancias, la *veduta* se impone como el género artístico que representa mejor esa demanda durante el siglo XVIII, del mismo modo que el paisaje lo será en el siglo XIX, aunque ambos géneros se remontan a los siglos anteriores, con episodios tan importantes como el paisajismo holandés del siglo XVII. En ambos casos, la cámara oscura se convirtió en un eficaz auxilio para la práctica del dibujo del natural.

A pesar de esta última relación, no pueden considerarse nunca estos dos géneros como una consecuencia directa o simple aplicación de la cámara oscura; surgen desde otras circunstancias bastante más complejas en donde los instrumentos sólo participan como un argumento o ingrediente más. El vedutismo adquirió en el siglo XVIII un carácter descriptivo, de participación y presencia documental, en un sentido que se aproximaría parcialmente a los actuales reportajes fotográficos de la prensa ilustrada.

Mientras tanto, la propia evolución técnica y las variaciones de los diferentes modelos de cámaras quedan determinados por sus aplicaciones, tal como sucede en el

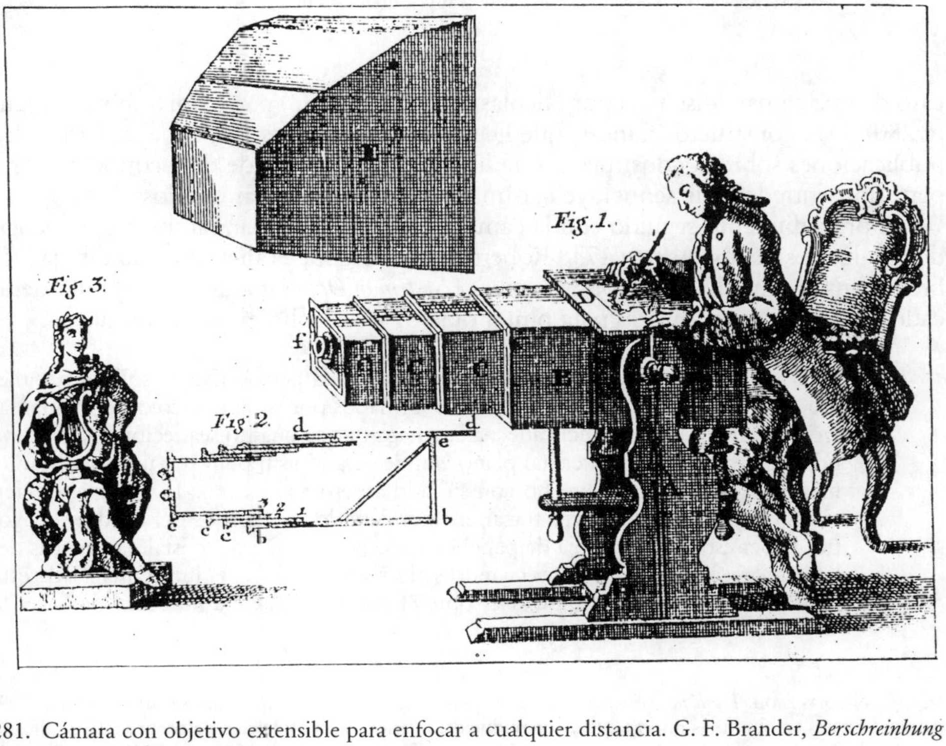

281. Cámara con objetivo extensible para enfocar a cualquier distancia. G. F. Brander, *Berschreinbung dreyer Camerae Obscurae*, 1769.

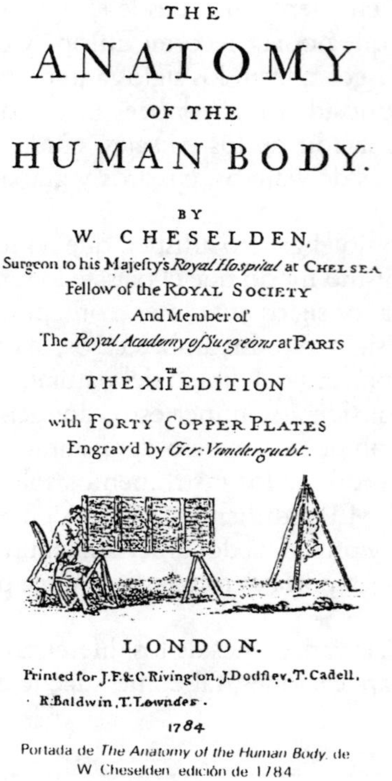
THE
ANATOMY
OF THE
HUMAN BODY.
BY
W. CHESELDEN,
Surgeon to his Majesty's *Royal Hospital* at CHELSEA
Fellow of the ROYAL SOCIETY
And Member of
The *Royal Academy of Surgeons* at PARIS
THE XIIth EDITION
with FORTY COPPER PLATES
Engrav'd by *Ger: Vandergucht*.
LONDON.
Printed for J.F.&C.Rivington, J.Dodsley, T.Cadell,
R.Baldwin, T.Lowndes.
1784
Portada de *The Anatomy of the Human Body* de W Cheselden edición de 1784

282. Portada de la edición de 1784, del tratado de anatomía de W. Cheselden, una obra ilustrada con dibujos de cadáveres diseccionados, realizados con una cámara oscura de gran tamaño.

caso de una cámara diseñada por Nicolas Bion (1652-1733) para copiar dibujos (figura 280). Este constructor francés, que llegó a ser *Ingénieur du Roi,* debe su fama a las publicaciones sobre la construcción de instrumentos en donde da a conocer sus repertorios, entre los que se incluye la cámara oscura para copiar dibujos[273].

El procedimiento seguido con la cámara oscura para copiar, también está recogido en algunos textos. Así, en 1738 Robert Smith describe el método para dibujar sobre un cristal esmerilado. Su obra, *Complete System of Optics* incluye un capítulo dedicado a las «Máquinas ópticas para pintar objetos y sus aplicaciones al dibujo».

> Para dibujar copias de grabados o pinturas, o la perspectiva de sólidos por medio de trazar el contorno de sus cuadros formados por las lentes, coloque el original en el exterior a una distancia adecuada y haga que su cuadro sea recibido sobre una hoja de papel o sobre un cristal plano grande dejando sin pulir por un lado. Manteniendo este cristal fijo derecho con su lado áspero apartado de la ventana, es fácil con un lápiz de mina negro trazar encima de él los contornos del cuadro. Luego, tras haber estirado una hoja de papel delgado por encima del cristal, las marcas del lápiz aparecerán a través de él cuando se lo sostiene contra la luz cenital, y de esta manera el cuadro puede dibujarse sobre el papel. La manera más fácil de hacer la

---

[273] Nicolas Bion, *Traité de la construction et principaux usages des instruments de mathématiques,* París, 1709. Aunque esta es su obra más importante y fue traducida a varios idiomas, la cámara oscura está publicada en una obra menos conocida: *Neu-eroffrete Mathematische Werke-Schule,* Nuremberg, 1727.

283. Cámara oscura de gran tamaño utilizada para dibujar cadáveres diseccionados e ilustrar el tratado de Cheselden, 1773.

imagen cuando está fija es colocar la lente en un tubo que se deslizará dentro de otro tubo más corto fijado a la contraventana.

Para evitar la complicación de hacer dos dibujos, podemos proceder de esta manera: tras haber estirado el papel de dibujo sobre una tabla lisa, póngalo sobre una pequeña mesa firme para colocarlo debajo de la lente de la contraventana, y ponga un espejo para reflejar el cuadro sobre el papel, fijado a la mesa[274].

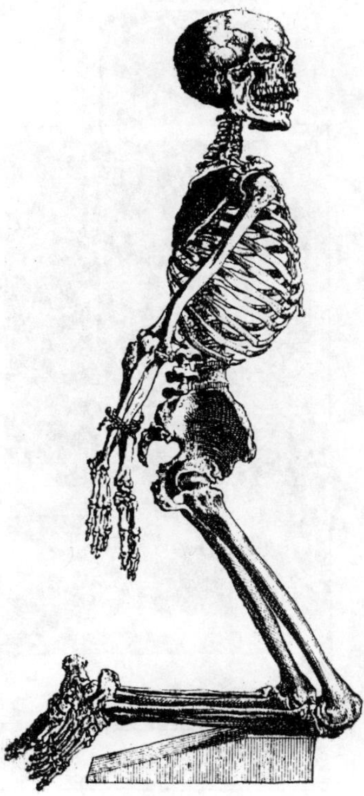

284. Ilustración de un esqueleto realizada a partir de un dibujo hecho con una cámara oscura en 1773 (Cheselden).

Como otra de las aplicaciones de la cámara oscura, para poder copiar esculturas a diferentes distancias se hacía preciso disponer de una cámara con una lente extensible; algo que se consigue con un mecanismo que permita, de este modo, un enfoque correcto. Aunque este problema ya estaba resuelto en el siglo anterior, durante el siglo XVIII se perfeccionó haciéndose posible dibujar objetos muy próximos a la cámara. Este es, precisamente, el caso de la cámara mostrada en la ilustración de uno de los tra-

---

274 Recogido en Hockney, *op. cit.*, pág. 212.

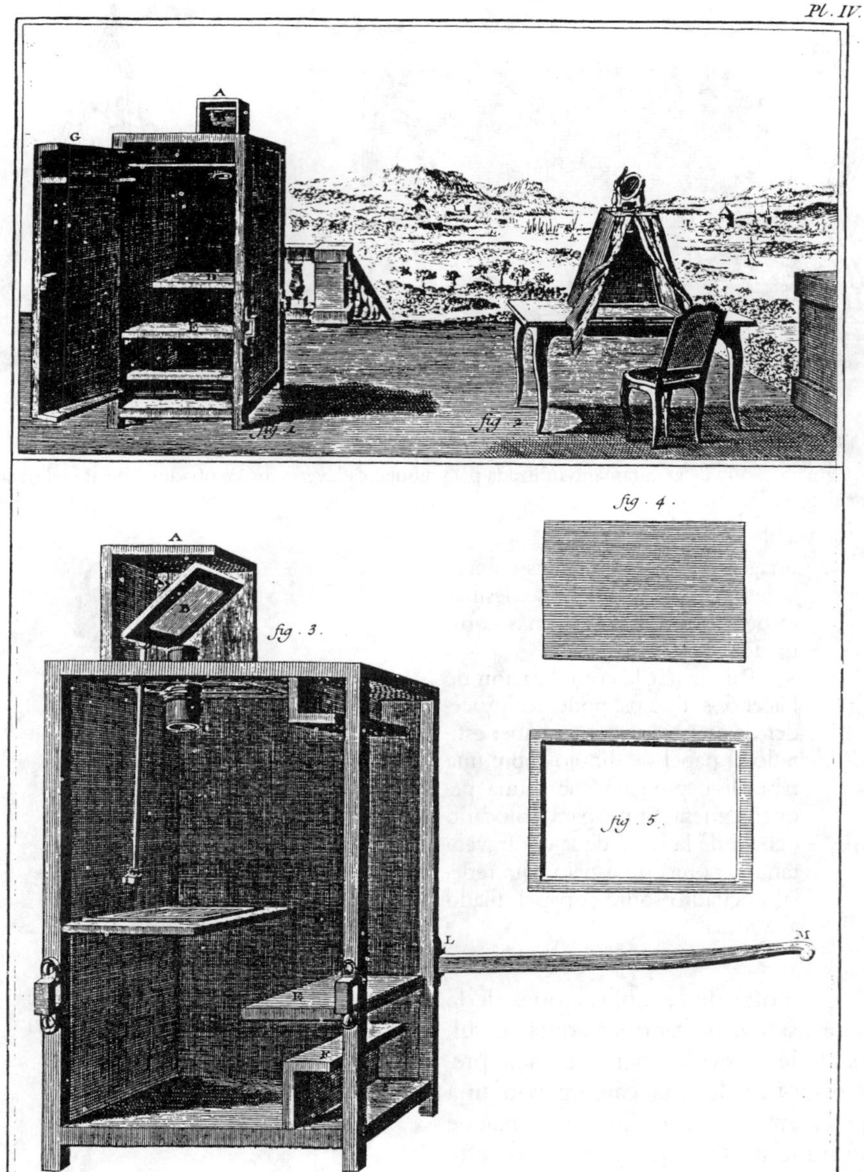

285. Lámina de la *Encyclopédie* de Diderot, del capítulo «Dessein», dedicada a las cámaras oscuras, publicada a partir de 1751.

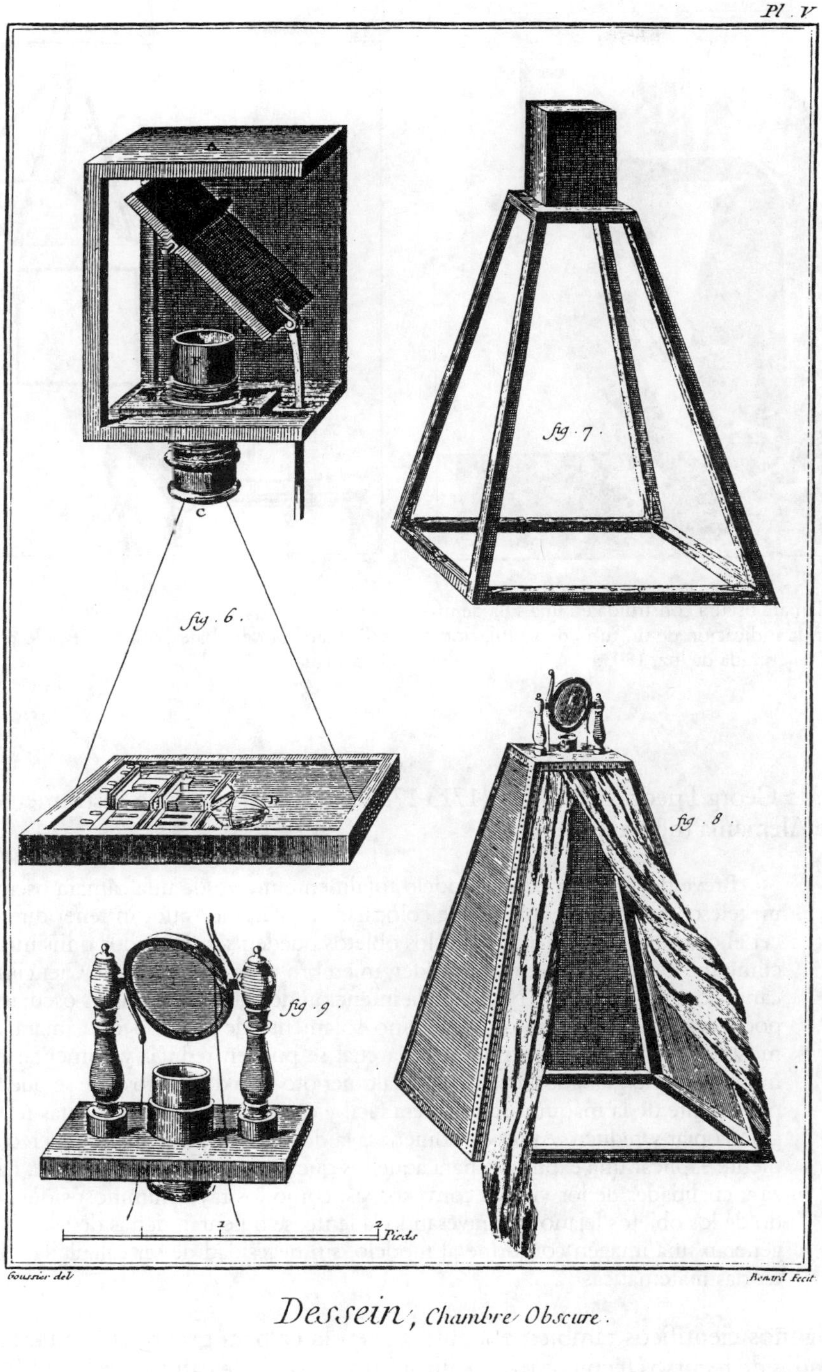

286. Cámara oscura de mesa. Lámina de la *Encyclopédie* de Diderot, del capítulo «Dessein», dedicada a las cámaras oscuras, publicada a partir de 1751.

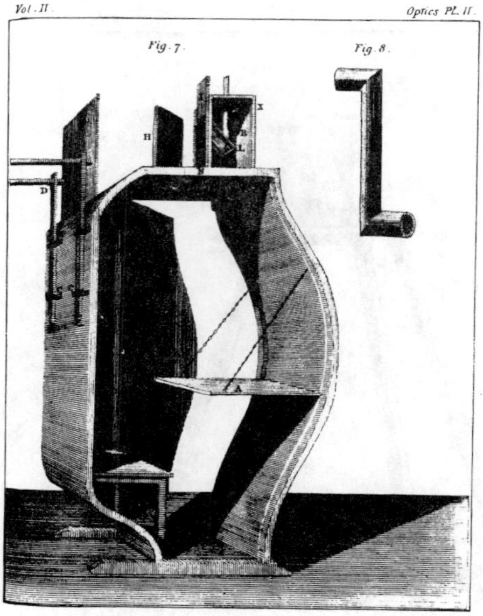

287. Cámara oscura construida en una silla de manos con la indicación de un tubo de ventilación a prueba de entrada de luz, 1803.

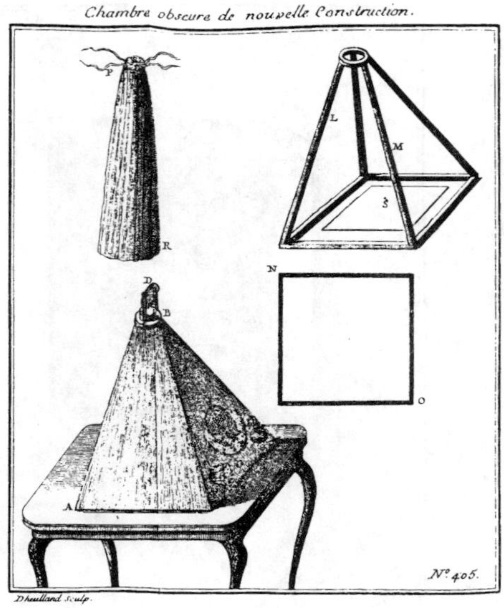

288. Cámara del abate Nollet, plegable en forma de paraguas, 1752.

tados de Georg Friedrich Brander (1713-1783), un constructor de instrumentos del sur de Alemania (figura 281).

> Breve descripción de un modelo totalmente nuevo de una cámara oscura y de un telescopio solar, el cual puede colocarse en cualquier sitio sin tener que oscurecer el cuarto, de modo que todos los objetos pueden ser dibujados o insinuados fácilmente. De Georg Friedrich Brander, miembro de la Academia de Ciencias y Mecanismos en Augsburgo. No tengo la intención de hablar de cámaras oscuras y tampoco describir los distintos tipos, sino solamente de un tipo de cámara oscura, mostrando cómo se construye, con la cual se pueden reducir y aumentar objetos móviles, como grabados, cuadros o cualquier oto tipo de objetos que se puedan poner delante de la máquina, de manera fácil y correcta, según las distintas relaciones para copiar y reducir. Antes de comenzar la descripción de la máquina creo conveniente explicar una expresión para aquellos que no conocen la dioptría, la naturaleza y cualidades de los vidrios convexos, así como los rayos luminosos que, viniendo de los objetos lejanos y atravesando la lente, se quiebran detrás de ella y después generan una imagen conforme al modelo, sin necesidad de ser calculada según las teorías matemáticas[275].

Algunos científicos también encontrarán en la cámara oscura la respuesta a sus demandas de recursos técnicos para realizar ilustraciones de calidad en la publicación

[275] Georg Friedrich Brander, *Beschreibung dreyer Camerae Obscurae,* Augsburgo, 1769.

289. Grabado de G. Costa, *Vista del Canal hacia la iglesia de la Mira*, 1750. En la parte izquierda aparecen unos dibujantes utilizando una cámara oscura y protegidos con una sombrilla.

de sus investigaciones. Un tratado de anatomía de William Cheselden (1688-1752), cirujano de la reina Carolina, incluye orgullosamente en su portada la figura de un dibujante utilizando una aparatosa cámara oscura para dibujar un cadáver diseccionado (figuras 282, 283 y 284). El texto se acompaña de unos comentarios sobre el procedimiento utilizado:

> Logré ingeniar (algo que había pensado mucho antes), una cámara oscura adecuada para dibujar, con la que corregimos algunos de los diseños realizados, acabando el resto con mayor precisión y menos esfuerzo, haciéndolo así en pocos minutos, algo que sin ella se haría en muchas horas, aunque podía decir que en muchos días[...] mis grabadores Sr. Vandergucht y Sr. Shinevoet [...] conocían muy bien las dificultades de la representación de líneas irregulares, perspectiva y proporción para despreciar tal ayuda; siempre afirmaron que sin ella habría sido imposible hacerlas tan bien[276].

El siglo XVIII, el anterior a la invención de la fotografía, será, fuera de toda duda, el más importante en la historia de la cámara oscura, tanto por las sucesivas mejoras técnicas y construcción de nuevos modelos como por su amplia difusión a través de un gran número de publicaciones. Como expresión de su importancia, en la segun-

[276] William Cheselden, *The Anatomy of the Human Body,* Londres, W. Johnston, 1773.

290. Detalle del grabado de Costa, con dibujantes, cámara oscura y sombrilla.

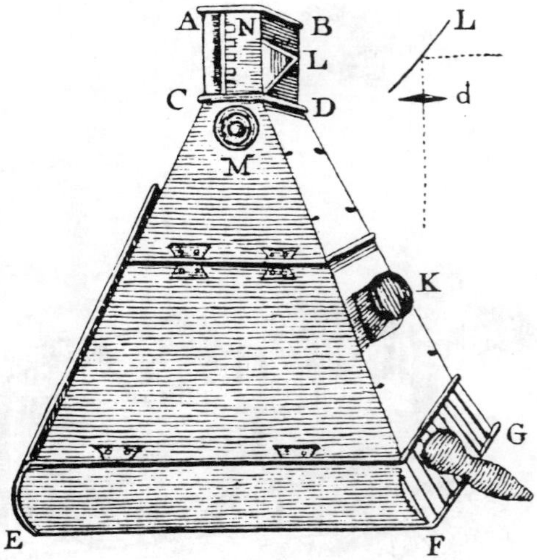

291. Cámara plegable en forma de libro, publicada en la *Encyclopaedia Britannica* en 1794.

da mitad del siglo, la *Encyclopédie* de Diderot y D'Alembert reproduce en dos láminas del artículo «Dessin» dos modelos de cámaras oscuras conocidas y utilizadas en ese siglo (figuras 285 y 286). No se trataba de unos modelos propuestos como algo algo novedoso, la *Encyclopédie* recogía la tecnología y los oficios de su propia época.

Los dos modelos se venían utilizando a lo largo de todo el siglo XVIII, y ya se habían publicado en algunos tratados. Una de las cámaras, la más grande, está construida a partir de una silla de manos, un vehículo utilizado en la época, con asiento para una persona y transportable por medio de dos varas largas. Este tipo de cámara ya estaba descrito perfectamente en un tratado del año 1711, publicado, curiosamente por un «doctor en derecho»[277]. En él se pormenoriza el funcionamiento, auxiliado con un tubo de ventilación a prueba de luz, pudiéndose completar con un mecanismo inferior para el mismo fin, accionado con los pies. El cierre hermético necesario para evitar la entrada de luz y el largo tiempo requerido para dibujar, hacían imposible el trabajo sin un mínimo sistema de circulación de aire. Este detalle de diseño sólo se puede explicar desde un conocimiento práctico del funcionamiento, algo que puede quedar demostrado en una de las advertencias recogidas en la explicación: «no hay que hacer entrar los espejos dentro de la máquina: porque en un espacio tan reducido, la humedad de la respiración los empañaría; [una humedad] que no llega a la lente, al estar encerrada en un tubo»[278].

Como demostración de la pervivencia e importancia de este tipo de cámaras se puede comprobar cómo, casi un siglo después de la publicación del grabado de Gra-

---

[277] G. J. Gravesande, «Usage de la chambre obscure pour le dessein», en *Essai de perspective*, La Haya, A. Troyel, 1710.

[278] *Ibíd.*, pág. 18 v.

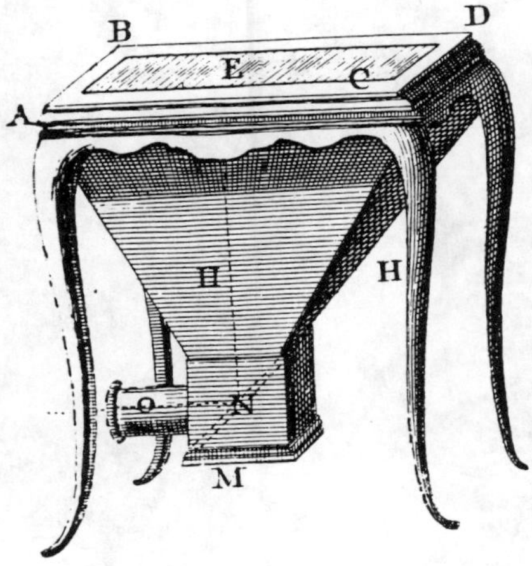

292. Cámara oscura de mesa diseñada en 1770 por M. Guyot y publicada en 1787 por Hoper en *Rational Recreations.*

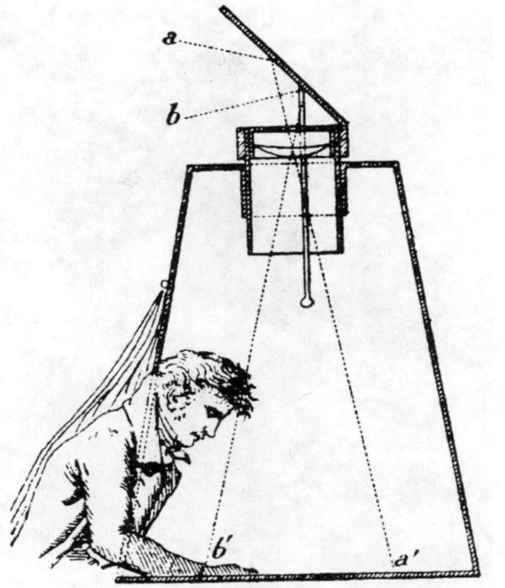

293. Sección de una cámara con una lente de menisco, ilustración de un diccionario francés de artes y oficios, 1823-1835.

vesande en en 1711, en 1803, se reproduce exactamente el mismo modelo en una obra científica[279]. Igual que en la versión original, en esta última se puede apreciar cómo un espejo situado sobre el techo de la cabina hacía posible la obtención de imágenes en direcciones diferentes al girar el espejo alrededor de un eje vertical. Asimismo, un mecanismo permitía fijar grabados o dibujos para ser copiados (figura 287).

La otra cámara de la *Encyclopédie,* con forma de pirámide, está construida con una estructura ligera de listones, con su base situada sobre una mesa en la que se coloca el papel y en la parte superior la lente y el espejo orientable en diferentes direcciones. Un modelo de este mismo tipo fue premiado en 1752 con una patente por la Real Academia Francesa de Ciencias, y presentado por su constructor, el abate Nollet. El modelo permitía plegarse como un paraguas[280] (figura 288).

En un grabado realizado en torno a 1750 del veneciano Gianfrancesco Costa, titulado *Vista del Canal hacia la iglesia de la Mira,* aparecen unos dibujantes con una cámara oscura de tienda y protegidos del sol con una sombrilla. Más allá de las circunstancias de la moda de la época, la necesidad de dibujar con una fuerte iluminación y el tiempo requerido para su realización, justifican la presencia de la sombrilla (figuras 289 y 290).

Este mismo tipo de cámara se construyó en diferentes tamaños y modelos, muchos de ellos plegables, como una cámara plegable dentro de una caja con forma de libro, publicada en 1794 en la *Encyclopaedia Britannica* (figura 291). La cámara se puede recoger en la base *E F G,* con forma de un gran libro. El espejo y la lente están alo-

279 Charles Hutton, *Recreations in Mathematics and Natural Philosophy,* Londres, 1803.
280 Nollet, «Chambre obscure de nouvelle construction», *Académie Royale des Sciences,* vol. 6, 1752.

294. Retrato del pintor de cámara Franz Joachim Beich, 1744. Pintura de Georg Desmarées dibujada por J. G. Bergmüller y grabada por Johann Gottfried Haid.

jados en la caja *A B D E*. Con la rueda *M* se puede subir o bajar todo el mecanismo, gracias a la correa *N* para lograr un correcto enfoque. La imagen proyectada se observa a través del visor *K* y se dibuja introduciendo la mano a través de la manga de tela situada en el lateral *F G*.

Con la misma forma piramidal, auque invertida, con la base más grande hacia arriba y la pequeña con el espejo y la lente en una posición más baja, fue proyectada en el año 1770 por M. Guyot, como una cámara oscura de mesa (figura 292).

Una de las aportaciones para el definitivo perfeccionamiento de la cámara fue la aplicación de la idea de W. H. Wollaston para usar las lentes de menisco en lugar de las tradicionales lentes biconvexas. En el año 1812, Wollaston construyó lo que es, sin discusión alguna, el mejor objetivo de la historia de la cámara oscura: un menisco (lente convexa en una cara y cóncava en la otra) dotado de un diafragma fijo, de diámetro correspondiente a la mitad de la lente, cuya fórmula es tan sencilla como válida: la curva interna y externa de la lente han de mantenerse para cualquier dimensión, o formato de la imagen, en la relación constante de 1 a 2. La ventaja mayor de estas lentes consiste en que permiten utilizar una superficie de proyección prácticamente plana, en lugar de la superficie cóncava habitual necesaria para lograr una buena nitidez (figura 293). La construcción de cámaras oscuras con este tipo de lentes se generalizó en los primeros años del siglo XIX y fueron la aportación tecnológica inmediata para la invención de la fotografía; se sabe que el mismo inventor de esta, Nicéphore Niepce, había comprado, en 1826, una cámara oscura con lente de menisco en la óptica que los ingenieros Chevalier tenían en París[281].

Canaletto; perspectiva y cámara oscura

Si el uso de la cámara oscura en el siglo XVIII parece algo particularmente eficaz para realizar las ilustraciones científicas, su uso por artistas de primera línea continúa siendo un tema en discusión y difícil de probar. Por el contrario, gozó de mucho más prestigio para facilitar el trabajo de aquellos dibujantes sin dotes excepcionales (figura 294).

Resulta paradójico el hecho de que la mayor parte de las recomendaciones de la cámara oscura, como un eficaz instrumento para el dibujo, no provienen de artistas sino de científicos y personas más o menos alejadas de la práctica del arte. Como un ejemplo de ello, en España, Benito Bails (1731-1797) se refiere en su monumental obra *Elementos de matemática*, en la parte dedicada a la óptica, a la cámara oscura como un instrumento «cuyo destino es facilitar el dibujo de cualesquiera objetos»[282].

Bails es una de las grandes figuras que representan toda una serie de problemas que en España surgieron durante el Siglo de las Luces. Él perteneció a ese grupo de españoles que en la niñez recibió su educación en Francia, que por entonces representaba un medio diferente al medio español; su perfecto conocimiento del idioma francés, así como su relación con la *Encyclopédie* (llegó a establecer contactos con D'Alembert), le permitió traducir al castellano una serie importante de obras que posibilitaron la difusión española del pensamiento ilustrado que entonces se extendía por Europa.

---

[281] Citado por Marie-Loup Sougez, *Historia de la fotografía*, Madrid, Cátedra, 1981, pág. 43.
[282] Benito Bails, *Elementos de matemática*, Madrid, J. Ibarra, 1779-1787, vol. VI, 1781.

A finales del siglo XVIII, cuando se escribían estas palabras, la cámara oscura alcanzaba la edad de oro con su plena madurez y perfeccionamiento técnico. El mismo Bails, Director de Matemáticas en la Real Academia de Bellas Artes de San Fernando, hace una completísima descripción de «la cámara obscura portátil que se vende comúnmente» así como del modo de utilizarla. Este es, sin duda alguna, el mejor y más completo texto sobre la cámara oscura escrito en lengua castellana:

> La cámara oscura, cuyo destino es facilitar el dibujo de cualesquiera objetos [...] Para dirigir más fácilmente el eje de la lente hacia un objeto, se la suele colocar dentro de un agujero grande cilíndrico, hecho en medio de una bola de madera, que se mueve con facilidad alrededor de su centro en una faja o zona de palo asegurada en la puerta de la ventana. Compónese esta faja de otras dos unidas una con otra por medio de un tornillo después de colocada la bola, y la concavidad de la zona impide que pase la luz por entre ella y la bola. Las imágenes de los objetos son tanto mayores cuanto mayor es la distancia del focus de la lente, y tanto más vivas cuanto mayor es su abertura. Si la distancia del focus de la lente es de 8 o 10 pies, es del caso hacer que se pinten las imágenes en una mampara grande cubierta con un lienzo o papel blanco, y hacer que sea móvil sobre dos ruedas para colocarla a la distancia de la lente que fuere menester.
>
> Para sacar copias de las imágenes pintadas o estampadas, o la perspectiva de los sólidos, trazando las líneas exteriores de sus imágenes formadas por la lente; se ha de colocar el original fuera del cuarto a la distancia conveniente, y recibir su imagen sobre una hoja de papel, o sobre un grande vidrio plano que tenga un lado tosco. Estando asegurado verticalmente este vidrio, vuelta su cara tosca hacia el espectador, será fácil trazar con un lápiz en dicho vidrio los principales lineamentos de la imagen. Después se extenderá una hoja de papel fino sobre el vidrio, se verán al través las líneas trazadas con el lápiz, oponiéndolas a la luz del día, y será fácil delinear la imagen en el papel. Para que salga distinta la imagen pintada en el vidrio, después de asegurado, se ha de colocar la lente en un tubo que corra dentro de otro afianzado en la puerta ventana.
>
> Pero se puede excusar el trabajo de trazar dos veces la figura, practicando lo siguiente. Después de tendido sobre una tabla muy lisa el papel en el cual se han de dibujar los objetos, se colocará esta tabla encima de una mesita muy sólida debajo de una lente, que está en la puerta ventana; por medio de un espejo inclinado se reflectirá la imagen al papel, y se le afianzará sobre la tabla conforme voy a aclarar. *ab* y *cd* son dos tablas aseguradas verticalmente en la mesa al uno y otro lado del papel en el cual se han de dibujar los objetos; *ef* es otra tabla cuya longitud es igual al intervalo que hay entre las dos tablas verticales, y lleva en cada extremo una clavija redonda. Después de afianzada esta tabla detrás de un espejo con dos tornillos que cogen el bastidor, se meten las clavijas en dos rajas hechas en la parte superior de las tablas verticales, y por medio de dos tuercas que entran a manera de rosca dentro de las clavijas, se puede asegurar el espejo en el grado de inclinación necesario para que la pintura dé directamente en el papel que está debajo, y se conseguirá que sea distinta empujando el tubo que lleva la lente hacia adentro o hacia fuera.
>
> La cámara oscura portátil, que se vende comúnmente (figura 252), se describe con pocas palabras, y su teórica es como sigue. Los rayos que vienen del objeto *PQR,* después que han atravesado la lente *E,* irían a formar una imagen *pqr,* pero siendo reflectados hacia arriba por el espejo *ABC,* forma una imagen horizontal *p'q'r'* igual con la primera en un vidrio plano que está en situación horizontal, cuya cara tosca está vuelta hacia arriba, se bosqueja en este vidrio con lápiz negro la imagen que en él está pintada; y estando el espectador de cara al objeto, dicha imagen le parece derecha. La figura representa una sección de la máquina cortada por el eje

del tubo que lleva la lente por medio de la caja donde está el espejo y el espejo mismo. Aquí no representamos la sección del lado opuesto del tubo, cuyo lado es móvil, y se abre como una puerta; el vidrio en el cual está representado el objeto, entra de corredera en los lados de la caja; y cuando se quita, se mete dentro de un cajón *ef* que hay en el fondo de la caja: también se puede quitar el espejo *ABC* que entra de corredera en los lados de dicha caja, y meterle en el mismo cajón. El tubo cuadrado de madera consta de tres piezas; las interiores, que llevan la lente, se mueve hacia dentro o hacia fuera para hacer que salgan distintas las imágenes. Las partes *gh* e *ik*, que están afianzadas unas con otras y con la caja con cerrojitos, se pueden separar y meter dentro de la caja; cerrando después la tapa *at*, y el móbil de la parte superior de la caja; queda la máquina muy fácil de llevar. La tapa cuya sección es *at*,

295. Canaletto, *Tejados y casas cerca del lago*, dibujo, c. 1740.

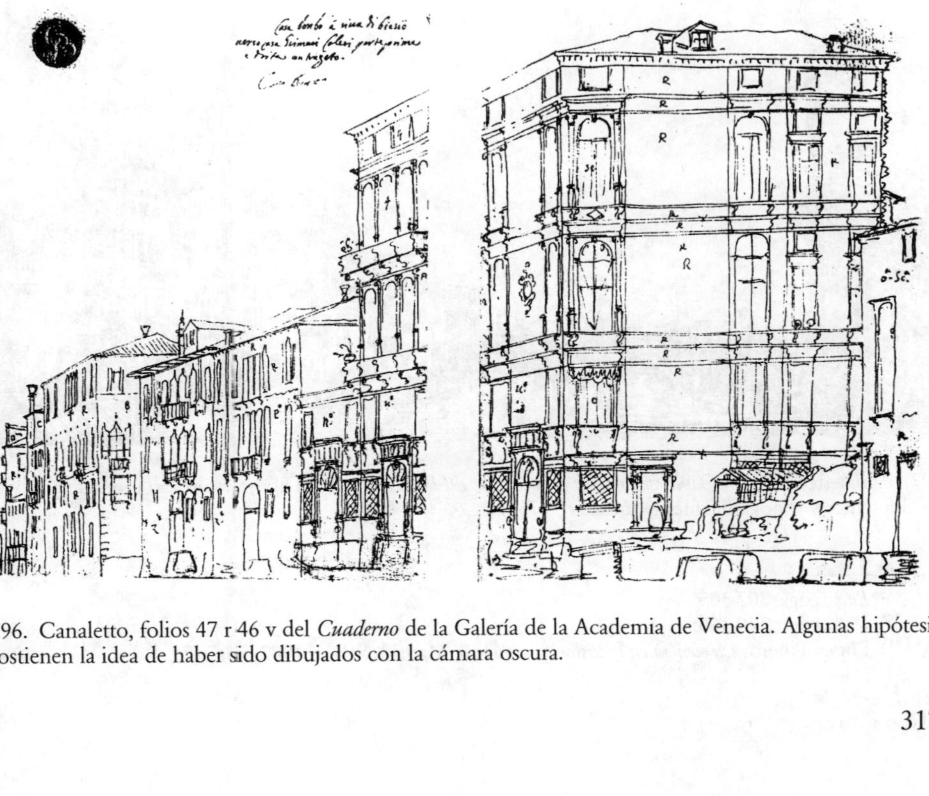

296. Canaletto, folios 47 r 46 v del *Cuaderno* de la Galería de la Academia de Venecia. Algunas hipótesis sostienen la idea de haber sido dibujados con la cámara oscura.

tiene dos hojas que se abren en ángulos rectos, y descansan sobre los bordes de la caja, para que hagan sombra a la imagen pintada en el vidrio[283].

El contexto científico de la obra, así como los grandes conocimientos del autor, le llevan a proponer, después de explicar el funcionamiento de la linterna mágica, cuatro «especies» diferentes de cámaras oscuras que él denomina así: «Primera especie de cámara oscura, para los objetos de seis pies de diámetro», «Segunda especie para los objetos de un pie de diámetro», «Tercera especie para los objetos de dos pulgadas de diámetro» y, una «Cuarta especie para los objetos de dos líneas de diámetro»[284]. Todas estas cámaras, aunque no se precise explícitamente por el autor, estarían destinadas a lo que hoy podría llamarse dibujo científico, por el tamaño de los objetos que se pretenden reproducir. Asimismo, por el reducido tamaño de los modelos, las cámaras propuestas por Balis recuerdan a los microscopios modernos al iluminar los objetos con la luz solar, gracias a espejos, o con la luz artificial de unas velas, con procedimientos ópticos similares a los utilizados en la linterna mágica.

Como en otras circunstancias, la vanguardia de la investigación tecnológica y el máximo interés por sus aplicaciones estaba en manos de los científicos; los mismos *Elementos* de Bails se han considerado como «la síntesis más importante del siglo»[285].

297. Canaletto, *El Gran Canal visto desde el este, cerca del Palacio Corner*. Dibujo realizado uniendo dos vistas diferentes y topográficamente inexacto, 1734.

[283] *Ibíd.*, págs. 302-305.
[284] *Ibíd.*, págs. 349-360.
[285] López Piñero, *La ciencia en la historia hispánica*, Madrid, Salvat, 1982, pág. 47.

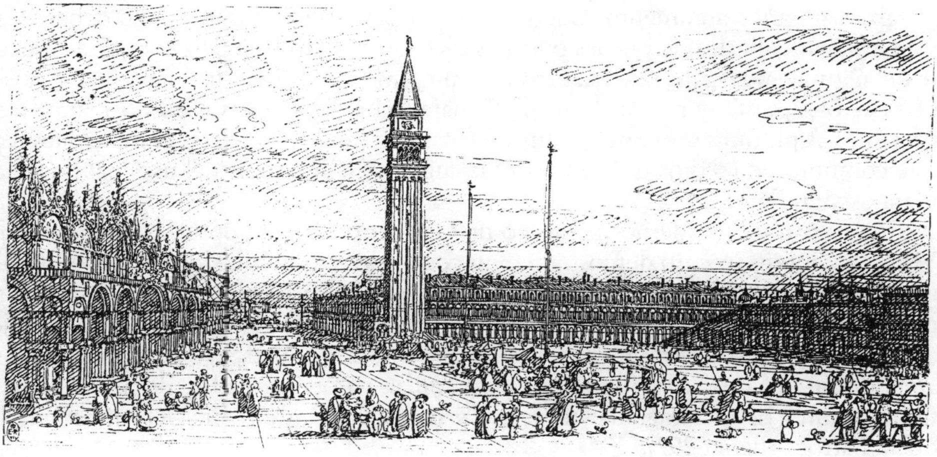

298. Canaletto, *Plaza de San Marcos vista hacia el sur*. Este dibujo forma parte de un grupo llamado «vistas imposibles», ya que combina varios puntos de vista diferentes o situados en lugares inaccesibles.

Ante la evidencia de estos conocimientos, en nuestra época se han propuesto diferentes hipótesis sobre el alcance real y las aplicaciones de la cámara por los más importantes artistas. En el siglo XVIII el vedutista Canaletto representa en estos debates un papel similar al de Vermeer en el siglo anterior, aunque con una diferencia: en el caso de este último existen testimonios en donde sí se puede relacionar, aunque sea indirectamente, su pintura con la utilización de la cámara oscura. No obstante, no se ha podido demostrar su uso en la obra de este pintor, aunque tampoco se ha podido descartar totalmente la posibilidad de que la utilizase en alguna fase de su proceso de trabajo. Aunque se conserva una cámara en el museo Corner de Venecia con la inscripción «A. Canal», y aparece citada en muchas publicaciones, está descartada su atribución al pintor por la práctica totalidad de los especialistas.

Una noticia recogida en una historia *Della pittura veneziana*, de Antonio Maria Zanetti, escrita en 1771, tres años después de la muerte de Canaletto, aporta una de las informaciones conocidas del hipotético uso de la cámara oscura por parte del pintor.

> Con su ejemplo, *Il Canal* [Canaletto] enseñó el uso correcto de la *camera ottica;* y también el modo de entender los errores que se cometen cuando el artífice se fía de la cámara y de las tintas, especialmente de la perspectiva aérea, y no saben cómo corregirlos cuando contradicen el sentido común. Los que estén iniciados en este arte comprenderán lo que quiero decir[286].

El análisis de esta noticia debe hacerse teniendo en cuenta las propias circunstancias de la época y desde el papel de autoridad otorgado a la perspectiva geométrica en la pintura de los vedutistas venecianos. La cámara oscura tenía que convivir con las importantísimas aportaciones y tradición de la perspectiva, encaminadas a resolver la construcción de las estructuras lineales de las composiciones.

286 Antonio Maria Zanetti, *Della pittura veneziana*, Venecia, 1771.

Existen varios argumentos que no pueden perderse de vista en este debate. En primer lugar el hecho de que las pinturas muy pocas veces se realizaban directamente del natural en la calle, prácticamente en ningún caso, sino indirectamente, a través de bocetos, apuntes y notas; el mismo Canaletto hablaba de los *scarabotti* (garabatos) previos. Las pinturas se «componían» en el taller a través de diferentes materiales. En este conjunto de medios utilizados, se ha sugerido la hipótesis del uso real de la cámara oscura (figura 295).

En el caso del cuaderno de dibujo de Canaletto conservado en la Academia de Venecia, Gioseffi intentó demostrar en un conocido estudio que los dibujos allí recogidos habían estado realizados con la cámara oscura[287] (figura 296). No obstante, el pintor estaba más que capacitado para dibujar sus vistas con su dominio del dibujo a mano alzada y sus extraordinarios conocimientos de la perspectiva geométrica. Su aprendizaje está asociado a la influencia familiar, ya que su padre, Bernardo Canal, fue un pintor de escenografías de teatro y una importante figura del mundo de la ópera barroca (figura 297).

En sus pinturas muchas «vistas» son imposibles de obtener con una cámara, al estar realizadas desde posiciones físicamente inaccesibles (figura 298). Asimismo, muchas composiciones de Canaletto son el resultado de una suma de varias tomas parciales y, lo que es más importante, su dominio para dibujar directamente del natural «a ojo» está perfectamente demostrado en su obra.

Como exponente de esa compleja relación entre perspectiva, cámara oscura y dibujo del natural, puede recordarse la figura del pintor y grabador vedutista veneciano Giovanni Francesco Costa (¿?-1775), citado anteriormente, profesor de perspectiva en la Academia Marciana de su ciudad. Su conocimiento de la cámara oscura está documentado en uno de sus grabados, famoso al estar reproducido en casi todas las historias sobre el tema. En él aparecen dos dibujantes utilizando una cámara oscura de tipo «tienda» para realizar la vista de un canal (figuras 289 y 290). Costa también es el autor de un pequeño, singular e importante tratado de perspectiva en donde propone construir las figuras acordes con la perspectiva natural del ojo, proyectándolas sobre arcos de circunferencia en vez de hacerlo sobre una superficie plana (figura 241).

Esta circunstancia pone en evidencia un hecho, los vedutistas tenían una sólida formación de oficio y argumentos más que sobrados para juzgar los resultados y comparar las perspectivas de la cámara oscura o las otras construidas al aplicar los teoremas geométricos de la perspectiva tradicional.

Desde un punto de vista exclusivamente formal, la perspectiva geométrica y los aparatos perspectográficos como el velo, el método del cristal o el porticón de Durero, conseguían unas representaciones resueltas con una estructura lineal básica; los colores y las sombras eran sólo algo añadido más tarde. Para el mismo Leonardo la perspectiva geométrica tenía unas limitaciones que la dejaban al margen de la cuestión de las luces, las sombras y el colorido. Esto último quedaba teorizado con la perspectiva de los colores y la perspectiva atmosférica.

Anteriormente, los textos de los siglos XVI y XVII recomendaban delinear los contornos de las imágenes proyectadas en la cámara oscura para ayudarse en las obras y,

[287] Decio Gioseffi, *Canaletto. Il quaderno delle gallerie veneziane e l'impiego della camera ottica,* Trieste, Università degli studi di Trieste, 1959.

casi siempre, para resolver los problemas de construcción de las estructuras perspectivas de las pinturas. Si son ciertas las hipótesis afirmando que algunos dibujos de Canaletto están realizados con cámaras oscuras, se produciría una paradoja: son dibujos de línea sin sombreado o color alguno; exactamente la dirección opuesta a la pintura de Vermeer o de Velázquez, en donde la luz, la perspectiva atmosférica y la variación de los colores con la lejanía tiene la máxima importancia.

Aunque la cámara oscura se consideró, muchas veces, como una derivación y desarrollo de las especulaciones sobre la perspectiva, desde el punto de vista actual está más generalizada la idea de considerarla como una alternativa a esta última. En algunos sentidos también se propone no sólo como algo distinto, sino superior, al pretender «superar las limitaciones de la perspectiva de una manera innovadora»[288].

También se ha querido ver, en algunos momentos, a la cámara oscura y a otros aparatos perspectográficos como algo negativo, calificándolos peyorativamente como un atajo de carácter artesanal para artistas incultos que pueden llegar, con su ayuda, a representar en perspectiva sin necesidad de dominar los sofisticados métodos geométricos que, supuestamente, requieren una capacidad intelectual mayor[289]. En cualquier caso, desde un punto de vista pretendidamente intelectual, la geometría sería siempre un camino más difícil que el utilizado al repasar los contornos de una imagen proyectada.

Eruditos y artistas. Algarotti y Reynolds

La diferencia de intereses entre los teóricos y los artistas puede ponerse de manifiesto a través de los testimonios de dos personajes contemporáneos; el primero de ellos es el conde Francesco Algarotti (1712-1764), un erudito, viajero, cronista y mecenas de arte; amigo de Benedicto XV, Voltaire y Federico II. El segundo de ellos es el pintor Sir Joshua Reynolds (1723-1792), aclamado presidente de la Real Academia de Pintura de Londres al fundarse por el Rey Jorge III en el año 1765.

Algarotti escribe con admiración, en 1764, sus opiniones sobre las cualidades de las imágenes formadas en la cámara oscura:

> Como este ojo artificial, habitualmente llamado Cámara Óptica u Oscura, no admite ningún rayo de luz, salvo los que provienen de lo que queremos representar, resulta de ellos una imagen de una fuerza y brillantez difíciles de expresar; y como no hay nada más delicioso que la contemplación de esta imagen, nada puede estudiarse con más interés. Pues no hablemos de la precisión de los contornos, la exactitud de la perspectiva y el claroscuro, que exceden lo imaginable; los colores tienen una vivacidad y riqueza insuperables; las partes que más destacan y están más expuestas a la luz se ven sorprendentemente sueltas y resplandecientes; y esta soltura y resplandor va perdiendo intensidad a medida que las partes se hunden o se apartan de la luz. Las sombras aparecen marcadas pero sin dureza, y los contornos precisos sin resultar cortantes. Donde quiera que caiga un rayo de luz reflejada aparece, como consecuencia, una variedad infinita de matices, imposibles de apreciar sin este artilugio. Hay tal armonía entre los colores del conjunto que apenas resulta enfrentamiento entre ellos.

---

[288] *Vid.* Alpers, *op. cit.*, págs. 69-70 y Kemp, *op. cit.*, pág. 188.
[289] *Ibíd.*, pág. 69.

A continuación, Algarotti se refiere a los efectos de la perspectiva, la disminución aparente y cuestiones de perspectiva aérea y atmosférica.

> Después de todo, no es de manera alguna sorprendente que, por medio de este dispositivo, hayamos descubierto lo que de otro modo siempre habríamos estado tratando de averiguar. No podemos mirar directamente un objeto que no esté rodeado de muchos otros, lanzando todos juntos sus rayos a nuestros ojos, por lo que es imposible que distingamos todas las diferentes modulaciones de su luz y sus colores. Por lo menos sólo podemos verlas en su manera apagada y confusa como para ser incapaces de determinar alguna cosa con precisión acerca de ellas, mientras que en la cámara oscura la facultad visual se concentra por completo en el objeto delante de ella, y la luz de cualquier otro objeto está, como de hecho estaba, completamente apagada.
>
> Otra perfección muy asombrosa en los cuadros de esta clase es la disminución del tamaño y de la intensidad de la luz y el color de los objetos y todas sus partes en proporción a su distancia del ojo. A mayor distancia, los colores aparecen más apagados y los contornos más oscuros. Las sombras, también, son mucho más débiles en una luz menos intensa o más remota. Por otra parte, esos objetos que son más grandes por sí mismos o se encuentran más cerca del ojo, tienen los contornos más exactos, las sombras más fuertes y los colores más brillantes; todas cualidades que son requisito para formar esa clase de perspectiva que se llama aérea, como si el aire entre el ojo y los objetos externos no sólo los velara un poco, sino que en cierto modo los carcomiera y los atacara. Esta clase de perspectiva constituye una parte principal de esa rama de la pintura que considera el escorzo de las figuras, y también el llevarlas más hacia delante y arrojarlas de nuevo hacia atrás de tal manera que nos hace perder de vista el suelo en que están dibujadas. Es, en una palabra, esa clase de perspectiva que, ayudada por la perspectiva lineal, presenta «Cosas agradables de ver y agradables engaños».
>
> Nada demuestra esto mejor que la cámara oscura, en la cual la naturaleza pinta los objetos que se encuentran cerca del ojo, por así decirlo, con un lápiz duro y puntiagudo, y los que están a distancia con uno blando y despuntado.
>
> Los mejores pintores modernos entre los italianos se han aprovechado mucho de este dispositivo, de otro modo no podrían haber representado las cosas tan como la vida misma.

Algarotti, anticipándose a muchas hipótesis contemporáneas, sugiere la idea de que el aspecto realístico de la pintura nórdica, sea debido al uso de la cámara, algo que atribuye al Spagnoletto (G. M. Crespi) un pintor vedutista contemporáneo.

> También es probable que muchos de los maestros tramontanos, considerando su éxito al representar los objetos con todo detalle, hayan hecho lo mismo. Todos sabemos lo útil que ha sido para el Spagnoletto, algunas de cuyas pinturas tienen un efecto grandioso y muy maravilloso. Una vez estuve presente en el momento en que mostraban esta máquina por primera vez a un maestro muy capaz. Es imposible expresar el placer que sintió al examinarla. Cuanto más la examinaba, más encantado parecía estar. En resumen, después de intentarlo de mil maneras diferentes y con mil modelos diferentes, comentó con toda franqueza que nada podía compararse con cuadros de un maestro tan excelente e inimitable. Otro, no menos eminente, había opinado que un académico, con no más mobiliario que un libro de Da Vinci, un relato crítico de los pintores principales, los vaciados de las mejores estatuas griegas y los cuadros de la cámara oscura tendría suficiente para revivir el arte de la pintura. Por lo tanto, haced que el pintor joven comience a estudiar lo antes posible estos

THE CAMERA OBSCURA.

299. Caseta utilizada como cámara oscura. *Magazine of Science*, 1839.

cuadros divinos, y los estudie todos los días de su vida, porque nunca será capaz de estudiarlos lo suficiente. En resumen, los pintores deberían usar la cámara oscura de la misma manera que los naturalistas y los astrónomos usan el microscopio y el telescopio, pues todos estos instrumentos contribuyen por igual a hacer conocer y representar la naturaleza.

Los comentarios apasionados de Algarotti hacia la cámara oscura, así como su recomendación, son contundentes: «haced que el pintor joven comience a estudiar lo antes posible estos cuadros divinos, y los estudie todos los días de su vida, porque nunca será capaz de estudiarlos lo suficiente». El contraste de estas opiniones con las de Reynolds es muy grande, y se puede explicar desde el conocimiento práctico de la pintura. Para el pintor británico está muy clara la diferencia que existe entre las imágenes de la cámara y las de la pintura; esta última siempre es superior a la primera:

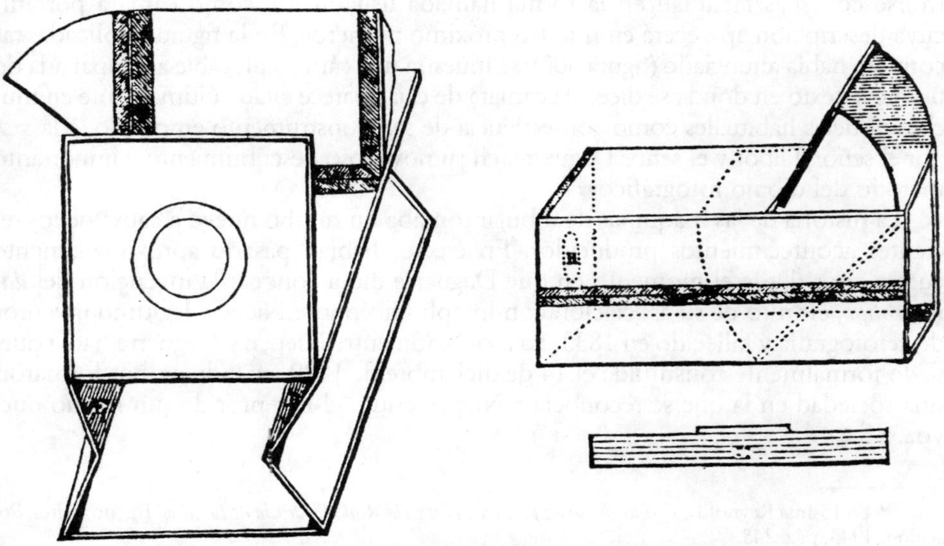

POCKET CAMERA OBSCURA.

300. Cámara oscura portátil, propuesta también para realizar fotografías. *Magazine of Science*, 1842.

Si suponemos una vista del natural representada con toda la fidelidad de la cámara oscura, y la misma escena representada por un gran artista, ¡cuán pequeña y mezquina aparecerá la una en comparación de la otra, cuando no haya superioridad en la elección del tema! La escena será la misma, la diferencia estará sólo en el modo en que es presentada a la vista. ¿Con qué adicional superioridad no aparecerá, pues, el mismo artista, cuando pueda seleccionar su material, así como elevar su estilo?[290].

Los pintores mantenían unas sensatas reticencias frente al uso incondicional de la cámara aunque las palabras del teórico Algarotti sugerían algo que trascendía a la pintura tradicional. Sus palabras ayudan a comprender dos fenómenos del siglo XIX: en primer lugar la aparición y desarrollo de espectáculos basados en imágenes proyectadas por instrumentos, como las linternas mágicas, o imágenes diferentes de aquellas de la pintura tradicional, como los panoramas; en segundo lugar se producía el fenómeno de la popularización de modelos de cámaras portátiles y económicas, asequibles a cualquier economía. Mientras que las primeras son una premonición de la cinematografía y sus derivaciones posteriores, al referirse a «cosas agradables de ver y agradables engaños», estas últimas se constituyen como el antecedente inmediato de las cámaras fotográficas portátiles.

Como una muestra en la trascendencia de su vulgarización, en el año 1839 aparece una nueva revista científica con el título de *Magazine of Science,* y en su portada tiene una ilustración de una cámara oscura en donde se muestra una construcción similar a una caseta de jardín de un notable tamaño (figura 299). En el texto que acompaña la figura se afirma que la cámara «es de construcción tan simple como fácil de comprender, y representa los objetos con fidelidad infalible, y con todos sus vívidos colores, siendo siempre una diversión favorita para ver sus variadas y animadas imágenes»[291].

En el mismo artículo se completa la información diciendo que «puede construirse con más facilidad en la forma llamada usualmente como cámara portátil, cuya descripción aparecerá en nuestro próximo número». En la figura publicada, tal como se había anunciado (figura 300), se muestra una cámara plegable acompañada de un breve texto en donde se dice: «la cámara de caja aparece citada últimamente en muchas noticias habituales como consecuencia de ser el instrumento empleado, a la vez por el señor Talbot y el señor Daguerre, en su novedoso descubrimiento e importante método del dibujo fotográfico»[292].

La historia de las máquinas de dibujar tomaba un rumbo nuevo a causa de los recientes acontecimientos producidos. En efecto, habían pasado aproximadamente cuatro años desde el momento en que Daguerre dio a conocer la invención del *daguerrotipo,* el fruto de su asociación con Joseph Nicéphore Niepce, legítimo inventor de la fotografía y fallecido en 1833. La asociación entre Niepce y Daguerre había quedado formalmente constituida el 14 de diciembre de 1829, cuando ambos formaron una sociedad en la que se reconocía a Niepce como el inventor de «un medio nuevo...»[293].

---

290 Sir Joshua Reynolds, *Quince discursos pronunciados en la Real Academia de Londres,* Buenos Aires, Poseidón, 1943, pág. 245.

291 *Magazine of Science,* 6 de abril de 1839. Recogido en Hammond, *op. cit.,* pág. 128.

292 *Ibíd.*

293 Isadore Niepce, *Historique de la découverte improprement nommée daguerréotype,* París, Astier, 1841, pág. 29.

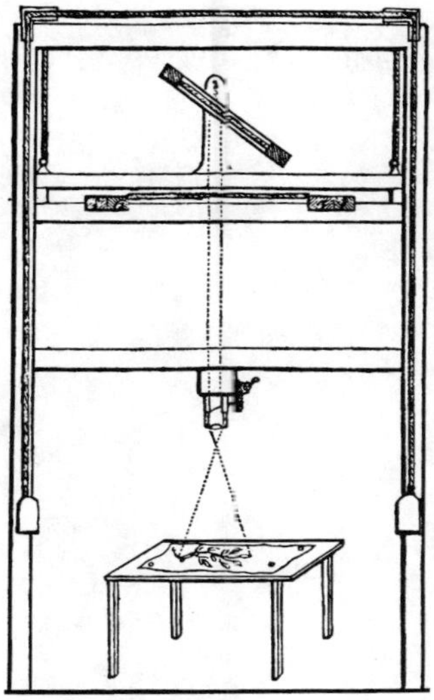

CAMERA OBSCURA
COPYING MACHINE.

301. Cámara propuesta para ampliar o reducir originales transparentes u opacos. *Magazine of Science*, 1845.

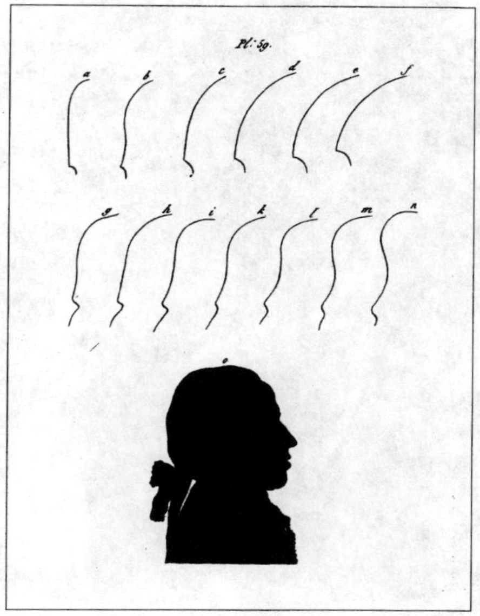

302. Perfiles y silueta, ilustración de una obra de fisionomía de J. C. Lavater (1740-1801).

Estos acontecimientos no suponían una ruptura total con la tradición anterior, ya que el mismo Daguerre llegó a sus descubrimientos, casi por casualidad, después de sus trabajos con la cámara oscura. En este sentido, en un testimonio contemporáneo se dice que

> El señor Daguerre, como pintor, tiene mucho talento de imitación y un gusto exquisito para los arreglos de sus cuadros. Le creo dotado de rara inteligencia para todo lo tocante a máquinas [...] Sé que lleva mucho tiempo ocupándose del perfeccionamiento de la cámara oscura, sin saber nada, sin embargo, con respecto a la finalidad de su trabajo[294].

De hecho, como un dato importante de la continuidad entre cámara oscura y fotografía, la histórica y tradicional asociación entre Niepce y Daguerre se hace posible gracias a que este último era cliente y contertuliano habitual de los ópticos Vincent Chevalier y Charles Chevalier, famosos como constructores de lentes, cámaras oscuras y cámaras claras. Fueron ellos, precisamente, los que pusieron en contacto a ambos al facilitar a Daguerre las señas de Niepce después de conocer los trabajos de éste último, cuando un primo de Niepce, por encargo suyo fue a comprar una cámara oscura de lente de menisco en la óptica que estos ingenieros tenían en París[295].

[294] Recogido por Marie-Loup Sougez, *op. cit.*, pág. 45.
[295] *Ibíd.*, pág. 43.

303. Lavater realizando el estudio fisionómico de un niño. Grabado de una pintura de Alberto Meso Gilli.

Asimismo, cuando Daguerre emprendió la fabricación en serie de su material, la óptica de sus cámaras estuvo suministrada en buena parte por el ingeniero Charles Chevalier. También desde este mismo momento, los instrumentos dejaron de llamarse cámaras oscuras para conocerse simplemente como cámaras o cámaras fotográficas.

Volviendo a la publicación *Magazine of Science,* en donde se relacionaba la cámara oscura con la invención de la fotografía, constamamos el interés por inventos derivados de la relación entre la cámara oscura y el dibujo. Así, en el año 1845, aparece una noticia de la patente concedida a un ingeniero llamado W. E. Newton. Allí se describe una máquina para copiar, propuesta por su inventor como una nueva aplicación de la cámara oscura (figura 301). «Para facilitar y copiar diseños, dibujos, grabados de todo tipo, a tamaño natural o ampliados o reducidos a escala.» Para utilizar este instrumento, el original previamente tenía que ser tratado con aceite para hacerlo traslúcido, calcándolo después sobre un cristal en la parte superior, iluminándolo con la ayuda de un espejo inclinado para proyectarlo sobre la mesa de dibujo. El mecanismo, similar al de una ampliadora fotográfica, permite reducir o aumentar el tamaño de la imagen proyectada.

Dibujar con la sombra

El perfil individual y las siluetas

Hacia finales del siglo XVIII concurren varias circunstancias alrededor de la existencia de unas máquinas para dibujar retratos: la moda de las siluetas, el gusto por el dibujo de línea, los perfiles de estética neoclásica, y el desarrollo de la fisionomía como disciplina moderna (figura 302).

304. «Máquina segura y cómoda para obtener siluetas», publicada en el año 1871 en una obra de Lavater.

En páginas anteriores hacíamos referencia a un instrumento, el «fisionotrazo» de Gilles-Louis Chrétien, inventado en el año 1786 para satisfacer la extraordinaria demanda social de siluetas, unos dibujos de perfil realizados en un tiempo muy breve, recortados con tijeras en una hoja de papel charol negro y pegados sobre otro papel de color claro. Las diferentes técnicas aplicadas para su realización se ayudaron de múltiples aparatos que no requerían una habilidad o preparación especial para el dibujo, sólo la necesidad de conseguir una gran fidelidad al modelo.

No obstante, estos retratos fueron más allá de una simple moda, se utilizaron como instrumentos de estudio de la fisionomía, una disciplina desarrollada sin interrupción desde el siglo XVI hasta las primeras décadas del siglo XIX, para intentar des-

305. Leyenda de la invención de la pintura. Grabado en línea tomado de un cuadro de Jeanne-Elisabeth Chaudet realizado en 1810.

306. Cámara lúcida patentada por W. H. Wollaston en 1806. Ilustración publicada por V. Chevalier. *Notice sur l'usage de la chambre claire*, 1834.

cubrir una correlación absoluta entre el alma y el cuerpo individualmente considerados, desarrollando intuiciones tradicionales como la que, desde siempre, ha visto «la cara como espejo del alma».

La necesidad de dibujar, inventariar y clasificar diferentes rostros obligó, antes de la invención de la fotografía, a utilizar recursos de dibujo con un suficiente nivel de calidad en los resultados. Entre los recursos técnicos más utilizados, la proyección de la sombra producida por una fuente de luz, natural o artificial, ocupó un papel privilegiado.

Un grabado realizado a partir de un cuadro de Alberto Meso Gilli muestra a Johann Caspar Lavater (1740-1801) haciendo el estudio fisionómico del rostro de un niño. El dibujo del perfil se limita a repasar el contorno de la sombra arrojada sobre un papel por la luz que entra a través de una ventana (figura 303).

Lavater, un pastor protestante de Zurich, consiguió un gran éxito a través de su abundante obra y, en buena parte, gracias a la magnífica calidad de los dibujos en alguna de sus ediciones. Este autor también abordó el estudio de las fisionomías ideales, el análisis fisionómico de la belleza, que entra más bien en el campo de la estética. Uno de los estudios de Lavater está dedicado al estudio de las relaciones entre la fisionomía y la pintura, considerándose por algunos como un verdadero tratado acerca de la silueta en sí misma y la técnica de realizarla.

Precisamente, en una edición de 1781, Lavater incluye la ilustración de una «máquina segura y cómoda para obtener siluetas». En ella, el personaje femenino retratado está sentado en una silla e interpuesto entre una luz y el papel en donde el dibujante traza la silueta (figura 304).

La función de estas máquinas queda perfectamente justificada al conocer las palabras del propio Lavater:

> La sombra de un hombre o de su rostro es la imagen más débil y más vacía que se pueda dar de una persona, pero si la fuente de luz se coloca a una distancia adecuada y el rostro se proyecta en una superficie completamente plana situada correctamente en paralelo, esta sombra será también la imagen más verídica y más fiel que exista. Es la más débil de las imágenes, pues no representa nada positivo, es tan sólo el negativo, el simple contorno de un semirrostro. Pero al mismo tiempo es la más fiel de las imágenes pues constituye la huella directa de la naturaleza, huella que ni siquiera el más hábil de los dibujantes alcanzará a trazar jamás a mano alzada del natural.
>
> Pues ¿qué es menos: la imagen de un individuo de carne y hueso o su simple silueta? Y sin embargo, ¿cuánto no llega a decir? ¡Es poco oro, pero del más puro![296].

Se ha dicho, respecto a las ideas de Lavater, que el reflejo del alma de los individuos no es propiamente el rostro, sino la sombra, la silueta de ese rostro. Se continuaba una idea antigua que identificaba la sombra del hombre con su alma. En consecuencia, para Lavater la sombra es susceptible de un análisis a través de la representación de los perfiles:

> He sacado de las simples siluetas más informaciones fisiognómicas que de todos los demás retratos; ellas [las siluetas] han agudizado mi sentido fisiognómico mucho más de lo que habría podido hacer contemplando directamente la naturaleza en perpetua mutación. La silueta reúne la atención dispersa, la concentra exclusivamente sobre los contornos y así hace la observación mucho más cómoda, más precisa, y del mismo modo, también la comparación. La fisiognomía es una prueba no más verídica e irrefutable de la verdad objetiva que las siluetas[297].

La idea de Lavater para dibujar perfiles no tenía, en absoluto, nada de original, se puede remontar hasta la misma narración mítica del nacimiento de la pintura transmitida a través de la tradición literaria. Según Plinio el Viejo (24/25-79) todos los griegos aceptaban que la invención de la pintura consistió «en circunscribir con líneas el contorno de la sombra de un hombre: así fue, de hecho, su primera etapa; la segunda empleaba sólo un color cada vez y se llama monocroma; después se inventó una más compleja y esa es la etapa que perdura hasta hoy»[298]. Sobre el mismo tema, en otro punto de sus escritos narra la historia de la hija del alfarero Butades de Sición que estaba enamorada de un joven; cuando este se marchó al extranjero, ella trazó una línea alrededor de la sombra de su rostro proyectada en una pared por la luz de una lucerna[299].

El siglo XIX vio proliferar muchas ilustraciones con la representación de la leyenda referida insistentemente desde el Renacimiento y narrada en los tratados clásicos del Barroco[300]. Durante el Neoclasicismo, con la extraordinaria valoración del dibujo de lí-

---

[296] Citado en Victor Stoichita, *Breve historia de la sombra,* Madrid, Siruela, 1999, págs. 162-163.

[297] *Ibíd.*

[298] Plinio, *Textos de Historia del Arte,* Madrid, Visor, 1987, pág. 78.

[299] *Ibíd.,* pág. 124.

[300] Un interesante estudio de este tema iconográfico es: Robert Rosemblum, «The Origin of Painting: a Problem in the Iconography of Romantic Classicism», en *The Art Bulletin,* diciembre de 1957, págs. 279-290.

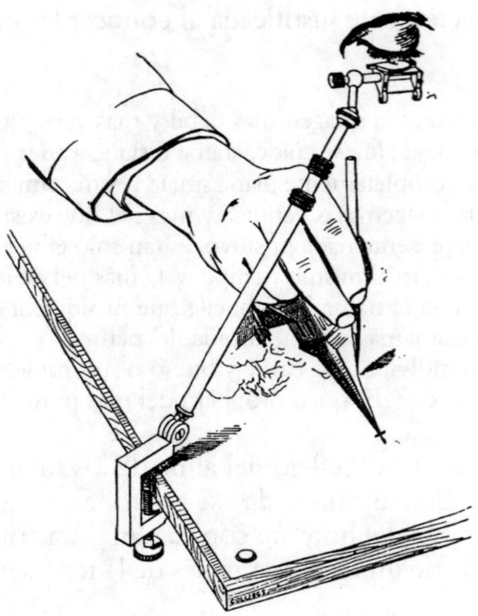

307. Utilización de la cámara lúcida, ilustración de un tratado de 1878.

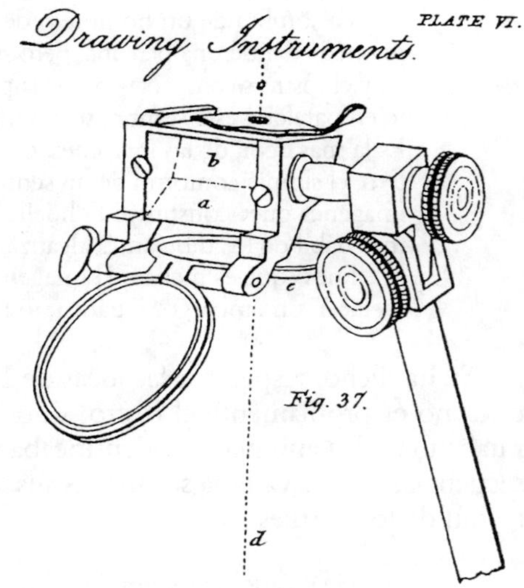

308. Detalle de una cámara lúcida. Cornelius Varley, *A Treatise on Optical Drawing Instruments*, 1845.

nea, el mito del dibujo de contornos vino a avalar el arte de su propia época en la que se hicieron reconstrucciones ideales de aquella leyenda. Una interpretación de este tema se exhibió en el Salón de 1810 por Jeanne-Elisabeth Chaudet (1767-1832), discípula de Vigée-Lebrun y de su primer marido, el escultor neoclásico Antoine-Denis Claudet. En un grabado de línea de la época se reproduce el cuadro con el perfil dibujado sobre la pared de una construcción que evoca un monumento funerario (figura 305).

De manera similar a la identificación de un individuo a través de sus huellas dactilares, el perfil del rostro de cualquier persona puede llegar a diferenciar los más leves matices entre uno u otro individuo particular. Mientras que un retrato tradicional puede llegar a parecerse mucho o poco con el individuo retratado, un perfil, en principio, pretende ser como la impronta de huella digital.

La cámara lúcida

Cámaras claras, invención de la cámara lúcida

La cámara lúcida o cámara clara constituye uno de los hitos más importantes en la historia de las máquinas de dibujar, viniendo a resolver uno de los mayores inconvenientes de la cámara oscura al poderse utilizar en cualquier condición de luz, prácticamente sin limitación alguna. Esto supuso, en la práctica, la ocupación de una parte muy importante de las funciones desempeñadas hasta entonces por la cámara os-

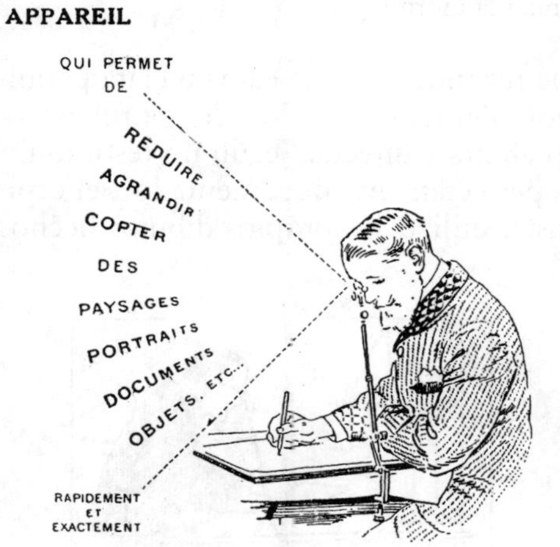

309. Ilustración de un folleto explicativo de las funciones de la cámara lúcida especificando diversas aplicaciones.

310. *Retrato de Sir Walter Scott*, dibujo de Basil Hall realizado con una cámara lúcida, 1830.

cura aunque no llegó a sustituirla totalmente. Asimismo, su reducido tamaño permitía llevarla en cualquier viaje o desplazamiento.

Este famoso instrumento de dibujo es un invento patentado en diciembre del año 1806 por el físico William Hyde Wollaston (1766-1828) y consiste, fundamentalmente, en la utilización de un prisma de vidrio con reflexión total, de forma que la imagen parece reflejada sobre un papel en donde el dibujante puede recorrer con un lápiz los contornos y las líneas de las figuras (figuras 306, 307 y 308).

La patente de Wollaston fue el origen de una serie de instrumentos derivados de él, como la cámara de Amici (1784-1863) y otras que culminaron con las mejoras de los ópticos franceses Vincent Chevalier y su hijo Charles Chevalier. Desde el primer momento de su aparición, la cámara lúcida gozó de un extraordinario éxito gracias a sus múltiples aplicaciones. A lo largo de todo el siglo XIX y durante casi todo el siglo XX se ha utilizado por científicos y artistas para dibujar. Se aplicó a las ilustraciones de las enciclopedias, al dibujo de las imágenes de los microscopios y al dibujo técnico en general (figura 309).

En tratados actuales de dibujo científico continúa apareciendo información de cámaras claras, fabricadas expresamente para su utilización con microscopios, acompañada de instrucciones y recomendaciones para su manejo, indicando, no obstante, sus limitaciones. Así, en un manual reciente se puede leer un apartado acerca de «los límites de la cámara clara»:

> «Cualquiera que sea la habilidad del micrógrafo, la cámara clara no puede dar más que el contorno de la imagen y la distribución de los principales detalles» (Lan-

> geron, 1949, pág. 156). La cámara clara es, de hecho, un instrumento que permite fijar proporciones y emplazamientos exactos. Una vez trazado el esbozo, se retira la cámara clara. Cuanto más directamente llega la imagen microscópica, más nítida es; y por otra parte, se vuelve a recuperar el total de la iluminación. De esta forma, se pueden precisar los detalles y comprender la morfología[301].

Conforme a estas advertencias se ha de reconocer que la cámara clara permite definir con precisión los «grandes rasgos» del tema elegido y los pormenores sólo pueden resolverse con la observación atenta y directa. Según un testimonio de los primeros años de la cámara lúcida, perfectamente documentado, «el capitán Basil Hall, científico aficionado y artista, utilizó sus propios dibujos hechos

311. Ejemplos de aplicaciones de la cámara lúcida recogidos en varias publicaciones del primer tercio del siglo XX.

[301] Yves Coineau, *Cómo hacer dibujos científicos. Materiales y métodos*, Barcelona, Labor, 1987, pág. 202.

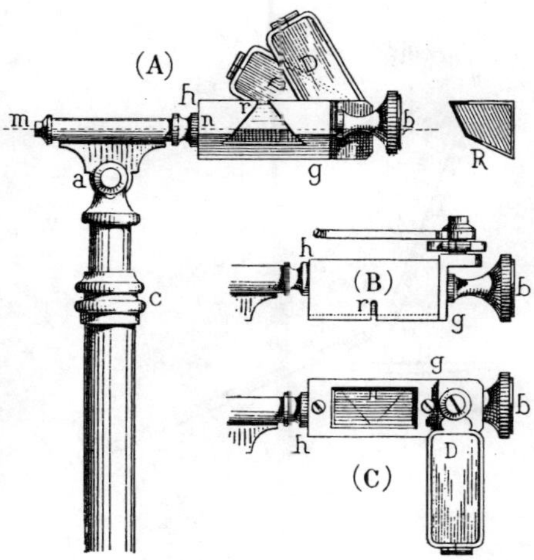

312. Detalle del montaje del prisma de una cámara lúcida en un tratado de los años veinte (Commelerán).

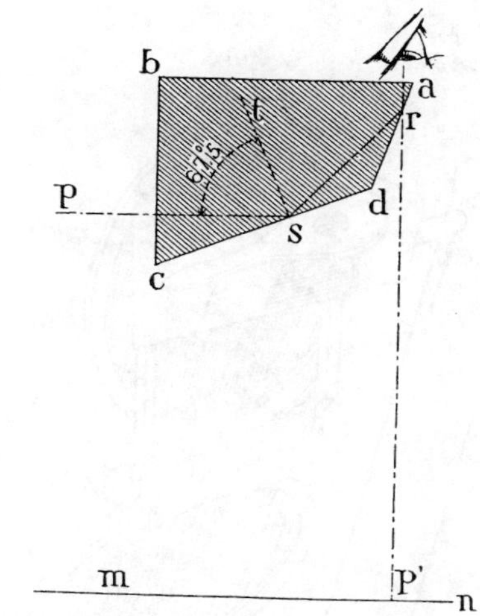

313. Esquema del funcionamiento del prisma en la cámara lúcida (Commelerán).

con la cámara para ayudar a su hermano menor James, que estudiaba para ser retratista»[302].

La idea de que los esquemas básicos conseguidos con la cámara lúcida sólo eran un dato más para la compleja realización de una obra, está argumentada con otra anécdota de los hermanos James y Basil Hall que relata así Martin Kemp:

> En 1830, el gran escritor Sir Walter Scott dejó que Basil Hall tomara algunos apuntes en Escocia para un retrato de cuerpo entero que podía ayudar a su hermano en Londres a granjearse una buena reputación. El apunte de Scott de pie (figura 310), utilizado directamente como base para el cuadro que James terminó en 1838, muestra las tortuosas líneas que se obtienen fácilmente con la cámara lúcida cuando el dibujante se afana en prestar atención a la imagen refractada y a la punta de su lápiz. Para la conversión de una imagen así en una pintura acabada, el artista debe aún aportar su capacidad. A pesar de su entusiasmo por la autenticidad de la imagen de la cámara, Basil Hall reconocía que el bosquejo obtenido le suponía al pintor una guía «muy limitada»[303].

En los relativamente, pocos años que transcurren entre la invención de la cámara lúcida y la revolucionaria invención de la fotografía, se establecieron unas experiencias gráficas en muchos campos científicos sin producir una ruptura conceptual profunda entre los resultados conseguidos con la cámara lúcida y los obtenidos posteriormente con la fotografía.

---

302 Cita recogida en Martin Kemp, *op. cit.*, pág. 216.
303 *Ibíd.*.

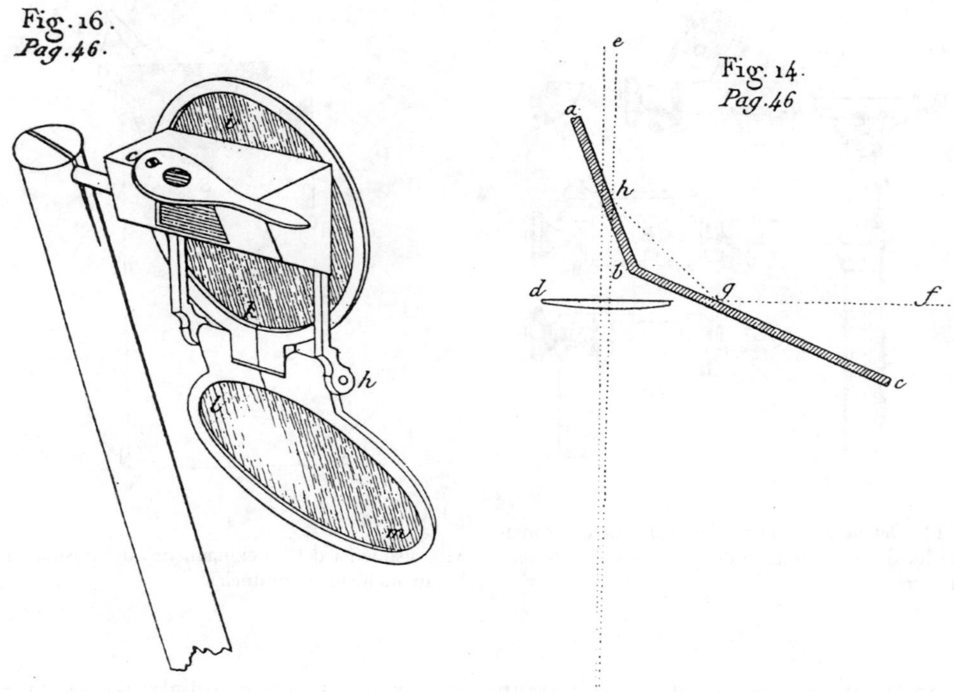

314. Detalle de una cámara lúcida. Chevalier, *Instruction pratique sur l'usage de la chambre claire*, 1829.

Así, en la historia de la fotogrametría, sabemos que el primer plano topográfico exacto, deducido de un cierto número de fotografías, fue el del pueblecillo de Le Buc, próximo a París, obtenido en 1861 por el entonces capitán de ingenieros de Francia, Aimé Laussedat, y presentado en una Memoria de su autor a un concurso de la Academia de Ciencias de Madrid, que le concedió una recompensa. Antes de 1851, momento en que Laussedat pasó al uso sistemático de la fotografía, se había servido de la cámara clara para obtener las perspectivas necesarias en la restitución de los planos topográficos.

Además de las aplicaciones científicas, los géneros tradicionales del arte se sirvieron de los nuevos instrumentos como la cámara lúcida para facilitar su trabajo. El retrato, el paisaje, el bodegón o la figura eran géneros distintos, entre otros, igual que en la literatura podían serlo la novela o la poesía. Todos ellos identificaban y clasificaban en el mercado de la cultura burguesa las producciones de los artistas, a la vez que permitían la especialización profesional.

En estas circunstancias, la aparición de cualquier instrumento nuevo se valoraba desde los intereses de retratistas, paisajistas y cualquier otro especialista de un género particular del arte. Como consecuencia de todo ello en los folletos de propaganda de las cámaras lúcidas, destinados al mercado de la incipiente sociedad de consumo en las primeras décadas del siglo XX, se trata de promocionar la venta del nuevo producto por su utilidad en los diferentes géneros artísticos (figura 311).

Descripción técnica de la cámara

En cuanto a la descripción habitual de la cámara, el principal elemento es un prisma de vidrio que se halla montado en una envoltura metálica con dos aberturas, una rectangular para dar paso a los rayos luminosos procedentes del objeto que se desea copiar, y otra pequeña hendidura por la cual dirige el dibujante la vista sobre el tablero en el momento de contornear la imagen virtual allí proyectada. Un tornillo de sujeción permite un movimiento de rotación para nivelar el prisma o dirigirlo en diferentes direcciones. También requiere dos lentes auxiliares, articuladas de manera que una queda móvil bajo el prisma, y la otra enfrente, para solucionar problemas de enfoque (figura 312).

Esta envoltura metálica con el prisma de vidrio está unida a una varilla compuesta, generalmente, de tres tubos de metal enchufados entre sí, lo cual permite alargar o reducir la longitud de la varilla con arreglo a la distancia y situación del ojo del dibujante respecto el tablero donde se proyecta la imagen.

En el extremo inferior de la varilla y unido a ella por una fuerte charnela hay un tornillo de presión para sujetar el aparato al tablero de dibujar. Gracias a los movimientos que permite esta charnela, los de la articulación superior y el de rotación del prisma, combinados con la movilidad de la varilla, puede colocarse la cámara lúcida en disposición para dibujar, de manera que la cara superior del prisma quede paralela al tablero de dibujo.

En algunos modelos, unos cristales ahumados con varia intensidad permiten reducir el exceso de luz que penetra en el prisma cuando se usa el aparato al aire libre y los objetos que se copian están demasiado iluminados.

La pieza más importante es el prisma de vidrio de sección cuadrangular (figura 313), construido según el principio de reflexión total de los rayos luminosos en su interior, con dos superficies reflectantes que forman entre sí un ángulo de 135°.

Para utilizar la cámara, después de sujetarla al tablero, el dibujante mirará con un solo ojo por la hendidura en dirección perpendicular al tablero, arreglándose de manera que el ojo perciba simultáneamente sobre el papel la imagen virtual del objeto y la punta del lápiz que ha de recorrer sus contornos y las otras líneas de la estructura que se deseen dibujar.

La mayor dificultad en el uso de este instrumento consiste en que, cuando se ve la imagen enfocada y perfectamente nítida sobre el papel, la punta del lápiz no se distingue, y al contrario, cuando el lápiz se percibe, la imagen resulta borrosa; ambos extremos deben evitarse al utilizar la cámara lúcida. El justo medio en la visión de la imagen y la punta del lápiz sobre el papel, estriba en dirigir la vista pasando el eje visual rozando el filo de la arista del prisma, de tal modo que el haz de rayos visuales se reparta por igual, pasando una mitad a través del prisma y la otra mitad fuera de él, enfilados directamente al papel y manteniendo el ojo en esta posición.

De este modo las visuales que atraviesan el prisma permiten apreciar la imagen virtual; mediante las otras visuales que van directamente al papel sin pasar por el prisma, se puede ver la punta del lápiz y por consiguiente pasar con él los contornos de aquella sin ninguna dificultad. No obstante, para hacer que el papel y la imagen estén a una misma acomodación, se puede interponer una lente que aleje la imagen del papel, o que acerque la del objeto que se trata de copiar.

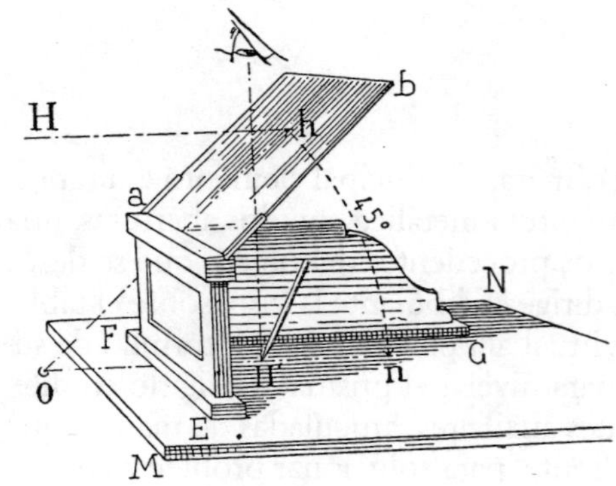

315. Cámara clara elemental (Commelerán).

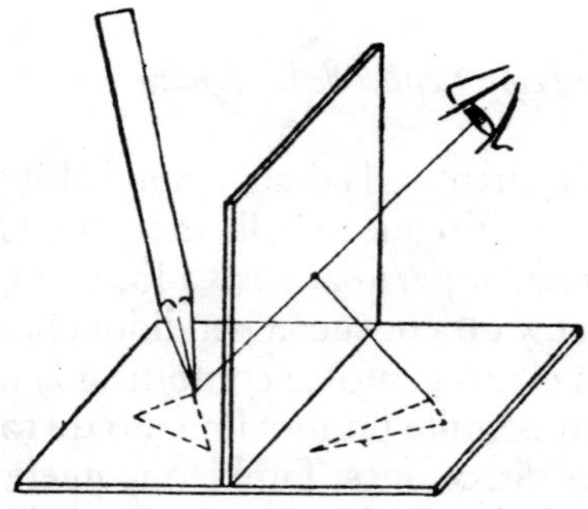

316. Utilización del principio de la cámara clara para copiar con un cristal un dibujo situado sobre una mesa. Cardellach, 1813.

En la primera crónica escrita por su inventor, la cámara lúcida se relata así:

> Descripción de la cámara clara, por su inventor (figura 314).
>
> Desde hace poco tiempo me entretengo con intentos de esbozar varias perspectivas interesantes, sin un adecuado conocimiento del arte del dibujo, y mi mente estaba por supuesto ocupada en facilitar los medios de trasladar al papel las aparentes posiciones relativas de los objetos delante de mí; tengo la esperanza de que el instrumento que he ideado para este fin pueda ser aceptable incluso para aquellos que han logrado aptitudes mayores en el arte, debido a las muchas ventajas que tiene respecto a la cámara oscura.
>
> Los principios sobre los cuales está construida quizás puedan explicarse con más claridad si seguimos los pasos sucesivos que seguí en su formación.
>
> Si mientras bajo la mirada a una hoja de papel sobre mi mesa sostengo entre mi ojo y el papel un trozo de cristal plano, inclinado hacia abajo 45° con respecto a mí, veo por reflexión lo que está delante de mí, en la misma dirección que veo mi papel a través del cristal. Debo entonces hacer un esbozo, pero la posición de los objetos estaría invertida.
>
> Si se desea lograr una visión directa es necesario tener dos reflexiones. Si mientras bajo la mirada a una hoja de papel sobre mi mesa sostengo entre mi ojo y el papel un trozo de cristal plano, inclinado hacia abajo 45° con respecto a mí, veo por reflexión lo que está delante de mí, en la misma dirección que veo mi papel a través del cristal. Debo entonces hacer un esbozo, pero la posición de los objetos estaría invertida. Si se desea lograr una visión directa es necesario tener dos reflexiones. El cristal transparente, para este fin, debe estar inclinado respecto a la línea de visión perpendicular sólo la mitad de 45°, para que pueda reflejar la vista una segunda vez a partir de un trozo de espejo colocado debajo de él e inclinado hacia arriba en un ángulo igual. Los objetos ahora aparecen como si se vieran a través del papel en el mismo lugar que antes, pero están al derecho en lugar de invertidos, y de esta manera pueden distinguirse lo bastante bien como para determinar las posiciones principales [...]. Pero quienes están familiarizados con la ciencia de la óptica percibirán la ventaja que puede derivarse en este ejemplo de las reflexiones prismáticas, pues cuando un rayo de luz ha entrado en un trozo de cristal sólido y cae desde dentro sobre alguna superficie con una inclinación de sólo veintidós o veintitrés grados, como antes hemos supuesto, el poder refractario del cristal es tal como para aguan-

tar que nada de esa luz se pierda y la superficie se convierte en este caso en el reflector más brillante que se puede emplear.

Hay otra circunstancia en esta construcción a la que es necesario prestar atención y que aún sigue sin haber sido explicada. Donde la reflexión ha sido producida por un trozo de cristal plano, es evidente que, además de la imagen reflejada, a través del cristal puede verse (si tiene la iluminación suficiente) cualquier objeto situado detrás del cristal. Pero cuando se emplea el reflector prismático, puesto que la luz no puede transmitiese directamente a través de él, el ojo debe estar colocado de manera que sólo una parte de su pupila pueda ser interceptada por el borde del prisma [...]. Los objetos distantes entonces los ve esta porción del ojo, mientras que el papel y el lápiz los ve, más allá del borde del prisma, la parte restante de la pupila.

Derivaciones y variaciones de la cámara lúcida

La aportación y perfeccionamiento de la cámara oscura por Wollaston y Amici para dibujar, supone una aplicación, doscientos años después de que hubiera sido inventada y descrita perfectamente por Johannes Kepler en su *Dióptrice,* una obra publicada por vez primera en Augsburgo en el año 1611. Kepler hizo allí una descripción exacta de la cámara lúcida tres años después de demostrar en su *Ad vitellionem paralipomena* la formación de la imagen en la cámara oscura. No obstante, la invención de la cámara lúcida de Kepler permaneció en el olvido más absoluto hasta que doscientos años después Wollaston y Amici la publicasen como invención propia en varias revistas científicas y en diferentes idiomas[304].

El fundamento de la cámara es elemental: suponiendo un vidrio plano inclinado a 45° sobre el papel situado en una mesa en posición horizontal; mirando por enci-

317. «Espectógrafo de Binko» basado en el principio de la cámara clara.

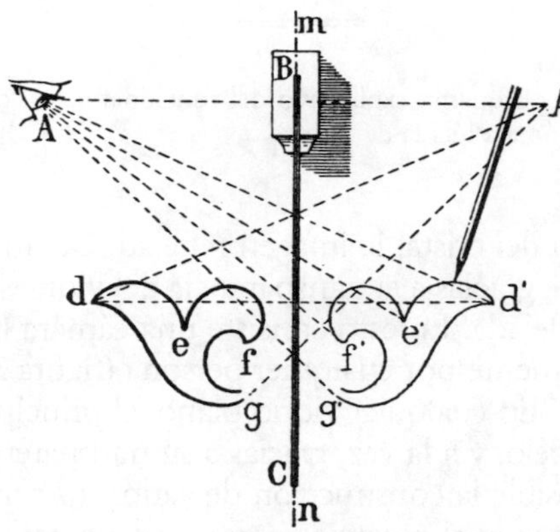

318. Esquema del instrumento utilizado para calcar una figura simétrica con la ayuda de un cristal.

[304] La patente de Wollaston está fechada el 4 de diciembre de 1806. William H. Wollaston, Sec R.S., «Description of the Camera Lucida. Communicated by the Author», *The (London, Edimburgh and Dublin) Philosophical Magazine,* 1st ser., XXVII, Londres, 1807. También se publica como «Description of the Camera Lucida», *A Journal of Natural Philosophy, Chemistry and the Arts,* editado por William Nicholson, XVII, junio de 1807. Una traducción francesa se incluye en la obra de Charles Chevalier, *Notice sur l'usage des chambers obscures et des chambers claires,* París, 1829.

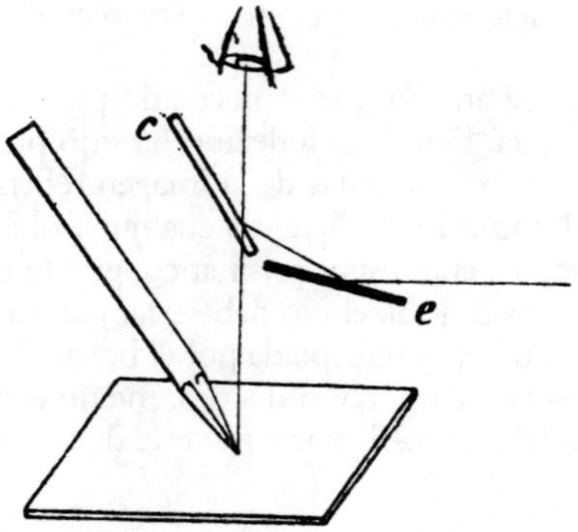

319. Esquema explicativo del principio de la cámara lúcida con un espejo *e* y un cristal *c*.

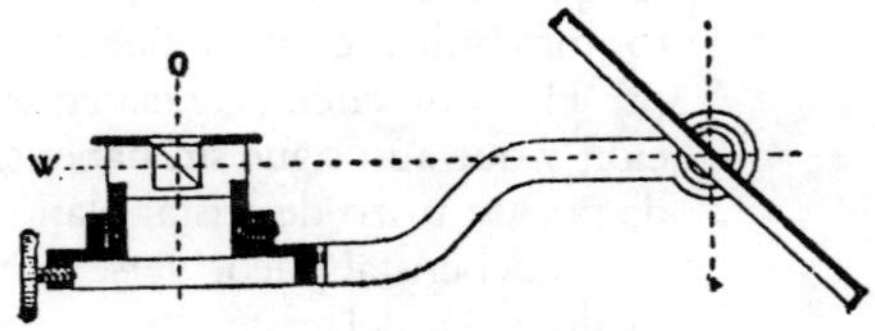

320. Detalle de la cámara lúcida de Abbe, con un espejo de inclinación variable y un doble prisma.

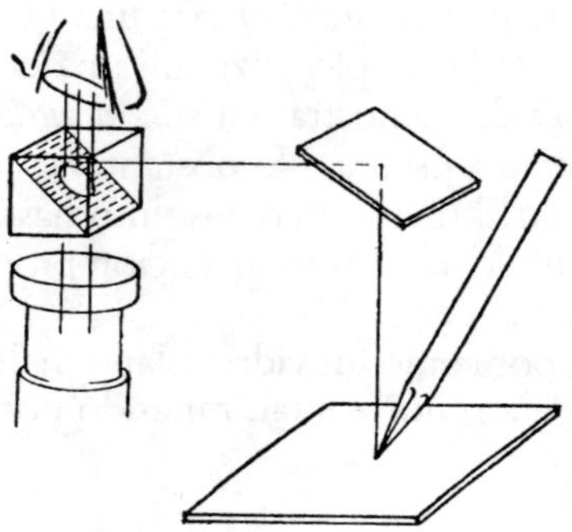

321. Esquema explicativo del funcionamiento de la cámara lúcida de Abbe.

ma del cristal la imagen reflejada de un objeto lejano se verá proyectada sobre el papel, gracias a la transparencia del vidrio, pudiendo seguirse con un lápiz la imagen allí reflejada. En esto consiste una cámara lúcida rudimentaria que puede construirse fácilmente por cualquier persona (figura 315).

En cualquier vidrio plano, el principio de poder reflejar una imagen, como en un espejo, y a la vez, gracias a su transparencia, permitir ver lo que hay detrás de él, hace posible la construcción de varios instrumentos de dibujo basados en estos principios. Cuando el objeto a copiar es plano, tal como se explica en un manual de los primeros años del siglo XX, «lo más cómodo será colocar el cristal formando [un ángulo] diedro recto con dicho plano, y entonces a su través se verá también la imagen deseada» (figura 316). En un manual inglés del siglo XIX este mismo instrumento está descrito con un nombre particular: «espectógrafo de Binko» (figura 317); la sencillez de su manejo queda justificada en las palabras del autor del texto que lo recoge al explicar que es «un instrumento de dibujo introducido últimamente como un tipo de juguete»[305].

---

[305] W. Ford Stanley, *A Descriptive Treatise on Mathematical Drawing Instruments*, Londres, 1878, 5.ª edición, pág. 142.

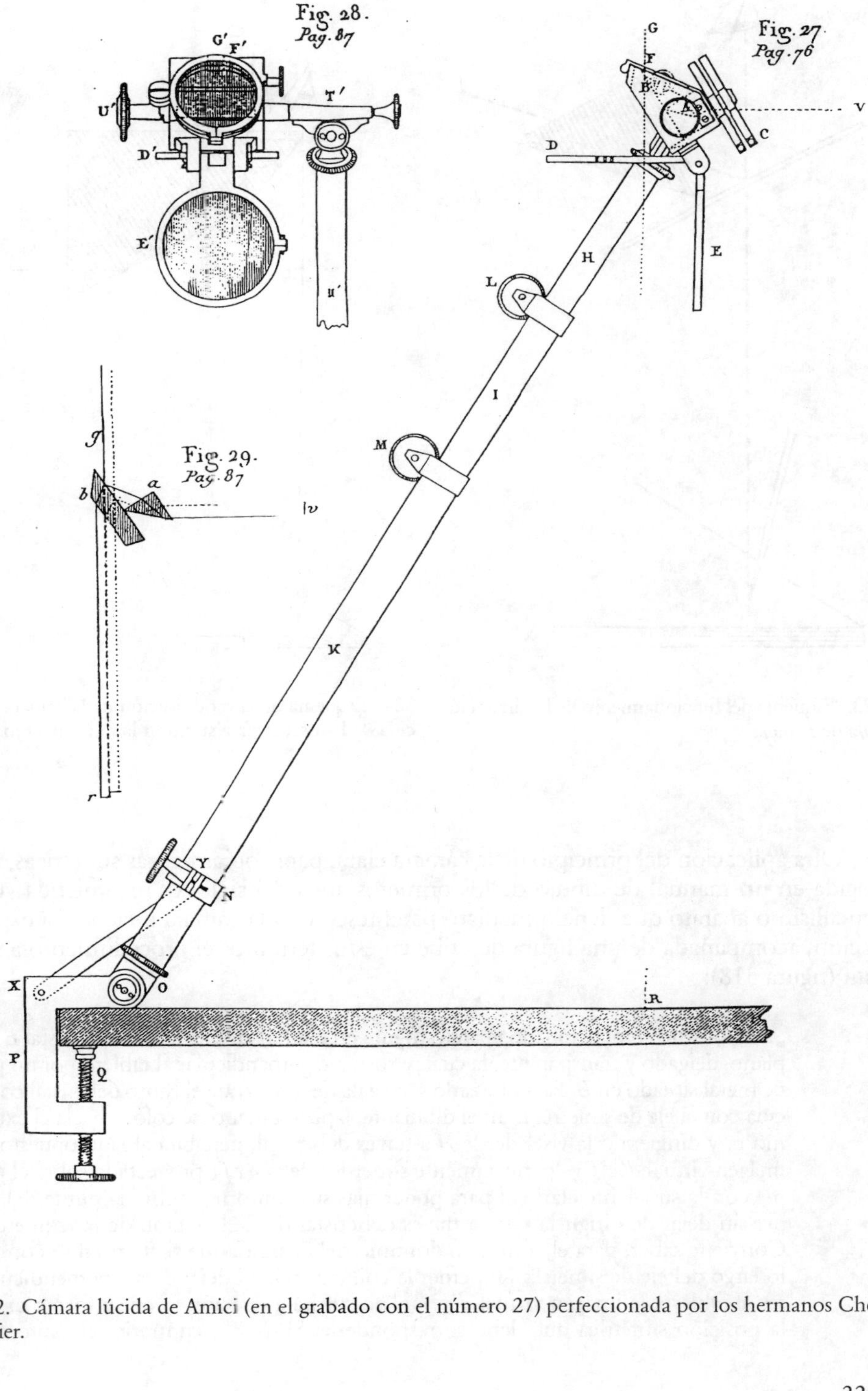

322. Cámara lúcida de Amici (en el grabado con el número 27) perfeccionada por los hermanos Chevalier.

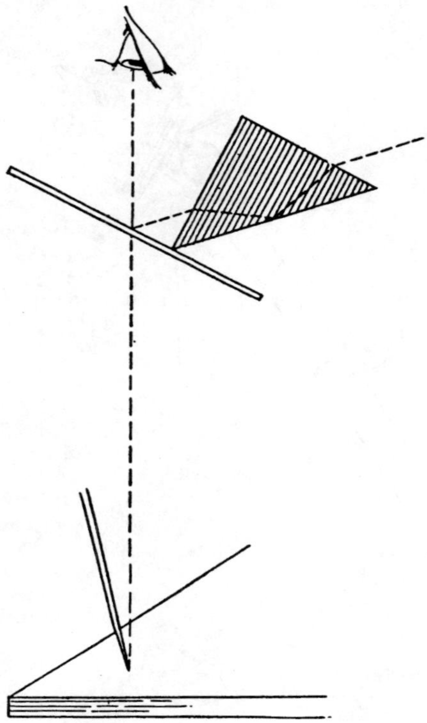

323. Esquema del funcionamiento de la cámara lúcida de Amici.

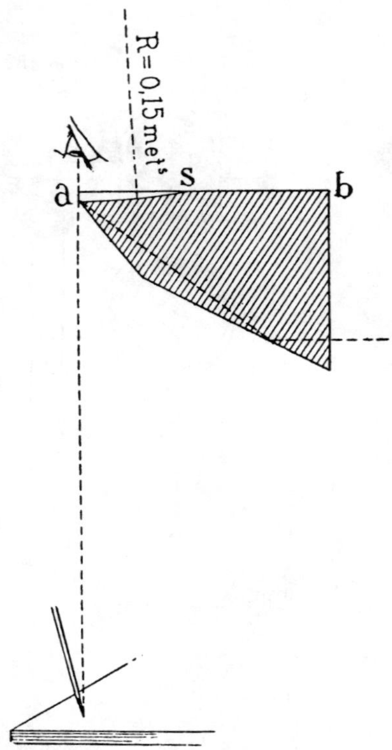

324. Esquema de la modificación de la cámara lúcida de Laussedat para suprimir la fatiga del ojo.

Otra aplicación del principio de la cámara clara, para copiar figuras simétricas, recogida en un manual de dibujo de los primeros años del siglo XX recomienda «un sencillísimo aparato que tiene inmediato parentesco con la cámara lúcida». La explicación, acompañada de una figura describe en estos términos el procedimiento a seguir (figura 318):

> Consiste el mencionado aparato (figura en planta) en una lámina de cristal *B C,* plano, delgado y transparente, la cual se sostiene perpendicular al tablero por un pie de metal situado en *B*. Para utilizarlo se instala de modo que el canto del cristal coincida con el eje de simetría m n; el dibujante, lápiz en mano, se coloca hacia el extremo n, y dirigiendo la vista desde *A* a través del cristal, percibirá al lado opuesto la imagen virtual *d' e' f' g',* perfectamente simétrica de la *d e f g* proyectada sobre el papel con la suficiente claridad para poder fijar sus contornos sobre la punta del lápiz sin dejar de dirigir la vista a través del cristal desde la región de la izquierda. Conviene saber, para el completo dominio del aparato, que si el cristal se corre a lo largo del eje de simetría sin perder la coincidencia ni dejar de ser perpendiculares al tablero, la imagen virtual *d' e' f' g'* no sufrirá alteración ni en su forma ni en la posición simétrica que debe corresponderle. Si, por el contrario, el canto del

> cristal ocupase distinta posición no coincidiendo con el eje, entonces se ocasionaría una nueva imagen virtual simétrica de la real y relacionada con la nueva posición del cristal cuyo canto podría considerarse como eje de simetría. Por último, si el plano del cristal dejara de ser perpendicular al del tablero, en este caso no habría imagen simétrica, puesto que falta la principal condición o sea la perpendicularidad del plano de simetría respecto al que contiene el dibujo original *d e f g* y la copia *d' e' f' g'*[306].

Como consecuencia de este principio elemental, puede emplearse un prisma, aunque, como en el caso de vidrios planos, los rayos luminosos sufren una reflexión, resultando, por tanto, imágenes especulares o invertidas; en el caso de querer imágenes directas, será necesario hacer sufrir dos reflexiones consecutivas a la trayectoria de un mismo rayo. Wollaston concibió esta idea y la resolvió con su cámara lúcida basada en la reflexión (figura 319) de un espejo *e* y la transparencia y reflexión de un vidrio *c*.

Para mejorar las prestaciones del instrumento, facilitando su manejo y resolviendo algunas dificultades, se propusieron diferentes instrumentos derivados de la patente original de Wollaston: la cámara lúcida de Laussedat, la cámara lúcida Abbe, el prisma de dibujo de Nachet, la cámara lúcida de Amici, el instrumento perfeccionado de dibujo de Abraham y el espejo gráfico de Alexander.

Abbe introdujo un importante adelanto usando un doble prisma con una lámina de aire interpuesta entre ambos, en la cual tiene lugar la reflexión de rayos que,

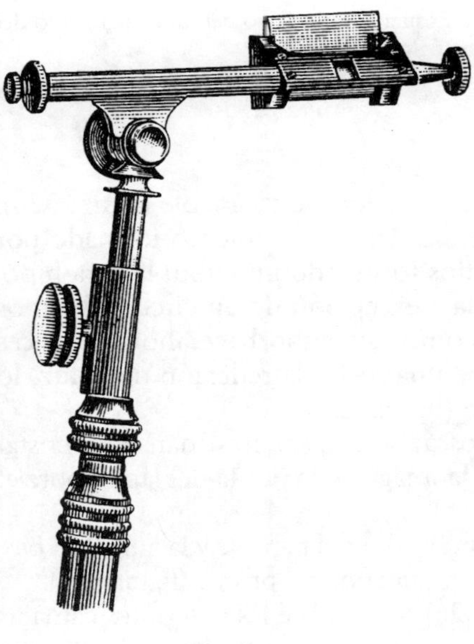

325. Detalle de la «cámara clara universal».

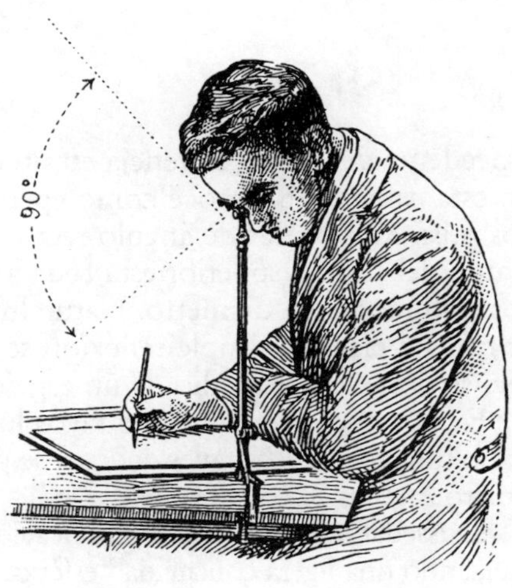

326. La cámara clara universal tiene un ángulo visual de 90° en vez de los 45° de las cámaras lúcidas anteriores.

---

306 Commelerán, *op. cit.*, págs. 165-166.

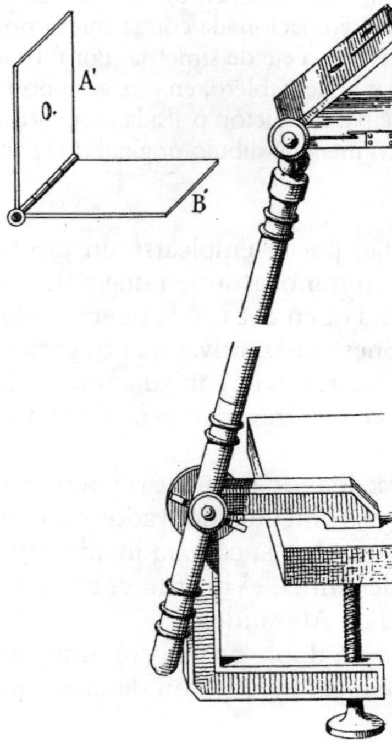

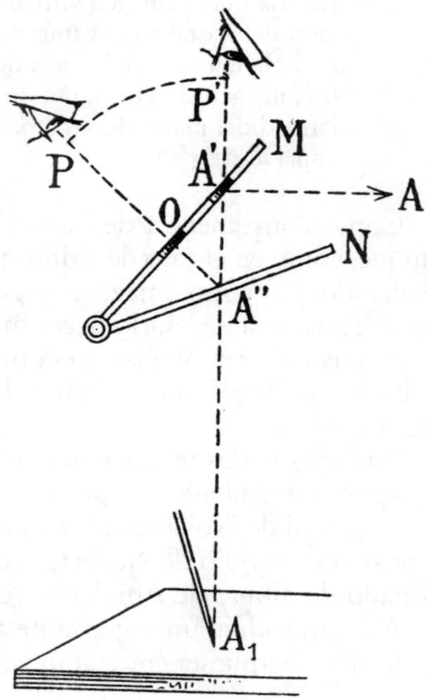

327. Hemerógrafo.

328. Esquema explicativo del funcionamiento del hemerógrafo.

procedente del papel, se refleja en un espejo con inclinación variable (figura 320). En esta cámara, se conoce como «pequeño cubo Ame» el elemento formado por dos prismas isósceles de ángulo recto, acoplados formando un cubo; la cara hipotenusa del prisma superior está toda argentada a excepción de un círculo de unos dos milímetros de diámetro. Naturalmente, como este cubo hace ahora las veces de cámara clara de simple reflexión se impone una segunda reflexión de la luz, lo cual se obtiene por medio de un espejo plano (figura 321).

En la cámara de Amici los rayos luminosos del prisma se trasladan a un cristal plano transparente, a través del cual se percibe la imagen y la punta del lápiz sobre el tablero (figuras 322 y 323).

Laussedat introdujo unas modificaciones para suprimir el paralaje y la fatiga del ojo, realizando una ligera concavidad esférica en la cara superior del prisma (figura 324).

La «cámara clara universal» (figuras 325 y 326) tiene sobre las anteriores cámaras lúcidas la ventaja de que el prisma triangular es azogado y acromático, dando una imagen doblemente luminosa y de doble ángulo visual (90° en vez de 45°). El prisma puede dar vueltas alrededor de un eje sin deformar ni desviar la imagen proyectada, quedando las verticales del modelo siempre paralelas. También se pueden obtener con este aparato imágenes invertidas, una aplicación importante en las técnicas tradicionales de grabado.

329. Dibujante realizando un paisaje con la ayuda de una cámara lúcida, según una ilustración de los años treinta.

Un instrumento derivado de la cámara lúcida, llamado hemerógrafo (figuras 327 y 328), está compuesto de dos espejos planos colocados en una montura metálica, formando un ángulo entre sí mediante una charnela provista de un tornillo de presión que sirve para fijar la situación de los espejos, según el ángulo más conveniente en cada caso particular. El espejo superior tiene dos mirillas: una está situada en el centro, por donde se mira cuando se utiliza el aparato en sentido horizontal, y otra colocada hacia la parte superior, destinada a servir cuando se mira en dirección vertical. El espejo superior, con un tratamiento especial, además de reflejar los rayos luminosos, posee una transparencia calculada que permite ver al mismo tiempo el lápiz y la imagen virtual del objeto proyectada sobre el papel. Este espejo se puede sacar de

330. Dibujo de H. F. Talbot realizado con una cámara lúcida, 1883.

331. El pintor David Hockney dibujando con la ayuda de una cámara lúcida.

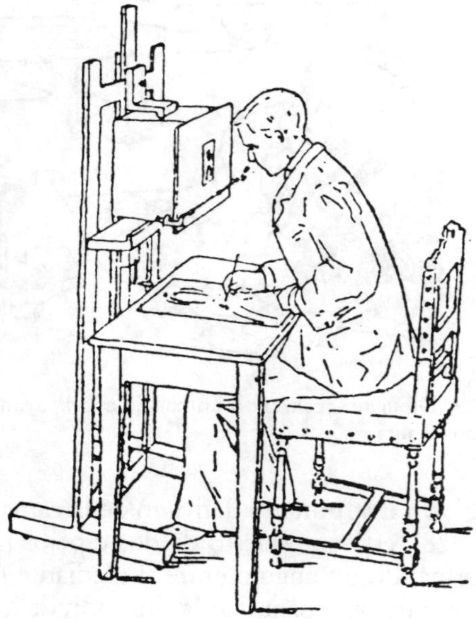

332. Henry Moses, *Mujer dibujando un niño con ayuda de la cámara lúcida*, entre 1818 y 1836.

su montura y reemplazarlo por un cristal ahumado para amortiguar el exceso de luz cuando el objeto está excesivamente iluminado.

Los artistas y el uso de la cámara lúcida

La cámara lúcida fue utilizada, tanto por artistas profesionales como aficionados, entre los que se encuentran John Herschel, William Henry Fox Talbot, Basil Hall y muchos otros. El mismo Goethe recomendaba la cámara lúcida y la cámara clara a los artistas naturalistas con poca práctica como dibujantes.

La importancia de la pintura de paisaje había alcanzado su más alta cota durante el Romanticismo como expresión del individualismo en la fruición estética ante el espectáculo de la naturaleza (figura 329). Como consecuencia de ello, a lo largo de todo el siglo XIX, la pintura de paisaje se estableció como una importante disciplina en los programas de enseñanza de las Academias, haciéndose eco de la demanda y la realidad del mercado del arte. Al coincidir con estas circunstancias la invención de la cámara lúcida, se entienden mejor algunos testimonios en donde se relaciona el uso de la cámara lúcida con la pintura de paisaje.

Casi todos los que han utilizado la cámara lúcida reconocen que no es un instrumento de fácil manejo, requiriendo práctica y experiencia para llegar a utilizarla. W. H. Fox Talbot reconocía que su uso no garantizaba la obtención de una imagen perfecta, y le suponía un extraordinario esfuerzo. En este sentido se ha dicho que, de haber tenido más habilidad en su manejo, no hubiera tenido la necesidad de fijar una imagen con productos químicos, contribuyendo así a la invención de la fotografía (figura 330).

Durante un viaje a Italia, en el que realizó dibujos del natural, pudo comprobar por sí mismo las dificultades del uso de la cámara lúcida, viéndose forzado a volver a la cámara oscura y pensar en la posibilidad de fijar sus imágenes sobre el papel:

> Encontrándome en Italia a principios del mes de octubre de 1833, me distraía a orillas del lago de cómo, dibujando paisajes mediante la cámara lúcida de Wollaston [...] Abandoné el instrumento después de varios intentos infructuosos; este aparato, pensé, requiere un mínimo de conocimientos de dibujo que desgraciadamente no poseía. Se me ocurrió volver al método de la cámara oscura que había probado años antes. En este aparato, las imágenes de los objetos están proyectadas sobre una hoja de papel colocada en el foco [...] Pensando en esas cosas, imaginé que resultaría maravilloso poder volver duraderas esas imágenes naturales y fijarlas, «imprimirlas» de alguna manera en el papel[307].

Un artista contemporáneo, David Hockney, da cuenta de las dificultades en el manejo de la cámara clara, tras sus propias experiencias para intentar comprobar su

333. Explicación del uso de la cámara lúcida para copiar dibujos. El «estilo» del dibujo de esta misma ilustración coincide, supuestamente, con el de los realizados con la propia cámara.

---

307 Estracto de *The Pencil of Nature,* de Fox Talbot, citado por Beaumont Newhall, *The History of Photography,* Nueva York, MOMA, 4.ª ed., 1978.

hipótesis de que Ingres la hubiese podido utilizar tras una «corazonada» surgida, según su testimonio, al«ver la exposición de Ingres en la National Gallery de Londres en enero de 1999 quedé cautivado por sus muy hermosos retratos dibujados, misteriosamente "exactos" en cuanto a los rasgos, aunque dibujados a una escala que me pareció que era demasiado pequeña, innatural» (figura 331)

> A comienzos de 1999 hice un dibujo usando una cámara clara, basado en una corazonada de que Ingres, en las primeras décadas del siglo XIX, podía haber usado alguna que otra vez este pequeño aparato óptico, que se había inventado hacía muy poco. Mi curiosidad se había despertado al asistir a una exposición de sus retratos en la National Gallery de Londres [...] La cámara clara no es fácil de usar. Básicamente es un prisma sobre una vara que crea la ilusión de una imagen de cualquier cosa que esté enfrente de él sobre un trozo de papel debajo. La imagen no es verdadera; de hecho no está en el papel, sólo parece estar allí. Cuando se mira a través del prisma desde un único punto se puede ver a la persona o el objeto que está enfrente y el papel debajo al mismo tiempo. Si se usa la cámara clara para dibujar también puede verse la mano y el lápiz haciendo marcas en el papel. Pero sólo uno sentado en la posición correcta, puede ver esas cosas, nadie más es capaz de verlas. Puesto que es portátil y puede llevarse a todas partes, la cámara clara es perfecta para dibujar paisajes. Pero hacer retratos es más difícil. Debe usarse con rapidez, porque una vez que el ojo se ha movido, la imagen está perdida. Un artista habilidoso puede hacer apuntes con rapidez, indicando los puntos clave de las características del tema. En efecto, es un rápido avance del proceso de medición normal que tiene lugar en la cabeza de un buen delineante, pero que por lo general requiere mucho más tiempo. Después de haber hecho estos apuntes, comienza el duro trabajo de observación desde el natural y de pasar las indicaciones a una forma más completa. Yo mismo traté de usar la cámara clara durante un año y con ella dibujé cientos de retratos...[308].

Aunque los límites de este trabajo impiden profundizar en el estudio de los dibujos de Ingres, puede descartarse la hipótesis de la cámara lúcida o cualquier instrumento óptico para explicar la extraordinaria calidad de su obra. Existen muchos argumentos que, por su obviedad no tendría que ser necesario recordar.

Cuando se inventó la cámara lúcida Ingres ya tenía 26 años y había alcanzado su madurez en la formación como dibujante y pintor. Su estilo debe explicarse, fundamentalmente, desde la cultura de su época, con la deuda hacia su maestro David y las influencias de los dibujos del escultor neoclásico inglés Flaxman con el que se estableció una admiración mutua.

Se ha de recordar que en los primeros años del siglo XIX, la moda del «dibujo de línea» exigía una gran precisión para poder definir la forma a través de sus contornos. Precisamente, Flaxman llegó a ser el artista más representativo de ese estilo que pretendía conseguir el efecto de las siluetas que decoraban los vasos antiguos griegos. En cualquier caso, ha de mantenerse la idea de que el dibujo neoclásico de línea se explica por encima de todo, desde cuestiones de estilo y, en este contexto, las técnicas quedan supeditadas a él.

Un bello dibujo neoclásico en donde aparece un personaje dibujando a un niño con la ayuda de una cámara lúcida, sirve para argumentar esta afirmación (figura 332). Como es fácil de suponer, aunque el autor conocería perfectamente la cáma-

[308] David Hockney, *op. cit.*, pág. 28.

ra lúcida y su funcionamiento, este dibujo, con unos personajes estilizados e idealizados, es muy poco naturalista y no tiene nada que ver con el estilo de los que están realizados con este instrumento (figura 333). En él es más importante la cuestión de estilo, avalada por la autoridad de algunos maestros neoclásicos, que sirven de referencia, más que la deuda hacia las imágenes realistas obtenidas con la ayuda de cualquier instrumento.

Capítulo III

De la emulsión al pixel. La nueva definición de la imagen en el siglo XX

Manuel Barbero

A mi padre, que me enseñó a ver islas antes de hacerse a la mar.

La isla de Sasrïf. Lo que vemos y otras islas que no vemos

Hace mil años el egipcio Ibn Wasïf Säh describía de esta forma la isla de Sasrïf:

> Es una isla que se aparece a los marineros, los cuales quisieran desembarcar en ella pero, cuando creen haberse aproximado, aquella se aleja de ellos.
>
> Ninguno de quienes viajan por mar dice haberla alcanzado, ni haber desembarcado en ella y, sin embargo, allí se ven personas, animales, construcciones, árboles[1].

No existen imágenes de la isla. Al fin y al cabo, cómo conseguir la imagen de algo que se aleja constantemente. Que se niega a ser retratado. Cualquier imagen de esa isla hubiera negado su propia realidad, la de la huida. Porque las imágenes sirven, entre otras cosas, para capturar islas.

Ibn Wasïf no incluye imágenes de la isla de Sasrïf, pero sí lo hace de otras islas. Sabe que la palabra no basta para hacer creer. Es necesario la imagen. Wasïf, a falta de cámara, inventa la imagen de una isla y se la entrega al espectador llena de animales extraños y colores intensos. Y el espectador cede a esa sugestión que generan las imágenes y la hace más creíble, a pesar de que el objeto reflejado parece cualquier cosa menos una isla. Claro que, ¿cómo es realmente una isla?, ¿cuántas imágenes de islas había en la época de Wasïf? (figura 1).

El mapa más antiguo del medievo dedicado al Mar Océano y al tema de sus islas misteriosas es una carta náutica de 1424[2]. Por primera vez en la historia aparece un grupo nuevo de islas. Antilia, la isla más grande, está considerada como el

---

[1] Angelo Arioli, *Islario maravilloso,* Madrid, Julio Ollero Editor, 1992, pág. 77.

[2] Kenneth Nebenzahl, *Atlas de Colón,* Madrid, Magisterio, 1990, pág. 9.

1. Miniatura árabe que representa una isla en el Océano Índico.

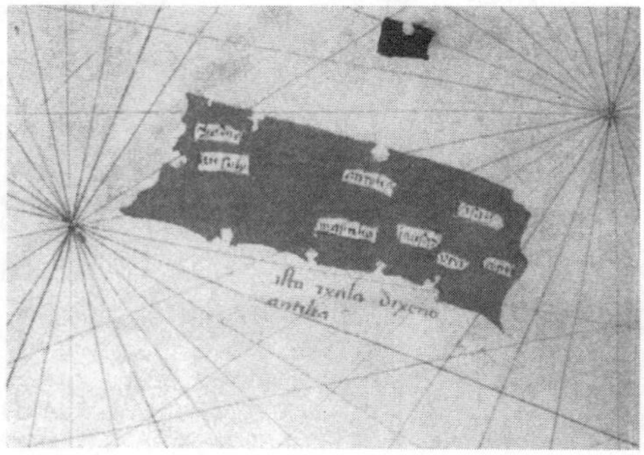

2. Antilia, Carta náutica de 1424.

primer intento de representar una parte de lo que posteriormente se llamó América (figura 2).

La isla Antilia parece, igualmente, todo menos una isla. Sin embargo, cualquier cartógrafo vería en el dibujo la imagen de una isla y, cuando menos, le cabrían dudas sobre su existencia o no. Es necesario, en todo caso, interpretar ese dibujo para que deje de ser un rectángulo rojo carcomido y se convierta en isla.

Timothy O'Sullivan fue fotógrafo de guerra antes de emplearse al servicio de expediciones reales como fotógrafo científico[3]. En 1868 apresa las islas del lago Pirámide. Tenía el instrumental adecuado para hacerlo: una cámara. Si algo se puede fotografiar, significa que está, *ipso facto,* arraigado a la realidad. O'Sullivan llegó al lago y se llevó sus islas. Nadie podía negar que la imagen de aquellas islas eran las islas mismas. Nadie podía negar su existencia (figura 3).

En 1980 cayó en mis manos un libro ilustrado con numerosos ejemplos de arte generado por ordenador[4]. Las imágenes de aquel libro —entre ellas había, naturalmente, islas (figura 4)— consistían en un conjunto variado de obras marcadas por unos denominadores comunes que las hacen, vistas desde una perspectiva actual, algo toscas y tal vez obsoletas.

Pero la cuestión es ¿había algo de especial en ellas hace veinte años?

Sin duda. La novedad, lo mágico e inaccesible, la impresión de otros mundos, de otras realidades, la capacidad de imaginar el futuro.

Esos mundos escondidos, tan cercanos y distantes a la vez, como la isla de *Sasrïf,* dejaban la puerta abierta a una nueva concepción de la realidad. Pero, sobre todo, dejaban la puerta abierta a la propia construcción de la isla de Sasrïf. Si la fotografía permite robar islas, el ordenador puede fabricarlas.

---

[3] William Johnson, *Photography,* Nueva York, Taschen, 1999, pág. 198.

[4] Joseph Deken, *Computer images, State of the art,* Nueva York, Stewart, Tabori & Chang Publishers, 1983.

3. Timothy O'Sullivan, *Islas del Lago Pirámide,* 1868.

4. Islas generadas por ordenador.

Surgen, no obstante, preguntas para las que no es sencillo encontrar respuesta: ¿puede ser el ladrón dibujante y albañil?, ¿en qué manera afectan las nuevas técnicas constructivas a la mirada del dibujante?, ¿sirve la mano del que dibuja también para robar las islas que se roban solas?, ¿han muerto los cartógrafos de lo inexistente?

Las máquinas sinceras

Henry Fox Talbot, creador del proceso fotográfico del positivo-negativo, catalogó su descubrimiento como un medio de fijar la naturaleza o de permitirle a la naturaleza que fije su propia sombra, es decir, la fotografía, «sin la intervención de la mano humana», tenía la capacidad casi mágica de ser una imitación de la realidad.

La diferencia fundamental entre la isla de Wasïf y las islas de O'Sullivan se encuentra en la mano. Cuando menor manipulación tiene una imagen, más objetiva la creemos. Si la generación de una imagen se delega en artilugios entonces tendrá una menor afectación emocional por parte de su creador. Algo así como dejemos que la realidad se retrate a sí misma. Como la naturaleza no puede emplearse sola en tal labor fue socorrida siguiendo el viejo adagio de que las fotografías no mienten, por eso las podríamos llamar máquinas de la verdad o máquinas sinceras: cámaras oscuras, fotográficas, resonancias, radiografías, ordenadores. En el caso de la fotografía, la sinceridad era obtenida por su principio de realidad inherente que obedecía a la naturaleza de su génesis tecnológica, según la cual la imagen era generada por la proyección de un escena sobre la superficie fotosensible. Esa proyección se efectuaba de forma global en toda la superficie, sin permitir intervenciones puntuales, y de forma mecánica, y por lo tanto aparentemente automática. El procedimiento parecía garantizar así la consecución de análogos fiables del mundo real, creencia que ha sustentado todos los imperativos documentales de la fotografía.

Los paisajistas del mil setecientos cargaban en sus salidas al campo con una cámara óptica. Estas cámaras eran unos sistemas basados en lentes, que producían imágenes reducidas de objetos y escenas con toda su luz y color. Antes de estas cámaras, existieron otros muchos ingenios y mecanismos que surgieron con la intención de ofrecer una imitación perfecta de la naturaleza[5].

Los paisajistas del mil setecientos volvían a sus talleres con la imagen objetiva de lo que habían visto. Se llevaban el paisaje a casa. De esta forma la máquina se convertía no sólo en un aliado para acceder al detalle de la naturaleza, sino especialmente para hacerla objetiva en su representación. La máquina no engaña, en todo caso, engaña el uso de los resultados.

---

[5] Muchos basados en la óptica geométrica. Los procedimientos geométricos proporcionaban una explicación satisfactoria para la representación de objetos tridimensionales en una superficie plana, de tal manera que la proyección presenta esencialmente la misma disposición visual al ojo que la que presentan los objetos originales, tal como explica Martin Kemp en *La ciencia del arte* (Akal, 2000).

La relación de la perspectiva geométrica y los aparatos que la utilizan con la matemática es muy estrecha. Las técnicas de cálculo y planimetría estaban al alcance de artesanos cultos y comerciantes, siendo las fuentes más accesibles de aprendizaje los libros de ábacos, que contenían minuciosos procedimientos para el cálculo de distancias, alturas, áreas y volúmenes; todos ellos basados en conceptos simples de triangulación que descansaban sobre la trigonometría de Euclides. Otro de los aparatos más conocidos es la famosa ventana de Leonardo da Vinci, en la que el artista dibujaba directamente sobre un cristal lo que veía a través de un punto fijo. Leonardo era partidario, al igual que Alberti, de un uso pedagógico de los aparatos perspectivos, y que no se convirtieran en herramientas imprescindibles para la tarea artística. Él sostenía el convencimiento de que en el arte hay características fundamentales, como la imaginación y el talento, que no pueden reglamentarse. Otros aparatos novedosos y que abrieron el camino para futuras máquinas con cordeles y reglas métricas que sustituyeran a la geometría óptica se incluyeron por Durero en su edición de *Underweysung der Messung* de 1538. En realidad la esencia de estos aparatos consistía en simplificar el trabajo de los artistas, que podían dejar a un lado los conocimientos matemáticos para centrarse en la pintura. Desde esa perspectiva la fotografía y la informática evolucionaron de forma parecida: simplificando por procesos y los conocimientos técnicos para que cualquiera pudiera acceder a ellas y centrarse más en el proceso creativo.

Muchos fueron los diseñadores de aparatos que contribuyeron al desarrollo de la perspectiva: Barozzi, Girolamo da Perugia, Baldassare Lanci, Jamnitzer, Keyser, Cigoli... No se miraba a los instrumentos mecánicos sólo como objetos útiles y ornamentales, sino como fuente de orgullo intelectual. Orgullo en el valor inherente de las matemáticas al aplicarlas al diseño técnico. Salomon de Caus, importante teórico de la perspectiva, fue famoso como inventor de artilugios mecánicos, tanto útiles como de pasatiempo. Las máquinas se utilizaban también como juguetes intelectuales. El final del siglo XVIII y el comienzo del XIX fue un tiempo que vio el nacimiento y posterior crecimiento de entretenimientos ópticos como forma precoz de mass media. Fue una época en que la linterna mágica obtuvo el éxito que merecía. La época de las fantasmagorías y otras asombrosas manifestaciones de la magia óptica.

La cámara oscura se funda en el principio de que los rayos de luz de un objeto o una escena pasan a través de una rendija estrecha, de manera que aparecen en el otro lado con una configuración divergente. Si se intercepta dicho modelo con una pantalla plana, se formará una imagen invertida. Para que esta imagen quede bien clara, hay que colocar la pantalla en una habitación en la que el nivel de luz sea considerablemente inferior al que rodea el objeto, de ahí el nombre de cámara oscura. El paso crucial en el desarrollo de la cámara fue la colocación de una lente convexa en la abertura. Lo que vino a continuación fueron constantes mejoras en la óptica y en la estructura de las máquinas que desembocaron en la fotografía. Kepler fue responsable de la invención de una cámara en forma de tienda, con un reflector giratorio y una lente en su vértice, y con evidentes aplicaciones prácticas para mediciones topográficas y artísticas. Tal vez el instrumento más avanzado del siglo XVIII fuera el *Royal Delineator*, de William Storer, compuesto por tres lentes rectangulares que ayudaban a mejorar la definición de las imágenes. Estos aparatos eran relativamente caros, pero podían ser construidos fácilmente de forma casera siendo de esta forma accesibles tanto a profesionales como a artistas aficionados. Su uso dependía completamente de las actitudes: actitud estética hacia la representación precisa, y actitud de los científicos hacia el estudio de la naturaleza. En líneas generales, en la Italia de finales del XVI la cámara oscura, sin embargo, se utilizó más por ilusionistas para entretener al público que por pintores. Un gran estudioso del siglo XVII, Athanasius Kircher, habla de la misma ilustrándola junto a curiosidades naturales y artificiales, como piedras con imágenes extrañas. No es de extrañar que la magia de la cámara acabara siendo explotada, en muchos casos, por charlatanes religiosos.

5. William Henry Jackson, *Puente sobre el Loop*, 1885.

6. Lewis Hine, *Joven hilandera en la fábrica*, s/f.

Cuando en 1781 Joshua Reynolds escribe que los paisajes del pintor Van der Heyden tienen un efecto muy parecido al de la realidad vista en una cámara oscura[6], en su aseveración da por supuesto el uso por parte del artista de una cámara óptica, pero también que la realidad puede desglosarse en múltiples realidades: la realidad de la naturaleza, la realidad reflejada en una cámara oscura, la realidad de las pinturas, la realidad que ve el ojo, la realidad que ven distintos ojos. A todas estas realidades se une el punto de vista. Estas cámaras oscuras abrían el camino a una naturaleza imposible, aquella que multiplicaba hasta el infinito los puntos de vista y los encuadres. Las cámaras oscuras tímidamente y luego la fotografía de forma desbordante habían reducido a fragmentos el cuadro de la naturaleza, generando así una percepción no sólo fragmentaria sino, ante todo, relativista del mundo. Lo cual abría un nuevo sistema de la mirada, ajena ya al concepto tradicional de representación imitativa. Poco después se hablaría de la muerte de la pintura o de cómo Cézanne y sus contemporáneos fueron expulsados de su taller por la imagen fotográfica.

Pero antes de las primeras placas de plata yodada y expuestas a la luz, debidas a Daguerre, que culminaron el largo viaje dominado por la obsesión de disponer de una primera imagen, en la que las cosas se nos dieran sin ninguna mediación, en su más inmediata presencia, antes de esas primeras placas estaba el artista. Der Heyden, en sus sali-

---

La imagen producida por una cámara oscura provoca una especial impresión visual. Intensifica el tono y el color, los matices de luz y sombra se clarifican y los efectos tonales adquieren mayor coherencia. Se hicieron evidentes la existencia de yuxtaposiciones asombrosas de escalas, de las que no somos conscientes en la realidad. En la actualidad la fotografía nos ha familiarizado tanto con los contrastes de escala, perspectivas forzadas o distorsiones de horizontalidad, que han perdido casi toda su capacidad de sorprendernos (figuras 5 y 6). Entre los artistas que hicieron uso de la cámara se encuentran J. Vermeer y Antonio Canaletto.

Después de 1800 el arsenal de aparatos ópticos al alcance de los paisajistas aumentó considerablemente. El más destacable fue la cámara lúcida inventada por el óptico Willian Hyde Wollaston. Consistía fundamentalmente en un prisma con dos superficies reflectantes a 135°, que trasladaba una imagen de la escena en ángulos rectos respecto al ojo del observador colocado sobre el aparato. El dibujante podía ver la punta del lápiz con el que trazaba el contorno de la imagen reflejada. No era un instrumento de fácil manejo, el propio Fox Talbot, lo reconocía así. De hecho, si para él hubiera sido sencillo, seguramente no hubiera tenido la necesidad de fijar la imagen con productos químicos inventando así la fotografía.

6 Svetlana Alpers, *El arte de describir*, Madrid, Hermann Blume, 1987, pág. 17.

De variis figuris niuium.

7. Olaus Magnus, *Copos de nieve,* 1555.

das al campo, utiliza el utensilio objetivo —la cámara— para hacer, pincel en mano, su interpretación subjetiva. No le quedaba otra, todavía no había placas yodadas.

No era el único. Los que miraban por el microscopio de Cornelius Drebbel veían cosas increíbles, un nuevo teatro de la naturaleza, otro mundo. Pero al científico no le basta ver, necesita poseer. Era una época en la que el científico que miraba por una lente, clamaba la necesidad de un dibujo ante la imposibilidad de clamar otro tipo de imagen.

«Si el pintor De Gheyn hubiera vivido más tiempo, escribe Constantin Huygens[7] a principios del 1600, podría haber usado su fino pincel para pintar las cosas pequeñas o los insectos tal y como se ven con la lente del microscopio.»

Al proclamar la necesidad de un buen artista que deje constancia de lo que se ve a través de la lente, está dando por supuesto que la representación gráfica cumple una función descriptiva que debe ser lo más objetiva posible. Para el científico el artista es la vía de acceso a la imagen, en el momento en que el científico es capaz de obtener imágenes sin intermediarios es cuando ciencia y arte inician caminos de intenciones separadas. La fotografía marcará ese punto de inflexión.

Olaus Magnus también miró un día por un microscopio. A él se debe la primera imagen publicada, en 1555, que muestra estructuras microscópicas[8] (figura 7). En ella representaba, toscamente, las estructuras geométricas de los copos de nieve. Hasta la aparición del microscopio los copos de nieve eran pequeñas bolas blancas que caían del cielo. Ahora, además de eso, se habían convertido en estructuras geométricas, susceptibles incluso de ser cifradas matemáticamente. La misma realidad nuevamente descompuesta en otras realidades. Bolas blancas, estructuras geométricas, ecuaciones matemáticas. Esta última realidad será, sin embargo, la que más atraerá a los científicos. ¿Puede haber algo más objetivo que una fotografía? Tal vez sí, las ecuaciones matemáticas. No hay que olvidar que desde que cayó una manzana sobre la cabeza de Newton todo el universo empezó a regirse por leyes matemáticas.

Si Olaus hubiese podido fotografiar los copos microscópicos lo hubiese hecho. Pero... ¿Hubiese podido dibujar la forma en que 300 aminoácidos se pliegan sobre una proteína? ¿Y fotografiarlos?

Seguro que no, porque en la época de Olaus nadie sabía lo que eran, ni dónde había que mirar para verlos. De hecho, nadie ha visto jamás cómo se pliegan 300 aminoácidos sobre una proteína. La pregunta entonces es: ¿cómo obtener una imagen de algo que nunca se ha visto y, además, no es fotografiable?

Invirtiendo los procesos. Si los copos de nieve pueden descomponerse hasta convertirse en ecuaciones, entonces determinadas ecuaciones podrán recomponerse has-

---

7 Svetlana Alpers, *El arte de describir,* pág. 39.

8 Brian Ford, *Images of science,* NY, Oxford University Press, 1993, pág. 168.

ta formar aminoácidos. Pero esta labor ya no está en manos de artistas[9], ni tan siquiera de matemáticos. Son las máquinas, en este caso el ordenador[10], las que generan las imágenes. ¿Puede haber algo más sincero que lo que ha sido construido matemáticamente?

Esa convicción en la honestidad que se presupone a la máquina, al automatismo, es, precisamente, lo que también facilita que sean herramientas muy aptas para el engaño. Qué apetecible es aventurarse en la trampa, eso lo saben bien los que dibujan. Sólo los cartógrafos de lo real —de los que habla Borges por boca de Suárez Miranda—, los dibujantes que en el siglo XVII levantaron un Mapa del Imperio que tenía el tamaño del Imperio y coincidía puntualmente con él, entendieron el sentido de ayudar a la naturaleza a que fije su propia sombra, su propia huella tal vez... Lo demás han sido cavilaciones en torno a cómo apresar o construir imágenes de lo real o de lo irreal desde el mismo engaño.

Nada más falso que un cartógrafo de lo real, eso lo saben también los que dibujan. Los artefactos de la verdad *sólo* han servido a los dibujantes para orientar su mirada y su mano por una senda dirigida a obtener imágenes con las que engañar la mirada de los otros. Dirigida a empequeñecer las cosas para poder robarlas, pero ¡qué grande es empequeñecer las cosas para que se puedan ver! O es que alguien cree posible ver una fotografía a escala 1:1 de la naturaleza, de toda la naturaleza con sus islas y todo. Las escalas 1:1, las auténticas escalas, son para los cartógrafos de lo real y estos, hemos dicho, no existen.

De la necesidad de comprender lo que vemos

A través de máquinas o de nuestra propia capacidad artística podemos disponer de imágenes, pero para que una imagen tenga utilidad, con independencia de su soporte o proceso generativo, necesita ser comprendida.

---

[9] La situación no es nueva. La geometría, la perspectiva y la anatomía, que habían estado en manos de los artistas durante el periodo fundacional del Renacimiento, tal y como explica Lino Cabezas *(El debate permanente de la Perspectiva, Fortuny-Picasso y los modelos académicos de enseñanza,* Junta de Castilla y León, 1989, pág. 58), pasaron a manos de los científicos puros, y las imágenes que ilustraban los tratados de estas disciplinas ya no hacían referencias a las artes y pocas veces están hechos por artistas: cada vez más, los artistas se sienten menos identificados con los intereses intelectuales de los científicos para centrarse en el mundo subjetivo de los sentimientos y de las emociones.

[10] La imagen es elemento imprescindible para el científico. Sin imagen no hay estudio. La tecnología informática actual, con independencia de su uso artístico, funciona como el dibujo que reclama Huygens: como un acelerador de teoría, pues permite al científico visualizar entidades y reflexionar sobre ellas. Tan vital es la utilidad teórica y práctica de la imagen digital que los grandes retos de la ciencia, de la genómica a la astrofísica, no serían abordables sin su apoyo. Una herramienta de cálculo que no permita visualizar resultados se queda en un escalón teórico y no práctico. A través de la visión se evalúan eficazmente las enormes cantidades de datos producidos por sistemas informáticos. Por eso las velocidades de procesamiento se han disparado, introduciendo unidades como el gigaflop (mil millones de operaciones por segundo), o el teraflop (un billón por segundo), porque es necesario, cada vez más, un mayor número de operaciones no para procesar los datos, sino, fundamentalmente, para visualizarlos. Para entender las cifras en juego, piénsese que cinco teraflops equivalen a la labor de 30.000 personas trabajando con calculadoras 24 horas diarias durante cinco años (cuando el lector lea estas cifras ya habrán quedado obsoletas). Un supercomputador con un millón de procesadores necesita un año de trabajo para modelar cómo 300 aminoácidos se pliegan en una proteína.

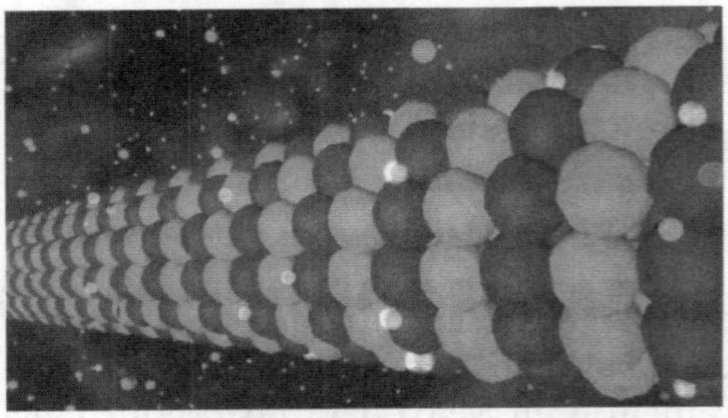

8. Imagen de síntesis de la acción de un fármaco sobre células tumorales.

La realización de imágenes se establece con unos fines concretos, y va dirigida, normalmente, a un público determinado, capaz de interpretarlas[11]. La escena del mecanismo de acción de un fármaco en un tratamiento quimioterápico sobre células tumorales tiene un significado muy distinto para un médico que para un niño que pueda entenderla como un ataque de asteroides a una base espacial (figura 8). Y bien podría servir para ilustrar ambos pasajes, el médico y el espacial. Lo que para el niño es sólo un juego se convierte en una seria herramienta médica para el científico.

Hemos determinado antes cómo la fotografía marcó un punto de inflexión entre los intereses científicos y los artísticos, esto conlleva de manera intrínseca algo que, por otro lado, nace ligado a la imagen: los diferentes usos y utilidades que puede tener. Obviamente un dibujo de Beuys y una fotografía de un panfleto de supermercado están en dos niveles semánticos muy distintos pero que coinciden en lo fundamental: preestablecen un acto comunicativo. Es desde esta perspectiva de la imagen como acto comunicativo desde la que se analiza la necesidad de comprensión de las imágenes.

Necesitamos comprender lo que las imágenes dicen porque la imagen ha sido, es y será elemento imprescindible en la comprensión de lo que nos rodea. Lo que nos rodea nos llega, fundamentalmente, a través de imágenes. Como escribe Marga Clark[12], «el hombre moderno hoy día tiene tal saturación de imágenes que corre el peligro de estar sustituyendo el mundo real por un mundo irreal de mera simulación. Al transformar su experiencia en mera simulación, el individuo se aleja cada vez más de la realidad caótica que le oprime y le rodea, adentrándose más profundamente en ese frío espacio, distante y seguro que le ofrece el mundo de la representación».

Pero la imagen no es el único elemento para conocer el mundo real ni, incluso, el más utilizado. Las palabras han condicionado nuestra cultura, la forma de nuestra cultura, primando nuestro sentido del oído —el más secuencial de todos— antes que ningún otro sentido. Está comprobado que el ojo humano es capaz de procesar un flujo de información unas diez veces superior al resto de los sentidos a la vez. El sentido de la vista ha sido pues, históricamente, infravalorado: la lectura del lenguaje escrito explota una parte ínfima de sus posibilidades, y las únicas imágenes intercambiadas durante siglos se deben a los pintores.

Como medio de comunicación la imagen es profundamente diferente a la palabra. Mientras el lenguaje de las palabras es unidireccional y secuencial, el de las imá-

---

[11] Uno de los *problemas* del arte de vanguardia es su compleja interpretación. Curiosamente, como explica Arnheim en *Hacia una psicología del Arte. Arte y entropía,* la inmensa mayoría de ciudadanos identifican el arte con el estilo Renacimiento tardío y sus sucesores porque les es, en principio, más sencillo de interpretar.

[12] Marga Clark, *Impresiones fotográficas,* Madrid, Instituto de estética y teoría de las artes, 1991, pág. 71.

9. Mapa del Estrecho de Magallanes.

11. Anuncio publicitario de ordenadores.

10. *Movimiento,* Códice Borgia (aprox. 1400 d.C.).

genes es multidimensional y provee la información como red, como conjunto simultáneo de mensajes. Por eso, quizá, tan necesitados estamos de explicar las imágenes con textos o de explicar los textos mediante imágenes.

La obra *Viaje del Comandante Byron* la conforman 245 páginas y de las que sólo dos contienen imágenes (figura 9). Es un claro ejemplo de libros descriptivos en los que la imagen apenas constituye una ínfima parte de la descripción.

Una de las ilustraciones representa «a un marinero inglés dando a la mujer de un gigante patagón un pedazo de bizcocho para su Niño» —explicación de la imagen mediante texto—, la otra es un mapa marítimo del estrecho de Magallanes.

Dos curiosidades reseñables sobre estas dos ilustraciones: ¿cabe alguna alternativa mediante el lenguaje escrito u oral para sustituir la información visual que transmite un mapa cartográfico? Sin duda no, eso lo saben bien los cartógrafos. Sólo la imagen sintética de la costa de Magallanes hace que nos hagamos una idea de cómo es la costa de Magallanes. Siempre y cuando entendamos la imagen, claro. ¿Pero qué puede entenderse por entender una imagen? Que disponemos de una capacidad adquirida de poder interpretar los signos gráficos y darles un significado. Es necesario, por tanto, un conocimiento codicológico que permita el desciframiento de lo dibujado. Cada cultura tiene sus propios códigos, no sólo de lenguaje, sino de interpretación gráfica.

Sólo un estudioso de los códices mexicanos sabrá interpretar el siguiente dibujo como movimiento (figura 10). Para el lector actual no será más que una figura con tan poco significado como una señal de tráfico para un azteca del XV.

El hombre del siglo XXI, no tendrá, sin embargo, demasiados problemas para captar el mensaje del siguiente anuncio publicitario (figura 11). En él se muestran dos cuñas paralelas orientadas hacia la derecha y formadas por dos ordenadores portátiles en escorzo. Sólo un conocimiento visual adquirido y aprendido permite entender la imagen. Las dos cuñas son el símbolo gráfico utilizado para indicar avance rápido en aparatos electrodomésticos. Orientadas hacia la derecha significan futuro, puesto que

12. Anuncio publicitario de una inmobiliaria *on-line*.

13. Julia Leicester, *Retratos y paisajes ingleses*, 1870.

el orden de lectura occidental siempre es de izquierda a derecha. Lo que ya se ha leído queda a la izquierda mientras que lo que queda por leer (futuro) permanece a la derecha. Uno debe conocer, además, cómo es un ordenador portátil lo suficiente como para poder reconocerlo abierto y en un escorzo lateral tan pronunciado que los rasgos más característicos quedan anulados: el teclado y la pantalla. La lectura final implica una asociación de ideas (futuro-ordenador): con un ordenador portátil avanzaremos mas rápidamente hacia el futuro. El mismo escorzo en un anuncio de una inmobiliaria *on-line* lo traduciremos como el tejado de una casa y su lectura final implicará, nuevamente, una asociación de ideas (casa-ordenador): busca tu casa en Internet (figura 12).

Formalmente los escorzos de ordenador y el símbolo de movimiento azteca son muy cercanos en su carácter simbólico, es su comprensión lo que los hace visceralmente opuestos. Imágenes que en nuestra sociedad son perfectamente comprensibles, pierden todo grado de comprensibilidad en otros contextos culturales.

Esto está cambiando con las nuevas tecnologías, de la misma forma que cambió con la aparición de la fotografía. El lenguaje tecnológico genera sus propios iconos y los hace universales en su sentido más amplio. El valor diferenciador del dibujo como vehículo intercultural queda sistematizado en los nuevos modelos icónicos con un sentido acultural o, en todo caso, de cultura global. Es decir, todo el mundo debe reconocer determinados símbolos si quiere comprender el funcionamiento de determinadas tecnologías —tales como Internet— y poder comunicarse con ellas. La diferencia radica en que esas tecnologías no quedan circunscritas a un país o cultura sino que expanden su iconicidad a toda la superficie cultural del planeta y de una forma inmediata. Pero quizás lo interesante no es lo que se muestra, sino los cambios subyacentes. La fotografía descubrió nuevas formas de mirar hacia fuera, abriendo un panorama iconológico sin precedentes en la historia, pero dentro del mundo artístico incitó, especialmente, a mirar hacia dentro. Internet, por lo pronto, ha quitado la materia a la obra, lo cual implica, de por sí, una serie de cambios que abren el nuevo horizonte creativo no sólo a nivel iconográfico sino, especialmente, hacia nuevos conceptos y formas de visualización.

De la manipulación de lo que comprendemos

La segunda imagen incluida en la obra de Byron, la de los gigantes, nos da una idea aproximada de cómo son los gigantes patagones. Con un simple vistazo recorremos la imagen de arriba abajo e izquierda a derecha para detenernos luego en lo que más nos pueda interesar. Lo que con un texto nos ocuparía varios minutos se consigue en breves segundos. Hay una serie de factores, sin embargo, que no deben pasarnos inadvertidos y sobre los que es necesario incidir: en el grabado vemos a un señor ofreciendo algo a dos personas: ¿quién es ese señor?, ¿es bizcocho lo que ofrece?, ¿son realmente gigantes esas dos personas? Hemos podido reconocer lo que el grabado nos muestra pero falta interpretarlo. Reconocer e interpretar son situaciones diferentes. Ya hemos dicho que las imágenes a pesar de la inmediatez de su información necesitan ser complementadas muchas veces con otro tipo de información escrita o verbal. Nosotros sabemos que el grabado corresponde a una obra concreta, que el señor es un marinero, los otros dos gigantes patagones y la acción el regalo de un bizcocho. Pero, ¿no sería válida, igualmente, la explicación que sigue si el grabado estuviera en otro contexto?: «un niño rico ofrece una piedra a una pareja de pobres para que maten a su hijo». Cualquier imagen puede ser desvirtuada en función de la significación que quiera hacerse de ella. Lo interesante de este postulado radica no sólo en la capacidad manipuladora, que luego veremos, sino en el factor subjetivo que toda imagen pasa a tener. Cualquier imagen es siempre de interpretación subjetiva por cuanto que puede ser manipulada y desvirtuada. Esta manipulación puede ser física actuando sobre la propia imagen, o semántica sobre su significación. Antes de la aparición de la fotografía el artista manipulaba la realidad en la consciencia de que su impronta iba dejar un halo de subjetividad: la llamada *mano del artista*.

14. Hannah Höch, *Roma,* 1925.

La manipulación fotográfica física que originó los primeros collages tuvo una vertiente manual en la que colores y formas eran sustituidos por recortes. Ejemplo de esto es la obra de Julia Leicester, *Retratos y paisajes ingleses,* fechada en 1870 (figura 13). Este tipo de manipulaciones influyó formalmente en numerosos artistas y movimientos: obras de Léger, dadaístas como Hannah Höch (figura 14) o R. Hausmann, George Grosz, precursores del pop art como Richard

15. Richard Hamilton, *¿Qué hace que los hogares sean tan diferentes, tan atractivos?,* 1956.

16. Equipo Crónica, *Nocturno bohemio,* 1974.

Hamilton (figura 15), el sugerente Equipo Crónica (figura 16), y así en una lista interminable de nombres que llega hasta nuestros días.

Otro tipo de manipulaciones que no implicaban un retoque físico del negativo o del positivo eran aquellas en que se hacía posar al retratado en un escenario ficticio. El retratado asomaba por algún hueco de un decorado y automáticamente se convertía en piloto, marinero, domador o turista en París (figura 17). Este tipo de obras que surgieron como anécdotas visuales y divertimento del fotografiado, serían la génesis del trabajo de fotógrafos que recrean escenografías ficticias para jugar con los conceptos de realidad e identidad al estilo de Cindy Sherman, Joe Gantz, Nic Nicosia, Teun Hocks o Sandy Skoglund (figura 18).

Pero, curiosamente, la manipulación de la imagen fotográfica más agresiva no pasaba por los decorados ni por su alteración física —por la mano— sino por el pie. Los pies de foto alteraron, orientaron o condicionaron el sentido de la mirada y de la lectura.

17. Anónimo, *Dos mujeres y un hombre en una barca,* 1875.

18. Sandy Skoglund, *Fox games,* 1989. Cibachrome.

20. Harry Callahan, *Hierbas en la nieve,* 1943. Fotografía.

19. Joan Fontcuberta, Constelaciones, 1993.

Un ejemplo claro de esto lo encontramos en *Constelaciones* (1993) de Joan Fontcuberta. La obra rinde homenaje al cosmos, presenta visiones de un cielo estrellado perfectamente creíble:

> Sin embargo —escribe el autor— no he manipulado emulsiones para obtener las estrellas, los cometas y los estallidos de luz: simplemente he conducido mi coche por la autopista en verano y he atesorado los cadáveres de insectos aplastados en el parabrisas. El efecto de ese campo de cadáveres sacrificados a la velocidad del viaje es sin duda una imagen poética que reúne lo romántico con lo macabro, el esplendor y la miseria del universo[13].

Las huellas de la muerte las acompaña Fontcuberta, a pie de foto, de datos astronómicos: Gama Delphini (Mags 4,0/5,0 Sepn 10,1 AP 268°) AR 20h 46,7 min. / D +16° 07'. Configura, de esta forma, la siembra de un campo de cristal con moscas estampadas en el que el espectador acaba recogiendo estrellas (figura 19).

Los garabatos de lápiz sobre un papel de Harry Callahan dejan de ser dibujos, lápiz y papel cuando leemos el pie de foto: es la fotografía de la hierba sobre la nieve (figura 20). La alteración de los significados no sólo altera nuestra interpretación, también afecta al sentido que le damos a la imagen: no es lo mismo un dibujo, que una fotografía o una infografía.

Los gigantes de Byron (figura 21) pueden resultar más convincentes que el propio texto, pero menos que la fotografía del gigante de Arkansas cuyos padres no saben qué hacer con él (figura 22). Pero ¿qué podemos decir de la señora gigante de Jeff

[13] Joan Fontcuberta, *Contranatura,* Alicante, Museo de la Universidad de Alicante, 2001, pág. 69.

Wall? ¿Es creíble la imagen? (figura 23). Acaso no es la intención del artista quebrantar nuestras reglas de percepción y credibilidad por muy presuntamente objetivo que sea el medio utilizado para presentarnos la imagen de lo real. Indudablemente un gigante grabado, un gigante fotografiado o un gigante manipulado digitalmente no son el mismo gigante ni en sus procesos productivos ni en el grado de afectación que generan en el espectador.

Puede establecerse que en toda obra confluyen dos experiencias, la entera y estrictamente visual, y la del conocimiento más o menos intelectual que toda obra puede llegar a tener. La labor de los iconografos, bajo el peso de la tradición del arte occidental, y la influencia que dentro del estudio del arte ha tenido el arte italiano, especialmente el renacentista, esencialmente narrativo, ha sido la de descubrir los significados ocultos que tras las superficies descriptivas las obras escondían. Tal y como escribe Alpers[14], al espectador que admira el brillo de un vestido de Ter Borch se le dice ahora que la mujer del lustroso traje es una prostituta, o que la señora que en un cuadro de Vermeer lee una carta junto a la ventana anda metida en alguna aventura extramatrimonial. ¿Pero qué hay de verdad en ello?, ¿qué nos seduce más, la textura y brillo de un vestido o saber que pertenece a una prostituta?

21. *Gigantes patagones.* Grabado.

22. *Gigante de Arkansas.* Fotografía.

23. Jeff Wall, *Gigante,* Manipulación digital.

Cazando la textura de las islas

El comprender las imágenes o la capacidad de interpretarlas no nos hace inmunes a ellas. Al contrario, como apreciaba Clark, corremos el peligro de estar sustituyendo el mundo real por un mundo irreal de mera simulación.

---

[14] Svetlana Alpers, *El arte de describir,* Madrid, Hermann Blume, 1987, pág. 20.

24. Tanque generado por ordenador.

Corremos el peligro o, tal vez, estemos deseándolo. La combinación de tecnología y deseo de evasión generó los primeros pasos en realidad virtual. Los primeros pasos de estos primeros pasos hay que buscarlos más atrás, en los pequeños espectáculos callejeros que luego estudiaremos.

> Nunca me he encontrado con nadie para quien el mundo virtual fuera más real que el físico. Es absolutamente distinto. El mundo físico te permite ser perezoso. En otras palabras, puedes tumbarte en un sofá y el mundo físico sigue estando ahí. El mundo virtual existe sólo en virtud de la magia que hace que tu sistema nervioso vuelva verdaderas las cosas cuando interactúas con ellas. Y en el momento en que empiezas a distraerte o a ponerte vago, la realidad se esfuma, y se convierte en un mero montón de basura que está en tu cabeza. Pero hay otra cosa. Se produce un maravilloso fenómeno: cuando estás en el interior de un mundo virtual y te quitas el visor de la cabeza y miras a tu alrededor, el mundo físico reviste una especie de cualidad superreal con una textura y belleza especiales, y te das cuenta de muchos detalles porque estás acostumbrado a un mundo más simple. Por tanto, de hecho se produce un efecto de aumento de la sensibilidad[15].

De estas palabras del experto en RV Jaron Lanier, se deduce que la realidad virtual, hoy por hoy, aún es un poquito más virtual que real. Si observamos la imagen generada por ordenador de un tanque enseguida notamos algo extraño en el mundo por el que circula: no hay sombras, no hay texturas (figura 24). La textura de lo real es algo por lo que todas las nuevas tecnologías —y viejas— han luchado. Conseguir la máxima definición de lo real. Cuanto más definición tiene una imagen virtual más real nos parece, sucedía lo mismo con la fotografía y su grano. Esa definición sirve para capturar texturas. Si algo define la realidad es la complejidad de su textura y también su luz. En una realidad virtual en la que no proyectamos sombra ni tenemos textura, no podemos creer, ni tan siquiera, en una existencia virtual.

Los artistas, hasta la aparición de la fotografía, siempre quisieron robarle a la realidad su textura y su luz. El artificio de la representación se concretaba en la pintura holandesa —y en general en toda la pintura de bodegones— en un gusto por los detalles

---

[15] Jaron Lanier, *El paseante,* núms. 27-28, pág. 79.

táctiles: las telas, los vidrios, los bronces. Cada elemento tiene su tacto, las texturas deben diferenciar cada uno de los objetos para darles autonomía. La búsqueda de un virtuosismo pictórico prevalece sobre, por ejemplo, la composición, que en muchos casos queda estandarizada en modelos de bodegón (figura 25).

El dominio de la textura es el primer paso para el dominio de la realidad. En las imágenes del códice del padre Donizón —del 1115— los ropajes son del mismo material que las columnas y capiteles; que paredes y suelo; no hay luz, no hay sombras, sin sombra no hay profundidad (figura 26). También falta la perspectiva. Un mundo sin luz, ni sombra, ni textura, ni perspectiva es un mundo plano. El monje del XII pintó el códice a la medida de la idea que del mundo se tenía en ese siglo. Las cosas han cambiado, el mundo es redondo y la fotografía apresó sus texturas. El dibujante para capturar texturas necesitaba mirar durante horas los objetos, el fotógrafo apenas minutos, al infógrafo, a veces, no le hace falta ni mirar, tiene todas las texturas del mundo metidas en un cajón de su computadora (figura 27).

Ahora bien, disponer de las texturas en un cajón no necesariamente da vida a lo texturizado, hay algo, hoy por hoy, que caracteriza a los mundos virtuales por muy regados que estén sus jardines: la estandarización de resultados; uno tiene la extraña sensación de que todos los mares son iguales, que todas las pieles son iguales, que todos los árboles son iguales por muy extremadamente meticuloso que haya sido el trabajo de generación de la imagen.

Obviamente no todas las imágenes generadas por ordenador se obtienen siguiendo los mismos procesos. Los programas informáticos permiten crear una imagen desde el propio ordenador o bien manipular imágenes realizadas con otros medios pero que han sido digitalizadas. Así un programa de retoque fotográfico permite manipular imágenes existentes; un

25. Willem Claesz Heda, *Desayuno con pastel de zarzamora,* 1645. Óleo.

26. Donizón, *Vida de la Condesa Matilde de Canossa,* miniatura. Año 1115.

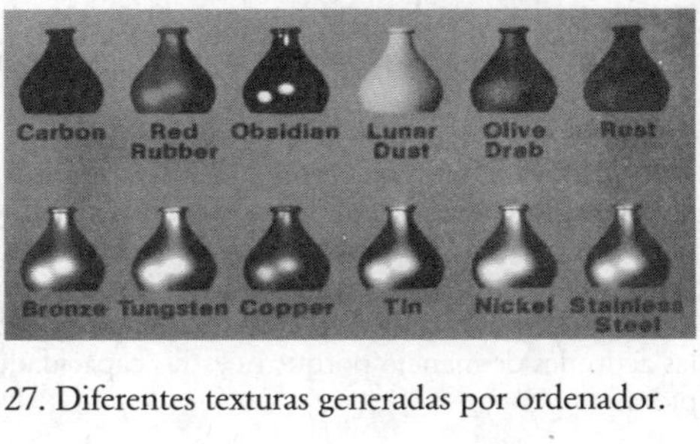

27. Diferentes texturas generadas por ordenador.

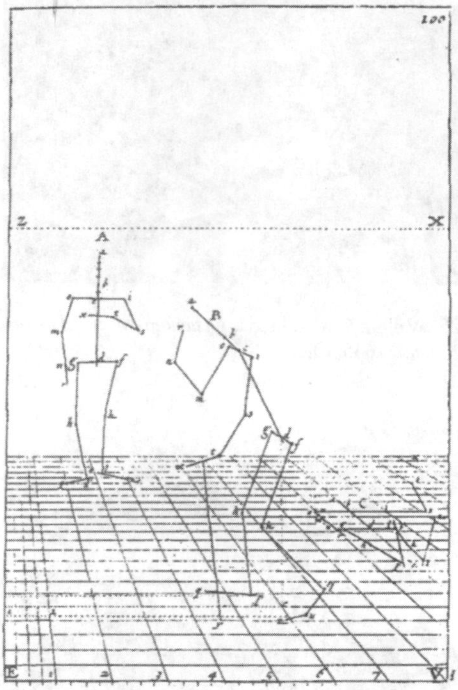

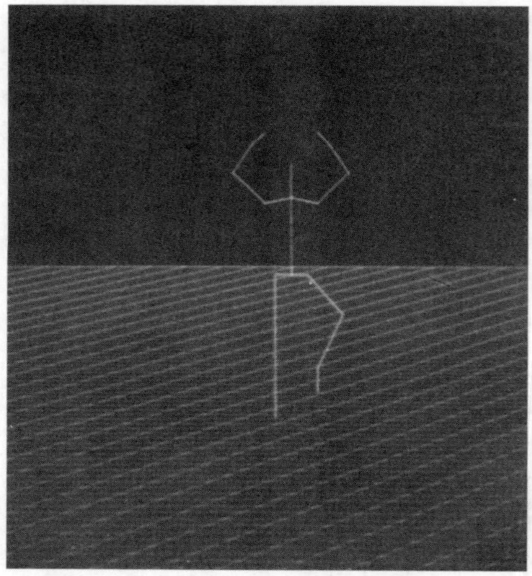

29. Coreografía informática de un bailarín al que se le aplicaron sensores para generar movimientos.

28. Módulos escalonados para figuras humanas, Abraham Bosse, *Manière universelle,* 1648.

programa de dibujo permite generar imágenes bien alterando mapas de bits, bien combinando objetos algebraicos; y, finalmente un programa de diseño 3D invita a generar imágenes en un espacio tridimensional. Las rutinas artísticas no varían mucho entre sí y se repiten muchos de los esquemas de manufactura que encontramos en la historia del arte: recortes, reciclaje de imágenes, trazos, diferentes grosores de herramientas, paletas de color, construcción de objetos a partir de polígonos, sombreados, difuminados, filtros, etc.

Los dibujantes de islas *versus* los ladrones

Pero volvamos un momento a una etapa anterior de este escrito, cuando Cezanne es expulsado de su estudio por la fotografía. La pregunta es, ¿expulsó realmente la fotografía al artista de su estudio?

Indudablemente no, o así lo ha demostrado la historia. Todo descubrimiento tecnológico presupone la muerte de lo que le ha antecedido. Esto es así muchas veces, quién utiliza ya lámparas de aceite para iluminarse, el carro para atravesar Madrid, o la pluma de ganso para escribir[16]. El nacimiento de la fotografía o de sus referentes

16 No nos iluminamos con aceite pero practicamos el mismo ritual de iluminación: encender la lámpara cuando la luz natural desaparece; nos sentamos en el vagón de metro como lo haríamos en un carro y nos dejamos llevar de un extremo a otro de la ciudad; o garabateamos con nuestro lápiz óptico en la agenda electrónica escribiendo el último teléfono como lo haríamos con una pluma de ganso. Han cambiado los interfaces de comunicación porque las tecnologías avanzan velozmente pero se mantienen las actitudes de manejo porque nuestras capacidades de disociación, físicas e intelectuales, no son tan rápidas.

30. Paul Gauguin, *Madre e hija,* 1890.

31. Henry Lemasson, *Dos mujeres,* c. 1887.

históricos incitaron a pensar en el sepelio de lo que parecía iba a ser sustituido por haber cumplido su cometido hasta ese momento: el dibujo y la pintura.

Huygens, por ejemplo, exclamó entusiasmado cuando Drebbel le mostró la imagen de una cámara oscura: «es imposible expresar su belleza con palabras. El arte de la pintura ha muerto, pues esto es la propia vida, o algo más elevado si encontráramos una palabra para definirlo»[17]. La euforia de lo tecnológico parecía invitar, decíamos, al asesinato del dibujo.

Cuando Ingres (1862) dijo que después de Daguerre la pintura había muerto, quería significar, sin embargo, lo siguiente: la apropiación por parte de la fotografía de un código icónico, por otros medios[18]. Entre un retrato barroco y una fotografía-retrato de Nadar, como defiende Brusantin, no hay mucha diferencia de imagen, aunque exista una abismal revolución de los mecanismos reproductivos y de las manipulaciones técnicas. En los retratos de Nadar las actitudes tienen exactamente cuanto de academicismo hay en la pintura inglesa y francesa del siglo XVIII. Hay determinados arquetipos iconológicos que permanecen inalterables a pesar de los avances tecnológicos.

Veamos otro ejemplo, el modelo incluido por A. Bosse (figura 28) en su método para poner a escala figuras humanas en el espacio, editado en 1648, apenas se diferencia del modelo para el estudio de los movimientos de un bailarín mediante un programa informático de finales del siglo XX (figura 29). Las dos tienen su origen en el estudio de las proporciones o el movimiento de la figura humana, en las dos interesa un esquematismo a partir del cual establecer estudios. Finalmente un esquema del cuerpo humano siempre será un esquema del cuerpo humano.

La fotografía no echó al artista de su estudio, se fue a vivir con él. Delacroix, Degas, Gustave Courbet, James Ensor, Gauguin[19] (figuras 30 y 31) y tantos otros la invitaron a sus estudios convirtiéndola en modelo cómodo, preciso, estático y disponible veinticuatro horas para sus obras. Esta invitación trastocó el sentido de lo fotográfico. La fotografía no sólo no iba a sustituir al dibujo sino que iba a complementarlo.

---

[17] Kemp, *La ciencia del arte,* Madrid, Akal, pág. 206.

[18] Manlio Brusantin, *Historia de las imágenes,* Madrid, Ollero Editor, 1992, pág. 100.

[19] Véase el interesante libro *The painter and the photograph* de Van Deren Coke (University of New Mexico, 1972), donde se incluyen numerosos ejemplos de artistas que utilizaron la fotografía en sus obras pictóricas.

32. Anónimo, *Coleccionista de mariposas*, 1850. Daguerrotipo.

Para entender el uso que de la fotografía se ha hecho por los artistas es necesario acotar el sentido de lo fotográfico. Los primeros fotógrafos levantaban testimonio de lo que veían, y cada testimonio levantado se convertía en el primer documento impronta de lo real. Los rápidos progresos en la fotografía no sólo afectaron al modo en que se hacían las tomas, sino también a quienes las realizaban. Las cámaras de almacén para película de gelatina flexible aparecieron en 1881; en 1888 George Eastman lanzó al mercado su pequeña y sencilla cámara Kodak. El resultado del invento fue la gran proliferación de imágenes realizadas por aficionados.

La fotografía del coleccionista de mariposas (figura 32) es la primera imagen *apresada* de un coleccionista de mariposas. Eso era lo nuevo. Lo demás no ha variado sustancialmente: como ocurría con los retratos de Nadar, podríamos hacer hoy en día una fotografía a un coleccionista de mariposas y seguiría teniendo las mismas vitrinas de fondo y un libro muy parecido entre las manos. Porque para reconocer a un coleccionista de mariposas como tal debemos observarle con sus mariposas muertas. Este valor testimonial y, en cierto sentido, aséptico de la fotografía sirvió a los primeros artistas para ir conformando sus obras con un sentido de imitación. Cuando los coleccionistas de mariposas empezaron a tener nombre la fotografía se convierte en retrato.

Pero las fotografías primitivas además de retratos abarcan un amplio espectro. Las imágenes documentales surgieron bien por la simple curiosidad por descubrir las posibilidades que ofrecía la cámara —por ejemplo las tomas de Londres de Paul Martin (1864-1942)—, bien por investigaciones científicas del movimiento —Eadweard Muybridge (1830-1904)—, o bien por documentar la vida de la época —Jacob Riis (1849-1914).

Hubo fotógrafos que se sintieron atraídos por un impulso puramente estético. Entre estos destaca Henry Emerson (1856-1936) que aconsejaba manejar las técnicas fotográficas de un modo subjetivo, siguiendo los cánones establecidos en la pintura. En lugar de observar la obra de los viejos maestros en busca de modelos, en busca de coleccionistas de mariposas, los fotógrafos pictóricos trataron de distanciarse de esos referentes no sólo por el tipo de temas escogidos y el modo de fotografiarlos, sino por la cada vez más elaborada manipulación en el revelado (figura 33).

La democratización de lo fotográfico no permite que pueda ser catalogada la fotografía en un sentido histórico-*ísmico* como ocurre con otras formas artísticas. Son

33. Mathew B. Brady, *Retrato de hombre y mujer*, 1860.

34. Marcel Duchamp, *L.H.O.O.Q.*, 1919.

muchas las corrientes y sentidos de lo fotográfico que convergen en las mismas etapas históricas. Afectó, por supuesto, a la mirada del artista y por esta vía fue crucial en la evolución de las tendencias y movimientos artísticos.

Que los grandes acontecimientos históricos del pasado de los que la pintura había sido notaria, coronaciones, guerras, familias reales, imágenes sociales, empezasen a ser conservados en sales de plata, y que la sociedad quedara retratada social e individualmente en gelatinas de bromuro, incitó a la pintura a huir de la notaría. La pintura ya no podía funcionar como documento de la historia. El artista era más libre que nunca. Había llegado el momento de pintar bigotes.

La fotografía se había convertido en el nuevo notario de la historia y, lo más relevante, notario del arte. La reproducción fotográfica de obras de arte abría el acceso a las mismas a toda una sociedad que de otra forma hubiera tenido que desplazarse en un viaje imposible de museo en museo o de casa en casa para poder visualizar los cuadros de los artistas. Antes de la fotografía el conocimiento de los cuadros llegaba, a veces, mediante el grabado. David Teniers el Joven (1610-1690) no sólo pintó *El archiduque Leopoldo en su pinacoteca en Bruselas* donde reproducía 50 de los 800 cuadros del archiduque, también publicó un libro con 244 grabados el *Thetrum Pictorium* en el que reproducía 244 obras del mismo coleccionista[20]. Teniers tenía dos de las cualidades que hoy se le presuponen a cualquier cámara fotográfica: capacidad de reducir y la rapidez.

---

[20] R. M. Hagen y R. Hagen, *Los secretos de las obras de arte*, Colonia, Taschen, 1997, pág. 107.

35. Elsie Wright y Frances Cottingley, *Foto de hadas,* 1920.

Si los paisajistas del XVII se llevaban el paisaje al estudio, el artista del siglo XX se lleva la realidad entera, con su arte y todo. Conocemos la historia del arte a partir de sus reproducciones y a partir de sus reproducciones la construimos también. Aún está fresco el bigote que Duchamp le pintó a la Gioconda (figura 34).

Para ver islas hay que quererlas

Hubo un tiempo en que la magia del teatro se mostraba en las calles de pueblos y ciudades. Al tiempo pequeñas cajas mágicas vinieron a atraer la atención de pequeñas multitudes apiñadas delante de ellas. Cajitas catóptricas de espejos enfrentados que recomponían los espacios pintados interiores dándoles renovada existencia. Pero, el verdadero efecto visual de las maquinitas ópticas era el de estar dentro de una imagen fantástica y, por lo tanto, percibirla como una verdad particular.

El espectador se entregaba a un juego sensitivo completo, no sólo visual. La sensación de invadir otra realidad, propiciada por el ojo que mira a través de una mirilla, afectaba no sólo a la vista, también al resto de los sentidos. Pero lo que realmente propicia el arte del engaño es, sin duda, la actitud receptora del que visualiza: el deseo de ser engañado.

Existen dos tipos de engaño, en el primero el receptor se presta de forma consciente al mismo. El espectador asiste al acto del engaño por el placer que supone participar de él. Son necesarios determinados mecanismos que permitan visualizar el engaño.

El cine, la holografía, la realidad virtual, el ordenador, necesitan de una actitud colaboradora por parte del público: sentarse en una butaca, colocarse unas gafas, observar por una mirilla, colocar la imagen para que la luz incida de una forma especial. Es decir, el espectador se prepara y predispone al engaño. Sabe que si no sigue ese ritual no será engañado y, lo que es peor, no entrará dentro de ese otro mundo.

En el segundo tipo, el receptor es sorprendido de manera inesperada; por ejemplo, cuando ve un trampantojo. También cuando, motivado por la aparente verosimilitud de la fotografía, cree lo que hay en ella: un hombre muerto, un monstruo escocés...

Sabemos que la fotografía del monstruo del Lago Ness fue un montaje[21], eso no impidió que miles de curiosos acudieran a las orillas del lago tratando de verlo. Las

[21] La instantánea más famosa de Nessie, supuestamente tomada por el doctor Robert Henneth Wilson, resultó ser un fraude. Fue realizada por un tal Lambert Wilson fotografiando un recorte de madera flotando sobre la superficie del lago.

fotografías trucadas de hadas publicadas en 1920 (figura 35) tampoco impidieron a Sir Arthur Conan Doyle afirmar que constituían la prueba de la existencia en la superficie de este planeta de una población, quizá tan numerosa como la raza humana y que sólo está separada de nosotros por alguna diferencia en términos de vibraciones.

¿Cuántas de las fotografías que contiene un periódico se corresponden con la realidad, con el momento? No hemos perdido un ápice de la ingenuidad de los que salieron corriendo al ver el tren del primer cine[22], porque sabemos que lo real es sólo una apreciación, y que lo que parece imposible, puede suceder al día siguiente. ¿Acaso no es posible ver a un ex-presiente de Estados Unidos bailando con la tripa al aire? (figura 36). ¿En qué nos resulta más difícil creer: en la imagen o en la posibilidad?

36. Ex presidente que baila.

Una colección de animales extraños e insólitos fue descubierta por un zoólogo alemán poco conocido llamado Ameisenhaufen. Sus notas de campo, curtidas por el tiempo, son abundantes. Las fotografías que documentan estas criaturas extraordinarias, son sobrecogedoras. Una serpiente con patas. Un simio con la parte inferior del torso de un ciervo (figura 37). Ameisenhaufen, el hombre de la bata blanca de laboratorio, suplanta la voz de la ciencia, la voz del racionalismo, pero él mismo no es más que una invención de Joan Fontcuberta[23]. Basta seguir los códigos de interpretación adecuados para resultar convincentes. Basta utilizar las herramientas adecuadas para asentar el documento, la prueba irrefutable de existencia.

La sangre de las fotografías en blanco y negro es negra. La primera fotografía quitó el color a la realidad. Y no por eso dejamos de creer en ella. La realidad de los pe-

[22] El sábado 28 de diciembre de 1895 tuvo lugar la primera proyección pública de cine. Fue en el sótano del *Grand Café,* del boulevard des Capucins, en París, y a ella asistieron 33 personas, que tuvieron que pagar un franco por la entrada. Aquella noche se proyectaron 10 películas cortas, cuyos títulos más conocidos son *El regador regado* y *Entrada de un tren en la estación de La Ciotat*. En esta última, la toma de la locomotora estaba realizada con una composición en diagonal que acentuaba la perspectiva, dando sensación de profundidad, los espectadores quedaban tan impresionados al ver la máquina avanzando hacia ellos que muchos huían de la sala ante el temor de ser atropellados.

[23] Joan Fontcuberta, *Contranatura,* Alicante, Museo de la Universidad de Alicante, 2001.

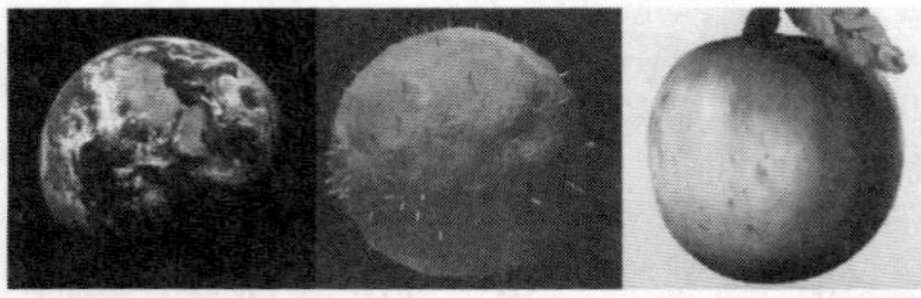

38. La Tierra, una célula y una manzana coinciden en tamaño en su representación.

37. Joan Fontcuberta, *Alopex Stultus,* 1988.

riódicos es aún en blanco y negro. Nos hemos acostumbrado a la sangre negra de la prensa, porque es más neutral, menos sanguinolenta a pesar de ser sangre. Sabemos que la sangre es roja, eso es indudable. Aceptamos, simplemente, la sangre negra como una parte más de la realidad distante de las imágenes. Hacemos reconocible lo que vemos porque lo conocemos, y porque lo conocemos sabemos valorar la distancia entre lo representado, su representación y nosotros. Sabemos que la sangre de un periódico esta hecha de tinta negra. Y sospechamos que los gigantes deben tener una cierta altura pero sin pasarse.

Al fin y al cabo todo lo adaptamos a ese factor de reconocimiento adquirido del que ya hemos hablado.

Nunca hemos visto una célula, confiamos en los que sí lo han hecho y nos presentan su imagen. Debemos aceptar su existencia y aceptar su imagen. Nunca hemos visto la Tierra desde fuera pero confiamos en la imagen que los científicos nos muestran. Pero la Tierra, una célula o la manzana que comemos de postre tienen el mismo tamaño en sus imágenes (figura 38). Nuestro conocimiento adquirido es el que hace que las separemos, agrandemos o empequeñezcamos. La confianza en la imagen es lo que hace que también resultemos engañados.

Algunos otros engaños

En una fotografía el movimiento queda detenido[24], la vida queda paralizada.

Las tres imágenes siguientes muestran lo mismo, un terremoto, la acción devastadora de un terremoto. Son tres formas de presentarnos la realidad: el dibujo,

[24] Hasta la aparición de la fotografía el movimiento o, mejor dicho, la retención del mismo, debía interpretarse. El artista reconstruía el fragmento del movimiento retenido en su memoria tratando de interpretarlo lo más fielmente posible sobre el papel. Muchas de estas interpretaciones generaron imágenes que no tenían su constatación en la realidad, pero que resultaron ser apasionantemente bellas como los estudios sobre el movimiento del agua de Leonardo.

Desde esta perspectiva, se defiende la idea de que el dibujo del galope de un caballo se representó erróneamente hasta las secuencias fotográficas de Eadweard Muybridge. Este fotógrafo californiano se apasiona en 1878 por la reproducción del movimiento. Muybridge instala en el hipódromo de Sacramento doce la fotografía y la imagen infográfica (figuras 39, 40 y 41). Las imágenes recogen un fragmento de la realidad, un instante, tal vez el instante posterior al movimiento. Pero incluso aunque hubiesen recogido el movimiento mismo, este hubiese quedado inmovilizado. ¿Cómo se puede representar un terremoto si se le quita su misma esencia, el movimiento? Nadie que vea esas imágenes, sin haber vivido un terremoto, sabrá como es este en realidad. Podemos decir pues que las imágenes mienten. Da igual el medio por el que se haya obtenido, desde el más objetivo al más subjetivo, todas las imágenes mienten porque es intrínseco a su esencia. Otra cosa es que nos hayamos acostumbrado a sus mentiras o que pensemos que unas mienten menos que otras.

El instante que captura la fotografía es un momento ficticio, irreal. Nada está parado en el mundo real.

Dos luchadores grecorromanos (figura 42) quedan detenidos en un instante infinito, para la imagen son los mismos monstruos de la obra de Paré (figura 43): dos cuerpos unidos entre sí en un instante. En la imagen de los luchadores el espectador separa los dos cuerpos en el instante después, en el que imagina; en el grabado de Paré los cuerpos permanecerán unidos para siempre. A ese juego de las uniones eternas es al que se prestan las criaturas de Jake y Dinos Chapman (figura 44); el tiempo detenido en una creación monstruosa fruto de variaciones matemáticas donde los factores no son numéricos sino corpóreos. Sabemos o intuimos que sus construcciones no son

39. Gregor Reisch, *Terremoto que destruye la torre de una iglesia,* Grabado en madera, 1503.

40. Fotografía de un terremoto.

41. Imagen digital obtenida a partir de otras tomadas por un satélite de un terremoto de magnitud 7,3.

aparatos, cuyos obturadores son accionados por otros tantos hilos tendidos de un lado a otro de la pista... Consigue fotografiar así doce imágenes distintas de un caballo blanco lanzado al galope. De la observación de esta secuencia puede constatarse que muchas de esas representaciones que se han considerado erróneas tienen su espejo en alguna de las instantáneas. El problema de los caballos de Muybridge es más sutil de lo sospechado e invade esa frágil frontera entre lo que aceptamos como objetivo y lo que consideramos descripción subjetiva. Esta frontera se construye sobre la fotografía.

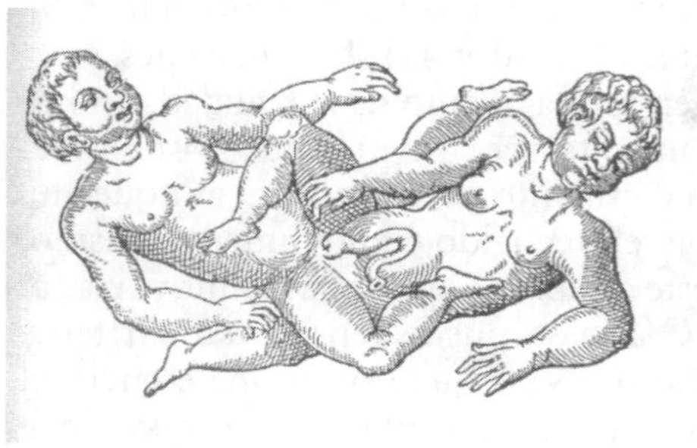

43. Dos niños monstruosos. Ambroise Paré, *Monstruos y prodigios,* 1575.

42. Fotografía de dos luchadores grecorromanos.

44. Jake y Dinos Chapman, *Tragic anatomies,* 1996.

45. Una niña con dos cabezas.

reales pero se nos despierta la curiosidad por que lo fueran, por conocer a esos seres irreales y observar sus vidas. Curiosamente cuando vemos la fotografía de una niña con dos cabezas (figura 45) sabemos o intuimos que es real pero desearíamos que no lo fuera, porque se nos hace insoportable la posibilidad de vivir una vida compartiendo nuestro cuerpo con otra cabeza. Las fotografías las hacemos nuestras, las somatizamos; pero no los dibujos o determinadas imágenes que sabemos generadas por ordenador.

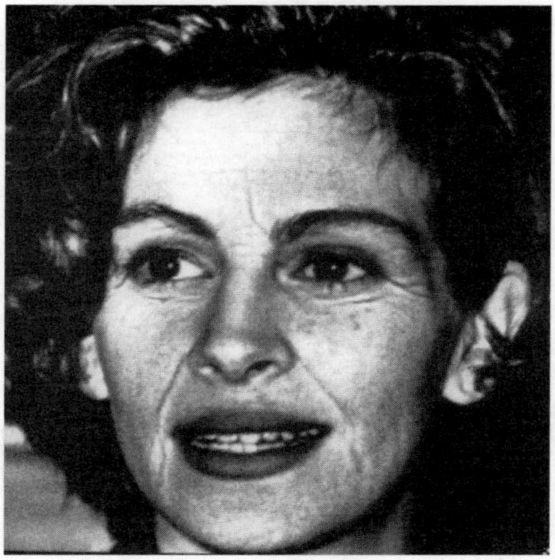

46. Nancy Burson, *La máquina del tiempo.*

La percepción del tiempo en un dibujo, una fotografía, una infografía es otro de los factores que hace variar nuestra mirada. En unas el tiempo se interpreta, en otras se detiene o conserva y en otras se construye.

Una de las características principales de los nuevos medios tecnológicos es la capacidad de construir el tiempo, de jugar con él. Mientras la fotografía se adueñó del tiempo pasado, de la Historia, el ordenador se adueña del futuro. Con la fotografía vemos cómo fuimos de niños, con el ordenador vemos cómo seremos de ancianos, cómo serán nuestros hijos, cómo nos quedará el corte de pelo, cómo será el fin del mundo.

En la máquina de envejecer la artista Nancy Burson transformaba la apariencia del espectador o de retratos de celebridades mediante programas informáticos (figura 46). La culminación de su proyecto llegó cuando el FBI contactó con ella para utilizar su máquina con el propósito de rastrear con mayor eficacia niños desaparecidos cuyas imágenes se habían quedado ya obsoletas. Nadie podía reconocer ya en las fotografías de los niños a unos niños que habían dejado de serlo.

¿Quién puede reconocerse en la turbia fotografía de su carnet de identidad? Nadie, porque ya no somos nosotros. De todas formas da igual, porque la imagen del carnet siempre acompaña al sujeto origen. Y teniendo el modelo, ¿qué más da su imagen? El retrato del DNI es un engaño más del juego de la representación y terminará siendo sustituido por algún tipo de control genético que haga que uno no pueda escapar a su verdad, su ser. Que no a su imagen.

La fotografía puede arrebatar un gesto terrible en un segundo, y al segundo siguiente otro tremendamente dulce. Puede convertir a alguien en ridículo o en interesante. Puede modificar el rostro, algo tan fundamental, que, a partir de él, establecemos diferencia con los demás. Son cientos los tratados dedicados a la fisionomía, a establecer cuales son los rostros tipo de tal o cual raza, qué rostros tienen los asesinos, qué rostro asemeja con qué animal. Nuestro retrato puede decir o significar muchas cosas, pero a lo que realmente tememos es que nuestro retrato fuimos nosotros, nos reconozcamos o no. Todo lo que los demás ven en él, lo suponen en nosotros. De esta forma el retrato toma entidad propia independiente del

47. Retrato robot de tres asesinos rusos.

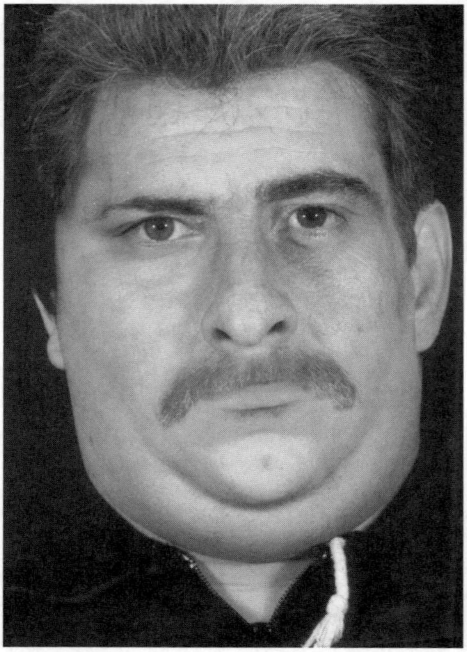

48. Juan Urrios, *Ortopedias*.

retratado. El espectador reconoce en el retrato a su actor favorito, el mismo que se acaba de sentar a su lado en el restaurante y al que ha sido incapaz de reconocer en la realidad. La fotografía se convierte en antifaz, reconocemos en ella la imagen idealizada de lo representado, y esa representación suplanta al propio sujeto.

Muy a menudo, apunta Brusatin[25], una fotografía, arrancada al sujeto sin que él lo desee, llega a ser el modelo de un reconocimiento fallido para el interesado y logrado para todos los demás. Muchas damas del espectáculo borraban sus rostros de las miniaturas porque no se gustaban y seguían haciéndolo incluso en la vejez cuando todas sus imágenes, aunque reconocibles no eran reconocidas, tan intensa era la imagen a la que se había entregado su fantasía que querían fijarla en un modelo.

Los tres asesinos del siguiente retrato robot son fantasmas, no existen. A la sociedad se le pide que busque a estos fantasmas. Que estudie a su vecino, que observe sus rasgos para ver si pueden dar vida al fantasma digital. Es otra parte del juego, ya no es el sujeto y su retrato, sino un retrato en busca de sujeto. Se trataría en la *Fisonomía* de De la Porta no de buscar un parecido animal en el rostro de tu hermano, sino de buscar en el mundo animal tu retrato. ¿Qué sucede con los retratos de los tres asesinos? Son retratos genéricos. Cualquiera puede tener un rostro parecido o que no lo tenga nadie. Porque realmente no retratan a nadie, porque se sabe de antemano que es una aproximación a la realidad. Lo interesante sea, tal vez, que es más fácil localizar a los asesinos por su imagen genérica que por su propio retrato. Muy pocos delincuentes se parecen a sus retratos, a pesar de ser fotográficos. Maurizio Cattelan invierte los términos en su serie de retratos: los encarga a un dibujante de la policía, que los delinea siguiendo las descripciones que le va dando de sus amigos y

[25] Manlio Brusatin, *Historia de las imágenes,* Madrid, Julio Ollero Editor, 1992, pág. 19.

49. Saurio gigante generado por ordenador.

familiares; conscientemente tienen un aire de cartel de busca y captura. Es la imagen estereotipada del agresor, del recluso, del malo.

En el proyecto titulado *Ortopedias* (figura 48), Juan Urrios retrató a numerosos reclusos de una institución penitenciaria, luego combinó digitalmente esos rostros produciendo personajes inexistentes cuya monstruosidad, como los ogros de los cuentos, es indicativa de un personalidad perversa. Pero en el fondo esos rostros de síntesis no son sino el resultado de un calidoscopio compuesto con piezas del acervo específico de las técnicas de identificación: ojos, cejas, nariz. Con su exageración grotesca, Urrios denuncia la confusión entre ser y parecer, entre esencia y apariencia, pero sobre todo nos muestra la facilidad con que el ordenador trastoca nuestra confianza en la solidez de la identidad y en las tecnologías que sirven para escrutarla, fijarla y darle estabilidad. Dicho de otro modo, la fotografía digital se inscribe en el nuevo orden propiciado por los medios electrónicos cuyo efecto de *desrealización* no se reduce a la experiencia de lo real en la imagen sino que atañe a todas nuestras facetas de conocimientos adquiridos de concretar la realidad. En la medida en que afecta a las concepciones que nos hacemos del mundo, cambia también nuestra relación con él. La disolución del principio de realidad, escribe Fontcuberta[26], arrastra consigo nuestras formulaciones del espacio y del tiempo, de la identidad y de la memoria.

Las fronteras entre el mundo real y lo que pertenece a la fantasía parecen estar muy delimitadas. Los ogros de cuento permanecen dentro del cerco de lo irreal por muy realistas que sean sus imágenes. Los monstruos de Chapman como los dinosaurios que caminan por el centro de una ciudad están dentro de ese cerco que creemos tan seguro. Sin embargo, la ficción no está tan alejada de nuestros bolsillos, ni del autobús que nos lleva; la podemos encontrar en el salón, en la mesa de la peluquería, en el espejo del baño, en las noticias de un televisor.

Hay algo que Ibn Wasïf no sabía: que él, como nosotros, somos los habitantes de la isla de Sasrïf. Es la realidad la que se aleja de nosotros cada vez que miramos o nos miramos en imágenes, sean de carbón, emulsión o píxel.

[26] Joan Fontcuberta, «Después de la fotografía, identidades fugitivas», *El paseante,* núms. 27-28, pág. 101.

Capítulo IV

Los ruidos de la máquina

José Gómez Isla

De la herramienta a la máquina

Desde el Renacimiento, el hombre se ha venido sirviendo de una larga serie de herramientas auxiliares del dibujo para intentar atrapar la realidad de un modo paulatinamente más preciso y directo. El siglo XV marcará el comienzo de la coproducción continuada entre creación, tecnología y espíritu científico con la finalidad de conseguir un progreso intelectual y técnico que no había tenido parangón en la historia del pensamiento occidental. Mediante el uso continuado de aparatos de perspectiva, retículas en forma de ventana para calcar lo que el ojo ve o máquinas ópticas que utilizaban complejas ecuaciones y sofisticados juegos de lentes de aproximación, el hombre moderno estableció las bases para un nuevo modelo de explicación del universo[1]. De esta forma, el mundo de la representación se alejaba definitivamente de los estereotipos simbólicos y mágicos anclados en el arte gótico para acercarse cada vez más al modelo naturalista, basado en la observación directa de las cosas.

Buena parte de los artefactos utilizados desde entonces se han basado precisamente en mecanismos ópticos que han aportado datos científicos y mensurables sobre la dimensión, la escala de los objetos o la sensación de profundidad espacial. No olvidemos tampoco que durante este período de efervescencia cultural se desarrollaron otro tipo de aparatos ópticos como el telescopio y el microscopio. Estos artefactos abrieron campos inéditos de observación y ayudaron a integrar dentro de nuestra realidad cotidiana otros mundos y otras dimensiones espaciales que iban del macrocosmos al microcosmos.

En este caldo de cultivo, donde la exactitud era el objetivo por alcanzar, parece lógico pensar que las herramientas utilizadas en la captación y transcripción del mundo estuvieran destinadas a recrearlo de una manera más verosímil y creíble que los sistemas de representación anteriores.

---

[1] Para una información más detallada sobre el desarrollo de estos artilugios auxiliares del dibujo, consúltese el libro de Martin Kemp, *La Ciencia del Arte. La óptica en el arte occidental de Brunelleschi a Seurat*, Madrid, Akal, 2000.

A pesar de todo, conviene tener en cuenta que la corrección formal de una imagen ha ido variando en cada época según los modelos que la sociedad haya establecido consensuadamente como válidos. Así, Nelson Goodman afirma que, «la corrección de una representación varía según sea el sistema o el marco de referencia en el que tiene lugar, al igual que acontece con el caso de la descripción. (...) Una imagen que se haya dibujado con una perspectiva invertida, o que se haya distorsionado por cualquier otro sistema, puede ser tan correcta bajo ese sistema dado como una imagen que podamos considerar realista según los criterios acostumbrados en el sistema de representación occidental»[2].

Un ejemplo paradigmático de utensilio auxiliar tanto del ojo como de la mano del dibujante es «la cámara oscura», una herramienta que ha acompañado al artista plástico durante los últimos seis siglos. Sólo así el ser humano ha sido capaz de trazar el actual universo de la representación occidental basado en la *Perspectiva Artificialis,* sistema este que la propia cámara oscura ayudó a postular[3].

Sin embargo, una herramienta infinitamente más precisa estaba aún por llegar; un utensilio que, basado precisamente en los mismos fundamentos de la cámara oscura, conseguiría adaptar y perfeccionar sus procesos ópticos de obtención y, sobre todo, de fijación fotoquímica de la imagen sobre un soporte bidimensional. Y lo que era aún más sorprendente y revolucionario, este sistema de obtención de imágenes sería capaz de generarlas de una manera completamente automática, es decir, sin aparente intervención humana en el proceso. Lógicamente me estoy refiriendo a la innovación radical que supuso para el mundo de la creación plástica la aparición de la cámara fotográfica.

Cuando a mediados del XIX esos auxiliares ópticos del dibujo se convierten en «máquinas», es decir, en herramientas más sofisticadas que precisan de un complejo sistema de elaboración autónomo[4], se comienzan a producir ciertos automatismos en los procesos de producción de imágenes que consiguen prescindir definitivamente del trazado manual y la impronta directa del creador sobre la superficie del lienzo o el papel. La imagen de registro había nacido para instalarse definitivamente en nuestras vidas. Y esto no sólo ocurriría con la aparición de la fotografía, sino por supuesto con la de todos sus derivados posteriores como el cine, la televisión, el vídeo o la más reciente herramienta infográfica.

Máquina y creación

Desde entonces, las imágenes producidas por cualquiera de estas máquinas se han caracterizado por procesos de conformación que, desde mediados del XIX, van a ser ajenos a los procesos clásicos de creación humana. No es extraño que desde en-

[2] Nelson Goodman, *Maneras de hacer mundos,* Madrid, Visor, col. La balsa de la Medusa, núm. 30, 1990, pág. 176.

[3] Desde las primitivas formas de perspectiva que Giotto desarrolló de modo intuitivo, se han venido sucediendo no pocas disputas sobre si la cámara oscura puede ser considerada como un desarrollo de la imagen perspectiva o, si por el contrario, «constituye una alternativa a esa imagen», intentando superar sus posibles puntos oscuros.

[4] Flusser define máquina como aquella «herramienta que simula un órgano del cuerpo con la ayuda de una teoría científica», en Vilém Flusser, *Hacia una filosofía de la fotografía,* México, Trillas-Sigma, 1990, pág. 78.

tonces se haya puesto en tela de juicio la capacidad artística de aquellos operadores que se han servido de estos artilugios mecánicos puesto que, en apariencia, quedaba eliminado del proceso automático todo componente creativo —inherente a la condición humana— en beneficio del componente técnico. Cuando la fotografía irrumpió en el escenario de la Revolución Industrial, se llegó a decir de ella que era una máquina sin alma puesto que no podía recrear e interpretar el mundo de igual manera que lo hacía el artista. No fueron pocos —y aún hoy en día siguen dando coletazos aquellos viejos argumentos— los que negaron a las imágenes técnicas toda capacidad artística, precisamente porque no dejaban ver la intervención humana en ellas, es decir, porque no mostraban la visión subjetiva del autor o, lo que es lo mismo, la proyección de sus ideas en la imagen. En resumidas cuentas, una máquina que fuese incapaz de incluir el «estilo», es decir, la impronta personal del creador en las imágenes que generaba, tampoco podía ser susceptible de producir arte con ellas.

En aquel momento, la fotografía era considerada como un «espejo de la realidad», incapaz de mentir y fabular acerca de lo que se encontraba delante del objetivo fotográfico. Por tanto, más que un instrumento útil para la creación plástica, muchos teóricos relegaron a la fotografía a mero artefacto «fotocopiador» del mundo visible, destinado a documentar o a levantar acta testimonial de lo que había sucedido ante la lente. El propio Charles Baudelaire, poeta y crítico afamado de los salones artísticos de mediados del XIX, llegó a negar cualquier capacidad creativa al medio fotográfico. De hecho, según Baudelaire, su papel debía circunscribirse al de humilde «sirvienta de las ciencias y las artes», por su vocación para abastecer a cualquier profesional de una portentosa capacidad registradora. Pero, más allá de esta asombrosa exactitud en el registro de la realidad, no debía permitirse a la imagen fotográfica ninguna otra licencia creativa o expresiva que pudiese, no ya usurpar, sino siquiera amenazar las dotes del genio artístico del momento. En palabras del propio Baudelaire, «si se permite que la fotografía supla al arte en algunas de sus funciones pronto, gracias a la alianza natural que encontrará en la necedad de la multitud, lo habrá suplantado o totalmente corrompido. (...) si se le permite invadir el terreno de lo impalpable y de lo imaginario, en particular aquel que sólo vale porque el hombre le añade su alma, entonces ¡ay de nosotros!»[5].

No obstante, pretendo argumentar que el rasgo más trascendental en el cambio de concepción del universo contemporáneo no fue precisamente la aparente frialdad de esos procesos automáticos de sustitución mecánica del trazo manual, como sugiere Baudelaire, sino otros que hicieron posible que las imágenes producidas por la cámara fotográfica llegasen a ser radicalmente distintas de las obtenidas mediante los modos de producción tradicionales del dibujo. No en vano, pronto se empezó a hablar de un tipo de mirada a través del objetivo de la cámara que contemplaba una nueva forma de concebir el mundo, lejos ya de la legendaria exactitud y objetividad fotográfica, características estas de las que parecía haber hecho gala durante sus primeras décadas de existencia. Efectivamente, estas máquinas de registro nos han enseñado que la mediación técnica va a ser un elemento determinante a la hora de construir mundos alternativos a los producidos por la percepción natural. En contra de lo que argumentaban los primeros teóricos que se ocuparon del análisis del medio fotográ-

---

[5] Charles Baudelaire, «El público moderno y la fotografía», publicado en la *Revue française* el 1 de julio de 1859 con el título «Lettre à M. le Directeur de la *Revue française* sur le Salon de 1859». Recopilado posteriormente en el libro *Salones y otros escritos sobre arte*, Madrid, Visor, 1996, págs. 229-233.

fico, hemos ido descubriendo paulatinamente, aunque cada vez con mayor convicción, que la herramienta fotográfica dista significativamente de la visión humana en su forma de concebir la realidad. Walter Benjamin, auténtico visionario en esta materia, ya argumentaba en plena época de vanguardia que «la naturaleza que habla a la cámara es distinta de la naturaleza que habla a los ojos; distinta sobre todo porque un espacio elaborado inconscientemente aparece en lugar de un espacio que el hombre ha elaborado con consciencia. (...) Sólo gracias a ella [a la fotografía] percibimos ese inconsciente óptico, igual que sólo gracias al psicoanálisis percibimos el inconsciente pulsional»[6].

Es en ese momento cuando el creador empieza a ser consciente de la importancia del papel mediador de la tecnología en la sociedad contemporánea a la hora de generar mundos inéditos mediante los registros directos de esa misma realidad obtenidos a través de una cámara. Y es precisamente en este punto, en el de la recreación de la realidad cotidiana, más que en el de la mera transcripción de la realidad misma, donde la mayoría de los teóricos han discrepado a la hora de aportar un análisis válido sobre el medio.

El medio fotográfico, y por extensión cualquier otro medio audiovisual, no es *per se* un medio creativo. De todos es sabido que una cámara de fotos puede ser utilizada como herramienta auxiliar para todo tipo de disciplinas, ya sean estas científicas, sociales, documentales, publicitarias, propagandísticas e incluso plásticas. Lo que no pertenece a ningún género de dudas es que detrás de esa herramienta de trabajo siempre debe haber un operador que controle y conduzca a la máquina hacia los objetivos que él pretende lograr con su ayuda. Otra cosa distinta es que los criterios y las actitudes del fotógrafo para obtener imágenes que obedezcan a las distintas motivaciones —ya sean sociales, científicas o artísticas—, se encuentren ya inscritos en el programa de la cámara. De igual forma, el operador debe saber interpretar las necesidades y propuestas sígnicas que la propia cámara genera. En este sentido, uno requiere constantemente de la participación del otro. Vilém Flusser afirma que:

> El fotógrafo escoge combinaciones específicas de categorías de la cámara (...) Parece como si el fotógrafo fuera libre de escoger, y como si la cámara hiciera precisamente lo que él quiere que haga. Sin embargo, la elección del fotógrafo está restringida por las categorías de la cámara; su misma libertad está programada. La cámara funciona según las intenciones del fotógrafo, pero estas intenciones funcionan de acuerdo con el programa de la cámara[7].

En síntesis, sin cámara y sin el resto del aparataje técnico que comporta el proceso fotosensible, no serían posibles las particularidades sígnicas que la fotografía ofrece; pero, de igual forma, sin un operador capaz de provocar y decodificar las peculiaridades de la cámara, tampoco podría existir mensaje fotográfico alguno. Dicho de otro modo, sin la intervención humana para mediar entre ella y el mundo, la cámara sería incapaz de crear imágenes coherentes y, por tanto, sujetas a una potencial significación. Sólo el conocimiento que el operador tiene de ella hace posible la intro-

---

[6] Walter Benjamin, «Kleine Geschichte der Photographie» (1931), en la publicación *Die Literarische Welt,* 18 y 25 de septiembre y 2 de octubre de 1931. [Versión castellana: «Pequeña historia de la fotografía», en *Discursos interrumpidos I,* Madrid, Taurus, 1.ª ed., 1973, col. Ensayistas, núm. 91, pág. 67.]

[7] Vilém Flusser, *op. cit.*, pág. 34.

ducción voluntaria de determinadas particularidades del medio técnico con un fin creativo. Todo ello pertenece a un programa en el que ambos, cámara y operador, se necesitan mutuamente. En palabras de Flusser, «en el acto fotográfico, la cámara hace lo que el fotógrafo quiere que haga, y el fotógrafo hace aquello para lo que la cámara está programada»[8].

Fotografía y comunicación

Otra de las incógnitas que muchos teóricos se han planteado con relación a la fotografía y a sus posibilidades creativas, se refiere a la capacidad lingüística del medio y su competencia para construir significados. Si no llegásemos a encontrar argumentos válidos para defender la condición comunicativa del medio fotográfico, este se vería amenazado de convertirse en un subgénero visual con respecto a otros medios de expresión más complejos que realmente sí formulan discursos coherentes. De no poder justificar la capacidad lingüística del medio fotográfico como un soporte estructural con sus códigos propios, sólo podríamos defenderlo como una de esas «artes aplicadas» al servicio de un fin mayor que no se agota en sí mismo, sino que sólo es subsidiario de otros sistemas de comunicación más complejos. En estas circunstancias, la fotografía no estaría ya al servicio de sí misma, desde un punto de vista creativo y expresivo, sino que atendería a otros argumentos como un mero auxiliar del dibujante, o como diría Baudelaire, como «la secretaria y la libreta de cualquiera que necesite en su profesión una absoluta exactitud material»[9].

Uno de los principales escollos con los que se ha encontrado esta nueva máquina de dibujar mundos, desde el momento mismo de su nacimiento, es su innegable condición de verosimilitud, una peculiaridad que hace difícil analizarla como medio autónomo. Su propia intangibilidad como producto surge de su clara dependencia de la realidad que registra. Se pone por tanto en evidencia la «transparencia» del medio técnico, en el sentido en el que una foto se hace invisible ante la diafanidad con la que nos muestra el referente que captura. Como señala Roland Barthes: «sea lo que sea lo que ella ofrezca a la vista y sea cual sea su manera empleada, una foto es siempre invisible: no es a ella a quien vemos»[10].

En este sentido, son muchos los teóricos que han continuado defendiendo la imposibilidad de la fotografía para constituirse en un auténtico sistema lingüístico, como sí ocurre con la pintura o el dibujo. Semiólogos como Roland Barthes han apuntado la necesidad que tiene el medio fotográfico de apoyarse en el comentario escrito, el título o el pie de foto para llegar a significar algo concreto. Esta argumentación se basa en la incapacidad de la fotografía para constituir iconos o símbolos gramaticales o, lo que es lo mismo, en su incapacidad para constituir un lenguaje visual propio.

Sin embargo, frente a estos autores, se alzan otras voces que aluden a la intencionalidad expresiva y comunicativa de los creadores fotográficos a la hora de manipu-

---

[8] *Ibíd.*, pág. 35.

[9] Charles Baudelaire, «El público moderno y la fotografía», *op. cit.*, pág. 233.

[10] Roland Barthes, *La chambre claire. Note sur la photographie*, París, Cahiers du Cinéma/Gallimard/Seuil, 1980. [Versión castellana en *La cámara lúcida. Nota sobre la fotografía*, traducción de Joaquim Romaguera y Ramió, Barcelona, Paidós, 1990.]

lar y transformar la realidad de partida y, por tanto, de interpretarla a través del objetivo de la cámara. Mientras que la intencionalidad del operador se convertiría para unos en un medio de expresión en toda regla, para otros, en cambio, no sería más que la constatación de una realidad preexistente que la fotografía es capaz de registrar (o reflejar) de manera subjetiva, pero que, en ningún caso, sería capaz de comunicar.

A simple vista, lo que parece difícil de aceptar es que la cámara pueda crear signos o símbolos básicos de comunicación a partir de una realidad dada (registrada en la toma), ya que esta última no puede constituirse en metáfora, abstracción o signo de sí misma en tanto que imagen. También resulta obvio que para que una fotografía exista debe existir previamente una realidad de referencia que la cámara captura a través del objetivo. Por tanto, la imagen resultante no puede aludir de manera indirecta a ese registro *directo* de lo real, en tanto que emanación luminosa de esa realidad. Existe un nexo de unión directo entre la imagen resultante y el referente fotográfico del cual ha partido. La existencia de ese algo que «ha estado» en un determinado instante delante del objetivo es imprescindible para que la imagen fotográfica de ese algo pueda existir. En consecuencia, será condición indispensable para la existencia de cualquier fotografía la propia existencia de la realidad a la que alude, no como ideograma o evocación, sino como mero registro luminoso de su existencia real en un espacio y un tiempo determinados.

Según esta primera argumentación podríamos concluir que la fotografía, más que una «representación icónica» de una realidad concreta, parece estar más cerca de una «presentación referencial», fruto de la irradiación luminosa de una realidad que ha sido registrada sobre la placa fotosensible. O, para decirlo con las propias palabras de Barthes, «la foto es literalmente la emanación del referente»[11]. Pero, como vamos a ver más adelante, esta afirmación —tan aparentemente incontestable— también se presta a una acalorada discusión desde el punto de vista semiótico.

Precisamente esta emanación luminosa de los objetos sobre la placa fotosensible va a otorgarle a la fotografía uno de los —hasta ahora— valores distintivos de este medio técnico: su valor de autenticidad. De hecho, la fotografía ha sido considerada invariablemente como un testigo mudo y fiel de la historia, es decir, como una técnica incapaz de mentir. Hasta hace escasas fechas la imagen de registro podía ser esgrimida como prueba judicial irrefutable, y aún hoy sigue siendo válida para la identificación de individuos mediante rigurosas fichas policiales. No es extraño que ya en sus primeras décadas la fotografía fuese comparada con un «espejo con memoria»[12], como algunos denominaron a los primeros daguerrotipos. En su condición de registro mecánico de lo real, la cámara parecía dar una imagen objetiva del mundo, algo así como un *calco* literal de la realidad.

En los escritos de la mayoría de los analistas del medio fotográfico, se ha destacado su capacidad «ontológica» para hacer presente una realidad del pasado que ya no existe. Comparativamente, en cambio, se ha hablado poco de su potencialidad como medio de expresión, con una intencionalidad concreta por parte del artífice de la toma. Precisamente la condición de «herramienta automática» (sin vida) de la cámara fotográfica ha pesado más a la hora de valorar al medio en un sentido puramen-

---

[11] *Ibíd.*, pág. 142.

[12] Esta peculiar definición del daguerrotipo, primer sistema fotográfico hecho público, se debe al médico americano Oliver Wendell Holmes quien, además de hombre de letras, era fotógrafo aficionado. Véase Oliver Wendell Holmes, «Sun-Painting and Sun Sculpture», en *Atlantic Monthly,* vol. 8 (1861), págs. 13-29.

te «fotocopiador» de la realidad, en tanto que frío registro mecánico (con una visión «objetiva» y totalitaria a la que es imposible engañar), en detrimento de su capacidad como medio expresivo, creativo o comunicativo. En palabras de Phillipe Dubois:

> Existe una suerte de consenso de principio que pretende que el verdadero documento fotográfico «rinda cuenta fiel del mundo». Se le ha atribuido una credibilidad, un peso real absolutamente singular. Y esta virtud irreductible del testimonio descansa principalmente en la conciencia que se tiene del proceso *mecánico* de producción de la imagen fotográfica, de su modo específico de constitución y de existencia: lo que se ha llamado *automatismo de su génesis técnica.* (...) la fotografía, al menos ante la *doxa* y el sentido común, *no puede mentir*. La necesidad de «ver para creer» se encuentra aquí satisfecha. La foto es percibida como una especie de prueba, a la vez necesaria y suficiente, que atestigua indudablemente la existencia de lo que da a ver[13].

Verdad *versus* realidad fotográfica

Pero frente a aquellos primeros críticos que se afanaron durante todo el siglo XIX y buena parte del XX por demostrar esa «verdad objetiva del medio», y que sólo fueron capaces de ver la imagen fotosensible como un «espejo de lo real», existen otros autores que se niegan a admitir el valor puramente documental de la fotografía como el único posible, abriendo espacio hacia la creación y la investigación formal. Tendrá que producirse un giro en la mentalidad social para descubrir finalmente que la visión fotográfica y la visión humana tenían dos formas completamente diferentes de percibir y de aprehender la realidad. Precisamente durante el segundo tercio del siglo XX se opera este cambio de mentalidad visual. Defendida fundamentalmente por la escuela estructuralista, la fotografía lograría zafarse al fin de su principal argumento condenatorio que restringía su valor a la consabida capacidad mimética respecto al modelo fotografiado. Es en este momento cuando comienza a defenderse el discurso codificado del medio fotográfico. Así pues, se desmoronaría el principio de «verdad objetiva» de la fotografía que parecía irrefutable hasta entonces por su exceso de visibilidad y realismo respecto a otros medios visuales tradicionales como la pintura o el dibujo. Sin embargo, el concepto de realismo puede resultar engañoso, no tanto porque se acerque más a la verdad objetiva del mundo, sino porque, como apunta Nelson Goodman, «una imagen es una imagen realista en la medida en que es correcta según el sistema normal de representación (...) En ese primer sentido una representación será realista o correcta si sigue una costumbre o tiende a correlacionarse vagamente con otros juicios semejantes referentes al parecido, los cuales también descansan sobre hábitos, como sucedía en el caso del uso de categorías»[14].

Si hasta el siglo XIX el modelo de referencia visual había sido la pintura, un nuevo medio visual como la fotografía no tenía otro remedio que plegarse a las exigencias del medio de representación imperante en esa época. En ese contexto histórico parecía normal que quienes quisieron convertir a la fotografía en una disciplina artística durante sus primeras décadas de vida adoptasen actitudes más próximas a la pin-

---

[13] Phillipe Dubois, *El acto fotográfico,* Buenos Aires, Paidós Comunicación, 1986, págs. 19-20.
[14] Nelson Goodman, *Maneras de hacer mundos, op. cit.,* pág. 176.

tura que al propio medio fotográfico. No en vano, la corriente pictorialista, que aglutinó a buena parte de los fotógrafos con aspiraciones artísticas, se preocupó por atenuar de forma considerable el exceso de realismo y frialdad técnica que la lente de la cámara parecía otorgar sistemáticamente a la imagen. Mediante procesos pigmentarios y de retoque de las imágenes obtenidas, los fotógrafos pictorialistas adoptaron acabados y facturas artesanales que se acercaban formalmente a la apariencia pictórica, en detrimento de la nitidez privilegiada que producía el objetivo fotográfico. Sólo cuando la fotografía consigue sacudirse ese complejo de inferioridad respecto a la pintura es cuando comienza realmente a explorar sus propias especificidades estéticas y discursivas. Paradójicamente, en el momento en el que desiste de su enconado empeño por alcanzar una «artisticidad», (falsa a todas luces, puesto que se servía de trucos que no eran propiamente fotográficos, como el retoque de los negativos o la utilización del pincel), es precisamente cuando el medio fotográfico adquiere el rango de disciplina creativa autónoma por derecho y méritos propios.

Se fue comprendiendo que la visión de la lente podía ser igual de subjetiva que la del ojo. A pesar de la condición mecánica y automática de la cámara, también esta podía registrar una intencionalidad expresiva por parte del operador, lo que suponía mirar a la realidad desde una óptica distinta y personal. Por medio de la elección de nuevos puntos de vista, ángulos de visión desacostumbrados y una selección personalizada del encuadre, el creador fotográfico será capaz de «potenciar» (es decir, de poner el acento) y hacer visible aquello que quería destacar de la realidad, y por tanto, *a priori* también será capaz de interpretarla. Al respecto, Kracauer asegura que «la imagen fotográfica es un producto de la cooperación entre la realidad física tal como imprime su propia imagen óptica en la película y la habilidad del fotógrafo para seleccionar, dar forma y organizar la materia prima»[15].

Por su parte, Pierre Bourdieu afirmaba que, a pesar de la vívida sensación de verosimilitud de la fotografía, esta es algo más que una pura imagen especular; podríamos decir que es una «transcripción»[16], fruto de una selección arbitraria y de un determinado enfoque elegido por el creador de la imagen. En realidad, tanto Bourdieu como Hubert Damisch[17] coinciden en señalar que esta visión de la realidad a través de la fotografía obedece a una convención visual que, hoy día, nos resulta completamente asimilada y natural. Pero su carácter, lejos de ser objetivo, resulta *altamente elaborado*. En realidad, este tipo de convención visual que produce la cámara es prácticamente el mismo que hemos heredado desde la invención de las leyes de la perspectiva, basada a su vez en los experimentos de observación realizados con la *cámara oscura*. Esta herramienta es esencialmente un medio de transcripción bastante antiguo del que ya se tiene conocimiento allá por el siglo XI con Al Hazan de Basora (965-1039). En palabras de Dubois, «esta es la concepción de la "naturalidad" de la imagen fotográfica claramente desnaturalizada. La caja oscura fotográfica no es un agente reproductor neutro sino una máquina que produce efectos deliberados. Es, lo mismo que la lengua, un asunto de convención y un instrumento de análisis y de interpretación de lo real»[18].

---

[15] Siegfried Kracauer, *Theory of Film*, Nueva York, Oxford University Press, 1960.

[16] Pierre Bourdieu, *Un art moyen*, París, Minuit, col. Le sens commun, 1965, págs. 108-109.

[17] Hubert Damisch, «Cinq notes pour une phénoménologie de l'image photographique», en *L'Arc*, núm. 21 («La Photographie»), Aix-en-Provence, primavera de 1963, págs. 34-37. Traducción inglesa de Rosalind Krauss en *October*, núm. 5 («Photography: a special issue»), Nueva York, MIT Press, 1978.

[18] Phillipe Dubois, *El acto fotográfico, op. cit.*, págs. 37-38.

Algunos analistas han defendido con vehemencia la existencia de un código específico del medio fotográfico, cuya lectura requiere un determinado aprendizaje. De hecho, este aprendizaje es fruto de una determinación cultural concreta, convencionalizada en un cierto ámbito social. En muchas zonas geográficas donde no se ha tenido conocimiento de las convenciones visuales de la cultura occidental, ni de los sistemas de representación perspectivos vigentes desde el Renacimiento, este tipo de representación se hace extraño y no resulta sencillo de interpretar. Alan Sekula afirma que «el dispositivo fotográfico es por tanto un dispositivo *culturalmente codificado*»[19].

Bien es cierto que, desde la óptica del estructuralismo, no podemos comparar esta codificación específicamente fotográfica con la que se desarrolla en otro tipo de lenguajes visuales o escritos. A priori, podría parecer que la formulación de un *lenguaje fotográfico* como tal no es posible, ya que no se articula basándose en combinaciones de formas gramaticales estructuradas (aislables, separables, conjugables entre sí y comunes a un código), lo que parece ser requisito imprescindible para la configuración de cualquier lenguaje.

La imagen fotográfica no se compone de *significantes* a los que podamos hacer corresponder por convención un determinado *significado mental*, según un código establecido. En la imagen fotográfica están contenidos ambos conceptos (significante y significado) que, aun implícitos, no llegan a «comunicar» realmente un mensaje claro e inequívoco, como sí ocurre en el lenguaje verbal o en el iconológico consensuado. Las fotografías no aluden a un significado fijo y concreto, ni lo representan mediante signos o símbolos, sino que solamente se limitan a «presentar» la realidad, con una cierta —aunque velada— intencionalidad del creador, pero, *a priori*, sin un código aparentemente «interpretable». Su incapacidad para constituir un lenguaje, literalmente hablando, residiría en su carencia de una estructura gramatical que, como tal, dé lugar a un código limitado de signos y, en consecuencia, de correspondencias entre signo y realidad. En la fotografía, la realidad misma penetra en la imagen —o más bien, el registro de su presencia luminosa—, y esta es incapaz de descomponerse en estructuras gramaticales más simples que podamos considerar universales (o comunes) respecto a otras fotografías.

Si bien no es posible establecer una relación intrínseca de correspondencias entre fotografía y lenguaje convencional, en tanto que este último se compone de signos estructurados que la fotografía no puede «representar» a través del registro directo, en cambio, sí que se puede establecer un nivel secundario de iconicidad; un nivel que Dubois denominará *index* fotográfico[20], acudiendo a las teorías del semiótico Charles Sander Peirce.

---

[19] Alan Sekula, «On the Invention of Photography Meaning», en *Photography in Print,* antología editada por Vicky Golberg, Nueva York, Simon y Schuster Inc., 1981, pág. 454. [También editado por Victor Burgin en *Thinking Photography*, Londres, MacMillan, 1982.]

[20] Este concepto de *index* también puede ser traducido al castellano como *índice,* en el sentido de indicador —dedo índice que señala— o señal que constata. O también puede traducirse como *«indicio»* de algo que ha ocurrido en el sentido de *huella* que deja impresa el referente. En consecuencia el *índex* siempre alude a la realidad que le ha creado. Por la peculiaridad del concepto, hemos preferido mantener el término original de *index* al que siempre recurriremos para expresar este carácter de *huella indicadora* que posee el medio fotográfico con respecto a su referente real.

Los lenguajes conocidos hasta la aparición de la fotografía se definían por estructuras simples y limitadas en número. En el lenguaje verbal, a través de una estructura mínima como el alfabeto, se pueden organizar una infinidad de combinaciones sígnicas que dan lugar a fonemas, morfemas y sintagmas. Estos elementos se pueden estructurar, finalmente, en mensajes codificados definidos y analizables en la totalidad de sus partes. Los mensajes, por supuesto, aluden a una realidad «exterior» o a conceptos que no son intrínsecamente visibles en la propia estructura lingüística. De la misma manera, en otro nivel de iconicidad, se encuentran otros lenguajes visuales como la pintura o el código de circulación vial, por poner solamente dos ejemplos significativos. En el primer caso, por medio de la «representación de esa otra realidad por semejanza», la pintura codifica mensajes a través de una estructura mínima de sentido que sería el *icono*. Mientras tanto, en el segundo caso, las señales de tráfico son capaces de transmitir mensajes a través de otra unidad lingüística que se articula por medio de la «representación de una convención general»: el *símbolo*.

Pero, a diferencia de los ejemplos expuestos, en el caso de la fotografía resulta evidente que no podemos articular mensajes en función de pequeñas estructuras sintácticas —símbolos o iconos— que comuniquen ideas acerca de una realidad a la que aluden indirectamente. Para la fotografía, por el contrario, la noción específica de *index*, según Dubois, «se distingue claramente de las dos precedentes [el icono y el símbolo], especialmente porque implica que la imagen indicial está dotada de un valor absolutamente singular, o particular, puesto que está determinada únicamente por su referente, y sólo por este: huella de una realidad»[21].

Según esta definición, la imagen fotográfica se encuentra inevitablemente unida al referente fotográfico a través de una especie de cordón umbilical invisible que los vincula a ambos existencialmente. Pero esta noción de *index*, entendida como definición absoluta del medio fotográfico, conlleva también el riesgo de arruinar nuestra creencia en un lenguaje como tal. El poder del *index* consiste en señalar, en designar inequívocamente al referente del que parte, y en convertirse en testigo directo de una realidad a la que hace referencia en imágenes. Pero, a diferencia de otros lenguajes, el *index* solamente nos indica el «esto ha sido» de Barthes, pero en ningún momento es capaz de comunicar *lo que la imagen quiere decir* con respecto a su referente. En palabras de Phillipe Dubois:

> (...) podemos decir que la foto no explica, no interpreta, no comenta. Es muda y desnuda, llana y opaca. *Tonta* dirán algunos. Muestra, simplemente, puramente, brutalmente, signos que son semánticamente vacíos o blancos. La fotografía es esencialmente *enigmática*. (...) Se ve pues que si el índex fotográfico, más que cualquier otro medio de representación, implica en algún punto una fuerza, un poder, una plenitud real, este opera sólo en el orden de la existencia y en ningún caso en el orden del sentido[22].

En busca de un código

Frente a las teorías anteriormente expuestas, que niegan cualquier capacidad de intervención de la fotografía sobre la realidad a la hora de representarla, otros autores han otorgado al medio una cierta capacidad de estructuración comunicativa en

[21] Phillipe Dubois, *El acto fotográfico, op. cit.*, págs. 42-43.
[22] *Ibíd.*, págs. 80-81.

función de los recursos técnicos que el operador sea capaz de articular y seleccionar por medio de la cámara para añadirlos a la imagen. De esta forma, y ante un mismo motivo, dos fotógrafos pueden generar dos tipos radicalmente distintos de imagen y, por tanto, de mensaje visual.

Frente a la mayoría de los estudios, basados en el automatismo del *proceso fotográfico,* Joan Costa propone el análisis del *contenido fotográfico* para intentar sentar las bases de una clasificación de los «signos» característicos de este medio.

Lo que debe quedar claro *a priori* es que en el hecho fotográfico no sólo intervienen factores técnicos, propios del proceso mecánico inherente, sino también otros factores subjetivos que el creador va a poder incorporar a sus imágenes y que el espectador va a tener que interpretar. Según esta argumentación, la fotografía no contaría con un único código de lectura, sino que en ella se entrecruzarían al mismo tiempo ciertos aspectos con carácter «connotativo» en relación con el lugar, el contexto social y los hábitos culturales de la época donde la imagen fuese tomada o donde vaya a ser contemplada posteriormente.

Costa atribuye al medio fotográfico una cierta capacidad de estructuración del *continuum visual* del mundo sensible (mediante el encuadre y el enfoque selectivo que realiza el fotógrafo) como punto de partida constitutivo de un posible lenguaje. Mediante el uso de la cámara podemos utilizar selectivamente el grado de aproximación y fragmentación que deseemos. Con los avances tecnológicos con los que contamos en la actualidad, casi todo es susceptible de ser fotografiado, desde una amplia panorámica paisajística —incluso nuestra propia galaxia—, hasta el más mínimo detalle de un objeto con un objetivo macro, o la textura de un material a través de una fotografía microscópica. Todo va a depender del punto de vista y del grado de aproximación que tomemos respecto al motivo.

En su análisis, Costa constata que el fenómeno de la percepción visual no es un proceso pasivo, sino que el ser humano, condicionado culturalmente por su contexto social, percibe su entorno de forma selectiva, reconstruyéndolo —ordenándolo y jerarquizándolo— para acabar estructurándolo mentalmente. De la misma forma, también será la mirada del fotógrafo la que se encargue de estructurar, seleccionar, encuadrar, fragmentar y codificar —en definitiva, de interpretar de forma personal y subjetiva— esa realidad a través del visor de la cámara. Sólo así podremos incorporar en la imagen resultante un cierto nivel de significación. Esta significación lingüística viene dada indefectiblemente por el *punto de vista subjetivo y cultural* del operador, un punto de vista que va más allá de la evidenciación pasiva al registrar literalmente un tema. Joan Costa introduce en este momento la capacidad creativa del fotógrafo basándose en que lo percibido por él es interiorizado y subjetivado, según su propio interés en unos determinados aspectos de la realidad[23].

En la medida en que el fotógrafo «interpreta» el mundo a través de la lente, lo que opera en el proceso de la visión y, por tanto, también en el proceso de la producción de la imagen mecánica, es la capacidad de abstracción de la realidad por parte de la mente humana y su modo *subjetivo* y *creativo* de ver, pensar y producir imágenes. Pero no sólo eso. Como ya hemos apuntado, la cámara no es una tecnología neutral y, por tanto, mediante el aprendizaje y el uso razonado de esa tecnología, el fotógrafo conseguirá transformar la apariencia de su entorno. Sólo de esta forma, las ideas que tiene el

---

[23] Cfr. Joan Costa, *El lenguaje fotográfico,* Madrid, Ibérico Europea de Ediciones, 1977, págs. 24-25.

fotógrafo sobre el mundo podrán ser plasmadas a través de la naturaleza técnica del medio. En consecuencia, el acto selectivo de la cámara como tal es un acto codificado de partida. La particular manera de registrar la realidad que posee esta tecnología condiciona al mismo tiempo nuestra propia manera de mirar el mundo.

Según esta tesis, la técnica fotográfica permite, pues, operar sobre la realidad construyéndola de nuevo, ya que al reproducir, fragmentar, seleccionar o manipular el *continuum* visual —en tanto que modelo físico—, este puede «ser reelaborado en una imagen: construir con él una representación»[24]. La fotografía ya no será únicamente un «espejo de lo real», sino un medio capaz de desarrollar un sorprendente poder de transformación de esa realidad. El medio fotográfico va a poder constituirse finalmente en una suerte de gramática visual, por su capacidad para detectar las señales que se producen en el entorno y que son susceptibles de significación. Esas *señales*, sin embargo, pasan muchas veces desapercibidas mediante la observación directa del mundo visible; se vuelven esquivas en su cotidianeidad. Sólo a través del poder de transubstanciación que producen las imágenes técnicas sobre la realidad, estas señales se nos revelan y se tornan manifiestamente significativas. Esta va a ser una de las máximas del medio fotográfico como lenguaje: hacer visible lo que a simple vista nos resulta invisible por observación directa.

El concepto de ruido

Para Joan Costa, en cualquier proceso de comunicación en el que interviene un elemento técnico como mediador se dan una serie de elementos distorsionadores producidos por el propio medio que él denomina *ruidos* o *parásitos*. En el caso de la fotografía estos *ruidos* son producidos por la propia condición técnica del medio que no registra la realidad de la misma forma que lo hace la visión humana. En sus palabras, «en fotografía, pues propondremos llamar —convencionalmente— "ruidos" a todos aquellos elementos visuales que no percibimos en la visión directa del objeto y sí en su imagen fotográfica»[25].

Dicho de otro modo, estos *ruidos* —inherentes al medio fotográfico— constituyen un conjunto de especificidades que se manifiestan exclusivamente en él y no se dan en ningún otro medio visual alternativo. Un ejemplo diáfano de este concepto de *ruido* resulta al observar el doble efecto de enfoque-desenfoque que se da en las fotografías con poca profundidad de campo. En estos casos obtenemos imágenes donde tan sólo unos determinados objetos en la imagen aparecen absolutamente nítidos, mientras que el resto del campo visual —más lejano o más cercano a la cámara— aparece completamente desenfocado.

¿Un recurso específicamente fotográfico?

Este efecto del desenfoque, sin embargo, no se detecta fácilmente en la percepción humana, ya que todo el campo visual que se despliega ante nuestros ojos se percibe invariablemente nítido. De hecho, este recurso resultó prácticamente inédito para el mundo de la pintura hasta que la cámara fotográfica no lo hizo evidente. Sólo

[24] *Ibíd.*, pág. 33.
[25] *Ibíd.*, pág. 40.

en algún caso aislado, como puntualmente puede apreciarse en algunos cuadros de Jan Veermer, puede adivinarse que estos fueron realizados con la ayuda de la cámara oscura. Como ha señalado Svetlana Alpers en su ensayo *El arte de describir,* en algunas partes de los cuadros de Veermer, concretamente en sus obras *La encajera* y en la *Vista de Delft,* aparecen pintados lo que serían los equivalentes a los llamados círculos de confusión, es decir, unos «círculos de luz difusa que se forman alrededor de los reflejos desenfocados» propios del sistema óptico de lentes utilizado por la cámara oscura[26]. En estos casos, parece ser que el pintor holandés hizo más caso al efecto visual producido por su herramienta auxiliar de trazado que a la percepción natural de sus ojos, ya que a menudo aparecen «fenómenos específicos» en sus obras «que no habrían podido ser captados por la mera visión sin ayuda»[27].

De cualquier forma, esta manera de proceder no resulta extraña para el mundo del arte puesto que, de una forma u otra, buena parte de los creadores plásticos han confiado más en los sistemas de representación convencionales —tales como la perspectiva lineal— o en sus herramientas auxiliares del dibujo que en los dictados de la percepción natural de sus ojos. En numerosas ocasiones se han contrapuesto dialécticamente las construcciones visuales tan diferentes que regían, por ejemplo, entre el arte del norte y del sur de Europa. La visión sureña estaba apoyada en buena medida por los sistemas perspectivos tradicionales. La otra, en cambio, se asentaba en la observación mediada a través de los instrumentos ópticos de visión. Mientras que en la Italia renacentista imperaba el sistema de representación propio de la perspectiva lineal, en Holanda, al menos durante el siglo XVII, parecía prevalecer la impresión visual directa sobre la naturaleza. Fruto de esa visión empírica proyectada sobre las cosas, algunos autores han señalado que los pintores holandeses «estaban utilizando sus ojos con menos prejuicios que sus predecesores»[28], intentando superar así las limitaciones y los dilemas visuales que la perspectiva lineal no había logrado solucionar satisfactoriamente. Sin embargo, yo considero que, por encima de la tan ansiada visión natural, prevalece en ambos casos un marcado contexto cultural que condicionó inevitablemente su particular manera de interpretar el mundo. Esta racionalización de la visión motivó que cualquier sistema de representación obedeciese más a una construcción mental del mundo que a la observación directa de la realidad.

Recursos expresivos y sígnicos de la técnica fotográfica

Con el siglo XIX, las convenciones perceptivas de cualquiera de los anteriores sistemas visuales van a sufrir una profunda transformación debido al cambio de paradigma visual, provocado en buena medida por la cámara fotográfica. Ahora van a ser las imágenes de registro —obtenidas mediante este nuevo artilugio técnico— las únicas que se propongan como válidas, puesto que, para la era contemporánea, son las

---

[26] Svetlana Alpers, *El arte de describir. El arte holandés en el siglo XVII,* Madrid, Hermann Blume, 1987, pág. 69.

[27] *Ibíd.,* pág. 68.

[28] Walter A. Liedtke, «Crítica al libro de Arthur Wheelock, Jr., *Perspective, Optics, and Delft Artists around 1650*», en *The Art Bulletin*, 51 (1979), págs. 492-494.

1. Jorge Ribalta, # *96,* 1990.

2. Jorge Ribalta, # *60,* 1989.

que más se acercan a la idea de verdad y objetividad. Atendiendo a las argumentaciones de Flusser:

> El mundo refleja la luz solar y otras ondas luminosas que son capturadas por superficies sensitivas —por medio de procesos ópticos, químicos y mecánicos— y el resultado es una imagen técnica. De ahí que parezca como si existiera en el mismo nivel de realidad que su significado. Parece que aquello que vemos al contemplar las imágenes técnicas no son símbolos que necesiten descifrarse, sino indicios del mundo al que significan (...) Este carácter aparentemente no simbólico, «objetivo», de las imágenes técnicas hace que el observador las mire como si no fueran realmente imágenes, sino una especie de ventana al mundo. El observador confía en ellas como en sus ojos[29].

Sin embargo, como bien apunta Flusser, la supuesta «objetividad» de la imagen técnica es sólo una ilusión. A raíz de la repetida aparición de los efectos técnicos en el universo fotográfico, el creador tomará conciencia de que la fotografía ha dejado definitivamente de reproducir la realidad, adentrándose en el terreno de su propia especificidad discursiva; un ámbito que está ahora directamente relacionado con su propia naturaleza técnica.

De hecho, un recurso sígnico como el enfoque selectivo —anteriormente mencionado— ha sido abundantemente utilizado en el ámbito de la creación audiovisual cuando el operador pretende dirigir al espectador hacia un punto concreto de atención en el campo visual representado. No en vano, se utiliza constantemente en las películas de suspense cuando el director quiere reclamar nuestra atención sobre un detalle en concreto. Pero también ha sido constantemente utilizado por fotógrafos y creadores contemporáneos con muy distinta intención. Tal es el caso, entre otros, de Jorge Ribalta. El uso del enfoque crítico le sirve para entablar una dialéctica confusa acerca de la escala y de la sensación hiperreal de imágenes totalmente construidas para la cámara (figura 1). En estas obras de Ribalta no sabemos si los personajes que aparecen pertenecen al mundo real, o bien son sólo muñecos de muy pequeña dimensión en un paisaje específicamente recreado para ellos (figuras 2 y 3). Por

[29] Vilém Flusser, *op. cit.,* págs. 17-18.

3. Jorge Ribalta, *# 68*, 1989.

4. Florence Paradeis, *Bullets*, 1998.

5. Tracey Moffatt, de la serie *Something More*, 1989.

6. Tracey Moffatt, de la serie *Something more*, 1989.

7. Gerhard Richter, *Atlas*, B. M. fotografías, 1989.

otra parte, artistas como Florence Paradeis (figura 4) o Tracey Moffatt (figuras 5 y 6) utilizan este mismo recurso para mantener el suspense y dirigir la atención del espectador hacia detalles concretos de sus imágenes, igualmente construidas, aunque esta vez preparadas muy al estilo cinematográfico.

8. Gerhard Richter, *Triple Self-Portrait, Standing,* 1991.

9. Gerhard Richter, *Triple Self-Portrait, Standing,* 1991.

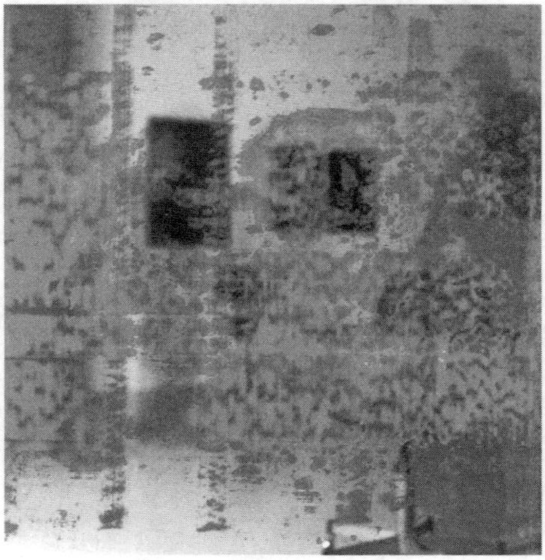

10. Gerhard Richter, *Triple Self-Portrait, Standing,* 1991.

11. Gerhard Richter, *Triple Self-Portrait, Standing,* 1991.

Adentrándonos de nuevo en el campo pictórico, podríamos señalar como caso paradigmático el de Gerhard Richter, un artista que ha querido copiar en sus cuadros los recursos técnicos y los ruidos específicos de la técnica fotográfica. En estos trabajos fotopictóricos la imagen aparece en muchas ocasiones desenfocada y en otras levemente movida (figura 7). Su proyecto artístico pretende poner en jaque el sistema de representación occidental, basado en la alta resolución tecnológica de la cámara y también en la nitidez del modelo pictórico precedente (figuras 8 a 11). Al copiar una fotografía, como si de una realidad mediada se tratase, Richter pretende desvincular al cuadro de la implicación personal del pintor. Utilizando como modelo referencial la imagen pintada de una foto, Richter vacía de significado el propio acto de pintar en tanto que procedimiento artesanal, con todas las implicaciones emocionales que ello conlleva. Él mismo declara: «Cuando pinto una foto puedo olvidar todos los criterios de referencia y, por decirlo así, pintar en contra de mi voluntad; algo que creo enriquecedor»[30].

12. Gerhard Richter, *Betty*, 1998.

Con esta técnica absolutamente antipictórica que Richter utiliza para realizar su pintura, no queda lugar para la subjetividad expresionista de la vanguardia histórica, sino sólo para el intento forzado de reproducir los efectos técnicos específicos de la imagen de registro. Así consigue desviar el «contenido» de la imagen hacia un aspecto contradictoriamente formalista. Como afirma sobre su obra José Lebrero Stals: «la ausencia de un contenido que representar se llena visualmente con la extrovertida presencia de despliegues técnicos perfectos y armónicos que sabe conferir a su obra»[31]. Porque aunque la ejecución de su obra sea técnicamente preciosista —exquisitamente pintada—, se basa precisamente en la imitación de efectos absolutamente impropios de la pintura (figura 12). Es decir, que su pintura posee un carácter marcadamente antipictórico que intenta romper con la tradición y con la manida teoría del genio artístico como paradigma creativo. Si hasta el siglo XIX esa teoría del genio se había basado en la ponderación del virtuosismo técnico y la factura impecable operada por el pintor, ahora en cambio lo que se pondera a través de este tipo de pintura resulta ser todo lo contrario, es decir, la increíble capacidad resolutiva de unas imágenes mecánicas que técnicamente prescinden de cualquier intervención humana. En este sentido, la postura que Richter adopta respecto al arte llega a ser incuestionablemente neodadá, puesto que su obra posee también un marcado carácter antiartístico. Como los objetos *ready-made* que Duchamp había incluido en su obra, las imágenes fotográficas que Richter elige carecen también de cualquier tipo de connotación estética. Son precisamente imágenes documentales de fotógrafos desconocidos o imágenes de prensa que no pretenden poseer ninguna cualidad artística. Este posicionamiento absolutamente neutral respecto a las fotografías que Richter elige como tema de su pintura, potencia —aún más si

[30] Gerhard Richter, *Gerhard Richter Text,* Francfort del Meno, Insel Verlag, 1993, pág. 62.

[31] José Lebrero Stals, «Contrapintura», en el catálogo *Gerhard Richter,* Madrid, Museo Nacional Centro de Arte Reina Sofía, 1994, pág. 19.

13. Andy Warhol, *Marilyn*, 1964.

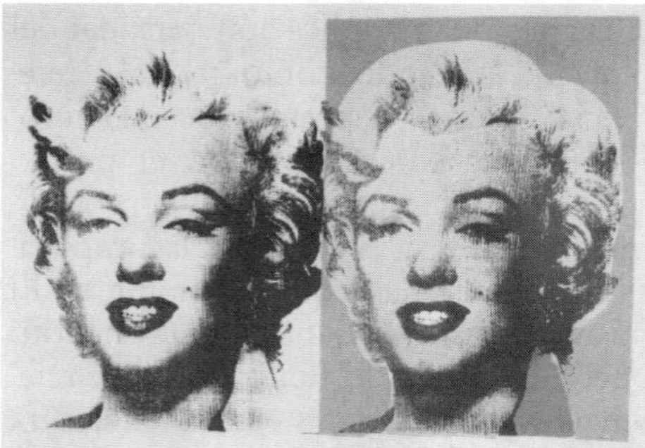

14. Andy Warhol, *The two Marilyns*, 1962.

15. Andy Warhol, Fragmento de *Marilyn Diptych*, 1962.

16. Andy Warhol, *Mona Lisa (Colored)*, 1963.

cabe— su actitud desafectada y despectiva hacia las posibilidades expresivas, tanto de la fotografía como de la propia pintura, desde el plano puramente formal.

En cualquier caso, este posicionamiento radical contra la tradición pictórica retiniana y expresionista ya había tenido un punto de arranque especialmente virulento en el arte Pop americano. Casos paradigmáticos de esta postura los encontramos en Andy Warhol, cuando llegó a declarar públicamente que quería pintar como una máquina: «El motivo por el que pinto así es que quiero ser una máquina, y siento que cualquier cosa que hago como si fuera una máquina es lo que quiero hacer»[32]. De hecho, su peculiar forma de utilizar imágenes icónicas de la cultura de masas —particularmente fotos en alto contraste obtenidas de periódicos y revistas— (figura 13), repitiéndolas hasta la extenuación sobre una misma superficie hasta vaciarlas de contenido (figuras 14 y 15) —y además mediante un gesto tan antipictórico como la utilización de la serigrafía (figura 16)—, supuso un revulsivo para el arte de la década de los sesenta. Con este posicionamiento casi duchampiano, Warhol demostró que, en la sociedad de masas, el gesto de pintar podía ser sustituido perfectamente por una técnica absolutamente mecánica como lo era la transferencia de imágenes fotográficas al cuadro sin dar siquiera una sola pincelada (figuras 17, 18, 19 y 20). David Bourdon afirma que «estas técnicas no sólo aceleraban su producción (...) sino que

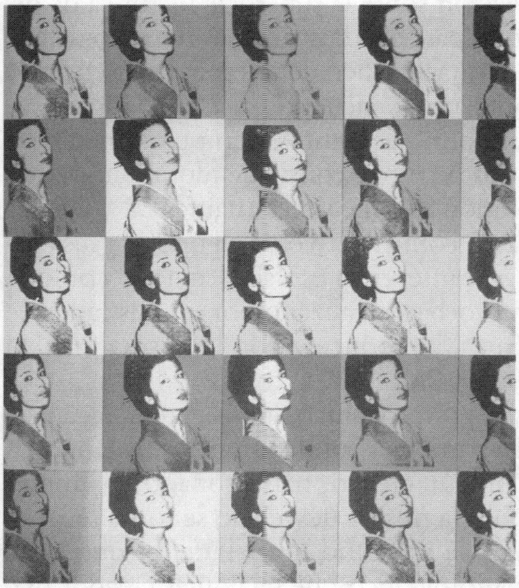

17. Andy Warhol, *Kimiko Powers,* 1971-1972.

18. Andy Warhol, *Elvis triple,* 1964.

[32] G. R. Swenson, «Andy Warhol», entrevista concedida por Warhol para *Art News,* noviembre de 1963, pág. 26.

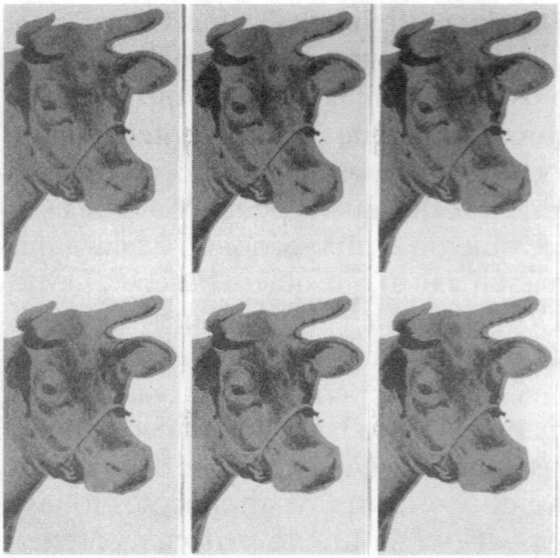

19. Andy Warhol, *Cow Wallpaper,* 1966.

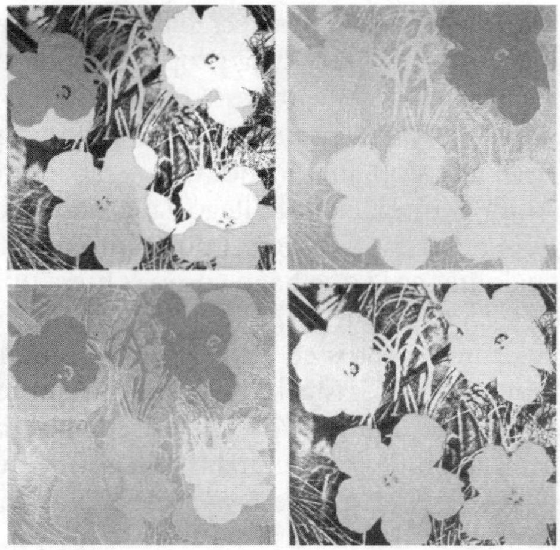

20. Andy Warhol, *Flowers,* 1970.

también minimizaban el toque personal, capacitándole para hacer cuadros que casi parecían impresos por una máquina. Tanto en sus dibujos de línea borrosa como en sus cuadros, siempre le había gustado sugerir un aspecto de impresión mecánica»[33].

En este mismo orden de valores se sitúa otro gran exponente del Pop Art, como lo fue Roy Lichtenstein. En su afán por elevar las imágenes de los mass media a la categoría de arte, este autor se planteó la ampliación sobre la superficie pictórica de determinadas viñetas sacadas del cómic, copiando para ello hasta el más mínimo detalle de su apariencia formal (figura 21). Así, resulta característico de su estilo la ausencia de cualquier gesto pictórico al uso. La pintura utilizada se encuentra distribuida sobre sus cuadros de un modo muy preciso, es decir, en forma de puntos escrupulosamente ordenados y milimétricamente distanciados unos de otros, consiguiendo imitar perfectamente la trama del sistema off-set de impresión fotomecánica (figuras 22 y 23). Es significativo que el propio Lichtenstein utilizase como motivo de algunos de sus cuadros un brochazo expresionista de pintura goteante, pero eso sí, ejecutado como la representación técnicamente mediada de un brochazo realizado por un ilustrador de viñetas, pasado por el tamiz de la fotomecánica, y producido con la misma frialdad técnica que el resto de sus obras (figuras 24, 25 y 26).

Sin embargo, y volviendo de nuevo al campo fotográfico, la imagen técnica producida por la cámara puede originar, desde su particular condición mecánica, nuevos recursos expresivos con los que hasta ahora ningún creador había soñado. El amplio abanico de recursos que el programa de la cámara nos ha desvelado se torna repentinamente ilimitado. Más allá del virtuosismo y la exactitud formal, de los que hasta ahora había hecho gala la pintura, el «estilo» fotográfico que cualquier creador pretende adquirir tiene más que ver con la capacidad subversiva de presentar e interpretar la realidad a través del objetivo de la cámara; una capacidad que, según la inten-

---

[33] David Bourdon, *Warhol,* Barcelona, Anagrama, 1989, pág. 106.

21. Roy Lichtenstein, *Wham!*, 1963.

22. Roy Lichtenstein, *The Melody haunts my reverie*, 1965.

cionalidad del fotógrafo, puede diferir más o menos ampliamente de la observación natural.

El número de *ruidos* o efectos visuales privativos de la imagen técnica que el fotógrafo es capaz de manejar con una determinada intención discursiva es susceptible de seguir aumentando exponencialmente. Bastará con que el fotógrafo adopte una actitud experimental para explorar, con una intención sígnica, las posibilidades expresivas y los efectos visuales que aún no han sido descubiertos o suficientemente explotados dentro del programa de la cámara.

Entre los ruidos privativos del medio fotográfico que han servido para articular nuevos discursos están todos aquellos que, junto a un fuerte carácter connotado de las imágenes, han recurrido a los aspectos formales y técnicos de la imagen. Así, entre los recursos y efectos generados gracias a la mediación técnica del programa fotográfico podemos citar los siguientes: los producidos por los barridos de una imagen movida (debido a los largos tiempos de exposición a la luz y el movimiento de los objetos dentro del encuadre); el grano exagerado de la imagen resultante (cuando la sensibilidad de la película es muy alta); la so-

23. Roy Lichtenstein, *Sweet Dreams Baby!*, 1965.

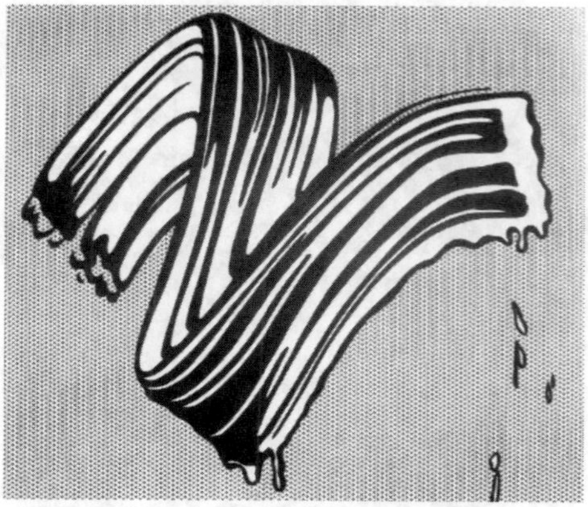

24. Roy Lichtenstein, *White Brushstroke I,* 1965.

25. Roy Lichtenstein, *Brushstroke,* 1965.

26. Roy Lichtenstein, *Brushstroke,* 1967.

breexposición del material fotosensible a la luz (que provoca efectos de alto contraste prescindiendo de los tonos medios); los velados parciales del material fotosensible durante el revelado (que dan lugar al efecto de la solarización o efecto «Sabattier»); la exposición múltiple (cuando realizamos varios disparos sobre un mismo material fotosensible, quedando yuxtapuestas varias imágenes sobre ese mismo soporte); la mayor o menor profundidad de campo (debida a una mayor o menor abertura en el diafragmado), capaz de generar los círculos de confusión que producen la sensación visual de enfoque o desenfoque; los efectos producidos por la velocidad de obturación, es decir, el barrido de imágenes borrosas en movimiento (en el caso de velocidades lentas), o su congelación instantánea (cuando la velocidad es alta); las distorsiones espaciales que se obtienen mediante los distintos tipos de ópticas, objetivos y distancias focales. De igual forma, pueden producirse aberraciones ópticas que curvan las líneas rectas de la imagen (efecto conocido como efecto de barrilete). También es característico de ciertos objetivos el efecto brusco de alejamiento perspectivo, consistente en una fuga espacial acelerada que da la impresión visual de una mayor profundidad. La nómina de efectos fotográficos y combinaciones sígnicas entre los mismos podría ser innumerable.

Actitudes y motivaciones del fotógrafo

El creador contemporáneo ha prestado una especial atención a las posibilidades de estos ruidos —específicamente fotográficos— para ser usados como recursos expresivos distintivos del medio. A la larga, estos efectos han acabado convirtiéndose ellos mismos en parte integrante del mensaje que se pretende transmitir. Mediante los procesos de experimentación fotográfica, sobre todo en los ámbitos más transgresores de vanguardia, muchos de los ruidos originados por la naturaleza de la máquina, que en su día fueron desechados como defectos o deficiencias del medio —puesto que producían aberraciones ópticas de las que no participaba la visión humana— van a ser utilizados ahora como recursos estilísticos y expresivos específicos del ámbito fotosensible.

De cualquier forma, debemos ser prudentes a la hora de valorar este tipo de efectos en relación con el mensaje que se desea transmitir visualmente. No siempre es la motivación creativa la que impulsa al fotógrafo a realizar un determinado tipo de imagen. También hay que tener en cuenta otro tipo de motivaciones, como las estrictamente documentales o científicas. Lo que está claro es que un determinado ruido no puede instituirse *per se* en el mensaje fotográfico por el mero hecho de adherirse a la imagen resultante de manera más o menos inconsciente o azarosa. Va a depender de la importancia que le dé el autor de la obra y de cómo sea utilizado por este. De igual forma, la acumulación de ruidos de naturaleza mecánica en una misma imagen tampoco resulta sintomática a la hora de otorgarle a esta una determinada cualidad significativa. Esto viene a corroborar que, por sí sola, cualquier máquina de registro visual va a ser incapaz de formular un mensaje mediante la acumulación sistemática e irracional de «ruidos». En este sentido, la cámara de fotos no es más que una herramienta puesta al servicio del creador. El fotógrafo, y sólo él, es el único capaz de combinar esos ruidos para establecer un cierto carácter estructurante en la imagen, es decir, una codificación significativa coherente. El fotógrafo *codifica* el mensaje fotográfico mediante la selección del encuadre, su particular estructuración del mundo a través de la toma y la combinación de ruidos, convertidos —ahora sí— en elementos significantes para potenciar la capacidad expresiva y comunicativa de la imagen. Pero siempre es el fotógrafo en última instancia quien ordena todo el proceso para hacerlo comprensible y transmisible en un determinado contexto cultural.

Según lo argumentado, es necesario conocer qué tipo de motivación anima al creador a generar una determinada clase de imagen. Ateniéndonos a las clasificaciones más tópicas y genéricas en torno al medio fotográfico, la crítica especializada ha catalogado en la mayoría de las ocasiones dos tipos fundamentales de actitud fotográfica. Estas dos vertientes, que aparentemente responden a dos maneras diametralmente opuestas de entender el medio, se pueden resumir en las que en las últimas décadas se han denominado como «fotografía de creación» y «fotografía documental»[34].

Aparentemente, en la foto documental predomina el afán por reproducir la realidad de una manera más o menos literal. En este caso se pretende adoptar una visión lo más objetiva posible —conseguida gracias a la absoluta frontalidad del encuadre—, la mayor nitidez que la cámara permita y el menor número de ruidos que pudieran interferir en el carácter reproductivo y fidedigno de la imagen. En este ámbito no hay lugar para posibles connotaciones lingüísticas, sino que, al contrario, se pretende presentar al referente de forma absolutamente mimética y denotativa.

---

[34] Joan Costa diferencia tres tipos de actitudes fotográficas que darán lugar también a tres clases de fotografía. Según él, la actitud reproductiva da lugar a un tipo de «foto documento», la actitud creativa genera otro tipo de imagen denominada «foto arte» y un tercer tipo de actitud experimental, basada fundamentalmente en la exploración técnica del medio, daría lugar a lo que él denomina «foto lenguaje». Cfr. Joan Costa, *El lenguaje fotográfico*, *op. cit.*, págs. 45-77.

27. Man Ray, *Rayograph,* c. 1926.

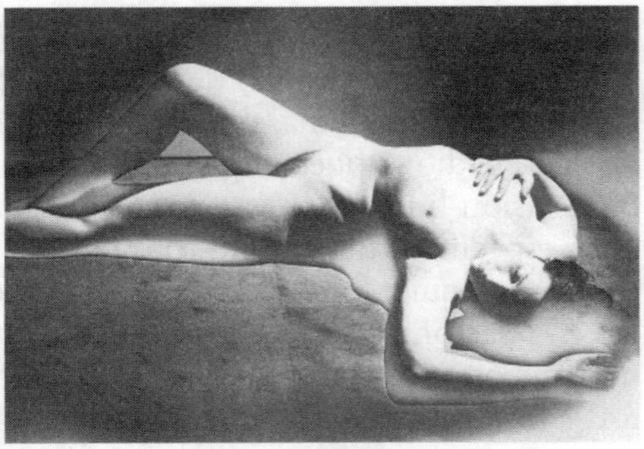

28. Man Ray, *Meret Oppenheim,* 1929.

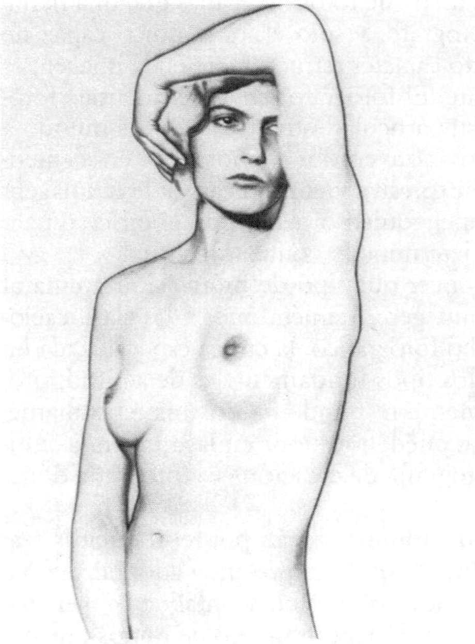

29. Man Ray, *Desnudo. Modelo Natacha,* 1931.

30. Man Ray, *Moda. Estudio de hombros,* c. 1936.

En el polo opuesto, la actitud creativa y experimental se encuentra estrechamente ligada a la innovación técnica y formal de las imágenes. En este caldo de cultivo, los ruidos generados por la máquina son susceptibles de convertirse con mayor facilidad en signos fotográficos por derecho propio. Un caso paradigmático de propuesta experimental es el del fotógrafo dadaísta y surrealista Man Ray. Este fotógrafo constituye un ejemplo de exploración inagotable puesto que indagó tenazmente a lo largo de su carrera en cuantos recursos técnicos estaban disponibles en aquel momento. Man Ray ha conseguido forjar uno de los discursos creativos más ambiciosos que ha dado la vanguardia del siglo XX, basándose en la investigación formal de la tecnología fotográfica. De hecho, en sus imágenes incorporó con fines estéticos y sígnicos cuantos ruidos producidos por la técnica tenía a su alcance, pero eso sí, con un afán puramente expresivo. Por poner sólo algunos ejemplos de sus aportaciones más significativas, Man Ray reinventó el fotograma con una intencionalidad cercana a la abstracción formal (figura 27), introdujo prolíficamente la solarización en sus fotografías para aislar más contundentemente la figura respecto al fondo (figuras 28 y 29) y utilizó la técnica de la doble exposición sobre una misma placa fotosensible para producir una extrañeza visual muy acorde con la sensibilidad surrealista de su época (figura 30).

Todos aquellos «ruidos» que el fotógrafo maneja y combina, aplicados con una cierta intencionalidad discursiva, pueden llegar a constituirse en *signos* específicamente fotográficos. Si resultan adecuadamente utilizados en el ámbito de la experimentación y la creación subjetiva (y no sólo en el del interés puramente descriptivo para la mera captación aséptica de la realidad), estos *ruidos* estarán dotados de un cierto *sentido* para comunicar «el mensaje fotográfico» y, por tanto, estarán igualmente sujetos a un código lingüístico. Consecuentemente, para muchos creadores que trabajan en el medio de forma absolutamente experimental, el auténtico sistema de signos —y el único posible— que puede llegar a conformar un lenguaje específicamente fotográfico radica en la naturaleza técnica del medio.

¿Hacia una nueva objetividad fotográfica?

A priori, podría parecer que si se entiende la fotografía desde el plano exclusivamente documental, es decir, como una reproducción referencial y mimética de la realidad, esta sería incapaz de articularse en forma de signos extraídos de la realidad continua y caótica que la origina. En estas circunstancias, cuanto más carente de ruidos, más nítida y más cercana a nuestra visión natural resulte una imagen, más objetiva en principio podría llegar a parecer. Sin embargo, si nos paramos a analizar en detalle este tipo de imágenes, podremos observar que la mediación tecnológica también se encuentra presente en ellas.

En las últimas décadas, las nuevas corrientes fotográficas nos han mostrado que la saturación de ruidos no hace que una imagen sea necesariamente más creativa. Más bien puede suceder al contrario, es decir, que el exceso de nitidez de una imagen aparentemente documental —donde todo se encuentra a foco—, la máxima profundidad de campo y la escrupulosa frontalidad de un encuadre puedan resultar igualmente creativos y susceptibles de contener un discurso específicamente fotográfico.

En esta línea se han decantado un buen número de autores que, basándose en la revisión de los postulados de la «Neue Sachlichkeit», o Nueva Objetividad alemana[35],

[35] El máximo exponente de la Nueva Objetividad, que tuvo su desarrollo a lo largo de la década de los veinte y treinta, fue el fotógrafo alemán Albert Renger-Patzsch. Su máxima preocupación se centraba en lograr la estructura esencial o el diseño intrínseco de los objetos que fotografiaba, ya fuesen estos mo-

31. Bernd & Hilla Becher, *Tubes, Völklongen, Saarland,* 1986.

32. Bernd & Hilla Becher *Tubes, Chareloi - Damprémy, Belgium*, 1986.

han hecho suyos paradójicamente los argumentos documentales de la fotografía con fines conceptuales y creativos. Así, podemos poner como caso emblemático la obra de Bernd y Hilla Becher. Como bien afirma Thierry de Duve, «si la fotografía pudiera estar completamente desprovista de estilo, la de los Becher lo estaría absolutamente. Pertenece a la tradición del archivo, donde destacaron Atget y Sander, esos grandes artistas que hicieron una cuestión de honor el no ser fotógrafos "de arte". Podríamos calificar fácilmente las imágenes de los Becher de puros documentos, si algo no nos impidiera que les aplicáramos, sin otra forma de juicio, la categoría de foto documental»[36].

Desde principios de la década de los sesenta, el matrimonio Becher ha venido desarrollando una estética bastante innovadora e insólita para su época. El estilo de los Becher se basó fundamentalmente en una descripción —aparentemente aséptica y sin pretensiones— de la arquitectura vernácula alemana. Su discurso temático se forjaba en torno a la idea de colección de motivos industriales abandonados, tales como chimeneas, torres de refrigeración, gasómetros, depósitos de agua o antiguas minas y

---

tivos vegetales, chimeneas, fábricas o cualquier otro tipo de producto industrial. Para ello, aislaba al objeto de su entorno procurando eliminar cualquier vestigio de atmósfera afectada, de fuertes contrastes lumínicos o de cualquier otro tipo de interpretación subjetiva y personal del modelo. De igual forma, Karl Blossfeldt también consiguió aislar a sus motivos vegetales, mediante lentes de aproximación y fondos neutros, para entresacar de ellos los aspectos estructurales y geométricos que, según él, eran una constante en la naturaleza.

[36] Thierry de Duve, «Bernd y Hilla Becher o la fotografía monumentaria», en la revista *Papel Alpha. Cuadernos de fotografía,* núm. 3, Salamanca, Ediciones Universidad de Salamanca, 1997, pág. 15.

33. Bernd & Hilla Becher, *Tubes, La Louvière, Belgium,* 1985.

34. Bernd & Hilla Becher, *Tubes, Ilseder Hütte,* 1984.

fábricas en decadencia (figuras 31, 32, 33 y 34). Pero lo importante en esta nueva estética no es tanto el tema tratado sino la inédita manera de mirar el mundo y construirlo a través de la imagen, montada en series temáticas. De esta forma, del conjunto de las tomas particulares de un mismo modelo en cada serie, dispuestas sistemáticamente en forma de cuadrícula, se podía inferir una tipología única del tema fotografiado en cada serie completa, algo así como la estructura esencial del motivo tratado en estado puro (figura 35). Este concepto global, que solamente puede ser inducido mediante la asociación visual del conjunto de los modelos particulares de un mismo tema, casi podría ser comparado a nivel filosófico con el «mundo platónico de las ideas» de las cuales se desprenderían las materializaciones concretas y particulares que los Becher fotografían (figuras 36 y 37).

Aunque en sus inicios el trabajo fotográfico del matrimonio Becher no fue

35. Bernd & Hilla Becher, *Colling Towers,* 1976.

36. Bernd & Hilla Becher, *Silos de carbón,* 1967 a 1991.

37. Bernd & Hilla Becher, *Altos Hornos,* 1970 a 1989.

38. Bernd & Hilla Becher, *Gasómetros,* 1972 a 1981.

39. Bernd & Hilla Becher, *Torres de refrigeración,* 1965 a 1991.

suficientemente valorado por la crítica, esa frialdad y parquedad expresiva sería muy admirada por la corriente conceptual y minimalista que empezaba a surgir en aquel momento. En este sentido, más que una expresividad forzada a través de la herramienta fotográfica, lo que Bernd y Hilla Becher pretendían transmitir era una nueva manera, más impersonal y desapasionada, de captar la realidad. Para ello, se servían de unas tomas absolutamente frontales respecto al motivo, y del uso sistemático de la cámara de placas para corregir cualquier tipo de aberración perspectiva. En consecuencia, más que la adopción de la cámara como un sistema de registro fiel, utilizaron la técnica fotográfica en su obra como un sistema de representación más, similar al empleado por cualquier otra disciplina visual consensuada, como lo había sido la perspectiva cónica para el mundo occidental desde el Renacimiento. En este sentido, sus imágenes se asemejan más a los alzados generados por un sistema geométrico de representación que a una visión natural de la realidad (figuras 38 y 39).

La influencia de los Becher ha sido de tal calibre que sus enseñanzas han calado de manera determinante sobre varias generaciones de creadores formados en la Kunstakademie de Dusseldorf, donde Bernd Becher impartía clases desde 1976. Han sido varios los alumnos formados bajo su tutela que han logrado un reconocimiento a nivel internacional tan sólido como el suyo. Así autores tan influyentes como Thomas Ruff, Thomas Struth, Andreas Gursky, Candida Höfer o Axel Hütte han marcado el panorama fotográfico de las últimas décadas. Retomando y reinterpretando la visión escrupulosamente documental e informativa de la imagen fotográfica, estos autores han logrado convertirla en un medio inédito de proyección de sus ideas, al mismo nivel que la pintura o la escultura.

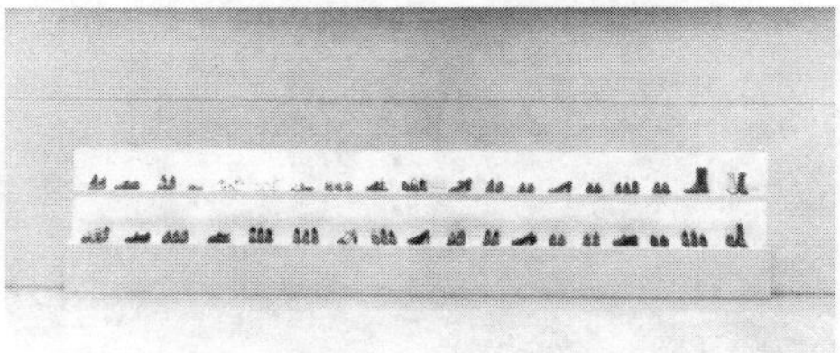

40. Andreas Gursky, *Prada I*, 1996.

Precisamente uno de los máximos exponentes de la escuela de Dusseldorf, Andreas Gursky, ha llevado hasta el extremo la pureza formal de los conceptos transmitidos a través de la cámara fotográfica. Cuando el tema principal de sus imágenes es la arquitectura (ya sea interior o exterior), Gursky utiliza la cámara de placas de manera absolutamente frontal y centrada respecto al motivo. Para ello el plano de la toma debe permanecer siempre paralelo al plano frontal del motivo, de tal forma que el aspecto visual se asemeje lo más posible a un «alzado» arquitectónico propio del sistema diédrico de representación (figura 40). De este modo, el fotógrafo consigue suprimir cualquier tipo de accidente visual producido por la percepción sesgada u oblicua de un punto de vista inadecuado. Apoyándose en la parquedad expresiva —minimalista en muchas ocasiones— de la técnica y el punto de vista, Gursky intenta borrar los aspectos naturales de la visión directa mediante el método del descentramiento de la cámara de placas que sirve para ortogonalizar

41. Andreas Gursky, *Shanghai*, 2000.

42. Andreas Gursky, *99 Cent,* 1999.

43. Andreas Gursky, *París, Montparnasse,* 1993.

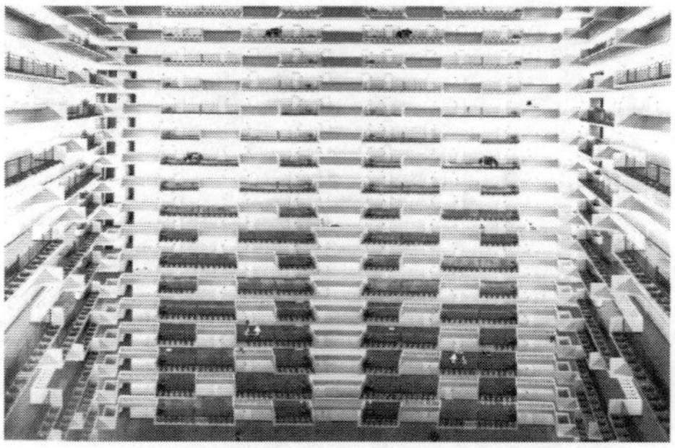

44. Andreas Gursky, *Atlanta,* 1996.

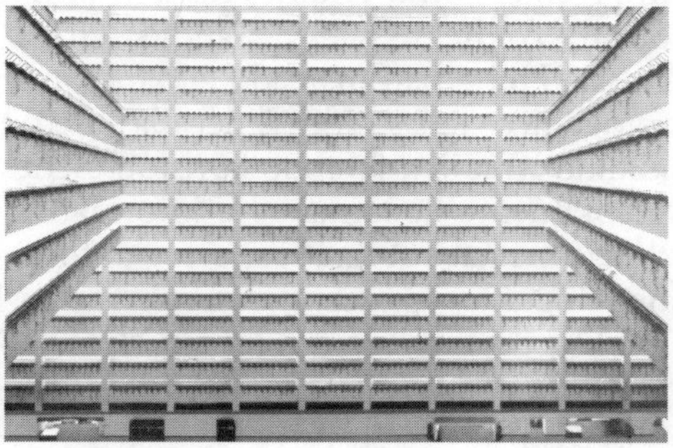

45. Andreas Gursky, *Times Square,* 1997.

completamente la perspectiva. En estas imágenes las líneas paralelas ya no convergen nunca en el infinito como nos había enseñado la perspectiva tradicional. El tema parece presentarse ante nosotros como si nunca hubiese existido un observador previo —en este caso el fotógrafo— para percibir la imagen. Gursky somete el punto de vista a una vuelta de tuerca tal, que su obra parece no pertenecer a visión humana alguna, sino más bien a una imagen mental inferida por el tema tratado en cada caso[37]. En este sentido, sus imágenes operan más como conceptos que como miradas directas proyectadas sobre la realidad. Su trabajo nos remite casi siempre a una especie de totalidad visual más que a una visión personal, parcial y subjetiva de la realidad registrada (figura 41).

En ese anhelo platónico de plasmar la «idea» con mayúsculas, la obra de Gursky es deudora del trabajo y las enseñanzas del matrimonio Becher. Como ellos, Gursky también aspira a extraer de la contemplación secuencial de sus trabajos un marcado contenido conceptual que se repite esencialmente en todas sus tomas. La sistematización de los temas configura una especie de estructura interna, igual y esencial para todos ellos. Sin embargo, esta sensación de coherencia conceptual que se obtiene al haber analizado su trabajo, nunca podría haberse obtenido mediante la contemplación de esos mismos temas a través de la experiencia directa y cotidiana, sino sólo a través de la mediación fotográfica. Es la construcción deliberada de la realidad

---

[37] A este tipo tan particular de punto de vista el propio Gursky lo ha denominado «visión de extraterrestre». Cfr. Peter Galassi, *Andreas Gursky,* Nueva York, The Museum of Modern Art, 2001.

a través del punto de vista adoptado la que hace que ese mundo que nos muestra sea continuamente recreado y presentado de forma extraña e inquietante (figura 42).

A pesar de lo inabarcable que puede resultar —fotográficamente hablando— un determinado motivo arquitectónico por sus grandes dimensiones, incluso cuando se utiliza una cámara de gran formato, y en su empeño por hacer emanar a toda costa el aspecto conceptual del tema, Gursky acaba recurriendo a partir de los años noventa a la manipulación digital de algunas de sus tomas. Así, obras como *París, Montparnasse* (figura 43) *Atlanta* (figura 44) o *Times Square* (figura 45) se basan en la escrupulosa corrección de líneas que consiguen abarcar la totalidad del motivo sin desvirtuar la frontalidad de la propuesta. Para ello Gursky necesita realizar dos tomas fotográficas en las que debe desplazar el montante anterior de su cámara de placas donde se encuentra el objetivo (recurso conocido con el nombre de descentramiento). En consecuencia, esto produce a su vez un desplazamiento análogo del punto de vista. Sólo así el plano fotográfico en ambas tomas consigue permanecer absolutamente paralelo a la arquitectura ortogonal del motivo. A continuación, estas dos tomas son ensambladas y presentadas como una sola imagen mediante la manipulación digital. En ella, la multiplicidad de puntos de vista, al más puro estilo cubista, no se utiliza tanto para fragmentar, sino más bien para dar uniformidad y ajustar la realidad en esa obsesión gurskiana por presentárnosla lo más frontal y descriptiva posible, libre de cualquier tipo de accidente perceptivo. A diferencia de lo que cabría esperar, aquí no hay ya un solo punto de vista, como estamos acostumbrados a percibir a través del sistema perspectivo tradicional. Gursky juega con dos puntos visuales que se ensamblan sobre la misma imagen, método este que vulnera todas las convenciones del realismo perceptivo al uso.

En cierto sentido, podemos decir que, sin perder el carácter descriptivo y referencial de los motivos elegidos, las fotografías de Gursky son capaces de adoptar un proceso de abstracción creciente, próximo en muchas ocasiones al minimalismo pictórico y escultórico de los años sesenta y setenta. La búsqueda incansable de la pureza formal, así como su particular olfato para establecer geometrías poco usuales en la naturaleza, ha acabado por convertirse en uno de los *leitmotivs* fundamentales de su trabajo (figura 46). Por ello, la obra de Gursky se ha ido volviendo paulatinamente más sintética. La frontalidad del punto de vista, así como la corrección perceptiva de la geometría urbana, se ha traducido en una búsqueda casi obsesiva del paralelismo y la horizontalidad entre las líneas rectas, ya sean generadas en paisajes naturales —por ejemplo en su obra *Rhein II* (figura 47)— como en otros escenarios construidos y preparados para la ocasión por el propio fotógrafo, como es el caso de la obra *Sin título V* (figura 48).

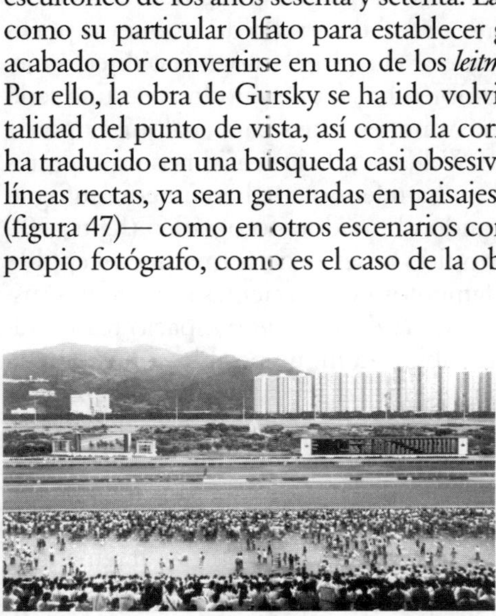

46. Andreas Gursky, *Sha Tin*, 1994.

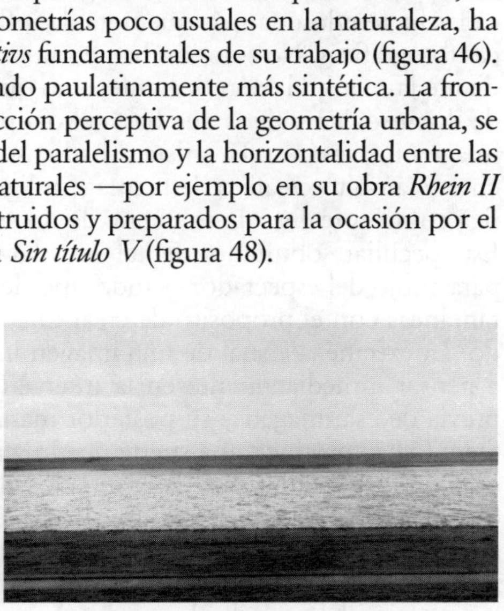

47. Andreas Gursky, *Rhein II*, 1999.

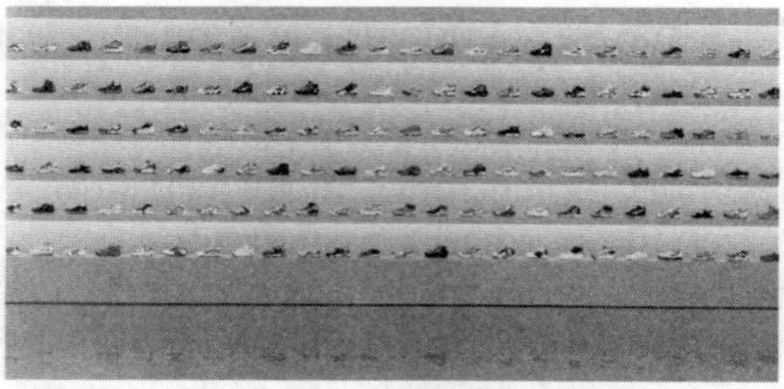

48. Andreas Gursky, *Öhne Titel V (Sin título V)*, 1997.

49. Andreas Gursky, *Bibliothek*, 1999.

En consecuencia, las espectaculares creaciones que nos ofrece Gursky a partir de los registros de realidad que fotografía no pretenden ni mucho menos convertirse en meros fragmentos objetivos y testimoniales de la realidad misma. Más bien al contrario, sus imágenes revelan claramente el universo ficticio en el que la fotografía nos sumerge constantemente. En el conjunto de su obra, la falacia visual de la cámara fotográfica ha sido puesta definitivamente de manifiesto. Estas peculiares construcciones visuales nos permiten tomar conciencia de hasta qué punto el documento fotográfico nos informa tanto de la realidad a la que alude como de nuestra particular manera de concebirla (figura 49).

CAMINOS ABIERTOS POR LA TECNOLOGÍA DIGITAL

En este mismo orden de cosas, me gustaría destacar un último apunte en lo relativo a los recientes modelos fotográficos de construcción de la realidad. La definitiva incorporación de la tecnología digital al ámbito de la imagen en las últimas dos décadas ha tenido una más que notable influencia en el desarrollo de las nuevas poéticas fotográficas. No sólo nos ha permitido vulnerar el registro fotográfico directo mediante la manipulación flagrante, sino que también nos ha permitido crear una serie de discursos narrativos que hasta ahora parecían impensables para cualquier tipo de imagen instantánea. El artista canadiense Jeff Wall, uno de los máximos exponentes en este ámbito creativo de la imagen digital, se ha referido a la herramienta infográfica como si realmente se tratase de un «segundo obturador» fotográfico (figura 50). Este peculiar «obturador digital» nos ha permitido coser —de forma imperceptible para el ojo del espectador— todo tipo de fragmentos pertenecientes a diferentes instantáneas con el propósito de crear una suerte de *tableau vivant* o espacio teatralizado. La extrañeza visual de una imagen improbable —aunque posible— nos induce a pensar inmediatamente en la intervención producida mediante la digitalización previa de esa imagen y su posterior manipulación en el ordenador. Esta mediación tecnológica produce una suerte de cirugía plástica en la imagen; una sencilla operación quirúrgica en la que determinados elementos pueden ser extirpados o implantados virtualmente a nuestro antojo, sin que aparentemente se registre secuela visual alguna. A este nuevo tipo de imágenes, construidas digitalmente a base de fragmentos, respecto a las producidas más rudimentariamente en épocas pasadas —como los fotomontajes del período de entreguerras—, se le han borrado las costuras y los indicios que delatan su carácter de collage.

Aunque los acontecimientos no puedan suceder cronológicamente en la imagen fija, la estructuración infográfica de todos aquellos fragmentos que componen estos nuevos fotomontajes digitales es capaz de generar ahora una nueva lógica secuencial del relato. A su manera, la tecnología digital también ha sido capaz de producir sus propios ruidos, aunque estos tiendan a mimetizarse persistentemente con los producidos por la imagen de registro. Buena parte del trabajo de Jeff Wall juega precisamente con esta nueva dimensión temporal y narrativa que la tecnología digital ha otorgado a la imagen fotográfica. Obras como *The Stumbling Block* (figura 51) producen un impacto visual inusitado ya que en una misma imagen —aparentemente instantánea— se aglutinan un buen número de «instantes decisivos» insólitos —a la manera de Henri Cartier-Bresson—, que nos sorprenden por su intensidad al aparecer reunidos en el mismo intervalo espacio-temporal. Otras obras suyas, como *The Giant* (figura 52), consiguen transgredir la coherencia visual de la imagen de registro, puesto que la manipulación digital que opera sobre ellas no obedece ya a la lógica de la escala, la profundidad espacial y la perspectiva, como suele suceder habitualmente con el resto de las imágenes fotográficas directas.

La tecnología digital consigue despojar así a la fotografía de su legado de certeza y rompe definitivamente esa conexión existencial, hasta ahora indisoluble, con su referente. Muchas imágenes actuales, bajo una apariencia fotográfica impecable, pueden no haber existido en otro lugar más que en nuestra imaginación creadora y, por supuesto, en la memoria del ordenador.

El nuevo contexto digital ha acabado por arruinar el sacrosanto crédito notarial sobre lo registrado del que hasta ahora gozaba la foto. Pero, lo que es aún más importante, con lo digital hemos

50. Jeff Wall, *Milk*, 1984.

51. Jeff Wall, *The Stumbling Block*, 1991.

52. Jeff Wall, *The Giant*, 1992.

descubierto que los medios audiovisuales tradicionales no eran tan imparciales como aparentemente pudiera parecer. Las que originariamente fueron consideradas disciplinas transparentes, según la terminología de Barthes, —puesto que sólo nos dejaban ver los referentes registrados más que a ellas mismas[38]—, pueden ser concebidas también ahora como medios perversos cuyos registros son objeto constante de falacias que nos proporcionan una nueva imagen del mundo. Podemos asegurar, por tanto, en contra de lo que sostenía el filósofo Max Weber, que no existe una tecnología neutral. Como ya se apresuró a sentenciar la escuela de Frankfurt, toda tecnología es también una ideología[39].

Se habla ya, por tanto, de una era post-fotográfica donde la veracidad de las imágenes de registro se pone constantemente en entredicho. Como asegura Brea, «no se trata de "representar" la supuesta realidad, sino de poner en escena segmentos enunciativos que arrojen una duda sobre el orden de la representación establecido»[40]. Podría decirse que a través de la tecnología digital hemos adquirido en nuestras imágenes un nuevo grado de «hiperrealidad sintética». Pero en este nuevo orden de valores que ha inaugurado la infografía, las nuevas imágenes digitales no se mimetizan ya con la realidad en sí, es decir, con la que percibimos por observación directa, sino con nuestro particular sistema visual de representación mediado tecnológicamente por el registro fotosensible. Así, Lev Manovich sostiene que «lo que prácticamente ha alcanzado la infografía no es el realismo, sino sólo el fotorrealismo —la habilidad para imitar, no tanto nuestra experiencia perceptiva y corpórea de la realidad, sino sólo su imagen fotográfica—. (...) Lo que la tecnología infográfica ha aprendido a simular es únicamente la imagen filmada. Y la razón por la que creemos que las imágenes digitales han avanzado en la imitación de la realidad se basa en que, en el curso de los últimos ciento cincuenta años, hemos venido a reconocer la imagen fotográfica y fílmica como si fuera la realidad misma»[41].

Las nuevas tecnologías digitales han puesto en evidencia que el «objetivo» de la cámara es precisamente uno de los dispositivos menos «objetivos» a la hora de capturar la realidad. El registro fotográfico nos muestra el mundo de un modo perverso, distinto y extraño respecto a la percepción directa del ojo, no sujeta a mediación alguna.

Se habla, por tanto, de un poder inherente al dispositivo de la cámara para transfigurar lo que queda registrado en la película. La transfiguración de lo real, producida por la mediación técnica de los diferentes «dispositivos de registro» (a saber, la fotografía y el resto de los medios audiovisuales derivados de ella), está convirtiéndose en una de las preocupaciones determinantes en el arte contemporáneo. Como ya apuntó Walter Benjamin en su momento, la cuestión esencial no radica en decidir si la fotografía es arte o no, sino en preguntarse hasta qué punto la invención de la fotografía ha servido para modificar íntegramente el carácter del arte en los últimos dos siglos.

---

[38] Cfr. Roland Barthes, *La cámara lúcida, op. cit.*, pág. 34.

[39] Cfr. Herbert Marcuse, «Industrialisierung und Kapitalismus im Werk Max Weber», en *Kultur und Gesellschaft*, II, Francfort, 1965.

[40] José Luis Brea, *Un ruido secreto. El arte en la era póstuma de la cultura*, Murcia, Mestizo, 1996, pág. 38.

[41] Lev Manovich, «The Paradoxes of Digital Photography», en *Photography after Photography: Memory and Representation in the Digital Age*, Amsterdam/Munich, G+B Arts, 1996, pág. 63. [La traducción es mía.]

Capítulo V

Las instrucciones del *software* y del *hardware* como nuevos manuales de dibujo

Juan Martín Prada

El *software* actual de dibujo permite un nuevo orden de coexistencia de los procesos de elaboración de la imagen y de sus diferentes estados en el tiempo. El interés por la opacidad y la naturaleza de las superficies de los soportes que servían de apoyo a la producción tradicional de la imagen, se ha sustituido por la atención a los protocolos de acceso a las herramientas de operación y a los elementos que pueden constituirla. En su interfaz se estructura y da acceso a un complejo entramado de operaciones de producción, transformación y recombinación de información gráfica que, en la generalización de su uso, ha ido alterando sustancialmente los procesos de concepción de imágenes en el transcurso de las dos últimas décadas.

Sólo parece posible, sin embargo, considerar el análisis de la evolución del *software* de gráficos, de las nuevas acciones que ofrece y de las condiciones bajo las que se opera en él, partiendo del análisis de los momentos y procedimientos de emergencia de la imagen, o de los procesos que, al ponerla en escena, la producen. Atendiendo a este principio, parece obvio por qué la evolución del *software* de gráficos ha dejado tan claro cómo en ningún caso podemos ya hacer distinción sustancial entre los medios que producen imágenes y los que las reproducen.

Posiblemente pudiéramos referirnos al fenómeno de la evolución del *software* de gráficos, dentro del más amplio contexto de la teoría social y estética contemporáneas, como el desplazamiento del carácter «irrepresentable»[1] de lo real, a la ausencia positiva inherente en la anticipación, variabilidad y maleabilidad virtuales. Una nueva complejidad ahora convertida en argumento de muchas de las manifestaciones artísticas digitales, afrontada no tanto desde sus bases ontológicas sino desde su experiencia, desde las posibilidades de experimentación que puede ofrecer. La producción de la imagen digital como un paso más en esa evolución a la que se refería Virilio desde la «estética de la aparición» propia de la escultura y la pintura —una imagen que crece desde las primeras líneas en el cuadro hasta su fase final que queda fijada y protegida por el barniz—, y a la que seguiría la «estética de la desapari-

[1] Para Timothy Druckrey pasamos del irrepresentable «real» al irreflexionado «virtual». *Vid.* T. Druckrey, «Introduction», en *Electronic Culture,* Aperture, 1996, pág. 19.

ción» propia de la fotografía[2] hasta llegar hoy a una estética que posiblemente pudiéramos denominar de la «transmisión digital», en donde la imagen es siempre traducción, codificación y descodificación numérica, su propia reproducción.

En su vertiginosa evolución, el *software* de gráficos ha conseguido liberar a la producción digital de los planteamientos fundacionales del primer «computer art», rechazando toda verificabilidad matemática como fundamento estético. No se pretende ya reflexión alguna sobre una estética de la exactitud. Apenas perduran hoy propuestas cercanas a los principios de aquella «Estética generativa»[3] sobre la que reflexionara Max Bense, en su pretensión de que los valores artísticos fuesen fijables de modo matemático. Gracias a la enorme complejidad de los nuevos programas de dibujo y manipulación de imágenes, las directrices de las nuevas prácticas de los artistas que emplean los nuevos medios infográficos se sitúan en las antípodas de las restricciones en las que el sistema numérico organizador se correspondía con estructuras de repetición, o con microelementos que seguían formulaciones matemáticas. Ahora el *software* de dibujo busca la recuperación de la relación directa entre obra y autor, abandonando con ello cualquier vinculación de las nuevas realizaciones con el ámbito de las tendencias neoconstructivistas que definieron los inicios del «computer art».

Como veremos más adelante, se ha producido la completa inversión de la producción artística como aplicación de un código de reglas matemáticas, de los principios de elaboración operativa y numérica de sistemas sígnicos que atienden a relaciones cuantitativas como formatividad principal de la imagen, hacia operaciones vinculadas a planteamientos de impureza contextual y procesual como las de «copiar y pegar». Un proceso de cambio y profunda transformación que ha sido fruto del desarrollo de los programas de dibujo e imagen en general, capaces de ir mucho más allá, por una parte, de aquella dependencia de la creación digital de imágenes de un sistema de códigos como sistema de estructuración formal y abstracta, y por otra, más allá de la mera automatización de los procesos y métodos de dibujo y pintura tradicionales, de los que partieron muchas de sus primeras iniciativas.

El desarrollo de las tecnologías de gráficos por computador: del *Sketchpad* a *Photoshop*

No mucho más tarde de la invención del transistor en 1948 aparecieron las primeras aproximaciones a la investigación de imágenes electrónicas. De especial interés, como propuestas precursoras de muchos de los principios más interesantes de la creación electrónica posterior deberíamos citar, entre otras muchas, las investigaciones de Franke a principios de los 50 con osciladores catódicos[4], las de Whitney en el campo de la animación sintética mediante el uso ordenadores analógicos del ejército norteamericano[5], o el empleo, a finales de la década de los 50, de los ordenadores IBM 7090 en la producción de imágenes estáticas.

---

[2] Paul Virilio, *El cibermundo. La política de lo peor,* Madrid, Cátedra, 1997, pág. 25.
[3] Max Bense, «Projekte generativer Aesthetik», *Rot,* 19, 1965.
[4] Realizadas en torno a 1953.
[5] Co-autor, entre otras obras, de los créditos de la película *Vértigo* de Alfred Hitchcock en 1958.

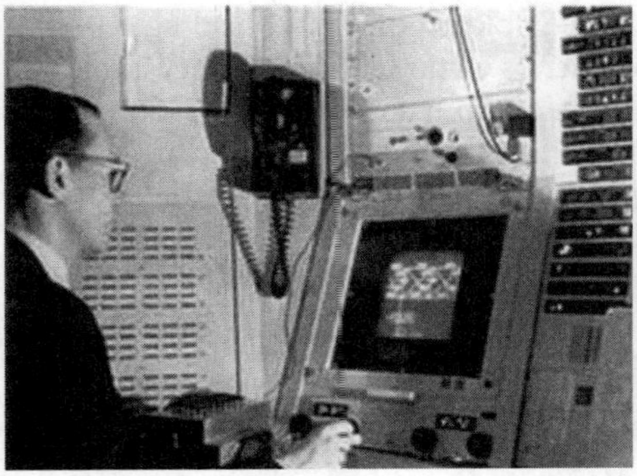

1. El sistema *Sketchpad* de Ivan Sutherland y Timothy Johnson.

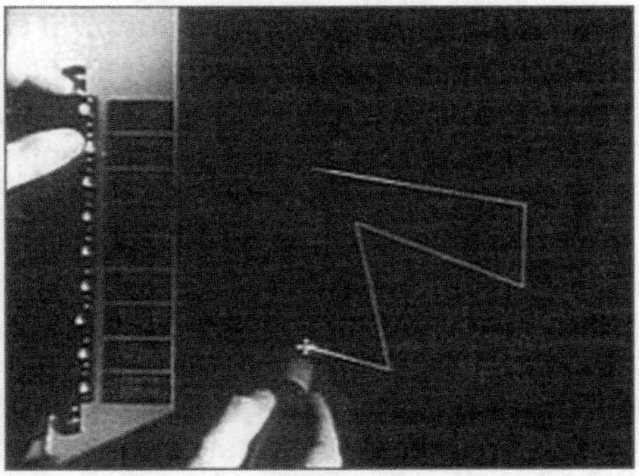

2. Proceso de dibujo en el sistema *Sketchpad.*

En aquellos momentos, la introducción de los datos e instrucciones en el ordenador se realizaba mediante tarjetas agujereadas, siendo el *hardware* siempre uno específico a cada uso o aplicación. Curiosamente, el soporte de una de las primeras tarjetas de programación fue una película desechada de cine de 35 mm[6]. El sistema de programación del ordenador, por tanto, se configuraba, casi metafóricamente, como un ordenamiento de ausencias en la cinta de cine, de perforaciones que, practicadas a lo largo de la cinta, la intervenían a modo de pequeñas ausencias, pequeñas eliminaciones, geométricamente dispuestas con precisa exactitud, de material artístico.

Cada vez que se desarrollaba un nuevo ordenador, era necesaria la reescritura de todos lo programas, atendiendo a las necesidades de funcionamiento de cada nueva máquina. La introducción de los nuevos lenguajes de programación que reemplazarán el críptico código binario por códigos de programación abreviados, basados en palabras, sentencias y fórmulas matemáticas, será fundamental en el replanteamiento de los anteriores sistemas de programación. Lenguajes como COBOL (Common Business-Oriented Language) o FORTRAN (Formula Translator) facilitaron mucho la tarea de los programadores. El empleo de estos lenguajes de programación caracterizará el desarrollo de los ordenadores de la llamada *segunda generación* que tradicionalmente se ha considerado como iniciada a partir de 1956.

Durante la década de los 60, los usuarios principales de los sistemas de gráficos por ordenador eran las industrias automovilísticas y aerospaciales. Se le atribuye, de hecho, a la Boeing Company ser la primera en emplear el término «computer graphics» en la descripción de sus proyectos, ejecutados con *software* de CAD (Computer Aided Design) que era empleado en máquinas de enorme tamaño, de dimensiones que ocupaban salas enteras.

En 1961, Ivan Sutherland sienta, con su tesis doctoral *Sketchpad: A Man-machine Graphical Communications System,* las bases de los aspectos más relevantes de los interfaces gráficos. En 1963 se presenta *Sketchpad,* primer sistema interactivo para gráficos, realizado en el Massachusetts Institute of Technology (MIT) entre 1961-1962 por

6 Sistema que empleó el ingeniero alemán Konrad Zuse.

Ivan Sutherland y Timothy Johnson, en el que se empleaba un «hand held light pen» y un teclado para realizar los dibujos y editar los diseños en un CRT (Cathode Ray Tube).

Este proyecto será pionero de los sistemas de computación gráfica y, sobre todo, de los principios de la computación interactiva. Este sistema permitía crear, manipular, duplicar y guardar dibujos tremendamente precisos. El *software* permitía una escala 2000:1, lo que hacía posible realizar y almacenar diseños de enorme tamaño. Incorporaba las posibilidades más útiles que serán imprescindibles en los programas de dibujo posteriores, *zoom in* y *zoom out* en la pantalla, *rubber-banding* de líneas, etc. El ordenador empleado para el desarrollo de este sistema fue el TX-2. El sistema *Sketchpad,* basado en la topología tridimensional del objeto que se representaba, supuso un enorme avance en las futuras técnicas de dibujo 3D y en la concepción inicial de muchos de los conceptos fundamentales sobre los que se basarán los interfaces gráficos actuales. Entre ellos, la incorporación de un sistema jerarquizado de iconos, o la posibilidad de tratamiento y manipulación de las imágenes en tiempo real (posible ya en este sistema en torno a 1968).

También a principios los 60 se desarrollaron, entre otros, el sistema *E&S graphics hardware,* al que seguiría el *CDRS software,* que PTC adquirirá años más tarde y los sistemas CADD de McDonnell Douglas y el *PDGS* (Product Design Graphics System) de Ford.

En 1964 General Motors fue el primer usuario del sistema de gráficos DAC-1 que IBM había desarrollado para el diseño de automóviles, un enorme paso adelante en la evolución de los sistemas CAD, y a la que también contribuiría decisivamente el desarrollo de las consolas de gráficos para el diseño de vehículos desarrolladas desde mediados de la década por MIT, General Motors, Bell Labs, Lockheed y NASA.

El inicio de la llamada «Stabilizing Era» en el desarrollo de los ordenadores, que podemos considerar ya iniciada hacia 1965, estuvo marcado, indudablemente, por el IBM 360. Pese a sus grandes innovaciones, tenía en el «job control language» (JCL) que empleaba su peor problema. Habrá que esperar hasta finales de la década de los 70 para que el JCL sea reemplazado por los asequibles interfaces gráficos de usuario. Es el momento en el que se plantea la necesidad de elaboración de *standards* de programación, para evitar los costosos procesos de reescritura del *software,* provocándose una férrea lucha entre las compañías de *hardware* por imponer sus propias directrices en este campo.

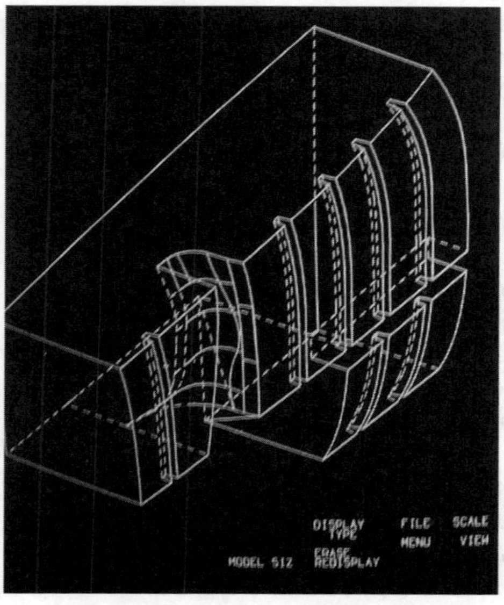

3. Dibujo de un tanque de combustible del Northrop F-18 Hornet realizado por los equipos de la McDonnell Douglas Corporation.

En 1969 son muchos los avances en el desarrollo de *software* y *hardware* para aplicaciones gráficas. Entre ellos, la elaboración del *Tektronix DVST* (Direct-View Storage Tube) o del programa *SynthaVision,* primer modelador de sóli-

4. Imagen creada a finales de la década de los 70 en el Computer Science Department de la Universidad de Utah.

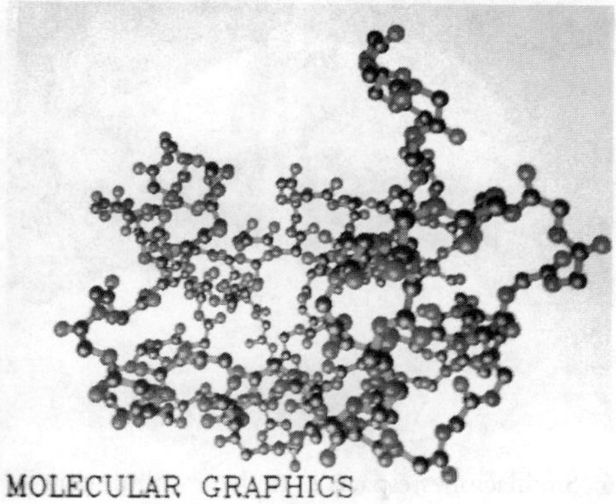

5. La biología molecular será un campo de aplicación de gran importancia en el desarrollo de las simulaciones tridimensionales por ordenador. Imagen creada con sistema *Tektronik 4691*/Univax.

dos comercial. De gran importancia fue la primera edición de Newman & Sproull sobre gráficos por ordenador, así como la fundación, por parte de Pat Hanratty, de United Computing, que más tarde se convertiría en la potente UniGraphics.

A principios de la década de los 70 el empleo del *software* de gráficos seguía prácticamente limitado a las compañías de diseño de vehículos e ingeniería en general. Los costes de *hardware* y *software* eran aún extremadamente elevados, y sólo las grandes empresas con suficientes recursos económicos y con posibilidades para la formación de sus diseñadores en el manejo de estos programas hacía posible su empleo. En estos años, las mejores aplicaciones de CAD estaban siendo desarrolladas por United Computing, Intergraph e IBM. No obstante, la mayor parte de los sistemas 3D MCAD/CAM actuales toman sus fundamentos de las investigaciones y códigos desarrollados por la empresa Manufacturing and Consulting Services, Inc. (MCS), fundada por Hanratty, de la que ya en 1971 se nutrían los sistemas de compañías como McDonnell Douglas *(Unigraphics)*, Computervision *(CADDS)*, AUTOTROL *(AD380)*, y Control Data *(CD-2000)*. Para estas nuevas aplicaciones se empiezan a utilizar minicomputadores como el *PDP-11* de Digital Equipment Corporation, ideal por su alta velocidad y reducido precio.

En 1972 el equipo de investigación de la Universidad de Utah, entre ellos Ed Catmull y James Blinn, desarrollan importantes avances en el modelado tridimensional de formas y objetos. De especial importancia será el potente *software* desarrollado por Blinn en el Jet Propulsion Laboratory de Pasadena, en California, que servía, entre otras aplicaciones, para realizar simulaciones de vuelos espaciales. Este mismo año se realiza el primer *spot* realizado íntegramente con medios informáticos, desarrollado por el Mathematical Applications Group (MAGI).

Richard Shoup finaliza en 1973, en los laboratorios de investigación de Xerox en Palo Alto, el sistema denominado *Superpaint,* comercializado por la empresa Aldus y posteriormente adquirido por Adobe Corporation. *Superpaint* trabajaba tanto con gráficos *bit-mapped* para efectos de color y pintura como con gráficos *object-oriented* de

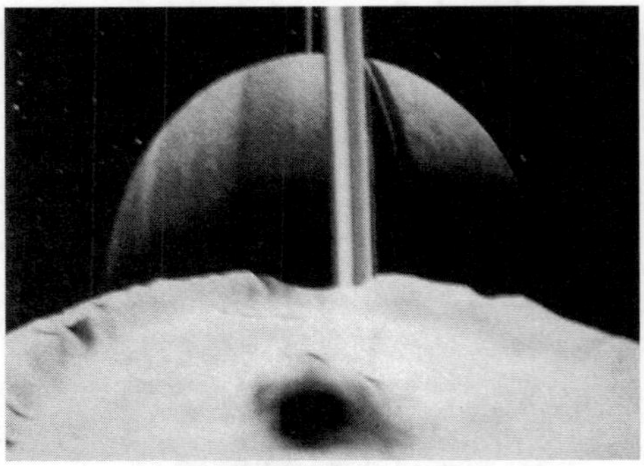

6. Simulaciones espaciales de James Blinn para la National Aeronautics and Space Administration (NASA). Estas imágenes se caracterizaban por su gran realismo y rigor científico en la descripción de cada uno de los elementos representados.

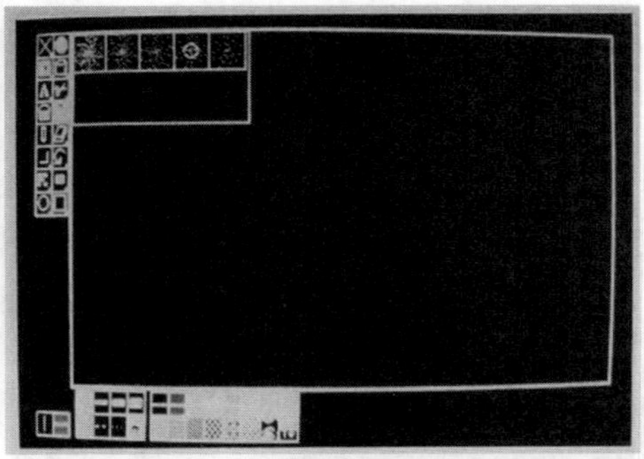

7. Interfaz basado en iconos del programa *Dr. Halo III* de Media Cybernetics.

dibujo. Su colaborador en Palo Alto, Alvy Ray Smith, desarrollará a finales de los años setenta una importantísima investigación en *software* de pintura en el New York Institute of Technology. De hecho, los ordenadores de compañías como Scitex y Quantel tomarán como base principal la tecnología que había sido desarrollada en el NYIT durante estos años. Otros sistemas gráficos de gran importancia elaborados por entonces fueron *AVA* producido por Ampex y empleado por la CBS, y el sistema *ISSCO*.

Será a mediados de la década de los 70 cuando harán su aparición en el mercado los minicomputadores, tratando de alcanzar el mercado de los usuarios no especializados. Commodore, Radio Shack y Apple Computers son las compañías que dominan en esos momentos el mercado de este tipo de ordenadores, que empleaban un *software* sencillo de utilizar, con unas prácticas aplicaciones para uso doméstico y profesional. El éxito comercial de estos ordenadores y sus grandes utilidades suponen el pleno convencimiento de que en pocos años el empleo de ordenadores será esencial en todas las áreas del trabajo y el tiempo libre. El Sheridan College de Ontario, Canadá, se convierte, a mediados de los 70, en la primera escuela de arte en incorporar cursos de gráficos por computador, formando a una gran cantidad de artistas que empezarán a convertir el trabajo en imagen digital en una profesión de creciente importancia y con un espectro de aplicaciones profesionales enormemente amplio.

De gran importancia serán las investigaciones que en aquellos años realizaban Manfred Mohr, John Dunn, Dan Sandin y Woody Vasulka en la elaboración de *software* 2D y 3D, así como los programas de investigación en el área de visión artificial desarrollados por la Defense Advanced Research Programs Agency norteamericana.

En 1977 IBM acuerda con Lockheed comercializar *CADAM*. No podemos olvidar que, en ese mismo año, se completa la construcción del ordenador Apple que diseñan Steven Jobs y Stephen Wozniak. El ordenador personal Apple II será un gran éxito comercial, adquiriendo, en sus modelos de finales de los 70, una gran velocidad de procesamiento.

Tan sólo dos años más tarde se hace la presentación de los equipos digitales de la empresa Quantel y la aparición de una serie de programas de gráficos de enorme im-

8. El *light pen* detectaba la luz sobre la pantalla mediante una fotocélula localizada en su interior. Estaba especialmente diseñado para su empleo en sistemas de dibujo de arquitectura e ingeniería. Entró en desuso con la progresiva introducción del *Stylus* y la *data tablet*. En la imagen, proceso de dibujo en un IBM 2.

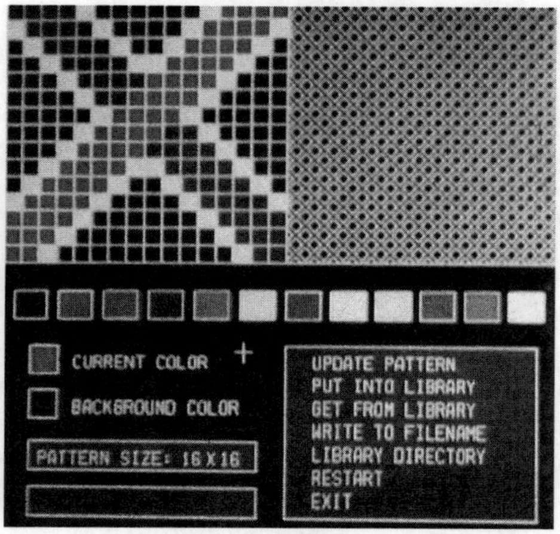

9. El desarrollo de los programas de dibujo, así como la mayor capacidad de procesamiento de los ordenadores, permiten hoy una enorme cantidad de operaciones gráficas, muy limitadas aún en los sistemas de finales de la década de los 70.

portancia en el mundo de la creación infográfica, como *Paintbox*, *Encore* y *Mirage*, entre otros. Un año especialmente lleno de acontecimientos relevantes en el desarrollo de los gráficos por computador, entre los que podríamos destacar la comercialización, por parte de IBM, del terminal en color *3279*, y la aparición de los primeros *arcade video games* como *Pac Man* y otros sistemas de videojuegos domésticos como el *Atari 2600*. Periodo especialmente importante también para la investigación sobre programas de CAD, al ser 1980 el momento en el que Mike Riddle desarrolla *MicroCAD*. Durante los primeros años de esta nueva década la industria de los gráficos por computador y animación infógráfica empieza a adquirir una muy especial relevancia, sobre todo por sus aplicaciones en el mundo de la cinematografía y televisión, convirtiéndose Londres, en este último campo, en el principal centro mundial de desarrollo de proyectos.

Todavía a principios de los 80 Alvy Ray Smith continuaba en NYIT con sus investigaciones en *software* de dibujo y pintura, y a él se debe la ideación de algunas de las más interesantes aplicaciones para la simulación digital de los efectos de la acuarela y el óleo. Se pretendía que los sistemas creados fuesen de fácil manejo, permitiendo el uso de estos programas a personas no especializadas. Ideología que también había guiado las iniciativas en el diseño y construcción del Ordenador Personal (PC) que IBM puso en el mercado en 1980, orientado tanto al uso profesional como al uso doméstico.

Los grandes avances que los nuevos productos de *software* CAD/CAM/CAE suponían los convirtieron en herramientas imprescindibles del proceso de diseño industrial. En 1981 Unigraphics introdujo el primer sistema de modelado de sólidos *Uni-Solids*. Un año después, *AutoCAD* será lanzado al mercado por Autodesk con la intención de que su empleo fuese posible en pequeños estudios de ingeniería, arqui-

10. El *joystick* al igual que la *tracker ball* solía emplearse para recorrer la imagen de la pantalla, desplazándola hacia arriba, abajo o hacia los lados. En la imagen, empleo combinado de tableta gráfica y *joystick.*

11. *Tracker ball TB15/360.* Penny & Giles Potentiometers Ltd.

12. *Mouse* M3/100. Penny & Giles Potentiometers Ltd.

tectura y diseño, logrando un amplio mercado de usuarios, que hasta hoy no ha dejado de crecer. De hecho, sólo cinco años después de su lanzamiento, Autodesk ya había vendido 100.000 copias de *AutoCAD.*

El *mouse,* inventado en 1960 por Douglas Engelbart, asume en torno a 1982 una extrema importancia, configurándose en el elemento esencial de trabajo en el interfaz gráfico de usuario del *Apple Lisa,* basado en el sistema «point and click». Este sistema, que consiste en actuar sobre una serie de iconos a través de un cursor que puede moverse en todas direcciones en la pantalla a través del *mouse,* estaba basado directamente en el ordenador *Xerox Star,* y en su concepción de diseño «What you see is what you get» (WYSIWYG).

Poco después, asistimos al desarrollo de potentes estaciones de gráficos (Silicon Graphics, Ardent y Stellar entre otras), incorporándose en 1984 los primeros modelos de estaciones SGI al trabajo de efectos especiales en la industria de Hollywood, sobre todo en la serie de películas de Georges Lucas *Star Wars,* y a la introducción en el mercado de la línea Macintosh de Apple. De fácil manejo, el sistema operativo del Macintosh evolucionaba mucho el interfaz gráfico de usuario, configurándose ya, esencialmente, los principios de usabilidad que caracterizan los sistemas operativos actuales.

13. El Macintosh II, con un interfaz WYSIWYG permitía trabajar ya con 256 colores. Fue uno de los grandes éxitos comerciales de Apple.

14. Estación de trabajo para dibujo de ingeniería *HP 9000.*

A finales de 1984 había ya en torno a 40 sistemas de pintura y dibujo disponibles, aunque las aplicaciones profesionales todavía tenían un elevado precio y sólo eran asequibles para los grandes estudios de diseño, ilustración o imagen en general. La mayor parte de ellos no trabajaban a resoluciones mayores que los requerimientos mínimos para televisión. Algunos años más tarde se siguen empleando estaciones de gráficos de uso específico para diseño industrial e ingeniería como las *HP9000* o, para animación sintética, las *Bosh FGS-4000* y la *Sony BVH-2500,* entre otras muchas.

En España se funda en 1984 Animática, con sede en Barcelona, que empieza a investigar en el campo de la animación de síntesis empleando, entre otros medios, estaciones Silicon Graphics y *software Wavefront* norteamericano[7].

Desde sus inicios, todo el *software* de dibujo y diseño estuvo estructurado en torno a un menú, con diversos muestrarios de pinceles, paleta de colores, etc. Algunos sistemas de gráficos, como el *Video Graphics System* de Aurora Imaging Systems, tenían un menú tan extenso que este se situaba en un monitor independiente, para facilitar el trabajo del ilustrador.

El éxito de los equipos Quantel en torno a 1986 supuso la generalización del empleo de la paleta electrónica *Quantel Digital Paint Box*, y el simulador *Mirage*. La tableta gráfica empieza a ser extremadamente importante. En algunos casos, como la *Paint box,* la mezcla de colores es intensificada mediante el uso de un *stylus* sensible a la presión.

A finales de la década de los 80 los programas de tratamiento de imagen más apreciados por los profesionales eran *Digital Darkroom* e *Image Studio*. Otros programas interesantes eran *MaxPaint* (al que siguió *FullPaint)* y *SuperPaint*. Más tarde, y aprovechando la puesta en el mercado del Macintosh con 8-bit de color surgen otros programas como *Pixel Paint* y, algo más tarde, ya a principios de los 90, *Color Studio,* creado por Mark Zimmer y Tom Hedges, autores también de *Image Studio*. El progra-

---

[7] Para un completo análisis del desarrollo de la imagen de síntesis en España, véase el estudio de Joseba López Ortega *Aproximación a la imagen de síntesis en España,* Madrid, Consorcio para la organización de Madrid Capital Europea de la Cultura, 1992.

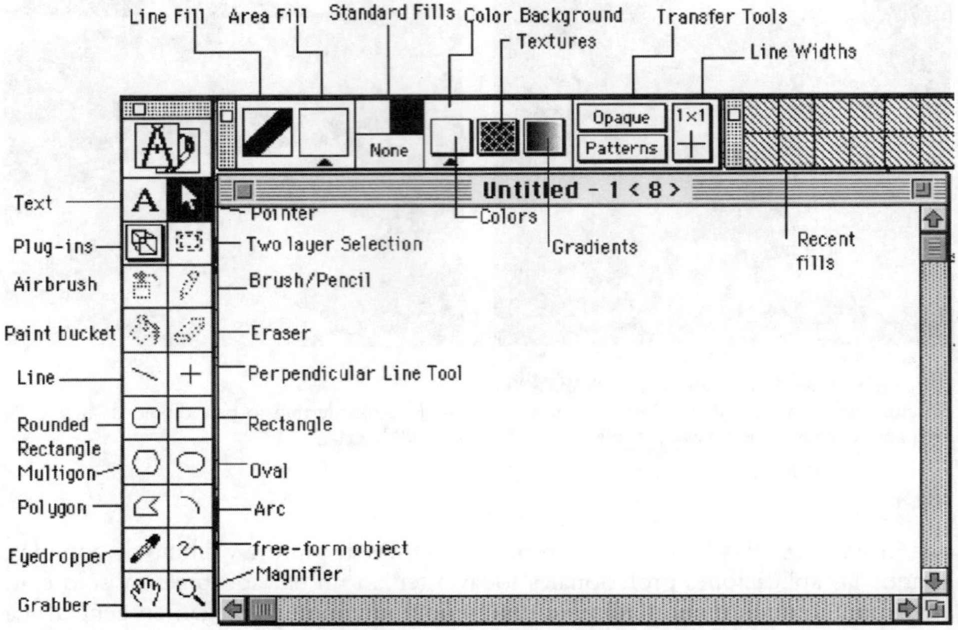

15. Interfaz y funciones del programa *Aldus SuperPaint*.

ma *Pro/ENGINEER* lanzado al mercado en 1988 fue, indudablemente, un paso de enorme importancia en el desarrollo de los programas de modelado de sólidos.

La primera versión de *Photoshop* fue comercializada por Adobe como *Photoshop 1.0* en enero de 1990, y sólo funcionaba en ordenadores Macintosh. En junio de 1991 empezó ya a comercializarse la versión 2.0 de *Photoshop* y en febrero de 1993 la versión 2.5, con un replanteamiento del programa bastante profundo. Esta versión ya podía ser empleada en Windows e introducía una aceleracion API. En 1993 se empezó a trabajar en la adaptación del programa para los nuevos PowerMac que serían comercializados en la primavera de 1994. La siguiente versión, *Photoshop 3* permitirá ya trabajar con capas, uno de los aspectos más importantes de este programa, aprovechando la mayor capacidad de los nuevos ordenadores y su mayor rapidez de procesamiento.

En 1994 las estaciones de trabajo de Silicon Graphics Incorporated seguían manteniendo un claro predominio en el desarrollo de proyectos para la industria cinematográfica y, en general, para todas aquellas actividades profesionales de animación 3D. Basadas en UNIX, solía em-

16. Interfaz del programa de imagen *TGATIPS 16* v. 3.2.

plearse en ellas programas como *Softimage* y *Alias Power Animator.* Tras adquirir Silicon Graphics Incorporated, *Alias Research* y *Wavefront TDI* se empezó a trabajar en el desarrollo de un nuevo programa, *Maya,* que incorporaría lo mejor de ambos programas junto nuevas posibilidades, aplicaciones y efectos y que empezó a ser comercializado en 1997. Con este programa habría de competir la nueva versión del conocido *Sumatra* con el nombre de *Softimage/XSI* y que debía salir al mercado en el año 2000. A partir de mediados de los 90 el número de programas de imagen ha ido en aumento, en parte debido al desarrollo de *software* de dibujo y retoque fotográfico *amateur,* de muy fácil manejo y aplicaciones muy automatizadas así como por la aparición de nuevos editores de imagen orientados a su empleo como complemento de los *web editors* y de los programas de creación de interactivos multimedia en general.

Las acciones y los procesos

Apropiación-ajuste-ensamblaje

El *software* de dibujo supone la puesta en marcha de nuevos mecanismos de producción de imágenes, determinadas por una serie de acciones que se hacen predominantes. Los procedimientos de tratamiento de los datos que determinan las dinámicas operativas fundamentales del *software* de gráficos son, en realidad, estrategias que, dado su uso intensivo, van influyendo progresivamente en la configuración de nuevos aspectos en la producción cultural y artística a un nivel muy amplio, afectando sustancialmente las dinámicas de producción de criterios de valoración, producción y pensamiento estético en general.

La naturaleza reproductiva del ordenador, medio de reproducción técnica por excelencia, basada en su enorme capacidad de memoria con la que opera, intensifica, indudablemente, la práctica de una serie de acciones basadas en la apropiación de material existente y en su modificación y ajuste. Como apuntara Lev Manovich, en el ordenador se hacen predominantes las acciones de selección frente a las de producción. La intensificación de las operaciones de apropiación, y las que de ella se derivan (retoque, ajuste, ensamblaje, recombinación), tienen lugar partiendo de imágenes capturadas por el usuario, importadas de otros programas, tomadas de las galerías de imágenes que muchos de los programas de dibujo contienen o, simplemente, de la fragmentación o reproducción parcial de la propia imagen en proceso. Ello implica, obviamente, la reactivación del procedimiento del *collage.*

En su artículo «Avantgarde as software», Manovich señalaba cómo frente a las directrices de la vanguardia de los años veinte, cuyas estrategias estaban orientadas al desarrollo de nuevas formas de representar la realidad y de nuevas formas de ver el mundo, la vanguardia de los nuevos medios trataría, fundamentalmente, del desarrollo de nuevas formas de acceder y manipular la información[8]. Más que hacia la creación de información nueva los esfuerzos estarían dirigidos, eminentemente, hacia su diseño. De ahí que el procesamiento de datos sustituya progresivamente a las labores

[8] Lev Manovich, «Avantgarde as Software» [http://www.manovich.net/docs/avantgarde_as_software.doc.].

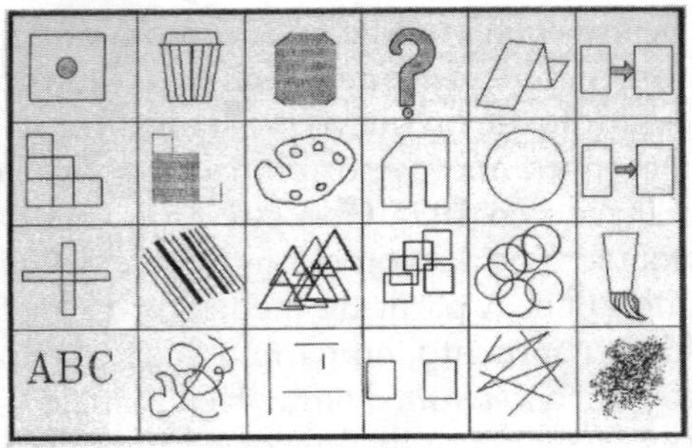

18. En la imagen, detalle del menú gráfico del programa *Vectrix*, de 1986.

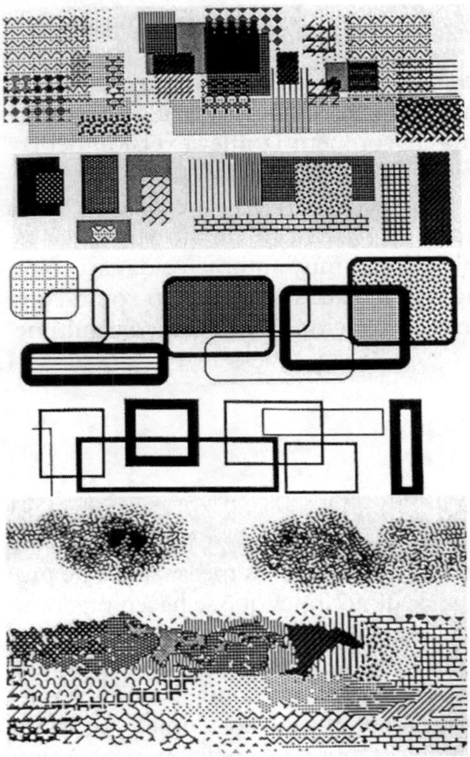

17. Diferentes tramas y formas prediseñadas que el usuario podía seleccionar para su empleo en los programas de dibujo de mediados de la década de los 80, y cuya disponibilidad influyó decisivamente en la estética publicitaria y editorial del momento.

de producción material que caracterizaron las prácticas culturales e industriales de las sociedades de décadas atrás.

Es indudable que, desde sus inicios, el arte electrónico ha estado basado en la modificación de una señal existente. No obstante, la revolución digital implica un segundo estadio en este proceso, para Manovich: «de la mutabilidad de los medios electrónicos a la variabilidad de los nuevos medios»[9].

En sí mismos, los programas de gráficos se estructuran en torno a ofertas de elección, de acciones como selección de operaciones preprogramadas en un menú determinado[10]. De muy diversas formas, el concepto de apropiación es también procesual. Los filtros y las herramientas de efectos son, en realidad, operaciones que pueden ser apropiadas, acciones automatizadas de transformación. Al ser la forma computable, puede ser sometida a un determinado algoritmo que la transforme en diversos grados. Pero no se trata sólo de apropiaciones de algoritmos para la modificación de datos, sino, incluso, de formas y maneras de componer la información, como sucede con el empleo de plantillas, que permiten la aplicación automática de una estructura determinada a una información nueva.

---

[9] *Ibíd.*

[10] Lev Manovich, «Menus, Filters, Plug-ins», en *The Language of New media*, Cambridge (Massachusetts), Londres, The MIT Press, 2001, pág. 128.

Ciertamente, la cultura electrónica parece favorecer la creación de una *database* (como colección, catálogo o librería) más que una forma de narración. Se trata de una nueva reactivación de la estética del archivo, que ya fue recurrente en muchas de las manifestaciones artísticas más radicales del siglo XX. Muy brevemente, deberíamos recordar, por ejemplo, la filiación de Duchamp no sólo por el diccionario *Larousse*[11] sino, también, por el omnicomprensivo y disparatado *Catálogo de St. Etienne.* También, cómo no, el febril enciclopedismo que operaba en muchas de las obras de Fluxus. Esfuerzos enciclopédicos dentro de un rígido sistema de listados alfabéticos y referencias cruzadas en *The fluxus codex* (1988) o en los *fluxus year books,* descritos como «de un carácter enciclopédico-antológico[12]. Un archivalismo compulsivo de taxonomías disparatadas. «Archivalismo» y conocimiento diccionarial que también veremos juntos en una publicación asociada al grupo General Idea, iniciada en 1972 y que llevaba por título *FILE*[13]. No podría quedar fuera de esta brevísima lista de referencias históricas a ese impulso de las artes hacia la base de datos y el catálogo como principio estético fundamental la película realizada por Whitney en 1961, que titulara, precisamente, *Catalog*[14].

La producción de la imagen digital puede ser caracterizada, pues, como una práctica de relacionalidad constante[15], volcada en el constante reconfigurar los momentos de acceso a los datos archivados. El orden del proceso de creación de la imagen es uno débilmente constituido y dependiente siempre del carácter de cada acto de búsqueda, encuentro y lectura, que, al igual que en el caso del diccionario «nunca puede ser separado de una visión periférica y encuentros casuales»[16]. La actividad del creador infográfico será más bien una de inscripción y no de expresión, un trabajo a base de injertos recontextualizadores. Los catálogos de objetos, de imágenes, de efectos, texturas, etc., ofrecidos para la consecución de una producción personal, no podrá evitar que la imagen resultante sea siempre ya tejido de imágenes existentes, lenguaje sobre lenguajes existentes. La consecución de las acciones «copiar» y «pegar», una de las más propias en la producción de imágenes por ordenador, ha fomentado también una estética de la repetición, que explica por qué, por ejemplo, la caracterización del mejor arte en la red internet esté obligatoriamente referida, además de a la disyunción como alternatividad excesiva de las posibilidades y los envíos, a la explotación de las extensiones de las variables de los términos y de las imágenes, a la proliferación de las series y a las repeticiones infinitas.

Sin embargo, la imagen digital no es simplemente resultado de una acción de *collage,* en el sentido de práctica de recontextualización de fragmentos, sino que en el

---

[11] Lawrence D Steefel Jr., *The position of Duchamp's glass in the development of his art,* Nueva York, Garland, 1977, pág. 36.

[12] *Vid.* Robert Pincus-Witten, *Introduction to Fluxus Codex,* Nueva York, Harry N. Abrams, 1988, pág. 27.

[13] Título que, por otra parte, jugaba irónicamente con una permutación de las letras del nombre de la revista *LIFE.*

[14] *Vid.* Gene Youngblood, *Expanded Cinema,* Nueva York, E. P. Dutton & Co., Inc., 1970, pág. 210. Una obra, por otra parte, que podemos considerar como una de las más relevantes en el desarrollo de algunos de los principios de la teoría y práctica propias de los nuevos medios artísticos.

[15] Es proponer un más allá de la relacionalidad propuesta por Benjamin en su interés en el proceso de coleccionar más que en una específica colección. *Vid.* W. Benjamin, *Iluminaciones, op. cit.,* pág. 60.

[16] J. C. Welchman, «Modernism à Larousse», en *Modernism Relocated,* Australia, Allen & Unwin, 1995, pág. 10.

19. Los cambios de escala son continuos en los procesos de creación y retoque digital de imágenes.

proceso es posible transformar los elementos que la integran, modularlos, afectarlos en su proceso de incorporación. En la pantalla, todo lo que aparece, textos o imágenes, es fácilmente separable, reproducible por separado, mientras que en la página impresa todo conformaba un ente único, no divisible. Un replanteamiento que permite la mayor parte de los programas de dibujo actuales que es el de los enlaces entre los diferentes elementos que la componen, como una estructura siempre reversible. Una desmotabilidad casi total de la imagen, al mismo tiempo que un total carácter recombinable. De ahí que los modos en los que las representaciones del mundo hoy pueden ser intervenidas y desprendidos sus detalles susciten una falsa impresión de cómo son en realidad. Es imposible evitar sin embargo su efecto a nivel más general: el de una «visión del mundo como maleable»[17].

De ahí que los nuevos programas de creación de imágenes rechacen como característica fundamental de los procesos la de las búsqueda de una disposición de elementos en el espacio. La suya, mucho más compleja, incorpora, fundamentalmente, posibilidades frente a esos elementos. La imagen digital, el cúmulo de estratos de elementos que la conforman, no puede ser entendido como campo de elementos que coexisten, ubicados en alguna parte respecto a algún lugar, sino como campo de elementos que son en cuanto se dan, ofrecidos como moneda del intercambio, siempre dinámico, de la posibilidad.

Cambios de escala

El espacio en el que la imagen digital se produce es variable. Es posible la minimización parcial del programa con el que se opera, también la modificación de la escala de la imagen que se está produciendo. El artista trabaja en cualquiera de sus posibles escalas. No es necesario trabajar al cien por cien de la imagen, pues la pantalla no es referencia al tamaño verdadero de la imagen. La referencia al tamaño de la imagen que se produce es siempre relativa, numérica. De hecho, una de las más interesantes posibilidades es trabajar o retocar una imagen a una escala mucho mayor de la que será impre-

[17] *Vid.* Bill Nichols, «The Work of Culture in the Age of Cybernetic Systems», en John Thornton Caldwell (ed.), *Theories of the new media. A Historical Perspective,* Londres, The Athlone Press, 2000, pág. 93.

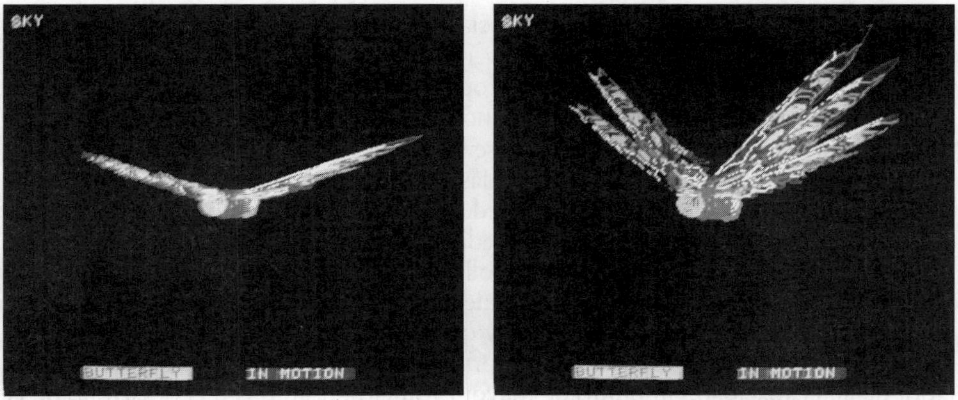

20 y 21. La investigación sobre la creación de imágenes no estáticas ha sido campo prioritario en el desarrollo del *software* de gráficos y uno de los ámbitos de mayor aplicabilidad.

sa. Operar en una óptica microscópica de la imagen permite reducir al mínimo los efectos de la posible torpeza de los movimientos del ratón, con ello se consigue aumentar la precisión, lograr modificaciones y retoques cuya factura sea inapreciable.

Por ello, el concepto del marco fue uno de los primeros en entrar en crisis, al dejar de tener auténtico sentido en el ámbito de los nuevos medios, generalmente caracterizados por la tendencia a la disolución de este, bien sea a través esa mutabilidad absoluta de escalas y tamaños de la imagen en los programas de imagen, a través de las prácticas de inmersión (en las instalaciones de realidad virtual por ejemplo) o de las de ubicuidad simultánea propias de internet.

Frente a la pantalla cinematográfica, la pantalla del monitor no es el obstáculo que evita la pérdida de la proyección de la imagen, la que la intercepta en el punto de confluencia de sus puntos, sino lo que la produce, el campo de su emisión. De ahí que, con ella, se den también por terminadas las cuestiones en torno a la completud de la pantalla, del soporte o marco donde la imagen se sitúa, o acerca de la abolición o no de la presencia del soporte sobre el que se proyecta, el resquicio o resto de conciencia de la realidad frente a la ilusión que la imagen, en última instancia, conlleva.

La incorporación del movimiento

El movimiento de los objetos en una pantalla de ordenador vuelve a ser uno interno, como la dinámica inducida a la imagen de un edificio que se reflejara sobre el agua de un estanque. No son imágenes en movimiento, sino imágenes del movimiento.

En todo caso, la novedad del movimiento que se incorpora a la imagen digital en la forma de animaciones controladas o no por líneas de tiempo, no parece tan relevante en su novedad como el movimiento de la mano del propio espectador al incidir en los vínculos y enlaces que pueden ser insertados en la imagen.

En todo caso, la estructura envolvente, experiencial y dinámica de la imagen interactiva hace que el concepto de navegación sustituya ya al concepto de visión. Este principio ha ejercido una enorme influencia afectando especialmente al campo de la realización cinematográfica, en donde se incorporan con cada vez más frecuencia movimientos de cámara que imitan los propios de la «cámara subjetiva» de los videojuegos, en donde la asimilación de los conceptos de visión y narración al de navegación se hace determinante[18]. O bien, presente en los imposibles desplazamientos de cámara, como acontece, entre otras, en las recientes películas de David Fincher[19], cuya cámara penetra y viaja por huecos de reducidísimo tamaño, dependiendo su única posibilidad de producirse de los medios de su producción informática.

No es extraño, por ello, que el desarrollo de las nuevas tecnologías de la imagen tenga mucho que ver con las necesidades de la ilusión del viaje, ya presente en las primeras manifestaciones cinematográficas y que vemos hacerse especialmente intenso a partir de 1984 con el desarrollo de las primeras estaciones de gráficos por computador de alta capacidad. Su punto de mayor evolución residiría en el desarrollo de la reciente tecnología de realidad virtual, máximo avance en la idea de una cámara subjetiva, es decir, la representación del espacio virtual como si lo estuviera mirando el propio participante (y que vimos aparecer por primera vez en el videojuego DOOM)[20]. Tecnologías que acaban con aquellas propuestas de *collage* de efectos propias de las primeras iniciativas de finales de los 50 que, para simular el movimiento del espectador por un espacio, combinaban secuencias de cine, sonido, incluso efectos de viento real sobre el espectador[21]. La navegación por el espacio digital sólo puede ser entendida como un intento de ampliación de experiencias que poco a poco ha ido derivando hacia una más compleja expansión de la percepción.

Las condiciones de los procesos

Muchas de las condiciones generales del *software* de gráficos para uso *amateur* parten, fundamentalmente, de la imitación de la mesa o del bloc de dibujo tradicional, de la misma forma que los interfaces de los *players* de sonido o vídeo imitan los aparatos VCR y las cadenas musicales. Esta tendencia a la imitación en el diseño de los interfaces, más obvia, aunque no restringida a los programas de dibujo no profesionales, ha ido paralela a los esfuerzos de los creadores de *software* por conseguir la perfecta imitación de los efectos de técnicas tradicionales de dibujo y pintura como la acuarela, el pastel o el óleo.

El progresivo abandono de las pantallas sobre las que se podía operar directamente mediante el uso de los *ligth pens* en donde soporte y pantalla de proyección de la imagen coincidían, sin duda determinó un proceso de mayor abstracción en el planteamiento de los interfaces de producción gráfica. Los aspectos más esenciales son, sobre todo, los modos de estructuración de los sistemas de incorporación de los elementos de operación y de adopción de diferentes acciones. Se trata de menús desplegables, que ocultan una compleja estratificación de elementos y acciones. En los nuevos programas, se tiende, incluso, a que la disposición de un comando en el

---

[18] Algo especialmente obvio en la película de Peter Jackson *El señor de los anillos,* de 2001.

[19] Un ejemplo bastante explícito es su película *La habitación del pánico* de 2001.

[20] *Vid.* Hans-Peter Schwarz, «Discourse III: Media Games», en *Media Art History,* Media Museum, ZKM, Múnich-Nueva York, Prestel, pág. 53.

[21] Se trataba de *Sensorama,* de Mort Heilig, de 1959.

menú dependa de su uso más o menos frecuente. Se trata de menús y barras de herramientas «flotantes», que permiten su reubicación constante, su solapamiento parcial, o, incluso, su total ocultamiento.

En todo caso, se mantiene que la disposición exigida para el creador y el espectador de la imagen siga estando caracterizada por su inmovilidad. De la inmovilidad del dibujante en la máquina de dibujo que proyectara Durero, o del espectador en la sala de proyección cinematográfica, llegamos a la inmovilidad radical como requisito de las primeras pantallas extrafinas de los ordenadores portátiles, que exigían la perfecta situación del usuario frente a ellas, y cuyo desplazamiento suponía caer en el área ciega de la imagen.

No obstante, frente a la fotografía o la pintura tradicionales, que además de representar el objeto a través de su impresión en la película o en el lienzo, indicaban la posición del fotógrafo o pintor frente a su objeto, con la postfotografía y la imagen infográfica no hay ya más punto de vista o emplazamiento del autor en la producción de la imagen. Su campo de referencia es múltiple y puede ser alterado en todas las formas, siendo, por ello, imposible de localizar topológicamente.

Sólo cabe, de esta manera, la aplicación de metodologías de estudio de la imagen digital como las que Weibel se refería con el término «endofísica», ciencia que explora un sistema cuando el observador llega a ser parte de este sistema[22], cuando actúa como parte de él. De aquí que, a nivel más general, sea posible la afirmación del progresivo final de los panópticos, como puntos de observación privilegiados y distanciados de la totalidad, frente a la creciente importancia de un *pantopicon* (pan+topos), que, en palabras de Marcos Novak describiría «la condición de estar en todos los lugares a la vez como lo opuesto a ver todos los lugares desde un solo lugar», y que tanto tendría que ver con las formas de ubicuidad opto-electrónica, y su influencia en el modo de concebir el territorio y la experiencia de él. Es posible que ya no existan respuestas para las preguntas que se hacía Baudrillard: «¿A qué distancia está el mundo? ¿Cómo ajustar el enfoque?»[23].

Reversibilidad

En noviembre de 1996 fue presentado *Photoshop 4*. Las mayores críticas lanzadas contra esta nueva versión se centraban, entre otros aspectos, en que aún no incorporaba el comando de «deshacer» múltiple, estando restringido este comando a la última acción realizada, impidiendo la posibilidad de anular dos o más acciones consecutivas. Poco a poco, las nuevas versiones de este y otros programas de dibujo y postfotografía han intensificado la posibilidad de deshacer acciones, en ocasiones con la posibilidad de ir hacia atrás reproduciendo a la inversa todo el proceso de elaboración o retoque de la imagen. Esta es, indudablemente, una de las condiciones fundamentales de la nueva producción digital. El programa no sólo retiene la información y los resultados de las nuevas acciones sino de todos los estados de la imagen dentro

---

[22] *Vid.* Peter Weibel, «The World as Interface. Toward the Construction of Context-Controlled Event-Worlds», en T. Druckery, *Electronic Culture, op. cit.*

[23] Jean Baudrillard, «La Fotografía o La Escritura de la luz: Literalidad de la imagen», en *El intercambio imposible,* Madrid, Cátedra, 2000, pág. 149.

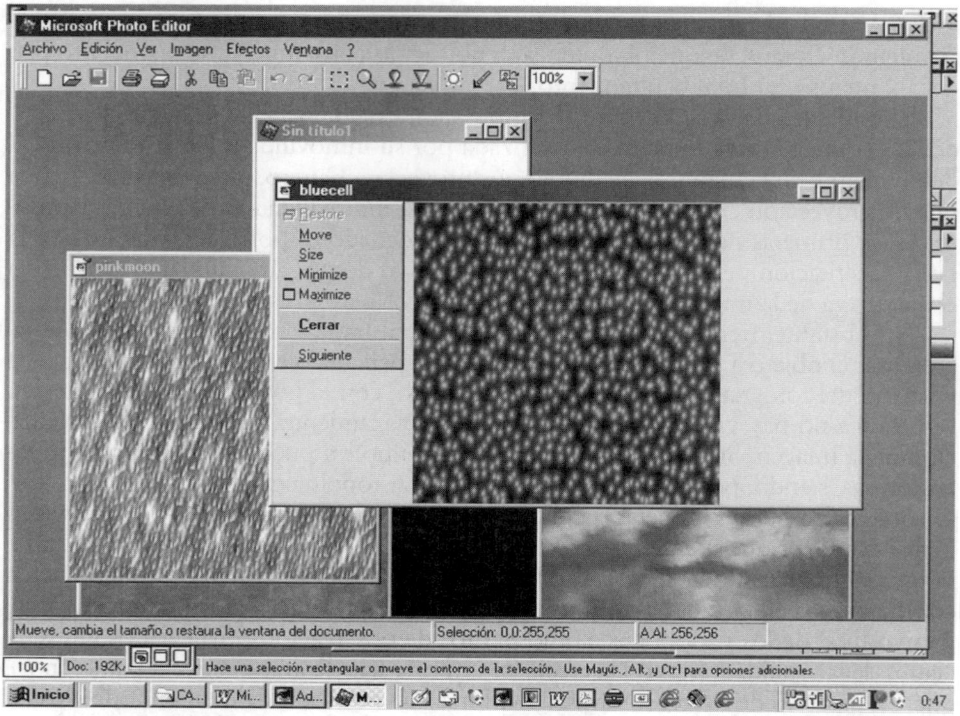

22. El solapamiento es una condición básica de las operaciones en los nuevos interfaces gráficos de usuario.

de una sucesión temporal, sobre la que se puede retornar a cualquiera de los momentos previos del proceso.

Esto supone el registro de una cierta narración que es el propio proceso de elaboración de la imagen. Se trata, pues, de la incorporación de una nueva relación entre tiempo e imagen, que permite que sea posible, incluso, la incorporación en la obra de fragmentos y propiedades concretas de un estadio previo de su propio proceso de ejecución. Un principio el de la reversibilidad que se configura ya como esencial en el ámbito de la producción digital de la imagen, y que supone relevantes transformaciones en los modos de concebir los procesos de creación gráfica en la actualidad.

Solapamientos y simultaneidad

Las formas de visión propias de los nuevos medios consisten en una no perspectiva, en un no mirar a través. Visión del solapamiento, del traslapamiento perceptual, característico de los sistemas operativos y programas basados en ventanas que se abren y se solapan, y que conforman sistemas de opacidad parcial. Las ventanas dinámicas de los sistemas operativos actuales permiten a un usuario trabajar simultáneamente con una cantidad prácticamente ilimitada de información independiente de la limitada superficie de la pantalla. Una estrategia cuyos orígenes podrían localizarse en los marcos móviles de Lissitzky para la Exposición Internacional de Arte de Dresde de 1926. Un sistema el de las ventanas que se solapan o son reescalables en tamaño que encuentra sus primeras aplicaciones en el campo digital en las propuestas de Alan Kay ya en 1969.

El proceso de elaboración de la imagen digital es una compleja acumulación y sedimentación de imágenes, que se solapan sin desaparición. Estratigrafía acogida permanentemente al principio de la simultaneidad propia de su estructura técnica y procesual, que las iniciativas artísticas más radicales de análisis del *software* y de las teorías del interfaz tratan de violentar, creando ecos entre las capas, una tectónica de traslapamientos y superficies.

De aquí que las propuestas artísticas surgidas en el medio se estructuren en torno a esta simultaneidad también de índole espacial y experiencial. De hecho, las creaciones artísticas digitales demuestran cómo en ellas es posible un mayor acercamiento entre las dos dimensiones tradicionalmente consideradas como propias de toda obra de arte: la dimensión según la cual se extienden simultáneamente el total de los estratos y la otra, por la que las partes se suceden unas a otras[24]. Una indiferenciación de ambas que trata de generar una nueva conciencia del tiempo y el espacio, así como el fin de cualquier garantía de unidad de ambos conceptos.

Sólo en el medio digital parece posible imaginar la concreción de una forma de escritura o producción poética de expresión en bruto, de estructura asindética, profundamente espacial, de ideas e imágenes presentes sin más nexos de unión que el orden de distancias imprescindible para su distinción, de elementos contiguos presentados sin indicación de las relaciones de su dependencia, cuya disposición y relevancia, siempre en constante modificación, sea capaz de configurar la narración y poética más propia de la parataxis del pensamiento. Como el visualizador transparente de Ivan E. Sutherland, en el que se superponen imagen real e imagen creada por ordenador, todo consiste ahora en superposiciones, o más bien, yuxtaposiciones, en un «colapso de la distancia»[25].

Imposible es ya tener un punto fijo de vista «en un mundo donde todo acontece simultáneamente»[26] (de ahí que quizá también sea imposible imaginar un objetivo en él). Saturación proliferante una y otra vez dramatizada en las prácticas artísticas de los nuevos medios, anticipadas en las propuestas por los futuristas, o en el policinema de László Moholy-Nagy, principio llevado al extremo de la superación de los umbrales de percepción simultánea en las obras multimedia más recientes.

Saturación que se acompaña de la cada vez más compleja simultaneidad de estados de actividad distintos, que es propia de las situaciones *on/off line*. Los jugadores de MUD, por ejemplo, habitúan a mantenerlo presente en una ventana minimizada, incluso durante su período de trabajo, retornando a él de vez en cuando. Los diferentes momentos de su actividad laboral se rompen por una serie de accesos discontinuos a la experiencia del juego en la red. Alternatividad en la interacción con diferentes agentes, aquellos con los que se comparte la acción del juego y con los que se comparte el espacio real. Rupturas constantes y yuxtaposición de contextos de surgimiento de condiciones y estados, desplazamiento de los contextos de justificación de las acciones y respuestas.

---

24 *Vid.*, a este respecto, Roman Ingarden, «Concreción y reconstrucción», en Rainer Warning, *Estética de la recepción*, Madrid, Visor, 1989, pág. 35.

25 *Vid.* Marcos Novak, *Trans Terra Form: Liquid Architectures And The Loss of Inscription.*

26 Marshall McLuhan, Conferencia pronunciada en Florida State University, 1970.

El software *y la caducidad perceptiva*

La aspiración máxima de la sociedad respecto a los objetos ha dejado de ser la «extensión en el tiempo». Esta, que era la forma paradigmática del principio de estabilidad y permanencia propia de la ideología de la posesión y la propiedad, se ha ido moviendo hacia la de una actualización temporal, progresiva, de los objetos del sujeto. Se trata de un momento más allá de la economía de la obsolescencia del producto que es ahora, sobre todo, obsolescencia de los mecanismos del ver y de la lectura.

Caducidad perceptiva, obsolescencia de la visión, rasgos que se presentan particularmente definitorios de la nueva sociedad digital. Patente, por ejemplo, en la caducidad de los navegadores de internet, que cada cierto tiempo dejan de ser capaces de descodificar los nuevos lenguajes informáticos de la red, exigiendo su sustitución por nuevas versiones así como periódicas descargas de actualizadores y nuevos «plug-ins».

Nueva óptica, nueva visibilidad

La óptica del medio digital trata de recuperar aquel carácter envolvente, de la imagen como entorno, que pretendieron los panoramas del siglo XIX, y los primeros teatros ópticos, basados en la proyección de transparencias sobre una pantalla continua, circular y envolvente. Pretensión similar a la de las nuevas formas de la realidad virtual, en las que unas gafas, antes el medio corrector de la visión, coinciden ahora con el objeto y el entorno que es percibido, transformándose en el medio de acceso a otra realidad. Los ojos que están tras ellas, no miran más allá del cristal. Opacidad como condición de la nueva visión, ya no, en ningún caso, perspectiva *(pers-pecere,* ver a través, transparencia). Se trata de imágenes transportadas y proyectadas sin difracción.

Los problemas de la visión, de corrección de problemas vinculados a la captación de lo que está lejos o cerca, se eliminan, pues todo está ahora a la misma distancia. Por ello, los nuevos problemas ópticos, como demuestran los nuevos programas de dibujo, no están más relacionados con la distancia, sino con niveles de resolución de la imagen.

La pérdida de la perspectiva euclidiana y la de la organización de la distancia que de ella dependía, la convierte en una óptica táctil. No es extraño que, tras los ojos, la mano fuera la siguiente parte del cuerpo en incorporarse a la experiencia del mundo virtual a través de la envoltura del «data glove». De forma más amplia, Baudrillard se refiere a la era de los medios electrónicos como la de una comunicación táctil[27], donde «el mensaje demanda tentacular»[28]. De ahí que la imposibilidad de reflexionar sobre la información se derive de ese atrapamiento en ella, de no poder mantener el sujeto una distancia adecuada respecto al flujo informativo que lo envuelve.

Los puntos de fuga propios de la perspectiva euclidiana, dependientes de la posición del espectador en el espacio, de su punto de observación, son trasformados en

---

[27] Jean Baudrillard, *El intercambio simbólico y la muerte,* Caracas, Monte Ávila editores, 1992, pág. 76.
[28] *Ibíd.*

líneas, trayectorias múltiples y simultáneas. Sobre este principio se estructuran las posibilidades de distorsión y manipulación de la imagen en el *software* de gráficos y postfotografía. Por el contrario, la movilidad de los puntos de fuga puede hacerlos incluso desaparecer, como es el caso de la visión satélite, el ojo en el cielo, cuya acción de ver crea mapas como resultado, en la que ver es cartografiar, convertir sus objetos en los puntos de fuga, calculándolos como objetivos.

De todo ello que los nuevos medios sean el último estadio, el más intenso de esa caracterización de la experiencia moderna como un ritmo constante y periódico de *shocks* perceptuales.

De la imagen producida por la reflexión de luz sobre un objeto iluminado, a la imagen autoproducida por un objeto emisor de luz. Como un faro de orientación que determinase posiciones en la noche, la pantalla del ordenador es máquina de ver sin objetivo, sin nada que pueda responder a tal cosa en el ámbito de la verdad o la presencia, sin que la máquina sirva ya, al contrario que el objetivo fotográfico, para atestiguar existencia alguna exterior al sistema de visión. Fin de esa antigua dependencia de los límites del mundo y de nuestra conciencia de factores de precisión del aparato de visión, de capacidad de su tele-objetivo.

CAPÍTULO VI

El dibujo y el diagrama. Infraestructura proyectual de Eulàlia Valldosera

ANTONIO RABAZAS

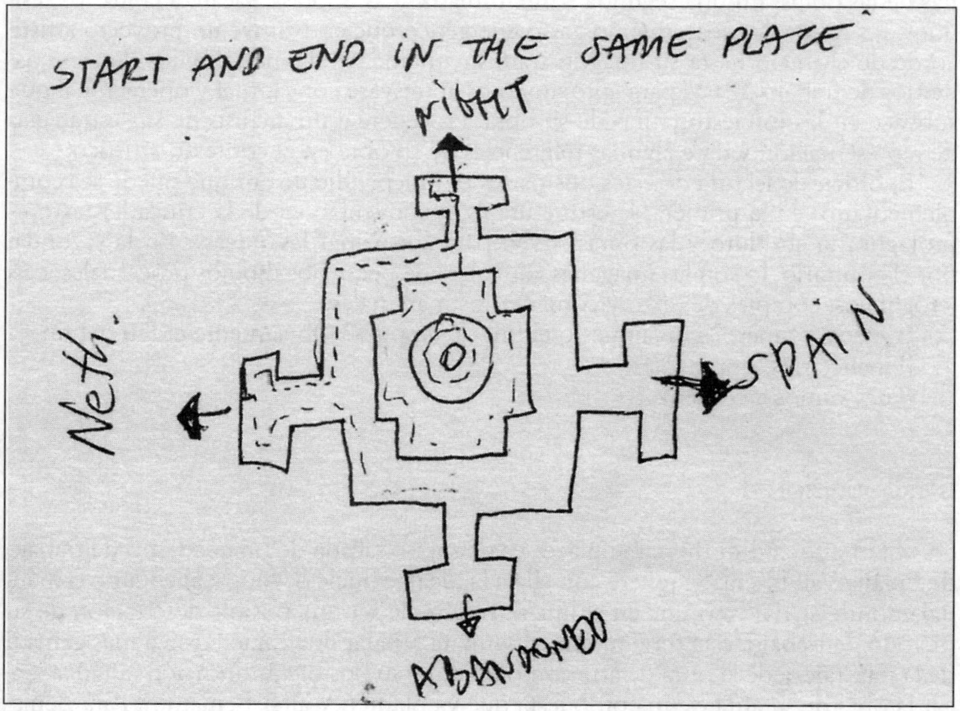

PREFACIO

En las páginas que siguen intentaré mostrar algunos aspectos del trabajo de una artista (Eulàlia Valldosera en adelante EV), a la que agradezco sus facilidades para acceder al «motor» oculto de su máquina de producción: los dibujos instrumentales y proyectuales de tres cuadernos de trabajo fechados entre 1993 y 1996.

Dos ideas me animaron en este intento un tanto fronterizo, teniendo en cuenta que este libro trata de máquinas y dibujo. La primera es la noción de espacio negativo: pensar que algo puede ser descrito por lo que no es. Dado que la verdad no siempre es evidente, a veces conviene cierta aproximación desde el otro lado, desde atrás, desde lo que no se ve o no se muestra, desde las infraestructuras. Obviamente, puede resultar paradójico que aquí no se hable de máquinas. Pero en la paradoja, «esa verdad puesta patas arriba», la verdad pierde su condición de inmutable.

La segunda idea proviene de la misma sustancia del trabajo de EV. La noción de «intercambio», de transformación, nos conduce a pensar que los principios de conservación no sean universales sólo en la física. La transformación lleva asociada la dimensión tiempo y éste, los recorridos, los bucles; palabras que remiten a nociones que conforman estructuras que, a su vez, nos permiten «visualizar» el tiempo de una determinada forma.

La unión de estas dos ideas determina los materiales que han de ser empleados, los datos que hay que buscar. En una primera parte, titulada «Modelos frente a Figuraciones», realizaré un apunte crítico de algunos problemas conceptuales que plantea la obra de EV y mostraré varios trabajos con dibujos de los proyectos y fotografías de las obras. En una segunda parte, titulada «Las Sobras», sacaré a la luz los residuos, los restos de ese tremendo gasto energético que constituye un proyecto artístico desde el inicio hasta su fin. Mostraré sucintamente algunos dibujos de tres cuadernos de trabajo de EV, para aproximarnos al trasvase conceptual y operacional que subyace en las infraestructuras de su obra. Procederé a un análisis de sus estrategias de representación y daré algunas referencias de su obra en el contexto artístico.

El orden de lectura de estas dos partes es independiente aunque puede ser complementario: en la primera, la estructura es la convencional de la crítica, el texto es protagonista absoluto y las obras sirven para aproximar las «ideas». En la segunda, por el contrario, lo son las imágenes «difíciles» de pequeños dibujos procesuales, casi jeroglíficos, con pies de texto y comentarios marginales.

¿Qué va primero? Por supuesto el fin. ¿Y después? Obviamente el Fin del fin.

¡Finalicemos, por favor!

¡Pues vamos a comenzar!

Introducción

«Start and end in the same place» es una frase sacada de un cuaderno de trabajo de Eulàlia Valldosera. Se refiere con ella a la idea de bucle o «loop», al circuito o mandala donde el viaje termina en el inicio. Aparte de ser una posible descripción de su método de trabajo, esta frase podría servir para señalar una característica más general de la naturaleza de la obra de arte como objeto y su posible mitificación aurática. Sacar la obra de su aura es una propuesta que ya planteó Walter Benjamin. Para Benjamin, el aura es una extraña red de espacio y tiempo; la aparición de una distancia que a la vez está al alcance de la mano; una fusión espacio-temporal entre el momento fugaz y la duración eterna. Sacar la obra-objeto de su aura es someterla al análisis y a la observación rigurosa.

Con el estudio de los cuadernos y los dibujos proyectuales de EV, vamos a intentar comprender el funcionamiento interno de los motores básicos de su trabajo —en sus propias palabras—, que se produce en la intersección entre escritura y dibujo. Esta zona diagramática se comporta como el «software» de sus obras, activando y proponiendo soluciones a la máquina de producción.

EV se propone no fabricar objetos artificialmente, «Do it yourselft», su programa establece la máxima «mira qué fácil es», «puedes hacerlo tú mismo»; pretende enseñar el truco, manifestando una rebeldía hacia el arte-objeto como parte del sistema mercantil. Paradójicamente, sus obras están llenas de objetos, son complejas a la vez que sutiles y, técnicamente, son complicadas pero mantienen una voluntad de borradura del aura, de mostrar el «incipit» del viaje, el cómo está hecha la obra, en el mismo lugar en que esta se manifiesta al espectador, en su propio fin.

Aunque esta voluntad no aurática es clara en EV, es obvio que la realización de un proyecto artístico constituye una obra de importante magnitud en la que muchas cosas quedan fuera. El acceso a las fuentes de primera mano, los cuadernos de trabajo y los materiales documentales y residuales que no se muestran en la obra, conforman un material fundamental, a mi juicio, para entender y comprender las estrategias y operaciones que cualquier artista —en el caso que nos ocupa, EV— pone en marcha.

Trabajaré esa zona oscura, las infraestructuras de la obra, e identificaremos las principales operaciones empleadas por EV, para intentar, con su emergencia, comprender mejor los mecanismos configuradores de su trabajo.

Esta posición defiende un punto de vista estructural[1] frente a las posiciones clásicas de la crítica de acercamiento a una obra artística, basadas en puntos de vista hermenéuticos y axiológicos. La ventaja de este enfoque es que los datos manejados son siempre revisables y falseables y las inferencias obtenidas a través de su estudio son siempre rebatibles desde la razón y no desde la opinión.

Para llevar a cabo este objetivo es necesario relacionar los mecanismos subyacentes a determinada obra artística con problemas afines de otras y esto nos conduce a elaborar listados o clasificaciones[2] de conceptos que describan las distintas fases del proceso —sus retratos de estado[3]— y a confeccionar un

---

[1] El punto de vista estructural hunde sus raíces en la semiótica, término empleado por Charles S. Peirce, con su significado actual. Estas teorías plantean estructuras abiertas de carácter heurístico y analítico realizadas desde un punto de vista de la lógica formal y de las matemáticas asociadas a las teorías de la información y la cibernética. Estos intentos formalizadores se llevaron a cabo en las décadas de los 50 y 60 (Barthes, Skinner, Chomsky, Eco), teniendo como reflejo la emergencia de posiciones artísticas como el arte conceptual, arte concreto, minimal, etc.

[2] Nelson Goodman se refiere a la representación como una «cuestión de clasificación de los objetos más que de su imitación, de su caracterización más que de su copia». N. Goodman, *Los lenguajes del arte*, Barcelona, Seix Barral, 1976. pág. 47.

[3] Poincaré (1854-1912) con su estudio de problemas referidos a la estabilidad del sistema solar observa que la estabilidad es la propiedad cualitativa por excelencia, introduce métodos cualitativos para estudiarla y demuestra la inviabilidad de las soluciones analíticas para este problema. Abre camino, adoptando nuevos métodos geométricos y topológicos e inicia así la moderna teoría cualitativa de los sistemas dinámicos. En el marco de esta teoría, «un sistema dinámico consta de dos partes: la noción de estado (información esencial sobre un sistema) y la parte dinámica (una regla que describe cómo varían los estados a lo largo del tiempo). La evolución puede representarse en un espacio de configuraciones, construcción abstracta cuyas coordenadas son los componentes del estado». Este espacio de configuraciones se constituye en una imagen, un diagrama que muestra el comportamiento de manera geométrica. Dicho diagrama representa las trayectorias del sistema estudiado y su gráfica va cambiando según la naturaleza del sistema. Se dispone así de una herramienta para diferenciar sistemas dinámicos. A las configuraciones de estas trayectorias se las denomina atractores y puede decirse que un atractor es a lo que tiende el comportamiento de un sistema. Los atractores poseen la propiedad de estabilidad ante las perturbaciones que, como estableciera Poincaré, es una propiedad de carácter cualitativo, que se refiere siempre al conjunto de las trayectorias, al «campo», y no a una trayectoria en particular.

léxico[4] propio de EV. A partir de aquí, ya es posible reflexionar sobre algunos problemas proyectuales qué emergen del estudio del material de EV, generalizando a la dinámica del proyecto artístico y sus referencias e incluso atreverse a interpretar obras complejas como las aquí analizadas a la luz de los datos recogidos y en función del contexto artístico.

Aunque no es la interpretación, sino el análisis, el objetivo principal de estas líneas, no podemos olvidar, como escribía Foucault, que «el mundo está cubierto de signos que deben ser descifrados, y esos signos son solamente formas de similitud que revelan semejanzas y afinidades. Para saber se hace necesaria la interpretación. Hay que buscar una vía a partir de la señal visible para la cual y de la cual se habla y sin la cual todo pasaría a ser un discurso durmiente y jamás pronunciado».

Siendo necesaria la interpretación a nivel general, me parece fundamental partir de un análisis minucioso y sistemático de los «datos», en este caso, las propias obras que se pretenden estudiar. L. Bourgeois lo expresa claramente «(...) El artista que discute el supuesto significado de su obra está describiendo normalmente una cuestión secundaria»[5].

El método que defiendo, a diferencia del tratamiento postmoderno que se ha hecho de la obra de Foucault, es el que se basa siempre en materiales de primera mano. «El experimento produce notas» dice EV. Examinamos, pues, esas notas y no la vía de discursos críticos alejados de las fuentes originales, citas de citas de reflexiones generales sobre estética, ciencia, historia o literatura, en absoluto pensadas, ni en tiempo ni en lugar, para ser aplicadas a obras artísticas particulares. En el fondo, estamos más cerca del método empírico, experimental y descriptivo de la ciencia para llegar a la explicación, que del trabajo en torno a los dos ejes tradicionales —diacrónicos (historia) y sincrónicos (sociales)— de la teoría y crítica del arte.

Como material de trabajo principal, se utilizarán tres cuadernos de EV fechados en los años 1993/94, 1995/96 y 1996 que denominaremos en adelante C1, C2 y C3. Estos cuadernos constituyen un acopio de materiales diversos que se organizan en torno a una cuenca de atracción, el proyecto de una obra «sin forma», que comienza con *Love's sweeter than wine —El amor es más dulce que el vino—* (1993/94) y termina con *La Caída. Salir de las llamas para caer en las brasas* (1996).

Los cuadernos contienen, bajo influencias conceptuales diversas, textos y reflexiones, así como una gran cantidad de dibujos esquemáticos y diagramáticos realizados con el propósito de intentar entender y aclarar los problemas en ellos planteados. El tipo de dibujo es, por tanto, instrumental y operativo. Presenta distintos niveles de complejidad, espacial, temporal y estructural, reflejando fielmente la evolución de la forma, no tanto por su mímesis del natural, como por las fuerzas que la componen.

---

[4] Barthes define el léxico como una porción del plano simbólico (del lenguaje) que se corresponde con un corpus de prácticas y técnicas. R. Barthes, *Lo obvio y lo obtuso, op. cit.*, pág. 42. Hay una pluralidad de léxicos conformados por los distintos «saberes» que posea el individuo.

[5] Beatriz Colomina, «La arquitectura del trauma», en *Louise Bourgeois*, catálogo, Museo Nacional Centro de Arte Reina Sofía, pág. 36.

Estudiaremos además los dibujos definitorios del proyecto en el lugar, los de descripción técnica y los de montaje de algunas obras anteriores a las dos tratadas en los cuadernos, para ampliar los aspectos diagramáticos de estos con definiciones y soluciones concretas.

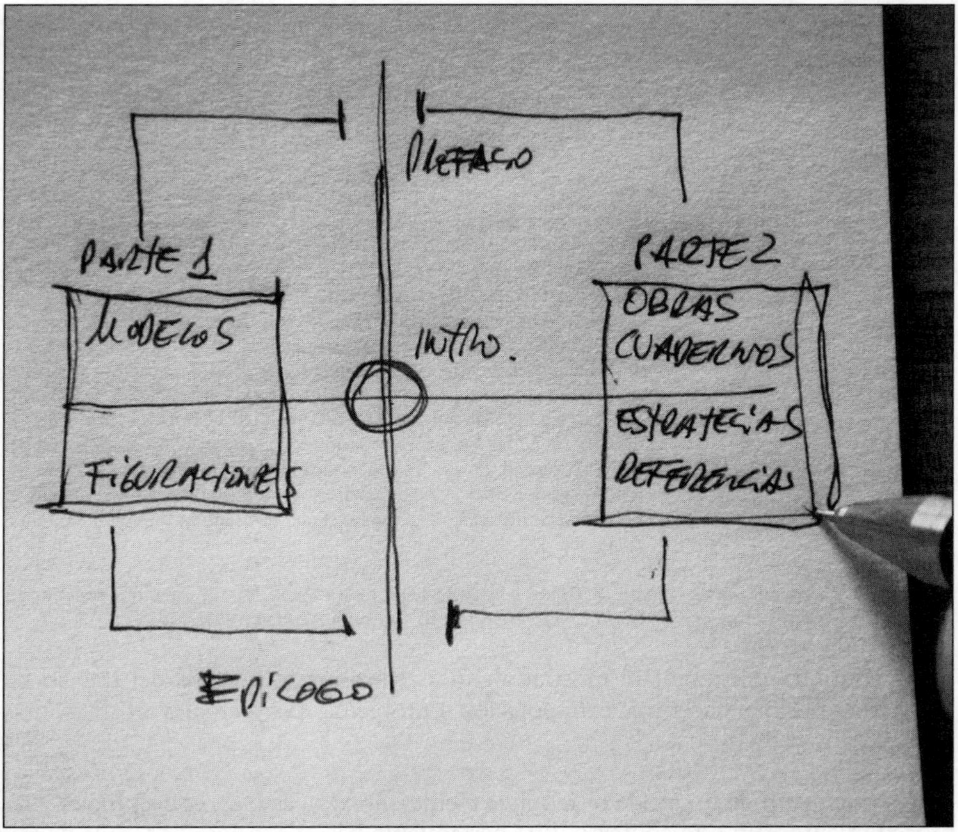

PARTE 1

MODELOS FRENTE A FIGURACIONES

> La imaginación de los hombres ha inventado los gigantes para achacarles la construcción de las grandes grutas o ciudades encantadas. La realidad ha enseñado después que estas grandes grutas están hechas por la gota de agua. Por la pura gota de agua paciente y eterna. En este caso, como en otros muchos, gana la realidad. Es más bello el instinto de la gota de agua que la mano del gigante. La verdad real vence a la imaginación en poesía, o sea la imaginación misma descubre su pobreza. La imaginación estaba en el punto lógico al achacar a gigantes lo que parecía obra de gigantes; pero la realidad científica, poética en extremo y fuera del ámbito lógico, ponía en las gotas limpias del agua perenne su verdad. Porque es mucho más bello que una gruta sea un misterioso capricho del agua encadenada y ordenada a leyes eternas que el capricho de unos gigantes que no tiene más sentido que el de una imaginación.
>
> FEDERICO GARCÍA LORCA, «Imaginación, inspiración, evasión» en *Obras Completas,* tomo III, México, Aguilar, 1991.

A continuación intentaré mostrar algunas reflexiones obtenidas del trabajo de EV y, a ser posible, hacer una extrapolación a problemas proyectuales artísticos más generales.

La obtención de un modelo[6] requiere técnicas mixtas, esto es, conceptuales y de procedimientos. En este contexto, una herramienta básica son los cuadernos de tra-

---

[6] Precisión del concepto de modelo.

Según Aracil, un modelo es una representación abstracta de cierto aspecto de la realidad, que tiene una estructura formada por los elementos que la caracterizan y las relaciones entre ellos. La representación de un modelo constituye un sistema, es decir, un conjunto de partes que interaccionan con algún objetivo. J. Aracil, *Introducción a la dinámica de sistemas,* Madrid, Alianza, 1978.

«El término modelo entendido más técnicamente no puede ser un ejemplo de algo, ni una descripción, ni una formalización matemática, pues estos poseen campos de simbolización específicos. Hay, sin embargo, un tipo de representaciones que según la teoría de sistemas se pueden considerar modelos.

»Con modelo nos referiremos entonces a objetos tales como maquetas, planos, prototipos, diagramas, gráficos, dibujos, imágenes, iconos, etc. Las teorías son entidades abstractas mientras que los modelos son objetos concretos.» M. Liz, «Conocer y actuar a través de la tecnología», Revista de arquitectura *BAU,* núm. 15, primer semestre de 1997, III época, pág. 15.

La relación de modelado se produce en todo trabajo teórico que exprese los significados en forma de lenguaje simbólico, dándose una codificación entre el referente y el lenguaje del modelo. Un modelo, dibajo. Como otros artistas, EV deposita en ellos las huellas y trazas de su pensamiento, los datos manejados y la evolución del experimento. Los dibujos, bocetos, croquis, maquetas, fotografías y esquemas se vertebran en diagramas[7] que no pueden concebirse bajo los supuestos y categorías estéticas de la crítica del arte o de las leyes gestálticas de la «buena forma« o de las figuraciones más o menos habilidosas. Por el contrario, estos diagramas son procesuales y abiertos, reflejando las infraestructuras, los flujos y los campos de movimiento. No funcionan por criterios compositivos o formales, sino por fuerzas estructurales.

Para dotar a este nivel de algún alcance, es importante precisar algunas cuestiones generales que, aunque afectan a toda la dinámica del proyecto, son particularmente relevantes en esta fase de interpretación.

De esta forma, trataré algunos problemas que se producen entre la formalización de un proyecto y su realización: I. La importancia cobrada por el medio frente al mensaje en el arte contemporáneo; II. Sobre las notaciones gráficas de los cuadernos de EV; III. La expansión de la obra en un campo Global/Local; IV. Una diagnosis del «motor» de EV —la intersección entre escritura y dibujo—; V. El contexto artístico; VI. Algunas cuestiones de retórica, y, por último, VII. Trataré sobre el orden de las cosas y el orden de las palabras.

I

Hay un movimiento de ciclo límite[8] entre el «objeto» y la «operación» que lo hace posible. Esta acción-reacción ocupa una determinada región del espacio de las representaciones cuyas fronteras habría que delimitar. En este intento, surgen varios problemas, no hay un único modelo teórico para explicar la complejidad del contexto artístico contemporáneo. Se observa un doble posicionamiento profundamente imbricado en las estrategias del proyecto.

---

gamos A, pretende obtener una representación de determinados aspectos de un sistema concreto B. De esta forma, el modelo se constituye a su vez en un sistema abstracto formado por un conjunto de variables que miden las propiedades y relaciones que se consideran importantes del sistema B. Entre el sistema A y el sistema B se establece entonces una relación de representación o modelado. M. Bunge, *Treatise on Basic Philosophy,* vol. III. *Ontology, I: The Forniture of the World,* Dordredcht, Reidel, 1977.

[7] La noción de diagrama como máquina operativa y abstracta, la acuña M. Foucault y la recoge G. Deleuze, en su libro *Foucault,* Barcelona, Paidós, 1987.

[8] En el marco de la teoría cualitativa de los sistemas dinámicos, «un sistema dinámico consta de dos partes: la noción de estado (información esencial sobre un sistema) y la parte dinámica (una regla que describe cómo varían los estados a lo largo del tiempo). La evolución puede representarse en un espacio de configuraciones, construcción abstracta cuyas coordenadas son los componentes del estado». Este espacio de configuraciones se constituye en una imagen, un diagrama que muestra el comportamiento de manera geométrica. Dicho diagrama representa las trayectorias del sistema estudiado y su gráfica va cambiando según la naturaleza del sistema. Se dispone así de una herramienta para diferenciar sistemas dinámicos. A las configuraciones de estas trayectorias se las denomina atractores y puede decirse que un atractor es a lo que tiende el comportamiento de un sistema. Un retrato de estado de un sistema «no lineal» que muestre los distintos atractores conlleva que el espacio de configuraciones del sistema adopte una estructura de cuencas de atracción separadas por unas «zonas de nadie» no acotadas. Por ejemplo, los relojes de péndulo tienen dos cuencas. Si el péndulo se mueve con un impulso muy pequeño, acaba volviendo al reposo y el sistema presenta un atractor puntual. Aparece otra cuando el impulso es suficientemente grande, entonces el sistema se instala en un atractor del tipo ciclo límite. El diagrama del conjunto atractivo es una curva cerrada. Su gráfica es una onda.

Por un lado, se mantienen los postulados clásicos en los cuales el proyecto artístico se basa en una estructura piramidal sólidamente asentada en sistemas representacionales fuertes, basados en la geometría y en el modelo de la Naturaleza, que conducen a principios abstractos de armonía y belleza y con ellos al bien y a la verdad; esta posición utiliza estrategias que van de lo concreto a lo abstracto.

El movimiento contrario, de lo abstracto a lo concreto, parece presidir los humildes materiales, bocetos, croquis, dibujos y esquemas dispersos, fragmentados y desprovistos de referencias externas, de algunos proyectos artísticos actuales. El carácter hermético, de jeroglífico o de adivinanza de estas obras, proviene de la asunción de este principio estratégico que va de lo general a lo particular.

A lo largo del siglo XX, la muestra y exposición de las piezas y partes del proyecto, es decir, de su infraestructura, ha ido ocupando un espacio propio, hasta el punto de que muchos artistas sólo trabajan en el territorio del material procesual. Si bien como estrategia de proyecto este despojamiento es totalmente coherente con una manifestación de la obra en su hacer, en el plano de la interpretación nos conduce a un movimiento reactivo, intentando ver en estas piezas una parte de un orden superior y reproducir el esquema clásico. Hay razones históricas muy poderosas para que esto sea así. Tradicionalmente, los signos del dibujo han conformado marcos que posibilitan ir más allá de lo representado. Como en otras formas de lenguaje (el textual, el musical, etc.), los signos son sólo huellas de esquemas y ordenaciones presentes en la naturaleza humana y esa es la zona de partida y la de llegada. En este ámbito tradicional, el lenguaje puesto en marcha es simplemente el vehículo, lo importante son las ideas o «sensaciones» portadoras.

II

Frente a estas posiciones, en los sistemas[9] de formalización artística actual, el lenguaje adopta un protagonismo inusitado. Los signos, los propios sistemas notacionales, constituyen la «realidad» con la que se interacciona, quedando la «Naturaleza» definida por el conjunto de maneras de describirla. Esta nueva realidad se presenta, de forma análoga, con las propiedades de un sistema físico de naturaleza dinámica: movilidad, imprevisibilidad y máxima entropía. La imagen de un vertedero, un conjunto caótico de sistemas no-ordenados, no es mala para describirla. Los residuos —basuras todavía— conservan órdenes subyacentes, estructuras y esquemas incompletos que pueden ser reciclables. En este proceso de reciclaje, se producen reordenamientos y clasificaciones por propiedades o características que hacen que el proceso no sea un

---

[9] Definición de sistema.

1. Conjunto de reglas o principios sobre una materia racionalmente enlazados.
2. Conjunto de cosas que ordenadamente relacionadas entre sí constituyen un determinado objeto.

Entender la forma como sistema conlleva aprender técnicas de modelización e interpretación de la misma que expliquen su comportamiento dentro de un contexto. El origen de la teoría de sistemas se produce en la fecunda interacción entre tecnología y matemática aplicada que se produjo en torno a la década de los 40 en Estados Unidos e Inglaterra. La construcción de máquinas electrónicas de calcular posibilitó el desarrollo de una nueva disciplina, la informática. Algunos nombres relevantes de esa época fueron Turing, Von Neuman, Wiener, Shannon, Forrester, etc. La necesidad de simplificar y dar forma y estructura a problemas mal definidos de la industria para poderlos tratar con técnicas informáticas condujo al desarrollo de la teoría de sistemas y a la precisión del concepto de sistema y modelo. J. Aracil, *Máquinas, sistemas y modelos. Un ensayo sobre sistemática,* Madrid, Tecnos, 1986.

mero «registro». A estos procedimientos no se les puede llamar de creación, pues esos materiales ya existían; más bien, estos conjuntos reciclados forman la estructura de un texto introductorio o explicativo del conjunto de la obra[10]. Como en todo texto, aparece la dimensión temporal y, con ella, el movimiento y una agitación constante entre el pasado y el futuro, entre lo ya formalizado y lo que aún no tiene forma. Nos hallamos pues ante un «con-texto» excitado, donde la figura-fondo-figura-fondo... se adscribe a una tipología de movimiento pendular no armónico, en el que las trayectorias se podrían ejemplificar por la figura de un atractor caótico[11].

El registro de este tipo de movimientos produce una serie de «notas» marginales que presentan una manifiesta falta de ejecución, las formas surgen imperfectas, inconclusas, abiertas al juego de los cambios, con la doble naturaleza de «objeto-dato» y las propiedades de los conceptos y las intuiciones.

III

«Si observamos una montaña y traducimos su contorno a una gráfica en un papel, ya tenemos una pauta.» H. Villa Lobos componía a veces observando los bordes de las montañas.

Los cuadernos de EV ejemplifican la generación de la forma a partir del desarrollo de unas infraestructuras de pensamiento, siguiendo las pautas de los procesos evolutivos de crecimiento y generación de formas que se dan en la Naturaleza.

Desde este punto de vista, parece más interesante entender el espacio de configuraciones en el que se mueve un fenómeno para, a través de su diagrama, adquirir una comprensión del mismo, que quedarse sólo con la explicación mecanicista de su apariencia formal en un instante dado. Esta comprensión tendrá una doble cualidad visual y verbal; por un lado, es una imagen abstracta; por otro, es una serie de conceptos en relación. El campo que se crea entre estos elementos es complejo y denso y, sin embargo, orientado. Es un mapa[12], un modelo en el que podemos trazar rutas de configuración de la obra; de este mapa se pueden deducir los recursos materiales, las estrategias procesuales y el tiempo.

---

[10] «Los mapas, las cartas de navegación, los anuncios, los libros de arte, los libros de ciencia, el dinero, los planos de arquitectura, los libros de matemáticas, los gráficos, los diagramas, los periódicos, los cómics, los folletos y los panfletos de las compañías industriales reciben todos el mismo tratamiento. Judd tiene una colección laberíntica de "material impreso", parte del cual "mira" en lugar de leerlo.

»Por este medio puede tomar una ecuación matemática y con la vista, traducirla a una progresión metálica de intervalos estructurados. (...) Tiene una colección excelente de mapas geológicos que escudriña de vez en cuando, no por su contenido pretendido, sino por su exquisita precisión estructural.» Robert Smithson, *El paisaje entrópico. La entropía y los nuevos monumentos,* Valencia, Instituto Valenciano de Arte Moderno, 1993, pág. 68.

[11] Los atractores poseen la propiedad de estabilidad ante las perturbaciones que, como estableciera Poincaré, son una propiedad de carácter cualitativo, que se refiere siempre al conjunto de las trayectorias, al «campo», y no a una trayectoria en particular.

[12] La geografía se expresa mediante el mapa, en un lenguaje privilegiado, un instrumento de análisis y un marco que permite la representación localizada y esquemática de los resultados. En la cartografía se produce una convergencia de historia y geografía, de tiempo y espacio. La cartografía no sólo proporciona materiales para la elaboración de obras de arte (signos lingüísticos), proporciona temas y, lo que es más importante, marcos de tiempo y espacio abstractos susceptibles de ser imaginados y por tanto representados. Un ejemplo de esto lo constituye el concepto de no-lugar frente a una cultura tradicionalmente localizada en el tiempo y en el espacio; véase M. Augè, *Los no lugares. Espacios del anonimato,* Barcelona, Gedisa, 1993.

Se trata de cambiar el esquema de acercamiento al natural. Pensemos en un dominio al que pertenecezcan todas las cosas imaginables y en otro, en el que se sitúe el campo de lo que es posible representar visualmente. El acceso a este último dominio ya no se puede hacer por el concepto de Naturaleza tradicional. Por una parte, el hombre va transformando el mundo hasta el punto de que la nueva «Naturaleza», como hemos mencionado ya, está compuesta de objetos artificiales. Por otra, es preciso entender la realidad que nos rodea como un espacio de configuraciones, es decir, de estructuras, en vez de formas. El artista, en este espacio global, ha de saber discriminar latencias de la forma más que la forma en sí; saber elaborar espacios de estado de un suceso en lugar de sólo imitarlos. Para esto, necesita desarrollar las infraestructuras necesarias: diagramas, planos, bocetos, croquis, gráficos, maquetas, etc., que posibiliten la creación de modelos del sistema.

Estos procesos de concretización de lo abstracto, paradójicamente, no siempre terminan en una pura disolución fragmentaria e inconexa. Surgen estados configurales intermedios incompletos pero formalizados que, observados en un nivel superior, como conjunto, constituyen las piezas de una construcción ensamblada por los campos de fuerzas de atracción y repulsión de los elementos que la componen. El proyecto así constituido no es fruto de una estrategia de la forma sino de una «no-forma» o deformación.

En el arte ha sucedido algo equivalente al cambio de paradigma en la física. La mecánica newtoniana, que daba explicaciones globales al funcionamiento del universo en función de una causa y un efecto, ha sido sustituida por la noción de campo, una concepción continua y local. Bajo el concepto de campo, la obra de arte, en lugar de ser considerada un cuerpo —cuadro, escultura, etc., que ejerce una fuerza sobre el espectador directamente o a distancia, esto es, una máquina—, se transforma en un fenómeno de interacción que podría ser descrito por la siguiente secuencia:

—Los objetos de la obra generan una disposición específica en su entorno.

La Caída. Salir de las llamas para caer en las brasas, 1996.
Fotografías: cortesía de la Galería Helga de Alvear, Madrid.

—Este campo se propaga en el espacio.

—El observador se ve sometido a la disposición específica de este campo y experimenta una «influencia».

Evidentemente, este fenómeno de interacción recíproco y permanente ya no se refiere al de una máquina articulada y sólida. En este esquema, la interacción global queda reducida a una serie de influencias locales. La acción se produce rápidamente pero no de una manera instantánea, requiere un tiempo de latencia. La sacudida a la dualidad global/local que supuso la idea de campo tiene repercusiones sobre los modos de entender las relaciones entre los objetos artísticos y sus receptores. La configuración de un campo exige la adopción de un doble punto vista global y local. Pongamos como ejemplo la obra de EV *La Caída.* El campo de esta obra, queda definido dando a cada elemento su valor de desplazamiento o modificación de la misma, con respecto a una posición hipotética de equilibrio. Claramente, el desplazamiento de un elemento está ligado a la posición de todos los objetos próximos a él, debido a la continuidad-contigüidad del espacio natural de propagación.

El campo obedece así a una determinación local y, sin embargo, para lograr una completa percepción de lo que *La Caída* muestra, habría que añadir las condiciones de contorno bajo las que se definen los límites del espacio y estas condiciones de contorno son elementos activos que afectan a la resonancia vibratoria de toda la obra.

Nos encontramos pues ante unas condiciones de naturaleza global que interaccionan con las acciones de contacto locales de los objetos puestos en relación, modificando la primera lectura local.

Si además tomamos en cuenta la naturaleza evanescente de los reflejos y proyecciones de la obra, esta lectura puede ser aún más sutil. En general, estas «iluminaciones» no se dejan caracterizar por una ubicación puntual al igual que los objetos físicos, las cajas de envases, los muebles, etc. Su espacialidad no se reduce a posiciones geométricas diseminadas en el espacio; sólo pueden ser descritas mediante una proyección continua. Son fundamentalmente UBICUAS —ninguna fotografía puede dar cuenta de ellas en su totalidad— y, al no ocupar lugares definidos, desaparece la lectura local de coincidencia y contacto. De esta forma, el campo de *La Caída* se vuelve aparentemente paradójico rechazando, por un lado, la localidad espacial de los objetos, aparente desorden de los mismos y, sin embargo, respetando la localidad de sus interacciones que son las que producen orden en la interpretación.

IV

> (...) Un Bodhisava sabe, conforme a la verdad, que la forma nada es, sino huecos y grietas, que es en verdad como una masa de burbujas, carente por naturaleza de dureza o de solidez.

Es obvio que estas afirmaciones siempre dependen de la interpretación de un observador y este nunca es imparcial —un globo puede ser un juguete, una bola, una esfera de goma o un objeto sometido a presión—, pero también es claro que en las propiedades escalares y en la transferencia de significados entre niveles se asientan las bases mismas del conocimiento humano.

Llegamos pues a un punto en el cual estas «protoformas» pueden ser sometidas a un proceso de filtrado y objetivización, convirtiendo el conjunto de jerarquías enredadas en un sistema de operaciones. Esta conversión no es trivial, permite introducir de nuevo el tiempo pero, esta vez, bajo un criterio, bajo una secuencia ordenada. De este modo, el boceto, las notas, los esquemas y los dibujos, ya no son «formas-objeto» sino operaciones de un diagrama, un sistema operativo y conectivo más amplio: un manual de instrucciones. La observación atenta de este «manual» nos lleva a la raíz misma del conflicto entre lo que se busca racionalmente y lo que, en realidad, se expresa inconscientemente.

Así, en los tres cuadernos C1, C2 y C3 de EV que se refieren a las obras *El amor es más dulce que el vino* y *La Caída,* se plantea un potente proceso de filtrado y decantación que podría describirse así:

a) Una vez obtenida la noción clave del problema (en el caso de *La Caída,* el encuentro fracasado con otro...) es necesario un trazado, un dibujo o un diagrama que lo sintetice en una estructura o configuración. En el C1, se parte de dibujos de series de vasos medio llenos, asociándolos a dibujos de personajes que caen.

b) Este proceso de síntesis supone un vaciado de materiales y procesos ya empleados con éxito. En *Apariencias,* el uso evanescente de la fotografía. En *El amor...,* la proyección de las sombras de objetos que conforman dos realidades: las propias proyecciones de los objetos y los objetos proyectados.

c) En este proceso, el dibujo deja de ser un conjunto de figuraciones para convertirse en un espacio abierto proyectivo; constituye un diagrama básico o resumen estructural del estado inicial. Ejemplo de ello son los dibujos del primer esquema espacial, mandala, circuit tancat, loop, bucle infinito...

d) Entendido así, el dibujo es polivalente y exige flexibilidad de procedimientos con la incorporación de nuevas técnicas gráficas artificiales de generación, modificación y reproducción provenientes de otros campos del conocimiento o de la tecnología (problemas tecnológicos: ángulos, medidas, luces, tiempos, «edit», etc.).

e) Estas técnicas pueden ser analógicas (fotografía, vídeo, cine, etc., en *Apariencias, El amor..., Envases)* o digitales, con el tratamiento de la imagen por computador y la postproducción videográfica («edit», «timing», asincronías, continuidad-discontinuidad, etc., en *La Caída).*

f) En esta etapa, las estructuras subyacentes cobran gran importancia frente a la forma final. Esto permite el reciclaje de otros productos gráficos (signos, símbolos, sistemas notacionales...) no coherentes desde el punto de vista formal, pero coherentes con las infraestructuras. Por ejemplo, la relación de equivalencia en la filmación entre la progresión hombre/mujer y la progresión de los niveles de líquido de los vasos o la interposición de muebles y espectadores entre espejos y proyectores y las propias proyecciones.

g) La importancia del cuaderno o manual de operaciones se revela en su capacidad de dotar de infraestructura, esqueleto y diagrama a los diversos materiales y técnicas con los que están realizados las obras. Aquí, los dibujos proyectuales, como en los programas de computación, funcionan como un sistema experto, los cuadernos conservan el historial y la experiencia de todo lo hecho y descartado. Su lectura y relectura permite encontrar aciertos y errores, sobras y descartes que pueden ser reciclados, trasvasados e intercambiados, de tal forma que unos pocos elementos son capaces de generar grandes cantidades de soluciones formales para la máquina de producción.

Llegados a este punto estamos en condiciones de defender la afirmación de EV: «La intersección entre escritura y dibujo» constituye el «motor básico de mi trabajo.»

V

La deformación por extensión del concepto global por el que cualquier cosa actúa sobre el resto, llevado a su extremo, conduce a considerar que arte y vida son la misma cosa. No es posible, sin embargo, rechazar la idea de interacciones globales entre la vida y el arte; de hecho, este las fomenta. La confusión proviene de no entender que la contingencia misma del arte se basa en una abstracción fundamental, la del sistema aislado que viene a ser un «trozo de realidad» arrancado y separado de lo demás. Por medio de esta operación de representación, las obras de arte establecen límites entre la realidad de facto y la posible. Hay que entender la expresión «sistema aislado» en sentido activo, no tanto como «sistema aislado» sino como sistema que se ha aislado provisionalmente para su mejor comprensión. El arte pretende poner un poco de orden en esa realidad caótica de influencias diversas que conforman la vida, por medio de dos principios: la evaluación y la jerarquización que, en abstracto, son los mismos que utiliza la ciencia. Lo consigue por jerarquías cualitativas, a diferencia de la ciencia, que lo hace por métodos cuantitativos.

Vamos a ilustrar estas ideas con un breve ejemplo de jerarquización de las interacciones que se dan en *La Caída.*

—En un primer nivel, estarían los problemas derivados de la disposición de los objetos sobre la mesa, relación de tamaño, forma y posición.

—La disposición de los demás objetos y mobiliario respecto a estos (proyectores, caja de espejos, envases, sillas, etc.) correspondería a un segundo nivel de interacción.

La Caída. Salir de las llamas para caer en las brasas, 1996.
Fotografías: cortesía de la Galería Helga de Alvear, Madrid.

—Las distancias mínimas y máximas de proyección, los problemas de foco, el tamaño de las sombras de los objetos interpuestos, etc., definen a su vez el espacio mínimo y máximo, así como los ejes de proyección; establecen las condiciones de contorno y las dimensiones físicas de la pieza. Esto nos situaría en un tercer nivel.

—La pieza en su conjunto constituye un sistema que ha sido aislado con respecto a un espacio público o privado de exhibición. Se construyen escenografías, salas dentro de otras, muros de cierre o separación, huecos y aberturas, iluminaciones especiales, etc. Estamos en el cuarto nivel.

—Estas salas de exposición, museos, etc., son territorios artificiales del conocimiento humano, producto de sus expresiones de naturaleza cultural y están convenientemente aislados de otras expresiones del conocimiento cultural humano. Nos encontramos en un quinto nivel.

—Por último, en estos espacios, que han sido convenientemente aislados, se elaboran representaciones que tratan de mostrar, describir e incluso explicar por diversos métodos interacciones que afectan a aspectos generales de la vida y la condición humana. En el caso de *La Caída* el desencuentro, la relación fracasada con el otro.

Acabamos de describir por medio de un proceso jerárquico cómo, a partir de lo local —unos pocos objetos extraños— llegamos a lo global, al sentido último de la pieza.

A la inversa, un mundo donde no se pudieran establecer jerarquías, por no ser posible aislar determinadas influencias respecto a otras para estudiarlas mejor, impediría la propia existencia de obras artísticas o científicas, pues se disolverían en el propio fluir de la vida misma. El hombre crea cuando aísla una porción del continuo de la vida. Una obra de arte, por tanto, es un sistema que pertenece a la vida precisamente porque ha sido aislado. La dicotomía global/local en este contexto es fundamental para no confundir la obra *Estante para un lavabo de hospital* con la estantería de mi lavabo o de cualquier otro.

En este ámbito, se produce también un efecto análogo al que caracteriza cualquier sistema físico: «la sensibilidad a las condiciones iniciales». Lo que hoy es un sistema ordenado y con sentido en un contexto particular puede, con el paso del tiempo, llegar a no serlo. «Las huellas de dedos en las cajas de Judd» a las que se refiere EV o la fotografía de Man Ray del polvo acumulado en el *Gran Vidrio* de Duchamp son ruidos y contaminaciones ampliados en un efecto de resonancia tal que pueden llegar a anular las propias piezas; esto nos llevaría a otra discusión en la que apenas vamos a entrar pues se produce no en el «orden de las cosas» sino en el «orden de las palabras».

VI

Tocaremos de puntillas el clásico problema de la retórica y su grado de influencia en la recepción de la obra por parte del espectador. No es objetivo de estas líneas profundizar en este tema, pero creo necesario hacer una somera mención de estas cuestiones, para ver hasta qué punto EV participa de ellas.

Como sabemos, las herramientas de las que se vale la retórica intentan provocar en el espectador una actitud emocional específica, acorde con el deseo que el autor pretende que este sienta. Como consecuencia, cuando lo que se quiere es la objetiva transmisión de hechos, la retórica no se usa.

Una obra artística, por el hecho de serlo, predispone al espectador ante una cierta lectura que será producto inducido por el artista, con mayor o menor fortuna, hacia su «correcta» interpretación de lo representado. El propósito último de la retórica será, en este contexto, generar una actitud de tal forma que uno de los objetivos generales del arte sea, no tanto representar el mundo, sino «suscitar» e «incitar» actitudes e imágenes propias en el espectador. Para un retórico, la gestión de las emociones se produce bajo una lógica pertinente y se consigue cuando se logra que el receptor sienta esa emoción particular y no otra. Utiliza por tanto mecanismos de persuasión lógica y aquí estos términos no son excluyentes. Para ampliar estos aspectos, remito a A. C. Danto[13], que se refiere al entimema de Aristóteles como: «La forma lógica más adecuada para los propósitos de la retórica.»

El entimema es un silogismo al que le falta una de las premisas, pues esta constituye una verdad evidente. Su decodificación por el receptor implica que este advierta esa falta y la reconstruya. Se le pide por tanto una metalectura en la cual está implícita la reconstrucción de la propia pregunta incompleta.

La voluntad metafórica proviene de la voluntad del artista de cambiar el estatus del modelo elegido y obligarnos a ver el modelo (a) como si fuera (b). De esta forma, el modelo (a) sólo es el vehículo de representación, quedando su identidad diluida en la identidad del modelo (b). En condiciones ideales, se solicita al modelo que no sea percibido como tal para no disminuir el mecanismo de traslación de identidades.

EV utiliza, esencialmente, los mecanismos de la retórica clásica, proponiendo en sus trabajos entimemas o semipreguntas que obligan al espectador a situarse en el resbaladizo territorio del juego «si esto ... aquello» y a entender la lógica de los atributos metafóricos en la lectura, por ejemplo, de una botella limpiadora «como si» fuera una mujer-madre-diosa arquetípica.

EV provoca interferencias entre identidades allí donde, como hemos visto, surge la metáfora. Por un lado, como artista, hace una propuesta retórica y metafórica sobre un tema. Por otro, pone en evidencia los trucos de sus representaciones, de tal forma que la identificación metafórica queda en suspenso en una posición de tierra de nadie. Su trabajo se podría caracterizar por ser doblemente retórico. Por una parte, organiza sus obras con un cuidado extremo y sus elementos están dispuestos con una lógica que busca cierta actitud en el espectador. Por otra, deconstruye la operación enseñando cuáles han sido los elementos y cómo se ha producido el engaño. Así, la cuidadosa puesta en escena de los bodegones de *El amor...* (como podremos constatar en sus dibujos de instrucciones y montaje), los vasos medio vacíos se acercan y se alejan adquiriendo atributos e identidades metafóricas de acciones humanas en una relación amorosa y donde las luces y la semipenumbra crean un espacio aurático, queda puesta en entredicho por la sólo aparentemente desmañada colocación de los objetos desordenados. Estamos pues ante un artificio creado con toda la lógica de la retórica, basado en la creencia, ya establecida por Aristóteles, de que «ante ciertas cosas y con unas condiciones dadas debiéramos sentir algo» y donde la operación, sacar a la obra de su aura, forma parte de este artificio. Observamos un simulacro aceptado por las dos partes en el que una apariencia de restos y provisionalidad, lógicamente desordenados, es capaz de constituirse en un espectáculo que se refiere a problemas generales de la condición humana y produce orden en cierto sentido.

---

[13] A. C. Danto, *La transfiguración del lugar común,* Barcelona, Paidós, 2002, pág. 245.

VII

Como acabamos de ver el orden de las cosas nos puede llevar al orden de las palabras y con ello al sentido de una obra; pero no siempre el orden de las palabras nos lleva al orden de las cosas, pues se necesita cierta lógica en la disposición e interacción de sus elementos.

Muchas obras artísticas no son más que panfletos culturales o montones de arena y sólo pueden ser interpretadas desde esa posición. Otros artistas, entre ellos EV, se dedican a construir «puzzles» que funcionan con ideas abstractas encadenadas, con forma y posición, es decir, construyen muros de ladrillo. La diferencia entre un panfleto cultural —montón de arena— y una obra de arte —muro de ladrillo— es la misma que la existente entre un folleto comercial cualquiera y un cuento de Borges.

El cuento tiene una estructura que relaciona la información en él contenida, constituye un sistema que nos conduce por la arquitectura conceptual trazada por Borges. El autor escoge ciertos datos del conjunto de los signos lingüísticos y, mediante una elaboración y jerarquización propias, los distribuye de determinada forma. Este cuento no sólo es el conjunto de datos de partida. Es un sistema y es inteligible, es decir, no es aleatorio. Como en un puzzle, cada pieza es portadora de una forma y una posición para su conexión con otras y tiene por objeto la transmisión de una complejidad mayor, un significado sólo alcanzable al terminar el puzzle conceptual. Como el muro de ladrillo por su propia evolución es capaz de conformar, por ejemplo, una casa.

Por el contrario, el folleto comercial es un sistema de codificación puramente aleatorio. Como el montón de arena, no tiene ningún «significado», se trata sólo de una reunión de datos, el listado descompuesto de artículos y precios, que sólo transmiten la propia información que contiene cada uno. Aquí no hay piezas de un puzzle, podría ser un montón cualquiera de datos o granos de arena, pues todos son equivalentes.

Es obvio que el esfuerzo de construcción de un puzzle es muy distinto al de la mera reunión de datos y en él, resultan esenciales la interacción entre los elementos constituyentes. Pues bien, muchos artistas reúnen datos y los exponen. Si esos datos tienen que ver con alguna cuestión de actualidad, la obra automáticamente se impregna de esa actualidad, lo actual se confunde con «lo nuevo» y se torna en «novedad», lo novedoso es un valor artístico y, por lo tanto, estamos ante una «obra de arte».

Pero este ya no es el orden de las cosas ni siquiera el orden de las palabras es el orden del montón de arena y como las dunas del desierto, es esencialmente efímero y mañana cambiará.

Las obras

EV parte de una tradición. Los tipos de problemas que aborda tienen referencias en las vanguardias, el surrealismo, los procesos automáticos, la utilización del azar y las temáticas artísticas de los 60 y 70: el trabajo artístico como exorcismo de lo cotidiano y lo inconsciente; las experiencias con el propio cuerpo y los sentimientos; las relaciones amorosas; la dimensión trascendente con los atributos metafóricos y lo doméstico; los estereotipos de la intimidad femenina; las dialécticas entre la luz y las sombras, etc.

Sus propias manifestaciones entresacadas del texto para la exposición en la Fundación Tàpies[14] nos aproximan a sus planteamientos ante estos tipos de problemas:

> Aprender a trabajar de nuevo. Marcar un programa de trabajo. Kandinsky, punto, línea y plano.
> Vivencias versus pensamientos.
> Doy valor a la forma.
> Para mí es básico que los contenidos te entren por el cuerpo, que sean actos sensibles, tú percibes y despues tú puedes interpretar, analizar, etc.
> Observaba uno de los cajones de Donald Judd. Era de metal, tallado perfectamente a escuadra, toda la pieza traducía un gran ejercicio de raciocinio y sin embargo resultaba tan seductora... hasta que acercándome, vi las huellas que unas manos habían dejado en su superficie pulida. Me causó horror, porque la pieza las rechazaba, era incapaz de incorporar ningún gesto humano. Rechazaba lo que venía a ser signos de vida. Y la suciedad no es más que una apreciación sicológica.
> Hombre y mujer como principios, no como géneros.
> Las fotos surgen a medida que van pasando cosas.
> La Caída, encuentro y desencuentro.

«Utilizo mi propio cuerpo para poder medir el mundo» afirmaba EV en 1991, con ocasión de su primera exposición individual, *El melic del Món (El ombligo del mundo),* en la galería Antoni Estrany de Barcelona. EV la describe así:

> La pieza central de este trabajo en progreso es un suelo a modo de alfombra, cubierto de colillas y ceniza que representa partes de un torso femenino...
> El proceso culmina con el barrido del suelo... La perfomance se filma y se muestra junto con las fotos y el suelo barrido.

En el cuaderno C1, EV anota, a modo de resumen, algunos comentarios dispersos sobre sus obras anteriores, entre ellas *El ombligo del mundo:*

---

[14] Las declaraciones están tomadas de los propios cuadernos y de la conversación entre Eulàlia Valldosera, Bartomeu Marí y Nuria Enguita, publicadas en el catálogo de la exposición de EV en la Fundación Tàpies, 2001.

Con *El ombligo del mundo,* me di cuenta que mi primera intención era crear una mentira.

No podía contar una mentira sin mostrar la verdad y mi operación que produce la mentira es la post-producción. Operación de limpieza/venta.

Un año puente de reflexión entre la obra y la postproducción.

Yo: acción-sacrificio.

Trabajo con los Tabúes: enfermedad y hábitos viciosos (físicos fumar)

Coleccionar pruebas (malformación científica) las colillas.

EV acostumbra a acompañar su trabajo de un texto explicatorio y una ficha técnica. Destacamos algunos párrafos del texto que facilita para esta pieza, por considerarlos característicos de lo que va a ser el grueso de su obra posterior:

> El proyecto se desarrolla alrededor de la idea del Cuerpo Humano como indisociable del pensamiento... La relación profunda entre cuerpo y mente supone una crítica a la racionalidad del proyecto de Modernidad. Se valoran los aspectos débiles del pensamiento y de la materia; los tabúes del cuerpo como la enfermedad, el sexo o los hábitos viciados, los residuos testimonio del consumo energético; y el azar, aunque como diría Borges, el azar es nuestra ignorancia de la casualidad.
>
> Los materiales, espacios y objetos cotidianos son entendidos y utilizados como receptáculos de las conductas básicas humanas que nos sobreviven: comer, conversar, dormir, fumar... dejan sus huellas como si de accidentes de la materia se trataran, sus residuos, como los ruidos ineludibles que se interponen al mensaje de la razón. Esta investigación se desarrolla mediante la instalación y la fotografía. La escritura y el dibujo son los motores básicos del trabajo, así como la elección de espacios y objetos preexistentes. La estrategia consiste en la manipulación de sus superficies, juego en el cual la luz, la configuración espacial y el punto de vista del espectador —y su recorrido físico— son los elementos básicos.

Otra serie de obras realizadas por EV entre el 90 y el 96, nos servirá como punto de partida y antecedentes principales del trabajo proyectual realizado en los cuadernos, entre ellas:

Quemaduras (1990/91)
Vendajes (1992)
Estante para un lavabo de hospital (1992)
Tres objetos para un lavabo (1993)
Apariencias (1992/96)
El comedor: la figura de la madre (1994/95)
Envases. El culto a la madre (1996)
El amor es más dulce que el vino: tres estados de una relación (1993/94)
La Caída: Salir de las llamas para caer en las brasas (1996)

Quemaduras (1990/91)

El trabajo *Quemaduras* (Rotterdam, 1990/91) incluye dos series: «Llits» y «Habitacles», y responde perfectamente al planteamiento básico de EV. La luz selecciona partes del cuerpo esenciales de la propia artista y borra mediante la yuxtaposición con lo oscuro. La temática gira en torno al tabú del sexo.

Son «fotografías hechas a base de obtener sucesivas exposiciones en un mismo negativo fotográfico. Se utilizan proyecciones de luz que inciden parcialmente en el cuerpo y finalmente se ilumina la totalidad del espacio donde el cuerpo se ubicaba al posar. Cada exposición queda recogida susesivamente en una misma foto, de manera que el resultado final es el testimonio de la desaparición de las zonas donde la luz no ha incidido».

Serie *Quemaduras:* «Habitacles», n.º 4, 1991.
«Habitacles» n.º 1, 1990.
«Llits» n.º 3, 1990.
«El Llit de la Marta», 1990.

Vendajes (1992) (Performance/producción «La Caixa», Barcelona)

En *Vendajes* también trabaja con los tabúes, trata del servidurismo hacia el cuerpo objeto siendo este convertido en máquina. «Los gritos, gestos, esos movimientos mecánicos que nos produce el dolor físico son con frecuencia indistinguibles de aquellos provocados por el placer», EV.

Técnica:
Film 16 mm. 18 min.
Cama de hospital, raíles
2 espejos
espacio aprox. de 18 × 5 m.

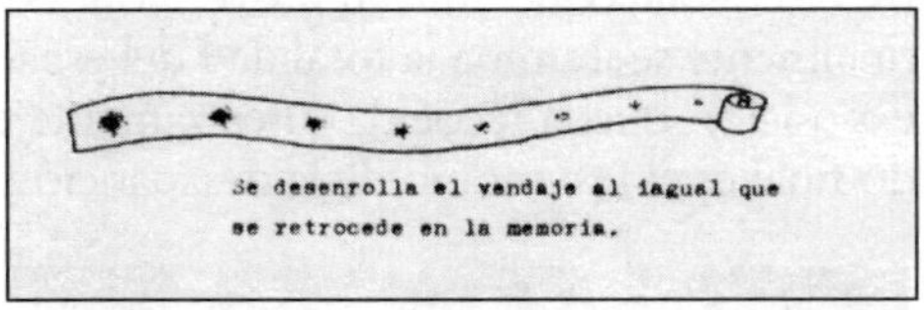

Descripción:
Un proyector de película yace en una cama de hospital. La artista arrastra la cama encima de unos raíles a lo largo del pasillo proyectando el film en los muros recorridos.

La película está concebida como si de un foco de luz se tratara. Se desplaza de derecha a izquierda continuamente y así va descubriendo el cuerpo virtual de la artista yacente en la cama. Muestra lenta y parcialmente de los pies a la cabeza, recorriéndolo a velocidades variables de modo que sus proporciones cambian con cada movimiento de la cama empujada.

Hay un guión para los movimientos de la cama-proyector, activada por la artista, y otro para la película misma, que voluntariamente no siempre coinciden. El intenso diálogo entre ambos crea un espacio ilusorio donde la medición del cuerpo yacente parece imposible de determinar. Asimismo el cuerpo filmado formula con sus movimientos un teatro de actitudes humanas respecto a una cama: soñar, dormir, enfermar, amar, morir.

Al final y a modo de epílogo, la artista deja la cama inmóvil para, desdoblándose en su sombra, interferir en la proyección que a la vez muestra su sombra filmada... interactuando con su imagen virtual.

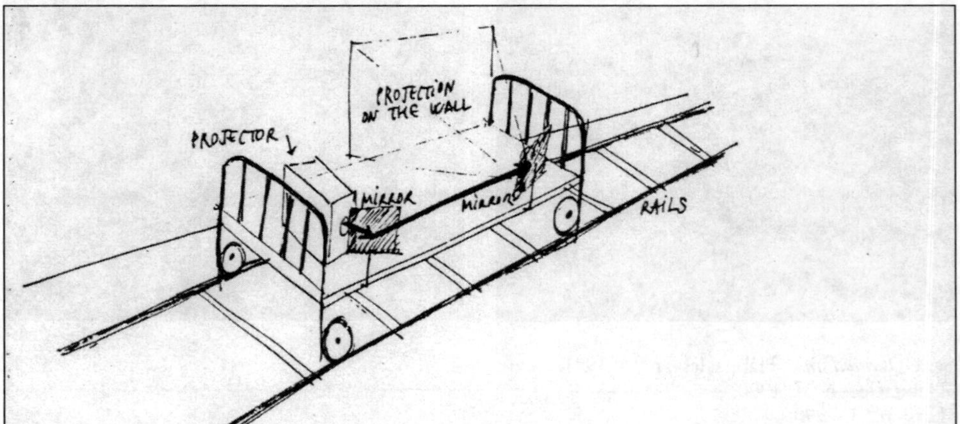

Estante para un lavabo de hospital (1992)
(Instalación lumínica creada para
Hospital material humano,
un proyecto compartido con M. Theunissen e Y. Dröge. W' 139. Amsterdam).

Muro 4,50 × 2,30 m.
Proyector de diapositivas
Armario, espejos, estante
Productos de limpieza y medicinas
Ropas con prótesis de aluminio
Orinal infantil

Descripción:

La puerta espejo de un armarito de lavabo refleja un haz de luz y lo proyecta paralelamente al muro donde se encuentran dispuestos una serie de objetos. Su ordenamiento es aparentemente arbitrario y, sin embargo, depende de una lógica minuciosa, la del comportamiento físico de la luz. Es un recorrido objetual a modo de circuito energético cerrado. La ubicación de cada objeto respecto al siguiente como puro contenedor de una materia intangible y viva, la luz.

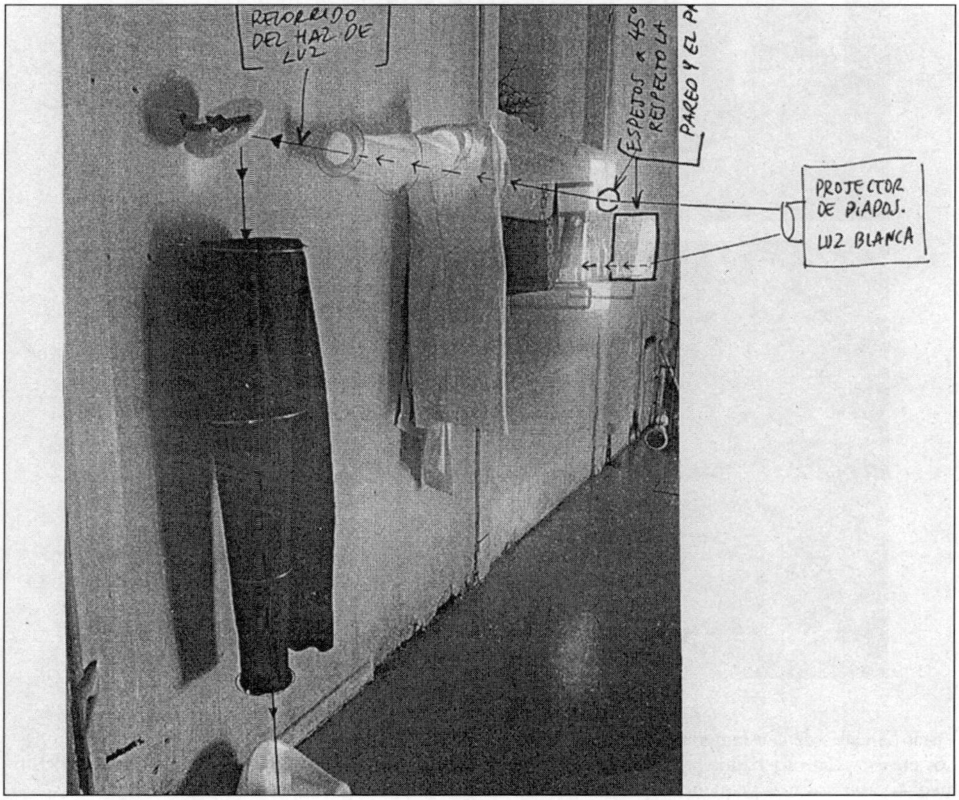

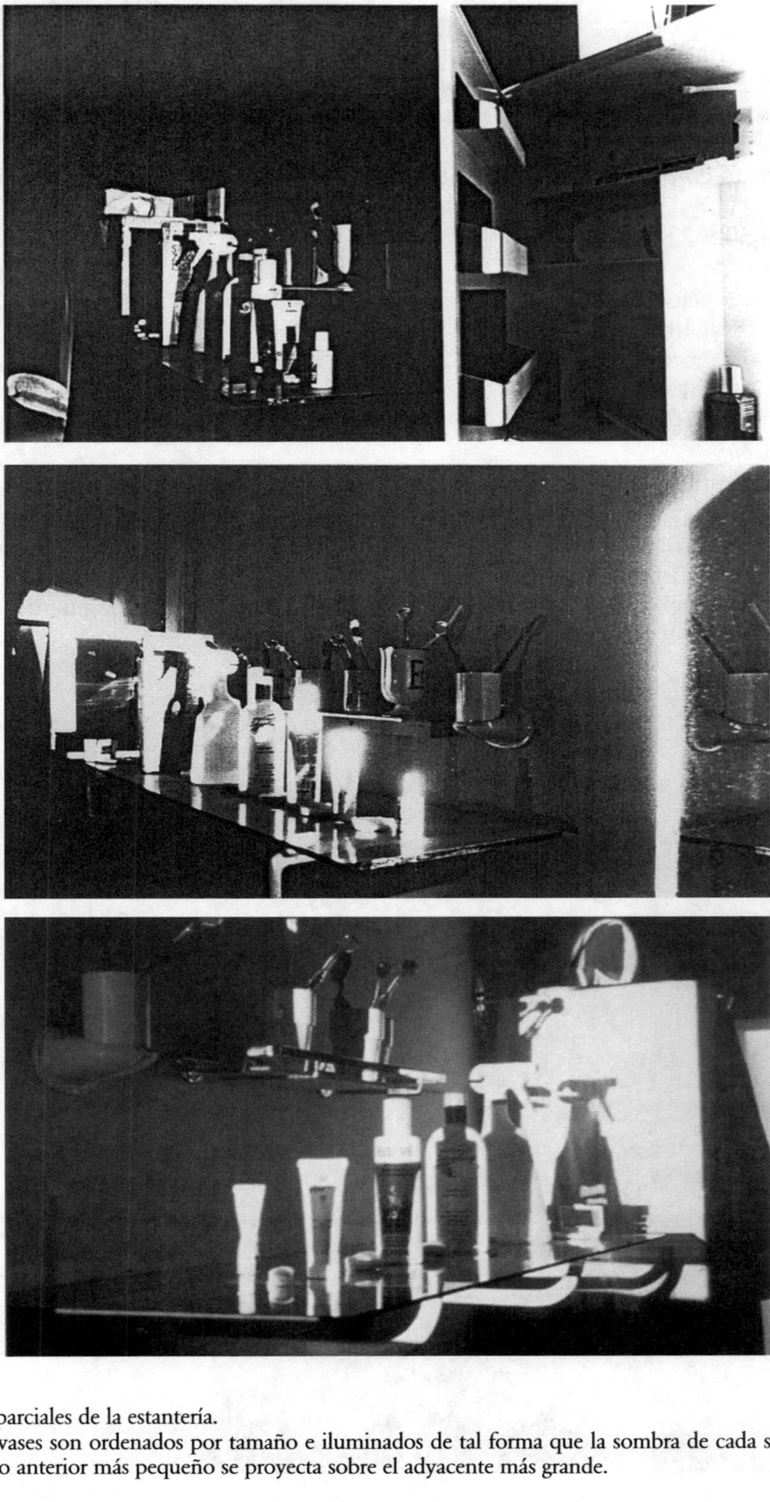

Vistas parciales de la estantería.
Los envases son ordenados por tamaño e iluminados de tal forma que la sombra de cada silueta del inmediato anterior más pequeño se proyecta sobre el adyacente más grande.

Textos de EV

Tres objetos para un lavabo

La presencia corporal en un espacio lo desocupa

Cada uno de los espacios de la casa define una relación entre el interior del cuerpo humano y el exterior. Define una actitud.

La galería de Arte como un lavabo.
Venga a limpiarse la mirada
La instalación como una desocupación del espacio
Una inversión de la mirada hacia uno mismo.

La Mirada vertical
Estas piezas empezando con la mirada vertical, expresan la desconexión del cuerpo con la mente.
El ser humano sin su piel, sin su máscara, es vacío, es líquido sin contenedor.
Dada la imposibilidad de acceder directamente al objeto (esas bragas) se desvela esa distancia entre el objeto y su materialización en la mirada del espectador, convirtiendo a este en el objeto mismo de la instalación.
El observante sólo puede determinar la existencia del objeto aislado tras las cortinas a través de su visión que se encuentra mediatizada por una segunda materia, el agua reflejante del charco gracias a una luz puntual.

> Aislar, proteger de la mirada horizontal (directa) determinante del objeto artístico. No entrar sino encontrar la imagen en el suelo. Las bragas aluden al centro del cuerpo como balanza interior-exterior, a mitad de camino entre pies y cabeza, cielo y tierra, el sexo como centro axial de estas direcciones: el observante y el observado.

La provisionalidad del agua estancada en el suelo acentúa el carácter incidental de la visión, acechada además por la configuración efímera de nuestra ubicación respecto a la pieza.

> El objeto del arte es convertir lo accidental de la realidad incidental, convirtiéndola en símbolo.

Las bragas no se dejan ver a no ser que adaptemos pacientemente nuestro ojo al reflejo, dejando de mirar el agua —la superficie que contiene la imagen— para ver, con la cabeza baja, esa realidad superior.

> Las bragas actúan como el negativo que en fotografía permite la fijación de las imágenes utilizando una fuente de luz como intermediario.

Un café y unas quemaduras de cigarro
Acabo de limpiar la mesa cuando nuevas manchas de café, como siempre, invaden la mañana. Me pregunto si no es un líquido, unas gotas preciosas que dosifican el dolor que siento correr verticalmente desde mi espalda al techo de la habitación que has dejado.

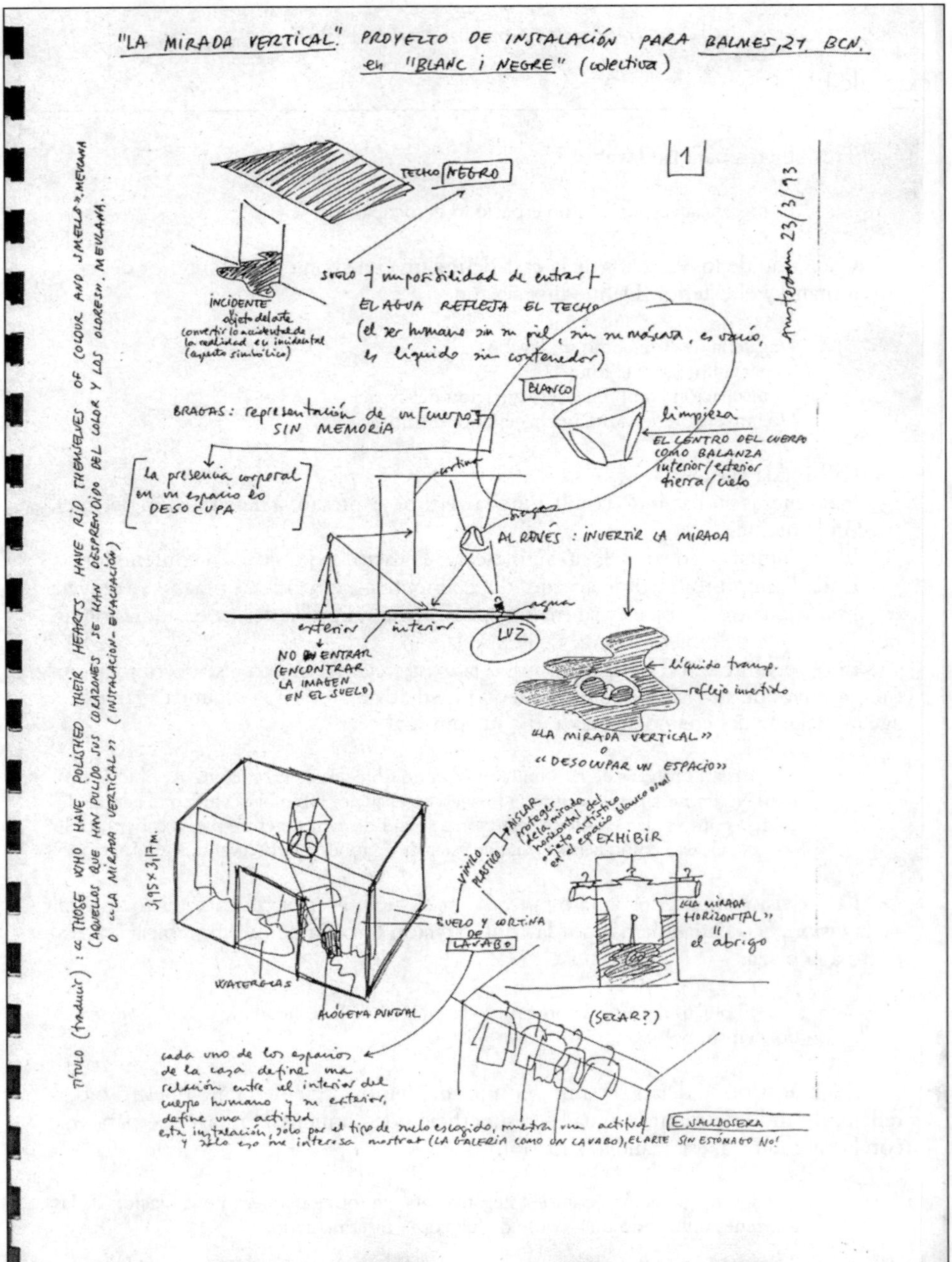

Tres objetos para un lavabo.
Dibujos de instrucciones 1.

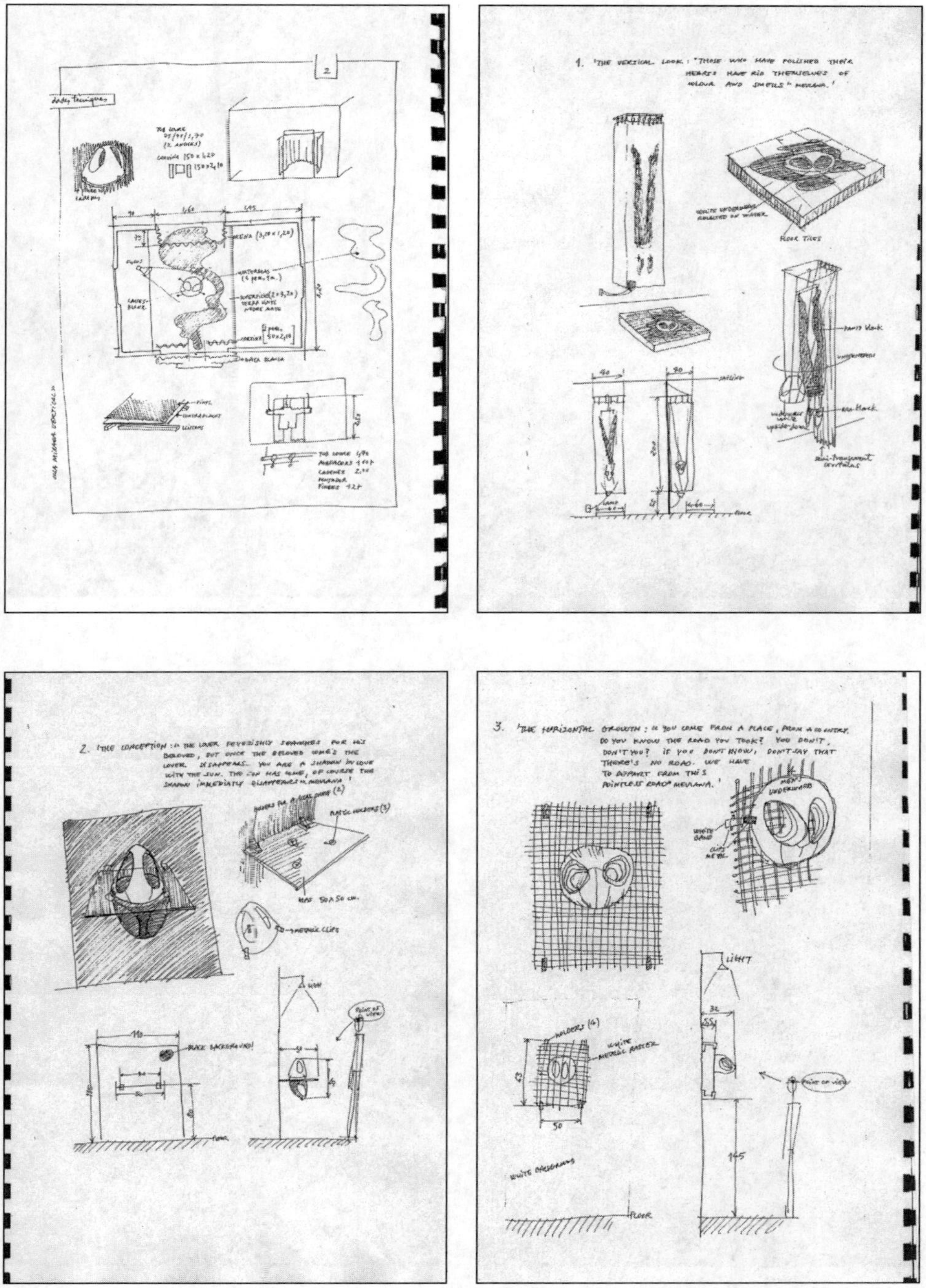

Tres objetos para un lavabo.
Dibujos de instrucciones 2, 3, 4 y 5.

Tres objetos para un lavabo.
Fotografías.

Aparences/Apariencias (1992/96, Florencia, Lérida)

El durmiente: sombras vacías, I. 1994.
El durmiente: sombras llenas, II. 1994.

Programa:
Vaciar las estancias de una casa asociando cada una a una parte o función del cuerpo.

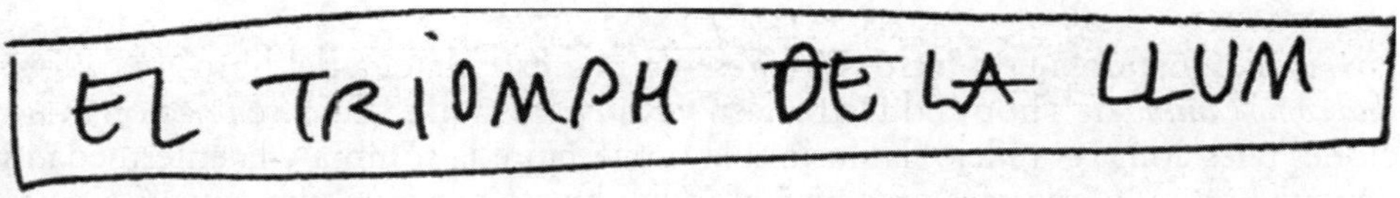

Construcción de habitáculos humanos por medio de la luz.
Diferentes fotografías, fuentes de luz y proyecciones crean un desdoblamiento perceptivo en un espacio tridimensional:

a) Configuración azarosa de objetos cotidianos. Huellas, espacio verosímil, residuos, hábitos corporales, muestra de los tabúes y los ruidos del cuerpo: enfermedad, sexo, manías... los objetos son pruebas, restos de acontecimientos.
b) Configuración bidimensional que contradice (a) y nos proporciona una lectura simbólica de los objetos y los estados emocionales. Las proyecciones se solapan a las cosas y los signos a los objetos, el espectador se convierte en observador.

En *Apariencias,* EV trata de explicar su trabajo con el inconsciente y la compleja controversia entre luz y la oscuridad. «El triunfo de la luz», anota en su cuaderno 1 y cita a Jung sobre la necesidad de hacer consciente la oscuridad: «No se consigue la iluminación por el hecho de imaginar figuras de luz, se consigue haciendo consciente la oscuridad» (C. G. Jung).

> El conocimiento occidental se basa en la certidumbre de las pruebas que otorga el mundo causal, y sin embargo nuestra experiencia se basa en la aparición sincrónica de acontecimientos ligados a objetos o contextos particulares: es el mundo de los afectos, escindido irremediablemente del universo lógico de las causas, el que nos obliga a autointerpretarnos con nuestro bagaje psíquico y emocional.
>
> Me refiero al lenguaje de la verosimilitud creado en *Apariencias* (serie de trabajos, algunos de los cuales se presentan aquí), la deconstrucción de un habitáculo humano por medio de la luz. Utilizo como material básico los envases o contenedores de productos de consumo ordinarios —relacionados con el aseo corporal o espacial, la alimentación, la enfermedad...—; paradoja de los fluidos corporales.

> Cada uno de los espacios de esa casa configura una relación con una parte específica del cuerpo, entendido este como víctima de la disfuncionalidad que sufre el individuo contemporáneo. Cada habitación pues, resume una actitud y un determinado tipo de sombra psíquica, pudiendo así elaborar una lectura somática de esta segunda piel que es nuestro espacio privado.
>
> Presentando la dualidad entre el objeto material y su sombra proyectada, se percibe al fin la distancia que separa el objeto de su signo o representación. Al enfocar hacia la brecha que une ambos aspectos, el espectador tiene la oportunidad de restablecer el eje perdido al descubrir los mecanismos absolutamente transparentes por los cuales se exhiben realidades contiguas que no son sino una forma de apariencia.

Acompañando a este texto, EV presenta una extensa cita del libro *La enfermedad como camino* de Thorwald Dethlefsen y Rüdiger Dalhke. En él se relacionan nociones tales como el reflejo, la ilusión, la proyección, la sombra y la enfermedad y defienden que lo que más preocupa al individuo es precisamente aquello que rechaza.

> (...) Del mismo modo que de nuestro propio cuerpo no podemos ver más que una parte, pues hay zonas que no podemos ver (los ojos, la cara, la espalda, etc.) y para contemplarlas necesitamos del reflejo de un espejo, también para nuestra mente padecemos de una ceguera parcial y sólo podemos reconocer la parte que nos es invisible (la sombra) a través de su proyección y reflejo en el llamado entorno o mundo exterior. El reconocimiento precisa de la polaridad. El reflejo, empero, sólo sirve de algo a aquel que se reconoce en el espejo: de lo contrario, se convierte en una ilusión (...) El que vive en este mundo y no reconoce que todo lo que ve y lo que siente es él mismo, cae en el engaño y el espejismo. (...)
>
> (...) Cada identificación que se basa en una decisión descarta un polo. Ahora bien, todo lo que nosotros no queremos ser, lo que no queremos admitir en nuestra identidad, forma nuestro negativo, nuestra sombra. (...)
>
> Proyección significa, pues, que con la mitad de todos los principios fabricamos un exterior, puesto que no lo queremos en nuestro interior. (...) Esto entraña una ley irónica a la nadie puede sustraerse: lo que más ocupa al ser humano es aquello que rechaza. Y de este modo se acerca al principio rechazado hasta llegar a vivirlo.
>
> (...) La sombra produce la enfermedad, y el encararse con la sombra cura. (...)
>
> Un síntoma siempre es una parte de sombra que se ha introducido en la materia. (...) Por lo tanto, el síntoma completa al hombre, es el sucedáneo físico de aquello que falta en el alma...

Con la serie *Apariencias,* EV continúa planteando problemas de interacción de su propio cuerpo con objetos personales y residuos cotidianos, hasta el punto de utilizar el cuerpo cada vez más como «fondo» etéreo, semiausente, semitransparente. Las «figuras» pasan a ser las sombras de los objetos proyectados sobre, a través o a pesar de su cuerpo. Esta estrategia de deslizamiento de figura a fondo del cuerpo y de rescatar del fondo, para convertirlas en figura, las huellas y evidencias de su mundo personal, es la primera característica que vamos a encontrar en *El amor...*, *La Caída* y *Envases*.

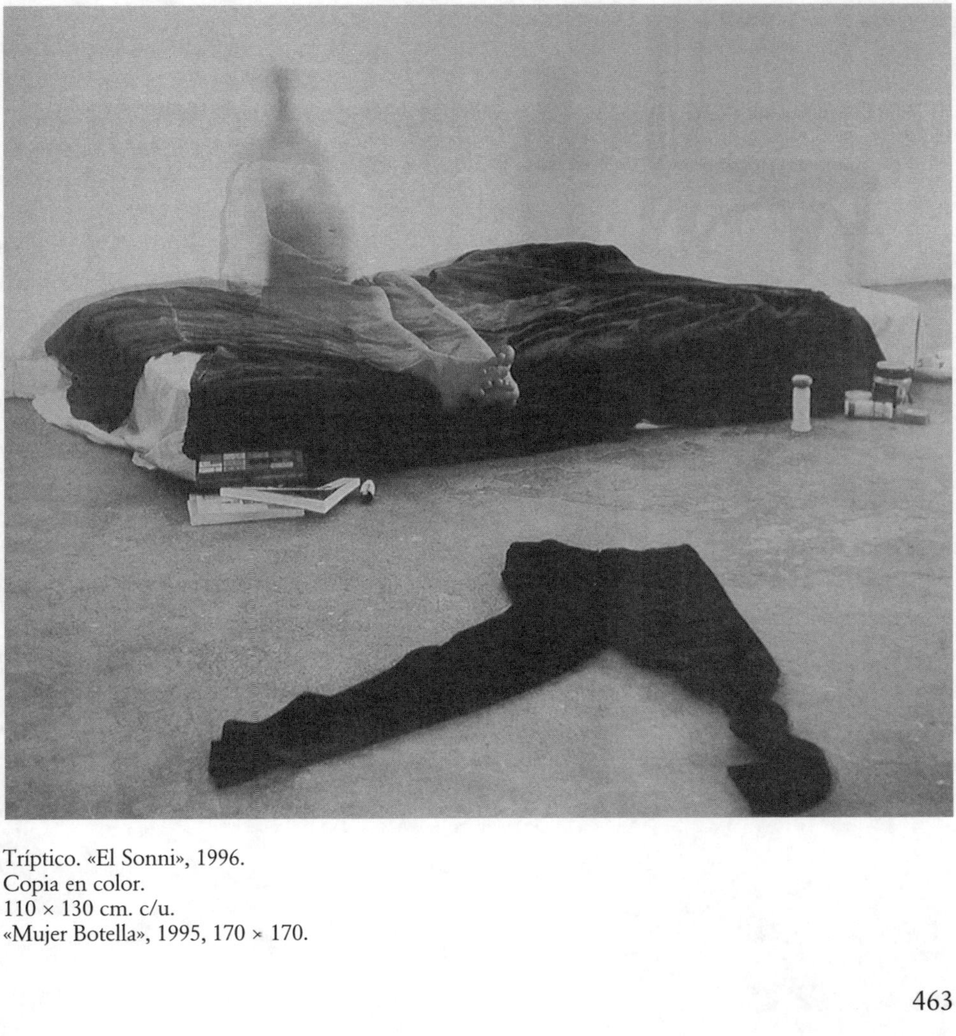

Tríptico. «El Sonni», 1996.
Copia en color.
110 × 130 cm. c/u.
«Mujer Botella», 1995, 170 × 170.

Apariencias, 1992/96.
«El durmiente sombras vacías, I», 1994.
Copia en color 130 × 130.

Apariencias 1992/96.
«El durmiente sombras llenas, II», 1994.
Copia en color 130 × 130.

El comedor. La figura de la madre (1994/95)

Una cortina translúcida encierra un espacio. Este se ha convertido en una pantalla a través de la cual se pueden observar, desde el exterior, las sombras proyectadas formando una escena familiar: mamá sirve la sopa y nadie se ha sentado a la mesa aún. Cuando finalmente el espectador accede al interior se encuentra con tan sólo una silla, una estufa de gas y varios envases (de comestibles y medicinas) esparcidos ordenadamente por el suelo. Unos focos proyectan sus sombras aumentándolos o doblándolos.

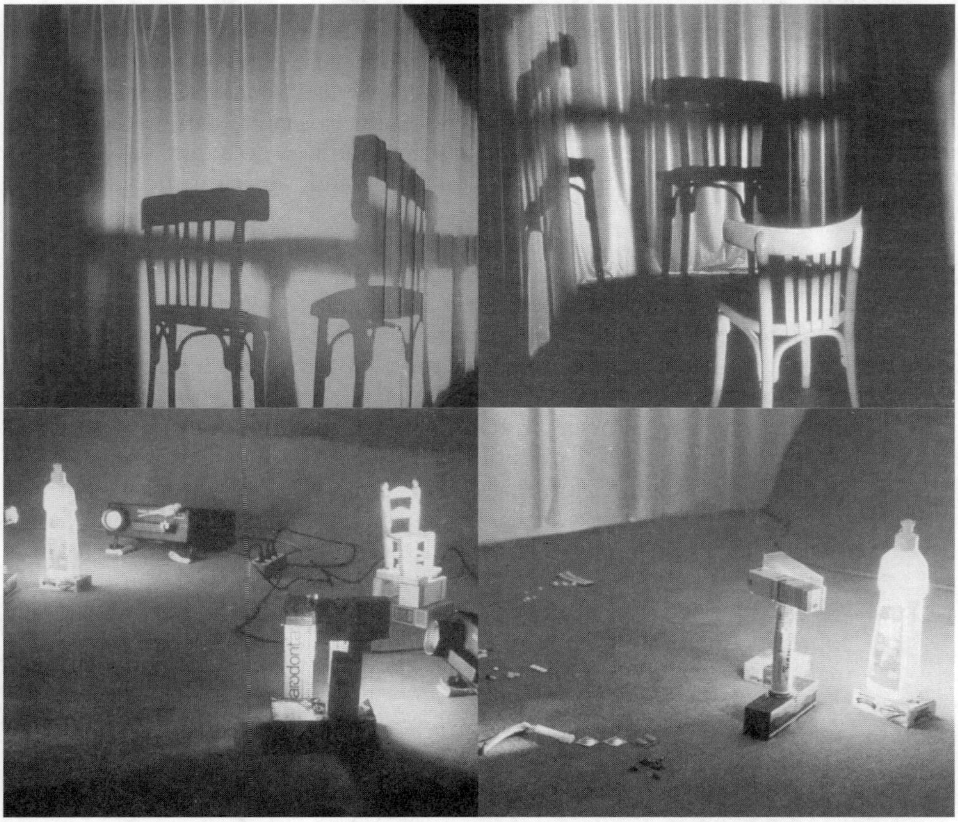

El comedor. La figura de la madre, 1994/95.
Fotografías de la instalación. Detalles con los objetos origen de la proyección, la silla en miniatura y el envase, zona trasera de la cortina.
Fotografías: Cortesía de la Galería Helga de Alvear, Madrid.

Envases: El culto a la madre (1996)

1. Mujer-semilla. Dibujo montaje 6
2. Trinidad. Dibujo montaje 7
3. Hada. Dibujo montaje 8
4. Seductora. Dibujo montaje 9

Técnica:

«Serie de 4 instalaciones lumínicas: proyecciones de luz que recrean las sombras de varios envases de productos de limpieza.»

Instalación general:

«El espacio total que ocupan las instalaciones lumínicas es de un mínimo de 9 x 9 m. dividido en 4 secciones, un espacio para cada instalación. La altura mínima 4,50 m.

Las instalaciones lumínicas van acompañadas de una serie de 6 fotografías en blanco y negro de antiguas vasijas enmarcadas, de diversos tamaños y un estante con una vasija antigua y una botella de limpiacristales, con una nota: esta vasija fue encontrada en el subsuelo cuando mi padre estaba cavando los cimientos de nuestra casa familiar.»

> Concebida para el espacio remodelado de una iglesia, las instalaciones de *Envases* transmutan en signos las sombras producidas por envases domésticos de limpieza al ser iluminados por un proyector contra una pared. Las siluetas de las botellas son contempladas a gran escala, superponiéndose sus perfiles de tal forma que nos recuerdan cuerpos femeninos. Visualizan diferentes aspectos de las relaciones mujer-madre, mujer esposa y madre, madre-hija o asociaciones simbólicas como la mujer seductora...
>
> Los envases con sus formas curvas y sus líquidos coloreados no son sino formas actualizadas de aquellas antiguas vasijas que contenían desde alimentos hasta las cenizas de los muertos. Y básicamente hoy pertenecen al territorio femenino.
>
> Un simple juego de transparentes mecanismos donde contenedor y contenido dialogan. El espacio, inmenso contenedor de las sombras. Su tamaño sobrecogedor y su simplicidad narrativa nos remite al sentir religioso.

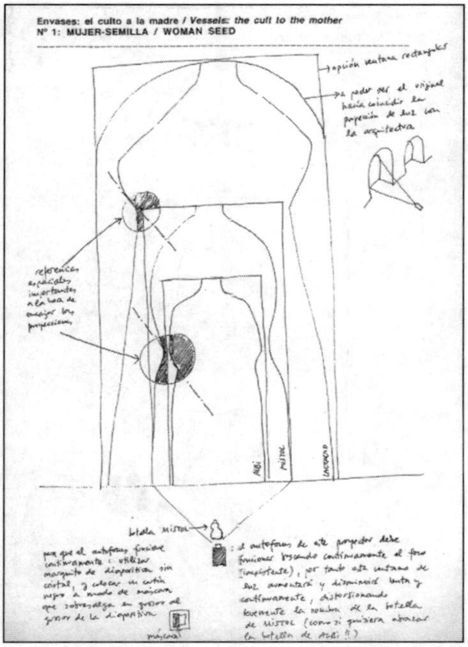

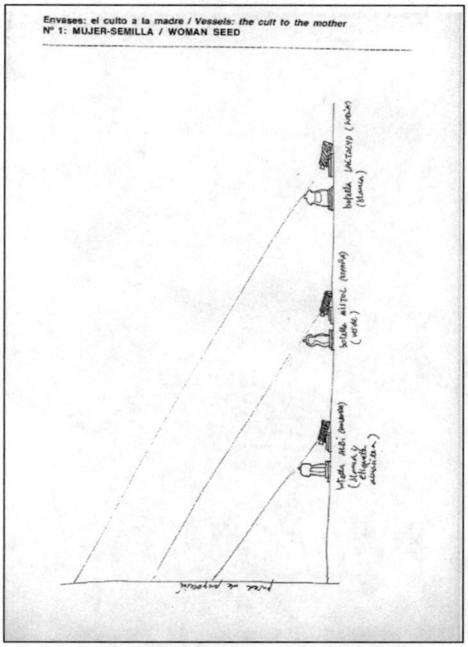

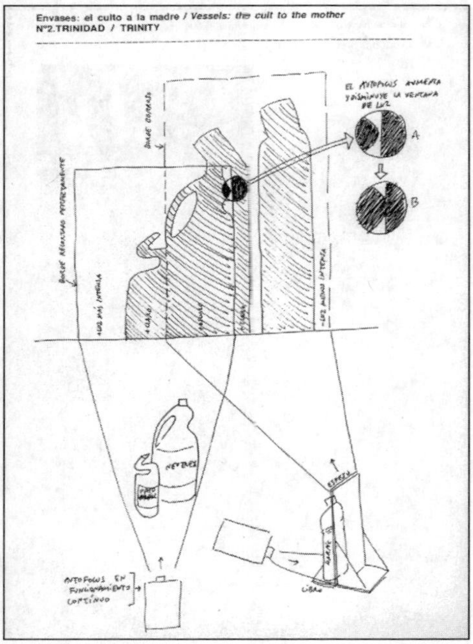

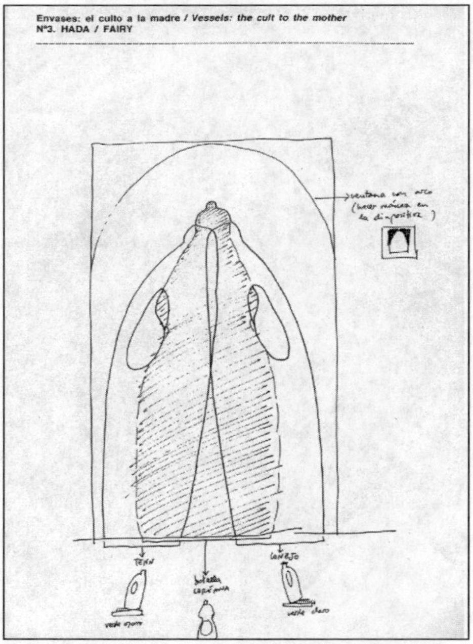

Envases: El culto a la madre. «Mujer semilla».
Dibujos de instrucciones 1.
Dibujos de instrucciones 2.

Envases: El culto a la madre. «Trinidad».
Dibujos de instrucciones 1.

Envases: El culto a la madre. «Hada».
Dibujos de instrucciones 1.

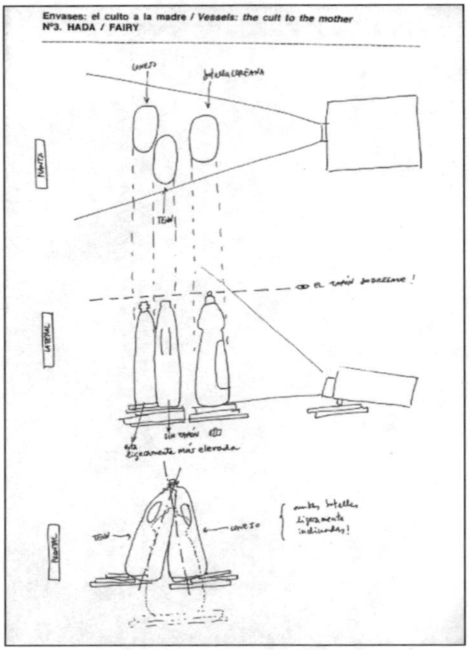

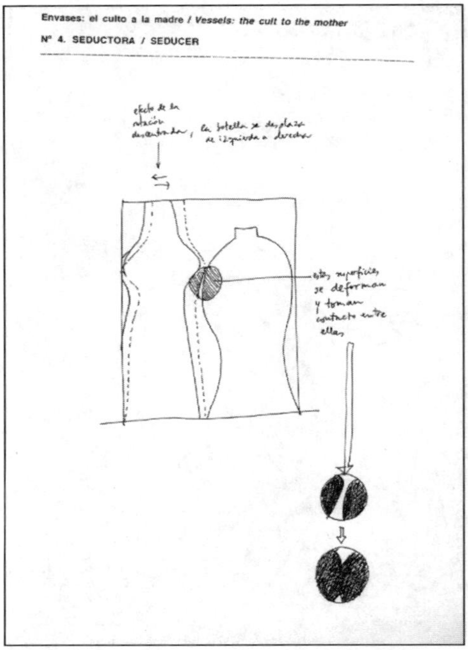

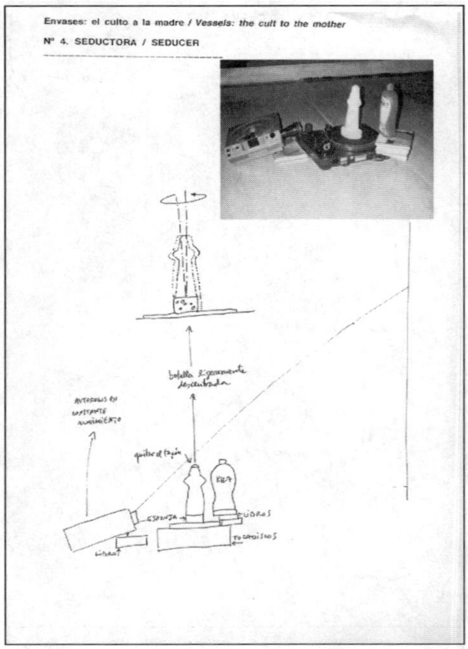

Envases: El culto a la madre. «Hada».
Dibujos de instrucciones 2.

Envases: El culto a la madre. «Seductora».
Dibujos de instrucciones 1.

Envases: El culto a la madre. «Hada».
Dibujos de instrucciones 1.

Envases: El culto a la madre. «Seductora».
Dibujos de instrucciones 2.

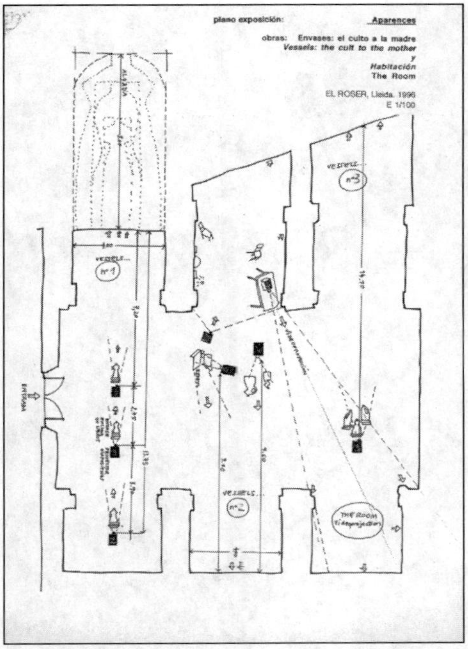

Envases: El culto a la madre. Ficha técnica 3.
Montaje EL ROSER, Lleida, 1996.

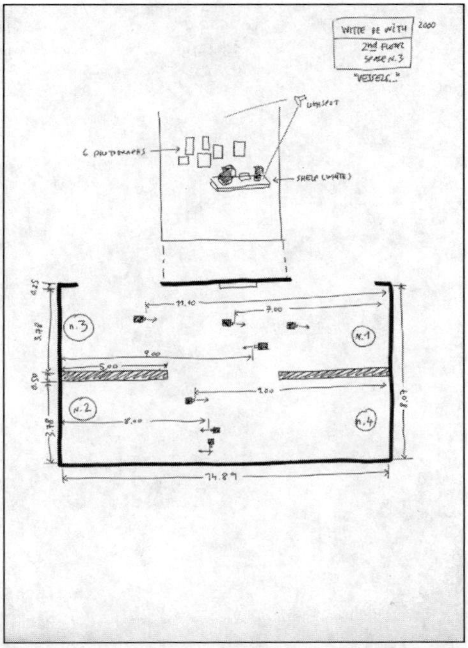

Envases: El culto a la madre. Ficha técnica 3.
Montaje Witte de With, 2000.

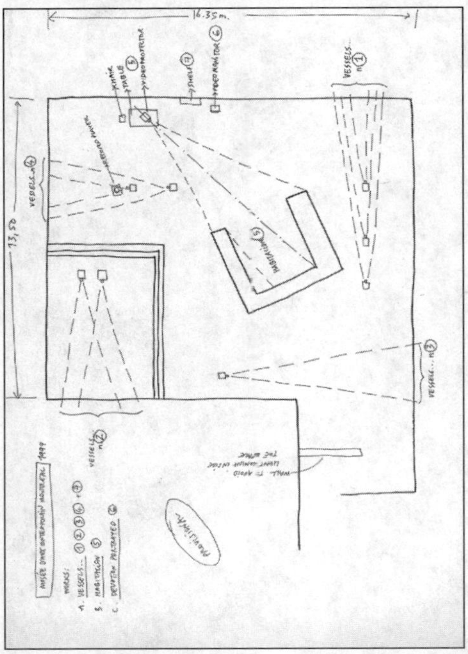

Envases: El culto a la madre. Ficha técnica 3.
Montaje Musée D'Art Contemporain, Montreal, 1999.

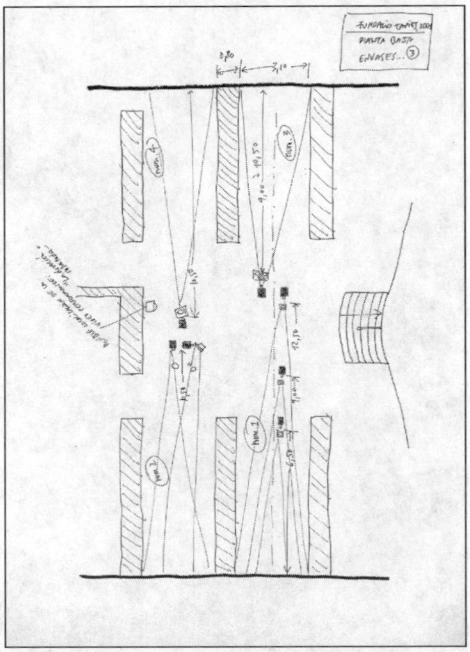

Envases: El culto a la madre. Ficha técnica 3.
Montaje Fundación Tàpies, Barcelona, 2001.

Envases: El culto a la madre. «La mujer Semilla».
Fotografía.

Envases: El culto a la madre. «Trinidad y Hada».
Fotografías.

Envases: El culto a la madre. «Seductora».
Fotografía.

Love's sweeter than wine
(El amor es más dulce que el vino, 1993/94)
Tres estados en una relación

Habitación n.° 1. Infinito: «tócala de nuevo».

Habitación n.° 2. Concéntrico-excéntrico: «ni contigo ni sin ti».

Habitación n.° 3. Traslapo: «es cuando estamos solos que podemos estar juntos».

Técnica:

Tres habitaciones de unos 3 × 4 cm. intercomunicadas y a oscuras.

—n.° 1. Dos proyectores de diapositivas con lentes 85 mm, un tocadiscos, un espejo 90 × 35 cm, vasos de vino, botellas de bebidas.

—n.° 2. Un proyector de diapositivas con lente 85 mm, un tocadiscos, vasos de vino, un espejo, botella de trementina, botella de lavaplatos.

—n.° 3. Dos proyectores de diapositivas con lentes 50 mm, vasos de vino, botellas de limpiacristales y leche, libros; postales, frases escritas en el muro, alfombras de 240 × 170 cm.

Descripción:

Tres espacios consecutivos muestran tres diferentes distribuciones de aproximadamente los mismos elementos. Simulan tres momentos en el tiempo de la misma habitación, abandonada recientemente por sus habitantes circunstanciales.

Varias fuentes de luz combinadas con espejos yacen entre las cosas aparentemente abandonadas en el suelo como después de una fiesta y proyectan sus sombras en los muros contiguos.

Algunas de ellas colocados encima de un tocadiscos girando proyectan sus sombras a modo de secuencia fílmica repetida sin fin.

Las imágenes resultantes en las proyecciones se contradicen y añaden significado a las configuraciones físicas de las cuales nacen: los cambios de escala, de número y de localización de esos elementos aportan información sobre la relación entre los seres a los que representan.

Nuestra representación mental de los seres con los cuales estamos relacionados emocionalmente depende de nuestras propias proyecciones hacia ellos.

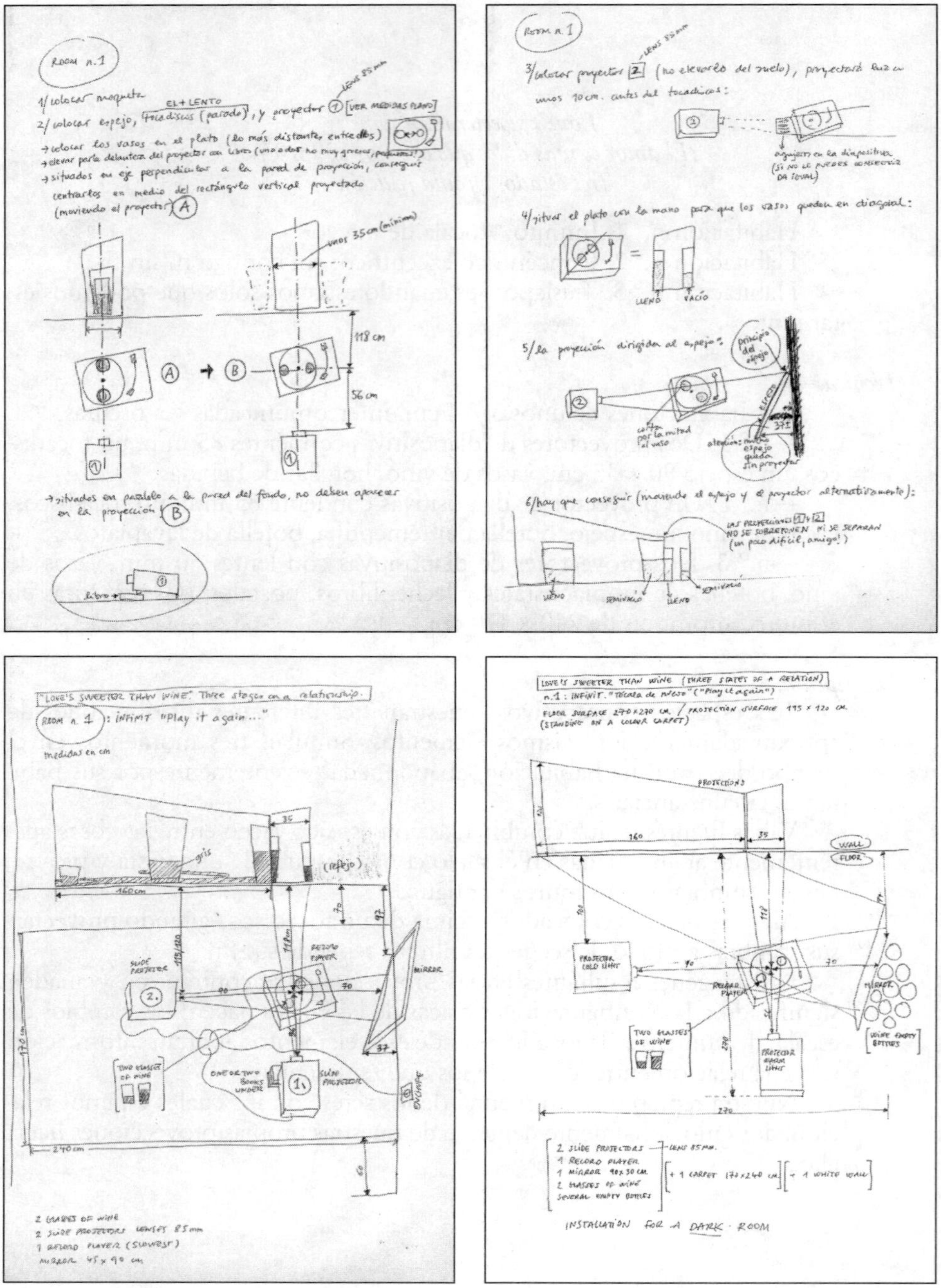

El amor es más dulce que el vino, 1993/94.
Habitación n.º 1. Infinito: «tócala de nuevo».
Dibujos de instrucciones 1.
Dibujos de instrucciones 2.
Dibujo montaje 1.
Dibujo montaje 1 (versión 2).

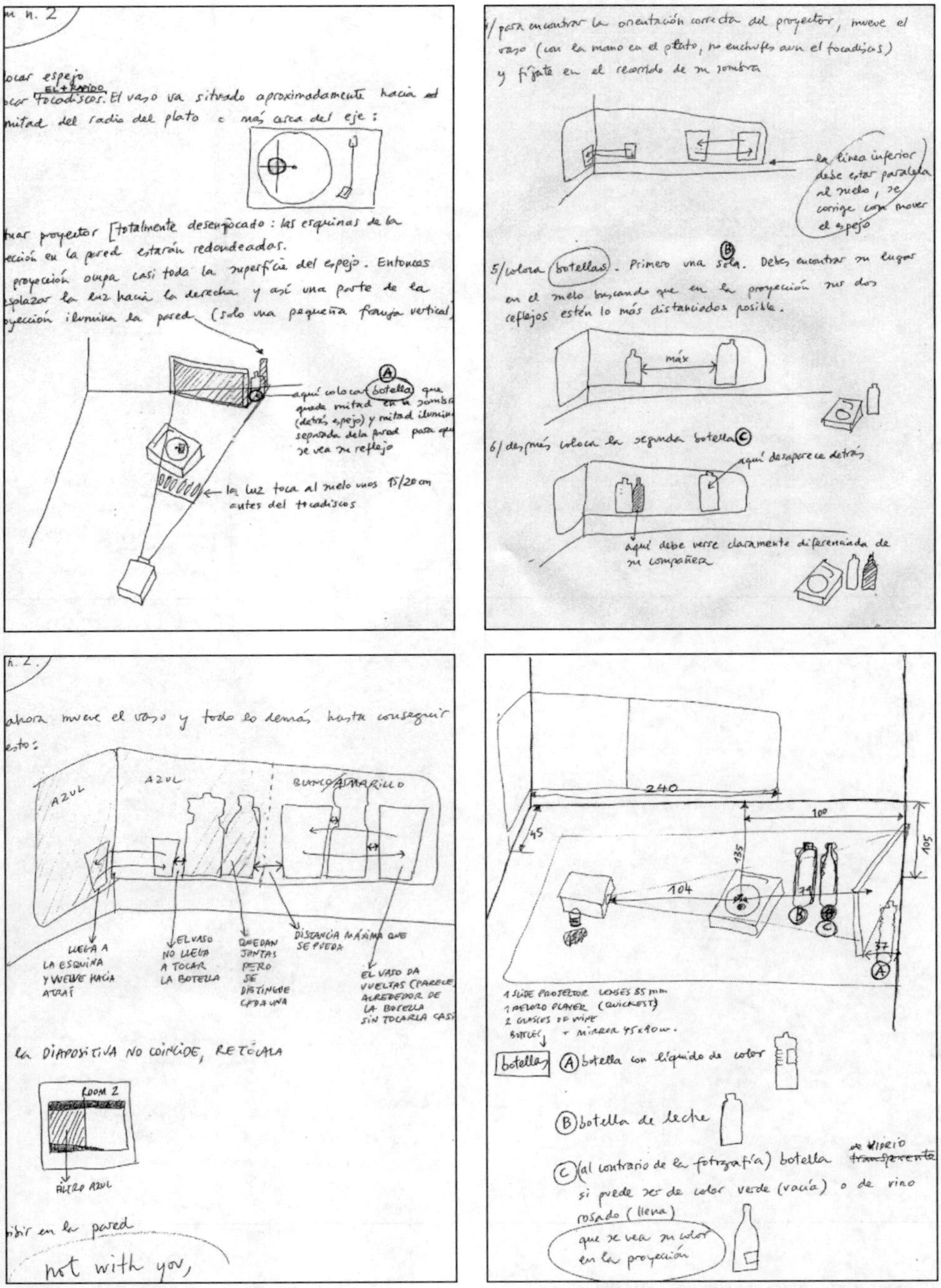

El amor es más dulce que el vino, 1993/94.
Habitación n.º 2. Concéntrico-excéntrico: «ni contigo ni sin ti».
Dibujos de instrucciones 1.
Dibujos de instrucciones 2.
Dibujos de instrucciones 3.
Dibujos de instrucciones 4.

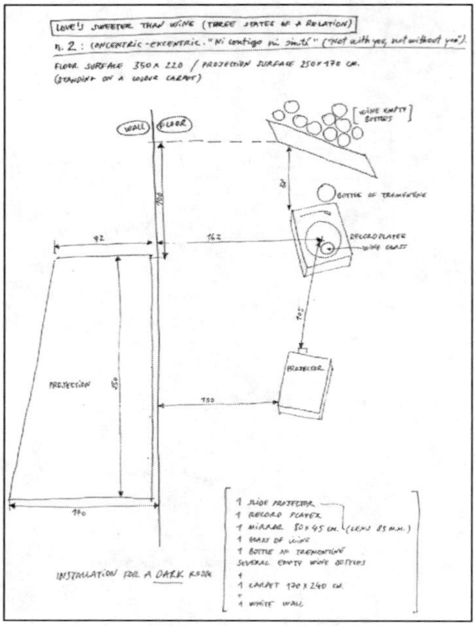

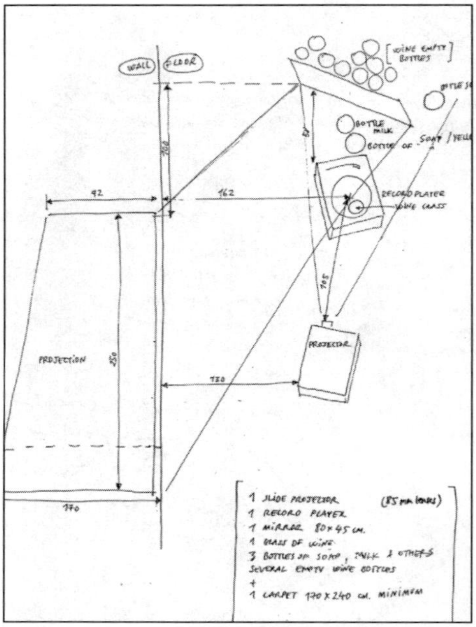

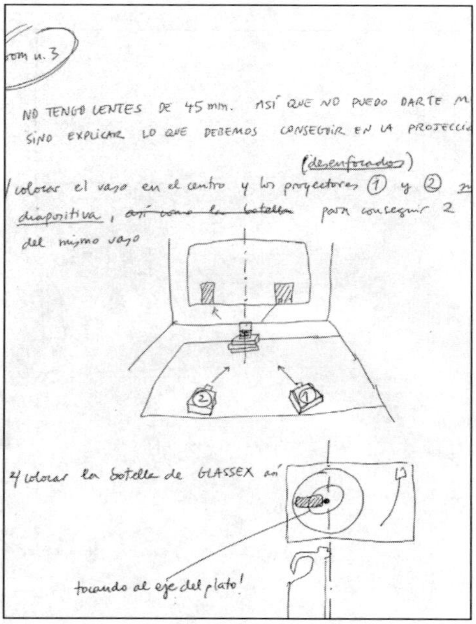

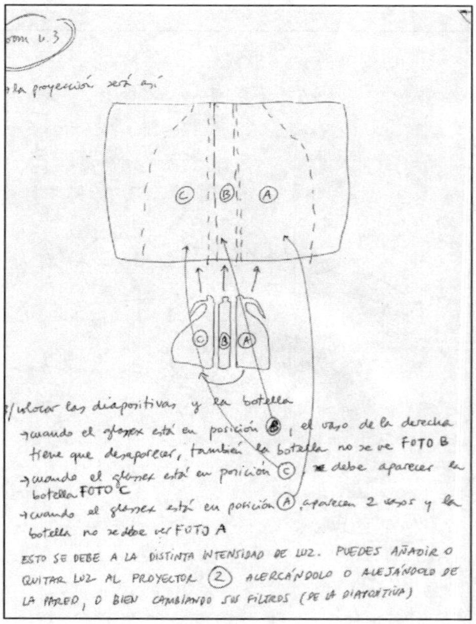

El amor es más dulce que el vino, 1993/94.
Habitación n.º 2. Concéntrico-excéntrico: «ni contigo ni sin ti».
Dibujo montaje 2.
Dibujo montaje 2, cambio de botellas (versión 2).
Habitación n.º 3. Traslapo: «es cuando estamos solos que podemos estar juntos».
Dibujos de instrucciones 1.
Dibujos de instrucciones 2.

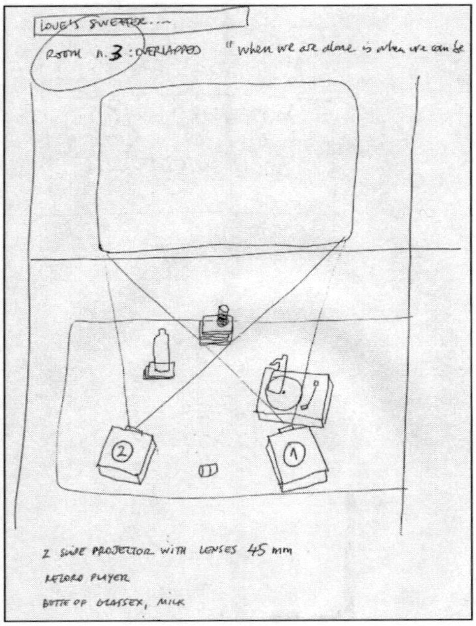

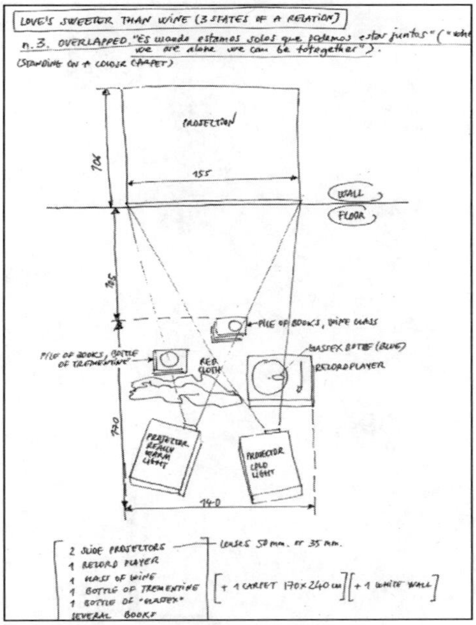

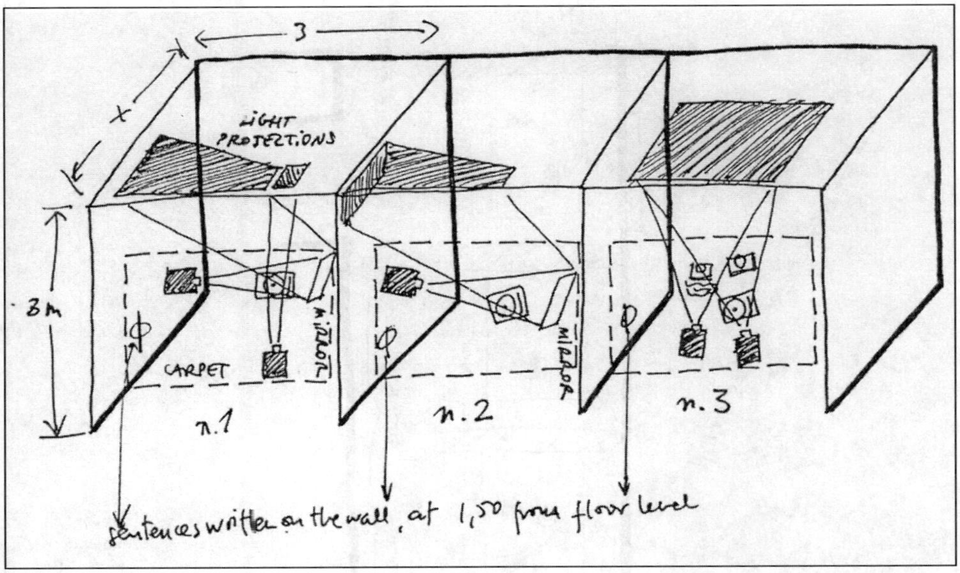

El amor es más dulce que el vino, 1993/94.
Habitación n.º 3. Traslapo: «es cuando estamos solos que podemos estar juntos».
Dibujos de instrucciones 3.
Dibujos de montaje Fundación Tàpies, Barcelona, 2001.
Dibujos de montaje 1.
Axonométrica.

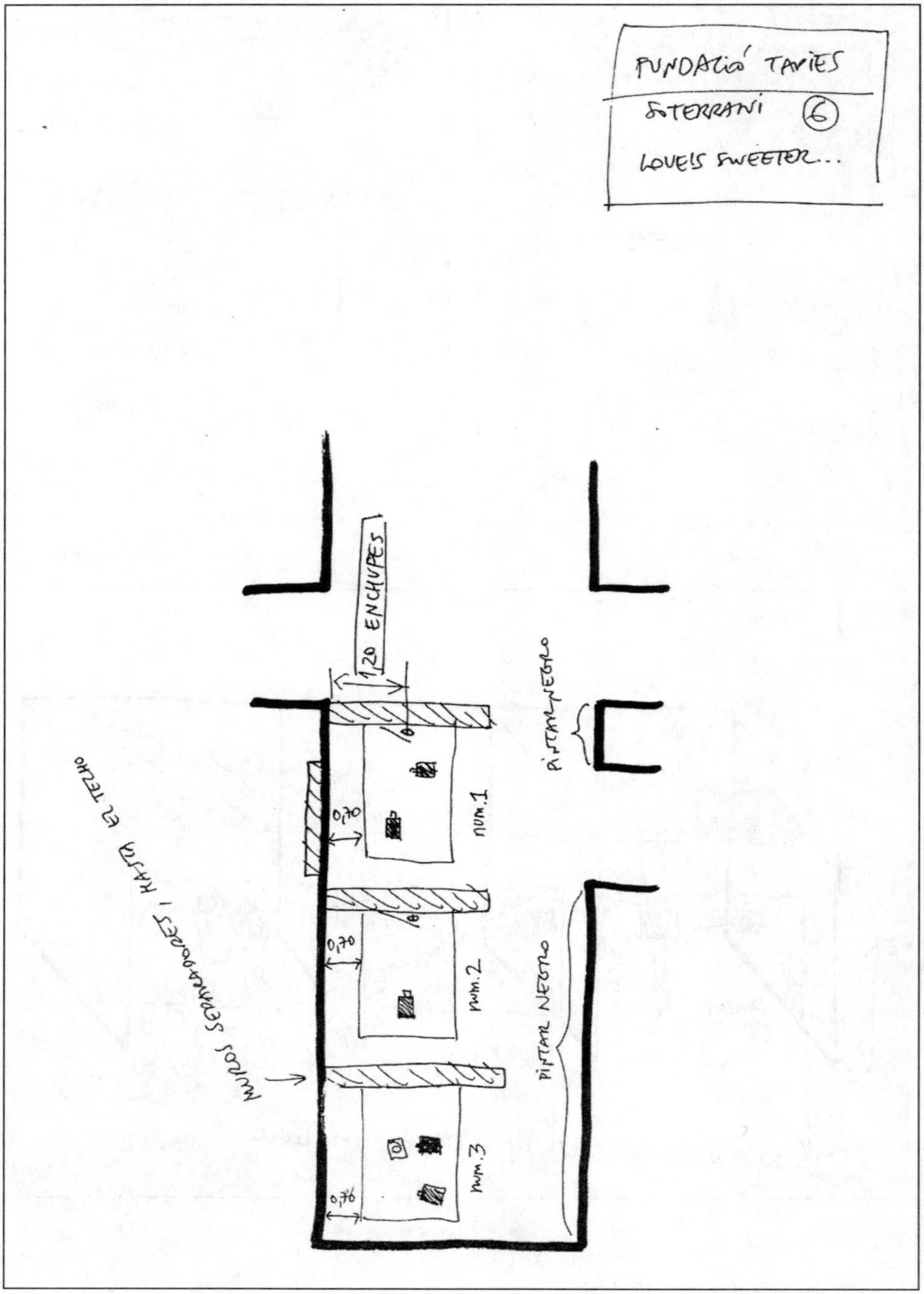

El amor es más dulce que el vino, 1993/94.
Dibujos de montaje Fundación Tàpies, Barcelona, 2001.
Planta.

El amor es más dulce que el vino, 1993/94.
Fotografía general de la instalación 1.
Cortesía de la Galería Helga de Alvear, Madrid.

El amor es más dulce que el vino, 1993/94.
Fotografía general de la instalación 2.
Cortesía de la Galería Helga de Alvear, Madrid.

El amor es más dulce que el vino, 1993/94.
Fotografías Habitación n.º 1. Infinito: «tócala de nuevo».
Habitación n.º 2. Concéntrico-excéntrico: «ni contigo ni sin ti».
Habitación n.º 3. Traslapo: «es cuando estamos solos que podemos estar juntos».
Cortesía de la Galería Helga de Alvear, Madrid.

La Caída. Salir de las llamas para caer en las brasas (1996)
Dos hechos consecutivos sincronizados en un solo mecanismo

La Caiguda. Fugir de les flames per caure a les brases
Dos fets consecutius sincronizats en un sol mecanisme

The Fall

En el año 1997, con ocasión de su videoinstalación *La Caída* en la sala Metrònom, EV declara: «al principio, toda mi obra giraba en torno a mí. Yo tenía que ser la artista, la modelo, protagonizar todo el proceso; tenía necesidad de conocerme a mí misma para poder entender a los demás. Con el tiempo he superado esta necesidad, y ahora mi trabajo habla de otra gente, cada vez hay más personas en mi obra».

Técnica:
Instalación lumínica y videográfica.
Habitación de 7 × 14 m con un pasillo adyacente de dimensiones variables.
Proyector de vídeo y proyector de diapositivas.
Caja de espejos giratoria con dispositivo que la sincroniza con el videoproyector.
Muebles y diversos objetos domésticos: muebles en miniatura, productos de limpieza y de comestibles, algunos sobredimensionados respecto a su tamaño habitual.

Descripción:

Girando interminablemente por los muros de una gran habitación, se proyectan un vídeo y un haz de luz. La filmación muestra dos franjas verticales de luz que se desplazan en un travelling continuado por las diversas estancias de una casa. Vemos un hombre y una mujer moviéndose en ella en perfecta intimidad.

Gracias a una caja de espejos rotatoria, la proyección videográfica se desplaza por los muros de la sala al mismo ritmo en que se filmó, pero a medio camino, una de las franjas iluminadas da marcha atrás súbitamente, coincidiendo con un accidente entre la pareja, para desaparecer acto seguido. Mientras, la otra franja se funde en un haz de luz real.

Proveniente de un proyector de diapositivas, la franja de pura luz barre la pared peinando por el camino a un grupo de objetos apilados en un lado de la sala, de forma que sus sombras aparecen sobredimensionadas. Como si fuera el negativo de lo que hemos estado viendo en el vídeo, las sombras se desplazan levemente unas por encima de las otras, imitando la filmación. Son objetos cotidianos y son la réplica exacta de los muebles y cosas de la casa filmada, sólo que sus tamaños han sido dramáticamente alterados.

Finalmente la luz se cuela por un pasillo adyacente a la sala, rebota en las puertas semiabiertas de un armario ropero y de nuevo, dos franjas verticales iluminan una serie de objetos, de modo que sus sombras van conectando significativamente unas cosas con otras.

Explicación/interpretación:

La Caída atrapa al espectador como si de una tela de araña se tratara, física y mental. Digo física porque una vez dentro de la sala el espectador no puede evitar interponerse a la proyección. Su propia sombra viene a formar parte del paisaje doméstico proyectado, convirtiéndose muy a pesar suyo en un intruso. Digo mental porque la presencia de la pareja paseándose por la casa crea un suspense que no acaba de resolverse. Las franjas luminosas intentan seguir los pasos de los personajes, sin coincidir nunca exactamente, creando una tensión continua. Una repetición incansable con variantes suficientes como para reforzar la asincronía entre los ritmos de filmación y de proyección. Súbitos cambios de escala, sonidos que se escapan de un mundo que se hunde en la oscuridad. Intercalados vemos varios posibles desenlaces, que desembocan siempre en el mismo principio. Por mucho que intenten distintas actitudes, por mucho que las circunstancias varíen, parece que su comportamiento respondiera a una severa ley del destino que los hubiera programado. La violencia y la ternura se concatenan en un bucle sin fin. Personas y objetos se confunden en sus sombras y terminan siendo parte indisoluble de su entorno. Toda la casa se anima y el objeto más banal se tiñe de emoción, actúa y siente, mientras que el hombre y la mujer se ven conducidos al borde de la categoría de objetos.

La Caída continúa principalmente la búsqueda de la percepción del movimiento dentro del movimiento. Pretende producir una inmersión en el tiempo interno y subjetivo, de los acontecimientos y las personas, realzando el desajuste con su tiempo externo y objetivo. Pero sobre todo es la explosión de una inquietud emocional, autocrítica y molesta, pues cuestiona los géneros al codificar una posible psicología femenina.

He seguido tres momentos consecuentes en mi trayectoria artística. Al principio se trataba de la búsqueda de uno mismo mediante la introspección del propio cuerpo como el único instrumento posible. Después proyecté el individuo en el espacio y las cosas cotidianas, realizando un vaciamiento de la casa del yo. Con *La Caída* he ido al encuentro del otro, patético si se quiere, dentro de este contexto premonitorio. Un encuentro fracasado, incluso, porque el infierno no tiene formas que puedan explicarse sin la profunda alteración perceptiva que este tipo de viaje representa.

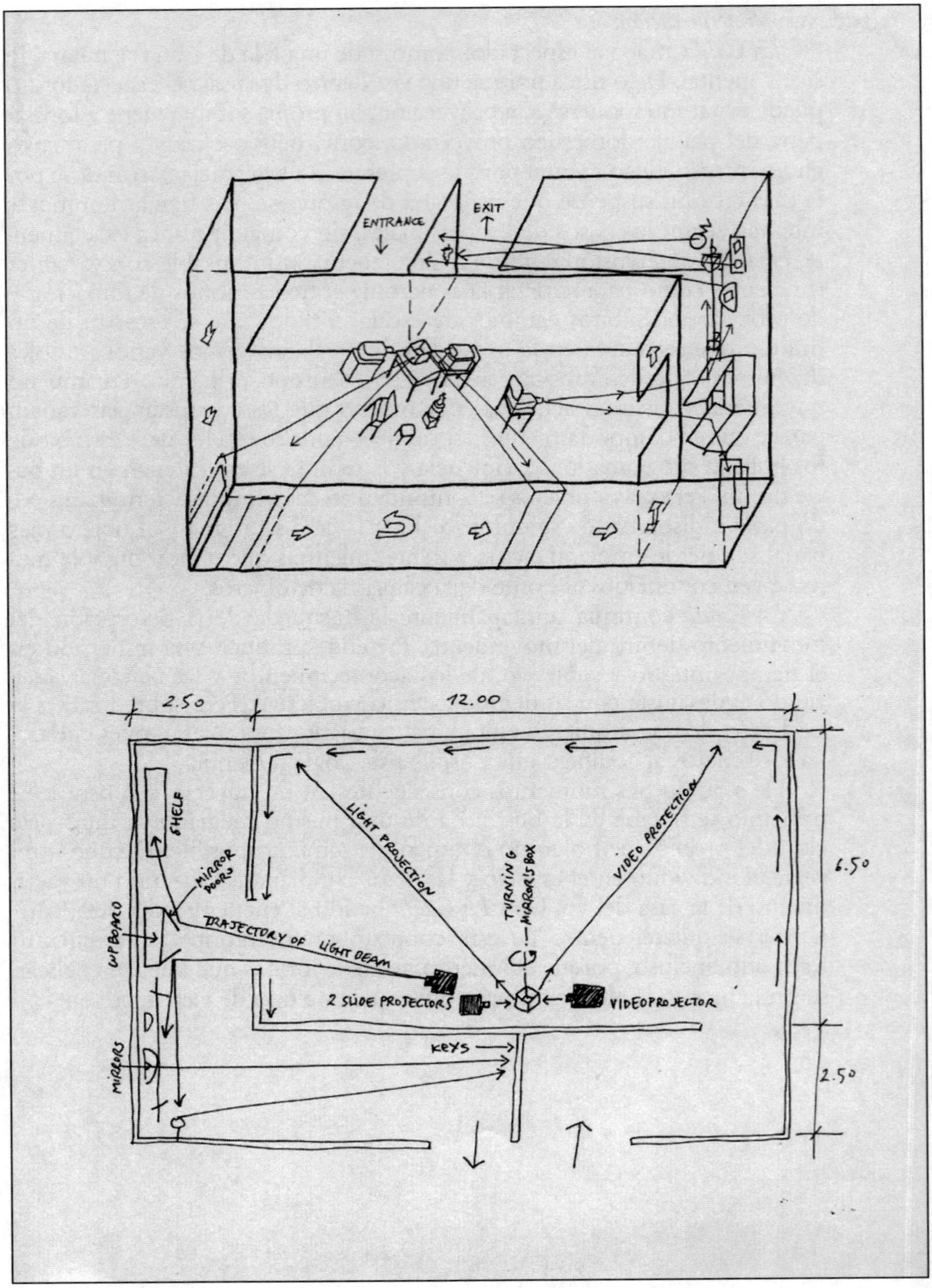

La Caída.
Esquema de planta y axonométrica del conjunto. Dibujo de montaje 1.

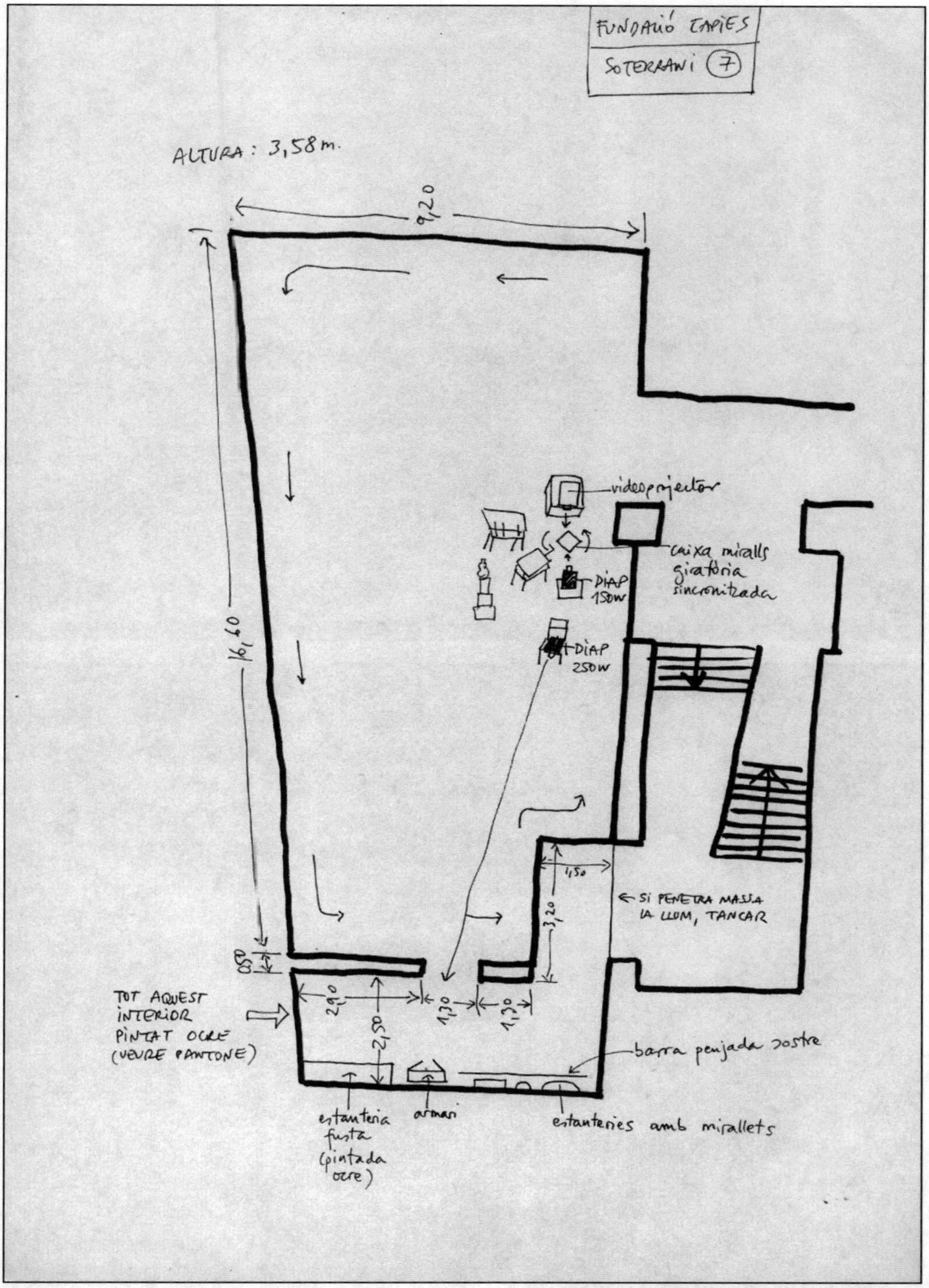

La Caída.
Planta adaptada a las condiciones del lugar. Dibujo de montaje 2.
Fundación Tápies, 2001.

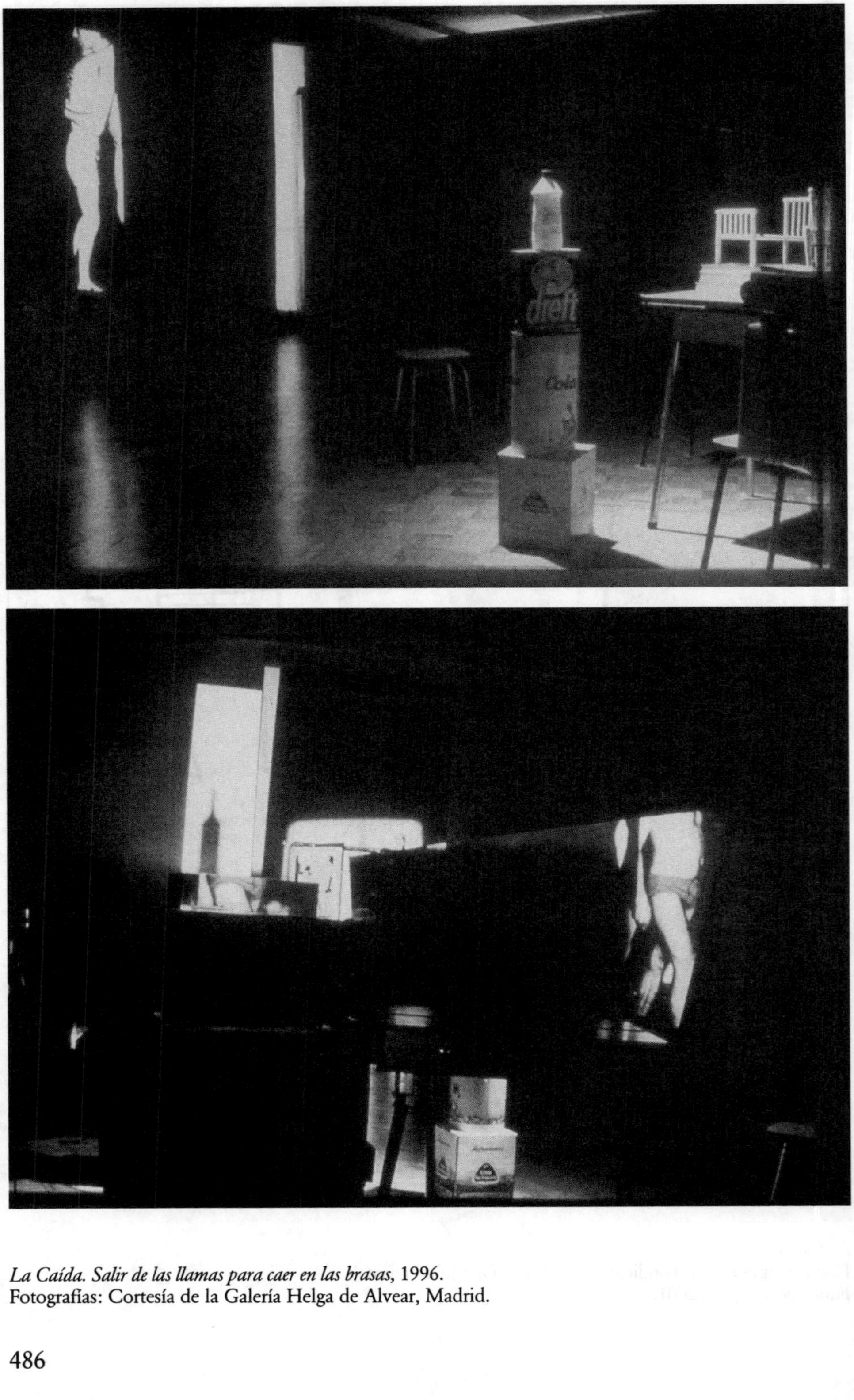

La Caída. Salir de las llamas para caer en las brasas, 1996.
Fotografías: Cortesía de la Galería Helga de Alvear, Madrid.

La Caída. Salir de las llamas para caer en las brasas, 1996.
Fotografías: Cortesía de la Galería Helga de Alvear, Madrid.

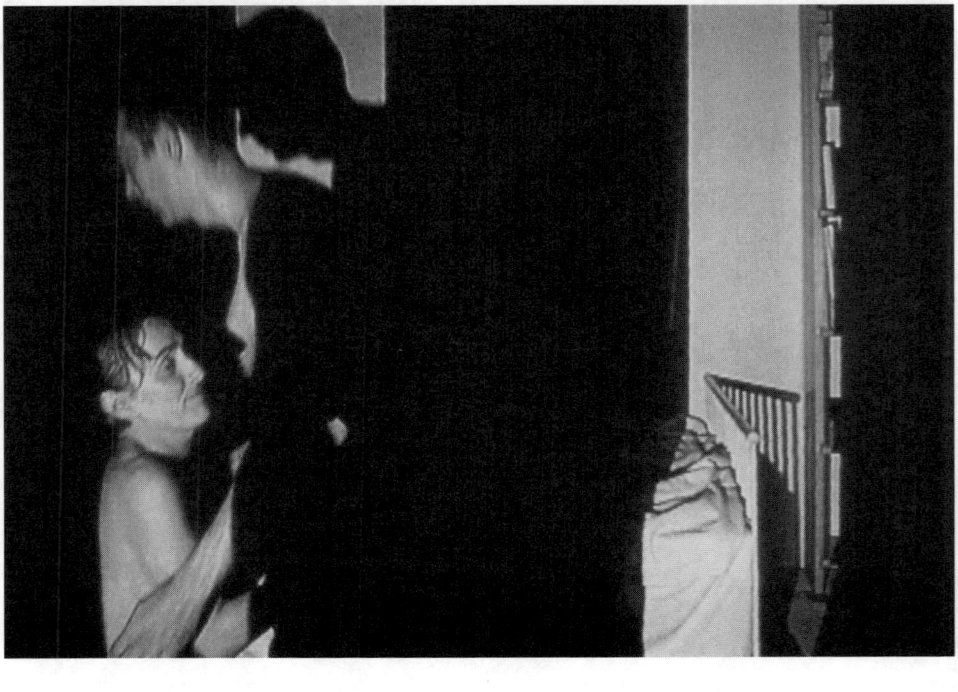

La Caída. Salir de las llamas para caer en las brasas, 1996.
Fotografías: Cortesía de la Galería Helga de Alvear, Madrid.

La Caída. Salir de las llamas para caer en las brasas, 1996.
Fotografía: Cortesía de la Galería Helga de Alvear, Madrid.

La Caída. Salir de las llamas para caer en las brasas, 1996.
Fotografía: Cortesía de la Galería Helga de Alvear, Madrid.

Parte 2
LAS SOBRAS

A continuación se muestra un material documental, unos datos que no pertenecen a la parte pública de las obras de EV.

Estos dibujos-datos son «sobras» o «restos» que quedan depositados, bien en la esfera privada del estudio de la artista —los dibujos de los cuadernos—, o en el ámbito puramente técnico e instrumental, en el caso de los dibujos y fichas de montaje que acompañan a las obras.

Nuestra tesis es que, contra lo que intuitivamente pudiera parecer, estas sobras son el combustible mismo, el material energético de una actividad mental oculta y que, paradójicamente, esta zona oscura puede aportar indicios y claves importantes para explicar el cómo y el porqué una obra de EV tiene esa apariencia y no otra.

Tres cuadernos de trabajo

La obra de EV se caracteriza por un principio estratégico importante: el intercambio de conceptos y materiales de unas obras a otras. Sus cuadernos participan de esta característica. Así, en los cuadernos C2 y C3 se observan procesos de ordenación y clasificación[15] de problemas e ideas que se solapan con los ya tocados en C1. Esto

[15] Ordenar es establecer una jerarquía bajo la aplicación de una regla. Si ordenamos una lista alfabéticamente, la regla es la aplicación del orden alfabético a la posición de los elementos de la lista. Una clasificación, o relación de equivalencia, es la división que resulta de repartir los elementos de un conjunto en subconjuntos de acuerdo con su valor, propiedades o características. A estos subconjuntos se les denomina «clases» y los elementos de una clase se consideran «equivalentes».

permite que la obtención de nuevos datos procedentes del contexto no sea tan aleatoria como al principio. Por ejemplo, en C2 se empieza con las series de vasos medio llenos que ya se han considerado en C1 para su obra *El amor es más dulce que el vino*. Se van escogiendo y potenciando vías o ramas que provienen de la obra *Apariencias*, como la interposición de objetos en las fuentes de luz, y se abandonan otras, como el uso de la fotografía. Esta diversidad de direcciones exige, a su vez, conformaciones hipotéticas y nuevas modelizaciones que expliquen los datos, como la utilización de espejos y proyecciones múltiples. De este modo, tiene lugar un proceso de ajuste con el contexto que se retroalimenta. El corte se produce en un momento cualquiera del proceso; como en una estructura fractal[16], pequeñas partes del cuaderno serán capaces de ejemplificar la estrategia empleada en el todo. Los diagramas conceptuales que sirvieron para vertebrar los primeros datos: «bucles, circuitos, mandalas, transparencias, sombras, siluetas» etc., tienen esencialmente la misma estructura que los que representan estados muy avanzados del proyecto *La Caída*, en C3. Esta característica multiescalar y autosemejante provee a los cuadernos de redundancias suficientes para poder ser leídos en cualquier estado o nivel.

Los dibujos que aquí se muestran constituyen una mínima selección del total de los tres cuadernos. Los criterios han sido estrictamente funcionales, siendo clasificados bajo el punto de vista de la máxima descripción operativa.

Desaparición: Sobreexposición de un fragmento [C1 Dibujo 1].

[16] Una forma fractal es aquella en la que un sistema formal mínimo (compuesto por el menor número posible de unidades simbólicas) se reproduce a cualquier otra escala por medio de ciertas reglas de transformación, que pueden dirigirse hacia arriba o hacia abajo en el espacio de representaciones. Una característica fundamental de una forma fractal es su invarianza de escala o simetría autosemejante, es decir, se encuentra el motivo en el interior de otro motivo, lo cual tiene mucho que ver con los procesos recursivos. Los procesos recursivos explican muchas estructuras naturales, forman parte de algunas funciones matemáticas, estructuras geométricas o teorías de la física y se contemplan en infinidad de procesos biológicos como la duplicación del ADN, algunas reacciones metabólicas, el desarrollo embrionario, etc. También aparecen en creaciones hechas por el hombre, formando parte de modelos artísticos. Así, por ejemplo, en la literatura se utilizan en relatos que contienen otros relatos como la Biblia, *Las mil y una noches*, el *Decamerón*, el *Quijote* o la obra de Borges.

Cuaderno 1

El cuaderno 1 presenta series de dibujos y diagramas de naturaleza muy heterogénea. Sirve de soporte a varios proyectos que se desarrollan en el mismo tiempo, variando sustancialmente la tipología de los dibujos que en él se pueden encontrar. Así, aparecen dibujos diagramáticos y textos integrados que constituyen intentos de sintetizar ideas abstractas como el mandala, el bucle, el infinito, la sobreexposición, etc. A la par, se pueden encontrar dibujos proyectivos e instrumentales que intentan dar solución o configurar partes concretas de una acción, objeto u operación.

Entresacamos de C1 sólo los que consideramos relevantes para entender algunas operaciones de las obras *El amor...* o *La Caída,* añadiendo un bloque de dibujos, instrucciones y montaje, no pertenecientes a este cuaderno.

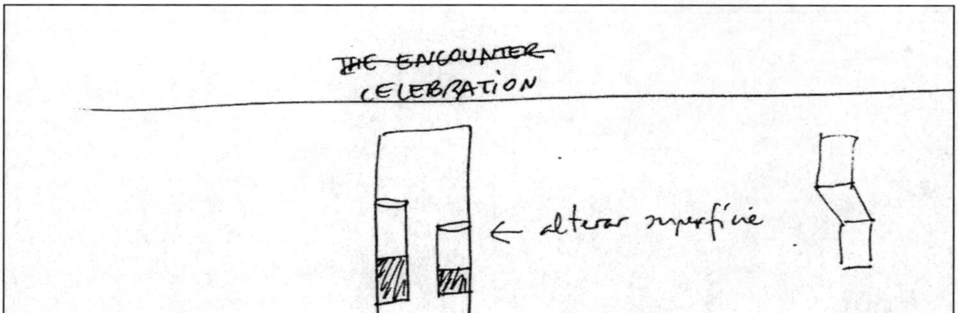

«Interchange»: Operación de intercambio de significados entre la parte objetual de la obra y la proyectada [C1 Dibujo 2].

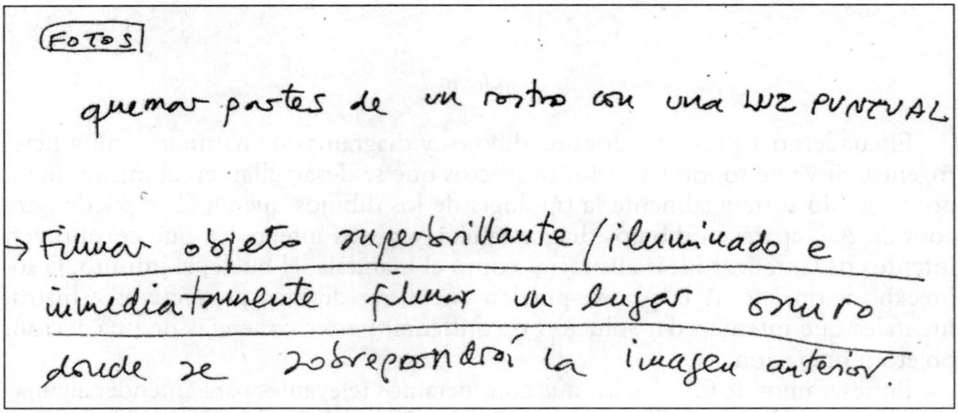

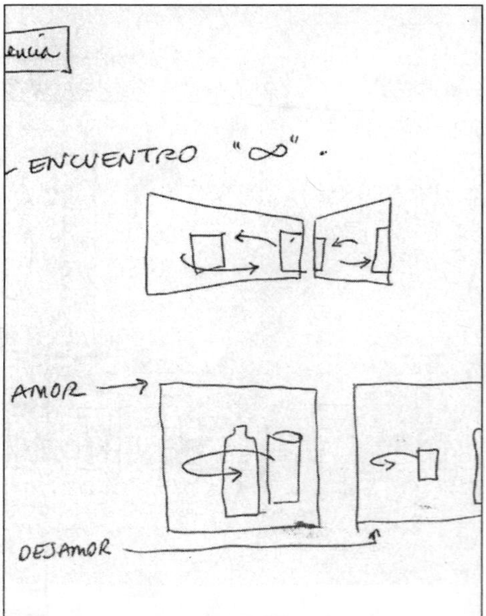

Quemado o sobreexposición de las partes de una foto con luz puntual [C1 Dibujo 3].
Las formas surgen de la oscuridad [C1 Dibujo 4].
Operaciones de movimiento:
Operación de acercamiento/alejamiento entre las proyecciones de objetos para expresar amor/desamor en las proyecciones de *El amor es más dulce que el vino* [C1 Dibujo 5].

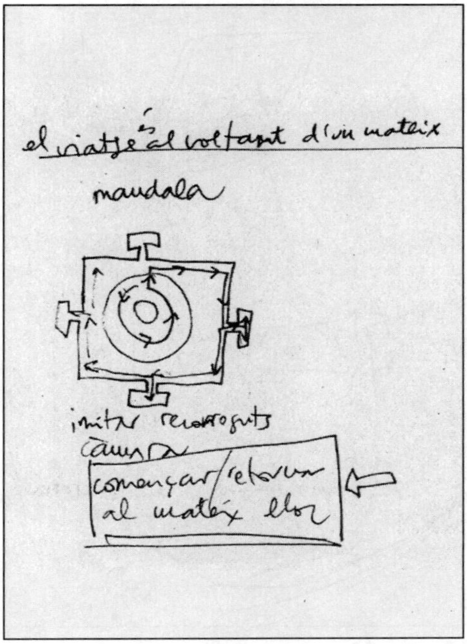

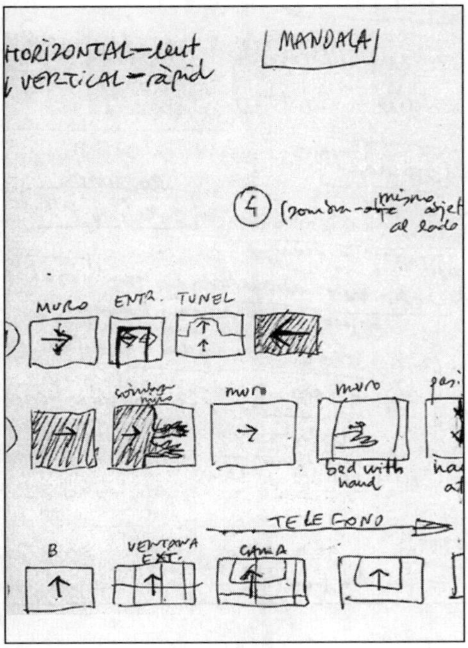

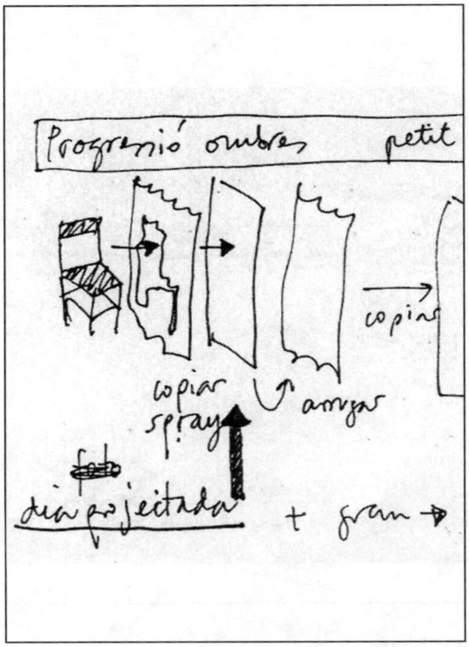

Diagrama de bucle infinito, cinta sin fin, movimiento cíclico, cinta de Möbius [C1 Dibujo 6].
Mandala, diagrama de la memoria, como diagrama del recorrido «Start and end in the same place» [C1 Dibujo 7].
Diagramas de recorridos [C1 Dibujo 8].
Progresión escalar: copia+copia+copia+copia... [C1 Dibujo 9].

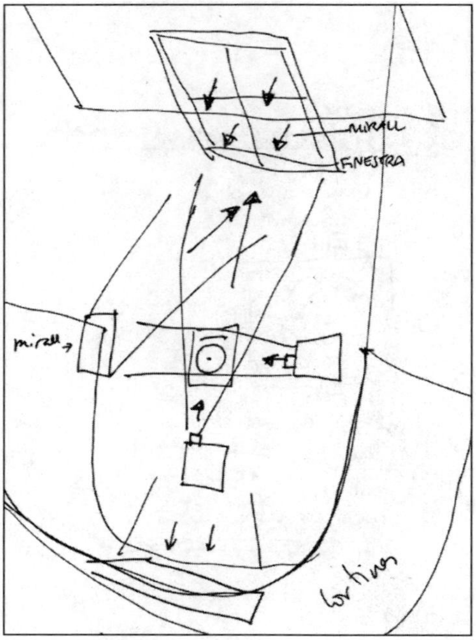

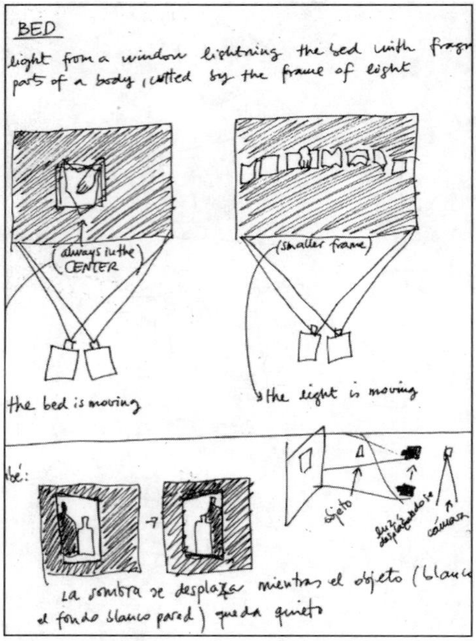

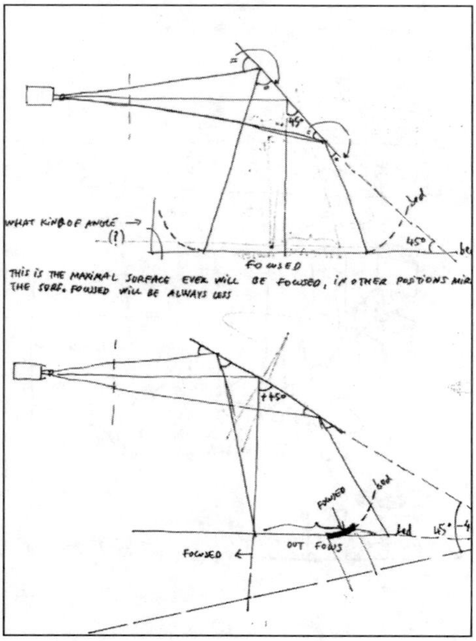

Traslapo:
—Por dos fuentes de luz [C1 Dibujo 10].
—Por dos imágenes fragmentadas [C1 Dibujo 11].
Reflexión: Operaciones con problemas de óptica. Búsquedas del ángulo: foco/fuera de foco [C1 Dibujo 12]. Operaciones de ordenación y clasificación de objetos banales por tamaños o formas, envases de limpieza, cajas de medicamentos... y de objetos personales como zapatos, ropa interior femenina, productos de higiene, etc. Se fetichiza el objeto [C1 Dibujo 13].

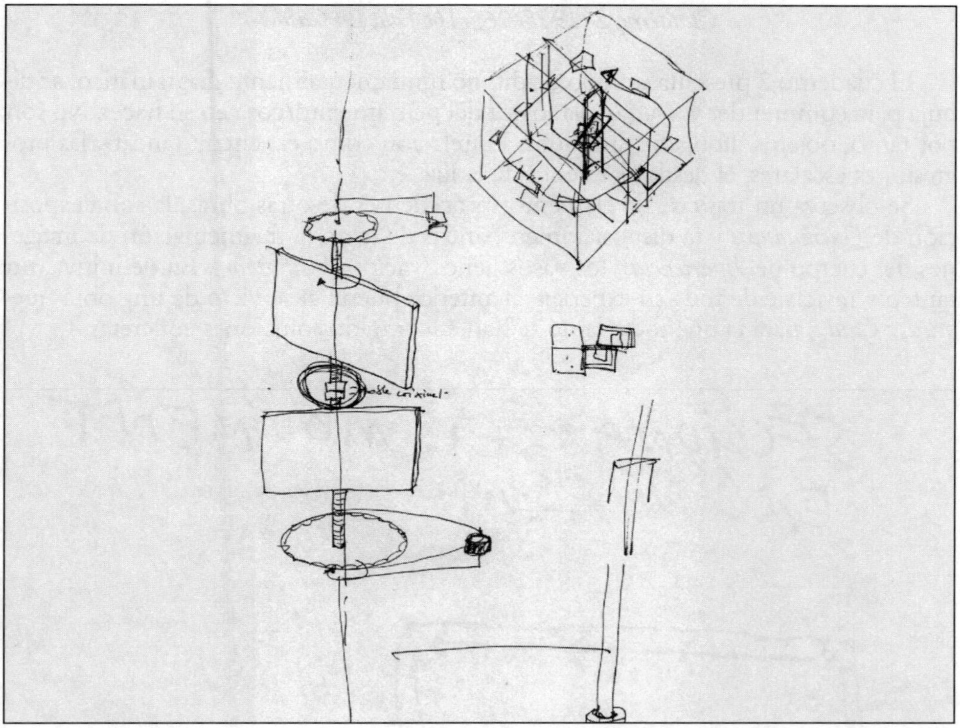

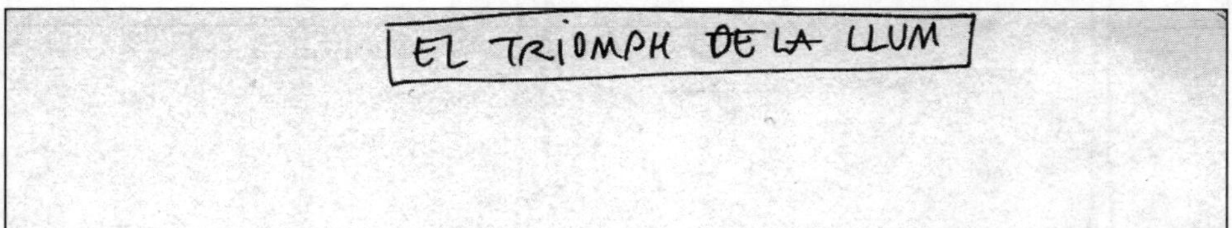

Mecanismos de rotación de espejos. Búsqueda del artificio, construcción del artefacto [C1 Dibujo 14].
El triunfo de la luz. Imagen de mujer girando, sombras y reflejos [C1 Dibujo 15].

Cuaderno 2 (1995/96; «The Fall, La Caída»)

El cuaderno 2 presenta un tipo de dibujo fundamentalmente diagramático, se dibuja para comprender y ayudar a la lógica del pensamiento/cosa en su hacer. No son por tanto, objetos dibujados sino ideas en relación como el «circuit tancat», las progresiones escalares, el desdoblamiento de la luz, etc.

Se observa un trasvase de elementos procedentes de otras obras, la sobreexposición de *Quemaduras* y la disposición en bandas de luz o la fragmentación de imágenes del cuerpo de *Apariencias,* los vasos llenos/vacíos de *El amor...* En definitiva, un tanteo y reciclaje de toda su experiencia anterior puesta al servicio de una obra nueva, *La Caída,* para la que todavía no se han encontrado soluciones concretas.

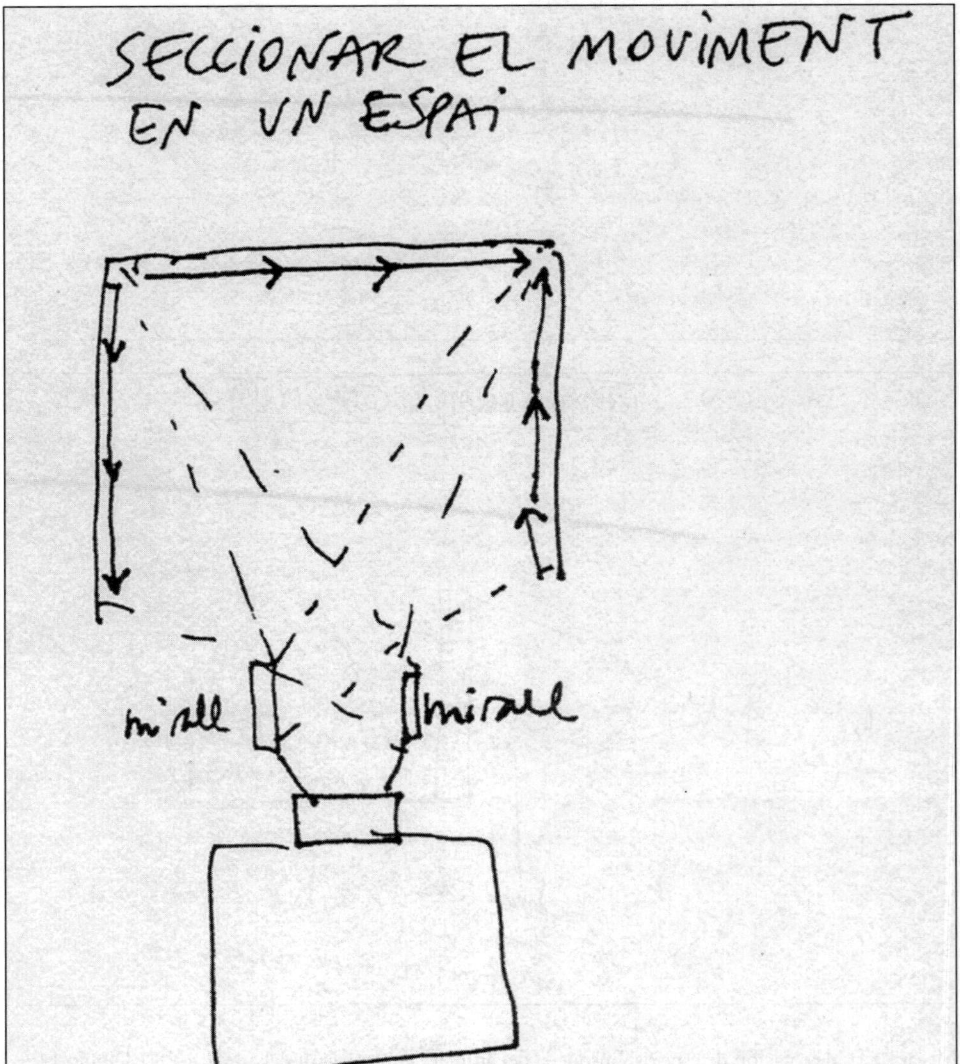

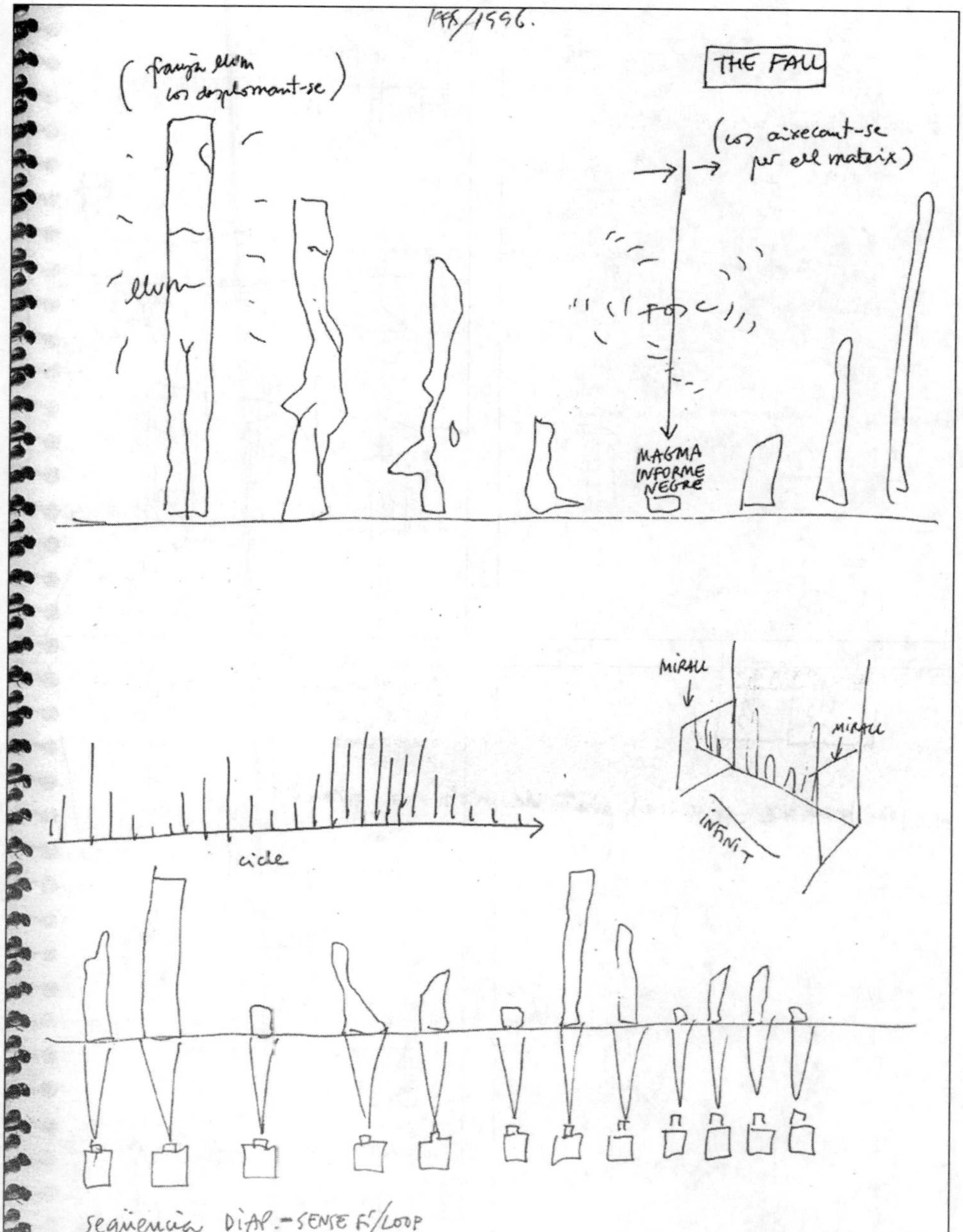

A partir de las tiras de luz de *Quemaduras* (véase «Habitacles» n.º 4) prueba con series de imágenes. Estudios de diagramación del movimiento. Ritmos sinusoidales, trasvase de la idea de vasos llenos/vacíos/llenos de *El amor...* [C2 Dibujo 1].

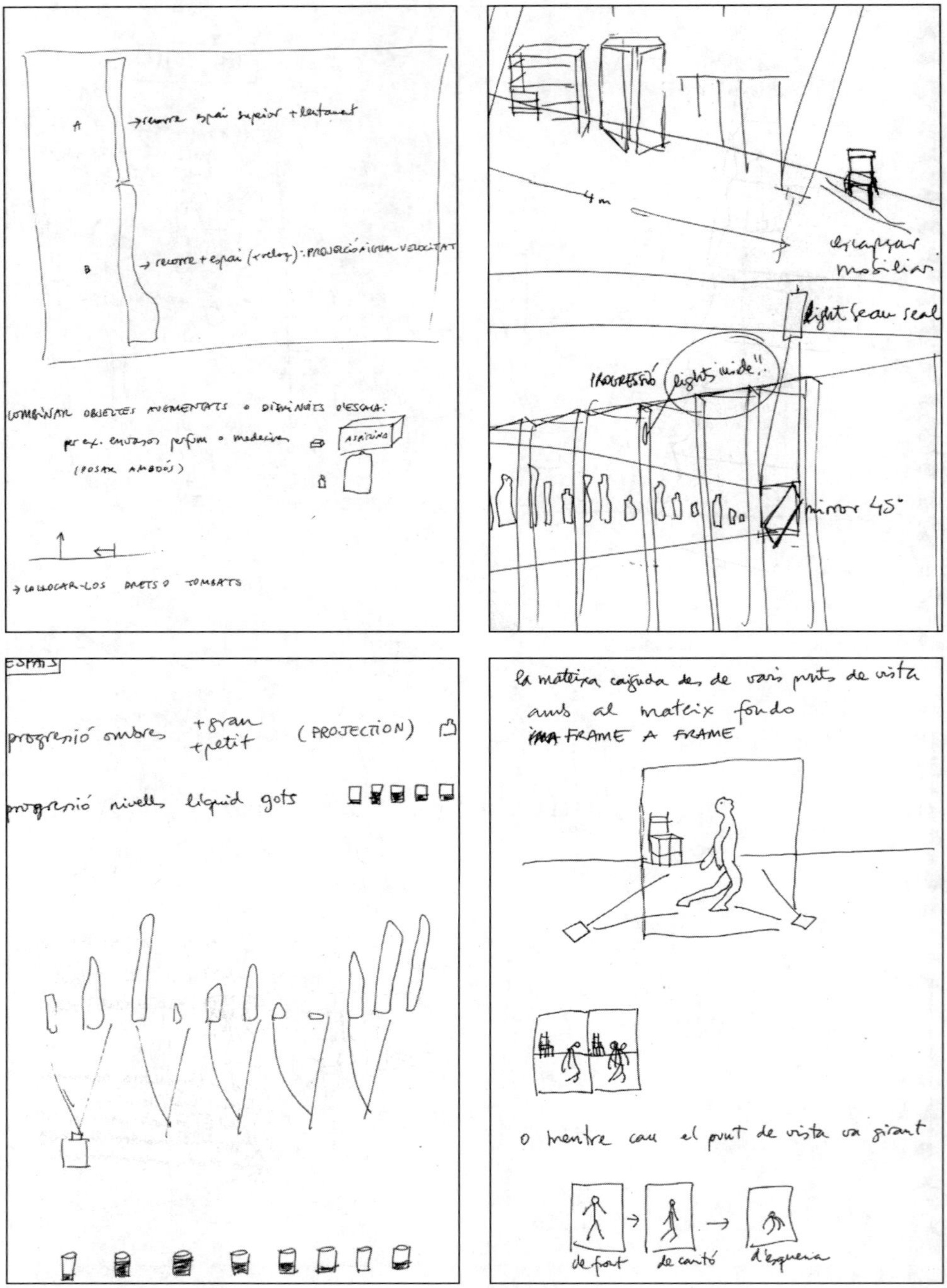

Escalamiento. Objetos aumentados y disminuidos de escala [C2 Dibujo 2].
Equiparación. El mundo de los objetos ordenados en el espacio dominados por el orden, tamaño, cualidades... [C2 Dibujo 3].
Progresión. Sombras grande a pequeño, niveles de líquidos en los vasos [C2 Dibujo 4].
Puntos de vista múltiples, para representar la acción del personaje que cae [C2 Dibujo 5].

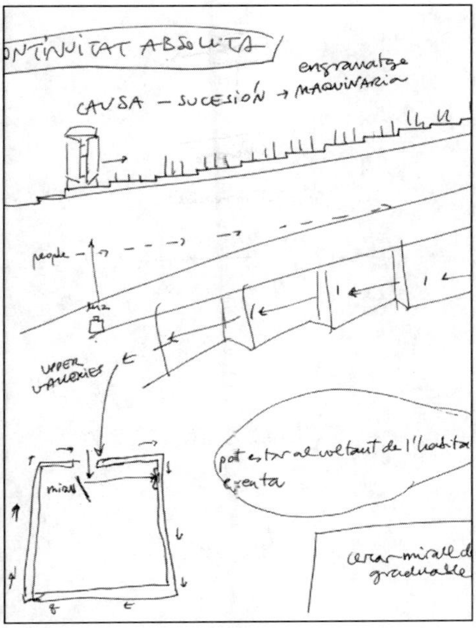

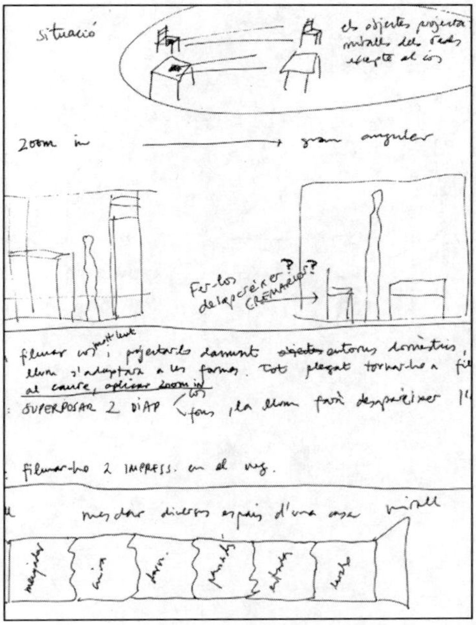

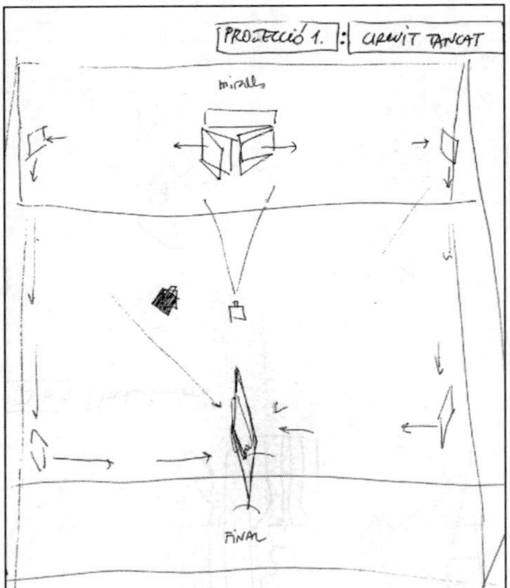

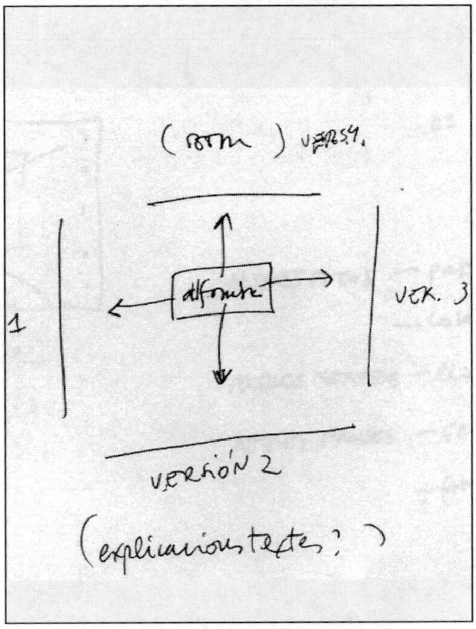

Los recorridos y el bucle «Continuitat absoluta». Causa-sucesión-engranaje-maquinaria. EV plantea la dualidad sombra-luz como dos extremos. El extremo objetual lo reserva para los objetos ordenados en el espacio dominados por el concepto de orden/tamaño/cualidades. La luz o extremo perceptual correspondería a los objetos vivos en su propio entorno doméstico [C2 Dibujo 6].
Estudio de la escala de los objetos e imágenes en las proyecciones [C2 Dibujo 7].
Primer esquema espacial: Projecció 1: Circuit Tancat [C2 Dibujo 8].
Instalación *Love's Sweeter...* primer diagrama de las tres escenas en un mismo espacio. Posible génesis de *La Caída*. Espacio único circuito cerrado [C2 Dibujo 9].

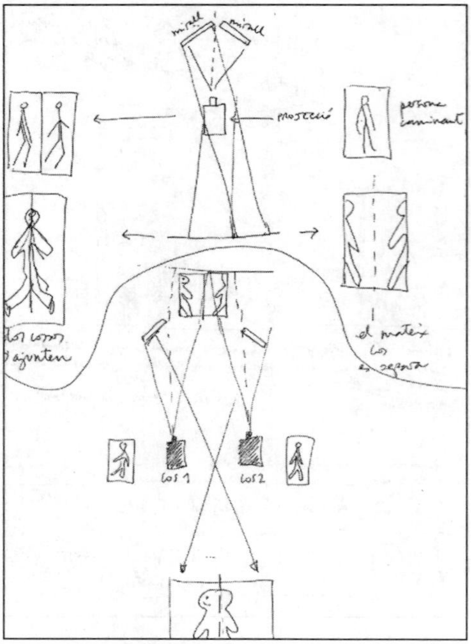

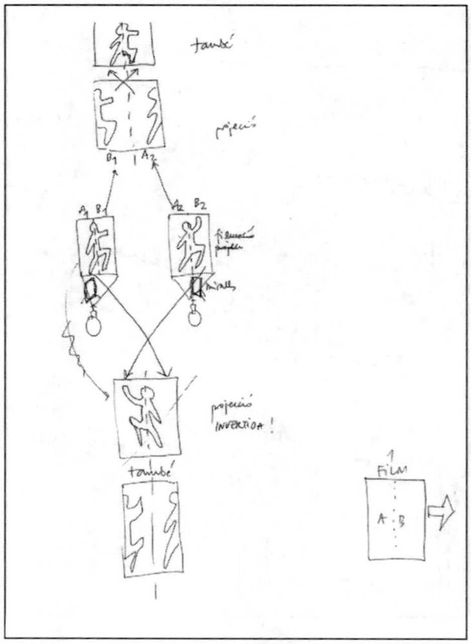

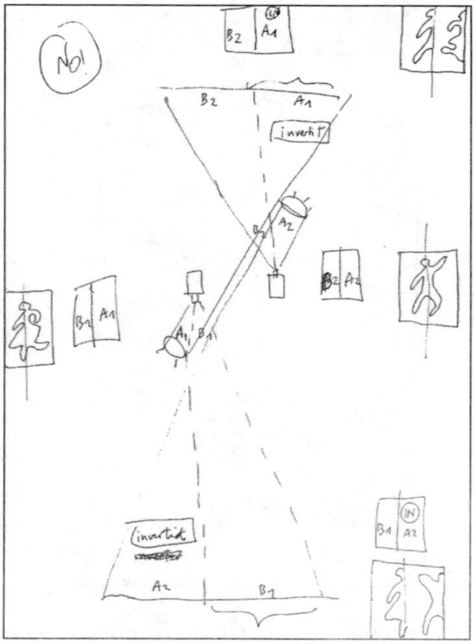

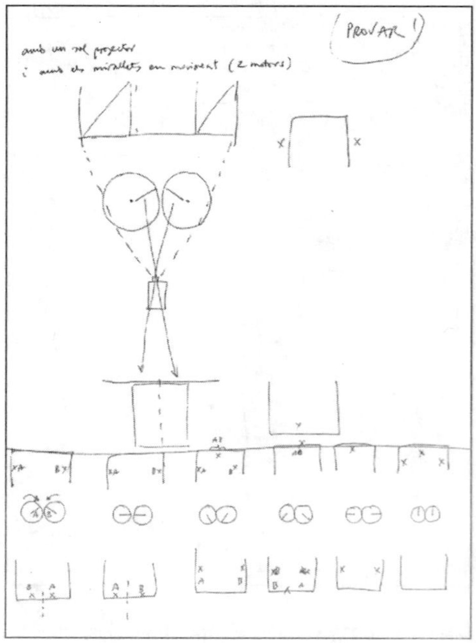

Primer esquema de fusión de dos acontecimientos, modelos de hombre y mujer partidos, intento de casar las dos figuras por su eje de simetría [C2 Dibujo 10].
Alteración de la juntas. Reflexiones izda./dcha. cambiadas [C2 Dibujo 11].
Complejidad en aumento. Variaciones y combinaciones, movimiento sincrónico [C2 Dibujo 12].
Simultaneidad de imágenes. Diagramas de rotación motores [C2 dibujo 13].

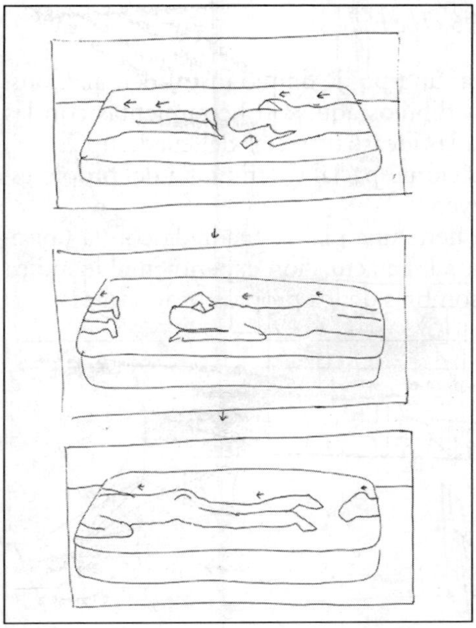

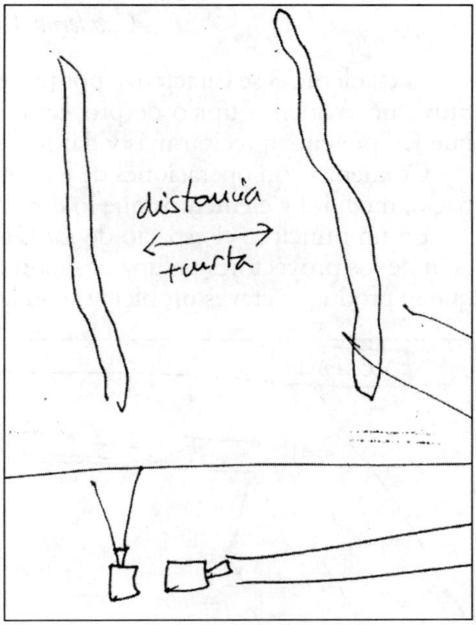

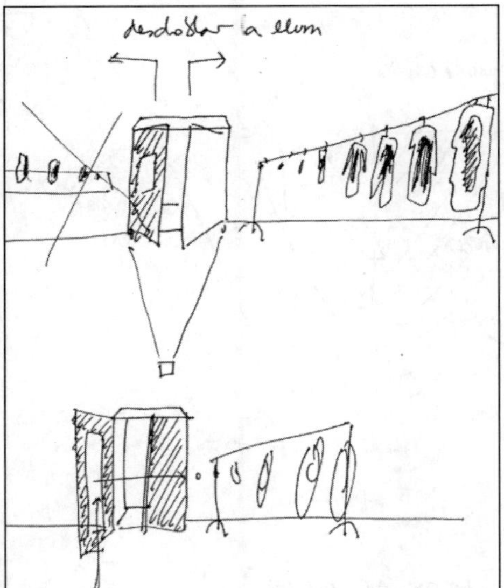

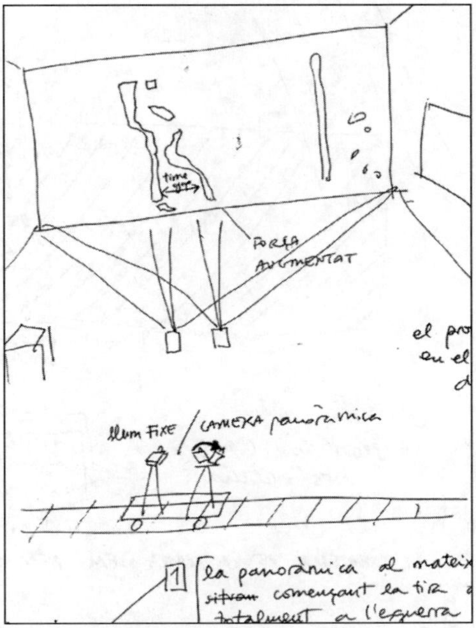

Crawling: secuencias trasvasadas de las series «Llits» en *Quemaduras* y *Apariencias* («El Sonni»). [C2 Dibujo 14].
Superposición: tira de luz + filmación + desplazamiento = creación de un espacio [C2 Dibujo 15].
Desdoblamiento de la luz, separaraciones. Doble imagen para espacio doble. Un armario con puertas de espejo divide el haz de luz. Se observa un trasvase de las operaciones ya empleadas en *Estante para un lavabo de hospital* [C2 dibujo 16].
Primeros esquemas de superposición de dos secuencias de proyección; se filma el entorno doméstico con la proyección de un proyector integrada en ese entorno [C2 Dibujo 17].

Cuaderno 3 1996 «*The Fall*»

El cuaderno 3 se caracteriza por presentar un tipo de dibujo instrumental. Constituye un cuaderno típico de proyecto. Los dibujos aquí son herramientas con las que EV pretende precisar más y dar forma a las ideas abstractas del cuaderno 2.

Comienza con operaciones de jerarquización espacial y definición del propio espacio, medidas y elementos que lo constituyen:

En un principio el espacio de *La Caída* tiene una planta cuadrada con la ubicación de los proyectores en una posición central. La actuación experimental le indica que se producen graves problemas con las sombras de los propios proyectores.

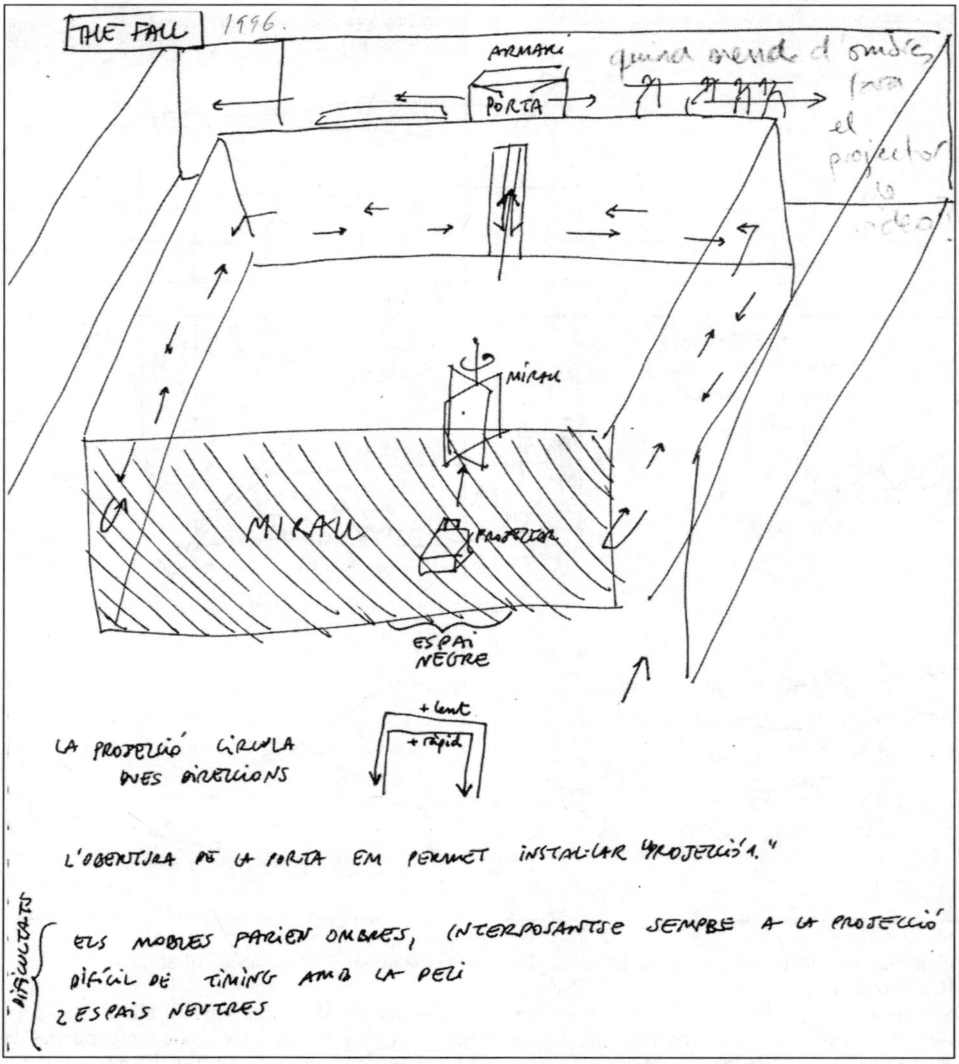

En este dibujo, EV «experimenta» la complejidad de las operaciones que pretendía introducir en este espacio y las dificultades que surgen: dos direcciones de proyección, interposición de los proyectores, problemas entre el «timing» de la película y el espejo y la necesidad de dos espacios [C3 Dibujo 1].

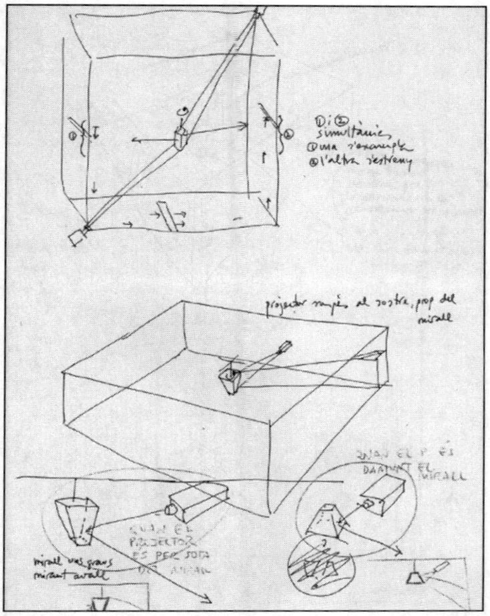

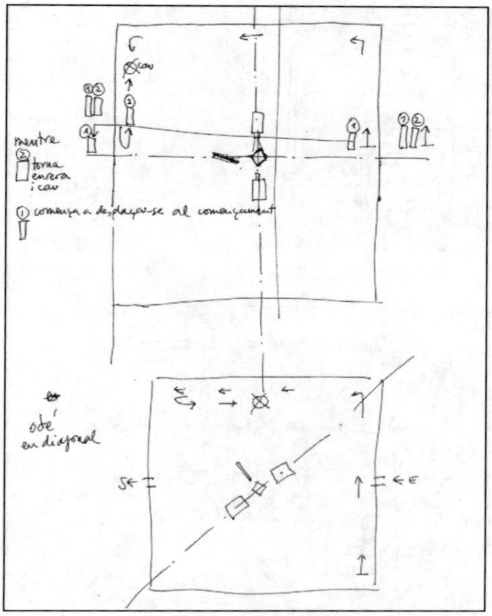

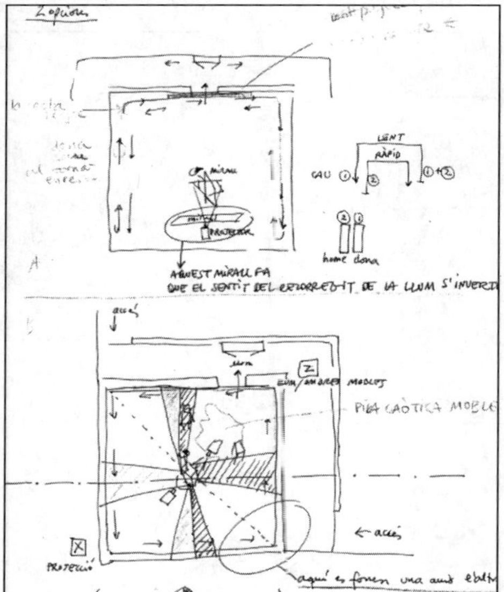

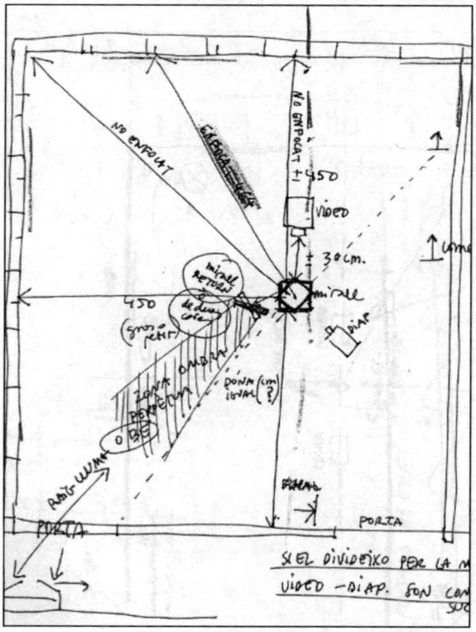

—Proyección simultánea, caja cúbica de cuatro lados; forma de la caja-espejo [C3 Dibujo 2]
Pruebas con la ubicación de los ejes de proyección, ortogonal o diagonal. La película es un «loop» que se divide en direcciones divergentes, estudios de los desplazamientos de las imágenes reflejadas sobre los muros. Problemas con el inicio y fin [C3 Dibujo 3]
Direccionamiento. EV estudia la utilización de dos proyectores con dos direcciones de proyección [C3 Dibujo 4]
Si la división del espacio se hace en cuadrantes de mitades iguales, los ciclos de vídeo y diapositiva son continuos y sucesivos y no simultáneos. Estudio de dos opciones en el que se plantea el descentramiento, la proyección diagonal y los problemas con las zonas oscuras [C3 Dibujo 5].

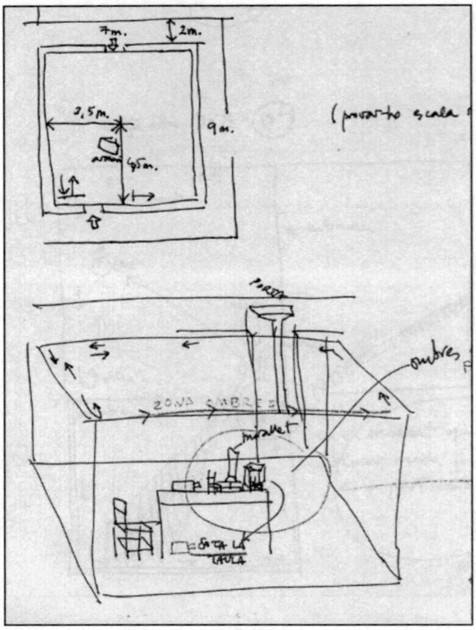

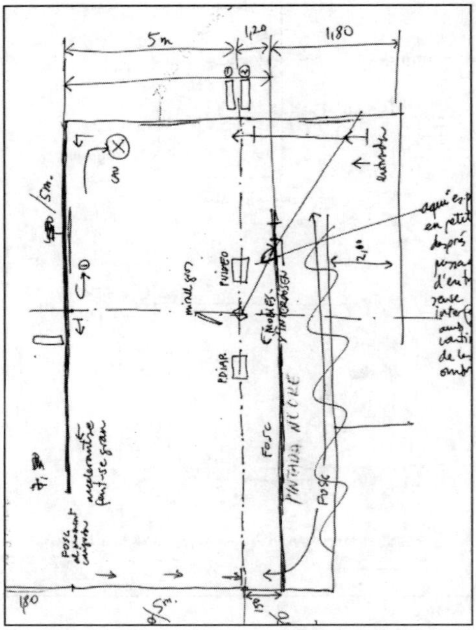

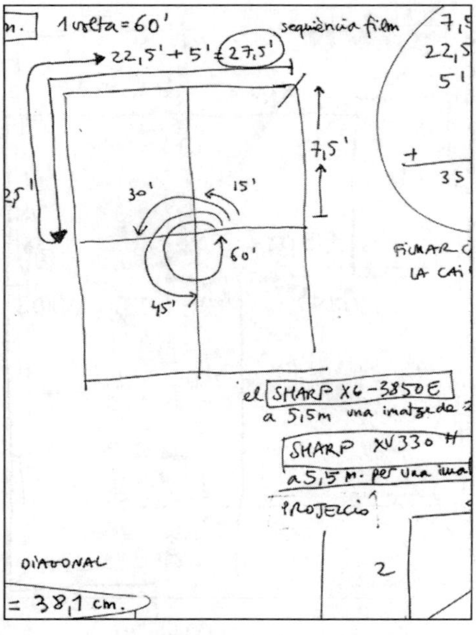

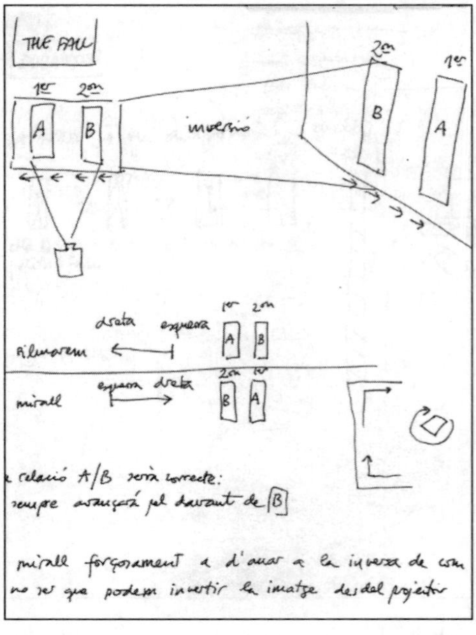

—Primera ubicación de muebles y objetos. La mesa en la que se sitúan los proyectores, el espejo rotatorio y las miniaturas de los muebles que aparecen en el vídeo [C3 Dibujo 6].
Este dibujo, titulado DIS/CONTINUITAT/RITMO, supone el primer estudio de esquema espacial descentrado con escala de medidas y ubicación del recorrido en función de la entrada del espectador. Se funden la escala geométrica y la escala temporal [C3 Dibujo 7].
Problemas con las secuencias: discontinuidad y ritmo, distancias a pared y longitud del recorrido, motor a 1 r.p.m. [C3 Dibujo 8].
—Inversión de la imagen izda./dcha.-dcha./izda. [C3 Dibujo 9].

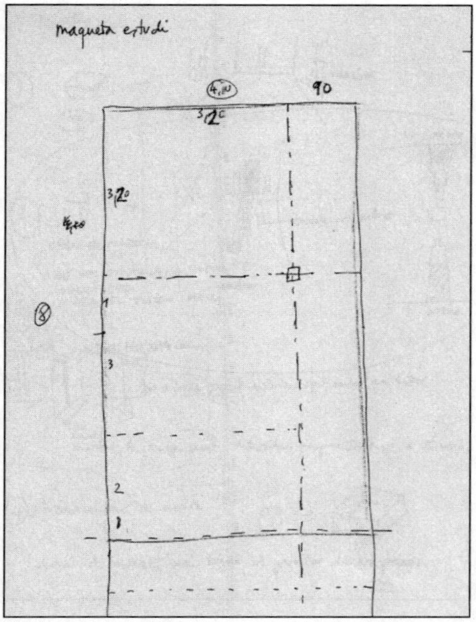

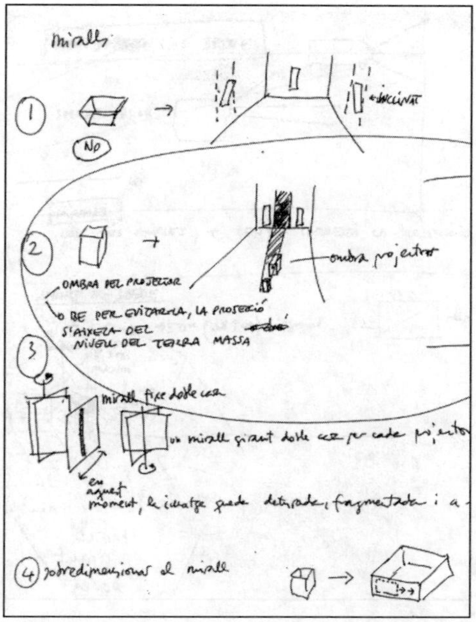

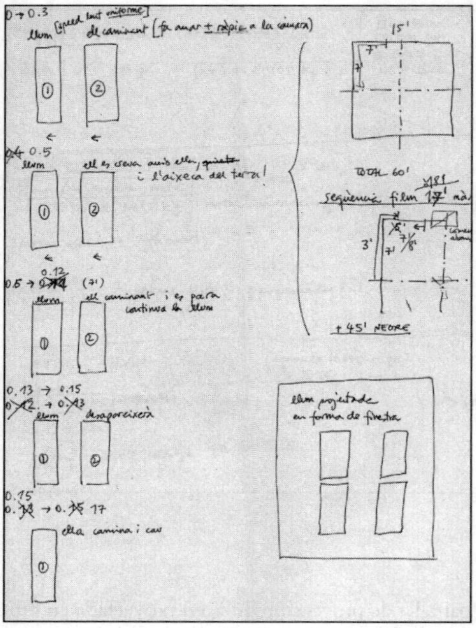

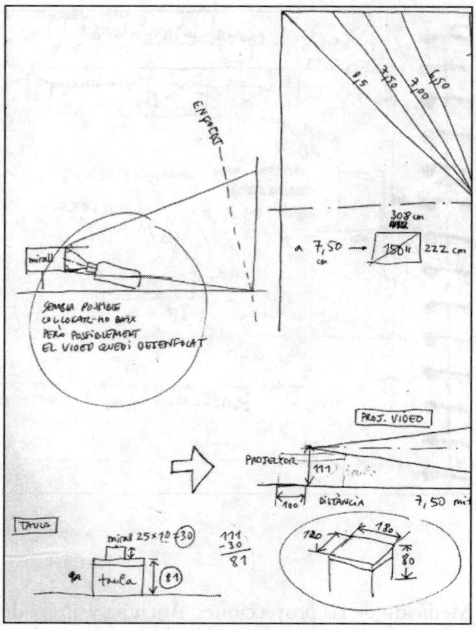

—Modelización para comprender. Esquema para la construcción de una maqueta de estudio de aproximadamente 1,50 m de lado [C3 Dibujo 10].
—Estudios de las posibles formas del espejo: troncocónica, cúbica, diédrica... [C3 Dibujo 11].
—Sincronía de los dos proyectores: la «historia» del vídeo y la banda de luz [C3 Dibujo 12].
—Medición de las proyecciones. Anchura y altura de la pantalla de proyección, imagen proyectada en función de la distancia a la pared, dimensionado de la mesa, altura del proyector y posición del espejo rotatorio [C3 Dibujo 13].

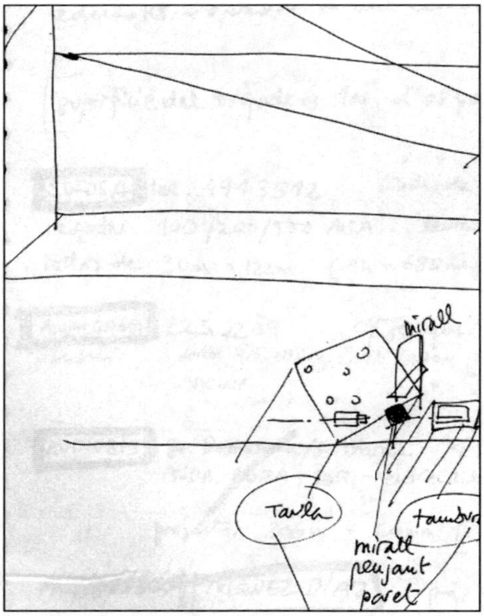

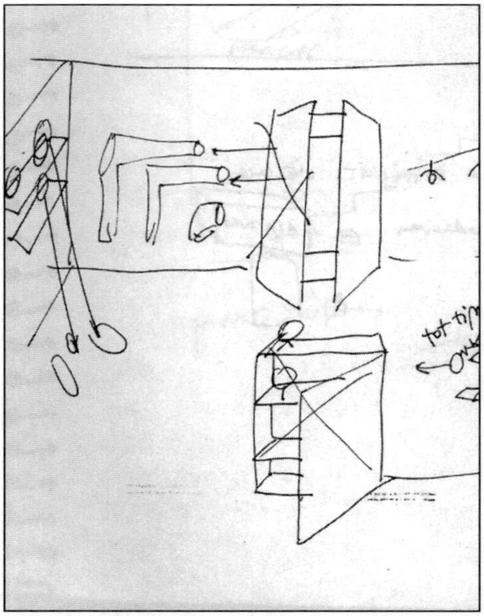

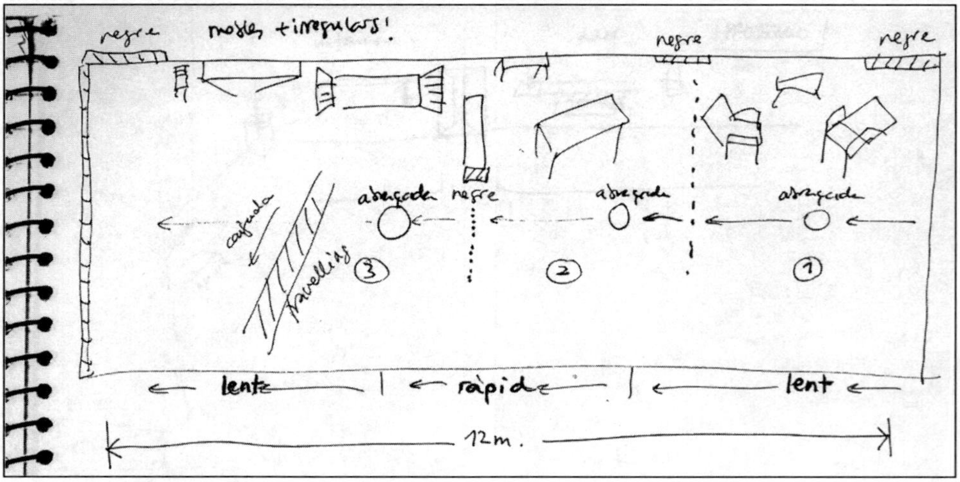

Medición de las proyecciones. Anchura y altura de la pantalla de proyección, imagen proyectada en función de la distancia a la pared, dimensionado de la mesa, altura del proyector y posición del espejo rotatorio [C3 Dibujo 13].
Estudio de los objetos y muebles reducidos sobre la mesa. Problemas con la proyección de sus sombras sobre los muros, distintas disposiciones [C3 Dibujo 14].
Segundo esquema de bifurcación de la luz, iluminación de dos pasillos con objetos interpuestos. Aparecen pantalones en el ala izquierda que serán desechados [C3 Dibujo 15].
Operaciones de rodaje: Uso de dos tiempos de rodaje: A y B. Caída en diagonal, mujer de pequeña a grande. Esquema de la escena de rodaje, disposición de los muebles, espacio negro, cama, estantería, mesa [C3 Dibujo 16].

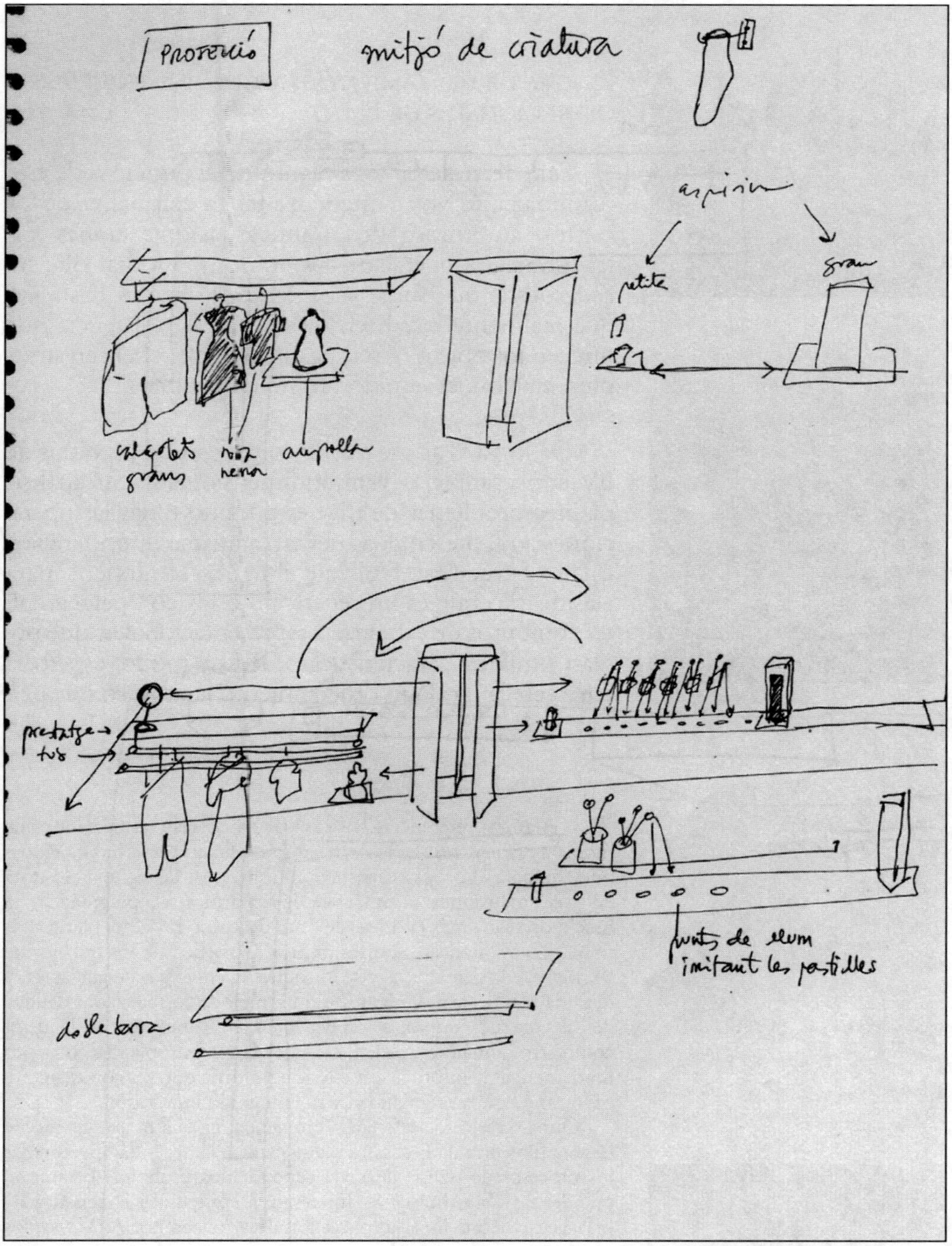

Tercer estudio del segundo espacio con forma de pasillo, por el cual la luz se infiltra reflejándose en las puertas de espejo de un armario entreabierto. EV retoma la estrategia empleada en *Estante para un lavabo...* dirigiendo haces de luz a objetos ordenados por tamaños y usos. Coexisten dos tipos de narración: a un lado, la historia del accidente emocional, el encuentro fracasado con el otro. En el opuesto, los temas son: la infancia (ropa de niño de pequeña a grande) y el dolor (puntos de luz —pastillas—, paquetes de aspirinas) [C3 Dibujo 17].

1

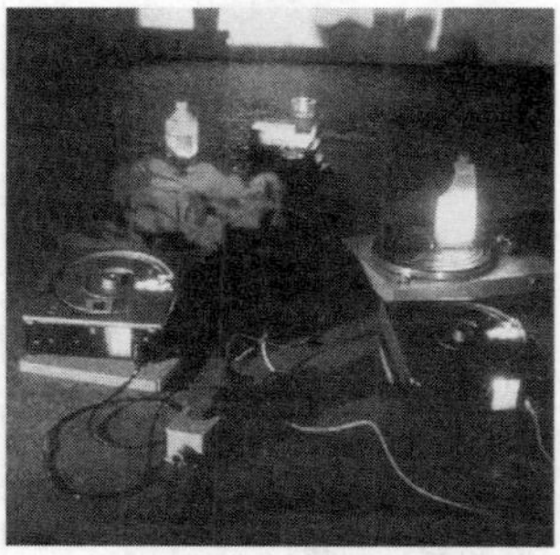

2

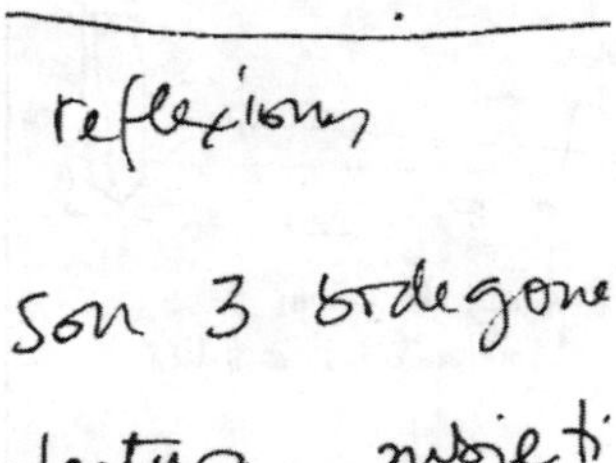

3

4

La caja de herramientas: algunas estrategias operacionales de EV

Para defender la tesis planteada al principio de esta segunda parte, voy a intentar, a través del análisis de los «restos» aquí mostrados, imbricar las operaciones con las estrategias operacionales, es decir, estudiar qué sucede desde que surge «el intento de hacer» hasta «lo que realmente hay hecho», y cómo la resistencia que ofrecen los objetos a ser modificados se refleja en su representación, el sentido último de la obra.

De lo ya visto, se puede constatar que las obras de EV son complejas y multidimensionales. Su análisis plantea problemas de niveles pues no todas las operaciones aquí presentadas tienen la misma importancia y calado estructural. Utilizaré el marco semiótico[17] para clasificar lo que es un repertorio o léxico operacional, en conjuntos de estrategias representacionales, que posean similares características. De este modo, espero la emergencia de algún ordenamiento jerárquico que per-

[17] Algunas referencias básicas parten de las clasificaciones de signos de Peirce y su trasvase al campo estético por Ch. W. Morris que equipara el proceso artístico a un proceso de signos y lo dota de tres dimensiones: la sintáctica, la semántica y la pragmática. La base morrisiana más las ideas del mundo como proceso, planteadas por A. N. Whitehead, son los puntos de partida de los trabajos de M. Bense en Alemania. Bense introduce el concepto de gradación y degradación del signo, planteando un método formalizador deudor del álgebra de conjuntos. Aplica también conceptos de la física como termodinámica, orden, complejidad y entropía. Su concepto fundamental, la información estética, no tiene que ver con el significado, sino con la originalidad y su contenido innovador.

Otros trabajos de referencia provienen, en el ámbito francés, de la obra filosófica de E. Cassirer, que plantea la necesidad de estudiar los procesos de signos de nivel superior (los símbolos) para comprender las obras humanas. Interesan la epistemología genética de J. Piaget, la teoría de la información desarrollada por A. Moles, los ensayos críticos y los elementos de semiología de R. Barthes, así como la noción de diagrama de M. Foucault y G. Deleuze. En el contexto italiano, algunas referencias son los trabajos de B. Croce, L. Pareyson, el concepto de «obra abierta» de U. Eco y la teoría del campo de A. Marcolli. Asimismo, son interesantes las aportaciones americanas de C. Alexander, con su concepto de forma como calce o encaje en un contexto, las teorías de los lenguajes de N. Chomsky y las aportaciones lógicas de N. Goodman y sus análisis de las «estructuras de la apariencia».

mita eliminar la posible confusión producida por el acopio de gran cantidad de materiales y datos de desigual importancia.

Bajo estos supuestos, veamos qué operaciones podríamos situar bajo la estrategia de representación indicial[18], el nivel más básico de representación.

Recordemos que EV siente aversión por la fabricación de objetos, convirtiendo el objeto en signo por la simple cita en otro contexto. Esta estrategia la utiliza tanto en la configuración física de la obra, el estado de cosas y objetos en el espacio, como en la configuración proyectada.

En la primera, se observan operaciones de apropiación de los objetos y operaciones de desplazamiento de los mismos, materiales diversos son trasladados y depositados en lugares distintos a los de su origen. Estas operaciones son básicas y se encuentran prácticamente en todas sus obras: las cajas en el suelo interfiriendo la proyección de *Apariencias;* (1) los tres bodegones de *El amor...* Eulàlia afirma que esta pieza «son tres bodegones compuestos por unos pocos elementos como vasos, botellas, tocadiscos, libros, proyectores de diapositivas y alfombras (2, 3). Están, igualmente, presentes en los objetos de la habitación de *La Caída* (4) o en las botellas libros y proyectores de Envases (5).

En las configuraciones proyectadas también se emplea esta estrategia indicial. Bajo la operación de señalamiento, EV escoge un trozo de realidad y la «muestra». La operación de recorte contra un fondo la introdujo la fotografía[19]. Aquí, el fragmento aislado representa al todo, la representación es instantánea y objetiva, convirtiéndose en prueba evidente, y la evidencia sustituye a la veracidad. Sus proyecciones de las siluetas de los

5

6

7

8

[18] «Al hablar del índice me refiero a ese tipo de signo que se presenta como manifestación física de una causa, ejemplo de lo cual son las huellas, las improntas y los indicios.» R. Barthes, «Retórica de la imagen», en *Lo obvio y lo obtuso. Imágenes, gestos, voces,* Barcelona, Paidós, 1992, págs. 29-47.

[19] Barthes plantea la naturaleza paradójica de la fotografía en la coexistencia de dos mensajes. Por un lado, constituye una perfecta y objetiva analogía de la realidad; donde no es necesario reducir el sistema de signos a un código, la realidad se muestra como tal, se produce un mensaje sin código. Por otra parte, su lectura no sólo se percibe, sino que también se lee, su retórica, su estilo, su connotación se funden con el primero. El reflejo en un espejo es también un mensaje sin código. R. Barthes, «El mensaje fotográfico», en *Lo obvio y lo obtuso, op. cit.,* págs. 11-27.

objetos, interfiriendo otro tipo de representaciones más elaboradas, son ejemplos claros de esta estrategia (6). Las sombras recortadas contra un fondo constituyen señales o huellas en la pared, improntas de los propios objetos (7).

Un segundo nivel correspondería a las estrategias que trabajan con sistemas icónicos.

Bajo esta perspectiva, encontraríamos una primera operación de conversión del objeto en signo por transformaciones del propio objeto o por la construcción de signos a partir de signos. Las sombras de los vasos de *El amor...*, son signos que se atraen y distancian, que «bailan» (8).

—Transformación del propio objeto: escalamientos, reducción y ampliación de los muebles de la habitación. *El comedor,* trasera (9).

—Conversión de desechos impersonales como colillas, migas de pan, las arrugas de una sábana, el polvo o los ruidos que interfieren el discurso de la razón, en signos de una narración o historia de mayor alcance (10).

—Transformación de la percepción con la que vemos el objeto cotidiano, al ser mostrado en un espacio artístico: cajas de comida, de medicinas, de limpieza y objetos personales esparcidos por el suelo, en *Apariencias, El amor..., La Caída, Envases* (11).

Para EV, la fotografía también es una fuente de signos icónicos que se contraponen a la lógica de los objetos y puede ser sometida a distintas operaciones que podríamos englobar bajo dos grandes estrategias:

1. Estrategia experimental

Se producen manipulaciones de la realidad (se fabrica un escenario) en las series *Quemaduras* y *Apariencias* mediante operaciones de complejidad creciente como:

—Sobrexposición de un fragmento del todo. Serie *Apariencias,* tríptico «El Sonni», 1996 (12).

—Proyección de objetos sobre el cuerpo, «Jacent ombres plenes» (13) ventana sobre cuerpo fragmentado. «Habitacles n.º 1» (14).

—Proyección de luz recortada encima del cuerpo con exposición múltiple. En la serie «Llits» «se utilizan proyecciones de luz que inciden parcialmente en el cuerpo y finalmente se ilumina la totalidad del espacio donde el cuerpo se ubicaba al posar. Cada exposición queda recogida suscesivamente en una misma foto...» (15); Visualization of my Belly, 95 (16).

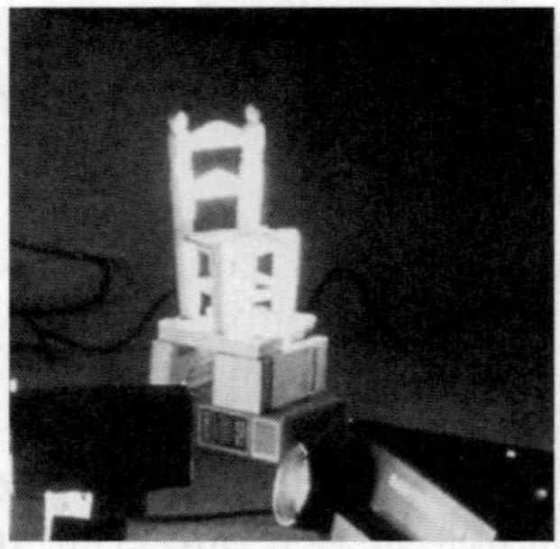

9

10

11

12

13

17

21

14

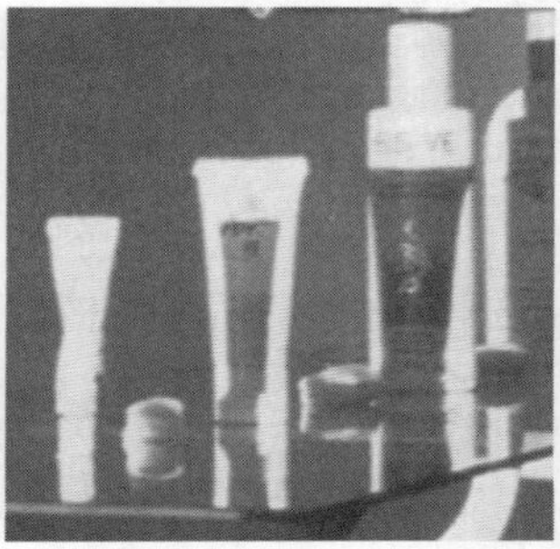

18

22

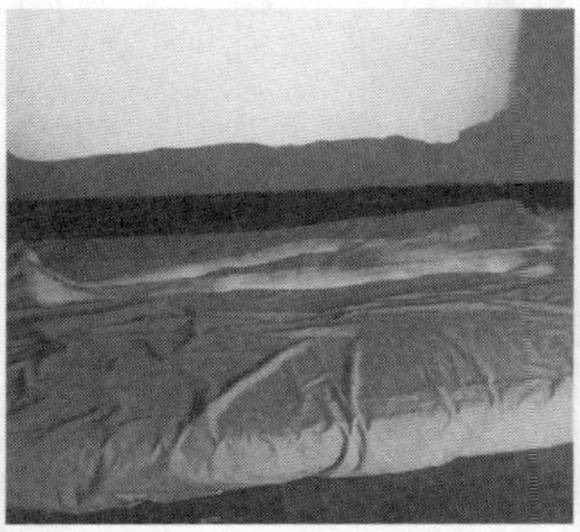

15

19

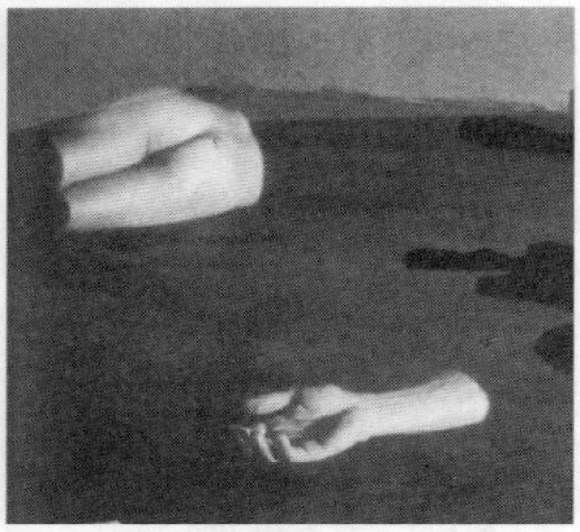

23

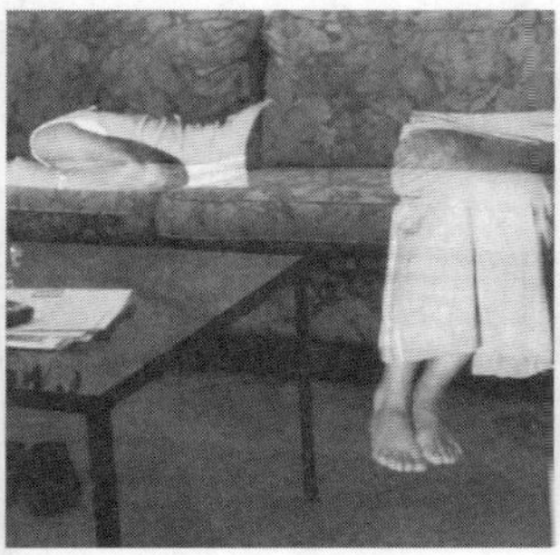

16

20

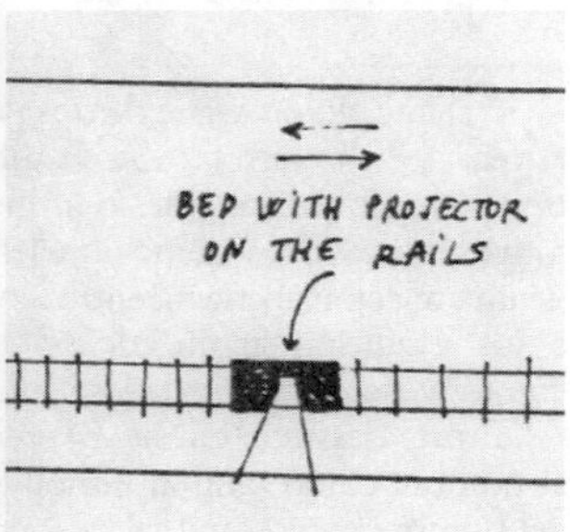

20

—Montaje proyección con fuentes de luz múltiples que convergen. En *El comedor: la figura de la madre,* Envases (17).

—Lo anterior más espejos y reflejos. *Estante para un lavabo de hospital* (18).

—Movimiento de los objetos con fuentes de luz fijas. Los tocadiscos que hacen girar los vasos en un baile sin fin en *El amor es más dulce que el vino* (19).

—Movimiento de las fuentes de luz con objetos fijos o en movimiento. Perfomance *Vendajes,* en la que EV empuja una cama en la que hay un proyector emitiendo un film con imágenes de fragmentos de su cuerpo sobre un espejo reflejándolas en un muro (20).

—Lo anterior con pseudo-narraciones filmadas. «No hago narración, aunque ultilize los recursos para crear una historia, no hay historia», *La Caída* (21).

2. Estrategia foto-documental

La fotografía se emplea como foto-documentación de una acción, de una perfomance.

Autobservación del propio cuerpo. Dualismo presentación-representación. «Habitacles», «Cantonada» (22).

Se obtienen obras fotográficas autónomas que, paradójicamente, son producto de una «puesta en escena», en oposición a su uso como documento verosímil o prueba irrefutable de hechos. *Quemaduras, Apariencias* (23).

24

25

26

27

El tercer nivel se corresponde con las estrategias que trabajan con sistemas simbólicos[20]. Se observan dos movimientos reactivos en la forma de abordar los problemas. Por un lado, EV describe posiciones o puntos de vista propios que pueden constituirse en referencias universales. En *Envases,* las sombras antropomorfas son arquetipos universales obtenidos con referencias particulares de botellas de limpieza. Por otro, EV parte de problemas abstractos y generales para re-

[20] Símbolo proviene de dos palabras griegas *syn,* que significa «a la vez», y *ballo,* «arrojar». Los símbolos tienden un puente entre patrones tangibles, naturales o artificiales, e intangibles, patrones cognitivos, perceptivos o emocionales. El significado se produce a través de una relación abstracta entre representaciones simbólicas. Los símbolos adquieren significado por su capacidad de correspondencia con los objetos, propiedades y relaciones de la realidad.

Ernst Cassirer, en su *Filosofía de las formas simbólicas,* define al hombre como «animal simbólico» frente a la posición cartesiana del hombre como «animal racional».

24

25

26

27

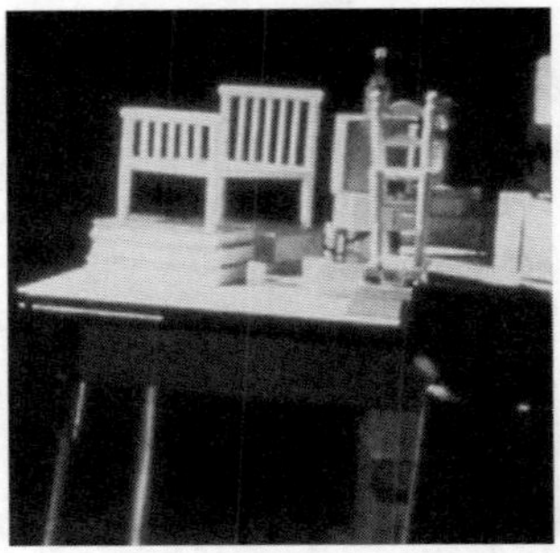
28

29

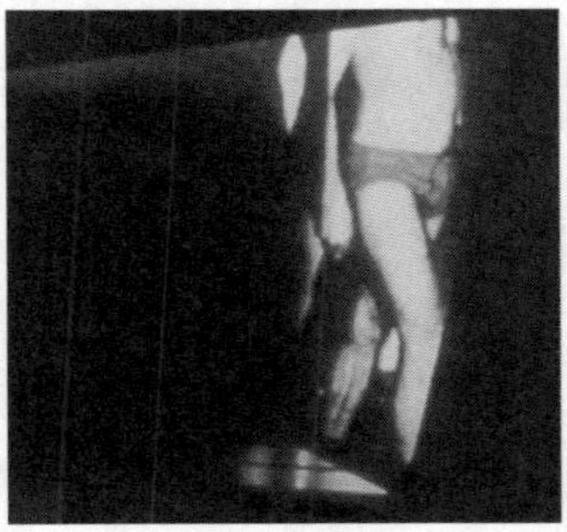
30

31

ferirse en última instancia a ella misma. Los principios masculino/femenino en *La Caída* son universales, mientras que el encuentro fallido con el otro es una toma de posición particular.

Se realizan algunas operaciones de cambio de sentido:

—Sustitución de acciones humanas por los objetos utilizados en esa acción. Con esta estrategia, los objetos son convertidos en símbolos y transportados a situaciones metafóricas exclusivas de los territorios simbólicos humanos, de expresiones personales, de las emociones y sentimientos que estos llevan asociados. EV pone en práctica una suerte de animismo, al igual que Joseph Beuys con su obra *Plight* donde un instrumento musical emisor de sonidos es encerrado en una habitación-mordaza de fieltro que le impide la más mínima expresión. En *El amor es más dulce que el vino,* EV utiliza los restos de una relación, vasos de vino medio llenos, botellas vacías, un tocadiscos que gira, el acercamiento y el alejamiento de la botella y el vaso, como metáforas del género masculino y femenino, en sustitución de los personajes ausentes de la habitación. La lectura subjetiva del objeto supone una implicación emocional (24, 25, 26, 27). En *Vendajes,* por el contrario, el film objetivaba el sujeto el yo; y en *La Caída,* se utiliza un mobiliario reducido como memoria redundante del original reflejado en el vídeo, etc. (28).

—Deconstrucción de las operaciones de formalización del cuerpo. En *Apariencias,* las fotografías del cuerpo proyectadas se diluyen y descorporeizan, se disuelven y fragmentan, como en «Mujer Botella» (29). Lo mismo sucede en *La Caída,* el montaje del vídeo fragmenta los cuerpos y los distancia hasta el punto de dificultar la lectura de la historia (30).

En *Envases,* el cuerpo es sugerido por sombras antropomórficas adscritas a una lectura mítica y simbólica.

Se producen, asimismo, operaciones de engaño por medio de proyecciones y espejos.

Artificios que permiten situarse en un punto de vista que alude al propio punto de vista. La cámara fotográfica equivale al espejo que refleja a los otros. Provisional Home, 99 (31).

EV hace esta descripción en «On mirrors, control and trust. 4 prácticas delante del espejo» pág. 3:

El control y el azar

El efecto de los espejos presentes en muchas instalaciones lumínicas consiste en for-

> zar la percepción de un cierto orden dentro de un conjunto de elementos en aparente desorden.
>
> La organización de un grupo de objetos es distinta cuando se mira a través de un espejo.
>
> El espectador se ve inducido a comparar la realidad y su reflejo, y a deducir un cierto lenguaje: el espejo SOLAPA, DISLOCA, TRASLAPA. En las idas y venidas entre la contemplación de los objetos reales y su apariencia reflejada, el espectador va tejiendo una especie de red con la que sostendrá el significado, un discurso construido a partir del azar aparente en el que viven sumergidos los objetos, otorgando a cada cosa, a cada situación, un destino particular. On mirrors, control and trust. [Les demoiselles de Valence, 99 (32)].

Por último, habría que resaltar las operaciones de reducción cromática y perceptual. Para trabajar con luz es necesario partir de la oscuridad. EV convierte las sombras en «antiobjetos» portadores de poderosas cargas simbólicas: inconsciente colectivo, teatro, mitos, etc. Para la artista, las sombras son un «espejo del pasado aún por iluminar». *Envases,* «Hada» (33).

32

33

R 1

Si las citas y las referencias a la autoridad son piedras angulares en los discursos críticos, en el campo artístico lo son las propias obras, con independencia de su autor. Ningún trabajo artístico surge de la nada. Siendo necesarios, como decía Barthes, unos saberes a modo de léxico mínimo compartido por la misma comunidad.

A continuación, señalo algunas obras de referencia necesarias para situar las estrategias operacionales de EV en el contexto del campo artístico. Es obvio que un estudio de mayor profundidad nos llevaría a la emergencia de bastantes más referencias. Pero esto nos alejaría inevitablemente del objetivo principal de estas breves líneas.

R 2

Intercambios. Dennis Openheim, Material interchange, 1970 (R1).

Desplazamientos. Robert Smithson, Slant Piece, 1969 (R2).

Espejos. Louise Bourgeois, Cell (Hands and mirror) 1995 (R3).

Cell (You Better Grow Up) 1993 (R4).

Jan Vercruysse, Mirror, 1984 (R5).

Gosbert Adler, The Cell, 199 (R6).

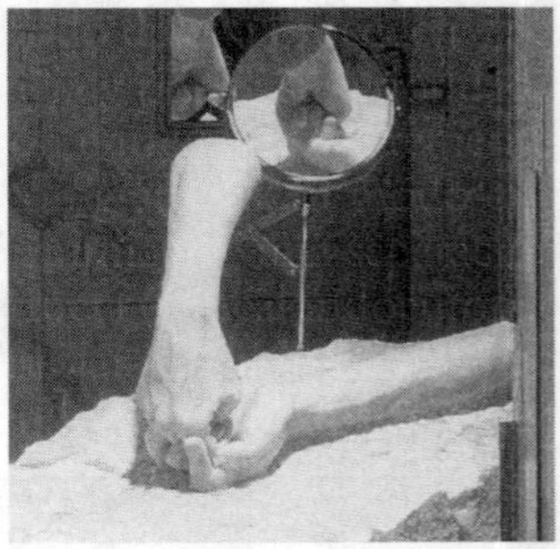

R 3

Sombras proyectadas, siluetas. Christian Boltansky, Théâtre d'ombres, 1984 (R7).

Desvanecimiento de la imagen. Fragilidad lírica sobre el amor. Teiji Furuhashi, Lovers, 1994 (R8).

Mecanismos, máquinas que se mueven. Marcel Duchamp con Man Ray, Optique de précision —Rotative plaques-verre, 1920. No quería que la gente viera «nada que no sea óptica» (R9).

L. Moholy-Nagy, Licht-Raum Modulator, 1922-30 (R10).

El movimiento del Arte Cinético con Yves Klein, Jean Tinguely y Raimond Hains, etc. «Los concretistas cinetistas identificaban los nuevos materiales tecnológicos con la nueva visión, y los experimentos con la luz y el movimiento reales formaban parte de ella.»

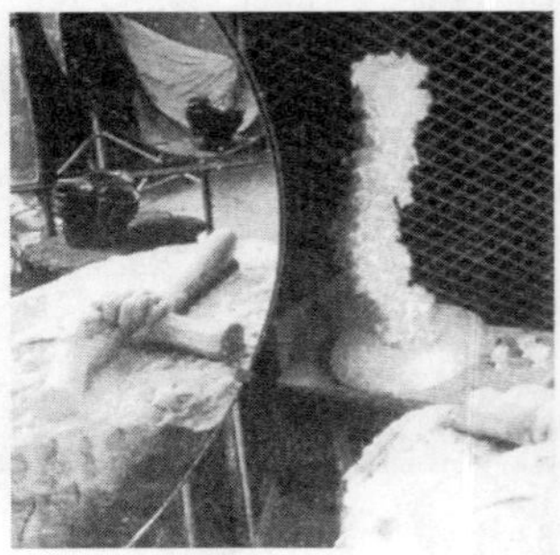

R 4

R 5

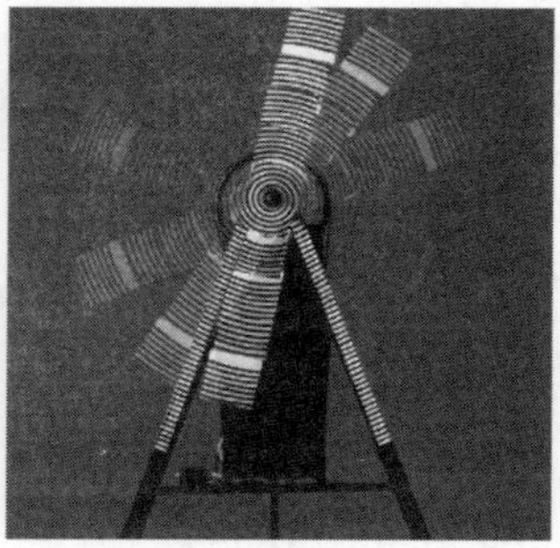
R 9

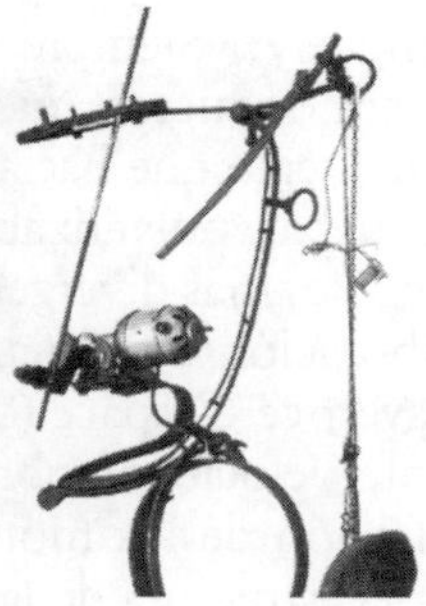
R 11

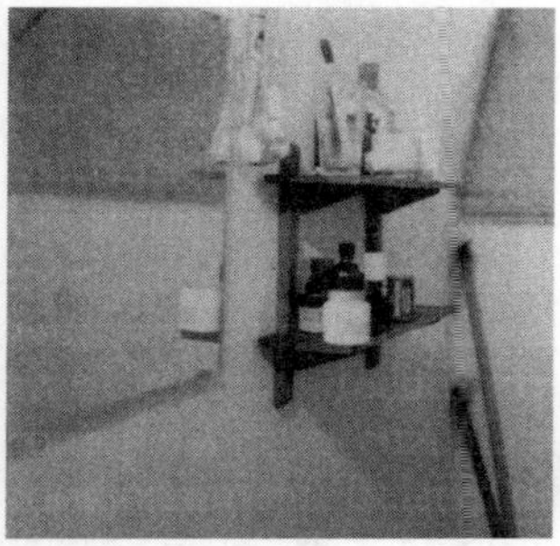
R 6

R 10

R 10

R 7

R 8

R 12

J. Tinguely: «Siempre tomaba el mismo motor (Lilliput) con reductor, que giraba siempre a la misma velocidad: creo que hacía las cien revoluciones; (...) Y hacía pruebas, pulverizaba aquellos motores y unía a los materiales más divergentes. ¡Esos son los Balubas!». La colaboración de Tinguely y Klein, para las máquinas Excavatrice d'espace (disco monocromo que gira a diferente velocidad sobre una máquina), supuso la no ocultación de los motores y su exposición junto con toda la estructura de la máquina. Baluba (R11).

Rebecca Horn, El río de la luna: Habitación de los amantes, 1992 (R12).

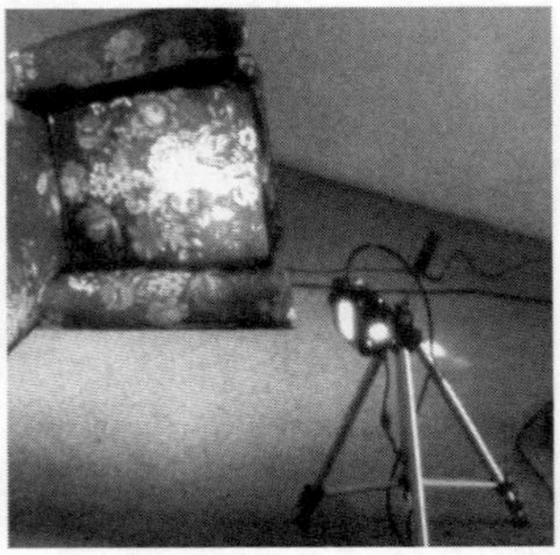

R 13

Proyecciones:

—de vídeo enfocadas a un objeto. Tony Ousler, Private Fight, 1995 (R13).

—de diapositivas enfocadas a un objeto. Krzysztof Wodiczko, Hirshorn Museum, Washington, D.C., 1988 (R14).

—de luz que definen un espacio. Gary Hill, And Sat Down Beside Her, 1990 (R15).

—mixtas: narraciones, historias. Bill Viola, Slowly Turning narrative, 1992 (R16).

—Gary Hill, He She, 1992 (R17) y Tall Ships, 1992 (R18).

R 14

Contenedores. Envases, traslaciones simbólicas cuerpo-mujer. L. Bourgeois, Precious Liquid, 1991. Cell (R19).

Utilización del propio cuerpo, y sus relaciones con el espacio, escenas perfomance. María Abramovic y Ulay, Perfomance Relaciones con el espacio, 1976 (R20) y Liberar el Cuerpo, 1976 (R21).

R 15

Simulación del espacio, teatro, escenografías. L. Bourgeois. Cell (Twelve oval mirrors) 1998 (R22).

Jeff Wall, Double self-Portrait, 1979 (R23).

Transformación de los objetos: Escalamiento. L. Bourgeois, The Blind Leading the Blind, 1947-49 (R24).

Sensibilidad Proyectiva, exigencia de una identificación inusual del individuo con objetos banales, domésticos o personales. L. Bourgeois, Cell VII, 1998 (R25).

Giuseppe Penone, Piede, 1972 (R26).

R 16

R 17

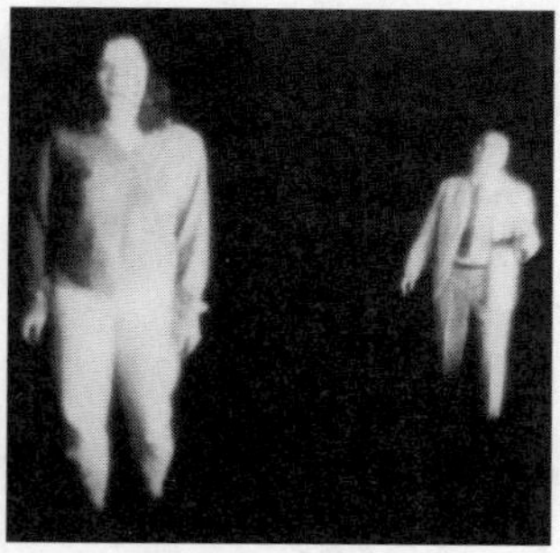

R 18

R 19

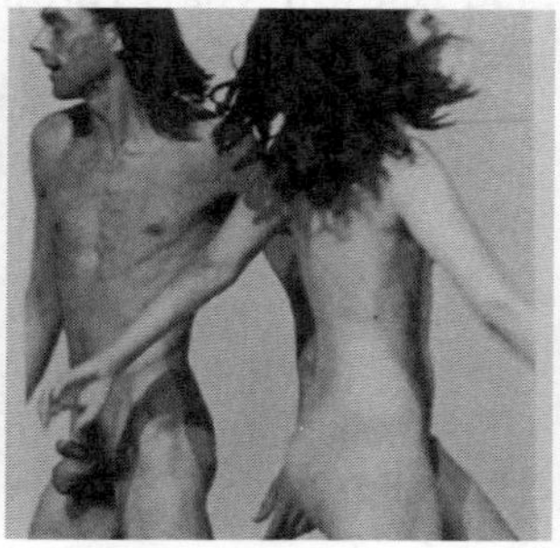

R 20

R 21

R 22

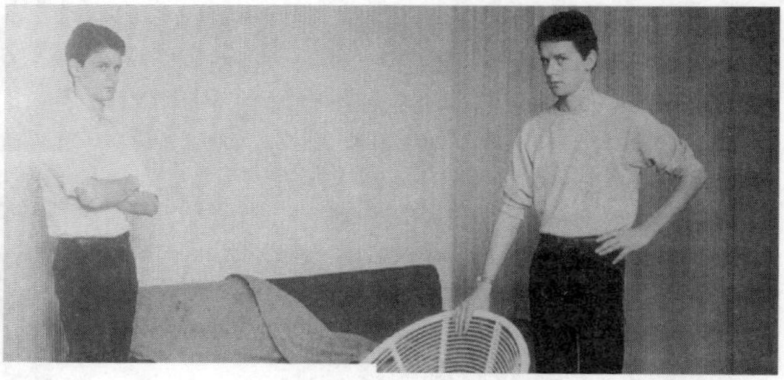

R 23

R 24

R 25

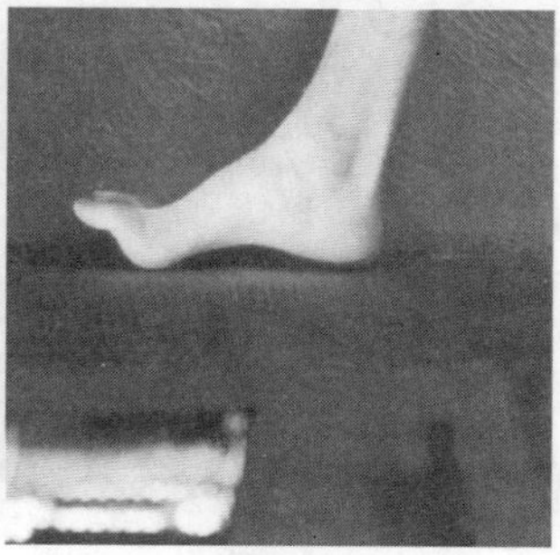

R 26

Noción de Campo. El biólogo Rupert Sheldrake se refiere con el término «resonancia mórfica» a la influencia y sensibilidad compartida entre los miembros de un mismo grupo, cómo unas cosas afectan a otras aun cuando divergen en su lógica causa-efecto.

Referencia importante constituye la noción de antiforma de Robert Morris y las instalaciones del arte procesual de los sesenta y principios de los setenta americanas con Richard Serra, Barry Le Va, Joel Shapiro, Lynda Benglis, Richard Tuttle, Robert Smithson, Keith Sonnier, etc.

Barry Le Va, Dibujo para el proyecto Aluminiun and Felt with Glass Throws, 1967 (R27).

R 27

La operación de traslapo para contar historias organiza un espacio memoria extraño y sorpresivo: «la obra acabada es a menudo una extraña, y algunas veces está reñida con lo que el artista sentía o deseaba expresar cuando empezó...», L. Bourgeois.

Duane Michals, The spirit leaves the body (R28).

Bruce Nauman, Failing to levitate in the studio, 1966 (R29).

R 28

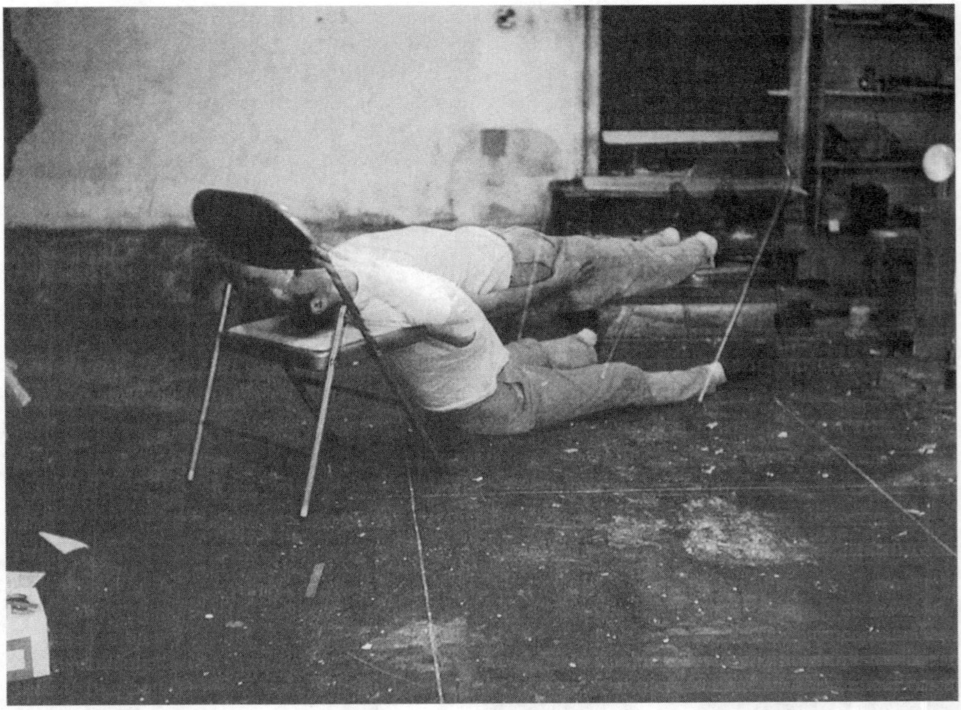

R 29

Epílogo

De la mano de EV, se ha intentado unir pensamiento a estrategias, imbricar la construcción de la forma con la negación de esta, es decir, con lo informe, y organizar todo esto en torno a un proceso proyectivo, algo que sólo es un marco, un contexto, un campo con unas mínimas reglas de juego y que, sin embargo, no puede ser descrito completamente sin la experiencia, la acción y el actuar. Soy consciente como artista de la incompletitud esencial de lo aquí expuesto y de que el acercamiento crítico a la maquinaria de EV deja fuera lo más importante de ella.

Al final, vuelve a reinar la sensación de desconcierto que tenía en el origen de este trabajo —cuando fui a Barcelona invitado por el doctor Cabezas Gelabert, en busca de material para esta colaboración— sólo disminuida por su grandeza humana y la de los miembros del Departament de Dibuix de la Universitat de Barcelona.

¿Cómo y dónde recolectar datos? El estudio del trabajo del artista Marcel.li Antúnez me llevó a las infraestructuras de Eulàlia, a la que agradezco sus facilidades para acceder a un material muy personal (sus cuadernos) y a la galería Helga de Alvear por proporcionarme algunas fuentes gráficas.

¿Qué fue primero? Trabajando en la biblioteca de la Sala Montcada, encontré los dibujos de la mirada vertical y el montaje de *El amor...* allí estaban analíticos, precisos, claros, donde nada falta y nada sobra, poderosos ejercicios de raciocinio visual. Había hallado por casualidad los códigos de información, encriptados en lenguajes diversos, que hacen funcionar las máquinas parlantes —las obras de EV—; la escritura cifrada que, a su vez, producirá nuevas generaciones de máquinas autómatas, que se alimentan por intercambio de estos códigos.

Ahora y sólo ahora, me doy cuenta que estas páginas son sólo un calco del mapa[21] de EV, una red de imágenes que connotan texto y unas palabras que traducen imágenes.

---

[21] G. Deleuze y F. Guattari, en su texto *Rizoma*, Valencia, Pre-Textos, 1977, examinan las operaciones conceptuales que se producen entre la construcción de mapas y el calco de estos, que presentamos aquí resumidas. Sus reflexiones nos remiten en última instancia a los problemas del original y la copia.

El dibujo de mapas:

1. Hacer el mapa y no el calco.
2. El mapa contribuye a la conexión de campos.
3. El mapa es abierto, es conectable en todas sus dimensiones, desmontable, reversible.
4. Puede modificarse, romperse, adaptarse.
5. Lo puede realizar un individuo, grupo o colectividad.
6. Se puede dibujar sobre un muro, concebirlo como una obra de arte, construirlo como una acción política o como una meditación.
7. Un mapa es cuestión de ejecución, mientras que el calco es presunta competencia.
8. No es exacto que un calco reproduzca un mapa.
9. Es más bien como una foto que aísla lo que quiere reproducir por medios artificiales.
10. El calco ha traducido ya el mapa en una imagen del mapa.
11. El calco ha introducido ejes de significado que son sus propios ejes y nunca los del mapa.
12. El calco ya sólo se reproduce a sí mismo cuando cree reproducir otra cosa.
13. El calco crea confusión, inyecta redundancias y las propaga.

Son sólo comentarios marginales que hablan de poderosos códigos que producen máquinas.
Informes internos.
Escritura gris.
Son sólo eso.
Me queda el consuelo de que en generaciones futuras,
afortunadamente,
no se entenderán.

Justo cuando busco el final de esta disquisición para colocarlo, lógicamente, en el principio, llegó el momento en que todo se suspende: el error fatal de mi ordenador corta el sólo hilvanado tejido de datos, dibujos y palabras de Eulàlia Valldosera y de todos los que me han precedido...

Capítulo VII

El dibujo como máquina conceptual

Miguel Copón

> Dibujar es como hacer un gesto expresivo, con la ventaja de la permanencia.
>
> Henri Matisse, *Sobre Arte*

Un dibujo es una línea con memoria de su trazado. Un gesto congelado, definitivamente diseñado para permanecer y establecerse como una superación del tiempo en que se crea. En tan sencilla definición se debaten un enorme número de fuerzas, las implicadas por los términos que *no* se cierran en lo dicho. En tan sencilla definición caben otras, y aquí nos interesa desarrollar las que circulan en la siguiente dirección: un dibujo es una máquina para crear significados, una máquina imperfecta que depende de la relación reflexiva entre un cuerpo con el que se relaciona la acción gestual y con un soporte sobre el que se inscribe. Pero también, como actividad de interrelación, genera una serie de destrezas concretas, no exclusivamente físicas ni fisiológicas, sino en donde se implica la totalidad del conocimiento. Tan sólo atisbaremos, en un trabajo que el tiempo irá ampliando, este pequeño espacio.

El dibujo proviene, tomando a Matisse como guía, de un gesto, una peculiar estrategia de movilidad corporal, que deja huellas a su paso por un soporte, creando una *extraña posición ontológica* en la acción así concebida. La máquina-cuerpo rasga un soporte, dejando indicación de su paso y la posibilidad de reconstrucción de su movimiento y vitalidad mediante la inserción violenta de una marca sobre o *contra* un soporte. Rasguño es la marca que se deja en una superficie, sea la piel o un papel, con las uñas, además de uno de los mil nombres del dibujo. Rasguños son las letras y las líneas, aunque cualquier componente gráfico posee esa calidad de marca corporal. El verbo griego *grápho* también designa al arañazo, la inscripción, la escritura y el dibujo, dirección que se aclara si nos referimos a la raíz indoeuropea *gerbh—*, rascar, arañar, dejar rastros. Da signo al paso de una materia sobre una extensión, dejando una serie de restos. La definición de Matisse es precisa en este caso: *una línea con memoria*[1]. Con

[1] «(...) como ha dicho Descartes, "de las cosas intelectuales no existe auténtica memoria". La memoria va ligada a la sensación, es cuerpo, y eso, en la red conceptual del método, carece de lugar y de lenguaje.» Franco Rella, *Metamorfosis. Imágenes del pensamiento,* Madrid, Espasa-Calpe, 1989, pág. 22.

la memoria de un cuerpo que quiere, a través de su combinación simultánea en un objeto, reintegrarse en una esfera de totalidad que le está negada, referirse en el vacío, al hueco o la exterioridad que también la constituye.

La reconstrucción del proceso de trazado del objeto dibujado es posible al apuntar a la memoria que lo ha fijado. Su evocación no sólo atiende a la permanencia física del objeto, sino a la posibilidad del recuerdo de la vitalidad que lo ha motivado —dos caras de la misma moneda— o a su estructura simbólica de aparición: Josef Albers indica que el contenido del arte se encuentra en una inadecuación peculiar, la de un hecho físico y un hecho psíquico, la de una marca y su apertura significante[2]. El único inconveniente de esta definición es la creencia en lo inadecuado de esta unión osmótica entre hecho físico y hecho psíquico, que en sí nos abre hacia problemas de mayor calado dentro del *pensar sensible,* cuando no a su mismo combate histórico. La separación, o la inadecuación entre lo físico —lo soportado en la materia como resto de la movilidad que lo ha generado— y lo psíquico —la reconstrucción significante del acto depositado, que puede volver a vivificarse mediante su interpretación— es una de las constantes del pensar en Occidente, desde ese «nacer platónico» al que se refiere Bergson como nombre de un territorio en el que encontramos dificultades para situarnos y que ha provocado una gran cantidad de ideas y acciones asociadas. La supuesta diferencia entre los dos terrenos, desde el pensamiento griego, se ha resumido en una imposibilidad para localizar cuál deba ser la relación entre sensibilidad y lógica, entre materia y pensamiento. Metodológicamente adquiere el máximo interés una relación comparativa de las aporías del razonamiento lógico y las realizaciones del arte. Los temas literarios de la filosofía, o sea, los relatos que se repiten y trasladan en progreso por una tradición de pensadores que enfocan un número reducido de temas con una alta autorrecursividad —la filosofía, al cabo— se encuentran con zonas de fractura, donde sus mismos planteamientos y principios de organización no son válidos. El tema filosófico en el que se inscribe la aporía que vamos a tratar, tan antiguo como la petición de principio filosófica, es el de articulación entre lo animado y lo inanimado, que requiere de una serie de dispositivos de contacto que procuren eficacia en su delineación, pero que precisan de herramientas de descripción que construyen supraestucturas e ideologías sobre ellas, proyectándolas sobre el mundo y configurándolo según direcciones que es preciso que sean sometidas a pensamiento, a crítica y a construcción creativa. El pensamiento puede mostrarse incapaz de entender determinados espacios, por ejemplo, al carecer de conceptos que categorialmente asociados a imágenes aclaren con distinción un territorio, esto es, sin contradicción, separada y definidamente, con límites precisados por ideas. Bajo otros nombres puede aparecer metamorfoseado este espacio indefinido que presentamos como dualismo espíritu/materia, cuerpo/alma, pensamiento/acción. Con estos nombres nos referimos a fuerzas contradictorias que sólo seríamos capaces de definir en su transición mediante esta composición de palabras, atendiendo a su separación antes que a la precisión con que pudiéramos especular sobre los

---

[2] «Si, de acuerdo con la idea de Hegel, en todo sentimiento del objeto artístico hay algo aleatorio (normalmente una proyección psicológica), esto exige del que lo tiene un conocimiento, un conocimiento de su verdad y de su falta de verdad. Al hedonismo estético habría que oponer ese pasaje de Kant en su doctrina sobre lo sublime cuando, de forma partidista, lo exime del arte: la felicidad en las obras de arte sería en todo caso el sentimiento de lo resistente transmitido por ellas. Esto vale más para la totalidad del ámbito estético que para cada obra singular.» T. W. Adorno, *Teoría estética,* Madrid, Taurus, 1986, pág. 28.

conjuntos que oponen. La distinción entre lo que es el cuerpo frente a la materia inerte nos pone en vía de una apertura vertiginosa de problemas: cuerpo frente a cadáver, pero también cuerpo frente a máquina, que no sólo se relacionan en el plano de eficacia en la transmisión y decodificación de datos, sino en los conceptos que definen su plano de (co)existencia[3]. Hombre frente a animal u hombre frente a la imagen de Dios, vitalidad frente a lo inanimado o a lo cosificable, las aporías —lugares sin paso— son más específicas y casi mayores en número que las posibilidades de definición, en cuanto toda definición de un terreno lleva inevitablemente a una violencia sobres sus fronteras, a un «tapar» los poros donde esa información pudiera transformarse en otra y oscurecer nuestra necesidad de un conocimiento claro y distinto. El viejo refrán «una imagen vale más que mil palabras» indica, más allá de la rápida ironía y de la superioridad de un medio, una importante valencia artística: la de procurar *otro* tipo de flexiones al pensamiento normalizado, entre cuyas ganancias siempre se ha encontrado la de procurar imágenes que en su ambigüedad sintetizan parcial o temporalmente formas de acceso diferentes a los problemas. El actual problema de las interfaces de usuario, actual en cuanto el maquinismo proveniente del pensamiento del XVII ha adquirido una vigencia inusitada a través de la informatización, la cibernética y las teorías de la información que son impulsadas tras la Segunda Guerra Mundial, puede encontrar una peculiar fertilización de las estrategias instrumentales de relación entre cuerpos y medios o instrumentos gráficos. Haremos un largo desarrollo introductorio que nos permita ponernos en la vía de utilizar este territorio, aun temiendo que el espacio no nos permita otra cosa que desarrollos ulteriores del tema, como siempre, demasiado extenso.

El arte propone unos *objetos de reflexión metodológica complejos,* ya que en ellos las categorías tienden a tomar una calidad difusa. Las formas no se excluyen, ni realizan una partición exacta del mundo, sino que se complementan atendiendo a la borrosidad de un error. Como *error categorial* se define en filosofía aquella forma que une espacios o conceptos que pertenecen a niveles o planos diferentes de realidad. Parece que no puede haber mejor definición del territorio del arte, ya que la filosofía interpreta dentro de este tipo de errores a los que mezclan, por ejemplo, mente y cuerpo. Intentaremos vislumbrar en qué modo el arte existe con precisión en este terreno difuso para la razón, en tanto la palabra latina *errare* indica, asimismo, un ir a la aventura.

Un dibujo no es algo que me pertenezca completamente, no es algo asociable a mi «yo», o situado dentro de la frontera de mi compacidad individual, sitúese esta por los medios que se sitúe, sino que a la vez propugna una exterioridad concreta. Un dibujo es simultáneamente «yo» y «no yo». Como las excrecencias corporales, posee una calidad ontológica intermedia, que muy bien nos puede servir para poner en cuestión la pureza de las categorías citadas, sus calidades separadas y la calidad y cantidad de su existencia separable, en virtud de la posibilidad de intercambio en las que ambas consisten. En un dibujo la *caligrafía* supone la referencia a los gestos que representan a un cuerpo, sus trazados proponen una diferencia individual que alude a

[3] «Y el espíritu está tan unido al cuerpo-cosa, que este no deja nunca de verse asediado por él, no es nunca cosa más que en último extremo, hasta el punto de que, si la muerte le reduce al estado de cosa, el espíritu está entonces más presente que nunca: el cuerpo que le ha traicionado le revela más que cuando le servía.» Georges Bataille, *Teoría de la religión,* Madrid, Taurus, 1981, págs. 43-44.

la identificación de un gesto peculiar. La escritura manual y la firma, en cuanto asociación de la diferencia gestual a la diferencia lingüística del nombre, es nuestra forma principal para identificarnos con cierta precisión, es decir, para separarnos del resto de las acciones y del resto de los nombres[4]. En todo dibujo aparece esta tendencia caligráfica que expone la forma diferenciada en la que los gestos se producen y reflexionan sobre un cuerpo extenso y apartado por una distancia de lo demás. Puede hablarse así de *encarnación* en las imágenes, como medio de referirnos al modo en que los restos guardan memoria del cuerpo que los produjo. Pero no sólo incumbe la encarnación a una memoria física, sino que en ella se incorpora todo cuanto en la definición de Matisse se esconde en la palabra *expresivo:* una tendencia voluntaria de dirección de los signos hacia la apertura de significados. El reconocimiento de una caligrafía, al hacerse sucesivo mediante la disposición de una serie de elementos que remiten a un mismo cuerpo, produce el *estilo,* el modo en que identificamos, como si analizáramos el paso de un animal mediante las huellas de su movimiento por un camino, la disposición en la que se encuentra un cuerpo y una conciencia determinada con relación a sus elecciones, tanto físicas como mentales, en relación con las líneas que ha considerado significativas en *su* expresión gestual del mundo. Un estilo es una clara exposición de los arbitrios que cada cuerpo ha incorporado repetidamente en la selección personalizada de sus decisiones frente al mundo. Reconocemos este estilo en un dibujo, por supuesto, pero también en una interpretación musical, en una comida, o en la moda y sus hablas personales, en cómo define cada uno su indumentaria. El que la palabra estilo provenga de nuestra definición inicial de dibujo, como la forma peculiar en que se produce la escritura, no debe resultar gratuito, sino que es en la *articulación mediante la mano* del mundo donde encontramos la mayor cantidad de formas de diferenciación caligráficas en nuestra relación con el medio. Nuestros dispositivos son básicamente manuales, y nuestras marcas corporales pasan por el reconocimiento visual de la manipulación precisa del medio. Nuestras decisiones y nuestra precisión son, ambas, formas de corte y juicio sobre el medio. Estas decisiones se hacen gráficas cuando las huellas del corte tienden a hacerse permanentes, memorias físicas, engramas[5]. Una ley escrita o un dibujo comparte este inicio, de este modo, como signos abiertos por la hendidura de una decisión, que espera una interpretación precisa, a su vez. El mundo, como juego de cortes y decisiones, se abre.

El signo es interpretable, tanto como decir que es necesario una apertura hacia lo progresivo dentro de las obras, hacia su movilidad o los restos de acciones detenidos para su permanencia, que las permita ser reintegradas en la vitalidad de la que provienen[6]. Si no fuera así, si las obras permanecieran iguales a sí mismas, sin posibilidad

---

[4] «Un escritor para Nietzsche es alguien que ha decidido: "de esta manera hablaré y expondré las cosas", como lo ilustra el título de su libro más famoso: *Also sprach...* La escritura no puede ser sino la imitación de una decisión previa, fundante, que nutre los contenidos del decir, aunque sólo sea imitación de un gesto.» Enrique Lynch, *Dionisos dormido sobre un tigre. A través de Nietzsche y su teoría del lenguaje,* Barcelona, Destino, 1993, pág. 63.

[5] La memoria se construye mediante huellas mnésicas que se archivan en la corteza cerebral neopalial. Son por lo tanto un grabado mediante aminoácidos de una información conformada para una recuperación flexible. La definición de *engrama* nos conduce de nuevo a la máquina, pues se debe a que su organización interna está definida para una recuperación similar a la de los engranajes.

[6] «El Dasein es ya siempre y constitutivamente relación con el mundo, antes de toda artificiosa distinción entre sujeto y objeto. El conocimiento como interpretación no es el desarrollo y articulación de las

de cambio, la vitalidad que descansa latente en ellas les sería totalmente arrebatada. No aparecería ninguna motivación desde ellas, ni ninguna provocación, evocación o invocación de sentido. Así aparece la complementación simbólica de los gestos del dibujo: desde su detención en el soporte a su vivificación, por fuerza de la ambigüedad del significado, hacia contenidos no previstos inicialmente y, más allá de esto, imprevisibles, inabarcables e inagotables. No de otra forma ha de leerse el axioma de creación de Gaudí: «Toda obra de arte es un ente vivo.» La caligrafía insufla vitalidad al signo, al tiempo que surge como herramienta metodológica de posición autoconcienciadora. Ese no-yo de los objetos que creo con voluntad de observación aparece como la mejor referencia metodológica —el mejor camino— de introspección y autorreflexión. Ese ente vivo que coloco en mi frente me saca literalmente de mis casillas, esto es, me dice cuáles son «mis» casillas desde las que decir (digo) «yo». La caligrafía siempre es una forma de autorretrato (> *tragh-* > traer), en donde literalmente se retrotrae *mi* imagen.

A la vez el dibujo procura una clara exterioridad. Convoca una distancia, sea tan cercana como la de la escariación o más alejada, como la del dibujo. Intimidad y distancia aparecen al tiempo. Recordemos a San Juan de la Cruz, quien para expresar esa reunión íntima de criatura y creador describe un espacio paradójico: «tengo en mis entrañas dibujados...»[7]. Una inversión muy aclaradora del concepto de distancia, que configura en su exageración paradójica una imagen potente de intimidad. Mediante las formas artísticas, que colocan en ansiedad las figuras separadas de interioridad y exterioridad, como relatos ambiguos y que no corresponden a ninguna división estricta, es posible plantear las formas en las que metodológica o epistemológicamente se han configurado estos relatos de constitución de la identidad propia y ajena, al tiempo que podemos comenzar caracterizando esta actividad simbólica (en cuanto tiende a conjugar estos espacios) como problemática (en cuanto lo efectúa mediante la separación, la creación de distancia y la reflexión teórica establecida desde la misma) como uno de los rasgos de adaptación precisos del arte en relación a un medio que sólo desde este juego de reflejos puede ser definido dialécticamente como tal.

El arte vive en una zona de indiscernibilidad que lo configura como una herramienta indispensable de intermediación entre las formas materiales de la sensibilidad y las formas lógicas, a las que se encuentra asociada la conciencia de sí como extrañeza frente al mundo[8]. La misma definición de *estética,* como traducción de la vivencia griega que engloba la distancia entre sensación y percepción, delata esta cantidad simbólica que sólo el arte puede administrar, al estar entroncado en el exacto paso o

---

fantasías que el Dasein como sujeto individual pueda tener sobre el mundo, sino que es la elaboración de la constitutiva y originaria relación con el mundo que lo constituye.» Gianni Vattimo, *Introducción a Heidegger,* Barcelona, Gedisa, 1986, pág. 35.

[7] «Y llevar siempre adheridas las entrañas. Lo que es estar y permanecer siempre y en todo momento vivo, pues vida es esta incapacidad de desligarse un órgano de otro, un elemento de otro; esta imposibilidad de disociación que es tan arriesgada, porque al no existir separación, cuando adviene es fatalmente la muerte.» María Zambrano, *Hacia un saber sobre el Alma,* Buenos Aires, Losada, 1950, pág. 47.

[8] Así lo encontramos en Rilke: «Lo bello se encuentra en las inmediaciones de la esfera angélica —que es lo invisible que proviene de lo visible— porque es el primer grado de desobjetualización de la cosa, por cuanto que en este estatus —el de la la belleza natural o el de la belleza artística— la cosa exhibe solamente su ser en cuanto relación —un concepto central en las Elegías—, en cuanto gesto o ademán.» Eustaquio Barjau, *Rilke,* Barcelona, Barcanova, 1981, pág. 91.

en el tránsito osmótico entre la multiplicidad inabarcable de las sensaciones que el mundo nos envía y la capacidad de captura perceptiva que nosotros podemos obtener o administrar de ellas. Veremos cómo existen dentro de lo biológico zonas similares, que el lenguaje caracteriza con la misma dificultad, como la respiración o la deyección. Analizaremos en particular la respiración, como ejemplo de la imposibilidad de explicar el campo que ocupa, a través de su definición artística. Pero el problema se mantiene, pese a la ambigüedad que presenta ante todo análisis. Si el análisis privilegia las formas lógicas, existe un criterio reductor que hace perder vitalidad a la captación de lo sensacional, que tenderá a aparecer como una figura muerta o incompleta, a la que se ha extraído la vitalidad como totalidad incomprensible. Si la relación privilegia la movilidad de lo sensacional, todo conocimiento se vuelve imposible o enloquecedor, en cuanto se ve superado por una multiplicidad en movimiento eterno y libre que no permite su captura. Exceso o carencia, serían las dos caras de la relación disposicional entre ambos elementos: el vital y el mecánico. Las formas oscuras que las zonas colindantes con este conocimiento han de administrar son evidentes. Lo que se encuentra más allá y por encima de todo límite, lo sublime en sentido étimo, es un escaparse constante ante toda estrategia de la razón para su comprensión o comentario. La oscuridad mística, por referirme a un ejemplo, se encontraría en ese espacio infantil (sin palabras) frente a una totalidad sin límites. Pero existe la posibilidad de crear objetos que viven en la frontera y que, como Carontes o figuras psicopompas, procuran el intercambio y la transición de ambos mundos. El arte es la membrana que pone en contacto ambos campos, que no admiten resolución si esta se presenta unívocamente dirigida por tan sólo una de las direcciones. Como las membranas, su entidad es infinitesimal, casi inexistente o paradójica, en cuanto sólo tiene existencia como frontera porosa de separación de campos. El arte es una respuesta a este problema, caracterizada por la búsqueda de soluciones frágiles y temporales a una diatriba irresoluble. Existen otras soluciones parciales, como por ejemplo, la risa[9], tal como es caracterizada por Bergson, como una reacción vital ante la inadecuación entre lo mecánico y lo viviente. Procuremos acercarnos ahora introduciendo —fragmentados— alguno ejemplos.

Una estela funeraria, como prototipo de dibujo. Una piedra que nos mira, silente. En ella, litografiado un cuerpo bajo el sol. Líneas sencillas y decididas, en todo el contenido de la palabra. Muescas que buscan alojo en un forma permanente, desde el cuerpo piden aquello de lo que el cuerpo carece, piden esencia, aun en la apariencia frágil de la hipótesis, para que el paso fúnebre del tiempo atraviese sin destruir el cuerpo ahora congelado en piedra.

Quizá, con ello, partir del asombro y la casualidad. Alguien, al extender su cuerpo, nota que una marca dejada por el azar sobre otro cuerpo permanece y construye un buen refugio para la mirada. Alguien es consciente mediante una marca de que el mundo se encuentra *presente,* a cierta distancia, que el mundo permanece al cambiar y existen ahora formas en las que estas ideas comienzan a ser visibles. Es imposible se-

---

[9] «Precisamente gracias a la risa, y bajo un disfraz sumamente excéntrico, la materia se empapa de espíritu con exhuberancia. Y tan espiritual se vuelve que llega a sobrepasar con mucho al lengujae. Aspira a elevarse y termina en risa estridente. Por bestial que el efecto de esta risa parezca desde fuera, para la sinrazón interna sólo cuenta como espiritualidad.» Walter Benjamin, *El origen del drama barroco alemán,* Madrid, Taurus, 1990, pág. 225.

parar el comienzo de toda teoría de ciertas acciones corporales, de una expansión del cuerpo sobre el medio, porque cuerpo y medio no son más que ideas extraídas con cierta violencia de relaciones confusamente expuestas, sobre las que es necesario fijar la atención para que nos indiquen algo más sobre esta correspondencia recientemente abierta: un cuerpo deja una marca indeleble sobre una superficie y la mirada se trastorna desde la contemplación hacia la interrogación. Cualquier actividad del cuerpo se convierte en heroica en su complejidad al ser retrotraída a la simplicidad de la que parte. El primer dibujo al que así pudiéramos llamar nos presenta esta complejidad inherente; desde la más asombrosa simplicidad se transforma en actividad cultu(r)al, en cuanto articula relaciones y distancias entre un yo y un mundo que surgen en el espacio en donde alguien contempla y algo se coloca en la lejanía para ser observado. La estrategia de creación de toda obra artística lo es de una obra de conocimiento de los alejamientos, los transcursos y las permanencias en las que el juego conciencia-mundo comienza a desplegarse.

Es así como el problema comienza en su laberinto. Desde la situación azarosa de observar una marca sobre un soporte —el dedo sobre la arena, la mano sobre el pelo de un animal, la mancha producida sobre la pared— abstraemos la situación para hacerla permanente y diferenciable, para poder vigilar las formas de su producción y archivarlas experimentalmente, de modo que tanto acción como observación se produzcan y realicen bajo determinadas circunstancias controlables. Esas circunstancias configuran la teoría, la visión. El control de las formas construye el devenir técnico; la formalización de los métodos hace aparecer, derivados de las técnicas, una serie de procedimientos y dispositivos que tienden a hacer permanente la fugacidad del asombro. El dibujo más simple abre un inmenso espacio cultural[10].

El dibujo, entonces, es un dispositivo proyectual humano, que articula relaciones con su medio, mediante la flexibilización de un conocimiento residual y cambiante, frente a otros, o en el espacio imposible de ocupar por otros, como la ciencia, la religión y el lenguaje. La capacidad de cambio y metamorfosis del dibujo en cuanto arte, va más allá de la simple aplicación técnica, que podemos encontrar en la utilización instrumental como sistema de descripción, por parte de la ciencia o el lenguaje, o de la circunscripción de lo imaginario por parte de la religión. El dominio del dibujo, al inscribir su procedencia en el mundo del arte, nos habla de que su flexibilización procede en un primer momento de su compatibilidad con la magia, la religión, con la ciencia o el lenguaje, en

[10] «El hombre, al desarrollar la cultura se domesticó a sí mismo, creando en este proceso un conjunto de nuevas series de mundos, diferentes los unos de los otros. Cada uno de ellos tiene su propio equipo o aparato de recepción frente a los estímulos sensoriales, de modo que lo que agrupa a los individuos de una cultura no lo hace igual necesariamente con los de otra.» Edward T. Hall, *La dimensión oculta*, México, Siglo XXI, 1986, pág. 21.

cuanto todos son medios de asombro frente al medio fenoménicamente dependiente de una estrategia de imágenes. En el momento en que esas imágenes se especializan, es decir, en el momento en que esas imágenes se convierten en formas maquinales reduciéndose hacia una particularización de saberes, desde la totalización del significado del que provienen (como un dirigirse al mundo en su conjunto) queda una *zona indiscernible* dentro del conocimiento en la que debe seguir existiendo una articulación flexible de posibilidades. Cuando los saberes se hacen concretos, en la ciencia lo controlable comienza a ganar peso funcional frente a sus contenidos mágicos, cuando en la religión la funcionarización del acceso a lo absoluto comienza a tener puntos delimitados y fijados para su perspectiva, y lo indiscernible que se abría en esta primera relación teórica se torna en funciones maquinalmente dirigidas, existen amplias zonas en las que el conocimiento aún no es posible, pero que siguen requiriendo y exigiendo articulación, por lo que el *carácter residual* del arte, de los dibujos, se concentra en estas zonas de grieta, de error o deriva. Es por ello que el arte debe cubrir zonas donde el espacio de articulación no está prefijado, sino que cambia en relación con las franjas residuales que otros campos puedan dejar, dentro de esta distancia de conocimiento. De este modo el arte, o lo que es, puede o debe ser descrito en un dibujo, cambia en cada época y en cada instante temporal o espacial. Este es el sentido de la palabra «frente» en la definición que hemos iniciado, lo que significa que el arte, o la descripción gráfica, no posee un territorio propio, sino que mostrencamente depende de las zonas de indiscernibilidad de todos los demás sistemas sígnicos en los que el mundo se articula. Un dibujo es un dispositvo sobre lo indisponible, hace mundo de lo inmundo o crea significado de lo insignificante. Ciencia, lenguaje, religión o magia tan sólo son ejemplos entresacados de la infinidad de conjuntos sígnicos en los que se va dividiendo y especializando nuestra relación corporal y conceptual con el mundo. El arte se funda, por ello, en su antiespecialización, su plurimorfidad funcional que bebe de las zonas de carencia en las relaciones establecidas en otros medios. La definición de Adorno, que hace depender la posibilidad de comprensión del arte en el dirigirse hacia lo *resistente en las obras*, es una forma precisa de referir esta zona intolerante con toda conceptualización o precisión[11]. Residual y cambiante son sus atributos, frente a estático y preciso, funciones que harían de un dibujo una aplicación concreta. Es reseñable en este punto que tanto en la ciencia como en la religión esta maquinación sea paralela a la generación de una fuerza eficaz de control: el dominio asociado al conocimiento surge de este hecho. Algo parecido podríamos encontrar en la maquinación económica de los medios artísticos, que los transforma de su posibilidad como medio abierto del conocimiento humano en una situación cercana al poder.

Los dibujos no describen precisamente, aunque pueden ser resumidos a esta función, como en el caso del croquis de una máquina o al dibujo de una palabra. Pero aun en estas formas que pretenden subsumir ese hacerse con el mundo en una cantidad clara, late como un eco de procedencia la oscuridad de algo inexplicable, volvamos a Adorno, de algo resistente. En el dibujo de la palabra la forma se convierte

[11] «Lo cifrado de las obras de arte, que es una de las caras de su carácter aparicional, se diferencia de la belleza natural en que si bien impide la univocidad del juicio, lo hace sin embargo por su propia configuración, por el "como" según el cual aquellas se enfrentan con lo disperso y adquieren la mayor determinación.» T. W. Adorno, *op. cit.*, 1986, pág. 114.

en *diapositiva,* es decir, en algo que atraviesa las posiciones físicas, o en *diarrea,* es decir, en algo que fluye a través de métodos, intentos o concreciones. En el dibujo la forma se deshace en trayecto: tropología o dromótica serían intentos conceptuales de diseñar líneas que se adecuen no a espacios precisos sino a trayectos metafóricos.

«Hacer bien las metáforas es percibir bien las relaciones de semejanza», nos informa Aristóteles en su *Poética.* Pero también introduce la metáfora un espacio para que el error se aloje, como toda máquina de construcción de significado. La definición que la filosofía propone de error conviene a una confusión terminológica: creer que se sabe algo que no se sabe o que no se sabe algo que sí se sabe. Metáfora, instrumento imaginario para salvar la distancia, dispositivo que prueba su eficacia al conjugar en el mínimo espacio la mayor cantidad de espacio posible, y al conjugarlo, ponerlo en juego al tiempo, dar la sensación o abrir la puerta al concepto que parezca comprenderlo, es decir, capturarlo, controlarlo, aprehenderlo[12]. La metáfora es una herramienta de medida lingüística, de relación de lo diferente, que ahora se torna familiar. En la metáfora máxima los extremos coinciden. En relación con la hipótesis de identidad, la distancia queda anulada por la imagen: los extremos me tocan. Una máquina de crear sentido es una forma de acarreo de energía desde un punto a otro. Veremos como la corporalidad es una de estas precisas máquinas, y cómo podremos hablar de una ciencia de los movimientos de las imágenes, una tropología, como el dispositivo humano que se aloja, semejante a un medidor espacio-temporal, en el interior de una obra de arte[13]. Si definimos ahora máquina, encontraremos que es una construcción artificial que articula acarreos de energía para hacerla más eficaz, o más precisamente adaptable a las situaciones que lo requieran. La máquina no sólo aparece, en la sombra de esta definición, dentro de los términos tradicionales, asociada a una configuración cosificable, sino conceptualmente marcada por la definición de energía, fuerza o poder de la que procede su radical *maght-*[14]. Las distinciones tradicionales de los tipos de máquinas, por ejemplo, dependen de la energía que articulan, de su lugar de proveniencia o generación y del lugar desde donde se controlan. Un hacha es diferente de un ordenador según estos parámetros clave. Generación energética y control o ley hacen que la autonomía sea una de las marcas de las máquinas de última generación, aunque el espacio ambiguo que se abre, y sobre el que el pensamiento contemporáneo reflexiona con preocupación, es en qué modo esta última generación de herramientas que producen su propia energía, su propia organización, su propia ley e, incluso, son capaces de autogenerarse, cuestionan o aclaran el concepto de identidad humana. Diferenciemos paso a paso las actividades de con-

---

[12] «Lo imaginario tiende a reagrupar sobre cada término el efecto total de un mecanismo de conjunto, mientras que la estructura simbólica asegura la diferenciación de los términos y la diferenciación de los efectos.» G. Deleuze, «¿En qué se reconoce el estructuralismo?», en F. Chatelet (1976), *Historia de la filosofía, ideas y doctrinas,* vol. IV, Madrid, Espasa-Calpe, 1982, pág. 581.

[13] «Y no sólo es la figura corpórea, el semblante del rostro, el gesto y la postura, sino asimismo también las acciones y los acontecimientos, los discursos y los sonidos, y la serie de su curso a través de todas las condiciones del aparecer, lo que aquel ha de convertir en todas partes en el ojo en que se da a conocer el alma libre en su infinitud interna.» G. W. F. Hegel, *Lecciones sobre la estética,* Madrid, Akal, 1989, pág. 116.

[14] «Fuera de las cosas que sugieren directamente la idea del peligro, y las que producen un efecto semejante por una causa mecánica, no sé de otra alguna sublime que no sea una modificación del poder.» E. Burke, *Indagación filosófica sobre el origen de nuestras ideas acerca de lo sublime y lo bello,* Col. Oficial de Aparejadores, Librería Yerba, Murcia, Consejería de Cultura y Educación, 1985, pág. 119.

trol para encontrar, en el papel residual de un artefacto gráfico, razones que añadir a esta preocupación.

La metáfora posee un eco de eficacia mágica. En último extremo, en tanto comparte con este proceso de conocimiento ambiguo la humana, exclusivamente humana, tentación de fundirse con lo más distante, de lo que se siente partícipe y aparte. El cuerpo y su consciencia, como espacio expulsado del mundo como totalidad, esto es, fragmento nostálgico, encuentra en cada imagen que su voluntad emite y el mundo identifica, la huella de su procedencia, la clara señal de un espacio a recorrer, necesario de recorrer y tautológicamente inexplicable, pues debería referir la extrañeza de ser consciente a sí mismo, es decir, debería dar medida de la misma posibilidad de medir. La unidad de medida, siempre arbitraria en cuanto referencia, no puede dar razón de sí misma. La medida no puede medirse consigo, sólo en su conjugación. En cada imagen que el hombre emita y su afuera (a)guarda, encontramos este eco. Un eco antes que una visión clara, en cuanto un eco es una respuesta de la que no tenemos imagen clara de procedencia, tan sólo la sensación de que existe una mezcla de objetividad, de oposición en la voz enfrentada a la voz de la que probablemente partió. En *Compañía* de Samuel Beckett encontramos una clara utilización de esa sustancia mágica de la voz en eco, un desdibujarse antiaristotélico de esa «buena» percepción del mundo conseguida a través de semejanzas[15].

De este punto podemos extraer algunas consecuencias interesantes. La dificultad de aprehensión del arte depende de su falta de esencia, o de su entidad profundamente mestiza entre dos terrenos. Pero de esta dificultad de aprehensión destaca además la dificultad de categorización de formas que pertenecen a esta transición continua entre formas híbridas, sobre todo cuando el criterio de compacidad se superpone a la definición de cuerpos, asociada a los criterios de precisión o discreción en su descripción. En el mundo no existen formas compactas, sino que todas ellas se concretan en su inserción en su movimiento general, dependiendo además de su doble constitución sígnica: interna o de coherencia que tiende a mantenerse, permanecer o sobrevivir, y externa, que tiende a la comunicación concreta con una afuera no permanente, por lo tanto, peligroso. Sólo mediante una violencia reductora y eficaz para la adaptación humana podemos generar el relato de la separatibilidad de la materia, frente a su extrema comunicabilidad y a la porosidad en la que consiste en último caso. El cuerpo, lejos de ser extenso y acabado, se desdibuja en cuanto centramos la atención sobre sus aperturas al medio, tan sólo cerradas mediante la prohibición ritual del lenguaje.

La palabra polinesia *tapu* nos ha legado en castellano la forma *tabú,* aquello que no puede tocarse, que no admite discurso y de donde huelga toda palabra, lo prohibido en cuanto conlleva en su proximidad un peligro real. El estudio ya clásico de Larry Grimes sobre el lenguaje erótico de los mexicanos[16] propone una suerte de categorías sobre los campos en que se producen las prohibiciones lingüísticas, de interés para el dibujo. Grimes señala que las excrecencias corporales, entre las que destacan todos los fluidos corporales, así como las zonas de contacto indiferenciador entre cuerpos, conllevan esta suerte de prohibición simbólica mediante la interdicción

---

[15] «Inventor de la voz y de su oyente y de sí mismo. Inventor de sí mismo. Inventor de si mismo por hacerse compañía. Déjalo estar. Habla de sí mismo como de otro [...] La confusión también es compañía hasta cierto punto.» Samuel Beckett, *Compañía,* Barcelona, Anagrama, 1980, pág. 24.

[16] Larry M. Grimes, *El tabú lingüístico en México: el lenguaje erótico de los mexicanos,* Jamaica, N.Y., Bilingüe, 1978.

de las palabras que los refieren, o de su sustitución por eufemismos, formas que circundan un terreno sin llegar a definirlo o señalarlo, formas correctas o correctoras de una dificultad de expresión. En todas estas representaciones nos encontramos con esta exacta zona de indiscernibilidad entre lo propio y lo ajeno. La mierda, la orina, el semen, los mocos son formas que me pertenecen, pero que a la vez me son extrañas. Volvamos a recuperar la risa de Bergson en este punto. Mediante ella, asociada a la extrañeza que nos producen estas palabras, liberamos una tensión ante lo inadecuado de las presencias que señalan. La expresión infantil «caca, culo, pedo, pis», emitida como desafío a las normas de no exposición de lo reprimido, adquiere la categoría de forma detectora de un problema sólo soluble en una imagen o mediante la risa. No hay una forma claramente categorizada para hablar de aquello que es «yo» y «no-yo» a la vez[17]. La colisión, incluso el intercambio físico y fluido de las zonas eróticas y del movimiento erótico en general pertenecen a esta «angustia de la compacidad» en la que las líneas de delimitación son confusas. El arte es un *indiscernible*, sin límites precisos, establecido como frontera cambiante que permita el transcurso y el traslado de información entre puntos. De aquí su calidad para ser una forma flexible de interpenetración entre zonas separadas. De aquí que sea una herramienta de adaptación imprescindible para el conocimiento, pues suplementa de manera variable fallos estructurales del sistema, fallos que el propio sistema no es capaz de subsanar desde el interior, esto es, de una forma puramente lógica. El arte sobrevive en el error, y *crea* de hecho el error[18]. No nos extrañe por ello la escasa aceptación que un pensamiento de sus características pueda tener para quien lo ve desde el punto de vista lógico, exclusivamente. No puede ser entendido desde allí, sino en la forma de tener la lógica más perfecta, aquella que ha delirado de sí y ha salido al contacto con lo sensacional.

Aún en la más nimia imagen, e incluso en ella con mayor claridad al estar más esquematizadas por reducción las fuerzas que la componen, encontramos estas formas. Por eso el dibujo es una clave de comprensión de todos los hechos artísticos, en cuanto se encuentran los mismos problemas concentrados y adelgazados hacia las funciones bases de su propia constitución. Los problemas en el dibujo se marcan vertebralmente, potencialmente asignados a su desarrollo en otros juegos conceptuales. Aún en la menor imagen late el eco de un ser paradójico: el más nostálgico de su extremada lejanía, el más cercano en su saberse ausente. ¿Quizá en la forma más simple puede proponerse la metáfora más liminar? Un sol y un cuerpo *asombrado*[19]. Casi remedando la fascinación infantil por lo ubicuo y omnipresente de la luz donde una conciencia en formación por los signos se pregunta qué tenga que ver esta presencia

---

[17] «Cualquiera que sean el nombre y la significación particular de cuerpo y no-cuerpo dentro de cada civilización, la relación entre estos dos signos no es ni puede ser sino inestable.» Octavio Paz, *Conjunciones y disyunciones,* Joaquín Mortiz, 1.ª reimpr. de la 2.ª ed. (1.ª: 1969), México, 1985, pág. 51.

[18] «Por este desequilibrio es por lo que el hombre se distingue y se separa de Dios. Porque en este desequilibrio está la posibilidad del mal y del error, de la imperfección en general. (...) La responsabilidad del error y del mal es del hombre que usa el querer —la facultad de afirmar y negar— también fuera del radio de luz del entendimiento, que juzga también sobre ideas confusas, no claras ni evidentes. La voluntad es ciega.» Vincenzo Vitiello, *La palabra hendida,* Barcelona, Ediciones del Serbal, 1990, pág. 80.

[19] «Horacio reputa por el último esfuerzo de la fortaleza filosófica el mirar sin temor ni asombro esta inmensa y gloriosa fábrica del universo.» E. Burke, *op. cit.,* pág. 129.

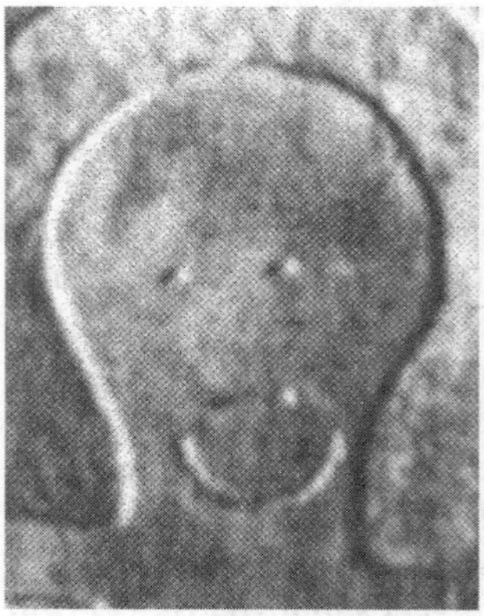

omniespacial con un cuerpo gesticulando bajo ella. Como si toda línea, gráfica antes que conceptual, gráfica a la vez que conceptual en su paradoja, se encontrara marcada por el gesto de presentarse como pregunta, admiración, descubrimiento, extrañeza y nostalgia, tan sólo en la distancia máxima: sol, cuerpo, piedra. El grafismo comunica los polos, que se convierte en mapa de ruta o grafismo de la máxima y abismática distancia. El dibujo abre mundo, en cuanto mundo, a diferencia de realidad, designa a una totalidad ordenada de signos, sostenida por ellos. Y en ese abrir nace el problema, desde su establecimiento por el azar. El asombro y la experimentación agrietan un nuevo campo de determinaciones a observar:

1. El criterio *humano* hace aparecer al dibujo, como forma proyectual, dentro de una escala que podríamos definir como de *especificidad genérica,* que junto a otra gran multitud de actividades propias de este organismo sirve para definir, en un tono algo obsesivo por aquellos investigadores que quieren delimitar el hecho concreto y separable de lo humano por una sola de estas características, cuál es su espacio de definición frente al mundo, y frente a otras subdivisiones de este, como pueden ser por ejemplo lo animal o lo divino. Los animales no dibujan, en cuanto su articulación relacional con el mundo se encuentra predeterminada y no necesitada de la flexibilización de los signos, de las distancias que estos componen y de la conciencia que aparece asimilada a esta distancia. Por supuesto que los vegetales carecen —aunque no completamente— de la movilidad precisa para la gestualización detenida en la que definiremos el dibujar, pero es la voluntad de definición espacial la que en ambos casos hace precisa la definición del dibujo, y de la actividad artística en general como perteneciente a lo humano en cuanto diferencia. Si Lucrecio en su *De rerum natura* (v. 96) ya ve al mundo como una máquina de intercambios, es en el pensamiento del XVII donde encontramos las formas en las que la identificación reificadora del cuerpo como una extensión tramada de funciones pasan a configurar la imagen gráfica del hombre-máquina. El mecanicismo cartesiano construye un desarrollo necesario del pensamiento racional que se opone a la consideración mágica animista del mundo, en cuanto existe un misterio sin desvelar en su trasfondo que debe ser sustituido por un análisis preciso y estricto de cada función vinculada con el cuerpo humano o el mundo. La consecuencia más directa es la aparición de una zona de variación paradigmática sobre las diferencias entre el cuerpo animal y el humano en *El hombre-máquina* (1747) de Julien Offray de La Mettrie (1709-1751), e incluso entre hombre y planta en el mismo autor, así como una reducción materialista de la posibilidad de pensar en el alma desde un punto de vista racional. La mecánica no deja espacio a lo mágico-anímico, aunque deja sin explicar la existencia de esta idea y la identidad que ella procura para explicar una zona de oscuridad o aberración de lo calculable.

2. Caracterizar la especificidad del hombre vuelve a ser la cuestión. Decir humano significa decir una actividad de conciencia precisa, una actividad distanciada con el medio, una actividad que rellena y armoniza esa distancia mediante determinadas estrategias. Lo que nos introduciría en una definición circular, ya que el dibujo es

una forma consciente de llenar el espacio de articulación entre el hombre y su medio, que sólo pueden ser llamados así en cuanto un medio los une y separa al tiempo. Pero decir humano también es referirse a una determinada formulación corporal, diferente a la de un grillo o de una ventosa, y caracterizada por la definición biológico-conceptual de cuerpo. Para el pensamiento posterior a La Mettrie el problema estriba en el grado de parangón que otorgue medida a la posición humana, ya que la observación mecánica tan sólo lo iguala a las máquinas en cantidad funcional, y hace difícil cualquier diferencia cualitativa que soporte el arbitrio de la razón. Las diferencias entre hombre y máquina serán de grado, hasta que la nueva medida científica pueda atisbar vías para explicar la vitalidad como un fenómeno concreto. El sol de nuestra estela ya no es asociado a la mitología divina, sino que pasará lentamente a ser medido en sus distancias con la tierra, a la que cambiará en su giro copernicano o cambio de posición. El Sol se transformará lentamente en una máquina explosiva y autónoma de producción de energía. El Sol es la gran maquinaria, que explica la máquina corporal humana, como metáfora del máximo alejamiento y como fuente de vida. Una máquina es una construcción artificial, que depende de una serie de actividades estructuradas. Construcción y estructura nos indican desde su base algo diferente a organización u organismo. *Struere* significa amontonamiento, algo que no posee otra definición más que posicional, que necesita de alguna actividad externa que determine su posibilidad de establecerse como motor energético[20]. Las máquinas más simples son aquellas exodependientes en cuanto a la transformación o amplificación de una fuerza externa: una polea o una palanca, que parecen alejadas de nuestra idea común de máquinas, pertenecen a esta clase. Un reloj, una de las máquinas más comúnmente asociadas a la idea de maquinaria, introduce un componente esencial, la autonomía de movimiento conseguida mediante la administración de una energía diferida. El paso de la rueda hacia la articulación de engranajes permite la administración de una energía que puede conseguirse mediante la generación simple de energías en potencia, como ocurre en un resorte comprimido, o la que aprovecha energías naturales como la gravedad —péndulo asociado a resorte, arena o agua asociadas a la caída gravitatoria. La creación de una energía explosiva, asociada al principio de movimiento será realmente la revolución de las máquinas hacia una complejidad que permita una variación en la articulación dinámica de las fuerzas que la máquina maximiza. Explotar, en sus dos acepciones, conviene a esta idea. Como un despliegue demasiado rápido que debe ser canalizado y articulado, regularizado para que su energía en bruto pueda ser conducida y represada convenientemente, indica un exceso energético que puede dar la sensación de una energía sin fin. Las máquinas dependen de la transformación de la energía y las fuerzas naturales —animales, atmosféricas, medioambientales— hasta que pueden ser sintetizadas desde su catalización *(Katalyo* > soltar) científica: vapor, energía eléctrica, energía nuclear. El Sol es la fuente energética en cuanto a que puede ser considerado como una explosión continua, un continuo despliegue energético que permite maquinarias de condensación parcial (analización y catalización de su energía) de la fluencia dinámica del mundo. Recordemos que máquina procede del radical *magh* > fuerza, poder, al igual que

20 «Contra forma, contra figura, contra esencia... la estructura se define mediante la naturaleza de determinados elementos atómicos que pretenden dar cuenta a la vez de la formación de los todos y de la variación de las partes.» G. Deleuze, *op. cit.*, pág. 571.

dýnamis > fuerza, potencia, como articulaciones diferentes de esta energía. Dinamita es un exceso energético, al igual que mago es alguien con un poder especial. En la capacidad explosiva de la energía volvemos a encontrar la raíz del peligro: demasiadas posibilidades a un tiempo, exceso sin control, velocidad ejercida sin soporte sobre la que pueda ser observada. Las máquinas establecen dilaciones sobre la posibilidad ilimitada de la energía, al tiempo que establecen el valor humano como gestor de esas posibilidades dentro de medida. La fusión y la fisión atómicas, últimos eslabones dentro de la explosión, plantean esta diatriba de nuevo, al ser reacciones de violenta inestabilidad que ponen a prueba la capacidad de control técnico humano en grado macroscópico. Pero, volviendo atrás, es en esta definición de pliegues —en cuanto explotar sea desplegar las energías de lo natural, a la vez que batir palmas— donde se define fractalmente la diferencia entre lo humano y lo maquínico, en la capacidad de implicar microscópicamente una mayor cantidad de pliegues y de complejidad en los desarrollos.

3. La definición de cuerpo depende de una serie de perfiles. La compacidad es uno de los más recurrentes, que puede ser encontrado dentro de la tradición de las ideas asociado a características temporales o espaciales, aspectos que nos abren a extensas, diferentes y problemáticas definiciones. Por referirnos tan sólo al de extensión, dos son los momentos en los que podríamos resumir esta tradición: Aristóteles y Descartes. Todo cuerpo tiene una determinada solidez, para Aristóteles, que proviene de su estar limitado por un lugar y unas dimensiones. La extensión cartesiana se opone a la forma estricta de salvamento de la especificidad humana y del pensamiento, la *res cogitans* es una contraimagen, un resto extraído mediante la duda sobre la *res extensa*. En la *Meditación Sexta* queda despejado este criterio, al declarar que la *res cogitans* sea sólo una cosa que piensa y no extensión[21]. La unidad psicológica se construye a expensas de la unidad física, como introyección negada del espacio.

4. Existe, asociado a la compacidad biológica y extensa, una compacidad o unidad psicológica que crea la imagen de una conciencia separada del mundo. Autopercepción e identidad son perfiles asociados en este tramo. Exterioridad e interioridad, a menudo asociadas a una diferenciación espacio-temporal, son marcas de este paso, por ejemplo, para la tradición kantiana.

5. El arte y sus particularizaciones, al igual que otras sustancias tabuizadas por su aspecto peligroso, representa una categoría intermedia entre ambas imágenes, interioridad y exterioridad, como forma de conocimiento parangonable a las otras citadas con anterioridad, métodos de que pretenden una articulación entre cuerpo y ambiente. Ciencia, magia, religión, lenguaje comparten conceptualmente con el arte la intención de salvar la *distancia creada por la mismas condiciones de instauración del pensamiento.*

6. Los objetos de arte comparten con otras formas esta categoría de intermediación entre la compacidad autoidentificada del cuerpo y la exterior capturable del mundo. Las secreciones corporales, como ejemplo marcado, son zonas de indeterminación concreta de este espacio intermedio, al igual que ciertas acciones, por ejemplo, las relaciones interpersonales o las relaciones físicas, la sexual como ejemplo máximo, ya que la existencia de un peligro de indefinición de las compacidades antes

---

[21] «Así lo vio Descartes, cuando hablaba de la corporeidad de las sensaciones y de los conocimientos del niño, como un modelo negativo, del que la razón debe alejarse para ser realmente razón. (...) La infancia lo refiere todo a la utilidad del cuerpo, en el que está inmersa.» F. Rella, *op. cit.*, pág. 48.

indicadas como marca de definición las hacen aparecer como peligrosas para una experimentación clara de los límites entre cuerpos, sus procedencias, conceptos o su discernibilidad en general. Las zonas tabuizadas por el lenguaje son un claro detector de espacios donde el peligro de la ambigüedad aparece como el asomarse a experiencias indiferenciadas o de indiferenciación. El arte y la mierda, por utilizar el ejemplo más gráfico, son objetos extrañados de un cuerpo, proyectados desde una supuesta interioridad compacta hacia una afuera en el que aún retienen como resto el espacio de procedencia. Mostrándose en cuanto formas dentro de lo extraño, de lo no categorizable precisamente, mediante distinciones, definiciones o separaciones distanciadas en su extensión.

7. La actividad artística comparte con la sexualidad y el erotismo la manera de indiscernibilidad de límites[22]. Ambas son formas limítrofes entre cuerpos que desaparecen volcados en su extrema comunicabilidad. La exterioridad simbólica se ofrece claramente expresada en el adelgazamiento de la conciencia propia del orgasmo —ya clásicamente asociado a la muerte— y a zonas donde esta disolución se procura. La actividad artística se encuentra tradicionalmente cercana a zonas «báquicas» como la embriaguez, el erotismo, el sexo, la locura o la muerte[23]. Zonas fronterizas donde la disolución o permeabilidad de diversas compacidades se adelgaza o aparece en forma porosa, establecida mediante pasos, como referíamos con los términos dispositivo o diarreico. Las disoluciones dependen de su enfrentamiento a estas zonas anteriormente definidas como compactas y que permitían determinaciones de identidad: física, psicológica o simbólica.

8. El arte es un dispositivo de relación, al tiempo que entrega de disolución de los campos antes separados. La contemplación, que comparte con determinadas formas religiosas de culto, es un indicador claro de ello[24]. En ambos casos, el erótico y el religioso, la relación con los límites es la de sublimación, la de estar por encima o por debajo de ellos, en todo caso, la de traspasarlos.

9. La posición de un dibujo, frente a quien lo mira y es expresado por la voluntad que ha dejado marcada delante de él, y por la pertenencia a un mundo en el que la exterioridad es una señal de lejanía, es la de un espacio de transformación de estos dos relatos. Por un lado, el mecánico, biológico y simbólico del objeto generado por un cuerpo al que se le asocia una conciencia, por el otro, el de un objeto arrojado por

---

22 «El desarrollo de los signos tiene esa consecuencia: el erotismo, que es fusión, que desplaza el interés en el sentido de una superación del ser personal y de todo límite, es sin embargo expresado por un objeto. Estamos ante esa paradoja: ante un objeto significativo de la negación de los límites de todo objeto, ante un objeto erótico.» Georges Bataille, *El erotismo,* Barcelona, Tusquets, 1992, pág. 180.

23 «Los salvajes no tienen un concepto biológico de la muerte. (...) Es el desorden absoluto, porque no se puede intercambiar simbólicamente constituye un peligro mortal para el grupo. Son las fuerzas irreconciliables, inexpiadas, hechiceras, hostiles, que merodean en torno al alma y al cuerpo, que acechan al vivo y al muerto, las energías difuntas y cósmicas que el grupo no ha podido domeñar en el intercambio.» Jean Baudrillard, *El intercambio simbólico y la muerte,* Caracas, Monte Ávila editores, 1980, pág. 151.

24 «En la contemplación el alma se aleja del cuerpo y de las cosas extremas para adentrarse en su propio ser; es decir, en su propia sustancia, donde descubre no sólo su propia divinidad, sino también, en una ascensión gradual, el mundo inteligible, las ideas trascendentes y el propio Dios, fuente y esencia común de las mismas (...) Cuanto más nos replegamos en la vida interior y espiritual, con más seguridad escapamos de los vicios y los caprichos del azar, y nuestras acciones son dictadas a partir de entonces por una conciencia y un conocimiento purificados (...) el hombre se identifica con su alma racional, y su excelencia estriba en el papel jugado por su alma como centro y nexo del universo, en su capacidad infinita para pensar y querer, conocer y amar, e identificarse con todas las cosas.» P. O. Kristeller, *El pensamiento renacentista y sus fuentes,* Madrid, FCE, 1982, pág. 120.

este cuerpo a una exterioridad desde la que gana y crea distancia teórica. Un simple dibujo es un membranático no-lugar, un lugar de paso entre estas dos sustancias que en su pasar por *medio* de una forma niegan la substantividad que parecía afirmarlas en separación. Su flexibilidad es máxima, pues la articulación de los términos mecánicos con las acciones que persiguen eficazmente no está lastrada por una reducción pura a una funcionalidad, a una técnica precisa, sino que se encuentra siempre dialógicamente modificada por su relación con la ampliación hacia un significado y expresividad simbólico, hacia un abrirse a o del mundo, entendido desde lo simbólico como un ámbito de totalidad, de posibilidades *a* o *por* realizar, aun en su imposibilidad imaginaria o metafísica.

10. Nos queda, entonces, el mundo partido y abierto por el gesto tan simple de dejar un recuerdo de una acción expresiva sobre un soporte, por el juego que se compone en ese momento en que los papeles del juego se establecen como el de quien mira y se sostiene en lo soportado por la memoria de la materia (sujeto), por quien es mirado y tiñe el espacio en el que se encuentra con el de la distancia y la oposición (objeto) y por la cercanía y lejanía conjugadas en el medio que se utiliza necesariamente para combinar toda la plataforma donde el juego ocurre y los papeles son designados (el dibujo como mediación sujeto objeto, que desdice como imposible o porosa esta relación cerrada). Las alternativas que comparten sujeto y objeto suponen la existencia de un espectador absoluto de esta relación que pudiera delimitar estos términos. La copertenencia relacional de todo cuanto está puesto en ella nos hace pensar en un intercambio de expectaciones, en un juego de significados que, como definió precisamente el pensamiento estructuralista, está hecha de posiciones que crean formas, no de formas sustanciales anteriores a las relaciones. Lo que queda por delimitar, entonces, es el juego de posiciones que un dibujo construye.

11. El juego significativo está claro. El hombre tiene necesidad de dejar huellas. Tan sólo esta afirmación explicaría el que las herramientas de reflexión sobre el mundo hayan sido seleccionadas dentro de la variante arte con tanta perdurabilidad en su corto transcurso histórico. El sistema de las artes occidental, por poner un ejemplo cercano que podemos poner en comparación con otros ámbitos, ha privilegiado los términos de reflexión gráficos dentro de una selección de las acciones que podríamos muy bien volviendo a la definición de dibujo de Matisse: gestos permanentes, fijados en soportes que recogen de forma diversa la capacidad de provocar rememoración y un cierto tipo de permanencia. Parece que la modernidad desdeciría esta aserción, pues el movimiento y la fugacidad de lo efímero parece que está asociada a los nuevos géneros de nuestro siglo, pero nada más lejos de la realidad si pensamos que la supuesta aceleración de las detenciones que estos nuevos medios propician, pongamos por ejemplo la infografía, va asociada a una creciente y enloquecida obsesión por el archivo, por la capacidad de almacenaje de los dispositivos de paso, y por un poner a disposición de forma ubicua, como en una memoria expandida y obsesionada por un nuevo orden de la totalidad, todo cuanto se hace en relación a esas fugacidades. Gestos con memoria. Es así que el arte bebe de nuevo en lo que podemos encontrar en el más sencillo de sus gestos, en un simple dibujo en cuanto dispositivo.

El hombre tiene necesidad de dejar huellas. Merleau-Ponty nos ofrece una razón para ello, para el poner en juego una exterioridad que nos explique en cuanto interioridad relatada:

> El «psiquismo» es opaco a sí mismo y sólo se descubre en sus réplicas exteriores, de cuya semejanza con él procura cerciorarse [...] Igual que la investigación del objeto exterior, la del «objeto psíquico» no empieza a avanzar hasta que se sitúa a sí misma fuera del mecanismo de las relatividades que descubre[25].

Sólo somos capaces de recordar mediante la asociación espacial de materiales a gestos, y mediante ellos, a la memoria. La memoria y el recuerdo tienen entronques fundamentalmente corporales[26]. Un dibujo es un gesto, esto es, un movimiento que tendemos a pensar motivado. La necesidad en la que hemos colocado al arte tiene relación con esta motivación a descubrir en *por qué* hacer un gesto, en *por qué* es necesario desprender energía mediante una acción corporal sobre la exterioridad. Todo gesto es una escenificación sobre el medio, una proyección agitada por el afán de protección ante su violencia, de supervivencia, de defensa ante la muerte, conscientemente entendida como una pérdida de la compacidad en la que consistimos. Si el hombre es el animal que se sabe mortal es en cuanto el hombre es el ente que vive la angustia de defenderse del medio mediante esta conciencia proyectada sobre las formas. Toda proyección es caligráfica, las marcas de belleza que impone a los soportes, no otra cosa es *kalós-graphein,* son siempre restos de memoria corporal, proyecciones ergonómicas de un cuerpo. No existe ninguna obra de arte que no tenga, aun en su supuesta desmesura, un parangón con la medida humana. La norma es que las obras estén diseñadas para su observación por un cuerpo, para su identificación con un cuerpo, para que otro o el mismo cuerpo recoja la memoria permanente del paso de un gesto sobre un soporte, configurando una marca.

Repetimos ahora: el juego significativo está claro: tan sólo recoge una serie de formas posicionales. ¿Dónde está cada cosa? En su estar, es. En su permanecer marcada, es. Es, al entrar en juego. No sólo no antes, sino que no hay un antes del juego de posiciones e intercambios.

Detengámonos en ello. Generemos un dibujo de sus fuerzas. Partimos de la necesidad que el hombre tiene de generar formas, antes gestos y ahora marcas permanentes. Esas formas en algún modo recuerdan a su propio cuerpo, lo reflejan y lo individualizan, como por ejemplo en la firma o en el estilo, a la vez que lo enajenan, lo ponen en disposición de ser leídas por otro, incluso de hacer de sí mismo otro al ver sus obras, en cuanto le son propias y ajenas. El hombre, según Merleau-Ponty, posee esa necesidad en cuanto a que su proceso psíquico sólo es observable y configurable a cierta distancia de sí mismo, no posee interioridad estricta, pues está construido por signos. No es acaso la configuración lingüística de nuestra identidad, o dicho de modo más sencillo, el relato verbal que nosotros mismos nos hacemos de quienes somos un hecho central para nuestro autorreconocimiento,

---

25 Maurice Merleau-Ponty, *Lo visible y lo invisible,* Barcelona, Seix Barral, 1970, pág. 30.

26 «Las intenciones simples y espirituales se escapan fácilmente de la memoria a no ser que las vinculemos a similitudes corporales.» Jacobus Publicius, *Oratoriae artis epitome,* citado por Frances A. Yates, en *El arte de la memoria,* Madrid, Taurus, 1974, pág. 105.

de la misma importancia que la configuración de nuestra memoria en imágenes, y este hecho está compuesto de unas formas ajenas a nosotros que son las palabras, designadores de sentido hacia algo externo a ellas mismas, sin ningún contenido en sí. Las palabras necesitan distancia de sí mismas para explicarse, una palabra sólo remite en un juego posicional a otra, del mismo modo que nuestra consciencia remite para su explicación a un afuera irreconocible, en modo blanchotiano o beckettiano, lejano de toda sustancialidad y permanencia[27]. Necesitamos poner distancia sobre nosotros mismos para que el nosotros mismos sea. Necesitamos distancia para estar y para que ese estar se componga de lo que está más allá de toda distancia, aún como simple posibilidad. Juego de posiciones: *estar* sustancial, *di-star* o estar alejado como medio de crear un espacio teórico y de observación del mismo estar, *circum-star* en cuanto forma en la que las circunstancias se articulan y relacionan generando el mundo como ámbito exterior, metástasis o *meta-star,* como ámbito corporal metafísico —entendido aquí como metacorporal y metatendencial— que configura un ámbito tan sólo presignado por la dirección, el guiño de los signos, pero inaccesible a ellos. Esas son las posiciones y relatos que toma la forma, cuerpo, medio, mundo y sensación supramundana o metafísica, afuera o ámbito del exceso. El cuerpo se sabe cuerpo compacto y extenso en cuanto toma espacio, pero ese espacio no es propio, sino que le viene de un afuera teñido por determinados objetos de una forma paradójica hacia la que conduciremos esta explicación: un alejamiento próximo. El cuerpo aparece mediante un ganar espacio en lo ajeno, es una intrusión conceptual que se recubre de una extensión y una temporalidad vampíricamente extraída de lo otro, reflejada en lo otro. Por eso es decisivo el primer movimiento del dibujo: nos reconoce en cuanto que procede de nosotros.

El modo de esta procedencia es de vital importancia, también garantizado por su pervivencia y por su superioridad en estado frente a otros. Las referencias primeras a la relación entre arte y excremento, secreción o zonas de indiscernibilidad de lo propio no son gratuitas. El modo en el que el dibujo y el arte se producen es mediante un discernimiento, una separación. Excremento, etimológicamente es una forma de apuntar fuera (radical indoeuropeo *eghs* > ex > fuera y latín *cernô* > separar), una forma de arrojar. Cuando hemos hablado de una distancia paradójica, es la misma que habita en los compuestos asociados a la representación que toman la forma simbólica (sin > conjuntar ind. *g^w^eld* > griego *ballo* > lanzar). El éxito dentro del pensamiento contemporáneo del poema de Mallarmé viene de su capacidad gráfica para resumir una figura del pensamiento: pensar es un arrojar azar experimental y experiencialmente. Un gesto humano es un acto prospectivo hecho mediante lanzamientos materiales. La diferencia entre los materiales que arrojemos será la diferencia de las series genéricas mediante las que los identificamos: pintura, ciencia o filosofía son métodos de este lanzamiento. Lo simbólico dentro del arte define la necesidad de que mediante materiales lanzados y detenidos por un soporte —el mundo en su configuración sígnica total, en último caso, es el soporte significante, el que da significado relacional— seamos capaces de conjuntar la distancia que ese mismo arrojar pone

[27] «El espacio mitológico ocupa una posición intermedia entre el espacio de la percepción sensible y el espacio de la intuición geométrica.» E. Cassirer, *Filosofía de las formas simbólicas,* México, FCE, 1971, t. II, pág. 116.

a la luz[28]. Pero en la raíz de ese mismo arrojar al mundo o arrojar el mundo encontramos este sentido necesario de la distancia del arte. En griego, el citado *ballo* no sólo está en el origen de los simbólico, sino de problema *(<proballo,* lo arrojado adelante), otra de las formas exactas para definirse al arte. En el *pro* como distancia veremos cómo se alojan otra serie de términos altamente significativos para las intenciones de la representación. El latín *iacio,* arrojar, lanzar, indoeruopeo *yê-* se encuentra en la raíz de algunas direcciones que hemos presentado ya desde nuestra primera definición. Si el arte es un lanzar adelante, el arte es un proyecto, que pone en juego lo que es extraído de lo arrojado *(sub-jectum)* mediante una forma que se o-pone *(ob-jectum).* También nos queda clara la determinación de vecindad que hemos encontrado entre el excremento como exterioridad y el arte en la palabra *ab-yecto,* y la zona de indiscernibilidad contraria, el miedo a la compacidad y a la penetración entre cuerpos que supone la in-*yección,* lo externo arrojado sobre lo interno de forma invasiva. La *antitipia* de los estoicos, epicúreos, recogida a su vez por Leibniz como resistencia del cuerpo a la penetración, como una forma del principio de no-contradicción aplicada a las posiciones, es un nivel más de detección de esta necesidad de pensar la extensión y la masa corporales como algo compacto. Pero lo que se juega es la posición, lo que el dispositivo coloca es la distancia, en la que el juego del sujeto ahora es una suposición y el del objeto un oposición. El verbo latín *porre* > poner no modifica el tablero conceptual desde el que se ha traducido el griego tesis < indoeuropeo *dhê-* poner, arreglar. Tesis es posición, y el poner delante otra palabra adecuada a la virtud corporal de los dispositivos: prótesis, lo colocado posicionalmente delante que en algún modo suplementa ciertas actividades energéticas del propio espacio. Símbolo queda explicitado en la palabra síntesis, un arrojar conjuntamente que crea la sensación de relación, a la vez, nunca olvidemos las dos caras dentro de un movimiento relacional, que expresa la necesidad de que un espacio sea cubierto. El sujeto toma en este juego el carácter de hipótesis, algo a mostrar o de-mostrar en su separabilidad compacta. Quizá la palabra más ajustada para esta expresión espacial paradójica sea palabra. Su procedencia también hay que buscarla en el mismo verbo *ballo;* parábola será lo arrojado como comparación, un gesto hacia el mundo que busca un grado de proximidad en lo lejano. El prefijo griego *pará-,* citando a María Moliner, expresa a la vez la idea de ajeno o exterior y próximo, como en paradoja, coexistencia ilógica de cosas. El movimiento que la razón ha de hacer para no referirse directamente a los objetos, ya que toda inmediatez con el mundo es rota por el signo que designa una distancia intercambiable, una cosa en lugar de otra; un movimiento indirecto, que crea el espacio de intercambio entre lo próximo y lo lejano, que crea lo lejano con la sensación de desaparición de las distancias. Toda la discusión sobre los criterios entre lo que designa y lo designado en el mundo de la historia de las ideas está puesto en pregunta en el gesto básico del grafismo de la palabra, en el dibujo que a la vez que me pertenece me despertenece, que a la vez que me funda, me pierde en un más allá del mundo.

La indiscernibilidad es el campo de posibilidad de todo proceso de conocimiento y relación con el mundo. Late en ella las afueras de toda cosa que pueda decirse

[28] «La segunda consecuencia es la afición del estructuralismo por determinados juegos y determinado teatro. (...) el manifiesto mismo del estructuralismo debe buscarse en la célebre fórmula, eminentemente poética y teatral: pensar es arrojar unos dados.» G. Deleuze, *op. cit.,* pág. 574.

del mundo en cuanto hecho separable y sujeto a media o a extensión, a *ratio* o a comparación con cualquier otra media, a un poner reglado en juego de su posición con respecto a otras. Lo indiscernible del discurso es la zona peligrosa, en cuanto que la posibilidad de decir se estructura mediante un olvido de que esa imposibilidad exista. La experiencia estética moderna se ha referido con frecuencia a esta experiencia del límite y de lo peligroso, presentándola como la auténtica función adaptativa del arte[29]. Toda representación vive de ese proceso limítrofe, repitamos, residual y cambiante, en su hacer y dar forma a las zonas que otros campos nos son capaces de observar por un desgraciado uso de las suposiciones y de las presuposiciones. La historia del pensamiento y la representación moderna, en la que se encuentran inicialmente la *Micrografía* de Robert Hooke con el *Prólogo a la Dióptrica* cartesiana y a *La vida es sueño* de Calderón es un proceso de depuración de las formas del conocimiento que estigmatiza las presuposiciones, como una hegeliana imposibilidad de comienzo en cuanto a la dificultad de petición de un principio inconcluso —Descartes o Hegel— o la necesidad de una visión distanciada de cualquier suponer —la *epojé* fenomenológica. Entre cuerpo y mundo existe esta zona de evaporación o comunicación confusa de dos ámbitos extensos que al ser separados en figura plantean ahora el problema de su relación. Un dibujo es el salto gráfico entre estos dos territorios, su paradójica, simbólica, problemática y parabólica proximidad distante. Mediante una representación y el juego de apariencias que en ella se inicia el mundo me viene a presencia. Reduzco sus líneas a las que son comprensibles. No la totalidad, sino una porción definida. Mediante un dibujo, mi cuerpo se proyecta hacia delante, se conjura como una posibilidad energética que deja marcas, y en esas marcas, memoria. Mediante el dibujo, el mundo creado como totalidad ya no infinita sino visible y calculable gestualmente se identifica con el objeto, que ahora vuelve a tener su sentido claro de espacio, rito de paso y tiempo. Espacio en cuanto representa una continuidad y compacidad, rito de paso en cuanto apunta fuera de sí, como la parábola de la dirección del sentido; tiempo en el que la figura no presenta ningún valor sustancial, no significa ni representa nada por sí misma, sino en un referirse al cuerpo y al mundo. No hay un arte universal, sólo hay un arte que se refiere a determinadas características de lo humano. Y es la articulación lo que lo humano quiere con el medio, la posibilidad medida y ordenada, también por el olvido de la imposibilidad, de su cuerpo con lo que ya ha sido arrojado fuera como mundo, y del mundo, que reclama violentamente la reinserción de ese espacio separado como compacto cuerpo y conciencia propio dentro de su exceso de posibilidad.

Pero el proceso metafísico, como un referirse tendencial a un más allá del cuerpo, se ha de volver oscuro al traducirse a la forma en que este lo arroja o secreta. La zona indiscernible en la que esto se produce ya la hemos referido, el proceso por el que la supuesta compacidad de lo físico se ve asaltada, inyectada de afuera, poniendo en duda sus supuestos límites. La ingestión y la digestión son gestos en su raíz *gerere* > llevar a cabo[30]. Ambas anuncian el mecanismo mediante el cual la realidad

---

[29] «Sí, la obra artística siempre es el resultado de un haber estado en peligro, de haber llegado hasta el final de una experiencia, hasta donde nadie puede ir más lejos.» R. M. Rilke, *Cartas sobre Cézanne,* Barcelona, Paidós, 1992, pág. 14.

[30] «El desarrollo de los signos tiene esa consecuencia: el erotismo, que es fusión, que desplaza el interés en el sentido de una superación del ser personal y de todo límite, es sin embargo expresado por un objeto. Estamos ante esa paradoja: ante un objeto significativo de la negación de los límites de todo objeto, ante un objeto erótico.» E. Cassirer, *op. cit.,* t. II, pág. 281.

es engullida y repartida para formar el propio cuerpo, en el olvido de que la materia que pertenece a esa compacidad le es ajena, incluso que es temporal la norma que la mantendrá unida en ese relato ilusorio del «propio» cuerpo y del propio espacio. La gestión de fuerzas externas es una de las posibilidades reactivas del cuerpo, tanto como la expresión, activa o reactiva de fuerzas «propias». De este modo caracterizamos un «gesto», la forma de llevar a cabo una acción. Pero volviendo a la indiscernibilidad —zona de indigestión, en cuanto no es capaz de articular materia y energía[31]— el nombre de su arrojar desde el cuerpo y de administrar la ingerencia del medio sobre el propio cuerpo posee una señal clave: metabolismo, lo lanzado más allá desde un organismo o materia viva, que se define como tal en este proceso de intercambio abierto y constante con el medio. En sí, el metabolismo, o forma de asimilación corporal posee dos partes. El anabolismo, definido por la ciencia como su primera fase, lo que nos indica una clara direccionalidad antropocéntrica, en la que los materiales nutritivos se transforman en materia viva, y el catabolismo, en el que los materiales nutritivos se transforman en energía, en gesto potencial. Como tal, el metabolismo indica la articulación del gesto de ingerencia del medio sobre el cuerpo, y su posterior transición hacia una actuación gestual sobre el medio. Y el medio viene marcado por la energía luminosa que es actualizada en un intercambio molecular de composición, división y gerencia, de redistribución de una energía infinitamente móvil y que depende en una instancia superior del sol, primer gestor de movimiento del que el cuerpo es tan sólo un soporte con memoria temporal, que crea, de forma paralela a un dibujo, una síntesis parcial sobre un problema continuo. Pantalla de detención sobre un movimiento continuo, cuerpo y dibujo. O cuerpo como dibujo de la energía solar, pantalla de detención móvil.

El cuerpo no está. Una estela funeraria es un hito que la memoria —*memento mori*— coloca en el valor excesivamente fluido de los objetos del mundo, una baliza para recordar una posición en la que estuvo un cuerpo. Así es punto biológico, activo, gestualmente apuntado a lo vivo que paso. Memento fúnebre del paso constante. Algo muere o se apaga en la memoria de la viveza que procuró su aparición: algo acaba al permanecer. La diferencia entre una estela y un cenotafio parece clara. Siendo ambos monumentos a la muerte, el cenotafio es un recuerdo sobre una tumba vacía (*kenós* > vacío, *taphos* > sepulcro), mientras estela (gr. *stele, hístemi* > colocar), conmemora el paso de un cuerpo, la huella o el rastro que este ha dejado.

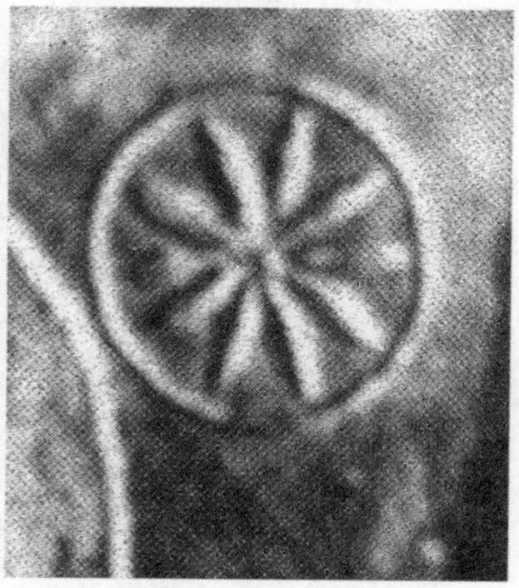

La conjugación de la distancia entre el hombre y sus artefactos es la de un vacío, el dejado sobre un material para eternizar, o provocar la sensación y el concepto mismo de lo eterno. La elección de la piedra no es ingenua, sino que es ya una marca del mismo dibujo, una de sus elecciones, tan cruciales como el método por el que se produce y reserva el gesto. El soporte ya es parte del dibujo. La conjugación de la dis-

[31] Contra Heidegger: «La intimidad entre mundo y cosa no es una fusión donde ambos se pierden. Sólo reina intimidad donde lo que es íntimo, mundo y cosa, deviene pura distinción y permanece distinto.» M. Heidegger, de *De camino al habla*, Barcelona, Ediciones del Serbal, 1989, pág. 22.

tancia entre el hombre y sus artefactos implica un cuerpo vivo que ya no está en lo colocado para decirlo, sólo da cuerpo al símbolo de su vaciamiento mediante unas huellas, ordenadas según arbitrios, de (en) su memoria.

Las zonas de relación entre esta exterioridad y lo interior poseen características que hasta ahora habíamos anunciado o esperado experimentalmente. Tanto en la oxidación de la sangre por el oxígeno como en la transformación de la materia en energía aparece una sustancia de mediación paradójica, la membrana. El cuerpo divide sus ventanas mediante dos privilegios, los tendidos hacia el exterior, definidos por sus medios: semen, sangre, sudor, saliva, sonido y los volcados al interior: sonido, luz, alimento, tacto. La respiración comparte esta doble función, privilegio de privilegios para Rilke hacer del aire *ser,* producirse mediante lo externo y al mismo tiempo aumentar el espacio con el aliento[32].

Las figuras creadas por el artista deben respirar para que podamos extendernos, entendernos en ellas, al tiempo que es necesario que una imagen espire para que sea real puerto y no realidad acabada, para que fecunde nuestro mundo, dándole órdenes[33]. Pero la imagen posee sus propias afinidades electivas y la espiración, cercana a la transpiración, también lo es a la expiración[34]. Oculto en la respiración y en la explicación que los manuales dan de ella se encuentra conflicto doble, la oxidación u oxigenación de la sangre que será al fin de la hemoglobina —medio, puente, trasvasadora de oxígeno— con los tejidos. El momento en que lo exterior se convierte en carne y sangre es lo que conocemos por *ósmosis,* literalmente, el empuje de en este caso un gas, para traspasar una membrana plasmática y hacerse cuerpo, instante abstraído del tiempo e imagen del tiempo mismo en el que el exterior o la materia se hace abstruso, es llevado a lo escondido, replegado en el tiempo interior de la duración bergsoniana. Según Bergson, el cuerpo es un conjunto de costras resistentes, de pedazos de materia detenidas en un período de tiempo por un filtro tenaz. La sensibilidad tal como Kant nos la presenta (KrV, B33/A19) es un término de relación para esta figura, punto medio o membrana golpeada por las sensaciones que proceden de los fenómenos, traspasada por y de su materialidad. Desde esta paradójica membrana los fenómenos serán organizados —hechos órgano u organismo— por el entendimiento. Espacio y tiempo son el tejido imposible de esta membrana, las figuras del conflicto, escisión perpetua en la que el

---

[32] Siente, callado amigo de tantas lejanías,
cómo el espacio aumenta aún con tu aliento.
Dentro del armazón de oscuros campanarios
deja oír tu sonido.

(RILKE, *Sonetos a Orfeo,* II, 29, Madrid, Cátedra, 2001. Trad. E. Barjau.)

[33] Aquí todo es distancia,
y allí era respiración.

(RILKE, *Elegías de Duino,* Elegía VIII, Madrid, Cátedra, 2001. Trad. E. Barjau.)

[34] «(...) ampliando la respiración se encuentra un ritmo universal. Inspiración y espiración que son un ritmo universal. Lo que se oculta es lo que nos completa y es la plenitud en la longitud de onda. El saber que no nos pertenece y el desconocimiento que nos pertenece forman para mí la verdadera sabiduría.» José Lezama Lima, *La dignidad de la poesía,* Barcelona, Versal, 1998, pág. 285.

cuerpo no alcanza jamás equilibrio, despedazado y creado por este tránsito. Dos caras, en el conocimiento «sensación» y «concepto» o «intuición y pensamiento», unidas y siamesas en una misma forma que toma prestada su materialidad de la torsión que enfrenta estas dos infinitudes y la configura como punto en movimiento. De uno a otro infinito, su encuentro sólo puede ser una figura que genera una violencia sobre los hechos, como la de una cinta de Moebius, dos perfiles reunidos por el conocimiento. La membrana plasmática en la que la sangre se reúne con el oxígeno posee el mismo tipo de inmaterialidad o de existencia prestada, sólo existe si el exterior permanece, la desaparición de uno de los términos también lo sería de su medio. Cada figura se encuentra fuera de sus goznes, el oxígeno tendido hacia la hemoglobina, separada a su vez del aire por la selección molecular de la membrana que al tiempo procura la desaparición de los compuesto tóxicos, nitrógeno y ácido carbónico, para que realmente es(x)piremos muerte, expulsemos el peligro. *Aire fijo* es la curiosa denominación que la química antigua daba al ácido carbónico, en el que la petrificación, *la completa inmovilidad,* como gustaba repetir Pascal, *es la muerte.*

La respiración, como componente mixto también tiene un espacio, puede definirse escultóricamente a través de las medidas de un cuerpo: un adulto normal consume 8 litros de aire por hora y kilogramo de peso; en un día la toxicidad propia de su respiración le haría fallecer en una caja cerrada de 22 m^3 de peso. Creación, restricción de lo habitable; dibujo, plegado de un espacio. La ausencia de oxígeno en las plantas crea otro tipo de patología, la formación del alcohol, la fermentación del espacio habitual y su transformación en algo que adormece tanto la intuición como la razón, acercándonos a la fijeza de la participación en lo inmóvil. Reciben el oxígeno las células sanguíneas y en ese instante son creadas por él, como un pliegue del exterior, si utilizamos la definición deleuziana reafirmándola en la dirección etimológica de la palabra: oxígeno proviene de la doble raíz *oxys,* agudo, rápido, ácido y *géinomai,* engendrar. *Oxígeno,* nacido del ácido o ácido generador. Somos en la letra fundados por la respiración, creados en ese intercambio. Nuestra porosidad constitutiva nos permite vivir del mismo modo que nos condiciona como seres con sed, fuera de equilibrio, que necesitan crear para teñir el aire y poder observarlo, seres que inevitablemente dejan una marca de muerte, de es(x)piración en todo lo que tocamos, reyes Midas que dejan como signo de sus cuerpos en el aire espirado un leve aumento de temperatura, una serie de restos orgánicos, señales de un paso que nos deshace. Poros con vida, costras que fabrican a cada paso su muerte según el sentido más común de oxidación y de su pariente étimo acedo, creamos osmóticamente el tiempo desde el espacio y con él nuestra lenta destrucción, el telar de Penélope de los tejidos orgánicos.

Roque Barcia en su *Diccionario etimológico* (1880), propone una delirante relación directa entre oxigenación y fecundación que conviene a este caso y no resisto a reproducir:

> Si el aire que se aspiramos no está bastante oxigenado, la oxigenación de la sangre se hace mal. (...) El maleamiento de esta función trasciende por necesidad a todos los jugos y humores del organismo (...) maleado el semen tiene que malearse la generación. De aquí se origina que la debilidad y la muerte de las criaturas puede provenir de que sus padres no aspiraron el aire propio para la oxigenación de la sangre...

Después de un *crescendo* en el que la mala oxigenación es causa de todos los horrores del hombre, profusamente argumentado, culmina proponiendo a todos los gobiernos del mundo una política de «El aire al uso de las familias». Lo que nos interesa al caso es la cualidad de fecundación propuesta, la marca primera que el aire nos imprime y que nosotros renovamos como huella en nuestras obras. De una respiración artística natural, definida desde el principio como rilkeana, que consume los espacios para hacerlos carne, aumentándolos en este trasiego con las trazas de un *algo* mortal, distinguimos la respiración asmática, a saltos, plagada de disneas, ahogamientos, en que la creación abunda y no sólo en nuestro siglo, sino desde que el hombre respira. Acción y pasión sobre un cuerpo hecho de aire[35]. Figura. La imagen debe actuar sobre el cuerpo, hacerse sangre mediante su desmaterialización visual y recomposición en memoria, conservando paradójicamente toda la dureza traspasada por poros que la hace presente, a la vez actual y don ofrecido desde la propia piel. Para ello el trabajo del artesano es abrirle los poros a la materia, como heridas, huir de su descanso, incluso puede recubrirlas con esa definición de estilo que nos presta Beckett «un pañuelo extendido sobre un cáncer». Existe un estilo en el respirar, un sonido —soplo respiratorio— que se reconoce por su cara oculta, por estar vuelto al automatismo, ser inconsciente, trabajar como acto que pliega el tiempo, y es esa la repetición que el artista busca al ritmarse, al repetir su búsqueda, al buscar miradas y preguntas sobre el conflicto de un cuerpo eternamente insatisfecho. La materia es negada en este ritmar, respirar, entrecortar. Triturado de tierras a la que se insufla vida boca a boca, prestándole aliento en su repetición, generando memoria al hacer habitual un gesto. Y la mano puesta sobre la tierra con la que Rilke define la pintura de Cézanne es la que impregna de sudor prestado, vivificador sin embargo, la materia porosa de la figuras. El oxígeno es más pesado que el aire del que participa y desde él se crea la escultura, tierra maleada y manoseada por rarificación y condensación, como quería Anaxímenes, aire infinito y en movimiento, *Aire Vital*, en la antigua definición química, por oposición a *Aire Fijo*. Aire y sudor, en definitiva, principios de diseño. El aire crea un Dios sobre el que ponemos la mano, que suda y en el que transpiramos para que nos permita vivir y morir a un tiempo. Parafraseando el soneto de *Achillini*, podríamos decir «Sudate, oh arie, a preparare metalli...» como canto a la condensación por sudor que crea materia, mundo, pliegues habitables.

Un fundamental sentimiento de extrañamiento, de lejanía se esconde en la sinrazón de que alguien, alguna vez, actúe. La creación es una de esas escogidas vías de acción. Extrañamiento de lo propio para buscar alojamiento y morada en lo ajeno, en la morada. Una mano desnuda y un paisaje: formas de la devastación del que busca entre piedras, imagen de dureza hecha cristal, frotada hasta que un resto metálico arrancado del cuerpo se posa en él y lo malforma en espejo. Sensibilizar pieles, coserlas para que devuelvan algo, desear que expresen anhelo. Pasar la mano por el vientre de los objetos para que en ellos quede tatuado la señal de un preciso icono: lo ex-

---

[35] ¡Respirar, invisible poema!
Espacio cósmico puro incesantemente
trocado por el propio ser. Contrapeso
donde rítmicamente me produzco.

(RILKE, *Elegías de Duino*, Elegía IX, *op. cit.* Trad. E. Barjau.)

traño como compartido hasta las entrañas, el radical misterio que se hace transformación erótica. Paisajes trazados como desnudos, figuras despedazadas pos sus medidas, por los puntos de vista, mirones y miradores impasibles, cazados justo antes o después del viaje.

Poner en contacto las dos orillas de lo hendido mediante una estrategia que arroja materiales y los ordena es el caso de la artificialidad artística, que tendría su contravoz en la observación desinteresada, la interiorización de la naturaleza, de la propia percepción de las religiones menádicas. La figura media que navega por este río de separación produce reververaciones de lo incomprensible, del más allá del horizonte sobre el que quisiéramos —estamos obligados— a alzarnos, reflejos que como membranas proporcionan el campo osmótico de la comunicación entre lo mostrado y lo oculto, base de la comprensión simbólica del conocer. El reflejo es identidad quiasmática entre lo distinguido en los cortes del conocimiento. El reflejo, la imagen y la demora que esta proporciona sobre la velocidad infinita —relación sin medida ni ratio entre tiempo y espacio— de lo alejado de la posibilidad de conocer. La demora y la doblez del arte: multiplicación no facsimilar sino creativa del mundo, aumento de este mismo mundo con el lenguaje al que está pegado y que en nuestra más cercana modernidad, previsiblemente desde principios de nuestro siglo toma la entidad de una nueva naturaleza que al reflejase a sí misma toma la disposición en bucle que funda nuestra desconfianza en el lenguaje al disminuir la convencionalidad irreflexiva sobre su papel, tomando su misma condición de posibilidad como una de las preguntas radicales de nuestra civilización moderna. En esta forma podrían analizarse las obras de Cézanne, en las que lo representado es ante todo la capacidad representacional de la pintura. El *work in progress* joyceano cambia sus personajes naturalistas por el más radical del lenguaje, aventuras y aperturas de la palabras, serían las sentencias que influyen con una vitalidad maligna en nuestra cultura. El ojo se siente reflejado en el horizonte artificial que con el nombre de arte hemos utilizado para ver más allá. Es a sí mismo a quien se mira, como figura creada en ese mismo mirar. La reacción es evidente y moderna: vértigo.

Un intercambio que aparece como una detención: la energía solar se aloja o se detiene en un cuerpo, que ahora aparece como una maquinaria infinitamente organizada para procurar la transformación, administración y contención temporal de esa energía. Pero la máquina, motivada por el desequilibrio entrópico, pierde energía que requiere ser reajustada con su medio, robada también de otros medios que la almacenan y la dejan en el exacto estadio en el que el cuerpo puede metabolizarlos. Pérdida y adquisición de energía, así como devolución de parte de esa energía en la organización de las búsquedas de un equilibrio inestable. La comunicación con el medio, la adaptación a este lo es en cuanto articula de forma eficaz las energías y los contactos para la propia supervivencia, una supervivencia: vida. Con una sencilla inversión de perspectiva desde lo androcéntrico encontramos una paradójica definición de la corporalidad: está diseñada en aras de la eficacia adaptativa para la conservación temporal, la síntesis frágil de un movimiento energético que le sobrepasa. El hombre, como organismo heterótrofo no produce por sí mismo una síntesis de la energía solar, sino que transforma la creada por los autótrofos, las plantas principalmente, o parasita la de otros heterótrofos. Su formación corporal es heterógena, se encuentra formulada por una energía exterior que reconduce y vigila hasta que la entropía es insoportable y el cuerpo vuelve a disgregarse en el mismo medio del que proviene. La compacidad desaparece y el límite sobre el que la extensión corporal ha permitido a una conciencia moverse para decir yo es borrado.

El resto de las actividades corporales prosiguen con esta preformulación adaptativa, están hechos para procurar la acción/reacción del organismo cuerpo con el medio del que proviene tanto su esencia compacta como su energía. El sistema nervioso es el gestor de las reacciones con el medio, mediante la articulación de fibras diseñadas para la acción y reacción binaria, los músculos. Un músculo refinado, el ojo, proporciona datos y previsiones para la acción mediante una acción simbólicamente proveniente de la acción/reacción muscular, la visión, y que entrega la mayor capacidad de discernimiento y discriminación de nuestro conocimiento. El cuerpo traza el umbral de reconocimiento con el cuerpo mediante su inserción intrusiva en él: ahora es el cuerpo el que mediante gestos se inyecta en el mundo, infiere de él y provoca ingerencias invasivas sobre el espacio. La comprensión racional es una de las invasiones humanas del medio que mejor respuesta adaptativa ha obtenido para los cuerpos, aunque las zonas de indiscernibilidad que la comprensión de la totalidad del mundo ha dejado expedito el territorio para otras formas «menores» de adaptación, como la contemplación y el arte.

El cuerpo, como oficina de articulación de movimientos, los proyecta en forma de gestos. Ya hemos referido algunos: ingestión, digestión, deyección, proyección... todos ellos provienen de un principio de acción y reacción sobre un estímulo del medio[36]. Este estímulo es percibido, es decir, capturado por el cuerpo, que reorganiza una respuesta flexible ante él. La respuesta no es inmediata, como pudiera ser una simple reacción motora —apartar la mano al quemarse— sino que requiere de una articulación de los espacios desde los que el hecho se produce hasta los que se reelabora una respuesta. El cuerpo como transición pudiera ser perfectamente ejemplificado por la tarea artística. Con los ojos en el modelo, la vista captura una serie de diferencias perceptivas y selecciona algunas de ellas como pertinentes a la forma que la mano va a recoger, como reacción especular y reflexiva sobre un soporte, que le confiere la suficiente distancia, temporal y espacial, en forma de un *retardo* sobre los movimientos constantes de cualquier cuerpo, para observar experimentalmente los órdenes en los que este cuerpo se aloja. Con los ojos puestos en el modelo del artífice no quiere referirse únicamente a la posición de una presencia real, sino que el encabalgamiento de las distancias sígnicas, que acabarán formulando el mundo cultural, nos permite suponer una disposición múltiple de ese modelo, desde la presencia inmediatamente perceptiva hasta las imágenes retardadas por la detención de la memoria. Los gestos delatan una tensión de movimiento, que en algún modo es característica de lo vital, como una inquietud que aborrece lo inerte en cuanto imposibilidad. Los gestos crean su propio órgano, están hechos para articular la presencia del hom-

---

36 «Uno tras otro, en una suerte de danza —poesía y matemáticas— se suceden los símbolos contradictorios: lo continuo y lo discontinuo, la vida breve y la inmortalidad, el agua y los ornamentos funerarios, lo fresco y lo corrompido, la tierra y el cielo, lo abierto y lo cerrado —las aberturas del cuerpo humano convertidas en un sistema simbólico de la ingestión y la deyección— la roca y el leño podrido, el canibalismo y el vegetarismo, el incesto y el parricidio, la caza y la agricultura, el humo y el trueno... Los cinco sentidos se transforman en categorías lógicas y a esta clave se la sensibilidad se superpone una astronómica que se transforma en otra hecha de la oposición entre ruido y silencio, habla y canto. Todos estos mitos son metáforas culinarias pero a su vez la cocina es un mito, una metáfora de la cultura.» Octavio Paz, *Claude Lévi-Strauss o el nuevo festín de Esopo,* México, Joaquín Mortiz, 1967, pág. 46.

bre con el cuerpo. Agustín García Calvo realiza un fértil análisis de las raíces histórico-etimológicas en las que el radical *ar-* deriva. Significando en origen colocar o ajustar, conviene a nuestra búsqueda el dilucidar en qué modo se produce en las palabras derivadas de esta raíz una solución parcial al problema de indiscernimiento entre cuerpo y medio, al problema adaptativo entre ambos. De *ar-*, entresacando tan sólo algunas de sus formas, provendrán de este modo, desde el griego *armos* > juntura, procede *harmonía,* la forma en la que se intenta reunir las junturas del mundo mediante formas que sirvan de gozne; articulación, desde el griego *arthron* o el latín *artus,* de donde artejo, parte exterior de las articulaciones de los dedos y artículo, parte coyuntural de las relaciones sintácticas y paratácticas. También adorno, urdir, urdimbre y orden, de los latines *ornato* y *ordo,* como trama urdida y tejido formado por los enlaces conceptuales humanos. Del griego *aritmós,* nuestra aritmética y nuestro ritmo, forma en la que mediante medida, proyección corporal sobre el exterior, hecha mediante comparación, somos capaces de armonizar órdenes mentales. *Razón* y *ración* también se deben a esta primera expansión de la raíz. *Ratio* como parte, trozo o cálculo, que en su grado o máximo se ordena como ratio humana o razón. Por último, arte y sus derivados. Como posibilidad que en su relación con el resto que hemos comentado compone una espacial articulación que ajusta el mundo y se ajusta al mundo. La función crea sus organizaciones, y sus órganos. La función de ajuste o adaptativa ha precisado de un campo de acciones y gestos determinados para llenar una vacío, una necesidad de sentido allí donde antes no se producía. No sólo crea los órganos lingüísticos, sino que selecciona, proyecta y perfecciona lo humano mediante una selección de los medios más apropiados en esa adaptación al medio. Resulta sintomático el que artejo sea un palabra elegida desde la raíz ar- para referirse a las últimas articulaciones de la mano[37]. Pues es la mano el principal órgano artístico, el principal gestor de gestos, al igual que es el principal referente técnico dentro de la adaptación al mundo, o podríamos decir ya, de la manipulación del mundo. El más claro ejemplo de manipulación es el que compone nuestras preferencias en el sistema numérico. El éxito del sistema decimal o de base 10, que proviene de la ordenación mediante un simple contar con los dedos, refiriendo las unidades superiores a combinaciones de estos, nos aclararía la forma en que las herramientas que utilizamos en la ordenación del mundo dependen siempre de la proyección conceptual, que tendemos a olvidar, de formas biológicas. La ordenación *par/impar,* por otro lado, tan útil para el pensamiento pitagórico, también se nos presentaría como una reformulación de la simetría corporal depositada sobre el mundo. Este hecho es altamente significativo, desde su transformación lógica, ya que se encuentra en la base del sistema binario de contradicción (la dialéctica y en particular Hegel, por citar algún ejemplo) y en el corazón mismo de todo el sistema informático actual. Una herramienta como el ratón, en su evolución instrumental, obedece a la codificación binaria de impulsos posicionales, de raíz lógica, en los que la movilidad que propicia

[37] «Los griegos llamaban a "lo que es necesario" *chré:* de *cheír* ("mano") la cosa manipulada *(chréma)* porta en sí lo necesario pero lo oculta bajo sus formas; lo que ellas ocultan es la huella del *technítes:* lo que "hace falta". Tómese la expresión en el sentido activo; la mano viene a llenar una falta: la *chreía* (necesidad natural) y para ello engendra una "falta", un hueco de manipulación antes lleno por la maciza cosa natural: un *tópos* en el cual trabaja y tras el que se oculta como habilidad técnica. En esta escisión (esta talla) lo que se manifiesta en la cosa fabricada (ahora vista como soporte de una mediación *chré matisitiké).*» Félix Duque, *Filosofía de la técnica de la naturaleza,* Madrid, Tecnos, 1986, pág. 61.

—el deslizamiento o cualquier otro movimiento complejo de la mano— es reducida a la claridad de un *click*, al gesto primordial de seleccionar mediante pulsaciones. Computar el mundo es reducirlo a formas categorialmente claras, en las que no se permita el error, y que puedan ser descritas mediante una definición binaria de todas sus posiciones en un momento determinado. Si analizamos la reducción que esto conlleva nos resultará fácil elaborar un mapa de las posibilidades que quedan sin cubrir, de las zonas indiscernibles de desarrollo que los métodos computacionales quedan de lado. Partiendo del ratón, nos encontramos con un método exterior de traducción de la compleja movilidad de la mano que nos conduce a la esquemática simpleza del *click*, a la apertura y cierre de relés binarios mediante los cuales se consigue una clara y definible reconstitución de descripciones ideológicas de los objetos. Un dispositivo binario sólo articula flujos de energía que pueden o no ser interrumpidos: *Relé* o interruptor serían palabras intercambiables. Si comparamos este sistema reducido con la articulación de una multiplicidad de energías y formas de ataque que puede tener, por ejemplo, la comunicación mediante interfaz con un violoncelo, nos daremos cuenta de la enorme cantidad de energía perdida en la falta de articulación de un ratón. Los ratones no son decimales, sino binarios. Tan sólo en los últimos años han precisado de una tercera tecla o de un deslizador que los permita introducir otro tipo de gestos. Un ratón decimal, ampliado hacia el lenguaje, es la segunda herramienta de interconexión o interacción cuerpo-máquina en la que se centra el desarrollo gráfico de la informática, el teclado. Compuesto sobre un método anterior, la máquina de escribir, amplía el click hacia la pulsación. Su mismo nombre procede de un instrumento musical, en el que la función binaria del relé se halla presente. Una mesa o un tablero con llaves, que permiten reconstruir formas lingüísticas complejas mediante la pulsación analítica de cada uno de sus componentes gráficos. El lenguaje escrito, en relación con la mano nos reenvía al concepto de articulación. Mediante una serie reducida de caracteres —28 letras y una serie de puntos de apoyo respiratorio—, somos capaces de reconstruir y describir una enorme cantidad de material mundano, o el mundo como superficie última de referencia. Mundo y lenguaje articulado realimentándose.

No es la simple exposición de la piedra una medida simbólica. Si la estela es algo colocado por la memoria ¿qué recuerda la imagen esgrafiada? Medida es «expresión comparativa de dimensiones o cantidades», búsqueda de una relación —de donde su capacidad de metáfora o relato entre una dimensión y un patrón que la justifica y decide[38]. La medida es una ratio de comparación, un juego de posición, oposición, composición combinadas. Y como tal, sin validez exterior a ese mismo juego de espacios, es decir, sin transposición externa posible. El hombre corporeiza el medio inyectándose en él, y su proyección mecánico-instrumental quisiera ser total, quisiera transmitir a los objetos la capacidad autogeneradora que sus engendros genéticos po-

[38] Así, vemos que el poema tiene dos tiempos: el tiempo poemático de la imagen que encarna en el lenguaje metafórico y el tiempo como duración que le sirve de resistencia al otro tiempo. El encuentro de esos dos tiempos constituye la sustancia poética. Esta sustancia no detiene el tiempo como querían Valéry y tantos otros poetas, sino que es el tiempo que se reconoce como tiempo, es decir, que se hace imagen de la temporalidad. «No una sustancia resistente al tiempo (...), sino el mismo tiempo que es capaz de sustantivarse en un cuerpo...» Emilio Bejel, «Imagen y posibilidad en Lezama Lima», en *Coloquio internacional sobre la obra de Lezama Lima: Poesía*, Madrid, Fundamentos, 1984, pág. 137.

seen. Reflejarse totalmente mediante la creación de vida. O defenderse de la finitud mediante elementos en los que la permanencia no dependa exclusivamente de la estaticidad, sino de la capacidad regeneradora. Reproducción como regeneración.

Y producción creativa como medio genético de supervivencia en los objetos. Lo simbólico en su aspecto temporal es una forma de reunión con un tiempo imposible de captar. Desgraciadamente, no podemos extendernos sobre las relaciones de vivificación sobre la materia, y la historia de las ideas a ella asociadas, aunque sí debemos referirnos tan sólo a la diferencia que el término vida quiere transmitir.

Si podemos hablar de una mecánica vital es en cuanto la vida es un ingenioso mecanismo autónomo con capacidad flexible de adaptación y respuesta al medio, de interacción abierta y activa con él. Los términos de diferencia entre lo inerte y lo animado son cada vez más difusos, empero, para la ciencia moderna, que encuentra comportamientos sorpresivos, difícilmente asimilables a la quietud de lo inerte en escalas microscópicas, como el cambio de color de determinados componentes subatómicos, o los movimientos gravitatorios de atracción y repulsión de los componentes del átomo, ejemplos suficientes para desdecir la diferencia entre animado e inerte en función de la quietud.

No es de extrañar que los instrumentos simbólicos del arte hayan primado las formas que recogen la corporalidad, directa o reflejamente. La manipulación artística es la creación de otras condiciones de medida, en numerosas ocasiones asociadas al olvido o la variación de formas funcionalmente definidas[39]. No es de extrañar, del mismo modo, que los dobles corporales hayan aparecido como formas articuladas desde los tiempos más remotos, y que los autómatas y automóviles sean figuras constantes en nuestra tradición, en un relato paralelo al de Pigmalión, que narra la posibilidad de crear formas autónomas, con vida, que se asocian con suma rapidez al peligro que supone lo inesperado en ellas. Autómatas y robots, con los antecedentes del Golem y de Pigmalión, son la base de identificación del hombre como máquina y de los artefactos que reflejan este sentido.

La comunicación entre estos dos ámbitos escindidos es básica, y mediante las estrategias del arte se produce en los dos ámbitos analizados: el corporal y el simbólico.

La mano es un hecho diferencial de los primates. Mecanismo de precisión y fuerza, es capaz, por su característica prensil, de soportar el movimiento en suspensión

[39] «Algunas tardes, su mano incomprensible nos conducía al lugar sin nombre, a la melancolía de las herramientas abandonadas.» Antonio Gamoneda, *El libro del frío,* Madrid, Siruela, 1992.

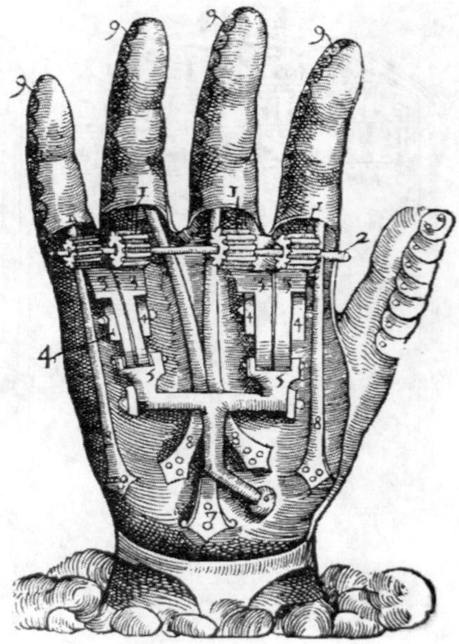

de todo el cuerpo. Es capaz, al mismo tiempo, de trabajar como un mecanismo de precisión. En esta precisión de manipulación es en donde aparece como una herramienta fundamental de interconexión entre el cuerpo humano y su medio. La mayor parte de los instrumentos y herramientas que poseemos tienen un carácter protésico: amplían ciertas condiciones del cuerpo para generar una eficacia en su relación con el medio. Son ayudas del cuerpo en su intención de hacerse con el mundo en sus ilimitadas gestas: desde la aprehensión hasta el concepto, ambas palabras ligadas en la elaboración de estrategias de captura, de tener entre las manos un contenido delimitable. La representación tiene en su base un proyecto mágico adivinatorio de captura, del mismo modo[40]. Las máquinas, en su formato más reducido, proponen esta característica como su lugar de especifidad frente al organismo humano y frente al diseño natural. Una máquina es un dispositivo que aumenta, suplementa o amplía ciertas características del cuerpo humano, definiendo su precisión como una reducción de la multiplicidad de las características implicadas en un organismo hasta la función única o reducida que es capaz de llevar a cabo el dispositivo. Pero la mano es el interlocutor preferente de nuestras relaciones corporales con el medio a causa de una de sus características, que se verá relacionada en profundidad con la precisión que puede alcanzar. La *flexibilidad* de este miembro viene determinada por la gran cantidad de puntos de articulación de sus junturas, que la capacitan para llevar a cabo una enorme serie de variaciones en sus movilidades y sus funciones de prensilidad, transformándolas mediante los mecanismos protésicos en una casi infinita posibilidad de variación en movimientos, gestos y funciones. Se separa lo humano de lo animal en la liberación de la mano de la pedestación; la bipedestación libera hacia otra serie de acciones a esta semiprótesis corporal, que desdibujará su funcionalidad de forma múltiple. La característica física fundamental de la mano, a través de la conexión de las conexiones entre muñeca, carpo, metacarpo y dedos es su extrema articulación. El que la conexión de esta palabra, articulación, sea precisa con un contenido vivencial en el que se superponen arte, aritmética, armonía y arado, desde una concreción de los sentidos generales de ajustar, juntura, ensamblaje,

[40] «El arte de pintar, en sus comienzos, trata de cosas que se pueden tocar, coger con la mano, o aislar en la mente del resto de lo que las rodea.» Este es el sentimiento en que se apoya el consejo de Cennino Cennini, el último portavoz de la tradición pictórica medieval, cuando dice: «Si deseas adquirir el estilo acertado para pintar montañas y hacerlas parecer naturales, toma unas piedras grandes, que sean rugosas y sin limpiar, y píntalas tal como son, aplicando las partes claras y oscuras como te dice la razón.» Keneth Clark, *El arte del paisaje*, Barcelona, Seix Barral, 1971, pág. 26.

correspondencia, orden, razón, nos indica que esta capacidad, que representa privilegiadamente nuestro más flexible órgano de intercambio con el medio y de acción sobre él, esté determinando como base de gran parte de las relaciones que todos nuestros actos, desde el conocimiento hasta el trabajo, desde la supervivencia hasta la adaptación, estén centrados en el uso, simbólico y real, de esta categoría central para el hombre, la articulación flexible. La harmonía, entendida como forma de conjuntar lo escindido entre cuerpo y exterioridad ambiental, se sirve de máquinas en las que las fuerzas son dirigidas hacia la consecución de una función determinada. Ese es el principal interés de la máquina, así como su principal desventaja[41]. La concentración de fuerzas mediante su reducción hace a las máquinas dispositivos eficaces pero no con la autonomía precisa para readaptarse al medio. Una máquina es un organismo con un defecto funcional, ya que un organismo es una máquina microtrabada en la que cada uno de sus elementos es un reflejo fractal de la totalidad. Cada división de un organismo sólo puede hacerse mediante una abstracción que descompone y deforma su carácter central, el de la intercomunicabilidad con un todo flexible. Un brazo es una pieza sin sentido, al igual que una célula, si no es en relación a una *vis viva*, a una energía sistemáticamente organizada, en la que cada elemento depende esencialmente de estar volcado hacia otro. La harmonía numérica pitagórica, por continuar con los ejemplos, ha de referirse al número como medio de comunicación con el mundo según medida. La digitalización no sólo posee el significado de reducción binaria que normalmente le concedemos, sino que se construye con un sentido muy diferente si analizamos los comportamientos manuales asociados a la transmisión de los significados ambiguos del arte. Las estrategias del dibujo son formas marcadas por lo gestual, energías en acción que despliegan el cuerpo según sus distintas articulaciones. No sólo se dibuja desde la muñeca, sino que el codo, o todo el cuerpo, como en la pintura caligráfica zen, puede verse implicada en el acto de dejar un gesto que signifique no sólo la descripción de una interioridad concretada, sino el proceso mismo de pensamiento expandido al cuerpo en el que la percepción dentro de la filosofía zen quiere caracterizar al mundo. Las pérdidas a la hora de comunicarse con las máquinas son exactas, y la investigación sobre la digitalización de la danza se ha encontrado con la necesidad de reducción de los puntos esenciales del cuerpo para su digitalización. Electrodos que reaccionan como ampliaciones del sistema nervioso mediante su aplicación epidérmica rastrean en la actualidad las zonas de cambio significativo de las modulaciones del cuerpo. Desde los guantes digitales hasta los trajes digitales utilizados en la descripción de los dibujos infográficos, comunes en las empresas de animación (certera palabra) por ordenador. Estas formas de referencia expresiva a la movilidad gestual ya eran comunes en los primeros intentos de la grandes factorías. En el primer largometraje Disney, *Blancanieves y los siete enanitos,* como tal el primer largometraje de animación, la base gráfica ya era tomada mediante una referencia cinética y fotográfica a tomas reales: los personajes eran calcados y resumidos en sus líneas básicas desde tomas reales. Está bastante menos desarrollado el pensamiento sobre las interfaces que comunican la interpretación mu-

[41] «Para nosotros, el todo de una máquina organizada representa, en rigor, la totalidad del trabajo organizado aun cuando esto no sea verdad más que de un modo aproximado, partes de la máquina no corresponden a partes del trabajo, pues la materialidad de esta máquina no representa ya un conjunto de medios empleados, sino un conjunto de obstáculos superados.» Henri Bergson, *La evolución creadora,* Barcelona, Planeta, 1985, pág. 92.

sical. Es probable que sean las más afinadas en cuanto a elemento de transmisión de un contenido ambiguo a un instumento que protésicamente complementa o suplementa las posibilidades humanas. La forma en la que el gesto se comunica con el medio en un teclado es diferente en un ordenador y en un piano, ya que en el piano, aun partiendo de una definición binaria —un macillo que golpea sobre una cuerda— ha desarrollado como lugar específico las diferencias de dinámica, acentuación y pulso para transmitir la calidad humana a un material también inerte que es necesario animar: la partitura como pretexto. Es diferente una interpretación sonora realizada con un ordenador o aquella que proviene de un ejecutante humano. Las microdiferencias transcurren desde el ritmo, la cualidad mental que hace separable el espacio, al pulso, la proyección de esta misma división mental, capaz de ser realizada métrica y medidamente por una máquina, al pulso, el lugar en el que se recoge la proyección de un ritmo corporal. El tiempo de la interpretación es un tiempo robado al ritmo, que se basa en los errores, en lo incalculable que debe ser sumado por el intérprete. Tan sólo una estrategia digital, la pulsación, que sirve de comparación perfecta en cuanto nuestra relación con el teclado informático es la de una simple pulsación binaria. En qué modo sería necesaria una variación del instrumento de interfaz con el ordenador para que acogiera las posibilidades que el piano ya desarrolla. Esta es la exacta diferencia entre un sistema ambiguo, basado en el respeto al error, como posibilidad sin desarrollar y un medio impositivo, que acaba reformando el cuerpo en relación a una sola de sus posibilidades. La técnica, sin el contacto fertilizador del arte y su aparato de crítica simbólica, corre el peligro de reificación corporal[42], una reinversión exacta de las disciplinas humanistas, un hombre al servicio y que no se sirve o no sirve ya para las acciones que una máquina realiza con mayor rapidez, eficacia y con menor desgaste. Qué pensar del resto de acciones que el arte debiera poner dentro de la definición conceptual o estructural de nuestras interfaces: tan sólo refirámonos a los gestos y comparémoslos con la pobreza expresiva de los que ahora desarrollamos. Cada instrumento y cada ejecución componen un mosaico extendido de posibilidades frente a la simpleza de escribir este texto frente al ordenador mediante la recomposición binaria y letra a letra de un significado. Violonchelo, flauta, tambor, arpa, berimbau son instrumentos corporeizados que exigen ampliaciones de gestos desde la sencilla pulsación a los pulsos que ellos convocan: pisar, ocluir, golpear, pellizcar, pulsar, rascar, frotar, tamborilear... métodos de ampliación de cortapisas críticas contra un exceso de reificación deformadora de nuestras relaciones con un medio que

[42] «Al reducirse todo lo natural a objeto explotable, aquello que viene a llenar el abismo abierto entre una objetividad sólo presente como puro útil y el humano como puro sujeto es la técnica. Esa técnica representar el espíritu de la "era atómica", y junto a sus bendiciones inmediatas plantea dos amenazas difícilmente exagerables; una es que toma al hombre mismo como objeto a explotar, y otra que consolida la reducción de lo real a lo útil, velando progresivamente cualquier otro horizonte y, por eso mismo, haciendo definitiva "la retirada del suelo natal", que es también el "retroceso en la esencia del ser".» Antonio Escohotado, «La condición y lo incondicionado», en *Archipiélago*, núm. 5, *Técnica y nihilismo: el pensamiento de Heidegger,* Barcelona, 1992, pág. 18.

está siendo sustituido por la peor promesa maquínica. Todos ellos son formas exteriores, ya que el análisis de las máquinas en su simbiosis con el cuerpo, tan actual, y que en este libro también se desarrolla, nos introduce en otra dimensión, la bioética del comportamiento intrusivo o de introyección de lo objetivo en la hipótesis del sujeto. Si la investigación actual se dirige hacia la introducción de sensores cerebrales que detectando las energías eléctricas del cerebro de un mono le hagan capaz de mover el cursor de un ordenador, nos encontramos con que las herramientas críticas del arte vuelven a ser precisas en cuanto a que la proyección social e individual, la formulación de las compacidades y sus distancias, aquello de lo que empezábamos hablando, se convierte cada vez más —y como siempre— en una forma específica de lo que corresponde al universo del arte: un ajuste crítico con su medio.

1. Estela funeraria. Forma esquemática de exposición del material, como memoria colocada en lugar de un cuerpo del que se han seleccionado una serie de recuerdos. La estela funeraria es una protoforma de identificación, que tenderá hacia una construcción mixta entre el dibujo —mediante literales litografías—, la pintura y la escultura, a la que tenderá mediente la antropomorfización de la piedra.

2. La pintura aparece en las estelas asociada a la narración de los hechos mitológicos, manteniendo la misma estructura, posición vertical frente a túmulo horizontal y asociación en lo alto a las figuras protectoras o emanadoras de energía y misterio: lo solar y lo óptico son asociaciones comunes.

3. La narración o el relato inscrito en piedra para hacerlo perdurable, al tiempo que una estratificación de los elementos mundanos en su paso hasta lo más elevado, con una axiológica propuesta de los caminos de acceso hasta ello. El jeroglífico será un paso intermedio desde lo ideográfico hasta el alejamiento abstracto de la escritura, que comparten su adscripción convencional con un sentido.

5. Los relatos de lo sagrado dan paso a una descripción de los caracteres memorables de cada cuerpo, asociado a las historias que recogen, como puntos de identificación de un cuerpo concreto, las piedras. Cronología en cuanto estudio gráfico del paso de un cuerpo específico.

4. El jeroglífico como otra forma de litografía. *Hierós* > gr. sagrado y *glýpt'* > grabar, como una forma de aparición mediante imagen de lo invisible, de lo imposible de ver si no es a través de un medio imaginario: hierofanía, de *phàinô* > mostrar.

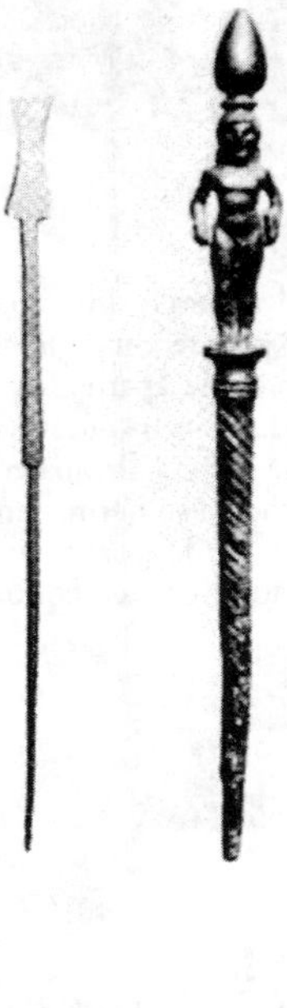

6. Estilos. El estilo utilizado para marcar las tablillas que recogerán la información cifrada por la letra, con apariencia antropomorfa, y que sirve desde la conducción de la mano, como diferencia o sello personal que se individualizará hasta el reconocimiento del cuerpo que lo utilice.

7. El soporte sobre el que las huellas subsisten, elegido siempre contra el cuerpo, al buscarse en él la permanencia memorable y física de los trazados. El estilo crea un ritmado por repetición y variación que nos llevará, en su juego de diferencias, a la comprensión lingüística, a la ordenación del mundo. El soporte será un tablero experimental para los gráficos, en el que se propone el juego musical de repetición, variación y contraste de signos.

8. El rostro surge como una estrategia especular de identificación. Los retratos de Al-Fayum, como el principio del retrato, parten de la antropomorfización reflexiva de unos ojos que devuelven la mirada. Su asociación al cuerpo parten de la estela y toma de ella la misma necesidad de permanencia, que dará pie a las técnicas de pintura como momificación de elementos fluidos que, en su asociación con aglutinantes, serán capaces de estar fuera del tiempo, abriéndose al tiempo de la memoria.

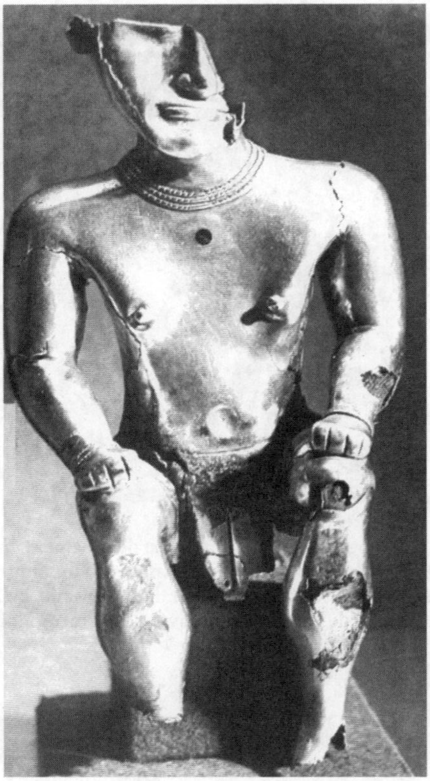

9. El oro es el material simbólicamente preferido en lo funerario para representar la subsistencia bajo el tiempo, su ponerse aparte. Las máscaras, objetos o figuras doradas son dispuestas en el lugar de lo corruptible que sufre y desaparece con el tiempo. Todo signo tiende a su permanencia mediante formas simbólicas que lo ponen en contacto con un proyecto intempestivo y en contra de lo abyecto.

10. La risa ante lo absoluto es la posición opuesta a la sumisión bajo su misterio. Supone una reacción incontrolada de la razón, explosiva ante la falta de medida de toda propuesta humana.

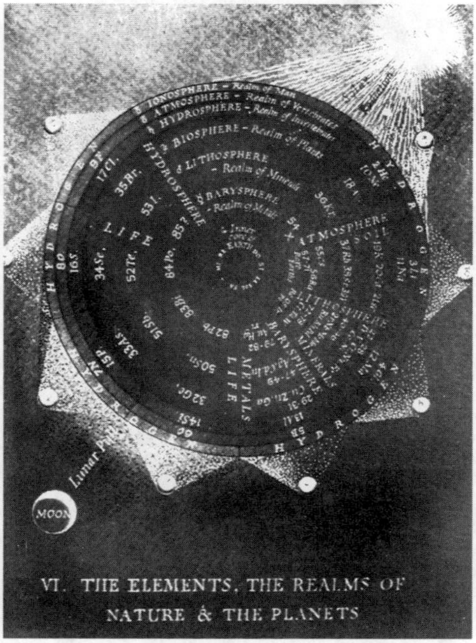

11. La fascinación infantil compartida por las estelas de radiografía de cuerpo y sol. El sol, como fuente energética ubicua, lejana, de donde todo procede y que regula nuestro comportamiento temporal es una de las fundamentales fuentes de asombro de nuestra consciencia. Su asociación a la divinidad es también etimológica, reconociendo la majestad de la luz sobre lo real.

Cuerpo y sol como distancia metafórica máxima que puede recorrer una imagen, travestida hacia las relaciones entre hombre y Dios, o criatura y fuente, *fons et origo*. Es en esta separación en la que se mide el espacio y el tiempo humano simbólicamente, mediante la creación de marcas rítmicas, o de comparaciones entre la finitud y lo *inconmesurable*.

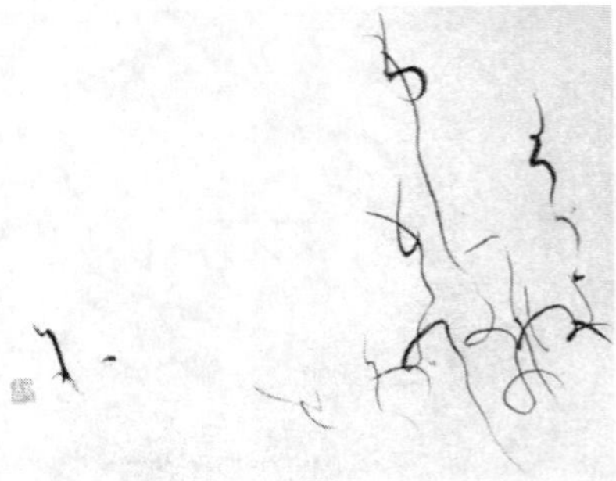

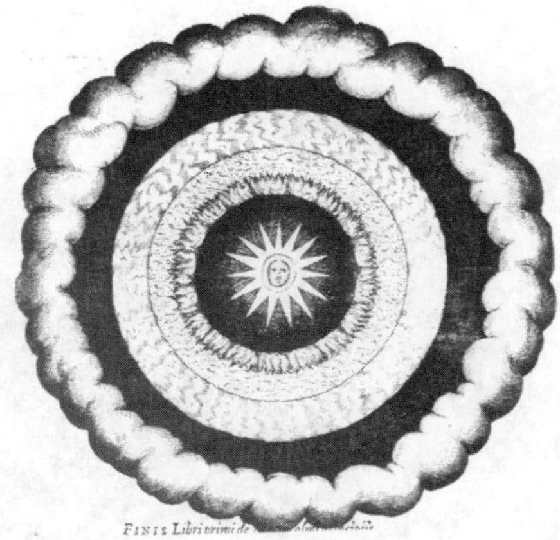

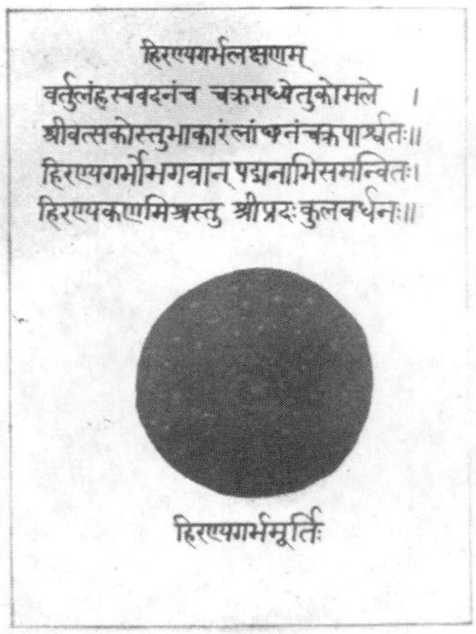

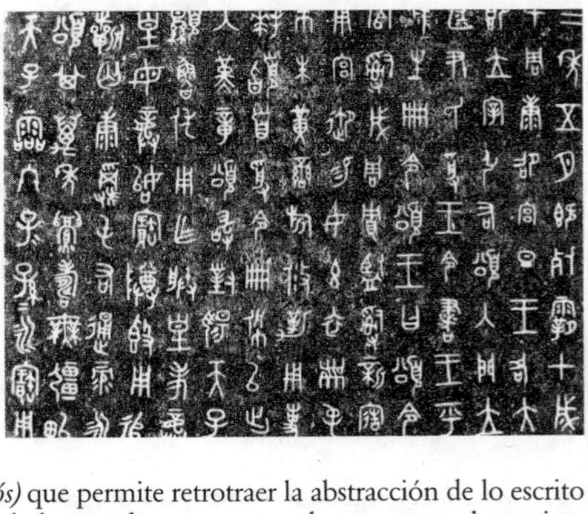

12. La caligrafía como una escritura de la belleza *(kalós)* que permite retrotraer la abstracción de lo escrito hasta su origen jeroglífico, reconociendo el estilo que la ha creado, como paso de un cuerpo determinado, con determinados hábitos reconocibles en su repetición. Estilografía sería la inexistente y necesaria ciencia que se ocupara de cómo se producen estos reconocimientos y estos engranajes que denominamos bajo el epígrafe del *stilus,* lat. Manera o arte de escribir, punzón, estaca. La grafología designa la ciencia en la que podemos reconocer la psicología de quien ha dejado una marca mediante el análisis comparado de estas producciones. La asunción de la grafología al campo de las pseudociencias nos habla también de la dificultad de análisis de la psique o el «alma» mediante sus motivos físicos o sensibles.

13. Los retratos son una forma de introyección cognoscitiva que, mediante la selección de una serie de perfiles físicos, pretende introducirse en este mismo contenido psíquico de la vida humana. La situación intermedia de un retrato también resulta paradójica, ya que a la vez que un análisis del referente es una proyección caligráfica del autor.

14. Esta indiferenciación entre exterior o interior, como entre psicología (alma) y cuerpo (sensibilidad) es compartida por los medios gráficos de exposición y autoexposición con el erotismo. En el abrazo y en la cópula los cuerpos se funden, se indiferencian, y los sentidos tienden hacia una *epojé* física, racional, sensitiva.

15. Las formas en las que el cuerpo se identifica con el medio son diversas, pero siempre se produce entre ambos una especie de diálogo de proyecciones e identificaciones. La adivinación mediante la lectura del hígado era común en la antigüedad romana, como medio de encuesta sobre lo no determinado, que permitía incluso elaborar mapas mágicos relacionales entre las imperfecciones del órgano y la organización exterior, convirtiendo al cuerpo en signo y en lenguaje, erotizando su relación con el exterior mediante una estrategia de fusión adivinatoria.

16. Las relaciones de la sensibilidad con el conocimiento son base de controversia y error para la historia completa del pensamiento filosófico, en tanto han de analizar la composición de dos fuerzas discrepantes: la unidad corporal y la multiplicidad cancerosa o metastásica del mundo. Sobre las decisiones que se tomen en estas fronteras pivotarán, como petición de principio, las construcciones racionales de numerosas ramas del pensamiento.

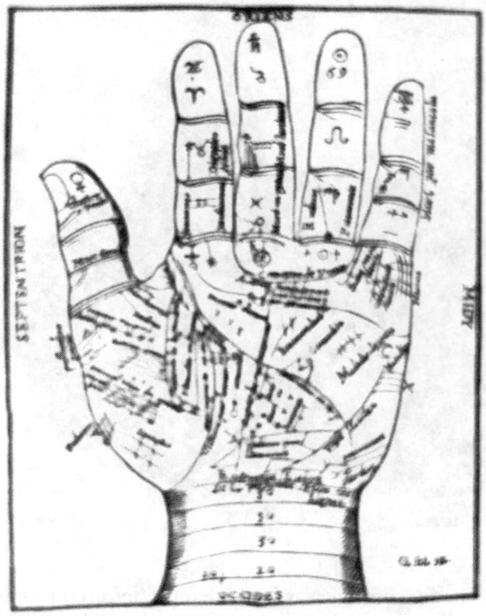

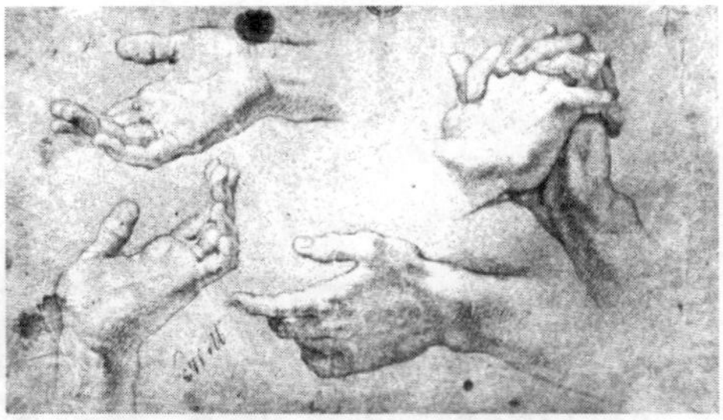

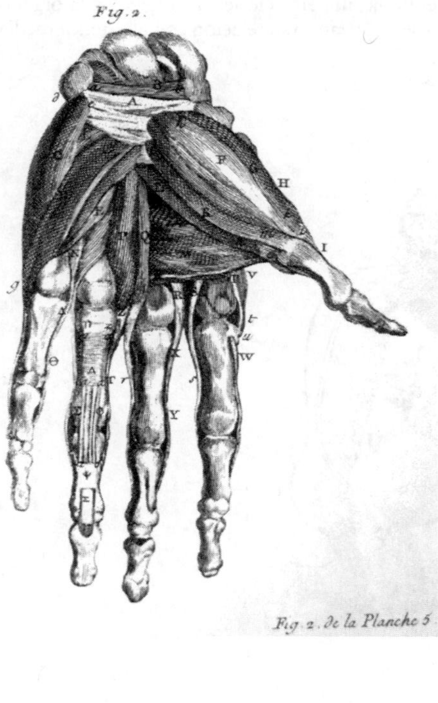

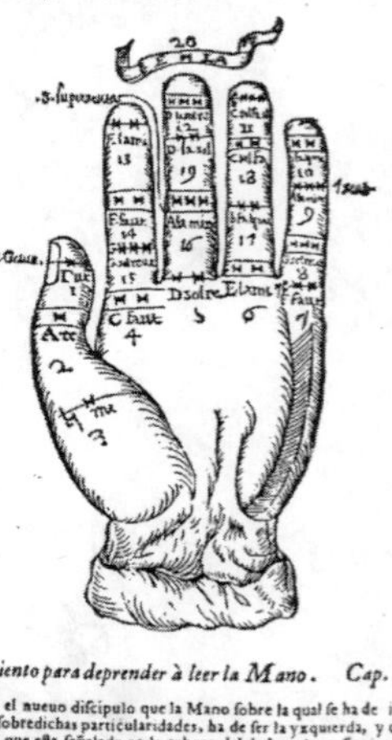

Que es del Cantollano, Gregoriano ò Ecclesiastico. 339

aquellas digo, que sin ellas las mayores no pueden ser. Y pues son los cimientos tan necessarios, bien es que començamos abrir el arca de la Mano adonde estan encerrados estos primeros principios. y digamos en el nombre del Niño IESVS, y de su Madre sanctissima la Virgen MARIA, Γ vt, A re.

MANVS LA ARE- SEV SCA- TINA.

Aduertimiento para deprender à leer la Mano. Cap. III.

ADuierta el nueuo discipulo que la Mano sobre la qual se ha de imaginar ò fixar las sobredichas particularidades, ha de ser la yzquierda, y començarseha de Γ vt, que esta señalado en la cabeça del dedo pulgar, siguiendo A re en la juntura de medio; y luego B mi en la conyuntura de baxo de la rayz del mesmo dedo. Tiniendo siempre cuenta de yr siguiendo la orden de las primeras siete letras del nuestro alphabeto, que son A B C D E F G: y el que entendiere de cuentas, para mayor facilidad, podra tomar por guia à los numeros, que escritos estan debaxo de las posiciones ò cuerdas, començando de 1, 2, 3 4, 5, 6, &c. con los quales seguira la orden de las posiciones sin imbaraço ninguno hasta la fin que es 20, puesto debaxo de E la postrera posicion.

V u 2 Ad-

17. La mano es el órgano privilegiado del cuerpo, debido a su especialización, en procurar contactos flexibles con el mundo. La mayor parte de nuestra relación con el medio se produce mediante su manipulación, siendo la mano el órgano que mayor grado de diferencia es capaz de darnos en relación a la gestión y gestualización de nuestra conducta.

18. Es una figura común que los signos surjan por proyección ergonómica de contenidos y formas corporales. La digitación y el sistema de base decimal, por ejemplo, son un claro referente del número de nuestros dedos, así como la relación binaria, par/imapar, surje como reflejo de nuestra estructura simétrica.

19. La manipulación artística de los gestos se compone de estrategias y formas que buscan comunicar un sentido abierto e interpretable, por lo que produce las formas de interrelación más flexibles y articuladas, debido a la complejidad del material que quiere transmitir. Las estrategias en las que se basa para controlar sus herramientas abarcan toda la gama de posibilidades de la mano y del cuerpo. En la interpretación musical nos encontramos una gama abierta de gestos inmensa y todavía sin aplicar a otras formas de intercomunicación entre herramienta y cuerpo, debido quizá a que las formas de relación con las máquinas habían sido, hasta este momento, simples y esquemáticas.

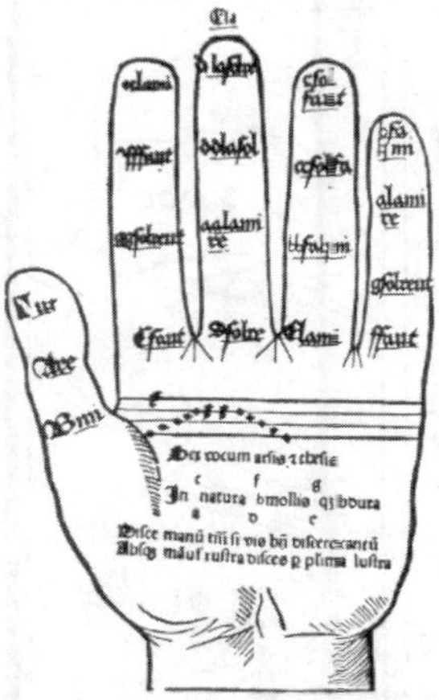

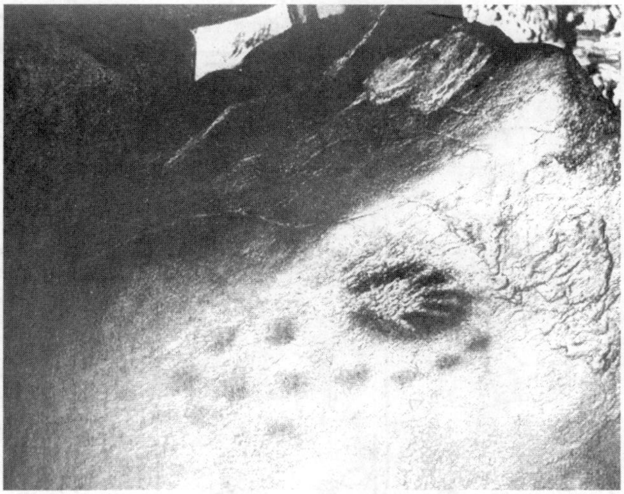

20. Los gestos que en el dibujo, la danza o la interpretación musical encontramos son enormes en su variedad y se encuentran enfrentados con el esquematismo que representa lo binario. Pulsar, tapar, picar, golpear, batir, rascar, arañar, arpegiar, diferenciar ataques, presiones, suavidades, texturas, arrojar, deslizar, producir articulaciones de la muñeca, el codo o el brazo son formas propias de lo artístico, que intervienen en la elaboración de las diferenciaciones de gamas de sus resultados, tan ricas sígnicamente que pueden referirse a contenidos vitales.

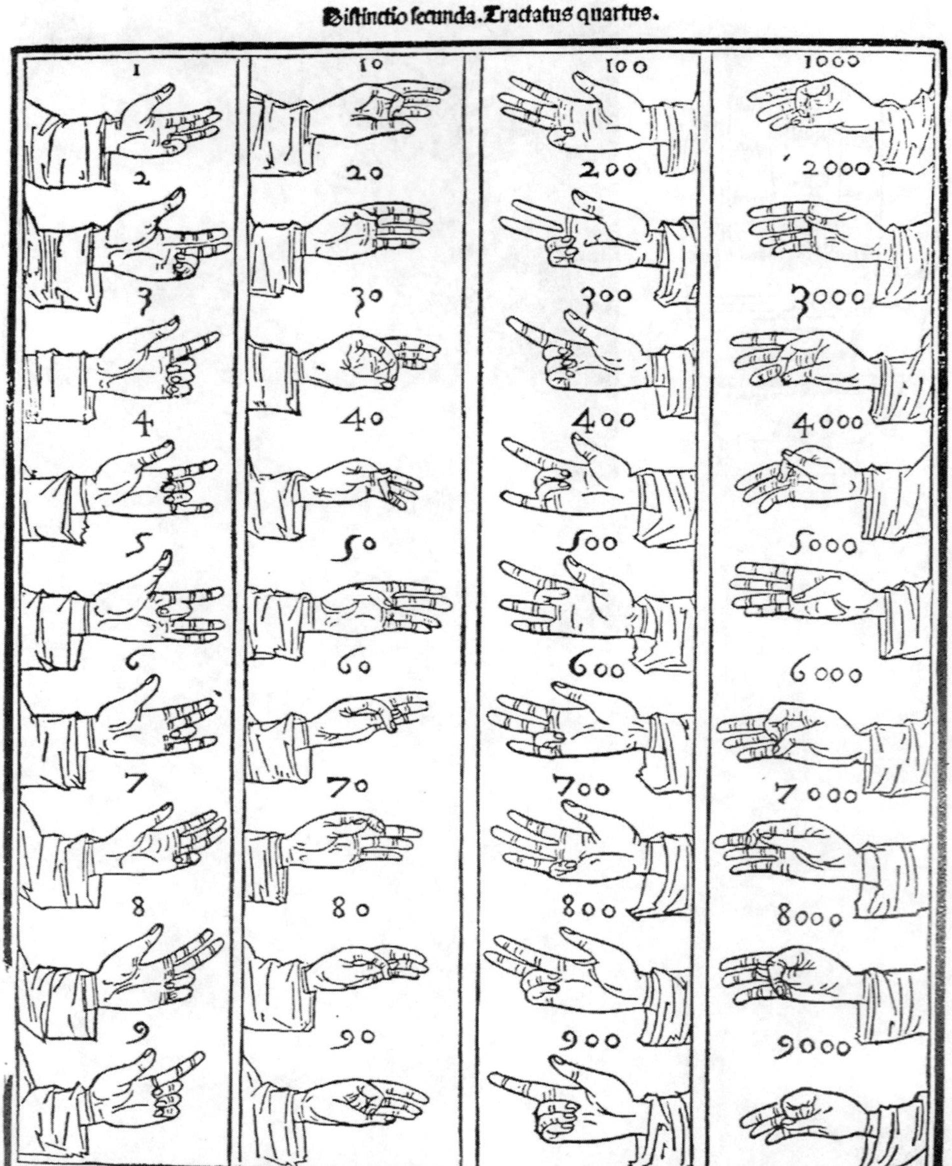

21. La mano es el exponente instrumental básico del cuerpo humano. La raíz de instrumento, que nos envía a instrucción, indica una forma de enseñar o de levantar paredes. La raíz latina strûo, como el radial indoeuropeo *ster-* extensión, indican un apilamiento de datos, en el caso de la instrucción, que construyen el interior. Los instrumentos son formas constructivas y la mano es el organizador ergonómico de estas formas en la habitación del mundo por el cuerpo. Ordena, controla y es una de las imágenes privilegiadas por ello para establecerse como parangón o proyector de determinados sistemas sígnicos.

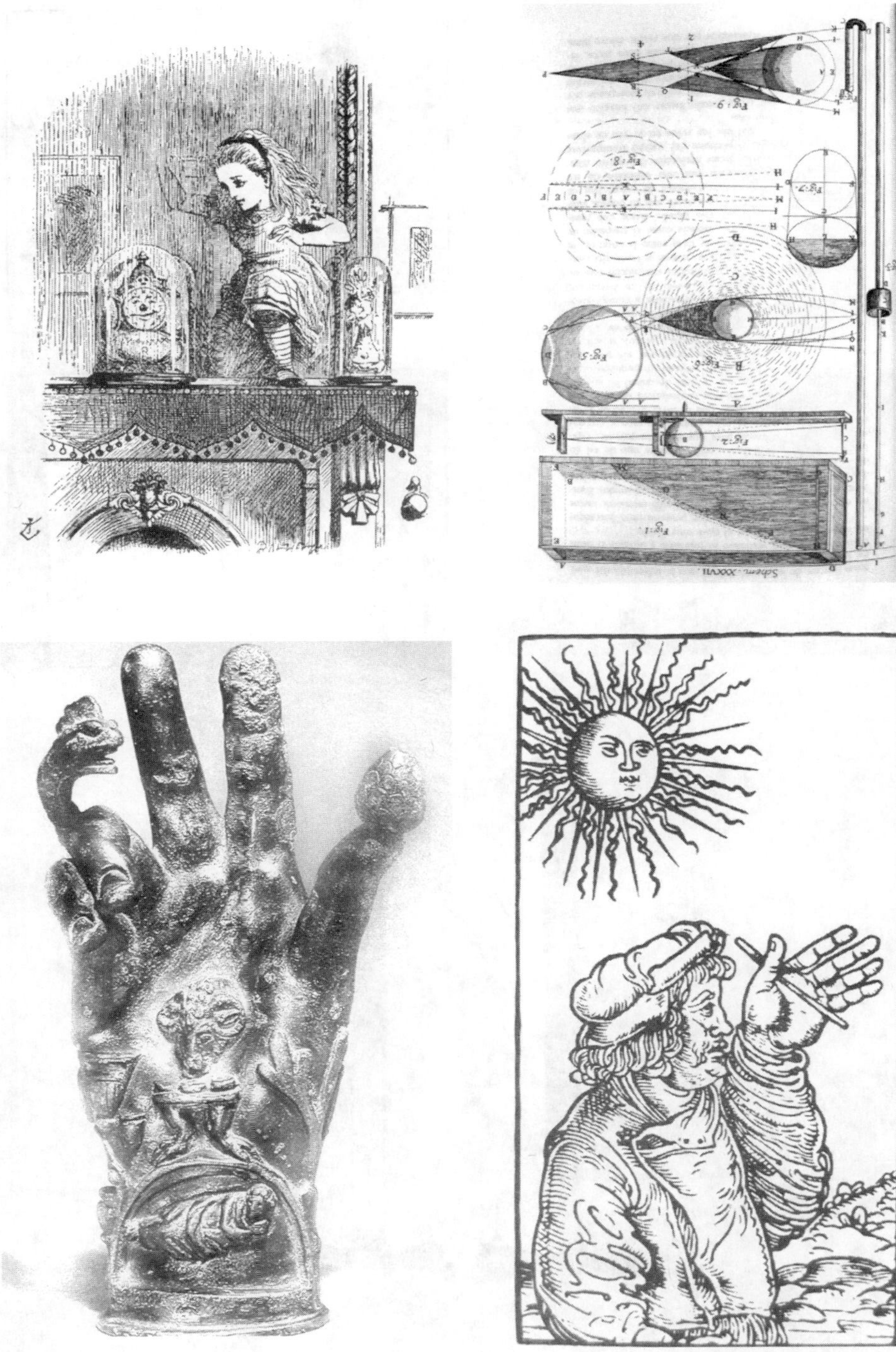

22. Magia, adivinación, medición simbólica, connotativa o sígnica, la mano es la herramienta más versátil que poseemos en la interrelación con el mundo. Desde lo funcionalmente instrumental hasta lo simbólico sígnico tiene su origen en ella.

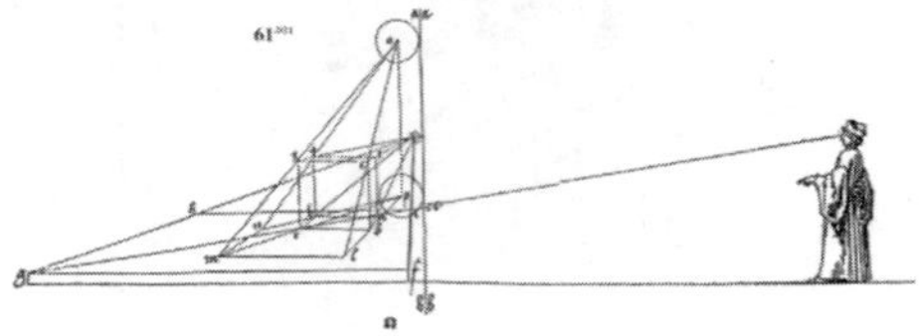

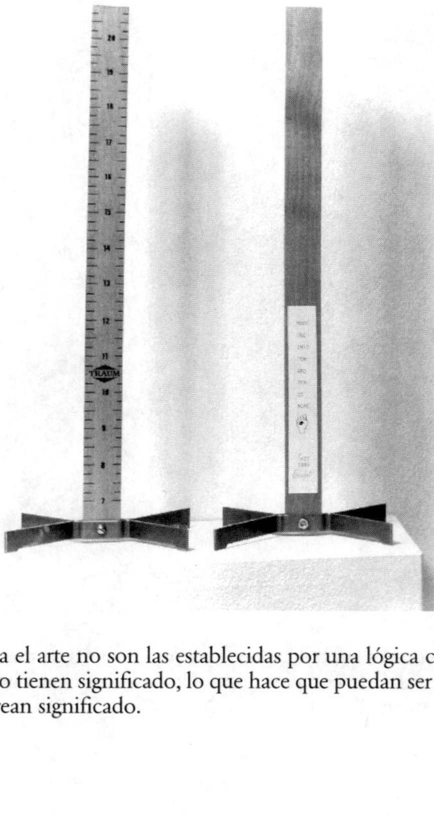

23. Las medidas que propugna el arte no son las establecidas por una lógica común, sino que dependen de un exceso de significado. No tienen significado, lo que hace que puedan ser asociadas a la tontería *(non sense)* o a la locura, sino que crean significado.

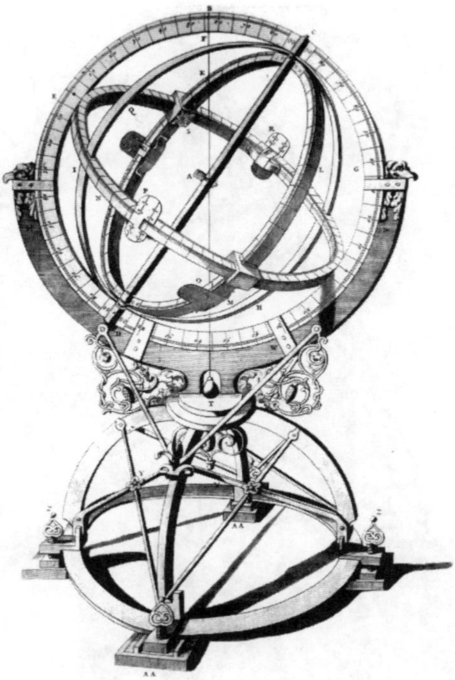

24. La definición última de la medida es la geometría, un medir el mundo mediante el cuerpo, dándole coordenadas que nos expliquen en qué posición se encuentra cada cosa dentro de lo mundano, y qué posición ocupa mi cuerpo *en relación.*

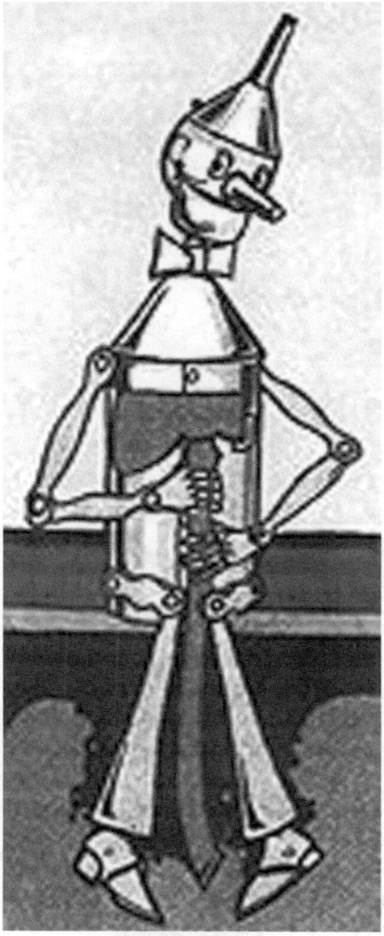

THE
Electric Man
OR
Frank Reade, Jr.,
IN AUSTRALIA.

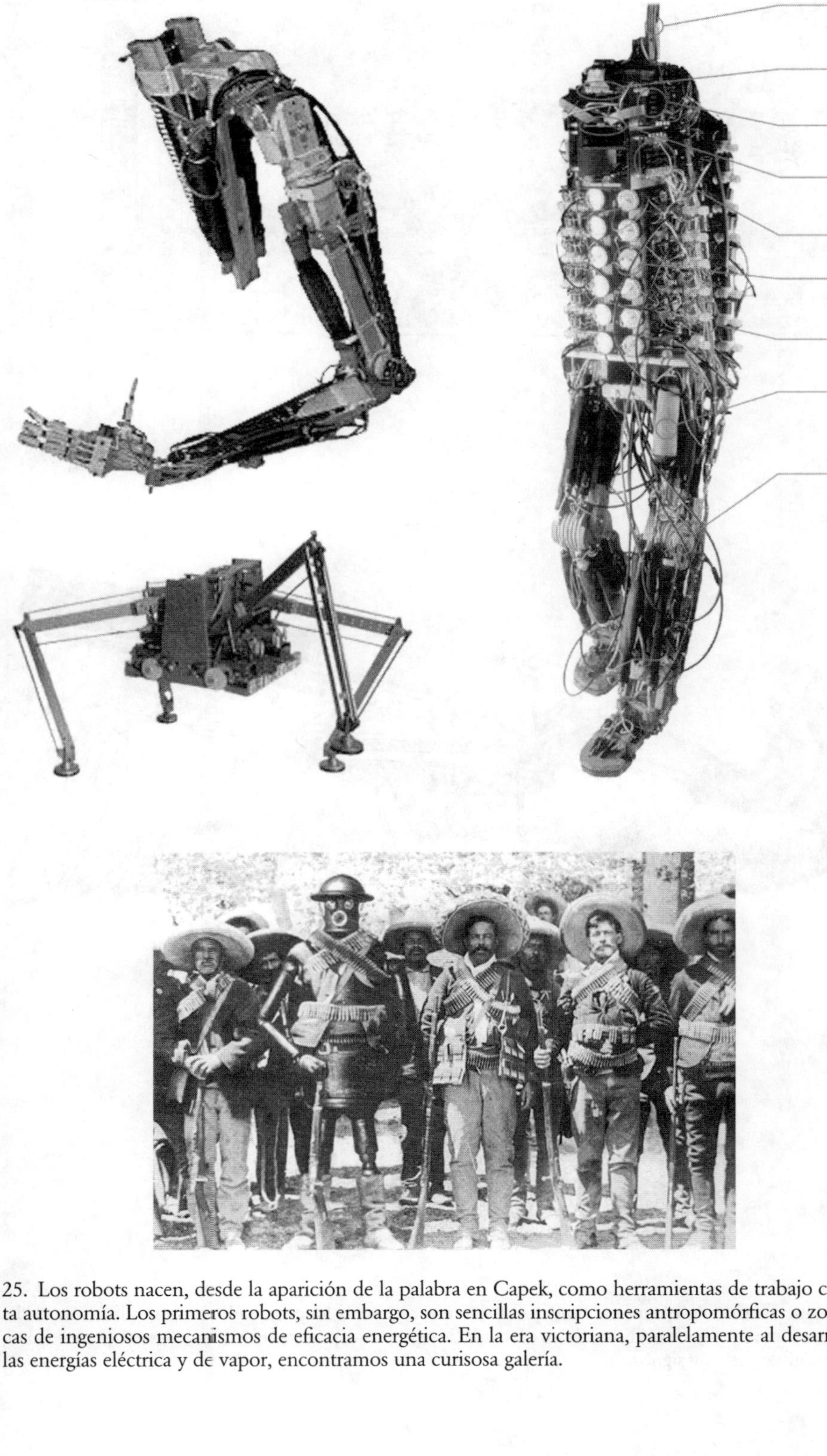

25. Los robots nacen, desde la aparición de la palabra en Capek, como herramientas de trabajo con cierta autonomía. Los primeros robots, sin embargo, son sencillas inscripciones antropomórficas o zoomórficas de ingeniosos mecanismos de eficacia energética. En la era victoriana, paralelamente al desarrollo de las energías eléctrica y de vapor, encontramos una curisosa galería.

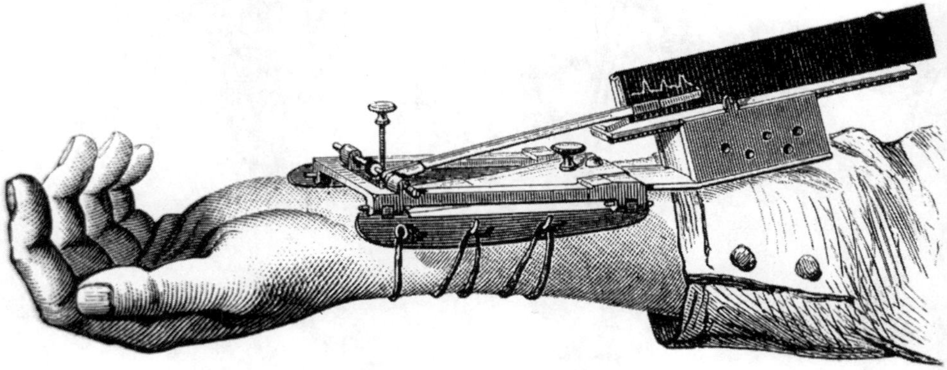

26. La mano ha sido la herramienta mecánica que mayor interés ha procurado en su duplicación, dada la excesiva movilidad y flexibilidad de sus articulaciones, a su expresividad y a su extrema complejidad en la gestión de gestos y signos.

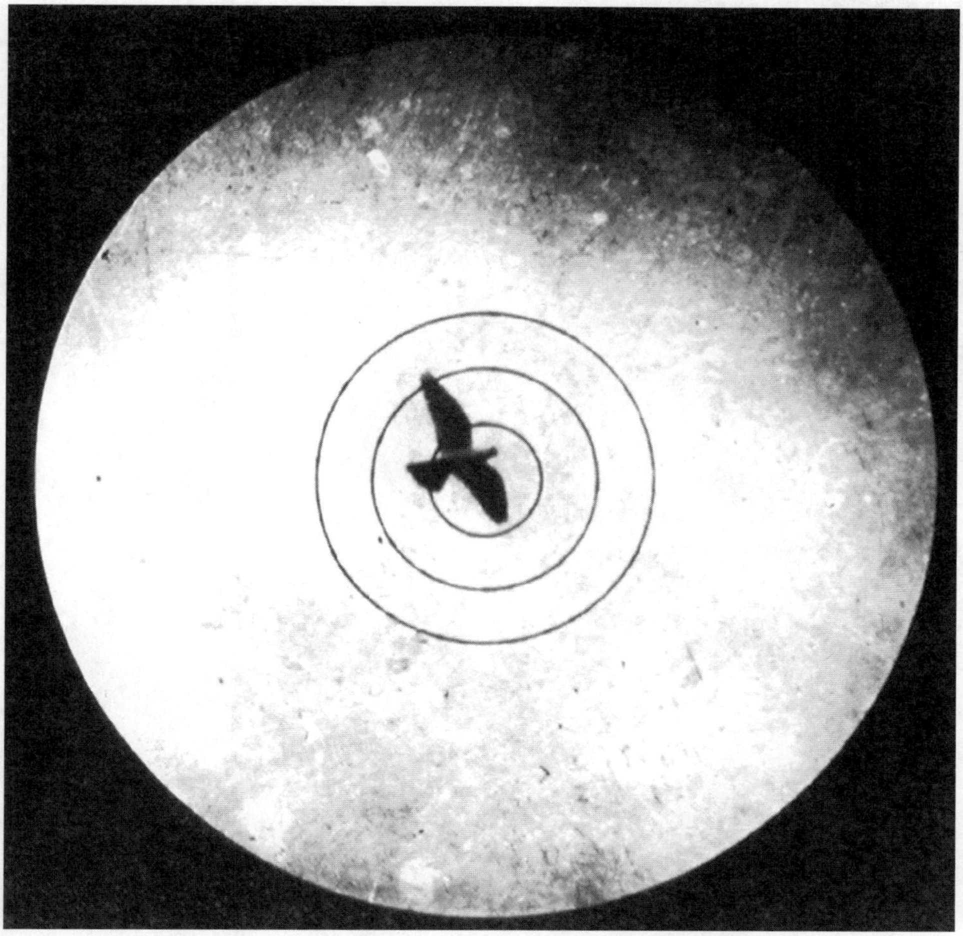

27. La cronofotografía de Marey surge como un intento de medida posicional, literalmente, un método de escritura superadora del tiempo mediante luz, una escritura de luz como implementación técnica de las posibilidades gráficas de un registro.

CAPÍTULO VIII

La retórica digital

ALFRED G. KAVANAGH

> Mi teoría es tan compleja que en realidad no se puede representar bajo la forma de un libro, pero yo soy un señor mayor y no puedo de otra manera. Y por eso, debo escribir un libro pero en realidad, lo que quiero ofrecerles bajo forma de teoría debería ser representado de otra forma, con la posibilidad de muchos ingresos, de recursividad, con posibilidad de lazos recursivos, todo esto no se puede representar bajo la forma de libro, pero yo no puedo de otra manera y por eso, vuelvo a escribir un libro.
>
> NICHOLAS LUMMAN

> La placa en su mesa indicaba que era el RRI (Responsable de Recursos Informáticos). Tendría entre diecinueve y veintidós años y noté que me escuchaba con impaciencia. En suma, le dije, si realizo una transferencia electrónica no podría suceder que los datos, bueno, la clave, pudiese ser descifrada por otros... Se hizo un silencio y me sonrió eficientemente. Utilizamos el DES me dijo y aunque desde luego un BFA es posible, no obstante el protocolo SSL es bastante seguro y corre independientemente de la aplicación. Me invadió una extraña fatiga, y me sentí extranjero, incapaz de nombrar las cosas como si convaleciese de alguna enfermedad y mis paseos por la realidad se hubiesen reducido a unos cuantos espacios amables.
>
> *Notas de mi Diario Cibernético*

I

El holograma del profesor Molina se desvanecía. Se había creado con tecnología del año 2001 y aunque a todos nos encantaba coleccionar artilugios de aquella época, resultaba muy fastidioso procesar los encargos AFT (Advance Future Time). Opté por solicitar una transcripción resumen. Me pedía que desarrollase un breve resumen de la tecnología digital en el dibujo de los últimos cien años prescindiendo de todos los atajos lingüísticos y siglas para una mayor claridad. El recuento de referencias del ordenador era impresionante. Algo menos que los referentes a estudios bíblicos. El transcriptor de preferencias parpadeó y apareció el término «original» en caracteres amarillos. El código amarillo hacía referencia a que la petición había de entenderse en el sentido etimológico del término cuando el profesor Molina formuló la petición. Pulsé ENTER y aparecieron las distintas acepciones en cascada para las 6.300 lenguas registradas. Pulsé ESPAÑOL (España/no variedades dialectales). Original parecía hacer referencia a origen, a la matriz que permite sucesivas copias, a lo novedoso, lo excéntrico, lo primigenio... Esto me sumió en una considerable perplejidad. Contraponer original a copia era un extraño anacronismo. Aunque durante un tiempo fue una cuestión controvertida en el arte y en el campo de la patentabilidad de objetos industriales, al final el Decreto de Tangibles e Intangibles Protegidos (DTIP) se aplicó de modo generalizado. Tras el proceso de notarización y retirada de la circulación de dichos objetos cuya originalidad tenía el carácter jurídico *iuris et de iure,* todo otro objeto ya material o inmaterial gozaba de un estatuto de aprehensión legítima. Los flujos de información habían superado con mucho la capacidad de procesamiento de los destinatarios de la misma. Un abanderado de esta nueva objetividad fue el logista japonés Ishikawa cuando postuló: «Si no puedes convencerles con tu inteligencia, inúndales de papel.» Los medios se volvieron excesivos, los juicios irremediablemente aplazados por nuevas informaciones, y desde luego el símbolo más eficaz de dicha situación fue un gracioso ouroborus digital que borraba toda la información inmediatamente anterior para reproducirla después y así sucesivamente.

La comunidad artística emprendió una huelga de celo desde los primeros diagnósticos de la muerte del arte y nunca un vacío fue tan extensamente colmado. Este hastío de significaciones conllevó a una altísima tasa de rotación de las existencias de signos compitiendo por una posición en el mercado. Significar es vender. A los historiadores de la cultura este *leitmotiv* les recordaba el dictamen post-tridentino «arborizar es predicar» y como luego veremos, había desde luego bastantes similitudes.

Un notable avance en la organización del saber se debe a una humilde máquina denominada el *descitador* (Disquoter Level Scan, en el original inglés). Este aparato se ideó fundamentalmente para los estudiantes universitarios e inicialmente permitía eliminar todas las citas textuales y referencias cruzadas de los textos. Pór extraño que parezca, esto redujo los textos académicos de un modo exponencial. El perfeccionamiento de este mecanismo conllevó el levelling o estratificación de las fuentes. Esta aplicación permitía desglosar el contenido de cualquier documento por fuentes cronológicas, a modo de estratos. De este modo, si alguien leía un texto bastaba con pulsar «ELIMINAR CITACIÓN INDIRECTA» para hacer desaparecer todas las referencias a otros tratadistas. Para consider un producto como bien tangible o intangible, protegido, resultaba necesario que el treinta por ciento de su contenido siguiente en modo activo tras pulsar eliminar citación directa e indirecta. Lo infrecuente de esta situación hizo muy tenue el concepto de autoría.

Los ciudadanos convivían con inmensos almacenes de signos, cajas repletas de suculentos emblemas de todos los tamaños y colores, cuyo principal atractivo residía en que se ofrecían para ser significados o codificados por su comprador. Siempre hubo un coste en el signo, aunque las primeras campañas digitales eran bastante escurridizas e invocaban la gratuidad y democratización. Ya se tratase de una estilizada letra del alfabeto védico o de un anagrama de un sindicato polaco, toda elección llevaba aparejada un coste no tanto en términos de oportunidades perdidas sino en términos de un seguimiento de esa gratuidad tan generosamente ofrecida para configurar un historial del consumidor.

El acontecimiento capital en el dibujo del tercer milenio fue la aparición de las marcas emblemáticas. Una interesante política de fusiones y adquisiciones crearon el

Vatican Walt Disney Image Bank, la Pepsi & Taoist Foundation, J. P. Morgan Chase Manhattan & Krishna Productions Ltd. y tantas otras, auténticas sociedades holding de marcas emblemáticas. Se trataba de aprovechar el potencial histórico acumulado de símbolos y vincularlos a una imagen de marca. Pensemos por un momento en la tremenda eficacia del símbolo de la cruz en el cristiansimo o en la rueda-chakra o mandala del hinduismo. *Per hoc signo vincit* oyó el emperador Constantino antes de la decisiva batalla —la cruz— inmensa rótula o escuadra donde descansa el peso de la tierra y la esperanza del cielo. Persignarse supone recorrer los cuatro puntos cardinales, deambular de modo abreviado —espiritualmente— por la extensión del mundo.

II

Este trabajo necesariamente ha de comenzar con una nota de disculpa, porque parece un contrasentido abordar las nuevas tecnologías precisamente bajo el soporte del libro, cuya linealidad no parece adecuarse al discurso digital. No obstante, también esta disfunción entre soporte y discurso es característica de lo que he denominado la retórica digital y que analizaremos más detenidamente. Me reuno con Rohit Gupta en la sede de Brand Consulting Inc., un edificio situado al otro lado en la vieja zona industrial de Nueva York. Gupta es un N.R.I. *(non-resident indian),* término aplicado a los ciudadanos hindúes que viven fuera de su país y que constituyen una fuente de divisas para la India. Habla un inglés exageradamente perfecto, casi libresco combinado con el instinto comercial de los *marwari*. Actualmente dirige el Brand Watchtower, una especie de observatorio internacional sobre el posicionamiento de las marcas. «Uno de los grandes problemas para un joven artista es la co-existencia de discursos de distinta velocidad» me dice. «Al problema de qué decir, se une el problema de cómo decirlo y dónde. Podríamos hablar de la existencia de una retórica digital, aunque con la especial perversidad de que la retórica clásica se había configurado como un arte de la memoria y la retórica digital al basarse en la velocidad y la simultaneidad acaba postulando un arte del olvido. La nitidez de las estancias clásicas por las que discurre el retor es sustituida por estructuras basadas en procesos de superimposición, a modo de un presente eterno. Los anuncios de las empresas de telecomunicaciones promocionan las nuevas líneas asimétricas mostrando jóvenes que se asombran de que hubiese podido haber un antes, aunque irónicamente la instalación se produjo tan sólo hace dos días.»

La sensación de un doble-lenguaje se basa en la convivencia de códigos propiamente orales y otros tipográficos en el entorno digital. El escenario digital es complejo ya que no existe un punto de vista privilegiado que permita conocerlo. No existe en la cabeza de ninguno de nosotros una imagen asociada al universo digital. Cuando se utiliza la metáfora de las autovías de la información, en el fondo nos ocurre algo parecido a la pretensión de saber universal del Teatro de Giulio Camillo[1]. No existe una imagen

[1] Se conserva una carta de Viglius a Erasmo de Rotterdam en la que describe el Teatro de Giulio Camillo Delminio: «La obra es de madera ilustrada con muchas imágenes y llena de cajitas; se compone de varios órdenes o gradas (...). Llama a su Teatro con muchos nombres ya que dice que es una mente y alma con ventanas. Pretende que todas las cosas que la mente humana puede concebir y ver y que no podemos ver con los ojos corporales, una vez que se las ha congregado con diligente meditación, se las puede expresar con determinados signos corporales.»

1. Las fachadas son una cacofonía de signos que incluso anulan el propio edificio. Nada se arranca, todo se yuxtapone. No es posible distinguir netamente entre el texto y el dibujo ya que ambos han desbordado las tradicionales fronteras de su legibilidad.

o un diagrama esclarecedor que nos guíe sino miles de páginas impresas que aluden más bien a las pretensiones del compilador dentro del sistema. Nadie jamás ha visto físicamente el teatro de la sabiduría de Giulio Camillo pero el hecho mismo de preguntarse cómo sería, funciona como un icono poderoso. Las descripciones de los tratados de la época son tan generales que permitirían la construcción de cualquier sistema, pero es precisamente la reconstrucción intelectual realizada por las generaciones posteriores que enrique las relaciones entre memoria y conocimiento.

Incluso hoy día —prosigue Gupta— la concepción de Camillo presenta algunas analogías con la posición del navegante en la red. En su Teatro, no hay público que ocupe los asientos para mirar al espectáculo que se representa en el escenario. El «espectador» solitario del Teatro ocupa físicamente el escenario y mira hacia el auditorio contemplando las imágenes que se hallan en las siete veces siete puertas de las siete gradas ascendentes.

No es posible ignorar el escenario en el que se desenvuelve el artista actual. Podemos no desearlo, quizá convendría cambiarlo, pero hoy por hoy las propuestas más radicales en el terreno de la creación no proceden de los artistas como sujetos independientes sino de los esfuerzos de gestión y promoción de la marca por parte de las empresas multinacionales.

Cuando se maneja el concepto de retórica digital también hay que tener presente la acepción negativa del término, al tratarse de un discurso que elimina la transparencia del mercado. Los grandes éxitos de la red son indudablemente el campo de la economía y las finanzas donde la garantía de un intercambio de datos en tiempo real constituye el soporte que posibilita un mercado eficiente. No obstante, en el campo del arte posiblemente nos encontremos en el grado cero de la interactividad y de la transparencia.

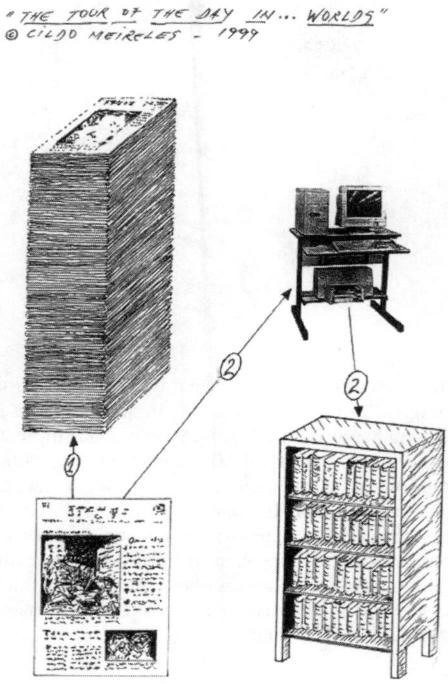

2. Obra de Cildo Meireles que ilustra la convivencia de diversos códigos y velocidades en la era digital.

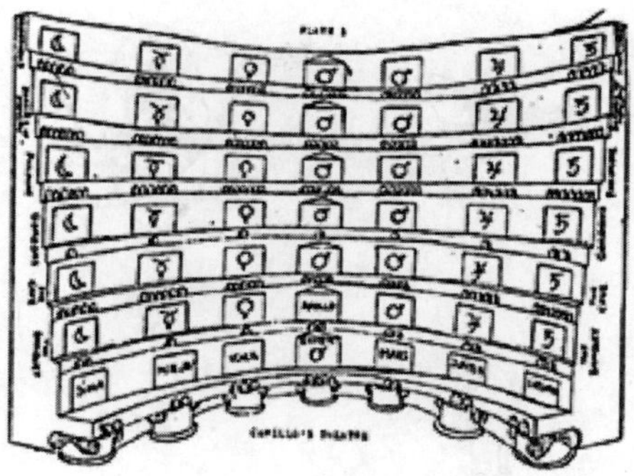

3. Diagrama que muestra una de las múltiples reconstrucciones del Teatro de Giulio Camillo.

Aunque incluso esta afirmación resultaría ingenua, porque un proceso más complejo, como es la privatización de los servicios públicos, ha extendido el ámbito de acción de la marca a áreas tradicionalmente no comerciales como la enseñanza, la promoción de actividades culturales o deportivas, el ocio, y el arte por supuesto. Sobre el espacio geográfico tradicional, las marcas han invertido un esfuerzo gigantesco en convertirse en la diferencia que hace la diferencia, al decir de Roszak. Las marcas son las grandes impulsoras del discurso digital, como sistema sustituyendo el status quo un tanto elitista de diferencias culturales basado en el universo del libro por un proceso aparentemente informal basado en la multi-opcionalidad y presidido por el espejismo de la gratuidad. La imagen de la izquierda muestra un autobús promocional de Microsoft en un *road-show* (muestra itinerante). Las marcas se han lanzado a la calle, pero con una diferencia significativa frente al pasado; ya no estamos ante un mero signo identificativo diferenciador sino

4. Autobús promocional de la imagen de Microsoft.

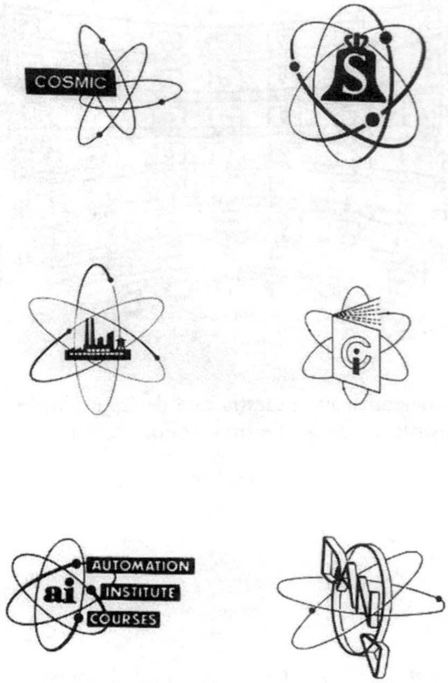

5. La asociación de la imagen de la marca con el progreso es un fenómeno muy destacado tras la II Guerra Mundial. Los logotipos de mucha empresas estadounidenses de los 50 incluyen un átomo basándose en el prestigio de la tecnología nuclear para poner fin a la II Guerra Mundial. Si revisamos la retórica de las marcas y de muchos artistas contemporáneos comprobamos que comparten un gran número de términos como multimedia, interconectividad, simultaneidad, virtualidad, interactividad, globalización, etc.

confrontados por la estrategia de proporcionar una experiencia auténtica al consumidor. Las multinacionales como Pepsi, Channel One, Big Macs, Disneylandia, Nike o Cover Concepts se disputan cada rincón físico y virtual de las instituciones culturales, educativas y artísticas como un callejón de cualquier bazar. En principio parece fácil clamar contra este ultraje, esta vuelta de tuerca de la cultura empresarial, pero cualquier reacción, si resulta posible, pasa por desentrañar la estrategia o estrategias de su discurso.

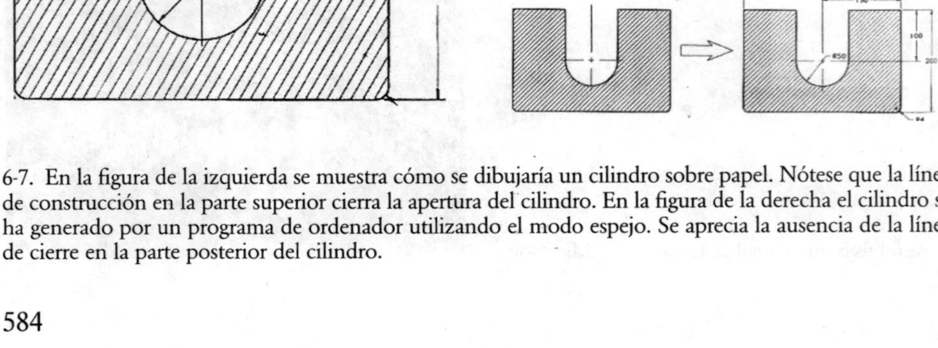

6-7. En la figura de la izquierda se muestra cómo se dibujaría un cilindro sobre papel. Nótese que la línea de construcción en la parte superior cierra la apertura del cilindro. En la figura de la derecha el cilindro se ha generado por un programa de ordenador utilizando el modo espejo. Se aprecia la ausencia de la línea de cierre en la parte posterior del cilindro.

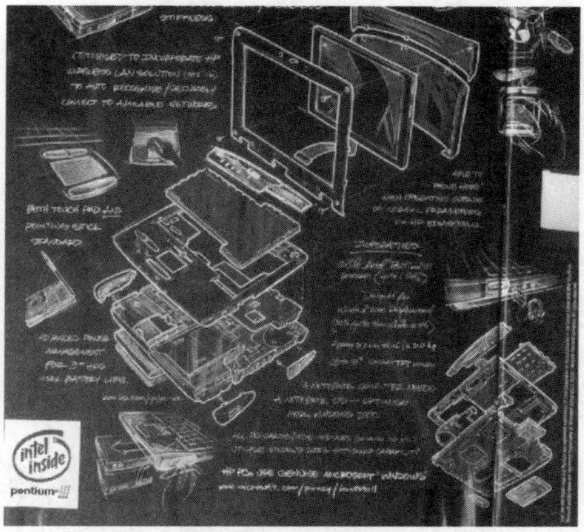

8. Las vistas isométricas son parte de la retórica de ventas de las compañías. Aunque rara vez intervienen en el proceso de producción del producto, dado que al mostrar dos lados del objeto —a 30° y a 60°— distorsionan el tamaño y dimensiones del mismo. No obstante, siempre se incluyen en los manuales del usuario y en la publicidad porque en palabras de un ingeniero mecánico es «lo que la gente espera ver».

En este caso, Intel nos muestra el *blueprint* (el plano del diseño original) como estrategia de acercamiento del consumidor final al momento inicial de la concepción.

La neutralidad

El uso de las nuevas tecnologías se presenta por sus fabricantes y distribuidores como una opción neutral, cuando no favorable, asociada con el prestigio y el optimismo ligado a la ciencia. Muchos artistas afirman que se trata de una herramienta más de su repertorio. Las quejas más frecuentes en las escuelas de arte suelen estar ligadas a la falta de medios técnicos que se suele paliar mediante convenios suscritos con los principales fabricantes de software. No obstante, los procesos que permiten la representación de la realidad en un sistema análogico y en un sistema digital son bastante diferentes.

Como señala Alpers, se produce una redefinición de la cultura visual, pero no sólo en términos de cómo ha de representarse las cosas sino más bien de qué es lo que merece ser representado. La co-existencia de personas formadas en distintas culturas visuales se pone especialmente de manifiesto cuando los planos generados mediante sistemas CAD se llevan a producción.

Los códigos implícitos

Aunque trataremos de esto en el proyecto que comentaremos, creo que compartimos la sensación de que en estos momentos sólo falta redactar un código uniforme para la creación digital, porque en la práctica basta navegar por la red para comprobar que existe un formato tan rígido como el exigido por las cajas altas y bajas de la tipografía. Una perspectiva poco estudiada pero que resulta fundamental para el territorio de las marcas es entender cómo se produce el proceso de volcado de los registros orales de la época anterior al libro impreso[2]. Para los que vivimos en el siglo XXI, este proceso cobra especial sentido ya que nosotros también es-

[2] Al igual que el arte de la memoria escolástica sufre un proceso de decadencia con la aparición del libro impreso. Las corrientes «modernas» del humanismo son crecientemente hostiles al arte de la memoria. Los espaciosos campos palacios de la memoria por los que discurren San Agustín o Santo Tomás, donde se encuentran los tesoros de imágenes innumerables, van a ser reemplazados progresivamente por el grabado que sustituye a la destreza mnemotécnica.

9. La portada de la edición de los *Emblemas* de Alciato de 1555 proporciona un ejemplo de las disfunciones surgidas del paso de una era oral al entorno tipográfico cerrado y controlador de los espacios. La portada funciona realmente como un pórtico que permite al lector deambular por un lugar imaginario a modo de pliegue donde autor y lector se reencuentran, pero además los contenidos se articulan por medio de la intertextualidad, por referencia a otras fórmulas y lugares comunes *(topoi).*

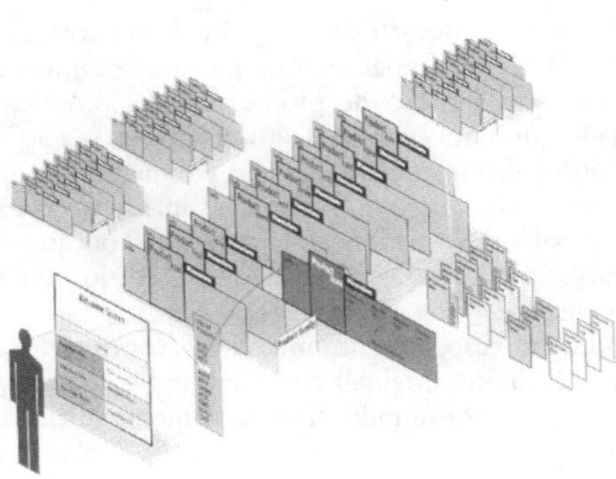

10. Propuesta virtual de organización de los contenidos de la Enciclopedia Británica. Si el lector del siglo XVI de los *Emblemas* se enfrenta a los medallones *(badges)* que proponen un recorrido esotérico muy vinculado a desplazarse por los *links* existentes en cada uno de ellos, igualmente el paso de la cultura tipográfica a la digital obliga a construir un imaginario que haga posible el recorrido del usuario (estancias, pasillos, avenidas, edificios, ciudades) muy en línea con la retórica tradicional.

tamos instalados en un proceso de volcado de una cultura analógica a un entorno digital. Adicionalmente gran parte de los procesos pretendidamente novedosos son realmente una re-introducción de estrategias propias de la oralidad anterior a la imprenta.

Merece la pena detenernos en lo que sucede con los emblemas cuando pasan al formato bidimensional de la hoja impresa. En teoría surgen muchas publicaciones denominadas libros de empresas que parecen continuar con el status quo anterior. Pero realmente no es así, se convierte en un instrumento político, en un signo utilizado por las instancias que controlan los códigos ideológicos para adoctrinar a las masas. Sin ninguna duda el gran momento de los emblemas es el Barroco, sobre todo a raíz de la Contrarreforma. La publicación de los emblemas rompe con la lectura unidireccional del universo heráldico propio de la oralidad anterior y traduce el nuevo individualismo del hombre renacentista. Este nuevo universo simbólico traslada el campo de batalla al campo de las letras. Los penachos, plumas, cimeras y bandas de los caballeros reciben una convención tipográfica particular en los marbetes de las portadas. Los tratadistas, al insuflar nuevos contenidos al servicio de distintas empresas, generalmente de carácter religioso, apartan el emblema de su carácter identificador inicial y se convierten en *proveedores de contenidos*. Sin ninguna duda son los

11. Grabado de Michael Meier —*Scrutinium Chimicum* (1687). Ni en el mundo digital ni en la oralidad existe un recorrido sin un contexto previo. Algo semejante ocurre en la amplia producción de grabados esotéricos durante los siglos XVI y XVII. Es necesario conocer los códigos implícitos anclados en la imagen. El lobo representa la materia prima que devora como proceso de *mortificatio* y la posterior sublimación se ejemplifica por el rey que sale de las llamas.

12. Campaña de publicidad para un centro educativo judío «Bet Shira» por Turkel Schwartz & Partners. Territorios como el racismo, la xenofobia, la confrontación política, la sexualidad o la muerte son abordados por la publicidad con notable eficiencia apoyándose en la existencia de un contexto.

precursores de los creadores digitales actuales al analizar las interrelaciones entre texto e imagen y concebir la articulación del lema y del cuerpo del emblema como un recorrido donde los antiguos armorios del caballero ahora son ramas, cenefas, grutescos, laberintos, diagramas que permiten una perambulación. Los expertos de aquella época, Pedro Ciruelo, Rombersch, entre otros, recomiendan el uso de imágenes percusivas que sirvan como anclajes para fijarlas en la memoria del lector. Nosotros que vivimos sumidos en una estética de lo chocante no podemos sorprendernos de esta recomendación.

Releo mis notas de la entrevista con Rohan. «Cuando terminé mi beca y estuve viajando por Estados Unidos allá por los 70, al principio me fijé más en las diferencias con mi país, en los espacios abiertos, en el sistema de carreteras, pero luego al pasar por Las Vegas me llevé una gran sorpresa. Era efectivamente, como lo llama Venturi, un tinglado decorado. Los gigantescos rótulos, las crudas y sofisticadas reproducciones de los decorados prometiendo comida, mujeres, dinero, limusinas eran mucho más que un reclamo. La gigantesca hamburguesa de veinte metros de diámetro no identificaba ningún producto, sino que era ya un territorio ritualizado para el consumo. Para algunos historiadores de las marcas estamos ante un fenómeno totalmente novedoso vinculado a la sociedad post-industrial y a los imperios mediáticos.» Rohan se acurruca como un ave de presa en su silla ergonómica y me espeta: «Ya co-

13-14-15-16. Los cuatro «dibujos» son representación de una cultura tipográfica madura, basada en la jerarquía y en el control absoluto de los espacios. Extensión, precisión y jerarquización de movimientos configuran la cadena de producción del dibujante. La disposición adecuada, el modo en que efectivamente se ocupa la página de papel se convierte en una instancia legitimadora.

noces el lema de los jesuitas —*obstinatio invictusque*— que resulta igualmente aplicable a las marcas que a los emblemas. De hecho las tecnologías de la imagen datan del Barroco, aunque para entender el estado de cosas actual hay que retroceder al territorio difuso de la decadencia de la emblemática con la revolución industrial y la protección administrativa de las marcas.»

Volviendo a las marcas, en un principio tienen un sentido claramente defensivo, comienzan siendo meramente una combinación de signos o medios de carácter enunciativo, constituidas por palabras o grupos de palabras, signos, símbolos, imágenes, figuras, gráficos o una combinación de cualquiera de estos, y más aún incluso el propio envoltorio, envase o forma de presentación del producto puede tener el carácter de marca. La jurisprudencia anglosajona va más lejos, y la describe como cualquier marca, lema, divisa o emblema que el fabricante estampa, imprime o adhiere a los productos que fabrica. Como verás es muy significativo el uso de los términos divisa y emblema, lo que nos obliga a examinar el territorio inicial del emblema.

Es muy probable que el emblema tenga su origen en los hechos de armas medievales, aunque de hecho ya existía en la Antigüedad concebida como toda forma plástica producida bajo una técnica artística sobrepuesta a su soporte. Para entendernos, el emblema funciona como un objeto incrustado que remite a otro contexto. Desde el punto de vista icónico, el emblema puede definirse como el receptáculo de una sobrecarga de significación, para entendernos en términos actuales, de un hipervínculo. Si examinamos los comienzos del emblema, comprobamos que en un principio tenía un claro carácter diferenciador ya que identificaba al caballero y sus colores en el campo de batalla, en otras palabras, sería como una marca de reconocimiento militar. Lo que sucede es que el cuerpo del caballero se ritualiza, y como ha señalado Benveniste para el vocabulario guerrero indoeuropeo, el furor del guerrero remite a otros planos de significación, ascético, religioso, etc.

Los penachos, estandartes, gonfalones, bandas, filacterias, yelmos transforman y territorializan el cuerpo del caballero y lo convierten en un proceso metafórico, en un desplazamiento de sus actos que han de insertarse en otros procesos, permitiendo otros recorridos del imaginario. Su cuerpo adquiere una dimensión sutil que lo equipara al cuerpo del emblema, su divisa que ondea a su paso por el campo de batalla es un «link» o un «badge» que adquiere significación en la medida que se comparte el mismo código. Igual hoy, cada centímetro del cuerpo de muchos consumidores es el soporte para una marca. Lo que resulta revelador es el rápido proceso de estandarización, esto es, cómo en poco tiempo los blasones de los caballeros se van acoplando en un código cada vez más rígido constituido por la heráldica, algo semejante a la retórica digital que al final ha consagrado

La tipografía marca el punto más lejano de desvinculación entre los procesos de creación y el producto final. Supone el fin de una larguísima época donde había predominado lo auditivo a favor de la vista. Como ha señalado Mc Luhan, ello conlleva una reordenación de nuestra conciencia. A los efectos que analizamos aquí, los dibujos posibles desde la revolución tipográfica son otros muy distintos a la época anterior, altamente fiscalizados por el control de la posición. Todavía hoy muchos profesores de dibujo determinan de antemano cuánto espacio debe quedar libre desde la cabeza y los pies del sujeto a los extremos de la hoja como criterio esencial de composición. Una de las paradojas más sorprendentes inherentes a la escritura es su estrecha asociación con la muerte. Esta vinculación tiñe toda la

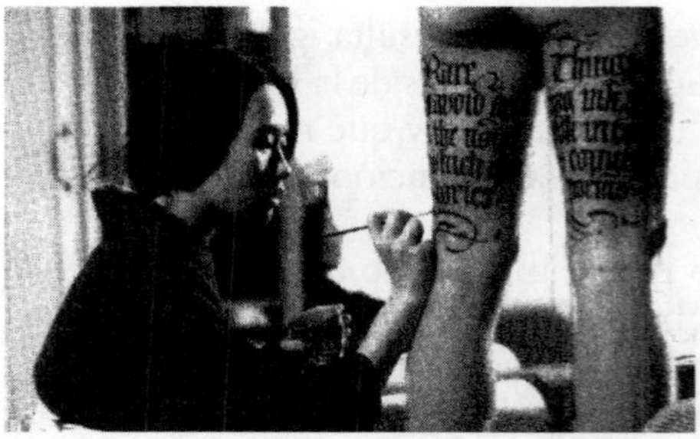

17. Fotograma tomado de la película de Peter Greenaway *The Pillow Book.*

tradición occidental desde la reflexión platónica[3] sobre la misma, aunque quiza la afirmación más contundente sea la de Henry Vaughan a Thomas Bodley —«cada libro es tu epitafio».

La mayor parte de los dibujos a los que tenemos acceso tienen el carácter de un objeto administrativo. Inmune en un *passe-partout,* protegido por láminas de materiales inertes, vigilado, conservado y custodiado. No se produce nunca un contacto casual con el dibujo, no hay roce, sudores, viajes, contrabandos. Todos nuestros accesos al dibujo se realizan desde la función ejemplar del mismo. Al igual que las cajas con tipos de imprenta que se exhiben en los museos de la ciencia, en que las letras están suspendidas en el tiempo y en el espacio.

La cultura tipográfica rinde culto al formato almacenable. Una administración eficiente exige la estandarización de los repertorios de lo real. La ideología digital busca recuperar la expansión de las etapas orales previas a la imprenta. Una metáfora de este dar un nuevo cuerpo al texto, se aprecia en el fotograma tomado de la película de Peter Greenaway *The Pillow Book.*

No habrá mas reordenaciones de mensajes, como tampoco los trazos de ningún dibujo del Renacimiento que ha llegado hasta nosotros será ampliado, enmendado o borrado. La superficie del dibujo es el recinto vigilado. Los espacios intermedios se multiplican al igual que las antesalas que conducen al gabinete ministerial. Este tiempo de espera, estos pasillos de carpetas, planeras y salas pertenecen al ámbito de la reflexión, de la disociación incisiva entre el pensamiento y lo visual. No hay diferencias sustanciales entre saber leer el B.O.E. y un dibujo, porque ambos son espacios acotados, suficientemente glosados por la hermenéutica tipográfica. Igualmente, en la era digital el analfabetismo real se da cuando una persona no es capaz de interpretar una imagen.

La retórica digital como una oralidad secundaria

El teléfono, la radio, y sobre todo el ordenador (la www) nos ha conducido a lo que podría denominarse la era de la oralidad secundaria. Esta nueva oralidad posee numerosas similitudes con la antigua retórica, sobre todo en lo que se refiere a la mística de participación, el empleo de fórmulas rituales, la existencia de códigos que se transmiten verbalmente, el concepto de comunidad virtual, con una fuerte carga de

[3] La devaluación de la escritura se constata ya en el *Fedro* cuando Sócrates argumenta: «Una vez que se consigna algo por escrito, la composición (...) pierde su referencia y cae en manos no solamente de los que la entienden, sino de aquellos que no guardan relación alguna con el texto.»

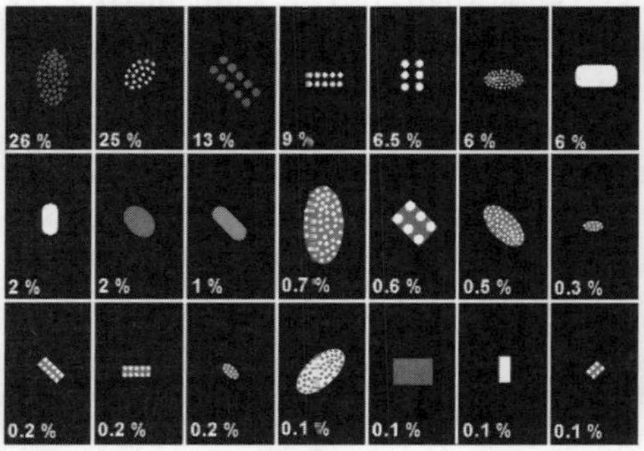

18. Los fenómenos entópticos son sensaciones visuales no originadas por factores externos, y una de sus manifestaciones más espectaculares son los fosfenos que adoptan configuraciones bien estáticas o en movimiento de mayor o menor complejidad. Parece ser que desempeñan un papel importante en la determinación no figurativa de la visión interior, proporcionando un soporte básico cuya traducción icónica posterior se debe fundamentalmente a los patrones culturales.

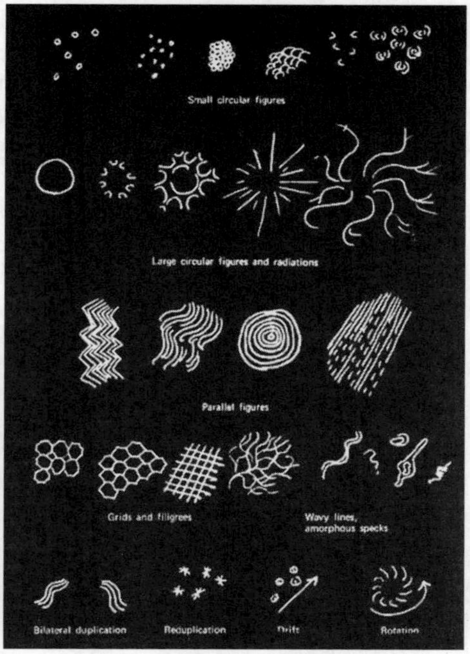

19. En otro estudio ya clásico sobre la materia de Heinrich Kluver (1920) (véase figura adjunta *supra),* este recoge las llamadas «constantes de forma», un repertorio de formas que se detectaban con gran frecuencia tanto en el arte primitivo, en los dibujos infantiles, en sujetos sinestésicos y en los procesos alucinatorios que constituirían una especie de ur-alfabeto.

homeostasis. Si la retórica prácticamente dejó de existir con el triunfo de la cultura tipográfica, el mundo digital recupera muchas psicodinámicas de la oralidad.

La búsqueda de un ur-alfabeto

Para acercarnos al entronque de los procesos digitales con estrategias propias de las épocas de la epoca oral, podemos abordar por un momento la cuestión de los dibujos entópticos, a modo de arqueología del dibujo no tipográfico. Para Brigitte Delluc y Gilles Delluc, el alumbramiento del dibujo en los términos que hoy lo concebimos no sería sino la última fase de un largo proceso[4]. En un primer momento

[4] Basta ojear cualquier manual al uso sobre el dibujo. Prácticamente el grueso del libro estará dedicado al período que va desde 1500 hasta nuestros días. Cinco siglos en los cincuenta mil años que lleva el hombre dibujando supone un recorte drástico de nuestra experiencia vital. Un estudio prometedor en este sentido es el de J. D. Lewis-Williams y T. A. Dowson (1988), *The Signs of Times* (los signos de los tiempos),

sólo tendríamos las formas entópticas o el alfabeto básico, en una segunda fase dicho alfabeto se modula en formas icónicas y en una tercera fase nos encontraríamos ante una intensificación de dichas formas icónicas.

Decía Maslow que como somos, percibimos. El desarrollo modular de nuestros sistemas de captación de la realidad proporciona una visión del mundo basada en el encapsulamiento de la información.

Foder (1983) describe el aparato sensorial como de cableado local, autónomo y no producto de ensamblaje. Estamos ante sistemas que no comparten recursos comunes como la memoria, la atención o la inteligencia, dado que cada uno de ellos realiza una operación específica sin conexión alguna con los demás.

Interesa retener aquí la idea de modularidad como sistema de conocimiento que podría venir artificialmente impuesta por los condicionamientos sociales. Los recientes estudios neurológicos de Goldman-Rakic apuntan a la existencia de un alto grado de integración sensorial en los lóbulos frontales. Los hemisferios cerebrales desarrollarían especializaciones conforme se produce la integración del individuo en el medio. No obstante, de modo subyacente estaríamos ante un sistema potencialmente híbrido. Estas potencialidades o especializaciones harían que un determinado hemisferio procese la información de modo contextual, mientras que el otro lo haría de modo jerárquico.

Principios de organización de las formas entópticas	Proceso	Iconos contemporáneos
Replicación	Forma entóptica pura.	
Fragmentación	Reducción. Un trozo de retícula se convierte en una escalera sinuosa.	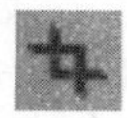
Integración	La combinación de dos o más formas.	
Superposición	El solapamiento de formas.	
Yuxtaposición	Una forma se coloca de modo adyacente a la otra.	
Reduplicación y rotación	Giro y transformación.	

que propone una reconstrucción del Paleolítico Superior para comprender los orígenes del arte aunque desde la perspectiva neurológica. Para estos autores, gran parte de las formas espirales y geométricas encontradas en las cuevas de los hombres primitivos tienen un carácter entóptico, originadas por fenómenos alterados de la conciencia. Del examen de estas constantes de forma se detectaría un alfabeto básico compuesto por retículas, líneas paralelas, puntos, líneas en zig-zag, curvas catenarias y filigranas. Es conveniente distinguir netamente entre formas entópticas que son aquellas producidas por el sistema nervioso y de configuración por lo general geométrica y el término más amplio de alucinaciones que presentan un carácter más icónico y determinado culturalmente. Además lo entóptico tiene un carácter marcadamente visual frente a lo alucinatorio, de índole sinestésica.

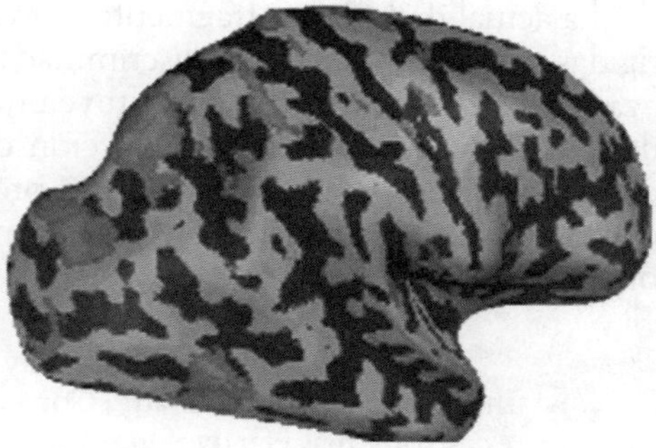

26. Imagen del córtex cerebral.

Lo que resulta de gran interés es que el hemisferio contextual sólo puede procesar información jerárquica con el paso del tiempo, al igual que el hemisferio jerárquico puede procesar información contextual, pero sólo tras cierto tiempo. La situación es comparable a la visualización de una película. Si congelo la película en una determinada imagen apreciaré con gran claridad todos los detalles de dicho fotograma pero la información contextual con el fotograma anterior y posterior quedará postergada. Además la banda sonora carecerá de sentido si sólo escucho la parte correspondiente a dicho fotograma, pero conforme se desarrolla la película las unidades de articulación cobran sentido. La información contextual por excelencia es auditiva, mientras que la información visual es de carácter jerárquico.

En este contexto, Maurice Merleau-Ponty en su *Filosofía de la percepción* apunta a la existencia de un sustrato primordial antes de la fragmentación modular de los sentidos. En este nivel de la percepción afirma: «la experiencia es tan ambigua que el ritmo de un sonido conlleva la fusión de imágenes y crea la ilusión de movimiento, pero dicha procesión de imágenes sería demasiado lenta sin dicha apoyatura auditiva para evocar el movimiento estroboscópico». Para Merleau Ponty la percepción sinestésica sería la regla y no la excepción. Antes que una palabra se transforme en un concepto, es ante todo y en primer lugar un acontecimiento físico. La corporeidad es lenguaje.

El artista como rétor

En una reflexión clarividente, Borges apuntaba al hecho de que todos los hombres occidentales están condenados a ser aristotélicos o platónicos. No obstante, Platón plantea dos vías diferentes en el *Fedro*. En el fragmento 274c-275b, Theuth, inventor de la escritura, visita a Ammón y le describe el invento, a lo que el soberano replica:

> (...) esta invención producirá el olvido en la mente de aquellos que aprendan a usarlas ya que ellos no practicarán su memoria. Su confianza en la escritura, basada en los caracteres externos que no son parte de ellos mismos reprimirá en ellos el uso de la propia memoria. Tú has inventado un elixir no de la memoria sino de los recuerdos (...) y ofreces a los alumnos la apariencia de la sabiduría, y sin instrucción alguna, podrán leer muchas cosas, y creer, por lo tanto, que saben muchas cosas siendo en su mayor parte ignorantes y duros (...).

La actualidad de este fragmento es evidente cuando se consideran las críticas dirigidas a la acumulación indiscriminada de información que no supone ningún avance del conocimiento. Constituye una descripción de los parámetros de la oralidad —la homeostasis—, la interacción de los interlocutores —la necesidad de un contexto previo— la memoria como presupuesto de la retórica, etc. No obstante, como señala acertadamente Derrida, el mismo *Fedro* incluye una referencia [276a] a otra valoración de la escritura:

> SÓCRATES: Pero decidme, ¿hay otro tipo de discurso afín a la escritura pero de incuestionable legitimidad? ¿Cómo podemos ver cómo se origina y en qué medida es mejor y más efectivo que el otro?
>
> FEDRO: ¿Qué tipo de discurso tienes en mente y cuál es su origen?
>
> SÓCRATES: El que va parejo al conocimiento y está escrito en alma del que aprende, el que puede defenderse, el que sabe a quién dirigirse y a quién callar.
>
> FEDRO: (...) ¿podríamos decir con exactitud que el discurso escrito sería tan sólo una mera apariencia (eidolon) de este discurso?
>
> PLATÓN: Efectivamente...

Se trata de un discurso basado en imágenes perdurables. En los libros de los predicadores encontramos numerosas referencias a las similitudes corporales, a imágenes no destinadas a ser representadas sino a inscribirse firmemente en la memoria. El déficit de imágenes de la época medieval es el contrapunto al superávit de imágenes de la era digital. Asistimos a un proceso de indeterminación donde resulta difícil adscribir un determinado valor a la imagen.

No obstante, la iconografía de la red cumple un papel semejante a los libros de emblemas que en su día franquearon las barreras lingüísticas al estar basados en imágenes. Por lo general dichos libros remitían a un nivel cultural más profundo basado en premisas inconscientes, o sólo parcialmente conscientes, en muchos casos basado en estrategias de asociación un tanto insólitas. No estamos muy lejos del «bundling», término utilizado por Microsoft para hacer referencia a los distintos bienes y servicios incluidos en el paquete operativo Windows. En gran medida, todas las marcas practican alguna forma de bundling, si bien en un principio primaron las consideraciones financieras y de ahorro de costes, las sinergias del siglo XXI estarán muy basadas en la cultura de la marca, en la capacidad de crear entornos habitables, en la modificación de la experiencia del consumidor, lo que ya no las convierte en patrocinadores del arte y de la cultura sino en imágenes agentes de la propia cultura.

APÉNDICE. EL PROYECTO ZEN

Desde un punto de vista técnico el término zen deriva originariamente del vocablo sánscrito *dhyana* que pertenece al vocabulario especializado de las técnicas de yoga. Es por tanto un término técnico cuyo sentido inicial puede rastraerse en los *Yoga-Sūtras* de Patañjali y otros tratados especializados. Deriva de la corriente del budismo madhyâmika. El zen no hace hincapié en la doctrina, sino que por el contrario es un método eminentemente racional y con un enfoque práctico. De hecho, mediante la concentración *zazen* y la dislocación de los constructos del propio lenguaje y la formulación de paradojas o cuestiones absurdas (ko'an) se pretende ir más allá de lo convencional privilegiando la experiencia individual.

Lo que resulta significativo es cómo un concepto un tanto abstruso como puede ser el de zen, totalmente ajeno a la cultura occidental, acaba consolidándose en el universo de las marcas. Si consultamos un cualquier buscador web por páginas empresariales descubres que hay más de 36.000 empresas que incluyen el término zen bien en su denominación social o en la descripción de sus servicios. Desde consultores informáticos que ofrecen soluciones zen para desarrollos de software, estudios de arquitectura con diseños zen, mobiliario zen, persianas zen, soluciones ergonómicas zen. Tras estirarse en el diván, la modelo prorrumpe que se siente zen. En Internet se ofrecen cursos de windsurf zen. Los ejecutivos hacen terapia zen.

Ya Umberto Eco en *Obra abierta* (capítulo «El Zen y Occidente») escrita en la década de los 60 resaltaba este fenómeno: «Durante los últimos años en América, se ha empezado a oír en los más diversos lugares, en las conversaciones de señoras, en las reuniones académicas, en los *cocktail parties* (...), una palabra japonesa que zumba y que pincha, con referencias casuales o exactas. Dicha palabra es ZEN.»

El uso más o menos difuso de este término pone de manifiesto cómo la retórica digital aúna los esfuerzos de profesionales de muy diversos campos con el fin de generar una experiencia de marca. Poco importa su origen más o menos complejo y especializado ni cuál sea el conjunto de prácticas que informa su doctrina. Para el retor contemporáneo, el territorio de la marca se acerca mucho al pretendido por las experiencias artísticas. No se trata de percibir, elegir o sentir la diferencia, sino que lo verdaderamente importante es buscar una integración total entre la publicidad y el arte, entre las marcas y la cultura. Evidentemente el lugar privilegiado para tal sinergia es Internet, donde no hay separación alguna entre los contenidos editoriales y la publicidad.

Merece la pena, por ello, rastrear las vías de acceso del término zen en Occidente.

Ficha 1

ESTADOS UNIDOS. Primera fase. PALABRAS CLAVE: ELITISMO. ORIENTALISMO. BOSTON. NOTAN. Fenollosa.file1.org (1853-1908). Referencias recogidas en los dos volúmenes denominados *Epochs of Chinese and Japanese Art* —Filezen1.markhistory.org. Editores: Stokes y Heinemann. Anteriormente se había publicado un libro que tuvo una gran resonancia en los círculos artísticos de Boston, titulado *The Book of Tea* (El libro del té), escrito por el mandarín de la cultura bostoniense Kakuzo Okakura en 1906 y publicado en Fox, Duffield & Co. Okakura llegó a ser Conservador del conocido Boston Museum of Fine Arts. El continuador de la obra de Okakura fue el profesor universitario de arte Arthur Wesley Dow, autor de la obra *Composition* Filezen3.markhistory.org. [decimotercera edición en 1931]. Dow ejercerá una influencia considerable en los círculos vanguardistas neoyorkinos, y divulgará el concepto de *notan*. Notan es un término japonés de carácter compositivo que hace referencia al agrupamiento de tonos de distintos valores. *(Vid.* Mark Tobey, 1962 —pressclipping.filezen.org, *El notan es lo más satisfactorio que puedo encontrar en la pintura.)* Notan, en un sentido más genérico que entronca con la filosofía zen, hace referencia al espacio vacío.

Ficha 2

INTELECTUALIZACIÓN DEL CONCEPTO ZEN. Difusión en la década de 1930. Jung-Richard Wilhelm, de los sinólogos Arthur Waley (traductor de las *Obras de Chuang-Tzu y otros maestros taoístas)* y Needham *(Ciencia y Civilización en China).* Muestras Minoritarias en Francia y Alemania.

Ficha 3

LA CONTRACULTURA. DIFUSIÓN GENERALIZADA. Hay que reseñar que el término zen surge vinculado al desencanto. Coincide en el tiempo con el final de la II Guerra Mundial, con el comienzo de la guerra de Corea, con la escalada de tensión en las relaciones entre Rusia y Estados Unidos. Desde una perspectiva generacional coincide con la aparición de la filosofía/cultura beat (Kerouac, Ginsberg, Watts...), que pone en cuestión todos los valores tradicionales de la clase media americana. Quizá la mejor definición de lo que se convertirá en zen divulgativo lo proporciona Kerouac al afirmar: «La Nueva Poesía Americana es la tipificada por la San Francisco Renaissance (...), es un género de vieja y nueva locura poética zen, de escribir todo lo que se nos pasa por la cabeza, poesía que vuelve a sus orígenes como la de los tiempos antiguos (Li Po, Hanshan, Blake), es decir, *el método de tender directamente a las cosas, puramente, concretamente, sin concreciones ni explicaciones...»*

En Europa, Gillo Dorfles en su ensayo titulado *Il Devenire delle Arti* cita a Tobey o a Graves como pioneros de un arte que recoge los principios de la asimetría zen, término que dicho autor considera muy adecuado para describir las influencias del arte brut o del arte informal. Este entusiasmo zen contagia Europa y Estados Unidos desde los 60, Tàpies, Motherwell, John Cage. La divulgación de la filosofía zen adaptada a la idiosincracia del movimiento beat sería llevado a cabo por Alan Watts, alumno del gran estudioso del zen en Occidente, D. T. Suzuki. Obras como *Camino del zen,* o *Psicoterapia del Este y del Oeste,* fueron éxitos de ventas instantáneos.

Ficha 4

DÉCADA DE LOS 80. EL REVIVAL. Los jóvenes rebeldes que habían adoptado y divulgado la ideología beatnik en los 60 son los dinks *(double income no kids)* o los frumps *(former revolutionaries urban mobile professionals)* de los 80, con una sólida capacidad de decisión económica y profesional. Asistimos a una higienización del concepto. En cierto modo es otra vuelta de tuerca a la doctrina budista inicial ya que el rigor del budismo *hīnayāna* (literalmente Pequeño Vehículo), generó una corriente denominada *mahāyāna* (literalmente Gran Vehículo) que favorecía en gran medida el proselistismo. Igualmente el término zen desterrado de la cultura de los excesos y de la rebeldía sirve en los 80 para reconciliar una serie de aspiraciones muy diversas detectadas en los consumidores —independientemente de que lo fuesen de productos tangibles o intangibles. Poco importa que en una empresa hagan uso de diagramas arborescentes o modelos cartesianos. Porque la marca zen se ha superpuesto al término zen. Será zen lo que la gestión eficiente del contenido de la marca determine que ha de ser zen. Zen es el auge del orientalismo y del esoterismo, el prestigio asociado a los modos de producción de Japón, los diseños simples para entornos complejos, la asimetría, la percepción del consumidor como necesitado de una experiencia auténtica, etc.

A comienzos de los 80, Lawrence Leung, un empresario chino residente en Londres, decidió buscar una fórmula de éxito para desarollar una cadena de restaurantes que combinase la tradición culinaria oriental con el estilo de vida londinense. De hecho por esa época, la comida china de calidad en Hong-Kong era difícil de encontrar, salvo en establecimientos de carácter familiar alejados de los centros comerciales que habían optado por la cocina internacional.

El interés en Occidente por las culturas orientales le hizo pensar en recuperar algunos de los elementos más característicos del zen y aplicarlos a un espacio dedicado a la restauración. Las reglas que le impuso a Rick Mather eran muy sencillas. Si la ubicación constaba de dos o más pisos habría que buscar la manera de crear un único espacio; el hilo conductor de dicho espacio sería el agua que además remitía al universo simbólico chino donde el agua que fluye se asocia con el dinero y la prosperidad; la tercera regla era potenciar al máximo el acromatismo, con la única excepción de un elemento rojo que uniría los distintos espacios al tiempo que simboliza la buena suerte.

Campo semántico del término zen	Traducción a la realidad norteamericana
Asimetría	Desarrollos no centralizados ni jerárquicos.
Simplicidad	Soluciones eficientes, sencillas y elegantes.
Espontaneidad	Acceso directo. Comunicación P2P. Inmediatez.
Latencia no convencional	Menos es más. Individualismo. Cultura de pionero y de frontera.
Humor paradójico	Mensajes provocativos. Se busca provocar una reacción en el espectador.
Libertad absoluta	Filosofia DIY (Hágalo usted mismo). Elementos sin carga ideológica. Se busca la implicación vital del destinatario. Entender es actuar.
Recuperación de la naturaleza	Ecología profunda. Comportamiento solidario. Soluciones respetuosas con el medio ambiente. Crecimiento orgánico.

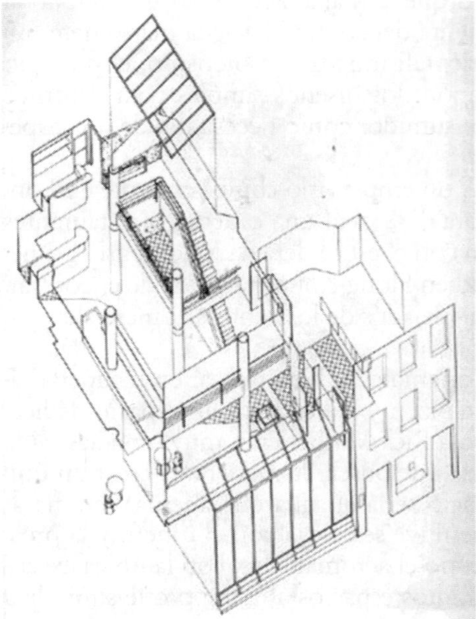

27. Vista axonométrica del emplazamiento. El edificio original presentaba un añadido a la fachada original que Mather sustituyó por una luna que recorre los dos pisos permitiendo a los transeúntes ver a los comensales. Los dos pisos se comunican por medio de una balaustrada de acero cromado suavizada por una cascada de agua como elemento unificador.

28. Vista del interior. El código de colores considerado como zen se mantendrá en todos los demás restaurantes abiertos por la cadena. Paredes blancas, alfombra verde claro y sillones de cuero circulares. Los contrapuntos de verticalidad y circularidad están presentes en todo el diseño del restaurante.

Elementos definición zen	Especificaciones del cliente	Efecto visual	Traducción arquitectura
Simplicidad	Unidad de diseño.		El edificio original abarcaba dos espacios muy diferentes: una granja del siglo XVIII y un adosado de pobre factura con ventanas francesas. La propuesta de Mather es aprovechar la escalera de la granja para unir ambos espacios y reemplazar la parte frontal del adosado por una cristalera corrida.
Naturaleza	Inclusión del elemento agua.	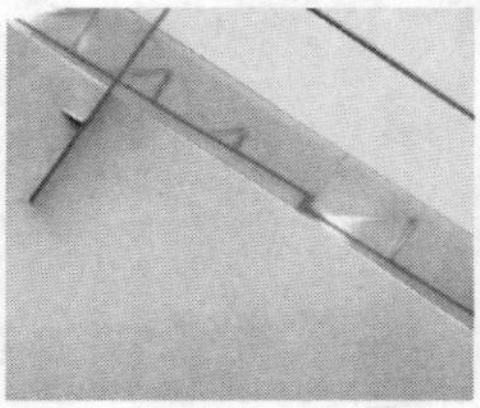	Pasamanos de acero inoxidable. Canal lateral sincronizado con los tramos de la escalera por donde discurre el agua. Absoluta simplicidad de los materiales. Para el solado en ambas plantas se utilizaron las losetas asépticas que son muy comunes en los quirófanos de los hospitales italianos.
Simplicidad	El entorno ha de proporcionar una experiencia placentera al cliente y, dado que la decoración es mínima, se ha de aprovechar al máximo los espacios para que todos los comensales puedan verse entre sí.		Se ha de aprovechar la reversibilidad: dentro-fuera, blanco-negro, arriba-abajo sin que llegue a predominar ninguno de ellos. Los espacios vacíos adquieren una gran importancia. Eliminación de lo recargado, del adorno, de lo superfluo. Evitar la ocultación de las superficies. Aprovechamiento de los elementos originarios del espacio.

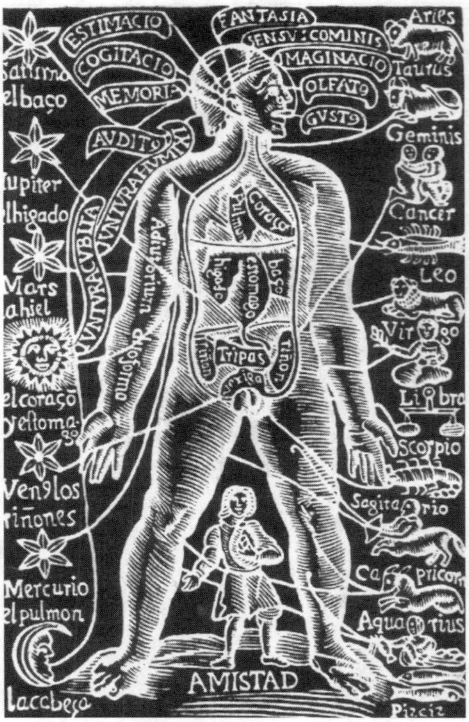

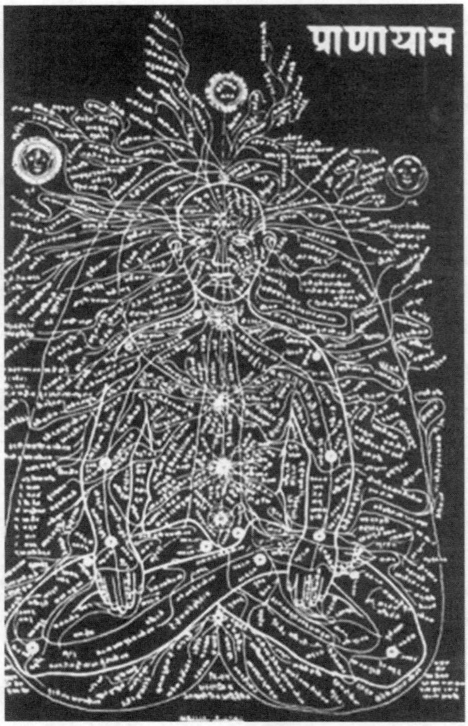

32-33. La interconectividad es la condición normal del hombre en las culturas orales. A la izquierda se muestra una xilografía del siglo XV y a la derecha una representación de los «nadis» o canales energéticos del hombre. Como indica M. Merleau-Ponty: «La experiencia sinestésica debería ser el modo habitual de percepción.» Durante milenios, la experiencia del conocimiento es una experiencia agonista en la que participa todo el cuerpo.

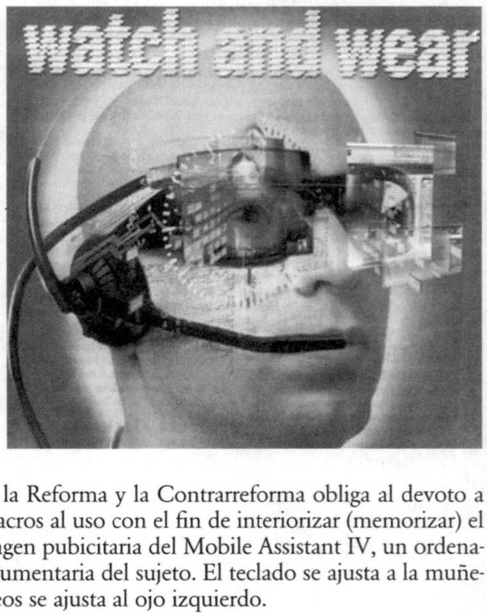

34-35. La tecnología de las imágenes propiciada por la Reforma y la Contrarreforma obliga al devoto a deambular por los *loci* diseñados por los repertorios sacros al uso con el fin de interiorizar (memorizar) el contenido vinculado a las imágenes. A la derecha imagen pubicitaria del Mobile Assistant IV, un ordenador de 233 Mhz diseñado para formar parte de la indumentaria del sujeto. El teclado se ajusta a la muñeca y el monitor VGA del tamaño de un sello de correos se ajusta al ojo izquierdo.

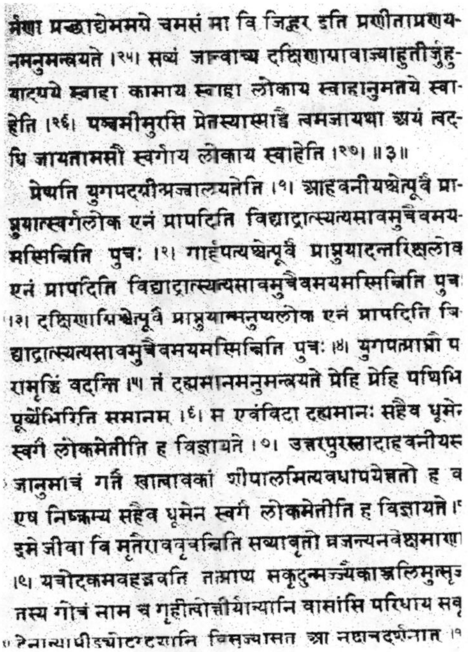

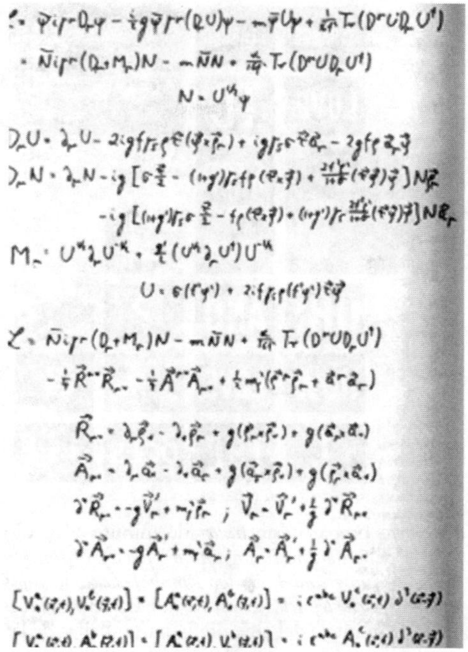

36-37. Izquierda: Texto sánscrito. Derecha: Notación cuántica. Aunque separados por milenios, en ambos casos la riqueza de la realidad desborda las posibilidades tipográficas.

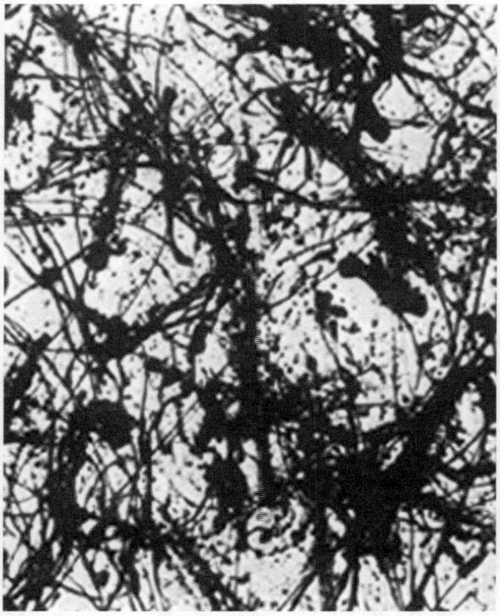

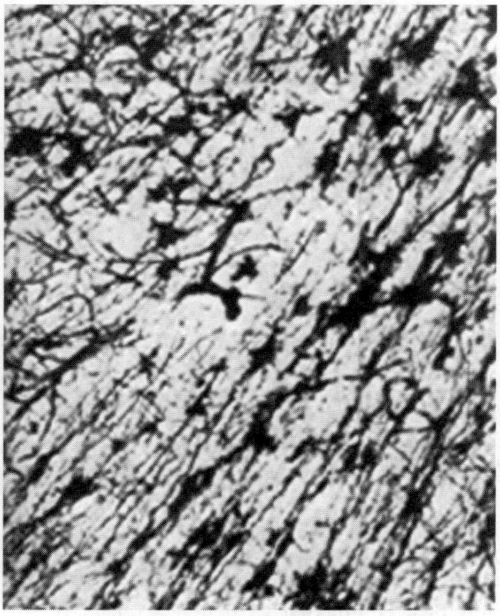

38-39. La imagen de la izquierda muestra una obra representativa del estilo del *all-over* de Pollock y la imagen de la derecha es una fotografía del córtex cerebral tomada por el método Golgi. El paralelismo evidencia que nuestra mente func:ona como una red de redes, de un modo rizomático frente a la jerarquía arborescente del mundo tipográfico bastante ajeno a nuestro modo de percibir y de crear.

40. Ferro preparó este *trailer* de minuto y medio para la película *Dr. Strangelove or: How I Learned to Stop Worrying and Love the Bomb [¿Teléfono rojo? Volamos hacia Moscú,* 1963] de S. Kubrick. Las técnicas de montaje del cine prefiguran muchas de las estrategias utilizadas por los creadores de páginas web. La tipografía como elemento configurador de un entorno supone el auge del significante que ya no queda supeditado al contenido como ocurre en la cultura del libro sino que rompe la jerarquía texto-imagen tradicional.

42. Para la retórica digital ni la comunicación ni el conocimiento es auténticamente relevante, de ahí la ilegibilidad como estrategia que entronca con el grito de la cultura oral.

41. Numerosas campañas publicitarias como la de Nike hacen uso de estrategias artísticas al entender que su producto va más allá del mero objeto de consumo para convertirse en una forma de vida.

43. Serie de yantras o diagramas que permiten recorridos no topológicos.

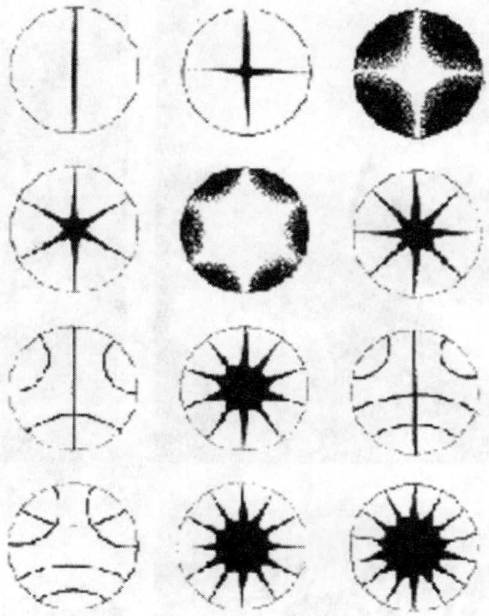

44. Representación gráfica del experimento de Chladni.

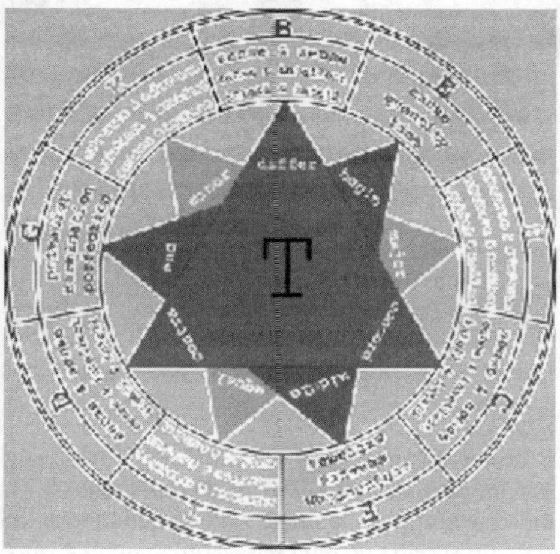

45. Diagrama diseñado por Llull —el propio diagrama ha de inscribirse firmemente en la memoria como un lugar.

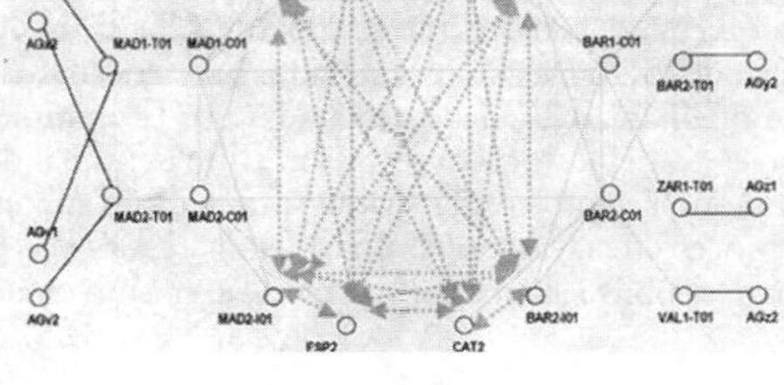

46. Diseño de *routers* con *peering*. Los diagramas desarrollados durante la tradición oral constituyen sistemas abiertos alejados de la lógica binaria que hoy reciben una nueva lectura en el campo de la arquitectura de sistemas.

47

48

49

50

51

52

47-48-49-50-51-52. Si observamos estas seis imágenes no resulta difícil concebirlas como imágenes de marca, a modo de repertorio de actitudes del artista ante un público imaginario. El paso de una situación tridimensional (la sala de exposiciones) a la bidimensionalidad del catálogo requiere para su credibilidad un alto grado de convención, no inferior a la reversibilidad de un sistema de representación como el axonométrico, pongamos por caso, al representar un edificio. Dicha convención ha terminado por crear un género o sub-género que ha ido suprimiendo su carácter referencial. El catálogo es literalmente la metáfora —el desplazamiento—, donde ya esto no es como aquello, sino esto es aquello. El catálogo es la obra. La culminación de este proceso puede encontrarse en el *net-art*. El propio listado de las obras es la única obra posible en la red. Este componente tautológico que ya anticipase Jasper Johns en obras como *Numbers* o *Alphabets* donde lo que se describe es el propio proceso de descripción o narración es la catalogación virtual. El catálogo es el féretro. Tradicionalmente implicaba una actividad realizada al final de una vida. Sólo hoy, existen viejos de treinta años con exposiciones y catálogos retrospectivos a sus espaldas. El catálogo está fuera de los umbrales de la comunidad. En la quiebra del empresario se procede a hacer un catálogo de sus bienes. Igualmente ocurre con el inventario de los bienes de un fallecido. En cierto modo, el catálogo recupera bastantes estructuras de la oralidad que habían quedado sepultadas por la omnipresencia del texto que es leído silenciosamente en la conciencia del lector. Las fotos son parte del ritual de participación del público. Queremos ver artistas con el mono sucio o con la chaqueta impecable, mirando atentamente al futuro comprador o inmersos en el proceso de crear, bohemios o familiares, *dandies* o atormentados, pero indudablemente la retórica de las marcas obliga al artista a convertise él mismo en un evento.

CAPÍTULO IX

El medio artístico

EDUARDO ZAMARRO

> Nuestros cuerpos y cerebros restringen nuestras capacidades, por lo cual es necesario reemplazar nuestros órganos animales y partes corporales por prótesis duraderas, libres de dolor y hechas de una materia diversa a la carne.
>
> SALOMÓN DERREZA, en [http://www.nexos.com.mx]

> Intenet está creciendo como si fuese un sistema nervioso. Incluso tiene ya sus propios virus informáticos, y sus tentáculos tocan ya casi todas las esferas de la vida cotidiana: redes de teléfono, de radio, de televisión, el dinero, los votos... Nada se escapa ya a la red de redes, que los estudiosos comienzan a denominar mente global, un ente omnipresente y omnipotente que crece a velocidad de vértigo. Por si fuera poco, hay algunas personas que integran en su anatomía prótesis mecánicas y chips, como el performer australiano Stelarc, que se ha implantado un tercer brazo robot.
>
> SOLANGE VÁZQUEZ, en [http://www. elcorreodigital.com/evasion/ciberneto]

El doctor Senning en 1958 comenzó la implantación de pequeños aparatos para estimular el ritmo cardiaco de sus pacientes, lo que fue una ingeniería novedosa propia de la ciencia ficción, rápidamente se convirtió en una operación poco más que rutinaria, gozando de una gran aceptación social. En los últimos años estamos asistiendo a veces maravillados, otras perplejos, o incluso con algún que otro escalofrío, a un verdadero aluvión de noticias sobre nuevos implantes. A lo largo de los últimos años otros dispositivos están siendo también implantados en el cuerpo humano, como electrodos para hacer una conexión eléctrica en la espina dorsal, para poder estimular órganos paralizados (utilizado en Larry Flynt, famoso editor de la revista pornográfica *Hustler,* para recuperar su virilidad, después de un intento de asesinato que le dejó parapléjico). Recientes investigaciones en el Centro de Tecnología de la Comunicación Neuronal de la Universidad de Michigan están desarrollando la tecnología para realizar conexiones directas con las terminaciones nerviosas, construyendo auténticos nervios artificiales, lo que ya está permitiendo la aparición de los primeros miembros biónicos. En 1998 el doctor David Grow consiguió implantar el primer brazo biónico bautizado como EMAS, *Sistema de Brazo Modular de Edimburgo,* prótesis que como su nombre indica interactúa directamente con el cuerpo, respondiendo sus motores y articulaciones a los impulsos generados por el cerebro del paciente, electrodos y nervios artificiales conectados a las terminaciones nerviosas del miembro amputado. Pero estos avances no sólo están dirigidos a la restitución o reparación de miembros dañados, sino que también pueden recuperarse total o parcialmente sentidos como la vista y el oído, como el increíble implante de ojos artificiales (en realidad, cámaras CCD conectadas a procesadores de imágenes) en invidentes, proyecto desarrollado por los oftalmólogos norteamericanos John Wyatt y Joseph Rizzo, que aunque no sean capaces de generar imágenes perfectas sí que permiten distinguir formas y el movimiento de los objetos. El cuerpo humano, que hasta aquí había sido considerado objeto de investigación predilecto del médico y del artista, a medida que transcurra el tiempo conocerá más la intervención del ingeniero y del electrónico. «Si hasta aquí había sido difícil para el biólogo decir exactamente qué era vida, a partir de ahora será casi imposible distinguir con seguridad entre lo vivo y lo no vivo» (Arlindo Machado, *El paisaje mediático,* Buenos Aires, Libros de Rojas, 2000).

El cuerpo tecnológico y el cuerpo biotecnológico

> En la Red, y fuera de ella, se vuelve cada vez más patente la insatisfacción del hombre con su corporeidad.
>
> Salomón Derreza, en [http://www.nexos.com.mx]

Los últimos avances científicos principalmente en el campo de la biología y de las nuevas tecnologías plantean nuevos retos éticos y morales. Dentro de la relación

1. Portada de la revista *Future Sex,* donde se ilustran prototipos de interfaces para sexo virtual.

2. Casco visualizador combinado con guantes y traje de datos, desarrollados po VPL Research.

de las tecnologías con el cuerpo, podemos diferenciar dos campos principales de actuación, uno sería el biológico, donde las nuevas técnicas pueden modificar el organismo con elementos orgánicos y prótesis no mecanizadas (cirugía plástica, prótesis estéticas), y otro, donde principalmente los avances en electrónica y mecánica, permiten por medio de artilugios, más o menos sofisticados, la interacción con nuestro cuerpo: tanto para potenciar sentidos y habilidades, como para la sustitución o reparación de órganos dañados.

En el campo de la biología, los últimos avances plantean nuevos límites a la longevidad de nuestro organismo así como a su manipulación estética, no es de extrañar que todo este potencial que surge del desarrollo científico sanitario, como las investigaciones en genética y en cirugía plástica no hallan escapado a la actividad artística creadora. Fábricas de órganos donde podremos reparar las piezas de nuestro cuerpo deterioradas, transplantes de cualquier tipo, son ahora más cercanos a la realidad que a la ciencia ficción. En el campo *electrónico-mecánico* los últimos avances en robótica, nuevos sensores y una interfaz con el cuerpo cada vez más desarrollada, nos plantean nuevos retos frente a la idea de la creación de un ser híbrido.

Cuando estamos hablando de la relación de cuerpo con la máquina, no podemos pasar por alto los conocidos entornos de *realidad virtual,* donde una comunicación cada vez más directa de los ordenadores con nuestra conciencia, genera potentes sistemas de inmersión de nuestros sentidos que son combinados con sofisticados y ergonómicos sistemas de software y hardware. Aunque por ahora no deja de ser todavía una inmersión consciente, un engaño como el que podemos disfrutar en el cine, no podemos dejar de pensar en la aparición de una interfaz directa de los sistemas de realidad virtual con nuestro cerebro, lo que permitiría una comunicación veloz y directa, con cotas de inmersión de nuestros sentidos completas, donde sería im-

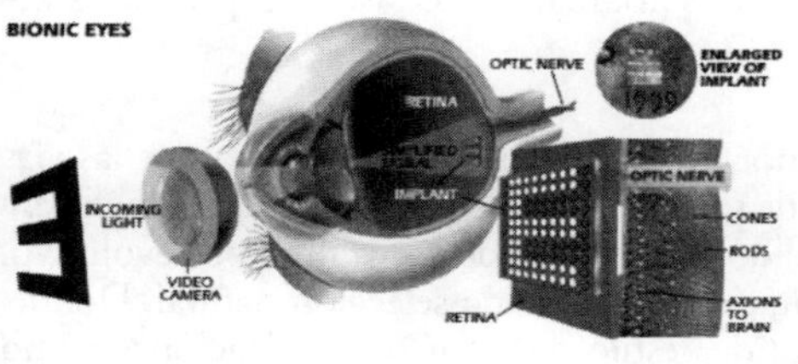

3. Esquema de un ojo biónico.

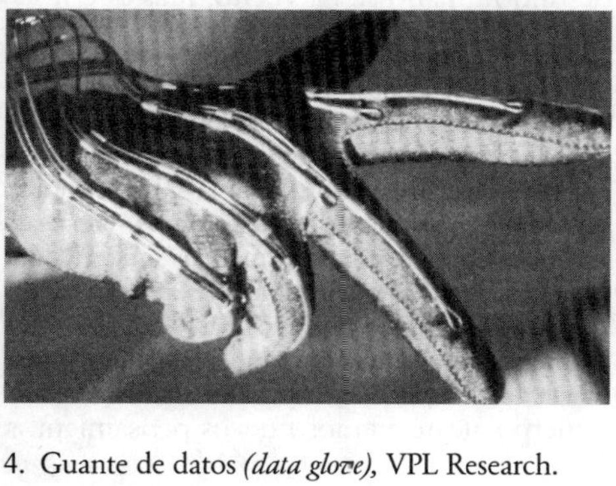

4. Guante de datos *(data glove),* VPL Research.

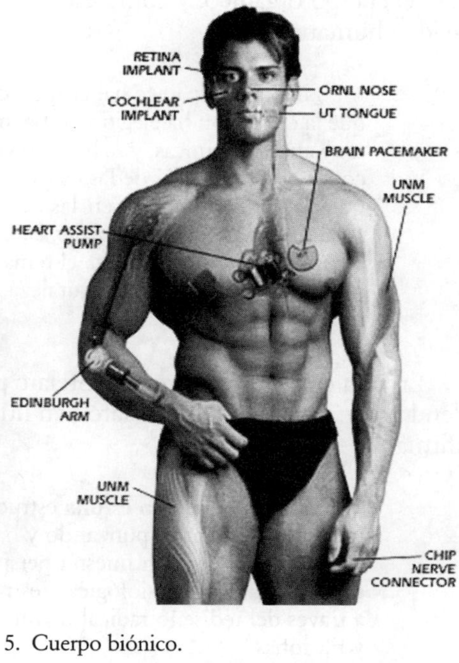

5. Cuerpo biónico.

posible discernir entre real o virtual, o donde lo virtual se convertiría en realidad. Aunque estas tecnologías ya se están desarrollando, como hemos visto anteriormente, con los diferentes tipos de implantes biónicos, cuesta bastante creer que en algún momento, el conocimiento humano de su propio cerebro, llegue a comprender todos los mecanismos que intervienen en la percepción humana, y además, comunicar mediante una interfaz con todos ellos de forma simultánea y eficaz. Por ahora dejaremos estas sugerentes y aterradoras suplantaciones de identidades a través de la modificación de nuestra consciencia y memoria a películas como *Desafío total (Total Recall)* de Paul Verhoeven (1990) o a la afamada *Matrix*.

Arlindo Machado en *El paisaje mediático* ilustra los planteamientos arriba reseñados con los trabajos de los dos artistas más conocidos que dentro del panorama internacional trabajan con estas técnicas:

> De hecho, en los últimos años, creadores como Orlan o Stelarc se han esforzado por introducir en la escena cultural la difícil discusión sobre una posible superación de lo humano a través de la intervención quirúrgica radical, de la interfaz de la carne con la electrónica, e incluso de la complementación del cuerpo biológico con prótesis robóticas capaces de ampliar sus potencialidades. Más que simplemente profetizar cambios profundos en nuestra percepción, en nuestra concepción del mundo y en la reorganización de nuestros sistemas socio-políticos, estos pioneros vislumbran mutaciones fundamentales en la propia especie, que podrían inclusive alterar nuestro código genético y reorientar el proceso darwiniano de evolución.

Salomón Derreza en un artículo publicado en la revista *Nexos.com* titulado «Vivir y morir en el siglo XXI» deja patente la importancia que en nuestra sociedad actual, cada vez mas tecnificada e *informada*, tienen las reflexiones en torno a la obsolescencia del cuerpo orgánico, y cómo estas reflexiones abarcan todos los campos de la actividad humana:

> Finalmente parece haber un reconocimiento —y una negativa— a que las vías que la evolución ha elegido no pasan de ser una broma de muy mal gusto, ineficientes y antieconómicas, y se ha emprendido la búsqueda de un camino postevolutivo, con medios más allá de las ciegas mutaciones y la tuerta selección natural. Dondequiera que se mire, sea en las revistas de «estilo de vida», o publicaciones como *Newsweek, Der Spiegel* o *Il Manifesto,* e, incluso, en los órganos oficiales del discurso científico *(Nature* o *Science),* el tema de la superación/anulación de los límites cruelmente impuestos por la naturaleza al destino humano se ha vuelto, más que recurrente, obligatorio.

En una entrevista realizada a Stelarc publicada por *CTheory* con el título «Extendend body: interview with Stelarc», en http://www.ctheory.com, el artista australiano afirma:

> Para mí el cuerpo es una estructura impersonal, evolutiva, objetiva. Habiendo pasado dos mil años punzando y haciendo sobresalir la psique humana sin cambio alguno discernible en nuestra perspectiva histórica y humana, tal vez necesitemos una aproximación fisiológica y estructural más fundamental, y considerar que sólo a través del rediseño radical de nuestro cuerpo alcanzaremos nuevos pensamientos y filosofías.

Refiriéndose a este rediseño, más adelante nos dice cómo han de dirigirse los esfuerzos en el diseño de los nuevos interfaces entre el hombre y la máquina, cambiando toda la trayectoria actual de ergonomía:

> (...) acaso un acercamiento ergonómico ya no resulte significativo. En otras palabras, no podemos seguir diseñando tecnología para el cuerpo porque esa tecnología comienza a usurpar el cuerpo y a sobre-desempeñar lo que el cuerpo hace. Acaso ha llegado la hora de diseñar el cuerpo para emparejarse con sus máquinas.

Evolución, postevolución

Tenemos que tener en cuenta que para Stelarc la tecnología no es ajena a la biología humana, por lo tanto la evolución del ser humano hacia un ser híbrido, tecnológico y biológico no sería más que una consecuencia natural dentro de nuestro desarrollo como especie, de hecho, la tecnología siempre ha estado pareja a la evolución del ser humano, uno de los pasos más importantes en nuestro proceso evolutivo, por no decir el más importante, y el que nos diferencia de los animales, no es sólo la capacidad de utilizar herramientas, sino la de elaborarlas y mejorarlas de generación en generación, lo que supone una vida en sociedad y una transmisión de saberes de padres a hijos. Para el artista Stelarc la tecnología no es antagónica ni ajena al cuerpo, y no deberíamos de tener ningún tipo de temor para incorporarla a nuestro cuerpo para mejorarlo o amplificarlo, ya que esta nos ha estado acompañando a lo largo de toda nuestra historia, siendo un producto propio de nuestro desarrollo, por lo tanto esta evolución en ningún caso sería un camino postevolutivo como nos argumenta Salomón Derreza.

6-7. Cartel y fotograma de la película *Desafío total.*

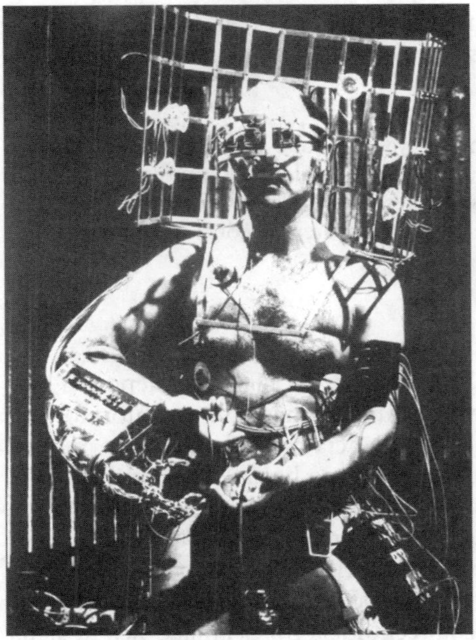

9. Stelarc con su tercer brazo, escribiendo la palabra *evolution* en un cristal.

8. Stelarc, cuerpo amplificado.

10. Fotografía de Orlan días después de una operación-intervención.

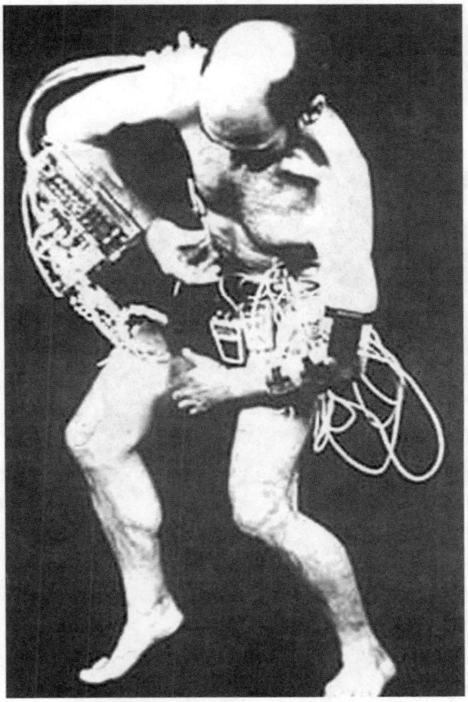

11. Stelarc.

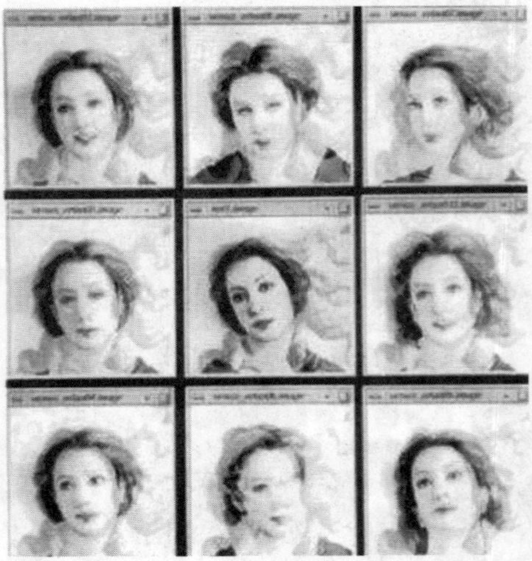

12. Fotomontaje de Orlan.

En los 90 Orlan comienza a utilizar la cirugía plástica con fines artísticos. Inició sus operaciones-performance para denunciar como en sus obras anteriores la utilización de los cuerpos, tanto masculino como femenino, pero con sus *intervenciones* (en francés intervención también significa operación), lanza su crítica hacia los actuales cánones de belleza, que arrastran a muchos hombres y mujeres a la modificación de sus cuerpos por medio de la cirugía plástica, en busca de un banal narcisismo marcado por la estética de nuestra época. Es importante señalar que Orlan no está en contra de la cirugía plástica, como nos dice: «Mi trabajo no se realiza en contra de la cirugía estética, sino contra los estándares de belleza»; justifica la utilización de la cirugía para corregir los efectos de un envejecimiento que ella considera no natural, ya que la esperanza de vida ha aumentado, pero los cuerpos siguen envejeciendo: «El uso de la cirugía estética es muy positivo en estos casos, mientras que llegue una medicación que sea eficaz.» La obra de Orlan siempre ha sido muy crítica con la situación de la mujer dentro de una sociedad a la que considera manipuladora y represiva, siendo este su campo de trabajo plástico, es decir, la idea-imagen de lo femenino, de la mujer desde su propio cuerpo. En la conferencia impartida por Orlan en el Círculo de Bellas Artes de Madrid, afirmaba:

> Soy una artista multimedia, pluridisciplinar y/o interdisciplinar. Siempre creí que mi cuerpo de mujer, mi cuerpo de mujer-artista, era un material privilegiado para crear mi obra. Mi trabajo siempre consistió en interrogar sobre la situación del cuerpo femenino, a través de las presiones sociales, ya se trate del presente o del pasado, donde encontré algunas de sus inscripciones en la historia del arte. Las distintas imágenes posibles de mi cuerpo trataron del problema de la identidad y de la alteridad. Las primeras se hicieron con las sábanas de mi ajuar.

En los años 70 comenzó sus polémicas acciones plásticas con la utilización de las sábanas de su ajuar, que *pintaba* con esperma, realizando diferentes performances: *Identificación de rastros de esperma,* donde con una lupa hacía evidentes ante el público las manchas, *Strip-tease,* con las sábanas, *Yo pongo la tela y ustedes dénme la pintura,* famosa frase acuñada durante la performance en la que pidió a artistas y comerciantes su esperma (pintura), *Drapeado barroco* donde se vistió de madonna con las sábanas de su ajuar. A principios de los 90 comienza con sus performance-operaciones, concretamente el 30 de mayo de 1990 en Gran Bretaña, continuación de sus obras anteriores, pero de una forma mucho más radical, como nos explica en la conferencia citada anteriormente: «Esta función tiene dos títulos. El primero "La reencarnación de la santa Orlan" se refiere al personaje que poco a poco había nacido de la transfiguración de las imágenes religiosas de las madonnas, vírgenes y santas. El segundo, "Imagen-nuevas imágenes", es un guiño a los dioses y diosas hindúes, que cambian su apariencia para llevar a cabo nuevos trabajos, nuevas proezas. Lo que yo quería era cambiar los esquemas de referencia, pasar de la iconografía religiosa judeo-cristiana a la mitología griega, lo que haré después de todas las operaciones.» A través de estas *intervenciones,* Orlan pretende generar un *autorretrato* que en un principio se basa en las representaciones de la mitología griega, pero no por sus cánones de belleza, sino por sus cualidades.

Sus intervenciones son grabadas en vídeo, fotografiadas, retransmitidas vía internet... en ellas se obtienen relicarios con su sangre, grasa... Por último reseñar que Orlan desea donar su cuerpo al arte cuando muera: «Entregaré mi cuerpo al arte, ya que después de mi muerte no se entregará a la ciencia, sino que se colocará en un museo, momificado. Será un elemento clave de una instalación con vídeo interactivo.» Hasta la fecha Orlan ha realizado nueve operaciones-performances, tiene en proyecto implantarse una nariz en la frente para su próxima operación, similar a la del rey maya Pakal; también está interesada en recibir ofertas para manipular su cuerpo genéticamente. Al igual que Cristo y Jean Claude, las obras de Orlan giran en torno al proyecto, siendo este, tal vez, tan importante como el resultado final.

En noviembre de 2000 el artista Eduardo Kac en la Casa das Rosas, São Paulo, realizó una performance-instalación que consistió en implantarse un microchip en el tobillo como los que generalmente se utilizan para el ganado y las mascotas. Dicho chip contiene cifrado en su interior un número de identificación, construido con una técnica que lo hace inalterable. Kac realizó esta obra a modo de crítica sobre los números que eran grabados en la piel de los esclavos que llegaban a Brasil. Esta performance-instalación, al igual que las de Orlan, fue ampliamente documentada, llegando incluso al gran público, ya que fue retransmitida por televisión, gozando de esta forma de una gran cobertura mediática. Esta performance abrió un amplio debate sobre el control que se podía establecer sobre la población, si los obsoletos documentos de identidad fueran sustituidos por este tipo de chips.

> Pero hay quienes van más allá, pues de eso es de lo que se trata. Considérese el caso de Kevin Warwick, quien el próximo año pretende llevar a cabo un experimento espeluznante: injertarse un chip conectado a su sistema nervioso con el objetivo de transmitir las señales nerviosas a una computadora, para que después, desde la computadora, le sean retransmitidas al cuerpo. De ese modo, el comando de mover un dedo, por ejemplo, será interceptado por la computadora y será esta, la computadora, la que, en un segundo tiempo, dé la orden de mover el dedo. Su objetivo, como se ve, no tiene nada que ver con paliar un déficit, sino que aspira a crear un superávit. Se trata tan sólo del primer paso rumbo a la fusión completa entre el hombre y la computadora a fin de ir más allá de lo que nuestra ridícula constitución nos lo permite. En una entrevista concedida recientemente a la revista alemana *Der Spiegel*, Warwick no deja dudas respecto a su motivación: «Estoy dolorosamente consciente de las limitaciones del cuerpo humano. Sobre todo cuando comparo de qué forma perciben el mundo las máquinas y de lo que son capaces de hacer las computadoras. El hombre, con sus capacidades mentales y físicas, es limitado; por eso me parece excitante la idea de perfeccionar el cuerpo» (Salomón Derreza, «Vivir y morir en el siglo XXI»).

Los trabajos de los artistas anteriores son los más significativos y conocidos dentro del panorama artístico internacional. No debemos olvidar los trabajos de Marina Núñez relacionados con la temática ciborg y del madrileño artista y ensayista Daniel Canogar, que en un artículo titulado «Cuerpos virtuales, dolores reales» nos expone la doble presencia física del cuerpo y la interacción entre el cuerpo virtual y el cuerpo real:

> En dramática contraposición tenemos el cuerpo virtual, la representación cibernética de nuestro organismo en el espacio digital. Ese cuerpo es ingrávido, líquido, libre del peso específico de la carne. Nuestras sombras electrónicas viajan por un ecosistema que parece no conocer fronteras y que se articula delante de los ojos instantáneamente. Nos sentimos omnipresentes, livianos. No hay roce en el ciberespacio. El cuerpo ha sido trascendido. Las connotaciones religiosas son inevitables. No debe sorprendernos que las comunidades del ciberespacio frecuentemente describan sus comunicaciones electrónicas con un discurso semirreligioso.

Como comentábamos antes, dentro del panorama artístico relacionado con el cuerpo y las nuevas tecnologías, se pueden diferenciar dos campos de actuación principales: uno sería el biológico, donde entrarían las performances de Orlan, y el otro sería el electrónico mecánico, donde entrarían las obras de Stelarc y Eduardo Kac. Dentro del segundo campo de actuación nos encontraríamos con los sistemas de realidad virtual.

Estos sistemas de realidad virtual son capaces de amplificar los sentidos del cuerpo orgánico, de conseguir que nuestras acciones tengan efecto en un espacio remoto, tanto físico como virtual. La propia expresión realidad virtual, R.V., está formada por dos conceptos contradictorios y autoexcluyentes, ya que algo no puede ser virtual y real a la vez. Las interfaces que se utilizan en los entornos de realidad virtual pretenden engañar a nuestros sentidos, y por qué no, como dice Stelarc, «amplificarlos», aunque las investigaciones y desarrollos técnicos llevados hasta la fecha van encaminados hacia una ergonomía y un acercamiento más o menos amigable con el cuerpo.

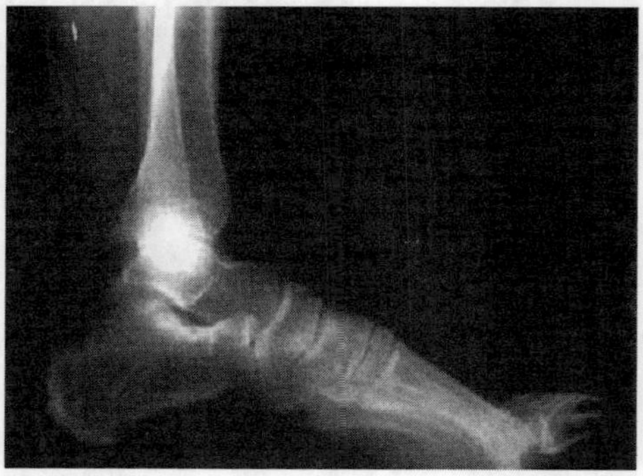

13. Radiografía del tobillo de Eduardo Kac donde puede apreciarse el microchip.

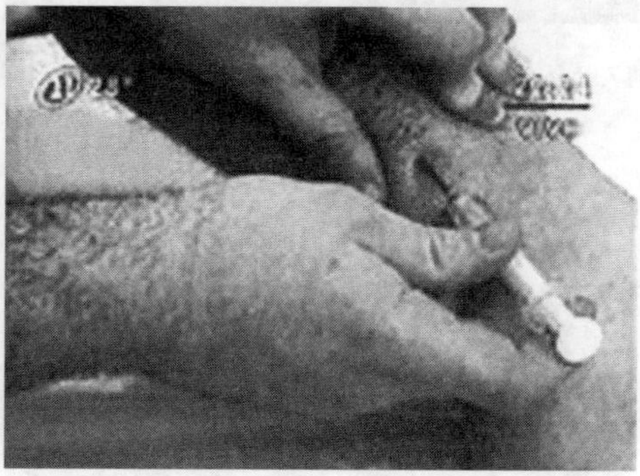

14. Detalle de la intervención retransmitida por una cadena de televisión en directo.

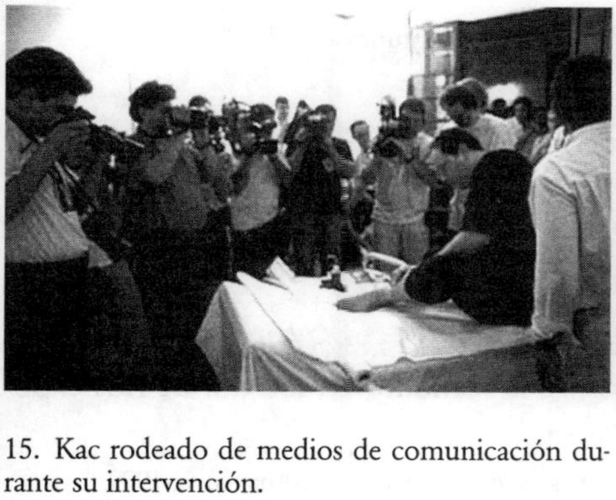

15. Kac rodeado de medios de comunicación durante su intervención.

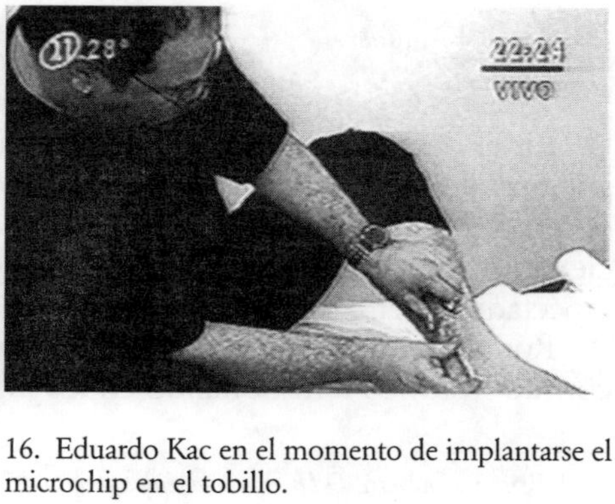

16. Eduardo Kac en el momento de implantarse el microchip en el tobillo.

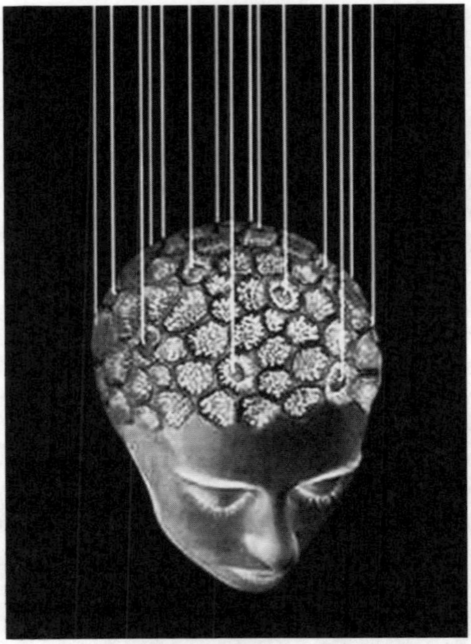

17. Marina Núñez.

18. Marina Núñez.

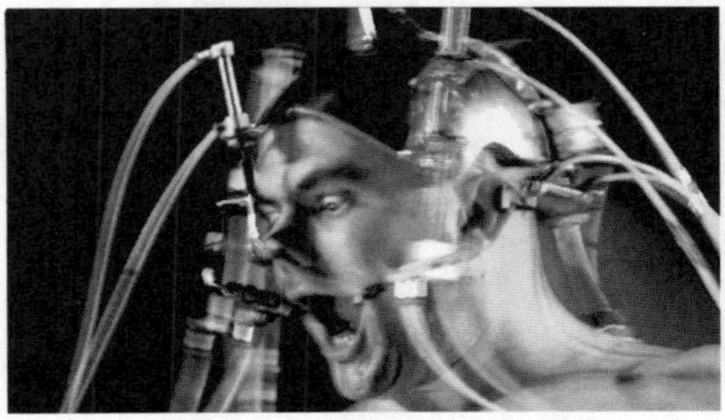

19. Marcel·li Antúnez.

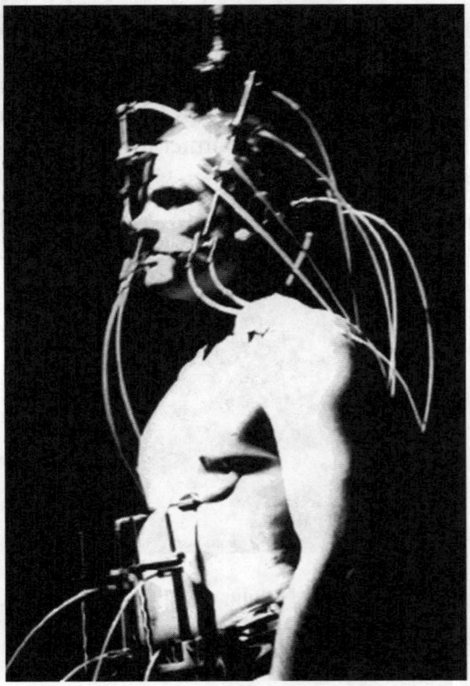

20. Marcel·li Antúnez.

En el desarrollo de estos sistemas trabajan en comunión diferentes expertos en sistemas de hardware, software, estudiando la forma en que nosotros percibimos el entorno por medio de nuestros sentidos para así conseguir engañar a nuestra conciencia y sumergirnos en sistemas virtuales, buscando altos grados de inmersión del espectador operario en estos sistemas.

Román Gubern en *Del bisonte a la realidad virtual, la escena y el laberinto*[1] hace un recorrido histórico reflexionando en los inicios de la realidad virtual, donde nos expo-

[1] Román Gubern, *Del bisonte a la realidad virtual: la escena y el laberinto*, Barcelona, Anagrama, 1999.

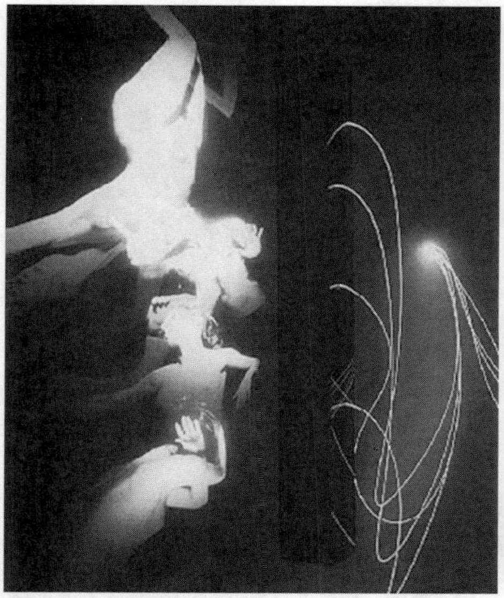

21. Daniel Canogar.

22. Daniel Canogar.

ne cómo esta idea de engañar al subsconsciente no es novedosa, argumentándonos cómo los avances en infografía son un perfeccionamiento de los planteamientos renacentistas:

> Si se examina a la luz de la evolución de las artes plásticas, la R.V. culmina el ideal ilusionista de la perspectiva geométrica introducida en el Renacimiento, y como aquella se asienta también en una vocación cientificista que añade a la matemática, la geometría y la óptica renacentistas la aportación decisiva de la microelectrónica y de la informática. Pero en la medida en que sus imágenes son infográficas, incorpora también a su proyecto la herencia del puntillismo cromático de Seurat. No obstante, aunque la R.V. culmina el ilusionismo espacial de la perspectiva geométrica del Renacimiento, y la integra a su proyecto visual, suprime en cambio las convenciones centrales del racionalismo, de aquella cultura pictórica, a saber, la del encuadre delimitador de la imagen.

Y remitiéndonos más adelante a los panoramas que se crearon en en siglo XVIII para sorprender al público, con representaciones hiperrealistas de distintos paisajes o acontecimientos épicos:

> En la evolución de algunos espectáculos públicos se halla también una de las raíces históricas de la R.V. Habría que recordar los panoramas, grandes entornos circulares pintados que inventó Robert Barker (1787) para solaz del público que los admiraba desde su interior, así como los dioramas de Jacques Daguerre (1821), quien añadió a aquel espectáculo efectos luminosos y, desde 1832, sonoros. El coronel Langlois perfeccionó estos espectáculos integrando a sus espectadores en una batalla naval ilusoria (la batalla de Navarin), contemplada desde el puente de un verdadero barco armado con cañones, con lo que se integraba el decorado pintado y el mundo tridimensional. Más tarde, el desarrollo técnico del cine se inscribió en la lu-

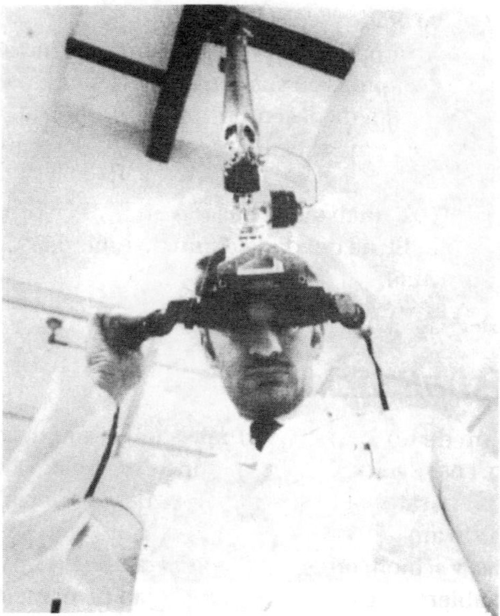

23. Ivan Sutherland y la *Espada de Damocles,* primer sistema de realidad virtual, compuesto por dos pantallas traslúcidas, donde se generan imágenes digitales y un sistema de posicionamiento mecánico.

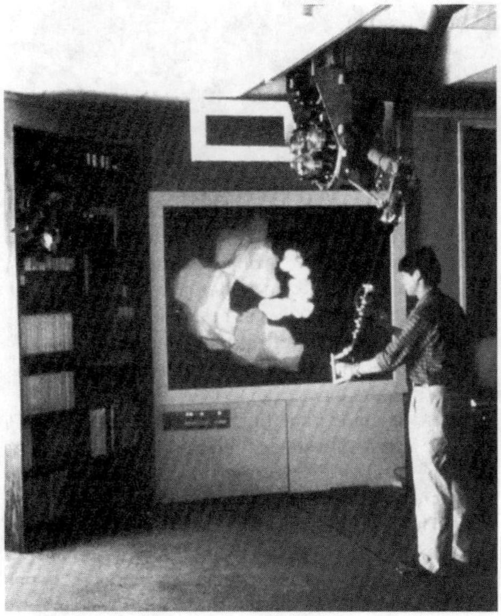

24. Argonne Remote Manipulator (interfaz de manipulación remota), que permite la operatividad dentro de entornos virtuales.

cha por el perfeccionamiento de la ilusión referencial, con el paso del cine mudo al sonoro, la conquista del color, la proyección estereoscópica, el Cineorama, el Cinerama, el Cinemascope, el Kinopanorama, el Odorama, el Sensurround, el Circarama, el Dolby Stereo y el Omnimax de 360°.

Las experiencias sobre lo que actualmente conocemos como realidad virtual se iniciaron en 1968, cuando Ivan Sutherland construyó en la Universidad de Harvard el primer casco visualizador, llamado *Espada de Damocles,* por su aparatosidad y su presencia aterradora. Este ingenio consistía en un casco que proporcionaba un visión estereoscópica mediante dos pequeñas pantallas situadas frente a los ojos. Pero para conseguir un sistema de inmersión en un espacio tridimensional no sólo es necesaria una visión estereoscópica, sino que necesitamos que estas imágenes, que se representan en las pantallas del casco visualizador, sigan los movimientos del cuerpo. Para conseguir esta respuesta, Sutherland ingenió un sistema de seguimiento mecánico anclado al techo de la sala, lo que proporcionaba a un ordenador las coordenadas exactas del movimiento de la cabeza en los tres ejes. De esta manera, el ordenador era capaz de generar en tiempo real las perspectivas de las imágenes que corresponderían a estos movimientos. Este pionero experimento sólo proporcionaba imágenes muy sencillas de poliedros representados sobre el espacio real, ya que las pantallas del casco visualizador no eran opacas. Estas investigaciones no dejaron indiferentes ni a los responsables de la NASA, que rápidamente comenzaron con sus propias investigaciones, creando el programa *Virtual Environment Workstation,* ni al Departamento de Defensa, que comenzaron realizando simuladores de vuelo que condujeron a la construcción de algunos costosos prototipos para la exploración del espacio y aplicaciones militares destinadas principalmente al seguimiento y control de piezas balísticas. Entre las aplicaciones más útiles y obvias (y menos publicitadas) de la R.V. figuran las exploraciones virtuales de territorios inaccesibles para el hombre o muy peligrosos, como fondos submarinos, zonas radiactivas o superficies de planetas, cuyas imágenes han sido registradas previamente por cámaras robotizadas y sujetas posteriormente a un tratamiento digital con vistas a su experimentación dentro de entornos de R.V., o incluso exploradas a distancia en tiempo real mediante la televirtualidad, haciendo de esta manera presente el cuerpo en lugares ajenos a su presencia física.

ROBÓTICA, ANIMALOIDES *VERSUS* HUMANOIDES

El término robot nació en 1920 de la pluma del escritor checo Karel Capek, en su obra de teatro *RUR (Robots Universales de Rossum).* Robot en su idioma natal significa siervo o esclavo, y no estaría de más dar un repaso a las tres leyes de la robótica de Isaac Asimov en *Yo, Robot,* 1950:

1.ª Un robot no puede hacer daño a un ser humano, o, por medio de la inacción, permitir que un ser humano sea lesionado.
2.ª Un robot debe obedecer las órdenes recibidas por los seres humanos, excepto si estas órdenes entrasen en conflicto con la primera ley.
3.ª Un robot debe proteger su propia existencia en la medida en que esta protección no sea incompatible con las leyes primera y segunda.

Capek en *RUR* nos describe una sociedad donde el ser humano pierde su identidad por culpa de una sociedad basada en la tecnología. Aunque los robots que nos describía tenían un origen más químico que electrónico-mecánico, no deja de ser inquietante la mencionada pérdida de identidad, que ya a principios del siglo pasado el escritor checo nos auguraba. Así mismo lo pudimos ver anteriormente en la obra de Eduardo Kac, que se implantaba un microchip en el tobillo, y en los trabajos de despersonalización de Orlan a través de la tecnología. En los últimos años, hemos sido testigos de los últimos avances en robótica, llegando, de manos japonesas como no podía ser de otra manera, a la aparición del primer robot doméstico lanzado al mercado, el *canoide Aibo,* lanzado por Sony en 1999, y el primer humanoide, *SDR-3X,* recientemente presentado por la misma multinacional para su comercialización a finales de 2002.

Pero esto de los robots viene de lejos, aunque no estuviera acuñado el término no podemos dejar de anotar los mitos sobre seres mecánicos vivientes de la mitología griega, los tratados sobre máquinas de Herón de Alejandría, donde se describen diferentes artilugios, o las leyendas asiáticas e incluso de la América precolombina. En España tenemos los primeros tratados de la mano de Cristóbal de Villalón *(Ingeniosa comparación de lo antiguo y lo presente,* Valladolid, 1539), y el noveno libro de Urrea, «De los reloxes y gnomones» *(Diez libros de architectura,* Alcalá, 1582), donde se describen máquinas hidráulicas capaces de producir sonidos, autómatas y otros entretenimientos. Los árabes obtuvieron los conocimientos grecorromanos y construyeron en el siglo VII los primeros artificios autómatas medievales de Occidente. Los principales ingenios autómatas estaban destinados para el recreo de la corte, de los que su máximo exponente fueron la famosas cámaras de las maravillas del siglo XVIII, donde compartían protagonismo

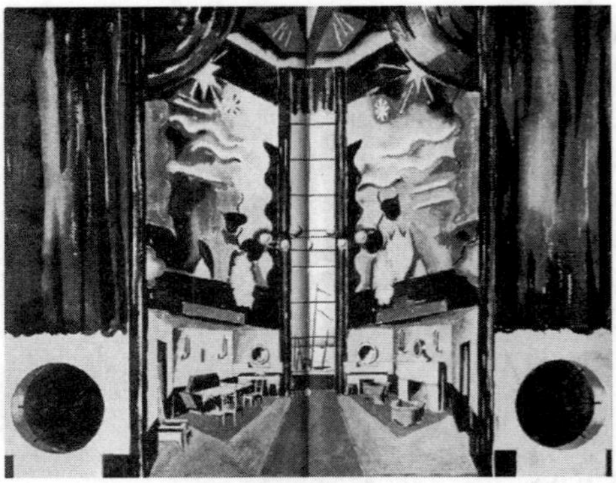

25. Laboratorio de Alquist, escenografía para la obra de Karel Capek.

26. Los robots atacan a los humanos.

27. Los robots interrogan al último humano superviviente, Alquist, para que les cuente los secretos de su reproducción.

con curiosidades traídas de todo el mundo. En los espacios públicos tenemos los maravillosos relojes, que representaban el movimiento del cosmos. En España teníamos igualmente importantes manifestaciones de este tipo de relojes en las catedrales de Sevilla y Barcelona, actualmente desaparecidos. Posteriormente se construyeron ingenios autómatas y androides llamados Jaquemarts en ciudades como Astorga, Palencia o Medina del Campo. Y sin querer extendernos más en esta breve introducción histórica, no podemos olvidarnos del ingeniero Turiano, cortesano de Carlos V y Felipe II, relojero de profesión, que construyó un ingenio para subir el agua a la ciudad de Toledo.

Dentro de nuestra era, los robots empezaron a utilizarse para prospecciones submarinas, espaciales y, en general, cualquier tipo de medio que por su dificultad entrañase peligros al frágil cuerpo humano. Tampoco escaparon a la industria, que los construyó de forma masiva, donde pronto encontraron un lugar para un batallón de obreros que no comen, no descansan, no se organizan en sindicatos y no hacen puentes. Otra parcela donde su aceptación fue rápida fue la medicina, donde los robots, pueden hacer incisiones microscópicas, y con un pulso de *acero*.

Las investigaciones científicas que se están llevando a cabo en la actualidad, toman como las actividades artísticas dos vertientes, una que podríamos definir orgánica, o ergonómica, donde se busca que los robots tengan formas exteriores más amables, con forma de animales, o de seres humanos (humanoides), y en los que se prima que la comunicación con el ser humano sea lo más directa posible, así como la adaptación de estos androides a nuestro medio. Y otra vertiente que busca generar robots que sean capaces de realizar tareas que por su riesgo o por la imposibilidad física de nuestros cuerpos, no puedan ser realizadas por humanos, aunque en este tipo de investigaciones se busque una inspiración animal, como veremos más adelante, esta inspiración no va más allá de buscar diseños más eficaces para las funciones motoras, y capacidades físicas de estos ingenios, destinados, y esto me gustaría recalcarlo, a medios no humanos, robots en los que en su apariencia física prime la funcionalidad.

En resumen, actualmente hay dos vías principales de investigación, una en la que se busca la ampliación y superación del cuerpo humano, como plantea Sterlarc en las obras que hemos visto anteriormente, y otra en la que lo que prima es la construcción de un ser antropomórfico con capacidades afectivas. Estos dos campos de construcción están diferenciados también geográficamente, ya que el grueso de las investigaciones dirigidas hacia la construcción de androides/humanoides con interfaces *amigables* están en Japón, mientras que prácticamente todos los estudios dirigidos hacia una superación de las capacidades humanas se desarrollan en Occidente. Debe de ser que a los occidentales no nos hace demasiada gracia tener un ingenio mecánico a nuestro lado, que pueda llegar a ser más listo que nosotros, y que los japoneses están encantados con la idea de rodearse de tecnología.

En 1818 la escritora británica Mary Shelley escribe *Frankenstein*. Todavía no conocíamos la palabra robot, pero ya se auguraba la construcción de un ser por piezas, al que se le dotaba de vida por medio de la última tecnología, y es que no tenemos que olvidar que en 1818, todavía estábamos muy lejos de tener un enchufe en cada casa, y Frankenstein cobra la vida a través de los avances científicos del momento. Las investigaciones que se están llevando a cabo en los principales laboratorios tanto del del Viejo como del Nuevo Continente, tienen cierto paralelismo con la idea del

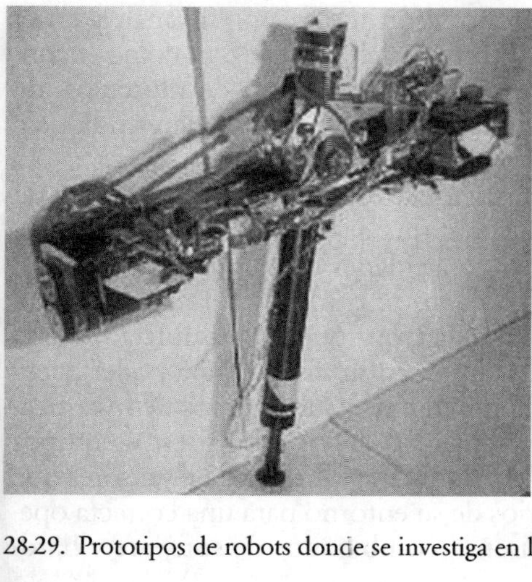

28-29. Prototipos de robots donde se investiga en la capacidad motriz.

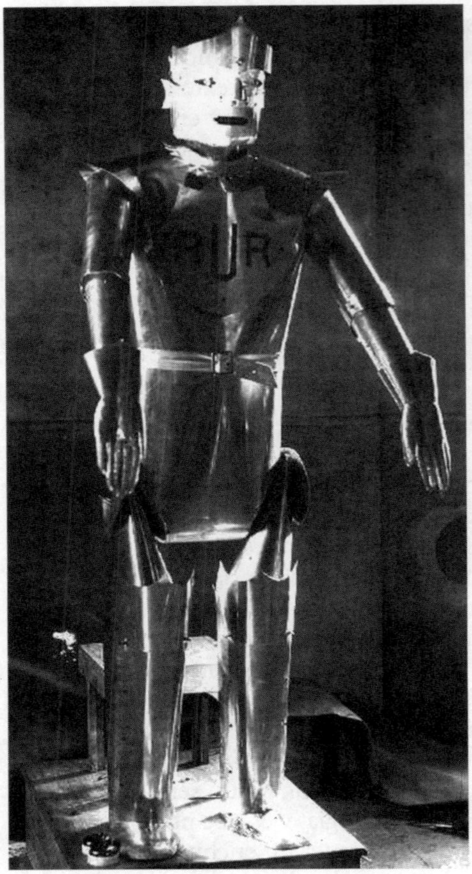

30. Robot Rur, fotograma de una película de ciencia ficción, donde los robots biológicos se convierten en robots mecánicos.

31. Humanoide actual.

Dr. Frankenstein, un ser construido por la unión de diferentes piezas. A un lado y otro del continente se construyen distintos robots con inspiración animal, y en el M.I.T. Massachusetts Institute of Technology (http://web.mit.edu), podemos econtrar laboratorios con nombres tan sugerentes como: Laboratorio de músculos, de piernas, de aprendizaje biológico computacional, Centro avanzado de estudios visuales, Laboratorio de sistemas humanos, de inteligencia artificial...

En Gran Bretaña Protech Ltd. y la Universidad de Portsmouth con el apoyo de la Unión Europea trabajan en el proyecto Clawar, que comenzó en 1998 y básicamente consiste en el diseño de robots con las capacidades de caminar y escalar en distintos tipos de terrenos y situaciones. Una de las prioridades del proyecto Clawar es la de diseñar robots con una gran modularidad, que puedan ser utilizados para diferentes tipos de trabajos con leves modificaciones en su diseño. Para poder hacer frente a estas premisas, el trabajo lo han dividido en cinco sub-equipos de investigación, dedicados cada uno de ellos a una funcionalidad de los robots; estos equipos son: de estructuras mecánicas para contener la maquinaria, de diseño de sensores que proporcionen a la máquina los datos necesarios de su entorno para una correcta operatividad, de sistemas de locomoción, de diseños combinados de software y hardware para computar los datos recibidos y poder obtener respuestas inteligentes y de sistemas de comunicaciones (para más información http://www.uwe.ac.uk/clawar). Las actividades principales para las que se han diseñado las máquinas Clawar son: agricultura, entornos radioactivos, industria petroquímica, eliminación de minas, marina, misiones aeroespaciales...

En Estados Unidos la máxima referencia en este tipo de investigaciones, como habíamos comentado, es el M.I.T., donde podemos ver distintos prototipos con los que están investigando diferentes funciones, así podemos ver al simpático *Kismet,* con el que se ensayan sistemas de visión; a *Coco,* con el que se investigan sistemas de inteligencia humanoide y capacidades afectivas; a *Lazlo,* donde se está desarrollando una cara humanoide; a *M-2,* con el que se estudian los bípedos, y al ágil robot *Flamenco,* que alcanza con sus dos piernas la velocidad de 1,2 m/seg, y que, después de superar todas las pruebas que se habían propuesto, podemos encontrar a la venta en la página web del M.I.T.

Como comentábamos anteriormente, mientras los occidentales buscamos robots capaces de trabajar en entornos extremadamente peligrosos o realizando actividades que nosotros no podemos realizar, los nipones avanzan rápidamente hacia la creación de robots domésticos con capacidades afectivas. Honda nos mostró allá por el año 1997 a *P2,* el primer robot humanoide capaz de subir una escalera con una naturalidad y suavidad de movimientos que todavía nos sorprende. Años más tarde presentó a *P3,* otro robot humanoide más estilizado y de menor talla con una agilidad mayor, que le permitía presentarse al público con un baile, y en febrero de 2000 nació *Asimo,* robot humanoide de un metro veinte de envergadura, con más agilidad que sus predecesores y con capacidades de aprendizaje y afectividad. Sin querer quedarse atrás, Sony, la multinacional japonesa del entretenimiento, nos sorprendió en 1999 con *Aibo,* el perro robot de compañía que jugaba con los niños y era capaz de aprender ciertas órdenes inculcadas por sus dueños. *Aibo* fue el primer robot comercializado para el mercado doméstico, siendo tal su éxito que las primeras unidades se vendieron el primer día. Tras *Aibo,* en 2001, salieron al mercado diferentes modelos del perrito robot; a su vez un *hacker* informático del que lo único que se conoce es su página web (aibopet.com) descifró la clave de programación de *Aibo* y publicó diferentes programas que permiten que estos amigables compañeros realicen funciones para las que no estaban diseñados por los ingenieros de Sony, poniendo de

32. Laboratorio de piernas M.I.T. Robot *Flamenco.*

33. Presentación de *Lauron,* robot con capacidad de sortear obstáculos, prototipo del proyecto Clawar, Madrid, 2000.

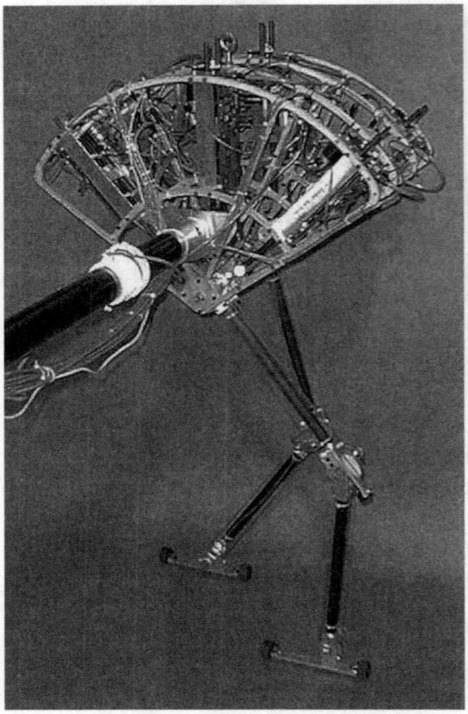

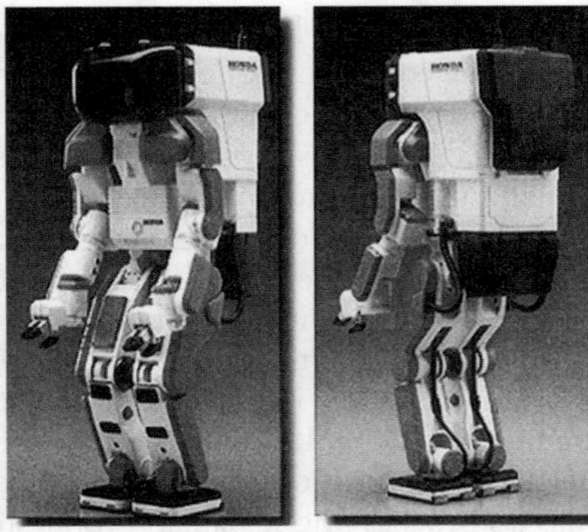

34. Honda. *P2.*

35. M.I.T. Robot *Flamenco*.

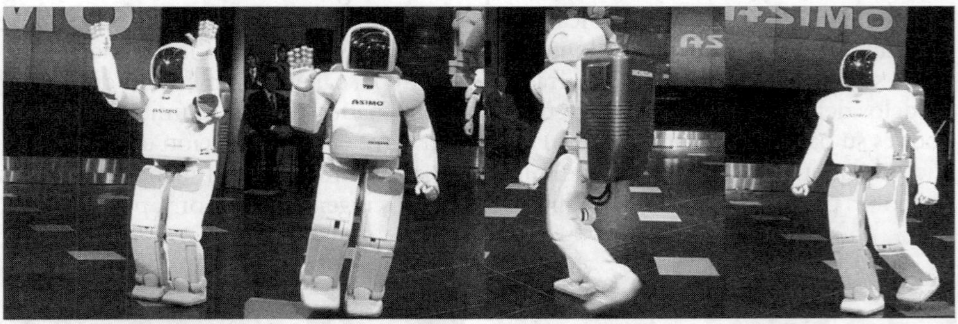

36. *Asimo* en acción.

manifiesto la falta de seguridad y control sobre este tipo de dispositivos. El último lanzamiento de esta multinacional, como no podía ser menos, es *SDR*. Bajo este nombre nos encontramos al primer robot humanoide comercializado, con funciones de reconocimiento de personas con un sistema visual y como dicen los comerciales de esta compañía, con funciones afectivas mejoradas. Este encantador robot, recientemente presentado, estará a la venta en el mercado japonés a finales de 2002 por el precio de un coche pequeño. Los ingenieros de Sony auguran un futuro en el cual habrá un robot humanoide en todos los hogares.

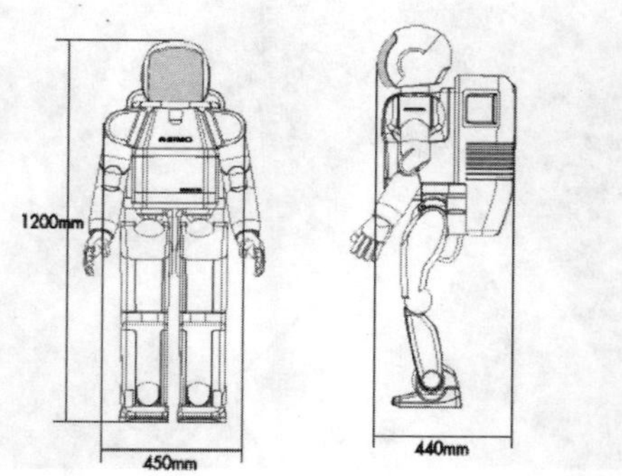

37. Honda. Croquis de *Asimo.*

38. Honda. *P3* y *Asimo.*

39. *Aibo,* perro robot de Sony.

40. *Aibo Pet,* perro robot de Sony.

41. *SDR,* robot humanoide de Sony.

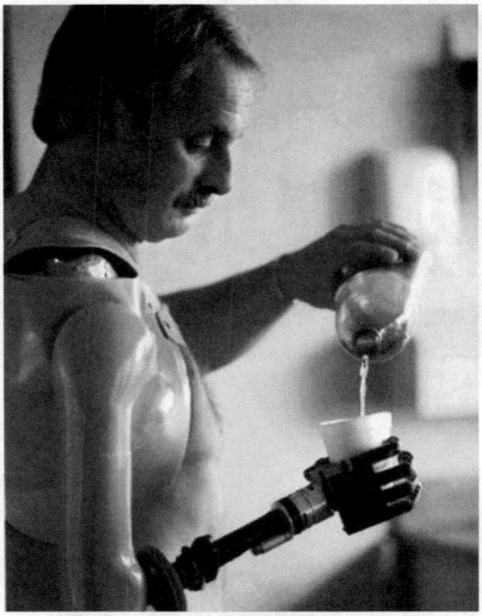

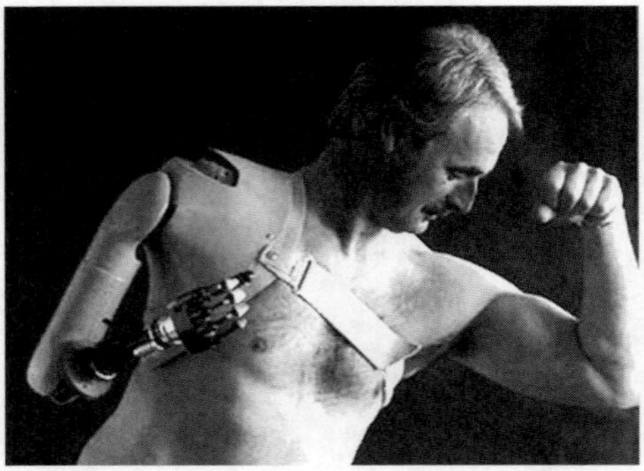

42-43. A. Campbell, con su brazo biónico.

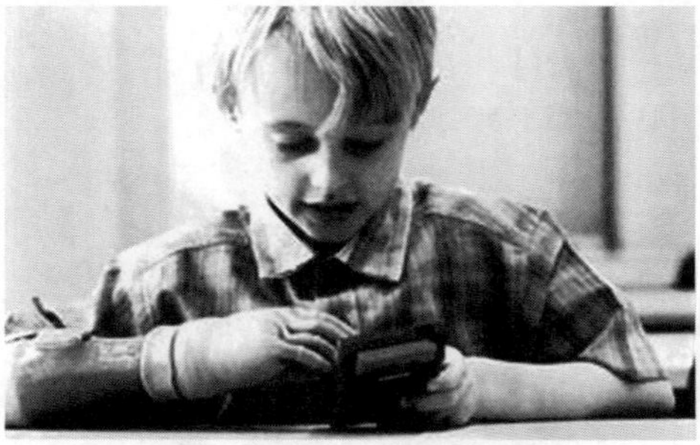

44. Philip Moss, uno de los niños a los que les ha sido implantada un mano biónica, juega con una consola.

Todos estos avances en ingeniería y robótica han ido siempre paralelos a los desarrollos en medicina, perfecionándose las antiguas prótesis mecánicas con la incorporación de pequeños y potentes motores, mejores articulaciones, y el interfaz directo con los nervios de los pacientes. El EMAS fue el primer brazo biónico implantado con éxito en 1998 a A. Campbell, que después de dieciséis años volvió a tener dos brazos, pudiendo realizar funciones complicadas como atarse los cordones de los zapatos; su brazo, de apenas dos kilos de peso, está recubierto con una silicona especial que le da una apariencia más natural, disponiendo incluso de huellas dactilares. A finales de 2000 el profesor David Grow, director del proyecto EMAS, implantó seis manos biónicas a seis niños que habían nacido con carencias en sus manos, diseñadas para poder ser implantadas en niños a partir de los dos años. Las investigaciones en bioingeniería demuestran que estas prótesis tienen mejor tolerancia en los niños ya que tras su implantación se necesita un período de entrenamiento para poder controlar los movimientos de estas prótesis a través de los impulsos cerebrales.

Capítulo X

Net-art: ¿metamorfosis de la práctica artística?

Eva Moraga

Introducción

Hace cinco años el arte que se nos ofrecía en la red no parecía suponer, en su mayor parte, una verdadera transformación de los pilares de la actividad artística y entroncaba, en realidad, con lo que ya se nos mostraba en los circuitos tradicionales del arte (aunque, si bien, la comunidad artística deseaba e intuía un nuevo desarrollo de las formas artísticas a través de la combinación de las nuevas herramientas informáticas que se ofrecían junto con un innovador medio de comunicación y de intermediación personal como era y es Internet). En un primer acercamiento, la red de redes se mostraba como un mero escaparate, un puro medio de exposición y comunicación de y sobre arte. Tan sólo parecía haberse producido algún cambio en lo relativo a los medios de distribución y exposición. Los contenidos conceptuales de la práctica artística no aparecían modificados o afectados por el hecho del uso de Internet, en principio. Se veía la red como un simple medio de comunicación entre ordenadores que permitía el transvase de información a través de la línea telefónica. En consecuencia, los artistas lo utilizaron inicialmente como forma de difusión de su obra a través de fotografías de la misma, escaneadas y colgadas en la red. Este fue el primer modo en que los artistas plásticos tradicionales, ajenos al mundo del diseño y de la animación en 3D, entraron en contacto con Internet. Sin embargo, el atractivo de las características inherentes de la red llamó la atención de los artistas que han intentado aprovechar y utilizar los rasgos propios de la *web* como material en sí de la obra de arte y como punto de reflexión para la misma. Podríamos distinguir, así, el arte en la red (arte que utiliza la red como mero escaparate) del arte de red o *net-art.* Este último es un arte realizado en y para la red, que utiliza como materia de creación los elementos formales y conceptuales propios de Internet. La exploración de las posibilidades de los lenguajes de programación, la plurimedialidad (el uso de múltiples medios visuales-formales, texto, imágenes, sonidos) y la interactividad se convierten así en los rasgos principales que conforman la obra de *net-art.*

En consecuencia, este estudio se centrará en descubrir si Internet, la red de redes, ha supuesto o puede suponer en el futuro transformaciones formales y conceptuales de relevancia para el arte actual, todo ello a través del *net-art.* Es evidente que Internet no es un elemento aislado del resto de las nuevas tecnologías que están a nuestro alcance, sino que está en estrecha interdependencia con la evolución del hardware y del software. Por consiguiente, muchos de estos cambios no se deben únicamente a la red, sino también a la implantación progresiva del ordenador en todos los ámbitos, incluido el artístico.

Esta metamorfosis de la práctica artística la estudiaremos en tres campos interrelacionados entre sí: el del artista, el del espectador y el de la obra de arte. Es evidente que los cambios que se producen en la actividad diaria y práctica del artista suponen una modificación de los parámetros que rigen la obra. Al mismo tiempo el espectador debe adaptarse a las nuevas características del medio de recepción y de la obra en sí e incluso busca y desea otras formas de acercarse a la obra. Por tanto, los tres campos aludidos son interdependientes y con frecuencia haremos referencia a los otros cuando hablemos en un ámbito determinado. Como señala Brian Ashbee, el arte digital, (y en consecuencia, el *net-art)* utilizando complementariamente nuevas tecnologías como el vídeo, películas, 3D audio, Internet..., «actively engages the spectator, often outside the gallery context, and thus creates not only new art forms but new audiences»[1]. A un nuevo arte le corresponde un nuevo espectador y un nuevo objeto artístico. De esto trataremos en el siguiente estudio.

Las transformaciones de la actividad y del entorno del artista de la red

El artista de los próximos años no podrá ser ajeno a Internet. No se trata de una máxima de moda sino de la realidad que se está conformando en la actualidad y que acabará por imponerse en los próximos años. Bien como medio de distribución bien como herramienta de trabajo o como materia de reflexión y actuación, la red forma ya parte activa de la práctica artística.

Desde un punto de vista práctico la transformación de la actividad diaria se puede observar en muchos aspectos: en el mismo estudio o taller del artista; en el modo en que se relacionan los artistas con otros colegas, con los espectadores, los marchantes, los galeristas y las instituciones de arte; y en la forma en que el autor pone la obra a disposición del público.

El taller del artista que opte por estos nuevos medios puede quedar reducido a una mera habitación, donde se instale su ordenador, su módem y su impresora. Estudio aséptico, blanco, hospitalario. Es un adiós a los talleres caóticos, a la suciedad embadurnada de pigmentos. Y la obra, por tanto, refleja la limpieza del entorno. Las imágenes son limpias, libres de impurezas, siempre nuevas. La vejez no existe para ellas. Siempre relucientes y jóvenes como el primer día (siempre que siga existiendo el hardware que posibilite su visualización).

El artista no tiene que viajar para entrar en contacto con otros profesionales que le muestren las nuevas corrientes artísticas. Algo que ya ocurría en cierta forma con la televisión, pero de una forma unidireccional. Ahora en Internet la presentación entre artistas es inmediata, vía *e-mail.* Incluso muchos de ellos colaboran juntos en distintos proyectos antes de conocerse cara a cara. Lo mismo ocurre con los galeristas.

---

[1] «Consigue enganchar al espectador de forma activa, a menudo fuera del contexto de las galerías, habiéndose creado no sólo nuevas formas de arte sino también nuevas audiencias». Brian Ashbee, «Transforming Reality: the digital revolution», en *AN Magazine,* diciembre de 1999, págs. 12 y ss.

En Internet los sitios *web* de artistas muestran sus trabajos, unas veces a través de intermediarios, otras en conexión directa con el artista sin necesidad de terceros que filtren la obra. Esto permite que los propios espectadores puedan ponerse en contacto mediante *e-mail* con los creadores. Se crea así un diálogo artista-artista, artista-espectador, mucho más fluido y enriquecedor. El artista tiene inmediatas referencias de la opinión de su público, opinión que puede ser germen de nuevas reflexiones plásticas. No estamos hablando de interacción sino de la comunicación directa emisor-receptor en el arte, que en la mayoría de los casos en las artes tradicionales tan sólo es un desideratum. Así, el grupo Jodi en una entrevista concedida a *Tilman Baumgaertel* afirma que recibe muchísimos *e-mails* del público que ve sus obras en Internet. En las primeras semanas, después de haber colocado su sitio en la red, obtuvieron muchas quejas pero también recibieron el apoyo de otras personas. «La gente pensaba seriamente que habíamos cometido errores, y quería enseñarnos. Enviaban *mails* diciendo: "Tienen que poner este *tag* delante de este código" o "Lamento informarles de que se olvidaron de colocar este comando en la página"». Pero también recibieron otros mensajes en los que se les animaba a seguir: «¡Vamos, Jodi, vamos! Hagan más caos. Hagan que mi ordenador se cuelgue más seguido»[2].

Es evidente, asimismo, que la obra de *net-art* que ofrece el artista como producto final en la red, nunca ha respondido a las características propias de un objeto-fetiche al uso. Ahora consiste en una «copia-original» fidedigna del trabajo que el artista ha creado directamente en su ordenador. ¿Qué nos diría Walter Benjamin ahora? Al igual que otros nuevos soportes como el CD-Rom, el DVD y otros que aparezcan en el futuro, la red ofrece la obra final como «copia-original» de la creada por el artista, sin pérdida de información. La obra ya no sólo puede reproducirse sino que puede clonarse de forma infinita y con ello el espectador puede acceder de forma fácil y asequible a la misma. A diferencia de las obras digitales autónomas e independientes de Internet, difundidas por CD-Rom a través de un tiraje limitado, como se ha utilizado en el grabado o en la fotografía, en Internet no se ha recurrido a esta práctica porque supone un atentado a uno de los principios básicos de la red, como es el acceso sin restricciones a la información obrante en las páginas. Se ha intentado, en ocasiones, cobrar por el acceso a ciertos sitios *web* artísticos, pero sin mucho éxito hasta el momento.

Gran parte de la literatura artística que existe sobre la red y el arte de red se refiere a las dificultades existentes para sacar un provecho económico a lo producido en y para Internet. Parece ser la principal preocupación tanto de críticos y comisarios como de los mismos artistas. Cuando presentas una obra en la red, el hecho de mostrarla con el símbolo de copyright no garantiza una protección eficaz para la misma. Puede ser clonada, duplicada, modificada y reproducida sin ninguna limitación. También puede ser destruida la página *web* en la que se encuentre. Asimismo la obra puede ser vista al mismo tiempo por miles de personas, las cuales en cada uno de sus ordenadores tienen una clonación-reproducción exacta de la obra que es al mismo tiempo el original. Esto nos pone en relación con el tema del original y la copia que trataremos después. Pero digamos como adelanto que la multiplicación del original hace que los artistas deban inventar nuevas formas para obtener un beneficio y seguir creando obra en la red. Así existen sitios *web* de artistas a los que durante ciertos acontecimientos artísticos sólo se puede entrar mediante suscripción pagando una

[2] [http: //www.internet.com.uy/vibri/artefactos/jodi/jodi.htm].

cantidad, como Hell.com. También se han subastado obras vendiendo una copia de las mismas. Por ejemplo, Richard Rinehart vendió una copia de su obra de *net-art* «An Experience Base... A Boolean Typhoon» por 52.50 dólares en el sitio de subastas eBay.

Así, el problema que se plantea en el *net-art,* al igual que en otras modalidades digitales, es cómo asignar valor a las obras si son tan fácilmente clonables-copiables-reproducibles[3]. Este hecho puede ser visto como una limitación por aquellos artistas que sigan anclados en los presupuestos tradicionales del mercado del arte. Sin embargo, lo que nos muestra claramente es una alteración profunda de los parámetros mercantiles y de difusión de la obra de arte que supone a su vez una modificación auténtica de algunos de los fundamentos conceptuales y formales del arte en sí.

Dentro de la red existen grupos activistas que están en contra de la comercialización del arte de red, como, por ejemplo, el colectivo «Luther Blissett». Este colectivo niega que su fin sea la lucha contra el tráfico mercantil del *net-art,* hecho que intentan acreditar alegando que sus acciones poseen un evidente fundamento artístico. Sin embargo, lo que es cierto es que sus acciones han servido como acicate para la creación de debates en la red sobre el carácter gratuito del *net-art* y en consecuencia, del arte en general (al igual que ocurrió en otras épocas del siglo XX con los performances o el land-art que aparecieron como un modo de lucha feroz contra los circuitos comerciales y el elitismo del mercado del arte). Cada vez que hay un intento de comercialización en la red, hay otro de respuesta al mismo.

Todo lo que hemos visto hasta ahora está relacionado con el entorno práctico, del día a día, del artista: su interrelación con la obra, con el espectador, con los medios de distribución. Pero el *net-art* plantea problemas más importantes desde el punto de vista conceptual y teórico al mundo del arte. Como conceptos clave del mismo, siguiendo a Claudia Giannetti[4], podríamos enumerar los siguientes: la interdisciplinariedad, la aleatoriedad, la plurimedialidad, su carácter de sistema abierto, la participación del espectador o interactividad... a los que podríamos añadir la reversibilidad y la multiplicidad, y siguiendo a José Luis Brea[5], la anomia, la anonimia, la propensión a la producción colectiva, la ajerarquización de su circular público y su carácter virtual/inmaterial. Se cuestionan de forma clara y evidente conceptos como el de autoría, original-copia, obra final, autenticidad, artista-genio... Todos estos problemas conceptuales determinan las características formales de las obras de *net-art,* por lo que hablaremos de ellas en el apartado referido a las transformaciones de la obra final.

Las transformaciones de la obra de arte en el *net-art*

Concepto y net-art

Si existía hace tres años un concepto rey a la hora de hablar sobre el arte en la red o sobre el *net-art* este era, sin duda, la interactividad: la participación del espectador en la obra. Ahora sin embargo, si tomamos como referencia las obras seleccionadas

---

[3] Matthew Mirapaul, *Un ataque a la comercialización del web art* [http://www.aleph-arts.org/pens/ataque.html].

[4] Claudia Giannetti, «Arte y diseño en la era digital», en *Arte y Parte,* núm. 17 (octubre-noviembre de 1998), págs. 40 y ss.

[5] José Luis Brea, *Net-art: (no)arte, en una zona temporalmente autónoma* [http://www.aleph-arts.org/pens/net.html].

en la Bienal de 2002 del Whitney Museum[6] podríamos pensar que la interactividad no sigue siendo el concepto estrella habiendo cedido su protagonismo a otro concepto no menos importante en las relaciones arte-ciencia actuales: la información y su manipulación como generadoras de imágenes gráficas. Esto puede hacernos pensar dos cosas: o bien se considera que la tecnología no permite avanzar en un grado mayor de interactividad, no pudiendo apenas traspasar la barrera del mero clic; o bien se estima que la interactividad como concepto sobre el que trabajar se encuentra ampliamente superado. Sinceramente opino que la primera de las razones aducidas es la causa de que la interactividad haya pasado a un segundo término. ¿Pero ha existido hasta ahora verdaderamente la interactividad o se ha tratado más bien de una promesa hasta ahora incumplida? ¿En qué consiste la participación del espectador en Internet en los momentos actuales?

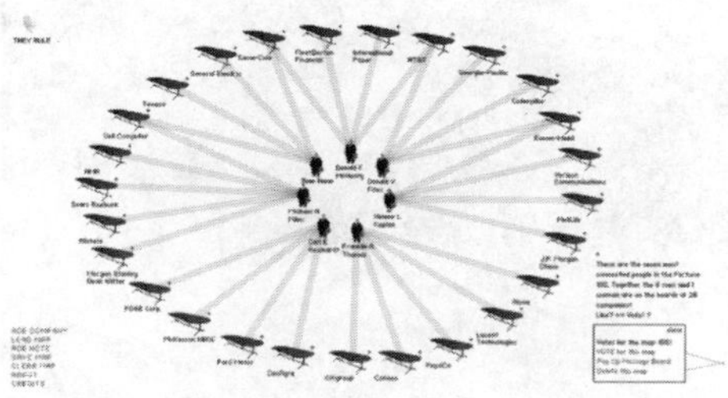

La interactividad se presentó de forma recurrente como la panacea, como el gran descubrimiento del arte digital y en mucha mayor medida del *net-art.* Se nos decía y se nos dice que la obra de arte, gracias a dicha interactividad, puede ser modificada por el espectador, que este participa de una forma activa en la creación de la obra y abandona su tradicional pasividad. ¿Ha sido esto cierto hasta ahora? Creemos que no. En los momentos actuales la interactividad queda reducida en la mayor parte de los casos a cliquear en los enlaces que el artista dispone a lo largo y ancho de la página. El espectador elige el enlace y el camino al que le lleva ese *link,* pero nada más. Todos los demás parámetros de la obra siguen fijos y en principio, invariables. La intervención del usuario casi nunca supone una modificación en el resultado final de la obra, que ya viene predeterminado por el artista, ya que cuando uno se vuelve a conectar a esa página, la obra aparece de nuevo sin ninguna marca de cualquier actuación anterior de otro usuario. Como se pregunta Brian Ashbee, «How significant is the interactive element, which is claimed as the defining attribute of digital media? Artists and curators working in this area tend to make extravagant claims —perhaps understandably, as the possibilities seem limitless. But possibilities, however, dazzling, are one thing; is there anyone around who shows signs of knowing what to do with them? (...) So much is promised, that a sense of disappointment is guaranteed»[7].

Podríamos hablar entonces de diferentes grados de interactividad, algunos de los cuales ya se han logrado en la actualidad. Otros están todavía por alcanzarse. El grado mínimo sería cliquear en los puntos de enlace que el artista ha distribuido por toda la página *web,* simplemente navegando entre las páginas de la obra. El especta-

---

[6] [http://www.whitney.org/artport/].

[7] «¿Tan significativo es el elemento interactivo para que sea aclamado como el atributo definitivo de los medios digitales? Los artistas y comisarios que trabajan en este área tienden a hacer declaraciones extravagantes —quizás comprensiblemente porque las posibilidades parecen ilimitadas. Pero las posibilidades, aun siendo deslumbrantes, son una cosa; ¿hay alguien que muestre signos de saber lo que hacer con ellas? (...) Tanto se promete que un sentimiento de decepción está garantizado». Brian Ashbee, *op. cit.,* pág. 12.

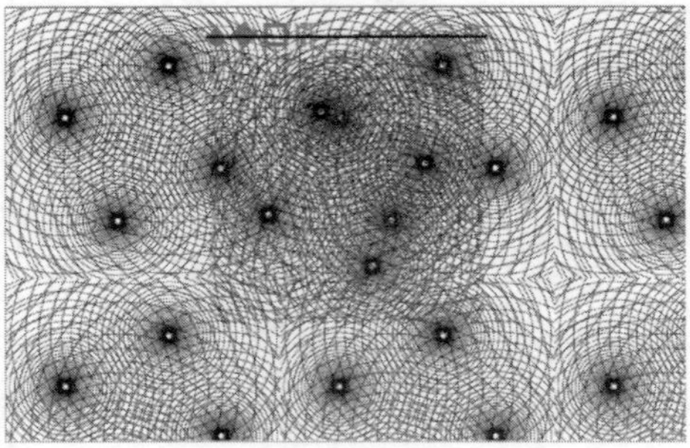

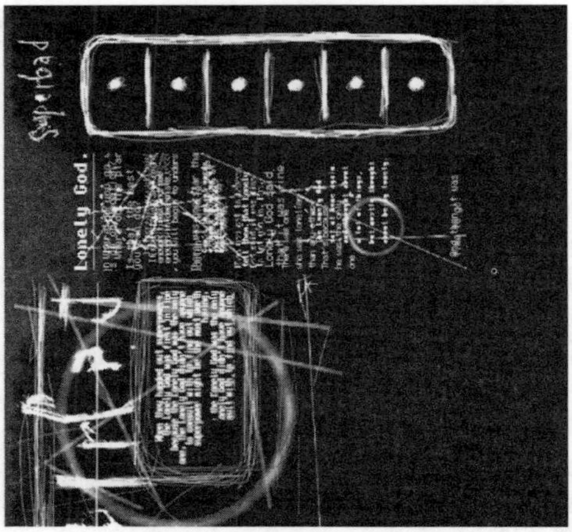

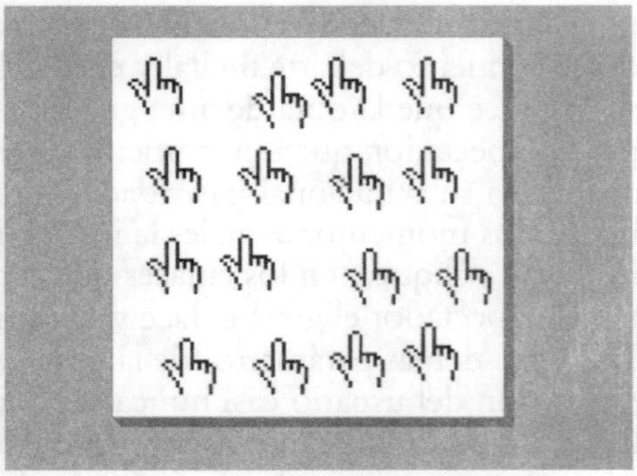

dor tan sólo elige el orden en que explora la obra y el tiempo que va a dedicarle a cada página enlazada. Los ejemplos de esta interactividad en la red son múltiples por lo que simplemente citaremos como muestra las páginas de Superbad.com (http://www.superbad.com) o las del colectivo español *Libres para Siempre* en las que el navegante recorre múltiples páginas sin que su intervención vaya más allá de un simple clic. Sin embargo, no creo que la posibilidad de optar por un enlace u otro suponga menos esclavitud para el espectador. Además, no considero que el interés de una obra de *net-art* deba sustentarse únicamente en la posibilidad de intervención del receptor. Sería como decir que el valor de la novela de Julio Cortázar, *Rayuela,* radica en las distintas lecturas que de la misma podemos realizar cambiando el orden de los capítulos. Su mérito no se halla en esta pretendida intervención libre del lector sino en la calidad que la obra ofrece, obra que además tiene como particularidad el hecho de obsequiarnos con la oportunidad de variables encuentros con lo novelado.

Un grado medio de interactividad se encontraría en aquel trabajo de *net-art* en el que el espectador pudiera jugar con algunos elementos de la página, cambiándolos de lugar, pero sin que se interfiera en el resultado final. Siempre que se conecte otra vez a la página la obra vuelve a su estado inicial. Un ejemplo sería «Z», la mosca pe-

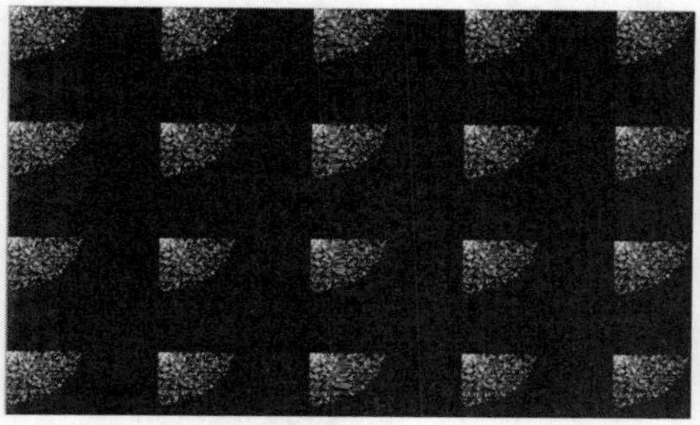

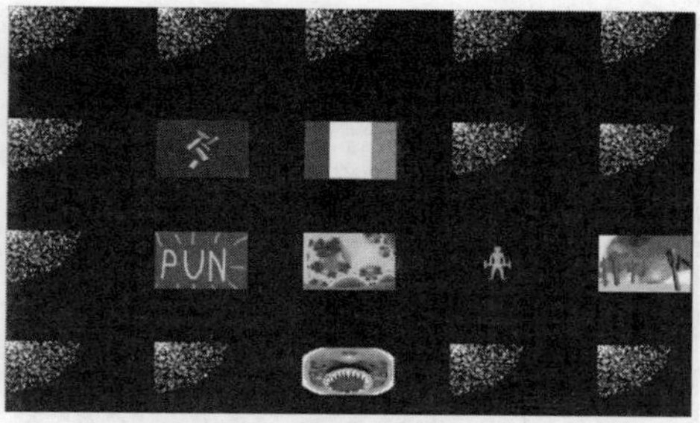

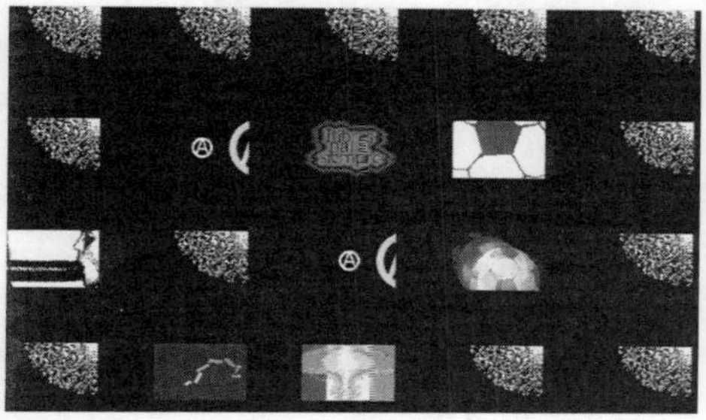

lotera de Antoni Abad, en la que el usuario, llevado por ese arrebato del clic, intenta dar a la mosca y esta huye irremisiblemente (http://www.mecad.org). También podemos observar este grado de interactividad en la obra de Zush (evru.org), en la que se puede interactuar en distintas páginas dentro del mundo creado por el artista, así como en la obra «Warning» de Ricardo Iglesias.

Un grado superior de interactividad se encuentra en obras como «Life Spacies» de Christa Sommerer & Laurent Mignonneau (http://www.mic.atr.co.jp) (si bien una parte de esta obra se desarrolla en Internet, otra se realiza en un espacio físico, aunque en ambos ámbitos, la interacción del espectador es importante para el resultado final de la obra). Las artistas ponen a disposición de los usuarios los medios necesarios para crear, a través de su interacción, un mundo virtual en tres dimensiones con organismos de vida artificial. Estos organismos nacen cuando los espectadores en la red mandan *e-mails* a través de Internet. El programa diseñado por las artistas desentraña los mensajes enviados, convirtiéndolos en formas que aparecen en el ecosistema creado por las autoras. Según la complejidad del mensaje así se conforman los organismos. Estos a su vez se reproducen entre ellos. Los espectadores en el museo pueden clonar dichos organismos, tocarlos y molestarlos. Al finalizar la instalación el resultado final del ecosistema creado no tiene nada que ver con el punto de partida inicial, todo ello debido a la intervención de los espectadores en la red y en la sala. Esta obra es consecuencia de una profunda investigación sobre la interactividad como elemento propio de las artes digitales y en red. Las artistas conciben el arte como un *living system* («sistema vivo»).

> Based upon the insight that interaction per se and the interrelation between entities are the driving forces for the structures of life, Sommerer and Mignonneau as artists are investigating the interaction and the creative process as such. Creation is not any more understood as expression of the artists inner creativity or «ingenium» (according

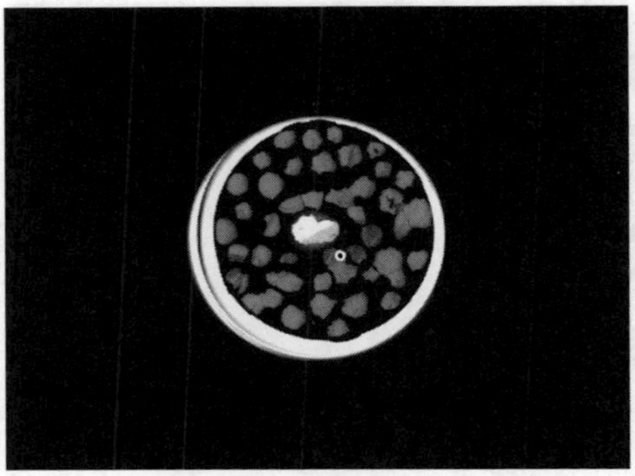

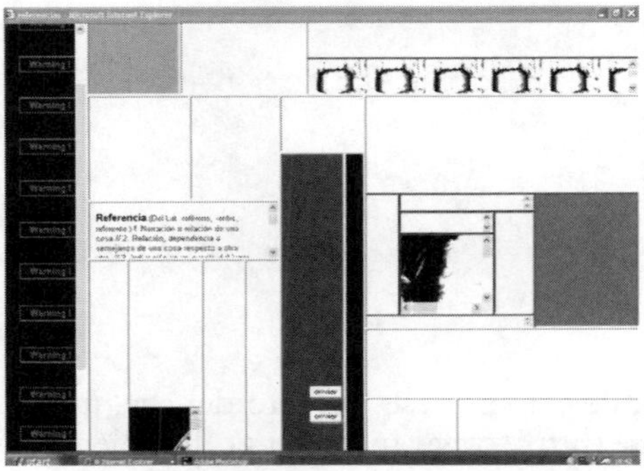

to Hegel), but becomes itself an intrinsically dynamic process, that is based upon the interaction between the human observer, his/her consciousness and the evolutionary dynamic and complex image processes of the work, which themselves are based upon principles of artificial life, evolution and dynamic non-local interrelations (= «Art as a living system»)[8].

Sin embargo, tampoco sería este el grado máximo de interactividad, puesto que el espectador sigue actuando dentro de los límites y las instrucciones que el artista pone a su disposición. El tipo de criaturas que aparecen depende del programa que convierte los mensajes en imágenes, por lo que el resultado final sigue estando en cierta manera determinado por sus creadores. A pesar de su repulsa a la idea de genialidad del artista, todavía quedan rastros evidentes de este concepto.

El grado supremo de interactividad podría ser el que defiende el colectivo 0100101110101101.org.

[8] Traducción: «Basado en la percepción de que la interacción per se y la interrelación entre entidades son las fuerzas conductoras de las estructuras de la vida, Sommerer y Mignonneau como artistas están investigando la interacción y el proceso creativo como tales. La creación no se comprende ya como una expresión de la creatividad interna de los artistas o «ingenio» (según Hegel), sino que llega a ser en sí misma un proceso intrínsecamente dinámico, que está basado en la interacción entre el observador humano, su conciencia y los procesos de trabajo de imágenes complejas y dinámicas en forma evolutiva, que en sí mismos están basados en la vida artificial, la evolución y las interrelaciones no-locales dinámicas (= Arte como Sistema Vivo)» [http://www.mic.atr.co.jp/~christa/WORKS/CONCEPTS/LifeConcept.html].

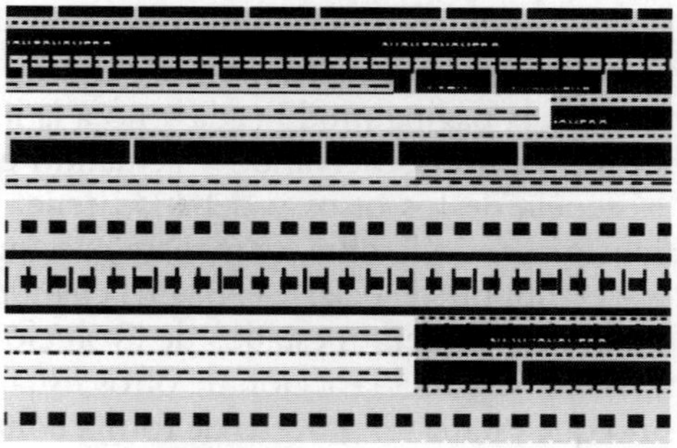

> We don't think that clicking on a website is interaction. That is just doing what you are supposed to do. It's not the work of art being «interactive» it's the beholder that can use it interactively. *Interaction is when you use something in a way that has not been predicted by its author* (la cursiva es mía). (...) Our point is that there is a different way of behaving towards the work. You can choose your attitude, or what you want to do with the piece. You are not obliged to just look at it. You have the tools to do something else. Cloning is just one of the things you can do with these works. You can modify them, you can add things, you can put them in a different order, you can even destroy them, you can do anything you want. We would like to see more of this kind of interaction on the net[9].

Un ejemplo de obras o acciones que ha realizado este colectivo es la modificación de la página del grupo jodi.org haciendo visible un índice que permanecía oculto y que hace la navegación más cómoda por ese sitio *web*. Otra acción ha sido la clonación del sitio Hell.com. Si bien los autores de estas acciones no tenían una finalidad artística al realizarlas, ciertos autores han reconocido en ellas un determinado valor como obra de arte. Así Matthew Mirapaul, comentando la obra del esloveno Vuk Cosic que clonó el sitio de la Documenta X, señala que «el hecho de crear una presencia on-line permanente a partir de eventos reales de duración limitada posee cierto valor artístico»[10]. Como denuncia, como arte político.

Las acciones de 0100101110101101.org ponen de manifiesto que la tan repetida interactividad no se ha conseguido y se ha quedado reducida a un alegre juego de niños, donde el espectador mueve el índice sin parar, en espera de que aquello se mueva, se transforme. Para que una obra fuera realmente denominada interactiva debería permitir la acción real del espectador. Esto significaría que, una vez fuera modificada

---

[9] «No pensamos que cliquear en un sitio web sea interacción. Eso es sólo hacer lo que se supone que tienes que hacer. No es función del arte ser interactivo, es el espectador el que debe usarlo interactivamente. Interacción es cuando usas algo de un modo que no ha sido predeterminado por su autor. (...) Nuestra opinión es que hay un modo diferente de comportarse ante la obra. Puedes escoger tu actitud o lo que quieres hacer con la pieza. No estás obligado a sólo mirarla. Tienes las herramientas para hacer algo más. Clonar es sólo una de las cosas que puedes hacer con estas obras. Puedes modificarlas, puedes añadir cosas, puedes ponerlas en un orden diferente, incluso puedes destruirlas, puedes hacer lo que quieras. Nos gustaría ver algo más de esta clase de interacción en la red». Tilman Baumgaertel, *We hope that somebody is going to recuperate us! Interview with 0100101110101101.org* en [http://bbs.thing.net].

[10] Matthew Mirapaul, *op. cit.*, pag. 3.

la página *web* por un usuario, la alteración producida sería ya parte integral de la obra. Debería suponer que cuando se conectara el siguiente usuario, este accediera únicamente a la página modificada y no a la inicial. Si hubiese dos o más espectadores al mismo tiempo observando y actuando en la página, deberían ser conscientes de la existencia de los otros y deberían tener la posibilidad de interaccionar entre ellos transformando la obra de manera conjunta[11]. Todo ello supondría que, dado que el espectador puede bajarse la página cuando quiera, podría tener infinitos originales de la obra en diferentes estados de evolución; que cuando accediera, la obra nunca sería igual debido a la acción de otros usuarios; que nunca se hablaría de obra acabada sino que estaría en proceso de forma continua; y que el artista y los espectadores podrían seguir interactuando en las diferentes etapas de la evolución y transformación de la obra.

Los trabajos que por el momento han intentado acercarse a este nivel de interactividad no han conseguido hasta ahora desligarse de las limitaciones impuestas por un concepto arraigado de autoría, todavía no superado. Permitir la total y absoluta modificación de la obra por el receptor podría traer consigo el derrumbe de los pilares sobre los que se asienta el mercado del arte y el arte en sí mismo, o al menos esto es lo que se desea por un gran número de artistas que trabajan en este campo, comulgando con el ideal de los setenta de acercar el arte a la gente. Quizás precisamente cuando el arte devenga totalmente interactivo sea cuando deje de existir como tal. Por el momento la ilimitada libertad que promete la tan nombrada interactividad no ha sido más que una ilusión, como señala Román Gubern al hablar sobre los videojuegos: «El jugador vive una ilusión de libertad, en el seno de un laberinto diseñado por otro y con sus opciones perfectamente predeterminadas, aunque durante el juego el programa es percibido como una extensión orgánica de su conciencia»[12].

Como hemos visto, el problema de la interactividad está estrechamente vinculado a la cuestión de la autoría y del genio del artista. La conversión del espectador en sujeto activo, en artista creador, en un marco de estetización progresiva de la sociedad, supone la *con-fusión* del emisor y el receptor del arte, por lo que la singularidad y genialidad del autor se desvanecen y dejan sitio a un espíritu colectivo de creación. La máxima de Joseph Beuys «todo hombre es un artista» se convierte así en el credo de millones de internautas. El arte se disuelve de esta manera en un mar de «artes». Este sentimiento artístico colectivo existe incluso en el mismo acto originario de la obra en red: muchas de ellas son producto de la colaboración de artistas, informáticos y matemáticos que aúnan esfuerzos en la creación. Son resultado de una labor interdisciplinar y colectiva. Por lo tanto, la genialidad se diluye o se reparte entre los miembros del grupo que han engendrado la obra en cuestión. Así, son conocidos grupos que utilizan pseudónimos como Jodi, Van Gogh TV, The Thing, Knowbotic Research, Hilus, Handshake, etoy... Autoría y anonimia entran en relación y quizás este vínculo transforme en un futuro el basamento del mercado del arte. Si el conocimiento del autor creador de una obra es en gran parte lo que da valor a la obra-objeto en el mundo del arte contemporáneo, cuando esta sea resultado de la participación de muchos sujetos activos y su existencia sea en sí misma proceso (real e indefinido), ¿qué factores conferirán valor a la obra? Vemos así que no sólo el soporte

---

[11] Un ejemplo cercano a este concepto de interactividad puede verse en [http://surface.yugop.com].

[12] Román Gubern, *Del bisonte a la realidad virtual: la escena y el laberinto*, Barcelona, Anagrama, 2.ª ed., 1999.

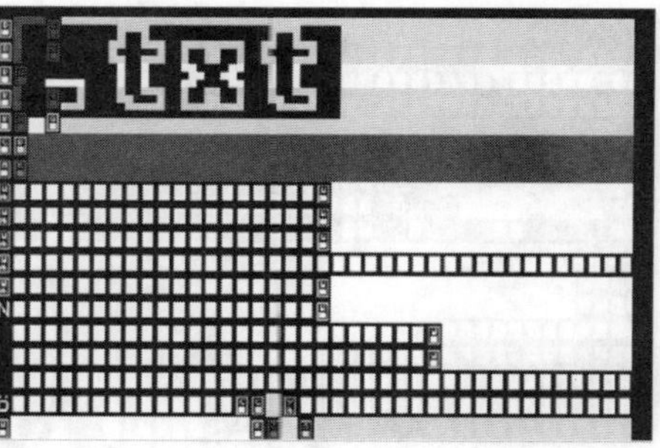

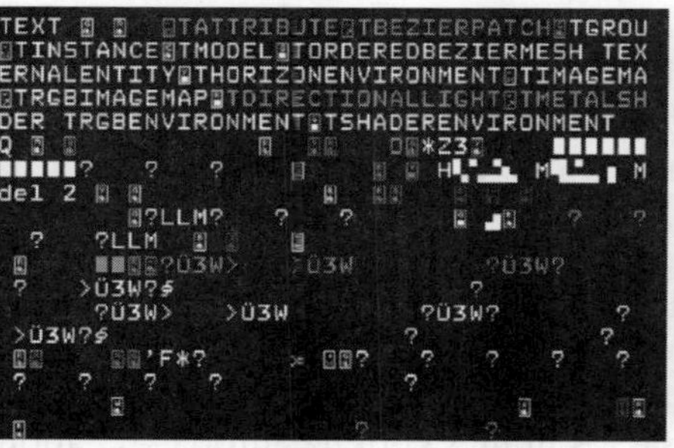
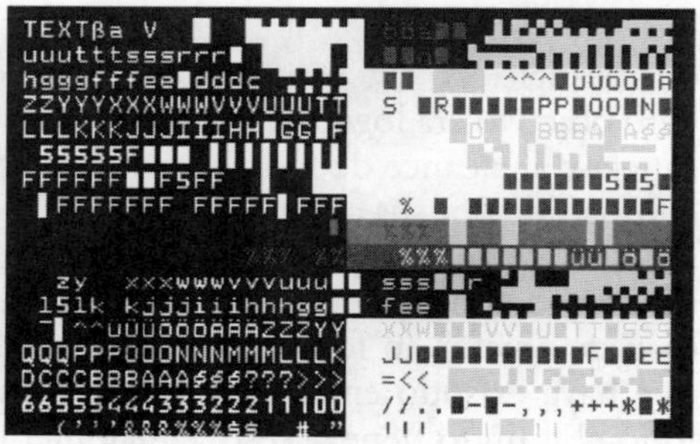

en el que se produce la obra (la Red, el CD-Rom) provoca la inmaterialidad de la misma sino el hecho mismo de su concepción como proceso interactivo (por ser proceso y por ser interactivo). Lo valorable, así, es el proyecto, no el resultado. Así Mark Amerika se pregunta «¿Qué ocurriría si los artistas responsables del desarrollo de una experiencia artística en la red estuvieran por un empleo constante de la fluidez del medio digital para continuamente reconstruir, quitar o alterar la obra siempre que les viniera en gana? ¿Constituye el objeto de arte virtual —en continua transformación en la red— una nueva forma de devenir estético que hace del estar en el ciberespacio un arte en (y de) sí mismo? ¿Hemos llegado a un punto en el que la propia red no puede ser mercantilizada y sólo algunos artistas "de marca" tienen el potencial de generar la clase de valor-de-red que las Grandes Instituciones Culturales querrían comprar? ¿Y qué comprarían: el exclusivo uso (compartido), una licencia carnal o amor a la venta?»[13].

La comercialización de proyectos es mucho más complicada que la de objetos, mucho más aún cuando el resultado final de estos proyectos es desconocido tanto por el grado y el modo de interacción de los sujetos actores en la obra (artistas y espectadores) como por el momento exacto en que se decidirá que la obra ha terminado (si es que esto se decide). El acto de la posesión se queda así sin nada físico que poseer. El mercado del arte queda tocado, entonces, de muerte. «George Maciunas, fundador y motor del movimiento Fluxus —quizás el último movimiento interme-

[13] Mark Amerika, *Instalaciones net, nuevas formas de exposición creativa y re-publicación virtual* [http://www.aleph-arts.org/pens/amerika.html].

dia del siglo XX, cincuenta años después del Futurismo— consideraba que su verdadero objetivo era lograr una obra de arte anónima, producida en serie como una mercancía y al alcance de todo el mundo, a pesar de que esta perspectiva no era apenas compartida por sus compañeros de Fluxus. En el contexto de un sistema artístico basado en los autores y los objetos, esta visión estaba a todas luces condenada al fracaso, precisamente porque Maciunas quería alcanzar este objetivo mediante la distribución de objetos en formas de múltiples. En el sistema de distribución más eficiente que haya existido en la historia de la humanidad, la red de datos global en la que todo el mundo tiene acceso a cualquier cosa, los límites entre la autoría y el anonimato convergen entre sí»[14]. Las obras de *net-art* responden perfectamente en la actualidad a las proposiciones de Maciunas. Objetos en formas de múltiples que llegan a todos los hogares a través de la red. En un futuro se unirán a estos objetos y sus múltiplos aquellas obras-proceso de cambio continuo en la red en las que nunca exista un estado definitivo.

La posibilidad de participación real del espectador en todo momento con la modificación subsiguiente de la obra, a la que hemos aludido anteriormente, abre las puertas a la concepción real y verdadera de la obra como proceso. La obra en red conectaría así con las inquietudes teóricas y formales del arte tecnológico desde su principios. Simón Marchán Fiz ya nos hablaba en los años 70 de las transformaciones de las tendencias artísticas debidas a las innovaciones tecnológicas. Una de ellas precisamente era la puesta en cuestión del estatuto existencial de la propia obra de arte como objeto físico y la insistencia en el carácter procesual de la obra[15]. Obra en proceso que junto a la inmaterialidad del *net-art* haría desequilibrar las bases del mercado del arte, algo que el arte conceptual y movimientos como el *land-art,* los *performances,* etc., han intentado provocar sin éxito desde hace décadas. La elevación del proceso a categoría artística permite el reconocimiento de valor estético a la integración del público con el artista en el estadio creativo.

En relación con el tema de la interactividad hemos de indicar, sin embargo, que las manifestaciones más puras de *net-art,* entendiéndolas como aquellas que exploran las posibilidades del lenguaje html, propio de la red, creadas exclusivamente para la red y centradas en el interfaz como objeto y receptáculo de su arte, son ajenas a esas

---

[14] Dieter Daniels, *Arte y nuevas tecnologías, ¿por qué? Preguntas de los años sesenta y respuestas de los años 90* [http://www.mecad.org/e-journal/art1.htm].

[15] Simón Marchán Fiz, *Del arte objetual al arte de concepto,* Madrid, Akal, 7.ª ed., 1997.

palabras propias de la red como «inmersión» e «interactividad». Es el llamado *browser.art*. Son imágenes del código al desnudo, de volcados de procesos informáticos, que sobrecargan los navegadores con metacódigo html y javascript. Aquí el espectador tan sólo interacciona de vez en cuando con unos simples clics. Son ejemplos de grupos que han trabajado en este ámbito: Jodi, Antirom, Superbad o Fakeshop. Como nos indica Alex Galloway: «El *browser.art* no es entonces simplemente la adopción de una "estética" tecnológica (como puede ser un dibujo ASCII), sino un enfoque de la tecnología en sí como objeto. No se trata de *quicktime,* ni se trata de *realaudio*. En este minigénero dentro del *net-art,* la propia red es el objeto. Es una obra sin profundidad, y en su lugar aparece una estética de relación, de máquinas que se comunican con otras máquinas. No es difícil pasar por alto el *browser.art,* considerarlo irritante o estúpido, considerar que no es arte. Pero es en este *browser.art* en el que los productores de la *web* piensan dentro de los límites de la red, en vez de dedicarse a reciclar material del exterior. Al empezar a reflexionar "sobre" la red, en efecto, empezamos a ver una mejoría en el arte de los nuevos medios»[16].

Otro rasgo característico de la obra de *net-art,* aunque no exclusivo de esta manifestación artística, es su carácter multimedial o plurimedialidad. Se articulan en una misma pieza imágenes, sonidos, movimiento, todo ello en búsqueda de la obra de arte total. La interrelación de distintos ámbitos artísticos puede dar resultados muy fructíferos y enriquecedores y supone la transformación del aspecto formal, *«matérico»* de muchas de estas obras. Así por ejemplo, la obra de David Opp «44B-002» que se puede ver en el proyecto «Hotwired Gallery» de RGB (en http://www.lycos.com/rgb). Sin embargo, todavía en muchos de los trabajos en los que se utiliza sonido, este aparece como accesorio de la imagen o como elemento meramente perturbador sin que se logre la suficiente integración que permita percibir imagen y sonido como elementos complementarios y necesarios en la globalidad. En aquellas obras digitales en soporte CD-Rom, no específicamente creadas para la red, el sonido consigue una mayor interrelación con la imagen, lo que quizás viene dado por las posibilidades actuales de capacidad y de ancho de banda de la red que permite sólo el envío de una cantidad limitada de información. En el CD es más fácil introducir toda la información necesaria. En la red esto viene limitado por la capacidad de la red y a mayor abundancia de datos mayor ralentización de conexión y mayor desinterés del usuario. Por lo tanto, aún tendremos que esperar un tiempo para que la plurimedialidad dé frutos artísticos de verdadero interés.

Otro concepto clave de la obra de *net-art* es el del original múltiple, al que ya hemos aludido en relación con otros temas como el de la autoría o el de la obra como proceso. ¿Podemos hablar de copia, de reproducción, de original en el *net-art* en el mismo sentido que venimos haciéndolo en el mundo tradicional del arte? A priori parecería que sí. El usuario de la red en principio parece que se baja una copia de la obra en cuestión desde Internet y puede guardar dicha reproducción en su disco duro, en un disquete o cualquier otro medio de almacenamiento. Podría suponerse, así, que hay originales y copias. Sin embargo, en el mundo digital no existen copias, sino sólo originales. Por las propias características intrínsecas del nacimiento de la imagen (números que se convierten en pixels situados en la pantalla) no existen copias. En los momentos actuales en los que no hay modificación real por parte del es-

---

16 Alex Galloway, *Browser.art* [http://www.rhizome.org/query].

pectador, salvo en ciertos casos excepcionales, es siempre el mismo original. Pero un original múltiple, en todos los casos igual. En el momento en que las obras-proceso vayan apareciendo e imponiéndose, la igualdad entre los originales desaparecerá y lo que existirá no será tanto el original múltiple como la multiplicidad de originales de la misma obra. Los diferentes estados de evolución de la obra serán en sí mismos originales de la misma. Cada espectador no sólo podrá poseer un original distinto de la obra sino que podrá tener además múltiples originales diversos y diferenciados de los que otro usuario y el mismo artista puedan tener. Es muy posible que este rasgo tenga como efecto el que el arte de la red se considere un arte menor precisamente por no adaptarse a los presupuestos que permiten la comercialización del arte y la adición de valor a la obra: la dificultad de determinar el autor y la existencia de múltiples finales de la obra no encajan con los fundamentos mercantiles del ámbito artístico.

Los grandes interrogantes del arte, espacio y tiempo, siguen presentes en el *net-art.* Cuando se discute sobre la concepción del espacio en el arte digital, inmediatamente se habla de las animaciones 3D de los videojuegos como *Giants* o *Unreal II* o de películas como *Shrek* o *Monstruos, S.A.* A primera vista el espacio digital parece responder a la percepción espacial del Renacimiento en el sentido dado por Panofsky: «Una construcción espacial unitaria y no contradictoria, de extensión infinita (en el ámbito de "la dirección de la mirada"), en la cual los cuerpos y los intervalos constituidos por el espacio vacío se hallasen unidos según determinadas leyes al *corpus generaliter sumptum*»[17]. Es decir, un espacio existente a priori donde los objetos son colocados a posteriori. Programas como el 3D Studio o el Truespace (programas de diseño de objetos y modelado) parecen responder a esta concepción del mundo. Al abrir un archivo nuevo en estos programas lo primero que aparece es un espacio que viene dado por el mismo programa, definido por una rejilla colocada en la superficie que sería el suelo que sirve de referencia para la colocación de los objetos en el espacio. Sin embargo, y como nos pone de manifiesto Lev Manovich, el mundo en tiempo real generado por ordenador está mucho más cercano, por el momento, al mundo «agregado» de los antiguos, en la concepción dada por Panofsky, que al sistemático renacentista. «La técnica de gráficos tridimensionales por ordenador que más se emplea para crear mundos tridimensionales es el modelado poligonal. El mundo virtual que se crea con esta técnica es un vacío rellenado con objetos separados y definidos por límites estrictos. Una proyección en perspectiva crea la ilusión de que estos objetos están juntos, pero en realidad no guardan ninguna conexión entre sí. Lo que falta es el espacio en el sentido de entorno espacial o de medio espacial: el entorno entre objetos, una atmósfera que lo una todo, los efectos de unos objetos sobre otros. Otra técnica básica que se utiliza para crear mundos virtuales, composición (superposición, adecuación), también conduce a un espacio "agregado". Consiste en superponer personajes animados, imágenes fijas, películas en Quicktime y otros elementos gráficos a un fondo separado. Un escenario típico puede implicar un avatar animado en tiempo real como respuesta a las órdenes del usuario. El avatar se superpone a la imagen de una habitación. El usuario controla un avatar; un operador del mundo virtual aporta la imagen de una habitación. Puesto que los elementos proce-

[17] Erwin Panofsky, *La perspectiva como forma simbólica,* Barcelona, Tusquets, Colección Fábula, 1.ª ed., 1999.

den de diversas fuentes y se unen en tiempo real, el resultado es una serie de planos bidimensionales más que un verdadero entorno tridimensional. En suma, aunque los mundos virtuales generados por ordenador se suelen representar con perspectiva lineal, en realidad son conjuntos de objetos separados, sin relación entre sí. (...) Si aplicamos el paradigma evolutivo de Panofsky a la historia del espacio informático virtual, este ni siquiera ha llegado aún a su Renacimiento. Sigue en el nivel de la antigua Grecia, que no podía concebir el espacio como totalidad»[18].

El espacio en tiempo real todavía se encuentra en una fase inicial en la red. Las páginas en VRML *(virtual reality modelling language)*, que son aquellas que se nos presentan como una ventana en la que el interior se puede ver en 3D y se puede navegar por él, son escasas, en relación con el volumen de las páginas bidimensionales, y están muy poco desarrolladas. Y esto está aún mucho más acentuado en el mundo del arte. Muy pocos artistas se han lanzado a experimentar con este lenguaje, ya que la mayoría de los autores que trabajan en Internet se encuentra más interesada por herramientas más flexibles y sencillas de manejar como *Flash* y *Shockwave*. Este último permite trabajar importando objetos creados en distintas aplicaciones de creación 3D, aunque todavía no se han desarrollado todas sus posibilidades tridimensionales. Un artista español que ha trabajado con VRML es Antonio Alvarado, en cuya página personal podemos ver distintos experimentos sobre ambientes inmersivos en los que la desorientación del espectador y la ruptura de la homogeneidad de la percepción del entorno son sus rasgos principales (http://w3art.es/alvarado).

Las obras que han venido siendo calificadas como «puro *net.art*» (por ejemplo, las de *browser.art)* se han caracterizado hasta el momento por ser meramente bidimensionales, ya que al jugar con el lenguaje html propio de la red, con la función de *scrolling*, con las letras y los textos subiendo y bajando por la pantalla, adquieren las características propias del texto en la red: hipertextualidad y bidimensionalidad. Así ocurre con la obra *Day66* de Jodi. Lo mismo ocurre con aquellas obras que investigando con la interactividad, tienen un planteamiento cercano al arte conceptual y a la *performance*. En estos trabajos el espacio no es un elemento fundamental en la obra, siendo mucho más relevante el concepto que los sustenta. Así por ejemplo, «Heartbeat» de Dora García. Vemos, en consecuencia, que aunque existe un gran consenso acerca de que en el futuro evolucionaremos hacia una red tridimensional en la que navegaremos por una matriz al estilo de la novela del *Neuromante* de William Gibson, en los momentos actuales las investigaciones artísticas espaciales en la red se encuentran en sus inicios. Sin embargo, hay proyectos muy interesantes como *City of News* de Flavia Sparacino que merecen la pena ser destacados. Este trabajo consiste en un *browser* que organiza la información en tiempo real en un espacio virtual tridimensional. Sitúa el flujo de datos de una manera perceptual en una ciudad virtual. Es evidente que en este proyecto arte, pensamiento

[18] Lev Manovich, «La estética de los mundos virtuales», *El Paseante*, núm. 27 y 28, págs. 93 y ss.

y ciencia están estrechamente unidos en la búsqueda de una nueva representación espacial de la información.

El tiempo aparece también como elemento conformador del arte de red. La sucesión de páginas *web* enlazadas por *links* se presenta como rasgo característico de las obras de *net.art*. La sucesión supone la introducción del tiempo en la obra. Tiempo para la observación, tiempo para la navegación. Esta sucesión implica también la fragmentación de la percepción. La obra ya no se percibe de forma global sino como una serie de percepciones interrumpidas por el trasiego de información desde el servidor al ordenador al cliquear en cualquier *link*. Cada página se presenta como un campo minado de enlaces con otras páginas, todas ellas interrelacionadas entre sí. De esta manera el tiempo de la percepción se extiende, se expande. La aparente inmediatez de la observación no es tal, máxime cuando el espectador además de observar, participa. Es un tiempo fragmentado, interrumpido, pero único, global. «La palabra globalización es una farsa. No hay globalización, sólo hay virtualización. Lo que está siendo efectivamente globalizado es el tiempo. Ahora todo sucede dentro de la perspectiva del tiempo real: de hoy en adelante estamos pensados para vivir en un sistema de tiempo único»[19]. Varios usuarios pueden acceder al mismo tiempo a la misma página *web* y tener una experiencia igual aun estando en diferentes lugares de la Tierra. Es un mismo tiempo virtual, en distinto espacio real.

Al contrario que en el cine donde la experiencia temporal se percibe únicamente desde la posición de espectador, en la red «el sujeto se ve forzado a oscilar entre los papeles de espectador y de usuario, variando entre percibir y actuar, entre seguir la historia y participar activamente en ella. Durante una secuencia, la pantalla del ordenador le presenta al espectador una atractiva narrativa cinemática. De pronto, la imagen se congela, aparecen menús e iconos y se fuerza al espectador a actuar: escoger, hacer clic, pulsar botones»[20]. El espacio articula el tiempo y el tiempo articula el espacio. «El teórico moscovita de los media Anatoly Prokhorov describe este proceso como el cambio de una pantalla transparente a una pantalla opaca, desde una ventana que da a un universo tridimensional ficticio a la superficie sólida, llena de menús, controles, textos e iconos. El espacio tridimensional se convierte en una superficie; una fotografía se convierte en un diagrama; un personaje se vuelve un icono»[21]. Todavía en Internet no nos encontramos ante una verdadera matriz donde el navegante pueda sentirse como en un espacio paralelo. El nivel de realidad virtual alcanzado en videojuegos gracias a las gafas tridimensionales todavía no se ha logrado en la red. Lo máximo que se ha logrado es un paso más allá de la imagen-escena a la imagen-laberinto[22], pero esta última está todavía por desarrollarse en plenitud. La aparición de un mundo virtual conforme a esa imagen-laberinto traerá, según Paul Virilio, una consecuente pérdida de orientación derivada de la duplicación de la realidad sensible en realidad y virtualidad. No sabemos si esta pérdida de orientación llegará a producirse alguna vez pero lo que sí es seguro es que la entrada de la realidad virtual priorizará aún más «el espectáculo sobre la lectura de la imagen entendiéndose esta

[19] Paul, Virilio, *Velocidad e información. Alarma en el ciberespacio* en [http://www.aleph-arts.org/pens/speed.html].

[20] Lev Manovich, *op. cit.*, pág. 96.

[21] Lev Manovich, *op. cit.*, pág. 96.

[22] Román Gubern, *op. cit.*, pág. 8.

como un acto de análisis reflexivo sobre un texto»[23]. Cuando aparece la imagen en la pantalla el usuario busca alocadamente el *link* para cliquear. Es la pulsión del clic. Se siente decepcionado cuando no aparece nada en la pantalla que le lleve a otro lugar. Los textos largos tienden a desaparecer al igual que las imágenes muy complejas, ya que el usuario no dedica tiempo suficiente a su examen en profundidad, sino que busca ardientemente la tan nombrada interactividad. «La ironía de la revolución de la información radica en que los consumidores ni disfrutan ni esperan ver aparecer en las pantallas de sus ordenadores textos largos y densos. Los textos largos confunden a los ojos; frenan el proceso interactivo, rápido como el fuego, y roban un valioso tiempo de pantalla a la animación, el vídeo y otros recursos más comerciales de los productos multimedia. Así pues, nosotros los escritores no tenemos que ser expertos, sino más bien filtros cuya tarea consiste en absorber grandes porciones de información y comprimirlas en pequeños "mordiscos" en pantalla, fáciles de digerir. Brevedad y banalidad: estos son los elementos del estilo literario que viene»[24]. Este texto es fácilmente extrapolable al mundo del arte en Internet. Se busca un arte atractivo, de consumo rápido, que varíe y cambie con facilidad. La reflexión y la diversión han de convivir en un entorno ágil, de acceso veloz y cambiante para conseguir retener la atención del espectador.

Las actuales obras de *net-art* se encuentran en relación directa con el hipertexto. Por hipertexto se entiende aquellos textos unidos por enlaces, que forman distintos recorridos para el usuario. Como indica Mela Dávila, «de hecho, la misma red podría ser concebida en sí misma como un gran hipertexto compuesto por millones de unidades textuales a través de las cuales el usuario no sólo puede, sino que necesariamente ha de trazar su propio recorrido secuencial»[25]. La introducción del hipertexto supone una serie de transformaciones tanto en la actividad del lector y el espectador como en la del autor y el artista. Mela Dávila nos enumera alguna de ellas, (a alguna de las cuales ya hemos hecho referencia en relación con el *net.art):* se rompe la linealidad de la lectura (cualquiera de los textos enlazados son susceptibles de ser la introducción, el nudo y el desenlace tradicionales) así como la jerarquía entre los bloques de texto (esto no es del todo cierto, ya que la mayoría de las páginas *web* comerciales, no así las artísticas, se estructuran desde una página índice o home que te lleva a todas las demás y que se convierte, en la mayoría de los casos, en origen y final de la navegación); se consigue llegar al ideal de texto abierto e inacabado con la posibilidad ilimitada de ser ampliado y modificado; y se produce una pérdida de relevancia del autor frente al lector; de hecho, se está llegando a una estética que «prima las actitudes y las posibilidades del lector sobre los logros del autor y las características del texto en sí»[26]; incluso se señala por Uwe Wirth que «si pasamos a considerar la literatura propiamente dicha en Internet, pronto veremos que el principal punto de mira de los creadores y críticos de textos *on-line* está menos orientado hacia sus cualidades estilísticas, que al modo de funcionamiento de la "máquina hipertextual" en el contexto de las múltiples conexiones que realiza el lector entre los diversos niveles tex-

[23] Román Gubern, *op. cit.*, pág. 179.

[24] Paul Roberts, «Virtual Grub Street. Sorrows of a Multimedida Hack», en *Emigre*, núm. 39, Sacramento, 1996, pág. 64. Citado en Mela Dávila, *Hipertexto* [http://www.mecad.org/e-jounal/art5.htm], página 4.

[25] Mela Dávila, *op. cit.*, pág. 2.

[26] Mela Dávila, *op. cit.*, pág. 3.

tuales y enlaces. Importa menos el estilo de la escritura que el estilo de la lectura»[27]. Muchos de estos rasgos se dan igualmente en el *net.art,* ya que la red, como soporte artístico, determina las características conceptuales y formales tanto de las obras literarias como artísticas.

Forma y net-art

En un principio el lenguaje html y los programas de composición y elaboración de páginas sólo permitían unas opciones formales restringidas, directamente relacionadas con el texto que se quería introducir y visualizar. Las imágenes aparecían como meros cromos o ilustraciones que se pegaban junto a los textos. Sin embargo, con la utilización conjunta de programas como *Flash, Photoshop* y *Director Shockwave Studio* con lenguajes como Java, y los ya mencionados HTML y VRML, las posibilidades se han multiplicado. Se han introducido *gifs* animados, movimientos de pantalla, imágenes ampliamente retocadas, ambientes 3D, etc. No obstante, a pesar de esta infinitud de variables posibles, podemos observar que la estética formal de los resultados ofrecidos es muy parecida en todos ellos, dada la utilización de las mismas herramientas. La originalidad, la diferencia entre artistas se traslada, entonces, al contenido, al concepto, ya que desde el punto de vista formal las herramientas que hay hasta el momento limitan las investigaciones alrededor de elementos formales típicos de la expresión plástica: el trazo, el gesto, la textura... Las tabletas digitalizadoras, los lápices ópticos, las pantallas táctiles, los tablet pc, etc., aunque ayudan de alguna manera a introducir la mano del artista en la obra, no se hallan todavía desarrollados hasta el punto de poder plasmar la expresión del artista en los trabajos en la red.

La imagen es limpia, pulcra, de colores brillantes y luminosos. El hecho de que se trabaje con colores-luz, por adición de la luz y no por sustracción (como con los colores-pigmento) hace que los colores brillen de modo refulgente en los monitores. En el arte digital no existe la suciedad. Tampoco la atmósfera ni el paso del tiempo que envejezca los colores y los deteriore. Todo es igual de nuevo que ayer. En las películas de animación y en algunos de los juegos de ordenador se introducen variables aleatorias para llenar de suciedad las superficies en busca de la introducción del paso del tiempo en los objetos. Pero sigue siendo una suciedad virtual, irreal, falsa. No se agarra a la superficie. Se sitúa como un velo sobre los objetos. Es una suciedad pulcra, simulada. El tiempo se ha introducido en Internet pero sin los efectos de envejecimiento que trae consigo en el mundo real.

La imagen se estructura en planos bidimensionales que por transparencia y superposición pueden dar la impresión de tridimensionalidad, de movimiento y desplazamiento por el espacio de la ventana abierta. Esa imagen bidimensional es plana, carece de texturas en relieve. Lo que se ha llamado textura en las imágenes digitales se trata más bien de un motivo repetitivo que se extiende por una superficie plana (o curva) a modo de relieve. La textura es sólo una ilusión óptica en Internet.

---

[27] Uwe Wirth, «Literatura en Internet, o ¿a quién le importa quién lea?», en Claudia Giannetti, *Ars Telematica. Telecomunicación, Internet y Ciberespacio,* Barcelona, ACC L'Angelot, 1998, pág. 63. Citado en Mela Dávila, *op. cit.,* pág. 6.

Dada la dificultad de la introducción del gesto y la expresión en los trabajos digitales en general, el diseño gráfico ha tenido una influencia fundamental en la estructuración de la apariencia estética de las páginas *web* y en consecuencia, de las obras de *net.art*. El mundo del diseño gráfico fue uno de los primeros en utilizar los ordenadores como herramienta y en aplicar los programas al uso para sus ordenadores. Este hecho hizo, junto con la aparición de programas relacionados directamente con el diseño gráfico como el *Photoshop* o *Freehand*, que la estética imperante en la red fuese y sea la propia del diseño. Por lo tanto, elementos como la tipografía, las formas geométricas y los colores primarios se adueñaron de la plástica de Internet. Actualmente incluso los sitios *web* creados por artistas conservan esta estética. El desconocimiento de los lenguajes de programación hace que los artistas se vean limitados por las finitas posibilidades (aunque se vendan como ilimitadas) que ofrecen las herramientas de diseño y en consecuencia, todas las obras tengan una apariencia formal parecida.

Los navegadores de Internet conforman asimismo la estética del *net.art*. El navegador es un determinante de la información y de la experiencia estética que se tiene de la red y de las obras de arte que aparecen en ella. «Los navegadores diseñados por los dos rivales más conocidos (Netscape e Internet Explorer) limitan la experiencia que casi todo el mundo tiene de la red. Se trata de una limitación real: lo que ocurre dentro de la ventana del Explorer, por ejemplo, constituye el límite de las posibilidades. El HTML es, después de todo, un lenguaje de marcado que indica la estructura y la intención de un documento»[28]. «Las convenciones estéticas de los navegadores en la actualidad se basan en la disciplina del diseño humano de interfaz informático. Para ver cuáles son las preferencias de este enfoque sólo tienes que fijarte en que el color de fondo que sale por defecto en la composición de la página es el gris. El avance se indica con el aumento gradual del falso sombreado de las ventanas»[29]. Precisamente la esclavitud y la servidumbre que suponen los navegadores utilizados por la mayoría de los internautas ha impulsado que muchos artistas desarrollen su labor investigando sobre nuevos navegadores creativos que muestren de forma distinta la información obrante en Internet y en los que el espectador posea un papel más activo a la hora de elegir cómo desea que surjan los datos en su monitor. Laura Baigorri, en arteenlinea.net recoge los ejemplos más importantes de navegadores creativos que se han realizado hasta el momento. (http://www.artenlinea.net/frame.msql). No siempre facilitan la labor del usuario que busca información en la red e incluso la mayoría de las veces su objetivo prioritario no es ese, sino el poner de relieve la imposición de la mirada única por parte de los navegadores de uso mayoritario.

Si observamos la evolución del arte de red desde sus principios podemos ver que el interés de los artistas se ha ido centrando en distintos elementos conceptuales que han ido determinando la apariencia formal de las obras. Inicialmente la interactividad, la plurimedialidad y el hipertexto han sido los conceptos estrella: los clics hacen viajar al espectador a través de la imagen y el texto, siempre acompañándose de sonido, en un sueño plano, bidimensional y colorista. La tipografía y las imágenes pegadas como cromos en un álbum son los rasgos del reinado de corta y pega del arte digital. El diagrama, el árbol, el laberinto y el libro aparecen como las estructuras ocul-

[28] Colin Green entrevistado por Geert Lovink, *Software especulativo. Una entrevista a I/O/D* [http://aleph-arts.org/pens/iod.html].
[29] Matthew Fuller entrevistado por Geert Lovink, *op. cit.*, pág. 2.

tas del entramado de imágenes que se muestran en la pantalla. Las obras de Superbad, Jodi, Fakeshop o E13 o Art Teleportacia de Olia Lialina son buenos ejemplos de ello. El hecho de que desde sus principios el arte de red halla estado muy vinculado a los *hackers* y al activismo político ha influido igualmente en su apariencia estética. El arte de red se ha entendido en muchos casos como radical instrumento alternativo de lucha frente al capitalismo que intenta invadir la red y sacar un provecho económico de la misma. Por eso, muchas de las obras se han dirigido más a provocar desasosiego en sitios *web* comerciales, o a intentar socavar las estructuras sociales y políticas convencionales, que a aportar nuevas reflexiones estéticas sobre la imagen en Internet, distintas de las que están ofreciendo los diseñadores gráficos.

En los momentos actuales hay muchos artistas que siguen explorando esas vías. Pero si observamos las obras seleccionadas en la Bienal del Whitney Museum de este año (2002) podemos intuir que las investigaciones de los artistas en estos momentos están mucho más centradas en interactuar con la información de los ordenadores del usuario que en que el espectador interactúe con las obras. De los diez artistas escogidos, cinco (Mary Flanagan, Benjamin Fry, Lisa Jevbratt, John Klima y Mark Napier) reflexionan sobre la creación de imágenes a partir del tratamiento de la información existente bien en la red, bien en el ordenador del internauta. Como sabemos, digital proviene del latín, referido a los números dígitos. Los medios digitales convierten estos números en imagen, sonido y texto. Los cinco artistas seleccionados investigan sobre la transformación de los datos numéricos en imágenes de interés artístico. Las obras que presentan estos autores mantienen el mismo esqueleto conceptual: se recopilan distintos datos de manera azarosa o intencionada, según los casos, y se tratan con un programa creado por el artista que traduce los datos en imágenes. El programa utilizado condiciona la apariencia formal del objeto visualizado en la red. El artista-programador selecciona los datos que desea que la aplicación busque en el ordenador o en Internet y decide qué algoritmo se aplicará a esa información para que el resultado estético sea uno determinado de antemano, si no en todos sus extremos, sí respondiendo a un esquema previamente establecido. Es evidente que el artista no conoce el resultado «final», dado que desconoce la información que deberá tratar el programa que ha creado, pero sí puede establecer a qué pautas visuales responderá más o menos, el efecto final. Ya no se pide del espectador que cliquee. Se le piden sus datos íntimos, sus secretos, los tesoros que oculta en el disco duro de su ordenador personal. Incluso Margot Lovejoy, otra de las artistas seleccionadas, que solicita que el usuario intervenga en la creación de la obra aportando sus experiencias personales, bucea en lo oculto, en las historias escondidas en lo más remoto del inconsciente. El material de la obra de red pasa a ser la información de los espectadores. Ya no es el lenguaje de programación, como ocurría en las obras de Jodi. Pero no se busca mostrar meramente los datos sin más. Existe el pudor del simple dato numérico, matemático, del cero y el uno, y se busca desesperadamente ocultar el número y crear una máscara que esconda el dato. Se intenta desesperadamente que los datos se conviertan en imágenes atractivas, que oculten la frialdad de los meros bits de información. En los cinco casos indicados la imagen generada responde a una estética espacial y colorista donde los datos han pasado a convertirse en meros fragmentos de colores, líneas de texto danzando en forma de cinta u objetos flotando en un espacio, en el que el programa es el que genera las imágenes. Parece que el artista renunciara a ser el gran hacedor de imágenes para convertirse en el genio programador, dueño del azar y del destino, que se aplicarán a la información recopilada.

Como agudamente señalaba Lev Manovich: «The computerization of culture leads to the spatialization of all information, narrative, and even time»[30]. Como todo en el mundo digital las tres dimensiones son fácilmente traducibles a números, por lo que es evidente que la siguiente fase en la configuración de la red será la transformación de las actuales páginas, en las que navegamos a través de un clic, en mundos virtuales, en los que caminemos y podamos interactuar con otros sujetos y con el entorno. Y el mundo del arte no será ajeno a este movimiento. Sin embargo, aunque esto sea lo que nos depara el futuro en la red, sin duda, en aquellas obras de *net-art* en las que por el momento se ha introducido el espacio tridimensional a través del lenguaje VRML, la interactividad real no se ha logrado todavía. Asimismo tampoco se ha alcanzado hasta el momento la calidad deseable en los gráficos. Es cierto que, dado el actual ancho de banda y el hecho de que no todos los hogares constan de una conexión lo suficientemente rápida, las posibilidades de incluir más detalles y mayor definición en dichos espacios se ven reducidas. El lenguaje VRML ha sido acogido sobre todo en aplicaciones comerciales, siendo pocos los artistas que están utilizándolo en sus investigaciones plásticas. Sin embargo, en los trabajos que han usado como herramienta este lenguaje se puede observar un intento de creación de espacios en los que el usuario carezca de elementos para orientarse y se pierda cualquier noción de coordenadas espaciales similares a las que el espectador tiene en el espacio real. Se intenta que la persona que se encuentra ante el monitor descubra un entorno ante el que no le sirve ninguna de sus referencias físicas habituales. Se quiere llevar al límite la capacidad del espectador de inventar nuevas soluciones para poder desplazarse por ese recorrido sin gravedad. Las nociones de masa y gravedad se pierden. El sujeto flota en el espacio como si de un astronauta se tratara. De hecho la mayoría de los ejemplos que se pueden encontrar responden a una estética fría y numérica, más cercana a aquella antigua película de Disney, *Tron*, que a nuestro exterior físico. Los muros que van circundando el camino suelen ser livianos, translúcidos, muchas veces articulados por líneas de texto que navegan también en dicho espacio. Nada parece pesar. Lo mismo ocurre con las texturas y los materiales. Lo físico y lo táctil no han encontrado todavía su lugar en el ciberespacio artístico. A diferencia de los mundos 3D creados para el *chat* donde se suele preferir emular la realidad, los artistas que trabajan en este campo se hallan más interesados por la percepción del espacio por el usuario que por la plasmación formal del mismo.

En aquellas obras en las que aparece la figura humana, en las que no se trata de fotografías retocadas sino de figuras creadas por ordenador, se vuelve a retomar el estudio descriptivo de las imágenes. De nuevo se valora la reproducción fidedigna de la anatomía del ser humano. Debido al éxito de la fotografía la descripción ana-

---

30 «La computerización de la cultura lleva a la especialización de toda la información, de la narrativa e incluso del tiempo». Lev Manovich, *Virtual Worlds* [http://www:heise:de/tp/english/special/sam/6030/1.html].

tómica había quedado relegada a ese ámbito. El mundo artístico parecía haber abandonado ese campo, puesto que la fotografía lo suplía con facilidad. Sin embargo, con la aparición de las herramientas de diseño en 3D el hombre vuelve a ser objeto de estudio. Todavía en las obras de *net-art* la aparición del ser humano diseñado no es tan relevante, si no es a través de la fotografía y de su manipulación digital, como puede serlo, sin embargo, en las películas de animación y videojuegos. Pero, a pesar de todo, es evidente que cuando las condiciones tecnológicas lo permitan, muchas de las manifestaciones artísticas que veremos en la red serán similares en su concepción al Worldchat. En este último cada participante puede escoger en un ambiente tridimensional un personaje que lo represente y comunicarse con los demás usuarios. En el futuro las obras de *net-art* tridimensionales permitirán esto mismo así como la interacción real del espectador en el ambiente creado por el artista. Sin embargo, aún nos encontramos lejos de conseguirlo con la veracidad suficiente como para hablar de duplicación de la realidad en sensible y virtual como nos vaticina Paul Virilio. Los artistas deberán prepararse para este momento para poder ser capaces, cuando llegue, de cuestionar los nuevos entornos virtuales que se propongan por la comunidad internauta, que, sin duda, estarán muy ligados al consumo y al disfrute de un nuevo ocio virtual.

LAS TRANSFORMACIONES DE LA EXPERIENCIA ESTÉTICA DESDE EL PUNTO DE VISTA DEL ESPECTADOR

Se ha propuesto normalmente la soledad del espectador de *net-art* ante su ordenador como un rasgo característico de la experiencia estética en el arte de red. La propia distribución física de los elementos de visualización y navegación (pantalla del monitor, teclado, ratón) no permiten con facilidad una experiencia estética colectiva. Parece tratarse más bien de una experiencia intimista, solitaria, como cuando se lee un libro, cuyo comentario con otros que han tenido la misma experiencia se realiza a posteriori. Como máximo parece sólo posible la navegación a dúo y el contacto a dos pero en este caso sólo uno maneja el ratón. El ratón como apéndice del pensamiento internauta se convierte en extensión del cerebro y tan sólo cuando se está en posesión del poder de cliquear, uno parece sentir de veras la experiencia estética de la red. Sin embargo, los artistas, en obras como las de surface.yugop.com, están investigando desde hace algún tiempo en la participación conjunta de varios espectadores en la obra así como en resaltar la conciencia del otro a través de la grabación de las anteriores actuaciones de otros usuarios sobre la obra en cuestión. De esta manera la experiencia solitaria no lo es tanto cuando se es consciente de que ha habido otras acciones en soledad de otros internautas, que recogidas con anterioridad se convierten en memoria colectiva cuya depositaria es la obra de *net-art*. Así, muchos artistas trabajan sobre la idea de memoria universal, derivada precisamente de la necesidad de buscar lazos de unión entre miles y miles de usuarios que aprecian en solitario las obras de arte de red. De este modo, una práctica individual, ajena al grupo, se convierte, a través de la intervención de los espectadores que cuentan sus historias, en buzón colectivo de esperanzas y desilusiones.

Asimismo la experiencia de la red se convierte en algo doméstico. Frente a la visita pública del museo en domingos y fiestas de guardar como el acto espiritual co-

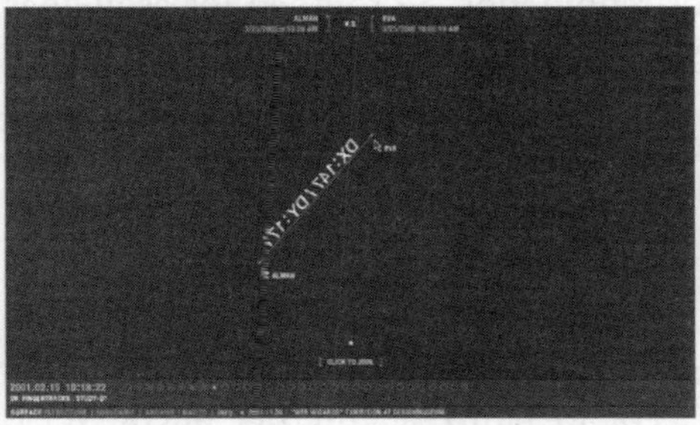

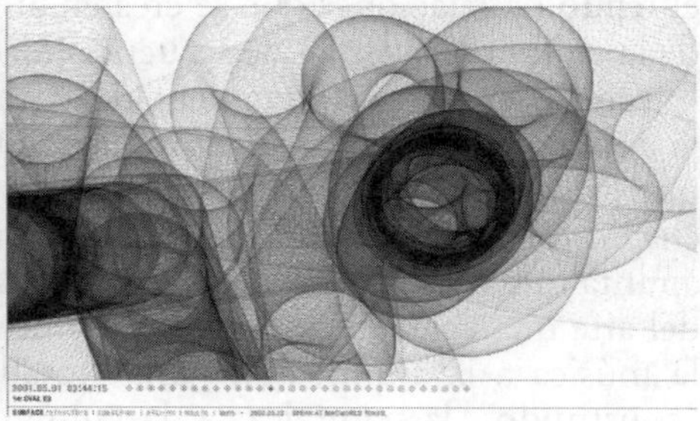

lectivo más relevante de nuestra sociedad laica, a modo de misa y reunión social, nos encontramos con que la experiencia internauta es una situación más parecida al acto confesional: el espectador, sólo ante su ordenador, se confiesa, desahoga sus pulsiones ocultas y navega donde su imaginación, su elección y el azar le llevan. Como acto de auto-redención, es un acto solitario, hogareño. Se elimina el esfuerzo de salir de casa y visitar lo que se desee. Se ha eliminado la distancia. Lo visible se acerca a nosotros. No hace falta que vayamos hacia ello. Es la obra la que se traslada hasta nosotros, solitaria, sola, sin acompañantes ni intermediarios. Estos se eliminan. A pesar de que siempre existirán sitios *web* de élite donde el gurú intelectual de moda realice su selección de lo «in» en Arte, Internet seguirá permitiendo el acceso directo a la obra de arte así como la eliminación del intermediario y de los filtros. Sólo será cuestión de que los artistas, además de crear, sean capaces de generar nuevas formas de distribución que los pongan en comunicación con sus espectadores. Con ello el espectador podrá discutir directamente con el artista sobre su obra, interactuando no sólo a posteriori cuando se le presente la obra interactiva, sino a priori antes de que esta se haya creado.

El espectador pasa de ser receptor pasivo a convertirse en sujeto activo. El simple cliquear de la actualidad no facilita una actividad importante ni un protagonismo suficiente pero en el futuro su actuación será determinante en el resultado intermedio o final de la obra de *net-art*. Su intervención, su inmersión, la reutilización que podrá realizar de los materiales visuales que lleguen hasta él a través de la red, lo convierten y lo transformarán en centro de la obra e incluso en materia y elemento formal relevante de la misma. Si «todo hombre es un artista», se podrá decir también «todo espectador es obra». Espectador como sujeto-objeto-receptor de la obra de arte frente al artista con un papel menos preponderante, mero sujeto-emisor de la misma.

Al mismo tiempo el espectador de *net-art* se convierte al igual que el usuario normal de Internet en un «usuario normalizado»[31], que obedece las normas y reglas del espacio creado por los navegadores al uso. Aunque los artistas están elaborando nuevos navegadores creativos, como el WebStalker, que intentan escapar de las convenciones formales de Internet Explorer o Netscape, sin embargo, estos nuevos navegadores no están demasiado difundidos y tampoco ofrecen una verdadera solución alternativa a la esclavitud del espectador internauta.

Claudia Giannetti compara Internet con el fenómeno socio-cultural del carnaval. En los dos se ha roto la estructuración jerárquica social. El sujeto que interviene en ambos es al mismo tiempo espectador y actor y con su actividad conforma el tejido de relaciones que se crea en ambos fenómenos. Se rompen los esquemas de la cultura occidental de secuencialidad y centralidad del texto y del discurso. La linealidad es alterada, fragmentada. En ambos la máscara ofrece la posibilidad de la doble identidad, instrumento de ocultación, herramienta de anonimia. Máscara que existe en un «ambiente global y envolvente», que permite una «relación estrecha entre arte y entorno». Giannetti, citando las investigaciones de Helio Oiticica, apunta que tanto Internet como el carnaval nos proporcionan un «sistema propio del arte que abarcaría y conectaría todos los niveles, desde el objeto al cuerpo, de la música a la arquitectura: una "totalidad ambiental", que une lo "dado" y lo "construido", la naturaleza y la cultura»[32]. Por lo tanto, si Internet puede verse como evento similar al carnaval es lógico pensar que las actividades que se realicen en él compartan muchas de estas características. En este sentido el *net-art* permite la anonimia, la ruptura de la jerarquía social convencional, el ambiente global en una experiencia total para el espectador, experiencia que todavía se encuentra en las etapas iniciales de su desarrollo desde el punto de vista formal, funcional y de la intervención real del espectador. ¿Se acercará el *net-art* en el futuro a la llamada obra de arte total?

Pese a todo, el espectador ha pasado a ser el gran protagonista de la reflexión artística en la red. Si en los happenings, el arte óptico y otras manifestaciones artísticas de las últimas décadas la actividad del espectador se quería importante, aunque luego estuviese ampliamente limitada, ahora se tiende a que el usuario sea el rey. Logro todavía no conseguido, dados los límites informáticos existentes, pero logro al que se tiende como finalidad relevante en sí misma y configuradora de la actividad artística.

A modo de conclusión podríamos decir que el *net-art,* entendido como el arte producido en la red para la red, se encuentra aún en estado embrionario. En sus diferentes expresiones trata de investigar las características intrínsecas de la red, las posibilidades que ofrecen los lenguajes que articulan Internet, los campos que abren las herramientas digitales de diseño, modelado y retoque de imágenes junto a las de diseño y articulación de páginas *web* y objetos animados. Internet es ante todo un medio de comunicación, por lo que el estructurarse como tal provoca que las obras de arte creadas en la red deban tener este rasgo presente e intenten sacar el máximo provecho de las relaciones inmediatas entre el emisor y el receptor artísticos. En consecuencia, el espectador y las herramientas y lenguajes informáticos utilizados se erigen

---

[31] Matthew Fuller entrevistado por Geert Lovink, *op. cit.,* pág. 2.

[32] Claudia Giannetti, *Ars Telematica: la estética de la intercomunicación* [http://www.mecad.org/e-journal/art4.html].

en coprotagonistas de las transformaciones conceptuales más importantes que el *net-art* ha supuesto en el panorama artístico actual.

A diferencia de otras manifestaciones artísticas digitales independientes de la red, mucho más interesadas en la búsqueda del realismo más veraz (anatomía y espacio en perspectiva como elementos principales), el *net-art,* aunque no se deslinda tampoco de esta investigación, intenta aprovechar la idiosincrasia propia de este medio de comunicación, renunciando en ocasiones a estas investigaciones espaciales o anatómicas en pro de la pureza de sus postulados estéticos.

Interactividad, plurimedialidad, anonimia, colectividad, todo ello en una imagen hipertextual, plana, bidimensional (aun en las imágenes creadas en 3D), sin texturas reales y de colores brillantes de luz. El artista frente al espectador, cada uno situado en un extremo de los brazos de la red, intercomunicados en el principio y el final de la creación artística. El *net-art,* efectivamente, se nos presenta, no ya como un mero escaparate, como fue en los primeros momentos, sino como verdadero arte en ciernes. Para algunos puede ser un mero juego formal de colores y formas geométricas, pero en realidad se trata de un intento real de búsqueda de las posibilidades formales de la red. Tan sólo es cuestión de tiempo que esta búsqueda dé sus frutos. Lo que sí es evidente es que los presupuestos del arte y del mundo artístico se están tambaleando debido a la acción de este arte de red. Si la autoría y la genialidad se cuestionan; si el espectador participa en el resultado final; si no existe soporte físico en el que se transmita la obra; si el arte nace para existir en la pantalla y nunca fuera de ella; si la habilidad manual se sustituye por el ingenio y la habilidad programadora e intelectual, es evidente que el mundo del arte tal y como lo conocemos no permanecerá ajeno a estos cambios. La metamorfosis ya se está produciendo. El arte que resulte de ello ya lo veremos: tan sólo es cuestión de tiempo.

Bibliografía

Fuentes

ALBERTI, Leon Battista, *De Pictura, praestantissima et nunquam satis laudata arte libri tres,* ms. latino de 1435; ms. italiano *(Della Pittura)* de 1436.

— «Della statua», contenido en el volumen *Opuscoli morali di L. B. Alberti,* Venecia, Bartoli, 1568.

ALGAROTTI, Francesco, *Saggio sopra la Pittura,* Livorno, 1763.

ARCE Y CACHO, Celedonio Nicolás, *Conversaciones sobre la escultura,* Pamplona, J. Longas, 1786.

BAILS, Benito, *Elementos de matemática,* Madrid, J. Ibarra, 1779-1787, vol. VI, 1781.

BARBARO, Daniele, *La pratica della prospettiva. Opera molto profittevole a pittori, scultori e architetti,* Venecia, Borgominieri, 1568-1569.

BAR-LE-DUC, J., *Le premier livre des instruments mathématiques méchaniques,* Nancy, 1584.

BETTINI, Mario S. J., *Apiaria Universae Philosophiae Mathematicae, in quibus paradoxa et nova pleraque machinamenta ad usus eximios traducta, et facillimis demonstrationibus confirmata exibentur,* Bolonia, J. B. Ferroni, 1641-1642.

BION, Nicolás, *Traité de la construction et principaux usages des instruments de mathématiques,* París, 1709.

BOSSE, Abraham, *Moyen universel de pratiquer la perspective sur les Tableaux, ou Surfaces Irregulières...,* París, Bosse, 1653.

BRADBERRY, Robert, *Principles of Perspective,* Edimburgo, J. Ainslie, 1790.

BRANDER, G. F., *Polymetroscopium Dioptricum oder Beschreibung eines Optischen Instrumentes-die Bilder in einer Camera Obscura,* Augsburgo, 1764.

BRAMER, Benjamin, *Beschrebung eines Perspektiv-Instruments,* Kassel, 1630.

BRUNN, Lucas, *Praxis perspectivae,* Leipzig, 1615.

BURBON DEL MONTE, Guidobaldo, *Guidi Ubaldi e Marchionibus Montis Perspectivae Libri sex,* Pesaro, H. Concordia, 1600.

CARAMUEL, Juan de, *Architectura civil Recta y Oblicua considerada y dibuxada en el templo de Jerusalén,* Vigevano, 1678.

CARDAMO, Girolamo, *De subtilitate libri XXI,* Nuremberg, 1550.

CESARIANO, Cesare, *Di Lucio Vitruvio Pollione de Architectura libri dece traducti de latino in vulgare affigurati: comentati et con mirando ordine insegniti: per il quale facilmente potrai trovare la moltitudine de li abstrusi et reconditi vocabuli a li soi loci et in epsa tabula con summo studio expositi et enucleati ad immensa utilitate de ciascuno studioso et benivolo de epsa opera,* Como, Gotardo da Ponte, 1521.

CHEVALIER, Charles, *Notice sur l'usage des chambres obscures et des chambres claires,* París, 1829.

CIGOLI (llamado Ludovico Cardi), *Prospettiva pratica di Fra Lodovico Cardi Cigoli Cava[liere] della Sacra et Ill[ustre] Relig[ione] di S[an] Giovanni Hierosolomitano, dimostrata con tre regole e de la descrizione di dua strumenti da tirare in prospet[tiva] e modo di adoperarli, et i cinque ordini di architettura con le loro misure* [1610-1613], ed. del ms. 2660.ª, Florencia, Gabinete de Dibujos y Estampas de los Uffizi.

CONTARINI, G., *Figure d'istromenti matematici e loro uso,* ms. 1590, Oxford, Bodleian Library, Canon Ital., 1452.

DELLA PORTA, Giovanni, *Magiae naturalis,* Nápoles, 1589.

DESCARTES, René, *Tractatus de Homine,* París, Clerselier, 1664. [Trad. esp.: *Tratado del hombre,* Madrid, Alianza, 1990.]

DIDEROT, Denis y D'ALEMBERT, J. L., *Encyclopédie raisonné des sciences, des arts et des métiers,* París, 1751-1780.

DURERO, Alberto, *Underweysung der Messung mit dem Zyrckel und Rychtscheyt, in Linien,* Nuremberg, 1525.

— *Underweysung der Messung mit dem Zyrchel und Rychtscheyd, in Linien ebnen und ganzen Corporen,* segunda edición (póstuma), Nuremberg, 1538.

FRANCESCA, Piero della, *De prospectiva pingendi,* cód. 1576 de la Biblioteca Palatina de Parma.

GRAVESANDE, G. J., «Usage de la Chambre obscure pour le dessein», en *Essai de perspective,* La Haya, A. Troyel, 1711.

HARTNACK, Daniel, *Perspectiva mechanica,* Lüneburg, B. J. Relpen, 1683.

JAMNITZER, Wentzel, *Perspectiva corporum regolarium, das ist ein fleissige fürweisung wie die fünff Regulirten Cörper, darvon Plato in Timaeo und Euclides inn sein Elementis schreibt, durch einen sonderlichen newen behenden und gerechten weg...,* Nuremberg, 1568.

KEPLER, Johannes, *Ad vitellionem paralipomena,* 1604.

KIRCHER, Athanasius, *Ars Magna lucis et umbrae in decem Libros digesta, Quibus Admiramque lucis et umbrae in mundo, atque adeo universa natura, vives affettusque uti nova, ita varia novorum reconditiorumque speceminum exhibitione, ad varios mortalium usus, pandutur,* Roma, Ludovici Grignani, 1646.

LAMBERT, Johann Heinrich, *Anlage zur Perspektive,* manuscrito inédito, cód. cart. B. 736, Biblioteca universitaria de Basilea, compilado en torno al año 1752.

— *Freye Perspective, oder Anweisung, jeden perspektivischen Aufris von freien Stücken und ohne Grundriss zu verfertigen,* Zurich, Heidegger y C., 1759.

LENCKNER, Hans (el viejo), *Perspectiva hierinnen auffs kürtste beschreiben, mit exemplen eröffnet und an tag gegeben wird, ein newer besonder kurtzer, doch gerechter unid sehr leichter weg, wie allerley ding, es seyen Corpora, gebew, oder was möglich zu erdercken und in grund zu legen ist, verrucht oder unverrukt...,* Nuremberg, 1571.

LEONARDO DA VINCI, *The Notebooks of Leonardo da Vinci. Compiled and edited from the original manuscripts by Jean Paul Richter,* en dos volúmenes, Londres, Sampson Low, 1883.

MAROLOIS, Samuel, *Opera mathematica, ou Oeuvres mathématiques, par Samuel Marolois traictans de géometrie, perspective, architecture, et fortification,* La Haya, 1614-1617.

NICERON, Jean-François, *La Perspective curieuse, ou magie artificielle des effets merveillleux de l'optique, de la catoptrique et de la dioptrique,* París, Pierre Billaine, 1638.

— *Thaumaturgus opticus, seu admiranda Optices per radium directum, catoptrices per reflexum.. corporibus, plenis, cylindricis, conicis, polyedris, poligonis et aliis,* París, 1646.

NOLLET, Abate, «Chambre obscure de nouvelle construction», *Académie Royale des Sciences,* vol. 6, 1752.

NUÑEZ, Felipe, *Arte poetica, e da pintura, e symmetria, com principios da perspectiva,* Lisboa, Pedro Crossbeeck, 1615.

PACIOLI, Luca, *De divina proportione,* Venecia, 1509.

PALOMINO, Antonio, *El Museo Pictórico y la Escala Óptica,* Madrid, 1715-1724.

PARIGI, Giulio, *Strumenti e machine,* ms. It. 1292, c. 1590, Biblioteca Nacional de París.

PRÓSPERI, Félix, *La Gran Defensa. Nuevo Methodo de Fortificación. Dividido en tres Órdenes. A saber: Doble, Reforzado y Sencillo. Con varias Invenciones, ê Idèas útiles y curiosas, con sesenta, y tres Láminas,* México, Viuda de Joseph Bernardo de Hogal, 1744.

PUCCINI, B., *Trattato di uno strumento per livare di pianta, e misurare le altezze,* c. 1570, en *Opusco-*

li di geometria, filosofia, idrostatica, ms. s. XVII, Florencia, Biblioteca Nacional Central, Fondo Nacional, II-282, facs. 15.

RODLER, Hieronymus (Johann II von Pfalz-Simmeren), *Perspectiva. Eyn schön nützlich Buechlin und Underweisung der Kunst des Messen,* Simmern, 1531.

RONALDS, Sir F., *Mechanical Perspective; or Description and Uses of an Instrument for Sketching from Nature, accurately and Conveniently, every kind of object; and of a Machine for Drawing in Perspective Architectural and others subjects, from measurement, or from ground plans and elevations,* Londres, 1828.

SCHEINER, Christopher, *Pantografice, seu ars delineandi res quaslibet per parallelogrammun lineare seu cavum, mechanicum mobile libellis duobus explicata et demonstrationibus geometricis illustrata: quorum prior Epipedographicem, sive Planorum, posterior Stereographicem, seu Solidorum aspectabilium vivam imitationem atque proiectionem edocet,* Roma, L. Grygnani, 1631.

TROILI o TROGLI, Giulio (llamado Pardosso), *Paradossi per praticare la prospettiva, fiori per facilitare l'intelligenza, o frutti per non operare alla cieca. Cognitioni necessarie a Pittori, Scultori, Architetti, ed a culunque si diletta di disegno,* Bolonia, 1672.

VIGNOLA (llamado Giacomo Barozzi), *Le due regole della prospettiva pratica con il commentario del R. P. M. Egnatio Danti,* Roma, F. Zannetti, 1583.

WOLLASTON, William H., Sec R.S., «Description of the Camera Lucida. Communicated by the Author», *The (London, Edimburgh and Dublin) Philosophical Magazine,* 1st ser., XXVII, Londres, 1807.

WREN, Christopher, «An instrument invented diverse years ago by Dr. Christopher Wren, for drawing the Out-Lines an object in Perspective», *Philosophical Transactions of the Royal Society,* IV, 1669, págs. 898-899.

ZAHN, Johann, *Oculus artificialis teledioptricus,* Würzburg, 1685-1686.

ZANETTI, Antonio Maria, *Della pittura veneziana,* Venecia, 1771.

Bibliografía general

ALPERS, Svetlana, *The Art of Describing: Dutch Art in the Seventeenth Century,* Chicago, The University of Chicago Press, 1983. [Trad. esp.: *El arte de describir: el arte holandés del siglo XVII,* Madrid, Blume, 1987.]

AMERIKA, Mark, *Instalaciones net, nuevas formas de exposición creativa y republicación virtual,* en [http:/www.aleph-arts.org/pens/amerika.html].

ARACIL, A., *Juego y artificio, autómatas y otras ficciones en la cultura del Renacimiento a la Ilustración,* Madrid, Cátedra, 1998.

ARCE Y CACHO, Celedonio Nicolás, *Conversaciones sobre la escultura,* Pamplona, J. Longas, 1786. Existe una edición crítica reciente con un estudio preliminar de Cristóbal Belda Navarro, Valencia, Gráficas Soler, 1997.

ARGENTIERI, D., «La óptica de Leonardo», en *Leonardo da Vinci,* Barcelona, Teide, 1977.

ASHBEE, Brian, *Transforming Reality: the digital revolution, AN Magazine,* diciembre de 1999, págs. 12 y ss.

BALTRUSAITIS, J., *Anamorfosi o magia artificiale degli effetti meravigliosi,* Milán, Adelphi, 1978.

BARTHES, Roland, *La chambre claire. Note sur la photographie,* París, Éditions du Cahiers du Cinéma/Gallimard/Seuil, 1980. [Trad. esp.: *La cámara lúcida. Nota sobre la fotografía.* trad. de Joaquim Romaguera y Ramió, Barcelona, Paidós, 1990.]

BAUDELAIRE, Charles, en la *Revue Française* del 1 de julio de 1859 con el título «Lettre à M. le Directeur de la *Revue française* sur le Salon de 1859». Editado posteriormente en *Curiosités esthétiques,* París, Michel Lévy Frères, 1868. [Trad. esp. en: *Salones y otros escritos sobre arte,* trad. de Carmen Santos, Madrid, Visor, 1996.]

BAUMGAERTEL, Tilman, *We hope that somebody is going to recuperate us!, Interview with 0100101110101101.org,* en [http://bbs.thing.net/].

BENJAMIN, Walter, «Kleine Geschichte der Photographie» (1931), en la publicación *Die Litera-*

rische Welt, 18 y 25 de septiembre y 2 de octubre de 1931. [Trad. esp.: «Pequeña historia de la fotografía», en *Discursos interrumpidos I,* trad. de Jesús Aguirre, Madrid, Taurus, 1.ª edición, 1973, col. Ensayistas, núm. 91.]

BERGSON, H., *Réflexions sur le temps, l'espace et la vie,* París, Payot, 1929.

— *Durée et simultanéité à propos de la théorie d'Einstein,* París, Presses Universitaires de France, 1992.

— *Essai sur les données immédiates de la conscience,* París, Presses Universitaires de France, 1958.

— *L'énergie spirituelle,* París, Presses Universitaires de France, 1996. [Trad. esp.: *La energía espiritual,* Madrid, Espasa-Calpe, 1982.]

— *L'Evolution créatrice,* París, Quadrige/ Presses Universitaires de France, 1994. [Trad. esp.: *La evolución creadora,* Madrid, Espasa-Calpe, 1985.]

— *La pensée et le mouvant. Essais et conférences,* París, Presses Universitaires de France, 1955. [Trad. esp.: *El pensamiento moviente,* Madrid, Espasa-Calpe, 1975.]

— *Le rire. Essai sur la signification du comique,* París, Presses Universitaires de France, 1972. [Trad. esp.: *La risa,* Madrid, Espasa-Calpe, 1985.]

— *Matière et mémoire. Essai sur la relation du corps à l'esprit,* París, Presses Universitaires de France, 1946.

BERGSON, H. y DELEUZE, G., *Mémoire et vie,* París, Presses Universitaires de France, 1963. [Trad. esp.: *Memoria y vida,* Madrid, Alianza, 1977.]

BERGSON, H.; HUDE, H., y DUMAS, J.-L., *Leçons d'esthéthique à Clermont-Ferrand, leçons de morale, psychologie et métaphysique au lycée Henri-IV,* París, Presses Universitaires de France, 1992.

BERNARD, R., *La cibernética,* Barcelona, Ediciones G. P, 1963.

BORDINI, Silvia, *Storia del Panorama, la visione totale nella pittura del XIX secolo,* Roma, Officina Edizioni, 1984.

BOSMA, Josephine, *Por un net-art independiente. Una charla con Jodi y Alexei Shulgin,* en [http://www.aleph-arts.org/pens/indep.html].

BOURDIEU, Pierre, *Un art moyen,* París, Minuit, colección Le sens commun, 1965.

BOURDON, David, *Warhol,* Nueva York, Harry N. Abrams Incorporated. A Times Mirror Company, 1989. [Trad. esp.: *Warhol,* trad. de Gemma Rovira, Barcelona, Anagrama, 1989.]

BREA, José Luis, *Net-art: (no) arte, en una zona temporalmente autónoma,* en [http://www.aleph arts.org/pens/net.html].

— *Un ruido secreto. El arte en la era póstuma de la cultura,* Murcia, Mestizo, 1996.

CAMEROTA, Filippo (coord.), *Nel segno di Masaccio,* catálago de la exposición, Florencia, Uffizi, 2002.

CARBONE, M., *Ai confini dell'esprimibile. Merleau-Ponty a partire da Cézanne e da Proust,* Milán, Guerini studio, 1990.

CARDELLACH, Félix, *Leyes iconográficas de la línea y de la luz (graphis),* Barcelona, Bosch, 1913.

CASSANELLI, L., «Gli strumenti ottici degli artisti», en *Tracce, immagini, numeri,* Roma, Actas de los seminarios y conferencias del A.S.T., 1986, págs. 118-140.

COMMELERÁN, Alberto, *Técnica del dibujo,* Barcelona, Gustavo Gili, 1934.

COSTA, Joan, *El lenguaje fotográfico,* Madrid, Ibérico Europea de Ediciones, 1977.

DAMISCH, Hubert, «Cinq notes pour une phénoménologie de l'image photographique», en *L'Arc,* núm. 21 («La Photographie»), Aix-en-Provence, primavera de 1963. Traducción inglesa de Rosalind Krauss en *October,* núm. 5 («Photography: a special issue»), Nueva York, MIT Press, 1978.

DANIELS, Dieter, *Arte y nuevas tecnologías, ¿por qué? Preguntas de los años sesenta y respuestas de los años noventa,* en [http://www.mecad.org/e-journal/artl.html].

DÁVILA, Mela, *Hipertexto,* en [http://www.mecad.org/e-journal/art5.html].

DOCCI, M. y MAESTRI, D., *Il rilevamento architettonico. Storia, metodi e disegno,* Roma, Laterza, 1988.

DRUCKREY, Timothy, *Ars Electronica. Facing the future,* Massachusetts Institute of Technology, 1999.

DUBOIS, Phillipe, *L'acte photographique,* Bruselas, Éditions Labor, 1983. [Trad. esp.: *El acto fotográfico,* trad. de Graziella Baraville, Buenos Aires, Paidós Comunicación, 1986.]
DUVE, Thierry de, «Bernd y Hilla Becher o la fotografía monumentaria», en la revista *Papel Alpha. Cuadernos de fotografía,* núm. 3, Salamanca, Ediciones Universidad de Salamanca, 1997.
EDGERTON, Jr., Samuel Y., *The Heritage of Giotto's Geometry. Art and Science on the Eve of the Scientific Revolution,* Londres, Cornell University Press, 1991.
FINK, Daniel, «Vermeer's Use of the Camera Obscura —A Comparative Study», en *Art Bulletin,* núm. 53, 1971, págs. 493-505.
FLUSSER, Vilém, *Für eine Philosophie der Photographie,* Göttingen, European Photography, 1989. [Trad. esp.: *Hacia una filosofía de la fotografía,* trad. de Eduardo Molina, México, Trillas-Sigma, 1990.]
— *Los gestos*, Barcelona, Herder, 1994.
FONTCUBERTA, Joan, «Después de la fotografía: identidades fugitivas», en *El Paseante,* núm. 27 y 28, págs. 100 y ss.
FORD STANLEY, W., *A Descriptive Treatise on Mathematical Drawing Instruments,* Londres, 1878, 5.ª edición.
FREUND, Gisèle, *Photographie et Société,* París, Éditions du Seuil, 1974. [Trad. esp.: *La fotografía como documento social,* Barcelona, Gustavo Gili, 1976.]
GALASSI, Peter, *Andreas Gursky,* Nueva York, The Museum of Modern Art, 2001.
GALLOWAY, Alex, *Browser.art,* en [http://www.aleph-arts.org/pens].
— *¿Qué son los estudios digitales?,* en [http://www.aleph-arts.org/pens/digitalstud.html].
GARRIGA, Joaquim, «La *intersegazione* de L. B. Alberti (1)», en *D'Art,* núm. 20, Departamento de Historia del Arte de la Universidad de Barcelona, 1994, págs. 11-57.
GIANNETTI, Claudia, «Arte y diseño en la era digital», en *Arte y Parte,* núm. 17 (octubre-noviembre de 1998), págs. 40 y ss.
— *Ars Telematica: la estética de la intercomunicación,* en [http://www.mecad.org/e-journal/art4.html].
GIOSEFFI, Decio, *Canaletto. Il quaderno delle gallerie veneziane e l'impiego della camera ottica,* Trieste, Università degli studi di Trieste, 1959.
— *Complementi di prospettiva* (1957-1958). Reedición: *Arte in Friuli. Arte a Trieste,* Udine, 1994.
GÓMEZ MOLINA, J. J. (coord.), *Fortuny-Picasso y los modelos académicos de enseñanza,* Valladolid, Junta de Castilla y León, Consejería de Cultura y Bienestar Social, 1989.
— *El dibujo, belleza, razón, orden y artificio,* Zaragoza, Diputación de Zaragoza, Fundación cultural Mapfre Vida, 1992.
GOODMAN, Nelson, *Ways of worldmaking,* Hackett Publishing Company. [Trad. esp.: *Maneras de hacer mundos,* trad. de Carlos Thiebaut, Madrid, Visor, col. La balsa de la Medusa, núm. 30, 1990.]
GRABAR, A., «Plotin et les origines de l'esthétique médiévale», *Cahiers archéologiques,* núm. 1, 1945.
GUBERN, Román, *Del bisonte a la realidad virtual. La escena y el laberinto,* Barcelona, Anagrama, Colección Argumentos, 2.ª ed., 1999.
HAMBLY, Maya, *Drawing Instruments,* Londres, Sotheby, 1988.
HAMMOND, John H., *The Camera Obscura,* Bristol, Adam Hilger Ltd., 1981.
HAMMOND, J. y AUSTIN, J., *The Camera Lucida in Art and Science,* Bristol, 1978.
HATT, HAROLD E., *Cybernetics and the image of man,* Nueva York, Abingdon Press, 1968.
HECK, Petra, *Saving net art for posterity,* en [http://www.rhizome.org/cgi-local/printer.cgi?kt=1605].
HOCKNEY, David, *El conocimiento secreto. El redescubrimiento de las técnicas perdidas de los grandes maestros,* Barcelona, Destino, 2001.
HORKHEIMER, Max; ADORNO, Theodor W., *Dialektik der Aufklärung. Philosophische Fragmente,* Frankfurt am Main, S. Fischer Verlarg GMBH, 1969. [Trad. esp.: *Dialéctica de la Ilustración. Fragmentos filosóficos,* trad. de Juan José Sánchez, Madrid, Trotta, 1994.]
KEMP, Martin, «Leonardo and the Visual Pyramid», en *Journal of the Warburg and Courtauld Institutes,* núm. 40, 1877, págs. 128-149.

— *The Science of Art*, Yale University Press, 1990. [Trad. esp.: *La Ciencia del Arte. La óptica en el arte occidental de Brunelleschi a Seurat*, trad. de Soledad Monforte Moreno y José Luis Sancho Gaspar, Madrid, Akal, 2000.]
— *The Science of Art. Optical themes in western art from Brunelleschi to Seurat*, Londres, Yale U. P., 1990. [Trad. esp.: *La ciencia del arte*, Madrid, Akal, 2000.]
KIELY, E., *Surveying Instruments. Their History and Classroom Use*, Nueva York, 1947.
KRACAUER, Siegfried, *Theory of film*, Nueva York, Oxford University Press, 1960.
LEEMAN, Fred, *Hidden Images. Games of Perception. Anamorphic Art. Illlusion*, Nueva York, Abrams, 1976
LIBRERO STALS, José, «Contrapintura», en el catálogo *Gehrard Richter*, Madrid, Museo Nacional Centro de Arte Reina Sofía, 1994.
LIEDTKE, Walter A., «Crítica al libro de Arthur Wheelock, Jr., *Perspective, Optics, and Delft Artists around 1650*», en *The Art Bulletin*, núm. 51 (1979).
LOVINK, Geer, *Software especulativo. Una entrevista a I/O/D*, en [http:www/alepharts.org/iod.html].
MANOVICH, Lev, «La estética de los mundos virtuales», *El Paseante*, núm. 27-28, págs. 92 y ss.
MARCUSE, Herbert, «Industrialisierug und Kapitalismus im Werk Max Weber», en *Kultur und Gesellschaft*, II, Francfort, 1965.
MARCHÁN FIZ, Simón, *Del arte objetual al arte de concepto*, Madrid, Ediciones Akal, 1997, 7.ª ed.
MARÉS, Federico, *Dos siglos de enseñanza artística en el principado*, Barcelona, Real Academia de Bellas Artes de San Jorge, 1964.
MERLEAU-PONTY, M., *Signes*, París, Gallimard, 1960. [Trad. esp.: *Signos*, Barcelona, Seix-Barral, 1964.]
— *Les Aventures de la dialectique*, París, Gallimard, 1977.
— *Phénoménologie de la perception*, París, Gallimard, 1976. [Trad. esp.: *Fenomenología de la percepción*, Barcelona, Ediciones 62, 1980.]
— *Sens et non-sens*, París, Gallimard, 1996. [Trad. esp.: *Sentido y sinsentido*, Barcelona, Ediciones 62, 1977.]
MERLEAU-PONTY, M. y DEPRUN, J., *L'union de l'âme et du corps chez Malebranche, Biran et Bergson, notes prises au cours de Maurice Merleau-Ponty*, París, J. Vrin, 1978.
MERLEAU-PONTY, M.; JOHNSON, G. A., y SMITH, M. B., *The Merleau-Ponty aesthetics reader philosophy and painting*, Evanston, Ill., Northwestern University Press, 1993.
MERLEAU-PONTY, M. y LEFORT, C., *Le Visible et l'invisible suivi de notes de travail*, París, Gallimard, 1979.
MESA, Andrés, «Entre la práctica artesanal y la teoría de la visión: el concepto de pirámide visual en el tratado de perspectiva de Jean Pélerin *Viator*», en *D'Art*, núm. 20, Departamento de Historia del Arte de la Universidad de Barcelona, 1994, págs. 59-113.
MIRAPAUL, Matthew, *Un ataque a la comercialización del web art*, en [http://www.alepharts.org/pens/ataque.html].
NEWHALL, Beaumont, *The History of Photography (from 1839 to the present)*, Nueva York, MOMA, 1982.
PANOFSKY, E., *Die Perspektive als «Symbolische Form»*, publicado por primera vez en «Vorträge der Bibliothek Wasburg», ed. de Fritz Saxl, Vorträge 1924-1925, Leipzig-Berlín, B. G. Teubner, 1927. [Trad. esp.: *La perspectiva como «forma simbólica»*, Barcelona, Tusquets, 1973.]
— *The Life and Art of Albrecht Dürer*, Princeton, Princeton University, 1943. [Trad. esp.: *Vida y obra de Alberto Durero*, Madrid, Alianza, 1982.]
— *La perspectiva como forma simbólica*, Barcelona, Tusquets Editores, Colección Fábula, 1.ª ed., 1999.
PASTORE, N. y ROSEN, E., «Alberti and the Camera Obscura», *Physis*, XXV, 1984, págs. 259-269.
PIDGELEY, M., «Cornelius Varley, Cotman a the Graphic Telescope», *Burlington Magazine*, CXIV, 1972.
PIRENNE, M. H., *Optics, Paintings & Photography*, Londres, Cambridge University Press, 1970. [Trad. esp.: *Óptica, perspectiva y visión*, Buenos Aires, Victor Lerú, 1974.]

REYNOLDS, Sir Joshua, *Quince discursos pronunciados en la Real Academia de Londres,* Buenos Aires, Poseidón, 1943.
RICHTER, Gerhard, *Gerhard Richter Text,* Francfort, Insel Verlag, 1993.
RONCHI, Vasco, *Scritti di ottica,* Milán, Polifilo, 1968.
ROSENBLUM, Naomi, *A World History of Photography,* Nueva York, Abbeville Press Publishers, 1984.
SANDER, X. W., «Sobre el desarrollo de la Fotogrametría en lo referente a los inventos de aparatos de restitución para fotogramas apareados», en GRUBER, *Fotogrametría,* Madrid, 1932.
SCOLARI, M., «La prospettiva gesuita in Cina», *Casabella,* núm. 507, 1984.
SCHLOSSER, J. von, *Die Kunstliteratur,* Viena, Kuntsverlag Anton Schroll, 1924. [Trad. esp.: *La literatura artística,* Madrid, Cátedra, 1976.]
SEKULA, Alan, «On the Invention of Photography Meaning», en *Photography in Print,* antología editada por Vicky Golberg, Nueva York, Simon y Schuster Inc., 1981. [Editado posteriormente por Victor Burgin en *Thinking Photography,* Londres, MacMillan, 1982.]
SEYMOUR, C., «Dark Chamber and light-filled room: Vermeer and the camera obscura», *Art Bulletin,* núm. 46, 1964.
SINISGALLI, Rocco, *Il contributo di Simon Stevin allo sviluppo scientifico della prospettiva artificiale,* Roma, L'Erma, 1978.
— *La Prospettiva. Fondamenti teorici ed esperienze figurative dall'antichità al mondo moderno,* Florencia, Cadmo, 1998.
SOUGEZ, Marie-Loup, *Historia de la fotografía,* Madrid, Cátedra, 1981.
SOLER OLIVARES, *Curso completo de diseño y pintura,* Barcelona, José Torner, 1837.
STOICHITA, Victor, *Breve historia de la sombra,* Madrid, Siruela, 1999.
SWENSON, G. R., «Andy Warhol», entrevista concedida por Warhol para *Art News,* noviembre de 1963.
TSUJI, Schigeru, «Brunelleschi and the Camera Obscura: The Discovery of Pictorical Perspective», en *Art History,* núm. 13, 1990, págs. 276-292.
VAGNETTI, L., «De naturali et artificiali perspectiva», en *Studi e documenti di architettura,* números 9-10, Florencia, marzo de 1979.
VELTMAN, Kim H., *Linear Perspective and the Visual Dimensions of Science and Art,* Múnich, Deutscher Kunstverlag, 1986.
VILLARD DE HONNECCOURT, *Cuaderno, siglo XIII,* Madrid, Akal, 1991. La primera vez que se editó esta obra, reproducida litográficamente, fue en J. B. Lassus, *Album de Villard de Honnecourt, architecte du XIIIe siècle,* París, 1858.
VIRILIO, Paul, *La machine de visión,* París, Editions Galilée. [Trad. esp.: *La máquina de la visión,* trad. de Mariano Antolín Rato, Madrid, Cátedra, S. A., 1998.]
— *Velocidad e información. ¡Alarma en el ciberespacio!,* en [http://www.aleph-arts.org/pens/speed.html].
— *Cybermonde, la politique du pire,* París, Éditions textuel, 1995. [Trad. esp.: *El cibermundo. La política de lo peor,* Madrid, Cátedra, 1997.]
VV. AA., *Photography after photography: Memory and Representation in the Digital Age,* Amsterdam/Munich, Ed. G+B Arts, 1996.
VV.AA., *La prospettiva rinascimentale, codificazioni e trasgressioni,* volumen I, actas del congreso internacional de estudios, al cuidado de M. Dalai Emiliani, Florencia, Centro Di, 1980.
WRIGHT, Lawrence, *Perspective in Perspective* (1983). [Trad. esp.: *Tratado de perspectiva,* Barcelona, Stylos, 1985.]

COLECCIÓN «ARTE GRANDES TEMAS»

TÍTULOS PUBLICADOS

ARACIL, Alfredo, *Juego y artificio.* Autómatas y otras ficciones en la cultura del Renacimiento a la Ilustración.
BATTISTI, Eugenio, *Renacimiento y Barroco.*
CALVO-SERRALLER, Francisco, *Teoría de la pintura del Siglo de Oro,* 2ª. ed.
CHASTEL, André, *Arte y humanismo en Florencia en la época de Lorenzo el Magnífico,* 2ª. ed.
DUBY, Georges, *La época de las catedrales,* 4ª. ed.
FREEDBERG, David, *El poder de las imágenes.*
FURIÓ, Vicenç, *Sociología del arte.*
GÓMEZ MOLINA, Juan José; CABEZAS, Lino y BORDES, Juan, *El manual de dibujo.* Estrategias de su enseñanza en el siglo XX.
GÓMEZ MOLINA, Juan José (coord.), *Las estrategias del dibujo en el arte contemporáneo,* 2ª. ed.
GÓMEZ MOLINA, Juan José (coord.), *Las lecciones del dibujo,* 2ª. ed.
GÓMEZ MOLINA, Juan José (coord.), *Máquinas y herramientas de dibujo.*
GRABAR, Oleg, *La formación del arte islámico,* 8ª. ed.
KOEPF, Hans, *La arquitectura en sus planos.*
LAMBERT, Elie, *El arte gótico en España en los siglos XII y XIII,* 5ª. ed.
LÓPEZ TORRIJOS, Rosa, *La mitología en la pintura española del Siglo de Oro,* 2ª. ed.
MAYÁNS Y SISCAR, Gregorio, *Arte de pintar.*
MONTERO VALLEJO, Manuel, *Historia del urbanismo en España.* Vol I. Del Eneolítico a la Baja Edad Media.
PACHECO, Francisco, *El arte de la pintura,* 2ª. ed.
PANOFSKY, Erwin, *Los primitivos flamencos.*
REVILLA, Federico, *Diccionario de iconografía y simbología,* 3ª. ed. ampliada.
ROBERTSON, D. S., *Arquitectura griega y romana,* 5ª. ed.
SCHLOSSER, Julius, *La literatura artística.* Manual de fuentes de la historia moderna del arte, 4ª. ed.
SEBASTIÁN, Santiago, *Emblemática e historia del arte.*
SETA, Cesare de y LE GOFF, Jacques, *La ciudad y las murallas.*
TAFURI, Manfredo, *Sobre el Renacimiento.*
TERÁN, Fernando de, *Historia del urbanismo en España.* Vol. III. Siglos XIX y XX.
VASARI, Giorgio, *Las vidas de los más excelentes arquitectos, pintores y escultores italianos desde Cimabue a nuestros tiempos,* 2ª. ed.
WITTKOWER, Rudolf y WITTKOWER, Margot, *Nacidos bajo el signo de Saturno,* 6ª. ed.

COLECCIÓN «ENSAYOS ARTE CÁTEDRA»

Títulos publicados

Arnheim, Rudolf, *Ensayos para rescatar el arte.*
Baltrusaitis, Jurgis, *La Edad Media fantástica.* Antigüedades y exotismo en el arte gótico, 3ª. ed.
Blunt, Anthony, *Teoría de las artes en Italia, 1450-1600,* 8ª. ed.
Bornay, Erika, *La cabellera femenina.*
Bornay, Erika, *Las hijas de Lilith,* 4ª. ed.
Bornay, Erika, *Mujeres de la Biblia en la pintura del Barroco.* Imágenes de la ambigüedad.
Daix, Pierre, *Historia cultural del arte moderno.* De David a Cézanne.
Daix, Pierre, *Historia cultural del arte moderno.* El siglo xx.
Francastel, Pierre, *Pintura y sociedad.* Nacimiento y destrucción de un espacio plástico, del Renacimiento al Cubismo, 2ª. ed.
Gállego, Julián, *Visión y símbolos en la pintura española del Siglo de Oro,* 4ª. ed.
Grau, Cristina, *Borges y la arquitectura,* 4ª. ed.
Hernando, Javier, *El pensamiento romántico y el arte en España.*
Herrera, Javier, *Picasso, Madrid y la generación del 98: la revista "Arte Joven".*
Kris, E. y Kurz, O., *La leyenda del artista,* 4ª. ed.
Laver, James, *Breve historia del traje y la moda,* 7ª. ed.
Panofsky, Erwin, *Idea.* Contribución a la historia de la teoría del arte, 9ª. ed.
Reyero, Carlos, *Apariencia e identidad masculina.* De la Ilustración al Decadentismo, 2ª. ed.
Schneider-Adams, Laurie, *Arte y psicoanálisis.*
Tapié, Víctor L., *Barroco y Clasicismo,* 4ª. ed.
Tomlinson, Janis, *Francisco de Goya. Los cartones para tapices y sus comienzos en la Corte de Madrid.*
Tomlinson, Janis, *Goya en el crepúsculo del Siglo de las Luces.*

COLECCIÓN «MANUALES ARTE CÁTEDRA»

TÍTULOS PUBLICADOS

AZCÁRATE, J. M., *Arte gótico en España,* 3.ª ed.
BECKWITH, John, *Arte paleocristiano y bizantino.*
BLAIR, Sheila y BLOOM, Jonathan, *Arte y arquitectura del Islam, 1250-1800.*
BLUNT, Anthony, *Arte y arquitectura en Francia, 1500-1700,* 4.ª ed.
BONET CORREA, Antonio (coord.), *Historia de las artes aplicadas e industriales en España,* 4.ª ed.
CHECA, Fernando, *Pintura y escultura del Renacimiento en España, 1450-1600,* 4.ª ed.
CHECA, F.; NIETO, V.; MORALES, A., *Arquitectura del Renacimiento en España, 1488-1599,* 4.ª ed.
CONANT, Kenneth J., *Arquitectura carolingia y románica,* 4.ª ed.
DODWELL, C. R., *Artes pictóricas en occidente, 800-1200.*
ETTINGHAUSEN, R.; GRABAR, O., *Arte y arquitectura del Islam, 650-1250,* 3.ª ed.
FRANKFORT, Henry, *Arte y arquitectura del Oriente Antiguo,* 5.ª ed.
FRANKL, Paul, *Arquitectura gótica.*
FREEDBERG, S. J., *Pintura en Italia, 1500-1600,* 4.ª ed.
GONZÁLEZ-VARAS, Ignacio, *Conservación de bienes culturales* (Teoría, historia, principios y normas), 2.ª ed.
GREEN, Christopher, *Arte en Francia, 1900-1940.*
GUTIÉRREZ, Ramón, *Arquitectura y urbanismo en Iberoamérica,* 4.ª ed. aumentada.
GUTIÉRREZ, Ramón, (coord.), *Pintura, escultura y artes útiles en Iberoamérica, 1500-1825.*
GUTIÉRREZ VIÑUALES, Rodrigo; GUTIÉRREZ, Ramón (coords.), *Pintura, escultura y fotografía en Iberoamérica. Siglos XIX* y *XX.*
HAMILTON, George Heard, *Pintura y escultura en Europa, 1880-1940,* 6.ª ed.
HARLE, J. C., *Arte y arquitectura en el subcontinente indio.*
HERNANDO, Javier, *Arquitectura en España, 1770-1900.*
HEYDENREICH, L.; LOTZ, W., *Arte y arquitectura en Italia, 1400-1600,* 3.ª ed.
HITCHCOCK, Henry Rusell, *Arquitectura de los siglos XIX y XX,* 5.ª ed.
KRAUTHEIMER, Richard, *Arquitectura paleocristiana y bizantina,* 6.ª ed.
KUBLER, George, *Arte y arquitectura en América precolonial,* 2.ª ed.
LASKO, Peter, *Arte sacro, 800-1200.*
LEVEY, Michael, *Pintura y escultura en Francia, 1700-1789.*
LÓPEZ GUZMÁN, Rafael, *Arquitectura mudéjar* (Del sincretismo medieval a las alternativas hispanoamericanas).
MALTESE, Corrado, y otros, *Las técnicas artísticas,* 11.ª ed.
MARTÍN GONZÁLEZ, J. J., *Escultura barroca en España, 1600-1770,* 3.ª ed.

MORALES Y MARÍN, José Luis, *Pintura en España, 1750-1808.*
NOVOTNY, Fritz, *Pintura y escultura en Europa, 1780-1880,* 5.ª ed.
PÉREZ SÁNCHEZ, Alfonso, *Pintura barroca en España, 1600-1750,* 3.ª ed.
REYERO, Carlos; FREIXA, Mireia, *Pintura y escultura en España, 1800-1910,* 2.ª ed.
ROSENBERG, Jakob; SLIVE, Seymour; TER KUILLE, E. H., *Arte y arquitectura en Holanda, 1600-1800,* 2.ª ed.
STEVENSON SMITH, W., *Arte y arquitectura del Antiguo Egipto.*
URRUTIA, Ángel, *Arquitectura en España, siglo XX.*
VLIEGHE, Hans, *Arte y arquitectura flamenca, 1585-1700.*
WATERHOUSE, Ellis, *Pintura en Gran Bretaña, 1530-1790.*
WHITE, John, *Arte y arquitectura en Italia, 1250-1400.*
WILLIAMSON, Paul, *Escultura gótica, 1140-1300.*
WITTKOWER, Rudolf, *Arte y arquitectura en Italia, 1600-1750,* 11.ª ed.
YARZA, Joaquín, *Arte y arquitectura en España, 500-1250,* 9.ª ed.

COLECCIÓN «CUADERNOS ARTE CÁTEDRA»

TÍTULOS PUBLICADOS

1. RAMÍREZ, Juan Antonio, *Medios de masas e historia del arte,* 5.ª ed.
2. NIETO ALCAIDE, Víctor, *La luz, símbolo y sistema visual,* 6.ª ed.
3. PANIAGUA, José Ramón, *Vocabulario básico de arquitectura,* 10.ª ed.
4. FRANCASTEL, Galienne y Pierre, *El retrato,* 3.ª ed.
5. LEÓN, Aurora, *El museo. Teoría, praxis y utopía,* 7.ª ed.
7. DURLIAT, Marcel, *Introducción al arte medieval en Occidente,* 7.ª ed.
8. GALLEGO, Antonio, *Historia del grabado en España,* 3.ª ed.
10. BLOK, Cor, *Historia del arte abstracto,* 4.ª ed.
11. CHECA, Fernando; GARCÍA, María de los Santos; MORÁN, José Miguel, *Guía para el estudio de la historia del arte,* 7.ª ed.
12. SOUGEZ, Marie-Loup, *Historia de la fotografía,* 8.ª ed.
16. MARÇAIS, Georges, *El arte musulmán,* 3.ª ed.
19. PÉREZ SÁNCHEZ, Alfonso, *Historia del dibujo en España.* (De la Edad Media a Goya).
22. AGUILÓ, M.ª Paz, *El mueble clásico español,* 2.ª ed.
24. ASHTON, Dore, *La escuela de Nueva York.*
26. REYERO, Carlos, *La pintura de historia en el siglo XIX en España.*
28. KITAURA, Yasunari, *Historia del arte de China.*
31. SOBRINO, Julián, *Arquitectura industrial en España (1830-1990).*
32. DIÉGUEZ PATAO, Sofía, *La generación del 25* (Primera arquitectura moderna en Madrid).
33. GRACIA, Carmen, *Arte valenciano.*
34. GÓMEZ, Mª. Luisa, *La restauración* (Examen científico aplicado a la conservación de obras de arte), 2.ª ed.
35. REYERO, Carlos, *La escultura conmemorativa en España* (La edad de oro del monumento público, 1820-1914).
36. D'ORS, Carlos, *El noucentisme* (Presupuestos ideológicos, estéticos y artísticos).
37. PÉREZ GAULI, Juan Carlos, *El cuerpo en venta* (Relación entre arte y publicidad).

